TOP
소방시설관리사 2차

화재안전기술기준

머리말

안녕하십니까? 유정석입니다.
이 교재는 소방시설관리사 2차 시험을 준비하는 수험생들이 가장 중점적으로 공부해야 하는 화재안전기술기준을 보다 쉽게 암기 및 이해할 수 있도록 편집하였습니다.
화재안전기술기준은 단순한 암기가 아닌 이해를 바탕으로 암기하여야 2차 시험에서 고득점을 받을 수 있습니다.

ο 이 책의 특징

> **1** 화재안전기술기준을 설비별로 분류하여 암기를 최소화하였습니다.
> **2** 화재안전기술기준에 그림을 삽입하여 이해를 쉽게 하였습니다.

부족한 부분은 계속 보완할 것이며, 이 책이 수험생 여러분에게 요긴하게 사용되어 모두 합격의 영광을 누리시기를 바랍니다.
끝으로 출판을 도와주신 예문사와 모든 분에게 깊은 감사를 드리며 부족한 저를 믿고 따라준 가족에게 고마움을 전하고 싶습니다.
수험생 여러분! 힘내세요.

There is no royal road to learning. (학문에는 왕도가 없다.)

유 정 석

차 례

PART. 01 화재안전기술기준

CHAPTER 01 수계소화설비 ·· 3
  01 소화기구 및 자동소화장치 ·· 3
  02 수계소화설비 ·· 11
  03 옥내소화전설비 ··· 53
  04 스프링클러설비 ··· 56
  05 간이스프링클러설비 ··· 81
  06 화재조기진압용 스프링클러설비 ································ 85
  07 물분무소화설비 ··· 91
  08 미분무소화설비 ··· 93
  09 포소화설비 ·· 97
  10 옥외소화전설비 ··· 110
  11 고체에어로졸소화설비 ··· 111

CHAPTER 02 가스계소화설비 ·· 118
  01 가스계소화설비 ··· 118
  02 화재안전기술기준 ··· 121

CHAPTER 03 경보설비 ·· 136
  01 자동화재탐지설비 ··· 136
  02 비상경보설비 ·· 161
  03 비상방송설비 ·· 163
  04 자동화재속보설비 ··· 165
  05 누전경보기 ·· 166
  06 가스누설경보기 ··· 167
  07 화재알림설비 ·· 170

CHAPTER 04 피난구조설비 ·· 174
    01 피난기구 ·· 174
    02 인명구조기구 ·· 181
    03 유도등 ·· 182
    04 비상조명등 · 휴대용 비상조명등 ·· 193

CHAPTER 05 소화용수설비 ·· 195
    01 상수도 소화용수설비 ·· 195
    02 소화수조 및 저수조 ·· 198

CHAPTER 06 소화활동설비 ·· 202
    01 제연설비 ·· 202
    02 특별피난계단의 계단실 및 부속실 제연설비 ······························ 218
    03 연결송수관설비 ·· 233
    04 연결살수설비 ·· 242
    05 비상콘센트설비 ·· 249
    06 무선통신보조설비 ·· 252

CHAPTER 07 소방대상물별 화재안전기술기준 ·· 255
    01 소방시설용 비상전원수전설비 ··· 255
    02 도로터널 ·· 260
    03 고층건축물 ·· 267
    04 지하구 ·· 277
    05 건설현장 ·· 285
    06 전기저장시설 ·· 287
    07 공동주택 ·· 290
    08 창고시설 ·· 295

차 례

PART. 02 최신 화재안전성능기준(NFPC) 및 기술기준(NFTC)

01 가스누설경보기의 화재안전성능기준(NFPC 206) ·········· 301
01 가스누설경보기의 화재안전기술기준(NFTC 206) ·········· 304
02 간이스프링클러설비의 화재안전성능기준(NFPC 103A) ·········· 308
02 간이스프링클러설비의 화재안전기술기준(NFTC 103A) ·········· 318
03 건설현장의 화재안전성능기준(NFPC 606) ·········· 332
03 건설현장의 화재안전기술기준(NFTC 606) ·········· 337
04 고체에어로졸소화설비의 화재안전성능기준(NFPC 110) ·········· 340
04 고체에어로졸소화설비의 화재안전기술기준(NFTC 110) ·········· 345
05 고층건축물의 화재안전성능기준(NFPC 604) ·········· 352
05 고층건축물의 화재안전기술기준(NFTC 604) ·········· 356
06 공동주택의 화재안전성능기준(NFPC 608) ·········· 361
06 공동주택의 화재안전기술기준(NFTC 608) ·········· 367
07 누전경보기의 화재안전성능기준(NFPC 205) ·········· 373
07 누전경보기의 화재안전기술기준(NFTC 205) ·········· 375
08 도로터널의 화재안전성능기준(NFPC 603) ·········· 378
08 도로터널의 화재안전기술기준(NFTC 603) ·········· 383
09 무선통신보조설비의 화재안전성능기준(NFPC 505) ·········· 389
09 무선통신보조설비의 화재안전기술기준(NFTC 505) ·········· 392
10 물분무소화설비의 화재안전성능기준(NFPC 104) ·········· 395
10 물분무소화설비의 화재안전기술기준(NFTC 104) ·········· 402
11 미분무소화설비의 화재안전성능기준(NFPC 104A) ·········· 414
11 미분무소화설비의 화재안전기술기준(NFTC 104A) ·········· 422
12 분말소화설비의 화재안전성능기준(NFPC 108) ·········· 434
12 분말소화설비의 화재안전기술기준(NFTC 108) ·········· 441
13 비상경보설비 및 단독경보형감지기의 화재안전성능기준(NFPC 201) ······ 450
13 비상경보설비 및 단독경보형감지기의 화재안전기술기준(NFTC 201) ······ 453

14 비상방송설비의 화재안전성능기준(NFPC 202)	456
14 비상방송설비의 화재안전기술기준(NFTC 202)	459
15 비상조명등의 화재안전성능기준(NFPC 304)	463
15 비상조명등의 화재안전기술기준(NFTC 304)	466
16 비상콘센트설비의 화재안전성능기준(NFPC 504)	469
16 비상콘센트설비의 화재안전기술기준(NFTC 504)	473
17 상수도소화용수설비의 화재안전성능기준(NFPC 401)	477
17 상수도소화용수설비의 화재안전기술기준(NFTC 401)	479
18 소방시설용 비상전원수전설비의 화재안전성능기준(NFPC 602)	481
18 소방시설용 비상전원수전설비의 화재안전기술기준(NFTC 602)	486
19 소화기구 및 자동소화장치의 화재안전성능기준(NFPC 101)	492
19 소화기구 및 자동소화장치의 화재안전기술기준(NFTC 101)	496
20 소화수조 및 저수조의 화재안전성능기준(NFPC 402)	504
20 소화수조 및 저수조의 화재안전기술기준(NFTC 402)	507
21 스프링클러설비의 화재안전성능기준(NFPC 103)	511
21 스프링클러설비의 화재안전기술기준(NFTC 103)	525
22 연결살수설비의 화재안전성능기준(NFPC 503)	547
22 연결살수설비의 화재안전기술기준(NFTC 503)	552
23 연결송수관설비의 화재안전성능기준(NFPC 502)	560
23 연결송수관설비의 화재안전기술기준(NFTC 502)	567
24 옥내소화전설비의 화재안전성능기준(NFPC 102)	575
24 옥내소화전설비의 화재안전기술기준(NFTC 102)	582
25 옥외소화전설비의 화재안전성능기준(NFPC 109)	595
25 옥외소화전설비의 화재안전기술기준(NFTC 109)	601
26 유도등 및 유도표지의 화재안전성능기준(NFPC 303)	611
26 유도등 및 유도표지의 화재안전기술기준(NFTC 303)	617
27 이산화탄소소화설비의 화재안전성능기준(NFPC 106)	624
27 이산화탄소소화설비의 화재안전기술기준(NFTC 106)	632

차 례

28 인명구조기구의 화재안전성능기준(NFPC 302) ········· 643
28 인명구조기구의 화재안전기술기준(NFTC 302) ········· 645
29 자동화재속보설비의 화재안전성능기준(NFPC 204) ········· 648
29 자동화재속보설비의 화재안전기술기준(NFTC 204) ········· 650
30 자동화재탐지설비 및 시각경보장치의 화재안전성능기준(NFPC 203) ······ 652
30 자동화재탐지설비 및 시각경보장치의 화재안전기술기준(NFTC 203) ······ 662
31 전기저장시설의 화재안전성능기준(NFPC 607) ········· 679
31 전기저장시설의 화재안전기술기준(NFTC 607) ········· 682
32 제연설비의 화재안전성능기준(NFPC 501) ········· 686
32 제연설비의 화재안전기술기준(NFTC 501) ········· 694
33 지하구의 화재안전성능기준(NFPC 605) ········· 703
33 지하구의 화재안전기술기준(NFTC 605) ········· 708
34 창고시설의 화재안전성능기준(NFPC 609) ········· 716
34 창고시설의 화재안전기술기준(NFTC 609) ········· 721
35 특별피난계단의 계단실 및 부속실 제연설비의 화재안전성능기준
   (NFPC 501A) ········· 725
35 특별피난계단의 계단실 및 부속실 제연설비의 화재안전기술기준
   (NFTC 501A) ········· 735
36 포소화설비의 화재안전성능기준(NFPC 105) ········· 746
36 포소화설비의 화재안전기술기준(NFTC 105) ········· 758
37 피난기구의 화재안전성능기준(NFPC 301) ········· 777
37 피난기구의 화재안전기술기준(NFTC 301) ········· 781
38 할로겐화합물 및 불활성기체소화설비의 화재안전성능기준
   (NFPC 107A) ········· 788
38 할로겐화합물 및 불활성기체소화설비의 화재안전기술기준
   (NFTC 107A) ········· 796
39 할론소화설비의 화재안전성능기준(NFPC 107) ········· 807
39 할론소화설비의 화재안전기술기준(NFTC 107) ········· 814

40 화재알림설비의 화재안전성능기준(NFPC 207) ·· 823
40 화재알림설비의 화재안전기술기준(NFTC 207) ·· 827
41 화재조기진압용 스프링클러설비의 화재안전성능기준(NFPC 103B) ········ 831
41 화재조기진압용 스프링클러설비의 화재안전기술기준(NFTC 103B) ········ 842

PART

01

화재안전기술기준

CHAPTER 01 수계소화설비
CHAPTER 02 가스계소화설비
CHAPTER 03 경보설비
CHAPTER 04 피난구조설비
CHAPTER 05 소화용수설비
CHAPTER 06 소화활동설비
CHAPTER 07 소방대상물별 화재안전기술기준

CHAPTER 01 수계소화설비

01 소화기구 및 자동소화장치

1. 정의

1) "소화약제"란 소화기구 및 자동소화장치에 사용되는 소화성능이 있는 고체·액체 및 기체의 물질을 말한다.
2) "소화기"란 소화약제를 압력에 따라 방사하는 기구로서 사람이 수동으로 조작하여 소화하는 다음의 소화기를 말한다.
   ① "소형소화기"란 능력단위가 1단위 이상이고 대형소화기의 능력단위 미만인 소화기를 말한다.
   ② "대형소화기"란 화재 시 사람이 운반할 수 있도록 운반대와 바퀴가 설치되어 있고 능력단위가 A급 10단위 이상, B급 20단위 이상인 소화기를 말한다.
3) "자동확산소화기"란 화재를 감지하여 자동으로 소화약제를 방출 확산시켜 국소적으로 소화하는 다음 각 소화기를 말한다.
   ① "일반화재용자동확산소화기"란 보일러실, 건조실, 세탁소, 대량화기취급소 등에 설치되는 자동확산소화기를 말한다.
   ② "주방화재용자동확산소화기"란 음식점, 다중이용업소, 호텔, 기숙사, 의료시설, 업무시설, 공장 등의 주방에 설치되는 자동확산소화기를 말한다.
   ③ "전기설비용자동확산소화기"란 변전실, 송전실, 변압기실, 배전반실, 제어반, 분전반 등에 설치되는 자동확산소화기를 말한다.
4) "자동소화장치"란 소화약제를 자동으로 방사하는 고정된 소화장치로서 법 제37조 또는 제40조에 따라 형식승인이나 성능인증을 받은 유효설치 범위(설계방호체적, 최대설치 높이, 방호면적 등을 말한다) 이내에 설치하여 소화하는 다음 각 소화장치를 말한다.
   ① "주거용 주방자동소화장치"란 주거용 주방에 설치된 열발생 조리기구의 사용으로 인한 화재 발생 시 열원(전기 또는 가스)을 자동으로 차단하며 소화약제를 방출하는 소화장치를 말한다.
   ② "상업용 주방자동소화장치"란 상업용 주방에 설치된 열발생 조리기구의 사용으로 인한 화재 발생 시 열원(전기 또는 가스)을 자동으로 차단하며 소화약제를 방출하는 소화장치를 말한다.

③ "캐비닛형 자동소화장치"란 열, 연기 또는 불꽃 등을 감지하여 소화약제를 방사하여 소화하는 캐비닛 형태의 소화장치를 말한다.

④ "가스자동소화장치"란 열, 연기 또는 불꽃 등을 감지하여 가스계 소화약제를 방사하여 소화하는 소화장치를 말한다.

⑤ "분말자동소화장치"란 열, 연기 또는 불꽃 등을 감지하여 분말의 소화약제를 방사하여 소화하는 소화장치를 말한다.

⑥ "고체에어로졸자동소화장치"란 열, 연기 또는 불꽃 등을 감지하여 에어로졸의 소화약제를 방사하여 소화하는 소화장치를 말한다.

5) "거실"이란 거주·집무·작업·집회·오락 그 밖에 이와 유사한 목적을 위하여 사용하는 방을 말한다.

6) "능력단위"란 소화기 및 소화약제에 따른 간이소화용구에 있어서는 법 제37조제1항에 따라 형식승인된 수치를 말한다.

7) "일반화재(A급 화재)"란 나무, 섬유, 종이, 고무, 플라스틱류와 같은 일반 가연물이 타고 나서 재가 남는 화재를 말한다. 일반화재에 대한 소화기의 적응 화재별 표시는 'A'로 표시한다.

8) "유류화재(B급 화재)"란 인화성 액체, 가연성 액체, 석유 그리스, 타르, 오일, 유성도료, 솔벤트, 래커, 알코올 및 인화성 가스와 같은 유류가 타고 나서 재가 남지 않는 화재를 말한다. 유류화재에 대한 소화기의 적응 화재별 표시는 'B'로 표시한다.

9) "전기화재(C급 화재)"란 전류가 흐르고 있는 전기기기, 배선과 관련된 화재를 말한다. 전기화재에 대한 소화기의 적응 화재별 표시는 'C'로 표시한다.

10) "주방화재(K급 화재)"란 주방에서 동식물유를 취급하는 조리기구에서 일어나는 화재를 말한다. 주방화재에 대한 소화기의 적응 화재별 표시는 'K'로 표시한다.

11) "금속화재(D급 화재)란" 마그네슘 합금 등 가연성 금속에서 일어나는 화재를 말한다. 금속화재에 대한 소화기의 적응 화재별 표시는 'D'로 표시한다.

2. 설치기준

1) 소화기구의 설치기준

① 소화기구는 다음의 기준에 따라 설치해야 한다.

가. 특정소방대상물의 설치장소에 따라 표 2.1.1.1에 적합한 종류의 것으로 할 것

소화약제 구분 적응대상	가 스			분 말		액 체			기 타			
	이산화탄소소화약제	할론소화약제	할로겐화합물 및 불활성기체소화약제	인산염류소화약제	중탄산염류소화약제	산알칼리소화약제	강화액소화약제	포소화약제	물·침윤소화약제	고체에어로졸화합물	마른모래	팽창질석·팽창진주암	그 밖의 것
일반화재(A급 화재)	—	O	O	O	—	O	O	O	O	O	O	O	—
유류화재(B급 화재)	O	O	O	O	O	O	O	O	O	O	O	O	—
전기화재(C급 화재)	O	O	O	O	O	*	*	*	*	O	—	—	—
주방화재(K급 화재)	—	—	—	—	*	—	*	*	*	—	—	—	*
금속화재(D급 화재)	—	—	—	—	*	—	—	—	—	—	O	O	*

(비고) "*"의 소화약제별 적응성은 「소방시설 설치 및 관리에 관한 법률」 제37조에 의한 형식승인 및 제품검사의 기술기준에 따라 화재 종류별 적응성에 적합한 것으로 인정되는 경우에 한한다.

나. 특정소방대상물에 따라 소화기구의 능력단위는 표 2.1.1.2의 기준에 따를 것

특정소방대상물	소화기구의 능력단위
1. 위락시설	해당 용도의 바닥면적 30m²마다 능력단위 1단위 이상
2. 공연장·집회장·관람장·문화재·장례식장 및 의료시설	해당 용도의 바닥면적 50m²마다 능력단위 1단위 이상
3. 근린생활시설·판매시설·운수시설·숙박시설·노유자시설·전시장·공동주택·업무시설·방송통신시설·공장·창고시설·항공기 및 자동차 관련 시설 및 관광휴게시설	해당 용도의 바닥면적 100m²마다 능력단위 1단위 이상
4. 그 밖의 것	해당 용도의 바닥면적 200m²마다 능력단위 1단위 이상

(비고) 소화기구의 능력단위를 산출함에 있어서 건축물의 주요 구조부가 내화구조이고, 벽 및 반자의 실내에 면하는 부분이 불연재료·준불연재료 또는 난연재료로 된 특정소방대상물에 있어서는 위 표의 기준면적의 2배를 해당 특정소방대상물의 기준면적으로 한다.

다. 제2호에 따른 능력단위 외에 표 2.1.1.3에 따라 부속용도별로 사용되는 부분에 대하여는 소화기구를 추가하여 설치할 것

용도별		소화기구의 능력단위
1. 다음 각 목의 시설. 다만, 스프링클러설비·간이스프링클러설비·물분무등소화설비 또는 상업용주방자동소화장치가 설치된 경우에는 자동확산소화기를 설치하지 않을 수 있다. 　가. 보일러실(아파트의 경우 방화구획된 것을 제외한다)·건조실·세탁소·대량화기취급소 　나. 음식점(지하가의 음식점을 포함한다)·다중이용업소·호텔·기숙사·노유자 시설·의료시설·업무시설·공장·장례식장·교육연구시설·교정 및 군사시설의 주방 다만, 의료시설·업무시설 및 공장의 주방은 공동취사를 위한 것에 한한다. 　다. 관리자의 출입이 곤란한 변전실·송전실·변압기실 및 배전반실(불연재료로된 상자 안에 장치된 것을 제외한다)		1. 해당 용도의 바닥면적 25m²마다 능력단위 1단위 이상의 소화기로 할 것. 이 경우 나목의 주방에 설치하는 소화기 중 1개 이상은 주방화재용 소화기(K급)를 설치해야 한다. 2. 자동확산소화기는 해당 용도의 바닥면적을 기준으로 10m² 이하는 1개, 10m² 초과는 2개 이상을 설치하되, 보일러, 조리기구, 변전설비 등 방호대상에 유효하게 분사될 수 있는 위치에 배치될 수 있는 수량으로 설치할 것
2. 발전실·변전실·송전실·변압기실·배전반실·통신기기실·전산기기실·기타 이와 유사한 시설이 있는 장소. 다만, 제1호 다목의 장소를 제외한다.		해당 용도의 바닥면적 50m²마다 적응성이 있는 소화기 1개 이상 또는 유효설치방호체적 이내의 가스·분말·고체에어로졸자동소화장치, 캐비닛형자동소화장치(다만, 통신기기실·전자기기실을 제외한 장소에 있어서는 교류 600V 또는 직류 750V 이상의 것에 한한다)
3. 「위험물안전관리법 시행령」 별표 1에 따른 지정수량의 1/5 이상 지정수량 미만의 위험물을 저장 또는 취급하는 장소		능력단위 2단위 이상 또는 유효설치방호체적 이내의 가스·분말·고체에어로졸 자동소화장치, 캐비닛형자동소화장치
4. 「소방기본법 시행령」 별표 2에 따른 특수가연물을 저장 또는 취급하는 장소	「소방기본법 시행령」 별표 2에서 정하는 수량 이상	「소방기본법 시행령」 별표 2에서 정하는 수량의 50배 이상마다 능력단위 1단위 이상
	「소방기본법 시행령」 별표 2에서 정하는 수량의 500배 이상	대형소화기 1개 이상
5. 「고압가스안전관리법」·「액화석유가스의 안전관리 및 사업법」 및 「도시가스사업법」에서 규정하는 가연성가스를 연료로 사용하는 장소	액화석유가스 기타 가연성가스를 연료로 사용하는 연소기기가 있는 장소	각 연소기로부터 보행거리 10m 이내에 능력단위 3단위 이상의 소화기 1개 이상. 다만, 상업용주방자동소화장치가 설치된 장소는 제외한다.
	액화석유가스 기타 가연성가스를 연료로 사용하기 위하여 저장하는 저장실(저장	능력단위 5단위 이상의 소화기 2개 이상 및 대형소화기 1개 이상

용도별				소화기구의 능력단위
6. 「고압가스 안전관리법」·「액화석유 가스의 안전관리 및 사업법」 또는 「도시가스사업법」에서 규정하는 가연성가스를 제조하거나 연료외의 용도로 저장·사용하는 장소	저장하고 있는 양 또는 1개월 동안 제조·사용 하는 양	량 300kg 미만은 제외한다)		
		200kg 미만	저장하는 장소	능력단위 3단위 이상의 소화기 2개 이상
			제조·사용 하는 장소	능력단위 3단위 이상의 소화기 2개 이상
		200kg 이상 300kg 미만	저장하는 장소	능력단위 5단위 이상의 소화기 2개 이상
			제조·사용 하는 장소	바닥면적 50m²마다 능력단위 5단위 이상의 소화기 1개 이상
		300kg 이상	저장하는 장소	대형소화기 2개 이상
			제조·사용 하는 장소	바닥면적 50m²마다 능력단위 5단위 이상의 소화기 1개 이상
7. 마그네슘 합금 칩을 저장 또는 취급하는 장소				금속화재용 소화기(D급) 1개 이상을 금속재료로부터 보행거리 20m 이내로 설치할 것

[비고] 액화석유가스·기타 가연성가스를 제조하거나 연료 외의 용도로 사용하는 장소에 소화기를 설치하는 때에는 해당 장소 바닥면적 50m² 이하인 경우에도 해당 소화기를 2개 이상 비치해야 한다.

라. 소화기는 다음 각 목의 기준에 따라 설치할 것
  ㉠ 특정소방대상물의 각 층마다 설치하되, 각 층이 2 이상의 거실로 구획된 경우에는 각 층마다 설치하는 것 외에 바닥면적이 33m² 이상으로 구획된 각 거실에도 배치할 것
  ㉡ 특정소방대상물의 각 부분으로부터 1개의 소화기까지의 보행거리가 소형소화기의 경우에는 20m 이내, 대형소화기의 경우에는 30m 이내가 되도록 배치할 것. 다만, 가연성물질이 없는 작업장의 경우에는 작업장의 실정에 맞게 보행거리를 완화하여 배치할 수 있다.
마. 능력단위가 2단위 이상이 되도록 소화기를 설치해야 할 특정소방대상물 또는 그 부분에 있어서는 간이소화용구의 능력단위가 전체 능력단위의 2분의 1을 초과하지 아니하게 할 것. 다만, 노유자시설의 경우에는 그렇지 않다.
바. 소화기구(자동확산소화기를 제외한다)는 거주자 등이 손쉽게 사용할 수 있는 장소에 바닥으로부터 높이 1.5m 이하의 곳에 비치하고, 소화기에 있어서는 "소화기",

투척용 소화용구에 있어서는 "투척용 소화용구", 마른 모래에 있어서는 "소화용 모래", 팽창질석 및 팽창진주암에 있어서는 "소화질석"이라고 표시한 표지를 보기 쉬운 곳에 부착할 것. 다만, 소화기 및 투척용소화용구의 표지는 「축광표지의 성능인증 및 제품검사의 기술기준」에 적합한 축광식표지로 설치하고, 주차장의 경우 표지를 바닥으로부터 1.5m 이상의 높이에 설치할 것

사. 자동확산소화기는 다음 각 목의 기준에 따라 설치할 것
　㉠ 방호대상물에 소화약제가 유효하게 방사될 수 있도록 설치할 것
　㉡ 작동에 지장이 없도록 견고하게 고정할 것

3. 주거용주방자동소화장치 설치기준

1) 소화약제 방출구는 환기구(주방에서 발생하는 열기류 등을 밖으로 배출하는 장치를 말한다.)의 청소부분과 분리되어 있어야 하며, 형식승인받은 유효설치 높이 및 방호면적에 따라 설치할 것
2) 감지부는 형식승인받은 유효한 높이 및 위치에 설치할 것
3) 차단장치(전기 또는 가스)는 상시 확인 및 점검이 가능하도록 설치할 것
4) 가스용 주방자동소화장치를 사용하는 경우 탐지부는 수신부와 분리하여 설치하되, 공기보다 가벼운 가스를 사용하는 경우에는 천장 면으로부터 30cm 이하의 위치에 설치하고, 공기보다 무거운 가스를 사용하는 장소에는 바닥면으로부터 30cm 이하의 위치에 설치할 것
5) 수신부는 주위의 열기류 또는 습기 등과 주위온도에 영향을 받지 않고 사용자가 상시 볼 수 있는 장소에 설치할 것

4. 상업용주방자동소화장치 설치기준

1) 소화장치는 조리기구의 종류별로 성능인증을 받은 설계 매뉴얼에 적합하게 설치할 것
2) 감지부는 성능인증을 받은 유효높이 및 위치에 설치할 것
3) 차단장치(전기 또는 가스)는 상시 확인 및 점검이 가능하도록 설치할 것
4) 후드에 설치되는 분사헤드는 후드의 가장 긴 변의 길이까지 방출될 수 있도록 소화약제의 방출 방향 및 거리를 고려하여 설치할 것
5) 덕트에 설치되는 분사헤드는 성능인증을 받은 길이 이내로 설치할 것

5. 캐비닛형자동소화장치 설치기준

1) 분사헤드(방출구)의 설치 높이는 방호구역의 바닥으로부터 형식승인을 받은 범위 내에

서 유효하게 소화약제를 방출시킬 수 있는 높이에 설치할 것
2) 화재감지기는 방호구역 내의 천장 또는 옥내에 면하는 부분에 설치하되「자동화재탐지설비 및 시각경보장치의 화재안전기술기준(NFTC 203)」2.4(감지기)에 적합하도록 설치할 것
3) 방호구역 내의 화재감지기의 감지에 따라 작동되도록 할 것
4) 화재감지기의 회로는 교차회로방식으로 설치할 것. 다만, 화재감지기를「자동화재탐지설비 및 시각경보장치의 화재안전기술기준(NFTC 203)」2.4.1 단서의 각 감지기로 설치하는 경우에는 그렇지 않다.
5) 교차회로 내의 각 화재감지기회로별로 설치된 화재감지기 1개가 담당하는 바닥면적은「자동화재탐지설비 및 시각경보장치의 화재안전기술기준(NFTC 203)」2.4.3.5, 2.4.3.8 및 2.4.3.10에 따른 바닥면적으로 할 것
6) 개구부 및 통기구(환기장치를 포함한다.)를 설치한 것에 있어서는 소화약제가 방출되기 전에 해당 개구부 및 통기구를 자동으로 폐쇄할 수 있도록 할 것. 다만, 가스압에 의하여 폐쇄되는 것은 소화약제 방출과 동시에 폐쇄할 수 있다.
7) 작동에 지장이 없도록 견고하게 고정할 것
8) 구획된 장소의 방호체적 이상을 방호할 수 있는 소화성능이 있을 것

6. 가스, 분말, 고체에어로졸 자동소화장치 설치기준

1) 소화약제 방출구는 형식승인을 받은 유효설치범위 내에 설치할 것
2) 자동소화장치는 방호구역 내에 형식승인 된 1개의 제품을 설치할 것. 이 경우 연동방식으로서 하나의 형식으로 형식승인을 받은 경우에는 1개의 제품으로 본다.
3) 감지부는 형식승인 된 유효설치범위 내에 설치해야 하며 설치장소의 평상시 최고주위온도에 따라 다음 표 2.1.2.4.3에 따른 표시온도의 것으로 설치할 것. 다만, 열감지선의 감지부는 형식승인받은 최고주위온도범위 내에 설치해야 한다.

설치 장소의 최고 주위 온도[℃]	표시 온도[℃]
39℃ 미만	79℃ 미만
39℃ 이상 64℃ 미만	79℃ 이상 121℃ 미만
64℃ 이상 106℃ 미만	121℃ 이상 162℃ 미만
106℃ 이상	162℃ 이상

4) 3)에도 불구하고 화재감지기를 감지부로 사용하는 경우에는 4의 2)부터 5)까지의 설치방법에 따를 것

7. 설치 제외

이산화탄소 또는 할로겐화합물을 방출하는 소화기구(자동확산소화기를 제외한다)는 지하층이나 무창층 또는 밀폐된 거실로서 그 바닥면적이 20m² 미만의 장소에는 설치할 수 없다. 다만, 배기를 위한 유효한 개구부가 있는 장소인 경우에는 그렇지 않다.

8. 소화기의 감소

1) 소형소화기를 설치해야 할 특정소방대상물 또는 그 부분에 옥내소화전설비·스프링클러설비·물분무등소화설비·옥외소화전설비 또는 대형소화기를 설치한 경우에는 해당 설비의 유효범위의 부분에 대하여는 2.1.1.2 및 2.1.1.3에 따른 소형소화기의 3분의 2(대형소화기를 둔 경우에는 2분의 1)를 감소할 수 있다. 다만, 층수가 11층 이상인 부분, 근린생활시설, 위락시설, 문화 및 집회시설, 운동시설, 판매시설, 운수시설, 숙박시설, 노유자시설, 의료시설, 아파트, 업무시설(무인변전소를 제외한다), 방송통신시설, 교육연구시설, 항공기 및 자동차관련 시설, 관광 휴게시설은 그렇지 않다.

2) 대형소화기를 설치해야 할 특정소방대상물 또는 그 부분에 옥내소화전설비·스프링클러설비·물분무등소화설비 또는 옥외소화전설비를 설치한 경우에는 해당 설비의 유효범위 안의 부분에 대하여는 대형소화기를 설치하지 않을 수 있다.

02 수계소화설비

1. 계통도

1) 부압수조

> **Check Point 부압수조**
>
> 1. 펌프의 흡입 측에는 연성계 또는 진공계를 설치할 것
> 2. 수원의 수위가 펌프보다 낮은 위치에 있는 가압송수장치에는 다음 각 목의 기준에 따른 물올림장치를 설치할 것
>   ※ 물올림장치 설치기준
>   가. 물올림장치에는 전용의 탱크를 설치할 것
>   나. 탱크의 유효수량은 100l 이상으로 하되, 구경 15mm 이상의 급수배관에 따라 해당 탱크에 물이 계속 보급되도록 할 것
> 3. 수조가 펌프보다 낮게 설치된 경우에는 각 펌프(충압펌프를 포함한다.)마다 수조로부터 별도로 설치할 것(펌프의 흡입 측 배관)

2) 정압수조

Check Point 소방시설 도시기호

명 칭	도시기호	명 칭	도시기호
FOOT 밸브		체크밸브	
게이트밸브 (상시 개방)		게이트밸브 (상시 폐쇄)	
Y형 스트레이너		U형 스트레이너	
플렉시블조인트		릴리프밸브(일반)	
일반펌프		펌프모터(수평)	
펌프모터(수직)		고가수조 (물올림장치)	
압력계		연성계	
유량계		제어반	
압력스위치	PS	탬퍼스위치	TS
송수구		방수구	

2. 용어의 정의

용 어	정 의
고가수조	구조물 또는 지형지물 등에 설치하여 자연낙차의 압력으로 급수하는 수조
압력수조	소화용수와 공기를 채우고 일정압력 이상으로 가압하여 그 압력으로 급수하는 수조
충압펌프	배관 내 압력손실에 따른 주펌프의 빈번한 기동을 방지하기 위하여 충압 역할을 하는 펌프
정격토출량	정격토출압력에서의 펌프의 토출량
정격토출압력	정격토출량에서의 펌프의 토출 측 압력
진공계	대기압 이하의 압력을 측정하는 계측기
연성계	대기압 이상의 압력과 대기압 이하의 압력을 측정할 수 있는 계측기
체절운전	펌프의 성능시험을 목적으로 펌프토출 측의 개폐밸브를 닫은 상태에서 펌프를 운전하는 것
기동용 수압개폐장치	소화설비의 배관 내 압력변동을 검지하여 자동적으로 펌프를 기동 및 정지시키는 것으로서 압력챔버 또는 기동용 압력스위치 등
급수배관	수원 및 옥외송수구로부터 옥내소화전방수구에 급수하는 배관(스프링클러헤드/간이헤드/화재조기진압용 스프링클러헤드/물분무헤드/포소화설비의헤드 또는 방출구/옥외소화전 방수구)
개폐표시형 밸브	밸브의 개폐 여부를 외부에서 식별이 가능한 밸브
가압수조	가압원인 압축공기 또는 불연성 고압기체에 따라 소방용수를 가압시키는 수조
개방형 스프링클러헤드	감열체 없이 방수구가 항상 열려 있는 스프링클러헤드
폐쇄형 스프링클러헤드	정상상태에서 방수구를 막고 있는 감열체가 일정온도에서 자동적으로 파괴·용해 또는 이탈됨으로써 방수구가 개방되는 스프링클러헤드
조기반응형 헤드	표준형 스프링클러헤드 보다 기류온도 및 기류속도에 조기에 반응하는 것
측벽형 스프링클러헤드	가압된 물이 분사될 때 헤드의 축심을 중심으로 한 반원상에 균일하게 분산시키는 헤드
건식 스프링클러헤드	물과 오리피스가 분리되어 동파를 방지할 수 있는 스프링클러헤드
유수검지장치	습식유수검지장치(패들형을 포함한다.), 건식유수검지장치, 준비작동식유수검지장치를 말하며, 본체 내의 유수현상을 자동적으로 검지하여 신호 또는 경보를 발하는 장치
일제개방밸브	개방형 스프링클러헤드를 사용하는 일제살수식 스프링클러설비에 설치하는 밸브로서 화재 발생 시 자동 또는 수동식 기동장치에 따라 밸브가 열려지는 것

용어	정의
가지배관	스프링클러헤드가 설치되어 있는 배관(간이헤드/화재조기진압용 스프링클러헤드)
교차배관	직접 또는 수직배관을 통하여 가지배관에 급수하는 배관
주배관	각 층을 수직으로 관통하는 수직배관
신축배관	가지배관과 (스프링클러헤드)를 연결하는 구부림이 용이하고 유연성을 가진 배관(간이헤드)
습식 스프링클러설비	가압송수장치에서 폐쇄형 스프링클러헤드까지 배관 내에 항상 물이 가압되어 있다가 화재로 인한 열로 폐쇄형 스프링클러헤드가 개방되면 배관 내에 유수가 발생하여 습식 유수검지장치가 작동하게 되는 스프링클러설비
부압식 스프링클러설비	가압송수장치에서 준비작동식 유수검지장치의 1차 측까지는 항상 정압의 물이 가압되고, 2차 측 폐쇄형 스프링클러헤드까지는 소화수가 부압으로 되어 있다가 화재 시 감지기의 작동에 의해 정압으로 변하여 유수가 발생하면 작동하는 스프링클러설비
준비작동식 스프링클러설비	가압송수장치에서 준비작동식 유수검지장치 1차 측까지 배관 내에 항상 물이 가압되어 있고 2차 측에서 폐쇄형 스프링클러헤드까지 대기압 또는 저압으로 있다가 화재발생 시 감지기의 작동으로 준비작동식 유수검지장치가 작동하여 폐쇄형 스프링클러헤드까지 소화용수가 송수되어 폐쇄형 스프링클러헤드가 열에 따라 개방되는 방식의 스프링클러설비
건식 스프링클러설비	건식 유수검지장치 2차 측에 압축공기 또는 질소 등의 기체로 충전된 배관에 폐쇄형 스프링클러헤드가 부착된 스프링클러설비로서, 폐쇄형 스프링클러헤드가 개방되어 배관 내의 압축공기 등이 방출되면 건식유수검지장치 1차 측의 수압에 의하여 건식유수검지장치가 작동하게 되는 스프링클러설비
일제살수식 스프링클러설비	가압송수장치에서 일제개방밸브 1차 측까지 배관 내에 항상 물이 가압되어 있고 2차 측에서 개방형스프링클러헤드까지 대기압으로 있다가 화재발생 시 자동감지장치 또는 수동식 기동장치의 작동으로 일제개방밸브가 개방되면 스프링클러헤드까지 소화용수가 송수되는 방식의 스프링클러설비
반사판(디프렉터)	스프링클러헤드의 방수구에서 유출되는 물을 세분시키는 작용을 하는 것
연소할 우려가 있는 개구부	각 방화구획을 관통하는 컨베이어·에스컬레이터 또는 이와 유사한 시설의 주위로서 방화구획을 할 수 없는 부분
소방부하	소방시설 및 방화·피난·소화활동을 위한 시설의 전력부하

용 어	정 의
소방전원보전형 발전기	소방부하 및 소방부하 이외의 부하 겸용의 비상발전기로서, 상용전원 중단 시에는 소방부하 및 비상부하에 비상전원이 동시에 공급되고, 화재 시 과부하에 접근될 경우 비상부하의 일부 또는 전부를 자동적으로 차단하는 제어장치를 구비하여, 소방부하에 비상 전원을 연속 공급하는 자가발전설비
간이헤드	폐쇄형 헤드의 일종으로 간이스프링클러설비를 설치해야 하는 특정소방대상물의 화재에 적합한 감도·방수량 및 살수분포를 갖는 헤드
습식유수검지장치	1차 측 및 2차 측에 가압수를 가득 채운상태에서 폐쇄형 스프링클러헤드가 열린 경우 2차 측의 압력저하로 시트가 열려 가압수 등이 2차 측으로 유출되도록 하는 장치(패들형을 포함한다.)
준비작동식 유수검지장치	1차 측에 가압수 등을 채우고 2차 측에서 폐쇄형 스프링클러 헤드까지 대기압 또는 저압으로 있다가 화재감지설비의 감지기 또는 화재감지용 헤드의 작동에 의하여 시트가 열려 가압수 등이 2차 측으로 유출되도록 하는 장치
캐비닛형 간이스프링클러설비	가압송수장치, 수조 및 유수검지장치 등을 집적화하여 캐비닛 형태로 구성시킨 간이 형태의 스프링클러설비
상수도 직결형 간이스프링클러설비	수조를 사용하지 아니하고 상수도에 직접 연결하여 항상 기준 압력 및 방수량 이상을 확보할 수 있는 설비
주택전용 간이스프링클러설비	「소방시설 설치 및 관리에 관한 법률 시행령」 별표4 제1호마목에 따라 연립주택 및 다세대주택에 설치하는 간이스프링클러설비
물분무헤드	화재 시 직선류 또는 나선류의 물을 충돌·확산시켜 미립상태로 분무함으로써 소화하는 헤드
미분무소화설비	가압된 물이 헤드 통과 후 미세한 입자로 분무됨으로써 소화성능을 가지는 설비를 말하며, 소화력을 증가시키기 위해 강화액 등을 첨가할 수 있다.
미분무	물만을 사용하여 소화하는 방식으로 최소설계압력에서 헤드로부터 방출되는 물입자 중 99%의 누적체적분포가 400 μm 이하로 분무되고 A, B, C급 화재에 적응성을 갖는 것
미분무헤드	하나 이상의 오리피스를 가지고 미분무소화설비에 사용되는 헤드
개방형 미분무헤드	감열체 없이 방수구가 항상 열려 있는 헤드
폐쇄형 미분무헤드	정상상태에서 방수구를 막고 있는 감열체가 일정온도에서 자동적으로 파괴·용융 또는 이탈됨으로써 방수구가 개방되는 헤드
저압 미분무	최고사용압력이 1.2MPa 이하인 미분무소화설비
중압 미분무	사용압력이 1.2MPa을 초과하고 3.5MPa 이하인 미분무소화설비
고압 미분무	최저사용압력이 3.5MPa을 초과하는 미분무소화설비

용 어	정 의
폐쇄형 미분무소화설비	배관 내에 항상 물 또는 공기 등이 가압되어 있다가 화재로 인한 열로 폐쇄형 미분무헤드가 개방되면서 소화수를 방출하는 방식의 미분무소화설비
개방형 미분무소화설비	화재감지기의 신호를 받아 가압송수장치를 동작시켜 미분무수를 방출하는 방식의 미분무소화설비
유수검지장치	본체 내의 유수현상을 자동적으로 검지하여 신호 또는 경보를 발하는 장치
전역방출방식	고정식 미분무소화설비에 배관 및 헤드를 고정 설치하여 구획된 방호구역 전체에 소화수를 방출하는 설비
국소방출방식	고정식 미분무소화설비에 배관 및 헤드를 설치하여 직접 화점에 소화수를 방출하는 설비로서 화재발생 부분에 집중적으로 소화수를 방출하도록 설치하는 방식
호스릴방식	미분무건을 소화수 저장용기 등에 연결하여 사람이 직접 화점에 소화수를 방출하는 소화설비
설계도서	특정소방대상물의 점화원, 연료의 특성과 형태 등에 따라서 발생할 수 있는 화재의 유형이 고려되어 작성된 것
전역방출방식	고정식 포 발생장치로 구성되어 포 수용액이 방호대상물 주위가 막힌 공간이나 밀폐 공간 속으로 방출되도록 된 설비방식
국소방출방식	고정된 포 발생장치로 구성되어 화점이나 연소 유출물 위에 직접 포를 방출하도록 설치된 설비방식
팽창비	최종 발생한 포 체적을 원래 포 수용액 체적으로 나눈 값
포워터스프링클러설비	포워터스프링클러헤드를 사용하는 포소화설비
포헤드설비	포헤드를 사용하는 포소화설비
고정포방출설비	고정포방출구를 사용하는 설비
호스릴포소화설비	호스릴포방수구·호스릴 및 이동식 포노즐을 사용하는 설비
포소화전설비	포소화전방수구·호스 및 이동식포노즐을 사용하는 설비
송액관	수원으로부터 포헤드·고정포방출구 또는 이동식 포노즐에 급수하는 배관
펌프프로포셔너방식	펌프의 토출관과 흡입관 사이의 배관 도중에 설치한 흡입기에 펌프에서 토출된 물의 일부를 보내고, 농도 조정밸브에서 조정된 포소화약제의 필요량을 포소화약제 탱크에서 펌프 흡입 측으로 보내어 이를 혼합하는 방식

용어	정의
프레저프로포셔너방식	펌프와 발포기의 중간에 설치된 벤투리관의 벤투리 작용과 펌프 가압수의 포소화약제 저장탱크에 대한 압력에 따라 포소화약제를 흡입·혼합하는 방식
라인프로포셔너방식	펌프와 발포기의 중간에 설치된 벤투리관의 벤투리 작용에 따라 포소화약제를 흡입·혼합하는 방식
프레저사이드 프로포셔너방식	펌프의 토출관에 압입기를 설치하여 포소화약제 압입용펌프로 포소화약제를 압입시켜 혼합하는 방식
압축공기포소화설비	압축공기 또는 압축질소를 일정 비율로 포수용액에 강제 주입 혼합하는 방식
송수구	소화설비에 소화용수를 보급하기 위하여 건물 외벽 또는 구조물의 외벽에 설치하는 관
방수구	소화설비로부터 소화용수를 방수하기 위하여 건물 내벽 또는 구조물의 외벽에 설치하는 관
호스접결구	호스를 연결하는 데 사용되는 장비 일체
체크밸브	흐름이 한 방향으로만 흐르도록 되어 있는 밸브
주배관	수직배관을 통해 교차배관에 급수하는 배관
교차배관	주배관을 통해 가지배관에 급수하는 배관

3. 수조

1) 전용수조[옥내소화전설비·스프링클러설비·간이스프링클러설비·화재조기진압용스프링클러설비·물분무소화설비·포소화설비·옥외소화전설비]

① 옥내소화전설비의 수원을 수조로 설치하는 경우에는 소방설비의 전용수조로 해야 한다.

② 소방설비의 수조를 다른 설비(소방용 설비 외의 것)와 겸용할 수 있는 경우

가. 옥내소화전 펌프의 후드밸브 또는 흡수배관의 흡수구(수직회전축펌프의 흡수구를 포함한다.)를 다른 설비(소방용 설비 외의 것을 말한다.)의 후드밸브 또는 흡수구보다 낮은 위치에 설치한 때

나. 고가수조로부터 옥내소화전설비의 수직배관에 물을 공급하는 급수구를 다른 설비의 급수구보다 낮은 위치에 설치한 때

> **Check Point** 설비 겸용 시 유효수량

제1항 및 제2항에 따른 저수량을 산정함에 있어서 다른 설비와 겸용하여 옥내소화전설비용 수조를 설치하는 경우에는 옥내소화전설비의 후드밸브·흡수구 또는 수직배관의 급수구와 다른 설비의 후드밸브·흡수구 또는 수직배관의 급수구와의 사이의 수량을 그 유효수량으로 한다.

2) 옥상수조[옥내소화전설비 · 스프링클러설비 · 화재조기진압용 스프링클러설비]

① 옥내소화전설비의 수원은 산출된 유효수량 외에 유효수량의 3분의 1 이상을 옥상(옥내소화전설비가 설치된 건축물의 주된 옥상을 말한다.)에 설치해야 한다.

② 옥상수원 설치 제외[옥내소화전설비 · 스프링클러설비 · 화재조기진압용 스프링클러설비]

  1. (옥상이 없는 건축물 또는 공작물 : 화재조기진압용 스프링클러설비)
  2. 지하층만 있는 건축물
  3. 고가수조를 가압송수장치로 설치한 옥내소화전설비
  4. 수원이 건축물의 **최상층에 설치된 방수구**보다 높은 위치에 설치된 경우
              ↳ SP : 최상층에 설치된 헤드 / ESFR : 지붕
  5. 건축물의 높이가 지표면으로부터 10m 이하인 경우
  6. 주펌프와 동등 이상의 성능이 있는 별도의 펌프로서 내연기관의 기동과 연동하여 작동되거나 비상전원을 연결하여 설치한 경우
  7. 가압수조를 가압송수장치로 설치한 옥내소화전설비
  8. 2.2.1.9의 단서에 해당하는 경우(옥내소화전설비)

> **Check Point**
>
> ▶ **옥상수원 설치 제외[고층건축물 화재안전기술기준 NFTC 604]**
> 1. 옥내소화전설비(제5조제2항)
>   ① 고가수조를 가압송수장치로 설치한 옥내소화전설비
>   ② 수원이 건축물의 최상층에 설치된 방수구보다 높은 위치에 설치된 경우
> 2. 스프링클러설비(제6조제2항)
>   ① 고가수조를 가압송수장치로 설치한 스프링클러설비
>   ② 수원이 건축물의 최상층에 설치된 헤드보다 높은 위치에 설치된 경우
>
> ▶ **예비펌프 기준**
> 1. 층수가 30층 미만인 건축물[옥내소화전·스프링클러·화재조기진압용 스프링클러설비] 예비펌프를 설치할 경우 옥상수원을 면제할 수 있다.
> 2. 층수가 30층 이상인 건축물[옥내소화전·스프링클러설비] 주펌프 이외에 동등 이상인 별도의 예비펌프를 설치해야 한다.(옥상수원 면제조항에 해당 안 됨)
>
> ▶ **2.2.1.9의 단서**
> 학교·공장·창고시설(제4조 제2항에 따라 옥상수조를 설치한 대상은 제외한다.)로서 동결의 우려가 있는 장소에 있어서는 기동스위치에 보호판을 부착하여 옥내소화전함 내에 설치한 경우

3) 수조 설치기준[수계 소화설비 공통]

① 점검에 편리한 곳에 설치할 것
② 동결방지조치를 하거나 동결의 우려가 없는 장소에 설치할 것
③ 수조의 외측에 수위계를 설치할 것. 다만, 구조상 불가피한 경우에는 수조의 맨홀 등을 통하여 수조 안의 물의 양을 쉽게 확인할 수 있도록 해야 한다.
④ 수조의 상단이 바닥보다 높은 때에는 수조의 외측에 고정식 사다리를 설치할 것
⑤ 수조가 실내에 설치된 때에는 그 실내에 조명설비를 설치할 것
⑥ 수조의 밑 부분에는 청소용 배수밸브 또는 배수관을 설치할 것
⑦ 수조의 외측의 보기 쉬운 곳에 "옥내소화전설비용 수조"라고 표시한 표지를 할 것. 이 경우 그 수조를 다른 설비와 겸용하는 때에는 그 겸용되는 설비의 이름을 표시한 표지를 함께 해야 한다.
⑧ 소화설비용 펌프의 흡수배관 또는 소화설비의 수직배관과 수조의 접속부분에는 "옥내소화전소화설비용 배관"이라고 표시한 표지를 할 것. 다만, 수조와 가까운 장소에 소화설비용 펌프가 설치되고 해당 펌프에 2.2.1.15에 따른 표지를 설치한 때에는 그렇지 않다.

▶ 2.2.1.15

가압송수장치에는 "옥내소화전소화펌프"라고 표시한 표지를 할 것. 이 경우 그 가압송수장치를 다른 설비와 겸용하는 때에는 그 겸용되는 설비의 이름을 표시한 표지를 함께 해야 한다.

4. 가압송수장치

1) 종류

① 전동기 또는 내연기관에 따른 펌프를 이용하는 가압송수장치
② 고가수조의 자연낙차를 이용하는 가압송수장치
③ 압력수조를 이용하는 가압송수장치
④ 가압수조를 이용하는 가압송수장치
⑤ 상수도직결형(간이스프링클러설비)

2) 특징

구분	내용
펌프방식	① 건물의 위치나 구조에 관계없이 설치할 수 있다. ② 양정 및 토출량을 임의로 선정할 수 있다. ③ 일정 규모 이상의 소방대상물에는 비상전원을 설치해야 한다. ④ 2차 수원 또는 예비펌프를 설치해야 한다.
고가 수조방식	① 신뢰성이 높고 가장 안전하다. ② 상용전원 및 비상전원이 필요하지 않다. ③ 옥상수원이 필요하지 않다. ④ 저층부에 한하여 적용이 가능하다. ⑤ 고층부에 적용 시 건물보다 높은 위치에 수조를 설치해야 한다.
압력 수조방식	① 신속하게 규정수량을 방수할 수 있다. ② 고가수조방식에 비해 설치장소에 제약이 없다. ③ 수조 용량의 $\frac{2}{3}$만 저수가 가능하다.($\frac{1}{3}$은 압축공기) ④ 방사 시 시간경과에 따라 방수압이 감소된다.
가압 수조방식	① 수조 내의 압력이나 가압 가스의 압력을 임의로 조정할 수 있다. ② 비상전원이 필요하지 않다. ③ 옥상수원이 필요하지 않다. ④ 가압용기 누설 시 이를 보충해야 규정 방사압 및 방사량을 확보할 수 있다. ⑤ 수조 및 가압용기는 방화구획된 장소에 한하여 설치가 가능하다.

5. 전동기 또는 내연기관에 따른 펌프를 이용한 가압송수장치 설치기준

1) 공통기준

① 쉽게 접근할 수 있고 점검하기에 충분한 공간이 있는 장소로서 화재 및 침수 등의 재해로 인한 피해를 받을 우려가 없는 곳에 설치할 것

② 동결방지조치를 하거나 동결의 우려가 없는 장소에 설치할 것

③ 펌프는 전용으로 할 것. 다만, 다른 소화설비와 겸용하는 경우 각각의 소화설비의 성능에 지장이 없을 때에는 그렇지 않다.[미분무소화설비 : 전용으로 할 것]

④ 펌프의 토출 측에는 압력계를 체크밸브 이전에 펌프 토출 측 플랜지에서 가까운 곳에 설치하고, 흡입 측에는 연성계 또는 진공계를 설치할 것. 다만, 수원의 수위가 펌프의 위치보다 높거나 수직회전축 펌프의 경우에는 연성계 또는 진공계를 설치하지 않을 수 있다.

⑤ 가압송수장치에는 정격부하운전 시 펌프의 성능을 시험하기 위한 배관을 설치할 것. 다만, 충압펌프의 경우에는 그렇지 않다.

⑥ 가압송수장치에는 체절운전 시 수온의 상승을 방지하기 위한 순환배관을 설치할 것. 다만, 충압펌프의 경우에는 그렇지 않다.

⑦ 수원의 수위가 펌프보다 낮은 위치에 있는 가압송수장치에는 다음 각 목의 기준에 따른 물올림장치를 설치할 것

> **Check Point 물올림장치 설치기준**
>
> 가. 물올림장치에는 전용의 탱크를 설치할 것
> 나. 탱크의 유효수량은 $100l$ 이상으로 하되, 구경 15mm 이상의 급수배관에 따라 해당 탱크에 물이 계속 보급되도록 할 것

⑧ 기동용 수압개폐장치를 기동장치로 사용할 경우에는 다음 각 목의 기준에 따른 충압펌프를 설치할 것

　가. 펌프의 토출압력은 그 설비의 **최고위 호스접결구의** 자연압보다 적어도 0.2MPa이 더 크도록 하거나 가압송수장치의 정격토출압력과 같게 할 것

　나. 펌프의 정격토출량은 정상적인 누설량보다 적어서는 아니 되며, 옥내소화전설비가 자동적으로 작동할 수 있도록 충분한 토출량을 유지할 것

옥내소화전설비	최고위 호스접결구의
스프링클러설비	최고위 살수장치(일제개방밸브의 경우는 그 밸브)의
간이스프링클러설비 ESFR	최고위 살수장치의
물분무소화설비	최고위 물분무헤드의
미분무소화설비	—
포소화설비	최고위 일제개방밸브 · 포소화전 또는 호스릴포방수구의
옥외소화전설비	최고위 호스접결구의

> **Check Point** 충압펌프 설치 제외

1. 옥내소화전설비 · 옥외소화전설비
   옥내소화전이 각 층에 1개씩 설치된 경우로서 소화용 급수펌프로도 상시 충압이 가능하고 다음 가목의 성능을 갖춘 경우에는 충압펌프를 별도로 설치하지 않을 수 있다.
   ▶ 가목
   가. 펌프의 토출압력은 그 설비의 최고위 호스접결구의 자연압보다 적어도 0.2MPa이 더 크도록 하거나 가압송수장치의 정격토출압력과 같게 할 것
   ▶ 옥외소화전설비 : 옥외소화전이 1개

2. 포소화설비
   호스릴포소화설비 또는 포소화전설비를 설치한 경우 소화용 급수펌프로 상시 충압이 가능하고 1개의 호스릴포방수구 또는 포소화전방수구를 개방할 때에 급수펌프가 정지되는 시간 없이 지속적으로 작동될 수 있고 다음 가목의 성능을 갖춘 경우에는 충압펌프를 별도로 설치하지 않을 수 있다.

⑨ 기동용 수압개폐장치(압력챔버)를 사용할 경우 그 용적은 100l 이상의 것으로 할 것
⑩ 내연기관을 사용하는 경우에는 다음 각 목의 기준에 적합한 것으로 할 것
　　가. 내연기관의 기동은 2.2.1.9의 기동장치를 설치하거나 또는 소화전함의 위치에서 원격조작이 가능하고 기동을 명시하는 적색등을 설치할 것(옥내소화전 · 옥외소화전설비)
　▶ 2.2.1.9의 기동장치
　　기동장치로는 기동용수압개폐장치 또는 이와 동등 이상의 성능이 있는 것을 설치할 것
　　나. 제어반에 따라 내연기관의 자동기동 및 수동기동이 가능하고, 상시 충전되어 있는 축전지설비를 갖출 것(옥내 · 스프링클러 · 간이스프링클러 · ESFR · 물분무 · 미분무 · 포 · 옥외소화전설비)

다. 내연기관의 연료량은 펌프를 20분(층수가 30층 이상 49층 이하는 40분, 50층 이상은 60분) 이상 운전할 수 있는 용량일 것(옥내소화전·스프링클러설비)
⑪ 가압송수장치에는 "옥내소화전펌프"라고 표시한 표지를 할 것. 이 경우 그 가압송수장치를 다른 설비와 겸용하는 때에는 그 겸용되는 설비의 이름을 표시한 표지를 함께 해야 한다.
⑫ 가압송수장치가 기동이 된 경우에는 자동으로 정지되지 아니하도록 해야 한다. 다만, 충압펌프의 경우에는 그렇지 않다.
⑬ 가압송수장치는 부식 등으로 인한 펌프의 고착을 방지할 수 있도록 다음 각 목의 기준에 적합한 것으로 할 것. 다만, 충압펌프는 제외한다.
  가. 임펠러는 청동 또는 스테인리스 등 부식에 강한 재질을 사용할 것
  나. 펌프축은 스테인리스 등 부식에 강한 재질을 사용할 것

2) 설비별 기준

(1) 옥내소화전설비

주펌프는 전동기에 따른 펌프로 설치해야 한다.
① 특정소방대상물의 어느 층에 있어서도 해당층의 옥내소화전(2개 이상 설치된 경우에는 2개의 옥내소화전)을 동시에 사용할 경우 각 소화전의 노즐선단에서의 방수압력이 0.17MPa(호스릴옥내소화전설비를 포함한다.) 이상이고, 방수량이 130l/min(호스릴옥내소화전설비를 포함한다.) 이상이 되는 성능의 것으로 할 것. 다만, 하나의 옥내소화전을 사용하는 노즐선단에서의 방수압력이 0.7MPa을 초과할 경우에는 호스접결구의 인입 측에 감압장치를 설치해야 한다.
② 펌프의 토출량은 옥내소화전이 가장 많이 설치된 층의 설치개수(옥내소화전이 2개 이상 설치된 경우에는 2개)에 130l/min를 곱한 양 이상이 되도록 할 것
③ 기동장치로는 기동용 수압개폐장치 또는 이와 동등 이상의 성능이 있는 것을 설치할 것. 다만, 학교·공장·창고시설(에 따라 옥상수조를 설치한 대상은 제외한다.)로서 동결의 우려가 있는 장소에 있어서는 기동스위치에 보호판을 부착하여 옥내소화전함 내에 설치할 수 있다.
④ 2.2.1.9(③) 단서의 경우에는 주펌프와 동등 이상의 성능이 있는 별도의 펌프로서 내연기관의 기동과 연동하여 작동되거나 비상전원을 연결한 펌프를 추가 설치할 것. 다만, 다음 각 목의 경우는 제외한다.
  가. 지하층만 있는 건축물
  나. 고가수조를 가압송수장치로 설치한 경우

다. 수원이 건축물의 최상층에 설치된 방수구보다 높은 위치에 설치된 경우
라. 건축물의 높이가 지표면으로부터 10m 이하인 경우
마. 가압수조를 가압송수장치로 설치한 경우

Check Point 옥내소화전설비의 방수량 · 방수압력

구 분	방수량	방수압력
특정소방대상물	130[l/min] 이상	0.17[MPa] 이상 0.7[MPa] 이하
도로터널	190[l/min] 이상	0.35[MPa] 이상 0.7[MPa] 이하

(2) 스프링클러설비

주펌프는 전동기에 따른 펌프로 설치해야 한다.

① 가압송수장치의 정격토출압력은 하나의 헤드 선단에 0.1MPa 이상 1.2MPa 이하의 방수압력이 될 수 있게 하는 크기일 것
② 가압송수장치의 송수량은 0.1MPa의 방수압력 기준으로 80l/min 이상의 방수 성능을 가진 기준개수의 모든 헤드로부터의 방수량을 충족시킬 수 있는 양 이상의 것으로 할 것. 이 경우 속도수두는 계산에 포함하지 않을 수 있다.
③ ②의 기준에 불구하고 가압송수장치의 1분당 송수량은 폐쇄형 스프링클러 헤드를 사용하는 설비의 경우 기준개수에 80l를 곱한 양 이상으로도 할 수 있다.
④ ②의 기준에 불구하고 가압송수장치의 1분당 송수량은 개방형 스프링클러 헤드 수가 30개 이하의 경우에는 그 개수에 80l를 곱한 양 이상으로 할 수 있으나 30개를 초과하는 경우에는 ① 및 ②에 따른 기준에 적합하게 할 것
⑤ 가압송수장치는 부식 등으로 인한 펌프의 고착을 방지할 수 있도록 다음 각 목의 기준에 적합한 것으로 할 것. 다만, 충압펌프는 제외한다.
  가. 임펠러는 청동 또는 스테인리스 등 부식에 강한 재질을 사용할 것
  나. 펌프축은 스테인리스 등 부식에 강한 재질을 사용할 것

Check Point 스프링클러설비의 방수량 · 방수압력

구 분	방수량	방수압력
특정소방대상물	80[l/min] 이상	0.1[MPa] 이상 1.2[MPa] 이하

(3) 간이스프링클러설비

① 방수압력(상수도직결형은 상수도압력)은 가장 먼 가지배관에서 2개[영 별표 4 제1호마목2)가) 또는 6)과 8)에 해당하는 경우에는 5개]의 간이헤드를 동시에 개방할 경우 각각의 간이헤드 선단 방수압력은 0.1MPa 이상, 방수량은 50l/min 이상이어야 한다. 다만, 2.3.1.7에 따른 주차장에 표준반응형스프링클러헤드를 사용할 경우 헤드 1개의 방수량은 80l/min 이상이어야 한다.

② 영 별표 4 제1호마목2)가) 또는 6)과 8)에 해당하는 특정소방대상물의 경우에는 상수도직결형 및 캐비닛형 간이스프링클러설비를 제외한 가압송수장치를 설치해야 한다.

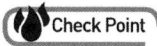 **간이스프링클러설비의 방수량 · 방수압력**

구 분	방수량	방수압력
간이헤드	50[l/min] 이상	0.1[MPa] 이상
표준반응형 헤드	80[l/min] 이상	0.1[MPa] 이상 1.2[MPa] 이하

Check Point

▶ **영 별표 4 제1호 마목**
2) 가) 근린생활시설로 사용하는 부분의 바닥면적 합계가 1천m^2 이상인 것은 모든 층
6) 숙박시설로 사용되는 바닥면적의 합계가 300m^2 이상 600m^2 미만인 시설
7) 복합건축물(별표 2 제30호나목의 복합건축물만 해당한다)로서 연면적 1천m^2 이상인 것은 모든 층
▶ 복합건축물 : 하나의 건축물이 근린생활시설, 판매시설, 업무시설, 숙박시설 또는 위락시설의 용도와 주택의 용도로 함께 사용되는 것

▶ **간이스프링클러설비를 설치한 장소의 부설 주차장**
1. 간이헤드는 조기반응형 헤드이므로 습식으로 해야 한다.
2. 주차장 부분에는 습식 외의 방식으로 해야 하므로 표준반응형 헤드를 설치한다.(준비작동식 스프링클러설비)

(4) 물분무소화설비

① 펌프의 1분당 토출량은 다음 각 목의 기준에 따라 설치할 것

　가. 「소방기본법 시행령」 별표 2의 특수가연물을 저장·취급하는 특정소방대상물 또는 그 부분은 그 바닥면적(최대 방수구역의 바닥면적을 기준으로 하며, 50m² 이하인 경우에는 50m²) 1m²에 대하여 10l를 곱한 양 이상이 되도록 할 것

　나. 차고 또는 주차장은 그 바닥면적(최대 방수구역의 바닥면적을 기준으로 하며, 50m² 이하인 경우에는 50m²) 1m²에 대하여 20l를 곱한 양 이상이 되도록 할 것

　다. 절연유 봉입 변압기는 바닥면적을 제외한 표면적을 합한 면적 1m²당 10l를 곱한 양 이상이 되도록 할 것

　라. 케이블트레이, 케이블덕트 등은 투영된 바닥면적 1m²당 12l를 곱한 양 이상이 되도록 할 것

　마. 컨베이어벨트 등은 벨트 부분의 바닥면적 1m²당 10l를 곱한 양 이상이 되도록 할 것

② 펌프의 양정은 다음의 식에 따라 산출한 수치 이상이 되도록 할 것

$$H = h_1 + h_2$$

여기서, H : 펌프의 양정[m]
　　　　h_1 : 물분무헤드의 설계압력 환산수두[m]
　　　　h_2 : 배관의 마찰손실 수두[m]

Check Point 물분무소화설비의 펌프의 1분당 토출량

소방대상물	토출량[$l/\min \cdot m^2$]	기준면적 $A[m^2]$
특수가연물 저장·취급	$Q = A \times 10$	A : 최대방수구역 바닥면적(50[m²] 이하는 50[m²])
절연유 봉입 변압기	$Q = A \times 10$	A : 바닥부분을 제외한 변압기 표면적을 합한 면적(5면의 합)
컨베이어벨트	$Q = A \times 10$	A : 벨트 부분의 바닥면적
케이블트레이·덕트	$Q = A \times 12$	A : 투영된 바닥면적
차고·주차장	$Q = A \times 20$	A : 최대방수구역 바닥면적(50[m²] 이하는 50[m²])
도로터널	$Q = A \times 6 \times 3$	A : 25[m] × 폭[m]

(5) 미분무소화설비

① 펌프는 전용으로 할 것
② 가압송수장치의 송수량은 최저설계압력에서 설계유량(l/min) 이상의 방수성능을 가진 기준 개수의 모든 헤드로부터의 방수량을 충족시킬 수 있는 양 이상의 것으로 할 것
③ 가압송수장치가 기동되는 경우에는 자동으로 정지되지 아니하도록 할 것

(6) 포소화설비

가압송수장치의 주펌프는 전동기에 따른 펌프로 설치해야 한다.

① 동결방지조치를 하거나 동결의 우려가 없는 장소에 설치해야 한다. 다만, 보온재를 사용할 경우에는 난연재료 성능 이상의 것으로 해야 한다.
② 소화약제가 변질될 우려가 없는 곳에 설치할 것
③ 펌프의 토출량은 포헤드·고정포방출구 또는 이동식 포노즐의 설계압력 또는 노즐의 방사압력의 허용범위 안에서 포수용액을 방출 또는 방사할 수 있는 양 이상이 되도록 할 것
④ 펌프의 양정은 다음 식에 따라 산출한 수치 이상이 되도록 할 것

$$H = h_1 + h_2 + h_3 + h_4$$

여기서, H : 펌프의 양정[m]
h_1 : 방출구의 설계압력 환산수두 또는 노즐 선단의 방사압력 환산수두[m]
h_2 : 배관의 마찰손실수두[m]
h_3 : 낙차[m]
h_4 : 소방용 호스의 마찰손실수두[m]

⑤ 압축공기포소화설비에 설치되는 펌프의 양정은 0.4MPa 이상이 되어야 한다. 다만, 자동으로 급수장치를 설치한 때에는 전용펌프를 설치하지 않을 수 있다.

▶ 압축공기포소화설비
압축공기 또는 압축질소를 일정 비율로 포수용액에 강제 주입 혼합하는 방식을 말한다.

(7) 옥외소화전설비

① 특정소방대상물에 설치된 옥외소화전(2개 이상 설치된 경우에는 2개의 옥외소화전)을 동시에 사용할 경우 각 옥외소화전의 노즐선단에서의 방수압력이 0.25MPa 이상이고, 방수량이 350l/min 이상이 되는 성능의 것으로 할 것. 다만, 하나의 옥외소화전을 사용하는 노즐선단에서의 방수압력이 0.7MPa을 초과할 경우에는 호스접결구의 인입 측에 감압장치를 설치해야 한다.

② 기동장치로는 기동용 수압개폐장치 또는 이와 동등 이상의 성능이 있는 것을 설치할 것. 다만, 아파트·업무시설·학교·전시시설·공장·창고시설 또는 종교시설 등으로서 동결의 우려가 있는 장소에 있어서는 기동스위치에 보호판을 부착하여 옥외소화전함 내에 설치할 수 있다.

Check Point 옥외소화전설비의 방수량·방수압력

구 분	방수량	방수압력
특정소방대상물	350[l/min] 이상	0.25[MPa] 이상 0.7[MPa] 이하

Check Point 배관의 감압방법

1. 감압밸브를 이용하는 방식
    ① 앵글밸브용 감압밸브
    ② 배관용 감압밸브
2. 고가수조방식
3. 전용배관방식
4. 가압펌프(Booster Pump)방식

6. 양정

1) 펌프방식

소방시설	펌프의 양정	
옥내소화전설비	펌프의 양정 $H = h_1 + h_2 + h_3 + 17[\text{m}]$ (호스릴옥내소화전 포함)	h_1 : 건물 실양정[m] h_2 : 배관 마찰손실수두[m] h_3 : 호스 마찰손실수두[m]
옥외소화전설비	펌프의 양정 $H = h_1 + h_2 + h_3 + 25[\text{m}]$	h_1 : 필요한 실양정[m] h_2 : 배관 마찰손실수두[m] h_3 : 호스 마찰손실수두[m]
스프링클러설비	펌프의 양정 $H = h_1 + h_2 + 10[\text{m}]$	h_1 : 건물 실양정[m] h_2 : 배관 마찰손실수두[m]
간이스프링클러설비	펌프의 양정 $H = h_1 + h_2 + 10[\text{m}]$	h_1 : 건물 실양정[m] h_2 : 배관 마찰손실수두[m]
화재조기진압용 스프링클러설비	펌프의 양정 $H = h_1 + h_2 + h_3[\text{m}]$	h_1 : 건물 실양정[m] h_2 : 배관 마찰손실수두[m] h_3 : 최소방사압력환산수두[m]
물분무소화설비	펌프의 양정 $H = h_1 + h_2[\text{m}]$	h_1 : 물분무헤드 설계압력 환산수두[m] h_2 : 배관 마찰손실수두[m]
미분무소화설비	–	–
포소화설비	펌프의 양정 $H = h_1 + h_2 + h_3 + h_4[\text{m}]$	h_1 : 실양정[m] h_2 : 배관 마찰손실수두[m] h_3 : 호스 마찰손실수두[m] h_4 : 방출구의 설계압력 환산수두 또는 노즐선단 방사압력 환산수두[m]

2) 고가수조방식

소방시설	필요한 낙차	
옥내소화전설비	필요한 낙차 $H = h_1 + h_2 + 17[\text{m}]$ (호스릴옥내소화전 포함)	h_1 : 배관 마찰손실수두[m] h_2 : 호스 마찰손실수두[m]
	수위계, 배수관, 급수관, 오버플로우관, 맨홀	
옥외소화전설비	필요한 낙차 $H = h_1 + h_2 + 25[\text{m}]$	h_1 : 배관 마찰손실수두[m] h_2 : 호스 마찰손실수두[m]
	수위계, 배수관, 급수관, 오버플로우관, 맨홀	

소방시설	필요한 낙차	
스프링클러설비	필요한 낙차 $H = h_1 + 10[m]$	h_1 : 배관 마찰손실수두[m]
	수위계, 배수관, 급수관, 오버플로우관, 맨홀	
간이스프링클러설비	필요한 낙차 $H = h_1 + 10[m]$	h_1 : 배관 마찰손실수두[m]
	수위계, 배수관, 급수관, 오버플로우관, 맨홀	
화재조기진압용 스프링클러설비	필요한 낙차 $H = h_1 + h_2[m]$	h_1 : 배관 마찰손실수두[m] h_2 : 별표 3에 의한 최소방사압력 환산수두[m]
	수위계, 배수관, 급수관, 오버플로우관, 맨홀	
물분무소화설비	필요한 낙차 $H = h_1 + h_2[m]$	h_1 : 물분무헤드 설계압력 환산수두[m] h_2 : 배관 마찰손실수두[m]
	수위계, 배수관, 급수관, 오버플로우관, 맨홀	
미분무소화설비	—	
포소화설비	필요한 낙차 $H = h_1 + h_2 + h_3[m]$	h_1 : 방출구의 설계압력 환산수두 또는 노즐선단 방사압력 환산수두[m] h_2 : 배관 마찰손실수두[m] h_3 : 호스 마찰손실수두[m]
	수위계, 배수관, 급수관, 오버플로우관, 맨홀	

3) 압력수조 · 가압수조방식

소방시설	필요한 낙차	
옥내소화전설비	필요한 압력 $P = p_1 + p_2 + p_3 + 0.17[MPa]$ (호스릴옥내소화전 포함)	p_1 : 낙차 환산수두압[MPa] p_2 : 배관 마찰손실수두압[MPa] p_3 : 호스 마찰손실수두압[MPa]
	압력수조 : 수위계, 급수관, 배수관, 급기관, 맨홀, 압력계, 안전장치 및 압력저하 방지를 위한 자동식 공기압축기	
옥외소화전설비	필요한 압력 $P = p_1 + p_2 + p_3 + 0.25[MPa]$ (호스릴옥내소화전 포함)	p_1 : 낙차 환산수두압[MPa] p_2 : 배관 마찰손실수두압[MPa] p_3 : 호스 마찰손실수두압[MPa]

소방시설	필요한 낙차	
옥외소화전설비	압력수조 : 수위계, 급수관, 배수관, 급기관, 맨홀, 압력계, 안전장치 및 압력저하 방지를 위한 자동식 공기압축기	
스프링클러설비	필요한 압력 $P = p_1 + p_2 + 0.1[\text{MPa}]$	p_1 : 낙차 환산수두압[MPa] p_2 : 배관 마찰손실수두압[MPa]
	압력수조 : 수위계, 급수관, 배수관, 급기관, 맨홀, 압력계, 안전장치 및 압력저하 방지를 위한 자동식 공기압축기	
간이스프링클러설비	필요한 압력 $P = p_1 + p_2 + 0.1[\text{MPa}]$	p_1 : 낙차 환산수두압[MPa] p_2 : 배관 마찰손실수두압[MPa]
	압력수조 : 수위계, 급수관, 배수관, 급기관, 맨홀, 압력계, 안전장치 및 압력저하 방지를 위한 자동식 공기압축기	
화재조기진압용 스프링클러설비	필요한 압력 $P = p_1 + p_2 + p_3[\text{MPa}]$	p_1 : 낙차 환산수두압[MPa] p_2 : 배관 마찰손실수두압[MPa] p_3 : 최소방사압력[MPa]
	압력수조 : 수위계, 급수관, 배수관, 급기관, 맨홀, 압력계, 안전장치 및 압력저하 방지를 위한 자동식 공기압축기	
물분무소화설비	필요한 압력 $P = p_1 + p_2 + p_3[\text{MPa}]$	p_1 : 물분무헤드 설계압력[MPa] p_2 : 배관 마찰손실수두압[MPa] p_3 : 낙차환산수두압[MPa]
	압력수조 : 수위계, 급수관, 배수관, 급기관, 맨홀, 압력계, 안전장치 및 압력저하 방지를 위한 자동식 공기압축기	
미분무소화설비	압력수조 : 수위계, 급수관, 배수관, 급기관, 맨홀, 압력계, 안전장치 및 압력저하 방지를 위한 자동식 공기압축기	
포소화설비	필요한 압력 $P = p_1 + p_2 + p_3 + p_4[\text{MPa}]$	p_1 : 방출구설계압력 또는 노즐선단 방사압력(MPa) p_2 : 배관 마찰손실수두압(MPa) p_3 : 낙차환산수두압(MPa) p_4 : 호스 마찰손실수두압(MPa)
	압력수조 : 수위계, 급수관, 배수관, 급기관, 맨홀, 압력계, 안전장치 및 압력저하 방지를 위한 자동식 공기압축기	

7. 가압수조를 이용한 가압송수장치 설치기준

1) 가압수조의 압력은 2.2.1.3에 따른 방수량 및 방수압이 20분 이상 유지되도록 할 것
2) 가압수조 및 가압원은 「건축법 시행령」 제46조에 따른 방화구획된 장소에 설치할 것
3) 가압수조를 이용한 가압송수장치는 소방청장이 정하여 고시한 「가압수조식가압송수장치의 성능인증 및 제품검사의 기술기준」에 적합한 것으로 설치할 것

> **Check Point** 설비별 기준
>
> ▶ 간이스프링클러설비
>   가압수조의 압력은 간이헤드 2개를 동시에 개방할 때 적정방수량 및 방수압이 10분[영 별표 4 제1호마목2)가) 또는 6)과 8)에 해당하는 경우에는 5개의 간이헤드에서 최소 20분] 이상 유지되도록 할 것
>
> ▶ 미분무소화설비
>   가압수조의 압력은 설계 방수량 및 방수압이 설계방수시간 이상 유지되도록 할 것

[압력수조]

[가압수조]

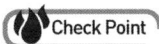 방화구획

1. **방화구획의 설치**[「건축법 시행령」 제46조]
   ① 법 제49조제2항에 따라 주요구조부가 내화구조 또는 불연재료로 된 건축물로서 연면적이 1천m²를 넘는 것은 국토교통부령으로 정하는 기준에 따라 다음의 구조물로 구획(이하 "방화구획"이라 한다)을 해야 한다. 다만, 「원자력안전법」 제2조제8호 및 제10호에 따른 원자로 및 관계시설은 같은 법에서 정하는 바에 따른다.
   1. 내화구조로 된 바닥 및 벽
   2. 제64조제1항제1호·제2호에 따른 방화문 또는 자동방화셔터(국토교통부령으로 정하는 기준에 적합한 것을 말한다. 이하 같다)

   > 제64조(방화문의 구분) ① 방화문은 다음 각 호와 같이 구분한다.
   > 1. 60분+ 방화문 : 연기 및 불꽃을 차단할 수 있는 시간이 60분 이상이고, 열을 차단할 수 있는 시간이 30분 이상인 방화문
   > 2. 60분 방화문 : 연기 및 불꽃을 차단할 수 있는 시간이 60분 이상인 방화문
   > 3. 30분 방화문 : 연기 및 불꽃을 차단할 수 있는 시간이 30분 이상 60분 미만인 방화문

   ② 다음의 어느 하나에 해당하는 건축물의 부분에는 제1항을 적용하지 않거나 그 사용에 지장이 없는 범위에서 제1항을 완화하여 적용할 수 있다.
   1. 문화 및 집회시설(동·식물원은 제외한다), 종교시설, 운동시설 또는 장례시설의 용도

로 쓰는 거실로서 시선 및 활동공간의 확보를 위하여 불가피한 부분
2. 물품의 제조·가공·보관 및 운반 등에 필요한 고정식 대형기기 설비의 설치를 위하여 불가피한 부분. 다만, 지하층인 경우에는 지하층의 외벽 한쪽 면(지하층의 바닥면에서 지상층 바닥 아래면까지의 외벽 면적 중 4분의 1 이상이 되는 면을 말한다) 전체가 건물 밖으로 개방되어 보행과 자동차의 진입·출입이 가능한 경우에 한정한다.
3. 계단실·복도 또는 승강기의 승강장 및 승강로로서 그 건축물의 다른 부분과 방화구획으로 구획된 부분. 다만, 해당 부분에 위치하는 설비배관 등이 바닥을 관통하는 부분은 제외한다.
4. 건축물의 최상층 또는 피난층으로서 대규모 회의장·강당·스카이라운지·로비 또는 피난안전구역 등의 용도로 쓰는 부분으로서 그 용도로 사용하기 위하여 불가피한 부분
5. 복층형 공동주택의 세대별 층간 바닥 부분
6. 주요구조부가 내화구조 또는 불연재료로 된 주차장
7. 단독주택, 동물 및 식물 관련 시설 또는 교정 및 군사시설 중 군사시설(집회, 체육, 창고 등의 용도로 사용되는 시설만 해당한다)로 쓰는 건축물
8. 건축물의 1층과 2층의 일부를 동일한 용도로 사용하며 그 건축물의 다른 부분과 방화구획으로 구획된 부분(바닥면적의 합계가 500㎡ 이하인 경우로 한정한다)

③ 건축물 일부의 주요구조부를 내화구조로 하거나 제2항에 따라 건축물의 일부에 제1항을 완화하여 적용한 경우에는 내화구조로 한 부분 또는 제1항을 완화하여 적용한 부분과 그 밖의 부분을 방화구획으로 구획해야 한다.

④ 공동주택 중 아파트로서 4층 이상인 층의 각 세대가 2개 이상의 직통계단을 사용할 수 없는 경우에는 발코니에 인접 세대와 공동으로 또는 각 세대별로 다음의 요건을 모두 갖춘 대피공간을 하나 이상 설치해야 한다. 이 경우 인접 세대와 공동으로 설치하는 대피공간은 인접 세대를 통하여 2개 이상의 직통계단을 쓸 수 있는 위치에 우선 설치되어야 한다.
1. 대피공간은 바깥의 공기와 접할 것
2. 대피공간은 실내의 다른 부분과 방화구획으로 구획될 것
3. 대피공간의 바닥면적은 인접 세대와 공동으로 설치하는 경우에는 3㎡ 이상, 각 세대별로 설치하는 경우에는 2㎡ 이상일 것
4. 국토교통부장관이 정하는 기준에 적합할 것

⑤ 제4항에도 불구하고 아파트의 4층 이상인 층에서 발코니에 다음의 어느 하나에 해당하는 구조 또는 시설을 설치한 경우에는 대피공간을 설치하지 않을 수 있다.
1. 인접 세대와의 경계벽이 파괴하기 쉬운 경량구조 등인 경우
2. 경계벽에 피난구를 설치한 경우
3. 발코니의 바닥에 국토교통부령으로 정하는 하향식 피난구를 설치한 경우
4. 국토교통부장관이 제4항에 따른 대피공간과 동일하거나 그 이상의 성능이 있다고 인정하여 고시하는 구조 또는 시설(이하 이 호에서 "대체시설"이라 한다)을 갖춘 경우. 이 경우 국토교통부장관은 대체시설의 성능에 대해 미리 「과학기술분야 정부출연연구기관 등의 설립·운영 및 육성에 관한 법률」 제8조제1항에 따라 설립된 한국건설기술연구원(이하 "한국건설기술연구원"이라 한다)의 기술검토를 받은 후 고시해야 한다.

⑥ 요양병원, 정신병원, 「노인복지법」 제34조제1항제1호에 따른 노인요양시설(이하 "노인요양시설"이라 한다), 장애인 거주시설 및 장애인 의료재활시설의 피난층 외의 층에는 다음의 어느 하나에 해당하는 시설을 설치해야 한다. 〈신설 2015.9.22., 2018.9.4.〉
1. 각 층마다 별도로 방화구획된 대피공간
2. 거실에 접하여 설치된 노대등
3. 계단을 이용하지 아니하고 건물 외부의 지상으로 통하는 경사로 또는 인접 건축물로 피난할 수 있도록 설치하는 연결복도 또는 연결통로

> ▶ **발코니 등의 구조변경절차 및 설치기준[국토교통부고시 제2015-845호]**
> **제3조(대피공간의 구조)**
> ① 「건축법 시행령」 제46조제4항의 규정에 따라 설치되는 대피공간은 채광방향과 관계없이 거실 각 부분에서 접근이 용이하고 외부에서 신속하고 원활한 구조활동을 할 수 있는 장소에 설치해야 하며, 출입구에 설치하는 갑종방화문은 거실쪽에서만 열 수 있는 구조(대피공간임을 알 수 있는 표지판을 설치할 것)로서 대피공간을 향해 열리는 밖여닫이로 해야 한다.
> ② 대피공간은 1시간 이상의 내화성능을 갖는 내화구조의 벽으로 구획되어야 하며, 벽·천장 및 바닥의 내부마감재료는 준불연재료 또는 불연재료를 사용해야 한다.
> ③ 대피공간은 외기에 개방되어야 한다. 다만, 창호를 설치하는 경우에는 폭 0.7미터 이상, 높이 1.0m 이상(구조체에 고정되는 창틀 부분은 제외한다.)은 반드시 외기에 개방될 수 있어야 하며, 비상시 외부의 도움을 받는 경우 피난에 장애가 없는 구조로 설치해야 한다.
> ④ 대피공간에는 정전에 대비해 휴대용 손전등을 비치하거나 비상전원이 연결된 조명설비가 설치되어야 한다.
> ⑤ 대피공간은 대피에 지장이 없도록 시공·유지관리되어야 하며, 대피공간을 보일러실 또는 창고 등 대피에 장애가 되는 공간으로 사용하여서는 아니 된다. 다만, 에어컨 실외기 등 냉방설비의 배기장치를 대피공간에 설치하는 경우에는 다음의 기준에 적합해야 한다.
>   1. 냉방설비의 배기장치를 불연재료로 구획할 것
>   2. 제1호에 따라 구획된 면적은 「건축법 시행령」 제46조제4항제3호에 따른 대피공간 바닥면적 산정 시 제외할 것
>
> **제4조(방화판 또는 방화유리창의 구조)**
> ① 아파트 2층 이상의 층에서 스프링클러의 살수범위에 포함되지 않는 발코니를 구조변경하는 경우에는 발코니 끝부분에 바닥판 두께를 포함하여 높이가 90cm 이상의 방화판 또는 방화유리창을 설치해야 한다.
> ② 제1항의 규정에 의하여 설치하는 방화판과 방화유리창은 창호와 일체 또는 분리하여 설치할 수 있다. 다만, 난간은 별도로 설치해야 한다.

③ 방화판은 「건축물의 피난·방화구조 등의 기준에 관한 규칙」 제6조의 규정에서 규정하고 있는 불연재료를 사용할 수 있다. 다만, 방화판으로 유리를 사용하는 경우에는 제5항의 규정에 따른 방화유리를 사용해야 한다.
④ 제1항부터 제3항까지에 따라 설치하는 방화판은 화재 시 아래층에서 발생한 화염을 차단할 수 있도록 발코니 바닥과의 사이에 틈새가 없이 고정되어야 하며, 틈새가 있는 경우에는 「건축물의 피난·방화구조 등의 기준에 관한 규칙」 제14조제2항제2호에서 정한 재료로 틈새를 메워야 한다.
⑤ 방화유리창에서 방화유리(창호 등을 포함한다)는 한국산업표준 KS F 2845(유리구획부분의 내화시험방법)에서 규정하고 있는 시험방법에 따라 시험한 결과 비차열 30분 이상의 성능을 가져야 한다.
⑥ 입주자 및 사용자는 관리규약을 통해 방화판 또는 방화유리창 중 하나를 선택할 수 있다.

2. 방화구획의 설치기준[건축물의 피난·방화구조 등의 기준에 관한 규칙 제14조]

① 건축물에 설치하는 방화구획은 다음의 기준에 적합해야 한다.
  1. 10층 이하의 층은 바닥면적 1천m^2(스프링클러 기타 이와 유사한 자동식 소화설비를 설치한 경우에는 바닥면적 3천m^2) 이내마다 구획할 것
  2. 매 층마다 구획할 것. 다만, 지하 1층에서 지상으로 직접 연결하는 경사로 부위는 제외한다.
  3. 11층 이상의 층은 바닥면적 200m^2(스프링클러 기타 이와 유사한 자동식 소화설비를 설치한 경우에는 600m^2) 이내마다 구획할 것. 다만, 벽 및 반자의 실내에 접하는 부분의 마감을 불연재료로 한 경우에는 바닥면적 500m^2(스프링클러 기타 이와 유사한 자동식 소화설비를 설치한 경우에는 1천500m^2) 이내마다 구획해야 한다.
  4. 필로티나 그 밖에 이와 비슷한 구조(벽면적의 2분의 1 이상이 그 층의 바닥면에서 위층 바닥 아래면까지 공간으로 된 것만 해당한다)의 부분을 주차장으로 사용하는 경우 그 부분은 건축물의 다른 부분과 구획할 것

▶ 방화구획 기준

구 분		자동식 소화설비 미설치	자동식 소화설비 설치
10층 이하		1,000m^2 이내	3,000m^2 이내
11층 이상	일반재료	200m^2 이내	600m^2 이내
	불연재료	500m^2 이내	1,500m^2 이내

② 제1항에 따른 방화구획은 다음의 기준에 적합하게 설치해야 한다.
  1. 영 제46조에 따른 방화구획으로 사용하는 60+ 방화문 또는 60분 방화문은 언제나 닫힌 상태를 유지하거나 화재로 인한 연기 또는 불꽃을 감지하여 자동적으로 닫히는 구조로 할 것. 다만, 연기 또는 불꽃을 감지하여 자동적으로 닫히는 구조로 할 수 없는 경우

에는 온도를 감지하여 자동적으로 닫히는 구조로 할 수 있다.
2. 외벽과 바닥 사이에 틈이 생긴 때나 급수관·배전관 그 밖의 관이 방화구획으로 되어 있는 부분을 관통하는 경우 그로 인하여 방화구획에 틈이 생긴 때에는 그 틈을 별표 1 제1호에 따른 내화시간(내화채움성능이 인정된 구조로 메워지는 구성 부재에 적용되는 내화시간을 말한다) 이상 견딜 수 있는 내화채움성능이 인정된 구조로 메울 것
   가. 삭제 〈2021.3.26〉
   나. 삭제 〈2021.3.26〉
3. 환기·난방 또는 냉방시설의 풍도가 방화구획을 관통하는 경우에는 그 관통부분 또는 이에 근접한 부분에 다음 각 목의 기준에 적합한 댐퍼를 설치할 것. 다만, 반도체공장건축물로서 방화구획을 관통하는 풍도의 주위에 스프링클러헤드를 설치하는 경우에는 그렇지 않다.
   가. 화재로 인한 연기 또는 불꽃을 감지하여 자동적으로 닫히는 구조로 할 것. 다만, 주방 등 연기가 항상 발생하는 부분에는 온도를 감지하여 자동적으로 닫히는 구조로 할 수 있다.
   나. 국토교통부장관이 정하여 고시하는 비차열(非遮熱) 성능 및 방연성능 등의 기준에 적합할 것
   다. 삭제 〈2019.8.6.〉
   라. 삭제 〈2019.8.6.〉
4. 영 제46조제1항제2호 및 제81조제5항제5호에 따라 설치되는 자동방화셔터는 다음 각 목의 요건을 모두 갖출 것. 이 경우 자동방화셔터의 구조 및 성능기준 등에 관한 세부사항은 국토교통부장관이 정하여 고시한다.
   가. 피난이 가능한 60분+ 방화문 또는 60분 방화문으로부터 3m 이내에 별도로 설치할 것
   나. 전동방식이나 수동방식으로 개폐할 수 있을 것
   다. 불꽃감지기 또는 연기감지기 중 하나와 열감지기를 설치할 것
   라. 불꽃이나 연기를 감지한 경우 일부 폐쇄되는 구조일 것
   마. 열을 감지한 경우 완전 폐쇄되는 구조일 것
③ 영 제46조제1항제2호에서 "국토교통부령으로 정하는 기준에 적합한 것"이란 한국건설기술연구원장이 국토교통부장관이 정하여 고시하는 바에 따라 다음의 사항을 모두 인정한 것을 말한다. 〈신설 2019.8.6., 2021.3.26.〉
1. 생산공장의 품질 관리 상태를 확인한 결과 국토교통부장관이 정하여 고시하는 기준에 적합할 것
2. 해당 제품의 품질시험을 실시한 결과 비차열 1시간 이상의 내화성능을 확보하였을 것
④ 영 제46조제5항제3호에 따른 하향식 피난구(덮개, 사다리, 경보시스템을 포함한다)의 구조는 다음의 기준에 적합하게 설치해야 한다. 〈신설 2010.4.7., 2019.8.6., 2021.3.26.〉
1. 피난구의 덮개는 품질시험을 실시한 결과 비차열 1시간 이상의 내화성능을 가져야 하며, 피난구의 유효 개구부 규격은 직경 60cm 이상일 것

2. 상층·하층 간 피난구의 설치위치는 수직방향 간격을 15cm 이상 띄워서 설치할 것
3. 아래층에서는 바로 위층의 피난구를 열 수 없는 구조일 것
4. 사다리는 바로 아래층의 바닥면으로부터 50cm 이하까지 내려오는 길이로 할 것
5. 덮개가 개방될 경우에는 건축물관리시스템 등을 통하여 경보음이 울리는 구조일 것
6. 피난구가 있는 곳에는 예비전원에 의한 조명설비를 설치할 것

⑤ 제2항제2호에 따른 건축물의 외벽과 바닥 사이의 내화채움방법에 필요한 사항은 국토교통부장관이 정하여 고시한다. 〈신설 2012.1.6., 2013.3.23., 2019.8.6., 2021.3.26.〉

8. 배관

1) 배관과 배관이음쇠는 다음의 어느 하나에 해당하는 것 또는 동등 이상의 강도·내식성 및 내열성 등을 국내·외 공인기관으로부터 인정받은 것을 사용해야 하고, 배관용 스테인리스 강관(KS D 3576)의 이음을 용접으로 할 경우에는 텅스텐 불활성 가스 아크 용접(Tungsten Inertgas Arc Welding)방식에 따른다. 다만, 2.3에서 정하지 않은 사항은 「건설기술 진흥법」 제44조제1항의 규정에 따른 "건설기준"에 따른다.[공통]

① 배관 내 사용압력이 1.2MPa 미만일 경우
   가. 배관용 탄소강관(KS D 3507)
   나. 이음매 없는 구리 및 구리 합금관(KS D 5301). 다만, 습식의 배관에 한한다.
   다. 배관용 스테인리스강관(KS D 3576) 또는 일반배관용 스테인리스강관(KS D 3595)
   라. 덕타일주철관(KS D 4311)

② 배관 내 사용압력이 1.2MPa 이상일 경우
   가. 압력배관용탄소강관(KS D 3562)
   나. 배관용 아크용접 탄소강강관(KS D 3583)

2) **소방용 합성수지 배관을 설치할 수 있는 경우[공통]**
   ① 배관을 지하에 매설하는 경우
   ② 다른 부분과 내화구조로 구획된 덕트 또는 피트의 내부에 설치하는 경우
   ③ 천장(상층이 있는 경우에는 상층바닥의 하단을 포함한다.)과 반자를 불연재료 또는 준불연 재료로 설치하고 소화배관 내부에 항상 소화수가 채워진 상태로 설치하는 경우

3) 펌프의 흡입 측 배관 설치기준

① 공기고임이 생기지 아니하는 구조로 하고 여과장치를 설치할 것
　➤ 공기고임이 생기지 아니하는 구조 : 편심레듀서 설치
② 수조가 펌프보다 낮게 설치된 경우에는 각 펌프(충압펌프를 포함한다.)마다 수조로부터 별도로 설치할 것

> 펌프의 흡입 측 배관에는 버터플라이밸브 외의 개폐표시형 밸브를 설치해야 한다.
> ➤ **버터플라이밸브를 펌프 흡입 측에 설치할 수 없는 이유**
> 　① 마찰손실이 크므로 공동현상이 발생할 가능성이 있다.
> 　② 수격작용이 발생할 가능성이 있다.
> 　③ 펌프의 성능이 저하된다.

4) 가압송수장치의 체절운전 시 수온 상승 방지대책

① 가압송수장치에는 체절운전 시 수온의 상승을 방지하기 위하여 순환배관을 설치할 것. 다만, 충압펌프의 경우에는 그렇지 않다.
② 가압송수장치에는 체절운전 시 수온의 상승을 방지하기 위하여 체크밸브와 펌프 사이에서 분기한 구경 20mm 이상의 배관에 체절압력 미만에서 개방되는 릴리프밸브를 설치해야 한다.

[동작 전]

[동작 후]

5) 펌프의 성능시험배관

① 펌프의 성능시험배관은 다음의 기준에 적합하도록 설치해야 한다.
② 성능시험배관 설치기준[옥내소화전·스프링클러·간이스프링클러·ESFR·물분무·포·옥외소화전]
　가. 성능시험배관은 펌프의 토출 측에 설치된 개폐밸브 이전에서 분기하여 직선으로 설치하고, 유량측정장치를 기준으로 전단 직관부에는 개폐밸브를 후단 직관부에

는 유량조절밸브를 설치할 것. 이 경우 개폐밸브와 유량측정장치 사이의 직관부 거리 및 유량측정장치와 유량조절밸브 사이의 직관부 거리는 해당 유량측정장치 제조사의 설치사양에 따르고, 성능시험배관의 호칭지름은 유량측정장치의 호칭지름에 따른다.

나. 유량측정장치는 펌프의 정격토출량의 175% 이상까지 측정할 수 있는 성능이 있을 것

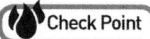 **성능시험배관 설치기준[미분무소화설비]**

1. 성능시험배관은 펌프의 토출 측에 설치된 개폐밸브 이전에서 분기하여 직선으로 설치하고, 유량측정장치를 기준으로 전단 직관부에는 개폐밸브를 후단 직관부에는 유량조절밸브를 설치할 것. 이 경우 개폐밸브와 유량측정장치 사이의 직관부 거리 및 유량측정장치와 유량조절밸브 사이의 직관부 거리는 해당 유량측정장치 제조사의 설치사양에 따르고, 성능시험배관의 호칭지름은 유량측정장치의 호칭지름에 따른다.
2. 유입구에는 개폐밸브를 둘 것
3. 유량측정장치는 펌프의 정격토출량의 175% 이상 측정할 수 있는 성능이 있을 것

▶ 소방용 펌프

1. 펌프의 성능 : 펌프의 성능은 체절운전 시 정격토출압력의 140%를 초과하지 아니하고, 정격토출량의 150%로 운전 시 정격토출압력의 65% 이상이 되어야 한다.
2. 펌프의 특성곡선(성능곡선)

[펌프의 성능곡선]

> ▶ 체절운전
> 1. 펌프의 토출 측 개폐밸브를 잠그고 펌프를 운전하는 무부하상태의 운전이다.
> 2. 릴리프밸브를 설치하여 체절압력 직전(정격토출압력의 1.4배 이하)에서 개방되도록 한다.
>
> ▶ 과부하운전
> 1. 정격토출량의 1.5배 이상이 되도록 운전한다.
> 2. 과부하운전 시 압력은 정격토출압력의 0.65배 이상이 되어야 한다.

6) 배관의 구경

[옥내소화전설비]

펌프의 토출 측 주배관의 구경은 유속이 4m/s 이하가 될 수 있는 크기 이상으로 해야 하고, 옥내소화전방수구와 연결되는 가지배관의 구경은 40mm(호스릴옥내소화전설비의 경우에는 25mm) 이상으로 해야 하며, 주배관 중 수직배관의 구경은 50mm(호스릴옥내소화전설비의 경우에는 32mm) 이상으로 해야 한다.

[스프링클러설비 · 간이스프링클러설비 · 화재조기진압용 스프링클러설비]

배관의 구경은 2.2.1.10 및 2.2.1.11에 적합하도록 수리계산에 의하거나 표 2.5.3.3의 기준에 따라 설치할 것. 다만, 수리계산에 따르는 경우 가지배관의 유속은 6m/s, 그 밖의 배관의 유속은 10m/s를 초과할 수 없다.

▶ 2.2.1.10
가압송수장치의 정격토출압력은 하나의 헤드선단에 0.1MPa 이상 1.2MPa 이하의 방수압력이 될 수 있게 하는 크기일 것

▶ 2.2.1.11
가압송수장치의 송수량은 0.1MPa의 방수압력 기준으로 80L/min 이상의 방수성능을 가진 기준개수의 모든 헤드로부터의 방수량을 충족시킬 수 있는 양 이상의 것으

로 할 것. 이 경우 속도수두는 계산에 포함하지 않을 수 있다.
▶ 표 2.5.3.3
스크링클러헤드 수별 급수관의 구경

[옥내소화전 · 스프링클러 · 간이스프링클러 · ESFR · 물분무 · 포]
연결송수관설비의 배관과 겸용할 경우의 주배관은 구경 100mm 이상, 방수구로 연결되는 배관의 구경은 65mm 이상의 것으로 해야 한다.

[미분무소화설비]
수직배수배관의 구경은 50mm 이상으로 해야 한다. 다만, 수직배관의 구경이 50mm 미만인 경우에는 수직배관과 동일한 구경으로 할 수 있다.

9. 송수구 설치기준

1) 공통기준
① 지면으로부터 높이가 0.5m 이상 1m 이하의 위치에 설치할 것
② 송수구의 가까운 부분에 자동배수밸브(또는 직경 5mm의 배수공) 및 체크밸브를 설치할 것. 이 경우 자동 배수밸브는 배관 안의 물이 잘 빠질 수 있는 위치에 설치하되, 배수로 인하여 다른 물건 또는 장소에 피해를 주지 아니해야 한다.
③ 송수구에는 이물질을 막기 위한 마개를 씌울 것

2) 설비별 기준
① 소방차가 쉽게 접근할 수 있는 잘 보이는 장소에 설치하되 화재층으로부터 지면으로 떨어지는 유리창 등이 송수 및 그 밖의 소화 작업에 지장을 주지 아니하는 장소에 설치할 것 [옥내소화전 · 스프링클러 · 간이스프링클러 · ESFR]

소방시설	기 준
포소화설비	송수구는 화재 층으로부터 지면으로 떨어지는 유리창 등이 송수 및 그 밖의 소화작업에 지장을 주지 않는 장소에 설치할 것
물분무 소화설비	송수구는 화재 층으로부터 지면으로 떨어지는 유리창 등이 송수 및 그 밖의 소화작업에 지장을 주지 않는 장소에 설치할 것. 이 경우 가연성가스의 저장 · 취급시설에 설치하는 송수구는 그 방호대상물로부터 20m 이상의 거리를 두거나, 방호대상물에 면하는 부분이 높이 1.5m 이상 폭 2.5m 이상의 철근콘크리트 벽으로 가려진 장소에 설치해야 한다.

② 구경 65mm의 쌍구형 또는 단구형으로 할 것 [옥내소화전설비]

간이스프링클러설비	구경 65mm의 단구형 또는 쌍구형으로 해야 하며, 송수배관의 안지름은 40mm 이상으로 할 것

SP · ESFR · 물분무 · 포
구경 65mm의 쌍구형으로 할 것

③ 송수구로부터 주배관에 이르는 연결배관에는 개폐밸브를 설치하지 않을 것. 다만, 스프링클러설비·물분무소화설비·포소화설비 또는 연결송수관 설비의 배관과 겸용하는 경우에는 그렇지 않다. [옥내소화전 : 단서조항 없음]

SP · 간이SP · ESFR · 물분무 · 포 · 연송
송수구로부터 스프링클러설비의 주배관에 이르는 연결배관에 개폐밸브를 설치한 때에는 그 개폐상태를 쉽게 확인 및 조작할 수 있는 옥외 또는 기계실 등의 장소에 설치할 것

④ 스프링클러·ESFR·물분무·포

ESFR 물분무	1. 송수구에는 그 가까운 곳의 보기 쉬운 곳에 송수압력범위를 표시한 표지를 할 것 2. 송수구는 하나의 층의 바닥면적이 3,000m²를 넘을 때마다 1개 이상(5개를 넘을 경우에는 5개로 한다.)을 설치할 것
SP	2. 폐쇄형 스프링클러헤드를 사용하는 스프링클러설비의 송수구는 하나의 층의 바닥면적이 3,000m²를 넘을 때마다 1개 이상(5개를 넘을 경우에는 5개로 한다.)을 설치할 것
포	2. 포소화설비의 송수구는 하나의 층의 바닥면적이 3,000m²를 넘을 때마다 1개 이상을 설치할 것(5개를 넘을 경우에는 5개로 한다.)

10. 전원

1) 상용전원

① **저압수전인 경우**

인입개폐기의 직후에서 분기하여 전용배선으로 해야 하며, 전용의 전선관에 보호되도록 할 것

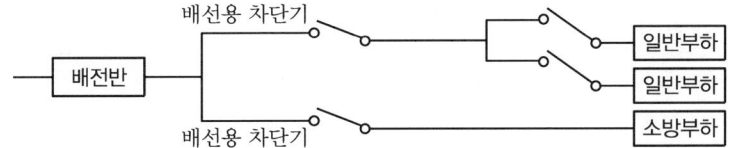

② **특별고압수전 또는 고압수전일 경우**

전력용 변압기 2차 측의 주 차단기 1차 측에서 분기하여 전용배선으로 하되, 상용전원의 상시공급에 지장이 없을 경우에는 주차단기 2차 측에서 분기하여 전용배선으로 할 것. 다만, 가압송수장치의 정격입력전압이 수전전압과 같은 경우에는

2.5.1.1의 기준에 따른다.

2) 비상전원

① 종류
자가발전설비 · 축전지설비 · 비상전원수전설비 · 전기저장장치

② 설치대상(적용 규모)

[옥내소화전설비]
1. 층수가 7층 이상으로서 연면적이 2,000m² 이상인 것
2. 제1호에 해당하지 아니하는 특정소방대상물로서 지하층의 바닥면적의 합계가 3,000m² 이상인 것

[비상콘센트설비]
1. 지하층을 제외한 층수가 7층 이상으로서 연면적이 2,000m² 이상인 것
2. 제1호에 해당하지 아니하는 특정소방대상물로서 지하층의 바닥면적의 합계가 3,000m² 이상인 것

③ 설치면제
1. 2 이상의 변전소에서 전력을 동시에 공급받을 수 있는 경우
2. 하나의 변전소로부터 전력의 공급이 중단되는 때에는 자동으로 다른 변전소로부터 전원을 공급받을 수 있도록 상용전원을 설치한 경우
3. 가압수조방식인 경우

④ 설치기준
1. 점검에 편리하고 화재 및 침수 등의 재해로 인한 피해를 받을 우려가 없는 곳에 설치할 것
2. 옥내소화전설비를 유효하게 20분 이상 작동할 수 있어야 할 것
3. 상용전원으로부터 전력의 공급이 중단된 때에는 자동으로 비상전원으로부터 전력을 공급받을 수 있도록 할 것
4. 비상전원(내연기관의 기동 및 제어용 축전기를 제외한다.)의 설치장소는 다른 장소

와 방화구획할 것. 이 경우 그 장소에는 비상전원의 공급에 필요한 기구나 설비 외의 것(열병합발전설비에 필요한 기구나 설비는 제외한다.)을 두어서는 아니 된다.

5. 비상전원을 실내에 설치하는 때에는 그 실내에 비상조명등을 설치할 것

[스프링클러설비]

1. 옥내에 설치하는 비상전원실에는 옥외로 직접 통하는 충분한 용량의 급배기설비를 설치할 것
2. 비상전원의 출력용량은 다음 각 목의 기준을 충족할 것

※ 비상전원 출력용량 기준

가. 비상전원 설비에 설치되어 동시에 운전될 수 있는 모든 부하의 합계 입력용량을 기준으로 정격출력을 선정할 것. 다만, 소방전원 보존형 발전기를 사용할 경우에는 그렇지 않다.

나. 기동전류가 가장 큰 부하가 기동될 때에도 부하의 허용 최저입력전압 이상의 출력전압을 유지할 것

다. 단시간 과전류에 견디는 내력은 입력용량이 가장 큰 부하가 최종 기동할 경우에도 견딜 수 있을 것

6. 자가발전설비는 부하의 용도와 조건에 따라 다음 각 목 중의 하나를 설치하고 그 부하용도별 표지를 부착해야 한다. 다만, 자가발전설비의 정격출력용량은 하나의 건축물에 있어서 소방부하의 설비용량을 기준으로 하고, 나목의 경우 비상부하는 국토해양부장관이 정한 건축전기설비설계기준의 수용률 범위 중 최대값 이상을 적용한다.

※ 자가발전설비

가. 소방전용 발전기 : 소방부하용량을 기준으로 정격출력용량을 산정하여 사용하는 발전기

나. 소방부하 겸용 발전기 : 소방 및 비상부하 겸용으로서 소방부하와 비상부하의 전원용량을 합산하여 정격출력용량을 산정하여 사용하는 발전기

다. 소방전원 보존형 발전기 : 소방 및 비상부하 겸용으로서 소방부하의 전원용량을 기준으로 정격출력용량을 산정하여 사용하는 발전기

7. 비상전원실의 출입구 외부에는 실의 위치와 비상전원의 종류를 식별할 수 있도록 표지판을 부착할 것

Check Point 수계소화설비의 비상전원

소방시설	설치대상 구분	비상전원 종류 자	축	비	전	용량
옥내소화전설비	① 7층 이상으로서 연면적 2,000[m²] 이상 ② 지하층 바닥면적의 합계가 3,000[m²] 이상	●	●	–	●	20분 이상
스프링클러설비, 미분무소화설비	① 일반 대상	●	●	–	●	20분 이상
	② 차고, 주차장으로 스프링클러설비가 설치된 부분의 바닥면적 합계가 1,000[m²] 미만	●	●	●	●	
포소화설비	① 일반 대상	●	●	–	●	20분 이상
	② • 포헤드 또는 고정포 방출설비가 설치된 부분의 바닥면적 합계가 1,000[m²] 미만 • 호스릴포소화설비 또는 포소화전만을 설치한 차고 · 주차장	●	●	●	●	
물분무등 소화설비 (미분무 제외)	대상 건축물 전체	●	●	–	●	20분 이상
간이 스프링클러설비	대상 건축물 전체(단, 전원이 필요한 경우만 해당)	●	●	●	●	10분 이상
ESFR 스프링클러설비	대상 건축물 전체	●	●	–	●	20분 이상

※ 자 : 자가발전설비, 축 : 축전지설비, 비 : 비상전원수전설비, 전 : 전기 저장장치

Check Point

➤ **옥내소화전설비 · 스프링클러설비**
  1. 40분 이상 : 층수가 30층 이상 49층 이하
  2. 60분 이상 : 층수가 50층 이상

➤ **간이스프링클러설비**
  • 20분 이상 : 근린생활시설 · 생활형 숙박시설 · 복합건축물

➤ **옥내소화전설비 · 물분무소화설비**
  • 40분 이상 : 터널

11. 제어반

1) 감시제어반과 동력제어반을 구분하여 설치하지 않을 수 있는 경우

옥 내	1. 2.5.2의 각 기준의 어느 하나에 해당하지 않는 특정소방대상물에 설치되는 옥내소화전설비
SP ESFR 물분무 옥외	1. 다음 각 목의 어느 하나에 해당하지 아니하는 특정소방대상물에 설치되는 스프링클러설비 ① 지하층을 제외한 층수가 7층 이상으로서 연면적이 2,000m² 이상인 것 ② 지하층의 바닥면적의 합계가 3,000m² 이상인 것
공 통	2. 내연기관에 따른 가압송수장치를 사용하는 옥내소화전설비 3. 고가수조에 따른 가압송수장치를 사용하는 옥내소화전설비 4. 가압수조에 따른 가압송수장치를 사용하는 옥내소화전설비

▶ 2.5.2 : 비상전원 설치대상
① 층수가 7층 이상으로서 연면적 2,000m² 이상
② 지하층 바닥면적의 합계가 3,000m² 이상

2) 감시제어반의 기능

공 통	1. 각 펌프의 작동 여부를 확인할 수 있는 표시등 및 음향경보기능이 있어야 할 것 2. 각 펌프를 자동 및 수동으로 작동시키거나 중단시킬 수 있어야 할 것 3. 비상전원을 설치한 경우에는 상용전원 및 비상전원의 공급 여부를 확인할 수 있어야 할 것 4. 수조 또는 물올림탱크가 저수위로 될 때 표시등 및 음향으로 경보할 것 5. 예비전원이 확보되고 예비전원의 적합 여부를 시험할 수 있어야 할 것
옥내소화전 포	6. 다음의 각 확인회로마다 도통시험 및 작동시험을 할 수 있도록 할 것 (1) 기동용수압개폐장치의 압력스위치회로 (2) 수조 또는 물올림수조의 저수위감시회로 (3) 개폐밸브의 폐쇄상태 확인회로 (4) 그 밖의 이와 비슷한 회로
옥외소화전 물분무	6. 다음의 각 확인회로마다 도통시험 및 작동시험을 할 수 있도록 할 것 (1) 기동용수압개폐장치의 압력스위치회로 (2) 수조 또는 물올림수조의 저수위감시회로

3) 감시제어반에서 도통시험 및 작동시험을 할 수 있는 회로

스프링클러 ESFR	1. 기동용수압개폐장치의 압력스위치회로 2. 수조 또는 물올림수조의 저수위감시회로 3. 개폐밸브의 폐쇄상태 확인회로 4. 그 밖의 이와 비슷한 회로
스프링클러	5. 유수검지장치 또는 일제개방밸브의 압력스위치회로 6. 일제개방밸브를 사용하는 설비의 화재감지기회로
ESFR	5. 유수검지장치 또는 압력스위치회로
미분무	1. 수조의 저수위감시회로 2. 개방형 미분무소화설비의 화재감지기회로 3. 개폐밸브의 폐쇄상태 확인회로 4. 그 밖의 이와 비슷한 회로

4) 감시제어반의 전용실 설치기준[옥내 · SP · ESFR · 물분무 · 포 · 옥외]

① 다른 부분과 방화구획을 할 것. 이 경우 전용실의 벽에는 기계실 또는 전기실 등의 감시를 위하여 두께 7mm 이상의 망입유리(두께 16.3mm 이상의 접합유리 또는 두께 28mm 이상의 복층유리를 포함한다.)로 된 4m² 미만의 붙박이창을 설치할 수 있다.

② 피난층 또는 지하 1층에 설치할 것. 다만, 다음 각 세목의 어느 하나에 해당하는 경우에는 지상 2층에 설치하거나 지하 1층 외의 지하층에 설치할 수 있다.

※ **감시제어반의 전용실을 지상 2층 또는 지하 1층 외의 지하층에 설치할 수 있는 경우**

(1) 「건축법시행령」 제35조에 따라 특별피난계단이 설치되고 그 계단(부속실을 포함한다.) 출입구로부터 보행거리 5m 이내에 전용실의 출입구가 있는 경우
(2) 아파트의 관리동(관리동이 없는 경우에는 경비실)에 설치하는 경우
  [ESFR 제외]

> ▶ **미분무소화설비**
> ② 피난층 또는 지하 1층에 설치할 것

③ 비상조명등 및 급 · 배기설비를 설치할 것
④ 「무선통신보조설비의 화재안전기술기준(NFTC 505)」 2.2.3에 따라 유효하게 통신이 가능할 것(영 별표 4의 제5호마목에 따른 무선통신보조설비가 설치된 특정소방대상물에 한한다)
⑤ 바닥면적은 감시제어반의 설치에 필요한 면적 외에 화재 시 소방대원이 그 감시제어반의 조작에 필요한 최소 면적 이상으로 할 것

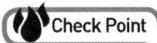 **종합방재실의 설치기준**[「초고층 및 지하연계 복합건축물 재난관리에 관한 특별법 시행규칙」제7조]

> ▶ **종합방재실의 위치**
> ㉮ 1층 또는 피난층. 다만, 초고층 건축물 등에 특별피난계단이 설치되어 있고, 특별피난계단 출입구로부터 5m 이내에 종합방재실을 설치하려는 경우에는 2층 또는 지하 1층에 설치할 수 있으며, 공동주택의 경우에는 관리사무소 내에 설치할 수 있다.
> ㉯ 비상용 승강장, 피난 전용 승강장 및 특별피난계단으로 이동하기 쉬운 곳
> ㉰ 재난정보 수집 및 제공, 방재 활동의 거점 역할을 할 수 있는 곳
> ㉱ 소방대가 쉽게 도달할 수 있는 곳
> ㉲ 화재 및 침수 등으로 인하여 피해를 입을 우려가 적은 곳

12. 배선[옥내소화전 · 스프링클러 · ESFR · 물분무 · 미분무 · 포 · 옥외소화전설비]

1) 내화배선

비상전원으로부터 동력제어반 및 가압송수장치에 이르는 전원회로의 배선은 내화배선으로 할 것. 다만, 자가발전설비와 동력제어반이 동일한 실에 설치된 경우에는 자가발전기로부터 그 제어반에 이르는 전원회로의 배선은 그렇지 않다.

2) 내화배선 또는 내열배선

상용전원으로부터 동력제어반에 이르는 배선, 그 밖의 옥내소화전설비의 감시 · 조작 또는 표시등 회로의 배선은 내화배선 또는 내열배선으로 할 것. 다만, 감시제어반 또는 동력제어반 안의 감시 · 조작 또는 표시등회로의 배선은 그렇지 않다.

13. 배선에 사용되는 전선의 종류 및 공사방법

1) 내화배선

① 사용전선의 종류

명 칭	최고허용온도	기 호
1. 450/750V 저독성 난연 가교 폴리올레핀 절연 전선	90℃	HFIX
2. 0.6/1KV 가교 폴리에틸렌 절연 저독성 난연 폴리올레핀 시스 전력 케이블	90℃	0.6/1kV HFCO
3. 6/10kV 가교 폴리에틸렌 절연 저독성 난연 폴리올레핀 시스 전력용 케이블	90℃	6/10kV HFCO
4. 가교 폴리에틸렌 절연 비닐시스 트레이용 난연 전력 케이블	90℃	0.6/1kV F-CV
5. 0.6/1kV EP 고무절연 클로로프렌 시스 케이블	-	PN
6. 300/500V 내열성 실리콘 고무 절연전선(180℃)	180℃	-
7. 내열성 에틸렌-비닐 아세테이트 고무 절연 케이블	110℃	-
8. 버스덕트(Bus Duct)		
9. 기타 전기용품안전관리법 및 전기설비기술기준에 따라 동등 이상의 내화성능이 있다고 주무부장관이 인정하는 것		

② 내화배선 공사방법

가. 내화전선 : 케이블 공사방법에 따라 설치해야 한다.

나. 기타 전선

사용전선관		금속관 · 2종 금속제 가요전선관 · 합성수지관에 수납
공사방법	매설하는 경우	내화구조로 된 벽 또는 바닥에 25mm 이상의 깊이로 매설
	매설하지 않는 경우	① 배선전용실 · 배선용샤프트 · 피트 · 덕트 등에 설치하는 경우 ② 다른 설비의 배선이 있는 경우 　㉠ 다른 설비 배선과 15cm 이상 이격 　㉡ 다른 설비 배선 지름의 1.5배 이상의 불연성 격벽 설치(배선지름이 다른 경우에는 가장 큰 것을 기준)

[타 용도의 배선과 이격된 경우] [타 용도의 배선과 근접된 경우]

(비고) 내화전선의 내화성능은 KS C IEC 60331-1과 2(온도 830℃/가열시간 120분) 표준 이상을 충족하고, 난연성능 확보를 위해 KS C IEC 60332-3-24 성능 이상을 충족할 것

2) 내열배선

① 사용전선의 종류

명 칭	최고허용온도	기 호
1. 450/750V 저독성 난연 가교 폴리올레핀 절연 전선	90℃	HFIX
2. 0.6/1KV 가교 폴리에틸렌 절연 저독성 난연 폴리올레핀 시스 전력 케이블	90℃	0.6/1kV HFCO
3. 6/10kV 가교 폴리에틸렌 절연 저독성 난연 폴리올레핀 시스 전력용 케이블	90℃	6/10kV HFCO
4. 가교 폴리에틸렌 절연 비닐시스 트레이용 난연 전력 케이블	90℃	0.6/1kV F-CV
5. 0.6/1kV EP 고무절연 클로로프렌 시스 케이블	-	PN
6. 300/500V 내열성 실리콘 고무 절연전선(180℃)	180℃	-
7. 내열성 에틸렌-비닐 아세테이트 고무 절연 케이블	110℃	-
8. 버스덕트(Bus Duct)		
9. 기타 전기용품안전관리법 및 전기설비기술기준에 따라 동등 이상의 내화성능이 있다고 주무부장관이 인정하는 것		

② **내열배선 공사방법**

가. 내화전선 · 내열전선 : 케이블 공사방법에 따라 설치해야 한다.

나. 기타 전선

전선관 공사	노출 공사
① 금속관 · 금속제 가요전선관 · 금속덕트 ② 케이블(불연성 덕트에 설치하는 경우)	① 배선전용실 · 배선용샤프트 · 피트 · 덕트 등에 설치하는 경우 ② 다른 설비의 배선이 있는 경우 　㉠ 다른 설비 배선과 15cm 이상 이격 　㉡ 다른 설비 배선 지름의 1.5배 이상의 불연성 격벽 설치(배선 지름이 다른 경우에는 가장 큰 것을 기준)

[타 용도의 배선과 이격된 경우]

[타 용도의 배선과 근접된 경우]

03 옥내소화전설비

1. 함

1) 함은 소방청장이 정하여 고시한 「소화전함의 성능인증 및 제품검사의 기술기준」에 적합한 것으로 설치하되 밸브의 조작, 호스의 수납 및 문의 개방 등 옥내소화전의 사용에 장애가 없도록 설치할 것. 연결송수관의 방수구를 같이 설치하는 경우에도 또한 같다.
2) 2.4.2.1의 기준을 초과하는 경우로서 기둥 또는 벽이 설치되지 않은 대형공간의 경우는 다음의 기준에 따라 설치할 수 있다.
    ① 호스 및 관창은 방수구의 가장 가까운 장소의 벽 또는 기둥 등에 함을 설치하여 비치할 것
    ② 방수구의 위치표지는 표시등 또는 축광도료 등으로 상시 확인이 가능토록 할 것

▶ 2.4.2.1
특정소방대상물의 층마다 설치하되, 해당 특정소방대상물의 각 부분으로부터 하나의 옥내소화전 방수구까지의 수평거리가 25m(호스릴옥내소화전설비를 포함한다) 이하가 되도록 할 것. 다만, 복층형 구조의 공동주택의 경우에는 세대의 출입구가 설치된 층에만 설치할 수 있다.

2. 방수구

1) 특정소방대상물의 층마다 설치하되, 해당 특정소방대상물의 각 부분으로부터 하나의 옥내소화전 방수구까지의 수평거리가 25m(호스릴옥내소화전설비를 포함한다) 이하가 되도록 할 것. 다만, 복층형 구조의 공동주택의 경우에는 세대의 출입구가 설치된 층에만 설치할 수 있다.
2) 바닥으로부터의 높이가 1.5m 이하가 되도록 할 것
3) 호스는 구경 40mm(호스릴옥내소화전설비의 경우에는 25mm) 이상의 것으로서 특정소방대상물의 각 부분에 물이 유효하게 뿌려질 수 있는 길이로 설치할 것
4) 호스릴옥내소화전설비의 경우 그 노즐에는 노즐을 쉽게 개폐할 수 있는 장치를 부착할 것

3. 표시등

1) 옥내소화전설비의 위치를 표시하는 표시등은 함의 상부에 설치하되, 소방청장이 고시하는 「표시등의 성능인증 및 제품검사의 기술기준」에 적합한 것으로 할 것
2) 가압송수장치의 기동을 표시하는 표시등은 옥내소화전함의 상부 또는 그 직근에 설치하

되 적색등으로 할 것. 다만, 자체소방대를 구성하여 운영하는 경우(「위험물 안전관리법 시행령」 별표 8에서 정한 소방자동차와 자체소방대원의 규모를 말한다) 가압송수장치의 기동표시등을 설치하지 않을 수 있다.

4. 표시 및 표지판
1) 옥내소화전설비의 함에는 그 표면에 "소화전"이라는 표시를 해야 한다.
2) 옥내소화전설비의 함에는 함 가까이 보기 쉬운 곳에 그 사용요령을 기재한 표지판을 붙여야 하며, 표지판을 함의 문에 붙이는 경우에는 문의 내부 및 외부 모두에 붙여야 한다. 이 경우, 사용요령은 외국어와 시각적인 그림을 포함하여 작성해야 한다.

> **Check Point** 방수압력 측정(Pitot Gauge, 피토게이지)

1. 피토게이지로 방수압력을 측정할 경우 동압을 측정하는 것이다.
2. **사전 조치사항**
   측정하고자 하는 층의 옥내소화전의 방수구를 모두 개방한다.
   ① 옥내소화전이 2개 이상 설치된 경우 : 방수구를 2개 개방
   ② 옥내소화전이 2개 미만 설치된 경우 : 실제 설치된 개수의 방수구를 개방
3. **측정위치**
   ① 소방대상물의 최상층 : 최저압을 확인
   ② 소방대상물의 최하층 : 과압 여부를 확인
   ③ 옥내소화전이 가장 많이 설치된 층에서 각 소화전마다 측정

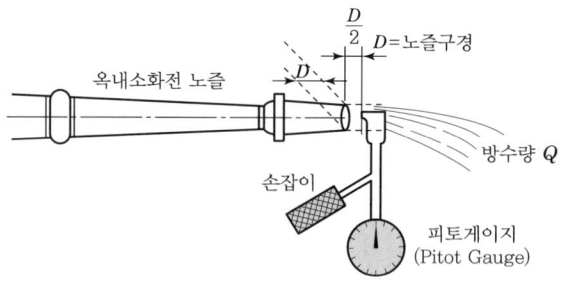

4. **측정방법**
   노즐 선단의 중심에서 노즐 구경 d의 $\dfrac{1}{2}$이 되는 위치에 피토게이지의 선단이 오게 하고 압력계의 지시치를 읽는다.

5. 판정기준
　① 펌프방식 및 압력수조·가압수조방식
　　㉠ 가압송수장치에서 가장 먼 거리에 있는 층에서 소화전마다 0.17[MPa] 이상일 것
　　㉡ 가압송수장치와 가장 가까운 층의 소화전마다 0.17[MPa] 이상 0.7[MPa] 이하일 것
　② 고가수조방식
　　㉠ 최상층의 소화전마다 0.17[MPa] 이상일 것
　　㉡ 최하층의 소화전마다 0.7[MPa] 이하일 것

6. 주의사항
　① 방수압력 측정은 최상층, 최하층 및 옥내소화전이 가장 많이 설치된 층에서 모든 소화전마다 측정할 것
　② 측정하고자 하는 층의 소화전을 모두 개방한 후 측정할 것
　③ 노즐선단 중심과 피토게이지 선단의 중심이 일치하도록 하고, 피토게이지는 수직으로 하여 측정할 것
　④ 배관 내에 공기가 충분히 배출된 후 측정할 것
　⑤ 직사형 관창을 사용할 것

> ▶ **Vena Contracta(흐름 축소)**
> 노즐에서 물이 방사될 경우 유체는 Jet류를 형성하며, 이 Jet 흐름은 축소되다가 다시 넓어지게 되는데, 이 지점이 최소단면적이 되며, 이 지점에서 유속은 가장 빠르나 수압은 가장 낮다.

5. 방수구 설치 제외

불연재료로 된 특정소방대상물 또는 그 부분으로서 다음의 어느 하나에 해당하는 곳에는 옥내소화전 방수구를 설치하지 않을 수 있다.

※ 옥내소화전설비 방수구 설치 제외
　① 냉장창고 중 온도가 영하인 냉장실 또는 냉동창고의 냉동실
　② 고온의 노가 설치된 장소 또는 물과 격렬하게 반응하는 물품의 저장 또는 취급 장소
　③ 발전소·변전소 등으로서 전기시설이 설치된 장소
　④ 식물원·수족관·목욕실·수영장(관람석 부분을 제외한다.) 또는 그 밖의 이와 비슷한 장소
　⑤ 야외음악당·야외극장 또는 그 밖의 이와 비슷한 장소

> **Check Point**
>
> ➤ **스프링클러헤드 설치 제외**
>   영하의 냉장창고의 냉장실 또는 냉동창고의 냉동실
> ➤ **연결살수헤드 설치 제외**
>   냉장창고의 영하의 냉장실 또는 냉동창고의 냉동실
> ➤ **물분무헤드 설치 제외**
>   고온의 물질 및 증류범위가 넓어 끓어 넘치는 위험이 있는 물질을 저장 또는 취급하는 장소
> ➤ **감지기 설치 제외**
>   고온도 및 저온도로서 감지기의 기능이 정지되기 쉽거나 감지기의 유지 관리가 어려운 장소

04 스프링클러설비

1. 폐쇄형 스프링클러설비의 방호구역 · 유수검지장치 적합기준

폐쇄형 스프링클러헤드를 사용하는 설비의 방호구역(스프링클러설비의 소화범위에 포함된 영역을 말한다.) 유수검지장치는 다음의 기준에 적합해야 한다.

1) 방호구역 적합기준

① 하나의 방호구역의 바닥면적은 3,000m²를 초과하지 않을 것. 다만, 폐쇄형 스프링클러설비에 격자형 배관방식(2 이상의 수평주행배관 사이를 가지배관으로 연결하는 방식을 말한다.)을 채택하는 때에는 3,700m² 범위 내에서 펌프용량, 배관의 구경 등을 수리학적으로 계산한 결과 헤드의 방수압 및 방수량이 방호구역 범위 내에서 소화목적을 달성하는 데 충분할 것

② 하나의 방호구역에는 1개 이상의 유수검지장치를 설치하되, 화재 발생 시 접근이 쉽고 점검하기 편리한 장소에 설치할 것

③ 하나의 방호구역은 2개 층에 미치지 아니하도록 할 것. 다만, 1개 층에 설치되는 스프링클러헤드의 수가 10개 이하인 경우와 복층형 구조의 공동주택에는 3개 층 이내로 할 수 있다.

2) 유수검지장치 적합기준

① 유수검지장치를 실내에 설치하거나 보호용 철망 등으로 구획하여 바닥으로부터 0.8m 이상 1.5m 이하의 위치에 설치하되, 그 실 등에는 개구부가 가로 0.5m 이상

세로 1m 이상의 출입문을 설치하고 그 출입문 상단에 "유수검지장치실"이라고 표시한 표지를 설치할 것. 다만, 유수검지장치를 기계실(공조용기계실을 포함한다) 안에 설치하는 경우에는 별도의 실 또는 보호용 철망을 설치하지 아니하고 기계실 출입문 상단에 "유수검지장치실"이라고 표시한 표지를 설치할 수 있다.

② 스프링클러헤드에 공급되는 물은 유수검지장치를 지나도록 할 것. 다만, 송수구를 통하여 공급되는 물은 그렇지 않다.

③ 자연낙차에 따른 압력수가 흐르는 배관 상에 설치된 유수검지장치는 화재 시 물의 흐름을 검지할 수 있는 최소한의 압력이 얻어질 수 있도록 수조의 하단으로부터 낙차를 두어 설치할 것

④ 조기반응형 스프링클러헤드를 설치하는 경우에는 습식유수검지장치 또는 부압식스프링클러설비를 설치할 것

▶ 간이스프링클러설비 · 화재조기진압용 스프링클러설비 · 미분무소화설비

간이	1. 하나의 방호구역의 바닥면적은 1,000m²를 초과하지 않을 것 2. ②~⑥항 동일 3. 간이스프링클러설비가 설치되는 특정소방대상물에 부설된 주차장부분(영 별표 4 제1호바목에 해당하지 않는 부분에 한한다)에는 습식 외의 방식으로 해야 한다. 다만, 동결의 우려가 없거나 동결을 방지할 수 있는 구조 또는 장치가 된 곳은 그렇지 않다.
ESFR	①~⑥항 동일
미분무	1. 하나의 방호구역의 바닥면적은 펌프용량, 배관의 구경 등을 수리학적으로 계산한 결과 헤드의 방수압 및 방수량이 방호구역 범위 내에서 소화 목적을 달성할 수 있도록 산정해야 한다. 2. 하나의 방호구역은 2개 층에 미치지 않을 것

Check Point 격자형 배관방식

1. 개요
2 이상의 수평주행배관 사이를 가지배관으로 연결하는 방식을 말한다.

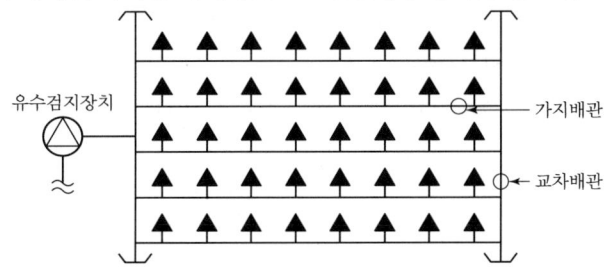

2. 특징
① 압력손실이 적고 방사압력이 균일하다.
② 충격파의 분산이 가능하고 이설 및 증설이 쉽다.
③ 고장 수리 시에도 소화수를 안정적으로 공급할 수 있다.

3. 격자형 배관방식을 채택하는 경우
① 하나의 방호구역의 바닥면적을 3,700m² 범위 내로 할 수 있다.(제6조제1호)
하나의 방호구역의 바닥면적은 3,000m²를 초과하지 않을 것. 다만, 폐쇄형 스프링클러설비에 격자형 배관방식을 채택하는 때에는 3,700m² 범위 내에서 펌프용량, 배관의 구경 등을 수리학적으로 계산한 결과 헤드의 방수압 및 방수량이 방호구역 범위 내에서 소화목적을 달성하는 데 충분할 것
② 가지배관에 설치되는 헤드의 개수를 8개 이하로 하지 않을 수 있다.(제8조제9항제2호)
　㉠ 기존의 방호구역 안에서 칸막이 등으로 구획하여 1개의 헤드를 증설하는 경우
　㉡ 습식스프링클러설비 또는 부압식 스프링클러설비에 격자형 배관방식을 채택하는 때에는 펌프의 용량, 배관의 구경 등을 수리학적으로 계산한 결과 헤드의 방수압 및 방수량이 소화목적을 달성하는 데 충분하다고 인정되는 경우

2. 개방형 스프링클러설비의 방수구역 및 일제개방밸브 적합기준

1) 하나의 방수구역은 2개 층에 미치지 않아야 한다.
2) 방수구역마다 일제개방밸브를 설치해야 한다.
3) 하나의 방수구역을 담당하는 헤드의 개수는 50개 이하로 할 것. 다만, 2개 이상의 방수구역으로 나눌 경우에는 하나의 방수구역을 담당하는 헤드의 개수는 25개 이상으로 해야 한다.
4) 일제개방밸브의 설치 위치는 2.3.4의 기준에 따르고, 표지는 "일제개방밸브실"이라고 표시해야 한다.

▶ 2.3.1.4
유수검지장치를 실내에 설치하거나 보호용 철망 등으로 구획하여 바닥으로부터 0.8m 이상 1.5m 이하의 위치에 설치하되, 그 실 등에는 가로 0.5m 이상 세로 1m 이상의 개구부로서 그 개구부에는 출입문을 설치하고 그 출입문 상단에 "유수검지장치실"이라고 표시한 표지를 설치할 것. 다만, 유수검지장치를 기계실(공조용기계실을 포함한다) 안에 설치하는 경우에는 별도의 실 또는 보호용 철망을 설치하지 않고 기계실 출입문 상단에 "유수검지장치실"이라고 표시한 표지를 설치할 수 있다.

> **Check Point** 개방형 미분무소화설비의 방수구역 기준
>
> 1. 하나의 방수구역은 2개 층에 미치지 않을 것
> 2. 하나의 방수구역을 담당하는 헤드의 개수는 최대 설계개수 이하로 할 것. 다만, 2개 이상의 방수구역으로 나눌 경우에는 하나의 방수구역을 담당하는 헤드의 개수는 최대설계개수의 1/2 이상으로 할 것
> 3. 터널, 지하가 등에 설치할 경우 동시에 방수되어야 하는 방수구역은 화재가 발생된 방수구역 및 접한 방수구역으로 할 것

3. 가지배관의 배열기준[스프링클러 · 간이스프링클러 · 화재조기진압용 스프링클러설비]

1) 토너먼트(Tournament) 배관방식이 아닐 것. 다만, 수리계산에 따라 2.2.1.10 및 2.2.1.11에 적합한 경우에는 그렇지 않다.

   ▶ 2.2.1.10
   가압송수장치의 정격토출압력은 하나의 헤드선단에 0.1MPa 이상 1.2MPa 이하의 방수압력이 될 수 있게 하는 크기일 것

   ▶ 2.2.1.11
   가압송수장치의 송수량은 0.1MPa의 방수압력 기준으로 80L/min 이상의 방수성능을 가진 기준개수의 모든 헤드로부터의 방수량을 충족시킬 수 있는 양 이상의 것으로 할 것. 이 경우 속도수두는 계산에 포함하지 않을 수 있다.

2) 교차배관에서 분기되는 지점을 기점으로 한쪽 가지배관에 설치되는 헤드의 개수(반자 아래와 반자 속의 헤드를 하나의 가지배관 상에 병설하는 경우에는 반자 아래에 설치하는 헤드의 개수)는 8개 이하로 할 것. 다만, 다음 각 목의 어느 하나에 해당하는 경우에는 그렇지 않다.

   ※ **가지배관에 설치되는 헤드의 개수를 8개 이하로 하지 아니해도 되는 경우**

   가. 기존의 방호구역 안에서 칸막이 등으로 구획하여 1개의 헤드를 증설하는 경우
   나. 습식스프링클러설비 또는 부압식 스프링클러설비에 격자형 배관방식(2 이상의 수평주행배관 사이를 가지배관으로 연결하는 방식을 말한다.)을 채택하는 때에는 펌프의 용량, 배관의 구경 등을 수리학적으로 계산한 결과 헤드의 방수압 및 방수량이 소화 목적을 달성하는 데 충분하다고 인정되는 경우

3) 가지배관과 헤드 사이의 배관을 신축배관으로 하는 경우에는 소방청장이 정하여 고시한 「스프링클러설비신축배관의 성능인증 및 제품검사의 기술기준」에 적합한 것으로 설치할 것. 이 경우 신축배관의 설치길이는 2.7.3의 거리를 초과하지 않아야 한다.
▶ 2.7.3 : 수평거리

Check Point

▶ **토너먼트방식**
1. 가스계소화설비 및 분말소화설비에서는 각각의 헤드에서 균일하게 약제가 방사되기 위해서 토너먼트방식으로 설계한다.
2. 토너먼트방식은 유체의 마찰손실이 매우 크기 때문에 수계소화설비에서는 사용할 수 없다.

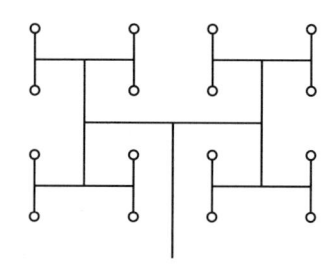

▶ **가지배관방식과 토너먼트배관방식 비교**

구 분	가지배관방식	토너먼트배관방식
마찰손실	작다.	크다.
방사압·방사량	불균일	균일
적용설비	수계소화설비, 포소화설비	압축공기포소화설비 가스계소화설비, 분말소화설비

▶ 2.7.3 : 스프링클러헤드의 수평거리

	특정소방대상물		수평거리
㉮	무대부·특수가연물을 저장 또는 취급하는 장소		1.7m 이하
㉯	기타 소방대상물	비내화구조	2.1m 이하
		내화구조	2.3m 이하

4. 교차배관의 위치·청소구 및 가지배관의 헤드 설치기준[스프링클러·ESFR·미분무]

1) 교차배관은 가지배관과 수평으로 설치하거나 또는 가지배관 밑에 설치하고, 그 구경은 2.5.3.3에 따르되, 최소구경이 40mm 이상이 되도록 할 것. 다만, 패들형유수검지장치를 사용하는 경우에는 교차배관의 구경과 동일하게 설치할 수 있다.
   [2.5.3.3] 배관의 구경
2) 청소구는 교차배관 끝에 개폐밸브를 설치하고, 호스접결이 가능한 나사식 또는 고정배수 배관식으로 할 것. 이 경우 나사식의 개폐밸브는 옥내소화전 호스접결용의 것으로

하고, 나사보호용의 캡으로 마감해야 한다.
3) 하향식 헤드를 설치하는 경우에 가지배관으로부터 헤드에 이르는 헤드 접속배관은 가지관상부에서 분기할 것. 다만, 소화설비용 수원의 수질이「먹는물관리법」제5조에 따라 먹는물의 수질기준에 적합하고 덮개가 있는 저수조로부터 물을 공급받는 경우에는 가지배관의 측면 또는 하부에서 분기할 수 있다.

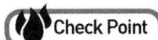Check Point

▶ **교차배관을 가지배관과 수평으로 설치하거나 가지배관 밑에 설치하는 이유**
1. 교차배관에 축적되는 이물질로 인하여 헤드에서의 살수장애를 방지하기 위하여
2. 유수검지장치에서 배관 내의 물을 배수할 경우 가지배관의 물을 쉽게 배수하기 위하여

▶ **청소구**

▶ **헤드접속 배관**

1. 회향식 접속
   ① 하향식 헤드를 설치하는 경우에는 가지배관으로부터 헤드에 이르는 헤드 접속배관은 가지배관 상부에서 분기할 것
   ② 물속의 침전물로 인하여 헤드에서 물이 방사될 경우 헤드가 막히는 것을 방지하기 위하여 회향식으로 접속한다.
2. 가지배관 측면 또는 하부 접속
   소화설비용 수원의 수질이 먹는물의 수질기준에 적합하고 덮개가 있는 저수조로부터 물을 공급받는 경우

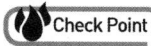 **Check Point** 교차배관의 위치 · 청소구 및 가지배관의 헤드 설치기준 [미분무 · 연결살수설비]

| 미분무 | 1. 교차배관은 가지배관과 수평으로 설치하거나 또는 가지배관 밑에 설치할 것
2. 청소구는 교차배관 끝에 개폐밸브를 설치하고, 호스접결이 가능한 나사식 또는 고정배수 배관식으로 할 것. 이 경우 나사식의 개폐밸브는 나사보호용의 캡으로 마감할 것 |

5. 밸브 2차 측 배관의 부대설비[준비작동식 유수검지장치 · 일제개방밸브]

1) 개폐표시형 밸브를 설치할 것
2) 개폐표시형 밸브와 준비작동식 유수검지장치 또는 일제개방밸브 사이의 배관은 다음 각 목과 같은 구조로 할 것
   가. 수직배수배관과 연결하고 동 연결 배관 상에는 개폐밸브를 설치할 것
   나. 자동배수장치 및 압력스위치를 설치할 것
   다. 압력스위치는 수신부에서 준비작동식 유수검지장치 또는 일제개방밸브의 개방 여부를 확인할 수 있게 설치할 것

6. 시험장치 설치기준[스프링클러(습식 · 건식 · 부압식) · 간이스프링클러 · ESFR · 미분무]

1) 습식스프링클러설비 및 부압식스프링클러설비에 있어서는 유수검지장치 2차 측 배관에 연결하여 설치하고 건식스프링클러설비인 경우 유수검지장치에서 가장 먼 거리에 위치한 가지배관의 끝으로부터 연결하여 설치할 것. 유수검지장치 2차 측 설비의 내용적이 2,840L를 초과하는 건식스프링클러설비의 경우 시험장치 개폐밸브를 완전 개방 후 1분 이내에 물이 방사되어야 한다.

2) 시험장치 배관의 구경은 25mm 이상으로 하고, 그 끝에 개폐밸브 및 개방형헤드 또는 스프링클러헤드와 동등한 방수성능을 가진 오리피스를 설치할 것. 이 경우 개방형헤드는 반사판 및 프레임을 제거한 오리피스만으로 설치할 수 있다.
3) 시험배관의 끝에는 물받이 통 및 배수관을 설치하여 시험 중 방사된 물이 바닥에 흘러내리지 아니하도록 할 것. 다만, 목욕실·화장실 또는 그 밖의 곳으로서 배수처리가 쉬운 장소에 시험배관을 설치한 경우에는 그렇지 않다.

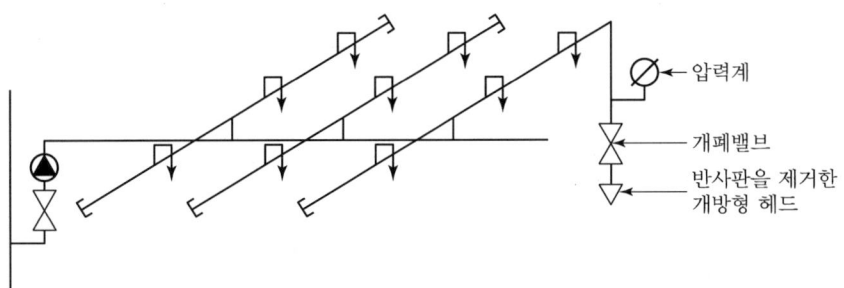

Check Point 시험장치설치기준 [간이스프링클러설비 · ESFR · 미분무소화설비 · 연결살수설비]

간이SP	1. 펌프(캐비닛형 제외)를 가압송수장치로 사용하는 경우 유수검지장치 2차 측 배관에 연결하여 설치하고, 펌프 외의 가압송수장치를 사용하는 경우 유수검지장치에서 가장 먼 거리에 위치한 가지배관의 끝으로부터 연결하여 설치할 것 2. 시험장치배관의 구경은 25mm 이상으로 하고, 그 끝에 개폐밸브 및 개방형간이헤드 또는 간이스프링클러헤드와 동등한 방수성능을 가진 오리피스를 설치할 것. 이 경우 개방형간이헤드는 반사판 및 프레임을 제거한 오리피스만으로 설치할 수 있다.
ESFR	1. 유수검지장치 2차 측 배관에 연결하여 설치할 것 2. 시험장치 배관의 구경은 32mm 이상으로 하고, 그 끝에 개폐밸브 및 개방형헤드 또는 화재조기진압용스프링클러헤드와 동등한 방수성능을 가진 오리피스를 설치할 것. 이 경우 개방형헤드는 반사판 및 프레임을 제거한 오리피스만으로 설치할 수 있다.
미분무	1. 가압송수장치에서 가장 먼 가지배관의 끝으로부터 연결하여 설치할 것 2. 시험장치 배관의 구경은 가압장치에서 가장 먼 가지배관의 구경과 동일한 구경으로 하고, 그 끝에 개방형헤드를 설치할 것. 이 경우 개방형헤드는 동일 형태의 오리피스만으로 설치할 수 있다.

7. 행거 설치기준[스프링클러 · 간이스프링클러 · ESFR · 미분무]

1) 가지배관에는 헤드의 설치지점 사이마다 1개 이상의 행거를 설치하되, 헤드 간의 거리가 3.5m를 초과하는 경우에는 3.5m 이내마다 1개 이상 설치할 것. 이 경우 상향식 헤드와 행거 사이에는 8cm 이상의 간격을 두어야 한다.

   가. 상 · 하향식 헤드

   나. 상향식 헤드

2) 교차배관에는 가지배관과 가지배관 사이마다 1개 이상의 행거를 설치하되, 가지배관 사이의 거리가 4.5m를 초과하는 경우에는 4.5m 이내마다 1개 이상 설치할 것

   가. 4.5m 이내

   나. 4.5m 초과

3) 수평주행배관에는 4.5m 이내마다 1개 이상 설치할 것

미분무	1. 가지배관에는 헤드의 설치지점 사이마다, 교차배관에는 가지배관과 가지배관 사이마다 1개 이상의 행거를 설치할 것 2. 수평주행배관에는 4.5m 이내마다 1개 이상 설치할 것

8. 탬퍼스위치

1) 설치목적

자동식 소화설비의 개폐밸브 폐쇄상태를 감시제어반에서 쉽게 확인할 수 있도록 하기 위하여 설치한다.

2) 설치위치

급수배관에 설치되어 급수를 차단할 수 있는 개폐밸브
① 소화수조로부터 펌프 흡입 측 배관에 설치한 개폐표시형 밸브(㉠)
② 주펌프의 흡입 측 배관에 설치한 개폐표시형 밸브(㉡)
③ 주펌프의 토출 측 배관에 설치한 개폐표시형 밸브(㉢)
④ 스프링클러설비의 송수구와 연결된 배관에 설치한 개폐표시형 밸브(㉣)
⑤ 유수검지장치 또는 일제개방밸브 1차 측 배관에 설치한 개폐표시형 밸브(㉤)
⑥ 준비작동식유수검지장치 또는 일제개방밸브 2차 측 배관에 설치한 개폐표시형 밸브(㉥)
⑦ 스프링클러설비의 입상관과 옥상수조에 설치한 개폐표시형 밸브(㉦)

3) 설치기준[스프링클러 · 간이스프링클러 · ESFR · 물분무 · 미분무 · 포]
① 급수개폐밸브가 잠길 경우 탬퍼스위치의 동작으로 인하여 감시제어반 또는 수신기에 표시되어야 하며 경보음을 발할 것
② 탬퍼스위치는 감시제어반 또는 수신기에서 동작의 유무확인과 동작시험, 도통시험을 할 수 있을 것
③ 급수개폐밸브의 작동표시 스위치에 사용되는 전기배선은 내화전선 또는 내열전선으로 설치할 것

9. 배관의 배수를 위한 기울기 기준

1) 습식스프링클러설비 또는 부압식 스프링클러설비의 배관을 수평으로 할 것. 다만, 배관의 구조상 소화수가 남아 있는 곳에는 배수밸브를 설치해야 한다.

> **Check Point 배수밸브 설치**
>
> 가지배관 등이 보를 관통하기 위해 보 아래쪽으로 꺾여서 지나갈 경우 보 하부 배관의 배수를 원활히 하기 위해서 배수밸브를 설치한다.
>
>

2) 습식스프링클러설비 또는 부압식 스프링클러설비 외의 설비에는 헤드를 향하여 상향으로 수평주행배관의 기울기를 500분의 1 이상, 가지배관의 기울기를 250분의 1 이상으로 할 것. 다만, 배관의 구조상 기울기를 줄 수 없는 경우에는 배수를 원활하게 할 수 있도록 배수밸브를 설치해야 한다.

> **Check Point 기울기**
>
> 1. 스프링클러설비
>
> 가지배관(기울기 1/250)
> 교차배관 최소 40mm 이상 (1/500 기울기)
> 청소구(옥내소화전용) 40mm 앵글밸브

① 수평주행배관 : $\dfrac{1}{500}$ 이상 　　　② 가지배관 : $\dfrac{1}{250}$ 이상

③ 기울기를 줄 수 없는 경우에는 배수밸브를 설치할 것

2. 개방형 미분무소화설비

① 수평주행배관 : $\dfrac{1}{500}$ 이상

② 가지배관 : $\dfrac{1}{250}$ 이상

10. 음향장치 및 기동장치

1) 음향장치 설치기준

① 습식유수검지장치 또는 건식유수검지장치를 사용하는 설비에 있어서는 헤드가 개방되면 유수검지장치가 화재신호를 발신하고 그에 따라 음향장치가 경보되도록 할 것

② 준비작동식 유수검지장치 또는 일제개방밸브를 사용하는 설비에는 화재감지기의 감지에 따라 음향장치가 경보되도록 할 것. 이 경우 화재감지기회로를 교차회로방식으로 하는 때에는 하나의 화재감지기회로가 화재를 감지하는 때에도 음향장치가 경보되도록 해야 한다.

③ 음향장치는 유수검지장치 및 일제개방밸브 등의 담당구역마다 설치하되 그 구역의 각 부분으로부터 하나의 음향장치까지의 수평거리는 25m 이하가 되도록 할 것

④ 음향장치는 경종 또는 사이렌(전자식 사이렌을 포함한다.)으로 하되, 주위의 소음 및 다른 용도의 경보와 구별이 가능한 음색으로 할 것. 이 경우 경종 또는 사이렌은 자동화재탐지설비·비상벨설비 또는 자동식 사이렌설비의 음향장치와 겸용할 수 있다.

⑤ 주음향장치는 수신기의 내부 또는 그 직근에 설치할 것

⑥ 11층(공동주택의 경우에는 16층) 이상의 특정소방대상물은 다음 각 목에 따라 경보를 발할 수 있도록 해야 한다.

　가. 2층 이상의 층에서 발화한 때에는 발화층 및 그 직상 4개 층에 경보를 발할 것

　나. 1층에서 발화한 때에는 발화층·그 직상 4개 층 및 지하층에 경보를 발할 것

　다. 지하층에서 발화한 때에는 발화층·그 직상층 및 기타의 지하층에 경보를 발할 것

⑦ 음향장치는 다음 각 목의 기준에 따른 구조 및 성능의 것으로 할 것

　가. 정격전압의 80% 전압에서 음향을 발할 수 있는 것으로 할 것

　나. 음량은 부착된 음향장치의 중심으로부터 1m 떨어진 위치에서 90dB 이상이 되는 것으로 할 것

🔥 Check Point   음량 기준

1. 단독경보형 감지기
   ① 화재경보음 : 85dB 이상으로 10분 이상
   ② 건전지 교체 : 70dB 이상으로 72시간 이상(음성 : 60dB 이상)

2. 누전경보기
   ① 70dB 이상
   ② 고장표시장치용 : 60dB 이상

🔥 Check Point   교차회로

1. 정의

하나의 준비작동식 유수검지장치 또는 일제개방밸브의 담당구역 내에 2 이상의 화재감지기회로를 설치하고 인접한 2 이상의 화재감지기가 동시에 감지되는 때에 준비작동식 유수검지장치 또는 일제개방밸브가 개방·작동되는 방식

> ▶ **가스계소화설비 · 미분무소화설비**
> 하나의 방호구역 내에 2 이상의 화재감지기회로를 설치하고 인접한 2 이상의 화재감지기가 동시에 감지되는 때에는 **이산화탄소소화설비가 작동하여 소화약제가 방출되는 방식을 말한다.** [할론소화설비 · 할로겐화합물 및 불활성기체 소화설비 · 분말소화설비]
> [미분무소화설비가 작동하여 소화수가 방출되는 방식을 말한다]

2. 목적

감지기 오작동으로 인한 준비작동식 유수검지장치 또는 일제개방밸브의 오작동을 방지하기 위하여 감지기 배선을 교차회로 방식으로 한다.

3. 소방시설의 적용 여부

교차회로 적용	교차회로 비적용
준비작동식 스프링클러설비 일제살수식 스프링클러설비 개방식 미분무소화설비 이산화탄소소화설비 할론소화설비 할로겐화합물 및 불활성기체 소화설비 분말소화설비 캐비닛형 자동소화장치	부압식 스프링클러설비 물분무소화설비 포소화설비 자동화재탐지설비 제연설비
가스, 분말, 고체에어로졸 자동소화장치 : 화재감지기를 감지부로 사용하는 경우	

4. 감지기 사용 여부

사용할 수 있는 감지기	사용할 수 없는 감지기
차동식 스포트형 감지기 정온식 스포트형 감지기 보상식 스포트형 감지기 이온화식 스포트형 감지기 광전식 스포트형 감지기 열전대식 차동식 분포형 감지기	불꽃감지기 정온식 감지선형 감지기 분포형 감지기 복합형 감지기 광전식 분리형 감지기 아날로그방식의 감지기 다신호방식의 감지기 축적방식의 감지기

2) 스프링클러설비의 가압송수장치로 펌프가 설치된 경우 그 펌프의 작동 기준

① 습식유수검지장치 또는 건식유수검지장치
　가. 유수검지장치의 발신에 의하여 작동
　나. 기동용 수압개폐장치에 의하여 작동
　다. 유수검지장치의 발신과 기동용 수압개폐장치의 혼용에 의하여 작동

② 준비작동식 유수검지장치 또는 일제개방밸브
　가. 화재감지기의 화재감지에 의하여 작동
　나. 기동용 수압개폐장치에 의하여 작동
　다. 화재감지기의 화재감지와 기동용 수압개폐장치의 혼용에 의하여 작동

3) 준비작동식 유수검지장치 또는 일제개방밸브의 작동 기준

① 담당구역 내의 화재감지기의 동작에 따라 개방 및 작동될 것
② 화재감지회로는 교차회로방식으로 할 것. 다만, 다음 각 목의 어느 하나에 해당하는 경우에는 그렇지 않다.

※ **화재감지기회로를 교차회로방식으로 하지 않을 수 있는 경우**

　가. 스프링클러설비의 배관 또는 헤드에 누설경보용 물 또는 압축공기가 채워지거나 부압식 스프링클러설비의 경우
　나. 화재감지기를 「자동화재탐지설비 및 시각경보장치의 화재안전기술기준 (NFTC 203)」의 2.4.1 단서의 각 감지기로 설치한 때
　▶ 2.4.1 : 비화재보 방지기능이 있는 감지기

> **Check Point** 비화재보방지기능이 있는 감지기
>
> 1. 불꽃감지기
> 2. 정온식감지선형 감지기
> 3. 분포형 감지기
> 4. 복합형 감지기
> 5. 광전식분리형 감지기
> 6. 아날로그방식의 감지기
> 7. 다신호방식의 감지기
> 8. 축적방식의 감지기

③ 준비작동식 유수검지장치 또는 일제개방밸브의 인근에서 수동기동(전기식 및 배수식)에 따라서도 개방 및 작동될 수 있게 할 것

④ 화재감지기의 설치기준에 관하여는 「자동화재탐지설비 및 시각경보장치의 화재안전기술기준(NFTC 203)」 2.4(감지기) 및 2.8(배선)를 준용할 것. 이 경우 교차회로방식에 있어서의 화재감지기의 설치는 각 화재감지기 회로별로 설치하되, 각 화재감지기 회로별 화재감지기 1개가 담당하는 바닥면적은 「자동화재탐지설비 및 시각경보장치의 화재안전기술기준(NFTC 203)」의 2.4.3.5, 2.4.3.8부터 2.4.3.10에 따른 바닥면적으로 한다.

⑤ 화재감지기 회로에는 다음 각 목의 기준에 따른 발신기를 설치할 것. 다만, 자동화재탐지설비의 발신기가 설치된 경우에는 그렇지 않다.

※ **화재감지기 회로에 설치하는 발신기 설치기준 [스프링클러 · 간이스프링클러 · 미분무 · 포]**

   가. 조작이 쉬운 장소에 설치하고, 스위치는 바닥으로부터 0.8m 이상 1.5m 이하의 높이에 설치할 것

   나. 특정소방대상물의 층마다 설치하되, 해당 특정소방대상물의 각 부분으로부터 하나의 발신기까지의 수평거리가 25m 이하가 되도록 할 것. 다만, 복도 또는 별도로 구획된 실로서 보행거리가 40m 이상일 경우에는 추가로 설치해야 한다.

   다. 발신기의 위치를 표시하는 표시등은 함의 상부에 설치하되, 그 불빛은 부착면으로부터 15° 이상의 범위 안에서 부착지점으로부터 10m 이내의 어느 곳에서도 쉽게 식별할 수 있는 적색등으로 할 것

11. 헤드

1) 설치장소

스프링클러헤드는 특정소방대상물의 천장·반자·천장과 반자 사이·덕트·선반·기타 이와 유사한 부분(폭이 1.2m를 초과하는 것에 한한다.)에 설치해야 한다. 다만, 폭이 9m 이하인 실내에 있어서는 측벽에 설치할 수 있다.

(1) 덕트나 선반의 폭이 1.2m 이하일 경우

덕트나 선반의 상부 또는 하부를 동일한 방호공간으로 간주하여 상부 또는 하부 어느 한쪽에만 헤드를 설치해도 된다.

(2) 덕트나 선반의 폭이 1.2m 초과일 경우

가. 헤드 개방 지연이나 살수장애로 인한 문제점이 발생하므로 별도의 방호공간으로 적용한다.

나. 위쪽에는 상향식 헤드를 아래쪽에는 하향식 헤드를 동일 가지배관에 설치한다.

2) 수평거리

① 스프링클러헤드를 설치하는 천장·반자·천장과 반자 사이·덕트·선반 등의 각 부분으로부터 하나의 스프링클러헤드까지 수평거리는 다음 각 호와 같이 해야 한다. 다만, 성능이 별도로 인정된 스프링클러헤드를 수리계산에 따라 설치하는 경우에는 그렇지 않다.

	특정소방대상물		수평거리
㉮	무대부·특수가연물을 저장 또는 취급하는 장소		1.7m 이하
㉯	기타 소방대상물	내화구조	2.3m 이하
		비내화구조	2.1m 이하

② 헤드의 수평거리란 헤드 중심으로부터 소방대상물의 각 부분이 포함된 거리를 말하며, 이는 헤드를 중심으로 한 반경의 원으로 유효살수반경이라 한다.

3) 헤드의 간격

(1) 정방형(정사각형 배치) : $S = 2R\cos 45° = \sqrt{2}\,R$

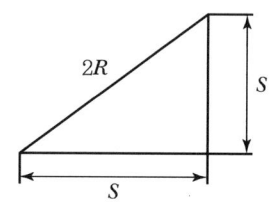

L : 가지배관 간격
S : 헤드 간격
R : 수평거리

(2) 장방형(직사각형 배치) : $S = \sqrt{4R^2 - L^2}$, $L = 2R\cos\theta$

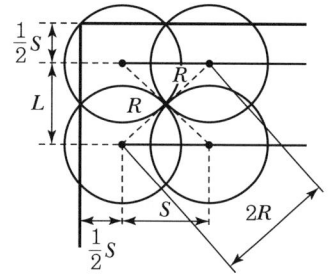

S : 가로열 헤드 간격
L : 가지배관 간격
R : 수평거리

4) 개방형 스프링클러헤드 설치장소

무대부 또는 연소할 우려가 있는 개구부

5) 조기반응형 스프링클러헤드 설치장소

① 공동주택 · 노유자시설의 거실
② 오피스텔 · 숙박시설의 침실
③ 병원 · 의원의 입원실

6) 폐쇄형 스프링클러헤드의 최고주위온도 · 표시온도

폐쇄형 스프링클러헤드는 그 설치장소의 평상시 최고 주위온도에 따라 다음 표에 따른 표시온도의 것으로 설치해야 한다. 다만, 높이가 4m 이상인 공장에 설치하는 스프링클러헤드는 그 설치장소의 평상시 최고 주위온도에 관계없이 표시온도 121℃ 이상의 것으로 할 수 있다.

설치 장소의 최고주위온도	표시온도
39℃ 미만	79℃ 미만
39℃ 이상~64℃ 미만	79℃ 이상~121℃ 미만
64℃ 이상~106℃ 미만	121℃ 이상~162℃ 미만
106℃ 이상	162℃ 이상

▶ 설치 장소의 최고주위온도 : 스프링클러헤드가 설치된 장소에서 연중 발생하는 가장 높은 온도를 말한다.

▶ 표시온도 : 스프링클러헤드의 감지부에서 감열체가 작동하는 온도를 말한다.

7) 스프링클러헤드의 설치기준

① 살수가 방해되지 아니하도록 스프링클러헤드로부터 반경 60cm 이상의 공간을 보유할 것. 다만, 벽과 스프링클러헤드 간의 공간은 10cm 이상으로 한다.

② 스프링클러헤드와 그 부착면(상향식 헤드의 경우에는 그 헤드의 직상부의 천장·반자 또는 이와 비슷한 것을 말한다.)의 거리는 30cm 이하로 할 것

Check Point 천장제트흐름(Ceiling Jet Flow)

1. 천장제트흐름이란 고온의 연소생성물이 부력에 의해 천장 면 아래에 얕은 층을 형성하는 빠른 속도의 가스 흐름을 말한다.
2. 천장제트흐름의 두께는 보통 실 높이의 5~12% 정도이며, 최고 온도와 최고 속도는 실 높이의 1% 범위 이내이다.
3. 화재안전기술기준 적용
   1) 스프링클러헤드와 그 부착면의 거리를 30cm 이하로 할 것[스프링클러헤드]
   2) 벽과 스프링클러헤드 간의 공간은 10cm 이상으로 한다.[스프링클러헤드]
   3) 헤드와 벽의 거리는 헤드 상호 간 거리의 2분의 1을 초과하지 않아야 하며 최소 102mm 이상일 것[화재조기진압용 스프링클러헤드]
   4) 감지기는 벽 또는 보로부터 0.6m 이상 떨어진 곳에 설치할 것[연기감지기]

[해설]
건축물의 층고를 3m로 기준하여 천장제트흐름 내에 헤드가 설치될 수 있어야 하며, 또한 천장과 벽 사이에는 Dead Air Space(사장공간)가 발생될 수 있으므로, 헤드 또는 감지기의 원활한 작동을 위하여 화재안전기술기준에서는 이를 적용한 것이다.

③ 배관·행거 및 조명기구 등 살수를 방해하는 것이 있는 경우에는 제1호 및 제2호에도 불구하고 그로부터 아래에 설치하여 살수에 장애가 없도록 할 것. 다만, 스프링클러헤드와 장애물과의 이격 거리를 장애물 폭의 3배 이상 확보한 경우에는 그렇지 않다.

$A \geq 3C$ 또는 $A \geq 3D$일 것(C와 D 중 큰 값을 적용)

④ 스프링클러헤드의 반사판은 그 부착면과 평행하게 설치할 것. 다만, 측벽형 헤드 또는 제6호에 따른 연소할 우려가 있는 개구부에 설치하는 스프링클러헤드의 경우에는 그렇지 않다.

※ 연소할 우려가 있는 개구부
각 방화구획을 관통하는 컨베이어·에스컬레이터 또는 이와 유사한 시설의 주위로서 방화구획을 할 수 없는 부분을 말한다.

Check Point 연소할 우려가 있는 개구부 기준

1. 개방형 헤드 설치
① 연소할 우려가 있는 개구부에는 개방형 헤드를 설치해야 한다.
② 연소할 우려가 있는 개구부에는 그 상하좌우에 2.5m 간격으로(개구부의 폭이 2.5m 이하인 경우에는 그 중앙에) 스프링클러헤드를 설치하되, 스프링클러헤드와 개구부의 내측 면으로부터 직선거리는 15cm 이하가 되도록 할 것. 이 경우 사람이 상시 출입하는 개구부로서 통행에 지장이 있는 때에는 개구부의 상부 또는 측면(개구부의 폭이 9m 이하인 경우에 한한다.)에 설치하되, 헤드 상호 간의 간격은 1.2m 이하로 설치해야 한다.

[통행에 지장이 없는 개구부]

[통행에 지장이 있는 개구부]

2. 드렌처설비 설치
① 드렌처헤드는 개구부 위 측에 2.5m 이내마다 1개를 설치할 것
② 제어밸브(일제개방밸브·개폐표시형 밸브 및 수동조작부를 합한 것을 말한다.)는 특정소방 대상물 층마다에 바닥면으로부터 0.8m 이상 1.5m 이하의 위치에 설치할 것
③ 수원의 수량은 드렌처헤드가 가장 많이 설치된 제어밸브의 드렌처헤드의 설치개수에 1.6m³을 곱하여 얻은 수치 이상이 되도록 할 것
④ 드렌처설비는 드렌처헤드가 가장 많이 설치된 제어밸브에 설치된 드렌처헤드를 동시에 사용하는 경우에 각각의 헤드 선단에 방수압력이 0.1MPa 이상, 방수량이 80*l*/min 이상이 되도록 할 것
⑤ 수원에 연결하는 가압송수장치는 점검이 쉽고 화재 등의 재해로 인한 피해 우려가 없는 장소에 설치할 것

⑤ 천장의 기울기가 10분의 1을 초과하는 경우에는 가지관을 천장의 마루와 평행하게 설치하고, 스프링클러헤드는 다음 각 목의 어느 하나의 기준에 적합하게 설치할 것
  가. 천장의 최상부에 스프링클러헤드를 설치하는 경우에는 최상부에 설치하는 스프링클러헤드의 반사판을 수평으로 설치할 것

나. 천장의 최상부를 중심으로 가지관을 서로 마주보게 설치하는 경우에는 최상부의 가지관 상호 간의 거리가 가지관상의 스프링클러헤드 상호 간의 거리의 2분의 1 이하(최소 1m 이상이 되어야 한다.)가 되게 스프링클러헤드를 설치하고, 가지관의 최상부에 설치하는 스프링클러헤드는 천장의 최상부로부터의 수직거리가 90cm 이하가 되도록 할 것. 톱날지붕, 둥근지붕 기타 이와 유사한 지붕의 경우에도 이에 준한다.

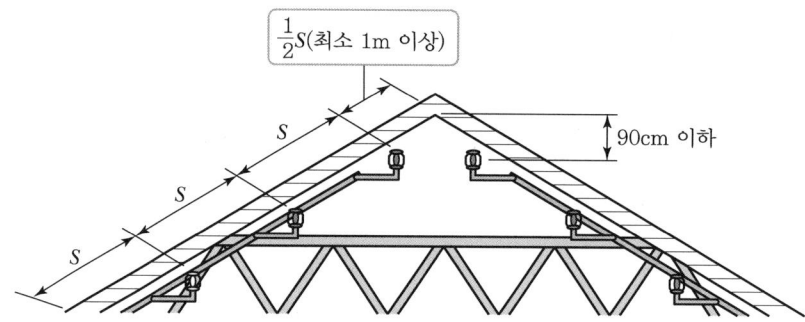

⑥ 연소할 우려가 있는 개구부에는 그 상하좌우에 2.5m 간격으로(개구부의 폭이 2.5m 이하인 경우에는 그 중앙에) 스프링클러헤드를 설치하되, 스프링클러헤드와 개구부의 내측 면으로부터 직선거리는 15cm 이하가 되도록 할 것. 이 경우 사람이 상시 출입하는 개구부로서 통행에 지장이 있는 때에는 개구부의 상부 또는 측면(개구부의 폭이 9m 이하인 경우에 한한다.)에 설치하되, 헤드 상호 간의 간격은 1.2m 이하로 설치해야 한다.

⑦ 습식스프링클러설비 및 부압식 스프링클러설비 외의 설비에는 상향식 스프링클러헤드를 설치할 것. 다만, 다음 각 목의 어느 하나에 해당하는 경우에는 그렇지 않다.

> **Check Point 습식·부압식 스프링클러설비 외의 설비에 하향식 헤드를 설치할 수 있는 경우**
>
> 가. 드라이펜던트스프링클러헤드를 사용하는 경우
> 나. 스프링클러헤드의 설치장소가 동파의 우려가 없는 곳인 경우
> 다. 개방형 스프링클러헤드를 사용하는 경우

⑧ 측벽형 스프링클러헤드를 설치하는 경우 긴 변의 한쪽 벽에 일렬로 설치(폭이 4.5m 이상 9m 이하인 실에 있어서는 긴 변의 양쪽에 각각 일렬로 설치하되 마주보는 스프링클러헤드가 나란히꼴이 되도록 설치)하고 3.6m 이내마다 설치할 것

가. 폭이 4.5m 미만인 경우 : 긴 변의 한쪽 벽에 일렬로 설치

나. 폭이 4.5m 이상 9m 이하인 경우 : 긴 변의 양쪽에 각각 일렬로 설치하되 마주보는 스프링클러헤드가 나란히꼴이 되도록 설치

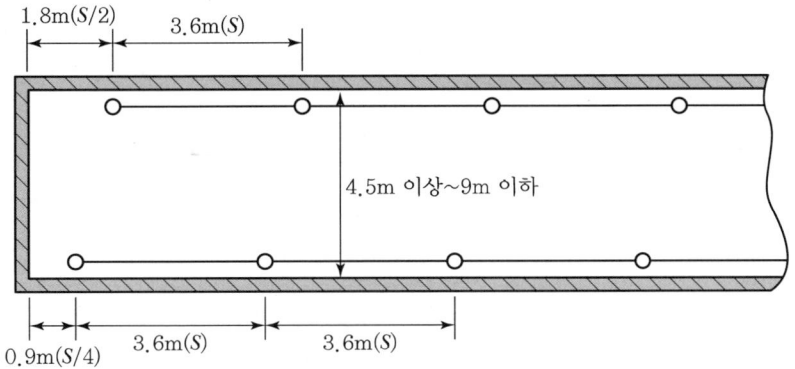

⑨ 상부에 설치된 헤드의 방출수에 따라 감열부에 영향을 받을 우려가 있는 헤드에는 방출수를 차단할 수 있는 유효한 차폐판을 설치할 것
⑩ 보와 가장 가까운 스프링클러헤드 설치기준
  특정소방대상물의 보와 가장 가까운 스프링클러 헤드는 다음 표의 기준에 따라 설치해야 한다. 다만, 천장 면에서 보의 하단까지의 길이가 55cm를 초과하고 보의 하단 측면 끝부분으로부터 스프링클러헤드까지의 거리가 스프링클러헤드 상호 간 거리의 2분의 1 이하가 되는 경우에는 스프링클러헤드와 그 부착면과의 거리를 55cm 이하로 할 수 있다.

헤드의 반사판 중심과 보의 수평거리	헤드의 반사판 높이와 보의 하단 높이의 수직거리
0.75m 미만	보의 하단보다 낮을 것
0.75m 이상 1m 미만	0.1m 미만일 것
1m 이상 1.5m 미만	0.15m 미만일 것
1.5m 이상	0.3m 미만일 것

[천장 면에서 보의 하단까지의 길이가 55cm 이하인 경우]

[천장 면에서 보의 하단까지의 길이가 55cm를 초과하는 경우]

12. 스프링클러헤드 설치 제외 장소[간이스프링클러설비]

1) 계단실(특별피난계단의 부속실을 포함한다.)·경사로·승강기의 승강로·비상용승강기의 승강장·파이프 덕트 및 덕트피트(파이프·덕트를 통과시키기 위한 구획된 구멍에 한한다.)·목욕실·수영장(관람석 부분을 제외한다.)·화장실·직접 외기에 개방되어 있는 복도·기타 이와 유사한 장소
2) 통신기기실·전자기기실·기타 이와 유사한 장소
3) 발전실·변전실·변압기·기타 이와 유사한 전기설비가 설치되어 있는 장소
4) 병원의 수술실·응급처치실·기타 이와 유사한 장소
5) 천장과 반자 양쪽이 불연재료로 되어 있는 경우로서 그 사이의 거리 및 구조가 다음 각 목의 어느 하나에 해당하는 부분
   가. 천장과 반자 사이의 거리가 2m 미만인 부분
   나. 천장과 반자 사이의 벽이 불연재료이고 천장과 반자 사이의 거리가 2m 이상으로서 그 사이에 가연물이 존재하지 아니하는 부분
6) 천장·반자 중 한쪽이 불연재료로 되어 있고 천장과 반자 사이의 거리가 1m 미만인 부분

7) 천장 및 반자가 불연재료 외의 것으로 되어 있고 천장과 반자 사이의 거리가 0.5m 미만인 부분
8) 펌프실·물탱크실 엘리베이터 권상기실 그 밖의 이와 비슷한 장소
9) 현관 또는 로비 등으로서 바닥으로부터 높이가 20m 이상인 장소
10) 영하의 냉장창고의 냉장실 또는 냉동창고의 냉동실
11) 고온의 노가 설치된 장소 또는 물과 격렬하게 반응하는 물품의 저장 또는 취급장소
12) 불연재료로 된 특정소방대상물 또는 그 부분으로서 다음 각 목의 어느 하나에 해당하는 장소
   가. 정수장·오물처리장 그 밖의 이와 비슷한 장소
   나. 펄프공장의 작업장·음료수공장의 세정 또는 충전하는 작업장 그 밖의 이와 비슷한 장소
   다. 불연성의 금속·석재 등의 가공공장으로서 가연성 물질을 저장 또는 취급하지 아니하는 장소
   라. 가연성 물질이 존재하지 않는 「건축물의 에너지절약설계기준」에 따른 방풍실
13) 실내에 설치된 테니스장·게이트볼장·정구장 또는 이와 비슷한 장소로서 실내 바닥·벽·천장이 불연재료 또는 준불연재료로 구성되어 있고 가연물이 존재하지 않는 장소로서 관람석이 없는 운동시설(지하층은 제외한다.)

13. 스프링클러헤드 수별 급수관의 구경

급수관의 구경 구분	25	32	40	50	65	80	90	100	125	150
가	2	3	5	10	30	60	80	100	160	161 이상
나	2	4	7	15	30	60	65	100	160	161 이상
다	1	2	5	8	15	27	40	55	90	91 이상

㈜
1. 폐쇄형 스프링클러헤드를 사용하는 설비의 경우로서 1개 층에 하나의 급수배관(또는 밸브 등)이 담당하는 구역의 최대면적은 3,000m²를 초과하지 않을 것
2. 폐쇄형 스프링클러헤드를 설치하는 경우에는 "가"란의 헤드 수에 따를 것. 다만, 100개 이상의 헤드를 담당하는 급수배관(또는 밸브)의 구경을 100mm로 할 경우에는 수리계산을 통하여 2.5.3.3의 단서에서 규정한 배관의 유속에 적합하도록 할 것
3. 폐쇄형 스프링클러헤드를 설치하고 반자 아래의 헤드와 반자 속의 헤드를 동일 급수관의 가지관상에 병설하는 경우에는 "나"란의 헤드 수에 따를 것
4. 2.7.3.1의 경우로서 폐쇄형 스프링클러헤드를 설치하는 설비의 배관구경은 "다"란에 따를 것

5. 개방형 스프링클러헤드를 설치하는 경우 하나의 방수구역이 담당하는 헤드의 개수가 30개 이하일 때는 "다"란의 헤드 수에 의하고, 30개를 초과할 때는 수리계산 방법에 따를 것
▶ 2.5.3.3의 단서 : 가지배관의 유속은 6m/s, 그 밖의 배관의 유속은 10m/s를 초과할 수 없다.
▶ 2.7.3.1 : 무대부·특수가연물을 저장 또는 취급하는 장소

Check Point 유형별로 한쪽의 가지배관에 설치할 수 있는 스프링클러헤드의 최대 개수

1. 폐쇄형 스프링클러헤드를 설치하는 경우 : "가"
   ① 상향식 헤드를 설치하는 경우

   ② 상·하향식 헤드를 설치하는 경우(반자 없음) P/70 폭 1.2m 초과

   ㉮ 반자가 없으므로 화재 시 상·하부 헤드가 동시에 개방된다.
   ㉯ 주차장이나 기계실 등과 같이 살수장애 문제로 헤드를 상하형으로 병설하는 경우
   ㉰ 한쪽 가지배관에 설치되는 헤드 개수는 8개 이하로 할 것

2. 폐쇄형 스프링클러헤드를 설치하고 반자 아래의 헤드와 반자 속의 헤드를 동일 급수관의 가지관상에 병설하는 경우 : "나"(반자 있음)

   ① 화재 시 반자로 인하여 반자 아래 헤드가 먼저 개방되며 반자 위 헤드는 반자 아래 헤드에서 살수가 되므로 개방이 지연된다.
   ② 상·하향식 헤드가 병설된 경우보다 헤드 수량별 배관구경을 완화하여 적용한 것이다.
   ③ 한쪽 가지배관에 설치되는 헤드 개수는 반자 아래에 설치되는 헤드의 개수를 기준으로 하며, 8개 이하로 설치해야 한다.

3. 무대부, 특수가연물을 저장·취급하는 장소의 경우로서 폐쇄형 스프링클러헤드를 설치하는 경우 : "다"

무대부나 특수가연물을 저장·취급하는 장소는 천장고가 높거나 가연성 물품 등을 저장하는 장소로 연소가 확대되기 쉬운 장소이며, 소화가 곤란한 장소이므로 강화된 기준을 적용한다.

05 간이스프링클러설비

1. 간이스프링클러설비의 배관 및 밸브 등의 순서

1) 상수도직결형은 다음 각 목의 기준에 따라 설치할 것

① 수도용 계량기, 급수차단장치, 개폐표시형 밸브, 체크밸브, 압력계, 유수검지장치(압력스위치 등 유수검지장치와 동등 이상의 기능과 성능이 있는 것을 포함한다.), 2개의 시험밸브의 순으로 설치할 것

② 간이스프링클러설비 이외의 배관에는 화재 시 배관을 차단할 수 있는 급수차단장치를 설치할 것

2) 펌프 등의 가압송수장치를 이용하여 배관 및 밸브 등을 설치하는 경우

수원, 연성계 또는 진공계(수원이 펌프보다 높은 경우를 제외한다.), 펌프 또는 압력수조, 압력계, 체크밸브, 성능시험배관, 개폐표시형 밸브, 유수검지장치, 시험밸브의 순으로 설치할 것

3) 가압수조를 가압송수장치로 이용하여 배관 및 밸브 등을 설치하는 경우

수원, 가압수조, 압력계, 체크밸브, 성능시험배관, 개폐표시형 밸브, 유수검지장치, 2개의 시험밸브의 순으로 설치할 것

4) 캐비닛형의 가압송수장치에 배관 및 밸브 등을 설치하는 경우

수원, 연성계 또는 진공계(수원이 펌프보다 높은 경우를 제외한다.), 펌프 또는 압력수조, 압력계, 체크밸브, 개폐표시형 밸브, 2개의 시험밸브의 순으로 설치할 것. 다만, 소화용수의 공급은 상수도와 직결된 바이패스관 또는 펌프에서 공급받아야 한다.

2. 간이헤드

1) 간이헤드 적응성
① 폐쇄형 간이헤드를 사용할 것
② **작동온도**

실내의 최대 주위천장온도[℃]	공칭작동온도[℃]
0℃ 이상 38℃ 이하	57℃에서 77℃
39℃ 이상 66℃ 이하	79℃에서 109℃

2) 간이헤드 설치기준
① 천장 · 반자 · 천장과 반자 사이 · 덕트 · 선반 등의 각 부분으로부터 간이헤드까지 수평거리 : 2.3m 이하

수평거리	2.3m 이하
헤드 간 거리(정방형 배치)	$S = 2R\cos 45° = \sqrt{2}R = \sqrt{2} \times 2.3 = 3.252$ $\therefore 3.25[m]$
헤드 1개의 방호면적	$S^2 = 3.25^2 = 10.562$ $\therefore 10.56[m^2]$

② 상향식 간이헤드 또는 하향식 간이헤드의 경우

종류 \ 거리	간이헤드의 디플렉터에서 천장 또는 반자까지 거리
상향식 또는 하향식 간이헤드	25mm에서 102mm 이내
측벽형 간이헤드	102mm에서 152mm 이내
플러시 스프링클러헤드	102mm 이하

3) 보와 가장 가까운 간이헤드 설치기준
특정소방대상물의 보와 가장 가까운 간이헤드는 다음 표의 기준에 따라 설치할 것. 다만, 천장면에서 보의 하단까지의 길이가 55cm를 초과하고 보의 하단 측면 끝부분으로부터 간이헤드까지의 거리가 간이헤드 상호 간 거리의 2분의 1 이하가 되는 경우에는 간이헤드와 그 부착면과의 거리를 55cm 이하로 할 수 있다.

간이헤드의 반사판 중심과 보의 수평거리	간이헤드의 반사판 높이와 보의 하단 높이의 수직거리
0.75m 미만	보의 하단보다 낮을 것
0.75m 이상 1m 미만	0.1m 미만일 것
1m 이상 1.5m 미만	0.15m 미만일 것
1.5m 이상	0.3m 미만일 것

3. 비상전원

간이스프링클러설비에는 다음의 기준에 적합한 비상전원 또는 「소방시설용 비상전원수전설비의 화재안전기술기준(NFTC 602)」의 규정에 따른 비상전원수전설비를 설치해야 한다. 다만, 무전원으로 작동되는 간이스프링클러설비의 경우에는 모든 기능이 10분[영 별표 4 제1호마목2)가) 또는 6)과 8)에 해당하는 경우에는 20분] 이상 유효하게 지속될 수 있는 구조를 갖추어야 한다.

1) 간이스프링클러설비를 유효하게 10분[영 별표 4 제1호마목2)가) 또는 6)과 8)에 해당하는 경우에는 20분] 이상 작동할 수 있도록 할 것
2) 상용전원으로부터 전력의 공급이 중단된 때에는 자동으로 비상전원으로부터 전원을 공급받을 수 있는 구조로 할 것

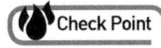

> ▶ **영 별표 4 제1호마목**
> 2)가) 근린생활시설로 사용하는 부분의 바닥면적 합계가 1천㎡ 이상인 것은 모든 층
> 6) 숙박시설로 사용되는 바닥면적의 합계가 300㎡ 이상 600㎡ 미만인 시설
> 7) 복합건축물(별표 2 제30호나목의 복합건축물만 해당한다)로서 연면적 1천㎡ 이상인 것은 모든 층
>
> ▶ **별표 2 제30호나목**
> 하나의 건축물이 근린생활시설, 판매시설, 업무시설, 숙박시설 또는 위락시설의 용도와 주택의 용도로 함께 사용되는 것

4. 간이헤드 수별 급수관의 구경

급수관의 구경 구분	25	32	40	50	65	80	100	125	150
가	2	3	5	10	30	60	100	160	161 이상
나	2	4	7	15	30	60	100	160	161 이상
다	〈삭제 2011.11.24.〉								

㈜
1. 폐쇄형 간이헤드를 사용하는 설비의 경우로서 1개 층에 하나의 급수배관(또는 밸브 등)이 담당하는 구역의 최대면적은 1,000m²를 초과하지 않을 것
2. 폐쇄형 간이헤드를 설치하는 경우에는 "가"란의 헤드 수에 따를 것
3. 폐쇄형 간이헤드를 설치하고 반자 아래의 헤드와 반자속의 헤드를 동일 급수관의 가지관상에 병설하는 경우에는 "나"란의 헤드 수에 따를 것
4. "캐비닛형" 및 "상수도직결형"을 사용하는 경우 주배관은 32, 수평주행배관은 32, 가지배관은 25 이상으로 할 것. 이 경우 최장배관은 2.2.6에 따라 인정받은 길이로 하며 하나의 가지배관에는 간이헤드를 3개 이내로 설치해야 한다.

5. 주택전용 간이스프링클러설비

주택전용 간이스프링클러설비는 다음 기준에 따라 설치한다. 다만, 본 공고에 따른 주택전용 간이스프링클러설비가 아닌 간이스프링클러설비를 설치하는 경우에는 그렇지 않다.
1) 상수도에 직접 연결하는 방식으로 수도용 계량기 이후에서 분기하여 수도용 역류방지밸브, 개폐표시형밸브, 세대별 개폐밸브 및 간이헤드의 순으로 설치할 것. 이 경우 개폐표시형밸브와 세대별 개폐밸브는 그 설치위치를 쉽게 식별할 수 있는 표시를 해야 한다.
2) 방수압력과 방수량은 2.2.1에 따를 것
3) 배관은 2.5에 따라 설치할 것. 다만, 세대 내 배관은 2.5.2에 따른 소방용 합성수지배관으로 설치할 수 있다.
4) 간이헤드와 송수구는 2.6 및 2.8에 따라 설치할 것
5) 주택전용 간이스프링클러설비에는 가압송수장치, 유수검지장치, 제어반, 음향장치, 기동장치 및 비상전원은 적용하지 않을 수 있다.

06 화재조기진압용 스프링클러설비

1. 설치장소의 기준

1) 설치장소의 구조

① 해당층의 높이가 13.7m 이하일 것. 다만, 2층 이상일 경우에는 해당층의 바닥을 내화구조로 하고 다른 부분과 방화구획할 것
② 천장의 기울기가 1,000분의 168을 초과하지 않아야 하고, 이를 초과하는 경우에는 반자를 지면과 수평으로 설치할 것
③ 천장은 평평해야 하며 철재나 목재트러스 구조인 경우, 철재나 목재의 돌출부분이 102mm를 초과하지 않을 것
④ 보로 사용되는 목재·콘크리트 및 철재 사이의 간격이 0.9m 이상 2.3m 이하일 것. 다만, 보의 간격이 2.3m 이상인 경우에는 화재조기진압용 스프링클러헤드의 동작을 원활히 하기 위하여 보로 구획된 부분의 천장 및 반자의 넓이가 $28m^2$를 초과하지 않을 것
⑤ 창고 내의 선반의 형태는 하부로 물이 침투되는 구조로 할 것

2) 저장물의 간격

저장물품 사이의 간격은 모든 방향에서 152mm 이상의 간격을 유지해야 한다.

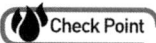

1. 천장의 기울기가 1,000분의 168을 초과하지 않을 것
   기울기가 너무 클 경우 화점으로부터 멀리 떨어져 있는 헤드가 개방되어 초기 진압이 실패할 수 있다.
2. 철재나 목재의 돌출부분이 102mm를 초과하지 않을 것
   철재나 목재의 돌출부분이 102mm 이내는 살수 비장애물로 간주한다.
3. 저장물품 사이의 간격은 모든 방향에서 152mm 이상(개방배열)
   화재 시 헤드의 원활한 작동을 위하여, 수평방향뿐 아니라 수직방향도 152mm 이상의 간격을 유지할 것

2. 배관 및 헤드 기준

1) 가지배관의 배열

천장높이	가지배관 사이의 거리	가지배관의 헤드 사이의 거리
9.1m 미만	2.4m 이상 3.7m 이하	2.4m 이상 3.7m 이하
9.1m 이상 13.7m 이하	2.4m 이상 3.1m 이하	3.1m 이하

2) 헤드의 적합기준

① 헤드 하나의 방호면적은 $6.0m^2$ 이상 $9.3m^2$ 이하로 할 것
② 가지배관의 헤드 사이의 거리는 천장의 높이가 9.1m 미만인 경우에는 2.4m 이상 3.7m 이하로, 9.1m 이상 13.7m 이하인 경우에는 3.1m 이하로 할 것
③ 헤드의 반사판은 천장 또는 반자와 평행하게 설치하고 저장물의 최상부와 914mm 이상 확보되도록 할 것
④ 하향식 헤드의 반사판의 위치는 천장이나 반자 아래 125mm 이상 355mm 이하일 것
⑤ 상향식 헤드의 감지부 중앙은 천장 또는 반자와 101mm 이상 152mm 이하이어야 하며, 반사판의 위치는 스프링클러 배관의 윗부분에서 최소 178mm 상부에 설치되도록 할 것
⑥ 헤드와 벽과의 거리는 헤드 상호 간 거리의 2분의 1을 초과하지 않아야 하며 최소 102mm 이상일 것

⑦ 헤드의 작동온도는 74℃ 이하일 것. 다만, 헤드 주위의 온도가 38℃ 이상의 경우에는 그 온도에서의 화재 시험 등에서 헤드 작동에 관하여 공인기관의 시험을 거친 것을 사용할 것
⑧ 헤드의 살수분포에 장애를 주는 장애물이 있는 경우에는 다음 각 목의 어느 하나에 적합할 것
    가. 천장 또는 천장 근처에 있는 장애물과 반사판의 위치는 그림 2.7.1.8(1) 또는 그림 2.7.1.8(2)와 같이하며, 천장 또는 천장 근처에 보·덕트·기둥·난방기구·조명기구·전선관 및 배관 등의 기타 장애물이 있는 경우에는 장애물과 헤드 사이의 수평거리에 따른 장애물의 하단과 그보다 윗부분에 설치되는 헤드 반사판 사이의 수직거리는 표 2.7.1.8(1) 또는 그림 2.7.1.8(3)에 따를 것
    나. 헤드 아래에 덕트·전선관·난방용배관 등이 설치되어 헤드의 살수를 방해하는 경우에는 표 2.7.1.8(1) 또는 그림 2.7.1.8(3)에 따를 것. 다만, 2개 이상의 헤드의 살수를 방해하는 경우에는 표 2.7.1.8(2)를 참고로 한다.
⑨ 상부에 설치된 헤드의 방출수에 따라 감열부에 영향을 받을 우려가 있는 헤드에는 방출수를 차단할 수 있는 유효한 차폐판을 설치할 것

Check Point | 헤드의 살수분포에 장애를 주는 장애물이 있는 경우

1. [표 2.7.1.8(1)] 보 또는 기타 장애물 아래에 헤드가 설치된 경우의 반사판의 위치

장애물과 헤드 사이의 수평거리	장애물의 하단과 헤드의 반사판 사이의 수직거리	장애물과 헤드 사이의 수평거리	장애물의 하단과 헤드의 반사판 사이의 수직거리
0.3m 미만	0mm	1.1m 이상~1.2m 미만	300mm
0.3m 이상~0.5m 미만	40mm	1.2m 이상~1.4m 미만	380mm
0.5m 이상~0.7m 미만	75mm	1.4m 이상~1.5m 미만	460mm
0.7m 이상~0.8m 미만	140mm	1.5m 이상~1.7m 미만	560mm
0.8m 이상~0.9m 미만	200mm	1.7m 이상~1.8m 미만	660mm
1.0m 이상~1.1m 미만	250mm	1.8m 이상	790mm

2. [표 2.7.1.8(2)] 저장물 위에 장애물이 있는 경우의 헤드설치 기준

장애물의 류(폭)		조건
돌출 장애물	0.6m 이하	1. 표 2.7.1.8(1) 또는 그림 2.7.1.8(2)에 적합하거나 2. 장애물의 끝부근에서 헤드 반사판까지의 수평거리가 0.3m 이하로 설치할 것
	0.6m 초과	표 2.7.1.8(1) 또는 그림 2.7.1.8(3)에 적합할 것

장애물의 류(폭)		조 건
연속 장애물	5cm 이하	1. 표 2.7.1.8(1) 또는 그림 2.7.1.8(3)에 적합하거나 2. 장애물이 헤드 반사판 아래 0.6m 이하로 설치된 경우는 허용한다.
	5cm 초과~ 0.3m 이하	1. 표 2.7.1.8(1) 또는 그림 2.7.1.8(3)에 적합하거나 2. 장애물의 끝부근에서 헤드 반사판까지의 수평거리를 0.3m 이하로 설치할 것
	0.3m 초과~ 0.6m 이하	1. 표 2.7.1.8(1) 또는 그림 2.7.1.8(3)에 적합하거나 2. 장애물의 끝부근에서 헤드 반사판까지의 수평거리를 0.6m 이하로 설치할 것
	0.6m 초과	1. 표 2.7.1.8(1) 또는 그림 2.7.1.8(3)에 적합하거나 2. 장애물이 평편하고 견고하며 수평적인 경우에는 저장물의 최상단과 헤드반사판의 간격을 0.9m 이하로 설치할 것 3. 장애물이 평편하지 않거나 비연속적인 경우에는 저장물 아래에 평편한 판을 설치한 후 헤드를 설치할 것

3. [그림 2.7.1.8(1)] 보 또는 기타 장애물 위에 헤드가 설치된 경우 반사판 위치
   (그림 2.7.1.8(3) 또는 표 2.7.1.8(1)을 함께 사용할 것)

4. [그림 2.7.1.8(2)] 장애물이 헤드 아래에 연속적으로 설치된 경우의 반사판 위치
   (그림 2.7.1.8(3) 또는 표 2.7.1.8(1)을 함께 사용할 것)

5. [그림 2.7.1.8(3)] 장애물 아래에 설치되는 헤드 반사판의 위치

> **Check Point** 화재조기진압용 스프링클러헤드 수량 산정

1. 방호면적 기준
① 최소 개수 $N = \dfrac{\text{바닥면적}}{9.3}$

② 최대 개수 $N = \dfrac{\text{바닥면적}}{6.0}$

2. 헤드 간 거리
$N = N_1 \times N_2$

① 가로열 개수 $N_1 = \dfrac{\text{가로길이}}{\text{기준길이}}$

② 세로열 개수 $N_2 = \dfrac{\text{세로길이}}{\text{기준길이}}$

천장높이	기준길이	
	최소 개수	최대 개수
9.1m 미만	3.7m	2.4m
9.1m 이상 13.7m 이하	3.1m	

3. 환기구 기준
1) 공기의 유동으로 인하여 헤드의 작동온도에 영향을 주지 않는 구조일 것
2) 화재감지기와 연동하여 동작하는 자동식 환기장치를 설치하지 않을 것. 다만, 자동식 환기장치를 설치할 경우에는 최소작동온도가 180℃ 이상일 것

4. 화재조기진압용 스프링클러설비를 설치할 수 없는 물품
1) 제4류 위험물
2) 타이어, 두루마리 종이 및 섬유류, 섬유제품 등 연소 시 화염의 속도가 빠르고 방사된 물이 하부까지에 도달하지 못하는 것

07 물분무소화설비

1. 기동장치

1) 수동식 기동장치 설치기준
① 직접 조작 또는 원격조작에 따라 각각의 가압송수장치 및 수동식 개방밸브 또는 가압송수장치 및 자동개방밸브를 개방할 수 있도록 설치할 것
② 기동장치의 가까운 곳의 보기 쉬운 곳에 "기동장치"라고 표시한 표지를 할 것

2) 자동식 기동장치 설치기준
자동화재탐지설비의 감지기의 작동 또는 폐쇄형 스프링클러헤드의 개방과 연동하여 경보를 발하고, 가압송수장치 및 자동개방밸브를 기동할 수 있는 것으로 할 것. 다만, 자동화재탐지설비의 수신기가 설치되어 있는 장소에 상시 사람이 근무하고 있고, 화재 시 물분무소화설비를 즉시 작동시킬 수 있는 경우에는 그렇지 않다.

2. 제어밸브

1) 물분무소화설비 제어밸브 설치기준
① 제어밸브는 바닥으로부터 0.8m 이상 1.5m 이하의 위치에 설치할 것
② 제어밸브의 가까운 곳의 보기 쉬운 곳에 "제어밸브"라고 표시한 표지를 할 것

2) 물분무소화설비 자동개방밸브 및 수동식 개방밸브 설치기준
① 자동개방밸브의 기동조작부 및 수동식 개방밸브는 화재 시 용이하게 접근할 수 있는 곳의 바닥으로부터 0.8m 이상 1.5m 이하의 위치에 설치할 것
② 자동개방밸브 및 수동식 개방밸브의 2차 측 배관부분에는 해당 방수구역 외에 밸브의 작동을 시험할 수 있는 장치를 설치할 것. 다만, 방수구역에서 직접 방사시험을 할 수 있는 경우에는 그렇지 않다.

> **Check Point 제어밸브**
>
> 1. 제어밸브란 유수검지장치 1차 측에 설치하여 급수를 차단하는 개폐표시형 밸브를 말한다.
> 2. 유수검지장치나 일제개방밸브의 수리나 보수를 위하여 급수를 차단할 목적으로 설치한다.
>
> 수원 ─ 펌프 ─ 제어밸브 ─ 유수검지장치 ─ 일제개방밸브 ─ 물분무헤드
>
> 3. 제어밸브는 급수배관에 설치되어 급수를 차단할 수 있는 개폐밸브이므로 탬퍼스위치를 설치하여 밸브가 폐쇄된 경우 수신기에 표시되고 경보를 발해야 한다.

3. 고압의 전기기기가 있는 장소의 전기기기와 물분무헤드 사이의 이격거리

전압[kV]	거리[cm]	전압[kV]	거리[cm]
66 이하	70 이상	154 초과 181 이하	180 이상
66 초과 77 이하	80 이상	181 초과 220 이하	210 이상
77 초과 110 이하	110 이상	220 초과 275 이하	260 이상
110 초과 154 이하	150 이상	–	–

4. 배수설비

1) 차량이 주차하는 장소의 적당한 곳에 높이 10cm 이상의 경계턱으로 배수구를 설치할 것
2) 배수구에는 새어나온 기름을 모아 소화할 수 있도록 길이 40m 이하마다 집수관·소화피트 등 기름분리장치를 설치할 것
3) 차량이 주차하는 바닥은 배수구를 향하여 100분의 2 이상의 기울기를 유지할 것
4) 배수설비는 가압송수장치의 최대송수능력의 수량을 유효하게 배수할 수 있는 크기 및 기울기로 할 것

> **Check Point** 배수설비를 하는 이유
>
> 1. 물분무소화설비는 B·C급 화재에도 적응성이 있는 관계로, B급 화재의 경우 헤드에서 방사된 물과 기름이 혼합되어 연소 면이 확대될 수 있으므로 배수설비를 설치해야 한다. 그러나 국내 기준에서는 주차시설의 경우에만 배수설비를 설치하도록 규정하고 있다.
> 2. 스프링클러설비를 주차장에 설치하는 경우 배수설비를 제외하는 것은 주차장은 물분무등소화설비 대상이나 스프링클러설비를 설치한 경우 물분무등소화설비를 설치하지 않을 수 있으므로 주차장에는 배수설비를 설치하지 않을 수 있다.

5. 설치 제외

1) 물과 심하게 반응하는 물질 또는 물과 반응하여 위험한 물질을 생성하는 물질을 저장 또는 취급하는 장소
2) 고온의 물질 및 증류범위가 넓어 끓어 넘칠 위험이 있는 물질을 저장 또는 취급하는 장소
3) 운전 시에 표면의 온도가 260℃ 이상으로 되는 등 직접 분무를 하는 경우 그 부분에 손상을 입힐 우려가 있는 기계장치 등이 있는 장소

08 미분무소화설비

1. 폐쇄형 미분무소화설비의 방호구역

폐쇄형 미분무헤드를 사용하는 설비의 방호구역(미분무소화설비의 소화범위에 포함된 영역을 말한다.)은 다음의 기준에 적합해야 한다.

1) 하나의 방호구역의 바닥면적은 펌프용량, 배관의 구경 등을 수리학적으로 계산한 결과 헤드의 방수압 및 방수량이 방호구역 범위 내에서 소화목적을 달성할 수 있도록 산정해야 한다.
2) 하나의 방호구역은 2개 층에 미치지 아니하도록 할 것

2. 개방형 미분무소화설비의 방수구역

개방형 미분무 소화설비의 방수구역은 다음의 기준에 적합해야 한다.

1) 하나의 방수구역은 2개 층에 미치지 않을 것
2) 하나의 방수구역을 담당하는 헤드의 개수는 최대 설계개수 이하로 할 것. 다만, 2개 이상의 방수구역으로 나눌 경우에는 하나의 방수구역을 담당하는 헤드의 개수는 최대설계개수의 1/2 이상으로 할 것
3) 터널, 지하가 등에 설치할 경우 동시에 방수되어야 하는 방수구역은 화재가 발생된 방수구역 및 접한 방수구역으로 할 것

3. 펌프의 성능시험배관 설치기준

1) 성능시험배관은 펌프의 토출 측에 설치된 개폐밸브 이전에서 분기하여 직선으로 설치하고, 유량측정장치를 기준으로 전단 직관부에는 개폐밸브를 후단 직관부에는 유량조절밸브를 설치할 것. 이 경우 개폐밸브와 유량측정장치 사이의 직관부 거리 및 유량측정장치와 유량조절밸브 사이의 직관부 거리는 해당 유량측정장치 제조사의 설치사양에 따르

고, 성능시험배관의 호칭지름은 유량측정장치의 호칭지름에 따른다.
2) 유입구에는 개폐밸브를 둘 것
3) 유량측정장치는 펌프의 정격토출량의 175% 이상 측정할 수 있는 성능이 있을 것

4. 호스릴미분무소화설비 설치기준

1) 차고 또는 주차장 외의 장소에 설치하되 방호대상물의 각 부분으로부터 하나의 호스 접결구까지의 수평거리가 25m 이하가 되도록 할 것
2) 소화약제 저장용기의 개방밸브는 호스의 설치장소에서 수동으로 개폐할 수 있는 것으로 할 것
3) 소화약제 저장용기의 가장 가까운 곳의 보기 쉬운 곳에 표시등을 설치하고, "호스릴 미분무소화설비"라고 표시한 표지를 할 것
4) 그 밖의 사항은 「옥내소화전설비의 화재안전기술기준(NFTC 102)」 2.4(함 및 방수구 등)에 적합할 것

5. 미분무헤드 설치기준

1) 미분무헤드는 소방대상물의 천장·반자·천장과 반자 사이·덕트·선반 기타 이와 유사한 부분에 설계자의 의도에 적합하도록 설치해야 한다.
2) 하나의 헤드까지의 수평거리 산정은 설계자가 제시해야 한다.
3) 미분무 설비에 사용되는 헤드는 조기반응형 헤드를 설치해야 한다.
4) 폐쇄형 미분무헤드는 그 설치장소의 평상시 최고주위온도에 따라 다음 식에 따른 표시온도의 것으로 설치해야 한다.

※ **폐쇄형 미분무헤드의 최고주위온도**

$$T_a = 0.9\,T_m - 27.3\,℃$$

여기서, T_a : 최고주위온도
T_m : 헤드의 표시온도

5) 미분무헤드는 배관, 행거 등으로부터 살수가 방해되지 아니하도록 설치해야 한다.
6) 미분무헤드는 설계도면과 동일하게 설치해야 한다.
7) 미분무헤드는 '한국소방산업기술원' 또는 법 제42조제1항의 규정에 따라 성능시험기관으로 지정받은 기관에서 검증받아야 한다.

6. 청소 · 시험 · 유지 및 관리 등

1) 미분무소화설비의 청소 · 유지 및 관리 등은 건축물의 모든 부분(건축설비를 포함한다.)을 완성한 시점부터 최소 연 1회 이상 실시하여 그 성능 등을 확인해야 한다.
2) 미분무소화설비의 배관 등의 청소는 배관의 수리계산 시 설계된 최대방출량으로 방출하여 배관 내 이물질이 제거될 수 있는 충분한 시간 동안 실시해야 한다.
3) 미분무소화설비의 성능시험은 제8조에서 정한 기준에 따라 실시한다.

7. 설계도서

1) 설계도서 작성 시 고려사항

① 점화원의 형태
② 초기 점화되는 연료 유형
③ 화재 위치
④ 문과 창문의 초기상태(열림, 닫힘) 및 시간에 따른 변화상태
⑤ 공기조화설비, 자연형(문, 창문) 및 기계형 여부
⑥ 시공 유형과 내장재 유형

2) 설계도서 작성기준[그림 2.1.1]

(1) 공통사항

설계도서는 건축물에서 발생 가능한 상황을 선정하되, 건축물의 특성에 따라 (2)의 설계도서 유형 중 가목의 일반설계도서와 나목부터 사목까지의 특별설계도서 중 1개 이상을 작성한다.

(2) 설계도서 유형

가. 일반설계도서
   1) 건물용도, 사용자 중심의 일반적인 화재를 가상한다.
   2) 설계도서에는 다음 사항이 필수적으로 명확히 설명되어야 한다.
      가) 건물사용자 특성
      나) 사용자의 수와 장소
      다) 실 크기
      라) 가구와 실내 내용물
      마) 연소 가능한 물질들과 그 특성 및 발화원
      바) 환기조건
      사) 최초 발화물과 발화물의 위치

3) 설계자가 필요한 경우 기타 설계도서에 필요한 사항을 추가할 수 있다.

나. 특별설계도서 1
1) 내부 문들이 개방되어 있는 상황에서 피난로에 화재가 발생하여 급격한 화재 연소가 이루어지는 상황을 가상한다.
2) 화재 시 가능한 피난방법의 수에 중심을 두고 작성한다.

다. 특별설계도서 2
1) 사람이 상주하지 않는 실에서 화재가 발생하지만, 잠재적으로 많은 재실자에게 위험이 되는 상황을 가상한다.
2) 건축물 내의 재실자가 없는 곳에서 화재가 발생하여 많은 재실자가 있는 공간으로 연소 확대되는 상황에 중심을 두고 작성한다.

라. 특별설계도서 3
1) 많은 사람들이 있는 실에 인접한 벽이나 덕트 공간 등에서 화재가 발생한 상황을 가상한다.
2) 화재감지기가 없는 곳이나 자동으로 작동하는 소화설비가 없는 장소에서 화재가 발생하여 많은 재실자가 있는 곳으로의 연소 확대가 가능한 상황에 중심을 두고 작성한다.

마. 특별설계도서 4
1) 많은 거주자가 있는 아주 인접한 장소 중 소방시설의 작동범위에 들어가지 않는 장소에서 아주 천천히 성장하는 화재를 가상한다.
2) 작은 화재에서 시작하지만 큰 대형화재를 일으킬 수 있는 화재에 중심을 두고 작성한다.

바. 특별설계도서 5
1) 건축물의 일반적인 사용 특성과 관련, 화재하중이 가장 큰 장소에서 발생한 아주 심각한 화재를 가상한다.
2) 재실자가 있는 공간에서 급격하게 연소 확대되는 화재를 중심으로 작성한다.

사. 특별설계도서 6
1) 외부에서 발생하여 본 건물로 화재가 확대되는 경우를 가상한다.
2) 본 건물에서 떨어진 장소에서 화재가 발생하여 본 건물로 화재가 확대되거나 피난로를 막거나 거주가 불가능한 조건을 만드는 화재에 중심을 두고 작성한다.

09 포소화설비

1. 특정소방대상물에 따라 적응하는 포소화설비

특정소방대상물		포소화설비
1) 특수가연물을 저장·취급하는 공장 또는 창고		㉠ 포워터스프링클러설비 ㉡ 포헤드설비 ㉢ 고정포방출설비 ㉣ 압축공기포소화설비
2) 차고 또는 주차장	① 일반적인 장소	㉠ 포워터스프링클러설비 ㉡ 포헤드설비 ㉢ 고정포방출설비 ㉣ 압축공기포소화설비
	② 특정한 장소	㉠ 호스릴포소화설비 ㉡ 포소화전설비
3) 항공기 격납고	① 일반적인 장소	㉠ 포워터스프링클러설비 ㉡ 포헤드설비 ㉢ 고정포방출설비 ㉣ 압축공기포소화설비
	② 특정한 장소	㉠ 호스릴포소화설비
4) 발전기실, 엔진펌프실, 변압기, 전기케이블실, 유압설비	바닥면적의 합계가 300m² 미만	고정식 압축공기포소화설비

- 포워터스프링클러설비 : 포워터스프링클러헤드를 사용하는 포소화설비를 말한다.
- 포헤드설비 : 포헤드를 사용하는 포소화설비를 말한다.
- 고정포방출설비 : 고정포방출구를 사용하는 포소화설비를 말한다.
- 압축공기포소화설비 : 압축공기 또는 압축질소를 일정 비율로 포수용액에 강제 주입 혼합하는 방식을 말한다.

> **Check Point**
>
> ▶ **호스릴포소화설비·포소화전설비를 설치할 수 있는 차고·주차장**
> 가. 완전 개방된 옥상주차장 또는 고가 밑의 주차장으로서 주된 벽이 없고 기둥뿐이거나 주위가 위해방지용 철주 등으로 둘러싸인 부분
> 나. 지상 1층으로서 지붕이 없는 부분
>
> ▶ **항공기격납고에 호스릴포소화설비를 설치할 수 있는 장소**
> 바닥면적의 합계가 1,000m² 이상이고 항공기의 격납위치가 한정되어 있는 경우에는 그 한정된 장소 외의 부분에 대하여 호스릴포소화설비를 설치할 수 있다.

2. 저장탱크

포소화약제의 저장탱크(용기를 포함한다.)는 다음의 기준에 따라 설치하고, 2.6에 따른 혼합장치와 배관 등으로 연결해야 한다.

※ 포소화약제 저장탱크 설치기준

1. 화재 등의 재해로 인한 피해를 받을 우려가 없는 장소에 설치할 것
2. 기온의 변동으로 포의 발생에 장애를 주지 아니하는 장소에 설치할 것. 다만, 기온의 변동에 영향을 받지 아니하는 포소화약제의 경우에는 그렇지 않다.
3. 포소화약제가 변질될 우려가 없고 점검에 편리한 장소에 설치할 것
4. 가압송수장치 또는 포소화약제 혼합장치의 기동에 따라 압력이 가해지는 것 또는 상시 가압된 상태로 사용되는 것은 압력계를 설치할 것
5. 포소화약제 저장량의 확인이 쉽도록 액면계 또는 계량봉 등을 설치할 것
6. 가압식이 아닌 저장탱크는 그라스게이지를 설치하여 액량을 측정할 수 있는 구조로 할 것

3. 혼합장치

1) 펌프프로포셔너방식

펌프의 토출관과 흡입관 사이의 배관 도중에 설치한 흡입기에 펌프에서 토출된 물의 일부를 보내고, 농도조정밸브에서 조정된 포소화약제의 필요량을 포소화약제 탱크에서 펌프 흡입 측으로 보내어 이를 혼합하는 방식을 말한다.

① 펌프의 토출 측과 흡입 측 사이에 By-pass 배관을 설치한 후 펌프에서 토출된 물의 일부를 흡입기로 보내면 흡입기에서 Venturi 효과에 의해 포 원액이 흡입기로 흡입된다.
② 화학소방차에 적용되어 국내에서도 사용한다.
③ 농도조절밸브(급수량에 따라 포 원액의 유입량을 자동적으로 조절하는 장치)를 설치해야 한다.

2) 프레저 프로포셔너방식

펌프와 발포기의 중간에 설치된 벤투리관의 벤투리작용과 펌프 가압수의 포소화약제 저장탱크에 대한 압력에 따라 포소화약제를 흡입·혼합하는 방식을 말한다.
① 가장 일반적인 혼합방식으로 일명 차압혼합방식이라 한다.
② 격막 유무에 따라 압입식과 압송식으로 구분한다.

압입식	압송식
펌프에서 토출된 물을 약제탱크로 직접 주입하여 수압에 의해 약제가 혼합기로 유입되는 방식이다.	약제탱크 내에 이동식 격막을 설치하고 격막(다이어프램) 아래로 펌프에서 토출된 물을 보내면 격막이 밀려 올라가면서 약제가 혼합기로 유입되는 방식이다.

3) 라인 프로포셔너방식

펌프와 발포기의 중간에 설치된 벤투리관의 벤투리작용에 따라 포소화약제를 흡입·혼합하는 방식을 말한다. 소규모 또는 이동식 간이설비에 적용되는 방법으로 Venturi 효과에 의해서만 약제가 흡입되는 방식으로 관로혼합방식이라 한다.

4) 프레저사이드 프로포셔너방식

펌프의 토출관에 압입기를 설치하여 포소화약제 압입용 펌프로 포소화약제를 압입시켜 혼합하는 방식을 말한다.

① 대단위 고정식 포소화설비(석유화학 플랜트시설, 대규모 유류저장소 등)에 사용한다.

② 별도의 포 원액용 펌프를 설치해야 하며, 압력혼합방식이라 한다.

5) 압축공기포 믹싱챔버방식(Compressed Air Foam Mixing Chamber)

배관 내 흐르는 포 수용액에 압축공기를 불어넣은 것으로, 이는 포수용액과 압축공기의 혼합물이 배관을 따라 흐르는 과정에서 포가 생성되는 원리를 이용한 것이다.

① 포의 크기가 매우 균일하여 방출 시 포의 안전성이 증가된다.
② 고속 방사가 가능하며, 소량의 포수용액으로도 소화가 가능하다.
③ 포의 분출속도가 빠르므로 포가 화염을 뚫고 들어가 연소 표면에까지 도달할 수 있게 된다.
④ 물의 표면장력을 낮추어 빠른 소화가 가능하다.

4. 개방밸브

포소화설비의 개방밸브는 다음의 기준에 따라 설치해야 한다.
1) 자동 개방밸브는 화재감지장치의 작동에 따라 자동으로 개방되는 것으로 할 것
2) 수동식 개방밸브는 화재 시 쉽게 접근할 수 있는 곳에 설치할 것

> **Check Point** 포소화설비의 개방밸브
>
> **1. 자동식 개방밸브**
> 포헤드가 설치된 구역별로 설치하는 일제개방밸브를 말하며 화재감지장치에 의해 화재 시 자동으로 개방되는 밸브이다.
> ① 폐쇄형 스프링클러헤드의 개방을 이용하는 방식
> ② 자동화재탐지설비 감지기의 작동을 이용하는 방식
>
> **2. 수동식 개방밸브**
> 사람이 직접 손으로 조작하여 개방할 수 있는 수동식의 일제개방밸브를 의미한다.

5. 기동장치

1) 수동식 기동장치

① 직접조작 또는 원격조작에 따라 가압송수장치·수동식 개방밸브 및 소화약제 혼합장치를 기동할 수 있는 것으로 할 것
② 2 이상의 방사구역을 가진 포소화설비에는 방사구역을 선택할 수 있는 구조로 할 것
③ 기동장치의 조작부는 화재 시 쉽게 접근할 수 있는 곳에 설치하되, 바닥으로부터 0.8m 이상 1.5m 이하의 위치에 설치하고, 유효한 보호장치를 설치할 것
④ 기동장치의 조작부 및 호스 접결구에는 가까운 곳의 보기 쉬운 곳에 각각 "기동장치의 조작부" 및 "접결구"라고 표시한 표지를 설치할 것
⑤ 차고 또는 주차장에 설치하는 포소화설비의 수동식 기동장치는 방사구역마다 1개 이상 설치할 것
⑥ 항공기격납고에 설치하는 포소화설비의 수동식 기동장치는 각 방사구역마다 2개 이상을 설치하되, 그중 1개는 각 방사구역으로부터 가장 가까운 곳 또는 조작에 편리한 장소에 설치하고, 1개는 화재감지수신기를 설치한 감시실 등에 설치할 것

2) 자동식 기동장치

포소화설비의 자동식 기동장치는 화재감지기의 작동 또는 폐쇄형스프링클러헤드의 개방과 연동하여 가압송수장치·일제개방밸브 및 포소화약제 혼합장치를 기동시킬 수 있도록 다음의 기준에 따라 설치해야 한다. 다만, 자동화재탐지설비의 수신기가 설치되어 있고, 수신기가 설치된 장소에 상시 사람이 근무하고 있으며, 화재 시 즉시 해당 조작부를 작동시킬 수 있는 경우에는 그렇지 않다

(1) 폐쇄형 스프링클러헤드를 사용하는 경우

① 표시온도가 79℃ 미만인 것을 사용하고, 1개의 스프링클러헤드의 경계면적은 20m² 이하로 할 것
② 부착면의 높이는 바닥으로부터 5m 이하로 하고, 화재를 유효하게 감지할 수 있도록 할 것
③ 하나의 감지장치 경계구역은 하나의 층이 되도록 할 것

(2) 화재감지기를 사용하는 경우

① 화재감지기는「자동화재탐지설비 및 시각경보장치의 화재안전기술기준(NFTC 203)」2.4(감지기)의 기준에 따라 설치할 것
② 화재감지기 회로에는 다음의 기준에 따른 발신기를 설치할 것

※ 발신기 설치기준
(1) 조작이 쉬운 장소에 설치하고, 스위치는 바닥으로부터 0.8m 이상 1.5m 이하의 높이에 설치할 것
(2) 특정소방대상물의 층마다 설치하되, 해당 특정소방대상물의 각 부분으로부터 수평거리가 25m 이하가 되도록 할 것. 다만, 복도 또는 별도로 구획된 실로서 보행거리가 40m 이상일 경우에는 추가로 설치해야 한다.
(3) 발신기의 위치를 표시하는 표시등은 함의 상부에 설치하되, 그 불빛은 부착면으로부터 15° 이상의 범위 안에서 부착지점으로부터 10m 이내의 어느 곳에서도 쉽게 식별할 수 있는 적색등으로 할 것

③ 동결의 우려가 있는 장소의 포소화설비의 자동식 기동장치는 자동화재탐지설비와 연동되도록 할 것

3) 자동경보장치

포소화설비의 기동장치에 설치하는 자동경보장치는 다음의 기준에 따라 설치해야 한다. 다만, 자동화재탐지설비에 따라 경보를 발할 수 있는 경우에는 음향경보장치를 설치하지 않을 수 있다.
① 방사구역마다 일제개방밸브와 그 일제개방밸브의 작동 여부를 발신하는 발신부를 설치할 것. 이 경우 각 일제개방밸브에 설치되는 발신부 대신 1개 층에 1개의 유수검지장치를 설치할 수 있다.
② 상시 사람이 근무하고 있는 장소에 수신기를 설치하되, 수신기에는 폐쇄형 스프링클러헤드의 개방 또는 감지기의 작동 여부를 알 수 있는 표시장치를 설치할 것
③ 하나의 소방대상물에 2 이상의 수신기를 설치하는 경우에는 수신기가 설치된 장소 상호 간에 동시 통화가 가능한 설비를 할 것

6. 포헤드 및 고정포방출구

1) 팽창비율에 따른 포방출구의 종류

팽창비율에 따른 포의 종류	포방출구의 종류
팽창비가 20 이하인 것(저발포)	포헤드·압축공기포헤드
팽창비가 80 이상 1,000 미만인 것(고발포)	고발포용 고정포방출구

2) 포헤드 설치기준

포헤드 종류	헤드 소요수량	
포워터스프링클러헤드	바닥면적 8m²마다 1개 이상	
포헤드	바닥면적 9m²마다 1개 이상	
압축공기포헤드	유류탱크 주위	바닥면적 13.9m²마다 1개 이상
	특수가연물 저장소	바닥면적 9.3m²마다 1개 이상
	방호대상물	방호면적 1m²에 대한 1분당 방출량
	특수가연물	2.3l
	그 밖의 것	1.63l

3) 포헤드 방사량

특정소방대상물	포소화약제의 종류	바닥면적 1m²당 방사량
차고 · 주차장 항공기격납고	단백포소화약제	6.5l 이상
	합성계면활성제포소화약제	8.0l 이상
	수성막포소화약제	3.7l 이상
특수가연물을 저장 · 취급하는 소방대상물	단백포소화약제	6.5l 이상
	합성계면활성제포소화약제	
	수성막포소화약제	

㈜ 포워터스프링클러헤드 표준 방사량 : 75l/min 이상

4) 보가 있는 부분의 포헤드 설치

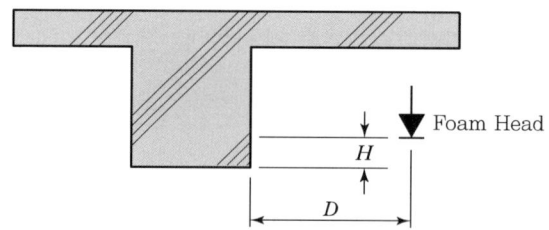

포헤드와 보의 하단의 수직거리(H)	포헤드와 보의 수평거리(D)
0	0.75m 미만
0.1m 미만	0.75m 이상 1m 미만
0.1m 이상 0.15m 미만	1m 이상 1.5m 미만
0.15m 이상 0.30m 미만	1.5m 이상

5) 포헤드 상호 간의 거리

① 정방형 배치 $S = 2R\cos 45°[\text{m}]$

② 장방형 배치 $X = 2R[\text{m}]$

③ S : 포헤드 상호 간 거리, X : 포헤드 대각선의 거리, R : 유효반경(2.1m)

6) 포헤드와 벽 방호구역의 경계선과는 2.9.2.5에 따른 거리의 2분의 1 이하의 거리를 둘 것

7. 차고·주차장에 설치하는 호스릴포소화설비 또는 포소화전설비 기준

1) 특정소방대상물의 어느 층에 있어서도 그 층에 설치된 호스릴포방수구 또는 포소화전방수구(호스릴포방수구 또는 포소화전방수구가 5개 이상 설치된 경우에는 5개)를 동시에 사용할 경우 각 이동식 포노즐 선단의 포수용액 방사압력이 0.35MPa 이상이고 300l/min 이상(1개 층의 바닥면적이 200m² 이하인 경우에는 230l/min 이상)의 포수용액을 수평거리 15m 이상으로 방사할 수 있도록 할 것

2) 저발포의 포소화약제를 사용할 수 있는 것으로 할 것

3) 호스릴 또는 호스를 호스릴포방수구 또는 포소화전방수구로 분리하여 비치하는 때에는 그로부터 3m 이내의 거리에 호스릴함 또는 호스함을 설치할 것

4) 호스릴함 또는 호스함은 바닥으로부터 높이 1.5m 이하의 위치에 설치하고 그 표면에는 "포호스릴함(또는 포소화전함)"이라고 표시한 표지와 적색의 위치표시등을 설치할 것

5) 방호대상물의 각 부분으로부터 하나의 호스릴포방수구까지의 수평거리는 15m 이하(포소화전방수구의 경우에는 25m 이하)가 되도록 하고 호스릴 또는 호스의 길이는 방호대상물의 각 부분에 포가 유효하게 뿌려질 수 있도록 할 것

8. 고발포용 고정포방출구

1) 전역방출방식의 고발포용 고정포방출구 기준

① 개구부에 자동폐쇄장치(「건축법 시행령」 제64조제1항에 따른 방화문 또는 불연재료로 된 문으로 포수용액이 방출되기 직전에 개구부가 자동적으로 폐쇄될 수 있는 장치를 말한다)를 설치할 것. 다만, 해당 방호구역에서 외부로 새는 양 이상의 포수용액을 유효하게 추가하여 방출하는 설비가 있는 경우에는 그렇지 않다

② 고정포방출구(포발생기가 분리되어 있는 것은 해당 포 발생기를 포함한다.)는 특정소방대상물 및 포의 팽창비에 따른 종별에 따라 해당 방호구역의 관포체적(해당 바닥면으로부터 방호대상물의 높이보다 0.5m 높은 위치까지의 체적을 말한다.) 1m³에 대하여 1분당 방출량이 다음 표에 따른 양 이상이 되도록 할 것

소방대상물	포소화약제의 종류	1m³에 대한 분당 포수용액 방출량
항공기 격납고	팽창비가 80 이상 250 미만의 것	2.00l
	팽창비가 250 이상 500 미만의 것	0.50l
	팽창비가 500 이상 1,000 미만의 것	0.29l
차고 또는 주차장	팽창비가 80 이상 250 미만의 것	1.11l
	팽창비가 250 이상 500 미만의 것	0.28l
	팽창비가 500 이상 1,000 미만의 것	0.16l
「소방기본법 시행령」 별표 2의 특수가연물을 저장·취급하는 소방대상물	팽창비가 80 이상 250 미만의 것	1.25l
	팽창비가 250 이상 500 미만의 것	0.31l
	팽창비가 500 이상 1,000 미만의 것	0.18l

③ 고정포방출구는 바닥면적 500m²마다 1개 이상으로 하여 방호대상물의 화재를 유효하게 소화할 수 있도록 할 것

④ 고정포방출구는 방호대상물의 최고 부분보다 높은 위치에 설치할 것. 다만, 밀어올리는 능력을 가진 것은 방호대상물과 같은 높이로 할 수 있다.

2) 국소방출방식의 고발포용 고정포방출구 기준

① 방호대상물이 서로 인접하여 불이 쉽게 붙을 우려가 있는 경우에는 불이 옮겨 붙을 우려가 있는 범위 내의 방호대상물을 하나의 방호대상물로 하여 설치할 것

② 고정포방출구(포발생기가 분리되어 있는 것에 있어서는 해당 포발생기를 포함한다.)는 방호대상물의 구분에 따라 당해 방호대상물의 높이의 3배(1m 미만의 경우에는 1m)의 거리를 수평으로 연장한 선으로 둘러싸인 부분의 면적 1m²에 대하여 1분당 방출량이 다음 표에 따른 양 이상이 되도록 할 것

방호대상물	방호면적 1m²에 대한 1분당 방출량
특수가연물	3l
기타의 것	2l

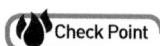

> ▶ 전역방출방식의 고정포방출구 방출량
> $Q\,[l/\min] = V\,[\mathrm{m}^3] \times \mathrm{K}\,[l/\min \cdot \mathrm{m}^3]$

① V : 관포체적 $[m^3]$
② K : 관포체적 $1[m^3]$에 대하여 1분당 포수용액 방출량 $[l/min]$

▶ **관포체적**
① 해당 바닥면으로부터 방호대상물의 높이보다 0.5m 높은 위치까지의 체적
② V = 방호구역 가로길이 × 방호구역 세로길이 × (방호대상물 높이 + 0.5)

▶ **국소방출방식의 고정포방출구 방출량**
$$Q\,[l/\min] = A\,[m^2] \times K\,[l/\min \cdot m^2]$$
① A : 방호면적 $[m^2]$
② K : 방호면적 $1[m^2]$에 대하여 1분당 포수용액 방출량 $[l/min]$

▶ **방호면적**
① 방호대상물의 각 부분에서 방호대상물 높이의 3배(1m 이하는 1m)의 거리를 수평으로 연장한 선으로 둘러싸인 부분의 면적
② 외주선 : 방호면적의 외곽선

$$A = \frac{\pi D^2}{4} = \frac{\pi \times (6H+d)^2}{4} [\text{m}^2]$$

$$A = A_1 + A_2 [\text{m}^2]$$
$$A_1 = (L_1 \times L_2) + (L_1 \times 3H \times 2) + (L_2 \times 3H \times 2)$$
$$A_2 = \frac{\pi D^2}{4} = \frac{\pi \times (6H)^2}{4}$$

▶ **고발포용 고정포방출구**

① Aspirator Type(흡입식 또는 흡출형)

포수용액이 분사될 때 공기를 흡입하고, 포가 포스크린을 통과하면서 보통 250배 이하의 중팽창포를 생성한다.

② Blow Type(압입식 또는 송출형)

포수용액이 분사될 때 송풍기를 이용하여 공기를 강제로 공급하고 포수용액이 포스크린을 통과하면서 고팽창포를 생성한다.

9. 포소화설비의 비상전원

1) 비상전원의 종류

① 자가발전설비
② 축전지설비
③ 비상전원수전설비
④ 전기저장장치

2) 포소화설비의 비상전원으로 비상전원수전설비를 설치할 수 있는 장소

① 2.1.1.2단서에 따라 호스릴포소화설비 또는 포소화전만을 설치한 차고·주차장
② 포헤드설비 또는 고정포방출설비가 설치된 부분의 바닥면적(스프링클러설비가 설치된 차고·주차장의 바닥면적을 포함한다.)의 합계가 1,000m² 미만인 것

▶ 2.1.1.2단서
  차고·주차장의 부분에 호스릴포소화설비 또는 포소화전설비를 설치할 수 있는 경우

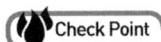

▶ **비상전원수전설비**
1. 비상전원수전설비는 소규모의 특정 건물에 한하여 비상전원으로 인정하는 설비로, 상용전원을 이용하여 화재 시에도 안전하게 전원을 공급할 수 있도록 안전도를 보강한 설비이다.
2. 화재 초기에는 정전이 없다고 가정하여 초기 화재 시에만 사용할 수 있도록 한 제한적인 기능의 비상전원을 말한다.

▶ **비상전원수전설비를 비상전원으로 사용할 수 있는 소방시설**

소방시설	설치대상 구분	비상전원 종류				용량
		자	축	비	전	
스프링클러설비, 미분무소화설비	① 일반 대상	●	●	–	●	20분 이상
	② 차고, 주차장으로 스프링클러설비가 설치된 부분의 바닥면적 합계가 1,000[m²] 미만	●	●	●	●	
포소화설비	① 일반 대상	●	●	–	●	20분 이상
	② • 포헤드 또는 고정포 방출설비가 설치된 부분의 바닥면적 합계가 1,000[m²] 미만 • 호스릴포소화설비 또는 포소화전만을 설치한 차고·주차장	●	●	●	●	
간이 스프링클러설비	대상 건축물 전체(단, 전원이 필요한 경우만 해당)	●	●	●	●	10분 이상
ESFR 스프링클러설비	대상 건축물 전체	●	●	–	●	20분 이상

※ 자 : 자가발전설비, 축 : 축전지설비, 비 : 비상전원수전설비, 전 : 전기 저장장치

10 옥외소화전설비

1. 소화전 함

1) 옥외소화전 함 설치개수 기준

옥외소화전설비에는 옥외소화전마다 그로부터 5m 이내의 장소에 소화전함을 다음의 기준에 따라 설치해야 한다.

① 옥외소화전이 10개 이하 설치된 때에는 옥외소화전마다 5m 이내의 장소에 1개 이상의 소화전함을 설치해야 한다.

② 옥외소화전이 11개 이상 30개 이하 설치된 때에는 11개 이상의 소화전함을 각각 분산하여 설치해야 한다.

③ 옥외소화전이 31개 이상 설치된 때에는 옥외소화전 3개마다 1개 이상의 소화전함을 설치해야 한다.

2) 옥외소화전설비의 함

옥외소화전설비의 함은 소방청장이 정하여 고시한 「소화전함의 성능인증 및 제품검사의 기술기준」에 적합한 것으로 설치하되 밸브의 조작, 호스의 수납 등에 충분한 여유를 가질 수 있도록 할 것. 이 경우 연결송수관의 방수구를 같이 설치하는 경우에도 또한 같다.

3) 옥외소화전설비의 함에는 그 표면에 "옥외소화전"이라는 표시를 해야 한다.

4) 표시등 설치기준

① 옥외소화전설비의 위치를 표시하는 표시등은 함의 상부에 설치하되, 소방청장이 정하여 고시한 「표시등의 성능인증 및 제품검사의 기술기준」에 적합한 것으로 할 것

② 가압송수장치의 기동을 표시하는 표시등은 옥외소화전함의 상부 또는 그 직근에 설치하되 적색등으로 할 것. 다만, 자체소방대를 구성하여 운영하는 경우(「위험물안전관리법 시행령」 별표 8에서 정한 소방자동차와 자체소방대원의 규모를 말한다.) 가압송수장치의 기동표시등을 설치하지 않을 수 있다.

> **Check Point** 자체소방대에 두는 화학소방자동차 및 인원 [「위험물안전관리법 시행령」 별표 8]

사업소의 구분	화학소방자동차	자체소방대원의 수
1. 제조소 또는 일반취급소에서 취급하는 제4류 위험물의 최대 수량의 합이 지정수량의 12만 배 미만인 사업소	1대	5인
2. 제조소 또는 일반취급소에서 취급하는 제4류 위험물의 최대 수량의 합이 지정수량의 12만 배 이상 24만 배 미만인 사업소	2대	10인
3. 제조소 또는 일반취급소에서 취급하는 제4류 위험물의 최대 수량의 합이 지정수량의 24만 배 이상 48만 배 미만인 사업소	3대	15인
4. 제조소 또는 일반취급소에서 취급하는 제4류 위험물의 최대 수량의 합이 지정수량의 48만 배 이상인 사업소	4대	20인

[비고]
화학소방자동차에는 행정안전부령으로 정하는 소화능력 및 설비를 갖추어야 하고, 소화활동에 필요한 소화약제 및 기구(방열복 등 개인장구를 포함한다.)를 비치해야 한다.

11 고체에어로졸소화설비

1. 정의

이 기준에서 사용하는 용어의 정의는 다음과 같다.

1) "고체에어로졸소화설비"란 설계밀도 이상의 고체에어로졸을 방호구역 전체에 균일하게 방출하는 설비로서 분산(Dispersed)방식이 아닌 압축(Condensed)방식을 말한다.
2) "고체에어로졸화합물"이란 과산화물질, 가연성물질 등의 혼합물로서 화재를 소화하는 비전도성의 미세입자인 에어로졸을 만드는 고체화합물을 말한다.
3) "고체에어로졸"이란 고체에어로졸화합물의 연소과정에 의해 생성된 직경 $10\mu m$ 이하의 고체 입자와 기체 상태의 물질로 구성된 혼합물을 말한다.
4) "고체에어로졸발생기"란 고체에어로졸화합물, 냉각장치, 작동장치, 방출구, 저장용기로 구성되어 에어로졸을 발생시키는 장치를 말한다.
5) "소화밀도"란 방호공간 내 규정된 시험조건의 화재를 소화하는 데 필요한 단위체적(m^3)당 고체에어로졸화합물의 질량(g)을 말한다.

6) "안전계수"란 설계밀도를 결정하기 위한 안전율을 말하며 1.3으로 한다.
7) "설계밀도"란 소화설계를 위하여 필요한 것으로 소화밀도에 안전계수를 곱하여 얻어지는 값을 말한다.
8) "상주장소"란 일반적으로 사람들이 거주하는 장소 또는 공간을 말한다.
9) "비상주장소"란 짧은 기간 동안 간헐적으로 사람들이 출입할 수는 있으나 일반적으로 사람들이 거주하지 않는 장소 또는 공간을 말한다.
10) "방호체적"이란 벽 등의 건물 구조 요소들로 구획된 방호구역의 체적에서 기둥 등 고정적인 구조물의 체적을 제외한 체적을 말한다.
11) "열 안전이격거리"란 고체에어로졸 방출 시 발생하는 온도에 영향을 받을 수 있는 모든 구조·구성요소와 고체에어로졸발생기 사이에 안전확보를 위해 필요한 이격거리를 말한다.

2. 일반조건

이 기준에 따라 설치되는 고체에어로졸소화설비는 다음의 기준을 충족해야 한다.
1) 고체에어로졸은 전기 전도성이 없을 것
2) 약제 방출 후 해당 화재의 재발화 방지를 위하여 최소 10분간 소화밀도를 유지할 것
3) 고체에어로졸소화설비에 사용되는 주요 구성품은 소방청장이 정하여 고시한 「고체에어로졸자동소화장치의 형식승인 및 제품검사의 기술기준」에 적합한 것일 것
4) 고체에어로졸소화설비는 비상주장소에 한하여 설치할 것. 다만, 고체에어로졸소화설비 약제의 성분이 인체에 무해함을 국내·외 국가 공인시험기관에서 인증받고, 과학적으로 입증된 최대허용설계밀도를 초과하지 않는 양으로 설계하는 경우 상주장소에 설치할 수 있다.
5) 고체에어로졸소화설비의 소화성능이 발휘될 수 있도록 방호구역 내부의 밀폐성을 확보할 것
6) 방호구역 출입구 인근에 고체에어로졸 방출 시 주의사항에 관한 내용의 표지를 설치할 것
7) 이 기준에서 규정하지 않은 사항은 형식승인받은 제조업체의 설계 매뉴얼에 따를 것

3. 설치 제외

고체에어로졸소화설비는 다음의 물질을 포함한 화재 또는 장소에는 사용할 수 없다. 다만, 그 사용에 대한 국가 공인시험기관의 인증이 있는 경우에는 그렇지 않다.
1) 니트로셀룰로오스, 화약 등의 산화성 물질
2) 리튬, 나트륨, 칼륨, 마그네슘, 티타늄, 지르코늄, 우라늄 및 플루토늄과 같은 자기반응

성 금속

3) 금속 수소화물

4) 유기 과산화수소, 히드라진 등 자동 열분해를 하는 화학물질

5) 가연성 증기 또는 분진 등 폭발성 물질이 대기에 존재할 가능성이 있는 장소

4. 고체에어로졸발생기

고체에어로졸발생기는 다음의 기준에 따라 설치한다.

1) 밀폐성이 보장된 방호구역 내에 설치하거나, 밀폐성능을 인정할 수 있는 별도의 조치를 취할 것
2) 천장이나 벽면 상부에 설치하되 고체에어로졸 화합물이 균일하게 방출되도록 설치할 것
3) 직사광선 및 빗물이 침투할 우려가 없는 곳에 설치할 것
4) 고체에어로졸발생기는 다음 각 기준의 최소 열 안전이격거리를 준수하여 설치할 것
   ① 인체와의 최소 이격거리는 고체에어로졸 방출 시 75℃를 초과하는 온도가 인체에 영향을 미치지 않는 거리
   ② 가연물과의 최소 이격거리는 고체에어로졸 방출 시 200℃를 초과하는 온도가 가연물에 영향을 미치지 않는 거리
5) 하나의 방호구역에는 동일 제품군 및 동일한 크기의 고체에어로졸발생기를 설치할 것
6) 방호구역의 높이는 형식승인받은 고체에어로졸발생기의 최대 설치높이 이하로 할 것

5. 고체에어로졸화합물의 양

방호구역 내 소화를 위한 고체에어로졸화합물의 최소 질량은 다음의 식 (2.4.1)에 따라 산출한 양 이상으로 산정해야 한다.

$$m = d \times V \quad \cdots\cdots\cdots\cdots\cdots\cdots\cdots\cdots\cdots\cdots\cdots\cdots\cdots\cdots\cdots\cdots (2.4.1)$$

여기에서, m : 필수소화약제량(g)

d : 설계밀도(g/m^3) = 소화밀도(g/m^3) × 1.3(안전계수)

소화밀도 : 형식승인받은 제조사의 설계 매뉴얼에 제시된 소화밀도

V : 방호체적(m^3)

6. 기동

1) 고체에어로졸소화설비는 화재감지기 및 수동식 기동장치의 작동과 연동하여 기계적 또는 전기적 방식으로 작동해야 한다.

2) 고체에어로졸소화설비의 기동 시에는 1분 이내에 고체에어로졸 설계밀도의 95% 이상을 방호구역에 균일하게 방출해야 한다.
3) 고체에어로졸소화설비의 수동식 기동장치는 다음의 기준에 따라 설치해야 한다.
   ① 제어반마다 설치할 것
   ② 방호구역의 출입구마다 설치하되 출입구 인근에 사람이 쉽게 조작할 수 있는 위치에 설치할 것
   ③ 기동장치의 조작부는 바닥으로부터 0.8m 이상 1.5m 이하의 위치에 설치할 것
   ④ 기동장치의 조작부에 보호판 등의 보호장치를 부착할 것
   ⑤ 기동장치 인근의 보기 쉬운 곳에 "고체에어로졸소화설비 수동식 기동장치"라고 표시한 표지를 부착할 것
   ⑥ 전기를 사용하는 기동장치에는 전원표시등을 설치할 것
   ⑦ 방출용 스위치의 작동을 명시하는 표시등을 설치할 것
   ⑧ 50N 이하의 힘으로 방출용 스위치를 기동할 수 있도록 할 것
4) 고체에어로졸의 방출을 지연시키기 위해 방출지연스위치를 다음의 기준에 따라 설치해야 한다.
   ① 수동으로 작동하는 방식으로 설치하되 누르고 있는 동안만 지연되도록 할 것
   ② 방호구역의 출입구마다 설치하되 피난이 용이한 출입구 인근에 사람이 쉽게 조작할 수 있는 위치에 설치할 것
   ③ 방출지연스위치 작동 시에는 음향경보를 발할 것
   ④ 방출지연스위치 작동 중 수동식 기동장치가 작동되면 수동식 기동장치의 기능이 우선될 것

7. 제어반 등

1) 고체에어로졸소화설비의 제어반은 다음의 기준에 따라 설치해야 한다.
   ① 전원표시등을 설치할 것
   ② 화재, 진동 및 충격에 따른 영향과 부식의 우려가 없고 점검에 편리한 장소에 설치할 것
   ③ 제어반에는 해당 회로도 및 취급설명서를 비치할 것
   ④ 고체에어로졸소화설비의 작동방식(자동 또는 수동)을 선택할 수 있는 장치를 설치할 것
   ⑤ 수동식 기동장치 또는 화재감지기에서 신호를 수신할 경우 다음의 기능을 수행할 것
      가. 음향경보장치의 작동
      나. 고체에어로졸의 방출
      다. 기타 제어기능 작동

2) 고체에어로졸소화설비의 화재표시반은 다음의 기준에 따라 설치해야 한다. 다만, 자동화재탐지설비의 수신기의 제어반이 화재표시반의 기능을 가지고 있는 경우 화재표시반을 설치하지 않을 수 있다.
   ① 전원표시등을 설치할 것
   ② 화재, 진동 및 충격에 따른 영향 및 부식의 우려가 없고 점검에 편리한 장소에 설치할 것
   ③ 화재표시반에는 해당 회로도 및 취급설명서를 비치할 것
   ④ 고체에어로졸소화설비의 작동방식(자동 또는 수동)을 표시등으로 명시할 것
   ⑤ 고체에어로졸소화설비가 기동할 경우 음향장치를 통해 경보를 발할 것
   ⑥ 제어반에서 신호를 수신할 경우 방호구역별 경보장치의 작동, 수동식 기동장치의 작동 및 화재감지기의 작동 등을 표시등으로 명시할 것
3) 고체에어로졸소화설비가 설치된 구역의 출입구에는 고체에어로졸의 방출을 명시하는 표시등을 설치해야 한다.
4) 고체에어로졸소화설비의 오작동을 제어하기 위해 제어반 인근에 설비정지스위치를 설치해야 한다.

8. 음향장치

고체에어로졸소화설비의 음향장치는 다음의 기준에 따라 설치해야 한다.
1) 화재감지기가 작동하거나 수동식 기동장치가 작동할 경우 음향장치가 작동할 것
2) 음향장치는 방호구역마다 설치하되 해당 구역의 각 부분으로부터 하나의 음향장치까지의 수평거리는 25m 이하가 되도록 할 것
3) 음향장치는 경종 또는 사이렌(전자식 사이렌을 포함한다)으로 하되, 주위의 소음 및 다른 용도의 경보와 구별이 가능한 음색으로 할 것. 이 경우 경종 또는 사이렌은 자동화재탐지설비·비상벨설비 또는 자동식사이렌설비의 음향장치와 겸용할 수 있다.
4) 주 음향장치는 화재표시반의 내부 또는 그 직근에 설치할 것
5) 음향장치는 다음의 기준에 따른 구조 및 성능의 것으로 할 것
   ① 정격전압의 80% 전압에서 음향을 발할 수 있는 것으로 할 것
   ② 음량은 부착된 음향장치의 중심으로부터 1m 떨어진 위치에서 90dB 이상이 되는 것으로 할 것
6) 고체에어로졸의 방출 개시 후 1분 이상 경보를 계속 발할 것

9. 화재감지기

고체에어로졸소화설비의 화재감지기는 다음의 기준에 따라 설치해야 한다.

1) 고체에어로졸소화설비에는 다음의 감지기 중 하나를 설치할 것
    ① 광전식 공기흡입형 감지기
    ② 아날로그 방식의 광전식 스포트형 감지기
    ③ 중앙소방기술심의위원회의 심의를 통해 고체에어로졸소화설비에 적응성이 있다고 인정된 감지기
2) 화재감지기 1개가 담당하는 바닥면적은「자동화재탐지설비 및 시각경보장치의 화재안전기술기준(NFTC 203)」의 2.4.3의 규정에 따른 바닥면적으로 할 것

10. 방호구역의 자동폐쇄장치

고체에어로졸소화설비의 방호구역은 고체에어로졸소화설비가 기동할 경우 다음의 기준에 따라 자동적으로 폐쇄되어야 한다.
1) 방호구역 내의 개구부와 통기구는 고체에어로졸이 방출되기 전에 폐쇄되도록 할 것
2) 방호구역 내의 환기장치는 고체에어로졸이 방출되기 전에 정지되도록 할 것
3) 자동폐쇄장치의 복구장치는 제어반 또는 그 직근에 설치하고, 해당 장치를 표시하는 표지를 부착할 것

11. 비상전원

고체에어로졸소화설비에는 자가발전설비, 축전지설비(제어반에 내장하는 경우를 포함한다.) 또는 전기저장장치(외부 전기에너지를 저장해 두었다가 필요한 때 전기를 공급하는 장치.)에 따른 비상전원을 다음의 기준에 따라 설치해야 한다. 다만, 2 이상의 변전소(「전기사업법」제67조에 따른 변전소를 말한다.)에서 전력을 동시에 공급받을 수 있거나 하나의 변전소로부터 전력의 공급이 중단되는 때에는 자동으로 다른 변전소로부터 전력을 공급받을 수 있도록 상용전원을 설치한 경우에는 비상전원을 설치하지 않을 수 있다.
1) 점검에 편리하고 화재 및 침수 등의 재해로 인한 피해를 받을 우려가 없는 곳에 설치할 것
2) 고체에어로졸소화설비에 최소 20분 이상 유효하게 전원을 공급할 것
3) 상용전원으로부터 전력의 공급이 중단된 때에는 자동으로 비상전원으로부터 전력을 공급받을 수 있도록 할 것
4) 비상전원의 설치장소는 다른 장소와 방화구획 할 것(제어반에 내장하는 경우는 제외한다). 이 경우 그 장소에는 비상전원의 공급에 필요한 기구나 설비 외의 것(열병합발전설비에 필요한 기구나 설비는 제외한다)을 두어서는 아니 된다.
5) 비상전원을 실내에 설치하는 때에는 그 실내에 비상조명등을 설치할 것

12. 배선 등

1) 고체에어로졸소화설비의 배선은 「전기사업법」 제67조에 따른 「전기설비기술기준」에서 정한 것 외에 다음의 기준에 따라 설치해야 한다.
   ① 비상전원으로부터 제어반에 이르는 전원회로배선은 내화배선으로 할 것. 다만, 자가발전설비와 제어반이 동일한 실에 설치된 경우에는 자가발전기로부터 그 제어반에 이르는 전원회로배선은 그렇지 않다.
   ② 상용전원으로부터 제어반에 이르는 배선, 그 밖의 고체에어로졸소화설비의 감시회로·조작회로 또는 표시등회로의 배선은 내화배선 또는 내열배선으로 할 것. 다만, 제어반 안의 감시회로·조작회로 또는 표시등회로의 배선은 그렇지 않다.
   ③ 화재감지기의 배선은 「자동화재탐지설비 및 시각경보장치의 화재안전기술기준(NFTC 203)」 2.8(배선)의 기준에 따른다.
2) 따른 내화배선 및 내열배선에 사용되는 전선의 종류 및 설치방법은 「옥내소화전설비의 화재안전기술기준(NFTC 102)」 2.7.2의 표 2.7.2(1) 및 표 2.7.2(2)의 기준에 따른다.
3) 소화설비의 과전류차단기 및 개폐기에는 "고체에어로졸소화설비용"이라고 표시한 표지를 해야 한다.
4) 소화설비용 전기배선의 양단 및 접속단자에는 다음의 기준에 따른 표지 또는 표시를 해야 한다.
   ① 단자에는 "고체에어로졸소화설비단자"라고 표시한 표지를 부착할 것
   ② 소화설비용 전기배선의 양단에는 다른 배선과 식별이 용이하도록 표시할 것

13. 과압배출구

고체에어로졸소화설비가 설치된 방호구역에는 소화약제 방출 시 과압으로 인한 구조물 등의 손상을 방지하기 위하여 과압배출구를 설치해야 한다.

CHAPTER 02 가스계소화설비

01 가스계소화설비

1. 정의

1) "전역방출방식"이란 소화약제 공급장치에 배관 및 분사헤드 등을 설치하여 밀폐 방호구역 전체에 소화약제를 방출하는 방식을 말한다.
2) "국소방출방식"이란 소화약제 공급장치에 배관 및 분사헤드를 등을 설치하여 직접 화점에 소화약제를 방출하는 방식을 말한다.
3) "호스릴방식"이란 소화수 또는 소화약제 저장용기 등에 연결된 호스릴을 이용하여 사람이 직접 화점에 소화수 또는 소화약제를 방출하는 방식을 말한다.
4) "충전비"란 소화약제 저장용기의 내부 용적과 소화약제의 중량과의 비(용적/중량)를 말한다.
5) "심부화재"란 목재 또는 섬유류와 같은 고체가연물에서 발생하는 화재형태로서 가연물 내부에서 연소하는 화재를 말한다.
6) "표면화재"란 가연성물질의 표면에서 연소하는 화재를 말한다.
7) "교차회로방식"이란 하나의 방호구역 내에 2 이상의 화재감지기회로를 설치하고 인접한 2 이상의 화재감지기에 화재가 감지되는 때에 소화설비가 작동하는 방식을 말한다.
8) "방화문"이란 「건축법 시행령」 제64조의 규정에 따른 60분+ 방화문, 60분 방화문 또는 30분 방화문을 말한다.
9) "방호구역"이란 소화설비의 소화범위 내에 포함된 영역을 말한다.
10) "선택밸브"란 2 이상의 방호구역 또는 방호대상물이 있어 소화수 또는 소화약제를 해당하는 방호구역 또는 방호대상물에 선택적으로 방출되도록 제어하는 밸브를 말한다.
11) "설계농도"란 방호대상물 또는 방호구역의 소화약제 저장량을 산출하기 위한 농도로서 소화농도에 안전율을 고려하여 설정한 농도를 말한다.
12) "소화농도"란 규정된 실험 조건의 화재를 소화하는 데 필요한 소화약제의 농도(형식승인대상의 소화약제는 형식승인된 소화농도)를 말한다.
13) "호스릴"이란 원형의 소방호스를 원형의 수납장치에 감아 정리한 것을 말한다.

14) "별도 독립방식"이란 소화약제 저장용기와 배관을 방호구역별로 독립적으로 설치하는 방식을 말한다.
15) "할로겐화합물 및 불활성기체소화약제"란 할로겐화합물(할론 1301, 할론 2402, 할론 1211 제외) 및 불활성기체로서 전기적으로 비전도성이며 휘발성이 있거나 증발 후 잔여물을 남기지 않는 소화약제를 말한다.
16) "할로겐화합물소화약제"란 불소, 염소, 브롬 또는 요오드 중 하나 이상의 원소를 포함하고 있는 유기화합물을 기본성분으로 하는 소화약제를 말한다.
17) "불활성기체소화약제"란 헬륨, 네온, 아르곤 또는 질소가스 중 하나 이상의 원소를 기본성분으로 하는 소화약제를 말한다.
18) "충전밀도"란 소화약제의 중량과 소화약제 저장용기의 내부 용적과의 비(중량/용적)를 말한다.
19) "최대허용 설계농도"란 사람이 상주하는 곳에 적용하는 소화약제의 설계농도로서, 인체의 안전에 영향을 미치지 않는 농도를 말한다.
20) "분기배관"이란 배관 측면에 구멍을 뚫어 둘 이상의 관로가 생기도록 가공한 배관으로서 다음의 분기배관을 말한다.
    (1) "비확관형 분기배관"이란 배관의 측면에 분기호칭내경 이상의 구멍을 뚫고 배관이음쇠를 용접 이음한 배관을 말한다.
    (2) "확관형 분기배관"이란 배관의 측면에 조그만 구멍을 뚫고 소성가공으로 확관시켜 배관 용접이음자리를 만들거나 배관 용접이음자리에 배관이음쇠를 용접 이음한 배관을 말한다.

2. 계통도

1) 고압식 이산화탄소소화설비

2) 저압식 이산화탄소소화설비

02 화재안전기술기준

1. 소화약제의 저장용기 설치장소 기준

이산화탄소소화설비 (할론 · 분말소화설비 동일)	할로겐화합물 및 불활성기체 소화설비
1. 방호구역 외의 장소에 설치할 것. 다만, 방호구역 내에 설치할 경우에는 피난 및 조작이 용이하도록 피난구 부근에 설치해야 한다. 2. 온도가 40℃ 이하이고, 온도변화가 적은 곳에 설치할 것 3. 직사광선 및 빗물이 침투할 우려가 없는 곳에 설치할 것 4. 방화문으로 구획된 실에 설치할 것 5. 용기의 설치장소에는 해당 용기가 설치된 곳임을 표시하는 표지를 할 것 6. 용기 간의 간격은 점검에 지장이 없도록 3cm 이상의 간격을 유지할 것 7. 저장용기와 집합관을 연결하는 연결배관에는 체크밸브를 설치할 것. 다만, 저장용기가 하나의 방호구역만을 담당하는 경우에는 그렇지 않다.	1. 방호구역 외의 장소에 설치할 것. 다만, 방호구역 내에 설치할 경우에는 피난 및 조작이 용이하도록 피난구 부근에 설치해야 한다. 2. 온도가 55℃ 이하이고 온도의 변화가 적은 곳에 설치할 것 3. 직사광선 및 빗물이 침투할 우려가 없는 곳에 설치할 것 4. 저장용기를 방호구역 외에 설치한 경우에는 방화문으로 구획된 실에 설치할 것 5. 용기의 설치장소에는 해당 용기가 설치된 곳임을 표시하는 표지를 할 것 6. 용기 간의 간격은 점검에 지장이 없도록 3cm 이상의 간격을 유지할 것 7. 저장용기와 집합관을 연결하는 연결배관에는 체크밸브를 설치할 것. 다만, 저장용기가 하나의 방호구역만을 담당하는 경우에는 그렇지 않다.

Check Point 체크밸브

1. 기능 : 역류 방지
2. 설치 개수
   $N = (2N' - 1) + $ 저장용기 수
   여기서, N' : 방호구역 수

2. 소화약제의 저장용기 설치기준

이산화탄소소화설비	할로겐화합물 및 불활성기체 소화설비
1. 저장용기의 충전비는 고압식은 1.5 이상 1.9 이하, 저압식은 1.1 이상 1.4 이하로 할 것 2. 저장용기는 고압식은 25MPa 이상, 저압식은 3.5MPa 이상의 내압시험압력에 합격한 것으로 할 것 3. 저압식 저장용기에는 내압시험압력의 0.64배부터 0.8배의 압력에서 작동하는 안전밸브와 내압시험압력의 0.8배부터 내압시험압력에서 작동하는 봉판을 설치할 것 4. 저압식 저장용기에는 액면계 및 압력계와 2.3MPa 이상 1.9MPa 이하의 압력에서 작동하는 압력경보장치를 설치할 것 5. 저압식 저장용기에는 용기 내부의 온도가 섭씨 영하 18℃ 이하에서 2.1MPa의 압력을 유지할 수 있는 자동냉동장치를 설치할 것	1. 저장용기의 충전밀도 및 충전압력은 표 2.3.2.1(1) 및 표 2.3.2.1(2)에 따를 것 2. 저장용기는 약제명 · 저장용기의 자체 중량과 총 중량 · 충전일시 · 충전압력 및 약제의 체적을 표시할 것 3. 동일 집합관에 접속되는 저장용기는 동일한 내용적을 가진 것으로 충전량 및 충전압력이 같도록 할 것 4. 저장용기에 충전량 및 충전압력을 확인할 수 있는 장치를 하는 경우에는 해당 소화약제에 적합한 구조로 할 것 5. 저장용기의 약제량 손실이 5%를 초과하거나 압력손실이 10%를 초과할 경우에는 재충전하거나 저장용기를 교체할 것. 다만, 불활성기체소화약제 저장용기의 경우에는 압력손실이 5%를 초과할 경우 재충전하거나 저장용기를 교체해야 한다.

할론소화설비	분말소화설비
1. 축압식 저장용기의 압력은 온도 20℃에서 할론 1211을 저장하는 것은 1.1MPa 또는 2.5MPa, 할론 1301을 저장하는 것은 2.5MPa 또는 4.2MPa이 되도록 질소가스로 축압할 것 2. 저장용기의 충전비는 할론 2402를 저장하는 것 중 가압식 저장용기는 0.51 이상 0.67 미만, 축압식 저장용기는 0.67 이상 2.75 이하, 할론 1211은 0.7 이상 1.4 이하, 할론 1301은 0.9 이상 1.6 이하로 할 것 3. 동일 집합관에 접속되는 저장용기의 소화약제 충전량은 동일 충전비의 것으로 할 것	1. 저장용기의 내용적은 다음 표에 따를 것 | 종별	1종 분말	2종 분말	3종 분말	4종 분말
---	---	---	---	---
내용적	0.8l/kg	1l/kg	1l/kg	1.25l/kg	 2. 저장용기에는 가압식은 최고사용압력의 1.8배 이하, 축압식은 용기의 내압시험압력의 0.8배 이하의 압력에서 작동하는 안전밸브를 설치할 것 3. 저장용기에는 저장용기의 내부압력이 설정압력으로 되었을 때 주밸브를 개방하는 정압작동장치를 설치할 것 4. 저장용기의 충전비는 0.8 이상으로 할 것 5. 저장용기 및 배관에는 잔류 소화약제를 처리할 수 있는 청소장치를 설치할 것 6. 축압식의 분말소화설비는 사용압력의 범위를 표시한 지시압력계를 설치할 것

3. 기동장치의 설치기준

구 분	이산화탄소소화설비 (할론·분말소화설비 동일)	할로겐화합물 및 불활성기체 소화설비
1. 수동식 기동 장치	1. 전역방출방식은 방호구역마다, 국소방출방식은 방호대상물마다 설치할 것 2. 해당 방호구역의 출입구 부분 등 조작을 하는 자가 쉽게 피난할 수 있는 장소에 설치할 것 3. 기동장치의 조작부는 바닥으로부터 높이 0.8m 이상 1.5m 이하의 위치에 설치하고, 보호판 등에 따른 보호장치를 설치할 것 4. 기동장치에는 그 가까운 곳의 보기 쉬운 곳에 "이산화탄소소화설비 기동장치"라고 표시한 표지를 할 것 5. 전기를 사용하는 기동장치에는 전원표시등을 설치할 것 6. 기동장치의 방출용 스위치는 음향경보장치와 연동하여 조작될 수 있는 것으로 할 것 7. 기동장치에는 보호장치를 설치해야 하며, 보호장치를 개방하는 경우 기동장치에 설치된 버저 또는 벨 등에 의하여 경고음을 발할 것 8. 기동장치를 옥외에 설치하는 경우 빗물 또는 외부 충격의 영향을 받지 아니하도록 설치할 것	1. 방호구역마다 설치 2. 해당 방호구역의 출입구 부근 등 조작을 하는 자가 쉽게 피난할 수 있는 장소에 설치할 것 3. 기동장치의 조작부는 바닥으로부터 0.8m 이상 1.5m 이하의 위치에 설치하고, 보호판 등에 따른 보호장치를 설치할 것 4. 기동장치에는 가깝고 보기 쉬운 곳에 "할로겐화합물 및 불활성기체 소화설비 기동장치"라는 표지를 할 것 5. 전기를 사용하는 기동장치에는 전원표시등을 설치할 것 6. 기동장치의 방출용 스위치는 음향경보장치와 연동하여 조작될 수 있는 것으로 할 것 7. 50N 이하의 힘을 가하여 기동할 수 있는 구조로 할 것 8. 기동장치에는 보호장치를 설치해야 하며, 보호장치를 개방하는 경우 기동장치에 설치된 버저 또는 벨 등에 의하여 경고음을 발할 것 9. 기동장치를 옥외에 설치하는 경우 빗물 또는 외부 충격의 영향을 받지 아니하도록 설치할 것
	※ 비상스위치 : 자동복귀형 스위치로서 수동식 기동장치의 타이머를 순간정지시키는 기능의 스위치	

2.
자동식
기동
장치
	자동식 기동장치는 자동화재탐지설비의 감지기의 작동과 연동하는 것으로서 다음의 기준에 따라 설치해야 한다.
	1. 자동식 기동장치에는 수동으로도 기동할 수 있는 구조로 할 것
	2. 전기식 기동장치로서 7병 이상의 저장용기를 동시에 개방하는 설비는 2병 이상의 저장용기에 전자 개방밸브를 부착할 것
	3. 가스압력식 기동장치는 다음 각 목의 기준에 따를 것
	   가. 기동용 가스용기 및 해당 용기에 사용하는 밸브는 25MPa 이상의 압력에 견딜 수 있는 것으로 할 것
	   나. 기동용 가스용기에는 내압시험압력의 0.8배부터 내압시험압력 이하에서 작동하는 안전장치를 설치할 것
	   다. 기동용가스용기의 체적은 5 L 이상으로 하고, 해당 용기에 저장하는 질소 등의 비활성 기체는 6.0MPa 이상(21℃ 기준)의 압력으로 충전할 것. 다만, 기동용가스용기의 체적을 1 L 이상으로 하고, 해당 용기에 저장하는 이산화탄소의 양은 0.6 kg 이상으로	

하며, 충전비는 1.5 이상 1.9 이하의 기동용가스용기로 할 수 있다.[단서 : 할론, 할/불, 분말에만 해당]
　　라. 질소 등의 비활성기체 기동용가스용기에는 충전 여부를 확인할 수 있는 압력게이지를 설치할 것[이, 할/불에만 해당]
　4. 기계식 기동장치는 저장용기를 쉽게 개방할 수 있는 구조로 할 것
3. 이산화탄소소화설비가 설치된 부분의 출입구 등의 보기 쉬운 곳에 소화약제의 방출을 표시하는 표시등을 설치해야 한다.

4. 제어반의 설치기준

공 통

1. 제어반은 수동기동장치 또는 감지기에서의 신호를 수신하여 음향경보장치의 작동, 소화약제의 방출 또는 지연 기타의 제어기능을 가진 것으로 하고, 제어반에는 전원표시등을 설치할 것
2. 화재표시반은 제어반에서의 신호를 수신하여 작동하는 기능을 가진 것으로 하되, 다음 각 목의 기준에 따라 설치할 것
　① 각 방호구역마다 음향경보장치의 조작 및 감지기의 작동을 명시하는 표시등과 이와 연동하여 작동하는 벨·버저 등의 경보기를 설치할 것. 이 경우 음향경보장치의 조작 및 감지기의 작동을 명시하는 표시등을 겸용할 수 있다.
　② 수동식 기동장치는 그 방출용 스위치의 작동을 명시하는 표시등을 설치할 것
　③ 소화약제의 방출을 명시하는 표시등을 설치할 것
　④ 자동식 기동장치는 자동·수동의 절환을 명시하는 표시등을 설치할 것
3. 제어반 및 화재표시반의 설치장소는 화재에 따른 영향, 진동 및 충격에 따른 영향 및 부식의 우려가 없고 점검에 편리한 장소에 설치할 것
4. 제어반 및 화재표시반에는 해당 회로도 및 취급설명서를 비치할 것
5. 수동잠금밸브의 개폐 여부를 확인할 수 있는 표시등을 설치할 것[이산화탄소소화설비]

5. 선택밸브의 설치기준

공 통

1. 방호구역 또는 방호대상물마다 설치할 것
2. 각 선택밸브에는 그 담당방호구역 또는 방호대상물을 표시할 것
※ 선택밸브는 하나의 특정소방대상물 또는 그 부분에 2 이상의 방호구역 또는 방호대상물이 있어 소화약제 저장용기를 공용하는 경우에는 다음의 기준에 따라 선택밸브를 설치해야 한다.

6. 배관의 설치기준

구 분	기 준
이산화탄소 소화설비	1. 배관은 전용으로 할 것 2. 강관을 사용하는 경우의 배관은 압력배관용탄소강관 중 스케줄 80(저압식은 스케줄 40) 이상의 것 또는 이와 동등 이상의 강도를 가진 것으로 아연도금 등으로 방식 처리된 것을 사용할 것. 다만, 배관의 호칭구경이 20mm 이하인 경우에는 스케줄 40 이상인 것을 사용할 수 있다. 3. 동관을 사용하는 경우의 배관은 이음이 없는 동 및 동합금관(KS D 5301)으로서 고압식은 16.5MPa 이상, 저압식은 3.75MPa 이상의 압력에 견딜 수 있는 것을 사용할 것 4. 고압식의 1차 측(개폐밸브 또는 선택밸브 이전) 배관부속의 최소사용설계압력은 9.5MPa로 하고, 고압식의 2차 측과 저압식의 배관부속의 최소사용설계압력은 4.5MPa로 할 것
할론 소화설비	1. 배관은 전용으로 할 것 2. 강관을 사용하는 경우의 배관은 압력배관용탄소강관(KS D 3562) 중 스케줄 40 이상의 것 또는 이와 동등 이상의 강도를 가진 것으로서 아연도금 등에 따라 방식처리된 것을 사용할 것 3. 동관을 사용하는 경우에는 이음이 없는 동 및 동합금관(KS D 5301)의 것으로서 고압식은 16.5MPa 이상, 저압식은 3.75MPa 이상의 압력에 견딜 수 있는 것을 사용할 것 4. 배관부속 및 밸브류는 강관 또는 동관과 동등 이상의 강도 및 내식성이 있는 것으로 할 것
할로겐화합물 및 불활성기체 소화설비	1. 배관은 전용으로 할 것 2. 배관·배관부속 및 밸브류는 저장용기의 방출 내압을 견딜 수 있어야 하며, 다음의 기준에 적합할 것. 이 경우 설계내압은 표 2.3.2.1(1) 및 표 2.3.2.1(2)에서 정한 최소 사용 설계압력 이상으로 해야 한다. ① 강관을 사용하는 경우의 배관은 압력배관용탄소강관(KS D 3562) 또는 이와 동등 이상의 강도를 가진 것으로서 아연도금 등에 따라 방식처리 된 것을 사용할 것 ② 동관을 사용하는 경우의 배관은 이음이 없는 동 및 동합금관(KS D 5301)의 것을 사용할 것 ③ 배관의 두께는 다음의 식 (2.7.1.2.3)에서 구한 값(t) 이상일 것 다만, 방출헤드 설치부는 제외한다. $t = \dfrac{PD}{2SE} + A$ (mm) ㉠ P : 최대허용(사용)압력(kPa) ㉡ D : 배관의 바깥지름(외경)(mm)

구 분	기 준
할로겐화합물 및 불활성기체 소화설비	ⓒ SE(최대허용응력)$= a \times b \times 1.2$ 여기서, a. 배관 재질 인장강도의 1/4 값과 항복점의 2/3 값 중 작은 값 b. 배관이음효율 : 이음매 없는 배관-1.0/전기저항 용접배관-0.85/가열맞대기 용접배관-0.60 ⓔ A : 나사이음, 홈이음 등의 허용값(mm) : 나사이음-나사높이/절단홈이음-홈깊이/용접이음-0 3. 배관부속 및 밸브류는 강관 또는 동관과 동등 이상의 강도 및 내식성이 있는 것으로 할 것
분말소화설비	1. 배관은 전용으로 할 것 2. 강관을 사용하는 경우의 배관은 아연도금에 따른 배관용 탄소강관이나 이와 동등 이상의 강도·내식성 및 내열성을 가진 것으로 할 것. 다만, 축압식 분말소화설비에 사용하는 것 중 20℃에서 압력이 2.5MPa 이상 4.2MPa 이하인 것은 압력배관용 탄소강관 중 이음이 없는 스케줄 40 이상의 것 또는 이와 동등 이상의 강도를 가진 것으로서 아연도금으로 방식처리된 것을 사용해야 한다. 3. 동관을 사용하는 경우의 배관은 고정압력 또는 최고사용압력의 1.5배 이상의 압력에 견딜 수 있는 것을 사용할 것 4. 밸브류는 개폐위치 또는 개폐방향을 표시한 것으로 할 것 5. 배관의 관부속 및 밸브류는 배관과 동등 이상의 강도 및 내식성이 있는 것으로 할 것 6. 확관형 분기배관을 사용할 경우에는 소방청장이 정하여 고시한 「분기배관의 성능인증 및 제품검사의 기술기준」에 적합한 것으로 설치할 것

7. 배관 구경

이산화탄소소화설비	할로겐화합물 및 불활성기체 소화설비
1. 전역방출방식에 있어서 가연성 액체 또는 가연성 가스 등 표면화재 방호대상물의 경우에는 1분 2. 전역방출방식에 있어서 종이, 목재, 석탄, 섬유류, 합성수지류 등 심부화재 방호대상물의 경우에는 7분. 이 경우 설계농도가 2분 이내에 30%에 도달해야 한다. 3. 국소방출방식의 경우에는 30초	배관의 구경은 해당 방호구역에 할로겐화합물소화약제는 10초 이내에, 불활성기체소화약제는 A·C급 화재 2분, B급 화재 1분 이내에 방호구역 각 부분에 최소 설계농도의 95% 이상에 해당하는 약제량이 방출되도록 해야 한다.

> **Check Point** 수동잠금밸브(이산화탄소소화설비)
>
> 소화약제의 저장용기와 선택밸브 사이의 집합배관에는 수동잠금밸브를 설치하되 선택밸브 직전에 설치할 것. 다만, 선택밸브가 없는 설비의 경우에는 저장용기실 내에 설치하되 조작 및 점검이 쉬운 위치에 설치해야 한다.

8. 음향경보장치

공 통	
음향경보장치	방송에 따른 경보장치
1. 수동식 기동장치를 설치한 것은 그 기동장치의 조작과정에서, 자동식 기동장치를 설치한 것은 화재감지기와 연동하여 자동으로 경보를 발하는 것으로 할 것 2. 소화약제의 방출개시 후 1분 이상 경보를 계속할 수 있는 것으로 할 것 3. 방호구역 또는 방호대상물이 있는 구획 안에 있는 자에게 유효하게 경보할 수 있는 것으로 할 것	1. 증폭기 재생장치는 화재 시 연소의 우려가 없고, 유지관리가 쉬운 장소에 설치할 것 2. 방호구역 또는 방호대상물이 있는 구획의 각 부분으로부터 하나의 확성기까지의 수평거리는 25m 이하가 되도록 할 것 3. 제어반의 복구스위치를 조작하여도 경보를 계속 발할 수 있는 것으로 할 것

9. 분사헤드 설치기준

구분	전역방출방식	국소방출방식
이산화 탄소	1. 방출된 소화약제가 방호구역의 전역에 균일하고 신속하게 확산할 수 있도록 할 것 2. 분사헤드의 방출압력이 2.1MPa(저압식은 1.05MPa) 이상인 것으로 할 것 3. 특정소방대상물 또는 그 부분에 설치된 이산화탄소소화설비의 소화약제의 저장량은 2.5.2.1 및 2.5.2.2의 기준에서 정한 시간 이내에 방출할 수 있는 것으로 할 것	1. 소화약제의 방출에 따라 가연물이 비산하지 아니하는 장소에 설치할 것 2. 이산화탄소 소화약제의 저장량은 30초 이내에 방출할 수 있는 것으로 할 것 3. 성능 및 방출압력이 2.7.1.1 및 2.7.1.2의 기준에 적합한 것으로 할 것
할론	1. 방출된 소화약제가 방호구역의 전역에 균일하게 신속히 확산될 수 있도록 할 것 2. 할론 2402를 방출하는 분사헤드는 해당 소화약제가 무상으로 분무되는 것으로 할 것	1. 소화약제의 방출에 따라 가연물이 비산하지 아니하는 장소에 설치할 것 2. 할론 2402를 방출하는 분사헤드는 해당 소화약제가 무상으로 분무되는 것으로 할 것

구분	전역방출방식	국소방출방식
할론	3. 분사헤드의 방출압력은 할론 2402를 방출하는 것은 0.1MPa 이상, 할론 1211을 방출하는 것은 0.2MPa 이상, 할론 1301을 방출하는 것은 0.9MPa 이상으로 할 것 4. 기준저장량의 소화약제를 10초 이내에 방출할 수 있는 것으로 할 것	3. 분사헤드의 방출압력은 할론 2402를 방출하는 것은 0.1MPa 이상, 할론 1211을 방출하는 것은 0.2MPa 이상, 할론 1301을 방출하는 것은 0.9MPa 이상으로 할 것 4. 기준저장량의 소화약제를 10초 이내에 방출할 수 있는 것으로 할 것
분말	1. 방출된 소화약제가 방호구역의 전역에 균일하고 신속하게 확산할 수 있도록 할 것 2. 소화약제 저장량을 30초 이내에 방출할 수 있는 것으로 할 것	1. 소화약제의 방출에 따라 가연물이 비산하지 아니하는 장소에 설치할 것 2. 기준저장량의 소화약제를 30초 이내에 방출할 수 있는 것으로 할 것
할/불	1. 분사헤드의 설치 높이는 방호구역의 바닥으로부터 최소 0.2m 이상 최대 3.7m 이하로 해야 하며 천장높이가 3.7m를 초과할 경우에는 추가로 다른 열의 분사헤드를 설치할 것. 다만, 분사헤드의 성능인정 범위 내에서 설치하는 경우에는 그렇지 않다. 2. 분사헤드의 개수는 방호구역에 2.7.3에 따른 방출시간이 충족되도록 설치할 것 3. 분사헤드에는 부식 방지조치를 해야 하며 오리피스의 크기, 제조일자, 제조업체가 표시되도록 할 것 ※ 2.7.3 배관의 구경은 해당 방호구역에 할로겐화합물소화약제는 10초 이내에, 불활성기체소화약제는 A·C급 화재 2분, B급 화재 1분 이내에 방호구역 각 부분에 최소설계농도의 95% 이상에 해당하는 약제량이 방출되도록 해야 한다.	

▶ 가스계 소화설비의 방사시간·방사압

소화설비	방사시간			분사헤드 방사압		
		표면	심부		고압식	저압식
이산화탄소	전역	1분 이내	7분 이내(2분 이내 설계농도 30%)		2.1MPa 이상	1.05MPa 이상
	국소	30초 이내				
할론	전역 국소	10초 이내		전역 국소	할론 2402	0.1MPa 이상
					할론 1211	0.2MPa 이상
					할론 1301	0.9MPa 이상
할/불	할로겐화합물	불활성기체		방출률 및 방출압력은 제조업체에서 정한 값		
	10초 이내	A·C급 화재 : 2분 이내 B급 화재 : 1분 이내				
분말	전역·국소	30초 이내		—		—

10. 분사헤드의 오리피스 구경

공통

1. 분사헤드에는 부식 방지조치를 해야 하며 오리피스의 크기, 제조일자, 제조업체가 표시되도록 할 것
2. 분사헤드의 개수는 방호구역에 방사시간이 충족되도록 설치할 것
3. 분사헤드의 방출률 및 방출압력은 제조업체에서 정한 값으로 할 것
4. 분사헤드의 오리피스의 면적은 분사헤드가 연결되는 배관 구경 면적의 70% 이하가 되도록 할 것

11. 분사헤드 설치 제외 장소

이산화탄소소화설비

1. 방재실·제어실 등 사람이 상시 근무하는 장소
2. 니트로셀룰로스·셀룰로이드 제품 등 자기연소성 물질을 저장·취급하는 장소
3. 나트륨·칼륨·칼슘 등 활성금속물질을 저장·취급하는 장소
4. 전시장 등의 관람을 위하여 다수인이 출입·통행하는 통로 및 전시실 등

12. 자동식 기동장치 화재감지기

공통

1. 각 방호구역 내의 화재감지기의 감지에 따라 작동되도록 할 것
2. 화재감지기의 회로는 교차회로방식으로 설치할 것. 다만, 화재감지기를 「자동화재탐지설비 및 시각경보장치의 화재안전기술기준(NFTC 203)」 2.4.1 단서의 각 감지기로 설치하는 경우에는 그렇지 않다.
   ※ 비화재보 방지 기능이 있는 감지기
      ① 불꽃감지기
      ② 정온식 감지선형 감지기
      ③ 분포형 감지기
      ④ 복합형 감지기
      ⑤ 광전식 분리형 감지기
      ⑥ 아날로그방식의 감지기
      ⑦ 다신호방식의 감지기
      ⑧ 축적방식의 감지기
3. 교차회로 내의 각 화재감지기회로별로 설치된 화재감지기 1개가 담당하는 바닥면적은 「자동화재탐지설비 및 시각경보장치의 화재안전기술기준(NFTC 203)」 2.4.3.5, 2.4.3.8부터 2.4.3.10까지의 규정에 따른 바닥면적으로 할 것
   ※ 2.4.3.5(차동식 스포트형·보상식 스포트형·정온식 스포트형 감지기)

부착높이 및 특정소방대상물의 구분		차동식 스포트형		보상식 스포트형		정온식 스포트형		
		1종	2종	1종	2종	특종	1종	2종
4m 미만	주요 구조부를 내화구조로 한 특정소방대상물 또는 그 부분	90	70	90	70	70	60	20
	기타 구조의 특정소방대상물 또는 그 부분	50	40	50	40	40	30	15
4m 이상 8m 미만	주요 구조부를 내화구조로 한 특정소방대상물 또는 그 부분	45	35	45	35	35	30	–
	기타 구조의 특정소방대상물 또는 그 부분	30	25	30	25	25	15	–

※ 2.4.3.10(연기감지기)

부착높이	1종 및 2종	3종
4m 미만	150	50
4m 이상 20m 미만	75	–

13. 자동폐쇄장치의 설치기준

공 통
1. 환기장치 등을 설치한 것은 소화약제가 방출되기 전에 해당 환기장치 등이 정지될 수 있도록 할 것
2. 개구부가 있거나 천장으로부터 1m 이상의 아래 부분 또는 바닥으로부터 해당층의 높이의 3분의 2 이내의 부분에 통기구가 있어 소화약제의 유출에 따라 소화효과를 감소시킬 우려가 있는 것은 소화약제가 방출되기 전에 해당 개구부 및 통기구를 폐쇄할 수 있도록 할 것
3. 자동폐쇄장치는 방호구역 또는 방호대상물이 있는 구획의 밖에서 복구할 수 있는 구조로 하고, 그 위치를 표시하는 표지를 할 것

14. 비상전원

	공 통
종류	자가발전설비 · 축전지설비 · 전기저장장치
설치 기준	1. 점검에 편리하고 화재 및 침수 등의 재해로 인한 피해를 받을 우려가 없는 곳에 설치할 것
2. 이산화탄소소화설비를 유효하게 20분 이상 작동할 수 있어야 할 것
3. 상용전원으로부터 전력의 공급이 중단된 때에는 자동으로 비상전원으로부터 전력을 공급받을 수 있도록 할 것
4. 비상전원의 설치장소는 다른 장소와 방화구획할 것. 이 경우 그 장소에는 비상전원의 공급에 필요한 기구나 설비 외의 것(열병합발전설비에 필요한 기구나 설비는 제외한다.)을 두어서는 아니 된다.

	5. 비상전원을 실내에 설치하는 때에는 그 실내에 비상조명등을 설치할 것
설치 제외	1. 2 이상의 변전소에서 전력을 동시에 공급받을 수 있는 경우 2. 하나의 변전소로부터 전력의 공급이 중단되는 때에는 자동으로 다른 변전소로부터 전력을 공급받을 수 있도록 상용전원을 설치한 경우

15. 호스릴소화설비

이산화탄소소화설비	할론소화설비	분말소화설비
1. 방호대상물의 각 부분으로부터 하나의 호스접결구까지의 수평거리가 15m 이하가 되도록 할 것 2. 노즐은 20℃에서 하나의 노즐마다 60kg/min 이상의 소화약제를 방출할 수 있는 것으로 할 것 3. 소화약제 저장용기는 호스릴을 설치하는 장소마다 설치할 것 4. 소화약제 저장용기의 개방밸브는 호스릴의 설치장소에서 수동으로 개폐할 수 있는 것으로 할 것 5. 소화약제 저장용기의 가장 가까운 곳의 보기 쉬운 곳에 적색의 표시등을 설치하고, 호스릴이산화탄소소화설비가 있다는 뜻을 표시한 표지를 할 것	1. 방호대상물의 각 부분으로부터 하나의 호스접결구까지의 수평거리가 20m 이하가 되도록 할 것 2. 소화약제의 저장용기의 개방밸브는 호스릴의 설치장소에서 수동으로 개폐할 수 있는 것으로 할 것 3. 소화약제의 저장용기는 호스릴을 설치하는 장소마다 설치할 것 4. 호스릴방식의 할론소화설비의 노즐은 20℃에서 하나의 노즐마다 1분당 다음 표에 따른 소화약제를 방출할 수 있는 것으로 할 것 | 소화약제의 종별 | 1분당 방사하는 소화약제의 양 | |---|---| | 할론 2402 | 45kg | | 할론 1211 | 40kg | | 할론 1301 | 35kg | 5. 소화약제 저장용기의 가장 가까운 곳의 보기 쉬운 곳에 적색의 표시등을 설치하고, 호스릴방식의 할론소화설비가 있다는 뜻을 표시한 표지를 할 것	1. 방호대상물의 각 부분으로부터 하나의 호스접결구까지의 수평거리가 15m 이하가 되도록 할 것 2. 소화약제의 저장용기의 개방밸브는 호스릴의 설치장소에서 수동으로 개폐할 수 있는 것으로 할 것 3. 소화약제의 저장용기는 호스릴을 설치하는 장소마다 설치할 것 4. 호스릴방식의 분말소화설비의 노즐은 하나의 노즐마다 1분당 다음 표에 따른 소화약제를 방출할 수 있는 것으로 할 것 | 소화약제의 종별 | 1분당 방사하는 소화약제의 양 | |---|---| | 제1종 분말 | 45kg | | 제2종 분말·제3종 분말 | 27kg | | 제4종 분말 | 18kg | 5. 소화약제 저장용기의 가장 가까운 곳의 보기 쉬운 곳에 적색의 표시등을 설치하고, 호스릴방식의 분말소화설비가 있다는 뜻을 표시한 표지를 할 것

1) 호스릴옥내소화전설비 : 수평거리 25m 이하(특정소방대상물의 각 부분으로부터 하나의 호스릴옥내소화전 방수구까지)

2) 호스릴미분무소화설비 : 수평거리 25m 이하(방호대상물의 각 부분으로부터 하나의 호스접결구까지)
3) 호스릴포소화설비 : 수평거리 15m 이하(방호대상물의 각 부분으로부터 하나의 호스릴포 방수구까지)

16. 호스릴소화설비의 설치장소

이산화탄소소화설비 · 할로겐화합물소화설비 · 분말소화설비

화재 시 현저하게 연기가 찰 우려가 없는 장소로서 다음 어느 하나에 해당하는 장소
(차고, 또는 주차의 용도로 사용되는 부분은 제외)
1. 지상 1층 및 피난층에 있는 부분으로서 지상에서 수동 또는 원격조작에 따라 개방할 수 있는 개구부의 유효면적의 합계가 바닥면적의 15% 이상이 되는 부분
2. 전기설비가 설치되어 있는 부분 또는 다량의 화기를 사용하는 부분(해당 설비의 주위 5m 이내의 부분을 포함한다.)의 바닥면적이 해당 설비가 설치되어 있는 구획의 바닥면적의 5분의 1 미만이 되는 부분

17. 배출설비

이산화탄소소화설비

지하층, 무창층 및 밀폐된 거실 등에 이산화탄소소화설비를 설치한 경우에는 방출된 소화약제를 배출하기 위한 배출설비를 갖추어야 한다.

18. 과압배출구

이산화탄소소화설비 · 할로겐화합물 및 불활성기체 소화설비

이산화탄소소화설비의 방호구역에는 소화약제 방출 시 발생하는 과(부)압으로 인한 구조물 등의 손상을 방지하기 위해 2.14.1.1부터 2.14.1.4까지의 내용을 검토하여 과압배출구를 설치해야 한다. 다만, 과(부)압이 발생해도 구조물 등에 손상이 생길 우려가 없음을 시험 또는 공학적인 자료로 입증하는 경우 설치하지 않을 수 있다.
1. 방호구역 누설면적
2. 방호구역의 최대허용압력
3. 소화약제 방출 시의 최고압력
4. 소화농도 유지시간

19. 안전시설 등

이산화탄소소화설비

- 이산화탄소소화설비가 설치된 장소에는 다음의 기준에 따른 안전시설을 설치해야 한다.
  1. 소화약제 방출 시 방호구역 내와 부근에 가스 방출 시 영향을 미칠 수 있는 장소에 시각경보장치를 설치하여 소화약제가 방출되었음을 알도록 할 것
  2. 방호구역의 출입구 부근 잘 보이는 장소에 약제방출에 따른 위험경고표지를 부착할 것

- 방호구역 내에 이산화탄소 소화약제가 방출되는 경우 후각을 통해 이를 인지할 수 있도록 부취발생기를 다음의 어느 하나에 해당하는 방식으로 설치해야 한다.
  1. 부취발생기를 소화약제 저장용기실 내의 소화배관에 설치하여 소화약제의 방출에 따라 부취제가 혼합되도록 하는 방식
     1) 소화약제 저장용기실 내의 소화배관에 설치할 것
     2) 점검 및 관리가 쉬운 위치에 설치할 것
     3) 방호구역별로 선택밸브 직후 2차 측 배관에 설치할 것. 다만, 선택밸브가 없는 경우에는 집합배관에 설치할 수 있다.
  2. 방호구역 내에 부취발생기를 설치하여 이산화탄소소화설비의 기동에 따라 소화약제 방출 전에 부취제가 방출되도록 하는 방식

20. 가연성 액체 또는 가연성 가스의 소화에 필요한 설계농도[이산화탄소소화설비]

방호대상물	설계농도(%)
수소(Hydrogen)	75
아세틸렌(Acetylene)	66
일산화탄소(Carbon Monoxide)	64
산화에틸렌(Ethylene Oxide)	53
에틸렌(Ethylene)	49
에탄(Ethane)	40
석탄가스, 천연가스(Coal, Natural gas)	37
사이클로 프로판(Cyclo Propane)	37
이소부탄(Iso Butane)	36
프로판(Propane)	36
부탄(Butane)	34
메탄(Methane)	34

21. 할로겐화합물 및 불활성기체소화약제의 종류

1) 할로겐화합물 소화약제

구 분	소화약제		화학식	최대허용 설계농도
① HFC 계열 (수소-불소 -탄소화합물)	HFC - 125	C_2HF_5	CHF_2CF_3	11.5%
	HFC - 227ea	C_3HF_7	CF_3CHFCF_3	10.5%
	HFC - 23	CHF_3	CHF_3	30%
	HFC - 236fa	$C_3H_2F_6$	$CF_3CH_2CF_3$	12.5%
② HCFC 계열 (수소-염소-불 소-탄소화합물)	HCFC BLEND A		HCFC - 123($CHCl_2CF_3$) : 4.75% HCFC - 22($CHClF_2$) : 82% HCFC - 124($CHClFCF_3$) : 9.5% $C_{10}H_{16}$: 3.75%	10%
	HCFC - 124	C_2HClF_4	$CHClFCF_3$	1.0%
③ PFC 계열 (불소 -탄소화합물)	FC - 3 - 1 - 10	C_4F_{10}	C_4F_{10}	40%
	FK - 5 - 1 - 12	C_6OF_{12}	$CF_3CF_2C(O)CF(CF_3)_2$	10%
④ FIC 계열 (불소-옥소 -탄소화합물)	FIC - 13I1	CF_3I	CF_3I	0.3%

2) 불활성기체소화약제

소화약제	화학식	최대허용 설계농도
IG - 541	N_2 : 52%, Ar : 40%, CO_2 : 8%	43%
IG - 100	N_2	
IG - 55	N_2 : 50%, Ar : 50%	
IG - 01	Ar	

22. 할로겐화합물 및 불활성기체소화약제 저장용기의 충전밀도·충전압력 및 배관의 최소사용설계압력

1) 할로겐화합물소화약제 저장용기의 충전밀도·충전압력 및 배관의 최소사용설계압력

(가) 소화약제 (나) 항목	(다) HFC-227ea				(라) FC-3-1-10	(마) HCFC BLEND A	
최대충전밀도(kg/m³)	1,265	1,201.4	1,153.3	1,153.3	1,281.4	900.2	900.2
21℃ 충전압력(kPa)	303*	1,034*	2,482*	4,137*	2,482*	4,137*	2,482*
최소사용 설계압력(kPa)	2,867	1,379	2,868	5,654	2,482	4,689	2,979

(바) 소화약제 (사) 항목	(아) HFC-23						(자) HCFC-124	
최대충전밀도(kg/m³)	865	768.9	720.8	640.7	560.6	480.6	1,185.4	1,185.4
21℃ 충전압력(kPa)	4,198**	4,198**	4,198**	4,198**	4,198**	4,198**	1,655*	2,482*
최소사용 설계압력(kPa)	12,038	9,453	8,605	7,626	6,943	6,392	1,951	3,199

(차) 소화약제 (카) 항목	(타) HFC-125		(파) HFC-236fa			(하) FK-5-1-12					
최대충전밀도(kg/m³)	865	897	1,185.4	1,201.4	1,185.4	1,441.7	1,441.7	1,441.7	1,441.7	1,441.7	1,121
21℃ 충전압력(kPa)	2,482*	4,137*	1,655*	2,482*	4,137*	1,034*	1,344*	2,482*	3,447*	4,206*	6,000*
최소사용 설계압력(kPa)	3,392	5,764	1,931	3,310	6,068	1,034	1,344	2,482	3,447	4,206	6,000

[비고] 1. "*"표시는 질소로 축압한 경우를 표시한다.
2. "**"표시는 질소로 축압하지 않은 경우를 표시한다.
3. 소화약제 방출을 위해 별도의 용기로 질소를 공급하는 경우 배관의 최소사용설계압력을 충전된 질소압력에 따른다. 다만, 다음 각 목에 해당하는 경우에는 조정된 질소의 공급압력을 최소사용설계압력으로 적용할 수 있다.
  가. 질소의 공급압력을 조정하기 위해 감압장치를 설치할 것
  나. 폐쇄할 우려가 있는 배관 구간에는 배관의 최대허용압력 이하에서 작동하는 안전장치를 설치할 것

2) 불활성기체소화약제 저장용기의 충전밀도·충전압력 및 배관의 최소사용설계압력

(거) 소화약제 (너) 항목		(더) IG-01			(러) IG-541			(머) IG-55			(버) IG-100		
21℃ 충전압력(kPa)		16,341	20,436	31,097	14,997	19,996	31,125	15,320	20,423	30,634	16,575	22,312	28,000
최소사용 설계압력 (kPa)	1차 측	16,341	20,436	31,097	14,997	19,996	31,125	15,320	20,423	30,634	16,575	22,312	28,000
	2차 측	[비고 2] 참조											

[비고] 1. 1차 측과 2차 측은 감압장치를 기준으로 한다.
2. 2차 측의 최소사용설계압력은 제조사의 설계프로그램에 의한 압력 값에 따른다.
3. 저장용기에 소화약제가 21℃ 충전압력보다 낮은 압력으로 충전되어 있는 경우에는 실제 저장용기에 충전되어 있는 압력 값을 1차 측 최소사용설계압력으로 적용할 수 있다.

CHAPTER 03 경보설비

01 자동화재탐지설비

1. 경계구역

1) 정의
경계구역이란 특정소방대상물 중 화재신호를 발신하고 그 신호를 수신 및 유효하게 제어할 수 있는 구역을 말한다.

2) 경계구역의 설정기준

① **수평적 경계구역**
　가. 하나의 경계구역이 2개 이상의 건축물에 미치지 아니하도록 할 것
　나. 하나의 경계구역이 2개 이상의 층에 미치지 아니하도록 할 것. 다만, 500m² 이하의 범위 안에서는 2개의 층을 하나의 경계구역으로 할 수 있다.
　다. 하나의 경계구역의 면적은 600m² 이하로 하고 한 변의 길이는 50m 이하로 할 것. 다만, 해당 특정소방대상물의 주된 출입구에서 그 내부 전체가 보이는 것에 있어서는 한 변의 길이가 50m의 범위 내에서 1,000m² 이하로 할 수 있다.

② **수직적 경계구역**
　가. 경계구역 설정 시 별도로 경계구역을 설정해야 하는 부분 : 계단(직통계단 외의 것에 있어서는 떨어져 있는 상하 계단의 상호 간의 수평거리가 5m 이하로서 서로 간에 구획되지 아니한 것에 한한다.) · 경사로(에스컬레이터 경사로 포함) · 엘리베이터 승강로(권상기실이 있는 경우에는 권상기실) · 린넨 슈트 · 파이프 피트 및 덕트 기타 이와 유사한 부분
　나. 계단 및 경사로 : 높이 45m 이하마다 하나의 경계구역으로 할 것
　다. 지하층의 계단 및 경사로 : 지상층과 별도로 경계구역을 설정할 것(단, 지하층의 층수가 1일 경우는 제외)

③ 외기에 면하여 상시 개방된 부분이 있는 차고 · 주차장 · 창고 등에 있어서는 외기에 면하는 각 부분으로부터 5m 미만의 범위 안에 있는 부분은 경계구역의 면적에 산입

하지 아니한다.
④ 스프링클러설비 또는 물분무 등 소화설비 또는 제연설비의 화재감지장치로서 화재감지기를 설치한 경우의 경계구역은 당해 소화설비의 방사구역 또는 제연구역과 동일하게 설정할 수 있다.

Check Point — 경계구역 설정 시 유의사항

① 「건축법」상 층수에 산입하지 아니하는 것(「건축법 시행령」 제119조제1항제9호)
   가. 지하층
   나. 승강기 탑·계단 탑·망루·옥탑 그 밖의 이와 비슷한 건축물의 옥상부분으로서 그 수평투영면적의 합계가 해당 건축물 건축면적의 $\frac{1}{8}$ 이하인 것
② 옥상·반자 속·지하층
   가. 경계구역 면적에는 포함한다.
   나. 2개 이상 층 기준은 적용하지 아니한다.
③ 계단
   가. 경계구역 면적(수평적 경계구역)에는 포함하지 아니한다.
   나. 2개 이상 층 기준은 적용하지 아니한다.
④ 목욕실·화장실(욕조나 샤워 시설이 있는 경우)
   가. 경계구역 면적에는 포함한다.
   나. 감지기는 설치하지 아니한다.
⑤ 500m² 이하의 범위
   가. 2개 층을 하나의 경계구역으로 할 수 있으나, 인접한 층에 대해서만 적용하고, 인접하지 않거나 2개 층을 초과한 경우에는 적용하지 않을 것
   나. 2개 층을 하나의 경계구역으로 하는 경우 발신기는 층마다 설치해야 하며, 우선경보 적용 시에는 2개 층이 동시에 경보가 되도록 해야 한다.

2. 수신기

1) 수신기 적합기준
① 해당 특정소방대상물의 경계구역을 각각 표시할 수 있는 회선 수 이상의 수신기를 설치할 것
② 해당 특정소방대상물에 가스누설탐지설비가 설치된 경우에는 가스누설탐지설비로부터 가스누설신호를 수신하여 가스누설경보를 할 수 있는 수신기를 설치할 것(가스누설탐지설비의 수신부를 별도로 설치한 경우에는 제외한다.)

2) 축적기능이 있는 수신기를 설치해야 하는 장소(비화재보 발생 가능 장소)
① 지하층 · 무창층 등으로서 환기가 잘 되지 아니하거나 실내면적이 $40m^2$ 미만인 장소
② 감지기의 부착면과 실내바닥과의 거리가 2.3m 이하인 장소로서 일시적으로 발생한 열 · 연기 또는 먼지 등으로 인하여 감지기가 화재신호를 발신할 우려가 있는 장소

3) 수신기의 설치기준
① 수위실 등 상시 사람이 근무하는 장소에 설치할 것. 다만, 사람이 상시 근무하는 장소가 없는 경우에는 관계인이 쉽게 접근할 수 있고 관리가 용이한 장소에 설치할 수 있다.
② 수신기가 설치된 장소에는 경계구역 일람도를 비치할 것. 다만, 모든 수신기와 연결되어 각 수신기의 상황을 감시하고 제어할 수 있는 수신기를 설치하는 경우에는 주수신기를 제외한 기타 수신기는 그렇지 않다.
③ 수신기의 음향기구는 그 음량 및 음색이 다른 기기의 소음 등과 명확히 구별될 수 있는 것으로 할 것
④ 수신기는 감지기 · 중계기 또는 발신기가 작동하는 경계구역을 표시할 수 있는 것으로 할 것
⑤ 화재 · 가스 · 전기 등에 대한 종합 방재반을 설치한 경우에는 해당 조작반에 수신기의 작동과 연동하여 감지기 · 중계기 또는 발신기가 작동하는 경계구역을 표시할 수 있는 것으로 할 것
⑥ 하나의 경계구역은 하나의 표시등 또는 하나의 문자로 표시되도록 할 것
⑦ 수신기의 조작 스위치는 바닥으로부터의 높이가 0.8m 이상 1.5m 이하인 장소에 설치할 것
⑧ 하나의 특정소방대상물에 2 이상의 수신기를 설치하는 경우에는 수신기를 상호 간 연동하여 화재 발생 상황을 각 수신기마다 확인할 수 있도록 할 것

3. 중계기의 설치기준

1) 수신기에서 직접 감지기회로의 도통시험을 행하지 아니하는 것에 있어서는 수신기와 감지기 사이에 설치할 것
2) 조작 및 점검에 편리하고 화재 및 침수 등의 재해로 인한 피해를 받을 우려가 없는 장소에 설치할 것
3) 수신기에 따라 감시되지 아니하는 배선을 통하여 전력을 공급받는 것에 있어서는 전원 입력 측의 배선에 과전류 차단기를 설치하고 해당 전원의 정전이 즉시 수신기에 표시되는 것으로 하며, 상용전원 및 예비전원의 시험을 할 수 있도록 할 것

4. 감지기

1) 부착높이별 적응성

부착높이	감지기의 종류
4m 미만	① 차동식(스포트형 · 분포형) ② 보상식 스포트형 ③ 정온식(스포트형 · 감지선형) ④ 이온화식 또는 광전식(스포트형 · 분리형 · 공기흡입형) ⑤ 열복합형 ⑥ 연기복합형 ⑦ 열연기복합형 ⑧ 불꽃감지기
4m 이상 8m 미만	① 차동식(스포트형 · 분포형) ② 보상식 스포트형 ③ 정온식(스포트형 · 감지선형) 특형 또는 1종 ④ 이온화식 1종 또는 2종 ⑤ 광전식(스포트형 · 분리형 · 공기흡입형) 1종 또는 2종 ⑥ 열복합형 ⑦ 연기복합형 ⑧ 열연기복합형 ⑨ 불꽃감지기
8m 이상 15m 미만	① 차동식 분포형 ② 이온화식 1종 또는 2종 ③ 광전식(스포트형 · 분리형 · 공기흡입형) 1종 또는 2종 ④ 연기복합형 ⑤ 불꽃감지기

부착높이	감지기의 종류
15m 이상 20m 미만	① 이온화식 1종 ② 광전식(스포트형·분리형·공기흡입형) 1종 ③ 연기복합형 ④ 불꽃감지기
20m 이상	① 불꽃감지기 ② 광전식(분리형·공기흡입형) 중 아나로그방식

[비고]
1. 감지기별 부착높이 등에 대하여 별도로 형식승인을 받은 경우에는 그 성능 인정범위 내에서 사용할 수 있다.
2. 부착높이 20m 이상에 설치되는 광전식 중 아날로그 방식의 감지기는 공칭감지농도 하한값이 감광률 5%/m 미만인 것으로 한다.

2) 비화재보 발생 가능 장소

① 지하층·무창층 등으로서 환기가 잘 되지 아니하거나 실내면적이 40m² 미만인 장소
② 감지기의 부착면과 실내바닥과의 거리가 2.3m 이하인 곳으로서 일시적으로 발생한 열·연기 또는 먼지 등으로 인하여 화재신호를 발신할 우려가 있는 장소 (2.2.2 본문에 따른 수신기를 설치한 장소를 제외한다.)
  ※ 2.2.2 본문에 따른 수신기 : 축적 기능이 있는 수신기

Check Point 비화재보 발생 가능 장소에 대한 대책

1. 축적 기능이 있는 수신기 설치
2. 축적 기능이 있는 감지기(비화재보 방지 기능이 있는 감지기) 설치
    ① 불꽃감지기   ② 정온식 감지선형 감지기
    ③ 분포형 감지기   ④ 복합형 감지기
    ⑤ 광전식 분리형 감지기   ⑥ 아날로그방식의 감지기
    ⑦ 다신호방식의 감지기   ⑧ 축적방식의 감지기

3) 연기감지기

설치 장소	㉮ 계단·경사로 및 에스컬레이터 경사로
	㉯ 복도(30m 미만의 것은 제외한다.)
	㉰ 엘리베이터 승강로(권상기실이 있는 경우에는 권상기실)·린넨슈트·파이프 피트 및 덕트 기타 이와 유사한 장소
	㉱ 천장 또는 반자의 높이가 15m 이상 20m 미만인 장소
	㉲ 다음 각 목의 어느 하나에 해당하는 특정소방대상물의 취침·숙박·입원 등 이와 유사한 용도로 사용되는 거실 〈신설 2015.1.23.〉
	  ㉠ 공동주택·오피스텔·숙박시설·노유자시설·수련시설
	  ㉡ 교육연구시설 중 합숙소
	  ㉢ 의료시설, 근린생활시설 중 입원실이 있는 의원·조산원
	  ㉣ 교정 및 군사시설
	  ㉤ 근린생활시설 중 고시원

설치 기준	㉮ 감지기의 부착높이에 따라 다음 표에 따른 바닥면적마다 1개 이상으로 할 것 | 부착높이	감지기의 종류	
	1종 및 2종	3종
---	---	---
4m 미만	150[m²]	50[m²]
4m 이상 20m 미만	75[m²]	–	 ㉯ 감지기는 복도 및 통로에 있어서는 보행거리 30m(3종에 있어서는 20m)마다, 계단 및 경사로에 있어서는 수직거리 15m(3종에 있어서는 10m)마다 1개 이상으로 할 것 ㉰ 천장 또는 반자가 낮은 실내 또는 좁은 실내에 있어서는 출입구의 가까운 부분에 설치할 것 ㉱ 천장 또는 반자부근에 배기구가 있는 경우에는 그 부근에 설치할 것 ㉲ 감지기는 벽 또는 보로부터 0.6m 이상 떨어진 곳에 설치할 것

4) 감지기 설치기준

① 감지기(차동식 분포형의 것을 제외한다.)는 실내로의 공기유입구로부터 1.5m 이상 떨어진 위치에 설치할 것
② 감지기는 천장 또는 반자의 옥내에 면하는 부분에 설치할 것
③ 보상식 스포트형 감지기는 정온점이 감지기 주위의 평상시 최고온도보다 20℃ 이상 높은 것으로 설치할 것
④ 정온식 감지기는 주방·보일러실 등으로서 다량의 화기를 취급하는 장소에 설치하되, 공칭작동온도가 최고주위온도보다 20℃ 이상 높은 것으로 설치할 것

⑤ 차동식 스포트형·보상식 스포트형 및 정온식 스포트형 감지기는 그 부착 높이 및 특정소방대상물에 따라 다음 표에 따른 바닥면적마다 1개 이상을 설치할 것

[단위 : m²]

부착높이 및 특정소방대상물의 구분		감지기의 종류						
		차동식 스포트형		보상식 스포트형		정온식 스포트형		
		1종	2종	1종	2종	특종	1종	2종
4m 미만	주요 구조부를 내화구조로 한 특정소방대상물 또는 그 부분	90	70	90	70	70	60	20
	기타 구조의 특정소방대상물 또는 그 부분	50	40	50	40	40	30	15
4m 이상 8m 미만	주요 구조부를 내화구조로 한 특정소방대상물 또는 그 부분	45	35	45	35	35	30	–
	기타 구조의 특정소방대상물 또는 그 부분	30	25	30	25	25	15	–

⑥ 스포트형 감지기는 45° 이상 경사되지 아니하도록 부착할 것

Check Point 축적 기능이 없는 감지기를 설치해야 하는 경우

1. 교차회로방식에 사용되는 감지기
2. 급속한 연소 확대가 우려되는 장소에 사용되는 감지기
3. 축적 기능이 있는 수신기에 연결하여 사용하는 감지기

Check Point 공칭작동온도

1. **개념**
   ① 공칭작동온도란 정온식 감지기에서 감지기가 작동하는 작동점으로 60~150℃로 한다.
   ② 60~80℃는 5℃ 간격으로, 80℃ 초과는 10℃ 간격으로 한다.
2. **공칭작동온도의 표시(감지기의 형식승인 및 제품검사의 기술기준)**
   ① 80℃ 이하 : 백색
   ② 80℃ 초과 120℃ 이하 : 청색
   ③ 120℃ 초과 : 적색
3. **공칭작동온도(℃) ≥ 최고주위온도 + 20℃**

⑦ **공기관식 차동식 분포형 감지기의 설치기준**
  ㉮ 공기관의 노출부분은 감지구역마다 20m 이상이 되도록 할 것
  ㉯ 공기관과 감지구역의 각 변과의 수평거리는 1.5m 이하가 되도록 하고, 공기관 상호 간의 거리는 6m(주요 구조부를 내화구조로 한 특정소방대상물 또는 그 부분에 있어서는 9m) 이하가 되도록 할 것
  ㉰ 공기관은 도중에서 분기하지 아니하도록 할 것
  ㉱ 하나의 검출부분에 접속하는 공기관의 길이는 100m 이하로 할 것
  ㉲ 검출부는 5° 이상 경사되지 아니하도록 부착할 것
  ㉳ 검출부는 바닥으로부터 0.8m 이상 1.5m 이하의 위치에 설치할 것

⑧ **정온식 감지선형 감지기의 설치기준**
  ㉮ 보조선이나 고정금구를 사용하여 감지선이 늘어지지 않도록 설치할 것
  ㉯ 단자부와 마감 고정금구와의 설치간격은 10cm 이내로 할 것
  ㉰ 감지선형 감지기의 굴곡반경은 5cm 이상으로 할 것
  ㉱ 감지기와 감지구역의 각 부분과의 수평거리가 내화구조의 경우 1종 4.5m 이하, 2종 3m 이하로 할 것. 기타 구조의 경우 1종 3m 이하, 2종 1m 이하로 할 것
  ㉲ 케이블트레이에 감지기를 설치하는 경우에는 케이블트레이 받침대에 마감금구를 사용하여 설치할 것
  ㉳ 창고의 천장 등에 지지물이 적당하지 않은 장소에서는 보조선을 설치하고 그 보조선에 설치할 것
  ㉴ 분전반 내부에 설치하는 경우 접착제를 이용하여 돌기를 바닥에 고정시키고 그 곳에 감지기를 설치할 것
  ㉵ 그 밖의 설치방법은 형식승인 내용에 따르며 형식승인 사항이 아닌 것은 제조사의 시방(示方)에 따라 설치할 것

Check Point 정온식 감지선형 감지기

▶ 감지선의 각 부분과 수평거리

종 류	내화구조	기타 구조
1종	4.5m 이하	3m 이하
2종	3m 이하	1m 이하

⑨ **불꽃 감지기의 설치기준**

㉮ 공칭감시거리 및 공칭시야각은 형식승인 내용에 따를 것
㉯ 감지기는 공칭감시거리와 공칭시야각을 기준으로 감시구역이 모두 포용될 수 있도록 설치할 것
㉰ 감지기는 화재를 유효하게 감지할 수 있는 모서리 또는 벽 등에 설치할 것
㉱ 감지기를 천장에 설치하는 경우에는 바닥을 향하여 설치할 것
㉲ 수분이 많이 발생할 우려가 있는 장소에는 방수형으로 설치할 것
㉳ 그 밖의 설치기준은 형식승인 내용에 따르며 형식승인 사항이 아닌 것은 제조사의 시방에 따라 설치할 것

Check Point

1. 공칭감시거리 : 불꽃 감지기가 감시할 수 있는 최대거리, 감시공간까지의 직선거리
2. 공칭시야각 : 불꽃 감지기가 감지할 수 있는 원추형의 경사각도
3. 감시공간 : 벽으로 구획된 장소에서 바닥면으로부터 높이 1.2m까지의 공간

⑩ **광전식 분리형 감지기의 설치기준**

㉮ 감지기의 수광면은 햇빛을 직접 받지 않도록 설치할 것
㉯ 광축(송광면과 수광면의 중심을 연결한 선)은 나란한 벽으로부터 0.6m 이상 이격하여 설치할 것
㉰ 감지기의 송광부와 수광부는 설치된 뒷벽으로부터 1m 이내의 위치에 설치할 것
㉱ 광축의 높이는 천장 등(천장의 실내에 면한 부분 또는 상층의 바닥 하부면을 말한다.) 높이의 80% 이상일 것
㉲ 감지기의 광축의 길이는 공칭감시거리 범위 이내일 것
㉳ 그 밖의 설치기준은 형식승인 내용에 따르며 형식승인 사항이 아닌 것은 제조사의 시방에 따라 설치할 것

⑪ **열전대식 차동식 분포형 감지기의 설치기준**

㉮ 열전대부는 감지구역의 바닥면적 18m²(주요구조부가 내화구조로 된 특정소방대상물에 있어서는 22m²)마다 1개 이상으로 할 것. 다만, 바닥면적이 72m²(주요구조부가 내화구조로 된 특정소방대상물에 있어서는 88m²) 이하인 특정소방대상물에 있어서는 4개 이상으로 해야 한다.

㉯ 하나의 검출부에 접속하는 열전대부는 20개 이하로 할 것. 다만, 각각의 열전대부에 대한 작동 여부를 검출부에서 표시할 수 있는 것(주소형)은 형식승인받은 성능인정범위 내의 수량으로 설치할 수 있다.

⑫ **열반도체식 차동식분포형 감지기의 설치기준**

㉮ 감지부는 그 부착높이 및 특정소방대상물에 따라 다음 표에 따른 바닥면적마다 1개 이상으로 할 것. 다만, 바닥면적이 다음 표에 따른 면적의 2배 이하인 경우에는 2개(부착높이가 8m 미만이고, 바닥면적이 다음 표에 따른 면적 이하인 경우에는 1개) 이상으로 해야 한다.

[단위 : m²]

부착높이 및 특정소방대상물의 구분		감지기의 종류	
		1종	2종
8m 미만	주요 구조부가 내화구조로 된 소방대상물 또는 그 부분	65	36
	기타 구조의 소방대상물 또는 그 부분	40	23
8m 이상 15m 미만	주요 구조부가 내화구조로 된 소방대상물 또는 그 부분	50	36
	기타 구조의 소방대상물 또는 그 부분	30	23

㉯ 하나의 검출기에 접속하는 감지부는 2개 이상 15개 이하가 되도록 할 것. 다만, 각각의 감지부에 대한 작동 여부를 검출기에서 표시할 수 있는 것(주소형)은 형식승인받은 성능인정범위 내의 수량으로 설치할 수 있다.

⑬ **광전식 분리형 감지기 · 불꽃감지기를 설치할 수 있는 장소**
  화학공장 · 격납고 · 제련소 등

⑭ **광전식 공기흡입형 감지기를 설치할 수 있는 장소**
  전산실 · 반도체 공장 등

5) 감지기의 설치 제외

① 천장 또는 반자의 높이가 20m 이상인 장소. 다만, 제1항 단서 각호의 감지기로서 부착높이에 따라 적응성이 있는 장소는 제외한다.
② 헛간 등 외부와 기류가 통하는 장소로서 감지기에 따라 화재발생을 유효하게 감지할 수 없는 장소
③ 부식성 가스가 체류하고 있는 장소
④ 고온도 및 저온도로서 감지기의 기능이 정지되기 쉽거나 감지기의 유지관리가 어려운 장소
⑤ 목욕실 · 욕조나 샤워시설이 있는 화장실 · 기타 이와 유사한 장소
⑥ 파이프덕트 등 그 밖의 이와 비슷한 것으로서 2개 층마다 방화구획된 것이나 수평단면적이 5m² 이하인 것
⑦ 먼지 · 가루 또는 수증기가 다량으로 체류하는 장소 또는 주방 등 평시에 연기가 발생하는 장소(연기감지기에 한한다.)
⑧ 프레스공장 · 주조공장 등 화재발생의 위험이 적은 장소로서 감지기의 유지관리가 어려운 장소

5. 음향장치 및 시각경보장치

1) 음향장치의 설치기준

① 주 음향장치는 수신기의 내부 또는 그 직근에 설치할 것
② 층수가 11층(공동주택의 경우에는 16층) 이상의 특정소방대상물은 다음의 기준에 따라 경보를 발할 수 있도록 할 것
  ㉮ 2층 이상의 층에서 발화한 때에는 발화층 및 그 직상 4개 층에 경보를 발할 것
  ㉯ 1층에서 발화한 때에는 발화층 · 그 직상 4개 층 및 지하층에 경보를 발할 것
  ㉰ 지하층에서 발화한 때에는 발화층 · 그 직상층 및 기타의 지하층에 경보를 발할 것
③ 지구음향장치는 특정소방대상물의 층마다 설치하되, 해당층의 각 부분으로부터 하나의 음향장치까지의 수평거리가 25m 이하가 되도록 하고, 해당층의 각 부분에 유효하게 경보를 발할 수 있도록 설치할 것. 다만, 「비상방송설비의 화재안전기술기준

(NFTC 202)」에 적합한 방송설비를 자동화재탐지설비의 감지기와 연동하여 작동하도록 설치한 경우에는 지구음향장치를 설치하지 않을 수 있다.

④ 음향장치는 다음 각 목의 기준에 따른 구조 및 성능의 것으로 해야 한다.
㉮ 정격전압의 80% 전압에서 음향을 발할 수 있는 것으로 할 것. 다만, 건전지를 주전원으로 사용하는 음향장치는 그렇지 않다.
㉯ 음량은 부착된 음향장치의 중심으로부터 1m 떨어진 위치에서 90dB 이상이 되는 것으로 할 것
㉰ 감지기 및 발신기의 작동과 연동하여 작동할 수 있는 것으로 할 것

⑤ ③에도 불구하고 ③의 기준을 초과하는 경우로서 기둥 또는 벽이 설치되지 아니한 대형 공간의 경우 지구음향장치는 설치 대상 장소의 가장 가까운 장소의 벽 또는 기둥 등에 설치할 것

2) 시각경보장치의 설치기준

① 복도·통로·청각장애인용 객실 및 공용으로 사용하는 거실(로비, 회의실, 강의실, 식당, 휴게실, 오락실, 대기실, 체력단련실, 접객실, 안내실, 전시실, 기타 이와 유사한 장소를 말한다.)에 설치하며, 각 부분으로부터 유효하게 경보를 발할 수 있는 위치에 설치할 것

② 공연장·집회장·관람장 또는 이와 유사한 장소에 설치하는 경우에는 시선이 집중되는 무대부 부분 등에 설치할 것

③ 설치높이는 바닥으로부터 2m 이상 2.5m 이하의 장소에 설치할 것 다만, 천장의 높이가 2m 이하인 경우에는 천장으로부터 0.15m 이내의 장소에 설치해야 한다.

④ 시각경보장치의 광원은 전용의 축전지설비에 의하여 점등되도록 할 것. 다만, 시각경보기에 작동전원을 공급할 수 있도록 형식승인을 얻은 수신기를 설치한 경우에는 그렇지 않다.

6. 발신기

1) 발신기의 설치기준

자동화재탐지설비의 발신기는 다음의 기준에 따라 설치해야 한다.

① 조작이 쉬운 장소에 설치하고, 스위치는 바닥으로부터 0.8m 이상 1.5m 이하의 높이에 설치할 것

② 특정소방대상물의 층마다 설치하되, 해당 특정소방대상물의 각 부분으로부터 하나의 발신기까지의 수평거리가 25m 이하가 되도록 할 것. 다만, 복도 또는 별도로 구획된 실로서 보행거리가 40m 이상일 경우에는 추가로 설치해야 한다.

③ ②에도 불구하고 ②의 기준을 초과하는 경우로서 기둥 또는 벽이 설치되지 아니한 대형 공간의 경우 발신기는 설치 대상 장소의 가장 가까운 장소의 벽 또는 기둥 등에 설치할 것

2) 발신기 위치표시등

발신기의 위치를 표시하는 표시등은 함의 상부에 설치하되, 그 불빛은 부착면으로부터 15° 이상의 범위 안에서 부착 지점으로부터 10m 이내의 어느 곳에서도 쉽게 식별할 수 있는 적색등으로 해야 한다.

7. 전원

1) 상용전원

① 상용전원은 전기가 정상적으로 공급되는 축전지설비, 전기저장장치(외부 전기에너지를 저장해 두었다가 필요한 때 전기를 공급하는 장치) 또는 교류전압의 옥내 간선으로 하고, 전원까지의 배선은 전용으로 할 것
② 개폐기에는 "자동화재탐지설비용"이라고 표시한 표지를 할 것

2) 비상전원

자동화재탐지설비에는 그 설비에 대한 감시상태를 60분간 지속한 후 유효하게 10분 이상 경보할 수 있는 비상전원으로서 축전지설비(수신기에 내장하는 경우를 포함한다) 또는 전기저장장치(외부 전기에너지를 저장해 두었다가 필요한 때 전기를 공급하는 장치)를 설치해야 한다. 다만, 상용전원이 축전지설비인 경우 또는 건전지를 주전원으로 사용하는 무선식 설비인 경우에는 그렇지 않다.

> **Check Point 경보설비 비상전원**
>
> **1. 30층 미만(비상경보설비 · 비상방송설비 · 자동화재탐지설비)**
> 자동화재탐지설비에는 그 설비에 대한 감시상태를 60분간 지속한 후 유효하게 10분 이상 경보할 수 있는 축전지설비(수신기에 내장하는 경우를 포함한다.) 또는 전기저장장치를 설치해야 한다. **다만, 상용전원이 축전지설비인 경우 또는 건전지를 주전원으로 사용하는 무선식 설비인 경우에는 그렇지 않다.**(자동화재탐지설비, 비상경보설비만 해당)
> ※ 비상경보설비 : 비상벨설비 또는 자동식사이렌설비
> ※ 비상방송설비 : 비상방송설비

> **2. 30층 이상(비상방송설비 · 자동화재탐지설비)**
> 자동화재탐지설비에는 그 설비에 대한 감시상태를 60분간 지속한 후 유효하게 30분 이상 경보할 수 있는 축전지설비(수신기에 내장하는 경우를 포함한다.) 또는 전기저장장치를 설치해야 한다. **다만, 상용전원이 축전지설비인 경우에는 그렇지 않다.**(자동화재탐지설비만 해당)
> ※ 비상방송설비 : 비상방송설비

8. 배선

배선은 「전기사업법」 제67조에 따른 「전기설비기술기준」에서 정한 것 외에 다음의 기준에 따라 설치해야 한다.

1) 전원회로의 배선은 「옥내소화전설비의 화재안전기술기준(NFTC 102)」 2.7.2의 표 2.7.2(1)에 따른 내화배선에 따르고, 그 밖의 배선(감지기 상호 간 또는 감지기로부터 수신기에 이르는 감지기회로의 배선을 제외한다)은 「옥내소화전설비의 화재안전기술기준(NFTC 102)」 2.7.2의 표 2.7.2(1) 또는 표 2.7.2(2)에 따른 내화배선 또는 내열배선에 따를 것

2) 감지기 상호 간 또는 감지기로부터 수신기에 이르는 감지기회로의 배선은 다음의 기준에 따라 설치할 것
    ① 아날로그식, 다신호식 감지기나 R형수신기용으로 사용되는 것은 전자파 방해를 받지 않는 실드선 등을 사용해야 하며, 광케이블의 경우에는 전자파 방해를 받지 아니하고 내열성능이 있는 경우 사용할 것. 다만, 전자파 방해를 받지 않는 방식의 경우에는 그렇지 않다.
    ② ①외의 일반배선을 사용할 때는 「옥내소화전설비의 화재안전기술기준(NFTC 102)」 2.7.2의 표 2.7.2(1) 또는 표 2.7.2(2)에 따른 내화배선 또는 내열배선으로 사용할 것

3) 종단저항 설치기준
    ① 점검 및 관리가 쉬운 장소에 설치할 것
    ② 전용함을 설치하는 경우 그 설치 높이는 바닥으로부터 1.5m 이내로 할 것
    ③ 감지기 회로의 끝부분에 설치하며, 종단감지기에 설치할 경우에는 구별이 쉽도록 해당 감지기의 기판 및 감지기 외부 등에 별도의 표시를 할 것

4) 감지기 사이의 회로의 배선은 송배선식으로 할 것

5) 전원회로의 전로와 대지 사이 및 배선 상호 간의 절연저항은 「전기사업법」 제67조에 따른 기술기준이 정하는 바에 의하고, 감지기회로 및 부속회로의 전로와 대지 사이 및 배선 상호 간의 절연저항은 1경계구역마다 직류 250V의 절연저항측정기를 사용하여 측정한 절연저항이 0.1MΩ 이상이 되도록 할 것

6) 자동화재탐지설비의 배선은 다른 전선과 별도의 관·덕트(절연효력이 있는 것으로 구획한 때에는 그 구획된 부분은 별개의 덕트로 본다.)·몰드 또는 풀박스 등에 설치할 것. 다만, 60V 미만의 약전류회로에 사용하는 전선으로서 각각의 전압이 같을 때에는 그렇지 않다.

7) 피(P)형 수신기 및 지피(G.P.)형 수신기의 감지기 회로의 배선에 있어서 하나의 공통선에 접속할 수 있는 경계구역은 7개 이하로 할 것

8) 자동화재탐지설비의 감지기회로의 전로저항은 50Ω 이하가 되도록 해야 하며, 수신기의 각 회로별 종단에 설치되는 감지기에 접속되는 배선의 전압은 감지기 정격전압의 80% 이상이어야 할 것

> **Check Point** R형 설비의 통신방법

1. **다중통신(Multiplexing Communication)의 개념**
   ① R형은 중계기에서 수신기까지 2선의 신호선만을 이용하여 수많은 입력 및 출력 신호를 주고 받는다.
   ② 이와 같이 2선을 이용하여 양방향 통신으로 수많은 입·출력 신호를 고유신호로 변환하여 전송하는 방식을 다중통신이라 한다.

2. **다중통신방법**

1) 변조방식[펄스부호 변조방식 ; PCM(Pulse Code Modulation) 변조]
   ① 모든 Data를 0과 1의 Digital data로 변환하여 8bit의 Pulse로 변환시켜 송·수신하는 방식이다.
   ② Noise를 최소화하고 경제성을 위하여 PCM 변조방식을 사용한다.

2) 전송방식(시분할 다중화방식 ; Time Division Multiplexing)
   ① 중계기와 수신기 간에 신호가 중복되지 않고 시간 지연 없이 정보를 송·수신하기 위해 시간을 분할하여 사용하는 방식이다.
   ② 좁은 시간간격으로 Pulse를 분할하고 각 중계기별로 Pulse 위치를 어긋나게 하여 분할된 Pulse를 각 중계기별로 송·수신하면 혼선 없이 송·수신할 수 있다.

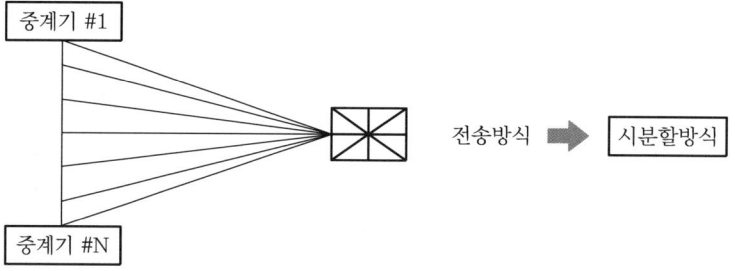

[시스템 : 시간을 분할한 구분작동]   [사용자 : 동시작동으로 인식]

3) 신호통신방식(번지지정방식 ; Polling Addressing)
   ① Polling이란 Digital 통신의 경우 수신기에서 특정한 중계기를 지정하여 수신기에서 정보를 송신하는 절차로서 수신기가 중계기를 하나씩 선택하여 정보 송신 요구의 유무를 확인하여 전송할 Data가 있으면 전송을 허용하고 없으면 다음 중계기로 넘어가는 방식이다.
   ② Addressing이란 번지를 지정한다는 의미이다.
   ③ Polling Addressing 방식이란 번지를 지정하면서 Polling한다는 의미로, 수신기와 많은 중계기 간의 통신에서 Data의 중복을 피하고 해당하는 중계기를 호출하여 Data를 주고 받는 방식을 말한다.

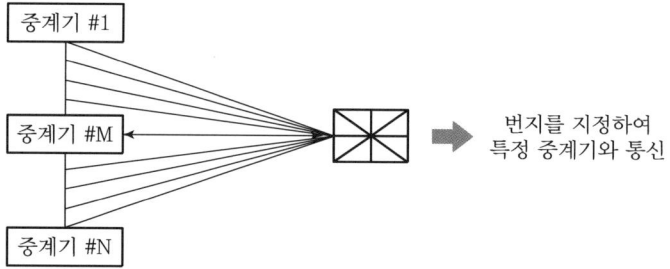

3. 신호선
  1) 기준
    아날로그식, 다신호식 감지기나 R형 수신기용으로 사용되는 것은 전자파 방해를 방지하기 위하여 실드선 등을 사용할 것. 다만, 전자파 방해를 받지 아니하는 방식의 경우에는 그렇지 않다.
  2) 실드선을 사용하는 이유
    전자파 방해를 방지하기 위하여
  3) 트위스트 선로의 종류
    ① 제어용 가교 폴리에틸렌 절연 비닐시스 케이블(CVV-SB)
    ② 내열성 비닐절연, 내열성 비닐시스 제어용 케이블(H-CVV-SB)
    ③ 난연성 비닐절연 비닐시스 케이블(FR-CVV-SB)
  4) 트위스트 선로의 원리
    ① 신호선 2가닥을 서로 꼬아서 자계를 서로 상쇄시키도록 한다.
    ② 외부 Noise에 의해 내부에 자속이 발생하여도 차폐선의 심선이 서로 Twist되어 있기 때문에 자속은 서로 상쇄된다.

[차폐선의 단면]   [차폐선의 내부 측면]

[표 2.4.6(1)] 설치장소별 감지기의 적응성(연기감지기를 설치할 수 없는 경우 적용)

설치장소		적응열감지기								열아날로그식	불꽃감지기	비 고
환경상태	적응장소	차동식 스포트형		차동식 분포형		보상식 스포트형		정온식				
		1종	2종	1종	2종	1종	2종	특종	1종			
먼지 또는 미분 등이 다량으로 체류하는 장소	쓰레기장, 하역장, 도장실, 섬유·목재·석재 등 가공 공장	○	○	○	○	○	○	○	×	○	○	1. 불꽃감지기에 따라 감시가 곤란한 장소는 적응성이 있는 열감지기를 설치할 것 2. 차동식 분포형감지기를 설치하는 경우에는 검출부에 먼지, 미분 등이 침입하지 않도록 조치할 것 3. 차동식 스포트형 감지기 또는 보상식 스포트형 감지기를 설치하는 경우에는 검출부에 먼지, 미분 등이 침입하지 않도록 조치할 것 4. 정온식 감지기를 설치하는 경우에는 특종으로 설치할 것 5. 섬유, 목재가공 공장 등 화재확대가 급속하게 진행될 우려가 있는 장소에 설치하는 경우 정온식 감지기는 특종으로 설치할 것. 공칭작동온도 75℃ 이하, 열아날로그식 스포트형 감지기는 화재표시 설정은 80℃ 이하가 되도록 할 것
수증기가 다량으로 머무는 장소	증기 세정실, 탕비실, 소독실 등	×	×	×	○	×	○	○	○	○	○	1. 차동식 분포형 감지기 또는 보상식 스포트형 감지기는 급격한 온도변화가 없는 장소에 한하여 사용할 것 2. 차동식 분포형 감지기를 설치하는 경우에는 검출부에 수증기가 침입하지 않도록 조치할 것

설치장소		적응열감지기									비고
		차동식 스포트형		차동식 분포형		보상식 스포트형		정온식		열아날로그식	
환경 상태	적응 장소	1종	2종	1종	2종	1종	2종	특종	1종		불꽃 감지기	
수증기가 다량으로 머무는 장소		×	×	×	○	×	○	○	○	○	○	3. 보상식 스포트형 감지기, 정온식 감지기 또는 열아날로그식감지기를 설치하는 경우에는 방수형으로 설치할 것 4. 불꽃감지기를 설치할 경우 방수형으로 할 것
부식성 가스가 발생할 우려가 있는 장소	도금공장, 축전지실, 오수 처리장 등	×	×	○	○	○	○	×	○	○	○	1. 차동식 분포형 감지기를 설치하는 경우에는 감지부가 피복되어 있고 검출부가 부식성가스에 영향을 받지 않도록 또는 검출부에 부식성 가스가 침입하지 않도록 조치할 것 2. 보상식 스포트형 감지기, 정온식 감지기 또는 열아날로그식 스포트형 감지기를 설치하는 경우에는 부식성 가스의 성상에 반응하지 않는 내산형 또는 내알칼리형으로 설치할 것 3. 정온식 감지기를 설치하는 경우에는 특종으로 설치할 것
주방, 기타 평상시에 연기가 체류하는 장소	주방, 조리실, 용접 작업장 등	×	×	×	×	×	×	○	○	○	○	1. 주방, 조리실 등 습도가 높은 장소에는 방수형 감지기를 설치할 것 2. 불꽃감지기는 UV/IR형을 설치할 것

설치장소		적응열감지기									비고
환경 상태	적응 장소	차동식 스포트형		차동식 분포형		보상식 스포트형		정온식		열아날로그식	불꽃감지기
		1종	2종	1종	2종	1종	2종	특종	1종		
현저하게 고온으로 되는 장소	건조실, 살균실, 보일러실, 주조실, 영사실, 스튜디오	×	×	×	×	×	×	○	○	○	×	—
배기가스가 다량으로 체류하는 장소	주차장, 차고, 화물취급소차로, 자가발전실, 트럭터미널, 엔진시험실	○	○	○	○	○	○	×	×	○	○	1. 불꽃감지기에 따라 감시가 곤란한 장소는 적응성이 있는 열감지기를 설치할 것 2. 열아날로그식 스포트형 감지기는 화재 표시 설정이 60℃ 이하가 바람직하다.
연기가 다량으로 유입할 우려가 있는 장소	음식물 배급실 주방전실, 주방 내 식품저장실, 음식물 운반용 엘리베이터, 주방 주변의 복도 및 통로, 식당 등	○	○	○	○	○	○	○	○	○	×	1. 고체연료 등 가연물이 수납되어 있는 음식물배급실, 주방전실에 설치하는 정온식감지기는 특종으로 설치할 것 2. 주방 주변의 복도 및 통로, 식당 등에는 정온식 감지기를 설치하지 말 것 3. 제1호 및 제2호의 장소에 열아날로그식 스포트형 감지기를 설치하는 경우에는 화재 표시 설정을 60℃ 이하로 할 것

설치장소		적응열감지기									비고
환경 상태	적응 장소	차동식 스포트형		차동식 분포형		보상식 스포트형		정온식		열아날로그식	불꽃감지기	
		1종	2종	1종	2종	1종	2종	특종	1종			
물방울이 발생하는 장소	스레트 또는 철판으로 설치한 지붕 창고·공장, 패키지형 냉각기 전용 수납실, 밀폐된 지하창고, 냉동실 주변 등	×	×	○	○	○	○	○	○	○	○	1. 보상식 스포트형 감지기, 정온식 감지기 또는 열아날로그식 스포트형 감지기를 설치하는 경우에는 방수형으로 설치할 것 2. 보상식 스포트형 감지기는 급격한 온도변화가 없는 장소에 한하여 설치할 것 3. 불꽃감지기를 설치하는 경우에는 방수형으로 설치할 것
불을 사용 하는 설비로서 불꽃이 노출 되는 장소	유리공장, 용선로가 있는 장소, 용접실, 주방, 작업장, 주방, 주조실 등	×	×	×	×	×	×	○	○	○	×	—

㈜
1. "○"는 당해 설치장소에 적응하는 것을 표시, "×"는 당해 설치장소에 적응하지 않는 것을 표시
2. 차동식 스포트형, 차동식 분포형 및 보상식 스포트형 1종은 감도가 예민하기 때문에 비화재보 발생은 2종에 비해 불리한 조건이라는 것을 유의할 것
3. 차동식 분포형 3종 및 정온식 2종은 소화설비와 연동하는 경우에 한해서 사용할 것
4. 다신호식 감지기는 그 감지기가 가지고 있는 종별, 공칭작동온도별로 따르지 말고 상기 표에 따른 적응성이 있는 감지기로 할 것

[표 2.4.6(2)] 설치장소별 감지기의 적응성

설치장소		적응열감지기				적응연기감지기					불꽃감지기	비고
환경 상태	적응 장소	차동식 스포트형	차동식 분포형	보상식 스포트형	정온식	열아날로그식	이온화식 스포트형	광전식 스포트형	이온아날로그식 스포트형	광전아날로그식 스포트형	광전식 분리형	광전아날로그식 분리형	
1. 흡연에 의해 연기가 체류하며 환기가 되지 않는 장소	회의실, 응접실, 휴게실, 노래연습실, 오락실, 다방, 음식점, 대합실, 카바레 등의 객실, 집회장, 연회장 등	○	○	○	−	−	−	◎	−	◎	○	○	−	−
2. 취침시설로 사용하는 장소	호텔 객실, 여관, 수면실 등	−	−	−	−	−	◎	◎	◎	◎	○	○	−	−
3. 연기 이외의 미분이 떠다니는 장소	복도, 통로 등	−	−	−	−	−	◎	◎	◎	◎	○	○	○	−

설치장소		적응열감지기					적응연기감지기					불꽃감지기	비 고
환경 상태	적응 장소	차동식 스포트형	차동식 분포형	보상식 스포트형	정온식	열아날로그식	이온화식 스포트형	광전식 스포트형	이온아날로그식 스포트형	광전아날로그식 스포트형	광전식 분리형	광전아날로그식 분리형		
4. 바람에 영향을 받기 쉬운 장소	로비, 교회, 관람장, 옥탑에 있는 기계실	-	○	-	-	-	-	◎	-	◎	○	○	○	-
5. 연기가 멀리 이동해서 감지기에 도달하는 장소	계단, 경사로	-	-	-	-	-	-	○	-	○	○	○	-	광전식 스포트형 감지기 또는 광전아날로그식 스포트형 감지기를 설치하는 경우에는 당해 감지기회로에 축적기능을 갖지 않는 것으로 할 것
6. 훈소 화재의 우려가 있는 장소	전화 기기실, 통신 기기실, 전산실, 기계 제어실	-	-	-	-	-	-	○	-	○	○	○	-	-

설치장소		적응열감지기					적응연기감지기						불꽃감지기	비고
환경 상태	적응 장소	차동식 스포트형	차동식 분포형	보상식 스포트형	정온식	열아날로그식	이온화식 스포트형	광전식 스포트형	이온아날로그식 스포트형	광전아날로그식 스포트형	광전식 분리형	광전아날로그식 분리형		
7. 넓은 공간으로 천장이 높아 열 및 연기가 확산하는 장소	체육관, 항공기 격납고, 높은 천장의 창고·공장, 관람석 상부 등 감지기 부착 높이가 8m 이상인 장소	-	○	-	-	-	-	-	-	-	○	○	○	-

(주)
1. "○"는 당해 설치장소에 적응하는 것을 표시
2. "◎"는 당해 설치장소에 연감지기를 설치하는 경우에는 당해 감지회로에 축적기능을 갖는 것을 표시
3. 차동식 스포트형, 차동식 분포형, 보상식 스포트형 및 연기식(당해 감지기회로에 축적기능을 갖지 않는 것)
   1종은 감도가 예민하기 때문에 비화재보 발생은 2종에 비해 불리한 조건이라는 것을 유의하여 따를 것
4. 차동식분포형 3종 및 정온식 2종은 소화설비와 연동하는 경우에 한해서 사용할 것
5. 광전식 분리형 감지기는 평상시 연기가 발생하는 장소 또는 공간이 협소한 경우에는 적응성이 없음
6. 넓은 공간으로 천장이 높아 열 및 연기가 확산하는 장소로서 차동식 분포형 또는 광전식 분리형 2종을 설치하는 경우에는 제조사의 사양에 따를 것
7. 다신호식 감지기는 그 감지기가 가지고 있는 종별, 공칭작동온도별로 따르고 표에 따른 적응성이 있는 감지기로 할 것
8. 축적형 감지기 또는 축적형 중계기, 혹은 축적형 수신기를 설치하는 경우에는 제7조에 따를 것

02 비상경보설비

1. 신호처리방식

1) 유선식 : 화재신호 등을 배선으로 송·수신하는 방식의 것
2) 무선식 : 화재신호 등을 전파에 의해 송·수신하는 방식의 것
3) 유·무선식 : 유선식과 무선식을 겸용으로 사용하는 방식의 것

2. 비상벨설비 또는 자동식 사이렌설비

1) 비상벨설비 또는 자동식 사이렌설비는 부식성 가스 또는 습기 등으로 인하여 부식의 우려가 없는 장소에 설치해야 한다.
2) 지구음향장치는 특정소방대상물의 층마다 설치하되, 해당층의 각 부분으로부터 하나의 음향장치까지의 수평거리가 25m 이하가 되도록 하고, 해당층의 각 부분에 유효하게 경보를 발할 수 있도록 설치해야 한다. 다만, 「비상방송설비의 화재안전기술기준(NFTC 202)」에 적합한 방송설비를 비상벨설비 또는 자동식사이렌설비와 연동하여 작동하도록 설치한 경우에는 지구음향장치를 설치하지 않을 수 있다.
3) 음향장치는 정격전압의 80% 전압에서 음향을 발할 수 있도록 해야 한다. 다만, 건전지를 주전원으로 사용하는 음향장치는 그렇지 않다.
4) 음향장치의 음량은 부착된 음향장치의 중심으로부터 1m 떨어진 위치에서 90dB 이상이 되는 것으로 해야 한다.
5) 발신기는 다음의 기준에 따라 설치해야 한다.
   ① 조작이 쉬운 장소에 설치하고, 조작스위치는 바닥으로부터 0.8m 이상 1.5m 이하의 높이에 설치할 것
   ② 특정소방대상물의 층마다 설치하되, 해당 특정소방대상물의 각 부분으로부터 하나의 발신기까지의 수평거리가 25m 이하가 되도록 할 것. 다만, 복도 또는 별도로 구획된 실로서 보행거리가 40m 이상일 경우에는 추가로 설치해야 한다.
   ③ 발신기의 위치표시등은 함의 상부에 설치하되, 그 불빛은 부착면으로부터 15° 이상의 범위 안에서 부착지점으로부터 10m 이내의 어느 곳에서도 쉽게 식별할 수 있는 적색등으로 할 것
6) 비상벨설비 또는 자동식사이렌설비의 상용전원은 다음의 기준에 따라 설치해야 한다.
   ① 전원은 전기가 정상적으로 공급되는 축전지, 전기저장장치 또는 교류전압의 옥내 간선으로 하고, 전원까지의 배선은 전용으로 할 것
   ② 개폐기에는 "비상벨설비 또는 자동식 사이렌설비용"이라고 표시한 표지를 할 것

7) 비상벨설비 또는 자동식 사이렌설비에는 그 설비에 대한 감시상태를 60분간 지속한 후 유효하게 10분 이상 경보할 수 있는 축전지설비(수신기에 내장하는 경우를 포함한다.) 또는 전기저장장치를 설치해야 한다. 다만, 상용전원이 축전지설비인 경우 또는 건전지를 주전원으로 사용하는 무선식 설비인 경우에는 그렇지 않다.

8) 비상벨설비 또는 자동식사이렌설비의 배선은 「전기사업법」 제67조에 따른 「전기설비기술기준」에서 정한 것 외에 다음의 기준에 따라 설치해야 한다.

① 전원회로의 배선은 「옥내소화전설비의 화재안전기술기준(NFTC 102)」 2.7.2의 표 2.7.2(1)에 따른 내화배선에 따르고, 그 밖의 배선은 「옥내소화전설비의 화재안전기술기준(NFTC 102)」 2.7.2의 표 2.7.2(1) 또는 표 2.7.2(2)에 따른 내화배선 또는 내열배선에 따를 것

② 전원회로의 전로와 대지 사이 및 배선상호 간의 절연저항은 「전기사업법」 제67조에 따른 기술기준이 정하는 바에 의하고, 부속회로의 전로와 대지 사이 및 배선 상호 간의 절연저항은 1경계구역마다 직류 250V의 절연저항측정기를 사용하여 측정한 절연저항이 0.1MΩ 이상이 되도록 할 것

③ 배선은 다른 전선과 별도의 관·덕트(절연효력이 있는 것으로 구획한 때에는 그 구획된 부분은 별개의 덕트로 본다.)·몰드 또는 풀박스 등에 설치할 것. 다만, 60V 미만의 약전류회로에 사용하는 전선으로서 각각의 전압이 같을 때에는 그렇지 않다.

3. 단독경보형 감지기의 설치기준

단독경보형감지기는 다음의 기준에 따라 설치해야 한다.

1) 각 실(이웃하는 실내의 바닥면적이 각각 30m² 미만이고 벽체의 상부의 전부 또는 일부가 개방되어 이웃하는 실내와 공기가 상호유통되는 경우에는 이를 1개의 실로 본다.)마다 설치하되, 바닥면적이 150m²를 초과하는 경우에는 150m²마다 1개 이상 설치할 것
2) 최상층의 계단실의 천장(외기가 상통하는 계단실의 경우를 제외한다.)에 설치할 것
3) 건전지를 주전원으로 사용하는 단독경보형 감지기는 정상적인 작동상태를 유지할 수 있도록 건전지를 교환할 것
4) 상용전원을 주전원으로 사용하는 단독경보형 감지기의 2차 전지는 법 제39조에 따라 제품검사에 합격한 것을 사용할 것

03 비상방송설비

1. 비상방송설비의 음향장치 설치기준

비상방송설비는 다음의 기준에 따라 설치해야 한다. 이 경우 엘리베이터 내부에는 별도의 음향장치를 설치할 수 있다.

1) 확성기의 음성입력은 3W(실내에 설치하는 것에 있어서는 1W) 이상일 것
2) 확성기는 각 층마다 설치하되, 그 층의 각 부분으로부터 하나의 확성기까지의 수평거리가 25m 이하가 되도록 하고, 해당층의 각 부분에 유효하게 경보를 발할 수 있도록 설치할 것
3) 음량조정기를 설치하는 경우 음량조정기의 배선은 3선식으로 할 것
4) 조작부의 조작스위치는 바닥으로부터 0.8m 이상 1.5m 이하의 높이에 설치할 것
5) 조작부는 기동장치의 작동과 연동하여 해당 기동장치가 작동한 층 또는 구역을 표시할 수 있는 것으로 할 것
6) 증폭기 및 조작부는 수위실 등 상시 사람이 근무하는 장소로서 점검이 편리하고 방화상 유효한 곳에 설치할 것
7) 층수가 11층(공동주택의 경우에는 16층) 이상의 특정소방대상물은 다음의 기준에 따라 경보를 발할 수 있도록 해야 한다.
   ① 2층 이상의 층에서 발화한 때에는 발화층 및 그 직상 4개 층에 경보를 발할 것
   ② 1층에서 발화한 때에는 발화층·그 직상 4개 층 및 지하층에 경보를 발할 것
   ③ 지하층에서 발화한 때에는 발화층·그 직상층 및 기타의 지하층에 경보를 발할 것
8) 다른 방송설비와 공용하는 것에 있어서는 화재 시 비상경보 외의 방송을 차단할 수 있는 구조로 할 것
9) 다른 전기회로에 따라 유도장애가 생기지 않도록 할 것
10) 하나의 특정소방대상물에 2 이상의 조작부가 설치되어 있는 때에는 각각의 조작부가 있는 장소 상호 간에 동시통화가 가능한 설비를 설치하고, 어느 조작부에서도 해당 특정소방대상물의 전 구역에 방송을 할 수 있도록 할 것
11) 기동장치에 따른 화재신고를 수신한 후 필요한 음량으로 화재 발생 상황 및 피난에 유효한 방송이 자동으로 개시될 때까지의 소요시간은 10초 이내로 할 것
12) 음향장치는 다음 각 목의 기준에 따른 구조 및 성능의 것으로 해야 한다.
    ① 정격전압의 80% 전압에서 음향을 발할 수 있는 것으로 할 것
    ② 자동화재탐지설비의 작동과 연동하여 작동할 수 있는 것으로 할 것

2. 배선

비상방송설비의 배선은 「전기사업법」 제67조에 따른 기술기준에서 정한 것 외에 다음의 기준에 따라 설치해야 한다.

1) 화재로 인하여 하나의 층의 확성기 또는 배선이 단락 또는 단선되어도 다른 층의 화재통보에 지장이 없도록 할 것
2) 전원회로의 배선은 「옥내소화전설비의 화재안전기술기준(NFTC 102)」 2.7.2의 표 2.7.2(1)에 따른 내화배선에 따르고, 그 밖의 배선은 「옥내소화전설비의 화재안전기술기준(NFTC 102)」 2.7.2의 표 2.7.2(1) 또는 표 2.7.2(2)에 따른 내화배선 또는 내열배선에 따를 것
3) 전원회로의 전로와 대지 사이 및 배선 상호 간의 절연저항은 「전기사업법」 제67조에 따른 기술기준이 정하는 바에 따르고, 부속회로의 전로와 대지 사이 및 배선 상호 간의 절연저항은 1경계구역마다 직류 250V의 절연저항측정기를 사용하여 측정한 절연저항이 0.1MΩ 이상이 되도록 할 것
4) 비상방송설비의 배선은 다른 전선과 별도의 관·덕트(절연효력이 있는 것으로 구획한 때에는 그 구획된 부분은 별개의 덕트로 본다) 몰드 또는 풀박스 등에 설치할 것. 다만, 60V 미만의 약전류회로에 사용하는 전선으로서 각각의 전압이 같을 때는 그렇지 않다.

3. 전원

1) 비상방송설비의 상용전원은 다음의 기준에 따라 설치해야 한다.
   ① 전원은 전기가 정상적으로 공급되는 축전지, 전기저장장치 또는 교류전압의 옥내 간선으로 하고, 전원까지의 배선은 전용으로 할 것
   ② 개폐기에는 "비상방송설비용"이라고 표시한 표지를 할 것
2) 비상방송설비에는 그 설비에 대한 감시상태를 60분간 지속한 후 유효하게 10분 이상 경보할 수 있는 축전지설비(수신기에 내장하는 경우를 포함한다.) 또는 전기저장장치를 설치해야 한다.

04 자동화재속보설비

1. 설치기준

자동화재속보설비는 다음 기준에 따라 설치해야 한다.

1) 자동화재탐지설비와 연동으로 작동하여 자동적으로 화재발생 상황을 소방관서에 전달되는 것으로 할 것. 이 경우 부가적으로 특정소방대상물의 관계인에게 화재 발생상황을 전달되도록 할 수 있다.
2) 조작스위치는 바닥으로부터 0.8m 이상 1.5m 이하의 높이에 설치할 것
3) 속보기는 소방관서에 통신망으로 통보하도록 하며, 데이터 또는 코드전송방식을 부가적으로 설치할 수 있다. 단, 데이터 및 코드전송방식의 기준은 소방청장이 정하여 고시한 「자동화재속보설비의 속보기의 성능인증 및 제품검사의 기술기준」 제5조제12호에 따른다.
4) 문화재에 설치하는 자동화재속보설비는 ①의 기준에 불구하고 속보기에 감지기를 직접 연결하는 방식(자동 화재탐지설비 1개의 경계구역에 한한다)으로 할 수 있다.
5) 속보기는 소방청장이 정하여 고시한 「자동화재속보설비의 속보기의 성능인증 및 제품검사의 기술기준」에 적합한 것으로 설치할 것

> **Check Point 자동화재속보설비 종류**
>
> **1. A형 화재속보기**
> P형 수신기, R형 수신기로부터 발하는 화재의 신호를 수신하여 20초 이내에 소방관서에 통보하고 소방대상물의 위치를 3회 이상 소방관서에 자동적으로 통보하는 기능을 가진 속보기로 지구등이 없는 구조이다.
>
> **2. B형 화재속보기**
> P형 수신기, R형 수신기와 A형 화재속보기의 성능을 복합한 것으로 감지기 또는 발신기에 의해 발하는 신호나 중계기를 통해 송신된 신호를 소방대상물의 관계자에게 통보하고 20초 이내에 3회 이상 소방대상물의 위치를 소방관서에 자동적으로 통보하는 기능을 가진 속보기로 지구등이 있는 구조이다.

05 누전경보기

1. 설치방법 등

누전경보기는 다음 기준에 따라 설치해야 한다.
1) 경계전로의 정격전류가 60A를 초과하는 전로에 있어서는 1급 누전경보기를, 60A 이하의 전로에 있어서는 1급 또는 2급 누전경보기를 설치할 것. 다만, 정격전류가 60A를 초과하는 경계전로가 분기되어 각 분기회로의 정격전류가 60A 이하로 되는 경우 당해 분기회로마다 2급 누전경보기를 설치한 때에는 당해 경계전로에 1급 누전경보기를 설치한 것으로 본다.
2) 변류기는 특정소방대상물의 형태, 인입선의 시설방법 등에 따라 옥외 인입선의 제1지점의 부하 측 또는 제2종 접지선 측의 점검이 쉬운 위치에 설치할 것. 다만, 인입선의 형태 또는 특정소방대상물의 구조상 부득이한 경우에는 인입구에 근접한 옥내에 설치할 수 있다.
3) 변류기를 옥외의 전로에 설치하는 경우에는 옥외형으로 설치할 것

2. 수신부

1) 누전경보기의 수신부는 옥내의 점검에 편리한 장소에 설치하되, 가연성의 증기·먼지 등이 체류할 우려가 있는 장소의 전기회로에는 해당 부분의 전기회로를 차단할 수 있는 차단기구를 가진 수신부를 설치해야 한다. 이 경우 차단기구의 부분은 해당 장소 외의 안전한 장소에 설치해야 한다.
2) 누전경보기의 수신부는 다음의 장소 외의 장소에 설치해야 한다. 다만, 해당 누전경보기에 대하여 방폭·방식·방습·방온·방진 및 정전기 차폐 등의 방호조치를 한 것은 그렇지 않다.
   ① 가연성의 증기·먼지·가스 등이나 부식성의 증기·가스 등이 다량으로 체류하는 장소
   ② 화약류를 제조하거나 저장 또는 취급하는 장소
   ③ 습도가 높은 장소
   ④ 온도의 변화가 급격한 장소
   ⑤ 대전류회로·고주파 발생회로 등에 따른 영향을 받을 우려가 있는 장소
3) 음향장치는 수위실 등 상시 사람이 근무하는 장소에 설치해야 하며, 그 음량 및 음색은 다른 기기의 소음 등과 명확히 구별할 수 있는 것으로 해야 한다.

> **Check Point** 누전경보기

변류기의 설치장소	수신부의 설치 제외 장소
1. 옥외 인입선의 제1지점의 부하 측 2. 제2종 접지선 측의 점검이 쉬운 위치 3. 인입구에 근접한 옥내	1. 가연성의 증기·먼지·가스 등이나 부식성의 증기·가스 등이 다량으로 체류하는 장소 2. 화약류를 제조하거나 저장 또는 취급하는 장소 3. 습도가 높은 장소 4. 온도의 변화가 급격한 장소 5. 대전류회로·고주파 발생회로 등에 따른 영향을 받을 우려가있는 장소

3. 전원

1) 전원은 분전반으로부터 전용회로로 하고, 각 극에 개폐기 및 15A 이하의 과전류차단기(배선용 차단기에 있어서는 20A 이하의 것으로 각 극을 개폐할 수 있는 것)를 설치할 것
2) 전원을 분기할 때에는 다른 차단기에 따라 전원이 차단되지 아니하도록 할 것
3) 전원의 개폐기에는 누전경보기용임을 표시한 표지를 할 것

06 가스누설경보기

1. 정의

이 기준에서 사용하는 용어의 정의는 다음과 같다.

1) 가연성가스 경보기 : 보일러 등 가스연소기에서 액화석유가스(LPG), 액화천연가스(LNG) 등의 가연성가스가 새는 것을 탐지하여 관계자나 이용자에게 경보하여 주는 것을 말한다. 다만, 탐지소자 외의 방법에 의하여 가스가 새는 것을 탐지하는 것, 점검용으로 만들어진 휴대용탐지기 또는 연동기기에 의하여 경보를 발하는 것은 제외한다.
2) 일산화탄소 경보기 : 일산화탄소가 새는 것을 탐지하여 관계자나 이용자에게 경보하여 주는 것을 말한다. 다만, 탐지소자 외의 방법에 의하여 가스가 새는 것을 탐지하는 것, 점검용으로 만들어진 휴대용탐지기 또는 연동기기에 의하여 경보를 발하는 것은 제외한다.
3) 탐지부 : 가스누설경보기(이하 "경보기"라 한다) 중 가스누설을 탐지하여 중계기 또는 수신부에 가스누설의 신호를 발신하는 부분 또는 가스누설을 탐지하여 수신부 등에 가스누설의 신호를 발신하는 부분을 말한다.

4) 수신부 : 경보기 중 탐지부에서 발하여진 가스누설신호를 직접 또는 중계기를 통하여 수신하고 이를 관계자에게 음향으로서 경보하여 주는 것을 말한다.
5) 분리형 : 탐지부와 수신부가 분리되어 있는 형태의 경보기를 말한다.
6) 단독형 : 탐지부와 수신부가 일체로 되어있는 형태의 경보기를 말한다.
7) 가스연소기 : 가스레인지 또는 가스보일러 등 가연성가스를 이용하여 불꽃을 발생하는 장치를 말한다.

2. 가연성가스 경보기

1) 가연성가스를 사용하는 가스연소기가 있는 경우에는 가연성가스[액화석유가스(LPG), 액화천연가스(LNG) 등]의 종류에 적합한 경보기를 가스연소기 주변에 설치해야 한다.
2) 분리형 경보기의 수신부는 다음의 기준에 따라 설치해야 한다.
   ① 가스연소기 주위의 경보기의 상태 확인 및 유지 관리에 용이한 위치에 설치할 것
   ② 가스누설 음향의 음량과 음색이 다른 기기의 소음 등과 명확히 구별될 것
   ③ 가스누설 음향은 수신부로부터 1m 떨어진 위치에서 음압이 70dB 이상일 것
   ④ 수신부의 조작 스위치는 바닥으로부터의 높이가 0.8m 이상 1.5m 이하인 장소에 설치할 것
   ⑤ 수신부가 설치된 장소에는 관계자 등에게 신속히 연락할 수 있도록 비상연락 번호를 기재한 표를 비치할 것
3) 분리형 경보기의 탐지부는 다음의 기준에 따라 설치해야 한다.
   ① 탐지부는 가스연소기의 중심으로부터 직선거리 8m(공기보다 무거운 가스를 사용하는 경우에는 4m) 이내에 1개 이상 설치해야 한다.
   ② 탐지부는 천장으로부터 탐지부 하단까지의 거리가 0.3m 이하가 되도록 설치한다. 다만, 공기보다 무거운 가스를 사용하는 경우에는 바닥면으로부터 탐지부 상단까지의 거리는 0.3m 이하로 한다.
4) 단독형 경보기는 다음의 기준에 따라 설치해야 한다.
   ① 가스연소기 주위의 경보기의 상태 확인 및 유지 관리에 용이한 위치에 설치할 것
   ② 가스누설 음향의 음량과 음색이 다른 기기의 소음 등과 명확히 구별될 것
   ③ 가스누설 음향장치는 수신부로부터 1m 떨어진 위치에서 음압이 70dB 이상일 것
   ④ 단독형 경보기는 가스연소기의 중심으로부터 직선거리 8m(공기보다 무거운 가스를 사용하는 경우에는 4m) 이내에 1개 이상 설치해야 한다.
   ⑤ 단독형 경보기는 천장으로부터 경보기 하단까지의 거리가 0.3m 이하가 되도록 설치한다. 다만, 공기보다 무거운 가스를 사용하는 경우에는 바닥면으로부터 단독형 경

보기 상단까지의 거리는 0.3m 이하로 한다.
⑥ 경보기가 설치된 장소에는 관계자 등에게 신속히 연락할 수 있도록 비상연락 번호를 기재한 표를 비치할 것

3. 일산화탄소 경보기

1) 일산화탄소 경보기를 설치하는 경우(타 법령에 따라 일산화탄소 경보기를 설치하는 경우를 포함한다)에는 가스연소기 주변(타 법령에 따라 설치하는 경우에는 해당 법령에서 지정한 장소)에 설치할 수 있다.
2) 분리형 경보기의 수신부는 다음의 기준에 따라 설치해야 한다.
   ① 가스누설 음향의 음량과 음색이 다른 기기의 소음 등과 명확히 구별될 것
   ② 가스누설 음향은 수신부로부터 1m 떨어진 위치에서 음압이 70dB 이상일 것
   ③ 수신부의 조작 스위치는 바닥으로부터의 높이가 0.8m 이상 1.5m 이하인 장소에 설치할 것
   ④ 수신부가 설치된 장소에는 관계자 등에게 신속히 연락할 수 있도록 비상연락 번호를 기재한 표를 비치할 것
3) 분리형 경보기의 탐지부는 천장으로부터 탐지부 하단까지의 거리가 0.3m 이하가 되도록 설치한다.
4) 단독형 경보기는 다음의 기준에 따라 설치해야 한다.
   ① 가스누설 음향의 음량과 음색이 다른 기기의 소음 등과 명확히 구별될 것
   ② 가스누설 음향장치는 수신부로부터 1m 떨어진 위치에서 음압이 70dB 이상일 것
   ③ 단독형 경보기는 천장으로부터 경보기 하단까지의 거리가 0.3m 이하가 되도록 설치한다.
   ④ 경보기가 설치된 장소에는 관계자 등에게 신속히 연락할 수 있도록 비상연락 번호를 기재한 표를 비치할 것
5) 2)내지 4)에도 불구하고 중앙소방기술심의위원회의 심의를 거쳐 일산화탄소경보기의 성능을 확보할 수 있는 별도의 설치방법을 인정받은 경우에는 해당 설치방법을 반영한 제조사의 시방에 따라 설치할 수 있다.

4. 설치장소

분리형 경보기의 탐지부 및 단독형 경보기는 다음의 장소 이외의 장소에 설치한다.
1) 출입구 부근 등으로서 외부의 기류가 통하는 곳
2) 환기구 등 공기가 들어오는 곳으로부터 1.5m 이내인 곳

3) 연소기의 폐가스에 접촉하기 쉬운 곳
4) 가구・보・설비 등에 가려져 누설가스의 유통이 원활하지 못한 곳
5) 수증기, 기름 섞인 연기 등이 직접 접촉될 우려가 있는 곳

5. 전원

경보기는 건전지 또는 교류전압의 옥내간선을 사용하여 상시 전원이 공급되도록 해야 한다.

07 화재알림설비

1. 정의

1) "화재알림형 감지기"란 화재 시 발생하는 열, 연기, 불꽃을 자동적으로 감지하는 기능 중 두 가지 이상의 성능을 가진 열・연기 또는 열・연기・불꽃 복합형 감지기로서 화재알림형 수신기에 주위의 온도 또는 연기의 양의 변화에 따라 각각 다른 전류 또는 전압 등(이하 "화재정보값"이라 한다)의 출력을 발하고, 불꽃을 감지하는 경우 화재신호를 발신하며, 자체 내장된 음향장치에 의하여 경보하는 것을 말한다.
2) "화재알림형 중계기"란 화재알림형 감지기, 발신기 또는 전기적인 접점 등의 작동에 따른 화재정보값 또는 화재신호 등을 받아 이를 화재알림형 수신기에 전송하는 장치를 말한다.
3) "화재알림형 수신기"란 화재알림형 감지기나 발신기에서 발하는 화재정보값 또는 화재신호 등을 직접 수신하거나 화재알림형 중계기를 통해 수신하여 화재의 발생을 표시 및 경보하고, 화재정보값 등을 자동으로 저장하여, 자체 내장된 속보기능에 의해 화재신호를 통신망을 통하여 소방관서에는 음성 등의 방법으로 통보하고, 관계인에게는 문자로 전달할 수 있는 장치를 말한다.
4) "발신기"란 수동누름버튼 등의 작동으로 화재신호를 수신기에 발신하는 장치를 말한다.
5) "화재알림형 비상경보장치"란 발신기, 표시등, 지구음향장치(경종 또는 사이렌 등)를 내장한 것으로 화재발생 상황을 경보하는 장치를 말한다.
6) "원격감시서버"란 원격지에서 각각의 화재알림설비로부터 수신한 화재정보값 및 화재신호, 상태신호 등을 원격으로 감시하기 위한 서버를 말한다.
7) "공용부분"이란 전유부분 외의 건물부분, 전유부분에 속하지 아니하는 건물의 부속물, 「집합건물의 소유 및 관리에 관한 법률」 제3조제2항 및 제3항에 따라 공용부분으로 된 부속의 건물을 말한다.

2. 기술기준

1) 화재알림형 수신기

① 화재알림형 수신기는 다음의 기준에 적합한 것으로 설치하여야 한다.

㉮ 화재알림형 감지기, 발신기 등의 작동 및 설치지점을 확인할 수 있는 것으로 설치할 것

㉯ 해당 특정소방대상물에 가스누설탐지설비가 설치된 경우에는 가스누설탐지설비로부터 가스누설신호를 수신하여 가스누설경보를 할 수 있는 것으로 설치할 것. 다만, 가스누설탐지설비의 수신부를 별도로 설치한 경우에는 제외한다.

㉰ 화재알림형 감지기, 발신기 등에서 발신되는 화재정보·신호 등을 자동으로 1년 이상 저장할 수 있는 용량의 것으로 설치할 것. 이 경우 저장된 데이터는 수신기에서 확인할 수 있어야 하며, 복사 및 출력도 가능하여야 한다.

㉱ 화재알림형 수신기에 내장된 속보기능은 화재신호를 자동적으로 통신망을 통하여 소방관서에는 음성 등의 방법으로 통보하고, 관계인에게는 문자로 전달할 수 있는 것으로 설치할 것

② 화재알림형 수신기는 다음의 기준에 따라 설치하여야 한다.

㉮ 상시 사람이 근무하는 장소에 설치할 것. 다만, 사람이 상시 근무하는 장소가 없는 경우에는 관계인이 쉽게 접근할 수 있고 관리가 용이한 장소로서 화재 및 침수 등의 재해로 인한 피해를 받을 우려가 없는 곳에 설치하여야 한다.

㉯ 화재알림형 수신기가 설치된 장소에는 화재알림설비 일람도를 비치할 것

㉰ 화재알림형 수신기의 내부 또는 그 직근에 주음향장치를 설치할 것

㉱ 화재알림형 수신기의 음향기구는 그 음압 및 음색이 다른 기기의 소음 등과 명확히 구별될 수 있는 것으로 할 것

㉲ 화재알림형 수신기의 조작 스위치는 바닥으로부터의 높이가 0.8m 이상 1.5m 이하인 장소에 설치할 것

㉳ 하나의 특정소방대상물에 2 이상의 화재알림형 수신기를 설치하는 경우에는 화재알림형 수신기를 상호 간 연동하여 화재발생 상황을 각 화재알림형 수신기마다 확인할 수 있도록 할 것

㉴ 화재로 인하여 하나의 층의 화재알림형 비상경보장치 또는 배선이 단락되어도 다른 층의 화재통보에 지장이 없도록 각 층 배선 상에 유효한 조치를 할 것. 다만, 무선식의 경우 제외한다.

2) 화재알림형 중계기

화재알림형 중계기를 설치할 경우 다음의 기준에 따라 설치하여야 한다.

① 화재알림형 수신기와 화재알림형 감지기 사이에 설치할 것
② 조작 및 점검에 편리하고 화재 및 침수 등의 재해로 인한 피해를 받을 우려가 없는 장소에 설치할 것. 다만, 외기에 개방되어 있는 장소에 설치하는 경우 빗물·먼지 등으로부터 화재알림형 중계기를 보호할 수 있는 구조로 설치하여야 한다.
③ 화재알림형 수신기에 따라 감시되지 않는 배선을 통하여 전력을 공급받는 것에 있어서는 전원입력측의 배선에 과전류 차단기를 설치하고 해당 전원의 정전이 즉시 화재알림형 수신기에 표시되는 것으로 하며, 상용전원 및 예비전원의 시험을 할 수 있도록 할 것

3) 화재알림형 감지기

① 화재알림형 감지기 중 열을 감지하는 경우 공칭감지온도범위, 연기를 감지하는 경우 공칭감지농도범위, 불꽃을 감지하는 경우 공칭감시거리 및 공칭시야각 등에 따라 적합한 장소에 설치하여야 한다. 다만, 이 기준에서 정하지 않는 설치방법에 대하여는 형식승인 사항이나 제조사의 시방서에 따라 설치할 수 있다.
② 무선식의 경우 화재를 유효하게 검출할 수 있도록 해당 특정소방대상물에 음영구역이 없도록 설치하여야 한다.
③ 동작된 감지기는 자체 내장된 음향장치에 의하여 경보를 발하여야 하며, 음압은 부착된 화재알림형 감지기의 중심으로부터 1m 떨어진 위치에서 85dB 이상 되어야 한다.

4) 비화재보방지

화재알림설비는 화재알림형 수신기 또는 화재알림형 감지기에 자동보정기능이 있는 것으로 설치하여야 한다. 다만, 자동보정기능이 있는 화재알림형 수신기에 연결하여 사용하는 화재알림형 감지기는 자동보정기능이 없는 것으로 설치한다.

5) 화재알림형 비상경보장치

① 화재알림형 비상경보장치는 다음의 기준에 따라 설치하여야 한다. 다만, 전통시장의 경우 공용부분에 한하여 설치할 수 있다.
  ㉮ 층수가 11층(공동주택의 경우에는 16층) 이상의 특정소방대상물은 발화층에 따라 경보하는 층을 달리하여 경보를 발할 수 있도록 할 것. 다만, 그 외 특정소방대상물은 전층경보방식으로 경보를 발할 수 있도록 설치하여야 한다.
    ㉠ 2층 이상의 층에서 발화한 때에는 발화층 및 그 직상 4개 층에 경보를 발할 것
    ㉡ 1층에서 발화한 때에는 발화층·그 직상 4개 층 및 지하층에 경보를 발할 것
    ㉢ 지하층에서 발화한 때에는 발화층·그 직상층 및 기타의 지하층에 경보를 발할 것
  ㉯ 화재알림형 비상경보장치는 특정소방대상물의 층마다 설치하되, 해당 특정소방

대상물의 각 부분으로부터 하나의 화재알림형 비상경보장치까지의 수평거리가 25m 이하(다만, 복도 또는 별도로 구획된 실로서 보행거리 40m 이상일 경우에는 추가로 설치하여야 한다)가 되도록하고, 해당 층의 각 부분에 유효하게 경보를 발할 수 있도록 설치할 것. 다만, 「비상방송설비의 화재안전기술기준(NFTC 202)」에 적합한 방송설비를 화재알림형 감지기와 연동하여 작동하도록 설치한 경우에는 비상경보장치를 설치하지 아니하고, 발신기만 설치할 수 있다.

㉰ ㉯에도 불구하고 ㉯의 기준을 초과하는 경우로서 기둥 또는 벽이 설치되지 아니한 대형공간의 경우 화재알림형 비상경보장치는 설치대상 장소 중 가장 가까운 장소의 벽 또는 기둥 등에 설치할 것

㉱ 화재알림형 비상경보장치는 조작이 쉬운 장소에 설치하고, 발신기의 스위치는 바닥으로부터 0.8m 이상 1.5m 이하의 높이에 설치할 것

㉲ 화재알림형 비상경보장치의 위치를 표시하는 표시등은 함의 상부에 설치하되, 그 불빛은 부착면으로부터 15° 이상의 범위 안에서 부착지점으로부터 10m 이내의 어느 곳에서도 쉽게 식별할 수 있는 적색등으로 설치할 것

② 화재알림형 비상경보장치는 다음의 기준에 따른 구조 및 성능의 것으로 하여야 한다.

㉮ 정격전압의 80% 전압에서 음압을 발할 수 있는 것으로 할 것. 다만, 건전지를 주전원으로 사용하는 화재알림형 비상경보장치는 그렇지 않다.

㉯ 음압은 부착된 화재알림형 비상경보장치의 중심으로부터 1m 떨어진 위치에서 90dB 이상이 되는 것으로 할 것

㉰ 화재알림형 감지기 및 발신기의 작동과 연동하여 작동할 수 있는 것으로 할 것

③ 하나의 특정소방대상물에 2 이상의 화재알림형 수신기가 설치된 경우 어느 화재알림형 수신기에서도 화재알림형 비상경보장치를 작동할 수 있도록 하여야 한다.

6) 원격감시서버

① 화재알림설비의 감시업무를 위탁할 경우 원격감시서버는 다음의 기준에 따라 설치할 것을 권장한다.

② 원격감시서버의 비상전원은 상용전원 차단 시 24시간 이상 전원을 유효하게 공급될 수 있는 것으로 설치한다.

③ 화재알림설비로부터 수신한 정보(주소, 화재정보·신호 등)를 1년 이상 저장할 수 있는 용량을 확보한다.

㉮ 저장된 데이터는 원격감시서버에서 확인할 수 있어야 하며, 복사 및 출력도 가능할 것

㉯ 저장된 데이터는 임의로 수정이나 삭제를 방지할 수 있는 기능이 있을 것

CHAPTER 04 피난구조설비

01 피난기구

1. 정의

1) "완강기"란 사용자의 몸무게에 따라 자동적으로 내려올 수 있는 기구 중 사용자가 교대하여 연속적으로 사용할 수 있는 것을 말한다.
2) "간이완강기"란 사용자의 몸무게에 따라 자동적으로 내려올 수 있는 기구 중 사용자가 연속적으로 사용할 수 없는 것을 말한다.
3) "공기안전매트"란 화재 발생 시 사람이 건축물 내에서 외부로 긴급히 뛰어내릴 때 충격을 흡수하여 안전하게 지상에 도달할 수 있도록 포지에 공기 등을 주입하는 구조로 되어 있는 것을 말한다.
4) "구조대"란 포지 등을 사용하여 자루 형태로 만든 것으로서 화재 시 사용자가 그 내부에 들어가서 내려옴으로써 대피할 수 있는 것을 말한다.
5) "승강식 피난기"란 사용자의 몸무게에 의하여 자동으로 하강하고 내려서면 스스로 상승하여 연속적으로 사용할 수 있는 무동력 승강식 기기를 말한다.
6) "하향식 피난구용 내림식사다리"란 하향식 피난구 해치에 격납하여 보관하고 사용 시에는 사다리 등이 소방대상물과 접촉되지 않는 내림식 사다리를 말한다.
7) "피난사다리"란 화재 시 긴급대피를 위해 사용하는 사다리를 말한다.
8) "다수인피난장비"란 화재 시 2인 이상의 피난자가 동시에 해당층에서 지상 또는 피난층으로 하강하는 피난기구를 말한다.
9) "미끄럼대"란 사용자가 미끄럼식으로 신속하게 지상 또는 피난층으로 이동할 수 있는 피난기구를 말한다.
10) "피난교"란 인접 건축물 또는 피난층과 연결된 다리 형태의 피난기구를 말한다.
11) "피난용트랩"이란 화재 층과 직상 층을 연결하는 계단 형태의 피난기구를 말한다.

2. 적응 및 설치개수 등

1) 적응성

피난기구는 표 2.1.1에 따라 특정소방대상물의 설치장소별로 그에 적응하는 종류의 것으로 설치해야 한다.

[표 2.1.1] 설치장소별 피난기구의 적응성

설치장소별 \ 층별	1층	2층	3층	4층 이상 10층 이하
1. 노유자시설	• 미끄럼대 • 구조대 • 피난교 • 다수인피난장비 • 승강식피난기	• 미끄럼대 • 구조대 • 피난교 • 다수인피난장비 • 승강식피난기	• 미끄럼대 • 구조대 • 피난교 • 다수인피난장비 • 승강식피난기	• 구조대[1] • 피난교 • 다수인피난장비 • 승강식피난기
2. 의료시설·근린생활시설 중 입원실이 있는 의원·접골원·조산원	—	—	• 미끄럼대 • 구조대 • 피난교 • 피난용트랩 • 다수인피난장비 • 승강식피난기	• 구조대 • 피난교 • 피난용트랩 • 다수인피난장비 • 승강식피난기
3. 「다중이용업소의 안전관리에 관한 특별법 시행령」 제2조에 따른 다중이용업소로서 영업장의 위치가 4층 이하인 다중이용업소	—	• 미끄럼대 • 피난사다리 • 구조대 • 완강기 • 다수인피난장비 • 승강식피난기	• 미끄럼대 • 피난사다리 • 구조대 • 완강기 • 다수인피난장비 • 승강식피난기	• 미끄럼대 • 피난사다리 • 구조대 • 완강기 • 다수인피난장비 • 승강식피난기
4. 그 밖의 것	—	—	• 미끄럼대 • 피난사다리 • 구조대 • 완강기 • 피난교 • 피난용트랩 • 간이완강기[2] • 공기안전매트[3] • 다수인피난장비 • 승강식피난기	• 피난사다리 • 구조대 • 완강기 • 피난교 • 간이완강기[2] • 공기안전매트[3] • 다수인피난장비 • 승강식피난기

[비고] 1) 구조대의 적응성은 장애인 관련 시설로서 주된 사용자 중 스스로 피난이 불가한 자가 있는 경우 제4조제2항제4항에 따라 추가로 설치하는 경우에 한한다.

2), 3) 간이완강기의 적응성은 제4조제2항제2호에 따라 숙박시설의 3층 이상에 있는 객실에, 공기안전매트의 적응성은 제4조제2항제3호에 따라 공동주택(「공동주택관리법」 제2조제1항제2호 가목부터 라목까지 중 어느 하나에 해당하는 공동주택)에 추가로 설치하는 경우에 한한다.

2) 설치수량

① 기본 설치수량

$$N = \frac{\text{바닥면적 [m}^2\text{]}}{\text{기준면적 [m}^2\text{]}}$$

특정소방대상물	기준면적
㉠ 숙박시설 · 노유자시설 및 의료시설로 사용되는 층	그 층의 바닥면적 500m²마다
㉡ 위락시설 · 문화집회 및 운동시설 · 판매시설로 사용되는 층 또는 복합 용도의 층(하나의 층이 영 별표 2 제1호나목 내지 라목 또는 제4호 또는 제8호 내지 제18호 중 2 이상의 용도로 사용되는 층을 말한다)	그 층의 바닥면적 800m²마다
㉢ 그 밖의 용도의 층	그 층의 바닥면적 1,000m²마다
㉣ 계단실형 아파트	각 세대마다

② 추가 설치수량

특정소방대상물	피난기구	적용기준
숙박시설 (휴양 콘도미니엄 제외)	완강기 또는 2개 이상의 간이완강기	객실마다 설치

3) 설치기준

① 피난기구는 계단 · 피난구 기타 피난시설로부터 적당한 거리에 있는 안전한 구조로 된 피난 또는 소화 활동상 유효한 개구부(가로 0.5m 이상 세로 1m 이상인 것을 말한다. 이 경우 개구부 하단이 바닥에서 1.2m 이상이면 발판 등을 설치해야 하고, 밀폐된 창문은 쉽게 파괴할 수 있는 파괴장치를 비치해야 한다)에 고정하여 설치하거나 필요한 때에 신속하고 유효하게 설치할 수 있는 상태에 둘 것

② 피난기구를 설치하는 개구부는 서로 동일 직선 상이 아닌 위치에 있을 것. 다만, 피난교 · 피난용 트랩 · 간이완강기 · 아파트에 설치되는 피난기구(다수인 피난장비는 제외한다.). 기타 피난상 지장이 없는 것에 있어서는 그렇지 않다.

③ 피난기구는 소방대상물의 기둥 · 바닥 · 보 · 기타 구조상 견고한 부분에 볼트 조임 · 매입 · 용접 기타의 방법으로 견고하게 부착할 것

④ 4층 이상의 층에 피난사다리(하향식 피난구용 내림식사다리는 제외한다.)를 설치하는 경우에는 금속성 고정사다리를 설치하고, 당해 고정사다리에는 쉽게 피난할 수 있는 구조의 노대를 설치할 것

⑤ 완강기는 강하 시 로프가 소방대상물과 접촉하여 손상되지 아니하도록 할 것
⑥ 미끄럼대는 안전한 강하속도를 유지하도록 하고, 전락 방지를 위한 안전조치를 할 것
⑦ 구조대의 길이는 피난 상 지장이 없고 안정한 강하속도를 유지할 수 있는 길이로 할 것
⑧ 다수인 피난장비는 다음 각 목에 적합하게 설치할 것

※ 다수인 피난장비 설치기준
가. 피난에 용이하고 안전하게 하강할 수 있는 장소에 적재 하중을 충분히 견딜 수 있도록 「건축물의 구조기준 등에 관한 규칙」 제3조에서 정하는 구조안전의 확인을 받아 견고하게 설치할 것
나. 다수인피난장비 보관실(이하 "보관실"이라 한다.)은 건물 외측보다 돌출되지 아니하고, 빗물·먼지 등으로부터 장비를 보호할 수 있는 구조일 것
다. 사용 시에 보관실 외측 문이 먼저 열리고 탑승기가 외측으로 자동으로 전개될 것
라. 하강 시에 탑승기가 건물 외벽이나 돌출물에 충돌하지 않도록 설치할 것
마. 상·하층에 설치할 경우에는 탑승기의 하강경로가 중첩되지 않도록 할 것
바. 하강 시에는 안전하고 일정한 속도를 유지하도록 하고 전복, 흔들림, 경로이탈 방지를 위한 안전조치를 할 것
사. 보관실의 문에는 오작동 방지조치를 하고, 문 개방 시에는 당해 소방대상물에 설치된 경보설비와 연동하여 유효한 경보음을 발하도록 할 것
아. 피난층에는 해당층에 설치된 피난기구가 착지에 지장이 없도록 충분한 공간을 확보할 것
자. 한국소방산업기술원 또는 법 제42조제1항에 따라 성능시험기관으로 지정받은 기관에서 그 성능을 검증받은 것으로 설치할 것

⑨ 승강식 피난기 및 하향식 피난구용 내림식사다리는 다음의 기준에 적합하게 설치할 것

※ 승강식 피난기 및 하향식 피난구용 내림식사다리 설치기준
가. 승강식 피난기 및 하향식 피난구용 내림식사다리는 설치경로가 설치층에서 피난층까지 연계될 수 있는 구조로 설치할 것. 단, 건축물의 구조 및 설치 여건상 불가피한 경우는 그러하지 아니 한다.
나. 대피실의 면적은 2m²(2세대 이상일 경우에는 3m²) 이상으로 하고, 「건축법 시행령」 제46조제4항의 규정에 적합해야 하며 하강구(개구부) 규격은 직경 60cm 이상일 것. 단, 외기와 개방된 장소에는 그렇지 않다.
▶ 「건축법 시행령」 제46조4항 : 공동주택 중 아파트의 발코니에 설치하는 대피공간의 구조

다. 하강구 내측에는 기구의 연결 금속구 등이 없어야 하며 전개된 피난기구는 하강구 수평투영면적 공간 내의 범위를 침범하지 않는 구조이어야 할 것. 단, 직경 60cm 크기의 범위를 벗어난 경우이거나, 직하층의 바닥면으로부터 높이 50cm 이하의 범위는 제외한다.

라. 대피실의 출입문은 60분+ 방화문 또는 60분 방화문으로 설치하고, 피난방향에서 식별할 수 있는 위치에 "대피실" 표지판을 부착할 것. 다만, 외기와 개방된 장소에는 그렇지 않다.

마. 착지점과 하강구는 상호 수평거리 15cm 이상의 간격을 둘 것

바. 대피실 내에는 비상조명등을 설치할 것

사. 대피실에는 층의 위치표시와 피난기구 사용설명서 및 주의사항 표지판을 부착할 것

아. 대피실 출입문이 개방되거나, 피난기구 작동 시 해당층 및 직하층 거실에 설치된 표시등 및 경보장치가 작동되고, 감시 제어반에서는 피난기구의 작동을 확인할 수 있어야 할 것

자. 사용 시 기울거나 흔들리지 않도록 설치할 것

차. 승강식 피난기는 한국소방산업기술원 또는 법 제42조제1항에 따라 성능시험기관으로 지정받은 기관에서 그 성능을 검증받은 것으로 설치할 것

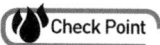 **하향식 피난구의 구조**(「건축물의 피난·방화구조 등의 기준에 관한 규칙」 제14조제4항)

1. 피난구의 덮개(덮개와 사다리, 승강식피난기 또는 경보시스템이 일체형으로 구성된 경우에는 그 사다리, 승강식피난기 또는 경보시스템을 포함한다)는 품질시험을 실시한 결과 비차열 1시간 이상의 내화성능을 가져야 하며, 피난구의 유효 개구부 규격은 직경 60cm 이상일 것
2. 상층·하층 간 피난구의 수평거리는 15cm 이상 떨어져 있을 것
3. 아래층에서는 바로 위층의 피난구를 열 수 없는 구조일 것
4. 사다리는 바로 아래층의 바닥면으로부터 50cm 이하까지 내려오는 길이로 할 것
5. 덮개가 개방될 경우에는 건축물관리시스템 등을 통하여 경보음이 울리는 구조일 것
6. 피난구가 있는 곳에는 예비전원에 의한 조명설비를 설치할 것

4) 위치표지

피난기구를 설치한 장소에는 가까운 곳의 보기 쉬운 곳에 피난기구의 위치를 표시하는 발광식 또는 축광식 표지와 그 사용방법을 표시한 표지를 부착하되, 축광식 표지는 소방청장이 정하여 고시한 「축광표지의 성능인증 및 제품검사의 기술기준」에 적합해야 한다. 다만, 방사성 물질을 사용하는 위치표지는 쉽게 파괴되지 아니하는 재질로 처리할 것

3. 설치 제외

영 별표 5 제14호 피난구조설비의 설치면제 요건의 규정에 따라 다음의 어느 하나에 해당하는 특정소방대상물 또는 그 부분에는 피난기구를 설치하지 않을 수 있다. 다만, 2.1.2.2에 따라 숙박시설(휴양콘도미니엄을 제외한다)에 설치되는 완강기 및 간이완강기의 경우에는 그렇지 않다.

1) 다음 각 목의 기준에 적합한 층
   가. 주요 구조부가 내화구조로 되어 있어야 할 것
   나. 실내의 면하는 부분의 마감이 불연재료·준불연재료 또는 난연재료로 되어 있고 방화구획이 「건축법 시행령」 제46조의 규정에 적합하게 구획되어 있어야 할 것
   다. 거실의 각 부분으로부터 직접 복도로 쉽게 통할 수 있어야 할 것
   라. 복도에 2 이상의 특별피난계단 또는 피난계단이 「건축법 시행령」 제35조에 적합하게 설치되어 있어야 할 것
   마. 복도의 어느 부분에서도 2 이상의 방향으로 각각 다른 계단에 도달할 수 있어야 할 것

2) 다음의 기준에 적합한 특정소방대상물 중 그 옥상의 직하층 또는 최상층(문화 및 집회시설, 운동시설 또는 판매시설을 제외한다)
   가. 주요 구조부가 내화구조로 되어 있어야 할 것
   나. 옥상의 면적이 1,500㎡ 이상이어야 할 것
   다. 옥상으로 쉽게 통할 수 있는 창 또는 출입구가 설치되어 있어야 할 것
   라. 옥상이 소방사다리차가 쉽게 통행할 수 있는 도로(폭 6m 이상의 것을 말한다. 이하 같다.) 또는 공지(공원 또는 광장 등을 말한다. 이하 같다.)에 면하여 설치되어 있거나 옥상으로부터 피난층 또는 지상으로 통하는 2 이상의 피난계단 또는 특별피난계단이 「건축법 시행령」 제35조의 규정에 적합하게 설치되어 있어야 할 것

3) 주요 구조부가 내화구조이고 지하층을 제외한 층수가 4층 이하이며 소방사다리차가 쉽게 통행할 수 있는 도로 또는 공지에 면하는 부분에 영 제2조제1호 각 목의 기준에 적합한 개구부가 2 이상 설치되어 있는 층(문화집회 및 운동시설·판매시설 및 영업시설 또는 노유자시설의 용도로 사용되는 층으로서 그 층의 바닥면적이 1,000㎡ 이상인 것을 제외한다.)

4) 갓복도식 아파트 또는 「건축법 시행령」 제46조제5항에 해당하는 구조 또는 시설을 설치하여 인접(수평 또는 수직)세대로 피난할 수 있는 아파트

5) 주요 구조부가 내화구조로서 거실의 각 부분으로 직접 복도로 피난할 수 있는 학교(강의실 용도로 사용되는 층에 한한다.)

6) 무인공장 또는 자동창고로서 사람의 출입이 금지된 장소(관리를 위하여 일시적으로 출

입하는 장소를 포함한다.)
7) 건축물의 옥상부분으로서 거실에 해당하지 아니하고「건축법 시행령」제119조제1항 제9호에 해당하여 층수로 산정된 층으로 사람이 근무하거나 거주하지 아니하는 장소

4. 피난기구 설치의 감소

1) 피난기구의 2분의 1을 감소할 수 있는 층의 적합기준

피난기구를 설치해야 할 특정소방대상물중 다음의 기준에 적합한 층에는 2.1.2에 따른 피난기구의 2분의 1을 감소할 수 있다. 이 경우 설치해야 할 피난기구의 수에 있어서 소수점 이하의 수는 1로 한다.
① 주요 구조부가 내화구조로 되어 있을 것
② 직통계단인 피난계단 또는 특별피난계단이 2 이상 설치되어 있을 것

2) 피난기구의 수에서 해당 건널 복도 수의 2배의 수를 뺀 수로 피난기구를 설치할 수 있는 건널복도의 적합기준

피난기구를 설치해야 할 소방대상물 중 주요구조부가 내화구조이고 다음의 기준에 적합한 건널 복도가 설치되어 있는 층에는 2.1.2에 따른 피난기구의 수에서 해당 건널 복도의 수의 2배의 수를 뺀 수로 한다.
① 내화구조 또는 철골조로 되어 있을 것
② 건널 복도 양단의 출입구에 자동폐쇄장치를 한 60분+ 방화문 또는 60분 방화문(방화셔터를 제외한다)이 설치되어 있을 것
③ 피난·통행 또는 운반의 전용 용도일 것

3) 바닥면적을 제외할 수 있는 노대 적합기준

피난기구를 설치해야 할 특정소방대상물 중 다음의 기준에 적합한 노대가 설치된 거실의 바닥면적은 2.1.2에 따른 피난기구의 설치개수 산정을 위한 바닥면적에서 이를 제외한다.
① 노대를 포함한 소방대상물의 주요구조부가 내화구조일 것
② 노대가 거실의 외기에 면하는 부분에 피난상 유효하게 설치되어 있어야 할 것
③ 노대가 소방사다리차가 쉽게 통행할 수 있는 도로 또는 공지에 면하여 설치되어 있거나, 거실부분과 방화 구획되어 있거나, 노대에 지상으로 통하는 계단 및 그 밖의 피난기구가 설치되어 있어야 할 것

02 인명구조기구

1. 정의

1) "방열복"이란 고온의 복사열에 가까이 접근하여 소방활동을 수행할 수 있는 내열피복을 말한다.
2) "공기호흡기"란 소화활동 시에 화재로 인하여 발생하는 각종 유독가스 중에서 일정시간 사용할 수 있도록 제조된 압축공기식 개인호흡장비(보조마스크를 포함한다)를 말한다.
3) "인공소생기"란 호흡 부전 상태인 사람에게 인공호흡을 시켜 환자를 보호하거나 구급하는 기구를 말한다.
4) "방화복"이란 화재진압 등의 소방활동을 수행할 수 있는 피복을 말한다.
5) "인명구조기구"란 화열, 화염, 유해성가스 등으로부터 인명을 보호하거나 구조하는 데 사용되는 기구를 말한다.
6) "축광식표지"란 평상시 햇빛 또는 전등불 등의 빛에너지를 축적하여 화재 등의 비상시 어두운 상황에서도 도안·문자 등이 쉽게 식별될 수 있는 표지를 말한다.

2. 설치기준

1) 특정소방대상물의 용도 및 장소별로 설치해야 할 인명구조기구는 표 2.1.1.1에 따라 설치할 것
2) 화재 시 쉽게 반출·사용할 수 있는 장소에 비치할 것
3) 인명구조기구가 설치된 가까운 장소의 보기 쉬운 곳에 "인명구조기구"라는 축광식 표지와 그 사용방법을 표시한 표시를 부착하되, 축광식 표지는 소방청장이 고시한 「축광표지의 성능인증 및 제품검사의 기술기준」에 적합한 것으로 할 것
4) 방열복은 소방청장이 고시한 「소방용 방열복의 성능인증 및 제품검사의 기술기준」에 적합한 것으로 설치할 것
5) 방화복(안전모, 보호장갑 및 안전화를 포함한다)은 「소방장비관리법」 제10조제2항 및 「표준규격을 정해야 하는 소방장비의 종류고시」 제2조제1항제4호에 따른 표준규격에 적합한 것으로 설치할 것

[표 2.1.1.1] 특정소방대상물의 용도 및 장소별로 설치해야 할 인명구조기구

특정소방대상물	인명구조기구의 종류	설치수량
지하층을 포함하는 층수가 7층 이상인 관광호텔 및 5층 이상인 병원	• 방열복 또는 방화복 • 공기호흡기 • 인공소생기	각 2개 이상 비치할 것. 다만, 병원의 경우에는 인공소생기를 설치하지 않을 수 있다.
• 문화 및 집회시설 중 수용인원 100명 이상의 영화상영관 • 판매시설 중 대규모 점포 • 운수시설 중 지하역사 • 지하가 중 지하상가	공기호흡기	층마다 2개 이상 비치할 것. 다만, 각 층마다 갖추어 두어야 할 공기호흡기 중 일부를 직원이 상주하는 인근 사무실에 갖추어 둘 수 있다.
물분무 등 소화설비 중 이산화탄소 소화설비를 설치해야 하는 특정소방대상물	공기호흡기	이산화탄소소화설비가 설치된 장소의 출입구 외부 인근에 1대 이상 비치할 것

03 유도등

1. 정의

1) "유도등"이란 화재 시에 피난을 유도하기 위한 등으로서 정상상태에서는 상용전원에 따라 켜지고 상용전원이 정전되는 경우에는 비상전원으로 자동전환되어 켜지는 등을 말한다.
2) "피난구유도등"이란 피난구 또는 피난경로로 사용되는 출입구를 표시하여 피난을 유도하는 등을 말한다.
3) "통로유도등"이란 피난통로를 안내하기 위한 유도등으로 복도통로유도등, 거실통로유도등, 계단통로유도등을 말한다.
4) "복도통로유도등"이란 피난통로가 되는 복도에 설치하는 통로유도등으로서 피난구의 방향을 명시하는 것을 말한다.
5) "거실통로유도등"이란 거주, 집무, 작업, 집회, 오락 그 밖에 이와 유사한 목적을 위하여 계속적으로 사용하는 거실, 주차장 등 개방된 통로에 설치하는 유도등으로 피난의 방향을 명시하는 것을 말한다.
6) "계단통로유도등"이란 피난통로가 되는 계단이나 경사로에 설치하는 통로유도등으로 바닥면 및 디딤 바닥면을 비추는 것을 말한다.
7) "객석유도등"이란 객석의 통로, 바닥 또는 벽에 설치하는 유도등을 말한다.

8) "피난구유도표지"란 피난구 또는 피난경로로 사용되는 출입구를 표시하여 피난을 유도하는 표지를 말한다.
9) "통로유도표지"란 피난통로가 되는 복도, 계단 등에 설치하는 것으로서 피난구의 방향을 표시하는 유도표지를 말한다.
10) "피난유도선"이란 햇빛이나 전등불에 따라 축광(이하 "축광방식"이라 한다)하거나 전류에 따라 빛을 발하는(이하 "광원점등방식"이라 한다) 유도체로서 어두운 상태에서 피난을 유도할 수 있도록 띠 형태로 설치되는 피난유도시설을 말한다.
11) "입체형"이란 유도등 표시면을 2면 이상으로 하고 각 면마다 피난유도표시가 있는 것을 말한다.
12) "3선식 배선"이란 평상시에는 유도등을 소등 상태로 유도등의 비상전원을 충전하고, 화재 등 비상시 점등 신호를 받아 유도등을 자동으로 점등되도록 하는 방식의 배선을 말한다.

2. 특정소방대상물의 용도별로 설치해야 할 유도등 및 유도표지

[표 2.1.1] 설치장소별 유도등 및 유도표지의 종류

설치장소	유도등 및 유도표지 종류
1. 공연장·집회장(종교집회장 포함)·관람장·운동시설 2. 유흥주점영업시설(「식품위생법 시행령」 제21조제8호라목의 유흥주점영업 중 손님이 춤을 출 수 있는 무대가 설치된 카바레, 나이트클럽 또는 그 밖에 이와 비슷한 영업시설만 해당한다.)	• 대형 피난구유도등 • 통로유도등 • 객석유도등
3. 위락시설·판매시설·운수시설·「관광진흥법」 제3조제1항제2호에 따른 관광숙박업·의료시설·장례식장·방송통신시설·전시장·지하상가·지하철역사	• 대형 피난구유도등 • 통로유도등
4. 숙박시설(제3호의 관광숙박업 외의 것을 말한다.)·오피스텔 5. 제1호부터 제3호까지 외의 건축물로서 지하층·무창층 또는 층수가 11층 이상인 특정소방대상물	• 중형 피난구유도등 • 통로유도등
6. 제1호부터 제5호까지 외의 건축물로서 근린생활시설·노유자시설·업무시설·발전시설·종교시설(집회장 용도로 사용하는 부분 제외)·교육연구시설·수련시설·공장·창고시설·교정 및 군사시설(국방·군사시설 제외)·기숙사·자동차정비공장·운전학원 및 정비학원·다중이용업소·복합건축물·아파트	• 소형 피난구유도등 • 통로유도등
7. 그 밖의 것	• 피난구유도표지 • 통로유도표지

[비고] 1. 소방서장은 특정소방대상물의 위치·구조 및 설비의 상황을 판단하여 대형피난구유도등을 설치해야 할 장소에 중형피난구유도등 또는 소형피난구유도등을, 중형피난구유도등을 설치해야 할 장소에 소형피난구유도등을 설치하게 할 수 있다.
2. 복합건축물과 아파트의 경우, 주택의 세대 내에는 유도등을 설치하지 않을 수 있다.

3. 피난구유도등

1) 설치장소

① 옥내로부터 직접 지상으로 통하는 출입구 및 그 부속실의 출입구

② 직통계단·직통계단의 계단실 및 그 부속실의 출입구

③ ①와 ②호에 따른 출입구에 이르는 복도 또는 통로로 통하는 출입구

④ 안전구획된 거실로 통하는 출입구

2) 피난구유도등은 피난구의 바닥으로부터 높이 1.5m 이상으로서 출입구에 인접하도록 설치해야 한다.

3) 피난층으로 향하는 피난구의 위치를 안내할 수 있도록 2.2.1.1 또는 2.2.1.2의 출입구 인근 천장에 2.2.1.1 또는 2.2.1.2에 따라 설치된 피난구유도등의 면과 수직이 되도록 피난구유도등을 추가로 설치해야 한다. 다만, 2.2.1.1 또는 2.2.1.2에 따라 설치된 피난구유도등이 입체형인 경우에는 그렇지 않다.

4) 2.2.3.에 따라 추가로 설치하는 피난구유도등은 피난구의 식별이 용이하도록 피난구 방향의 화살표가 함께 표시된 것으로 설치해야 한다.

4. 통로유도등의 설치기준

1) 복도통로유도등은 다음 각 목의 기준에 따라 설치할 것

① 복도에 설치하되 2.2.1.1 또는 2.2.1.2에 따라 피난구유도등이 설치된 출입구의 맞은편 복도에는 입체형으로 설치하거나, 바닥에 설치할 것

② 구부러진 모퉁이 및 2.3.1.1.1에 따라 설치된 통로유도등을 기점으로 보행거리 20m 마다 설치할 것

③ 바닥으로부터 높이 1m 이하의 위치에 설치할 것. 다만, 지하층 또는 무창층의 용도가 도매시장·소매시장·여객자동차터미널·지하역사 또는 지하상가인 경우에는 복도·통로 중앙부분의 바닥에 설치해야 한다.

④ 바닥에 설치하는 통로유도등은 하중에 따라 파괴되지 아니하는 강도의 것으로 할 것

2) 거실통로유도등은 다음 각 목의 기준에 따라 설치할 것

① 거실의 통로에 설치할 것. 다만, 거실의 통로가 벽체 등으로 구획된 경우에는 복도통로유도등을 설치할 것

② 구부러진 모퉁이 및 보행거리 20m마다 설치할 것
③ 바닥으로부터 높이 1.5m 이상의 위치에 설치할 것. 다만, 거실통로에 기둥이 설치된 경우에는 기둥부분의 바닥으로부터 높이 1.5m 이하의 위치에 설치할 수 있다.

3) 계단통로유도등은 다음 각 목의 기준에 따라 설치할 것
   ① 각 층의 경사로 참 또는 계단참마다(1개 층에 경사로 참 또는 계단참이 2 이상 있는 경우에는 2개의 계단참마다) 설치할 것
   ② 바닥으로부터 높이 1m 이하의 위치에 설치할 것

4) 통행에 지장이 없도록 설치할 것
5) 주위에 이와 유사한 등화광고물·게시물 등을 설치하지 않을 것

5. 객석유도등의 설치기준

① 객석유도등은 객석의 통로, 바닥 또는 벽에 설치해야 한다.
② 객석 내의 통로가 경사로 또는 수평로로 되어 있는 부분은 다음의 식에 따라 산출한 수(소수점 이하의 수는 1로 본다.)의 유도등을 설치해야 한다.

$$설치개수 = \frac{객석\ 통로의\ 직선부분의\ 길이[m]}{4} - 1$$

③ 객석 내의 통로가 옥외 또는 이와 유사한 부분에 있는 경우에는 해당 통로 전체에 미칠 수 있는 수의 유도등을 설치해야 한다.

6. 유도표지

1) 설치기준

① 계단에 설치하는 것을 제외하고는 각 층마다 복도 및 통로의 각 부분으로부터 하나의 유도표지까지의 보행거리가 15m 이하가 되는 곳과 구부러진 모퉁이의 벽에 설치할 것
② 피난구 유도표지는 출입구 상단에 설치하고, 통로유도표지는 바닥으로부터 높이 1m 이하의 위치에 설치할 것
③ 주위에는 이와 유사한 등화·광고물·게시물 등을 설치하지 않을 것
④ 유도표지는 부착판 등을 사용하여 쉽게 떨어지지 아니하도록 설치할 것
⑤ 축광방식의 유도표지는 외광 또는 조명장치에 의하여 상시 조명이 제공되거나 비상조명등에 의한 조명이 제공되도록 설치할 것

2) 성능기준

유도표지는 소방청장이 고시한 「축광표지의 성능인증 및 제품검사의 기술기준」에 적합한 것이어야 한다. 다만, 방사성 물질을 사용하는 위치표지는 쉽게 파괴되지 아니하는 재질로 처리해야 한다.

Check Point 축광표지의 성능인증 및 제품검사의 기술기준

1. **용어의 정의(제2조)**
   ① "축광유도표지"란 화재발생 시 피난방향을 안내하기 위하여 사용되는 표지로서 외부의 전원을 공급받지 아니한 상태에서 축광에 의하여 어두운 곳에서도 도안·문자 등이 쉽게 식별될 수 있도록 된 것을 말하며, 피난구축광유도표지, 통로축광유도표지, 보조축광표지로 구분할 수 있다.
   ② "보조축광표지"란 피난로 등의 바닥·계단·벽면 등에 설치함으로써 피난방향 또는 피난설비 등의 위치를 알려주는 보조역할을 하는 표지를 말한다.
   ③ "축광위치표지"란 옥내소화전설비의 함, 발신기, 피난기구(완강기, 간이완강기, 구조대, 금속제피난사다리) 및 연결송수관설비의 방수구 등의 위치를 표시하기 위하여 사용되는 표지로서 외부의 전원이 공급받지 아니한 상태에서 축광에 의하여 어두운 곳에서도 도안·문자 등이 쉽게 식별될 수 있도록 된 것을 말한다.

2. **표시면의 두께 및 크기(제6조)**
   축광유도표지 및 축광위치표지의 표시면의 두께는 1.0mm 이상(금속 재질인 경우 0.5mm 이상)이어야 하며, 축광유도표지 및 축광위치표지의 표시면의 크기는 다음 각 호에 적합해야 한다. 다만, 표시면이 사각형이 아닌 경우에는 표시면에 내접하는 사각형의 크기가 다음 각 호에 적합해야 한다.
   ① 피난구축광유도표지는 긴 변의 길이가 360mm 이상, 짧은 변의 길이가 120mm 이상이어야 한다.
   ② 통로축광유도표지는 긴 변의 길이가 250mm 이상, 짧은 변의 길이가 85mm 이상이어야 한다.
   ③ 축광위치표지는 긴 변의 길이가 200mm 이상, 짧은 변의 길이가 70mm 이상이어야 한다.
   ④ 보조축광표지는 짧은 변의 길이가 20mm 이상이며, 면적은 2,500mm² 이상이어야 한다.

3. **표시면의 표시(제7조)**
   ① 유도표지의 표시면의 표시는 유도등의 형식승인기준 제9조의 규정을 준용한다. 이 경우 엷은 연두색이나 엷은 황색은 백색으로 간주하며, 피난구유도표지의 경우 표시면 가장자리에서 5mm 이상의 폭이 되도록 녹색 또는 백색계통의 축광성 야광도료를 사용해야 한다.
   ② 위치표지(옥내소화전함 및 발신기 위치표지는 제외한다.)는 피난기구와 방수구가 있는 위치의 방향을 나타내는 화살표시를 병기해야 하고 구조대·완강기 및 간이완강기 위치표지의 글씨는 한글과 영문(완강기 및 간이완강기 : DESCENDING LIFE LINE, 구조대 :

ESCAPE CHUTE, 금속제 피난사다리 : SAFETY LADDER)을 병기해야 한다.
③ 보조축광표지의 표시면은 사용목적 등에 따라 적정한 표시를 선택할 수 있다.

4. 식별도시험(제8조)
① 축광유도표지 및 축광위치표지는 200lux 밝기의 광원으로 20분간 조사시킨 상태에서 다시 주위조도를 0lux로 하여 60분간 발광시킨 후 직선거리 20m(축광위치표지의 경우 10m) 떨어진 위치에서 유도표지 또는 위치표지가 있다는 것이 식별되어야 하고, 유도표지는 직선거리 3m의 거리에서 표시면의 표시 중 주체가 되는 문자 또는 주체가 되는 화살표등이 쉽게 식별되어야 한다. 이 경우 측정자는 보통 시력(시력 1.0~1.2의 범위를 말한다.)을 가진 자로서 시험 실시 20분 전까지 암실에 들어가 있어야 한다.
② 제1항의 규정에도 불구하고 보조축광표지는 200lux 밝기의 광원으로 20분간 조사시킨 상태에서 다시 주위조도를 0lux로 하여 60분간 발광시킨 후 직선거리 10m 떨어진 위치에서 보조축광표지가 있다는 것이 식별되어야 한다. 이 경우 측정자의 조건은 제1항의 조건을 적용한다.

5. 휘도시험(제9조)
축광유도표지 및 축광위치표지의 표시면을 0lux 상태에서 1시간 이상 방치한 후 200lux 밝기의 광원으로 20분간 조사시킨 상태에서 다시 주위조도를 0lux로 하여 휘도시험을 실시하는 경우 다음 각 호에 적합해야 한다.
① 5분간 발광시킨 후의 휘도는 $1m^2$당 110mcd 이상이어야 한다.
② 10분간 발광시킨 후의 휘도는 $1m^2$당 50mcd 이상이어야 한다.
③ 20분간 발광시킨 후의 휘도는 $1m^2$당 24mcd 이상이어야 한다.
④ 60분간 발광시킨 후의 휘도는 $1m^2$당 7mcd 이상이어야 한다.

7. 피난유도선

1) 축광방식 피난유도선의 설치기준
① 구획된 각 실로부터 주 출입구 또는 비상구까지 설치할 것
② 바닥으로부터 높이 50cm 이하의 위치 또는 바닥면에 설치할 것
③ 피난유도 표시부는 50cm 이내의 간격으로 연속되도록 설치
④ 부착대에 의하여 견고하게 설치할 것
⑤ 외광 또는 조명장치에 의하여 상시 조명이 제공되거나 비상조명등에 의한 조명이 제공되도록 설치할 것

2) 광원점등방식 피난유도선의 설치기준
① 구획된 각 실로부터 주출입구 또는 비상구까지 설치할 것
② 피난유도 표시부는 바닥으로부터 높이 1m 이하의 위치 또는 바닥면에 설치할 것
③ 피난유도 표시부는 50cm 이내의 간격으로 연속되도록 설치하되 실내장식물 등으로 설치가 곤란할 경우 1m 이내로 설치할 것
④ 수신기로부터의 화재신호 및 수동조작에 의하여 광원이 점등되도록 설치할 것
⑤ 비상전원이 상시 충전상태를 유지하도록 설치할 것
⑥ 바닥에 설치되는 피난유도 표시부는 매립하는 방식을 사용할 것
⑦ 피난유도 제어부는 조작 및 관리가 용이하도록 바닥으로부터 0.8m 이상 1.5m 이하의 높이에 설치할 것

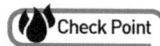

> ▶ **피난유도선의 설치장소**(「다중이용업소 안전관리에 관한 특별법 시행령」 별표1의 2)
> 영업장 내부 피난통로 또는 복도가 있는 영업장에만 설치한다.
>
> ▶ **광원점등방식 피난유도선의 휘도와 식별도의 성능기준**
> 1. 휘도의 성능기준
>   광원점등식 피난유도선은 상용전원 및 비상전원 점등상태에서 표시부에 대하여 휘도시험을 실시하는 경우 방향표시 부분의 휘도가 $20cd/m^2$ 이상이어야 한다.
> 2. 식별도의 성능기준
>   광원점등식 피난유도선은 상용전원으로 표시부의 광원을 점등하는 경우에는 직선거리 20m의 위치에서, 비상전원으로 점등하는 경우에는 직선거리 15m의 위치에서 각기 보통 시력에 의하여 표시면의 방향표시가 명확히 식별되어야 한다.

3) 피난유도선은 소방청장이 고시한 「피난유도선의 성능인증 및 제품검사의 기술기준」에 적합한 것으로 설치해야 한다.

8. 유도등의 전원

1) 상용전원
전기가 정상적으로 공급되는 축전지설비, 전기저장장치(외부 전기에너지를 저장해 두었다가 필요한 때 전기를 공급하는 장치) 또는 교류전압의 옥내 간선으로 하고, 전원까지의 배선은 전용으로 해야 한다.

2) 비상전원
① 축전지로 할 것
② 유도등을 20분 이상 유효하게 작동시킬 수 있는 용량으로 할 것. 다만, 다음 각 목의 특정소방대상물의 경우에는 그 부분에서 피난층에 이르는 부분의 유도등을 60분 이상 유효하게 작동시킬 수 있는 용량으로 해야 한다.

※ **유도등의 비상전원 용량을 60분 이상으로 해야 하는 장소**
　가. 지하층을 제외한 층수가 11층 이상의 층
　나. 지하층 또는 무창층으로서 용도가 도매시장·소매시장·여객자동차터미널·지하역사 또는 지하상가

3) 배선
① 유도등의 인입선과 옥내배선은 직접 연결할 것
② 유도등은 전기회로에 점멸기를 설치하지 않고 항상 점등 상태를 유지할 것. 다만, 특정소방대상물 또는 그 부분에 사람이 없거나 다음의 어느 하나에 해당하는 장소로서 3선식 배선에 따라 상시 충전되는 구조인 경우에는 그렇지 않다.

※ **유도등을 3선식 배선으로 할 수 있는 장소**
　가. 외부의 빛에 의해 피난구 또는 피난방향을 쉽게 식별할 수 있는 장소
　나. 공연장, 암실(暗室) 등으로서 어두워야 할 필요가 있는 장소
　다. 특정소방대상물의 관계인 또는 종사원이 주로 사용하는 장소
　라. 특정소방대상물 또는 그 부분에 사람이 없는 장소

③ 3선식 배선은 「옥내소화전설비의 화재안전기술기준(NFTC 102)」 2.7.2의 표 2.7.2(1) 또는 표 2.7.2(2)에 따른 내화배선 또는 내열배선으로 할 것

4) 3선식 배선

3선식 배선으로 상시 충전되는 유도등의 전기회로에 점멸기를 설치하는 경우에는 다음의 어느 하나에 해당되는 경우에 자동으로 점등되도록 해야 한다.

※ **유도등을 3선식 배선으로 설치했을 때 점등되어야 할 경우**
- 가. 자동화재탐지설비의 감지기 또는 발신기가 작동되는 때
- 나. 비상경보설비의 발신기가 작동되는 때
- 다. 자동소화설비가 작동되는 때
- 라. 상용전원이 정전되거나 전원선이 단선되는 때
- 마. 방재업무를 통제하는 곳 또는 전기실의 배전반에서 수동으로 점등하는 때

5) 2선식 · 3선식 배선

[2선식]　　　　　　　　　　　　[3선식]

구 분	2선식	3선식
점등상태	점등	소등
충전상태	충전	충전

9. 유도등 및 유도표지의 제외

1) 피난구유도등의 설치 제외
① 바닥면적이 1,000m² 미만인 층으로서 옥내로부터 직접 지상으로 통하는 출입구(외부의 식별이 용이한 경우에 한한다.)
② 대각선 길이가 15m 이내인 구획된 실의 출입구
③ 거실 각 부분으로부터 하나의 출입구에 이르는 보행거리가 20m 이하이고 비상조명등과 유도표지가 설치된 거실의 출입구
④ 출입구가 3개소 이상 있는 거실로서 그 거실 각 부분으로부터 하나의 출입구에 이르는 보행거리가 30m 이하인 경우에는 주된 출입구 2개소 외의 출입구(유도표지가 부착된 출입구를 말한다). 다만, 공연장·집회장·관람장·전시장·판매시설·운수시설·숙박시설·노유자시설·의료시설·장례식장의 경우에는 그렇지 않다.

2) 통로유도등의 설치 제외
① 구부러지지 아니한 복도 또는 통로로서 길이가 30m 미만인 복도 또는 통로
② ①에 해당하지 않는 복도 또는 통로로서 보행거리가 20m 미만이고 그 복도 또는 통로와 연결된 출입구 또는 그 부속실의 출입구에 피난구유도등이 설치된 복도 또는 통로

3) 객석유도등의 설치 제외
① 주간에만 사용하는 장소로서 채광이 충분한 객석
② 거실 등의 각 부분으로부터 하나의 거실출입구에 이르는 보행거리가 20m 이하인 객석의 통로로서 그 통로에 통로유도등이 설치된 객석

4) 유도표지의 설치 제외
① 유도등이 2.2와 2.3에 따라 적합하게 설치된 출입구·복도·계단 및 통로
② 2.8.1.1·2.8.1.2와 2.8.2에 해당하는 출입구·복도·계단 및 통로
※ 2.2 : 피난구유도등
※ 2.3 : 통로유도등
※ 2.8.1.1·2.8.1.2 : 피난구유도등 설치 제외 ①과 ②
※ 2.8.2 : 통로유도등

Check Point 각 유도등 및 유도표지의 비교

종 류	설치장소	설치개수	설치높이
피난구 유도등	옥·직·출·안 주)	–	피난구의 바닥으로부터 높이 1.5m 이상 출입구에 인접하도록 설치
복도 통로유도등	복도	구부러진 모퉁이 보행거리 20m마다	바닥으로부터 높이 1m 이하
거실 통로유도등	거실의 통로	구부러진 모퉁이 보행거리 20m마다	바닥으로부터 높이 1.5m 이상 기둥부분의 바닥으로부터 높이 1.5m 이하
계단 통로유도등	경사로 참·계단 참	–	바닥으로부터 높이 1m 이하
객석 유도등	객석 통로·바닥·벽	$\dfrac{객석통로의\ 직선부분\ 길이}{4} - 1$	–
유도표지	각 층 복도·통로	구부러진 모퉁이 벽 보행거리 15m 이하	• 피난구유도표지 : 출입구 상단 • 통로유도표지 : 바닥으로부터 높이 1m 이하
축광방식 피난유도선	구획된 각 실로부터 주 출입구·비상구까지	–	바닥으로부터 높이 50cm 이하 또는 바닥면
광원점등방식 피난유도선	구획된 각 실로부터 주 출입구·비상구까지	–	바닥으로부터 높이 1m 이하 또는 바닥면

주)
① 옥내로부터 직접 지상으로 통하는 출입구 및 그 부속실의 출입구
② 직통계단·직통계단의 계단실 및 그 부속실의 출입구
③ 제1호와 제2호에 따른 출입구에 이르는 복도 또는 통로로 통하는 출입구
④ 안전구획된 거실로 통하는 출입구

04 비상조명등 · 휴대용 비상조명등

1. 정의
1) "비상조명등"이란 화재발생 등에 따른 정전 시 안전하고 원활한 피난활동을 할 수 있도록 거실 및 피난통로 등에 설치되어 자동 점등되는 조명등을 말한다.
2) "휴대용비상조명등"이란 화재발생 등으로 정전 시 안전하고 원활한 피난을 위하여 피난자가 휴대할 수 있는 조명등을 말한다.

2. 설치기준
1) 비상조명등의 설치기준
① 특정소방대상물의 각 거실과 그로부터 지상에 이르는 복도 · 계단 및 그 밖의 통로에 설치할 것
② 조도는 비상조명등이 설치된 장소의 각 부분의 바닥에서 1lx 이상이 되도록 할 것
③ 예비전원을 내장하는 비상조명등에는 평상시 점등 여부를 확인할 수 있는 점검스위치를 설치하고 해당 조명등을 유효하게 작동시킬 수 있는 용량의 축전지와 예비전원 충전장치를 내장할 것
④ 예비전원을 내장하지 않은 비상조명등의 비상전원은 자가발전설비, 축전지설비 또는 전기저장장치(외부 전기에너지를 저장해 두었다가 필요한 때 전기를 공급하는 장치)를 다음의 기준에 따라 설치해야 한다.

※ **예비전원을 내장하지 아니하는 비상조명등의 비상전원 설치기준**
가. 점검에 편리하고 화재 및 침수 등의 재해로 인한 피해를 받을 우려가 없는 곳에 설치할 것
나. 상용전원으로부터 전력의 공급이 중단된 때에는 자동으로 비상전원으로부터 전력을 공급받을 수 있도록 할 것
다. 비상전원의 설치장소는 다른 장소와 방화구획할 것. 이 경우 그 장소에는 비상전원의 공급에 필요한 기구나 설비 외의 것(열병합발전설비에 필요한 기구나 설비는 제외한다.)을 두어서는 아니 된다.
라. 비상전원을 실내에 설치하는 때에는 그 실내에 비상조명등을 설치할 것

⑤ ③와 ④에 따른 비상전원은 비상조명등을 20분 이상 유효하게 작동시킬 수 있는 용량으로 할 것. 다만, 다음 각 목의 특정소방대상물의 경우에는 그 부분에서 피난층에 이르는 부분의 비상조명등을 60분 이상 유효하게 작동시킬 수 있는 용량으로

해야 한다.

※ **비상조명등의 비상전원 용량을 60분 이상으로 해야 하는 장소**
    가. 지하층을 제외한 층수가 11층 이상의 층
    나. 지하층 또는 무창층으로서 용도가 도매시장·소매시장·여객자동차터미널·지하역사 또는 지하상가

⑥ 영 별표 5 제15호 비상조명등의 설치면제 요건에서 "그 유도등의 유효범위"란 유도등의 조도가 바닥에서 1ℓx 이상이 되는 부분을 말한다.

2) 휴대용 비상조명등의 설치기준
① 다음 각 기준의 장소에 설치할 것
    가. 숙박시설 또는 다중이용업소에는 객실 또는 영업장안의 구획된 실마다 잘 보이는 곳(외부에 설치 시 출입문 손잡이로부터 1m 이내 부분)에 1개 이상 설치
    나. 「유통산업발전법」 제2조제3호에 따른 대규모 점포(지하상가 및 지하역사는 제외한다.)와 영화상영관에는 보행거리 50m 이내마다 3개 이상 설치
    다. 지하상가 및 지하역사에는 보행거리 25m 이내마다 3개 이상 설치
② 설치높이는 바닥으로부터 0.8m 이상 1.5m 이하의 높이에 설치할 것
③ 어둠 속에서 위치를 확인할 수 있도록 할 것
④ 사용 시 자동으로 점등되는 구조일 것
⑤ 외함은 난연성능이 있을 것
⑥ 건전지를 사용하는 경우에는 방전 방지조치를 해야 하고, 충전식 배터리의 경우에는 상시 충전되도록 할 것
⑦ 건전지 및 충전식 배터리의 용량은 20분 이상 유효하게 사용할 수 있는 것으로 할 것

3. 설치 제외

1) 비상조명등의 설치 제외
① 거실의 각 부분으로부터 하나의 출입구에 이르는 보행거리가 15m 이내인 부분
② 의원·경기장·공동주택·의료시설·학교의 거실

2) 휴대용비상조명등의 설치 제외
지상 1층 또는 피난층으로서 복도나 통로 또는 창문 등의 개구부를 통하여 피난이 용이한 경우 숙박시설로서 복도에 비상조명등을 설치한 경우에는 휴대용비상조명등을 설치하지 않을 수 있다.

CHAPTER 05 소화용수설비

01 상수도 소화용수설비

1. 정의
1) "소화전"이란 소방관이 사용하는 설비로서, 수도배관에 접속·설치되어 소화수를 공급하는 설비를 말한다.
2) "호칭지름"이란 일반적으로 표기하는 배관의 직경을 말한다.
3) "수평투영면"이란 건축물을 수평으로 투영하였을 경우의 면을 말한다.
4) "제수변(제어밸브)"이란 배관의 도중에 설치되어 배관 내 물의 흐름을 개폐할 수 있는 밸브를 말한다.

2. 설치기준
① 호칭지름 75mm 이상의 수도배관에 호칭지름 100mm 이상의 소화전을 접속할 것
② ①에 따른 소화전은 소방자동차 등의 진입이 쉬운 도로변 또는 공지에 설치할 것
③ 제1호에 따른 소화전은 특정소방대상물의 수평투영면의 각 부분으로부터 140m 이하가 되도록 설치할 것
④ 지상식 소화전의 호스접결구는 지면으로부터 높이가 0.5 m 이상 1 m 이하가 되도록 설치할 것

> **Check Point** 상수도소화전 · 공설소화전
>
> 1. 상수도소화전 : 소방대상물에 설치한다.
>   ① 상수도 소화전이란 상수도로부터 직접 급수를 받으며, 소방대가 화재 현장에 출동하여 화재 시 추가로 급수가 필요한 경우 소방차에 소화수를 공급할 수 있는 설비이다.
>   ② 상수도 소화설비는 소방대상물의 수평투영면적의 각 부분으로부터 수평거리 140m까지를 포용하므로 동별로 설치하는 것이 아니라, 140m를 초과하는 소방대상물이 있는 경우에만 설치한다.

[상수도 소화전과 상수도 배관]

건물의 지상층을 바닥면에 수평 투영한 그림자의 1층 바닥면 모서리 끝에서 상수도 소화전까지의 직선거리를 뜻한다.

[수평투영면적의 각 부분으로부터 140m 이하]

2. 공설소화전 : 도로에 설치한다.
    1) 소방용수시설의 설치 및 관리 등(「소방기본법」 제10조)
        ① 시·도지사는 소방 활동에 필요한 소화전·급수탑·저수조(이하 "소방용수시설"이라 한다.)를 설치하고 유지·관리해야 한다. 다만, 「수도법」 제45조에 따라 소화전을 설치하는 일반수도사업자는 관할 소방서장과 사전협의를 거친 후 소화전을 설치해야 하며, 설치 사실을 관할 소방서장에게 통지하고, 그 소화전을 유지·관리해야 한다.
        ② 제1항에 따른 소방용수시설 설치의 기준은 행정안전부령으로 정한다.
    2) 소방용수시설의 설치기준(「소방기본법 시행규칙」 제6조)
        ① 특별시장·광역시장·도지사(이하 "시·도지사"라 한다.)는 법 제10조제1항의 규정에 의하여 설치된 소방용수시설에 대하여 별표 2의 소방용수표지를 보기 쉬운 곳에 설치해야 한다.

[별표 2]

소방용수표지(제6조제1항 관련)

1. 지하에 설치하는 소화전 또는 저수조의 경우 소방용수표지는 다음 각 목의 기준에 의한다.
   가. 맨홀 뚜껑은 지름 648mm 이상의 것으로 할 것. 다만, 승하강식 소화전의 경우에는 이를 적용하지 않는다.
   나. 맨홀 뚜껑에는 "소화전·주정차금지" 또는 "저수조·주정차금지"의 표시를 할 것
   다. 맨홀뚜껑 부근에는 노란색 반사도료로 폭 15cm의 선을 그 둘레를 따라 칠할 것
2. 지상에 설치하는 소화전, 저수조 및 급수탑의 경우 소방용수표지는 다음 각 목의 기준에 따라 설치한다.
   가. 규격

   나. 안쪽 문자는 흰색, 바깥쪽 문자는 노란색으로, 안쪽 바탕은 붉은색, 바깥쪽 바탕은 파란색으로 하고, 반사 재료를 사용해야 한다.
   다. 가목의 규격에 따른 소방용수표지를 세우는 것이 매우 어렵거나 부적당한 경우에는 그 규격 등을 다르게 할 수 있다.

② 법 제10조제1항의 규정에 의한 소방용수시설의 설치기준은 별표 3과 같다.

[별표 3]

소방용수시설의 설치기준(제6조제2항 관련)

1. 공통기준
   가. 「국토의 계획 및 이용에 관한 법률」 제36조제1항제1호의 규정에 의한 주거지역·상업지역 및 공업지역에 설치하는 경우 : 소방대상물과의 수평거리를 100m 이하가 되도록 할 것
   나. 가목 외의 지역에 설치하는 경우 : 소방대상물과의 수평거리를 140m 이하가 되도록 할 것

2. 소방용수시설별 설치기준
　가. 소화전의 설치기준 : 상수도와 연결하여 지하식 또는 지상식의 구조로 하고, 소방용 호스와 연결하는 소화전의 연결금속구의 구경은 65mm로 할 것
　나. 급수탑의 설치기준 : 급수배관의 구경은 100mm 이상으로 하고, 개폐밸브는 지상에서 1.5m 이상 1.7m 이하의 위치에 설치하도록 할 것
　다. 저수조의 설치기준
- 지면으로부터의 낙차가 4.5m 이하일 것
- 흡수부분의 수심이 0.5m 이상일 것
- 소방펌프자동차가 쉽게 접근할 수 있도록 할 것
- 흡수에 지장이 없도록 토사 및 쓰레기 등을 제거할 수 있는 설비를 갖출 것
- 흡수관의 투입구가 사각형의 경우에는 한 변의 길이가 60cm 이상, 원형의 경우에는 지름이 60cm 이상일 것
- 저수조에 물을 공급하는 방법은 상수도에 연결하여 자동으로 급수되는 구조일 것

02 소화수조 및 저수조

1. 정의

1) "소화수조 또는 저수조"란 수조를 설치하고 여기에 소화에 필요한 물을 항시 채워두는 것으로서, 소화수조는 소화용수의 전용 수조를 말하고, 저수조란 소화용수와 일반 생활용수의 겸용 수조를 말한다.
2) "채수구"란 소방차의 소방호스와 접결되는 흡입구를 말한다.
3) "흡수관투입구"란 소방차의 흡수관이 투입될 수 있도록 소화수조 또는 저수조에 설치된 원형 또는 사각형의 투입구를 말한다.

2. 설치기준(소화수조 등)

1) 설치위치

소화수조, 저수조의 채수구 또는 흡수관 투입구는 소방차가 2m 이내의 지점까지 접근할 수 있는 위치에 설치해야 한다.

2) 저수량

소화수조 또는 저수조의 저수량은 특정소방대상물의 연면적을 다음 표에 따른 기준 면

적으로 나누어 얻은 수(소수점 이하의 수는 1로 본다.)에 20m³를 곱한 양 이상이 되도록 해야 한다.

소방대상물의 구분	면 적
1. 1층 및 2층의 바닥면적 합계가 15,000m² 이상인 소방대상물	7,500m²
2. 제1호에 해당되지 아니하는 그 밖의 소방대상물	12,500m²

> **Check Point** 소화수조 또는 저수조의 저수량 계산
>
> $Q = K \times 20\text{m}^3$ 이상 $K = \dfrac{\text{소방대상물의 연면적}}{\text{기준면적}}$ (소수점 이하는 1로 본다.)

3) 흡수관 투입구 또는 채수구의 설치기준

① 지하에 설치하는 소화용수설비의 흡수관투입구는 그 한 변이 0.6m 이상이거나 직경이 0.6m 이상인 것으로 하고, 소요수량이 80m³ 미만인 것은 1개 이상, 80m³ 이상인 것은 2개 이상을 설치해야 하며, "흡관투입구"라고 표시한 표지를 할 것

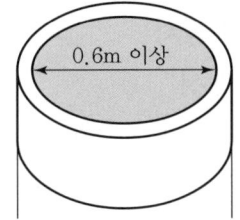

(a) 한 변이 0.6m 이상인 경우   (b) 직경이 0.6m 이상인 경우

② 소화용수설비에 설치하는 채수구는 다음 각 목의 기준에 따라 설치할 것

가. 채수구는 다음 표에 따라 소방용 호스 또는 소방용 흡수관에 사용하는 구경 65mm 이상의 나사식 결합 금속구를 설치할 것

소요수량	20m³ 이상 40m³ 미만	40m³ 이상 100m³ 미만	100m³ 이상
채수구 수	1개	2개	3개

나. 채수구는 지면으로부터의 높이가 0.5m 이상 1m 이하의 위치에 설치하고, "채수구"라고 표시한 표지를 할 것

4) 설치 제외

소화용수설비를 설치해야 할 특정소방대상물에 있어서 유수의 양이 0.8m³/min 이상인 유수를 사용할 수 있는 경우에는 소화수조를 설치하지 않을 수 있다.

① 소방대상물 주변에 수로 등이 있어 이를 소화수조로 활용이 가능한 경우
② 유수의 양 = 유수 단면적[m²] × 유속 [m/min]

3. 가압송수장치

1) 설치대상

소화수조 또는 저수조가 지표면으로부터의 깊이(수조 내부바닥까지의 길이를 말한다.)가 4.5m 이상인 지하에 있는 경우에는 다음 표에 따라 가압송수장치를 설치해야 한다.

소요수량	20m³ 이상 40m³ 미만	40m³ 이상 100m³ 미만	100m³ 이상
가압송수장치의 1분당 양수량	1,100ℓ 이상	2,200ℓ 이상	3,300ℓ 이상

2) 설치 제외

2.1.2에 따른 저수량을 지표면으로부터 4.5m 이하인 지하에서 확보할 수 있는 경우에는 소화수조 또는 저수조의 지표면으로부터의 깊이에 관계없이 가압송수장치를 설치하지 않을 수 있다.

3) 소화수조가 옥상 또는 옥탑의 부분에 설치된 경우에는 지상에 설치된 채수구에서의 압력이 0.15MPa 이상이 되도록 해야 한다.

4) 전동기 또는 내연기관에 따른 펌프를 이용하는 가압송수장치 설치기준

① 쉽게 접근할 수 있고 점검하기에 충분한 공간이 있는 장소로서 화재 및 침수 등의 재해로 인한 피해를 받을 우려가 없는 곳에 설치할 것

② 동결방지조치를 하거나 동결의 우려가 없는 장소에 설치할 것

③ 펌프는 전용으로 할 것. 다만, 다른 소화설비와 겸용하는 경우 각각의 소화설비의 성능에 지장이 없을 때에는 예외로 한다.

④ 펌프의 토출 측에는 압력계를 체크밸브 이전에 펌프토출 측 플랜지에서 가까운 곳에 설치하고, 흡입 측에는 연성계 또는 진공계를 설치할 것. 다만, 수원의 수위가 펌프의 위치보다 높거나 수직회전축 펌프의 경우에는 연성계 또는 진공계를 설치하지 않을 수 있다.

⑤ 가압송수장치에는 정격부하운전 시 펌프의 성능을 시험하기 위한 배관을 설치할 것

⑥ 가압송수장치에는 체절운전 시 수온의 상승을 방지하기 위한 순환배관을 설치할 것

⑦ 기동장치로는 보호판을 부착한 기동스위치를 채수구 직근에 설치할 것

⑧ 수원의 수위가 펌프보다 낮은 위치에 있는 가압송수장치에는 다음 각 목의 기준에 따른 물올림장치를 설치할 것

 가. 물올림장치에는 전용의 탱크를 설치할 것

 나. 탱크의 유효수량은 100l 이상으로 하되, 구경 15mm 이상의 급수배관에 따라 해당 탱크에 물이 계속 보급되도록 할 것

⑨ 내연기관을 사용하는 경우에는 다음 각 목의 기준에 적합한 것으로 할 것

 가. 내연기관의 기동은 채수구의 위치에서 원격조작으로 가능하고 기동을 명시하는 적색등을 설치할 것

 나. 제어반에 따라 내연기관의 기동이 가능하고 상시 충전되어 있는 축전지설비를 갖출 것

⑩ 가압송수장치에는 "소화용수설비펌프"라고 표시한 표지를 할 것. 이 경우 그 가압송수장치를 다른 설비와 겸용하는 때에는 그 겸용되는 설비의 이름을 표시한 표지를 함께 해야 한다.

⑪ 가압송수장치는 부식 등으로 인한 펌프의 고착을 방지할 수 있도록 다음 각 목의 기준에 적합한 것으로 할 것. 다만, 충압펌프는 제외한다.

 가. 임펠러는 청동 또는 스테인리스 등 부식에 강한 재질을 사용할 것

 나. 펌프축은 스테인리스 등 부식에 강한 재질을 사용할 것

CHAPTER 06 소화활동설비

01 제연설비

1. 정의

1) "제연설비"란 화재가 발생한 거실의 연기를 배출함과 동시에 옥외의 신선한 공기를 공급하여 거주자들이 안전하게 피난하고, 소방대가 원활한 소화활동을 할 수 있도록 연기를 제어하는 설비를 말한다.
2) "제연구역"이란 제연경계(제연경계가 면한 천장 또는 반자를 포함한다)에 의해 구획된 건물 내의 공간을 말한다.
3) "제연경계"란 연기를 예상제연구역 내에 가두거나 이동을 억제하기 위한 보 또는 제연경계벽 등을 말한다.
4) "제연경계벽"이란 제연경계가 되는 가동형 또는 고정형의 벽을 말한다.
5) "제연경계의 폭"이란 제연경계가 면한 천장 또는 반자로부터 그 제연경계의 수직하단 끝부분까지의 거리를 말한다.
6) "수직거리"란 제연경계의 하단 끝으로부터 그 수직한 하부 바닥면까지의 거리를 말한다.
7) "예상제연구역"이란 화재 시 연기의 제어가 요구되는 제연구역을 말한다.
8) "공동예상제연구역"이란 2개 이상의 예상제연구역을 동시에 제연하는 구역을 말한다.
9) "통로배출방식"이란 거실 내 연기를 직접 옥외로 배출하지 않고 거실에 면한 통로의 연기를 옥외로 배출하는 방식을 말한다.
10) "보행중심선"이란 통로 폭의 한가운데 지점을 연장한 선을 말한다.
11) "유입풍도"란 예상제연구역으로 공기를 유입하도록 하는 풍도를 말한다.
12) "배출풍도"란 예상 제연구역의 공기를 외부로 배출하도록 하는 풍도를 말한다.
13) "방화문"이란 「건축법 시행령」 제64조의 규정에 따른 60분+ 방화문, 60분 방화문 또는 30분 방화문으로써 언제나 닫힌 상태를 유지하거나 화재감지기와 연동하여 자동적으로 닫히는 구조를 말한다.
14) "불연재료"란 「건축법 시행령」 제2조제10호에 따른 기준에 적합한 재료로서, 불에 타지 않는 성질을 가진 재료를 말한다.

15) "난연재료"란 「건축법 시행령」 제2조제9호에 따른 기준에 적합한 재료로서, 불에 잘 타지 않는 성능을 가진 재료를 말한다.
16) "댐퍼"란 풍도 내부의 연기 또는 공기의 흐름을 조절하기 위해 설치하는 장치를 말한다.
17) "풍량조절댐퍼"란 송풍기(또는 공기조화기) 토출 측에 설치하여 유입풍도로 공급되는 공기의 유량을 조절하는 장치를 말한다.

2. 설치 제외

제연설비를 설치해야 할 특정소방대상물 중 화장실·목욕실·주차장·발코니를 설치한 숙박시설(가족호텔 및 휴양콘도미니엄에 한한다.)의 객실과 사람이 상주하지 아니하는 기계실·전기실·공조실·50m² 미만의 창고 등으로 사용되는 부분에 대하여는 배출구·공기유입구의 설치 및 배출량 산정에서 이를 제외한다.

3. 제연설비

1) 제연설비의 설치장소는 다음 각 호에 따른 제연구역으로 구획해야 한다.

1. 하나의 제연구역의 면적은 1,000m² 이내로 할 것	① 단독제연의 경우 하나의 제연구역에 대한 적용기준 적용 ② 공동예상제연구역에는 적용되지 아니한다.
2. 하나의 제연구역은 직경 60m 원 내에 들어갈 수 있을 것	
3. 거실과 통로(복도를 포함한다.)는 각각 제연구획할 것	
4. 통로상의 제연구역은 보행 중심선의 길이가 60m를 초과하지 않을 것	보행중심선이란 통로 폭의 한가운데 지점을 연장한 선을 말한다.

5. 하나의 제연구역은 2개 이상 층에 미치지 아니하도록 할 것. 다만, 층의 구분이 불분명한 부분은 그 부분을 다른 부분과 별도로 제연구획해야 한다.

※ 통로 : 대형 거실에서 고정식 칸막이로 구획되지 않은 거실 내부의 이동경로를 말한다.
※ 복도 : 고정식 칸막이가 설치된 실 밖의 이동경로를 말한다.

2) 제연구역

① **제연구역의 구획**
　㉠ 제연경계 : 보·제연경계 벽
　㉡ 벽 : 화재 시 자동으로 구획되는 가동 벽·셔터·방화문

② **제연구역의 구획 적합기준**
　㉠ 재질은 내화재료, 불연재료 또는 제연경계벽으로 성능을 인정받은 것으로서 화재 시 쉽게 변형·파괴되지 아니하고 연기가 누설되지 않는 기밀성 있는 재료로 할 것
　㉡ 제연경계는 제연경계의 폭이 0.6m 이상이고, 수직거리는 2m 이내일 것. 다만, 구조상 불가피한 경우는 2m를 초과할 수 있다.
　㉢ 제연경계벽은 배연 시 기류에 따라 그 하단이 쉽게 흔들리지 아니해야 하며, 또한 가동식의 경우에는 급속히 하강하여 인명에 위해를 주지 아니하는 구조일 것

4. 제연방식

1) 기준

① 예상제연구역에 대하여는 화재 시 연기 배출과 동시에 공기 유입이 될 수 있게 하고, 배출구역이 거실일 경우에는 통로에 동시에 공기가 유입될 수 있도록 해야 한다.
② 2.2.1에도 불구하고 통로와 인접하고 있는 거실의 바닥면적이 50㎡ 미만으로 구획(제연경계에 따른 구획은 제외한다. 다만, 거실과 통로와의 구획은 그렇지 않다.)되고 그 거실에 통로가 인접하여 있는 경우에는 화재 시 그 거실에서 직접 배출하지

아니하고 인접한 통로의 배출로 갈음할 수 있다. 다만, 그 거실이 다른 거실의 피난을 위한 경유거실인 경우에는 그 거실에서 직접 배출해야 한다.

③ 통로의 주요 구조부가 내화구조이며 마감이 불연재료 또는 난연재료로 처리되고 가연성 내용물이 없는 경우에 그 통로는 예상제연구역으로 간주하지 않을 수 있다. 다만, 화재 발생 시 연기의 유입이 우려되는 통로는 그렇지 않다.

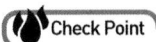

> 2.2.1
1. 거실제연은 제연구역인 화재실에 대하여 배출과 동시에 급기를 실시해야 한다.
2. 급기방법 : 강제유입방식(화재실에 직접 급기)과 인접구역 유입방식(인접구역에 급기하여 화재실로 유입)
3. 통로가 있는 거실 : 통로에 동시에 급기하여 피난 경로를 확보할 것

③ **통로를 예상제연구역으로 간주하지 않을 수 있는 경우 : 통로에서 화재가 발생되지 않는다고 가정**
1. 조건 : 주요 구조부가 내화구조이며 마감이 불연재료 또는 난연재료로 처리되고 가연성 내용물이 없는 경우
2. 예외 : 통로에서 화재가 발생할 가능성이 있는 경우에는 하나의 예상제연구역으로 간주하여 급기와 배기를 할 것

2) 거실 제연설비의 종류

종류			특징	적용
단독제연	동일실 제연방식		화재실 : 급기·배기	소규모 거실
	인접구역 상호 제연방식	거실 급·배기방식	• 화재실 : 배기 • 인접구역 : 급기	백화점 등의 판매장과 같이 복도가 없는 넓은 공간
		거실 배기·통로 급기방식	• 화재실 : 배기 • 통로 : 급기	지하상가와 같이 각 실이 구획되어 있는 경우
	통로배출방식		통로 : 배기·급기	거실 바닥면적이 50m² 미만이고 거실에 통로가 인접한 경우

종류		특징
공동제연	벽으로 구획된 경우	벽 또는 제연경계로 구획된 2 이상의 제연구역에 대해 어느 하나의 구역에서 화재가 발생하더라도 2 이상의 제연구역에서 동시에 급·배기를 실시
	제연경계로 구획된 경우	
	벽과 제연경계로 구획된 경우	

5. 배출량 및 배출방식

1) 배출방식

① 단독제연방식

② 공동제연방식

2) 배출량

① 단독제연방식의 배출량

㉮ 소규모 거실(거실 바닥면적이 400m² 미만)인 경우

제연경계에 따른 구획을 제외한다. 다만, 거실과 통로와의 구획은 그렇지 않다.

$$일반거실\ Q[\mathrm{m^3/hr}] = A\,\mathrm{m^2} \times 1\,\mathrm{m^3/m^2 \cdot min} \times 60\,\mathrm{min/hr}\ \ 이상$$

- $A\,\mathrm{m^2}$: 거실 바닥면적(400m² 미만일 것)
- 최저 배출량은 5,000m³/hr 이상일 것

㉯ 대규모 거실(거실 바닥면적이 400m² 이상)인 경우
  • 제연구역이 벽으로 구획된 경우

구 분	배출량
직경 40m 범위 안	40,000m³/hr 이상
직경 40m 범위 초과	45,000m³/hr 이상

  • 제연구역이 제연경계(보·제연경계 벽)로 구획된 경우

수직거리	직경 40m 범위 안	직경 40m 범위 초과
2m 이하	40,000m³/hr 이상	45,000m³/hr 이상
2m 초과 2.5m 이하	45,000m³/hr 이상	50,000m³/hr 이상
2.5m 초과 3m 이하	50,000m³/hr 이상	55,000m³/hr 이상
3m 초과	60,000m³/hr 이상	65,000m³/hr 이상

㉰ 통로배출방식
  ⓐ 거실의 바닥면적이 50m² 미만인 예상제연구역을 통로배출방식으로 하는 경우

통로길이	수직거리	배출량	비 고
40m 이하	2m 이하	25,000m³/hr 이상	벽으로 구획된 경우를 포함
	2m 초과 2.5m 이하	30,000m³/hr 이상	–
	2.5m 초과 3m 이하	35,000m³/hr 이상	–
	3m 초과	45,000m³/hr 이상	–
40m 초과 60m 이하	2m 이하	30,000m³/hr 이상	벽으로 구획된 경우를 포함
	2m 초과 2.5m 이하	35,000m³/hr 이상	–
	2.5m 초과 3m 이하	40,000m³/hr 이상	–
	3m 초과	50,000m³/hr 이상	–

  ⓑ 예상제연구역이 통로인 경우의 배출량은 45,000m³/hr 이상으로 할 것. 다만, 예상제연구역이 제연경계로 구획된 경우에는 그 수직거리에 따라 배출량은 표 2.3.2.2에 따른다.
  ▶ 표 2.3.2.2
  대규모 거실로 제연구역이 제연경계(보·제연경계 벽)으로 구획된 경우

② **공동제연방식의 배출량**
㉮ 벽으로 구획된 경우(제연구획의 구획 중 출입구만을 제연경계로 구획한 경우를 포함)
ⓐ 각 예상제연구역의 배출량을 합한 것 이상

☞ 배출량＝①＋②＋③ 이상

ⓑ 제연구역이 벽으로만 구획되어 있는 경우에만 적용

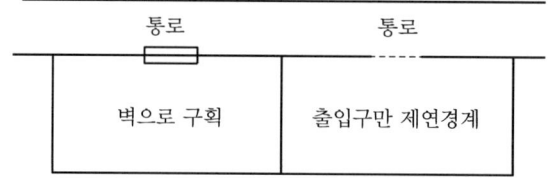
※ 출입구와 통로가 제연경계로 구획된 경우에도 적용 가능

ⓒ 공동제연방식의 경우 제연구역 면적 1,000m² 이하 또는 대각선 길이 60m 이내의 기준은 적용하지 아니한다.

㉯ 제연경계(보·제연경계벽)로 구획된 경우(예상제연구역의 구획 중 일부가 제연경계로 구획된 경우는 포함하나 출입구 부분만을 제연경계로 구획한 경우는 제외)
ⓐ 각 예상제연구역의 배출량 중 최대의 것
ⓑ 공동예상제연구역이 거실인 경우 : 바닥면적 1,000m² 이하이며, 직경 40m 원 내일 것
ⓒ 공동예상제연구역이 통로일 경우 : 보행 중심선의 길이가 40m 이하일 것

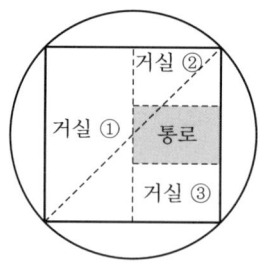
※ 배출량＝①, ②, ③의 배출량 중 최대의 것
　바닥면적은 1,000m² 이하일 것
　직경은 40m 이하일 것

ⓓ 공동예상제연구역의 일부가 제연경계로 구획된 경우에는 적용이 가능하나 출입구와 통로가 제연경계로 구획된 경우에는 적용하지 아니한다.

※ ⓐ, ⓑ : 적용 가능
　ⓒ : 적용 불가

㉰ 벽과 제연경계로 구획된 경우
　ⓐ 공동예상제연구역이 벽과 제연경계로 구획된 경우
　ⓑ 배출량＝벽으로 구획된 것＋제연경계로 구획된 것 중 최대량(단, 벽으로 구획된 제연구역이 2 이상일 경우 : 각 배출량의 합)

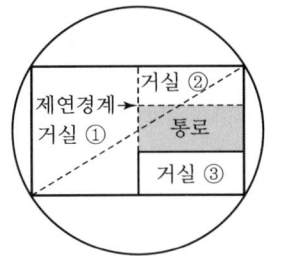

※ 배출량＝①과 ② 중 최대의 것＋③
　바닥면적은 1,000m² 이하일 것
　직경은 40m 이하일 것

6. 배출구

1) 예상제연구역에 대한 배출구의 설치

① **소규모 거실(거실 바닥면적이 400m² 미만)인 경우**
　가. 예상제연구역이 벽으로 구획되어 있는 경우의 배출구는 천장 또는 반자와 바닥 사이의 중간 윗부분에 설치할 것
　나. 예상제연구역 중 어느 한 부분이 제연경계로 구획되어 있는 경우에는 천장·반자 또는 이에 가까운 벽의 부분에 설치할 것. 다만, 배출구를 벽에 설치하는 경우에는 배출구의 하단이 해당 예상제연구역에서 제연경계의 폭이 가장 짧은 제연경계의 하단보다 높이 되도록 해야 한다.

예상제연구역	벽으로 구획된 경우	1개 이상의 제연경계로 구획된 경우
배출구 위치	① 천장 또는 반자에 설치하거나 반자와 바닥 사이의 중간 윗부분에 설치 ② $h > \dfrac{1}{2}H$	① 천장 또는 반자에 설치하거나 이에 가까운 벽에 설치 ② 벽에 설치하는 경우 : 배출구의 하단이 가장 짧은 제연경계 하단보다 위에 설치 ③ $h > H$

② **대규모 거실(거실 바닥면적이 400m² 이상) 및 통로인 경우**

　가. 예상제연구역이 벽으로 구획되어 있는 경우의 배출구는 천장·반자 또는 이에 가까운 벽의 부분에 설치할 것. 다만, 배출구를 벽에 설치한 경우에는 배출구의 하단과 바닥 간의 최단거리가 2m 이상이어야 한다.

　나. 예상제연구역 중 어느 한부분이 제연경계로 구획되어 있을 경우에는 천장·반자 또는 이에 가까운 벽의 부분(제연경계를 포함한다.)에 설치할 것. 다만, 배출구를 벽 또는 제연경계에 설치하는 경우에는 배출구의 하단이 해당 예상제연구역에서 제연경계의 폭이 가장 짧은 제연경계의 하단보다 높이 되도록 설치해야 한다.

예상제연구역	벽으로 구획된 경우	1개 이상의 제연경계로 구획된 경우
배출구 위치	① 천장·반자 또는 이에 가까운 벽에 설치 ② 벽에 설치하는 경우 : 배출구의 하단이 바닥과 2m 이상일 것 ($h \geqq 2\text{m}$)	① 천장·반자 또는 이에 가까운 벽이나 제연경계에 설치 ② 벽이나 제연경계에 설치하는 경우 : 배출구의 하단이 가장 짧은 제연경계 하단보다 위에 설치($h > H$)

2) 배출구 수평거리

예상제연구역의 각 부분으로부터 하나의 배출구까지의 수평거리는 10m 이내가 되도록 해야 한다.

7. 공기유입방식 및 유입구

1) 공기유입방식

① **강제유입방식**
  ㉠ 급기 풍도 및 송풍기를 이용하여 해당 제연구역에 기계적으로 직접 급기하는 방식이다.
  ㉡ 동일실 급·배기 방식(화재실에서 배출과 동시에 급기를 실시하는 방식)에 적용한다.
  ㉢ 소규모 화재실의 경우 또는 통로와 같이 피난 경로에 대해 적용한다.

② **자연유입방식**
  ㉠ 창문 등 개구부를 이용하여 해당 제연구역에 급기하는 자연급기방식이다.
  ㉡ 화재안전기준에서는 이를 인정하나 실무에서는 적용된 경우는 없다.

③ **인접구역 유입방식**
  ㉠ 해당 제연구역에 인접한 제연구역이나 통로에 유입되는 공기를 이용하여 급기하는 방식이다.
  ㉡ 거실 급·배기 방식과 거실 배기·통로 급기 방식이 있다.

거실 급·배기 방식	거실 배기·통로 급기 방식
㉮ 개방된 판매시설 등과 같이 내부에 복도가 없이 개방된 넓은 공간에 적용하는 방식 ㉯ 화재구역 : 배기, 인접구역 : 급기	㉮ 지하상가와 같이 통로에 면하는 각 실이 구획되어 있는 경우 ㉯ 각 실(거실) : 배기, 통로 : 급기

2) 공기유입구 기준

① 공기유입구의 위치

㉮ 단독제연방식의 경우

ⓐ 벽으로 구획된 경우

1. 바닥면적 400m² 미만의 거실인 예상제연구역(제연경계에 따른 구획을 제외한다. 다만, 거실과 통로와의 구획은 그렇지 않다)에 대해서는 공기유입구와 배출구간의 직선거리는 5m 이상 또는 구획된 실의 장변의 2분의 1 이상으로 할 것. 다만, 공연장·집회장·위락시설의 용도로 사용되는 부분의 바닥면적이 200m²를 초과하는 경우의 공기유입구는 2.5.2.2의 기준에 따른다.

2. 바닥면적이 400m² 이상의 거실인 예상제연구역(제연경계에 따른 구획을 제외한다. 다만, 거실과 통로와의 구획은 그렇지 않다)에 대해서는 바닥으로부터 1.5m 이하의 높이에 설치하고 그 주변은 공기의 유입에 장애가 없도록 할 것

적 용	공기유입구 위치	비 고
바닥면적 400m² 미만의 거실	㉠ 바닥 외에 설치할 것 ㉡ 반자 또는 벽에 설치	㉠ 제연경계로 구획된 경우 제외 ㉡ 거실과 통로가 제연경계로 구획된 경우에는 적용 가능 ㉢ 공기유입구와 배출구 간의 직선거리는 5m 이상으로 할 것
㉠ 공연장·집회장·위락 시설의 용도로 사용되는 부분의 바닥면적이 200m²를 초과하는 경우 ㉡ 바닥면적 400m² 이상의 거실	바닥으로부터 1.5m 이하 ($h \leq 1.5m$)	㉠ 제연경계로 구획된 경우 제외 ㉡ 거실과 통로가 제연경계로 구획된 경우에는 적용 가능 ㉢ 유입구 주변 2m 이내에는 가연성 내용물이 없도록 할 것

ⓑ 제연경계로 구획되거나 통로가 예상제연구역인 경우

2.5.2.1과 2.5.2.2에 해당하는 것 외의 예상제연구역(통로인 예상제연구역을 포함한다)에 대한 유입구는 다음의 기준에 따를 것. 다만, 제연경계로 인접하는 구역의 유입공기가 당해 예상제연구역으로 유입되게 한 때에는 그렇지 않다.

가. 유입구를 벽에 설치할 경우에는 2.5.2.2의 기준에 따를 것
나. 유입구를 벽 외의 장소에 설치할 경우에는 유입구 상단이 천장 또는 반자와 바닥 사이의 중간 아랫부분보다 낮게 되도록 하고, 수직거리가 가장 짧은 제연경계 하단보다 낮게 되도록 설치할 것

적 용	벽에 설치하는 경우	벽 이외의 장소에 설치하는 경우
㉠ 거실이 제연경계로 구획된 경우 ㉡ 통로가 제연구역인 경우	㉠ 바닥으로부터 1.5m 이하 ($h \leq 1.5m$) ㉡ 유입구 주변 2m 이내에는 가연성 내용물이 없도록 할 것	㉠ $h < \dfrac{1}{2} H_1$ 유입구 상단이 천장 또는 반자와 바닥 사이 중간 아랫부분보다 낮게 ㉡ $h < H_2$ 가장 짧은 제연경계 하단보다 낮게

㉯ 공동예상제연구역(동일실 급·배기 방식)인 경우
　ⓐ 각 예상제연구역이 벽으로 구획된 경우 : 각 예상제연구역의 바닥면적에 따라 2.5.2.1 및 2.5.2.2에 따라 설치할 것
　ⓑ 각 예상제연구역의 일부 또는 전부가 제연경계로 구획되어 있는 경우 : 공동예상제연구역 안의 1개 이상의 장소에 2.5.2.3에 따라 설치할 것

㉰ 인접구역 상호제연방식인 경우
　인접한 제연구역 또는 통로로부터 유입되는 공기를 해당 예상제연구역에 대한 공기유입으로 하는 경우에는 그 인접한 제연구역 또는 통로의 유입구가 제연경계 하단보다 높은 경우에는 그 인접한 제연구역 또는 통로의 화재 시 그 유입구는 다음의 어느 하나에 적합해야 한다.
　1. 각 유입구는 자동 폐쇄될 것
　2. 해당 구역 내에 설치된 유입풍도가 해당 제연구획부분을 지나는 곳에 설치된 댐퍼는 자동 폐쇄될 것

적 용	공기유입구 위치	비 고
인접한 제연구역 또는 통로에서 유입되는 공기를 해당 제연구역에 공기유입으로 하는 경우	배출구 유입구 배출구 유입구 인접한 B구역 화재시 → 급기 A구역 → → B구역 자동폐쇄 될 것	㉠ 공기유입구 위치의 높이 기준 이 없음 ㉡ 인접한 제연구역 또는 통로의 유입구가 제연경계 하단보다 높은 경우 ⓐ 그 유입구는 자동폐쇄될 것 ⓑ 해당 구역 내에 설치된 유입 풍도가 해당 제연구획 부분 을 지나는 곳에 설치된 댐 퍼는 자동폐쇄될 것

② **공기유입구 기준**

㉮ 예상제연구역에 공기가 유입되는 순간의 풍속은 5m/s 이하가 되도록 하고, 2.5.2부터 2.5.4까지의 유입구의 구조는 유입공기를 상향으로 분출하지 않 도록 설치해야 한다. 다만, 유입구가 바닥에 설치되는 경우에는 상향으로 분 출이 가능하며 이때의 풍속은 1m/s 이하가 되도록 해야 한다.

㉯ 공기유입구의 크기는 해당 예상제연구역 배출량 1m³/min에 대하여 35cm² 이상

$$A = Q(배출량)[\text{m}^3/\text{min}] \times 35[\text{cm}^2 \cdot \text{min}/\text{m}^3] = Q \times 35 [\text{cm}^2]$$
$$= \frac{Q \times 35}{10^4} [\text{m}^2]$$

㉰ 예상제연구역에 대한 공기유입량은 2.3.1부터 2.3.4까지에 따른 배출량의 배 출에 지장이 없는 양으로 해야 한다.

8. 배출기 및 배출풍도

1) 배출기 설치기준

① 배출기의 배출 능력은 2.3.1부터 2.3.4까지의 배 출량 이상이 되도록 할 것
② 배출기와 배출풍도의 접속부분에 사용하는 캔버 스는 내열성(석면재료는 제외한다.)이 있는 것으 로 할 것
③ 배출기의 전동기부분과 배풍기 부분은 분리하여 설치해야 하며, 배풍기 부분은 유효한 내열처리를 할 것

2) 배출풍도 설치기준

① 배출풍도는 아연도금강판 또는 이와 동등 이상의 내식성·내열성이 있는 것으로 하며, 내열성(석면재료를 제외한다.)의 단열재로 유효한 단열 처리를 하고, 강판의 두께는 배출풍도의 크기에 따라 다음 표에 따른 기준 이상으로 할 것

풍도 단면의 긴 변 또는 직경의 크기	450mm 이하	450mm 초과 750mm 이하	750mm 초과 1,500mm 이하	1,500mm 초과 2,250mm 이하	2,250mm 초과
강판두께	0.5mm	0.6mm	0.8mm	1.0mm	1.2mm

② 배출기의 흡입 측 풍도 안의 풍속은 15m/s 이하로 하고 배출 측 풍속은 20m/s 이하로 할 것

> **Check Point 배출풍도**
>
> **1. 풍도 단면적[m²]**
>
> 단면적 $A[\mathrm{m}^2] = \dfrac{\text{배출량}[\mathrm{m}^3/\mathrm{s}]}{\text{풍속}\,[\mathrm{m/s}]}$ ($Q[\mathrm{m}^3/\mathrm{s}] = A \times V$)
>
> | 단면적 | 사각풍도 | $A[\mathrm{m}^2] = \text{폭}[\mathrm{m}] \times \text{높이}[\mathrm{m}]$ |
> |---|---|---|
> | | 원형풍도 | $A[\mathrm{m}^2] = \dfrac{\pi D^2}{4}\ \left(D[\mathrm{m}] = \sqrt{\dfrac{4A}{\pi}}\right)$ |
> | 풍속 | 배출풍도 | • 흡입 측 : 15[m/s] 이하
• 배출 측 : 20[m/s] 이하 |
> | | 유입풍도 | 흡입 측·배출 측 : 20[m/s] 이하 |
>
> **2. 강판 두께[mm]**
> ① 사각풍도 : 풍도 단면의 긴 변을 적용
> ② 원형풍도 : 풍도 직경을 적용

9. 유입풍도 등

① 유입풍도 안의 풍속은 20m/s 이하로 하고 풍도의 강판두께는 2.6.2.1에 따라 설치해야 한다.
② 옥외에 면하는 배출구 및 공기 유입구는 비 또는 눈 등이 들어가지 아니하도록 하고, 배출된 연기가 공기 유입구로 순환 유입되지 아니하도록 해야 한다.

10. 댐퍼

제연설비에 설치되는 댐퍼는 다음의 기준에 따라 설치해야 한다.

1) 제연설비의 풍도에 댐퍼를 설치하는 경우 댐퍼를 확인, 정비할 수 있는 점검구를 풍도에 설치할 것. 이 경우 댐퍼가 반자 내부에 설치되는 때에는 댐퍼 직근의 반자에도 점검구(지름 60cm 이상의 원이 내접할 수 있는 크기)를 설치하고 제연설비용 점검구임을 표시해야 한다.
2) 제연설비 댐퍼의 설정된 개방 및 폐쇄 상태를 제어반에서 상시 확인할 수 있도록 할 것
3) 제연설비가 영 별표 5 제17호가목 1)에 따라 공기조화설비와 겸용으로 설치되는 경우 풍량조절댐퍼는 각 설비별 기능에 따른 작동 시 각각의 풍량을 충족하는 개구율로 자동 조절될 수 있는 기능이 있어야 할 것

11. 제연설비의 전원 및 기동

1) 비상전원

① **종류**

자가발전설비, 축전지설비 또는 전기저장장치

② **설치 제외**

㉮ 2 이상의 변전소에서 전력을 동시에 공급받을 수 있는 경우

㉯ 하나의 변전소로부터 전력의 공급이 중단되는 때에는 자동으로 다른 변전소로부터 전원을 공급받을 수 있도록 상용전원을 설치한 경우

③ **설치기준**

㉮ 점검에 편리하고 화재 및 침수 등의 재해로 인한 피해를 받을 우려가 없는 곳에 설치할 것

㉯ 제연설비를 유효하게 20분 이상 작동할 수 있도록 할 것

㉰ 상용전원으로부터 전력의 공급이 중단된 때에는 자동으로 비상전원으로부터 전력을 공급받을 수 있도록 할 것

㉱ 비상전원의 설치장소는 다른 장소와 방화구획할 것. 이 경우 그 장소에는 비상전원의 공급에 필요한 기구나 설비 외의 것(열병합발전설비에 필요한 기구나 설비는 제외한다.)을 두어서는 아니 된다.

㉲ 비상전원을 실내에 설치하는 때에는 그 실내에 비상조명등을 설치할 것

2) 제연설비의 작동은 해당 제연구역에 설치된 화재감지기와 연동되어야 하며, 예상제연구역(또는 인접장소)마다 설치된 수동기동장치 및 제어반에서 수동으로 기동이 가능하도록 해야 한다.
3) 2.9.2에 따른 제연설비의 작동에는 다음의 사항이 포함되어야 하며, 예상제연구역(또는 인접장소)마다 설치되는 수동기동장치는 바닥으로부터 0.8m 이상 1.5m 이하의 높이에 문 개방 등으로 인한 위치 확인에 장애가 없고 접근이 쉬운 위치에 설치해야 한다.
   ① 해당 제연구역의 구획을 위한 제연경계벽 및 벽의 작동
   ② 해당 제연구역의 공기유입 및 연기배출 관련 댐퍼의 작동
   ③ 공기유입송풍기 및 배출송풍기의 작동

12. 성능확인

1) 제연설비는 설계목적에 적합한지 검토하고 제연설비의 성능과 관련된 건물의 모든 부분(건축설비를 포함한다)이 완성되는 시점에 맞추어 시험·측정 및 조정(이하 "시험 등"이라 한다)을 해야 한다.
2) 제연설비의 시험 등은 다음의 기준에 따라 실시해야 한다.
   ① 송풍기 풍량 및 송풍기 모터의 전류, 전압을 측정할 것
   ② 제연설비 시험 시에는 제연구역에 설치된 화재감지기(수동기동장치를 포함한다)를 동작시켜 해당 제연설비가 정상적으로 작동되는지 확인할 것
   ③ 제연구역의 공기유입량 및 유입풍속, 배출량은 모든 유입구 및 배출구에서 측정할 것
   ④ 제연구역의 출입문, 방화셔터, 공기조화설비 등이 제연설비와 연동된 상태에서 측정할 것
3) 제연설비 시험 등의 평가는 이 기준에서 정하는 성능 및 다음의 기준에 따른다.
   ① 배출구별 배출량은 배출구별 설계배출량의 60% 이상이어야 하며, 제연구역별 배출구의 배출량 합계는 2.3에 따른 설계배출량 이상일 것
   ② 유입구별 공기유입량은 유입구별 설계유입량의 60% 이상이어야 하며, 제연구역별 유입구의 공기유입량 합계는 2.5.7에 따른 설계유입량을 충족할 것
   ③ 제연구역의 구획이 설계조건과 동일한 조건에서 2.10.3.1에 따라 측정한 배출량이 설계배출량 이상인 경우에는 2.10.3.2에 따라 측정한 공기유입량이 설계유입량에 일부 미달되더라도 적합한 성능으로 볼 것

13. 설치 제외

제연설비를 설치해야 할 특정소방대상물 중 화장실·목욕실·주차장·발코니를 설치한 숙박시설(가족호텔 및 휴양콘도미니엄에 한한다)의 객실과 사람이 상주하지 않는 기계실·전기실·공조실·50m² 미만의 창고 등으로 사용되는 부분에 대하여는 배출구·공기유입구의 설치 및 배출량 산정에서 이를 제외할 수 있다.

02 특별피난계단의 계단실 및 부속실 제연설비

1. 정의

1) "제연구역"이란 제연하고자 하는 계단실, 부속실을 말한다.
2) "방연풍속"이란 옥내로부터 제연구역 내로 연기의 유입을 유효하게 방지할 수 있는 풍속을 말한다.
3) "급기량"이란 제연구역에 공급해야 할 공기의 양을 말한다.
4) "누설량"이란 틈새를 통하여 제연구역으로부터 흘러나가는 공기량을 말한다.
5) "보충량"이란 방연풍속을 유지하기 위하여 제연구역에 보충해야 할 공기량을 말한다.
6) "플랩댐퍼"란 제연구역의 압력이 설정압력범위를 초과하는 경우 제연구역의 압력을 배출하여 설정압력 범위를 유지하게 하는 과압방지장치를 말한다.
7) "유입공기"란 제연구역으로부터 옥내로 유입하는 공기로서 차압에 따라 누설하는 것과 출입문의 개방에 따라 유입하는 것 등을 말한다.
8) "거실제연설비"란 「제연설비의 화재안전기술기준(NFTC 501)」에 따른 옥내의 제연설비를 말한다.
9) "자동차압급기댐퍼"란 제연구역과 옥내 사이의 차압을 압력센서 등으로 감지하여 제연구역에 공급되는 풍량의 조절로 제연구역의 차압 유지를 자동으로 제어할 수 있는 댐퍼를 말한다.
10) "자동폐쇄장치"란 제연구역의 출입문 등에 설치하는 것으로서 화재 시 화재감지기의 작동과 연동하여 출입문을 자동으로 닫히게 하는 장치를 말한다.
11) "과압방지장치"란 제연구역의 압력이 설정압력을 초과하는 경우 자동으로 압력을 조절하여 과압을 방지하는 장치를 말한다.
12) "굴뚝효과"란 건물 내부와 외부 또는 두 내부 공간 상하간의 온도 차이에 의한 밀도 차이로 발생하는 건물 내부의 수직 기류를 말한다.
13) "기밀상태"란 일정한 공간에 있는 유체가 누설되지 않는 밀폐 상태를 말한다.

14) "누설틈새면적"이란 가압 또는 감압된 공간과 인접한 사이에 공기의 흐름이 가능한 틈새의 면적을 말한다.
15) "송풍기"란 공기의 흐름을 발생시키는 기기를 말한다.
16) "수직풍도"란 건축물의 층간에 수직으로 설치된 풍도를 말한다.
17) "외기취입구"란 옥외로부터 옥내로 외기를 취입하는 개구부를 말한다.
18) "제어반"이란 각종 기기의 작동 여부 확인과 자동 또는 수동 기동 등이 가능한 장치를 말한다.
19) "차압측정공"이란 제연구역과 비제연구역과의 압력 차를 측정하기 위해 제연구역과 비제연구역 사이의 출입문 등에 설치된 공기가 흐를 수 있는 관통형 통로를 말한다.

2. 제연방식

1) 제연구역에 옥외의 신선한 공기를 공급하여 제연구역의 기압을 제연구역 이외의 옥내보다 높게 하되 일정한 기압의 차이(이하 "차압"이라 한다.)를 유지하게 함으로써 옥내로부터 제연구역 내로 연기가 침투하지 못하도록 할 것
2) 피난을 위하여 제연구역의 출입문이 일시적으로 개방되는 경우 방연풍속을 유지하도록 옥외의 공기를 제연구역 내로 보충 공급하도록 할 것
3) 출입문이 닫히는 경우 제연구역의 과압을 방지할 수 있는 유효한 조치를 하여 차압을 유지할 것

3. 제연구역의 선정

1) 계단실 및 그 부속실을 동시에 제연하는 것
2) 부속실만을 단독으로 제연하는 것
3) 계단실만 단독제연하는 것
4) 비상용승강기 승강장만 단독제연하는 것

4. 차압 등

1) 2.1)의 기준에 따라 제연구역과 옥내 사이에 유지해야 하는 최소 차압은 40Pa(옥내에 스프링클러설비가 설치된 경우에는 12.5Pa) 이상으로 해야 한다.
2) 제연설비가 가동되었을 경우 출입문의 개방에 필요한 힘은 110N 이하로 해야 한다.
3) 2.2)의 기준에 따라 출입문이 일시적으로 개방되는 경우 개방되지 않은 제연구역과 옥내와의 차압은 4.1)의 기준에도 불구하고 2.3.1의 기준에 따른 차압의 70% 이상이어야 한다.

4) 계단실과 부속실을 동시에 제연하는 경우 부속실의 기압은 계단실과 같게 하거나 계단실의 기압보다 낮게 할 경우에는 부속실과 계단실의 압력 차이는 5Pa 이하가 되도록 해야 한다.

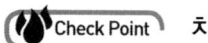 **차압**

1. 최소 차압
① 제연구역과 옥내 사이에 유지해야 하는 최소 차압은 40Pa 이상(옥내에 스프링클러설비가 설치된 경우에는 12.5Pa 이상)
② 출입문이 일시적으로 개방되는 경우 개방되지 아니하는 제연구역과 옥내와의 차압은 제1항의 기준에 불구하고 제1항의 기준에 따른 차압의 70% 미만이 되어서는 아니 된다.

2. 최대 차압
① 제연설비가 가동되었을 경우 출입문의 개방에 필요한 힘은 110N 이하로 해야 한다.
② 출입문을 개방하는 데 필요한 전체 힘 $F = F_{dc} + F_P$ [N]
③ $F_p = F - F_{dc} = \dfrac{K_d \cdot W \cdot A \cdot \Delta P}{2(W-d)}$ [N]

여기서, F : 출입문을 개방하는 데 필요한 전체 힘[N]
F_{dc} : 도어 체크의 저항력(제연설비 작동 전 출입문 개방에 필요한 힘)[N]
F_P : 차압에 의해 출입문에 미치는 힘[N]
K_d : 상수(=1.0)
W : 출입문의 폭[m]
A : 출입문의 면적[m²](=폭×높이)
ΔP : 제연구역과 비제연구역과의 차압[Pa]
d : 손잡이에서 출입문 끝까지의 거리[m] 적용

5. 급기량

급기량은 다음의 양을 합한 양 이상이 되어야 한다.
1) 2. 1)의 기준에 따른 차압을 유지하기 위하여 제연구역에 공급해야 할 공기량. 이 경우 제연구역에 설치된 출입문(창문을 포함한다. 이하 "출입문등"이라 한다)의 누설량과 같아야 한다.
2) 2. 2)의 기준에 따른 보충량

6. 누설량

5. 1)의 기준에 따른 누설량은 제연구역의 누설량을 합한 양으로 한다. 이 경우 출입문이 2개소 이상인 경우에는 각 출입문의 누설틈새면적을 합한 것으로 한다.

7. 보충량

5. 2)의 기준에 따른 보충량은 부속실(또는 승강장)의 수가 20개 이하는 1개 층 이상, 20개를 초과하는 경우에는 2개 층 이상의 보충량으로 한다.

Check Point 급기량 · 누설량 · 보충량

1. 급기량 = 누설량 + 보충량
2. 누설량 · 보충량

구 분	누설량[m³/s]	보충량[m³/s]
개 념	최소 차압을 유지하기 위한 바람의 양	방연풍속을 발생하기 위한 바람의 양
목 적	출입문이 닫혀 있는 상태에서 차압 유지	출입문이 개방된 상태에서 방연풍속 발생
기 준	① 최소 차압 : 40Pa(SP : 12.5Pa) 이상 (차압계로 측정) ② 최대 차압 : 110N 이하 (폐쇄력 측정기로 측정)	① 방연풍속 이상 ② 풍속계로 측정
공 식	$Q = 0.827 \times A_t \times P^{\frac{1}{n}} \times N$	$Q_2 = K\left(\dfrac{S \times V}{0.6}\right) - Q_0$

1) 누설량
   ① 제연구역의 출입문이 닫혀 있는 경우 누설틈새(창 또는 출입문)를 통하여 비제연구역(통로 또는 거실 등)으로 누설되는 공기량을 말한다.
   ② 제연구역에 최소 차압을 유지하기 위해서는 누설되는 공기량을 계속적으로 공급해야 한다.

③ 최소 차압 40Pa(스프링클러설비가 설치된 경우 12.5Pa) 이상이 되도록 유지하여 제연구역으로 연기가 침투하지 못하도록 하는 공기량이다.
④ 출입문이 닫혀 있는 경우 제연구역에 공급해야 할 최소 급기량이다.

2) 보충량
① 제연구역의 출입문이 일시적으로 개방되는 경우 방연풍속(옥내로부터 제연구역내로 연기의 유입을 유효하게 방지할 수 있는 풍속)을 유지하여 비제연구역에서 제연구역으로 연기가 유입되지 않도록 하는 보충 공기량을 말한다.
② 출입문이 개방되어 있는 상태에서의 필요한 급기량이 된다.

8. 방연풍속

방연풍속은 제연구역의 선정방식에 따라 다음 표 2.7.1의 기준에 적합해야 한다.

제연구역		방연풍속
계단실 및 그 부속실을 동시에 제연하는 것, 계단실만 단독으로 제연하는 것		0.5m/s 이상
부속실만 단독으로 제연하는 것 또는 비상용승강기의 승강장만 단독으로 제연하는 것	부속실 또는 승강장이 면하는 옥내가 거실인 경우	0.7m/s 이상
	부속실 또는 승강장이 면하는 옥내가 복도로서 그 구조가 방화구조(내화시간이 30분 이상인 구조를 말한다.)인 것	0.5m/s 이상

9. 과압방지조치

제연구역에서 발생하는 과압을 해소하기 위해 과압방지장치를 설치하는 등의 과압방지조치를 해야 한다. 다만, 제연구역 내에 과압발생의 우려가 없다는 것을 시험 또는 공학적인 자료로 입증하는 경우에는 과압방지조치를 하지 않을 수 있다.

10. 누설틈새의 면적

제연구역으로부터 공기가 누설하는 틈새면적은 다음의 기준에 따라야 한다.

1) 출입문의 틈새면적은 다음의 식에 따라 산출하는 수치를 기준으로 할 것. 다만, 방화문의 경우에는 「한국산업표준」에서 정하는 「문세트(KS F 3109)」에 따른 기준을 고려하여 산출할 수 있다.

$$A = \frac{L}{l} \times A_d$$

여기서, A : 출입문의 틈새면적[m²]

L : 출입문 틈새의 길이[m]

(L의 수치가 l의 수치 이하인 경우에는 l의 수치로 할 것)

l : 기준틈새길이, A_d : 기준틈새면적

출입문의 형태		기준틈새길이[m]	기준틈새면적[m²]
외여닫이문	제연구역 실내 쪽으로 개방	5.6	0.01
	제연구역 실외 쪽으로 개방		0.02
쌍여닫이문		9.2	0.03
승강기 출입문		8.0	0.06

2) 창문의 틈새면적은 다음의 식에 따라 산출하는 수치를 기준으로 할 것. 다만, 「한국산업표준」에서 정하는 「창세트(KS F 3117)」에 따른 기준을 고려하여 산출할 수 있다.

창문의 형태		틈새면적[m²]
외여닫이식 창문	창틀에 방수패킹이 없는 경우	$2.55 \times 10^{-4} \times$ 틈새길이
	창틀에 방수패킹이 있는 경우	$3.61 \times 10^{-5} \times$ 틈새길이
미닫이식 창문		$1.00 \times 10^{-4} \times$ 틈새길이

3) 제연구역으로부터 누설하는 공기가 승강기의 승강로를 경유하여 승강로의 외부로 유출하는 유출면적은 승강로 상부의 승강로와 기계실 사이의 개구부 면적을 합한 것을 기준으로 할 것

4) 제연구역을 구성하는 벽체(반자 속의 벽체를 포함한다.)가 벽돌 또는 시멘트블록 등의 조적구조이거나 석고판 등의 조립구조인 경우에는 불연재료를 사용하여 틈새를 조정할 것

5) 제연설비의 완공 시 제연구역의 출입문등은 크기 및 개방방식이 해당 설비의 설계 시와 같도록 할 것

11. 유입공기의 배출

1) 유입공기는 화재층의 제연구역과 면하는 옥내로부터 옥외로 배출되도록 해야 한다. 다만, 직통계단식 공동주택의 경우에는 그렇지 않다.

2) 유입공기의 배출은 다음의 어느 하나의 기준에 따른 배출방식으로 해야 한다.

① 수직풍도에 따른 배출 : 옥상으로 직통하는 전용의 배출용 수직풍도를 설치하여 배

출하는 것으로서 다음 각 목의 어느 하나에 해당하는 것

가. 자연배출식 : 굴뚝효과에 따라 배출하는 것

나. 기계배출식 : 수직풍도의 상부에 전용의 배출용 송풍기를 설치하여 강제로 배출하는 것. 다만, 지하층만을 제연하는 경우 배출용 송풍기의 설치위치는 배출된 공기로 인하여 피난 및 소화활동에 지장을 주지 아니하는 곳에 설치할 수 있다.

② 배출구에 따른 배출 : 건물의 옥내와 면하는 외벽마다 옥외와 통하는 배출구를 설치하여 배출하는 것

③ 제연설비에 따른 배출 : 거실제연설비가 설치되어 있고 당해 옥내로부터 옥외로 배출해야 하는 유입공기의 양을 거실제연설비의 배출량에 합하여 배출하는 경우 유입공기의 배출은 당해 거실제연설비에 따른 배출로 갈음할 수 있다.

12. 수직풍도에 따른 배출

1) 수직풍도는 내화구조로 하되 「건축물의 피난·방화구조 등의 기준에 관한 규칙」 제3조 제1호 또는 제2호의 기준 이상의 성능으로 할 것
2) 수직풍도의 내부면은 두께 0.5mm 이상의 아연도금강판 또는 동등 이상의 내식성·내열성이 있는 것으로 마감되는 접합부에 대하여는 통기성이 없도록 조치할 것
3) 각 층의 옥내와 면하는 수직풍도의 관통부에는 다음 각 목의 기준에 적합한 댐퍼(이하 "배출댐퍼"라 한다.)를 설치해야 한다.

   ① 배출댐퍼는 두께 1.5mm 이상의 강판 또는 이와 동등 이상의 성능이 있는 것으로 설치해야 하며 비내식성 재료의 경우에는 부식방지 조치를 할 것
   ② 평상시 닫힌 구조로 기밀상태를 유지할 것
   ③ 개폐 여부를 당해 장치 및 제어반에서 확인할 수 있는 감지기능을 내장하고 있을 것
   ④ 구동부의 작동상태와 닫혀 있을 때의 기밀상태를 수시로 점검할 수 있는 구조일 것
   ⑤ 풍도의 내부마감상태에 대한 점검 및 댐퍼의 정비가 가능한 이·탈착구조로 할 것
   ⑥ 화재 층에 설치된 화재감지기의 동작에 따라 당해 층의 댐퍼가 개방될 것
   ⑦ 개방 시의 실제개구부(개구율을 감안한 것을 말한다.)의 크기는 4)의 기준에 따른 수직풍도의 최소 내부단면적 이상으로 할 것
   ⑧ 댐퍼는 풍도 내의 공기흐름에 지장을 주지 않도록 수직풍도의 내부로 돌출하지 않게 설치할 것

4) 수직풍도의 내부단면적은 다음 각 목의 기준에 적합할 것

   ① 자연배출식의 경우 다음 식에 따라 산출하는 수치 이상으로 할 것. 다만, 수직풍도의 길이가 100m를 초과하는 경우에는 산출수치의 1.2배 이상의 수치를 기준으로 해야 한다.

$$A_P = Q_N / 2$$

여기서, A_P : 수직풍도의 내부단면적(m^2)

Q_N : 수직풍도가 담당하는 1개 층의 제연구역의 출입문 (옥내와 면하는 출입문을 말한다.) 1개의 면적(m^2)과 방연풍속(m/s)을 곱한 값(m^3/s)

 ② 송풍기를 이용한 기계배출식의 경우 풍속 15m/s 이하로 할 것
5) 기계배출식에 따라 배출하는 경우 배출용 송풍기는 다음 각 목의 기준에 적합할 것
 ① 열기류에 노출되는 송풍기 및 그 부품들은 250℃의 온도에서 1시간 이상 가동상태를 유지할 것
 ② 송풍기의 풍량은 4) ①의 기준에 따른 QN에 여유량을 더한 양을 기준으로 할 것
 ③ 송풍기는 화재감지기의 동작에 따라 연동하도록 할 것
 ④ 송풍기의 풍량을 실측할 수 있는 유효한 조치를 할 것
 ⑤ 송풍기는 다른 장소와 방화구획되고 접근과 점검이 용이한 장소에 설치할 것
6) 수직풍도의 상부의 말단(기계배출식의 송풍기도 포함한다.)은 빗물이 흘러들지 아니하는 구조로 하고, 옥외의 풍압에 따라 배출성능이 감소하지 아니하도록 유효한 조치를 할 것

13. 배출구에 따른 배출

1) 배출구에는 다음 각 목의 기준에 적합한 장치(이하 "개폐기"라 한다.)를 설치할 것
 ① 빗물과 이물질이 유입하지 아니하는 구조로 할 것
 ② 옥외 쪽으로만 열리도록 하고 옥외의 풍압에 따라 자동으로 닫히도록 할 것
 ③ 그 밖의 설치기준은 12. 3) ① 내지 12. 3) ⑦의 기준을 준용할 것
2) 개폐기의 개구면적은 다음 식에 따라 산출한 수치 이상으로 할 것

$$A_O = Q_N / 2.5$$

여기서, A_O : 개폐기의 개구면적(m^2)

Q_N : 수직풍도가 담당하는 1개 층의 제연구역의 출입문 (옥내와 면하는 출입문을 말한다.) 1개의 면적(m^2)과 방연풍속(m/s)을 곱한 값(m^3/s)

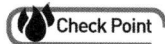

자연 배출식		기계 배출식
수직풍도의 길이가 100[m] 이하	수직풍도의 길이가 100[m] 초과	
$A_P = \dfrac{Q_N}{2}[\mathrm{m}^2]$	$A_P = \dfrac{Q_N}{2} \times 1.2[\mathrm{m}^2]$	$A_P = \dfrac{Q_N}{15}[\mathrm{m}^2]$

1. 수직풍도 내부단면적(A_P)

$Q_N = A \times V \,[\mathrm{m}^3/\mathrm{s}]$
　　여기서, A : 제연구역 출입문 1개의 면적[m²], V : 방연풍속[m/s]

2. 개폐기의 개구부 면적(A_0)

$A_0 = \dfrac{Q_N}{2.5}[\mathrm{m}^2]$

14. 급기

1) 부속실을 제연하는 경우 동일 수직선상의 모든 부속실은 하나의 전용수직풍도를 통해 동시에 급기할 것. 다만, 동일 수직선상에 2대 이상의 급기송풍기가 설치되는 경우에는 수직풍도를 분리하여 설치할 수 있다.
2) 계단실 및 부속실을 동시에 제연하는 경우 계단실에 대하여는 그 부속실의 수직풍도를 통해 급기할 수 있다.
3) 계단실만 제연하는 경우에는 전용수직풍도를 설치하거나 계단실에 급기풍도 또는 급기송풍기를 직접 연결하여 급기하는 방식으로 할 것
4) 하나의 수직풍도마다 전용의 송풍기로 급기할 것
5) 비상용승강기 또는 피난용승강기의 승강장을 제연하는 경우에는 해당 승강기의 승강로를 급기풍도로 사용할 수 있다.

15. 급기구

제연구역에 설치하는 급기구는 다음의 기준에 적합해야 한다.
1) 급기용 수직풍도와 직접 면하는 벽체 또는 천장(당해 수직풍도와 천장급기구 사이의 풍도를 포함한다.)에 고정하되, 급기되는 기류 흐름이 출입문으로 인하여 차단되거나 방해받지 아니하도록 옥내와 면하는 출입문으로부터 가능한 한 먼 위치에 설치할 것

2) 계단실과 그 부속실을 동시에 제연하거나 또는 계단실만을 제연하는 경우 급기구는 계단실 매 3개 층 이하의 높이마다 설치할 것. 다만, 계단실의 높이가 31m 이하로서 계단실만을 제연하는 경우에는 하나의 계단실에 하나의 급기구만을 설치할 수 있다.
3) 급기구의 댐퍼설치는 다음의 기준에 적합할 것

※ 급기구 댐퍼 설치기준
① 급기댐퍼의 재질은 「자동차압급기댐퍼의 성능인증 및 제품검사의 기술기준」에 적합한 것으로 할 것
② 자동차압급기댐퍼는 「자동차압급기댐퍼의 성능인증 및 제품검사의 기술기준」에 적합한 것으로 설치할 것
③ 자동차압급기댐퍼가 아닌 댐퍼는 개구율을 수동으로 조절할 수 있는 구조로 할 것
④ 화재감지기에 따라 모든 제연구역의 댐퍼가 개방되도록 할 것. 다만, 둘 이상의 특정소방대상물이 지하에 설치된 주차장으로 연결되어 있는 경우에는 특정소방대상물의 화재감지기 및 주차장에서 하나의 특정소방대상물의 제연구역으로 들어가는 입구에 설치된 제연용 연기감지기의 작동에 따라 해당 특정소방대상물의 수직풍도에 연결된 모든 제연구역의 댐퍼가 개방되도록 하거나 해당 특정소방대상물을 포함한 둘 이상의 특정소방대상물의 모든 제연구역의 댐퍼가 개방되도록 할 것
⑤ 댐퍼의 작동이 전기적 방식에 의하는 경우 12. 3) ② 내지 12. 3) ⑤의 기준을, 기계적 방식에 따른 경우 12. 3) ③, 12. 3) ④ 및 12. 3) ⑤ 기준을 준용할 것
⑥ 그 밖의 설치기준은 12. 3) ① 및 12. 3) ⑧의 기준을 준용할 것

16. 급기풍도
1) 수직풍도는 12. 1) ① 및 12. 1) ②의 기준을 준용할 것
2) 수직풍도 이외의 풍도로서 금속판으로 설치하는 풍도는 다음의 기준에 적합할 것
① 풍도는 아연도금강판 또는 이와 동등 이상의 내식성·내열성이 있는 것으로 하며, 「건축법 시행령」제2조에 따른 불연재료(석면재료를 제외한다)인 단열재로 풍도외부에 유효한 단열처리를 하고, 강판의 두께는 풍도의 크기에 따라 다음 표에 따른 기준 이상으로 할 것. 다만, 방화구획이 되는 전용실에 급기송풍기와 연결되는 풍도는 단열이 필요 없다.

풍도단면의 긴 변 또는 직경의 크기	450mm 이하	450mm 초과 750mm 이하	750mm 초과 1,500mm 이하	1,500mm 초과 2,250mm 이하	2,250mm 초과
강판두께	0.5mm	0.6mm	0.8mm	1.0mm	1.2mm

② 풍도에서의 누설량은 급기량의 10%를 초과하지 않을 것
3) 풍도는 정기적으로 풍도 내부를 청소할 수 있는 구조로 설치할 것
4) 풍도 내의 풍속은 15m/s 이하로 할 것

17. 급기송풍기

1) 송풍기의 송풍능력은 송풍기가 담당하는 제연구역에 대한 급기량의 1.15배 이상으로 할 것. 다만, 풍도에서의 누설을 실측하여 조정하는 경우에는 그러하지 아니한다.
2) 송풍기에는 풍량조절장치를 설치하여 풍량조절을 할 수 있도록 할 것
3) 송풍기에는 풍량을 실측할 수 있는 유효한 조치를 할 것
4) 송풍기는 인접장소의 화재로부터 영향을 받지 아니하고 접근 및 점검이 용이한 곳에 설치할 것
5) 송풍기는 옥내의 화재감지기의 동작에 따라 작동하도록 할 것
6) 송풍기와 연결되는 캔버스는 내열성(석면재료를 제외한다.)이 있는 것으로 할 것

18. 외기취입구

1) 외기를 옥외로부터 취입하는 경우 취입구는 연기 또는 공해물질 등으로 오염된 공기를 취입하지 아니하는 위치에 설치해야 하며, 배기구 등(유입공기, 주방의 조리대의 배출공기 또는 화장실의 배출공기 등을 배출하는 배기구를 말한다.)으로부터 수평거리 5m 이상, 수직거리 1m 이상 낮은 위치에 설치할 것
2) 취입구를 옥상에 설치하는 경우에는 옥상의 외곽 면으로부터 수평거리 5m 이상, 외곽면의 상단으로부터 하부로 수직거리 1m 이하의 위치에 설치할 것
3) 취입구는 빗물과 이물질이 유입하지 아니하는 구조로 할 것
4) 취입구는 취입공기가 옥외의 바람의 속도와 방향에 따라 영향을 받지 아니하는 구조로 할 것

19. 제연구역 및 옥내의 출입문

1) 제연구역의 출입문

① 제연구역의 출입문(창문을 포함한다.)은 언제나 닫힌 상태를 유지하거나 자동폐쇄장치에 의해 자동으로 닫히는 구조로 할 것. 다만, 아파트인 경우 제연구역과 계단실 사이의 출입문은 자동폐쇄장치에 의하여 자동으로 닫히는 구조로 해야 한다.
② 제연구역의 출입문에 설치하는 자동폐쇄장치는 제연구역의 기압에도 불구하고 출입문을 용이하게 닫을 수 있는 충분한 폐쇄력이 있을 것

③ 제연구역의 출입문등에 자동폐쇄장치를 사용하는 경우에는 「자동폐쇄장치의 성능인증 및 제품검사의 기술기준」에 적합한 것으로 설치해야 한다.

2) 옥내의 출입문(2.7.1의 표 2.7.1에 따른 방화구조의 복도가 있는 경우로서 복도와 거실 사이의 출입문에 한한다)

① 출입문은 언제나 닫힌 상태를 유지하거나 자동폐쇄장치에 의해 자동으로 닫히는 구조로 할 것
② 거실 쪽으로 열리는 구조의 출입문에 자동폐쇄장치를 설치하는 경우에는 출입문의 개방 시 유입공기의 압력에도 불구하고 출입문을 용이하게 닫을 수 있는 충분한 폐쇄력이 있는 것으로 할 것

Check Point 제연구역 및 옥내의 출입문

1. 제연구역의 출입문 기준
① 자동폐쇄장치란 제연구역의 출입문 등에 설치하는 것으로서 화재 발생 시 옥내에 설치된 감지기 작동과 연동하여 출입문을 자동적으로 닫게 하는 장치를 말한다.
② 아파트 이외의 경우와 부속실로 들어가는 출입문에는 일반형 도어체크(고장력 도어체크)를 설치하여 항상 닫힌 상태를 유지하거나 감지기와 연동하는 자동폐쇄장치를 설치할 것
③ 아파트인 경우 제연구역과 계단실 사이의 출입문은 자동폐쇄장치에 의하여 자동으로 닫히는 구조로 할 것(일반형 도어체크를 설치할 경우 노약자가 출입문을 개방하기가 어려울 수 있다.)

2. 옥내의 출입문 기준
① 옥내란 방연풍속을 0.5m/s 이상을 적용하는 부속실이 면하는 옥내가 복도로서 방화구조 이상인 경우를 말한다.
② 거실에서 화재가 발생할 경우 연기의 확산을 피난 경로인 복도 쪽으로 제한하고, 복도와 부속실 간 안정적인 차압을 확보하기 위하여 출입문에 일반형 도어체크나 감지기와 연동하는 자동폐쇄장치를 설치하도록 한 것이다.

③ 거실 쪽으로 열리는 출입문은 부속실의 출입문이 일시적으로 개방될 경우 부속실에서 유입되는 유입공기의 압력을 이기고 사무실의 출입문을 쉽게 닫을 수 있도록 충분한 폐쇄력이 있어야 할 것

20. 수동기동장치

1) 배출댐퍼 및 개폐기의 직근 또는 제연구역에는 다음의 기준에 따른 장치의 작동을 위하여 수동기동장치를 설치하고 스위치는 바닥으로부터 0.8m 이상 1.5m 이하의 높이에 설치해야 한다. 다만, 계단실 및 그 부속실을 동시에 제연하는 제연구역에는 그 부속실에만 설치할 수 있다.
   ① 전 층의 제연구역에 설치된 급기댐퍼의 개방
   ② 당해 층의 배출댐퍼 또는 개폐기의 개방
   ③ 급기송풍기 및 유입공기의 배출용 송풍기(설치한 경우에 한한다.)의 작동
   ④ 개방·고정된 모든 출입문(제연구역과 옥내 사이의 출입문에 한한다.)의 개폐장치의 작동
2) 1)의 기준에 따른 장치는 옥내에 설치된 수동발신기의 조작에 따라서도 작동할 수 있도록 해야 한다.

21. 제어반

1) 제어반에는 제어반의 기능을 1시간 이상 유지할 수 있는 용량의 비상용 축전지를 내장할 것. 다만, 당해 제어반이 종합방재제어반에 함께 설치되어 종합방재제어반으로부터 이 기준에 따른 용량의 전원을 공급받을 수 있는 경우에는 그러하지 아니한다.
2) 제어반은 다음의 기능을 보유할 것
   ① 급기용 댐퍼의 개폐에 대한 감시 및 원격조작기능
   ② 배출댐퍼 또는 개폐기의 작동 여부에 대한 감시 및 원격조작기능
   ③ 급기송풍기와 유입공기의 배출용 송풍기(설치한 경우에 한한다.)의 작동 여부에 대한 감시 및 원격조작기능
   ④ 제연구역의 출입문의 일시적인 고정개방 및 해정에 대한 감시 및 원격조작기능
   ⑤ 수동기동장치의 작동 여부에 대한 감시기능
   ⑥ 급기구 개구율의 자동조절장치(설치하는 경우에 한한다.)의 작동 여부에 대한 감시기능. 다만, 급기구에 차압표시계를 고정부착한 자동차압·과압조절형 댐퍼를 설치하고 당해 제어반에도 차압표시계를 설치한 경우에는 그렇지 않다.

⑦ 감시선로의 단선에 대한 감시기능
⑧ 예비전원이 확보되고 예비전원의 적합 여부를 시험할 수 있어야 할 것

22. 비상전원

비상전원은 자가발전설비, 축전지설비 또는 전기저장장치로서 다음의 기준에 따라 설치해야 한다. 다만, 둘 이상의 변전소(「전기사업법」 제67조의 규정에 따른 변전소를 말한다.)에서 전력을 동시에 공급받을 수 있거나 하나의 변전소로부터 전력의 공급이 중단되는 때에는 자동으로 다른 변전소로부터 전원을 공급받을 수 있도록 상용전원을 설치한 경우에는 그렇지 않다.

1) 점검에 편리하고 화재 및 침수 등의 재해로 인한 피해를 받을 우려가 없는 곳에 설치할 것
2) 제연설비를 유효하게 20분(층수가 30층 이상 49층 이하는 40분, 50층 이상은 60분) 이상 작동할 수 있도록 할 것
3) 상용전원으로부터 전력의 공급이 중단된 때에는 자동으로 비상전원으로부터 전력을 공급받을 수 있도록 할 것
4) 비상전원의 설치장소는 다른 장소와 방화구획할 것. 이 경우 그 장소에는 비상전원의 공급에 필요한 기구나 설비 외의 것(열병합발전설비에 필요한 기구나 설비는 제외한다.)을 두어서는 아니 된다.
5) 비상전원을 실내에 설치하는 때에는 그 실내에 비상조명등을 설치할 것

23. 시험, 측정 및 조정 등

1) 제연설비는 설계목적에 적합한지 검토하고 제연설비의 성능과 관련된 건물의 모든 부분(건축설비를 포함한다)이 완성되는 시점에 맞추어 시험·측정 및 조정(이하 "시험 등"이라 한다)을 해야 한다.
2) 제연설비의 시험 등은 다음의 기준에 따라 실시해야 한다.
   ① 제연구역의 모든 출입문 등의 크기와 열리는 방향이 설계 시와 동일한지 여부를 확인하고, 동일하지 아니한 경우 급기량과 보충량 등을 다시 산출하여 조정 가능 여부 또는 재설계·개수의 여부를 결정할 것
   ② 삭제
   ③ 제연구역의 출입문 및 복도와 거실(옥내가 복도와 거실로 되어 있는 경우에 한한다.) 사이의 출입문마다 제연설비가 작동하고 있지 아니한 상태에서 그 폐쇄력을 측정할 것
   ④ 층별로 화재감지기(수동기동장치를 포함한다)를 동작시켜 제연설비가 작동하는지

여부를 확인할 것. 다만, 둘 이상의 특정소방대상물이 지하에 설치된 주차장으로 연결되어 있는 경우에는 특정소방대상물의 화재감지기 및 주차장에서 하나의 특정소방대상물의 제연구역으로 들어가는 입구에 설치된 제연용 연기감지기의 작동에 따라 해당 특정소방대상물의 수직풍도에 연결된 모든 제연구역의 댐퍼가 개방되도록 하거나 해당 특정소방대상물을 포함한 둘 이상의 특정소방대상물의 모든 제연구역의 댐퍼가 개방되도록 하고 비상전원을 작동시켜 급기 및 배기용 송풍기의 성능이 정상인지 확인할 것

⑤ ④의 기준에 따라 제연설비가 작동하는 경우 다음 각 목의 기준에 따른 시험 등을 실시할 것

　가. 부속실과 면하는 옥내 및 계단실의 출입문을 동시에 개방할 경우, 유입공기의 풍속이 8.의 규정에 따른 방연풍속에 적합한지 여부를 확인하고, 적합하지 아니한 경우에는 급기구의 개구율과 송풍기의 풍량조절댐퍼 등을 조정하여 적합하게 할 것. 이 경우 유입공기의 풍속은 출입문의 개방에 따른 개구부를 대칭적으로 균등 분할하는 10 이상의 지점에서 측정하는 풍속의 평균치로 할 것

　나. 가.의 따른 시험 등의 과정에서 출입문을 개방하지 않은 제연구역의 실제 차압이 4. 3)의 기준에 적합한지 여부를 출입문 등에 차압측정공을 설치하고 이를 통하여 차압측정기구로 실측하여 확인·조정할 것

　다. 제연구역의 출입문이 모두 닫혀 있는 상태에서 제연설비를 가동시킨 후 출입문의 개방에 필요한 힘을 측정하여 4. 2)의 규정에 따른 개방력에 적합한지 여부를 확인하고, 적합하지 아니한 경우에는 급기구의 개구율 조정 및 플랩댐퍼(설치하는 경우에 한한다)와 풍량조절용댐퍼 등의 조정에 따라 적합하도록 조치할 것. 이때 제연구역의 출입문과 면하는 옥내에 거실제연설비가 설치된 경우에는 이 기준에 따른 제연설비와 해당 거실제연설비를 동시에 작동시킨 상태에서 출입문의 개방력을 측정할 것

　라. 가의 기준에 따른 시험 등의 과정에서 부속실의 개방된 출입문이 자동으로 완전히 닫히는지 여부를 확인하고, 닫힌 상태를 유지할 수 있도록 조정할 것

03 연결송수관설비

1. 정의
1) "연결송수관설비"란 건축물의 옥외에 설치된 송수구에 소방차로부터 가압수를 송수하고 소방관이 건축물 내에 설치된 방수기구함에 비치된 호스를 방수구에 연결하여 화재를 진압하는 소화활동설비를 말한다.
2) "송수구"란 소화설비에 소화용수를 보급하기 위하여 건물 외벽 또는 구조물의 외벽에 설치하는 관을 말한다.
3) "방수구"란 소화설비로부터 소화용수를 방수하기 위하여 건물내벽 또는 구조물의 외벽에 설치하는 관을 말한다.

2. 송수구
1) 소방차가 쉽게 접근할 수 있고 잘 보이는 장소에 설치할 것
2) 지면으로부터 높이가 0.5m 이상 1m 이하의 위치에 설치할 것
3) 송수구는 화재층으로부터 지면으로 떨어지는 유리창 등이 송수 및 그 밖의 소화작업에 지장을 주지 아니하는 장소에 설치할 것
4) 송수구로부터 연결송수관설비의 주배관에 이르는 연결배관에 개폐밸브를 설치한 때에는 그 개폐상태를 쉽게 확인 및 조작할 수 있는 옥외 또는 기계실 등의 장소에 설치할 것. 이 경우 개폐밸브에는 그 밸브의 개폐상태를 감시제어반에서 확인할 수 있도록 급수개폐밸브 작동표시 스위치를 다음 각 목의 기준에 따라 설치해야 한다.

※ **급수개폐밸브 작동표시 스위치(탬퍼스위치) 설치기준**
   가. 급수개폐밸브가 잠길 경우 탬퍼 스위치의 동작으로 인하여 감시제어반 또는 수신기에 표시되어야 하며 경보음을 발할 것
   나. 탬퍼 스위치는 감시제어반 또는 수신기에서 동작의 유무확인과 동작시험, 도통시험을 할 수 있을 것
   다. 급수개폐밸브의 작동표시 스위치에 사용되는 전기배선은 내화전선 또는 내열전선으로 설치할 것

5) 구경 65mm의 쌍구형으로 할 것
6) 송수구에는 그 가까운 곳의 보기 쉬운 곳에 송수압력범위를 표시한 표지를 할 것
7) 송수구는 연결송수관의 수직배관마다 1개 이상을 설치할 것. 다만, 하나의 건축물에 설치된 각 수직배관이 중간에 개폐밸브가 설치되지 아니한 배관으로 상호 연결되어 있는 경우에는 건축물마다 1개씩 설치할 수 있다.

8) 송수구의 부근에는 자동배수밸브 및 체크밸브를 다음 각 목의 기준에 따라 설치할 것. 이 경우 자동배수밸브는 배관 안의 물이 잘 빠질 수 있는 위치에 설치하되, 배수로 인하여 다른 물건이나 장소에 피해를 주지 않아야 한다.

※ **자동배수밸브 및 체크밸브 설치기준**
　가. 습식의 경우에는 송수구 · 자동배수밸브 · 체크밸브의 순으로 설치할 것
　나. 건식의 경우에는 송수구 · 자동배수밸브 · 체크밸브 · 자동배수밸브의 순으로 설치할 것

9) 송수구에는 가까운 곳의 보기 쉬운 곳에 "연결송수관설비송수구"라고 표시한 표지를 설치할 것
10) 송수구에는 이물질을 막기 위한 마개를 씌울 것

3. 배관 등

1) 연결송수관설비의 배관은 다음의 기준에 따라 설치해야 한다.
　① 주배관의 구경은 100mm 이상의 것으로 할 것. 다만, 주 배관의 구경이 100mm 이상인 옥내소화전설비의 배관과는 겸용할 수 있다.
　② 지면으로부터의 높이가 31m 이상인 특정소방대상물 또는 지상 11층 이상인 특정소방대상물에 있어서는 습식 설비로 할 것
2) 배관과 배관이음쇠는 다음의 어느 하나에 해당하는 것 또는 동등 이상의 강도 · 내식성 및 내열성을 국내 · 외 공인기관으로부터 인정받은 것을 사용해야 한다. 다만, 본 기준에서 정하지 않은 사항은 「건설기술 진흥법」 제44조제1항의 규정에 따른 "건설기준"에 따른다.
　① 배관 내 사용압력이 1.2MPa 미만일 경우에는 다음의 어느 하나에 해당하는 것
　　가. 배관용 탄소강관(KS D 3507)
　　나. 이음매 없는 구리 및 구리합금관(KS D 5301). 다만, 습식의 배관에 한한다.
　　다. 배관용 스테인리스강관(KS D 3576) 또는 일반배관용 스테인리스강관(KS D 3595). 다만, 배관용 스테인리스강관(KS D 3576)의 이음을 용접으로 할 경우에는 텅스텐 불활성 가스 아크 용접(Tungsten Inertgas Arc Welding)방식에 따른다.
　　라. 덕타일 주철관(KS D 4311)
　② 배관 내 사용압력이 1.2MPa 이상일 경우에는 다음의 어느 하나에 해당하는 것
　　가. 압력배관용 탄소강관(KS D 3562)
　　나. 배관용 아크용접 탄소강강관(KS D 3583)

3) 2)에도 불구하고 다음의 어느 하나에 해당하는 장소에는 소방청장이 정하여 고시한 「소방용합성수지배관의 성능인증 및 제품검사의 기술기준」에 적합한 소방용 합성수지배관으로 설치할 수 있다.
   ① 배관을 지하에 매설하는 경우
   ② 다른 부분과 내화구조로 구획된 덕트 또는 피트의 내부에 설치하는 경우
   ③ 천장(상층이 있는 경우에는 상층바닥의 하단을 포함한다.)과 반자를 불연재료 또는 준불연재료로 설치하고 소화배관 내부에 항상 소화수가 채워진 상태로 설치하는 경우
4) 성능시험배관은 펌프의 토출 측에 설치된 개폐밸브 이전에서 분기하여 설치하고, 유량측정장치를 기준으로 전단에 개폐밸브를 후단에 유량조절 밸브를 설치해야 한다.
5) 성능시험배관에 설치하는 유량측정장치는 성능시험배관의 직관부에 설치하되, 펌프 정격토출량의 175% 이상을 측정할 수 있는 것으로 해야 한다.
6) 연결송수관설비의 수직배관은 내화구조로 구획된 계단실(부속실을 포함한다) 또는 파이프덕트 등 화재의 우려가 없는 장소에 설치해야 한다. 다만, 학교 또는 공장이거나 배관주위를 1시간 이상의 내화성능이 있는 재료로 보호하는 경우에는 그렇지 않다.
7) 확관형 분기배관을 사용할 경우에는 소방청장이 정하여 고시한 「분기배관의 성능인증 및 제품검사의 기술기준」에 적합한 것으로 설치해야 한다.
8) 배관은 다른 설비의 배관과 쉽게 구분이 될 수 있는 위치에 설치하거나, 그 배관표면 또는 배관 보온재표면의 색상은 「한국산업표준(배관계의 식별 시, KS A 0503)」 또는 적색으로 식별이 가능하도록 소방용설비의 배관임을 표시해야 한다.

4. 방수구

1) 연결송수관설비의 방수구는 그 특정소방대상물의 층마다 설치할 것. 다만, 다음 각 목의 어느 하나에 해당하는 층에는 설치하지 않을 수 있다.

   ※ **연결송수관설비 방수구 설치 제외**
   ① 아파트의 1층 및 2층
   ② 소방차의 접근이 가능하고 소방대원이 소방차로부터 각 부분에 쉽게 도달할 수 있는 피난층
   ③ 송수구가 부설된 옥내소화전을 설치한 특정소방대상물(집회장·관람장·백화점·도매시장·소매시장·판매시설·공장·창고시설 또는 지하가를 제외한다.)로서 다음의 어느 하나에 해당하는 층
      가. 지하층을 제외한 층수가 4층 이하이고 연면적이 6,000m² 미만인 특정소방대상물의 지상층

　　　　　나. 지하층의 층수가 2 이하인 특정소방대상물의 지하층
2) 특정소방대상물의 층마다 설치하는 방수구는 다음의 기준에 따를 것
　　① 아파트 또는 바닥면적이 1,000m² 미만인 층에 있어서는 계단(계단이 둘 이상 있는 경우에는 그중 1개의 계단을 말한다)으로부터 5m 이내에 설치할 것. 이 경우 부속실이 있는 계단은 부속실의 옥내 출입구로부터 5m 이내에 설치할 수 있다.
　　② 바닥면적 1,000m² 이상인 층(아파트를 제외한다)에 있어서는 각 계단(계단의 부속실을 포함하며 계단이 셋 이상 있는 층의 경우에는 그중 두 개의 계단을 말한다)으로부터 5m 이내에 설치할 것. 이 경우 부속실이 있는 계단은 부속실의 옥내 출입구로부터 5m 이내에 설치할 수 있다.
　　③ 가 또는 나에 따라 설치하는 방수구로부터 그 층의 각 부분까지의 거리가 다음의 기준을 초과하는 경우에는 그 기준 이하가 되도록 방수구를 추가하여 설치할 것
　　　　가. 지하가(터널은 제외한다) 또는 지하층의 바닥면적의 합계가 3,000m² 이상인 것은 수평거리 25m
　　　　나. 가.에 해당하지 않는 것은 수평거리 50m
3) 11층 이상의 부분에 설치하는 방수구는 쌍구형으로 할 것. 다만, 다음 각 목의 어느 하나에 해당하는 층에는 단구형으로 설치할 수 있다.
　　① 아파트의 용도로 사용되는 층
　　② 스프링클러설비가 유효하게 설치되어 있고 방수구가 2개소 이상 설치된 층
4) 방수구의 호스접결구는 바닥으로부터 높이 0.5m 이상 1m 이하의 위치에 설치할 것
5) 방수구는 연결송수관설비의 전용방수구 또는 옥내소화전방수구로서 구경 65mm의 것으로 설치할 것
6) 방수구의 위치표시는 표시등 또는 축광식 표지로 하되 다음의 기준에 따라 설치할 것
　　① 표시등을 설치하는 경우에는 함의 상부에 설치하되, 소방청장이 고시한 「표시등의 성능인증 및 제품검사의 기술기준」에 적합한 것으로 설치해야 한다.
　　② 축광식 표지를 설치하는 경우에는 소방청장이 고시한 「축광표지의 성능인증 및 제품검사의 기술기준」에 적합한 것으로 설치해야 한다.
7) 방수구는 개폐기능을 가진 것으로 설치해야 하며, 평상시 닫힌 상태를 유지할 것

> **Check Point** 연결송수관설비의 방수구 배치

1. **아파트 또는 바닥면적 1,000m² 미만인 층**
   계단으로부터 5m 이내(수평거리) ⇨ 계단이 2 이상일 경우는 1개의 계단에 설치

2. **바닥면적 1,000m² 이상인 층**

기본배치	추가배치	
	수평거리 25m 이하	수평거리 50m 이하
각 계단으로부터 5m 이내 ⇨ 계단이 3 이상일 경우는 2개의 계단에 설치		

5. 방수기구함

1) 방수기구함은 피난층과 가장 가까운 층을 기준으로 3개 층마다 설치하되, 그 층의 방수구마다 보행거리 5m 이내에 설치할 것
2) 방수기구함에는 길이 15m의 호스와 방사형 관창을 다음의 기준에 따라 비치할 것
   ① 호스는 방수구에 연결하였을 때 그 방수구가 담당하는 구역의 각 부분에 유효하게 물이 뿌려질 수 있는 개수 이상을 비치할 것. 이 경우 쌍구형 방수구는 단구형 방수구의 2배 이상의 개수를 설치해야 한다.
   ② 방사형 관창은 단구형 방수구의 경우에는 1개, 쌍구형 방수구의 경우에는 2개 이상 비치할 것
3) 방수기구함에는 "방수기구함"이라고 표시한 축광식 표지를 할 것. 이 경우 축광식 표지는 소방청장이 고시한 「축광표지의 성능인증 및 제품검사의 기술기준」에 적합한 것으로 설치해야 한다.

6. 가압송수장치

지표면에서 최상층 방수구의 높이가 70m 이상의 특정소방대상물에는 다음의 기준에 따라 연결송수관설비의 가압송수장치를 설치해야 한다.
1) 쉽게 접근할 수 있고 점검하기에 충분한 공간이 있는 장소로서 화재 및 침수 등의 재해로

인한 피해를 받을 우려가 없는 곳에 설치할 것
2) 동결방지조치를 하거나 동결의 우려가 없는 장소에 설치할 것
3) 펌프는 전용으로 할 것. 다만, 다른 소화설비와 겸용하는 경우 각각의 소화설비의 성능에 지장이 없을 때에는 예외로 한다.
4) 펌프의 토출 측에는 압력계를 체크밸브 이전에 펌프 토출 측 플랜지에서 가까운 곳에 설치하고, 흡입 측에는 연성계 또는 진공계를 설치할 것. 다만, 수원의 수위가 펌프의 위치보다 높거나 수직회전축 펌프의 경우에는 연성계 또는 진공계를 설치하지 않을 수 있다.
5) 가압송수장치에는 정격부하운전 시 펌프의 성능을 시험하기 위한 배관을 설치할 것. 다만, 충압펌프의 경우에는 그렇지 않다.
6) 펌프의 성능시험을 위한 전용의 수조를 설치할 것. 다만, 성능시험에 지장을 주지 않는 경우 다른 설비의 수조와 겸용할 수 있다.
7) 수조의 유효수량은 펌프 정격토출량의 150%로 5분 이상 방수할 수 있는 양 이상이 되도록 해야 한다.
8) 펌프의 성능시험 시 방수되는 물로 침수피해가 발생하지 않도록 배수설비가 되어 있을 것
9) 가압송수장치에는 체절운전 시 수온의 상승을 방지하기 위한 순환배관을 설치할 것. 다만, 충압펌프의 경우에는 그렇지 않다.
10) 펌프의 토출량은 2,400l/min(계단식 아파트의 경우에는 1,200l/min) 이상이 되는 것으로 할 것. 다만, 해당층에 설치된 방수구가 3개를 초과(방수구가 5개 이상인 경우에는 5개)하는 것에 있어서는 1개마다 800l/min(계단식 아파트의 경우에는 400l/min)를 가산한 양이 되는 것으로 할 것
11) 펌프의 양정은 최상층에 설치된 노즐선단의 압력이 0.35MPa 이상의 압력이 되도록 할 것
12) 가압송수장치는 방수구가 개방될 때 자동으로 기동되거나 수동스위치의 조작에 따라 기동되도록 할 것. 이 경우 수동스위치는 2개 이상을 설치하되, 그중 1개는 다음의 기준에 따라 송수구의 부근에 설치해야 한다.

※ **수동스위치 설치기준**
① 송수구로부터 5m 이내의 보기 쉬운 장소에 바닥으로부터 높이 0.8m 이상 1.5m 이하로 설치할 것
② 1.5mm 이상의 강판함에 수납하여 설치하고 "연결송수관설비 수동스위치"라고 표시한 표지를 부착할 것. 이 경우 문짝은 불연재료로 설치할 수 있다.
③ 「전기사업법」 제67조에 따른 「전기설비기술기준」에 따라 접지하고 빗물 등이 들어가지 않는 구조로 할 것

13) 기동장치로는 기동용수압개폐장치 또는 이와 동등 이상의 성능이 있는 것으로 설치할 것. 다만, 기동용수압개폐장치 중 압력챔버를 사용할 경우 그 용적은 100L 이상의 것으로 할 것
14) 수원의 수위가 펌프보다 낮은 위치에 있는 가압송수장치에는 다음의 기준에 따른 물올림장치를 설치할 것
    ① 물올림장치에는 전용의 탱크를 설치할 것
    ② 탱크의 유효수량은 100l 이상으로 하되, 구경 15mm 이상의 급수배관에 따라 해당 탱크에 물이 계속 보급되도록 할 것
15) 기동용 수압개폐장치를 기동장치로 사용할 경우에는 다음의 기준에 따른 충압펌프를 설치할 것. 다만, 소화용 급수펌프로도 상시 충압이 가능하고 다음 가목의 성능을 갖춘 경우에는 충압펌프를 별도로 설치하지 않을 수 있다.
    ① 펌프의 토출압력은 그 설비의 최고위 호스접결구의 자연압보다 적어도 0.2MPa이 더 크도록 하거나 가압송수장치의 정격토출압력과 같게 할 것
    ② 펌프의 정격토출량은 정상적인 누설량보다 적어서는 아니 되며, 연결송수관설비가 자동적으로 작동할 수 있도록 충분한 토출량을 유지할 것
16) 내연기관을 사용하는 경우에는 다음의 기준에 적합한 것으로 할 것
    ① 내연기관의 기동은 2.5.1.9의 기동장치의 기동을 명시하는 적색등을 설치할 것
    ② 제어반에 따라 내연기관의 자동기동 및 수동기동이 가능하고, 상시 충전되어 있는 축전지설비를 갖출 것
    ③ 내연기관의 연료량은 펌프를 20분 이상 운전할 수 있는 용량일 것
17) 가압송수장치에는 "연결송수관펌프"라고 표시한 표지를 할 것. 이 경우 그 가압송수장치를 다른 설비와 겸용하는 때에는 그 겸용되는 설비의 이름을 표시한 표지를 함께 해야 한다.
18) 가압송수장치가 기동이 된 경우에는 자동으로 정지되지 아니하도록 해야 한다. 다만, 충압펌프의 경우에는 그렇지 않다.
19) 가압송수장치는 부식 등으로 인한 펌프의 고착을 방지할 수 있도록 다음의 기준에 적합한 것으로 할 것. 다만, 충압펌프는 제외한다.
    ① 임펠러는 청동 또는 스테인리스 등 부식에 강한 재질을 사용할 것
    ② 펌프축은 스테인리스 등 부식에 강한 재질을 사용할 것

> **Check Point** 연결송수관설비의 가압송수장치

> 1. 설치대상
>   지표면에서 최상층 방수구의 높이가 70m 이상의 특정소방대상물
>
> 2. 방수구별 펌프 토출량
>
> | 층별 방수구의 수 | 펌프 토출량 | |
> |---|---|---|
> | | 계단식 아파트 | 일반 대상 |
> | 3개 이하인 경우 | 1,200[l/min] 이상 | 2,400[l/min] 이상 |
> | 4개인 경우 | 1,600[l/min] 이상 | 3,200[l/min] 이상 |
> | 5개 이상인 경우 | 2,000[l/min] 이상 | 4,000[l/min] 이상 |
>
> 3. 펌프의 양정
>   ① 펌프의 양정은 최상층에 설치된 노즐 선단의 압력이 0.35MPa 이상의 압력이 되도록 할 것
>   ② $H[\text{m}] = H_1 + H_2 + H_3 + H_4$
>   여기서, H_1 : 건물의 실양정[m]
> H_2 : 배관의 마찰손실수두[m]
> H_3 : 호스의 마찰손실수두[m]
> H_4 : 노즐선단의 방사압 환산수두[=35m]
>
> 4. 기동방법
>   ① 자동기동 : 방수구가 개방될 때 자동으로 기동
>   ② 수동기동 : 수동스위치의 조작에 따라 기동

7. 전원 등

1) 가압송수장치의 상용전원회로의 배선 및 비상전원은 다음의 기준에 따라 설치해야 한다.
   ① 저압수전인 경우에는 인입개폐기의 직후에서 분기하여 전용배선으로 할 것
   ② 특별고압수전 또는 고압수전일 경우에는 전력용 변압기 2차 측의 주차단기 1차 측에서 분기하여 전용배선으로 하되, 상용전원의 공급에 지장이 없을 경우에는 주차단기 2차 측에서 분기하여 전용배선으로 할 것. 다만, 가압송수장치의 정격입력전압이 수전전압과 같은 경우에는 1의 기준에 따른다.
2) 비상전원은 자가발전설비, 축전지설비(내연기관에 따른 펌프를 사용하는 경우에는 내연기관의 기동 및 제어용 축전지를 말한다. 이하 같다) 또는 전기저장장치(외부 전기에너지를 저장해 두었다가 필요할 때 전기를 공급하는 장치. 이하 같다)로서 다음의 기준에 따라 설치해야 한다.

① 점검에 편리하고 화재 및 침수 등의 재해로 인한 피해를 받을 우려가 없는 곳에 설치할 것
② 연결송수관설비를 유효하게 20분 이상 작동할 수 있어야 할 것
③ 상용전원으로부터 전력의 공급이 중단된 때에는 자동으로 비상전원으로부터 전력을 공급받을 수 있도록 할 것
④ 비상전원의 설치장소는 다른 장소와 방화구획하고, 비상전원의 공급에 필요한 기구나 설비가 아닌 것(열병합발전설비에 필요한 기구나 설비는 제외한다)을 두지 않을 것
⑤ 비상전원을 실내에 설치하는 때에는 그 실내에 비상조명등을 설치할 것

8. 배선 등

1) 연결송수관설비의 배선은 「전기사업법」 제67조에 따른 「전기설비기술기준」에서 정한 것 외에 다음의 기준에 따라 설치해야 한다.
   ① 비상전원으로부터 동력제어반 및 가압송수장치에 이르는 전원회로배선은 내화배선으로 할 것. 다만, 자가발전설비와 동력제어반이 동일한 실에 설치된 경우에는 자가발전기로부터 그 제어반에 이르는 전원회로배선은 그렇지 않다.
   ② 상용전원으로부터 동력제어반에 이르는 배선, 그 밖의 연결송수관설비의 감시·조작 또는 표시등회로의 배선은 「옥내소화전설비의 화재안전기술기준(NFTC 102)」 2.7.2의 표 2.7.2(1) 또는 표 2.7.2(2)에 따른 내화배선 또는 내열배선으로 할 것. 다만, 감시제어반 또는 동력제어반 안의 감시·조작 또는 표시등회로의 배선은 그렇지 않다.
2) 연결송수관설비의 과전류차단기 및 개폐기에는 "연결송수관설비용"이라고 표시한 표지를 해야 한다.
3) 연결송수관설비용 전기배선의 양단 및 접속단자에는 다음의 기준에 따라 표지해야 한다.
   ① 단자에는 "연결송수관설비단자"라고 표지한 표지를 부착할 것
   ② 연결송수관설비용 전기배선의 양단에는 다른 배선과 식별이 용이하도록 표시할 것

9. 송수구의 겸용

연결송수관설비의 송수구를 옥내소화전설비와 겸용으로 설치하는 경우에는 연결송수관설비의 송수구 설치기준에 따르되 각각의 소화설비의 기능에 지장이 없도록 해야 한다.

04 연결살수설비

1. 정의

1) "호스접결구"란 호스를 연결하는 데 사용되는 장비일체를 말한다.
2) "체크밸브"란 흐름이 한 방향으로만 흐르도록 되어 있는 밸브를 말한다.
3) "주배관"이란 수직배관을 통해 교차배관에 급수하는 배관을 말한다.
4) "교차배관"이란 주배관을 통해 가지배관에 급수하는 배관을 말한다.
5) "가지배관"이란 헤드가 설치되어 있는 배관을 말한다.
6) "분기배관"이란 배관 측면에 구멍을 뚫어 둘 이상의 관로가 생기도록 가공한 배관으로서 다음의 분기배관을 말한다.
   ① "확관형 분기배관"이란 배관의 측면에 조그만 구멍을 뚫고 소성가공으로 확관시켜 배관 용접이음자리를 만들거나 배관 용접이음자리에 배관이음쇠를 용접 이음한 배관을 말한다.
   ② "비확관형 분기배관"이란 배관의 측면에 분기호칭내경 이상의 구멍을 뚫고 배관이음쇠를 용접 이음한 배관을 말한다.
7) "송수구"란 소화설비에 소화용수를 보급하기 위하여 건물 외벽 또는 구조물에 설치하는 관을 말한다.
8) "연소할 우려가 있는 개구부"란 각 방화구획을 관통하는 컨베이어·에스컬레이터 또는 이와 유사한 시설의 주위로서 방화구획을 할 수 없는 부분을 말한다.
9) "선택밸브"란 둘 이상의 방호구역 또는 방호대상물이 있어, 소화수 또는 소화약제를 해당하는 방호구역 또는 방호대상물에 선택적으로 방출되도록 제어하는 밸브를 말한다.
10) "자동개방밸브"란 전기적 또는 기계적 신호에 의해 자동으로 개방되는 밸브를 말한다.
11) "자동배수밸브"란 배관의 도중에 설치되어 배관 내 잔류수를 자동으로 배수시켜 주는 밸브를 말한다.

2. 송수구 등

1) 송수구의 설치기준

① 소방차가 쉽게 접근할 수 있고 노출된 장소에 설치할 것
② 가연성가스의 저장·취급시설에 설치하는 연결살수설비의 송수구는 그 방호대상물로부터 20m 이상의 거리를 두거나 방호대상물에 면하는 부분이 높이 1.5m 이상 폭 2.5m 이상의 철근콘크리트 벽으로 가려진 장소에 설치해야 한다.
③ 송수구는 구경 65mm의 쌍구형으로 설치할 것. 다만, 하나의 송수구역에 부착하는

살수헤드의 수가 10개 이하인 것에 있어서는 단구형으로 할 수 있다.
④ 개방형 헤드를 사용하는 송수구의 호스접결구는 각 송수구역마다 설치할 것 다만, 송수구역을 선택할 수 있는 선택밸브가 설치되어 있고 각 송수구역의 주요 구조부가 내화구조로 되어 있는 경우에는 그렇지 않다.
⑤ 소방관의 호스연결 등 소화작업에 용이하도록 지면으로부터 높이가 0.5m 이상 1m 이하의 위치에 설치할 것
⑥ 송수구로부터 주배관에 이르는 연결배관에는 개폐밸브를 설치하지 않을 것 다만, 스프링클러설비·물분무소화설비·포소화설비 또는 연결송수관설비의 배관과 겸용하는 경우에는 그렇지 않다.
⑦ 송수구의 부근에는 "연결살수설비 송수구"라고 표시한 표지와 송수구역 일람표를 설치할 것. 다만, 2.1.2에 따른 선택밸브를 설치한 경우에는 그렇지 않다.
⑧ 송수구에는 이물질을 막기 위한 마개를 씌울 것

2) 연결살수설비의 선택밸브의 설치기준

연결살수설비의 선택밸브는 다음의 기준에 따라 설치해야 한다. 다만, 송수구를 송수구역마다 설치한 때에는 그렇지 않다.
① 화재 시 연소의 우려가 없는 장소로서 조작 및 점검이 쉬운 위치에 설치할 것
② 자동개방밸브에 따른 선택밸브를 사용하는 경우에는 송수구역에 방수하지 않고 자동밸브의 작동시험이 가능하도록 할 것
③ 선택밸브의 부근에는 송수구역 일람표를 설치할 것

3) 송수구의 가까운 부분에 자동배수밸브 및 체크밸브의 설치기준

① 폐쇄형 헤드를 사용하는 설비의 경우에는 송수구·자동배수밸브·체크밸브의 순으로 설치할 것
② 개방형 헤드를 사용하는 설비의 경우에는 송수구·자동배수밸브의 순으로 설치할 것
③ 자동배수밸브는 배관 안의 물이 잘 빠질 수 있는 위치에 설치하되, 배수로 인하여 다른 물건 또는 장소에 피해를 주지 않을 것

4) 개방형 헤드를 사용하는 연결살수설비에 있어서 하나의 송수구역에 설치하는 살수헤드의 수는 10개 이하가 되도록 해야 한다.

3. 배관 등

1) 배관의 종류

배관과 배관이음쇠는 다음의 어느 하나에 해당하는 것 또는 동등 이상의 강도·내식성

및 내열성을 국내·외 공인기관으로부터 인정받은 것을 사용해야 한다. 다만, 본 기준에서 정하지 않은 사항은 「건설기술 진흥법」 제44조제1항의 규정에 따른 "건설기준"에 따른다.

① 배관 내 사용압력이 1.2MPa 미만일 경우에는 다음의 어느 하나에 해당하는 것
   가. 배관용 탄소강관(KS D 3507)
   나. 이음매 없는 구리 및 구리합금관(KS D 5301). 다만, 습식의 배관에 한정한다.
   다. 배관용 스테인리스강관(KS D 3576) 또는 일반배관용 스테인리스강관(KS D 3595). 다만, 배관용 스테인리스강관(KS D 3576)의 이음을 용접으로 할 경우에는 텅스텐 불활성 가스 아크 용접(Tungsten Inertgas Arc Welding)방식에 따른다.
   라. 덕타일 주철관(KS D 4311)

② 배관 내 사용압력이 1.2MPa 이상일 경우에는 다음의 어느 하나에 해당하는 것
   가. 압력배관용 탄소강관(KS D 3562)
   나. 배관용 아크용접 탄소강강관(KS D 3583)

③ 소방용 합성수지배관으로 설치할 수 있는 경우
   가. 배관을 지하에 매설하는 경우
   나. 다른 부분과 내화구조로 구획된 덕트 또는 피트의 내부에 설치하는 경우
   다. 천장(상층이 있는 경우에는 상층바닥의 하단을 포함한다)과 반자를 불연재료 또는 준불연재료로 설치하고 소화배관 내부에 항상 소화수가 채워진 상태로 설치하는 경우

2) 배관의 구경

① 연결살수설비 전용헤드를 사용하는 경우에는 다음 표에 따른 구경 이상으로 할 것

하나의 배관에 부착하는 살수헤드의 개수	1개	2개	3개	4개 또는 5개	6개 이상 10개 이하
배관의 구경(mm)	32	40	50	65	80

② 스프링클러헤드를 사용하는 경우에는 「스프링클러설비의 화재안전기술기준(NFTC 103)」 2.5.3.3의 표 2.5.3.3에 따를 것

3) 폐쇄형 헤드를 사용하는 연결살수설비의 주배관은 다음의 어느 하나에 해당하는 배관 또는 수조에 접속해야 한다. 이 경우 접속부분에는 체크밸브를 설치하되 점검하기 쉽게 해야 한다.
   ① 옥내소화전설비의 주배관(옥내소화전설비가 설치된 경우에 한정한다)

② 수도배관(연결살수설비가 설치된 건축물 안에 설치된 수도배관 중 구경이 가장 큰 배관을 말한다)

③ 옥상에 설치된 수조(다른 설비의 수조를 포함한다)

4) 시험배관을 다음의 기준에 따라 설치해야 한다.

① 송수구에서 가장 먼 거리에 위치한 가지배관의 끝으로부터 연결하여 설치할 것

② 시험장치 배관의 구경은 25mm 이상으로 하고, 그 끝에는 물받이 통 및 배수관을 설치하여 시험 중 방사된 물이 바닥으로 흘러내리지 아니하도록 할 것. 다만, 목욕실·화장실 또는 그 밖의 배수처리가 쉬운 장소의 경우에는 물받이 통 또는 배수관을 설치하지 않을 수 있다.

5) 개방형헤드를 사용하는 연결살수설비의 수평주행배관은 헤드를 향하여 상향으로 100분의 1 이상의 기울기로 설치하고 주배관 중 낮은 부분에는 자동배수밸브를 2.1.3.3의 기준에 따라 설치해야 한다.

6) 가지배관 또는 교차배관을 설치하는 경우에는 가지배관의 배열은 토너먼트 방식이 아니어야 하며, 가지배관은 교차배관 또는 주배관에서 분기되는 지점을 기점으로 한쪽 가지배관에 설치되는 헤드의 개수는 8개 이하로 해야 한다.

7) 습식 연결살수설비의 배관은 동결 방지조치를 하거나 동결의 우려가 없는 장소에 설치해야 한다.

8) 급수배관에 설치되어 급수를 차단할 수 있는 개폐밸브는 개폐표시형으로 해야 한다. 이 경우 펌프의 흡입 측 배관에는 버터플라이밸브 외의 개폐표시형 밸브를 설치해야 한다.

9) 연결살수설비 교차배관의 위치·청소구 및 가지배관의 헤드설치는 다음의 기준에 따른다.

① 교차배관은 가지배관과 수평으로 설치하거나 또는 가지배관 밑에 설치하고, 그 구경은 2.2.3에 따르되, 최소구경이 40mm 이상이 되도록 할 것

② 폐쇄형헤드를 사용하는 연결살수설비의 청소구는 주배관 또는 교차배관(교차배관을 설치하는 경우에 한정한다) 끝에 40mm 이상 크기의 개폐밸브를 설치하고, 호스접결이 가능한 나사식 또는 고정배수 배관식으로 할 것. 이 경우 나사식의 개폐밸브는 옥내소화전 호스접결용의 것으로 하고, 나사보호용의 캡으로 마감해야 한다.

③ 폐쇄형헤드를 사용하는 연결살수설비에 하향식헤드를 설치하는 경우에는 가지배관으로부터 헤드에 이르는 헤드접속배관은 가지배관 상부에서 분기할 것. 다만, 소화설비용 수원의 수질이 「먹는물관리법」 제5조에 따라 먹는물의 수질기준에 적합하고 덮개가 있는 저수조로부터 물을 공급받는 경우에는 가지배관의 측면 또는 하부에서 분기할 수 있다.

4. 연결살수설비 헤드

1) 연결살수설비의 헤드는 연결살수설비 전용헤드 또는 스프링클러헤드로 설치해야 한다.

2) 건축물에 설치하는 연결살수설비 헤드의 설치기준
① 천장 또는 반자의 실내에 면하는 부분에 설치할 것
② 천장 또는 반자의 각 부분으로부터 하나의 살수헤드까지의 수평거리가 연결살수설비 전용헤드의 경우는 3.7m 이하, 스프링클러헤드의 경우는 2.3m 이하로 할 것. 다만, 살수헤드의 부착면과 바닥과의 높이가 2.1m 이하인 부분에 있어서는 살수헤드의 살수분포에 따른 거리로 할 수 있다.

3) 폐쇄형 스프링클러헤드를 설치하는 경우
① 그 설치장소의 평상시 최고 주위온도에 따라 다음 표 2.3.3.1에 따른 표시온도의 것으로 설치할 것. 다만, 높이가 4m 이상인 공장 및 창고(랙크식창고를 포함한다)에 설치하는 스프링클러헤드는 그 설치장소의 평상시 최고 주위온도에 관계없이 표시온도 121℃ 이상의 것으로 할 수 있다.

설치장소의 최고 주위온도	표시온도
39℃ 미만	79℃ 미만
39℃ 이상 64℃ 미만	79℃ 이상 121℃ 미만
64℃ 이상 106℃ 미만	121℃ 이상 162℃ 미만
106℃ 이상	162℃ 이상

② 살수가 방해되지 아니하도록 스프링클러헤드로부터 반경 60cm 이상의 공간을 보유할 것. 다만, 벽과 스프링클러헤드 간의 공간은 10cm 이상으로 한다.
③ 스프링클러헤드와 그 부착면(상향식 헤드의 경우에는 그 헤드의 직상부의 천장·반자 또는 이와 비슷한 것을 말한다.)과의 거리는 30cm 이하로 할 것
④ 배관·행거 및 조명기구 등 살수를 방해하는 것이 있는 경우에는 2.3.3.2 및 2.3.3.3에도 불구하고 그로부터 아래에 설치하여 살수에 장애가 없도록 할 것. 다만, 연결살수헤드와 장애물과의 이격거리를 장애물 폭의 3배 이상 확보한 경우에는 그렇지 않다.
⑤ 스프링클러헤드의 반사판은 그 부착면과 평행하게 설치할 것. 다만, 측벽형헤드 또는 2.3.3.7에 따라 연소할 우려가 있는 개구부에 설치하는 스프링클러헤드의 경우에는 그렇지 않다.
⑥ 천장의 기울기가 10분의 1을 초과하는 경우에는 가지관을 천장의 마루와 평행하게 설치하고, 스프링클러헤드는 다음의 기준에 적합하게 설치할 것

㉠ 천장의 최상부에 스프링클러헤드를 설치하는 경우에는 최상부에 설치하는 스프링클러헤드의 반사판을 수평으로 설치할 것
㉡ 천장의 최상부를 중심으로 가지관을 서로 마주보게 설치하는 경우에는 최상부의 가지관 상호 간의 거리가 가지관 상의 스프링클러헤드 상호 간의 거리의 2분의 1 이하(최소 1m 이상이 되어야 한다.)가 되게 스프링클러헤드를 설치하고, 가지관의 최상부에 설치하는 스프링클러헤드는 천장의 최상부로부터의 수직거리가 90cm 이하가 되도록 할 것. 톱날지붕, 둥근 지붕, 기타 이와 유사한 지붕의 경우에도 이에 준한다.

⑦ 연소할 우려가 있는 개구부에는 그 상하좌우에 2.5m 간격으로(개구부의 폭이 2.5m 이하인 경우에는 그 중앙에) 스프링클러헤드를 설치하되, 스프링클러헤드와 개구부의 내측면으로부터의 직선거리는 15cm 이하가 되도록 할 것. 이 경우 사람이 상시 출입하는 개구부로서 통행에 지장이 있는 때에는 개구부의 상부 또는 측면(개구부의 폭이 9m 이하인 경우에 한한다.)에 설치하되, 헤드 상호 간의 간격은 1.2m 이하로 설치해야 한다.

⑧ 습식 연결살수설비 외의 설비에는 상향식 스프링클러헤드를 설치할 것. 다만, 다음에 해당하는 경우에는 그렇지 않다.
  가. 드라이펜던트 스프링클러헤드를 사용하는 경우
  나. 스프링클러헤드의 설치장소가 동파의 우려가 없는 곳인 경우
  다. 개방형 스프링클러헤드를 사용하는 경우

⑨ 측벽형 스프링클러헤드를 설치하는 경우 긴 변의 한쪽 벽에 일렬로 설치(폭이 4.5m 이상 9m 이하인 실에 있어서는 긴 변의 양쪽에 각각 일렬로 설치하되 마주보는 스프링클러헤드가 나란하도록 설치)하고 3.6m 이내마다 설치할 것

4) 가연성 가스의 저장·취급시설에 설치하는 연결살수설비의 헤드의 설치기준

가연성 가스의 저장·취급시설에 설치하는 연결살수설비의 헤드는 다음의 기준에 따라 설치해야 한다. 다만, 지하에 설치된 가연성가스의 저장·취급시설로서 지상에 노출된 부분이 없는 경우에는 그렇지 않다.

① 연결살수설비 전용의 개방형 헤드를 설치할 것
② 가스저장탱크·가스홀더 및 가스발생기의 주위에 설치하되, 헤드상호 간의 거리는 3.7m 이하로 할 것
③ 헤드의 살수범위는 가스저장탱크·가스홀더 및 가스발생기의 몸체의 중간 윗부분의 모든 부분이 포함되도록 해야 하고 살수된 물이 흘러내리면서 살수범위에 포함되지 아니한 부분에도 모두 적셔질 수 있도록 할 것

5. 헤드의 설치 제외

연결살수설비를 설치해야 할 특정소방대상물 또는 그 부분으로서 다음의 어느 하나에 해당하는 장소에는 연결살수설비의 헤드를 설치하지 않을 수 있다.

1) 상점(영 별표 2 제5호와 제6호의 판매시설과 운수시설을 말하며, 바닥면적이 150m² 이상인 지하층에 설치된 것을 제외한다)으로서 주요구조부가 내화구조 또는 방화구조로 되어 있고 바닥면적이 500m² 미만으로 방화구획되어 있는 특정소방대상물 또는 그 부분
2) 계단실(특별피난계단의 부속실을 포함한다) · 경사로 · 승강기의 승강로 · 파이프덕트 · 목욕실 · 수영장(관람석부분을 제외한다) · 화장실 · 직접 외기에 개방되어 있는 복도 그 밖의 이와 유사한 장소
3) 통신기기실 · 전자기기실 · 기타 이와 유사한 장소
4) 발전실 · 변전실 · 변압기 · 기타 이와 유사한 전기설비가 설치되어 있는 장소
5) 병원의 수술실 · 응급처치실 · 기타 이와 유사한 장소
6) 천장과 반자 양쪽이 불연재료로 되어 있는 경우로서 그 사이의 거리 및 구조가 다음에 해당하는 부분
   ① 천장과 반자 사이의 거리가 2m 미만인 부분
   ② 천장과 반자 사이의 벽이 불연재료이고 천장과 반자 사이의 거리가 2m 이상으로서 그 사이에 가연물이 존재하지 아니하는 부분
7) 천장 · 반자 중 한쪽이 불연재료로 되어 있고 천장과 반자 사이의 거리가 1m 미만인 부분
8) 천장 및 반자가 불연재료 외의 것으로 되어 있고 천장과 반자 사이의 거리가 0.5m 미만인 부분
9) 펌프실 · 물탱크실 그 밖의 이와 비슷한 장소
10) 현관 또는 로비 등으로서 바닥으로부터 높이가 20m 이상인 장소
11) 냉장창고의 영하의 냉장실 또는 냉동창고의 냉동실
12) 고온의 노가 설치된 장소 또는 물과 격렬하게 반응하는 물품의 저장 또는 취급장소
13) 불연재료로 된 소방대상물 또는 그 부분으로서 다음에 해당하는 장소
    ① 정수장 · 오물처리장 그 밖의 이와 비슷한 장소
    ② 펄프공장의 작업장 · 음료수공장의 세정 또는 충전하는 작업장 그 밖의 이와 비슷한 장소
    ③ 불연성의 금속 · 석재 등의 가공공장으로서 가연성 물질을 저장 또는 취급하지 않는 장소
14) 실내에 설치된 테니스장 · 게이트볼장 · 정구장 또는 이와 비슷한 장소로서 실내바닥 · 벽 · 천장이 불연재료 또는 준불연재료로 구성되어 있고 가연물이 존재하지 않는 장소로서 관람석이 없는 운동시설 부분(지하층은 제외한다)

6. 소화설비의 겸용

연결살수설비의 송수구를 스프링클러설비·간이스프링클러설비·화재조기진압용 스프링클러설비·물분무소화설비·포소화설비 또는 연결송수관설비와 겸용으로 설치하는 경우에는 스프링클러설비의 송수구 설치기준에 따르고, 옥내소화전설비의 송수구와 겸용으로 설치하는 경우에는 옥내소화전설비의 송수구의 설치기준에 따르되 각각의 소화설비의 기능에 지장이 없도록 해야 한다.

05 비상콘센트설비

1. 정의

1) "비상전원"이란 상용전원으로부터 전력의 공급이 중단된 때에는 자동으로 공급되는 전원을 말한다.
2) "비상콘센트설비"란 화재 시 소화활동 등에 필요한 전원을 전용회선으로 공급하는 설비를 말한다.
3) "인입개폐기"란 「전기설비기술기준의 판단기준」 제169조에 따른 것을 말한다.
4) "저압"이란 직류는 1.5kV 이하, 교류는 1kV 이하인 것을 말한다.
5) "고압"이란 직류는 1.5kV를, 교류는 1kV를 초과하고, 7kV 이하인 것을 말한다.
6) "특고압"이란 7kV를 초과하는 것을 말한다.
7) "변전소"란 「전기설비기술기준」 제3조제1항제2호에 따른 것을 말한다.

2. 전원 및 콘센트 등

1) 전원의 기준

   ① 상용전원회로의 배선은 저압수전인 경우에는 인입개폐기의 직후에서, 특고압수전 또는 고압수전인 경우에는 전력용 변압기 2차 측의 주차단기 1차 측 또는 2차 측에서 분기하여 전용배선으로 할 것
   ② 지하층을 제외한 층수가 7층 이상으로서 연면적이 2,000m² 이상이거나 지하층의 바닥면적의 합계가 3,000m² 이상인 소방대상물의 비상콘센트설비에는 자가발전기설비, 비상전원수전설비 축전지설비 또는 전기저장장치를 비상전원으로 설치할 것. 다만, 2 이상의 변전소에서 전력을 동시에 공급받을 수 있거나 하나의 변전소로부터 전력의 공급이 중단되는 때에는 자동으로 다른 변전소로부터 전력을 공급받을 수 있도록 상용전원을 설치한 경우에는 비상전원을 설치하지 않을 수 있다.

③ ②에 따른 비상전원 중 자가발전설비, 축전지설비 또는 전기저장장치는 다음 기준에 따라 설치하고, 비상전원수전설비는 「소방시설용 비상전원수전설비의 화재안전기술기준(NFTC 602)」에 따라 설치할 것

　㉠ 점검에 편리하고 화재 및 침수 등의 재해로 인한 피해를 받을 우려가 없는 곳에 설치할 것
　㉡ 비상콘센트설비를 유효하게 20분 이상 작동시킬 수 있는 용량으로 할 것
　㉢ 상용전원으로부터 전력의 공급이 중단된 때에는 자동으로 비상전원으로부터 전력을 공급받을 수 있도록 할 것
　㉣ 비상전원의 설치장소는 다른 장소와 방화구획할 것. 이 경우 그 장소에는 비상전원의 공급에 필요한 기구나 설비 외의 것(열병합발전설비에 필요한 기구나 설비는 제외한다)을 두어서는 안 된다.
　㉤ 비상전원을 실내에 설치하는 때에는 그 실내에 비상조명등을 설치할 것

2) 전원회로(비상콘센트에 전력을 공급하는 회로)의 기준

① 비상콘센트설비의 전원회로는 단상교류 220V인 것으로서, 그 공급용량은 1.5kVA 이상인 것으로 할 것
② 전원회로는 각 층에 있어서 2 이상이 되도록 설치할 것. 다만, 설치해야 할 층의 비상콘센트가 1개인 때에는 하나의 회로로 할 수 있다.
③ 전원회로는 주배전반에서 전용회로로 할 것. 다만, 다른 설비 회로의 사고에 따른 영향을 받지 아니하도록 되어 있는 것에 있어서는 그렇지 않다.
④ 전원으로부터 각 층의 비상콘센트에 분기되는 경우에는 분기배선용 차단기를 보호함 안에 설치할 것
⑤ 콘센트마다 배선용 차단기를 설치해야 하며, 충전부가 노출되지 아니하도록 할 것
⑥ 개폐기에는 "비상콘센트"라고 표시한 표지를 할 것
⑦ 비상콘센트용 풀박스 등은 방청도장을 한 것으로서, 두께 1.6mm 이상의 철판으로 할 것
⑧ 하나의 전용회로에 설치하는 비상콘센트는 10개 이하로 할 것. 이 경우 전선의 용량은 각 비상콘센트(비상콘센트가 3개 이상인 경우에는 3개)의 공급용량을 합한 용량 이상의 것으로 해야 한다.

3) 플러그(Plug) 접속기

접지형2극 플러그접속기(KS C 8305)를 사용해야 한다.

4) 접지공사

플러그접속기의 칼받이의 접지극에는 접지공사를 해야 한다.

5) 비상콘센트의 설치기준

① 바닥으로부터 높이 0.8m 이상 1.5m 이하의 위치에 설치할 것
② 비상콘센트의 배치는 바닥면적이 1,000m² 미만인 층은 계단의 출입구(계단의 부속실을 포함하며 계단이 2 이상 있는 경우에는 그중 1개의 계단을 말한다)로부터 5m 이내에, 바닥면적 1,000m² 이상인 층은 각 계단의 출입구 또는 계단부속실의 출입구(계단의 부속실을 포함하며 계단이 3 이상 있는 층의 경우에는 그중 2개의 계단을 말한다)로부터 5m 이내에 설치하되, 그 비상콘센트로부터 그 층의 각 부분까지의 거리가 다음의 기준을 초과하는 경우에는 그 기준 이하가 되도록 비상콘센트를 추가하여 설치할 것
㉠ 지하상가 또는 지하층의 바닥면적의 합계가 3,000m² 이상인 것은 수평거리 25m
㉡ ㉠에 해당하지 아니하는 것은 수평거리 50m

6) 절연저항 및 절연내력의 적합기준

① 절연저항 : 전원부와 외함 사이를 500V 절연저항계로 측정할 때 20MΩ 이상일 것
② 절연내력 : 전원부와 외함 사이에 다음과 같이 실효전압을 가하는 시험에서 1분 이상 견디는 것일 것
  가. 정격전압이 150V 이하인 경우 : 1,000V의 실효전압을 인가
  나. 정격전압이 150V 초과인 경우 : (정격전압×2)+1,000V의 실효전압을 인가

3. 보호함의 기준

1) 보호함에는 쉽게 개폐할 수 있는 문을 설치할 것
2) 보호함 표면에 "비상콘센트"라고 표시한 표지를 할 것
3) 보호함 상부에 적색의 표시등을 설치할 것. 다만, 비상콘센트의 보호함을 옥내소화전함 등과 접속하여 설치하는 경우에는 옥내소화전함 등의 표시등과 겸용할 수 있다.

4. 배선의 기준

1) 전원회로의 배선은 내화배선으로, 그 밖의 배선은 내화배선 또는 내열배선으로 할 것
2) 2.3.1.1에 따른 내화배선 및 내열배선에 사용하는 전선의 종류 및 설치방법은 「옥내소화전설비의 화재안전기술기준(NFTC 102)」 2.7.2의 표 2.7.2(1) 및 표 2.7.2(2)의 기준에 따를 것

06 무선통신보조설비

1. 정의

1) "누설동축케이블"이란 동축케이블의 외부도체에 가느다란 홈을 만들어서 전파가 외부로 새어나 갈 수 있도록 한 케이블을 말한다.
2) "분배기"란 신호의 전송로가 분기되는 장소에 설치하는 것으로 임피던스 매칭(Matching)과 신호 균등분배를 위해 사용하는 장치를 말한다.
3) "분파기"란 서로 다른 주파수의 합성된 신호를 분리하기 위해서 사용하는 장치를 말한다.
4) "혼합기"란 2 이상의 입력신호를 원하는 비율로 조합한 출력이 발생하도록 하는 장치를 말한다.
5) "증폭기"란 전압·전류의 진폭을 늘려 감도 등을 개선하는 장치를 말한다.
6) "무선중계기"란 안테나를 통하여 수신된 무전기 신호를 증폭한 후 음영지역에 재방사하여 무전기 상호 간 송수신이 가능하도록 하는 장치를 말한다.
7) "옥외안테나"란 감시제어반 등에 설치된 무선중계기의 입력과 출력포트에 연결되어 송수신 신호를 원활하게 방사·수신하기 위해 옥외에 설치하는 장치를 말한다.
8) "임피던스"란 교류 회로에 전압이 가해졌을 때 전류의 흐름을 방해하는 값으로서 교류 회로에서의 전류에 대한 전압의 비를 말한다.

2. 설치 제외

지하층으로서 특정소방대상물의 바닥부분 2면 이상이 지표면과 동일하거나 지표면으로부터의 깊이가 1m 이하인 경우에는 해당층에 한하여 무선통신보조설비를 설치하지 않을 수 있다.

3. 누설동축케이블 등

1) 무선통신보조설비의 누설동축케이블 등은 다음의 기준에 따라 설치해야 한다.
   ① 소방전용주파수대에서 전파의 전송 또는 복사에 적합한 것으로서 소방전용의 것으로 할 것. 다만, 소방대 상호 간의 무선 연락에 지장이 없는 경우에는 다른 용도와 겸용할 수 있다.
   ② 누설동축케이블과 이에 접속하는 안테나 또는 동축케이블과 이에 접속하는 안테나로 구성할 것
   ③ 누설동축케이블 및 동축케이블은 불연 또는 난연성의 것으로서 습기 등의 환경조건에 따라 전기의 특성이 변질되지 않는 것으로 하고, 노출하여 설치한 경우에는 피난 및 통행에 장애가 없도록 할 것

④ 누설동축케이블 및 동축케이블은 화재에 따라 해당 케이블의 피복이 소실된 경우에 케이블 본체가 떨어지지 않도록 4m 이내마다 금속제 또는 자기제 등의 지지금구로 벽·천장·기둥 등에 견고하게 고정할 것. 다만, 불연재료로 구획된 반자 안에 설치하는 경우에는 그렇지 않다.
⑤ 누설동축케이블 및 안테나는 금속판 등에 따라 전파의 복사 또는 특성이 현저하게 저하되지 않는 위치에 설치할 것
⑥ 누설동축케이블 및 안테나는 고압의 전로로부터 1.5m 이상 떨어진 위치에 설치할 것. 다만, 해당 전로에 정전기 차폐장치를 유효하게 설치한 경우에는 그렇지 않다.
⑦ 누설동축케이블의 끝부분에는 무반사 종단저항을 견고하게 설치할 것

2) 누설동축케이블 및 동축케이블의 임피던스는 50Ω으로 하고, 이에 접속하는 안테나·분배기 기타의 장치는 해당 임피던스에 적합한 것으로 해야 한다.
3) 무선통신보조설비는 다음의 기준에 따라 설치해야 한다.
① 누설동축케이블 또는 동축케이블과 이에 접속하는 안테나가 설치된 층은 모든 부분(계단실, 승강기, 별도 구획된 실 포함)에서 유효하게 통신이 가능할 것
② 옥외안테나와 연결된 무전기와 건축물 내부에 존재하는 무전기 간의 상호통신, 건축물 내부에 존재하는 무전기 간의 상호통신, 옥외안테나와 연결된 무전기와 방재실 또는 건축물 내부에 존재하는 무전기와 방재실 간의 상호통신이 가능할 것

4. 옥외안테나

1) 건축물, 지하가, 터널 또는 공동구의 출입구(「건축법 시행령」 제39조에 따른 출구 또는 이와 유사한 출입구를 말한다) 및 출입구 인근에서 통신이 가능한 장소에 설치할 것
2) 다른 용도로 사용되는 안테나로 인한 통신장애가 발생하지 않도록 설치할 것
3) 옥외안테나는 견고하게 설치하며 파손의 우려가 없는 곳에 설치하고 그 가까운 곳의 보기 쉬운 곳에 "무선통신보조설비 안테나"라는 표시와 함께 통신 가능거리를 표시한 표지를 설치할 것
4) 수신기가 설치된 장소 등 사람이 상시 근무하는 장소에는 옥외 안테나의 위치가 모두 표시된 옥외안테나 위치표시도를 비치할 것

5. 분배기 등

※ 무선통신보조설비의 분배기·분파기 및 혼합기 등 설치기준

1) 먼지·습기 및 부식 등에 따라 기능에 이상을 가져오지 아니하도록 할 것
2) 임피던스는 50Ω의 것으로 할 것
3) 점검에 편리하고 화재 등의 재해로 인한 피해의 우려가 없는 장소에 설치할 것

6. 증폭기 등

※ 무선통신보조설비의 증폭기 및 무선이동중계기 설치기준

1) 상용전원은 전기가 정상적으로 공급되는 축전지설비, 전기저장장치(외부 전기에너지를 저장해 두었다가 필요한 때 전기를 공급하는 장치) 또는 교류전압의 옥내 간선으로 하고, 전원까지의 배선은 전용으로 할 것
2) 증폭기의 전면에는 주 회로의 전원이 정상인지의 여부를 표시할 수 있는 표시등 및 전압계를 설치할 것
3) 증폭기에는 비상전원이 부착된 것으로 하고 해당 비상전원 용량은 무선통신보조설비를 유효하게 30분 이상 작동시킬 수 있는 것으로 할 것
4) 증폭기 및 무선중계기를 설치하는 경우에는 「전파법」 제58조의2에 따른 적합성평가를 받은 제품으로 설치하고 임의로 변경하지 않도록 할 것
5) 디지털 방식의 무전기를 사용하는 데 지장이 없도록 설치할 것

CHAPTER 07 소방대상물별 화재안전기술기준

01 소방시설용 비상전원수전설비

1. 정의

1) "과전류차단기"란 「전기설비기술기준의 판단기준」 제38조와 제39조에 따른 것을 말한다.
2) "방화구획형"이란 수전설비를 다른 부분과 「건축법」상 방화구획을 하여 화재 시 이를 보호하도록 조치하는 방식을 말한다.
3) "변전설비"란 전력용변압기 및 그 부속장치를 말한다.
4) "배전반"이란 전력생산시설 등으로부터 직접 전력을 공급받아 분전반에 전력을 공급해 주는 것으로서 다음의 배전반을 말한다.
   ① "공용배전반"이란 소방회로 및 일반회로 겸용의 것으로서 개폐기, 과전류차단기, 계기와 그 밖의 배선용기기 및 배선을 금속제 외함에 수납한 것을 말한다.
   ② "전용배전반"이란 소방회로 전용의 것으로서 개폐기, 과전류차단기, 계기와 그 밖의 배선용기기 및 배선을 금속제 외함에 수납한 것을 말한다.
5) "분전반"이란 배전반으로부터 전력을 공급받아 부하에 전력을 공급해주는 것으로서 다음의 배전반을 말한다.
   ① "공용분전반"이란 소방회로 및 일반회로 겸용의 것으로서 분기개폐기, 분기과 전류차단기와 그 밖의 배선용기기 및 배선을 금속제 외함에 수납한 것을 말한다.
   ② "전용분전반"이란 소방회로 전용의 것으로서 분기 개폐기, 분기과전류차단기와 그 밖의 배선용기기 및 배선을 금속제 외함에 수납한 것을 말한다.
6) "비상전원수전설비"란 화재 시 상용전원이 공급되는 시점까지만 비상전원으로 적용이 가능한 설비로서 상용전원의 안전성과 내화성능을 향상시킨 설비를 말한다.
7) "소방회로"란 소방부하에 전원을 공급하는 전기회로를 말한다.
8) "수전설비"란 전력수급용 계기용변성기·주차단장치 및 그 부속기기를 말한다.
9) "옥외개방형"이란 건물의 옥외 또는 건물의 옥상에 울타리를 설치하고 그 내부에 수전설비를 설치하는 방식을 말한다.
10) "인입개폐기"란 「전기설비기술기준의 판단기준」 제169조에 따른 것을 말한다.
11) "인입구배선"이란 인입선의 연결점으로부터 특정소방대상물 내에 시설하는 인입개폐

기에 이르는 배선을 말한다.
12) "인입선"이란 「전기설비기술기준」 제3조제1항제9호에 따른 것을 말한다.
13) "일반회로"란 소방회로 이외의 전기회로를 말한다.
14) "전기사업자"란 「전기사업법」 제2조제2호에 따른 자를 말한다.
15) "큐비클형"이란 수전설비를 큐비클 내에 수납하여 설치하는 방식으로서 다음의 형식을 말한다.
    ① "공용큐비클식"이란 소방회로 및 일반회로 겸용의 것으로서 수전설비, 변전설비와 그 밖의 기기 및 배선을 금속제 외함에 수납한 것을 말한다.
    ② "전용큐비클식"이란 소방회로용의 것으로 수전설비, 변전설비와 그 밖의 기기 및 배선을 금속제 외함에 수납한 것을 말한다.

2. 인입선 및 인입구 배선의 시설
1) 인입선은 특정소방대상물에 화재가 발생할 경우에도 화재로 인한 손상을 받지 않도록 설치해야 한다.
2) 인입구 배선은 「옥내소화전설비의 화재안전기술기준(NFTC 102)」 2.7.2의 표 2.7.2(1)에 따른 내화배선으로 해야 한다.

3. 특별고압 또는 고압으로 수전하는 경우
1) 일반전기사업자로부터 특별고압 또는 고압으로 수전하는 비상전원 수전설비는 방화구획형, 옥외개방형 또는 큐비클(Cubicle)형으로서 다음의 기준에 적합하게 설치해야 한다.

    ※ **방화구획형 설치기준**
    ① 전용의 방화구획 내에 설치할 것
    ② 소방회로배선은 일반회로배선과 불연성 벽으로 구획할 것. 다만, 소방회로배선과 일반회로배선을 15cm 이상 떨어져 설치한 경우는 그러하지 아니한다.
    ③ 일반회로에서 과부하, 지락사고 또는 단락사고가 발생한 경우에도 이에 영향을 받지 아니하고 계속하여 소방회로에 전원을 공급시켜 줄 수 있어야 할 것
    ④ 소방회로용 개폐기 및 과전류차단기에는 "소방시설용"이라 표시할 것
    ⑤ 전기회로는 그림 2.2.1.5와 같이 결선할 것

2) 옥외개방형은 다음의 기준에 적합하게 설치해야 한다.

    ※ **옥외개방형 설치기준**
    ① 건축물의 옥상에 설치하는 경우에는 그 건축물에 화재가 발생할 경우에도 화재로

인한 손상을 받지 않도록 설치할 것
② 공지에 설치하는 경우에는 인접 건축물에 화재가 발생한 경우에도 화재로 인한 손상을 받지 않도록 설치할 것
③ 그 밖의 옥외개방형의 설치에 관하여는 1) ②부터 1) ⑤까지의 규정에 적합하게 설치할 것

3) 큐비클형은 다음의 기준에 적합하게 설치해야 한다.

※ **큐비클형 설치기준**
① 전용큐비클 또는 공용큐비클식으로 설치할 것
② 외함은 두께 2.3mm 이상의 강판과 이와 동등 이상의 강도와 내화성능이 있는 것으로 제작해야 하며, 개구부(③의 각 기준에 해당하는 것은 제외한다)에는 「건축법 시행령」 제64조에 따른 방화문으로서 60분+ 방화문, 60분 방화문 또는 30분 방화문으로 설치할 것
③ 다음 각 목(옥외에 설치하는 것은 ㉮부터 ㉰까지)에 해당하는 것은 외함에 노출하여 설치할 수 있다.
　㉮ 표시등(불연성 또는 난연성 재료로 덮개를 설치한 것에 한한다)
　㉯ 전선의 인입구 및 인출구
　㉰ 환기장치
　㉱ 전압계(퓨즈 등으로 보호한 것에 한한다)
　㉲ 전류계(변류기의 2차 측에 접속된 것에 한한다)
　㉳ 계기용 전환스위치(불연성 또는 난연성 재료로 제작된 것에 한한다)
④ 외함은 건축물의 바닥 등에 견고하게 고정할 것
⑤ 외함에 수납하는 수전설비, 변전설비와 그 밖의 기기 및 배선은 다음의 기준에 적합하게 설치할 것
　㉮ 외함 또는 프레임(Frame) 등에 견고하게 고정할 것
　㉯ 외함의 바닥에서 10cm(시험단자, 단자대 등의 충전부는 15cm) 이상의 높이에 설치할 것
⑥ 전선 인입구 및 인출구에는 금속관 또는 금속제 가요전선관을 쉽게 접속할 수 있도록 할 것
⑦ 환기장치는 다음의 기준에 적합하게 설치할 것
　㉮ 내부의 온도가 상승하지 않도록 환기장치를 할 것
　㉯ 자연환기구의 개부구 면적의 합계는 외함의 한 면에 대하여 해당 면적의 3분의 1 이하로 할 것. 이 경우 하나의 통기구의 크기는 직경 10mm 이상의 둥근 막대

　　　　　가 들어가서는 안 된다.
　　　㉓ 자연환기구에 따라 충분히 환기할 수 없는 경우에는 환기설비를 설치할 것
　　　㉔ 환기구에는 금속망, 방화댐퍼 등으로 방화조치를 하고, 옥외에 설치하는 것은 빗물 등이 들어가지 않도록 할 것
　⑧ 공용큐비클식의 소방회로와 일반회로에 사용되는 배선 및 배선용 기기는 불연재료로 구획할 것
　⑨ 그 밖의 큐비클형의 설치에 관하여는 1) ②부터 1) ⑤까지의 규정 및 한국산업표준에 적합할 것

4. 저압으로 수전하는 경우

전기사업자로부터 저압으로 수전하는 비상전원설비는 전용배전반(제1·2종)·전용분전반(제1·2종)또는 공용분전반(제1·2종)으로 해야 한다.

1) 제1종 배전반 및 제1종 분전반은 다음의 기준에 적합하게 설치해야 한다.
　① 외함은 두께 1.6mm(전면판 및 문은 2.3mm) 이상의 강판과 이와 동등 이상의 강도와 내화성능이 있는 것으로 제작할 것
　② 외함의 내부는 외부의 열에 의해 영향을 받지 않도록 내열성 및 단열성이 있는 재료를 사용하여 단열할 것. 이 경우 단열부분은 열 또는 진동에 따라 쉽게 변형되지 않아야 한다.
　③ 다음의 기준에 해당하는 것은 외함에 노출하여 설치할 수 있다.
　　가. 표시등(불연성 또는 난연성재료로 덮개를 설치한 것에 한한다)
　　나. 전선의 인입구 및 입출구
　④ 외함은 금속관 또는 금속제 가요전선관을 쉽게 접속할 수 있도록 하고, 당해 접속부분에는 단열조치를 할 것
　⑤ 공용배전반 및 공용분전반의 경우 소방회로와 일반회로에 사용하는 배선 및 배선용 기기는 불연재료로 구획되어야 할 것

2) 제2종 배전반 및 제2종 분전반은 다음의 기준에 적합하게 설치해야 한다.
　① 외함은 두께 1mm(함 전면의 면적이 $1,000cm^2$를 초과하고 $2,000cm^2$ 이하인 경우에는 1.2mm, $2,000cm^2$를 초과하는 경우에는 1.6mm) 이상의 강판과 이와 동등 이상의 강도와 내화성능이 있는 것으로 제작할 것
　② 1) ③ 가. 및 나.에서 정한 것과 120℃의 온도를 가했을 때 이상이 없는 전압계 및 전류계는 외함에 노출하여 설치할 것
　③ 단열을 위해 배선용 불연전용실 내에 설치할 것

④ 그 밖의 제2종 배전반 및 제2종 분전반의 설치에 관하여는 1) ④ 및 1) ⑤의 규정에 적합할 것
3) 그 밖의 배전반 및 분전반의 설치에 관하여는 다음의 기준에 적합해야 한다.
　① 일반회로에서 과부하·지락사고 또는 단락사고가 발생한 경우에도 이에 영향을 받지 아니하고 계속하여 소방회로에 전원을 공급시켜 줄 수 있어야 할 것
　② 소방회로용 개폐기 및 과전류차단기에는 "소방시설용"이라는 표시를 할 것
　③ 전기회로는 그림 2.3.1.3.3과 같이 결선할 것

Check Point [그림 2.2.1.5] 고압 또는 특별고압 수전의 경우

1. 전용의 전력용 변압기에서 소방부하에 전원을 공급하는 경우

약 호	명 칭
CB	전력차단기
PF	전력퓨즈(고압 또는 특별고압용)
F	퓨즈(저압용)
Tr	전력용 변압기

① 일반회로의 과부하 또는 단락사고 시에 CB_{10}(또는 PF_{10})이 CB_{12}(또는 PF_{12}) 및 CB_{22}(또는 F_{22})보다 먼저 차단되어서는 아니 된다.
② CB_{11}(또는 PF_{11})은 CB_{12}(또는 PF_{12})와 동등 이상의 차단용량일 것

2. 공용의 전력용 변압기에서 소방부하에 전원을 공급하는 경우

약 호	명 칭
CB	전력차단기
PF	전력퓨즈(고압 또는 특별고압용)
F	퓨즈(저압용)
Tr	전력용 변압기

① 일반회로의 과부하 또는 단락사고 시에 CB_{10}(또는 PF_{10})이 CB_{22}(또는 F_{22}) 및 CB(또는 F)보다 먼저 차단되어서는 아니 된다.
② CB_{21}(또는 F_{21})은 CB_{22}(또는 F_{22})와 동등 이상의 차단용량일 것

> **Check Point** [그림 2.3.1.3.3] 저압수전의 경우
>
>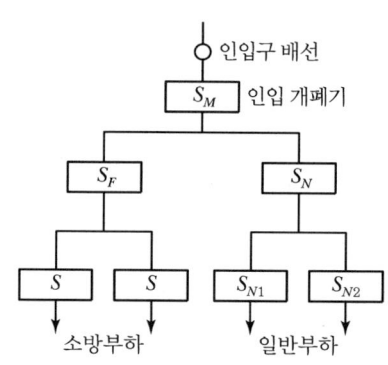
>
> 1. 일반회로의 과부하 또는 단락사고 시 S_M이 S_N, S_{N1}, S_{N2}보다 먼저 차단되어서는 아니 된다.
> 2. S_F 는 S_N과 동등 이상의 차단용량일 것
> S : 저압용 개폐기 및 과전류차단기

02 도로터널

1. 정의

종류환기방식	터널 안의 배기가스와 연기 등을 배출하는 환기설비로서 기류를 종방향(출입구 방향)으로 흐르게 하여 환기하는 방식을 말한다.
횡류환기방식	터널 안의 배기가스와 연기 등을 배출하는 환기설비로서 기류를 횡방향(바닥에서 천장)으로 흐르게 하여 환기하는 방식을 말한다.
반횡류환기방식	터널 안의 배기가스와 연기 등을 배출하는 환기설비로서 터널에 수직배기구를 설치해서 횡방향과 종방향으로 기류를 흐르게 하여 환기하는 방식을 말한다.
도로터널	「도로법」제8조에서 규정한 도로의 일부로서 자동차의 통행을 위해 지붕이 있는 지하구조물을 말한다.
설계화재강도	터널 화재 시 소화설비 및 제연설비 등의 용량 산정을 위해 적용하는 차종별 최대열방출률[MW]을 말한다.
연기발생률	일정한 설계화재강도의 차량에서 단위 시간당 발생하는 연기량을 말한다.
피난연결통로	본선 터널과 병설된 상대 터널이나 본선 터널과 평행한 피난통로를 연결하기 위한 연결통로를 말한다.
배기구	터널 안의 오염 공기를 배출하거나 화재 발생 시 연기를 배출하기 위한 개구부를 말한다.

2. 터널 길이에 따라 설치해야 하는 소방시설의 종류

소방시설	적용기준
소화기	모든 터널
비상경보설비, 시각경보기, 비상조명등, 비상콘센트설비, 무선통신보조설비	길이가 500m 이상
옥내소화전설비, 자동화재탐지설비, 연결송수관설비	길이가 1,000m 이상
옥내소화전설비, 물분무소화설비, 제연설비	행정안전부령이 정하는 지하가 중 터널

3. 소화기

1) 소화기의 능력단위(「소화기구 및 자동소화장치의 화재안전기술기준(NFTC 101)」 1.7.1.6에 따른 수치를 말한다)는 A급 화재는 3단위 이상, B급 화재는 5단위 이상 및 C급 화재에 적응성이 있는 것으로 할 것
2) 소화기의 총중량은 사용 및 운반이 편리성을 고려하여 7kg 이하로 할 것
3) 소화기는 주행차로의 우측 측벽에 50m 이내의 간격으로 2개 이상을 설치하며, 편도 2차선 이상의 양방향 터널과 4차로 이상의 일방향 터널의 경우에는 양쪽 측벽에 각각 50m 이내의 간격으로 엇갈리게 2개 이상을 설치할 것
4) 바닥면(차로 또는 보행로를 말한다. 이하 같다)으로부터 1.5m 이하의 높이에 설치할 것
5) 소화기구함의 상부에 "소화기"라고 조명식 또는 반사식의 표지판을 부착하여 사용자가 쉽게 인지할 수 있도록 할 것

4. 옥내소화전설비

1) 소화전함과 방수구는 주행차로 우측 측벽을 따라 50m 이내의 간격으로 설치하며, 편도 2차선 이상의 양방향 터널이나 4차로 이상의 일방향 터널의 경우에는 양쪽 측벽에 각각 50m 이내의 간격으로 엇갈리게 설치할 것
2) 수원은 그 저수량이 옥내소화전의 설치개수 2개(4차로 이상의 터널의 경우 3개)를 동시에 40분 이상 사용할 수 있는 충분한 양 이상을 확보할 것
3) 가압송수장치는 옥내소화전 2개(4차로 이상의 터널인 경우 3개)를 동시에 사용할 경우 각 옥내소화전의 노즐선단에서의 방수압력은 0.35MPa 이상이고 방수량은 190l/min 이상이 되는 성능의 것으로 할 것. 다만, 하나의 옥내소화전을 사용하는 노즐선단에서의 방수압력이 0.7MPa을 초과할 경우에는 호스접결구의 인입 측에 감압장치를 설치해야 한다.

4) 압력수조나 고가수조가 아닌 전동기 및 내연기관에 의한 펌프를 이용하는 가압송수장치는 주펌프와 동등 이상인 별도의 예비펌프를 추가로 설치할 것
5) 방수구는 40mm 구경의 단구형을 옥내소화전이 설치된 벽면의 바닥면으로부터 1.5m 이하의 높이에 설치할 것
6) 소화전함에는 옥내소화전 방수구 1개, 15m 이상의 소방호스 3본 이상 및 방수노즐을 비치할 것
7) 옥내소화전설비의 비상전원은 옥내소화전설비를 유효하게 40분 이상 작동할 수 있어야 할 것

5. 물분무소화설비

1) 물분무 헤드는 도로면에 $1m^2$당 $6l/min$ 이상의 수량을 균일하게 방수할 수 있도록 할 것
2) 물분무설비의 하나의 방수구역은 25m 이상으로 하며, 3개 방수구역을 동시에 40분 이상 방수할 수 있는 수량을 확보할 것
3) 물분무설비의 비상전원은 40분 이상 기능을 유지할 수 있도록 할 것

6. 비상경보설비

1) 발신기는 주행차로 한쪽 측벽에 50m 이내의 간격으로 설치하며, 편도 2차선 이상의 양방향터널이나 4차로 이상의 일방향터널의 경우에는 양쪽의 측벽에 각각 50m 이내의 간격으로 엇갈리게 설치하고, 발신기가 설치된 벽면의 바닥면으로부터 1.5m 이하의 높이에 설치할 것
2) 음향장치는 발신기함 내에 설치할 수 있으며, 「비상방송설비의 화재안전기술기준(NFTC 202)」에 적합하게 설치된 방송설비를 비상경보설비와 연동하여 작동하도록 설치한 경우에는 비상경보설비의 지구음향장치를 설치하지 않을 수 있다.
3) 음향장치의 음향은 부착된 음향장치의 중심으로부터 1m 떨어진 위치에서 90dB 이상이 되도록 하고, 터널 내부 전체에 유효한 경보를 동시에 발하도록 할 것
4) 시각경보기는 주행차로 한쪽 측벽에 50m 이내의 간격으로 비상경보설비의 상부 직근에 설치하고, 설치된 전체 시각경보기는 동시에 작동될 수 있도록 할 것

7. 자동화재탐지설비

1) 터널에 설치할 수 있는 감지기의 종류는 다음의 어느 하나와 같다.
   ① 차동식 분포형 감지기
   ② 정온식 감지선형 감지기(아날로그식에 한한다.)

③ 중앙기술심의위원회의 심의를 거쳐 터널화재에 적응성이 있다고 인정된 감지기
2) 하나의 경계구역의 길이는 100m 이하로 해야 한다.
3) 1)에 의한 감지기의 설치기준은 다음 각 호와 같다. 다만, 중앙기술심의위원회의 심의를 거쳐 제조사 시방서에 따른 설치방법이 터널화재에 적합하다고 인정되는 경우에는 다음의 기준에 의하지 아니하고 심의결과에 의한 제조사 시방서에 따라 설치할 수 있다.
   ① 감지기의 감열부(열을 감지하는 기능을 갖는 부분을 말한다.)와 감열부 사이의 이격거리는 10m 이하로, 감지기와 터널 좌·우측 벽면과의 이격거리는 6.5m 이하로 설치할 것
   ② ①호에도 불구하고 터널 천장의 구조가 아치형의 터널에 감지기를 터널 진행방향으로 설치하고자 하는 경우에는 감열부와 감열부 사이의 이격거리를 10m 이하로 하여 아치형 천장의 중앙 최상부에 1열로 감지기를 설치해야 하며, 감지기를 2열 이상으로 설치하고자 하는 경우에는 감열부와 감열부 사이의 이격거리는 10m 이하로, 감지기 간의 이격거리는 6.5m 이하로 설치할 것
   ③ 감지기를 천장면(터널 안 도로 등에 면한 부분 또는 상층의 바닥 하부면을 말한다)에 설치하는 경우에는 감기기가 천장면에 밀착되지 않도록 고정금구 등을 사용하여 설치할 것
   ④ 형식승인 내용에 설치방법이 규정된 경우에는 형식승인 내용에 따라 설치할 것. 다만, 감지기와 천장면의 이격거리에 대해 제조사의 시방서에 규정되어 있는 경우에는 시방서의 규정에 따라 설치할 수 있다.
4) 2)에도 불구하고 감지기의 작동에 의하여 다른 소방시설 등이 연동되는 경우로서 해당 소방시설 등의 작동을 위한 정확한 발화위치를 확인할 필요가 있는 경우에는 경계구역의 길이가 해당 설비의 방호구역 등에 포함되도록 설치해야 한다.
5) 발신기 및 지구음향장치는 6.을 준용하여 설치해야 한다.

8. 비상조명등

1) 상시 조명이 소등된 상태에서 비상조명등이 점등되는 경우 터널 안의 차도 및 보도의 바닥면의 조도는 10lx 이상, 그 외 모든 지점의 조도는 1lx 이상이 될 수 있도록 설치할 것
2) 비상조명등의 비상전원은 상용전원이 차단되는 경우 자동으로 비상조명등을 유효하게 60분 이상 작동할 수 있어야 할 것
3) 비상조명등에 내장된 예비전원이나 축전지설비는 상용전원의 공급에 의하여 상시 충전 상태를 유지할 수 있도록 설치할 것

Check Point 비상조명등

구 분		조 도	비상전원 용량	
소방 대상물		—	20분 이상	
			60분 이상	① 11층 이상의 층(지하층 제외) ② 도매시장·소매시장·여객자동차 터미널·여객자동차 터미널·지하 역사·지하상가(지하층 또는 무창층)
터널	차도 및 보도	바닥면의 조도는 10lx 이상	60분 이상	
	그 외	모든 지점의 조도는 1lx 이상		

9. 제연설비

1) 제연설비는 다음의 사양을 만족하도록 설계해야 한다.
   ① 설계화재강도 20MW를 기준으로 하고, 이때의 연기발생률은 $80m^3/s$로 하며, 배출량은 발생된 연기와 혼합된 공기를 충분히 배출할 수 있는 용량 이상을 확보할 것
   ② ①에도 불구하고 화재강도가 설계화재강도보다 높을 것으로 예상될 경우 위험도분석을 통하여 설계화재강도를 설정하도록 할 것
2) 제연설비는 다음의 기준에 따라 설치해야 한다.
   ① 종류환기방식의 경우 제트팬의 소손을 고려하여 예비용 제트팬을 설치하도록 할 것
   ② 횡류환기방식(또는 반횡류환기방식) 및 대배기구 방식의 배연용 팬은 덕트의 길이에 따라서 노출온도가 달라질 수 있으므로 수치해석 등을 통해서 내열온도 등을 검토한 후에 적용하도록 할 것
   ③ 대배기구의 개폐용 전동모터는 정전 등 전원이 차단되는 경우에도 조작상태를 유지할 수 있도록 할 것
   ④ 화재에 노출이 우려되는 제연설비와 전원공급선 및 제트팬 사이의 전원공급장치 등은 250℃의 온도에서 60분 이상 운전상태를 유지할 수 있도록 할 것
3) 제연설비의 기동은 다음의 어느 하나에 의하여 자동 또는 수동으로 기동될 수 있도록 해야 한다.
   ① 화재감지기가 동작되는 경우
   ② 발신기의 스위치 조작 또는 자동소화설비의 기동장치를 동작시키는 경우

③ 화재수신기 또는 감시제어반의 수동조작스위치를 동작시키는 경우

4) 제연설비의 비상전원은 제연설비를 유효하게 60분 이상 작동할 수 있도록 해야 한다.

10. 연결송수관설비

1) 연결송수관설비의 방수노즐선단에서의 방수압력은 0.35MPa 이상, 방수량은 400L/min 이상을 유지할 수 있도록 할 것
2) 방수구는 50m 이내의 간격으로 옥내소화전함에 병설하거나 독립적으로 터널출입구 부근과 피난연결통로에 설치할 것
3) 방수기구함은 50m 이내의 간격으로 옥내소화전함 안에 설치하거나 독립적으로 설치하고, 하나의 방수기구함에는 65mm 방수노즐 1개와 15m 이상의 호스 3본을 설치하도록 할 것

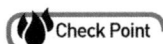

> **옥내소화전설비 · 연결송수관설비**
>
> 1. 방수압력 · 방수량
>
> | 구 분 | 방수압력[MPa] | 방수량[lpm] |
> |---|---|---|
> | 옥내소화전설비 | 0.35 | 190 |
> | 연결송수관설비 | 0.35 | 400 |
>
> 2. 함
>   ① 옥내소화전설비 : 소화전함에는 옥내소화전 방수구 1개, 15m 이상의 소방호스 3본 이상 및 방수노즐을 비치할 것
>   ② 연결송수관설비 : 하나의 방수기구함에는 65mm 방수노즐 1개와 15m 이상의 호스 3본을 설치하도록 할 것
>
> **비상전원 용량**
>
> | 구 분 | 옥내소화전설비 | 물분무소화설비 | 비상조명등설비 | 제연설비 |
> |---|---|---|---|---|
> | 용 량 | 40분 이상 | 40분 이상 | 60분 이상 | 60분 이상 |

11. 무선통신보조설비

1) 무선통신보조설비의 옥외안테나는 방재실 인근과 터널의 입구 및 출구, 피난연결통로 등에 설치해야 한다.
2) 라디오 재방송설비가 설치되는 터널의 경우에는 무선통신보조설비와 겸용으로 설치할 수 있다.

12. 비상콘센트설비

1) 비상콘센트설비의 전원회로는 단상교류 220V인 것으로서, 그 공급용량은 1.5kVA 이상인 것으로 할 것
2) 전원회로는 주배전반에서 전용회로로 할 것. 다만, 다른 설비의 회로 사고에 따른 영향을 받지 않도록 되어 있는 것은 그렇지 않다.
3) 콘센트마다 배선용 차단기(KS C 8321)를 설치해야 하며, 충전부가 노출되지 않도록 할 것
4) 주행차로의 우측 측벽에 50m 이내의 간격으로 바닥으로부터 0.8m 이상 1.5m 이하의 높이에 설치할 것

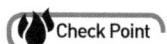

▶ 소방시설별 설치방법

소방시설	설치구분	터널 조건	설치방법	설치높이
소화기	한쪽 측벽	양방향 : 편도 1차로 이하 일방향 : 편도 3차로 이하	주행 차로 우측 측벽에 50m 이내의 간격으로 2개 이상	바닥면으로부터 1.5m 이하
	양쪽 측벽	양방향 : 편도 2차로 이상 일방향 : 편도 4차로 이상	양쪽 측벽에 각각 50m 이내의 간격으로 엇갈리게 2개 이상	
소화전함과 방수구 (옥내소화전설비)	한쪽 측벽	양방향 : 편도 1차로 이하 일방향 : 편도 3차로 이하	주행 차로 우측 측벽에 50m 이내의 간격	설치된 벽면의 바닥면으로부터 1.5m 이하
	양쪽 측벽	양방향 : 편도 2차로 이상 일방향 : 편도 4차로 이상	양쪽 측벽에 각각 50m 이내의 간격으로 엇갈리게	
발신기 (비경·자탐설비)	한쪽 측벽	양방향 : 편도 1차로 이하 일방향 : 편도 3차로 이하	주행 차로 우측 측벽에 50m 이내의 간격	바닥면으로부터 0.8m 이상 1.5m 이하
	양쪽 측벽	양방향 : 편도 2차로 이상 일방향 : 편도 4차로 이상	양쪽 측벽에 각각 50m 이내의 간격으로 엇갈리게	
시각경보기	한쪽 측벽	—	주행 차로 한쪽 측벽에 50m 이내의 간격	비상경보설비 상부 직근
방수구 (연결송수관설비)	한쪽 측벽	—	50m 이내의 간격	옥내소화전함에 병설하거나 독립적으로 터널 출입구 부근과 피난연결통로
비상콘센트 (비상콘센트설비)	한쪽 측벽	—	주행 차로 우측 측벽에 50m 이내의 간격	바닥으로부터 0.8m 이상 1.5m 이하

| 무전기
접속단자
(무통설비) | – | – | 방재실·터널 입구 및 출구·피난연결통로 |

> ▶ 설치개수
> 1. 한쪽 측벽에 설치하는 경우 : 소화기(×2), 옥내소화전설비 소화전함과 방수구, 발신기, 시각경보기 연결송수관설비 방수기구함, 비상콘센트
> $N = \dfrac{L}{50} - 1$ (L : 터널 길이)
> 2. 양쪽 측벽에 설치하는 경우 : 소화기(×2), 옥내소화전설비 소화전함과 방수구, 발신기
> $N = \dfrac{L}{50} \times 2 - 1$ (L : 터널 길이)

03 고층건축물

1. 정의

구 분	정 의	비 고
고층 건축물	층수가 30층 이상이거나 높이가 120m 이상인 건축물을 말한다.	「건축법」 제2조
준초고층 건축물	고층건축물 중 초고층 건축물이 아닌 것을 말한다.	「건축법 시행령」 제2조
초고층 건축물	층수가 50층 이상이거나 높이가 200m 이상인 건축물을 말한다.	

2. 옥내소화전설비

1) 수원은 그 저수량이 옥내소화전의 설치개수가 가장 많은 층의 설치개수(5개 이상 설치된 경우에는 5개)에 5.2m³(호스릴옥내소화전 설비를 포함한다)를 곱한 양 이상이 되도록 해야 한다. 다만, 층수가 50층 이상인 건축물의 경우에는 7.8m³를 곱한 양 이상이 되도록 해야 한다.
2) 수원은 1)에 따라 산출된 유효수량 외에 유효수량의 3분의 1 이상을 옥상(옥내소화전설비가 설치된 건축물의 주된 옥상을 말한다. 이하 같다)에 설치해야 한다. 다만, 「옥내소화전설비의 화재안전기술기준(NFTC 102)」 2.1.2(3) 또는 2.1.2(4)에 해당하는 경우에는 그렇지 않다.

3) 전동기 또는 내연기관에 의한 펌프를 이용하는 가압송수장치는 옥내소화전설비 전용으로 설치해야 하며, 주펌프와 동등 이상의 성능이 있는 별도의 펌프로서 내연기관의 기동과 연동하여 작동되거나 비상전원을 연결한 예비펌프를 추가로 설치해야 한다.
4) 내연기관의 연료량은 펌프를 40분(50층 이상인 건축물의 경우에는 60분) 이상 운전할 수 있는 용량일 것
5) 급수배관은 전용으로 해야 한다. 다만, 옥내소화전설비의 성능에 지장이 없는 경우에는 연결송수관설비의 배관과 겸용할 수 있다.
6) 50층 이상인 건축물의 옥내소화전 주배관 중 수직배관은 2개 이상(주배관 성능을 갖는 동일 호칭배관)으로 설치해야 하며, 하나의 수직배관의 파손 등 작동 불능 시에도 다른 수직배관으로부터 소화용수가 공급되도록 구성해야 한다.
7) 비상전원은 자가발전설비, 축전지설비(내연기관에 따른 펌프를 사용하는 경우에는 내연기관의 기동 및 제어용 축전지를 말한다) 또는 전기저장장치(외부 전기에너지를 저장해 두었다가 필요한 때 전기를 공급하는 장치)로서 옥내소화전설비를 유효하게 40분(50층 이상인 건축물의 경우에는 60분) 이상 작동할 수 있어야 한다.

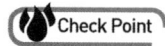

▶ 옥내소화전설비

구 분	30층 미만	30층 이상		비 고
수원	N × 2.6m³ 이상	준초고층	N × 5.2m³ 이상	N : 최대 5개 (30층 미만)
		초고층	N × 7.8m³ 이상	N : 최대 5개 (30층 이상)
펌프방식	겸용 가능	전용(겸용 불가)		–
주 배관	겸용 가능	고층	전용(겸용 불가)	연결송수관설비와 겸용 가능
		초고층	전용(겸용 불가) 수직배관 2개 이상	
비상전원	20분 이상	준초고층	40분 이상	–
		초고층	60분 이상	
예비펌프	예비펌프 설치 시 옥상수원 면제	필수		–

옥상수원 면제	1. 지하층만 있는 건축물 2. 고가수조를 가압송수장치로 설치한 옥내소화전설비[30층 이상] 3. 수원이 건축물의 최상층에 설치된 방수구보다 높은 위치에 설치된 경우[30층 이상] 4. 건축물의 높이가 지표면으로부터 10m 이하인 경우 5. 주 펌프와 동등 이상의 성능이 있는 별도의 펌프로서 내연기관의 기동과 연동하여 작동되거나 비상전원을 연결하여 설치한 경우 6. 가압수조를 가압송수장치로 설치한 옥내소화전설비 7. 제5조 제1항 제9호 단서에 해당하는 경우

▶ **제5조제1항제9호 단서**

학교·공장·창고시설(제4조제2항에 따라 옥상수조를 설치한 대상은 제외한다.)로서 동결의 우려가 있는 장소에 있어서는 기동스위치에 보호판을 부착하여 옥내소화전함 내에 설치할 수 있다.

3. 스프링클러설비

1) 수원은 그 저수량이 스프링클러설비 설치장소별 스프링클러헤드의 기준개수에 $3.2m^3$를 곱한 양 이상이 되도록 해야 한다. 다만, 50층 이상인 건축물의 경우에는 $4.8m^3$를 곱한 양 이상이 되도록 해야 한다.

2) 수원은 1)에 따라 산출된 유효수량 외에 유효수량의 3분의 1 이상을 옥상(옥내소화전설비가 설치된 건축물의 주된 옥상을 말한다. 이하 같다)에 설치해야 한다. 다만, 「스프링클러설비의 화재안전기술기준(NFTC 103)」 2.1.2(3) 또는 2.1.2(4)에 해당하는 경우에는 그렇지 않다.

3) 전동기 또는 내연기관에 의한 펌프를 이용하는 가압송수장치는 스프링클러설비 전용으로 설치해야 하며, 주펌프와 동등 이상의 성능이 있는 별도의 펌프로서 내연기관의 기동과 연동하여 작동되거나 비상전원을 연결한 예비펌프를 추가로 설치해야 한다.

4) 내연기관의 연료량은 펌프를 40분(50층 이상인 건축물의 경우에는 60분) 이상 운전할 수 있는 용량일 것

5) 급수배관은 전용으로 설치해야 한다.

6) 50층 이상인 건축물의 스프링클러설비 주배관 중 수직배관은 2개 이상(주배관 성능을 갖는 동일 호칭배관)으로 설치하고, 하나의 수직배관이 파손 등 작동 불능 시에도 다른 수직배관으로부터 소화수가 공급되도록 구성해야 하며, 각각의 수직배관에 유수검지장치를 설치해야 한다.

7) 50층 이상인 건축물의 스프링클러 헤드에는 2개 이상의 가지배관으로부터 양방향에서 소화수가 공급되도록 하고, 수리계산에 의한 설계를 해야 한다.
8) 스프링클러설비의 음향장치는 「스프링클러설비의 화재안전기술기준(NFTC 103)」 2.6(음향장치 및 기동장치)에 따라 설치하되, 다음의 기준에 따라 경보를 발할 수 있도록 해야 한다.
   ① 2층 이상의 층에서 발화한 때에는 발화층 및 그 직상 4개 층에 경보를 발할 것
   ② 1층에서 발화한 때에는 발화층·그 직상 4개 층 및 지하층에 경보를 발할 것
   ③ 지하층에서 발화한 때에는 발화층·그 직상층 및 기타의 지하층에 경보를 발할 것
9) 비상전원은 자가발전설비, 축전지설비(내연기관에 따른 펌프를 사용하는 경우에는 내연기관의 기동 및 제어용 축전지를 말한다) 또는 전기저장장치로서 스프링클러설비를 유효하게 40분 이상 작동할 수 있을 것. 다만, 50층 이상인 건축물의 경우에는 60분 이상 작동할 수 있어야 한다.

Check Point 스프링클러설비

구 분	30층 미만	30층 이상	
수원	$N \times 1.6m^3$ 이상	준초고층	$N \times 3.2m^3$ 이상
		초고층	$N \times 4.8m^3$ 이상
펌프방식	겸용 가능	전용(겸용 불가)	
주배관	겸용 가능	고층	전용(겸용 불가)
		초고층 ① 수직배관 2개 이상 ② 각각의 수직배관에 유수검지장치 설치 ③ 헤드는 2개 이상의 가지배관 양방향에서 소화용수가 공급, 수리계산	
경보방식	• 2층 이상 : 발화층, 그 직상층 • 1층 : 발화층, 그 직상층, 지하층 • 지하층 : 발화층, 그 직상층, 기타 지하층	• 2층 이상 : 발화층, 그 직상 4개 층 • 1층 : 발화층, 그 직상 4개 층, 지하층 • 지하층 : 발화층, 그 직상층, 기타 지하층	
비상전원	20분 이상	준초고층	40분 이상
		초고층	60분 이상
예비펌프	예비펌프 설치 시 옥상수원 면제	필수	

옥상수원 면제	1. 지하층만 있는 건축물 2. 고가수조를 가압송수장치로 설치한 스프링클러설비[30층 이상] 3. 수원이 건축물의 최상층에 설치된 헤드보다 높은 위치에 설치된 경우[30층 이상] 4. 건축물의 높이가 지표면으로부터 10m 이하인 경우 5. 주 펌프와 동등 이상의 성능이 있는 별도의 펌프로서 내연기관의 기동과 연동하여 작동되거나 비상전원을 연결하여 설치한 경우 6. 가압수조를 가압송수장치로 설치한 스프링클러설비

4. 비상방송설비

1) 비상방송설비의 음향장치는 다음의 기준에 따라 경보를 발할 수 있도록 해야 한다.
   ① 2층 이상의 층에서 발화한 때에는 발화층 및 그 직상 4개 층에 경보를 발할 것
   ② 1층에서 발화한 때에는 발화층·그 직상 4개 층 및 지하층에 경보를 발할 것
   ③ 지하층에서 발화한 때에는 발화층·그 직상층 및 기타의 지하층에 경보를 발할 것
2) 비상방송설비에는 그 설비에 대한 감시상태를 60분간 지속한 후 유효하게 30분 이상 경보할 수 있는 비상전원으로서 축전지설비(수신기에 내장하는 경우를 포함한다) 또는 전기저장장치를 설치해야 한다.

5. 자동화재탐지설비

1) 감지기는 아날로그방식의 감지기로서 감지기의 작동 및 설치지점을 수신기에서 확인할 수 있는 것으로 설치해야 한다. 다만, 공동주택의 경우에는 감지기별로 작동 및 설치지점을 수신기에서 확인할 수 있는 아날로그방식 외의 감지기로 설치할 수 있다.
2) 자동 화재탐지설비의 음향장치는 다음의 기준에 따라 경보를 발할 수 있도록 해야 한다.
   ① 2층 이상의 층에서 발화한 때에는 발화층 및 그 직상 4개 층에 경보를 발할 것
   ② 1층에서 발화한 때에는 발화층·그 직상 4개 층 및 지하층에 경보를 발할 것
   ③ 지하층에서 발화한 때에는 발화층·그 직상층 및 기타의 지하층에 경보를 발할 것
3) 50층 이상인 건축물에 설치하는 다음의 통신·신호배선은 이중배선을 설치하도록 하고 단선 시에도 고장표시가 되며 정상 작동할 수 있는 성능을 갖도록 설비를 해야 한다.
   ① 수신기와 수신기 사이의 통신배선
   ② 수신기와 중계기 사이의 신호배선
   ③ 수신기와 감지기 사이의 신호배선

4) 자동화재탐지설비에는 그 설비에 대한 감시상태를 60분간 지속한 후 유효하게 30분(감시상태 유지를 포함한다) 이상 경보할 수 있는 비상전원으로서 축전지설비(수신기에 내장하는 경우를 포함한다) 또는 전기저장장치를 설치해야 한다. 다만, 상용전원이 축전지설비인 경우에는 그렇지 않다.

> **Check Point 경보설비 비상전원**
>
> 1. **30층 미만[비상경보설비 · 비상방송설비 · 자동화재탐지설비]**
>   자동화재탐지설비에는 그 설비에 대한 감시상태를 60분간 지속한 후 유효하게 10분 이상 경보 할 수 있는 축전지설비(수신기에 내장하는 경우를 포함한다.) 또는 전기저장장치를 설치해야 한다. **다만 상용전원이 축전지설비인 경우에는 그렇지 않다.**[자동화재탐지설비만 해당]
>   - 비상경보설비 : 비상벨설비 또는 자동식사이렌설비
>   - 비상방송설비 : 비상방송설비
> 2. **30층 이상[비상방송설비 · 자동화재탐지설비]**
>   자동화재탐지설비에는 그 설비에 대한 감시상태를 60분간 지속한 후 유효하게 30분 이상 경보 할 수 있는 축전지설비(수신기에 내장하는 경우를 포함한다.) 또는 전기저장장치를 설치해야 한다. **다만 상용전원이 축전지설비인 경우에는 그렇지 않다.**[자동화재탐지설비만 해당]
>   - 비상방송설비 : 비상방송설비

6. 특별피난계단의 계단실 및 부속실 제연설비

특별피난계단의 계단실 및 부속실 제연설비는 「특별피난계단의 계단실 및 부속실 제연설비의 화재안전기술기준(NFTC 501A)」에 따라 설치하되, 비상전원은 자가발전설비, 축전지설비, 전기저장장치로 하고 제연설비를 유효하게 40분 이상 작동할 수 있도록 해야 한다. 다만, 50층 이상인 건축물의 경우에는 60분 이상 작동할 수 있어야 한다.

7. 피난안전구역의 소방시설

「초고층 및 지하연계 복합건축물 재난관리에 관한 특별법 시행령」 제14조제2항에 따른 피난안전구역에 설치하는 소방시설은 표 2.6.1과 같이 설치해야 하며, 이 기준에서 정하지 아니한 것은 개별 기술기준에 따라 설치해야 한다.

8. 연결송수관설비

1) 연결송수관설비의 배관은 전용으로 한다. 다만, 주배관의 구경이 100mm 이상인 옥내소화전 설비와 겸용할 수 있다.

2) 내연기관의 연료량은 펌프를 40분(50층 이상인 건축물의 경우에는 60분) 이상 운전할 수 있는 용량일 것
3) 연결송수관설비의 비상전원은 자가발전설비, 축전지설비(내연기관에 따른 펌프를 사용하는 경우에는 내연기관의 기동 및 제어용 축전지를 말한다), 전기저장장치로서 연결송수관설비를 유효하게 40분 이상 작동할 수 있어야 할 것. 다만, 50층 이상인 건축물의 경우에는 60분 이상 작동할 수 있어야 한다.

Check Point [표 2.6.1] 피난안전구역에 설치하는 소방시설 설치기준

구 분	설치기준
1. 제연설비	피난안전구역과 비제연구역 간의 차압은 50Pa(옥내에 스프링클러설비가 설치된 경우에는 12.5Pa) 이상으로 해야 한다. 다만 피난안전구역의 한쪽 면 이상이 외기에 개방된 구조의 경우에는 설치하지 않을 수 있다.
2. 피난유도선	피난유도선은 다음의 기준에 따라 설치해야 한다. ㉮ 피난안전구역이 설치된 층의 계단실 출입구에서 피난안전구역 주출입구 또는 비상구까지 설치할 것 ㉯ 계단실에 설치하는 경우 계단 및 계단참에 설치할 것 ㉰ 피난유도 표시부의 너비는 최소 25mm 이상으로 설치할 것 ㉱ 광원점등방식(전류에 의하여 빛을 내는 방식)으로 설치하되, 60분 이상 유효하게 작동할 것
3. 비상조명등	피난안전구역의 비상조명등은 상시 조명이 소등된 상태에서 그 비상조명등이 점등되는 경우 각 부분의 바닥에서 조도는 10lx 이상이 될 수 있도록 설치할 것

4. 휴대용 비상조명등	㉮ 피난안전구역에는 휴대용비상조명등을 다음의 기준에 따라 설치해야 한다.
	  1) 초고층 건축물에 설치된 피난안전구역 : 피난안전구역 위층의 재실자 수(「건축물의 피난·방화구조 등의 기준에 관한 규칙」 별표 1의 2에 따라 산정된 재실자 수를 말한다.)의 10분의 1 이상
	  2) 지하연계 복합건축물에 설치된 피난안전구역 : 피난안전구역이 설치된 층의 수용인원(영 별표 2에 따라 산정된 수용인원을 말한다.)의 10분의 1 이상
	㉯ 건전지 및 충전식 건전지의 용량은 40분 이상 유효하게 사용할 수 있는 것으로 한다. 다만, 피난안전구역이 50층 이상에 설치되어 있을 경우의 용량은 60분 이상으로 할 것

5. 인명구조기구	㉮ 방열복, 인공소생기를 각 2개 이상 비치할 것 ㉯ 45분 이상 사용할 수 있는 성능의 공기호흡기(보조마스크를 포함한다.)를 2개 이상 비치해야 한다. 다만, 피난안전구역이 50층 이상에 설치되어 있을 경우에는 동일한 성능의 예비용기를 10개 이상 비치할 것 ㉰ 화재 시 쉽게 반출할 수 있는 곳에 비치할 것 ㉱ 인명구조기구가 설치된 장소의 보기 쉬운 곳에 "인명구조기구"라는 표지판 등을 설치할 것

Check Point [별표 1의2] 피난안전구역의 면적 산정기준(초고층 건축물)

1. 피난안전구역의 면적은 다음 산식에 따라 산정한다.

$$피난안전구역 면적 = (피난안전구역 위층의 재실자 수 \times 0.5) \times 0.28 m^2$$

㉮ 피난안전구역 위층의 재실자 수는 해당 피난안전구역과 다음 피난안전구역 사이의 용도별 바닥면적을 사용 형태별 재실자 밀도로 나눈 값의 합계를 말한다. 다만, 문화·집회용도 중 벤치형 좌석을 사용하는 공간과 고정좌석을 사용하는 공간은 다음의 구분에 따라 피난안전구역 위층의 재실자 수를 산정한다.

※ 문화·집회용도의 피난안전구역 위층의 재실자 수
  1) 벤치형 좌석을 사용하는 공간 : 좌석길이/45.5cm
  2) 고정좌석을 사용하는 공간 : 휠체어 공간 수 + 고정좌석 수

㉯ 피난안전구역 설치 대상 건축물의 용도에 따른 사용 형태별 재실자 밀도는 다음 표와 같다.

용 도	사용 형태별		재실자 밀도
문화·집회	고정좌석을 사용하지 않는 공간		0.45
	고정좌석이 아닌 의자를 사용하는 공간		1.29
	벤치형 좌석을 사용하는 공간		-
	고정좌석을 사용하는 공간		-
	무대		1.40
	게임제공업 등의 공간		1.02
운동	운동시설		4.60
교육	도서관	서고	9.30
		열람실	4.60
	학교 및 학원	교실	1.90
보육	보호시설		3.30
의료	입원치료구역		22.3

	수면구역	11.1
교정	교정시설 및 보호관찰소 등	11.1
주거	호텔 등 숙박시설	18.6
	공동주택	18.6
업무	업무시설, 운수시설 및 관련 시설	9.30
판매	지하층 및 1층	2.80
	그 외의 층	5.60
	배송공간	27.9
저장	창고, 자동차 관련 시설	46.5
산업	공장	9.30
	제조업 시설	18.6

※ 계단실, 승강로, 복도 및 화장실은 사용 형태별 재실자 밀도의 산정에서 제외하고, 취사장·조리장의 사용 형태별 재실자 밀도는 9.30으로 본다.

2. 피난안전구역 설치 대상 용도에 대한 「건축법 시행령」 별표 1에 따른 용도별 건축물의 종류는 다음 표와 같다.

용도	용도별 건축물
문화·집회	문화 및 집회시설(공연장·집회장·관람장·전시장만 해당한다.), 종교시설, 위락시설, 제1종 근린생활시설 및 제2종 근린생활시설 중 휴게음식점·제과점·일반음식점 등 음식·음료를 제공하는 시설, 제2종 근린생활시설 중 공연장·종교집회장·게임제공업 시설, 그 밖에 이와 비슷한 문화·집회시설
운동	운동시설, 제1종 근린생활시설 및 제2종 근린생활시설 중 운동시설
교육	교육연구시설, 수련시설, 자동차 관련 시설 중 운전학원 및 정비학원, 제2종 근린생활시설 중 학원·직업훈련소·독서실, 그 밖에 이와 비슷한 교육시설
보육	노유자시설, 제1종 근린생활시설 중 지역아동센터
의료	의료시설, 제1종 근린생활시설 중 의원, 치과의원, 한의원, 침술원, 접골원, 조산원 및 안마원
교정	교정 및 군사시설
주거	공동주택 및 숙박시설
업무	업무시설, 운수시설, 제1종 근린생활시설과 제2종 근린생활시설 중 지역자치센터·파출소·사무소·이용원·미용원·목욕장·세탁소·기원·사진관·표구점, 그 밖에 이와 비슷한 업무시설

판매	판매시설(게임제공업 시설 등은 제외한다.), 제1종 근린생활시설 중 슈퍼마켓과 일용품 등의 소매점
저장	창고시설, 자동차 관련 시설(운전학원 및 정비학원은 제외한다.)
산업	공장, 제2종 근린생활시설 중 제조업 시설

Check Point [영 별표 2] 피난안전구역 면적 산정기준(지하연계 복합건축물)

1. 지하층이 하나의 용도로 사용되는 경우

$$피난안전구역\ 면적 = (수용인원 \times 0.1) \times 0.28m^2$$

2. 지하층이 둘 이상의 용도로 사용되는 경우

$$피난안전구역\ 면적 = (사용형태별\ 수용인원의\ 합 \times 0.1) \times 0.28m^2$$

[비고]
1. 수용인원은 사용형태별 면적과 거주밀도를 곱한 값을 말한다. 다만, 업무용도와 주거용도의 수용인원은 용도의 면적과 거주밀도를 곱한 값으로 한다.
2. 건축물의 사용형태별 거주밀도는 다음 표와 같다.

건축용도	사용형태별	거주밀도 (명/m²)	비 고
문화집회용도	1) 좌석이 있는 극장·회의장·전시장 및 기타 이와 비슷한 것 가) 고정식 좌석 나) 이동식 좌석 다) 입석식 2) 좌석이 없는 극장·회의장·전시장 및 기타 이와 비슷한 것 3) 회의실 4) 무대 5) 게임제공업 6) 나이트클럽 7) 전시장(산업전시장)	n 1.30 2.60 1.80 1.50 0.70 1.00 1.70 0.70	1. n은 좌석 수를 말한다. 2. 극장·회의장·전시장 및 그 밖에 이와 비슷한 것에는「건축법 시행령」별표 1 제4호마목의 공연장을 포함한다. 3. 극장·회의장·전시장에는 로비·홀·전실을 포함한다.
상업용도	1) 매장 2) 연속식 점포	0.50	연속식 점포 : 벽체를 연속으로 맞대거나 복도를 공유하고 있는 점포 수가 둘 이상

	가) 매장	0.50	인 경우를 말한다.
	나) 통로	0.25	
	3) 창고 및 배송공간	0.37	
	4) 음식점(레스토랑)·바·카페	1.00	
업무 용도	-	0.25	-
주거 용도	-	0.05	-
의료 용도	1) 입원치료구역	0.04	-
	2) 수면구역	0.09	

04 지하구

1. 정의

1) "지하구"란 영 별표2 제28호에서 규정한 지하구를 말한다.
2) "제어반"이란 설비, 장치 등의 조작과 확인을 위해 제어용 계기류, 스위치 등을 금속제 외함에 수납한 것을 말한다.
3) "분전반"이란 분기개폐기·분기과전류차단기와 그밖에 배선용기기 및 배선을 금속제 외함에 수납한 것을 말한다.
4) "방화벽"이란 화재 시 발생한 열, 연기 등의 확산을 방지하기 위하여 설치하는 벽을 말한다.
5) "분기구"란 전기, 통신, 상하수도, 난방 등의 공급시설의 일부를 분기하기 위하여 지하구의 단면 또는 형태를 변화시키는 부분을 말한다.
6) "환기구"란 지하구의 온도, 습도의 조절 및 유해가스를 배출하기 위해 설치되는 것으로 자연환기구와 강제환기구로 구분된다.
7) "작업구"란 지하구의 유지관리를 위하여 자재, 기계기구의 반·출입 및 작업자의 출입을 위하여 만들어진 출입구를 말한다.
8) "케이블접속부"란 케이블이 지하구 내에 포설되면서 발생하는 직선 접속 부분을 전용의 접속재로 접속한 부분을 말한다.
9) "특고압 케이블"이란 사용전압이 7,000V를 초과하는 전로에 사용하는 케이블을 말한다.

10) "분기배관"이란 배관 측면에 구멍을 뚫어 2 이상의 관로가 생기도록 가공한 배관으로서 다음의 분기배관을 말한다.
    ① "확관형 분기배관"이란 배관의 측면에 조그만 구멍을 뚫고 소성가공으로 확관시켜 배관 용접이음자리를 만들거나 배관 용접이음자리에 배관이음쇠를 용접 이음한 배관을 말한다.
    ② "비확관형 분기배관"이란 배관의 측면에 분기호칭내경 이상의 구멍을 뚫고 배관이음쇠를 용접 이음한 배관을 말한다.

2. 소화기구 및 자동소화장치

1) 소화기구는 다음의 기준에 따라 설치해야 한다.
    ① 소화기의 능력단위(「소화기구 및 자동소화장치의 화재안전기술기준(NFTC 101)」 1.7.1.6에 따른 수치를 말한다. 이하 같다)는 A급 화재는 개당 3단위 이상, B급 화재는 개당 5단위 이상 및 C급 화재에 적응성이 있는 것으로 할 것
    ② 소화기 한 대의 총중량은 사용 및 운반의 편리성을 고려하여 7kg 이하로 할 것
    ③ 소화기는 사람이 출입할 수 있는 출입구(환기구, 작업구를 포함한다) 부근에 5개 이상 설치할 것
    ④ 소화기는 바닥면으로부터 1.5m 이하의 높이에 설치할 것
    ⑤ 소화기의 상부에 "소화기"라고 표시한 조명식 또는 반사식의 표지판을 부착하여 사용자가 쉽게 알 수 있도록 할 것
2) 지하구 내 발전실·변전실·송전실·변압기실·배전반실·통신기기실·전산기기실·기타 이와 유사한 시설이 있는 장소 중 바닥면적이 300m² 미만인 곳에는 유효설치 방호체적 이내의 가스·분말·고체에어로졸·캐비닛형 자동소화장치를 설치해야 한다. 다만, 해당 장소에 물분무등소화설비를 설치한 경우에는 설치하지 않을 수 있다.
3) 제어반 또는 분전반마다 가스·분말·고체에어로졸 자동소화장치 또는 유효설치 방호체적 이내의 소공간용 소화용구를 설치해야 한다.
4) 케이블접속부(절연유를 포함한 접속부에 한한다)마다 다음의 어느 하나에 해당하는 자동소화장치를 설치하되 소화성능이 확보될 수 있도록 방호공간을 구획하는 등 유효한 조치를 해야 한다.
    ① 가스·분말·고체에어로졸 자동소화장치
    ② 중앙소방기술심의위원회의 심의를 거쳐 소방청장이 인정하는 자동소화장치

3. 자동화재탐지설비

1) 감지기는 다음 각 호에 따라 설치해야 한다.
   ① 「자동화재탐지설비 및 시각경보장치의 화재안전기술기준(NFTC 203)」 2.4.1(1)부터 2.4.1(8)의 감지기 중 먼지·습기 등의 영향을 받지 않고 발화지점(1m 단위)과 온도를 확인할 수 있는 것을 설치할 것
   ② 지하구 천장의 중심부에 설치하되 감지기와 천장 중심부 하단과의 수직거리는 30cm 이내로 할 것. 다만, 형식승인 내용에 설치방법이 규정되어 있거나, 중앙기술심의위원회의 심의를 거쳐 제조사 시방서에 따른 설치방법이 지하구 화재에 적합하다고 인정되는 경우에는 형식승인 내용 또는 심의결과에 의한 제조사 시방서에 따라 설치할 수 있다.
   ③ 발화지점이 지하구의 실제거리와 일치하도록 수신기 등에 표시할 것
   ④ 공동구 내부에 상수도용 또는 냉·난방용 설비만 존재하는 부분은 감지기를 설치하지 않을 수 있다.
2) 발신기, 지구음향장치 및 시각경보기는 설치하지 않을 수 있다.

4. 유도등

사람이 출입할 수 있는 출입구(환기구, 작업구를 포함한다)에는 해당 지하구 환경에 적합한 크기의 피난구유도등을 설치해야 한다.

5. 연소방지설비

1) 연소방지설비의 배관은 다음의 기준에 따라 설치해야 한다.
   ① 배관용 탄소강관(KS D 3507) 또는 압력배관용 탄소강관(KS D 3562)이나 이와 동등 이상의 강도·내식성 및 내열성을 가진 것으로 해야 한다.
   ② 급수배관(송수구로부터 연소방지설비 헤드에 급수하는 배관을 말한다)은 전용으로 할 것
   ③ 배관의 구경은 다음 각 목의 기준에 적합한 것이어야 한다.
      가. 연소방지설비전용헤드를 사용하는 경우에는 다음 표에 따른 구경 이상으로 할 것

하나의 배관에 부착하는 살수헤드의 개수	1개	2개	3개	4개 또는 5개	6개 이상
배관의 구경(mm)	32	40	50	65	80

      나. 개방형스프링클러헤드를 사용하는 경우에는 「스프링클러설비의 화재안전기술기준(NFTC 103)」 2.5.3.3의 표 2.5.3.3에 따를 것

④ 교차배관은 가지배관과 수평으로 설치하거나 또는 가지배관 밑에 설치하고, 그 구경은 ③에 따르되, 최소구경이 40mm 이상이 되도록 할 것
⑤ 배관에 설치되는 행거는 다음의 기준에 따라 설치할 것
 ㉮ 가지배관에는 헤드의 설치지점 사이마다 1개 이상의 행가를 설치하되, 헤드 간의 거리가 3.5m를 초과하는 경우에는 3.5m 이내마다 1개 이상 설치할 것. 이 경우 상향식헤드와 행가 사이에는 8cm 이상의 간격을 두어야 한다.
 ㉯ 교차배관에는 가지배관과 가지배관 사이마다 1개 이상의 행가를 설치하되, 가지배관 사이의 거리가 4.5m를 초과하는 경우에는 4.5m 이내마다 1개 이상 설치할 것
 ㉰ ㉮와 ㉯의 수평주행배관에는 4.5m 이내마다 1개 이상 설치할 것
⑥ 확관형 분기배관을 사용할 경우에는 소방청장이 정하여 고시한 「분기배관의 성능인증 및 제품검사의 기술기준」에 적합한 것으로 설치할 것

2) 연소방지설비의 헤드는 다음의 기준에 따라 설치해야 한다.
 ① 천장 또는 벽면에 설치할 것
 ② 헤드 간의 수평거리는 연소방지설비 전용헤드의 경우에는 2m 이하, 스프링클러헤드의 경우에는 1.5m 이하로 할 것
 ③ 소방대원의 출입이 가능한 환기구·작업구마다 지하구의 양쪽방향으로 살수헤드를 설정하되, 한쪽 방향의 살수구역의 길이는 3m 이상으로 할 것. 다만, 환기구 사이의 간격이 700m를 초과할 경우에는 700m 이내마다 살수구역을 설정하되, 지하구의 구조를 고려하여 방화벽을 설치한 경우에는 그렇지 않다.
 ④ 연소방지설비 전용헤드를 설치할 경우에는 「소화설비용헤드의 성능인증 및 제품검사 기술기준」에 적합한 살수헤드를 설치할 것

3) 송수구는 다음의 기준에 따라 설치해야 한다.
 ① 소방차가 쉽게 접근할 수 있는 노출된 장소에 설치하되, 눈에 띄기 쉬운 보도 또는 차도에 설치할 것
 ② 송수구는 구경 65mm의 쌍구형으로 할 것
 ③ 송수구로부터 1m 이내에 살수구역 안내표지를 설치할 것
 ④ 지면으로부터 높이가 0.5m 이상 1m 이하의 위치에 설치할 것
 ⑤ 송수구의 가까운 부분에 자동배수밸브(또는 직경 5mm의 배수공)를 설치할 것. 이 경우 자동배수밸브는 배관 안의 물이 잘 빠질 수 있는 위치에 설치하되, 배수로 인하여 다른 물건 또는 장소에 피해를 주지 않아야 한다.
 ⑥ 송수구로부터 주배관에 이르는 연결배관에는 개폐밸브를 설치하지 않을 것
 ⑦ 송수구에는 이물질을 막기 위한 마개를 씌울 것

6. 연소방지재

지하구 내에 설치하는 케이블·전선 등에는 다음의 기준에 따라 연소방지재를 설치해야 한다. 다만, 케이블·전선 등을 다음 2.5.1.1의 난연성능 이상을 충족하는 것으로 설치한 경우에는 연소방지재를 설치하지 않을 수 있다.

1) 연소방지재는 한국산업표준(KS C IEC 60332-3-24)에서 정한 난연성능 이상의 제품을 사용하되 다음의 기준을 충족할 것
   ① 시험에 사용되는 연소방지재는 시료(케이블 등)의 아래쪽(점화원으로부터 가까운 쪽)으로부터 30cm 지점부터 부착 또는 설치할 것
   ② 시험에 사용되는 시료(케이블 등)의 단면적은 325mm²로 할 것
   ③ 시험성적서의 유효기간은 발급 후 3년으로 할 것
2) 연소방지재는 다음의 기준에 해당하는 부분에 1)과 관련된 시험성적서에 명시된 방식으로 시험성적서에 명시된 길이 이상으로 설치하되, 연소방지재 간의 설치 간격은 350m를 넘지 않도록 해야 한다.
   ① 분기구
   ② 지하구의 인입부 또는 인출부
   ③ 절연유 순환펌프 등이 설치된 부분
   ④ 기타 화재발생 위험이 우려되는 부분

7. 방화벽

방화벽은 다음 각 호에 따라 설치하고 항상 닫힌 상태를 유지하거나 자동폐쇄장치에 의하여 화재 신호를 받으면 자동으로 닫히는 구조로 해야 한다.

1) 내화구조로서 홀로 설 수 있는 구조일 것
2) 방화벽의 출입문은 「건축법 시행령」 제64조에 따른 방화문으로서 60분+ 방화문 또는 60분 방화문으로 설치할 것
3) 방화벽을 관통하는 케이블·전선 등에는 국토교통부 고시(「건축자재등 품질인정 및 관리기준」)에 따라 내화채움구조로 마감할 것
4) 방화벽은 분기구 및 국사(局舍, Central Office)·변전소 등의 건축물과 지하구가 연결되는 부위(건축물로부터 20m 이내)에 설치할 것
5) 자동폐쇄장치를 사용하는 경우에는 「자동폐쇄장치의 성능인증 및 제품검사의 기술기준」에 적합한 것으로 설치할 것

8. 무선통신보조설비

무선통신보조설비의 옥외안테나는 방재실 인근과 공동구의 입구 및 연소방지설비의 송수구가 설치된 장소(지상)에 설치해야 한다.

9. 통합감시시설

통합감시시설은 다음의 기준에 따라 설치한다.
1) 소방관서와 지하구의 통제실 간에 화재 등 소방활동과 관련된 정보를 상시 교환할 수 있는 정보통신망을 구축할 것
2) 제1호의 정보통신망(무선통신망을 포함한다)은 광케이블 또는 이와 유사한 성능을 가진 선로일 것
3) 수신기는 지하구의 통제실에 설치하되 화재신호, 경보, 발화지점 등 수신기에 표시되는 정보가 표 2.8.1.3에 적합한 방식으로 119상황실이 있는 관할 소방관서의 정보통신장치에 표시되도록 할 것

> **Check Point** [표 2.8.1.3] 통합감시시설의 구성 표준 프로토콜 정의서

1. 적용
지하구의 화재안전기준 제12조(통합감시시설) 3호 지하구의 수신기 정보를 관할 소방관서의 정보통신장치에 표시하기 위하여 적용하는 Modbus-RTU 프로토콜방식에 대한 규정이다.
1.1 Ethernet은 현장에서 할당된 IP와 고정 PORT로 TCP 접속한다.
1.2 IP : 할당된 수신기 IP와 관제시스템 IP
1.3 PORT : 4000(고정)
1.4 Modbus 프로토콜 형식을 따르되 수신기에 대한 Request 없이, 수신기는 주기적으로(3~5초)상위로 데이터를 전송한다.

2. Modbus RTU 구성
2.1 Modbus RTUprotocol의 Packet 구조는 아래와 같다.

Device Address	Function Code	Data	CRC-16
1byte	1byte	Nbytes	2bytes

2.2 각 필드의 의미는 다음과 같다.

항 목	길 이	설 명
Device Address	1byte	수신기의 ID
Function Code	1byte	0x00 고정사용
Data	Nbytes	2.3절 참고
CRC	2bytes	Modbus CRC-16 사용

2.3 Data 구성

SOP	Length	PID	MID	Zone수량	Zone번호	상태정보	거리(H)	거리(L)	Reserved	EOP
1byte	1byte	1byte	1byte	1byte	1byte	1byte	1byte	1byte	1byte	1byte

- SOP : Start of Packet → 0x23 고정
- Length : Length 이후부터 EOP까지의 length
- PID : 제품 ID로 Device Address와 동일
- MID : 제조사 ID로 reserved
- Zone 수량 : 감시하는 zone 수량, 0x00~ 0xff
- Zone 번호 : 감시하는 zone의 번호
- 상태정보 : 정상(0x00), 단선(0x1f), 화재(0x2f)
- 거리 : 정상상태에서는 해당 zone의 감시거리. 화재 시 화재 발생거리
- Reserved : reserved
- EOP : End of Packet → 0x36 고정

2.4 CRC-16

CRC는 기본적으로 Modbus CRC-16을 사용한다.
WORD CRC16 (const BYTE *nData, WORD wLength)
{
staticconst WORD wCRCTable[] = {
 0X0000, 0XC0C1, 0XC181, 0X0140, 0XC301, 0X03C0, 0X0280, 0XC241,
 0XC601, 0X06C0, 0X0780, 0XC741, 0X0500, 0XC5C1, 0XC481, 0X0440,
 0XCC01, 0X0CC0, 0X0D80, 0XCD41, 0X0F00, 0XCFC1, 0XCE81, 0X0E40,
 0X0A00, 0XCAC1, 0XCB81, 0X0B40, 0XC901, 0X09C0, 0X0880, 0XC841,
 0XD801, 0X18C0, 0X1980, 0XD941, 0X1B00, 0XDBC1, 0XDA81, 0X1A40,
 0X1E00, 0XDEC1, 0XDF81, 0X1F40, 0XDD01, 0X1DC0, 0X1C80, 0XDC41,
 0X1400, 0XD4C1, 0XD581, 0X1540, 0XD701, 0X17C0, 0X1680, 0XD641,
 0XD201, 0X12C0, 0X1380, 0XD341, 0X1100, 0XD1C1, 0XD081, 0X1040,
 0XF001, 0X30C0, 0X3180, 0XF141, 0X3300, 0XF3C1, 0XF281, 0X3240,
 0X3600, 0XF6C1, 0XF781, 0X3740, 0XF501, 0X35C0, 0X3480, 0XF441,
 0X3C00, 0XFCC1, 0XFD81, 0X3D40, 0XFF01, 0X3FC0, 0X3E80, 0XFE41,

```
       0XFA01, 0X3AC0, 0X3B80, 0XFB41, 0X3900, 0XF9C1, 0XF881, 0X3840,
       0X2800, 0XE8C1, 0XE981, 0X2940, 0XEB01, 0X2BC0, 0X2A80, 0XEA41,
       0XEE01, 0X2EC0, 0X2F80, 0XEF41, 0X2D00, 0XEDC1, 0XEC81, 0X2C40,
       0XE401, 0X24C0, 0X2580, 0XE541, 0X2700, 0XE7C1, 0XE681, 0X2640,
       0X2200, 0XE2C1, 0XE381, 0X2340, 0XE101, 0X21C0, 0X2080, 0XE041,
       0XA001, 0X60C0, 0X6180, 0XA141, 0X6300, 0XA3C1, 0XA281, 0X6240,
       0X6600, 0XA6C1, 0XA781, 0X6740, 0XA501, 0X65C0, 0X6480, 0XA441,
       0X6C00, 0XACC1, 0XAD81, 0X6D40, 0XAF01, 0X6FC0, 0X6E80, 0XAE41,
       0XAA01, 0X6AC0, 0X6B80, 0XAB41, 0X6900, 0XA9C1, 0XA881, 0X6840,
       0X7800, 0XB8C1, 0XB981, 0X7940, 0XBB01, 0X7BC0, 0X7A80, 0XBA41,
       0XBE01, 0X7EC0, 0X7F80, 0XBF41, 0X7D00, 0XBDC1, 0XBC81, 0X7C40,
       0XB401, 0X74C0, 0X7580, 0XB541, 0X7700, 0XB7C1, 0XB681, 0X7640,
       0X7200, 0XB2C1, 0XB381, 0X7340, 0XB101, 0X71C0, 0X7080, 0XB041,
       0X5000, 0X90C1, 0X9181, 0X5140, 0X9301, 0X53C0, 0X5280, 0X9241,
       0X9601, 0X56C0, 0X5780, 0X9741, 0X5500, 0X95C1, 0X9481, 0X5440,
       0X9C01, 0X5CC0, 0X5D80, 0X9D41, 0X5F00, 0X9FC1, 0X9E81, 0X5E40,
       0X5A00, 0X9AC1, 0X9B81, 0X5B40, 0X9901, 0X59C0, 0X5880, 0X9841,
       0X8801, 0X48C0, 0X4980, 0X8941, 0X4B00, 0X8BC1, 0X8A81, 0X4A40,
       0X4E00, 0X8EC1, 0X8F81, 0X4F40, 0X8D01, 0X4DC0, 0X4C80, 0X8C41,
       0X4400, 0X84C1, 0X8581, 0X4540, 0X8701, 0X47C0, 0X4680, 0X8641,
       0X8201, 0X42C0, 0X4380, 0X8341, 0X4100, 0X81C1, 0X8081, 0X4040 };

   BYTE nTemp;
   WORD wCRCWord = 0xFFFF;

       while (wLength--)
       {
   nTemp = *nData++ ^ wCRCWord;
   wCRCWord >>= 8;
   wCRCWord ^= wCRCTable[nTemp];
       }
       return wCRCWord;
   }
```

2.5 예제

예) Device Address 0x76번의 수신기가 100m와 200m인 2개 zone을 감시 중 정상상태

Device Address	Function Code	SOP	Len	PID	MID	Zone 수량	Zone 번호	상태 정보	거리 (H)	거리 (L)	Zone 번호	상태 정보	거리 (H)	거리 (L)	Reserved	EOP	CRC-16
1 byte	1 byte	1 byte	1 byte	1 byte	1 byte	1 byte	1 byte	1 byte	1 byte	1 byte	1 byte	1 byte	1 byte	1 byte	1 byte	1 byte	2 bytes
0x4C	0x00	0x23	0x0d	0x4C	reserved	0x02	0x01	0x00	0x00	0x64	0x02	0x00	0x00	0xC8	reserved	0x36	0x8426

05 건설현장

1. 정의

1) "임시소방시설"이란 법 제15조제1항에 따른 설치 및 철거가 쉬운 화재대비시설을 말한다.
2) "소화기"란「소화기구 및 자동소화장치의 화재안전기술기준(NFTC 101)」1.7.1.2에서 정의하는 소화기를 말한다.
3) "간이소화장치"란 건설현장에서 화재발생 시 신속한 화재 진압이 가능하도록 물을 방수하는 형태의 소화장치를 말한다.
4) "비상경보장치"란 발신기, 경종, 표시등 및 시각경보장치가 결합된 형태의 것으로서 화재위험작업 공간 등에서 수동조작에 의해서 화재경보상황을 알려줄 수 있는 비상벨 장치를 말한다.
5) "가스누설경보기"란 건설현장에서 발생하는 가연성가스를 탐지하여 경보하는 장치를 말한다.
6) "간이피난유도선"이란 화재발생 시 작업자의 피난을 유도할 수 있는 케이블형태의 장치를 말한다.
7) "비상조명등"이란 화재발생 시 안전하고 원활한 피난활동을 할 수 있도록 계단실 내부에 설치되어 자동 점등되는 조명등을 말한다.
8) "방화포"란 건설현장 내 용접·용단 등의 작업 시 발생하는 금속성 불티로부터 가연물이 점화되는 것을 방지해주는 차단막을 말한다.

2. 기술기준

1) 소화기의 설치기준

① 소화기의 소화약제는「소화기구 및 자동소화장치의 화재안전기술기준(NFTC 101)」

2.1.1.1의 표 2.1.1.1에 따른 적응성이 있는 것을 설치할 것
② 각 층 계단실마다 계단실 출입구 부근에 능력단위 3단위 이상인 소화기 2개 이상을 설치하고, 영 제18조제1항에 해당하는 작업을 하는 경우 작업종료 시까지 작업지점으로부터 5m 이내의 쉽게 보이는 장소에 능력단위 3단위 이상인 소화기 2개 이상과 대형소화기 1개 이상을 추가 배치할 것
③ "소화기"라고 표시한 축광식 표지를 소화기 설치장소 보기 쉬운 곳에 부착하여야 한다.

2) 간이소화장치의 설치기준

영 제18조제1항에 해당하는 작업을 하는 경우 작업종료 시까지 작업지점으로부터 25m 이내에 배치하여 즉시 사용이 가능하도록 할 것

3) 비상경보장치의 설치기준

① 피난층 또는 지상으로 통하는 각 층 직통계단의 출입구마다 설치할 것
② 발신기를 누를 경우 해당 발신기와 결합된 경종이 작동할 것. 이 경우 다른 장소에 설치된 경종도 함께 연동하여 작동되도록 설치할 수 있다.
③ 발신기의 위치표시등은 함의 상부에 설치하되, 그 불빛은 부착 면으로부터 15도 이상의 범위 안에서 부착지점으로부터 10m 이내의 어느 곳에서도 쉽게 식별할 수 있는 적색등으로 할 것
④ 시각경보장치는 발신기함 상부에 위치하도록 설치하되 바닥으로부터 2m 이상 2.5m 이하의 높이에 설치하여 건설현장의 각 부분에 유효하게 경보할 수 있도록 할 것
⑤ "비상경보장치"라고 표시한 표지를 비상경보장치 상단에 부착할 것

4) 가스누설경보기의 설치기준

영 제18조제1항제1호에 따른 가연성가스를 발생시키는 작업을 하는 지하층 또는 무창층 내부(내부에 구획된 실이 있는 경우에는 구획실마다)에 가연성가스를 발생시키는 작업을 하는 부분으로부터 수평거리 10m 이내에 바닥으로부터 탐지부 상단까지의 거리가 0.3m 이하인 위치에 설치할 것

5) 간이피난유도선의 설치기준

① 영 제18조제2항 별표 8 제2호마목에 따른 지하층이나 무창층에는 간이피난유도선을 녹색 계열의 광원점등방식으로 해당 층의 직통계단마다 계단의 출입구로부터 건물 내부로 10m 이상의 길이로 설치할 것
② 바닥으로부터 1m 이하의 높이에 설치하고, 피난유도선이 점멸하거나 화살표로 표시하는 등의 방법으로 작업장의 어느 위치에서도 피난유도선을 통해 출입구로의 피난 방향을 알 수 있도록 할 것

③ 층 내부에 구획된 실이 있는 경우에는 구획된 각 실로부터 가장 가까운 직통계단의 출입구까지 연속하여 설치할 것

6) 비상조명등의 설치기준

① 영 제18조제2항 별표 8 제2호바목에 따른 지하층이나 무창층에서 피난층 또는 지상으로 통하는 직통계단의 계단실 내부에 각 층마다 설치할 것
② 비상조명등이 설치된 장소의 조도는 각 부분의 바닥에서 1lx 이상이 되도록 할 것
③ 비상경보장치가 작동할 경우 연동하여 점등되는 구조로 설치할 것

7) 방화포의 설치기준

용접 · 용단 작업 시 11m 이내에 가연물이 있는 경우 해당 가연물을 방화포로 보호할 것

06 전기저장시설

1. 정의

1) "전기저장장치"란 생산된 전기를 전력 계통에 저장했다가 전기가 가장 필요한 시기에 공급해 에너지 효율을 높이는 것으로 배터리(이차전지에 한정한다. 이하 같다), 배터리 관리시스템, 전력 변환 장치 및 에너지 관리 시스템 등으로 구성되어 발전 · 송배전 · 일반 건축물에서 목적에 따라 단계별 저장이 가능한 장치를 말한다.
2) "옥외형 전기저장장치 설비"란 컨테이너, 패널 등 전기저장장치 설비 전용 건축물의 형태로 옥외의 구획된 실에 설치된 전기저장장치를 말한다.
3) "옥내형 전기저장장치 설비"란 전기저장장치 설비 전용 건축물이 아닌 건축물의 내부에 설치되는 전기저장장치로 '옥외형 전기저장장치 설비'가 아닌 설비를 말한다.
4) "배터리실"이란 전기저장장치 중 배터리를 보관하기 위해 별도로 구획된 실을 말한다.
5) "더블인터락(Double-Interlock) 방식"이란 준비작동식스프링클러설비의 작동방식 중 화재감지기와 스프링클러헤드가 모두 작동되는 경우 준비작동식유수검지장치가 개방되는 방식을 말한다.

2. 소화기

소화기는 「소화기구 및 자동소화장치의 화재안전기술기준(NFTC 101)」 2.1.1.3의 표 2.1.1.3 제2호에 따라 구획된 실 마다 추가하여 설치해야 한다.

3. 스프링클러설비

스프링클러설비는 다음의 기준에 따라 설치해야 한다. 다만, 배터리실 외의 장소에는 스프링클러헤드를 설치하지 않을 수 있다.

1) 스프링클러설비는 습식스프링클러설비 또는 준비작동식스프링클러설비(신속한 작동을 위해 '더블인터락' 방식은 제외한다)로 설치할 것
2) 전기저장장치가 설치된 실의 바닥면적(바닥면적이 230m² 이상인 경우에는 230m²) 1m²에 분당 12.2L/min 이상의 수량을 균일하게 30분 이상 방수할 수 있도록 할 것
3) 스프링클러헤드의 방수로 인해 인접 헤드에 미치는 영향을 최소화하기 위하여 스프링클러헤드 사이의 간격을 1.8m 이상 유지할 것. 이 경우 헤드 사이의 최대 간격은 스프링클러설비의 소화성능에 영향을 미치지 않는 간격 이내로 해야 한다.
4) 준비작동식스프링클러설비를 설치할 경우 2.4.2에 따른 감지기를 설치할 것
5) 스프링클러설비를 30분 이상 작동할 수 있는 비상전원을 갖출 것
6) 준비작동식스프링클러설비의 경우 전기저장장치의 출입구 부근에 수동식기동장치를 설치할 것
7) 소방자동차로부터 전기저장장치 설비에 송수할 수 있는 송수구를「스프링클러설비의 화재안전기술기준(NFTC 103)」2.8(송수구)에 따라 설치할 것

4. 배터리용 소화장치

다음의 어느 하나에 해당하는 경우에는 2.2에도 불구하고 중앙소방기술심의위원회의 심의를 거쳐 소방청장이 인정하는 시험방법으로 2.9.2에 따른 시험기관에서 전기저장장치에 대한 소화성능을 인정받은 배터리용 소화장치를 설치할 수 있다.

1) 옥외형 전기저장장치 설비가 컨테이너 내부에 설치된 경우
2) 옥외형 전기저장장치 설비가 다른 건축물, 주차장, 공용도로, 적재된 가연물, 위험물 등으로부터 30m 이상 떨어진 지역에 설치된 경우

5. 자동화재탐지설비

1) 자동화재탐지설비는「자동화재탐지설비 및 시각경보장치의 화재안전기술기준(NFTC 203)」에 따라 설치해야 한다. 다만, 옥외형 전기저장장치 설비에는 자동화재탐지설비를 설치하지 않을 수 있다.
2) 화재감지기는 다음의 어느 하나에 해당하는 감지기를 설치해야 한다.
   ① 공기흡입형 감지기 또는 아날로그식 연기감지기(감지기의 신호처리방식은「자동화재탐지설비 및 시각경보장치의 화재안전기술기준(NFTC 203)」1.8.2에 따른다)

② 중앙소방기술심의위원회의 심의를 통해 전기저장장치 화재에 적응성이 있다고 인정된 감지기

6. 배출설비
1) 배풍기·배출덕트·후드 등을 이용하여 강제적으로 배출할 것
2) 바닥면적 $1m^2$에 시간당 $18m^3$ 이상의 용량을 배출할 것
3) 화재감지기의 감지에 따라 작동할 것
4) 옥외와 면하는 벽체에 설치

7. 설치장소
전기저장장치는 관할 소방대의 원활한 소방활동을 위해 지면으로부터 지상 22m(전기저장장치가 설치된 전용 건축물의 최상부 끝단까지의 높이) 이내, 지하 9m(전기저장장치가 설치된 바닥면까지의 깊이) 이내로 설치해야 한다.

8. 방화구획
전기저장장치 설치장소의 벽체, 바닥 및 천장은 「건축물의 피난·방화구조 등의 기준에 관한 규칙」에 따라 건축물의 다른 부분과 방화구획해야 한다. 다만, 배터리실 외의 장소와 옥외형 전기저장장치 설비는 방화구획하지 않을 수 있다.

9. 화재안전성능
1) 소방본부장 또는 소방서장은 중앙소방기술심의위원회의 심의를 거쳐 소방청장이 인정하는 시험방법에 따라 2.9.2에 따른 시험기관에서 화재안전성능을 인정받은 경우에는 인정받은 성능 범위 안에서 2.2 및 2.3을 적용하지 않을 수 있다.
2) 전기저장시설의 화재안전성능과 관련된 시험은 다음의 시험기관에서 수행할 수 있다.
   ① 한국소방산업기술원
   ② 한국화재보험협회 부설 방재시험연구원
   ③ 1)에 따라 소방청장이 인정하는 시험방법으로 화재안전성능을 시험할 수 있는 비영리 국가 공인시험기관(「국가표준기본법」 제23조에 따라 한국인정기구로부터 시험기관으로 인정받은 기관을 말한다)

07 공동주택

1. 정의
1) "공동주택"이란 영 [별표2] 제1호에서 규정한 대상을 말한다.
2) "아파트등"이란 영 [별표2] 제1호 가목에서 규정한 대상을 말한다.
3) "기숙사"란 영 [별표2] 제1호 라목에서 규정한 대상을 말한다.
4) "갓복도식 공동주택"이란 「건축물의 피난·방화구조 등의 기준에 관한 규칙」 제9조제4항에서 규정한 대상을 말한다.
5) "주배관"이란 「스프링클러설비의 화재안전기술기준(NFTC 103)」 1.7.1.19에서 규정한 것을 말한다.
6) "부속실"이란 「특별피난계단의 계단실 및 부속실 제연설비의 화재안전기술기준(NFTC 501A)」 1.1.1에서 규정한 부속실을 말한다.

2. 다른 화재안전기준과의 관계
공동주택에 설치하는 소방시설 등의 설치기준 중 이 기준에서 규정하지 않은 것은 개별 화재안전기준에 따라야 한다.

3. 소화기구 및 자동소화장치
1) 소화기는 다음의 기준에 따라 설치해야 한다.
   ① 바닥면적 100m^2마다 1단위 이상의 능력단위를 기준으로 설치할 것
   ② 아파트등의 경우 각 세대 및 공용부(승강장, 복도 등)마다 설치할 것
   ③ 아파트등의 세대 내에 설치된 보일러실이 방화구획되거나, 스프링클러설비·간이스프링클러설비·물분무등소화설비 중 하나가 설치된 경우에는 「소화기구 및 자동소화장치의 화재안전기술기준(NFTC 101)」 [표 2.1.1.3]제1호 및 제5호를 적용하지 않을 수 있다.
   ④ 아파트등의 경우 「소화기구 및 자동소화장치의 화재안전기술기준(NFTC 101)」 2.2에 따른 소화기의 감소 규정을 적용하지 않을 것
2) 주거용 주방자동소화장치는 아파트등의 주방에 열원(가스 또는 전기)의 종류에 적합한 것으로 설치하고, 열원을 차단할 수 있는 차단장치를 설치해야 한다.

4. 옥내소화전설비
1) 호스릴(Hose Reel) 방식으로 설치할 것

2) 복층형 구조인 경우에는 출입구가 없는 층에 방수구를 설치하지 아니할 수 있다.
3) 감시제어반 전용실은 피난층 또는 지하 1층에 설치할 것. 다만, 상시 사람이 근무하는 장소 또는 관계인이 쉽게 접근할 수 있고 관리가 용이한 장소에 감시제어반 전용실을 설치할 경우에는 지상 2층 또는 지하 2층에 설치할 수 있다.

5. 스프링클러설비

1) 폐쇄형스프링클러헤드를 사용하는 아파트등은 기준개수 10개(스프링클러헤드의 설치 개수가 가장 많은 세대에 설치된 스프링클러헤드의 개수가 기준개수보다 작은 경우에는 그 설치개수를 말한다)에 1.6m³를 곱한 양 이상의 수원이 확보되도록 할 것. 다만, 아파트등의 각 동이 주차장으로 서로 연결된 구조인 경우 해당 주차장 부분의 기준개수는 30개로 할 것
2) 아파트등의 경우 화장실 반자 내부에는 「소방용 합성수지배관의 성능인증 및 제품검사의 기술기준」에 적합한 소방용 합성수지배관으로 배관을 설치할 수 있다. 다만, 소방용 합성수지배관 내부에 항상 소화수가 채워진 상태를 유지할 것
3) 하나의 방호구역은 2개 층에 미치지 아니하도록 할 것. 다만, 복층형 구조의 공동주택에는 3개 층 이내로 할 수 있다.
4) 아파트등의 세대 내 스프링클러헤드를 설치하는 경우 천장·반자·천장과 반자사이·덕트·선반등의 각 부분으로부터 하나의 스프링클러헤드까지의 수평거리는 2.6m 이하로 할 것
5) 외벽에 설치된 창문에서 0.6m 이내에 스프링클러헤드를 배치하고, 배치된 헤드의 수평거리 이내에 창문이 모두 포함되도록 할 것. 다만, 다음의 기준에 어느 하나에 해당하는 경우에는 그렇지 않다.
   ① 창문에 드렌처설비가 설치된 경우
   ② 창문과 창문 사이의 수직부분이 내화구조로 90cm 이상 이격되어 있거나, 「발코니 등의 구조변경절차 및 설치기준」 제4조제1항부터 제5항까지에서 정하는 구조와 성능의 방화판 또는 방화유리창을 설치한 경우
   ③ 발코니가 설치된 부분
6) 거실에는 조기반응형 스프링클러헤드를 설치할 것
7) 감시제어반 전용실은 피난층 또는 지하 1층에 설치할 것. 다만, 상시 사람이 근무하는 장소 또는 관계인이 쉽게 접근할 수 있고 관리가 용이한 장소에 감시제어반 전용실을 설치할 경우에는 지상 2층 또는 지하 2층에 설치할 수 있다.
8) 「건축법 시행령」 제46조제4항에 따라 설치된 대피공간에는 헤드를 설치하지 않을 수

있다.
9) 「스프링클러설비의 화재안전기술기준(NFTC 103)」 2.7.7.1 및 2.7.7.3의 기준에도 불구하고 세대 내 실외기실 등 소규모 공간에서 해당 공간 여건상 헤드와 장애물 사이에 60cm 반경을 확보하지 못하거나 장애물 폭의 3배를 확보하지 못하는 경우에는 살수방해가 최소화되는 위치에 설치할 수 있다.

6. 물분무소화설비

물분무소화설비의 감시제어반 전용실은 피난층 또는 지하 1층에 설치해야 한다. 다만, 상시 사람이 근무하는 장소 또는 관계인이 쉽게 접근할 수 있고 관리가 용이한 장소에 감시제어반 전용실을 설치할 경우에는 지상 2층 또는 지하 2층에 설치할 수 있다.

7. 포소화설비

포소화설비의 감시제어반 전용실은 피난층 또는 지하 1층에 설치해야 한다. 다만, 상시 사람이 근무하는 장소 또는 관계인이 쉽게 접근할 수 있고 관리가 용이한 장소에 감시제어반 전용실을 설치할 경우에는 지상 2층 또는 지하 2층에 설치할 수 있다.

8. 옥외소화전설비

1) 기동장치는 기동용수압개폐장치 또는 이와 동등 이상의 성능이 있는 것을 설치할 것
2) 감시제어반 전용실은 피난층 또는 지하 1층에 설치할 것. 다만, 상시 사람이 근무하는 장소 또는 관계인이 쉽게 접근할 수 있고 관리가 용이한 장소에 감시제어반 전용실을 설치할 경우에는 지상 2층 또는 지하 2층에 설치할 수 있다.

9. 자동화재탐지설비

1) 감지기는 다음 기준에 따라 설치해야 한다.
   ① 아날로그방식의 감지기, 광전식 공기흡입형 감지기 또는 이와 동등 이상의 기능·성능이 인정되는 것으로 설치할 것
   ② 감지기의 신호처리방식은 「자동화재탐지설비 및 시각경보장치의 화재안전기술기준(NFTC 203)」 1.7.1.2에 따른다.
   ③ 세대 내 거실(취침용도로 사용될 수 있는 통상적인 방 및 거실을 말한다)에는 연기감지기를 설치할 것
   ④ 감지기 회로 단선 시 고장표시가 되며, 해당 회로에 설치된 감지기가 정상 작동될 수 있는 성능을 갖도록 할 것

2) 복층형 구조인 경우에는 출입구가 없는 층에 발신기를 설치하지 아니할 수 있다.

10. 비상방송설비

1) 확성기는 각 세대마다 설치할 것
2) 아파트등의 경우 실내에 설치하는 확성기 음성입력은 2W 이상일 것

11. 피난기구

1) 피난기구는 다음의 기준에 따라 설치해야 한다.
   ① 아파트등의 경우 각 세대마다 설치할 것
   ② 피난장애가 발생하지 않도록 하기 위하여 피난기구를 설치하는 개구부는 동일 직선상이 아닌 위치에 있을 것. 다만, 수직 피난방향으로 동일 직선상인 세대별 개구부에 피난기구를 엇갈리게 설치하여 피난장애가 발생하지 않는 경우에는 그렇지 않다.
   ③ 「공동주택관리법」 제2조제1항제2호(마목은 제외함)에 따른 "의무관리대상 공동주택"의 경우에는 하나의 관리주체가 관리하는 공동주택 구역마다 공기안전매트 1개 이상을 추가로 설치할 것. 다만, 옥상으로 피난이 가능하거나 수평 또는 수직 방향의 인접세대로 피난할 수 있는 구조인 경우에는 추가로 설치하지 않을 수 있다.
2) 갓복도식 공동주택 또는 「건축법 시행령」 제46조제5항에 해당하는 구조 또는 시설을 설치하여 수평 또는 수직 방향의 인접세대로 피난할 수 있는 아파트는 피난기구를 설치하지 않을 수 있다.
3) 승강식 피난기 및 하향식 피난구용 내림식 사다리가 「건축물의 피난·방화구조 등의 기준에 관한 규칙」 제14조에 따라 방화구획된 장소(세대 내부)에 설치될 경우에는 해당 방화구획된 장소를 대피실로 간주하고, 대피실의 면적규정과 외기에 접하는 구조로 대피실을 설치하는 규정을 적용하지 않을 수 있다.

12. 유도등

1) 소형 피난구 유도등을 설치할 것. 다만, 세대 내에는 유도등을 설치하지 않을 수 있다.
2) 주차장으로 사용되는 부분은 중형 피난구유도등을 설치할 것
3) 「건축법 시행령」 제40조제3항제2호나목 및 「주택건설기준 등에 관한 규정」 제16조의2제3항에 따라 비상문자동개폐장치가 설치된 옥상 출입문에는 대형 피난구유도등을 설치할 것
4) 내부구조가 단순하고 복도식이 아닌 층에는 「유도등 및 유도표지의 화재안전기술기준(NFTC 303)」 2.2.1.3 및 2.3.1.1.1 기준을 적용하지 아니할 것

13. 비상조명등

비상조명등은 각 거실로부터 지상에 이르는 복도·계단 및 그 밖의 통로에 설치해야 한다. 다만, 공동주택의 세대 내에는 출입구 인근 통로에 1개 이상 설치한다.

14. 특별피난계단의 계단실 및 부속실 제연설비

특별피난계단의 계단실 및 부속실 제연설비는 「특별피난계단의 계단실 및 부속실 제연설비의 화재안전기술기준(NFTC 501A)」 2.22의 기준에 따라 성능확인을 해야 한다. 다만, 부속실을 단독으로 제연하는 경우에는 부속실과 면하는 옥내 출입문만 개방한 상태로 방연풍속을 측정 할 수 있다.

15. 연결송수관설비

1) 방수구는 다음의 기준에 따라 설치해야 한다.
   ① 층마다 설치할 것. 다만, 아파트등의 1층과 2층(또는 피난층과 그 직상층)에는 설치하지 않을 수 있다.
   ② 아파트등의 경우 계단의 출입구(계단의 부속실을 포함하며 계단이 2 이상 있는 경우에는 그중 1개의 계단을 말한다)로부터 5m 이내에 방수구를 설치하되, 그 방수구로부터 해당 층의 각 부분까지의 수평거리가 50m를 초과하는 경우에는 방수구를 추가로 설치할 것
   ③ 쌍구형으로 할 것. 다만, 아파트등의 용도로 사용되는 층에는 단구형으로 설치할 수 있다.
   ④ 송수구는 동별로 설치하되, 소방차량의 접근 및 통행이 용이하고 잘 보이는 장소에 설치할 것
2) 펌프의 토출량은 분당 2,400L/min 이상(계단식 아파트의 경우에는 분당 1,200L/min 이상)으로 하고, 방수구 개수가 3개를 초과(방수구가 5개 이상인 경우에는 5개)하는 경우에는 1개마다 분당 800L/min(계단식 아파트의 경우에는 분당 400L/min 이상)를 가산해야 한다.

16. 비상콘센트

아파트등의 경우에는 계단의 출입구(계단의 부속실을 포함하며 계단이 2개 이상 있는 경우에는 그중 1개의 계단을 말한다)로부터 5m 이내에 비상콘센트를 설치하되, 그 비상콘센트로부터 해당 층의 각 부분까지의 수평거리가 50m를 초과하는 경우에는 비상콘센트를 추가로 설치해야 한다.

08 창고시설

1. 정의

1) "창고시설"이란 영 별표2 제16호에서 규정한 창고시설을 말한다.
2) "한국산업표준규격(KS)"이란 「산업표준화법」 제12조에 따라 산업통상자원부장관이 고시한 산업표준을 말한다.
3) "랙식 창고"란 한국산업표준규격(KS)의 랙(Rack) 용어(KS T 2023)에서 정하고 있는 물품 보관용 랙을 설치하는 창고시설을 말한다.
4) "적층식 랙"이란 한국산업표준규격(KS)의 랙 용어(KS T 2023)에서 정하고 있는 선반을 다층식으로 겹쳐 쌓는 랙을 말한다.
5) "라지드롭형(Large-drop Type) 스프링클러헤드"란 동일 조건의 수압력에서 큰 물방울을 방출하여 화염의 전파속도가 빠르고 발열량이 큰 저장창고 등에서 발생하는 대형화재를 진압할 수 있는 헤드를 말한다.
6) "송기공간"이란 랙을 일렬로 나란하게 맞대어 설치하는 경우 랙 사이에 형성되는 공간(사람이나 장비가 이동하는 통로는 제외한다.)을 말한다.

2. 다른 화재안전기준과의 관계

창고시설에 설치하는 소방시설 등의 설치기준 중 이 기준에서 규정하지 않은 것은 개별 화재안전기준에 따라야 한다.

3. 소화기구 및 자동소화장치

창고시설 내 배전반 및 분전반마다 가스자동소화장치 · 분말자동소화장치 · 고체에어로졸 자동소화장치 또는 소공간용 소화용구를 설치해야 한다.

4. 옥내소화전설비

1) 수원의 저수량은 옥내소화전의 설치개수가 가장 많은 층의 설치개수(2개 이상 설치된 경우에는 2개)에 5.2m³(호스릴옥내소화전설비를 포함한다)를 곱한 양 이상이 되도록 해야 한다.
2) 사람이 상시 근무하는 물류창고 등 동결의 우려가 없는 경우에는 「옥내소화전설비의 화재안전기술기준(NFTC 102)」 2.2.1.9의 단서를 적용하지 않는다.
3) 비상전원은 자가발전설비, 축전지설비(내연기관에 따른 펌프를 사용하는 경우에는 내연기관의 기동 및 제어용 축전지를 말한다) 또는 전기저장장치(외부 전기에너지를 저장

해 두었다가 필요한 때 전기를 공급하는 장치)로서 옥내소화전설비를 유효하게 40분 이상 작동할 수 있어야 한다.

5. 스프링클러설비

1) 스프링클러설비의 설치방식은 다음 기준에 따른다.
   ① 창고시설에 설치하는 스프링클러설비는 라지드롭형 스프링클러헤드를 습식으로 설치할 것. 다만, 다음의 어느 하나에 해당하는 경우에는 건식스프링클러설비로 설치할 수 있다.
      가. 냉동창고 또는 영하의 온도로 저장하는 냉장창고
      나. 창고시설 내에 상시 근무자가 없어 난방을 하지 않는 창고시설
   ② 랙식 창고의 경우에는 ①에 따라 설치하는 것 외에 라지드롭형 스프링클러헤드를 랙 높이 3m 이하마다 설치할 것. 이 경우 수평거리 15cm 이상의 송기공간이 있는 랙식 창고에는 랙 높이 3m 이하마다 설치하는 스프링클러헤드를 송기공간에 설치할 수 있다.
   ③ 창고시설에 적층식 랙을 설치하는 경우 적층식 랙의 각 단 바닥면적을 방호구역 면적으로 포함할 것
   ④ ① 내지 ③에도 불구하고 천장 높이가 13.7m 이하인 랙식 창고에는 「화재조기진압용 스프링클러설비의 화재안전기술기준(NFTC 103B)」에 따른 화재조기진압용 스프링클러설비를 설치할 수 있다.
   ⑤ 높이가 4m 이상인 창고(랙식 창고를 포함한다)에 설치하는 폐쇄형 스프링클러헤드는 그 설치장소의 평상시 최고 주위온도에 관계 없이 표시온도 121℃ 이상의 것으로 할 수 있다.

2) 수원의 저수량은 다음의 기준에 적합해야 한다.
   ① 라지드롭형 스프링클러헤드의 설치개수가 가장 많은 방호구역의 설치개수(30개 이상 설치된 경우에는 30개)에 3.2m^3(랙식 창고의 경우에는 9.6m^3)를 곱한 양 이상이 되도록 할 것
   ② 1) ④에 따라 화재조기진압용 스프링클러설비를 설치하는 경우 「화재조기진압용 스프링클러설비의 화재안전기술기준(NFTC 103B)」 2.2.1에 따를 것

3) 가압송수장치의 송수량은 다음의 기준에 적합해야 한다.
   ① 가압송수장치의 송수량은 0.1MPa의 방수압력 기준으로 분당 160L/min 이상의 방수성능을 가진 기준 개수의 모든 헤드로부터의 방수량을 충족시킬 수 있는 양 이상인 것으로 할 것. 이 경우 속도수두는 계산에 포함하지 않을 수 있다.

② 1) ④에 따라 화재조기진압용 스프링클러설비를 설치하는 경우 「화재조기진압용 스프링클러설비의 화재안전기술기준(NFTC 103B)」 2.3.1.10에 따를 것
4) 교차배관에서 분기되는 지점을 기점으로 한쪽 가지배관에 설치되는 헤드의 개수(반자 아래와 반자속의 헤드를 하나의 가지배관 상에 병설하는 경우에는 반자 아래에 설치하는 헤드의 개수)는 4개 이하로 해야 한다. 다만, 1) ④에 따라 화재조기진압용 스프링클러설비를 설치하는 경우에는 그렇지 않다.
5) 스프링클러헤드는 다음의 기준에 적합해야 한다.
① 라지드롭형 스프링클러헤드를 설치하는 천장·반자·천장과 반자사이·덕트·선반 등의 각 부분으로부터 하나의 스프링클러헤드까지의 수평거리는 「화재의 예방 및 안전관리에 관한 법률 시행령」 별표2의 특수가연물을 저장 또는 취급하는 창고는 1.7m 이하, 그 외의 창고는 2.1m(내화구조로 된 경우에는 2.3m를 말한다) 이하로 할 것
② 화재조기진압용 스프링클러헤드는 「화재조기진압용 스프링클러설비의 화재안전기술기준(NFTC 103B)」 2.7.1에 따라 설치할 것
6) 물품의 운반 등에 필요한 고정식 대형기기 설비의 설치를 위해 「건축법 시행령」 제46조 제2항에 따라 방화구획이 적용되지 아니하거나 완화 적용되어 연소할 우려가 있는 개구부에는 「스프링클러설비의 화재안전기술기준(NFTC 103)」 2.7.7.6에 따른 방법으로 드렌처설비를 설치해야 한다.
7) 비상전원은 자가발전설비, 축전지설비(내연기관에 따른 펌프를 사용하는 경우에는 내연기관의 기동 및 제어용 축전지를 말한다) 또는 전기저장장치(외부 전기에너지를 저장해 두었다가 필요한 때 전기를 공급하는 장치를 말한다. 이하 같다)로서 스프링클러설비를 유효하게 20분(랙식 창고의 경우 60분을 말한다) 이상 작동할 수 있어야 한다.

6. 비상방송설비
1) 확성기의 음성입력은 3W(실내에 설치하는 것을 포함한다) 이상으로 해야 한다.
2) 창고시설에서 발화한 때에는 전 층에 경보를 발해야 한다.
3) 비상방송설비에는 그 설비에 대한 감시상태를 60분간 지속한 후 유효하게 30분 이상 경보할 수 있는 축전지설비(수신기에 내장하는 경우를 포함한다. 이하 같다) 또는 전기저장장치를 설치해야 한다.

7. 자동화재탐지설비
1) 감지기 작동 시 해당 감지기의 위치가 수신기에 표시되도록 해야 한다.

2) 「개인정보 보호법」 제2조제7호에 따른 영상정보처리기기를 설치하는 경우 수신기는 영상정보의 열람·재생 장소에 설치해야 한다.
3) 영 제11조에 따라 스프링클러설비를 설치하는 창고시설의 감지기는 다음의 기준에 따라 설치해야 한다.
   ① 아날로그방식의 감지기, 광전식 공기흡입형 감지기 또는 이와 동등 이상의 기능·성능이 인정되는 감지기를 설치할 것
   ② 감지기의 신호처리 방식은 「자동화재탐지설비 및 시각경보장치의 화재안전기술기준(NFTC 203)」 1.7.2에 따를 것
4) 창고시설에서 발화한 때에는 전 층에 경보를 발해야 한다.
5) 자동화재탐지설비에는 그 설비에 대한 감시상태를 60분간 지속한 후 유효하게 30분 이상 경보할 수 있는 비상전원으로서 축전지설비 또는 전기저장장치를 설치해야 한다. 다만, 상용전원이 축전지설비인 경우에는 그렇지 않다.

8. 유도등

1) 피난구유도등과 거실통로유도등은 대형으로 설치해야 한다.
2) 피난유도선은 연면적 15,000㎡ 이상인 창고시설의 지하층 및 무창층에 다음의 기준에 따라 설치해야 한다.
   ① 광원점등방식으로 바닥으로부터 1m 이하의 높이에 설치할 것
   ② 각 층 직통계단 출입구로부터 건물 내부 벽면으로 10m 이상 설치할 것
   ③ 화재 시 점등되며 비상전원 30분 이상을 확보할 것
   ④ 피난유도선은 소방청장이 정해 고시하는 「피난유도선 성능인증 및 제품검사의 기술기준」에 적합한 것으로 설치할 것

9. 소화수조 및 저수조

소화수조 또는 저수조의 저수량은 특정소방대상물의 연면적을 5,000㎡로 나누어 얻은 수(소수점 이하의 수는 1로 본다)에 20㎥를 곱한 양 이상이 되도록 해야 한다.

PART 02

최신 화재안전성능기준(NFPC) 및 기술기준(NFTC)

CHAPTER 01 가스누설경보기의 화재안전성능기준 (NFPC 206)

[시행 2022. 12. 1.] [소방청고시 제2022-50호, 2022. 11. 25., 전부개정]

제1조(목적)
이 기준은 「소방시설 설치 및 관리에 관한 법률」(이하 "법"이라 한다) 제2조제1항제6호가목에 따라 소방청장에게 위임한 사항 중 경보설비인 가스누설경보기의 성능기준을 규정함을 목적으로 한다.

제2조(적용범위)
이 기준은 「소방시설 설치 및 관리에 관한 법률 시행령」(이하 "영"이라 한다) 별표 4 제2호차목에 따른 가스누설경보기의 설치 및 관리에 대해 적용한다. 다만, 「액화석유가스의 안전관리 및 사업법」 및 「도시가스 사업법」에 따른 가스누출자동차단장치 또는 가스누출경보기 설치대상으로서 「액화석유가스의 안전관리 및 사업법」 및 「도시가스 사업법」에 적합하게 설치한 경우에는 이 기준에 적합한 것으로 본다.

제3조(정의)
이 기준에서 사용되는 용어의 정의는 다음과 같다.
1. "가연성가스 경보기"란 보일러 등 가스연소기에서 액화석유가스(LPG), 액화천연가스(LNG) 등의 가연성가스가 새는 것을 탐지하여 관계자나 이용자에게 경보하여 주는 것을 말한다. 다만, 탐지소자 외의 방법에 의하여 가스가 새는 것을 탐지하는 것, 점검용으로 만들어진 휴대용탐지기 또는 연동기기에 의하여 경보를 발하는 것은 제외한다.
2. "일산화탄소 경보기"란 일산화탄소가 새는 것을 탐지하여 관계자나 이용자에게 경보하여 주는 것을 말한다. 다만, 탐지소자 외의 방법에 의하여 가스가 새는 것을 탐지하는 것, 점검용으로 만들어진 휴대용탐지기 또는 연동기기에 의하여 경보를 발하는 것은 제외한다.
3. "탐지부"란 가스누설경보기(이하 "경보기"라 한다) 중 가스누설을 탐지하여 중계기 또는 수신부에 가스누설 신호를 발신하는 부분을 말한다.
4. "수신부"란 경보기 중 탐지부에서 발하여진 가스누설 신호를 직접 또는 중계기를 통하여 수신하고 이를 관계자에게 음향으로서 경보하여 주는 것을 말한다.
5. "분리형"이란 탐지부와 수신부가 분리되어 있는 형태의 경보기를 말한다.
6. "단독형"이란 탐지부와 수신부가 일체로 되어 있는 형태의 경보기를 말한다.
7. "가스연소기"란 가스레인지 또는 가스보일러 등 가연성가스를 이용하여 불꽃을 발생하는 장치를 말한다.

제4조(가연성가스 경보기)
① 가연성가스를 사용하는 가스연소기가 있는 경우에는 가연성가스의 종류에 적합한 경보기를 가스연소

기 주변에 설치해야 한다.
② 분리형 경보기의 수신부는 다음 각 호의 기준에 따라 설치해야 한다.
1. 가스연소기 주위의 경보기의 상태 확인 및 유지 관리에 용이한 위치에 설치할 것
2. 가스누설 음향의 음량과 음색이 다른 기기의 소음 등과 명확히 구별될 것
3. 가스누설 음향은 수신부로부터 1미터 떨어진 위치에서 음압이 70데시벨 이상일 것
4. 수신부의 조작 스위치는 바닥으로부터의 높이가 0.8미터 이상 1.5미터 이하인 장소에 설치할 것
5. 수신부가 설치된 장소에는 관계자 등에게 신속히 연락할 수 있도록 비상연락 번호를 기재한 표를 비치할 것

③ 분리형 경보기의 탐지부는 다음 각 호의 기준에 따라 설치해야 한다.
1. 탐지부는 가스연소기의 중심으로부터 직선거리 8미터(공기보다 무거운 가스를 사용하는 경우에는 4미터) 이내에 1개 이상 설치하여야 한다.
2. 탐지부는 천정으로부터 탐지부 하단까지의 거리가 0.3미터 이하가 되도록 설치한다. 다만, 공기보다 무거운 가스를 사용하는 경우에는 바닥면으로부터 탐지부 상단까지의 거리는 0.3미터 이하로 한다.

④ 단독형 경보기는 다음 각 호의 기준에 따라 설치해야 한다.
1. 가스연소기 주위의 경보기의 상태 확인 및 유지 관리에 용이한 위치에 설치할 것
2. 가스누설 음향의 음량과 음색이 다른 기기의 소음 등과 명확히 구별될 것
3. 가스누설 음향장치는 수신부로부터 1미터 떨어진 위치에서 음압이 70데시벨 이상일 것
4. 단독형 경보기는 가스연소기의 중심으로부터 직선거리 8미터(공기보다 무거운 가스를 사용하는 경우에는 4미터) 이내에 1개 이상 설치해야 한다.
5. 단독형 경보기는 천장으로부터 경보기 하단까지의 거리가 0.3미터 이하가 되도록 설치한다. 다만, 공기보다 무거운 가스를 사용하는 경우에는 바닥면으로부터 단독형 경보기 상단까지의 거리는 0.3미터 이하로 한다.
6. 경보기가 설치된 장소에는 관계자 등에게 신속히 연락할 수 있도록 비상연락 번호를 기재한 표를 비치할 것

제5조(일산화탄소 경보기)

① 일산화탄소 경보기를 설치하는 경우에는 가스연소기 주변에 설치할 수 있다.
② 분리형 경보기의 수신부는 다음 각 호의 기준에 따라 설치해야 한다.
1. 가스누설 음향의 음량과 음색이 다른 기기의 소음 등과 명확히 구별될 것
2. 가스누설 음향은 수신부로부터 1미터 떨어진 위치에서 음압이 70데시벨 이상일 것
3. 수신부의 조작 스위치는 바닥으로부터의 높이가 0.8미터 이상 1.5미터 이하인 장소에 설치할 것
4. 수신부가 설치된 장소에는 관계자 등에게 신속히 연락할 수 있도록 비상연락 번호를 기재한 표를 비치할 것

③ 분리형 경보기의 탐지부는 천장으로부터 탐지부 하단까지의 거리를 고려하여 설치한다.
④ 단독형 경보기는 다음 각 호의 기준에 따라 설치해야 한다.

1. 가스누설 음향의 음량과 음색이 다른 기기의 소음 등과 명확히 구별될 것
2. 가스누설 음향장치는 수신부로부터 1미터 떨어진 위치에서 음압이 70데시벨 이상일 것
3. 단독형 경보기는 천장으로부터 경보기 하단까지의 거리가 0.3미터 이하가 되도록 설치한다.
4. 경보기가 설치된 장소에는 관계자 등에게 신속히 연락할 수 있도록 비상연락 번호를 기재한 표를 비치할 것

⑤ 제2항 내지 제4항에도 불구하고 일산화탄소경보기의 성능을 확보할 수 있는 별도의 설치방법을 인정받은 경우에는 해당 설치방법을 반영한 제조사의 시방서에 따라 설치할 수 있다.

제6조(설치장소)

분리형 경보기의 탐지부 및 단독형 경보기는 외부의 기류가 통하는 곳, 연소기의 폐가스에 접촉하기 쉬운 곳 등 누설가스를 유효하게 탐지하기 어려운 장소 이외의 장소에 설치해야 한다.

제7조(전원)

경보기는 건전지 또는 교류전압의 옥내간선을 사용하여 상시 전원이 공급되도록 해야 한다.

제8조(재검토 기한)

소방청장은 「훈령·예규 등의 발령 및 관리에 관한 규정」에 따라 이 고시에 대하여 2023년 1월 1일을 기준으로 매 3년이 되는 시점(매 3년째의 12월 31일까지를 말한다)마다 그 타당성을 검토하여 개선 등의 조치를 해야 한다.

부칙〈제2022-50호, 2022. 11. 25.〉

제1조(시행일)

이 고시는 2022년 12월 1일부터 시행한다.

제2조(경과조치)

① 이 고시 시행 전에 건축허가 등의 신청 또는 신고를 하거나 소방시설공사의 착공신고를 한 특정소방대상물에 대해서는 종전의 「가스누설경보기의 화재안전기준(NFSC 206)」에 따른다.
② 이 고시 시행 전에 제1항에 따른 신청 또는 신고를 한 경우라도 개정 기준이 종전의 기준에 비해 관계인에게 유리한 경우에는 개정 기준에 따를 수 있다.

제3조(다른 법령과의 관계)

이 고시 시행 당시 다른 법령에서 종전의 화재안전기준을 인용한 경우에 이 고시 가운데 그에 해당하는 규정이 있는 경우에는 종전의 규정에 갈음하여 이 고시의 해당 규정을 인용한 것으로 본다.

CHAPTER 01 가스누설경보기의 화재안전기술기준 (NFTC 206)

[시행 2022. 12. 1.] [소방청공고 제2022-227호, 2022. 12. 1., 제정]

1. 일반사항

1.1 적용범위

1.1.1 이 기준은 「소방시설 설치 및 관리에 관한 법률 시행령」(이하 "영"이라 한다) 별표 4 제2호차목에 따른 가스누설경보기의 설치 및 관리에 대해 적용한다. 다만, 「액화석유가스의 안전관리 및 사업법」 및 「도시가스 사업법」에 따른 가스누출자동차단장치 또는 가스누출경보기 설치대상으로서 「액화석유가스의 안전관리 및 사업법」 및 「도시가스 사업법」에 적합하게 설치한 경우에는 이 기준에 적합한 것으로 본다.

1.2 기준의 효력

1.2.1 이 기준은 「소방시설 설치 및 관리에 관한 법률」(이하 "법"이라 한다) 제2조제1항제6호나목에 따라 경보설비인 가스누설경보기의 기술기준으로서의 효력을 가진다.

1.2.2 이 기준에 적합한 경우에는 법 제2조제1항제6호나목에 따라 「가스누설경보기의 화재안전성능기준(NFPC 206)」을 충족하는 것으로 본다.

1.3 기준의 시행

1.3.1 이 기준은 2022년 12월 1일부터 시행한다.

1.4 기준의 특례

1.4.1 소방본부장 또는 소방서장은 기존건축물이 증축·개축·대수선되거나 용도변경되는 경우에 있어서 이 기준이 정하는 기준에 따라 해당 건축물에 설치해야 할 가스누설경보기의 배관·배선 등의 공사가 현저하게 곤란하다고 인정되는 경우에는 해당 설비의 기능 및 사용에 지장이 없는 범위 안에서 이 기준의 일부를 적용하지 않을 수 있다.

1.5 경과조치

1.5.1 이 기준 시행 전에 건축허가 등의 신청 또는 신고를 하거나 소방시설공사의 착공신고를 한 특정소방대상물에 대해서는 종전의 「가스누설경보기의 화재안전기준(NFSC 206)」에 따른다.

1.5.2 이 기준 시행 전에 1.5.1에 따른 신청 또는 신고를 한 경우라도 제정 기준이 종전의 기준에 비하여 관계인에게 유리한 경우에는 제정 기준에 따를 수 있다.

1.6 다른 법령과의 관계

1.6.1 이 기준 시행 당시 다른 법령 또는 행정규칙 등에서 종전의 화재안전기준을 인용한 경우에 이 기준 가운데 그에 해당하는 규정이 있는 경우에는 종전의 규정에 갈음하여 이 기준의 해당 규정을 인용한 것으로 본다.

1.7 용어의 정의

1.7.1 이 기준에서 사용하는 용어의 정의는 다음과 같다.

1.7.1.1 "가연성가스 경보기"란 보일러 등 가스연소기에서 액화석유가스(LPG), 액화천연가스(LNG) 등의 가연성가스가 새는 것을 탐지하여 관계자나 이용자에게 경보하여 주는 것을 말한다. 다만, 탐지소자 외의 방법에 의하여 가스가 새는 것을 탐지하는 것, 점검용으로 만들어진 휴대용 탐지기 또는 연동기기에 의하여 경보를 발하는 것은 제외한다.

1.7.1.2 "일산화탄소 경보기"란 일산화탄소가 새는 것을 탐지하여 관계자나 이용자에게 경보하여 주는 것을 말한다. 다만, 탐지소자 외의 방법에 의하여 가스가 새는 것을 탐지하는 것, 점검용으로 만들어진 휴대용탐지기 또는 연동기기에 의하여 경보를 발하는 것은 제외한다.

1.7.1.3 "탐지부"란 가스누설경보기(이하 "경보기"라 한다) 중 가스누설을 탐지하여 중계기 또는 수신부에 가스누설 신호를 발신하는 부분을 말한다.

1.7.1.4 "수신부"란 경보기 중 탐지부에서 발하여진 가스누설 신호를 직접 또는 중계기를 통하여 수신하고 이를 관계자에게 음향으로서 경보하여 주는 것을 말한다.

1.7.1.5 "분리형"이란 탐지부와 수신부가 분리되어 있는 형태의 경보기를 말한다.

1.7.1.6 "단독형"이란 탐지부와 수신부가 일체로 되어 있는 형태의 경보기를 말한다.

1.7.1.7 "가스연소기"란 가스레인지 또는 가스보일러 등 가연성가스를 이용하여 불꽃을 발생하는 장치를 말한다.

2. 기술기준

2.1 가연성가스 경보기

2.1.1 가연성가스를 사용하는 가스연소기가 있는 경우에는 가연성가스(액화석유가스(LPG), 액화천연가스(LNG) 등)의 종류에 적합한 경보기를 가스연소기 주변에 설치해야 한다.

2.1.2 분리형 경보기의 수신부는 다음의 기준에 따라 설치해야 한다.

2.1.2.1 가스연소기 주위의 경보기의 상태 확인 및 유지관리에 용이한 위치에 설치할 것

2.1.2.2 가스누설 경보음향의 음량과 음색이 다른 기기의 소음 등과 명확히 구별될 것

2.1.2.3 가스누설 경보음향의 크기는 수신부로부터 1m 떨어진 위치에서 음압이 70dB 이상일 것

2.1.2.4 수신부의 조작 스위치는 바닥으로부터의 높이가 0.8m 이상 1.5m 이하인 장소에 설치할 것

2.1.2.5 수신부가 설치된 장소에는 관계자 등에게 신속히 연락할 수 있도록 비상연락번호를 기재한 표를 비치할 것

2.1.3 분리형 경보기의 탐지부는 다음의 기준에 따라 설치해야 한다.

2.1.3.1 탐지부는 가스연소기의 중심으로부터 직선거리 8m(공기보다 무거운 가스를 사용하는 경우에는 4m) 이내에 1개 이상 설치해야 한다.

2.1.3.2 탐지부는 천정으로부터 탐지부 하단까지의 거리가 0.3m 이하가 되도록 설치한다. 다만, 공기보다 무거운 가스를 사용하는 경우에는 바닥면으로부터 탐지부 상단까지의 거리는 0.3m 이하로 한다.

2.1.4 단독형 경보기는 다음의 기준에 따라 설치해야 한다.

2.1.4.1 가스연소기 주위의 경보기의 상태 확인 및 유지관리에 용이한 위치에 설치할 것
2.1.4.2 가스누설 경보음향의 음량과 음색이 다른 기기의 소음 등과 명확히 구별될 것
2.1.4.3 가스누설 경보음향장치는 수신부로부터 1m 떨어진 위치에서 음압이 70dB 이상일 것
2.1.4.4 단독형 경보기는 가스연소기의 중심으로부터 직선거리 8m(공기보다 무거운 가스를 사용하는 경우에는 4m) 이내에 1개 이상 설치해야 한다.
2.1.4.5 단독형 경보기는 천장으로부터 경보기 하단까지의 거리가 0.3m 이하가 되도록 설치한다. 다만, 공기보다 무거운 가스를 사용하는 경우에는 바닥면으로부터 단독형 경보기 상단까지의 거리는 0.3m 이하로 한다.
2.1.4.6 경보기가 설치된 장소에는 관계자 등에게 신속히 연락할 수 있도록 비상연락번호를 기재한 표를 비치할 것

2.2 일산화탄소 경보기

2.2.1 일산화탄소 경보기를 설치하는 경우(타 법령에 따라 일산화탄소 경보기를 설치하는 경우를 포함한다)에는 가스연소기 주변(타 법령에 따라 설치하는 경우에는 해당 법령에서 지정한 장소)에 설치할 수 있다.
2.2.2 분리형 경보기의 수신부는 다음의 기준에 따라 설치해야 한다.
2.2.2.1 가스누설 경보음향의 음량과 음색이 다른 기기의 소음 등과 명확히 구별될 것
2.2.2.2 가스누설 경보음향의 크기는 수신부로부터 1m 떨어진 위치에서 음압이 70dB 이상일 것
2.2.2.3 수신부의 조작 스위치는 바닥으로부터의 높이가 0.8m 이상 1.5m 이하인 장소에 설치할 것
2.2.2.4 수신부가 설치된 장소에는 관계자 등에게 신속히 연락할 수 있도록 비상연락번호를 기재한 표를 비치할 것
2.2.3 분리형 경보기의 탐지부는 천장으로부터 탐지부 하단까지의 거리가 0.3m 이하가 되도록 설치한다.
2.2.4 단독형 경보기는 다음의 기준에 따라 설치해야 한다.
2.2.4.1 가스누설 경보음향의 음량과 음색이 다른 기기의 소음 등과 명확히 구별될 것
2.2.4.2 가스누설 경보음향장치는 수신부로부터 1m 떨어진 위치에서 음압이 70dB 이상일 것
2.2.4.3 단독형 경보기는 천장으로부터 경보기 하단까지의 거리가 0.3m 이하가 되도록 설치한다.
2.2.4.4 경보기가 설치된 장소에는 관계자 등에게 신속히 연락할 수 있도록 비상연락번호를 기재한 표를 비치할 것
2.2.5 2.2.2 내지 2.2.4에도 불구하고 중앙소방기술심의위원회의 심의를 거쳐 일산화탄소경보기의 성능을 확보할 수 있는 별도의 설치방법을 인정받은 경우에는 해당 설치방법을 반영한 제조사의 시방서에 따라 설치할 수 있다.

2.3 설치장소

2.3.1 분리형 경보기의 탐지부 및 단독형 경보기는 다음의 장소 이외의 장소에 설치해야 한다.
2.3.1.1 출입구 부근 등으로서 외부의 기류가 통하는 곳
2.3.1.2 환기구 등 공기가 들어오는 곳으로부터 1.5m 이내인 곳
2.3.1.3 연소기의 폐가스에 접촉하기 쉬운 곳

2.3.1.4 가구·보·설비 등에 가려져 누설가스의 유통이 원활하지 못한 곳

2.3.1.5 수증기 또는 기름 섞인 연기 등이 직접 접촉될 우려가 있는 곳

2.4 전원

2.4.1 경보기는 건전지 또는 교류전압의 옥내간선을 사용하여 상시 전원이 공급되도록 해야 한다.

CHAPTER 02 간이스프링클러설비의 화재안전성능기준 (NFPC 103A)

[시행 2024. 12. 1.] [소방청고시 제2024-3호, 2024. 3. 4., 일부개정]

제1조(목적)
이 기준은 「소방시설 설치 및 관리에 관한 법률」(이하 "법"이라 한다) 제2조제1항제6호가목에 따라 소방청장에게 위임한 사항 중 소화설비인 간이스프링클러설비의 성능기준을 규정함을 목적으로 한다.

제2조(적용범위)
이 기준은 「소방시설 설치 및 관리에 관한 법률 시행령」(이하 "영"이라 한다) 별표 4 제1호마목에 따른 간이스프링클러설비 및 「다중이용업소의 안전관리에 관한 특별법」(이하 "특별법"이라 한다) 제9조제1항 및 같은 법 시행령(이하 "특별법령"이라 한다) 제9조에 따른 간이스프링클러설비의 설치 및 관리에 대해 적용한다.

제3조(정의)
이 기준에서 사용하는 용어의 정의는 다음과 같다.
1. "간이헤드"란 폐쇄형스프링클러헤드의 일종으로 간이스프링클러설비를 설치해야 하는 특정소방대상물의 화재에 적합한 감도·방수량 및 살수분포를 갖는 헤드를 말한다.
2. "충압펌프"란 배관 내 압력손실에 따른 주펌프의 빈번한 기동을 방지하기 위하여 충압역할을 하는 펌프를 말한다.
3. "고가수조"란 구조물 또는 지형지물 등에 설치하여 자연낙차의 압력으로 급수하는 수조를 말한다.
4. "압력수조"란 소화용수와 공기를 채우고 일정압력 이상으로 가압하여 그 압력으로 급수하는 수조를 말한다.
5. "가압수조"란 가압원인 압축공기 또는 불연성 기체의 압력으로 소화용수를 가압하여 그 압력으로 급수하는 수조를 말한다.
6. "진공계"란 대기압 이하의 압력을 측정하는 계측기를 말한다.
7. "연성계"란 대기압 이상의 압력과 대기압 이하의 압력을 측정할 수 있는 계측기를 말한다.
8. "기동용수압개폐장치"란 소화설비의 배관 내 압력변동을 검지하여 자동적으로 펌프를 기동 및 정지시키는 것으로서 압력챔버 또는 기동용압력스위치 등을 말한다.
9. "가지배관"이란 헤드가 설치되어 있는 배관을 말한다.
10. "교차배관"이란 가지배관에 급수하는 배관을 말한다.
11. "주배관"이란 가압송수장치 또는 송수구 등과 직접 연결되어 소화수를 이송하는 주된 배관을 말한다.
12. "신축배관"이란 가지배관과 스프링클러헤드를 연결하는 구부림이 용이하고 유연성을 가진 배관을 말한다.
13. "급수배관"이란 수원 송수구 등으로부터 소화설비에 급수하는 배관을 말한다.

14. "분기배관"이란 배관 측면에 구멍을 뚫어 둘 이상의 관로가 생기도록 가공한 배관으로서 다음 각 목의 분기배관을 말한다.
    가. "확관형 분기배관"이란 배관의 측면에 조그만 구멍을 뚫고 소성가공으로 확관시켜 배관 용접이음 자리를 만들거나 배관 용접이음자리에 배관이음쇠를 용접 이음한 배관을 말한다.
    나. "비확관형 분기배관"이란 배관의 측면에 분기호칭내경 이상의 구멍을 뚫고 배관이음쇠를 용접 이음한 배관을 말한다.
15. "습식유수검지장치"란 습식스프링클러설비 또는 부압식스프링클러설비에 설치되는 유수검지장치를 말한다.
16. "준비작동식유수검지장치"란 준비작동식스프링클러설비에 설치되는 유수검지장치를 말한다.
17. "반사판(디플렉터)"이란 스프링클러헤드의 방수구에서 유출되는 물을 세분시키는 작용을 하는 것을 말한다.
18. "개폐표시형밸브"란 밸브의 개폐여부를 외부에서 식별이 가능한 밸브를 말한다.
19. "캐비닛형 간이스프링클러설비"란 가압송수장치, 수조(「캐비닛형 간이스프링클러설비 성능인증 및 제품검사의 기술기준」에서 정하는 바에 따라 분리형으로 할 수 있다) 및 유수검지장치 등을 집적화하여 캐비닛 형태로 구성시킨 간이 형태의 스프링클러설비를 말한다.
20. "상수도직결형 간이스프링클러설비"란 수조를 사용하지 않고 상수도에 직접 연결하여 항상 기준 방수압 및 방수량 이상을 확보할 수 있는 설비를 말한다.
21. "정격토출량"이란 펌프의 정격부하운전 시 토출량으로서 정격토출압력에서의 토출량을 말한다.
22. "정격토출압력"이란 펌프의 정격부하운전 시 토출압력으로서 정격토출량에서의 토출 측 압력을 말한다.
23. "주택전용 간이스프링클러설비"란 「소방시설 설치 및 관리에 관한 법률 시행령」 별표 4 제1호마목에 따라 연립주택 및 다세대주택에 설치하는 간이스프링클러설비를 말한다. 〈신설 2024.3.4〉

제4조(수원)

① 간이스프링클러설비의 수원은 다음 각 호와 같다.
  1. 상수도직결형의 경우에는 수돗물
  2. 수조("캐비닛형"을 포함한다)를 사용하고자 하는 경우에는 적어도 한 개 이상의 자동급수장치를 갖추어야 하며, 두 개의 간이헤드에서 최소 10분[영 별표 4 제1호마목2)가) 또는 6)과 8)에 해당하는 경우에는 5개의 간이헤드에서 최소 20분] 이상 방수할 수 있는 양 이상을 수조에 확보할 것
② 간이스프링클러설비의 수원을 수조로 설치하는 경우에는 소화설비의 전용수조로 해야 한다.
③ 제1항제2호에 따른 저수량을 산정함에 있어서 다른 설비와 겸용하여 간이스프링클러설비용 수조를 설치하는 경우에는 간이스프링클러설비의 풋밸브·흡수구 또는 수직배관의 급수구와 다른 설비의 풋밸브·흡수구 또는 수직배관의 급수구와의 사이의 수량을 그 유효수량으로 한다.
④ 간이스프링클러설비용 수조는 다음 각 호의 기준에 따라 설치해야 한다.
  1. 점검에 편리한 곳에 설치할 것
  2. 동결방지조치를 하거나 동결의 우려가 없는 장소에 설치할 것

3. 수조에는 수위계, 고정식 사다리, 청소용 배수밸브(또는 배수관), 표지 및 실내조명 등 수조의 유지관리에 필요한 설비를 설치할 것

제5조(가압송수장치)

① 방수압력(상수도직결형의 상수도압력)은 가장 먼 가지배관에서 2개[영 별표 4 제1호마목2)가) 또는 6)과 8)에 해당하는 경우에는 5개]의 간이헤드를 동시에 개방할 경우 각각의 간이헤드 선단 방수압력은 0.1메가파스칼 이상, 방수량은 분당 50리터 이상이어야 한다. 다만, 제6조제7호에 따른 주차장에 표준반응형스프링클러헤드를 사용할 경우 헤드 1개의 방수량은 분당 80리터 이상이어야 한다.

② 전동기 또는 내연기관에 따른 펌프를 이용하는 가압송수장치는 다음 각 호의 기준에 따라 설치해야 한다.
  1. 쉽게 접근할 수 있고 점검하기에 충분한 공간이 있는 장소로서 화재 및 침수 등의 재해로 인한 피해를 받을 우려가 없는 곳에 설치할 것
  2. 동결방지조치를 하거나 동결의 우려가 없는 장소에 설치할 것
  3. 펌프는 전용으로 할 것
  4. 펌프의 토출 측에는 압력계를 설치하고, 흡입 측에는 연성계 또는 진공계를 설치할 것
  5. 펌프의 성능은 체절운전 시 정격토출압력의 140 퍼센트를 초과하지 않고, 정격토출량의 150 퍼센트로 운전 시 정격토출압력의 65 퍼센트 이상이 되어야 하며, 펌프의 성능을 시험할 수 있는 성능시험배관을 설치할 것
  6. 가압송수장치에는 체절운전 시 수온의 상승을 방지하기 위한 순환배관을 설치할 것
  7. 기동장치로는 기동용수압개폐장치 또는 이와 동등 이상의 성능이 있는 것을 설치할 것
  8. 기동용수압개폐장치를 기동장치로 사용하는 경우에는 충압펌프를 설치할 것
  9. 수원의 수위가 펌프보다 낮은 위치에 있는 가압송수장치에는 물올림장치를 설치할 것
  10. 내연기관을 사용하는 경우에는 제어반에 따라 내연기관의 자동기동 및 수동기동이 가능하고, 상시 충전되어 있는 축전지설비를 갖출 것
  11. 가압송수장치는 부식 등으로 인한 펌프의 고착을 방지할 수 있도록 청동 또는 스테인리스 등 부식에 강한 재질을 사용할 것

③ 고가수조의 자연낙차를 이용한 가압송수장치를 설치하는 경우 고가수조의 자연낙차수두(수조의 하단으로부터 최고층에 설치된 헤드까지의 수직거리를 말한다)는 제1항에 따른 방수압 및 방수량이 10분[영 별표 4 제1호마목2)가) 또는 6)과 8)에 해당하는 경우에는 5개의 간이헤드에서 최소 20분] 이상 유지되도록 해야 한다.

④ 압력수조를 이용한 가압송수장치를 설치하는 경우 압력수조의 압력은 제1항에 따른 방수압 및 방수량이 10분[영 별표 4 제1호마목2)가) 또는 6)과 8)에 해당하는 경우에는 5개의 간이헤드에서 최소 20분] 이상 유지되도록 해야 한다.

⑤ 가압수조를 이용한 가압송수장치는 소방청장이 정하여 고시한 「가압수조식가압송수장치의 성능인증 및 제품검사의 기술기준」에 적합한 것으로 설치하고, 가압수조의 압력은 제1항에 따른 방수압 및 방수량이 10분[영 별표 4 제1호마목2)가) 또는 6)과 8)에 해당하는 경우에는 5개의 간이헤드에서 최소 20분] 이상 유지되도록 해야 한다.

⑥ 캐비닛형 간이스프링클러설비를 사용할 경우 소방청장이 정하여 고시한 「캐비닛형 간이스프링클러설비의 성능인증 및 제품검사의 기술기준」에 적합한 것으로 설치해야 한다.
⑦ 영 별표 4 제1호바목2)가) 또는 6)과 8)에 해당하는 특정소방대상물의 경우에는 상수도직결형 및 캐비닛형 간이스프링클러설비를 제외한 가압송수장치를 설치해야 한다.

제6조(간이스프링클러설비의 방호구역 및 유수검지장치)

간이스프링클러설비의 방호구역(간이스프링클러설비의 소화범위에 포함된 영역을 말한다. 이하 같다) 및 유수검지장치는 다음 각 호의 기준에 적합해야 한다. 다만, 캐비닛형의 경우에는 제3호의 기준에 적합해야 한다.

1. 하나의 방호구역의 바닥면적은 1,000제곱미터를 초과하지 않을 것
2. 하나의 방호구역에는 1개 이상의 유수검지장치를 설치하되, 화재 시 접근이 쉽고 점검하기 편리한 장소에 설치할 것
3. 하나의 방호구역은 2개 층에 미치지 않도록 할 것
4. 유수검지장치는 실내에 설치하거나 보호용 철망 등으로 구획하여 바닥으로부터 0.8미터 이상 1.5미터 이하의 위치에 설치하되, 그 실 등에는 개구부가 가로 0.5미터 이상 세로 1미터 이상의 출입문을 설치하고 그 출입문 상단에 "유수검지장치실"이라고 표시한 표지를 설치할 것
5. 간이헤드에 공급되는 물은 유수검지장치를 지나도록 할 것
6. 자연낙차에 따른 압력수가 흐르는 배관 상에 설치된 유수검지장치는 화재 시 물의 흐름을 검지할 수 있는 최소한의 압력이 얻어질 수 있도록 수조의 하단으로부터 낙차를 두어 설치할 것
7. 간이스프링클러설비가 설치되는 특정소방대상물에 부설된 주차장부분(영 별표 4 제1호바목에 해당하지 않는 부분에 한한다)에는 습식 외의 방식으로 할 것

제7조(제어반)

간이스프링클러설비에는 다음 각 호의 어느 하나의 기준에 따른 제어반을 설치해야 한다.

1. 상수도 직결형의 경우에는 급수배관에 설치되어 급수를 차단할 수 있는 개폐밸브 및 유수검지장치의 작동상태를 확인할 수 있어야 하며, 예비전원이 확보되고 예비전원의 적합여부를 시험할 수 있어야 할 것
2. 상수도 직결형을 제외한 방식의 것에 있어서는 「스프링클러설비의 화재안전성능기준(NFPC 103)」 제13조를 준용할 것

제8조(배관 및 밸브)

① 배관과 배관이음쇠는 배관 내 사용압력에 따라 다음 각 호의 어느 하나에 해당하는 것을 사용해야 한다.
  1. 배관 내 사용압력이 1.2메가파스칼 미만일 경우에는 다음 각 목의 어느 하나에 해당하는 것
     가. 배관용 탄소 강관(KS D 3507)
     나. 이음매 없는 구리 및 구리합금관(KS D 5301). 다만, 습식의 배관에 한한다.
     다. 배관용 스테인리스 강관(KS D 3576) 또는 일반 배관용 스테인리스 강관(KS D 3595)
     라. 덕타일 주철관(KS D 4311)

2. 배관 내 사용압력이 1.2메가파스칼 이상일 경우에는 다음 각 목의 어느 하나에 해당하는 것
     가. 압력 배관용 탄소 강관(KS D 3562)
     나. 배관용 아크 용접 탄소강 강관(KS D 3583)
② 제1항에도 불구하고 화재 등의 재해로 인하여 배관의 성능에 영향을 받을 우려가 적은 장소에는 소방청장이 정하여 고시한 「소방용합성수지배관의 성능인증 및 제품검사의 기술기준」에 적합한 소방용합성수지배관으로 설치할 수 있다.
③ 급수배관은 전용으로 하고, 급수를 차단할 수 있는 개폐밸브는 개폐표시형으로 하며, 배관의 구경은 제5조제1항에 적합하도록 수리계산에 의하거나 별표 1의 기준에 따라 설치해야 한다.
④ 펌프의 흡입 측 배관은 다음 각 호의 기준에 따라 설치해야 한다.
  1. 공기 고임이 생기지 않는 구조로 하고 여과장치를 설치할 것
  2. 수조가 펌프보다 낮게 설치된 경우에는 각 펌프(충압펌프를 포함한다)마다 수조로부터 별도로 설치할 것
⑤ 간이스프링클러설비의 배관을 연결송수관설비와 겸용하는 경우 주배관은 구경 100밀리미터 이상, 방수구로 연결되는 배관의 구경은 65밀리미터 이상의 것으로 해야 한다.
⑥ 성능시험배관에 설치하는 유량측정장치는 성능시험배관의 직관부에 설치하되, 펌프 정격토출량의 175퍼센트 이상을 측정할 수 있는 것으로 해야 한다.
⑦ 가압송수장치의 체절운전 시 수온의 상승을 방지하기 위하여 체크밸브와 펌프 사이에서 분기한 배관에 체절압력 이하에서 개방되는 릴리프밸브를 설치해야 한다.
⑧ 동결방지조치를 하거나 동결의 우려가 없는 장소에 설치해야 한다. 다만, 보온재를 사용할 경우에는 난연재료 성능 이상의 것으로 해야 한다.
⑨ 가지배관의 배열은 다음 각 호의 기준에 따른다.
  1. 토너먼트(Tournament)방식이 아닐 것
  2. 교차배관에서 분기되는 지점을 기점으로 한쪽 가지배관에 설치되는 간이헤드의 개수(반자 아래와 반자 속의 헤드를 하나의 가지배관 상에 병설하는 경우에는 반자 아래에 설치하는 헤드의 개수)는 8개 이하로 할 것
  3. 가지배관과 스프링클러헤드 사이의 배관을 신축배관으로 하는 경우에는 소방청장이 정하여 고시한 「스프링클러설비신축배관 성능인증 및 제품검사의 기술기준」에 적합한 것으로 설치할 것
⑩ 가지배관에 하향식간이헤드를 설치하는 경우에 가지배관으로부터 간이헤드에 이르는 헤드접속배관은 가지배관 상부에서 분기해야 한다.
⑪ 준비작동식유수검지장치를 사용하는 간이스프링클러설비에 있어서 유수검지장치 2차 측 배관에는 평상시 소화수가 체류하지 않도록 하고, 준비작동식유수검지장치의 작동여부를 확인할 수 있는 장치를 설치해야 한다.
⑫ 간이스프링클러설비에는 유수검지장치를 시험할 수 있는 시험 장치를 설치해야 한다.
⑬ 배관에 설치되는 행거는 가지배관, 교차배관 및 수평주행배관에 설치하고, 배관을 충분히 지지할 수 있도록 설치해야 한다.
⑭ 급수배관에 설치되어 급수를 차단할 수 있는 개폐밸브에는 그 밸브의 개폐상태를 감시제어반에서

확인할 수 있도록 급수개폐밸브 작동표시 스위치를 설치해야 한다.
⑮ 간이스프링클러설비의 배관은 배수를 위한 기울기를 주거나 배수밸브를 설치하는 등 원활한 배수를 위한 조치를 해야 한다.
⑯ 간이스프링클러설비의 배관 및 밸브 등의 순서는 헤드에 유효한 급수가 가능하도록 상수도직결형, 펌프형, 가압수조형, 캐비닛형에 따라 적합하게 설치해야 한다.
⑰ 배관은 다른 설비의 배관과 쉽게 구분이 될 수 있도록 해야 한다.
⑱ 확관형 분기배관을 사용할 경우에는 소방청장이 정하여 고시한 「분기배관의 성능인증 및 제품검사의 기술기준」에 적합한 것으로 설치해야 한다.

제9조(간이헤드)

간이헤드는 다음 각 호의 기준에 적합한 것을 사용해야 한다.
1. 폐쇄형간이헤드를 사용할 것
2. 간이헤드의 작동온도는 실내의 최대 주위 천장온도에 따라 적합한 공칭작동온도의 것으로 설치할 것
3. 간이헤드를 설치하는 천장·반자·천장과 반자 사이·덕트·선반 등의 각 부분으로부터 간이헤드까지의 수평거리는 2.3미터(「스프링클러헤드의 형식승인 및 제품검사의 기술기준」에 따른 유효살수반경의 것으로 한다) 이하가 되도록 할 것. 다만, 성능이 별도로 인정된 간이헤드를 수리계산에 따라 설치하는 경우에는 그렇지 않다.
4. 상향식, 하향식 또는 측벽형간이헤드는 살수 및 감열에 장애가 없도록 설치할 것
5. 특정소방대상물의 보와 가장 가까운 간이헤드는 헤드의 반사판 중심과 보의 수평거리를 고려하여, 살수에 장애가 없도록 설치할 것
6. 상향식간이헤드 아래에 설치되는 하향식간이헤드에는 상향식간이헤드의 방출수를 차단할 수 있는 유효한 차폐판을 설치할 것
7. 간이스프링클러설비를 설치해야 할 특정소방대상물의 간이헤드 설치 제외에 관한 사항은 「스프링클러설비의 화재안전성능기준(NFPC 103)」 제15조제1항을 준용할 것
8. 제6조제7호에 따른 주차장에는 표준반응형스프링클러헤드를 설치해야 하며 설치기준은 「스프링클러설비의 화재안전성능기준(NFPC 103)」 제10조를 준용할 것

제10조(음향장치 및 기동장치)

① 간이스프링클러설비의 음향장치 및 기동장치는 다음 각 호의 기준에 따라 설치해야 한다.
  1. 습식유수검지장치를 사용하는 설비에 있어서는 간이헤드가 개방되면 유수검지장치가 화재신호를 발신하고 그에 따라 음향장치가 경보되도록 할 것
  2. 음향장치는 습식유수검지장치의 담당구역마다 설치하되 그 구역의 각 부분으로부터 하나의 음향장치까지의 수평거리는 25미터 이하가 되도록 할 것
  3. 음향장치는 경종 또는 사이렌으로 하되, 주위의 소음 및 다른 용도의 경보와 구별이 가능한 음색으로 할 것
  4. 주 음향장치는 수신기의 내부 또는 그 직근에 설치할 것
  5. 층수가 11층(공동주택의 경우에는 16층) 이상의 특정소방대상물은 발화층에 따라 경보하는 층을

달리하여 경보를 발할 수 있도록 할 것
	6. 음향장치는 다음 각 목의 기준에 따른 구조 및 성능의 것으로 할 것
		가. 정격전압의 80퍼센트 전압에서 음향을 발할 수 있는 것으로 할 것
		나. 음량은 부착된 음향장치의 중심으로부터 1미터 떨어진 위치에서 90데시벨 이상이 되는 것으로 할 것

② 간이스프링클러설비의 가압송수장치로서 펌프가 설치되는 경우에는 그 펌프의 작동은 습식유수검지장치의 발신이나 화재감지기의 화재감지 또는 기동용수압개폐장치에 따라 작동될 수 있도록 해야 한다.

③ 준비작동식유수검지장치의 작동 기준은 「스프링클러설비의 화재안전성능기준(NFPC 103)」 제9조 제3항을 준용한다.

④ 제1항부터 제3항의 배선(감지기 상호 간의 배선은 제외한다)은 내화배선 또는 내열배선으로 하되 다른 배선과 공유하는 회로방식이 되지 않도록 해야 한다.

제11조(송수구)

간이스프링클러설비에는 소방차로부터 그 설비에 송수할 수 있는 송수구를 다음 각 호의 기준에 따라 설치해야 한다.

1. 송수구는 송수 및 그 밖의 소화작업에 지장을 주지 않도록 설치할 것
2. 송수구로부터 주배관에 이르는 연결배관에는 개폐밸브를 설치하지 않을 것
3. 구경 65밀리미터의 단구형 또는 쌍구형으로 해야 하며, 송수배관의 안지름은 40밀리미터 이상으로 할 것
4. 지면으로부터 높이가 0.5미터 이상 1미터 이하의 위치에 설치할 것
5. 송수구의 가까운 부분에 자동배수밸브(또는 직경 5밀리미터의 배수공) 및 체크밸브를 설치할 것
6. 송수구에는 이물질을 막기 위한 마개를 씌울 것

제12조(비상전원)

간이스프링클러설비에는 비상전원 또는 「소방시설용 비상전원수전설비의 화재안전성능기준(NFPC 602)」의 규정에 따른 비상전원수전설비를 간이스프링클러설비를 유효하게 10분[영 별표 4 제1호마목1) 가 또는 6)과 7)에 해당하는 경우에는 20분]이상 작동할 수 있도록 설치해야 한다.

제13조(수원 및 가압송수장치의 펌프 등의 겸용)

① 간이스프링클러설비의 수원을 옥내소화전설비ㆍ스프링클러설비ㆍ화재조기진압용 스프링클러설비ㆍ물분무소화설비ㆍ포소화전설비 및 옥외소화전설비의 수원과 겸용하여 설치하는 경우의 저수량은 각 소화설비에 필요한 저수량을 합한 양 이상이 되도록 해야 한다.

② 간이스프링클러설비의 가압송수장치로 사용하는 펌프를 옥내소화전설비ㆍ스프링클러설비ㆍ화재조기진압용 스프링클러설비ㆍ물분무소화설비ㆍ포소화설비 및 옥외소화전설비의 가압송수장치와 겸용하여 설치하는 경우의 펌프의 토출량은 각 소화설비에 해당하는 토출량을 합한 양 이상이 되도록 해야 한다.

③ 옥내소화전설비·스프링클러설비·간이스프링클러설비·화재조기진압용 스프링클러설비·물분무소화설비·포소화설비 및 옥외소화전설비의 가압송수장치에 있어서 각 토출 측 배관과 일반급수용의 가압송수장치의 토출 측 배관을 상호 연결하여 화재 시 사용할 수 있다. 이 경우 연결 배관에는 개·폐표시형밸브를 설치해야 하며, 각 소화설비의 성능에 지장이 없도록 해야 한다.

④ 간이스프링클러설비의 송수구를 옥내소화전설비·스프링클러설비·화재조기진압용 스프링클러설비·물분무소화설비·포소화설비·연결송수관설비 또는 연결살수설비의 송수구와 겸용으로 설치하는 경우에는 스프링클러설비의 송수구의 설치기준에 따르되 각각의 소화설비의 기능에 지장이 없도록 해야 한다.

제14조(주택전용 간이스프링클러설비)

주택전용 간이스프링클러설비는 다음 각 호의 기준에 따라 설치한다. 다만, 본 고시에 따른 주택전용 간이스프링클러설비가 아닌 간이스프링클러설비를 설치하는 경우에는 그렇지 않다. 〈신설 2024.3.4.〉

1. 상수도에 직접 연결하는 방식으로 수도용 계량기 이후에서 분기하여 수도용 역류방지밸브, 개폐표시형밸브, 세대별 개폐밸브 및 간이헤드의 순으로 설치할 것. 이 경우 개폐표시형밸브와 세대별 개폐밸브는 그 설치위치를 쉽게 식별할 수 있는 표시를 해야 한다.
2. 방수압력과 방수량은 제5조제1항에 따를 것
3. 배관은 제8조에 따라 설치할 것. 다만, 세대 내 배관은 제8조제2항에 따른 소방용 합성수지배관으로 설치할 수 있다.
4. 간이헤드와 송수구는 제9조 및 제11조에 따라 설치할 것
5. 주택전용 간이스프링클러설비에는 가압송수장치, 유수검지장치, 제어반, 음향장치, 기동장치 및 비상전원은 적용하지 않을 수 있다.

제15조(설치·유지기준의 특례)

소방본부장 또는 소방서장은 기존건축물이 증축·개축·대수선되거나 용도변경되는 경우에 있어서 이 기준이 정하는 기준에 따라 해당 건축물에 설치해야 할 간이스프링클러설비의 배관·배선 등의 공사가 현저하게 곤란하다고 인정되는 경우에는 해당 설비의 기능 및 사용에 지장이 없는 범위에서 이 기준의 일부를 적용하지 않을 수 있다. 〈개정 2024.3.4.〉

제16조(재검토기한)

소방청장은 「훈령·예규 등의 발령 및 관리에 관한 규정」에 따라 이 고시에 대하여 2023년 1월 1일을 기준으로 매 3년이 되는 시점(매 3년째의 12월 31일까지를 말한다)마다 그 타당성을 검토하여 개선 등의 조치를 해야 한다. 〈개정 2024.3.4.〉

부칙〈제2022-34호, 2022. 11. 25.〉

제1조(시행일)

이 고시는 2022년 12월 1일부터 시행한다.

제2조(경과조치)

① 이 고시 시행 전에 건축허가 등의 신청 또는 신고를 하거나 소방시설공사의 착공신고를 한 특정소방대상물에 대해서는 종전의 「간이스프링클러설비의 화재안전기준(NFSC 103A)」에 따른다.

② 이 고시 시행 전에 제1항에 따른 신청 또는 신고를 한 경우라도 개정 기준이 종전의 기준에 비해 관계인에게 유리한 경우에는 개정 기준에 따를 수 있다.

제3조(다른 법령과의 관계)

이 고시 시행 당시 다른 법령에서 종전의 화재안전기준을 인용한 경우에 이 고시 가운데 그에 해당하는 규정이 있는 경우에는 종전의 규정에 갈음하여 이 고시의 해당 규정을 인용한 것으로 본다.

부칙〈제2023-7호, 2023. 2. 10.〉

제1조(시행일)

이 고시는 발령 후 2023년 2월 10일부터 시행한다.

제2조(다른 고시의 개정)

① 간이스프링클러설비의 화재안전성능기준(NFPC 103A) 일부를 다음과 같이 개정한다.
제10조제1항제5호 부분 중 "5층 이상으로서 연면적이 3,000제곱미터를 초과하는"을 "11층(공동주택의 경우에는 16층) 이상의"로 한다.

②부터 ④까지 생략

부칙〈제2023-3호, 2024. 3. 4.〉

제1조(시행일)

이 고시는 발령 후 2023년 2월 10일부터 시행한다.

별표 / 서식

[별표 1] 간이헤드 수별 급수관의 구경(제8조제3항 관련)

[별표 1]

간이헤드 수별 급수관의 구경(제8조제3항 관련)

(단위 : mm)

급수관의 구경 구분	25	32	40	50	65	80	100	125	150
가	2	3	5	10	30	60	100	160	161 이상
나	2	4	7	15	30	60	100	160	161 이상

(주) 1. 폐쇄형스프링클러헤드를 사용하는 설비의 경우로서 한 개 층에 하나의 급수배관(또는 밸브 등)이 담당하는 구역의 최대면적은 1,000제곱미터를 초과하지 않을 것
 2. 폐쇄형간이헤드를 설치하는 경우에는 "가"란의 헤드수에 따를 것
 3. 폐쇄형간이헤드를 설치하고 반자 아래의 헤드와 반자속의 헤드를 동일 급수관의 가지관상에 병설하는 경우에는 "나"란의 헤드수에 따를 것
 4. "캐비닛형" 및 "상수도직결형"을 사용하는 경우 주배관은 32, 수평주행배관은 32, 가지배관은 25 이상으로 할 것. 이 경우 최장배관은 제5조제6항에 따라 인정받은 길이로 하며 하나의 가지배관에는 간이헤드를 세 개 이내로 설치해야 한다.

CHAPTER 02 간이스프링클러설비의 화재안전기술기준 (NFTC 103A)

[시행 2024. 12. 1.] [국립소방연구원공고 제2024-58호, 2024. 12. 1., 일부개정]

1. 일반사항

1.1 적용범위

1.1.1 이 기준은 「소방시설 설치 및 관리에 관한 법률 시행령」(이하 "영"이라 한다) 별표 4 제1호마목에 따른 간이스프링클러설비 및 「다중이용업소의 안전관리에 관한 특별법」(이하 "특별법"이라 한다) 제9조제1항 및 같은 법 시행령(이하 "특별법령"이라 한다) 제9조에 따른 간이스프링클러설비의 설치 및 관리에 대해 적용한다.

1.2 기준의 효력

1.2.1 이 기준은 「소방시설 설치 및 관리에 관한 법률」(이하 "법"이라 한다) 제2조제1항제6호나목에 따라 간이스프링클러설비의 기술기준으로서의 효력을 가진다.

1.2.2 이 기준에 적합한 경우에는 법 제2조제1항제6호나목에 따라 「간이스프링클러설비의 화재안전성능기준(NFPC 103A)」을 충족하는 것으로 본다.

1.3 기준의 시행

1.3.1 이 기준은 2024년 12월 1일부터 시행한다. 〈개정 2024.12.1.〉

1.4 기준의 특례

1.4.1 소방본부장 또는 소방서장은 기존건축물이 증축·개축·대수선되거나 용도변경 되는 경우에 있어서 이 기준이 정하는 기준에 따라 해당 건축물에 설치해야 할 간이스프링클러설비의 배관·배선 등의 공사가 현저하게 곤란하다고 인정되는 경우에는 해당 설비의 기능 및 사용에 지장이 없는 범위에서 이 기준의 일부를 적용하지 않을 수 있다.

1.5 경과조치

1.5.1 이 기준 시행 전에 건축허가 등의 신청 또는 신고를 하거나 소방시설공사의 착공신고를 한 특정소방대상물에 대해서는 종전의 기준에 따른다.

1.5.2 이 기준 시행 전에 1.5.1에 따른 신청 또는 신고를 한 경우라도 개정 기준이 종전의 기준에 비하여 관계인에게 유리한 경우에는 개정 기준에 따를 수 있다.

1.6 다른 법령과의 관계

1.6.1 이 기준 시행 당시 다른 법령 또는 행정규칙 등에서 종전의 화재안전기준을 인용한 경우에 이 기준 가운데 그에 해당하는 규정이 있는 경우에는 종전의 규정에 갈음하여 이 기준의 해당 규정을 인용한 것으로 본다.

1.7 용어의 정의

1.7.1 이 기준에서 사용하는 용어의 정의는 다음과 같다.

1.7.1.1 "간이헤드"란 폐쇄형스프링클러헤드의 일종으로 간이스프링클러설비를 설치해야 하는 특정소방대상물의 화재에 적합한 감도·방수량 및 살수분포를 갖는 헤드를 말한다.

1.7.1.2 "충압펌프"란 배관 내 압력손실에 따른 주펌프의 빈번한 기동을 방지하기 위하여 충압 역할을 하는 펌프를 말한다.

1.7.1.3 "고가수조"란 구조물 또는 지형지물 등에 설치하여 자연낙차의 압력으로 급수하는 수조를 말한다.

1.7.1.4 "압력수조"란 소화용수와 공기를 채우고 일정압력 이상으로 가압하여 그 압력으로 급수하는 수조를 말한다.

1.7.1.5 "가압수조"란 가압원인 압축공기 또는 불연성 기체의 압력으로 소화용수를 가압하여 그 압력으로 급수하는 수조를 말한다.

1.7.1.6 "진공계"란 대기압 이하의 압력을 측정하는 계측기를 말한다.

1.7.1.7 "연성계"란 대기압 이상의 압력과 대기압 이하의 압력을 측정할 수 있는 계측기를 말한다.

1.7.1.8 "기동용수압개폐장치"란 소화설비의 배관 내 압력변동을 검지하여 자동적으로 펌프를 기동 및 정지시키는 것으로서 압력챔버 또는 기동용압력스위치 등을 말한다.

1.7.1.9 "가지배관"이란 헤드가 설치되어 있는 배관을 말한다.

1.7.1.10 "교차배관"이란 가지배관에 급수하는 배관을 말한다.

1.7.1.11 "주배관"이란 가압송수장치 또는 송수구 등과 직접 연결되어 소화수를 이송하는 주된 배관을 말한다.

1.7.1.12 "신축배관"이란 가지배관과 스프링클러헤드를 연결하는 구부림이 용이하고 유연성을 가진 배관을 말한다.

1.7.1.13 "급수배관"이란 수원 또는 송수구 등으로부터 소화설비에 급수하는 배관을 말한다.

1.7.1.14 "분기배관"이란 배관 측면에 구멍을 뚫어 둘 이상의 관로가 생기도록 가공한 배관으로서 다음의 분기배관을 말한다.

    (1) "확관형 분기배관"이란 배관의 측면에 조그만 구멍을 뚫고 소성가공으로 확관시켜 배관용접이음자리를 만들거나 배관 용접이음자리에 배관이음쇠를 용접 이음한 배관을 말한다.

    (2) "비확관형 분기배관"이란 배관의 측면에 분기호칭내경 이상의 구멍을 뚫고 배관이음쇠를 용접 이음한 배관을 말한다.

1.7.1.15 "습식유수검지장치"란 습식스프링클러설비 또는 부압식스프링클러설비에 설치되는 유수검지장치를 말한다.

1.7.1.16 "준비작동식유수검지장치"란 준비작동식스프링클러설비에 설치되는 유수검지장치를 말한다.

1.7.1.17 "반사판(디플렉터)"이란 스프링클러헤드의 방수구에서 유출되는 물을 세분시키는 작용을 하는 것을 말한다.

1.7.1.18 "개폐표시형밸브"란 밸브의 개폐여부를 외부에서 식별이 가능한 밸브를 말한다.

1.7.1.19 "캐비닛형 간이스프링클러설비"란 가압송수장치, 수조(「캐비닛형 간이스프링클러설비 성능인증 및 제품검사의 기술기준」에서 정하는 바에 따라 분리형으로 할 수 있다) 및 유수검지장치 등을 집적화하여 캐비닛 형태로 구성시킨 간이 형태의 스프링클러설비를 말한다.

1.7.1.20 "상수도직결형 간이스프링클러설비"란 수조를 사용하지 않고 상수도에 직접 연결하여 항상 기준 방수압 및 방수량 이상을 확보할 수 있는 설비를 말한다.

1.7.1.21 "정격토출량"이란 펌프의 정격부하운전 시 토출량으로서 정격토출압력에서의 토출량을 말한다.

1.7.1.22 "정격토출압력"이란 펌프의 정격부하운전 시 토출압력으로서 정격토출량에서의 토출 측 압력을 말한다.

1.7.1.23 "주택전용 간이스프링클러설비"란 「소방시설 설치 및 관리에 관한 법률 시행령」 별표4 제1호마목에 따라 연립주택 및 다세대주택에 설치하는 간이스프링클러설비를 말한다. 〈신설 2024.12.1.〉

2. 기술기준

2.1 수원

2.1.1 간이스프링클러설비의 수원은 다음의 기준과 같다.

2.1.1.1 상수도직결형의 경우에는 수돗물

2.1.1.2 수조("캐비닛형"을 포함한다)를 사용하고자 하는 경우에는 적어도 1개 이상의 자동급수장치를 갖추어야 하며, 2개의 간이헤드에서 최소 10분[영 별표 4 제1호마목2)가) 또는 6)과 8)에 해당하는 경우에는 5개의 간이헤드에서 최소 20분] 이상 방수할 수 있는 양 이상을 수조에 확보할 것

2.1.2 간이스프링클러설비의 수원을 수조로 설치하는 경우에는 소화설비의 전용수조로 해야 한다. 다만, 다음의 어느 하나에 해당하는 경우에는 그렇지 않다.

2.1.2.1 간이스프링클러설비용 펌프의 풋밸브 또는 흡수배관의 흡수구(수직회전축펌프의 흡수구를 포함한다. 이하 같다)를 다른 설비(소화용 설비 외의 것을 말한다. 이하 같다)의 풋밸브 또는 흡수구보다 낮은 위치에 설치한 때

2.1.2.2 2.2.3에 따른 고가수조로부터 소화설비의 수직배관에 물을 공급하는 급수구를 다른 설비의 급수구보다 낮은 위치에 설치한 때

2.1.3 2.1.1.2에 따른 저수량을 산정함에 있어서 다른 설비와 겸용하여 간이스프링클러설비용 수조를 설치하는 경우에는 간이스프링클러설비의 풋밸브·흡수구 또는 수직배관의 급수구와 다른 설비의 풋밸브·흡수구 또는 수직배관의 급수구와의 사이의 수량을 그 유효수량으로 한다.

2.1.4 간이스프링클러설비용 수조는 다음의 기준에 따라 설치해야 한다.

2.1.4.1 점검에 편리한 곳에 설치할 것

2.1.4.2 동결방지조치를 하거나 동결의 우려가 없는 장소에 설치할 것

2.1.4.3 수조의 외측에 수위계를 설치할 것. 다만, 구조상 불가피한 경우에는 수조의 맨홀 등을 통하여 수조 안의 물의 양을 쉽게 확인할 수 있도록 해야 한다.

2.1.4.4 수조의 상단이 바닥보다 높은 때에는 수조의 외측에 고정식 사다리를 설치할 것

2.1.4.5 수조가 실내에 설치된 때에는 그 실내에 조명설비를 설치할 것

2.1.4.6 수조의 밑 부분에는 청소용 배수밸브 또는 배수관을 설치할 것
2.1.4.7 수조 외측의 보기 쉬운 곳에 "간이스프링클러설비용 수조"라고 표시한 표지를 할 것. 이 경우 그 수조를 다른 설비와 겸용하는 때에는 그 겸용되는 설비의 이름을 표시한 표지를 함께 해야 한다.
2.1.4.8 소화설비용 펌프의 흡수배관 또는 소화설비의 수직배관과 수조의 접속부분에는 "간이스프링클러설비용 배관"이라고 표시한 표지를 할 것. 다만, 수조와 가까운 장소에 소화설비용 펌프가 설치되고 해당 펌프에 2.2.2.11 따른 표지를 설치한 때에는 그렇지 않다.

2.2 가압송수장치

2.2.1 방수압력(상수도직결형은 상수도압력)은 가장 먼 가지배관에서 2개[영 별표 4 제1호마목2)가) 또는 6)과 8)에 해당하는 경우에는 5개]의 간이헤드를 동시에 개방할 경우 각각의 간이헤드 선단 방수압력은 0.1MPa 이상, 방수량은 50L/min 이상이어야 한다. 다만, 2.3.1.7에 따른 주차장에 표준반응형스프링클러헤드를 사용할 경우 헤드 1개의 방수량은 80L/min 이상이어야 한다.
2.2.2 전동기 또는 내연기관에 따른 펌프를 이용하는 가압송수장치는 다음의 기준에 따라 설치해야 한다.
2.2.2.1 쉽게 접근할 수 있고 점검하기에 충분한 공간이 있는 장소로서 화재 및 침수 등의 재해로 인한 피해를 받을 우려가 없는 곳에 설치할 것
2.2.2.2 동결방지조치를 하거나 동결의 우려가 없는 장소에 설치할 것
2.2.2.3 펌프는 전용으로 할 것. 다만, 다른 소화설비와 겸용하는 경우 각각의 소화설비의 성능에 지장이 없을 때에는 그렇지 않다.
2.2.2.4 펌프의 토출 측에는 압력계를 체크밸브 이전에 펌프 토출 측 플랜지에서 가까운 곳에 설치하고, 흡입 측에는 연성계 또는 진공계를 설치할 것. 다만, 수원의 수위가 펌프의 위치보다 높거나 수직회전축펌프의 경우에는 연성계 또는 진공계를 설치하지 않을 수 있다.
2.2.2.5 펌프의 성능은 체절운전 시 정격토출압력의 140%를 초과하지 않고, 정격토출량의 150%로 운전 시 정격토출압력의 65% 이상이 되어야 하며, 펌프의 성능을 시험할 수 있는 성능시험배관을 설치할 것. 다만, 충압펌프의 경우에는 그렇지 않다.
2.2.2.6 가압송수장치에는 체절운전 시 수온의 상승을 방지하기 위한 순환배관을 설치할 것
2.2.2.7 기동장치로는 기동용수압개폐장치 또는 이와 동등 이상의 성능이 있는 것을 설치할 것
2.2.2.8 기동용수압개폐장치를 기동장치로 사용할 경우에는 다음의 기준에 따른 충압펌프를 설치할 것. 다만, 캐비닛형 간이스프링클러설비의 경우에는 그렇지 않다.
2.2.2.8.1 펌프의 토출압력은 그 설비의 최고위 살수장치의 자연압보다 적어도 0.2MPa이 더 크도록 하거나 가압송수장치의 정격토출압력과 같게 할 것
2.2.2.8.2 펌프의 정격토출량은 정상적인 누설량보다 적어서는 안 되며, 간이스프링클러설비가 자동적으로 작동할 수 있도록 충분한 토출량을 유지할 것
2.2.2.9 수원의 수위가 펌프보다 낮은 위치에 있는 가압송수장치에는 다음의 기준에 따른 물올림장치를 설치할 것. 다만, 캐비닛형 간이스프링클러설비의 경우에는 그렇지 않다.

2.2.2.9.1 물올림장치에는 전용의 수조를 설치할 것

2.2.2.9.2 수조의 유효수량은 100L 이상으로 하되, 구경 15mm 이상의 급수배관에 따라 해당 수조에 물이 계속 보급되도록 할 것

2.2.2.10 내연기관을 사용하는 경우에는 제어반에 따라 내연기관의 자동기동 및 수동기동이 가능하고, 상시 충전되어 있는 축전지설비를 갖출 것

2.2.2.11 가압송수장치에는 "간이스프링클러소화펌프"라고 표시한 표지를 할 것. 이 경우 그 가압송수장치를 다른 설비와 겸용하는 때에는 그 겸용되는 설비의 이름을 표시한 표지를 함께 해야 한다.

2.2.2.12 가압송수장치는 부식 등으로 인한 펌프의 고착을 방지할 수 있도록 다음의 기준에 적합한 것으로 할 것. 다만, 충압펌프는 제외한다.

2.2.2.12.1 임펠러는 청동 또는 스테인리스 등 부식에 강한 재질을 사용할 것

2.2.2.12.2 펌프축은 스테인리스 등 부식에 강한 재질을 사용할 것

2.2.3 고가수조의 자연낙차를 이용한 가압송수장치는 다음의 기준에 따라 설치해야 한다.

2.2.3.1 고가수조의 자연낙차수두(수조의 하단으로부터 최고층에 설치된 헤드까지의 수직거리를 말한다)는 다음의 식 (2.2.3.1)에 따라 산출한 수치 이상 유지되도록 할 것

$$H = h_1 + 10 \cdots\cdots\cdots\cdots\cdots\cdots\cdots\cdots\cdots\cdots\cdots\cdots\cdots (2.2.3.1)$$

여기에서 H : 필요한 낙차(m)

h_1 : 배관의 마찰손실수두(m)

2.2.3.2 고가수조에는 수위계·배수관·급수관·오버플로우관 및 맨홀을 설치할 것

2.2.4 압력수조를 이용한 가압송수장치는 다음의 기준에 따라 설치해야 한다.

2.2.4.1 압력수조의 압력은 다음의 식 (2.2.4.1)에 따라 산출한 수치 이상 유지되도록 할 것

$$P = p_1 + p_2 + 0.1 \cdots\cdots\cdots\cdots\cdots\cdots\cdots\cdots\cdots\cdots\cdots (2.2.4.1)$$

여기에서 P : 필요한 압력(MPa)

p_1 : 낙차의 환산수두압(MPa)

p_2 : 배관의 마찰손실수두압(MPa)

2.2.4.2 압력수조에는 수위계·급수관·배수관·급기관·맨홀·압력계·안전장치 및 압력저하 방지를 위한 자동식 공기압축기를 설치할 것

2.2.5 가압수조를 이용한 가압송수장치는 다음의 기준에 따라 설치해야 한다.

2.2.5.1 가압수조의 압력은 간이헤드 2개를 동시에 개방할 때 적정방수량 및 방수압이 10분[영 별표 4 제1호마목2)가) 또는 6)과 8)에 해당하는 경우에는 5개의 간이헤드에서 최소 20분] 이상 유지되도록 할 것

2.2.5.2 가압수조를 이용한 가압송수장치는 소방청장이 정하여 고시한 「가압수조식가압송수장치의 성능인증 및 제품검사의 기술기준」에 적합한 것으로 설치할 것

2.2.6 캐비닛형 간이스프링클러설비를 사용할 경우 소방청장이 정하여 고시한 「캐비닛형 간이스프링클러설비의 성능인증 및 제품검사의 기술기준」에 적합한 것으로 설치해야 한다.

2.2.7 영 별표 4 제1호마목2)가) 또는 6)과 8)에 해당하는 특정소방대상물의 경우에는 상수도직결형 및 캐비닛형 간이스프링클러설비를 제외한 가압송수장치를 설치해야 한다.

2.3 간이스프링클러설비의 방호구역 및 유수검지장치

2.3.1 간이스프링클러설비의 방호구역(간이스프링클러설비의 소화범위에 포함된 영역을 말한다. 이하 같다) 및 유수검지장치는 다음의 기준에 적합해야 한다. 다만, 캐비닛형의 경우에는 2.3.1.3의 기준에 적합해야 한다.

2.3.1.1 하나의 방호구역의 바닥면적은 1,000m²를 초과하지 않을 것

2.3.1.2 하나의 방호구역에는 1개 이상의 유수검지장치를 설치하되, 화재 시 접근이 쉽고 점검하기 편리한 장소에 설치할 것

2.3.1.3 하나의 방호구역은 2개 층에 미치지 않도록 할 것. 다만, 1개 층에 설치되는 간이헤드의 수가 10개 이하인 경우에는 3개 층 이내로 할 수 있다.

2.3.1.4 유수검지장치는 실내에 설치하거나 보호용 철망 등으로 구획하여 바닥으로부터 0.8m 이상 1.5m 이하의 위치에 설치하되, 그 실 등에는 가로 0.5m 이상 세로 1m 이상의 개구부로서 그 개구부에는 출입문을 설치하고 그 출입문 상단에 "유수검지장치실"이라고 표시한 표지를 설치할 것. 다만, 유수검지장치를 기계실(공조용기계실을 포함한다)안에 설치하는 경우에는 별도의 실 또는 보호용 철망을 설치하지 않고 기계실 출입문 상단에 "유수검지장치실"이라고 표시한 표지를 설치할 수 있다.

2.3.1.5 간이헤드에 공급되는 물은 유수검지장치를 지나도록 할 것. 다만, 송수구를 통하여 공급되는 물은 그렇지 않다.

2.3.1.6 자연낙차에 따른 압력수가 흐르는 배관 상에 설치된 유수검지장치는 화재 시 물의 흐름을 검지할 수 있는 최소한의 압력이 얻어질 수 있도록 수조의 하단으로부터 낙차를 두어 설치할 것

2.3.1.7 간이스프링클러설비가 설치되는 특정소방대상물에 부설된 주차장부분(영 별표 4 제1호바목에 해당하지 않는 부분에 한한다)에는 습식 외의 방식으로 해야 한다. 다만, 동결의 우려가 없거나 동결을 방지할 수 있는 구조 또는 장치가 된 곳은 그렇지 않다.

2.4 제어반

2.4.1 간이스프링클러설비에는 다음의 어느 하나의 기준에 따른 제어반을 설치해야 한다. 다만, 캐비닛형 간이스프링클러설비의 경우에는 그렇지 않다.

2.4.1.1 상수도 직결형의 경우에는 급수배관에 설치되어 급수를 차단할 수 있는 개폐밸브(2.5.16.1.2의 급수차단장치를 포함한다) 및 유수검지장치의 작동상태를 확인할 수 있어야 하며, 예비전원이 확보되고 예비전원의 적합여부를 시험할 수 있어야 할 것

2.4.1.2 상수도 직결형을 제외한 방식의 것에 있어서는 「스프링클러설비의 화재안전기술기준(NFTC 103)」의 2.10(제어반)을 준용할 것

2.5 배관 및 밸브

2.5.1 배관과 배관이음쇠는 다음의 어느 하나에 해당하는 것 또는 동등 이상의 강도·내식성 및 내열성

등을 국내·외 공인기관으로부터 인정받은 것을 사용해야 하고, 배관용 스테인리스 강관(KS D 3576)의 이음을 용접으로 할 경우에는 텅스텐 불활성 가스 아크 용접(Tungsten Inertgas Arc Welding)방식에 따른다. 다만, 상수도직결형 간이스프링클러설비에 사용하는 배관 및 밸브는「수도법」제14조(수도용 자재와 제품의 인증 등)에 적합한 제품을 사용해야 한다. 또한, 2.5에서 정하지 않은 사항은「건설기술 진흥법」제44조제1항의 규정에 따른 "건설기준"에 따른다.

2.5.1.1 배관 내 사용압력이 1.2MPa 미만일 경우에는 다음의 어느 하나에 해당하는 것
(1) 배관용 탄소 강관(KS D 3507)
(2) 이음매 없는 구리 및 구리합금관(KS D 5301). 다만, 습식의 배관에 한한다.
(3) 배관용 스테인리스 강관(KS D 3576) 또는 일반배관용 스테인리스 강관(KS D 3595)
(4) 덕타일 주철관(KS D 4311)

2.5.1.2 배관 내 사용압력이 1.2MPa 이상일 경우에는 다음의 어느 하나에 해당하는 것
(1) 압력 배관용 탄소 강관(KS D 3562)
(2) 배관용 아크용접 탄소강 강관(KS D 3583)

2.5.2 2.5.1에도 불구하고 다음의 어느 하나에 해당하는 장소에는 소방청장이 정하여 고시한「소방용 합성수지배관의 성능인증 및 제품검사의 기술기준」에 적합한 소방용 합성수지배관으로 설치할 수 있다.

2.5.2.1 배관을 지하에 매설하는 경우

2.5.2.2 다른 부분과 내화구조로 구획된 덕트 또는 피트의 내부에 설치하는 경우

2.5.2.3 천장(상층이 있는 경우에는 상층바닥의 하단을 포함한다. 이하 같다)과 반자를 불연재료 또는 준불연 재료로 설치하고 소화배관 내부에 항상 소화수가 채워진 상태로 설치하는 경우

2.5.3 급수배관은 다음의 기준에 따라 설치해야 한다.

2.5.3.1 전용으로 할 것. 다만, 상수도직결형의 경우에는 수도배관 호칭지름 32mm 이상의 배관이어야 하고, 간이헤드가 개방될 경우에는 유수신호 작동과 동시에 다른 용도로 사용하는 배관의 송수를 자동 차단할 수 있도록 해야 하며, 배관과 연결되는 이음쇠 등의 부속품은 물이 고이는 현상을 방지하는 조치를 해야 한다.

2.5.3.2 급수배관에 설치되어 급수를 차단할 수 있는 개폐밸브는 개폐표시형으로 할 것. 이 경우 펌프의 흡입 측 배관에는 버터플라이밸브 외의 개폐표시형밸브를 설치해야 한다.

2.5.3.3 배관의 구경은 2.2.1에 적합하도록 수리계산에 의하거나 표 2.5.3.3의 기준에 따라 설치할 것. 다만, 수리계산에 따르는 경우 가지배관의 유속은 6m/s, 그 밖의 배관의 유속은 10m/s를 초과할 수 없다.

표 2.5.3.3 간이헤드 수별 급수관의 구경

(단위 : mm)

급수관의 구경 구분	25	32	40	50	65	80	100	125	150
가	2	3	5	10	30	60	100	160	161 이상
나	2	4	7	15	30	60	100	160	161 이상

[비고] 1. 폐쇄형스프링클러헤드를 사용하는 설비의 경우로서 1개 층에 하나의 급수배관(또는 밸브 등)이 담당하는 구역의 최대면적은 1,000m²를 초과하지 않을 것
2. 폐쇄형간이헤드를 설치하는 경우에는 "가"란의 헤드수에 따를 것
3. 폐쇄형간이헤드를 설치하고 반자 아래의 헤드와 반자 속의 헤드를 동일 급수관의 가지관상에 병설하는 경우에는 "나"란의 헤드수에 따를 것
4. "캐비닛형" 및 "상수도직결형"을 사용하는 경우 주배관은 32mm, 수평주행배관은 32mm, 가지배관은 25mm 이상으로 할 것. 이 경우 최장배관은 2.2.6에 따라 인정받은 길이로 하며 하나의 가지배관에는 간이헤드를 3개 이내로 설치해야 한다.

2.5.4 펌프의 흡입 측 배관은 다음의 기준에 따라 설치해야 한다.

2.5.4.1 공기 고임이 생기지 않는 구조로 하고 여과장치를 설치할 것

2.5.4.2 수조가 펌프보다 낮게 설치된 경우에는 각 펌프(충압펌프를 포함한다)마다 수조로부터 별도로 설치할 것

2.5.5 〈삭제 2024.7.1.〉

2.5.6 펌프의 성능시험배관은 다음의 기준에 적합하도록 설치해야 한다.

2.5.6.1 성능시험배관은 펌프의 토출 측에 설치된 개폐밸브 이전에서 분기하여 직선으로 설치하고, 유량측정장치를 기준으로 전단 직관부에는 개폐밸브를 후단 직관부에는 유량조절밸브를 설치할 것. 이 경우 개폐밸브와 유량측정장치 사이의 직관부 거리 및 유량측정장치와 유량조절밸브 사이의 직관부 거리는 해당 유량측정장치 제조사의 설치사양에 따르고, 성능시험배관의 호칭지름은 유량측정장치의 호칭지름에 따른다.

2.5.6.2 유량측정장치는 펌프의 정격토출량의 175% 이상까지 측정할 수 있는 성능이 있을 것

2.5.7 가압송수장치의 체절운전 시 수온의 상승을 방지하기 위하여 체크밸브와 펌프사이에서 분기한 구경 20mm 이상의 배관에 체절압력 미만에서 개방되는 릴리프밸브를 설치할 것

2.5.8 배관은 동결방지조치를 하거나 동결의 우려가 없는 장소에 설치해야 한다. 다만, 보온재를 사용할 경우에는 난연재료 성능 이상의 것으로 해야 한다.

2.5.9 가지배관의 배열은 다음의 기준에 따른다.

2.5.9.1 토너먼트(Tournament) 배관방식이 아닐 것

2.5.9.2 교차배관에서 분기되는 지점을 기점으로 한쪽 가지배관에 설치되는 헤드의 개수(반자 아래와 반자속의 헤드를 하나의 가지배관 상에 병설하는 경우에는 반자 아래에 설치하는 헤드의 개수)는 8개 이하로 할 것. 다만, 다음의 어느 하나에 해당하는 경우에는 그렇지 않다.

2.5.9.2.1 기존의 방호구역 안에서 칸막이 등으로 구획하여 1개의 헤드를 증설하는 경우
2.5.9.2.2 격자형 배관방식(2 이상의 수평주행배관 사이를 가지배관으로 연결하는 방식을 말한다)을 채택하는 때에는 펌프의 용량, 배관의 구경 등을 수리학적으로 계산한 결과 헤드의 방수압 및 방수량이 소화목적을 달성하는 데 충분하다고 인정되는 경우
2.5.9.3 가지배관과 헤드 사이의 배관을 신축배관으로 하는 경우에는 소방청장이 정하여 고시한 「스프링클러설비신축배관의 성능인증 및 제품검사의 기술기준」에 적합한 것으로 설치할 것. 이 경우 신축배관의 설치길이는 「스프링클러설비의 화재안전기술기준(NFTC 103)」의 2.7.3의 거리를 초과하지 않아야 한다.
2.5.10 가지배관에 하향식간이헤드를 설치하는 경우에 가지배관으로부터 간이헤드에 이르는 헤드접속배관은 가지배관 상부에서 분기해야 한다. 다만, 소화설비용 수원의 수질이 「먹는물관리법」 제5조에 따라 먹는물의 수질기준에 적합하고 덮개가 있는 저수조로부터 물을 공급받는 경우에는 가지배관의 측면 또는 하부에서 분기할 수 있다.
2.5.11 준비작동식유수검지장치를 사용하는 간이스프링클러설비에 있어서 유수검지장치 2차 측 배관의 부대설비는 다음의 기준에 따른다.
2.5.11.1 개폐표시형밸브를 설치할 것
2.5.11.2 2.5.11.1에 따른 밸브와 준비작동식유수검지장치 사이의 배관은 다음의 기준과 같은 구조로 할 것
2.5.11.2.1 수직배수배관과 연결하고 동 연결배관상에는 개폐밸브를 설치할 것
2.5.11.2.2 자동배수장치 및 압력스위치를 설치할 것
2.5.11.2.3 2.5.11.2.2에 따른 압력스위치는 수신부에서 준비작동식유수검지장치의 개방여부를 확인할 수 있게 설치할 것
2.5.12 간이스프링클러설비에는 유수검지장치를 시험할 수 있는 시험장치를 다음의 기준에 따라 설치해야 한다. 다만, 준비작동식유수검지장치를 설치하는 경우에는 그렇지 않다.
2.5.12.1 펌프(캐비닛형 제외)를 가압송수장치로 사용하는 경우 유수검지장치 2차 측 배관에 연결하여 설치하고, 펌프 외의 가압송수장치를 사용하는 경우 유수검지장치에서 가장 먼 거리에 위치한 가지배관의 끝으로부터 연결하여 설치할 것
2.5.12.2 시험장치배관의 구경은 25mm 이상으로 하고, 그 끝에 개폐밸브 및 개방형간이헤드 또는 간이스프링클러헤드와 동등한 방수성능을 가진 오리피스를 설치할 것. 이 경우 개방형간이헤드는 반사판 및 프레임을 제거한 오리피스만으로 설치할 수 있다.
2.5.12.3 시험배관의 끝에는 물받이 통 및 배수관을 설치하여 시험 중 방사된 물이 바닥에 흘러내리지 않도록 할 것. 다만, 목욕실·화장실 또는 그 밖의 곳으로서 배수처리가 쉬운 장소에 시험배관을 설치한 경우에는 그렇지 않다.
2.5.13 배관에 설치되는 행거는 다음의 기준에 따라 설치해야 한다.
2.5.13.1 가지배관에는 헤드의 설치지점 사이마다 1개 이상의 행거를 설치하되, 헤드간의 거리가 3.5m를 초과하는 경우에는 3.5m 이내마다 1개 이상 설치할 것. 이 경우 상향식헤드와 행거 사이에는 8cm 이상의 간격을 두어야 한다.

2.5.13.2 교차배관에는 가지배관과 가지배관 사이마다 1개 이상의 행거를 설치하되, 가지배관 사이의 거리가 4.5m를 초과하는 경우에는 4.5m 이내마다 1개 이상 설치할 것
2.5.13.3 2.5.13.1 및 2.5.13.2의 수평주행배관에는 4.5m 이내마다 1개 이상 설치할 것
2.5.14 급수배관에 설치되어 급수를 차단할 수 있는 개폐밸브에는 그 밸브의 개폐상태를 감시제어반에서 확인할 수 있도록 급수개폐밸브 작동표시 스위치를 다음의 기준에 따라 설치해야 한다.
2.5.14.1 급수개폐밸브가 잠길 경우 탬퍼스위치의 동작으로 인하여 감시제어반 또는 수신기에 표시되어야 하며 경보음을 발할 것
2.5.14.2 탬퍼스위치는 감시제어반 또는 수신기에서 동작의 유무 확인과 동작시험, 도통시험을 할 수 있을 것
2.5.14.3 급수개폐밸브의 작동표시 스위치에 사용되는 전기배선은 내화전선 또는 내열전선으로 설치할 것
2.5.15 간이스프링클러설비 배관의 배수를 위한 기울기는 수평으로 할 것. 다만, 배관의 구조상 소화수가 남아 있는 곳에는 배수밸브를 설치해야 한다.
2.5.16 간이스프링클러설비의 배관 및 밸브 등의 순서는 다음의 기준에 따라 설치해야 한다.
2.5.16.1 상수도직결형은 다음의 기준에 따라 설치할 것
2.5.16.1.1 수도용계량기, 급수차단장치, 개폐표시형밸브, 체크밸브, 압력계, 유수검지장치(압력스위치 등 유수검지장치와 동등 이상의 기능과 성능이 있는 것을 포함한다. 이하 같다), 2개의 시험밸브의 순으로 설치할 것
2.5.16.1.2 간이스프링클러설비 이외의 배관에는 화재 시 배관을 차단할 수 있는 급수차단장치를 설치할 것
2.5.16.2 펌프 등의 가압송수장치를 이용하여 배관 및 밸브 등을 설치하는 경우에는 수원, 연성계 또는 진공계(수원이 펌프보다 높은 경우를 제외한다. 이하 같다), 펌프 또는 압력수조, 압력계, 체크밸브, 성능시험배관, 개폐표시형밸브, 유수검지장치, 시험밸브의 순으로 설치할 것
2.5.16.3 가압수조를 가압송수장치로 이용하여 배관 및 밸브 등을 설치하는 경우에는 수원, 가압수조, 압력계, 체크밸브, 성능시험배관, 개폐표시형밸브, 유수검지장치, 2개의 시험밸브의 순으로 설치할 것
2.5.16.4 캐비닛형의 가압송수장치에 배관 및 밸브 등을 설치하는 경우에는 수원, 연성계 또는 진공계(수원이 펌프보다 높은 경우를 제외한다. 이하 같다), 펌프 또는 압력수조, 압력계, 체크밸브, 개폐표시형밸브, 2개의 시험밸브의 순으로 설치할 것. 다만, 소화용수의 공급은 상수도와 직결된 바이패스관 또는 펌프에서 공급받아야 한다.
2.5.17 배관은 다른 설비의 배관과 쉽게 구분이 될 수 있는 위치에 설치하거나, 그 배관표면 또는 배관 보온재표면의 색상은 「한국산업표준(배관계의 식별 표시, KS A 0503)」 또는 적색으로 식별이 가능하도록 소방용설비의 배관임을 표시해야 한다.
2.5.18 확관형 분기배관을 사용할 경우에는 소방청장이 정하여 고시한 「분기배관의 성능인증 및 제품검사의 기술기준」에 적합한 것으로 설치해야 한다.

2.6 간이헤드

2.6.1 간이헤드는 다음의 기준에 적합한 것을 사용해야 한다.

2.6.1.1 폐쇄형간이헤드를 사용할 것

2.6.1.2 간이헤드의 작동온도는 실내의 최대 주위 천장온도가 0℃ 이상 38℃ 이하인 경우 공칭작동온도가 57℃에서 77℃의 것을 사용하고, 39℃ 이상 66℃ 이하인 경우에는 공칭작동온도가 79℃에서 109℃의 것을 사용할 것

2.6.1.3 간이헤드를 설치하는 천장·반자·천장과 반자 사이·덕트·선반 등의 각 부분으로부터 간이헤드까지의 수평거리는 2.3m(「스프링클러헤드의 형식승인 및 제품검사의 기술기준」에 따른 유효살수반경의 것으로 한다) 이하가 되도록 해야 한다. 다만, 성능이 별도로 인정된 간이헤드를 수리계산에 따라 설치하는 경우에는 그렇지 않다.

2.6.1.4 상향식간이헤드 또는 하향식간이헤드의 경우에는 간이헤드의 디플렉터에서 천장 또는 반자까지의 거리는 25mm에서 102mm 이내가 되도록 설치해야 하며, 측벽형간이헤드의 경우에는 102mm에서 152mm사이에 설치할 것 다만, 플러쉬 스프링클러헤드의 경우에는 천장 또는 반자까지의 거리를 102mm 이하가 되도록 설치할 수 있다.

2.6.1.5 간이헤드는 천장 또는 반자의 경사·보·조명장치 등에 따라 살수장애의 영향을 받지 않도록 설치할 것

2.6.1.6 2.6.1.4의 규정에도 불구하고 특정소방대상물의 보와 가장 가까운 간이헤드는 다음 표 2.6.1.6의 기준에 따라 설치할 것. 다만, 천장면에서 보의 하단까지의 길이가 55cm를 초과하고 보의 하단 측면 끝부분으로부터 간이헤드까지의 거리가 간이헤드 상호간 거리의 2분의 1 이하가 되는 경우에는 간이헤드와 그 부착면과의 거리를 55cm 이하로 할 수 있다.

표 2.6.1.6 보의 수평거리에 따른 간이스프링클러헤드의 수직거리

간이헤드 반사판 중심과 보의 수평거리	간이헤드 반사판 높이와 보의 하단 높이의 수직거리
0.75m 미만	보의 하단보다 낮을 것
0.75m 이상 1m 미만	0.1m 미만일 것
1m 이상 1.5m 미만	0.15m 미만일 것
1.5m 이상	0.3m 미만일 것

2.6.1.7 상향식간이헤드 아래에 설치되는 하향식간이헤드에는 상향식간이헤드의 방출수를 차단할 수 있는 유효한 차폐판을 설치할 것

2.6.1.8 간이스프링클러설비를 설치해야 할 특정소방대상물에 있어서는 간이헤드 설치 제외에 관한 사항은 「스프링클러설비의 화재안전기술기준(NFTC 103)」 2.12.1을 준용한다.

2.6.1.9 2.3.1.7에 따른 주차장에는 표준반응형스프링클러헤드를 설치해야 하며 설치기준은 「스프링클러설비의 화재안전기술기준(NFTC 103)」 2.7(헤드)을 준용한다.

2.7 음향장치 및 기동장치

2.7.1 간이스프링클러설비의 음향장치 및 기동장치는 다음의 기준에 따라 설치해야 한다.

2.7.1.1 습식유수검지장치를 사용하는 설비에 있어서는 간이헤드가 개방되면 유수검지장치가 화재신호를 발신하고 그에 따라 음향장치가 경보되도록 할 것

2.7.1.2 음향장치는 습식유수검지장치의 담당구역마다 설치하되 그 구역의 각 부분으로부터 하나의 음향장치까지의 수평거리는 25m 이하가 되도록 할 것

2.7.1.3 음향장치는 경종 또는 사이렌(전자식 사이렌을 포함한다)으로 하되, 주위의 소음 및 다른 용도의 경보와 구별이 가능한 음색으로 할 것. 이 경우 경종 또는 사이렌은 자동화재탐지설비·비상벨설비 또는 자동식사이렌설비의 음향장치와 겸용할 수 있다.

2.7.1.4 주음향장치는 수신기의 내부 또는 그 직근에 설치할 것

2.7.1.5 층수가 11층(공동주택의 경우에는 16층) 이상의 특정소방대상물 또는 그 부분에 있어서는 2층 이상의 층에서 발화한 때에는 발화층 및 그 직상 4개층에 한하여, 1층에서 발화한 때에는 발화층·그 직상 4개층 및 지하층에 한하여, 지하층에서 발화한 때에는 발화층·그 직상층 및 기타의 지하층에 한하여 경보를 발할 수 있도록 할 것

2.7.1.6 음향장치는 다음의 기준에 따른 구조 및 성능의 것으로 할 것

2.7.1.6.1 정격전압의 80% 전압에서 음향을 발할 수 있는 것으로 할 것

2.7.1.6.2 음향의 크기는 부착된 음향장치의 중심으로부터 1m 떨어진 위치에서 90dB 이상이 되는 것으로 할 것

2.7.2 간이스프링클러설비의 가압송수장치로서 펌프가 설치되는 경우에는 그 펌프의 작동은 다음의 어느 하나의 기준에 적합해야 한다.

2.7.2.1 습식유수검지장치를 사용하는 설비에 있어서는 동장치의 발신이나 기동용수압개폐장치에 따라 작동되거나 또는 이 두 가지의 혼용에 따라 작동될 수 있도록 할 것

2.7.2.2 준비작동식유수검지장치를 사용하는 설비에 있어서는 화재감지기의 화재감지나 기동용수압개폐장치에 따라 작동되거나 또는 이 두 가지의 혼용에 따라 작동될 수 있도록 할 것

2.7.3 준비작동식유수검지장치의 작동기준은 「스프링클러설비의 화재안전기술기준(NFTC 103)」 2.6.3을 준용한다.

2.7.4 2.7.1부터 2.7.3의 배선(감지기 상호간의 배선은 제외한다)은 내화배선 또는 내열배선으로 하며 전선의 종류 및 설치방법은 「옥내소화전설비의 화재안전기술기준(NFTC 102)」 2.7.2의 표 2.7.2(1) 또는 표 2.7.2(2)에 따르되, 다른 배선과 공유하는 회로방식이 되지 않도록 해야 한다. 다만, 음향장치의 작동에 지장을 주지 않는 회로방식의 경우에는 그렇지 않다.

2.8 송수구

2.8.1 간이스프링클러설비에는 소방차로부터 그 설비에 송수할 수 있는 송수구를 다음의 기준에 따라 설치해야 한다. 다만, 다중이용업소의 안전관리에 관한 특별법 제9조제1항 및 특별법령 제9조에 해당하는 영업장(건축물 전체가 하나의 영업장일 경우는 제외)에 설치되는 상수도직결형 또는 캐비닛형의 경우에는 송수구를 설치하지 않을 수 있다.

2.8.1.1 소방차가 쉽게 접근할 수 있고 잘 보이는 장소에 설치하고, 화재층으로부터 지면으로 떨어지는 유리창 등이 송수 및 그 밖의 소화작업에 지장을 주지 않는 장소에 설치할 것

2.8.1.2 송수구로부터 간이스프링클러설비의 주배관에 이르는 연결배관에 개폐밸브를 설치한 때에는 그 개폐상태를 쉽게 확인 및 조작할 수 있는 옥외 또는 기계실 등의 장소에 설치할 것

2.8.1.3 송수구는 구경 65mm의 쌍구형 또는 단구형으로 할 것. 이 경우 송수배관의 안지름은 40mm 이상으로 해야 한다.

2.8.1.4 지면으로부터 높이가 0.5m 이상 1m 이하의 위치에 설치할 것

2.8.1.5 송수구의 부근에는 자동배수밸브(또는 직경 5mm의 배수공) 및 체크밸브를 다음의 기준에 따라 설치할 것. 이 경우 자동배수밸브는 배관안의 물이 잘 빠질 수 있는 위치에 설치하되, 배수로 인하여 다른 물건이나 장소에 피해를 주지 않아야 한다.

2.8.1.6 송수구에는 이물질을 막기 위한 마개를 씌울 것

2.9 비상전원

2.9.1 간이스프링클러설비에는 다음의 기준에 적합한 비상전원 또는 「소방시설용 비상전원수전설비의 화재안전기술기준(NFTC 602)」의 규정에 따른 비상전원수전설비를 설치해야 한다. 다만, 무전원으로 작동되는 간이스프링클러설비의 경우에는 모든 기능이 10분[영 별표 4 제1호마목2)가) 또는 6)과 8)에 해당하는 경우에는 20분] 이상 유효하게 지속될 수 있는 구조를 갖추어야 한다.

2.9.1.1 간이스프링클러설비를 유효하게 10분[영 별표 4 제1호마목2)가) 또는 6)과 8)에 해당하는 경우에는 20분] 이상 작동할 수 있도록 할 것

2.9.1.2 상용전원으로부터 전력의 공급이 중단된 때에는 자동으로 비상전원으로부터 전원을 공급받을 수 있는 구조로 할 것

2.10 수원 및 가압송수장치의 펌프 등의 겸용

2.10.1 간이스프링클러설비의 수원을 옥내소화전설비·스프링클러설비·화재조기진압용 스프링클러설비·물분무소화설비·포소화전설비 및 옥외소화전설비의 수원을 겸용하여 설치하는 경우의 저수량은 각 소화설비에 필요한 저수량을 합한 양 이상이 되도록 해야 한다. 다만, 이들 소화설비 중 고정식 소화설비(펌프·배관과 소화수 또는 소화약제를 최종 방출하는 방출구가 고정된 설비를 말한다. 이하 같다)가 2 이상 설치되어 있고, 그 소화설비가 설치된 부분이 방화벽과 방화문으로 구획되어 있는 경우에는 각 고정식 소화설비에 필요한 저수량 중 최대의 것 이상으로 할 수 있다.

2.10.2 간이스프링클러설비의 가압송수장치로 사용하는 펌프를 옥내소화전설비·스프링클러설비·화재조기진압용 스프링클러설비·물분무소화설비·포소화설비 및 옥외소화전설비의 가압송수장치와 겸용하여 설치하는 경우의 펌프의 토출량은 각 소화설비에 해당하는 토출량을 합한 양 이상이 되도록 해야 한다. 다만, 이들 소화설비 중 고정식 소화설비가 2 이상 설치되어 있고, 그 소화설비가 설치된 부분이 방화벽과 방화문으로 구획되어 있으며 각 소화설비에 지장이 없는 경우에는 펌프의 토출량 중 최대의 것 이상으로 할 수 있다.

2.10.3 옥내소화전설비·스프링클러설비·간이스프링클러설비·화재조기진압용 스프링클러설비·물분무소화설비·포소화설비 및 옥외소화전설비의 가압송수장치에 있어서 각 토출 측 배관과

일반급수용의 가압송수장치의 토출 측 배관을 상호 연결하여 화재 시 사용할 수 있다. 이 경우 연결배관에는 개폐표시형밸브를 설치해야 하며, 각 소화설비의 성능에 지장이 없도록 해야 한다.

2.10.4 간이스프링클러설비의 송수구를 옥내소화전설비·스프링클러설비·화재조기진압용 스프링클러설비·물분무소화설비·포소화설비 또는 연결살수설비의 송수구와 겸용으로 설치하는 경우에는 스프링클러설비의 송수구의 설치기준에 따르되 각각의 소화설비의 기능에 지장이 없도록 해야 한다.

2.11 주택전용 간이스프링클러설비 〈신설 2024.12.1.〉

2.11.1 주택전용 간이스프링클러설비는 다음 기준에 따라 설치한다. 다만, 본 공고에 따른 주택전용 간이스프링클러설비가 아닌 간이스프링클러설비를 설치하는 경우에는 그렇지 않다. 〈신설 2024.12.1.〉

2.11.1.1 상수도에 직접 연결하는 방식으로 수도용 계량기 이후에서 분기하여 수도용 역류방지밸브, 개폐표시형밸브, 세대별 개폐밸브 및 간이헤드의 순으로 설치할 것. 이 경우 개폐표시형밸브와 세대별 개폐밸브는 그 설치위치를 쉽게 식별할 수 있는 표시를 해야 한다. 〈신설 2024.12.1.〉

2.11.1.2 방수압력과 방수량은 2.2.1에 따를 것 〈신설 2024.12.1.〉

2.11.1.3 배관은 2.5에 따라 설치할 것. 다만, 세대 내 배관은 2.5.2에 따른 소방용 합성수지배관으로 설치할 수 있다. 〈신설 2024.12.1.〉

2.11.1.4 간이헤드와 송수구는 2.6 및 2.8에 따라 설치할 것 〈신설 2024.12.1.〉

2.11.1.5 주택전용 간이스프링클러설비에는 가압송수장치, 유수검지장치, 제어반, 음향장치, 기동장치 및 비상전원은 적용하지 않을 수 있다. 〈신설 2024.12.1.〉

CHAPTER 03 건설현장의 화재안전성능기준 (NFPC 606)

[시행 2023. 7. 1.] [소방청고시 제2023-23호, 2023. 6. 28., 전부개정]

제1조(목적)

이 고시는 「소방시설 설치 및 관리에 관한 법률」 제15조제4항에 따른 임시소방시설의 설치 및 관리 기준과 「소방시설 설치 및 관리에 관한 법률 시행령」 별표 8 제1호에 따른 임시소방시설의 성능을 정하고, 「화재의 예방 및 안전관리에 관한 법률」 제29조제2항제7호에 따라 소방안전관리자의 업무를 규정함을 목적으로 한다.

제2조(정의)

이 고시에서 사용하는 용어의 정의는 다음과 같다.

1. "임시소방시설"이란 「소방시설 설치 및 관리에 관한 법률」 제15조제1항에 따른 설치 및 철거가 쉬운 화재대비시설을 말한다.
2. "소화기"란 「소화기구 및 자동소화장치의 화재안전성능기준(NFPC101)」 제3조제2호에서 정의하는 소화기를 말한다.
3. "간이소화장치"란 건설현장에서 화재발생 시 신속한 화재 진압이 가능하도록 물을 방수하는 형태의 소화장치를 말한다.
4. "비상경보장치"란 발신기, 경종, 표시등 및 시각경보장치가 결합된 형태의 것으로서 화재위험작업 공간 등에서 수동조작에 의해서 화재경보상황을 알려줄 수 있는 비상벨 장치를 말한다.
5. "가스누설경보기"란 건설현장에서 발생하는 가연성가스를 탐지하여 경보하는 장치를 말한다.
6. "간이피난유도선"이란 화재발생 시 작업자의 피난을 유도할 수 있는 케이블형태의 장치를 말한다.
7. "비상조명등"이란 화재발생 시 안전하고 원활한 피난활동을 할 수 있도록 계단실 내부에 설치되어 자동 점등되는 조명등을 말한다.
8. "방화포"란 건설현장 내 용접ㆍ용단 등의 작업 시 발생하는 금속성 불티로부터 가연물이 점화되는 것을 방지해주는 차단막을 말한다.

제3조(적용범위)

이 고시는 「소방시설 설치 및 관리에 관한 법률 시행령」(이하 "영"이라 한다) 제18조제2항 별표 8 제1호에 따른 임시소방시설의 설치 및 관리에 대해 적용한다.

제4조(다른 화재안전성능기준과의 관계)

건설현장의 임시소방시설 설치 및 관리와 관련하여 이 기준에서 정하지 않은 사항은 개별 화재안전성능기준을 따른다.

제5조(소화기의 성능 및 설치기준)

소화기의 성능 및 설치기준은 다음 각 호와 같다.

1. 소화기의 소화약제는 「소화기구 및 자동소화장치의 화재안전성능기준(NFPC101)」 제4조제1호에 따른 적응성이 있는 것을 설치해야 한다.
2. 각 층 계단실마다 계단실 출입구 부근에 능력단위 3단위 이상인 소화기 2개 이상을 설치하고, 영 제18조제1항에 해당하는 작업을 하는 경우 작업종료 시까지 작업지점으로부터 5미터 이내의 쉽게 보이는 장소에 능력단위 3단위 이상인 소화기 2개 이상과 대형소화기 1개 이상을 추가 배치해야 한다.
3. "소화기"라고 표시한 축광식 표지를 소화기 설치장소 보기 쉬운 곳에 부착하여야 한다.

제6조(간이소화장치의 성능 및 설치기준)

간이소화장치의 성능 및 설치기준은 다음 각 호와 같다.

1. 20분 이상의 소화수를 공급할 수 있는 수원을 확보해야 한다.
2. 소화수의 방수압력은 0.1메가파스칼 이상, 방수량은 분당 65리터 이상이어야 한다.
3. 영 제18조제1항에 해당하는 작업을 하는 경우 작업종료 시까지 작업지점으로부터 25미터 이내에 배치하여 즉시 사용이 가능하도록 해야 한다.
4. 간이소화장치는 소방청장이 정하여 고시한 「간이소화장치의 성능인증 및 제품검사의 기술기준」에 적합한 것으로 해야 한다.
5. 영 제18조제2항 별표 8 제3호가목에 따라 당해 특정소방대상물에 설치되는 다음 각 목의 소방시설을 사용승인 전이라도 「소방시설공사업법」 제14조에 따른 완공검사(이하 "완공검사"라 한다)를 받아 사용할 수 있게 된 경우 간이소화장치를 배치하지 않을 수 있다.
   가. 옥내소화전설비
   나. 연결송수관설비와 연결송수관설비의 방수구 인근에 대형소화기를 6개 이상 배치한 경우

제7조(비상경보장치의 성능 및 설치기준)

비상경보장치의 성능 및 설치기준은 다음 각 호와 같다.

1. 피난층 또는 지상으로 통하는 각 층 직통계단의 출입구마다 설치해야 한다.
2. 발신기를 누를 경우 해당 발신기와 결합된 경종이 작동해야 한다. 이 경우 다른 장소에 설치된 경종도 함께 연동하여 작동되도록 설치할 수 있다.
3. 경종의 음량은 부착된 음향장치의 중심으로부터 1미터 떨어진 위치에서 100데시벨 이상이 되는 것으로 설치해야 한다.
4. 발신기의 위치표시등은 함의 상부에 설치하되, 그 불빛은 부착면으로부터 15도 이상의 범위 안에서 부착지점으로부터 10미터 이내의 어느 곳에서도 쉽게 식별할 수 있는 적색등으로 할 것
5. 시각경보장치는 발신기함 상부에 위치하도록 설치하되 바닥으로부터 2미터 이상 2.5미터 이하의 높이에 설치하여 건설현장의 각 부분에 유효하게 경보할 수 있도록 할 것
6. 발신기와 경종은 각각 「발신기의 형식승인 및 제품검사의 기술기준」과 「경종의 형식승인 및 제품검사의 기술기준」에 적합한 것으로, 표시등은 「표시등의 성능인증 및 제품검사의 기술기준」에 적합한 것으로 설치해야 한다.

7. "비상경보장치"라고 표시한 표지를 비상경보장치 상단에 부착해야 한다.
8. 비상경보장치를 20분 이상 유효하게 작동시킬 수 있는 비상전원을 확보해야 한다.
9. 영 제18조제2항 별표 8 제3호나목에 따라 당해 특정소방대상물에 설치되는 자동화재탐지설비 또는 비상방송설비를 사용승인 전이라도 완공검사를 받아 사용할 수 있게 된 경우 비상경보장치를 설치하지 않을 수 있다.

제8조(가스누설경보기의 성능 및 설치기준)

가스누설경보기의 성능 및 설치기준은 다음 각 호와 같다.
1. 영 제18조제1항제1호에 따른 가연성가스를 발생시키는 작업을 하는 지하층 또는 무창층 내부(내부에 구획된 실이 있는 경우에는 구획실마다)에 가연성가스를 발생시키는 작업을 하는 부분으로부터 수평거리 10미터 이내에 바닥으로부터 탐지부 상단까지의 거리가 0.3미터 이하인 위치에 설치해야 한다.
2. 가스누설경보기는 소방청장이 정하여 고시한 「가스누설경보기의 형식승인 및 제품검사의 기술기준」에 적합한 것으로 설치해야 한다.

제9조(간이피난유도선의 성능 및 설치기준)

간이피난유도선의 성능 및 설치기준은 다음 각 호와 같다.
1. 영 제18조제2항 별표 8 제2호마목에 따른 지하층이나 무창층에는 간이피난유도선을 녹색 계열의 광원점등방식으로 해당층의 직통계단마다 계단의 출입구로부터 건물 내부로 10미터 이상의 길이로 설치해야 한다.
2. 바닥으로부터 1미터 이하의 높이에 설치하고, 피난유도선이 점멸하거나 화살표로 표시하는 등의 방법으로 작업장의 어느 위치에서도 피난유도선을 통해 출입구로의 피난방향을 알 수 있도록 해야 한다.
3. 층 내부에 구획된 실이 있는 경우에는 구획된 각 실로부터 가장 가까운 직통계단의 출입구까지 연속하여 설치해야 한다.
4. 공사 중에는 상시 점등되도록 하고, 간이피난유도선을 20분 이상 유효하게 작동시킬 수 있는 비상전원을 확보해야 한다.
5. 영 제18조제2항 별표 8 제3호다목에 따라 당해 특정소방대상물에 설치되는 피난유도선, 피난구유도등, 통로유도등 또는 비상조명등을 사용승인 전이라도 완공검사를 받아 사용할 수 있게 된 경우 간이피난유도선을 설치하지 않을 수 있다.

제10조(비상조명등의 성능 및 설치기준)

비상조명등의 성능 및 설치기준은 다음 각 호와 같다.
1. 영 제18조제2항 별표 8 제2호바목에 따른 지하층이나 무창층에서 피난층 또는 지상으로 통하는 직통계단의 계단실 내부에 각 층마다 설치해야 한다.
2. 비상조명등이 설치된 장소의 조도는 각 부분의 바닥에서 1럭스 이상이 되도록 해야 한다.
3. 비상조명등을 20분(지하층과 지상 11층 이상의 층은 60분) 이상 유효하게 작동시킬 수 있는 비상전원을 확보해야 한다.
4. 비상경보장치가 작동할 경우 연동하여 점등되는 구조로 설치해야 한다.

5. 비상조명등은 소방청장이 정하여 고시한 「비상조명등의 형식승인 및 제품검사의 기술기준」에 적합한 것으로 해야 한다.

제11조(방화포의 성능 및 설치기준)
방화포의 성능 및 설치기준은 다음 각 호와 같다.
1. 용접·용단 작업 시 11미터 이내에 가연물이 있는 경우 해당 가연물을 방화포로 보호하여야 한다. 다만, 「산업안전보건기준에 관한 규칙」 제241조제2항제4호에 따른 비산방지조치를 한 경우에는 방화포를 설치하지 않을 수 있다.
2. 소방청장이 정하여 고시한 「방화포의 성능인증 및 제품검사의 기술기준」에 적합한 것으로 설치해야 한다.

제12조(소방안전관리자의 업무)
건설현장에 배치되는 소방안전관리자는 다음 각 호의 업무를 수행해야 한다.
1. 방수·도장·우레탄폼 성형 등 가연성가스 발생 작업과 용접·용단 및 불꽃이 발생하는 작업이 동시에 이루어지지 않도록 수시로 확인해야 한다.
2. 가연성가스가 발생되는 작업을 할 경우에는 사전에 가스누설경보기의 정상작동 여부를 확인하고, 작업 중 또는 작업 후 가연성가스가 체류되지 않도록 충분한 환기조치를 실시해야 한다.
3. 용접·용단 작업을 할 경우에는 성능인증 받은 방화포가 설치기준에 따라 적정하게 도포되어 있는지 확인해야 한다.
4. 위험물 등이 있는 장소에서 화기 등을 취급하는 작업이 이루어지지 않도록 확인해야 한다.

제13조(설치·유지기준의 특례)
소방본부장 또는 소방서장은 기존건축물의 증축·개축·대수선이나 용도변경으로 인해 이 기준에 따른 임시소방시설의 설치가 현저하게 곤란하다고 인정되는 경우에는 해당 임시소방시설의 기능 및 사용에 지장이 없는 범위 안에서 이 기준의 일부를 적용하지 않을 수 있다.

제14조(재검토 기한)
소방청장은 「훈령·예규 등의 발령 및 관리에 관한 규정」에 따라 이 고시에 대하여 2023년 7월 1일 기준으로 매 3년이 되는 시점(매 3년째의 6월 30일까지를 말한다)마다 그 타당성을 검토하여 개선 등의 조치를 해야 한다.

부칙〈제2023-23호, 2023. 6. 28.〉

제1조(시행일)
이 고시는 2023년 7월 1일부터 시행한다. 다만, 제6조제4호, 제8조제2호 및 제11조제2호의 개정규정은 이 고시가 시행된 이후 최초로 개정되는 「가스누설경보기의 형식승인 및 제품검사의 기술기준」과 제정되는 「간이소화장치의 성능인증 및 제품검사의 기술기준」 및 「방화포의 성능인증 및 제품검사의 기술기준」의 시행일이 6개월 경과한 날로부터 시행한다.

제2조(경과조치)

① 이 고시 시행 전에 건축허가 등의 신청 또는 신고나 소방시설공사의 착공신고를 하거나 설비 설치를 위한 공사계약을 체결한 특정소방대상물에 대해서는 종전 고시에 따른다.

② 이 고시 시행 전에 제1항에 따른 신청 또는 신고를 한 경우라도 개정 기준이 종전의 기준에 비해 관계인에게 유리한 경우에는 개정 기준에 따를 수 있다.

제3조(다른 법령과의 관계)

이 고시 시행 당시 다른 법령에서 종전의 고시를 인용한 경우에 이 고시 가운데 그에 해당하는 규정이 있는 경우에는 종전의 규정에 갈음하여 이 고시의 해당 규정을 인용한 것으로 본다.

CHAPTER 03 건설현장의 화재안전기술기준 (NFTC 606)

[시행 2023. 7. 1.] [소방청공고 제2023-16호, 2023. 6. 30., 전부개정]

1. 일반사항

1.1 적용범위

1.1.1 이 기준은 「소방시설 설치 및 관리에 관한 법률 시행령」(이하 "영"이라 한다) 별표 8 제1호에 따른 임시소방시설의 설치 및 관리에 대해 적용한다.

1.2 기준의 효력

1.2.1 이 기준은 「소방시설 설치 및 관리에 관한 법률」(이하 "법"이라 한다) 제2조제1항제6호나목 및 제15조제4항에 따라 건설현장에 설치하는 임시소방시설의 기술기준으로서의 효력을 가진다.

1.2.2 이 기준에 적합한 경우에는 법 제2조제1항제6호나목에 따라 「건설현장의 화재안전성능기준(NFPC 606)」을 충족하는 것으로 본다.

1.3 기준의 시행

1.3.1 이 기준은 2023년 7월 1일부터 시행한다.

1.4 기준의 특례

1.4.1 소방본부장 또는 소방서장은 기존건축물의 증축·개축·대수선이나 용도변경으로 인해 이 기준에 따른 임시소방시설의 설치가 현저하게 곤란하다고 인정되는 경우에는 해당 임시소방시설의 기능 및 사용에 지장이 없는 범위 안에서 이 기준의 일부를 적용하지 않을 수 있다.

1.5 경과조치

1.5.1 이 기준 시행 전에 건축허가 등의 신청 또는 신고나 소방시설공사의 착공신고를 하거나 설비 설치를 위한 공사계약을 체결한 특정소방대상물에 대해서는 종전 기준에 따른다.

1.5.2 이 기준 시행 전에 1.5.1에 따른 신청 또는 신고를 한 경우라도 개정 기준이 종전의 기준에 비해 관계인에게 유리한 경우에는 개정 기준에 따를 수 있다.

1.6 다른 법령과의 관계

1.6.1 이 기준 시행 당시 다른 법령 또는 행정규칙 등에서 종전의 기준을 인용한 경우에 이 기준 가운데 그에 해당하는 규정이 있는 경우에는 종전의 규정에 갈음하여 이 기준의 해당 규정을 인용한 것으로 본다.

1.6.2 건설현장의 임시소방시설 설치 및 관리와 관련하여 이 기준에서 정하지 않은 사항은 개별 기술기준에 따른다.

1.7 용어의 정의

1.7.1 이 기준에서 사용하는 용어의 정의는 다음과 같다.

1.7.1.1 "임시소방시설"이란 법 제15조제1항에 따른 설치 및 철거가 쉬운 화재대비시설을 말한다.

1.7.1.2 "소화기"란 「소화기구 및 자동소화장치의 화재안전기술기준(NFTC 101)」 1.7.1.2에서 정의하는 소화기를 말한다.

1.7.1.3 "간이소화장치"란 건설현장에서 화재발생 시 신속한 화재 진압이 가능하도록 물을 방수하는 형태의 소화장치를 말한다.

1.7.1.4 "비상경보장치"란 발신기, 경종, 표시등 및 시각경보장치가 결합된 형태의 것으로서 화재위험 작업 공간 등에서 수동조작에 의해서 화재경보상황을 알려줄 수 있는 비상벨 장치를 말한다.

1.7.1.5 "가스누설경보기"란 건설현장에서 발생하는 가연성가스를 탐지하여 경보하는 장치를 말한다.

1.7.1.6 "간이피난유도선"이란 화재발생 시 작업자의 피난을 유도할 수 있는 케이블형태의 장치를 말한다.

1.7.1.7 "비상조명등"이란 화재발생 시 안전하고 원활한 피난활동을 할 수 있도록 계단실 내부에 설치되어 자동 점등되는 조명등을 말한다.

1.7.1.8 "방화포"란 건설현장 내 용접 · 용단 등의 작업 시 발생하는 금속성 불티로부터 가연물이 점화되는 것을 방지해주는 차단막을 말한다.

2. 기술기준

2.1 소화기의 설치기준

2.1.1 소화기의 설치기준은 다음과 같다.

2.1.1.1 소화기의 소화약제는 「소화기구 및 자동소화장치의 화재안전기술기준(NFTC 101)」 2.1.1.1의 표 2.1.1.1에 따른 적응성이 있는 것을 설치할 것

2.1.1.2 각 층 계단실마다 계단실 출입구 부근에 능력단위 3단위 이상인 소화기 2개 이상을 설치하고, 영 제18조제1항에 해당하는 작업을 하는 경우 작업종료 시까지 작업지점으로부터 5m 이내의 쉽게 보이는 장소에 능력단위 3단위 이상인 소화기 2개 이상과 대형소화기 1개 이상을 추가 배치할 것

2.1.1.3 "소화기"라고 표시한 축광식 표지를 소화기 설치장소 보기 쉬운 곳에 부착하여야 한다.

2.2 간이소화장치의 설치기준

2.2.1 간이소화장치의 설치기준은 다음과 같다.

2.2.1.1 영 제18조제1항에 해당하는 작업을 하는 경우 작업종료 시까지 작업지점으로부터 25m 이내에 배치하여 즉시 사용이 가능하도록 할 것

2.3 비상경보장치의 설치기준

2.3.1 비상경보장치의 설치기준은 다음과 같다.

2.3.1.1 피난층 또는 지상으로 통하는 각 층 직통계단의 출입구마다 설치할 것

2.3.1.2 발신기를 누를 경우 해당 발신기와 결합된 경종이 작동할 것. 이 경우 다른 장소에 설치된 경종도 함께 연동하여 작동되도록 설치할 수 있다.

2.3.1.3 발신기의 위치표시등은 함의 상부에 설치하되, 그 불빛은 부착면으로부터 15도 이상의 범위 안에서 부착지점으로부터 10m 이내의 어느 곳에서도 쉽게 식별할 수 있는 적색등으로 할 것

2.3.1.4 시각경보장치는 발신기함 상부에 위치하도록 설치하되 바닥으로부터 2m 이상 2.5m 이하의 높이에 설치하여 건설현장의 각 부분에 유효하게 경보할 수 있도록 할 것

2.3.1.5 "비상경보장치"라고 표시한 표지를 비상경보장치 상단에 부착할 것

2.4 가스누설경보기의 설치기준

2.4.1 가스누설경보기의 설치기준은 다음과 같다.

2.4.1.1 영 제18조제1항제1호에 따른 가연성가스를 발생시키는 작업을 하는 지하층 또는 무창층 내부(내부에 구획된 실이 있는 경우에는 구획실마다)에 가연성가스를 발생시키는 작업을 하는 부분으로부터 수평거리 10m 이내에 바닥으로부터 탐지부 상단까지의 거리가 0.3m 이하인 위치에 설치할 것

2.5 간이피난유도선의 설치기준

2.5.1 간이피난유도선의 설치기준은 다음과 같다.

2.5.1.1 영 제18조제2항 별표 8 제2호마목에 따른 지하층이나 무창층에는 간이피난유도선을 녹색 계열의 광원점등방식으로 해당층의 직통계단마다 계단의 출입구로부터 건물 내부로 10m 이상의 길이로 설치할 것

2.5.1.2 바닥으로부터 1m 이하의 높이에 설치하고, 피난유도선이 점멸하거나 화살표로 표시하는 등의 방법으로 작업장의 어느 위치에서도 피난유도선을 통해 출입구로의 피난방향을 알 수 있도록 할 것

2.5.1.3 층 내부에 구획된 실이 있는 경우에는 구획된 각 실로부터 가장 가까운 직통계단의 출입구까지 연속하여 설치할 것

2.6 비상조명등의 설치기준

2.6.1 비상조명등의 설치기준은 다음과 같다.

2.6.1.1 영 제18조제2항 별표 8 제2호바목에 따른 지하층이나 무창층에서 피난층 또는 지상으로 통하는 직통계단의 계단실 내부에 각 층마다 설치할 것

2.6.1.2 비상조명등이 설치된 장소의 조도는 각 부분의 바닥에서 1lx 이상이 되도록 할 것

2.6.1.3 비상경보장치가 작동할 경우 연동하여 점등되는 구조로 설치할 것

2.7 방화포의 설치기준

2.7.1 방화포의 설치기준은 다음과 같다.

2.7.1.1 용접·용단 작업 시 11m 이내에 가연물이 있는 경우 해당 가연물을 방화포로 보호할 것

CHAPTER 04 고체에어로졸소화설비의 화재안전성능기준 (NFPC 110)

[시행 2022. 12. 1.] [소방청고시 제2022-44호, 2022. 11. 25., 전부개정]

제1조(목적)

이 기준은 「소방시설 설치 및 관리에 관한 법률」(이하 "법"이라 한다) 제2조제1항제6호가목에 따라 소방청장에게 위임한 사항 중 소화설비인 물분무등소화설비 중 고체에어로졸소화설비의 성능기준을 규정함을 목적으로 한다.

제2조(적용범위)

이 기준은 「소방시설 설치 및 관리에 관한 법률 시행령」(이하 "영"이라 한다) 별표 5 제1호바목에 따른 물분무등소화설비 중 고체에어로졸소화설비의 설치 및 관리에 대해 적용한다.

제3조(정의)

이 기준에서 사용하는 용어의 정의는 다음과 같다.

1. "고체에어로졸소화설비"란 설계밀도 이상의 고체에어로졸을 방호구역 전체에 균일하게 방출하는 설비로서 분산(Dispersed)방식이 아닌 압축(Condensed)방식을 말한다.
2. "고체에어로졸화합물"이란 과산화물질, 가연성물질 등의 혼합물로서 화재를 소화하는 비전도성의 미세입자인 에어로졸을 만드는 고체화합물을 말한다.
3. "고체에어로졸"이란 고체에어로졸화합물의 연소과정에 의해 생성된 직경 10마이크로미터 이하의 고체 입자와 기체 상태의 물질로 구성된 혼합물을 말한다.
4. "고체에어로졸발생기"란 고체에어로졸화합물, 냉각장치, 작동장치, 방출구, 저장용기로 구성되어 에어로졸을 발생시키는 장치를 말한다.
5. "소화밀도"란 방호공간 내 규정된 시험조건의 화재를 소화하는 데 필요한 단위체적(m^3)당 고체에어로졸화합물의 질량(g)을 말한다.
6. "설계밀도"란 소화설계를 위하여 필요한 것으로 소화밀도에 안전계수를 곱하여 얻어지는 값을 말한다.
7. "비상주장소"란 짧은 기간 동안 간헐적으로 사람들이 출입할 수는 있으나 일반적으로 사람들이 거주하지 않는 장소 또는 공간을 말한다.
8. "방호체적"이란 벽 등의 건물 구조 요소들로 구획된 방호구역의 체적에서 기둥 등 고정적인 구조물의 체적을 제외한 체적을 말한다.
9. "열 안전이격거리"란 고체에어로졸 방출 시 발생하는 온도에 영향을 받을 수 있는 모든 구조·구성요소와 고체에어로졸발생기 사이에 안전확보를 위해 필요한 이격거리를 말한다.

제4조(일반조건)
이 기준에 따라 설치되는 고체에어로졸소화설비는 다음 각 호의 기준을 충족해야 한다.
1. 고체에어로졸은 전기 전도성이 없을 것
2. 약제 방출 후 해당 화재의 재발화 방지를 위하여 최소 10분간 소화밀도를 유지할 것
3. 고체에어로졸소화설비에 사용되는 주요 구성품은 소방청장이 정하여 고시한 「고체에어로졸자동소화장치의 형식승인 및 제품검사의 기술기준」에 적합한 것일 것
4. 고체에어로졸소화설비는 비상주장소에 한하여 설치할 것
5. 고체에어로졸소화설비의 소화성능이 발휘될 수 있도록 방호구역 내부의 밀폐성을 확보할 것
6. 방호구역 출입구 인근에 고체에어로졸 방출 시 주의사항에 관한 내용의 표지를 설치하여야 한다.
7. 이 기준에서 규정하지 않은 사항은 형식승인받은 제조업체의 설계 매뉴얼에 따를 것

제5조(설치제외)
고체에어로졸소화설비는 산화성 물질, 자기반응성 금속, 금속 수소화물 또는 자동 열분해를 하는 화학물질 등을 포함한 화재와 폭발성 물질이 대기에 존재할 가능성이 있는 장소 등에는 사용할 수 없다.

제6조(고체에어로졸발생기)
고체에어로졸발생기는 다음 각 호의 기준에 따라 설치한다.
1. 밀폐성이 보장된 방호구역 내에 설치하거나, 밀폐성능을 인정할 수 있는 별도의 조치를 취할 것
2. 천장이나 벽면 상부에 설치하되 고체에어로졸 화합물이 균일하게 방출되도록 설치할 것
3. 직사광선 및 빗물이 침투할 우려가 없는 곳에 설치할 것
4. 고체에어로졸발생기는 인체 또는 가연물과의 최소 열 안전이격거리를 준수하여 설치할 것
5. 하나의 방호구역에는 동일 제품군 및 동일한 크기의 고체에어로졸발생기를 설치할 것
6. 방호구역의 높이는 형식승인받은 고체에어로졸발생기의 최대 설치높이 이하로 할 것

제7조(고체에어로졸화합물의 양)
방호구역 내 소화를 위한 고체에어로졸화합물의 최소 질량은 설계밀도와 방호체적 등을 고려하여 다음 공식에 따라 산출한 양 이상으로 산정해야 한다.

$$m = d \times V$$

m : 필수소화약제량(g)
d : 설계밀도(g/m^3) = 소화밀도(g/m^3) × 1.3(안전계수)
　　소화밀도 : 형식승인받은 제조사의 설계 매뉴얼에 제시된 소화밀도
V : 방호체적(m^3)

제8조(기동)
① 고체에어로졸소화설비는 화재감지기 및 수동식 기동장치의 작동과 연동하여 기계적 또는 전기적 방식으로 작동해야 한다.
② 고체에어로졸소화설비 기동 시에는 1분 이내에 고체에어로졸 설계밀도의 95퍼센트 이상을 방호구역에 균일하게 방출해야 한다.

③ 고체에어로졸소화설비에는 수동식 기동장치를 제어반마다 설치하되, 조작, 피난 및 유지관리가 용이한 장소에 설치해야 한다.

④ 고체에어로졸의 방출을 지연시키기 위해 방출지연스위치를 설치해야 한다.

제9조(제어반 등)

① 고체에어로졸소화설비의 제어반은 수동기동장치 또는 화재감지기에서의 신호를 수신하여 음향경보장치의 작동, 소화약제의 방출 또는 기타의 제어기능을 가진 것으로 하고, 제어반에는 전원표시등을 설치해야 한다.

② 고체에어로졸소화설비의 화재표시반은 제어반에서 신호를 수신할 경우 방호구역별 경보장치, 수동식 기동장치 및 화재감지기의 작동 등을 표시등으로 명시하도록 설치해야 한다.

③ 고체에어로졸소화설비가 설치된 구역의 출입구에는 고체에어로졸의 방출을 명시하는 표시등을 설치해야 한다.

④ 고체에어로졸소화설비의 오작동을 제어하기 위해 제어반 인근에 설비정지스위치를 설치해야 한다.

제10조(음향장치)

고체에어로졸소화설비의 음향장치는 다음 각 호의 기준에 따라 설치해야 한다.

1. 화재감지기가 작동하거나 수동식 기동장치가 작동할 경우 음향장치가 작동할 것
2. 음향장치는 방호구역마다 설치하되 해당 구역의 각 부분으로부터 하나의 음향장치까지의 수평거리는 25미터 이하가 되도록 할 것
3. 음향장치는 경종 또는 사이렌(전자식 사이렌을 포함한다)으로 하되, 주위의 소음 및 다른 용도의 경보와 구별이 가능한 음색으로 할 것
4. 주 음향장치는 화재표시반의 내부 또는 그 직근에 설치할 것
5. 음향장치는 다음 각 목의 기준에 따른 구조 및 성능의 것으로 할 것
    가. 정격전압의 80퍼센트 전압에서 음향을 발할 수 있는 것으로 할 것
    나. 음량은 부착된 음향장치의 중심으로부터 1미터 떨어진 위치에서 90데시벨 이상이 되는 것으로 할 것
6. 고체에어로졸의 방출 개시 후 1분 이상 경보를 계속 발할 것

제11조(화재감지기)

고체에어로졸소화설비의 화재감지기는 광전식 공기흡입형 감지기, 아날로그 방식의 광전식 스포트형 감지기 또는 고체에어로졸소화설비에 적응성이 있다고 인정된 감지기를 설치해야 한다.

제12조(방호구역의 자동폐쇄장치)

고체에어로졸소화설비가 설치된 방호구역은 고체에어로졸소화설비가 기동할 경우 자동적으로 폐쇄되어야 한다.

제13조(비상전원)

고체에어로졸소화설비에는 자가발전설비, 축전지설비 또는 전기저장장치에 따른 비상전원을 다음 각 호의 기준에 따라 설치해야 한다.

1. 점검에 편리하고 화재 및 침수 등의 재해로 인한 피해를 받을 우려가 없는 곳에 설치할 것
2. 고체에어로졸소화설비에 최소 20분 이상 유효하게 전원을 공급할 것
3. 상용전원으로부터 전력의 공급이 중단된 때에는 자동으로 비상전원으로부터 전력을 공급받을 수 있도록 할 것
4. 비상전원의 설치장소는 다른 장소와 방화구획할 것
5. 비상전원을 실내에 설치하는 때에는 그 실내에 비상조명등을 설치할 것

제14조(배선 등)

① 고체에어로졸소화설비의 배선은 「전기사업법」 제67조에 따른 「전기설비기술기준」에서 정한 것 외에 다음 각 호의 기준에 따라 설치해야 한다.
  1. 비상전원으로부터 제어반에 이르는 전원회로 배선은 내화배선으로 할 것
  2. 상용전원으로부터 제어반에 이르는 배선, 그 밖의 고체에어로졸소화설비의 감시 · 조작 또는 표시등 회로의 배선은 내화배선 또는 내열배선으로 할 것
  3. 화재감지기의 배선은 「자동화재탐지설비 및 시각경보장치의 화재안전성능기준(NFPC 203)」 제11조의 기준에 따른다.
② 제1항에 따른 내화배선 및 내열배선은 「옥내소화전설비의 화재안전성능기준(NFPC 102)」 제10조제2항에 따른다.
③ 고체에어로졸소화설비의 과전류차단기 및 개폐기에는 "고체에어로졸소화설비용"이라고 표시한 표지를 해야 한다.
④ 고체에어로졸소화설비용 전기배선의 양단 및 접속단자에는 식별이 용이하도록 표지 또는 표시를 해야 한다.

제15조(과압배출구)

고체에어로졸소화설비가 설치된 방호구역에는 소화약제 방출 시 과압으로 인한 구조물 등의 손상을 방지하기 위하여 과압배출구를 설치해야 한다.

제16조(설치 · 유지기준의 특례)

소방본부장 또는 소방서장은 기존 건축물이 증축 · 개축 · 대수선되거나 용도변경되는 경우, 이 기준이 정하는 기준에 따라 해당 건축물에 설치해야 할 고체에어로졸소화설비의 배선 등의 공사가 현저하게 곤란하다고 인정되는 경우에는 해당 설비의 기능 및 사용에 지장이 없는 범위 안에서 이 기준의 일부를 적용하지 않을 수 있다.

제17조(재검토기한)

소방청장은 「훈령 · 예규 등의 발령 및 관리에 관한 규정」에 따라 이 고시에 대하여 2023년 1월 1일을 기준으로 매 3년이 되는 시점(매 3년째의 12월 31일까지를 말한다)마다 그 타당성을 검토하여 개선 등의 조치를 해야 한다.

제18조(규제의 재검토)

「행정규제기본법」 제8조에 따라 2023년 1월 1일을 기준으로 매 3년이 되는 시점(매 3년째의 12월 31일

까지를 말한다)마다 그 타당성을 검토하여 개선 등의 조치를 해야 한다.

부칙 〈제2022-44호, 2022. 11. 25.〉

제1조(시행일)
이 고시는 2022년 12월 1일부터 시행한다.

제2조(경과조치)
① 이 고시 시행 전에 건축허가 등의 신청 또는 신고를 하거나 소방시설공사의 착공신고를 한 특정소방대상물에 대해서는 종전의 「고체에어로졸소화설비의 화재안전기준(NFSC 110)」에 따른다.
② 이 고시 시행 전에 제1항에 따른 신청 또는 신고를 한 경우라도 개정 기준이 종전의 기준에 비해 관계인에게 유리한 경우에는 개정 기준에 따를 수 있다.

제3조(다른 법령과의 관계)
이 고시 시행 당시 다른 법령에서 종전의 화재안전기준을 인용한 경우에 이 고시 가운데 그에 해당하는 규정이 있는 경우에는 종전의 규정에 갈음하여 이 고시의 해당 규정을 인용한 것으로 본다.

CHAPTER 04 고체에어로졸소화설비의 화재안전기술기준 (NFTC 110)

[시행 2022. 12. 1.] [소방청공고 제2022-221호, 2022. 12. 1., 제정]

1. 일반사항

1.1 적용범위

1.1.1 이 기준은 「소방시설 설치 및 관리에 관한 법률 시행령」(이하 "영"이라 한다) 별표 4 제1호바목에 따른 물분무등소화설비 중 고체에어로졸소화설비의 설치 및 관리에 대해 적용한다.

1.2 기준의 효력

1.2.1 이 기준은 「소방시설 설치 및 관리에 관한 법률」(이하 "법"이라 한다) 제2조제1항제6호나목에 따라 소화설비인 물분무등소화설비 중 고체에어로졸소화설비의 기술기준으로서의 효력을 가진다.

1.2.2 이 기준에 적합한 경우에는 법 제2조제1항제6호나목에 따라 「고체에어로졸소화설비의 화재안전성능기준(NFPC 110)」을 충족하는 것으로 본다.

1.3 기준의 시행

1.3.1 이 기준은 2022년 12월 1일부터 시행한다.

1.4 기준의 특례

1.4.1 소방본부장 또는 소방서장은 기존건축물이 증축·개축·대수선되거나 용도변경되는 경우에 있어서 이 기준이 정하는 기준에 따라 해당 건축물에 설치해야 할 고체에어로졸소화설비의 배관·배선 등의 공사가 현저하게 곤란하다고 인정되는 경우에는 해당 설비의 기능 및 사용에 지장이 없는 범위에서 이 기준의 일부를 적용하지 않을 수 있다.

1.5 경과조치

1.5.1 이 기준 시행 전에 건축허가 등의 신청 또는 신고를 하거나 소방시설공사의 착공신고를 한 특정소방대상물에 대해서는 종전의 「고체에어로졸소화설비의 화재안전기준(NFSC 110)」에 따른다.

1.5.2 이 기준 시행 전에 1.5.1에 따른 신청 또는 신고를 한 경우라도 제정 기준이 종전의 기준에 비하여 관계인에게 유리한 경우에는 제정 기준에 따를 수 있다.

1.6 다른 법령과의 관계

1.6.1 이 기준 시행 당시 다른 법령 또는 행정규칙 등에서 종전의 화재안전기준을 인용한 경우에 이 기준 가운데 그에 해당하는 규정이 있는 경우에는 종전의 규정에 갈음하여 이 기준의 해당 규정을 인용한 것으로 본다.

1.7 용어의 정의

1.7.1 이 기준에서 사용하는 용어의 정의는 다음과 같다.

1.7.1.1 "고체에어로졸소화설비"란 설계밀도 이상의 고체에어로졸을 방호구역 전체에 균일하게 방출하는 설비로서 분산(Dispersed)방식이 아닌 압축(Condensed)방식을 말한다.

1.7.1.2 "고체에어로졸화합물"이란 과산화물질, 가연성물질 등의 혼합물로서 화재를 소화하는 비전도성의 미세입자인 에어로졸을 만드는 고체화합물을 말한다.

1.7.1.3 "고체에어로졸"이란 고체에어로졸화합물의 연소과정에 의해 생성된 직경 $10\mu m$ 이하의 고체 입자와 기체 상태의 물질로 구성된 혼합물을 말한다.

1.7.1.4 "고체에어로졸발생기"란 고체에어로졸화합물, 냉각장치, 작동장치, 방출구, 저장용기로 구성되어 에어로졸을 발생시키는 장치를 말한다.

1.7.1.5 "소화밀도"란 방호공간 내 규정된 시험조건의 화재를 소화하는 데 필요한 단위체적(m^3)당 고체에어로졸화합물의 질량(g)을 말한다.

1.7.1.6 "안전계수"란 설계밀도를 결정하기 위한 안전율을 말하며 1.3으로 한다.

1.7.1.7 "설계밀도"란 소화설계를 위하여 필요한 것으로 소화밀도에 안전계수를 곱하여 얻어지는 값을 말한다.

1.7.1.8 "상주장소"란 일반적으로 사람들이 거주하는 장소 또는 공간을 말한다.

1.7.1.9 "비상주장소"란 짧은 기간 동안 간헐적으로 사람들이 출입할 수는 있으나 일반적으로 사람들이 거주하지 않는 장소 또는 공간을 말한다.

1.7.1.10 "방호체적"이란 벽 등의 건물 구조 요소들로 구획된 방호구역의 체적에서 기둥 등 고정적인 구조물의 체적을 제외한 체적을 말한다.

1.7.1.11 "열 안전이격거리"란 고체에어로졸 방출 시 발생하는 온도에 영향을 받을 수 있는 모든 구조·구성요소와 고체에어로졸발생기 사이에 안전확보를 위해 필요한 이격거리를 말한다.

2. 기술기준

2.1 일반조건

2.1.1 이 기준에 따라 설치되는 고체에어로졸소화설비는 다음의 기준을 충족해야 한다.

2.1.1.1 고체에어로졸은 전기 전도성이 없을 것

2.1.1.2 약제 방출 후 해당 화재의 재발화 방지를 위하여 최소 10분간 소화밀도를 유지할 것

2.1.1.3 고체에어로졸소화설비에 사용되는 주요 구성품은 소방청장이 정하여 고시한 「고체에어로졸자동소화장치의 형식승인 및 제품검사의 기술기준」에 적합한 것일 것

2.1.1.4 고체에어로졸소화설비는 비상주장소에 한하여 설치할 것. 다만, 고체에어로졸소화설비 약제의 성분이 인체에 무해함을 국내·외 국가 공인시험기관에서 인증받고, 과학적으로 입증된 최대허용설계밀도를 초과하지 않는 양으로 설계하는 경우 상주장소에 설치할 수 있다.

2.1.1.5 고체에어로졸소화설비의 소화성능이 발휘될 수 있도록 방호구역 내부의 밀폐성을 확보할 것

2.1.1.6 방호구역 출입구 인근에 고체에어로졸 방출 시 주의사항에 관한 내용의 표지를 설치할 것

2.1.1.7 이 기준에서 규정하지 않은 사항은 형식승인받은 제조업체의 설계 매뉴얼에 따를 것

2.2 설치제외

2.2.1 고체에어로졸소화설비는 다음의 물질을 포함한 화재 또는 장소에는 사용할 수 없다. 다만, 그 사용에 대한 국가 공인시험기관의 인증이 있는 경우에는 그렇지 않다.

2.2.1.1 니트로셀룰로오스, 화약 등의 산화성 물질

2.2.1.2 리튬, 나트륨, 칼륨, 마그네슘, 티타늄, 지르코늄, 우라늄 및 플루토늄과 같은 자기반응성 금속

2.2.1.3 금속 수소화물

2.2.1.4 유기 과산화수소, 히드라진 등 자동 열분해를 하는 화학물질

2.2.1.5 가연성 증기 또는 분진 등 폭발성 물질이 대기에 존재할 가능성이 있는 장소

2.3 고체에어로졸발생기

2.3.1 고체에어로졸발생기는 다음의 기준에 따라 설치한다.

2.3.1.1 밀폐성이 보장된 방호구역 내에 설치하거나, 밀폐성능을 인정할 수 있는 별도의 조치를 취할 것

2.3.1.2 천장이나 벽면 상부에 설치하되 고체에어로졸 화합물이 균일하게 방출되도록 설치할 것

2.3.1.3 직사광선 및 빗물이 침투할 우려가 없는 곳에 설치할 것

2.3.1.4 고체에어로졸발생기는 다음 각 기준의 최소 열 안전이격거리를 준수하여 설치할 것

2.3.1.4.1 인체와의 최소 이격거리는 고체에어로졸 방출 시 75℃를 초과하는 온도가 인체에 영향을 미치지 않는 거리

2.3.1.4.2 가연물과의 최소 이격거리는 고체에어로졸 방출 시 200℃를 초과하는 온도가 가연물에 영향을 미치지 않는 거리

2.3.1.5 하나의 방호구역에는 동일 제품군 및 동일한 크기의 고체에어로졸발생기를 설치할 것

2.3.1.6 방호구역의 높이는 형식승인받은 고체에어로졸발생기의 최대 설치높이 이하로 할 것

2.4 고체에어로졸화합물의 양

2.4.1 방호구역 내 소화를 위한 고체에어로졸화합물의 최소 질량은 다음의 식 (2.4.1)에 따라 산출한 양 이상으로 산정해야 한다.

$$m = d \times V \quad \cdots\cdots\cdots\cdots\cdots\cdots\cdots\cdots\cdots\cdots\cdots\cdots\cdots\cdots\cdots\cdots\cdots\cdots (2.4.1)$$

여기에서 m : 필수소화약제량(g)

d : 설계밀도(g/m³) = 소화밀도(g/m³) × 1.3(안전계수)

소화밀도 : 형식승인받은 제조사의 설계 매뉴얼에 제시된 소화밀도

V : 방호체적(m³)

2.5 기동

2.5.1 고체에어로졸소화설비는 화재감지기 및 수동식 기동장치의 작동과 연동하여 기계적 또는 전기적 방식으로 작동해야 한다.

2.5.2 고체에어로졸소화설비의 기동 시에는 1분 이내에 고체에어로졸 설계밀도의 95% 이상을 방호구역에 균일하게 방출해야 한다.

2.5.3 고체에어로졸소화설비의 수동식 기동장치는 다음의 기준에 따라 설치해야 한다.

2.5.3.1 제어반마다 설치할 것
2.5.3.2 방호구역의 출입구마다 설치하되 출입구 인근에 사람이 쉽게 조작할 수 있는 위치에 설치할 것
2.5.3.3 기동장치의 조작부는 바닥으로부터 0.8m 이상 1.5m 이하의 위치에 설치할 것
2.5.3.4 기동장치의 조작부에 보호판 등의 보호장치를 부착할 것
2.5.3.5 기동장치 인근의 보기 쉬운 곳에 "고체에어로졸소화설비 수동식 기동장치"라고 표시한 표지를 부착할 것
2.5.3.6 전기를 사용하는 기동장치에는 전원표시등을 설치할 것
2.5.3.7 방출용 스위치의 작동을 명시하는 표시등을 설치할 것
2.5.3.8 50N 이하의 힘으로 방출용 스위치를 기동할 수 있도록 할 것
2.5.4 고체에어로졸의 방출을 지연시키기 위해 방출지연스위치를 다음의 기준에 따라 설치해야 한다.
2.5.4.1 수동으로 작동하는 방식으로 설치하되 누르고 있는 동안만 지연되도록 할 것
2.5.4.2 방호구역의 출입구마다 설치하되 피난이 용이한 출입구 인근에 사람이 쉽게 조작할 수 있는 위치에 설치할 것
2.5.4.3 방출지연스위치 작동 시에는 음향경보를 발할 것
2.5.4.4 방출지연스위치 작동 중 수동식 기동장치가 작동되면 수동식 기동장치의 기능이 우선될 것

2.6 제어반 등

2.6.1 고체에어로졸소화설비의 제어반은 다음의 기준에 따라 설치해야 한다.
2.6.1.1 전원표시등을 설치할 것
2.6.1.2 화재, 진동 및 충격에 따른 영향과 부식의 우려가 없고 점검에 편리한 장소에 설치할 것
2.6.1.3 제어반에는 해당 회로도 및 취급설명서를 비치할 것
2.6.1.4 고체에어로졸소화설비의 작동방식(자동 또는 수동)을 선택할 수 있는 장치를 설치할 것
2.6.1.5 수동식 기동장치 또는 화재감지기에서 신호를 수신할 경우 다음의 기능을 수행할 것
2.6.1.5.1 음향경보장치의 작동
2.6.1.5.2 고체에어로졸의 방출
2.6.1.5.3 기타 제어기능 작동
2.6.2 고체에어로졸소화설비의 화재표시반은 다음의 기준에 따라 설치해야 한다. 다만, 자동화재탐지설비의 수신기의 제어반이 화재표시반의 기능을 가지고 있는 경우 화재표시반을 설치하지 않을 수 있다.
2.6.2.1 전원표시등을 설치할 것
2.6.2.2 화재, 진동 및 충격에 따른 영향 및 부식의 우려가 없고 점검에 편리한 장소에 설치할 것
2.6.2.3 화재표시반에는 해당 회로도 및 취급설명서를 비치할 것
2.6.2.4 고체에어로졸소화설비의 작동방식(자동 또는 수동)을 표시등으로 명시할 것
2.6.2.5 고체에어로졸소화설비가 기동할 경우 음향장치를 통해 경보를 발할 것
2.6.2.6 제어반에서 신호를 수신할 경우 방호구역별 경보장치의 작동, 수동식 기동장치의 작동 및 화재감지기의 작동 등을 표시등으로 명시할 것

2.6.3 고체에어로졸소화설비가 설치된 구역의 출입구에는 고체에어로졸의 방출을 명시하는 표시등을 설치해야 한다.

2.6.4 고체에어로졸소화설비의 오작동을 제어하기 위해 제어반 인근에 설비정지스위치를 설치해야 한다.

2.7 음향장치

2.7.1 고체에어로졸소화설비의 음향장치는 다음의 기준에 따라 설치해야 한다.

2.7.1.1 화재감지기가 작동하거나 수동식 기동장치가 작동할 경우 음향장치가 작동할 것

2.7.1.2 음향장치는 방호구역마다 설치하되 해당 구역의 각 부분으로부터 하나의 음향장치까지의 수평거리는 25m 이하가 되도록 할 것

2.7.1.3 음향장치는 경종 또는 사이렌(전자식 사이렌을 포함한다)으로 하되, 주위의 소음 및 다른 용도의 경보와 구별이 가능한 음색으로 할 것. 이 경우 경종 또는 사이렌은 자동화재탐지설비ㆍ비상벨설비 또는 자동식사이렌설비의 음향장치와 겸용할 수 있다.

2.7.1.4 주 음향장치는 화재표시반의 내부 또는 그 직근에 설치할 것

2.7.1.5 음향장치는 다음의 기준에 따른 구조 및 성능의 것으로 할 것

2.7.1.5.1 정격전압의 80% 전압에서 음향을 발할 수 있는 것으로 할 것

2.7.1.5.2 음량은 부착된 음향장치의 중심으로부터 1m 떨어진 위치에서 90dB 이상이 되는 것으로 할 것

2.7.1.6 고체에어로졸의 방출 개시 후 1분 이상 경보를 계속 발할 것

2.8 화재감지기

2.8.1 고체에어로졸소화설비의 화재감지기는 다음의 기준에 따라 설치해야 한다.

2.8.1.1 고체에어로졸소화설비에는 다음의 감지기 중 하나를 설치할 것

2.8.1.1.1 광전식 공기흡입형 감지기

2.8.1.1.2 아날로그 방식의 광전식 스포트형 감지기

2.8.1.1.3 중앙소방기술심의위원회의 심의를 통해 고체에어로졸소화설비에 적응성이 있다고 인정된 감지기

2.8.1.2 화재감지기 1개가 담당하는 바닥면적은 「자동화재탐지설비 및 시각경보장치의 화재안전기술기준(NFTC 203)」의 2.4.3의 규정에 따른 바닥면적으로 할 것

2.9 방호구역의 자동폐쇄장치

2.9.1 고체에어로졸소화설비의 방호구역은 고체에어로졸소화설비가 기동할 경우 다음의 기준에 따라 자동적으로 폐쇄되어야 한다.

2.9.1.1 방호구역 내의 개구부와 통기구는 고체에어로졸이 방출되기 전에 폐쇄되도록 할 것

2.9.1.2 방호구역 내의 환기장치는 고체에어로졸이 방출되기 전에 정지되도록 할 것

2.9.1.3 자동폐쇄장치의 복구장치는 제어반 또는 그 직근에 설치하고, 해당 장치를 표시하는 표지를 부착할 것

2.10 비상전원

2.10.1 고체에어로졸소화설비에는 자가발전설비, 축전지설비(제어반에 내장하는 경우를 포함한다. 이하 같다) 또는 전기저장장치(외부 전기에너지를 저장해 두었다가 필요한 때 전기를 공급하는 장치. 이하 같다)에 따른 비상전원을 다음의 기준에 따라 설치해야 한다. 다만, 2 이상의 변전소(「전기사업법」제67조에 따른 변전소를 말한다. 이하 같다)에서 전력을 동시에 공급받을 수 있거나 하나의 변전소로부터 전력의 공급이 중단되는 때에는 자동으로 다른 변전소로부터 전력을 공급받을 수 있도록 상용전원을 설치한 경우에는 비상전원을 설치하지 않을 수 있다.

2.10.1.1 점검에 편리하고 화재 및 침수 등의 재해로 인한 피해를 받을 우려가 없는 곳에 설치할 것

2.10.1.2 고체에어로졸소화설비에 최소 20분 이상 유효하게 전원을 공급할 것

2.10.1.3 상용전원으로부터 전력의 공급이 중단된 때에는 자동으로 비상전원으로부터 전력을 공급받을 수 있도록 할 것

2.10.1.4 비상전원의 설치장소는 다른 장소와 방화구획할 것(제어반에 내장하는 경우는 제외한다). 이 경우 그 장소에는 비상전원의 공급에 필요한 기구나 설비 외의 것(열병합발전설비에 필요한 기구나 설비는 제외한다)을 두어서는 아니 된다.

2.10.1.5 비상전원을 실내에 설치하는 때에는 그 실내에 비상조명등을 설치할 것

2.11 배선 등

2.11.1 고체에어로졸소화설비의 배선은 「전기사업법」제67조에 따른 「전기설비기술기준」에서 정한 것 외에 다음의 기준에 따라 설치해야 한다.

2.11.1.1 비상전원으로부터 제어반에 이르는 전원회로배선은 내화배선으로 할 것. 다만, 자가발전설비와 제어반이 동일한 실에 설치된 경우에는 자가발전기로부터 그 제어반에 이르는 전원회로배선은 그렇지 않다.

2.11.1.2 상용전원으로부터 제어반에 이르는 배선, 그 밖의 고체에어로졸소화설비의 감시회로·조작회로 또는 표시등회로의 배선은 내화배선 또는 내열배선으로 할 것. 다만, 제어반 안의 감시회로·조작회로 또는 표시등회로의 배선은 그렇지 않다.

2.11.1.3 화재감지기의 배선은 「자동화재탐지설비 및 시각경보장치의 화재안전기술기준(NFTC 203)」 2.8(배선)의 기준에 따른다.

2.11.2 2.11.1에 따른 내화배선 및 내열배선에 사용되는 전선의 종류 및 설치방법은 「옥내소화전설비의 화재안전기술기준(NFTC 102)」 2.7.2의 표 2.7.2(1) 및 표 2.7.2(2)의 기준에 따른다.

2.11.3 소화설비의 과전류차단기 및 개폐기에는 "고체에어로졸소화설비용"이라고 표시한 표지를 해야 한다.

2.11.4 소화설비용 전기배선의 양단 및 접속단자에는 다음의 기준에 따른 표지 또는 표시를 해야 한다.

2.11.4.1 단자에는 "고체에어로졸소화설비단자"라고 표시한 표지를 부착할 것

2.11.4.2 소화설비용 전기배선의 양단에는 다른 배선과 식별이 용이하도록 표시할 것

2.12 과압배출구

2.12.1 고체에어로졸소화설비가 설치된 방호구역에는 소화약제 방출 시 과압으로 인한 구조물 등의 손상을 방지하기 위하여 과압배출구를 설치해야 한다.

CHAPTER 05 고층건축물의 화재안전성능기준 (NFPC 604)

[시행 2022. 12. 1.] [소방청고시 제2022-65호, 2022. 11. 25., 전부개정]

제1조(목적)
이 기준은 「소방시설 설치 및 관리에 관한 법률」(이하 "법"이라 한다) 제2조제1항제6호가목에 따라 소방청장에게 위임한 사항 중 고층건축물에 설치해야 하는 소방시설 등의 성능기준을 규정함을 목적으로 한다.

제2조(적용범위)
이 기준은 「소방시설 설치 및 관리에 관한 법률 시행령」(이하 "영"이라 한다) 제11조제1항에 따라 「건축법」 제2조제1항제19호에 따른 고층건축물과 「초고층 및 지하연계 복합건축물 재난관리에 관한 특별법 시행령」 제14조제2항에 따른 피난안전구역에 설치해야 하는 소방시설 등의 설치 및 관리에 대해 적용한다.

제3조(정의)
① 이 기준에서 사용하는 용어의 정의는 다음과 같다.
  1. "고층건축물"이란 「건축법」 제2조제1항제19호 규정에 따른 건축물을 말한다.
  2. "급수배관"이란 수원 또는 옥외송수구로부터 소화설비에 급수하는 배관을 말한다.
② 이 기준에서 사용하는 용어는 제1항에서 규정한 것을 제외하고는 관계법령 및 개별 성능기준에서 정하는 바에 따른다.

제4조(다른 화재안전성능기준과의 관계)
고층건축물에 설치하는 소방시설 등의 설치 및 관리기준 중 이 기준에서 규정하지 않은 것은 개별 화재안전성능기준에 따른다.

제5조(옥내소화전설비)
① 수원은 그 저수량이 옥내소화전의 설치개수가 가장 많은 층의 설치개수(다섯 개 이상 설치된 경우에는 다섯 개)를 동시에 사용할 수 있는 양 이상이 되도록 해야 한다.
② 수원은 제1항에 따라 산출된 유효수량 외에 유효수량의 3분의 1 이상을 옥상(옥내소화전설비가 설치된 건축물의 주된 옥상을 말한다. 이하 같다)에 설치해야 한다.
③ 전동기 또는 내연기관에 의한 펌프를 이용하는 가압송수장치는 옥내소화전설비 전용으로 설치해야 하며, 주펌프와 동등 이상의 성능이 있는 별도의 펌프로서 내연기관의 기동과 연동하여 작동되거나 비상전원을 연결한 예비펌프를 추가로 설치해야 한다.
④ 내연기관의 연료량은 펌프를 40분(50층 이상인 건축물의 경우에는 60분) 이상 운전할 수 있는 용량일 것
⑤ 급수배관은 전용으로 해야 한다.
⑥ 50층 이상인 건축물의 옥내소화전 주배관 중 수직배관은 두 개 이상(주배관 성능을 갖는 동일 호칭배관)으로 설치해야 하며, 하나의 수직배관의 파손 등 작동 불능 시에도 다른 수직배관으로부터 소화용

수가 공급되도록 구성해야 한다.
⑦ 비상전원은 자가발전설비, 축전지설비 또는 전기저장장치로서 옥내소화전설비를 유효하게 40분(50층 이상인 건축물의 경우에는 60분) 이상 작동할 수 있어야 한다.

제6조(스프링클러설비)
① 수원은 스프링클러설비 설치장소별 스프링클러헤드의 기준개수에 3.2세제곱미터(50층 이상인 건축물의 경우에는 4.8세제곱미터)를 곱한 양 이상이 되도록 해야 한다.
② 수원은 제1항에 따라 산출된 유효수량 외에 유효수량의 3분의 1 이상을 옥상(옥내소화전설비가 설치된 건축물의 주된 옥상을 말한다. 이하 같다)에 설치해야 한다.
③ 전동기 또는 내연기관에 의한 펌프를 이용하는 가압송수장치는 스프링클러설비 전용으로 설치해야 하며, 주펌프와 동등 이상의 성능이 있는 별도의 펌프로서 내연기관의 기동과 연동하여 작동되거나 비상전원을 연결한 예비펌프를 추가로 설치해야 한다.
④ 내연기관의 연료량은 펌프를 40분(50층 이상인 건축물의 경우에는 60분) 이상 운전할 수 있는 용량일 것
⑤ 급수배관은 전용으로 설치해야 한다.
⑥ 50층 이상인 건축물의 스프링클러설비 주배관 중 수직배관은 2개 이상(주배관 성능을 갖는 동일 호칭배관)으로 설치하고, 하나의 수직배관이 파손 등 작동 불능 시에도 다른 수직배관으로부터 소화수가 공급되도록 구성해야 하며, 각각의 수직배관에 유수검지장치를 설치해야 한다.
⑦ 50층 이상인 건축물의 스프링클러 헤드에는 2개 이상의 가지배관으로부터 양방향에서 소화수가 공급되도록 하고, 수리계산에 의한 설계를 해야 한다.
⑧ 스프링클러설비의 음향장치는 「스프링클러설비의 화재안전성능기준(NFPC 103)」 제9조에 따라 설치하되, 발화층에 따라 경보하는 층을 달리하여 경보를 발할 수 있도록 해야 한다.
⑨ 비상전원은 자가발전설비, 축전지설비 또는 전기저장장치로서 스프링클러설비를 유효하게 40분(50층 이상인 건축물의 경우에는 60분) 이상 작동할 수 있어야 한다.

제7조(비상방송설비)
① 비상방송설비의 음향장치는 발화층에 따라 경보하는 층을 달리하여 경보를 발할 수 있도록 해야 한다.
② 비상방송설비에는 그 설비에 대한 감시상태를 60분간 지속한 후 유효하게 30분 이상 경보할 수 있는 축전지설비 또는 전기저장장치를 설치해야 한다.

제8조(자동화재탐지설비)
① 감지기는 아날로그방식의 감지기로서 감지기의 작동 및 설치지점을 수신기에서 확인할 수 있는 것으로 설치해야 한다.
② 자동화재탐지설비의 음향장치는 발화층에 따라 경보하는 층을 달리하여 경보를 발할 수 있도록 해야 한다.
③ 50층 이상인 건축물에 설치하는 수신기, 중계기 및 감지기 사이의 통신·신호배선은 이중배선을 설치하도록 하고 단선 시에도 고장표시가 되며 정상 작동할 수 있는 성능을 갖도록 설비를 해야 한다.
④ 자동화재탐지설비에는 그 설비에 대한 감시상태를 60분간 지속한 후 유효하게 30분 이상 경보할 수 있는 축전지설비 또는 전기저장장치를 설치해야 한다.

제9조(특별피난계단의 계단실 및 부속실 제연설비)

특별피난계단의 계단실 및 그 부속실 제연설비는 「특별피난계단의 계단실 및 부속실 제연설비의 화재안전성능기준(NFPC 501A)」에 따라 설치하되, 비상전원은 자가발전설비, 축전지설비 또는 전기저장장치로 하고 제연설비를 유효하게 40분(50층 이상인 건축물의 경우에는 60분) 이상 작동할 수 있도록 해야 한다.

제10조(피난안전구역의 소방시설)

「초고층 및 지하연계 복합건축물 재난관리에 관한 특별법 시행령」 제14조제2항에 따라 피난안전구역에 설치하는 소방시설의 설치기준은 다음 각 호와 같으며, 이 기준에서 정하지 않은 것은 개별 화재안전성능기준에 따라 설치해야 한다.

1. 제연설비의 피난안전구역과 비 제연구역간의 차압은 50파스칼(옥내에 스프링클러설비가 설치된 경우에는 12.5파스칼) 이상으로 할 것
2. 피난유도선은 다음 각 목의 기준에 따라 설치할 것
   가. 피난안전구역이 설치된 층의 계단실 출입구에서 피난안전구역의 주 출입구 또는 비상구까지 설치할 것
   나. 계단실에 설치하는 경우 계단 및 계단참에 설치할 것
   다. 피난유도 표시부의 너비는 최소 25밀리미터 이상으로 설치할 것
   라. 광원점등방식(전류에 의하여 빛을 내는 방식)으로 설치하되, 60분 이상 유효하게 작동할 것
3. 비상조명등은 상시 조명이 소등된 상태에서 그 비상조명등이 점등되는 경우 각 부분의 바닥에서 조도는 10럭스 이상이 될 수 있도록 설치할 것
4. 휴대용비상조명등은 다음 각 목의 기준에 따라 설치할 것
   가. 초고층 건축물에 설치된 피난안전구역에 설치하는 휴대용비상조명등의 수량은 피난안전구역 위 층의 재실자수(「건축물의 피난·방화구조 등의 기준에 관한 규칙」 별표 1의2에 따라 산정된 재실자 수를 말한다)의 10분의 1 이상에 해당하는 수량을 비치할 것
   나. 지하연계 복합건축물에 설치된 피난안전구역에 설치하는 휴대용비상조명등의 수량은 피난안전구역이 설치된 층의 수용인원(영 별표 7에 따라 산정된 수용인원을 말한다)의 10분의 1 이상으로 할 것
   다. 건전지 및 충전식 건전지의 용량은 40분(피난안전구역이 50층 이상에 설치되어 있을 경우 60분) 이상 유효하게 사용할 수 있는 것으로 할 것
5. 인명구조기구는 다음 각 목의 기준에 따라 설치할 것
   가. 방열복, 인공소생기를 각 두 개 이상 비치할 것
   나. 45분 이상 사용할 수 있는 성능의 공기호흡기(보조마스크를 포함한다)를 두 개 이상 비치할 것. 다만, 피난안전구역이 50층 이상에 설치되어 있을 경우에는 동일한 성능의 예비용기를 10개 이상 비치할 것
   다. 화재 시 쉽게 반출할 수 있는 곳에 비치할 것
   라. 인명구조기구가 설치된 장소의 보기 쉬운 곳에 "인명구조기구"라는 표지판 등을 설치할 것

제11조(연결송수관설비)

① 연결송수관설비의 배관은 전용으로 한다.
② 내연기관의 연료량은 펌프를 40분(50층 이상인 건축물의 경우에는 60분) 이상 운전할 수 있는 용량일 것
③ 연결송수관설비의 비상전원은 자가발전설비, 축전지설비 전기저장장치로서 연결송수관설비를 유효하게 40분(50층 이상인 건축물의 경우에는 60분) 이상 작동할 수 있어야 한다.

제12조(재검토기한)

소방청장은 「훈령·예규 등의 발령 및 관리에 관한 규정」에 따라 이 고시에 대하여 2023년 1월 1일을 기준으로 매 3년이 되는 시점(매 3년째의 12월 31일까지를 말한다)마다 그 타당성을 검토하여 개선 등의 조치를 해야 한다.

부칙〈제2022-65호, 2022. 11. 25.〉

제1조(시행일)

이 고시는 2022년 12월 1일부터 시행한다.

제2조(경과조치)

① 이 고시 시행 전에 건축허가 등의 신청 또는 신고를 하거나 소방시설공사의 착공신고를 한 특정소방대상물에 대해서는 종전의 「고층건축물의 화재안전기준 (NFSC 604)」에 따른다.
② 이 고시 시행 전에 제1항에 따른 신청 또는 신고를 한 경우라도 개정 기준이 종전의 기준에 비해 관계인에게 유리한 경우에는 개정 기준에 따를 수 있다.

제3조(다른 법령과의 관계)

이 고시 시행 당시 다른 법령에서 종전의 화재안전기준을 인용한 경우에 이 고시 가운데 그에 해당하는 규정이 있는 경우에는 종전의 규정에 갈음하여 이 고시의 해당 규정을 인용한 것으로 본다.

CHAPTER 05 고층건축물의 화재안전기술기준 (NFTC 604)

[시행 2023. 12. 20.] [소방청공고 제2023-44호, 2023. 12. 20., 일부개정]

1. 일반사항

1.1 적용범위

1.1.1 이 기준은 「소방시설 설치 및 관리에 관한 법률 시행령」(이하 "영"이라 한다) 제11조제1항에 따라 「건축법」 제2조제1항제19호에 따른 고층건축물과 「초고층 및 지하연계 복합건축물 재난관리에 관한 특별법 시행령」 제14조제2항에 따른 피난안전구역에 설치해야 하는 소방시설 등의 설치 및 관리에 대해 적용한다.

1.2 기준의 효력

1.2.1 이 기준은 「소방시설 설치 및 관리에 관한 법률」(이하 "법"이라 한다) 제2조제1항제6호나목호에 따라 고층건축물에 설치하는 소방시설 등의 기술기준으로서의 효력을 가진다.

1.2.2 이 기준에 적합한 경우에는 법 제2조제1항제6호나목에 따라 「고층건축물의 화재안전성능기준(NFPC 604)」을 충족하는 것으로 본다.

1.3 기준의 시행

1.3.1 이 기준은 2023년 12월 20일부터 시행한다.

1.4 기준의 특례

1.4.1 소방본부장 또는 소방서장은 기존건축물이 증축·개축·대수선되거나 용도변경되는 경우에 있어서 이 기준이 정하는 기준에 따라 해당 건축물에 설치해야 할 소방시설의 배관·배선 등의 공사가 현저하게 곤란하다고 인정되는 경우에는 해당 설비의 기능 및 사용에 지장이 없는 범위 안에서 이 기준의 일부를 적용하지 않을 수 있다.

1.5 경과조치

1.5.1 이 기준 시행 전에 건축허가 등의 신청 또는 신고를 하거나 소방시설공사의 착공신고를 한 특정소방대상물에 대해서는 종전의 「고층건축물의 화재안전기준(NFSC 604)」에 따른다.

1.5.2 이 기준 시행 전에 1.5.1에 따른 신청 또는 신고를 한 경우라도 제정 기준이 종전의 기준에 비하여 관계인에게 유리한 경우에는 제정 기준에 따를 수 있다.

1.6 다른 법령과의 관계

1.6.1 이 기준 시행 당시 다른 법령 또는 행정규칙 등에서 종전의 화재안전기준을 인용한 경우에 이 기준 가운데 그에 해당하는 규정이 있는 경우에는 종전의 규정에 갈음하여 이 기준의 해당 규정을 인용한 것으로 본다.

1.6.2 고층건축물에 설치하는 소방시설 등의 설치 및 관리기준 중 이 기준에서 규정하지 않은 기준은 개별 기술기준에 따라야 한다.

1.7 용어의 정의

1.7.1 이 기준에서 사용하는 용어의 정의는 다음과 같다.

1.7.1.1 "고층건축물"이란 「건축법」 제2조제1항제19호 규정에 따른 건축물을 말한다.

1.7.1.2 "급수배관"이란 수원 또는 옥외송수구로부터 소화설비에 급수하는 배관을 말한다.

1.7.2 이 기준에서 사용하는 용어는 1.7.1에서 규정한 것을 제외하고는 관계법령 및 개별 기술기준에서 정하는 바에 따른다.

2. 기술기준

2.1 옥내소화전설비

2.1.1 수원은 그 저수량이 옥내소화전의 설치개수가 가장 많은 층의 설치개수(5개 이상 설치된 경우에는 5개)에 5.2m³(호스릴옥내소화전설비를 포함한다)를 곱한 양 이상이 되도록 해야 한다. 다만, 층수가 50층 이상인 건축물의 경우에는 7.8m³를 곱한 양 이상이 되도록 해야 한다.

2.1.2 수원은 2.1.1에 따라 산출된 유효수량 외에 유효수량의 3분의 1 이상을 옥상(옥내소화전설비가 설치된 건축물의 주된 옥상을 말한다. 이하 같다)에 설치해야 한다. 다만, 「옥내소화전설비의 화재안전기술기준(NFTC 102)」 2.1.2(2) 또는 2.1.2(3)에 해당하는 경우에는 그렇지 않다.

2.1.3 전동기 또는 내연기관에 의한 펌프를 이용하는 가압송수장치는 옥내소화전설비 전용으로 설치해야 하며, 주펌프와 동등 이상의 성능이 있는 별도의 펌프로서 내연기관의 기동과 연동하여 작동되거나 비상전원을 연결한 예비펌프를 추가로 설치해야 한다.

2.1.4 내연기관의 연료량은 펌프를 40분(50층 이상인 건축물의 경우에는 60분) 이상 운전할 수 있는 용량일 것

2.1.5 급수배관은 전용으로 해야 한다. 다만, 옥내소화전설비의 성능에 지장이 없는 경우에는 연결송수관설비의 배관과 겸용할 수 있다.

2.1.6 50층 이상인 건축물의 옥내소화전 주배관 중 수직배관은 2개 이상(주배관 성능을 갖는 동일 호칭배관)으로 설치해야 하며, 하나의 수직배관의 파손 등 작동 불능 시에도 다른 수직배관으로부터 소화용수가 공급되도록 구성해야 한다.

2.1.7 비상전원은 자가발전설비, 축전지설비(내연기관에 따른 펌프를 사용하는 경우에는 내연기관의 기동 및 제어용 축전지를 말한다) 또는 전기저장장치(외부 전기에너지를 저장해 두었다가 필요한 때 전기를 공급하는 장치. 이하 같다)로서 옥내소화전설비를 유효하게 40분(50층 이상인 건축물의 경우에는 60분) 이상 작동할 수 있어야 한다.

2.2 스프링클러설비

2.2.1 수원은 그 저수량이 스프링클러설비 설치장소별 스프링클러헤드의 기준개수에 3.2m³를 곱한 양 이상이 되도록 해야 한다. 다만, 50층 이상인 건축물의 경우에는 4.8m³를 곱한 양 이상이 되도록 해야 한다.

2.2.2 수원은 2.2.1에 따라 산출된 유효수량 외에 유효수량의 3분의 1 이상을 옥상(옥내소화전설비가 설치된 건축물의 주된 옥상을 말한다. 이하 같다)에 설치해야 한다. 다만, 「스프링클러설비의 화재안전기술기준(NFTC 103)」 2.1.2(2) 또는 2.1.2(3)에 해당하는 경우에는 그렇지 않다.

2.2.3 전동기 또는 내연기관에 의한 펌프를 이용하는 가압송수장치는 스프링클러설비 전용으로 설치해야 하며, 주펌프와 동등 이상의 성능이 있는 별도의 펌프로서 내연기관의 기동과 연동하여 작동되거나 비상전원을 연결한 예비펌프를 추가로 설치해야 한다.

2.2.4 내연기관의 연료량은 펌프를 40분(50층 이상인 건축물의 경우에는 60분) 이상 운전할 수 있는 용량일 것

2.2.5 급수배관은 전용으로 설치해야 한다.

2.2.6 50층 이상인 건축물의 스프링클러설비 주배관 중 수직배관은 2개 이상(주배관 성능을 갖는 동일 호칭배관)으로 설치하고, 하나의 수직배관이 파손 등 작동 불능 시에도 다른 수직배관으로부터 소화수가 공급되도록 구성해야 하며, 각각의 수직배관에 유수검지장치를 설치해야 한다.

2.2.7 50층 이상인 건축물의 스프링클러 헤드에는 2개 이상의 가지배관으로부터 양방향에서 소화수가 공급되도록 하고, 수리계산에 의한 설계를 해야 한다.

2.2.8 스프링클러설비의 음향장치는 「스프링클러설비의 화재안전기술기준(NFTC 103)」 2.6(음향장치 및 기동장치)에 따라 설치하되, 다음의 기준에 따라 경보를 발할 수 있도록 해야 한다.

2.2.8.1 2층 이상의 층에서 발화한 때에는 발화층 및 그 직상 4개 층에 경보를 발할 것

2.2.8.2 1층에서 발화한 때에는 발화층 · 그 직상 4개 층 및 지하층에 경보를 발할 것

2.2.8.3 지하층에서 발화한 때에는 발화층 · 그 직상층 및 기타의 지하층에 경보를 발할 것

2.2.9 비상전원은 자가발전설비, 축전지설비(내연기관에 따른 펌프를 사용하는 경우에는 내연기관의 기동 및 제어용 축전지를 말한다) 또는 전기저장장치로서 스프링클러설비를 유효하게 40분 이상 작동할 수 있을 것. 다만, 50층 이상인 건축물의 경우에는 60분 이상 작동할 수 있어야 한다.

2.3 비상방송설비

2.3.1 비상방송설비의 음향장치는 다음의 기준에 따라 경보를 발할 수 있도록 해야 한다.

2.3.1.1 2층 이상의 층에서 발화한 때에는 발화층 및 그 직상 4개 층에 경보를 발할 것

2.3.1.2 1층에서 발화한 때에는 발화층 · 그 직상 4개 층 및 지하층에 경보를 발할 것

2.3.1.3 지하층에서 발화한 때에는 발화층 · 그 직상층 및 기타의 지하층에 경보를 발할 것

2.3.2 비상방송설비에는 그 설비에 대한 감시상태를 60분간 지속한 후 유효하게 30분 이상 경보할 수 있는 비상전원으로서 축전지설비(수신기에 내장하는 경우를 포함한다) 또는 전기저장장치를 설치해야 한다.

2.4 자동화재탐지설비

2.4.1 감지기는 아날로그방식의 감지기로서 감지기의 작동 및 설치지점을 수신기에서 확인할 수 있는 것으로 설치해야 한다. 다만, 공동주택의 경우에는 감지기별로 작동 및 설치지점을 수신기에서 확인할 수 있는 아날로그방식 외의 감지기로 설치할 수 있다.

2.4.2 자동화재탐지설비의 음향장치는 다음의 기준에 따라 경보를 발할 수 있도록 해야 한다.

2.4.2.1 2층 이상의 층에서 발화한 때에는 발화층 및 그 직상 4개 층에 경보를 발할 것
2.4.2.2 1층에서 발화한 때에는 발화층·그 직상 4개 층 및 지하층에 경보를 발할 것
2.4.2.3 지하층에서 발화한 때에는 발화층·그 직상층 및 기타의 지하층에 경보를 발할 것
2.4.3 50층 이상인 건축물에 설치하는 다음의 통신·신호배선은 이중배선을 설치하도록 하고 단선 시에도 고장표시가 되며 정상 작동할 수 있는 성능을 갖도록 설비를 해야 한다.
  (1) 수신기와 수신기 사이의 통신배선
  (2) 수신기와 중계기 사이의 신호배선
  (3) 수신기와 감지기 사이의 신호배선
2.4.4 자동화재탐지설비에는 그 설비에 대한 감시상태를 60분간 지속한 후 유효하게 30분 이상 경보할 수 있는 비상전원으로서 축전지설비(수신기에 내장하는 경우를 포함한다) 또는 전기저장장치(외부 전기에너지를 저장해 두었다가 필요한 때 전기를 공급하는 장치)를 설치해야 한다. 다만, 상용전원이 축전지설비인 경우에는 그렇지 않다.

2.5 특별피난계단의 계단실 및 부속실 제연설비

2.5.1 특별피난계단의 계단실 및 부속실 제연설비는 「특별피난계단의 계단실 및 부속실 제연설비의 화재안전기술기준(NFTC 501A)」에 따라 설치하되, 비상전원은 자가발전설비, 축전지설비, 전기저장장치로 하고 제연설비를 유효하게 40분 이상 작동할 수 있도록 해야 한다. 다만, 50층 이상인 건축물의 경우에는 60분 이상 작동할 수 있어야 한다.

2.6 피난안전구역의 소방시설

2.6.1 「초고층 및 지하연계 복합건축물 재난관리에 관한 특별법시행령」 제14조제2항에 따른 피난안전구역에 설치하는 소방시설은 표 2.6.1과 같이 설치해야 하며, 이 기준에서 정하지 아니한 것은 개별 기술기준에 따라 설치해야 한다.

표 2.6.1 피난안전구역에 설치하는 소방시설 설치기준

구분	설치기준
1. 제연설비	피난안전구역과 비제연구역 간의 차압은 50Pa(옥내에 스프링클러설비가 설치된 경우에는 12.5Pa) 이상으로 해야 한다. 다만, 피난안전구역의 한쪽 면 이상이 외기에 개방된 구조의 경우에는 설치하지 않을 수 있다.
2. 피난유도선	피난유도선은 다음의 기준에 따라 설치해야 한다. 가. 피난안전구역이 설치된 층의 계단실 출입구에서 피난안전구역 주 출입구 또는 비상구까지 설치할 것 나. 계단실에 설치하는 경우 계단 및 계단참에 설치할 것 다. 피난유도 표시부의 너비는 최소 25mm 이상으로 설치할 것 라. 광원점등방식(전류에 의하여 빛을 내는 방식)으로 설치하되, 60분 이상 유효하게 작동할 것
3. 비상조명등	피난안전구역의 비상조명등은 상시 조명이 소등된 상태에서 그 비상조명등이 점등되는 경우 각 부분의 바닥에서 조도는 10lx 이상이 될 수 있도록 설치할 것

4. 휴대용비상조명등	가. 피난안전구역에는 휴대용비상조명등을 다음의 기준에 따라 설치해야 한다. 　1) 초고층 건축물에 설치된 피난안전구역 : 피난안전구역 위층의 재실자 수(「건축물의 피난·방화구조 등의 기준에 관한 규칙」 별표 1의2에 따라 산정된 재실자 수를 말한다)의 10분의 1 이상 　2) 지하연계 복합건축물에 설치된 피난안전구역 : 피난안전구역이 설치된 층의 수용인원(영 별표 2에 따라 산정된 수용인원을 말한다)의 10분의 1 이상 나. 건전지 및 충전식 건전지의 용량은 40분 이상 유효하게 사용할 수 있는 것으로 한다. 다만, 피난안전구역이 50층 이상에 설치되어 있을 경우의 용량은 60분 이상으로 할 것
5. 인명구조기구	가. 방열복, 인공소생기를 각 2개 이상 비치할 것 나. 45분 이상 사용할 수 있는 성능의 공기호흡기(보조마스크를 포함한다)를 2개 이상 비치해야 한다. 다만, 피난안전구역이 50층 이상에 설치되어 있을 경우에는 동일한 성능의 예비용기를 10개 이상 비치할 것 다. 화재 시 쉽게 반출할 수 있는 곳에 비치할 것 라. 인명구조기구가 설치된 장소의 보기 쉬운 곳에 "인명구조기구"라는 표지판 등을 설치할 것

2.7 연결송수관설비

2.7.1 연결송수관설비의 배관은 전용으로 한다. 다만, 주배관의 구경이 100mm 이상인 옥내소화전설비와 겸용할 수 있다.

2.7.2 내연기관의 연료량은 펌프를 40분(50층 이상인 건축물의 경우에는 60분) 이상 운전할 수 있는 용량일 것

2.7.3 연결송수관설비의 비상전원은 자가발전설비, 축전지설비(내연기관에 따른 펌프를 사용하는 경우에는 내연기관의 기동 및 제어용 축전지를 말한다), 전기저장장치로서 연결송수관설비를 유효하게 40분 이상 작동할 수 있어야 할 것. 다만, 50층 이상인 건축물의 경우에는 60분 이상 작동할 수 있어야 한다.

CHAPTER 06 공동주택의 화재안전성능기준 (NFPC 608)

[시행 2024. 1. 1.] [소방청고시 제2023-40호, 2023. 10. 13., 제정]

제1조(목적)
이 기준은 「소방시설 설치 및 관리에 관한 법률」 제12조제1항에 따라 소방청장에게 위임한 사항 중 공동주택에 설치해야 하는 소방시설 등의 설치 및 관리에 관하여 필요한 사항을 규정함을 목적으로 한다.

제2조(적용범위)
「소방시설 설치 및 관리에 관한 법률 시행령」(이하 "영"이라 한다) 제11조에 의한 소방시설을 설치해야 할 공동주택 중 아파트등 및 기숙사에 설치하는 소방시설 등은 이 기준에서 정하는 규정에 따라 설비를 설치하고 관리해야 한다.

제3조(정의)
이 기준에서 사용하는 용어의 정의는 다음과 같다.
1. "공동주택"이란 영 [별표2] 제1호에서 규정한 대상을 말한다.
2. "아파트등"이란 영 [별표2] 제1호 가목에서 규정한 대상을 말한다.
3. "기숙사"란 영 [별표2] 제1호 라목에서 규정한 대상을 말한다.
4. "갓복도식 공동주택"이란 「건축물의 피난·방화구조 등의 기준에 관한 규칙」 제9조제4항에서 규정한 대상을 말한다.
5. "주배관"이란 「스프링클러설비의 화재안전성능기준(NFPC 103)」 제3조제19호에서 규정한 것을 말한다.
6. "부속실"이란 「특별피난계단의 계단실 및 부속실 제연설비의 화재안전성능기준(NFPC 501A)」 제2조에서 규정한 부속실을 말한다.

제4조(다른 화재안전성능기준과의 관계)
공동주택에 설치하는 소방시설 등의 설치기준 중 이 기준에서 규정하지 아니한 소방시설 등의 설치기준은 개별 화재안전기준에 따라 설치해야 한다.

제5조(소화기구 및 자동소화장치)
① 소화기는 다음 각 호의 기준에 따라 설치해야 한다.
   1. 바닥면적 100제곱미터마다 1단위 이상의 능력단위를 기준으로 설치할 것
   2. 아파트등의 경우 각 세대 및 공용부(승강장, 복도 등)마다 설치할 것
   3. 아파트등의 세대 내에 설치된 보일러실이 방화구획되거나, 스프링클러설비·간이스프링클러설비·물분무등소화설비 중 하나가 설치된 경우에는 「소화기구 및 자동소화장치의 화재안전성능기준(NFPC 101)」 제4조제1항제3호를 적용하지 않을 수 있다.

4. 아파트등의 경우「소화기구 및 자동소화장치의 화재안전성능기준(NFPC 101)」제5조의 기준에 따른 소화기의 감소 규정을 적용하지 않을 것

② 주거용 주방자동소화장치는 아파트등의 주방에 열원(가스 또는 전기)의 종류에 적합한 것으로 설치하고, 열원을 차단할 수 있는 차단장치를 설치해야 한다.

제6조(옥내소화전설비)
옥내소화전설비는 다음 각 호의 기준에 따라 설치해야 한다.
1. 호스릴(hose reel) 방식으로 설치할 것
2. 복층형 구조인 경우에는 출입구가 없는 층에 방수구를 설치하지 아니할 수 있다.
3. 감시제어반 전용실은 피난층 또는 지하 1층에 설치할 것. 다만, 상시 사람이 근무하는 장소 또는 관계인이 쉽게 접근할 수 있고 관리가 용이한 장소에 감시제어반 전용실을 설치할 경우에는 지상 2층 또는 지하 2층에 설치할 수 있다.

제7조(스프링클러설비)
스프링클러설비는 다음 각 호의 기준에 따라 설치해야 한다.
1. 폐쇄형스프링클러헤드를 사용하는 아파트등은 기준개수 10개(스프링클러헤드의 설치개수가 가장 많은 세대에 설치된 스프링클러헤드의 개수가 기준개수보다 작은 경우에는 그 설치개수를 말한다)에 1.6세제곱미터를 곱한 양 이상의 수원이 확보되도록 할 것. 다만, 아파트등의 각 동이 주차장으로 서로 연결된 구조인 경우 해당 주차장 부분의 기준개수는 30개로 할 것
2. 아파트등의 경우 화장실 반자 내부에는 「소방용 합성수지배관의 성능인증 및 제품검사의 기술기준」에 적합한 소방용 합성수지배관으로 배관을 설치할 수 있다. 다만, 소방용 합성수지배관 내부에 항상 소화수가 채워진 상태를 유지할 것
3. 하나의 방호구역은 2개 층에 미치지 아니하도록 할 것. 다만, 복층형 구조의 공동주택에는 3개 층 이내로 할 수 있다.
4. 아파트등의 세대 내 스프링클러헤드를 설치하는 경우 천장·반자·천장과 반자 사이·덕트·선반 등의 각 부분으로부터 하나의 스프링클러헤드까지의 수평거리는 2.6미터 이하로 할 것.
5. 외벽에 설치된 창문에서 0.6미터 이내에 스프링클러헤드를 배치하고, 배치된 헤드의 수평거리 이내에 창문이 모두 포함되도록 할 것. 다만, 다음 각 목의 어느 하나에 해당하는 경우에는 그렇지 않다.
    가. 창문에 드렌처설비가 설치된 경우
    나. 창문과 창문 사이의 수직부분이 내화구조로 90센티미터 이상 이격되어 있거나, 「발코니 등의 구조변경절차 및 설치기준」제4조제1항부터 제5항까지에서 정하는 구조와 성능의 방화판 또는 방화유리창을 설치한 경우
    다. 발코니가 설치된 부분
6. 거실에는 조기반응형 스프링클러헤드를 설치할 것
7. 감시제어반 전용실은 피난층 또는 지하 1층에 설치할 것. 다만, 상시 사람이 근무하는 장소 또는 관계인이 쉽게 접근할 수 있고 관리가 용이한 장소에 감시제어반 전용실을 설치할 경우에는 지상 2층 또는 지하 2층에 설치할 수 있다.

8. 「건축법 시행령」제46조제4항에 따라 설치된 대피공간에는 헤드를 설치하지 않을 수 있다.
9. 「스프링클러설비의 화재안전기술기준(NFTC 103)」 2.7.7.1 및 2.7.7.3의 기준에도 불구하고 세대 내 실외기실 등 소규모 공간에서 해당 공간 여건상 헤드와 장애물 사이에 60센티미터 반경을 확보하지 못하거나 장애물 폭의 3배를 확보하지 못하는 경우에는 살수방해가 최소화되는 위치에 설치할 수 있다.

제8조(물분무소화설비)

물분무소화설비의 감시제어반 전용실은 피난층 또는 지하 1층에 설치해야 한다. 다만, 상시 사람이 근무하는 장소 또는 관계인이 쉽게 접근할 수 있고 관리가 용이한 장소에 감시제어반 전용실을 설치할 경우에는 지상 2층 또는 지하 2층에 설치할 수 있다.

제9조(포소화설비)

포소화설비의 감시제어반 전용실은 피난층 또는 지하 1층에 설치해야 한다. 다만, 상시 사람이 근무하는 장소 또는 관계인이 쉽게 접근할 수 있고 관리가 용이한 장소에 감시제어반 전용실을 설치할 경우에는 지상 2층 또는 지하 2층에 설치할 수 있다.

제10조(옥외소화전설비)

옥외소화전설비는 다음 각 호의 기준에 따라 설치해야 한다.
1. 기동장치는 기동용수압개폐장치 또는 이와 동등 이상의 성능이 있는 것을 설치할 것
2. 감시제어반 전용실은 피난층 또는 지하 1층에 설치할 것. 다만, 상시 사람이 근무하는 장소 또는 관계인이 쉽게 접근할 수 있고 관리가 용이한 장소에 감시제어반 전용실을 설치할 경우에는 지상 2층 또는 지하 2층에 설치할 수 있다.

제11조(자동화재탐지설비)

① 감지기는 다음 각 호의 기준에 따라 설치해야 한다.
  1. 아날로그방식의 감지기, 광전식 공기흡입형 감지기 또는 이와 동등 이상의 기능·성능이 인정되는 것으로 설치할 것
  2. 감지기의 신호처리방식은 「자동화재탐지설비 및 시각경보장치의 화재안전성능기준(NFPC 203)」 제3조2에 따른다.
  3. 세대 내 거실(취침용도로 사용될 수 있는 통상적인 방 및 거실을 말한다)에는 연기감지기를 설치할 것
  4. 감지기 회로 단선 시 고장표시가 되며, 해당 회로에 설치된 감지기가 정상 작동될 수 있는 성능을 갖도록 할 것
② 복층형 구조인 경우에는 출입구가 없는 층에 발신기를 설치하지 아니할 수 있다.

제12조(비상방송설비)

비상방송설비는 다음 각 호의 기준에 따라 설치해야 한다.
1. 확성기는 각 세대마다 설치할 것
2. 아파트등의 경우 실내에 설치하는 확성기 음성입력은 2와트 이상일 것

제13조(피난기구)

① 피난기구는 다음 각 호의 기준에 따라 설치해야 한다.
1. 아파트등의 경우 각 세대마다 설치할 것
2. 피난장애가 발생하지 않도록 하기 위하여 피난기구를 설치하는 개구부는 동일 직선상이 아닌 위치에 있을 것. 다만, 수직 피난방향으로 동일 직선상인 세대별 개구부에 피난기구를 엇갈리게 설치하여 피난장애가 발생하지 않는 경우에는 그렇지 않다.
3. 「공동주택관리법」제2조제1항제2호(마목은 제외함)에 따른 "의무관리대상 공동주택"의 경우에는 하나의 관리주체가 관리하는 공동주택 구역마다 공기안전매트 1개 이상을 추가로 설치할 것. 다만, 옥상으로 피난이 가능하거나 수평 또는 수직 방향의 인접세대로 피난할 수 있는 구조인 경우에는 추가로 설치하지 않을 수 있다.

② 갓복도식 공동주택 또는 「건축법 시행령」제46조제5항에 해당하는 구조 또는 시설을 설치하여 수평 또는 수직 방향의 인접세대로 피난할 수 있는 아파트는 피난기구를 설치하지 않을 수 있다.

③ 승강식 피난기 및 하향식 피난구용 내림식 사다리가 「건축물의 피난·방화구조 등의 기준에 관한 규칙」제14조에 따라 방화구획된 장소(세대 내부)에 설치될 경우에는 해당 방화구획된 장소를 대피실로 간주하고, 대피실의 면적규정과 외기에 접하는 구조로 대피실을 설치하는 규정을 적용하지 않을 수 있다.

제14조(유도등)

유도등은 다음 각 호의 기준에 따라 설치해야 한다.
1. 소형 피난구 유도등을 설치할 것. 다만, 세대 내에는 유도등을 설치하지 않을 수 있다.
2. 주차장으로 사용되는 부분은 중형 피난구유도등을 설치할 것
3. 「건축법 시행령」제40조제3항제2호나목 및 「주택건설기준 등에 관한 규정」제16조의2제3항에 따라 비상문자동개폐장치가 설치된 옥상 출입문에는 대형 피난구유도등을 설치할 것
4. 내부구조가 단순하고 복도식이 아닌 층에는 「유도등 및 유도표지의 화재안전성능기준(NFPC 303)」제5조제3항 및 제6조제1항제1호가목 기준을 적용하지 아니할 것

제15조(비상조명등)

비상조명등은 각 거실로부터 지상에 이르는 복도·계단 및 그 밖의 통로에 설치해야 한다. 다만, 공동주택의 세대 내에는 출입구 인근 통로에 1개 이상 설치한다.

제16조(특별피난계단의 계단실 및 부속실 제연설비)

특별피난계단의 계단실 및 부속실 제연설비는 「특별피난계단의 계단실 및 부속실 제연설비의 화재안전기술기준(NFTC 501A)」2.2.의 기준에 따라 성능확인을 해야 한다. 다만, 부속실을 단독으로 제연하는 경우에는 부속실과 면하는 옥내 출입문만 개방한 상태로 방연풍속을 측정할 수 있다.

제17조(연결송수관설비)

① 방수구는 다음 각 호의 기준에 따라 설치해야 한다.
1. 층마다 설치할 것. 다만, 아파트등의 1층과 2층(또는 피난층과 그 직상층)에는 설치하지 않을 수 있다.

2. 아파트등의 경우 계단의 출입구(계단의 부속실을 포함하며 계단이 2 이상 있는 경우에는 그 중 1개의 계단을 말한다)로부터 5미터 이내에 방수구를 설치하되, 그 방수구로부터 해당층의 각 부분까지의 수평거리가 50미터를 초과하는 경우에는 방수구를 추가로 설치할 것
3. 쌍구형으로 할 것. 다만, 아파트등의 용도로 사용되는 층에는 단구형으로 설치할 수 있다.
4. 송수구는 동별로 설치하되, 소방차량의 접근 및 통행이 용이하고 잘 보이는 장소에 설치할 것

② 펌프의 토출량은 분당 2,400리터 이상(계단식 아파트의 경우에는 분당 1,200리터 이상)으로 하고, 방수구 개수가 3개를 초과(방수구가 5개 이상인 경우에는 5개)하는 경우에는 1개 마다 분당 800리터(계단식 아파트의 경우에는 분당 400리터 이상)를 가산해야 한다.

제18조(비상콘센트)

아파트등의 경우에는 계단의 출입구(계단의 부속실을 포함하며 계단이 2개 이상 있는 경우에는 그 중 1개의 계단을 말한다)로부터 5미터 이내에 비상콘센트를 설치하되, 그 비상콘센트로부터 해당층의 각 부분까지의 수평거리가 50미터를 초과하는 경우에는 비상콘센트를 추가로 설치해야 한다.

제19조(재검토기한)

소방청장은 「훈령・예규 등의 발령 및 관리에 관한 규정」에 따라 이 고시에 대해 2024년 1월 1일을 기준으로 매 3년이 되는 시점(매 3년째의 12월 31일까지를 말한다)마다 그 타당성을 검토하여 개선 등의 조치를 해야 한다.

부칙〈제2023-40호, 2023. 10. 13.〉

제1조(시행일)

이 고시는 2024년 1월 1일부터 시행한다. 다만, 제11조제1항제1호의 제정 규정은 이 고시가 발령된 이후 최초로 개정되는 「감지기의 형식승인 및 제품검사의 기술기준」의 시행일이 3개월 경과한 날로부터 시행한다.

제2조(경과조치)

① 이 고시 시행 전에 건축허가 등의 신청 또는 신고를 하거나 소방시설공사의 착공신고를 한 특정소방대상물에 대해서는 종전의 개별 화재안전성능기준에 따른다.
② 이 고시 시행 전에 제1항에 따른 신청 또는 신고를 한 경우라도 제정 기준이 종전의 기준에 비해 관계인에게 유리한 경우에는 제정 기준을 따를 수 있다.

제3조(다른 고시의 개정)

① 「스프링클러설비의 화재안전성능기준(NFPC 103)」 일부를 다음과 같이 개정한다.
  1. 제4조제1항제1호의 표 내용 중 "아파트" 및 "10"을 삭제한다.
  2. 제10조제3항제3호를 삭제한다.
② 「피난기구의 화재안전성능기준(NFPC 301)」 일부를 다음과 같이 개정한다.
  1. 제5조제2항제1호를 "층마다 설치하되, 특정소방대상물의 종류에 따라 그 층의 용도 및 바닥면적

을 고려하여 한 개 이상 설치할 것"으로 한다.
　2. 제5조제2항제3호를 삭제한다.
③ 「유도등 및 유도표지의 화재안전성능기준(NFPC 303)」 일부를 다음과 같이 개정한다.
　1. 제4조제6호를 "제1호부터 제5호까지 외의 건축물로서 근린생활시설·노유자시설·업무시설·발전시설·종교시설(집회장 용도로 사용하는 부분 제외)·교육연구시설·수련시설·공장·교정 및 군사시설(국방·군사시설 제외)·자동차정비공장·운전학원 및 정비학원·다중이용업소·복합건축물"로 한다.
　2. 제4조 비고 2를 "복합건축물의 경우 주택의 세대 내에는 유도등을 설치하지 않을 수 있다."로 한다.
④ 「비상콘센트설비의 화재안전성능기준(NFPC 504)」 일부를 다음과 같이 개정한다.
　제4조제5항제2호 각 목 외의 본문을 "비상콘센트의 배치는 바닥면적이 1,000제곱미터 미만인 층은 계단의 출입구(계단의 부속실을 포함하며 계단이 2 이상 있는 경우에는 그중 1개의 계단을 말한다)로부터 5미터 이내에, 바닥면적 1,000제곱미터 이상인 층은 각 계단의 출입구 또는 계단부속실의 출입구(계단의 부속실을 포함하며 계단이 세 개 이상 있는 층의 경우에는 그중 두 개의 계단을 말한다)로부터 5미터이내에 설치하되, 그 비상콘센트로부터 그 층의 각 부분까지의 거리가 다음 각 목의 기준을 초과하는 경우에는 그 기준 이하가 되도록 비상콘센트를 추가하여 설치할 것"으로 한다.

CHAPTER 06 공동주택의 화재안전기술기준 (NFTC 608)

[시행 2024. 1. 1.] [소방청공고 제2023-45호, 2023. 12. 29., 제정]

1. 일반사항

1.1 적용범위

1.1.1 이 기준은 「소방시설 설치 및 관리에 관한 법률 시행령」(이하 "영"이라 한다) 제11조에 의한 소방시설을 설치해야 할 공동주택 중 아파트등 및 기숙사에 설치해야 하는 소방시설 등의 설치 및 관리에 대해 적용한다.

1.2 기준의 효력

1.2.1 이 기준은 「소방시설 설치 및 관리에 관한 법률」(이하 "법"이라 한다) 제2조제1항제6호나목에 따라 소방청장에게 위임한 사항 중 공동주택에 설치하는 소방시설 등의 기술기준으로서의 효력을 가진다.

1.2.2 이 기준에 적합한 경우에는 법 제2조제1항제6호나목에 따라 「공동주택의 화재안전성능기준(NFPC 608)」을 충족하는 것으로 본다.

1.3 기준의 시행

1.3.1 이 기준은 2024년 1월 1일부터 시행한다. 다만, 2.7.1.1의 제정 규정은 이 공고가 발령된 이후 최초로 개정되는 「감지기의 형식승인 및 제품검사의 기술기준」의 시행일이 3개월 경과한 날로부터 시행한다.

1.3.2 이 기준 시행 후 특정소방대상물의 신축·증축·개축·재축·이전·용도변경 또는 대수선의 허가·협의를 신청하거나 신고하는 경우부터 적용한다.

1.4 기준의 특례

1.4.1 소방본부장 또는 소방서방은 기존건축물이 증축·개축·대수선되거나 용도변경되는 경우에 있어서 이 기준이 정하는 기준에 따라 해당 건축물에 설치해야 할 소방시설의 배관·배선 등의 공사가 현저하게 곤란하다고 인정되는 경우에는 해당 설비의 기능 및 사용에 지장이 없는 범위 안에서 이 기준의 일부를 적용하지 않을 수 있다.

1.5 경과조치

1.5.1 이 기준 시행 전에 건축허가 등의 신청 또는 신고를 하거나 소방시설공사의 착공신고를 한 특정소방대상물에 대해서는 종전의 개별 화재안전기술기준에 따른다.

1.5.2 이 기준 시행 전에 1.5.1에 따른 신청 또는 신고를 한 경우라도 개정 기준이 종전의 기준에 비해 관계인에게 유리한 경우에는 제정 기준에 따를 수 있다.

1.6 다른 법령과의 관계

1.6.1 공동주택에 설치하는 소방시설 등의 설치기준 중 이 기준에서 규정하지 않은 것은 개별 화재안전 기준에 따라야 한다.

1.7 용어의 정의

1.7.1 이 기준에서 사용하는 용어의 정의는 다음과 같다.

1.7.1.1 "공동주택"이란 영 [별표2] 제1호에서 규정한 대상을 말한다.

1.7.1.2 "아파트등"이란 영 [별표2] 제1호 가목에서 규정한 대상을 말한다.

1.7.1.3 "기숙사"란 영 [별표2] 제1호 라목에서 규정한 대상을 말한다.

1.7.1.4 "갓복도식 공동주택"이란 「건축물의 피난·방화구조 등의 기준에 관한 규칙」 제9조제4항에서 규정한 대상을 말한다.

1.7.1.5 "주배관"이란 「스프링클러설비의 화재안전기술기준(NFTC 103)」 1.7.1.19에서 규정한 것을 말한다.

1.7.1.6 "부속실"이란 「특별피난계단의 계단실 및 부속실 제연설비의 화재안전기술기준(NFTC 501A)」 1.1.1에서 규정한 부속실을 말한다.

2. 기술기준

2.1 소화기구 및 자동소화장치

2.1.1 소화기는 다음의 기준에 따라 설치해야 한다.

2.1.1.1 바닥면적 100m^2마다 1단위 이상의 능력단위를 기준으로 설치할 것

2.1.1.2 아파트등의 경우 각 세대 및 공용부(승강장, 복도 등)마다 설치할 것

2.1.1.3 아파트등의 세대 내에 설치된 보일러실이 방화구획되거나, 스프링클러설비·간이스프링클러 설비·물분무등소화설비 중 하나가 설치된 경우에는 「소화기구 및 자동소화장치의 화재안전 기술기준(NFTC 101)」 [표 2.1.1.3]제1호 및 제5호를 적용하지 않을 수 있다.

2.1.1.4 아파트등의 경우 「소화기구 및 자동소화장치의 화재안전기술기준(NFTC 101)」 2.2에 따른 소화기의 감소 규정을 적용하지 않을 것

2.1.2 주거용 주방자동소화장치는 아파트등의 주방에 열원(가스 또는 전기)의 종류에 적합한 것으로 설치하고, 열원을 차단할 수 있는 차단장치를 설치해야 한다.

2.2 옥내소화전설비

2.2.1 옥내소화전설비는 다음의 기준에 따라 설치해야 한다.

2.2.1.1 호스릴(hose reel) 방식으로 설치할 것

2.2.1.2 복층형 구조인 경우에는 출입구가 없는 층에 방수구를 설치하지 아니할 수 있다.

2.2.1.3 감시제어반 전용실은 피난층 또는 지하 1층에 설치할 것. 다만, 상시 사람이 근무하는 장소 또는 관계인이 쉽게 접근할 수 있고 관리가 용이한 장소에 감시제어반 전용실을 설치할 경우에는 지상 2층 또는 지하 2층에 설치할 수 있다.

2.3 스프링클러설비

2.3.1 스프링클러설비는 다음의 기준에 따라 설치해야 한다.

2.3.1.1 폐쇄형스프링클러헤드를 사용하는 아파트등은 기준개수 10개(스프링클러헤드의 설치개수가 가장 많은 세대에 설치된 스프링클러헤드의 개수가 기준개수보다 작은 경우에는 그 설치개수를 말한다)에 $1.6m^3$를 곱한 양 이상의 수원이 확보되도록 할 것. 다만, 아파트등의 각 동이 주차장으로 서로 연결된 구조인 경우 해당 주차장 부분의 기준개수는 30개로 할 것

2.3.1.2 아파트등의 경우 화장실 반자 내부에는 「소방용 합성수지배관의 성능인증 및 제품검사의 기술기준」에 적합한 소방용 합성수지배관으로 배관을 설치할 수 있다. 다만, 소방용 합성수지배관 내부에 항상 소화수가 채워진 상태를 유지할 것

2.3.1.3 하나의 방호구역은 2개 층에 미치지 아니하도록 할 것. 다만, 복층형 구조의 공동주택에는 3개 층 이내로 할 수 있다.

2.3.1.4 아파트등의 세대 내 스프링클러헤드를 설치하는 천장·반자·천장과 반자 사이·덕트·선반 등의 각 부분으로부터 하나의 스프링클러헤드까지의 수평거리는 2.6m 이하로 할 것

2.3.1.5 외벽에 설치된 창문에서 0.6m 이내에 스프링클러헤드를 배치하고, 배치된 헤드의 수평거리 이내에 창문이 모두 포함되도록 할 것. 다만, 다음의 기준에 어느 하나에 해당하는 경우에는 그렇지 않다.

2.3.1.5.1 창문에 드렌처설비가 설치된 경우

2.3.1.5.2 창문과 창문 사이의 수직부분이 내화구조로 90cm 이상 이격되어 있거나, 「발코니 등의 구조 변경절차 및 설치기준」 제4조제1항부터 제5항까지에서 정하는 구조와 성능의 방화판 또는 방화유리창을 설치한 경우

2.3.1.5.3 발코니가 설치된 부분

2.3.1.6 거실에는 조기반응형 스프링클러헤드를 설치할 것

2.3.1.7 감시제어반 전용실은 피난층 또는 지하 1층에 설치할 것. 다만, 상시 사람이 근무하는 장소 또는 관계인이 쉽게 접근할 수 있고 관리가 용이한 장소에 감시제어반 전용실을 설치할 경우에는 지상 2층 또는 지하 2층에 설치할 수 있다.

2.3.1.8 「건축법 시행령」 제46조제4항에 따라 설치된 대피공간에는 헤드를 설치하지 않을 수 있다.

2.3.1.9 「스프링클러설비의 화재안전기술기준(NFTC 103)」 2.7.7.1 및 2.7.7.3의 기준에도 불구하고 세대 내 실외기실 등 소규모 공간에서 해당 공간 여건상 헤드와 장애물 사이에 60cm 반경을 확보하지 못하거나 장애물 폭의 3배를 확보하지 못하는 경우에는 살수방해가 최소화되는 위치에 설치할 수 있다.

2.4 물분무소화설비

2.4.1 물분무소화설비의 감시제어반 전용실은 피난층 또는 지하 1층에 설치해야 한다. 다만, 상시 사람이 근무하는 장소 또는 관계인이 쉽게 접근할 수 있고 관리가 용이한 장소에 감시제어반 전용실을 설치할 경우에는 지상 2층 또는 지하 2층에 설치할 수 있다.

2.5 포소화설비

2.5.1 포소화설비의 감시제어반 전용실은 피난층 또는 지하 1층에 설치해야 한다. 다만, 상시 사람이 근무하는 장소 또는 관계인이 쉽게 접근할 수 있고 관리가 용이한 장소에 감시제어반 전용실을 설치할 경우에는 지상 2층 또는 지하 2층에 설치할 수 있다.

2.6 옥외소화전설비

2.6.1 옥외소화전설비는 다음의 기준에 따라 설치해야 한다.

2.6.1.1 기동장치는 기동용수압개폐장치 또는 이와 동등 이상의 성능이 있는 것을 설치할 것

2.6.1.2 감시제어반 전용실은 피난층 또는 지하 1층에 설치할 것. 다만, 상시 사람이 근무하는 장소 또는 관계인이 쉽게 접근할 수 있고 관리가 용이한 장소에 감시제어반 전용실을 설치할 경우에는 지상 2층 또는 지하 2층에 설치할 수 있다.

2.7 자동화재탐지설비

2.7.1 감지기는 다음 기준에 따라 설치해야 한다.

2.7.1.1 아날로그방식의 감지기, 광전식 공기흡입형 감지기 또는 이와 동등 이상의 기능·성능이 인정되는 것으로 설치할 것

2.7.1.2 감지기의 신호처리방식은 「자동화재탐지설비 및 시각경보장치의 화재안전기술기준(NFTC 203)」 1.7.1.2에 따른다.

2.7.1.3 세대 내 거실(취침용도로 사용될 수 있는 통상적인 방 및 거실을 말한다)에는 연기감지기를 설치할 것

2.7.1.4 감지기 회로 단선 시 고장표시가 되며, 해당 회로에 설치된 감지기가 정상 작동될 수 있는 성능을 갖도록 할 것

2.7.2 복층형 구조인 경우에는 출입구가 없는 층에 발신기를 설치하지 아니할 수 있다.

2.8 비상방송설비

2.8.1 비상방송설비는 다음의 기준에 따라 설치해야 한다.

2.8.1.1 확성기는 각 세대마다 설치할 것

2.8.1.2 아파트등의 경우 실내에 설치하는 확성기 음성입력은 2W 이상일 것

2.9 피난기구

2.9.1 피난기구는 다음의 기준에 따라 설치해야 한다.

2.9.1.1 아파트등의 경우 각 세대마다 설치할 것

2.9.1.2 피난장애가 발생하지 않도록 하기 위하여 피난기구를 설치하는 개구부는 동일 직선상이 아닌 위치에 있을 것. 다만, 수직 피난방향으로 동일 직선상인 세대별 개구부에 피난기구를 엇갈리게 설치하여 피난장애가 발생하지 않는 경우에는 그렇지 않다.

2.9.1.3 「공동주택관리법」 제2조제1항제2호(마목은 제외함)에 따른 "의무관리대상 공동주택"의 경우에는 하나의 관리주체가 관리하는 공동주택 구역마다 공기안전매트 1개 이상을 추가로 설치할 것. 다만, 옥상으로 피난이 가능하거나 수평 또는 수직 방향의 인접세대로 피난할 수 있는 구조

인 경우에는 추가로 설치하지 않을 수 있다.

2.9.2 갓복도식 공동주택 또는 「건축법 시행령」 제46조제5항에 해당하는 구조 또는 시설을 설치하여 수평 또는 수직 방향의 인접세대로 피난할 수 있는 아파트는 피난기구를 설치하지 않을 수 있다.

2.9.3 승강식 피난기 및 하향식 피난구용 내림식 사다리가 「건축물의 피난·방화구조 등의 기준에 관한 규칙」 제14조에 따라 방화구획된 장소(세대 내부)에 설치될 경우에는 해당 방화구획된 장소를 대피실로 간주하고, 대피실의 면적규정과 외기에 접하는 구조로 대피실을 설치하는 규정을 적용하지 않을 수 있다.

2.10 유도등

2.10.1 유도등은 다음의 기준에 따라 설치해야 한다.

2.10.1.1 소형 피난구 유도등을 설치할 것. 다만, 세대 내에는 유도등을 설치하지 않을 수 있다.

2.10.1.2 주차장으로 사용되는 부분은 중형 피난구유도등을 설치할 것

2.10.1.3 「건축법 시행령」 제40조제3항제2호나목 및 「주택건설기준 등에 관한 규정」 제16조의2제3항에 따라 비상문자동개폐장치가 설치된 옥상 출입문에는 대형 피난구유도등을 설치할 것

2.10.1.4 내부구조가 단순하고 복도식이 아닌 층에는 「유도등 및 유도표지의 화재안전기술기준(NFTC 303)」 2.2.1.3 및 2.3.1.1.1 기준을 적용하지 아니할 것

2.11 비상조명등

2.11.1 비상조명등은 각 거실로부터 지상에 이르는 복도·계단 및 그 밖의 통로에 설치해야 한다. 다만, 공동주택의 세대 내에는 출입구 인근 통로에 1개 이상 설치한다.

2.12 특별피난계단의 계단실 및 부속실 제연설비

2.12.1 특별피난계단의 계단실 및 부속실 제연설비는 「특별피난계단의 계단실 및 부속실 제연설비의 화재안전기술기준(NFTC 501A)」 2.22의 기준에 따라 성능확인을 해야 한다. 다만, 부속실을 단독으로 제연하는 경우에는 부속실과 면하는 옥내 출입문만 개방한 상태로 방연풍속을 측정할 수 있다.

2.13 연결송수관설비

2.13.1 방수구는 다음의 기준에 따라 설치해야 한다.

2.13.1.1 층마다 설치할 것. 다만, 아파트등의 1층과 2층(또는 피난층과 그 직상층)에는 설치하지 않을 수 있다.

2.13.1.2 아파트등의 경우 계단의 출입구(계단의 부속실을 포함하며 계단이 2 이상 있는 경우에는 그 중 1개의 계단을 말한다)로부터 5m 이내에 방수구를 설치하되, 그 방수구로부터 해당층의 각 부분까지의 수평거리가 50m를 초과하는 경우에는 방수구를 추가로 설치할 것

2.13.1.3 쌍구형으로 할 것. 다만, 아파트등의 용도로 사용되는 층에는 단구형으로 설치할 수 있다.

2.13.1.4 송수구는 동별로 설치하되, 소방차량의 접근 및 통행이 용이하고 잘 보이는 장소에 설치할 것

2.13.2 펌프의 토출량은 2,400L/min 이상(계단식 아파트의 경우에는 1,200L/min 이상)으로 하고, 방수구 개수가 3개를 초과(방수구가 5개 이상인 경우에는 5개)하는 경우에는 1개마다 800L/min

(계단식 아파트의 경우에는 400L/min 이상)를 가산해야 한다.

2.14 비상콘센트

2.14.1 아파트등의 경우에는 계단의 출입구(계단의 부속실을 포함하며 계단이 2개 이상 있는 경우에는 그중 1개의 계단을 말한다)로부터 5m 이내에 비상콘센트를 설치하되, 그 비상콘센트로부터 해당층의 각 부분까지의 수평거리가 50m를 초과하는 경우에는 비상콘센트를 추가로 설치해야 한다.

CHAPTER 07 누전경보기의 화재안전성능기준 (NFPC 205)

[시행 2022. 12. 1.] [소방청고시 제2022-49호, 2022. 11. 25., 전부개정]

제1조(목적)
이 기준은 「소방시설 설치 및 관리에 관한 법률」(이하 "법"이라 한다) 제2조제1항제6호가목에 따라 소방청장에게 위임한 사항 중 경보설비인 누전경보기의 성능기준을 규정함을 목적으로 한다.

제2조(적용범위)
이 기준은 「소방시설 설치 및 관리에 관한 법률 시행령」(이하 "영"이라 한다) 별표 4 제2호자목에 따른 누전경보기의 설치 및 관리에 대해 적용한다.

제3조(정의)
이 기준에서 사용되는 용어의 정의는 다음과 같다.
1. "누전경보기"란 내화구조가 아닌 건축물로서 벽, 바닥 또는 천장의 전부나 일부를 불연재료 또는 준불연재료가 아닌 재료에 철망을 넣어 만든 건물의 전기설비로부터 누설전류를 탐지하여 경보를 발하는 기기로서, 변류기와 수신부로 구성된 것을 말한다.
2. "수신부"란 변류기로부터 검출된 신호를 수신하여 누전의 발생을 해당 특정소방대상물의 관계인에게 경보하여 주는 것(차단기구를 갖는 것을 포함한다)을 말한다.
3. "변류기"란 경계전로의 누설전류를 자동적으로 검출하여 이를 누전경보기의 수신부에 송신하는 것을 말한다.

제4조(설치방법 등)
누전경보기는 다음 각 호의 방법에 따라 설치해야 한다.
1. 경계전로의 정격전류가 60암페어를 초과하는 전로에 있어서는 1급 누전경보기를, 60암페어 이하의 전로에 있어서는 1급 또는 2급 누전경보기를 설치할 것
2. 변류기는 특정소방대상물의 형태, 인입선의 시설방법 등에 따라 옥외 인입선의 제1지점의 부하측 또는 제2종 접지선 측의 점검이 쉬운 위치에 설치할 것
3. 변류기를 옥외의 전로에 설치하는 경우에는 옥외형으로 설치할 것

제5조(수신부)
① 누전경보기의 수신부는 옥내의 점검에 편리한 장소에 설치하되, 가연성의 증기·먼지 등이 체류할 우려가 있는 장소의 전기회로에는 해당 부분의 전기회로를 차단할 수 있는 차단기구를 가진 수신부를 설치해야 한다. 이 경우 차단기구의 부분은 해당 장소 외의 안전한 장소에 설치해야 한다.
② 누전경보기의 수신부는 화재, 부식, 폭발의 위험성이 없고, 습도, 온도, 대전류 또는 고주파 등에 의한 영향을 받지 않는 장소에 설치해야 한다.

③ 음향장치는 수위실 등 상시 사람이 근무하는 장소에 설치해야 하며, 그 음량 및 음색은 다른 기기의 소음 등과 명확히 구별할 수 있는 것으로 해야 한다.

제6조(전원)

누전경보기의 전원은 「전기사업법」 제67조에 따른 기술기준에서 정한 것 외에 다음 각 호의 기준에 따라야 한다.
1. 전원은 분전반으로부터 전용회로로 하고, 각 극에 개폐기 및 15암페어 이하의 과전류차단기(배선용 차단기에 있어서는 20암페어 이하의 것으로 각 극을 개폐할 수 있는 것)를 설치할 것
2. 전원을 분기할 때에는 다른 차단기에 따라 전원이 차단되지 아니하도록 할 것
3. 전원의 개폐기에는 누전경보기용임을 표시한 표지를 할 것

제7조(설치·유지기준의 특례)

소방본부장 또는 소방서장은 기존건축물이 증축·개축·대수선되거나 용도변경되는 경우에 있어서 이 기준이 정하는 기준에 따라 해당 건축물에 설치해야 할 누전경보기의 배관·배선 등의 공사가 현저하게 곤란하다고 인정되는 경우에는 해당 설비의 기능 및 사용에 지장이 없는 범위 안에서 이 기준의 일부를 적용하지 않을 수 있다.

제8조(재검토 기한)

소방청장은 「훈령·예규 등의 발령 및 관리에 관한 규정」에 따라 이 고시에 대하여 2023년 1월 1일을 기준으로 매 3년이 되는 시점(매 3년째의 12월 31일까지를 말한다)마다 그 타당성을 검토하여 개선 등의 조치를 해야 한다.

제9조(규제의 재검토)

「행정규제기본법」 제8조에 따라 2023년 1월 1일을 기준으로 매 3년이 되는 시점(매 3년째의 12월 31일까지를 말한다)마다 그 타당성을 검토하여 개선 등의 조치를 해야 한다.

부칙 〈제2022-49호, 2022. 11. 25.〉

제1조(시행일)

이 고시는 2022년 12월 1일부터 시행한다.

제2조(경과조치)

① 이 고시 시행 전에 건축허가 등의 신청 또는 신고를 하거나 소방시설공사의 착공신고를 한 특정소방대상물에 대해서는 종전의 「누전경보기의 화재안전기준(NFSC 205)」에 따른다.
② 이 고시 시행 전에 제1항에 따른 신청 또는 신고를 한 경우라도 개정 기준이 종전의 기준에 비해 관계인에게 유리한 경우에는 개정 기준에 따를 수 있다.

제3조(다른 법령과의 관계)

이 고시 시행 당시 다른 법령에서 종전의 화재안전기준을 인용한 경우에 이 고시 가운데 그에 해당하는 규정이 있는 경우에는 종전의 규정에 갈음하여 이 고시의 해당 규정을 인용한 것으로 본다.

CHAPTER 07 누전경보기의 화재안전기술기준 (NFTC 205)

[시행 2022. 12. 1.] [소방청공고 제2022-226호, 2022. 12. 1., 제정]

1. 일반사항

1.1 적용범위

1.1.1 이 기준은 「소방시설 설치 및 관리에 관한 법률 시행령」(이하 "영"이라 한다) 별표 4 제2호자목에 따른 누전경보기의 설치 및 관리에 대해 적용한다.

1.2 기준의 효력

1.2.1 이 기준은 「소방시설 설치 및 관리에 관한 법률」(이하 "법"이라 한다) 제2조제1항제6호나목에 따라 경보설비인 누전경보기 기술기준으로서의 효력을 가진다.

1.2.2 이 기준에 적합한 경우에는 법 제2조제1항제6호나목에 따라 「누전경보기의 화재안전성능기준(NFPC 205)」을 충족하는 것으로 본다.

1.3 기준의 시행

1.3.1 이 기준은 2022년 12월 1일부터 시행한다.

1.4 기준의 특례

1.4.1 소방본부장 또는 소방서장은 기존건축물이 증축·개축·대수선되거나 용도변경되는 경우에 있어서 이 기준이 정하는 기준에 따라 해당 건축물에 설치해야 할 누전경보기의 배관·배선 등의 공사가 현저하게 곤란하다고 인정되는 경우에는 해당 설비의 기능 및 사용에 지장이 없는 범위 안에서 이 기준의 일부를 적용하지 않을 수 있다.

1.5 경과조치

1.5.1 이 기준 시행 전에 건축허가 등의 신청 또는 신고를 하거나 소방시설공사의 착공신고를 한 특정소방대상물에 대해서는 종전의 「누전경보기의 화재안전기준(NFSC 205)」에 따른다.

1.5.2 이 기준 시행 전에 1.5.1에 따른 신청 또는 신고를 한 경우라도 제정 기준이 종전의 기준에 비하여 관계인에게 유리한 경우에는 제정 기준에 따를 수 있다.

1.6 다른 법령과의 관계

1.6.1 이 기준 시행 당시 다른 법령 또는 행정규칙 등에서 종전의 화재안전기준을 인용한 경우에 이 기준 가운데 그에 해당하는 규정이 있는 경우에는 종전의 규정에 갈음하여 이 기준의 해당 규정을 인용한 것으로 본다.

1.7 용어의 정의

1.7.1 이 기준에서 사용하는 용어의 정의는 다음과 같다.

1.7.1.1 "누전경보기"란 내화구조가 아닌 건축물로서 벽, 바닥 또는 천장의 전부나 일부를 불연재료 또는 준불연재료가 아닌 재료에 철망을 넣어 만든 건물의 전기설비로부터 누설전류를 탐지하여 경보를 발하는 기기로서, 변류기와 수신부로 구성된 것을 말한다.

1.7.1.2 "수신부"란 변류기로부터 검출된 신호를 수신하여 누전의 발생을 해당 특정소방대상물의 관계인에게 경보하여 주는 것(차단기구를 갖는 것을 포함한다)을 말한다.

1.7.1.3 "변류기"란 경계전로의 누설전류를 자동적으로 검출하여 이를 누전경보기의 수신부에 송신하는 것을 말한다.

1.7.1.4 "경계전로"란 누전경보기가 누설전류를 검출하는 대상 전선로를 말한다.

1.7.1.5 "과전류차단기"란 「전기설비기술기준의 판단기준」 제38조와 제39조에 따른 것을 말한다.

1.7.1.6 "분전반"이란 배전반으로부터 전력을 공급받아 부하에 전력을 공급해주는 것을 말한다.

1.7.1.7 "인입선"이란 「전기설비기술기준」 제3조제1항제9호에 따른 것으로서, 배전선로에서 갈라져서 직접 수용장소의 인입구에 이르는 부분의 전선을 말한다.

1.7.1.8 "정격전류"란 전기기기의 정격출력 상태에서 흐르는 전류를 말한다.

2. 기술기준

2.1 누전경보기의 설치방법 등

2.1.1 누전경보기는 다음 기준에 따라 설치해야 한다.

2.1.1.1 경계전로의 정격전류가 60A를 초과하는 전로에 있어서는 1급 누전경보기를, 60A 이하의 전로에 있어서는 1급 또는 2급 누전경보기를 설치할 것. 다만, 정격전류가 60A를 초과하는 경계전로가 분기되어 각 분기회로의 정격전류가 60A 이하로 되는 경우 당해 분기회로마다 2급 누전경보기를 설치한 때에는 당해 경계전로에 1급 누전경보기를 설치한 것으로 본다.

2.1.1.2 변류기는 특정소방대상물의 형태, 인입선의 시설방법 등에 따라 옥외 인입선의 제1지점의 부하 측 또는 제2종 접지선 측의 점검이 쉬운 위치에 설치할 것. 다만, 인입선의 형태 또는 특정소방대상물의 구조상 부득이한 경우에는 인입구에 근접한 옥내에 설치할 수 있다.

2.1.1.3 변류기를 옥외의 전로에 설치하는 경우에는 옥외형으로 설치할 것

2.2 수신부

2.2.1 누전경보기의 수신부는 옥내의 점검에 편리한 장소에 설치하되, 가연성의 증기·먼지 등이 체류할 우려가 있는 장소의 전기회로에는 해당 부분의 전기회로를 차단할 수 있는 차단기구를 가진 수신부를 설치해야 한다. 이 경우 차단기구의 부분은 해당 장소 외의 안전한 장소에 설치해야 한다.

2.2.2 누전경보기의 수신부는 다음의 장소 이외의 장소에 설치해야 한다. 다만, 해당 누전경보기에 대하여 방폭·방식·방습·방온·방진 및 정전기 차폐 등의 방호조치를 한 것은 그렇지 않다.

2.2.2.1 가연성의 증기·먼지·가스 등이나 부식성의 증기·가스 등이 다량으로 체류하는 장소

2.2.2.2 화약류를 제조하거나 저장 또는 취급하는 장소

2.2.2.3 습도가 높은 장소

2.2.2.4 온도의 변화가 급격한 장소

2.2.2.5 대전류회로 · 고주파 발생회로 등에 따른 영향을 받을 우려가 있는 장소

2.2.3 음향장치는 수위실 등 상시 사람이 근무하는 장소에 설치해야 하며, 그 음량 및 음색은 다른 기기의 소음 등과 명확히 구별할 수 있는 것으로 해야 한다.

2.3 전원

2.3.1 누전경보기의 전원은 「전기사업법」 제67조에 따른 「전기설비기술기준」에서 정한 것 외에 다음의 기준에 따라야 한다.

2.3.1.1 전원은 분전반으로부터 전용회로로 하고, 각 극에 개폐기 및 15A 이하의 과전류차단기(배선용 차단기에 있어서는 20A 이하의 것으로 각 극을 개폐할 수 있는 것)를 설치할 것

2.3.1.2 전원을 분기할 때는 다른 차단기에 따라 전원이 차단되지 않도록 할 것

2.3.1.3 전원의 개폐기에는 "누전경보기용"이라고 표시한 표지를 할 것

CHAPTER 08 도로터널의 화재안전성능기준 (NFPC 603)

[시행 2022. 12. 1.] [소방청고시 제2022-64호, 2022. 11. 25., 전부개정]

제1조(목적)

이 기준은 「소방시설 설치 및 관리에 관한 법률」(이하 "법"이라 한다) 제2조제1항제6호가목에 따라 소방청장에게 위임한 사항 중 도로터널에 설치해야 하는 소방시설 등의 성능기준을 규정함을 목적으로 한다.

제2조(적용범위)

이 기준은 「소방시설 설치 및 관리에 관한 법률 시행령」(이하 "영"이라 한다) 제11조제1항에 따라 도로터널에 설치해야 하는 소방시설 등의 설치 및 관리에 대해 적용한다.

제3조(정의)

① 이 기준에서 사용하는 용어의 정의는 다음과 같다.
  1. "도로터널"이란 「도로법」 제10조에 따른 도로의 일부로서 자동차의 통행을 위해 지붕이 있는 구조물을 말한다.
  2. "설계화재강도"란 터널 내 화재 시 소화설비 및 제연설비 등의 용량산정을 위해 적용하는 차종별 최대열방출률(MW)을 말한다.
  3. "횡류환기방식"이란 터널 안의 배기가스와 연기 등을 배출하는 환기방식으로서 기류를 횡방향(바닥에서 천장)으로 흐르게 하여 환기하는 방식을 말한다.
  4. "대배기구방식"이란 횡류환기방식의 일종으로 배기구에 개방/폐쇄가 가능한 전동댐퍼를 설치하여 화재 시 화재지점 부근의 배기구를 개방하여 집중적으로 배연할 수 있는 제연방식을 말한다.
  5. "종류환기방식"이란 터널 안의 배기가스와 연기 등을 배출하는 환기방식으로서 기류를 종방향(출입구 방향)으로 흐르게 하여 환기하는 방식을 말한다.
  6. "반횡류환기방식"이란 터널 안의 배기가스와 연기 등을 배출하는 환기방식으로서 터널에 수직배기구를 설치해서 횡방향과 종방향으로 기류를 흐르게 해 환기하는 방식을 말한다.
  7. "피난연결통로"란 본선터널과 병설된 상대터널 또는 본선터널과 평행한 피난대피터널을 연결하는 통로를 말한다.
  8. "배기구"란 터널 안의 오염공기를 배출하거나 화재 시 연기를 배출하기 위한 개구부를 말한다.

② 이 기준에서 사용하는 용어는 제1항에서 규정한 것을 제외하고는 관계법령 및 개별 성능기준에서 정하는 바에 따른다.

제4조(다른 화재안전성능기준과의 관계)

터널에 설치하는 소방시설 등의 설치 및 관리기준 중 이 기준에서 규정하지 않은 것은 개별 화재안전성능기준에 따른다.

제5조(소화기)

소화기는 다음 각 호의 기준에 따라 설치해야 한다.

1. 소화기의 능력단위(「소화기구의 화재안전기준(NFSC 101)」제3조제6호에 따른 수치를 말한다. 이하 같다)는 A급 화재는 3단위 이상, B급 화재는 5단위 이상 및 C급 화재에 적응성이 있는 것으로 할 것
2. 소화기의 총중량은 사용 및 운반이 편리성을 고려하여 7킬로그램 이하로 할 것
3. 소화기는 주행차로의 우측 측벽에 50미터 이내의 간격으로 두 개 이상을 설치하며, 편도 2차선 이상의 양방향 터널과 4차로 이상의 일방향 터널의 경우에는 양쪽 측벽에 각각 50미터 이내의 간격으로 엇갈리게 두 개 이상을 설치할 것
4. 바닥면(차로 또는 보행로를 말한다. 이하 같다)으로부터 1.5미터 이하의 높이에 설치할 것
5. 소화기구함의 상부에 "소화기"라고 조명식 또는 반사식의 표지판을 부착하여 사용자가 쉽게 인지할 수 있도록 할 것

제6조(옥내소화전설비)

옥내소화전설비는 다음 각 호의 기준에 따라 설치해야 한다.

1. 소화전함과 방수구는 주행차로 우측 측벽을 따라 50미터 이내의 간격으로 설치하며, 편도 2차선 이상의 양방향 터널이나 4차로 이상의 일방향 터널의 경우에는 양쪽 측벽에 각각 50미터 이내의 간격으로 엇갈리게 설치할 것
2. 수원은 그 저수량이 옥내소화전의 설치개수 두 개(4차로 이상의 터널의 경우 세 개)를 동시에 40분 이상 사용할 수 있는 충분한 양 이상을 확보할 것
3. 가압송수장치는 옥내소화전 두 개(4차로 이상의 터널인 경우 세 개)를 동시에 사용할 경우 각 옥내소화전의 노즐선단에서의 방수압력은 0.35메가파스칼 이상이고 방수량은 분당 190리터 이상이 되는 성능의 것으로 할 것. 다만, 하나의 옥내소화전을 사용하는 노즐선단에서의 방수압력이 0.7메가파스칼을 초과할 경우에는 호스접결구의 인입 측에 감압장치를 설치해야 한다.
4. 압력수조나 고가수조가 아닌 전동기 및 내연기관에 의한 펌프를 이용하는 가압송수장치는 주펌프와 동등 이상인 별도의 예비펌프를 설치할 것
5. 방수구는 40밀리미터 구경의 단구형을 옥내소화전이 설치된 벽면의 바닥면으로부터 1.5미터 이하의 높이에 설치할 것
6. 소화전함에는 옥내소화전 방수구 1개, 15미터 이상의 소방호스 3본 이상 및 방수노즐을 비치할 것
7. 옥내소화전설비의 비상전원은 40분 이상 작동할 수 있을 것

제7조(물분무소화설비)

물분무소화설비는 다음 각 호의 기준에 따라 설치해야 한다.

1. 물분무헤드는 도로면 1제곱미터에 분당 6리터 이상의 수량을 균일하게 방수할 수 있도록 할 것
2. 물분무설비는 하나의 방수구역은 25미터 이상으로 하며, 3개 방수구역을 동시에 40분 이상 방수할 수 있는 수량을 확보할 것
3. 물분무설비의 비상전원은 40분 이상 기능을 유지할 수 있도록 할 것

제8조(비상경보설비)

비상경보설비는 다음 각 호의 기준에 따라 설치해야 한다.

1. 발신기는 주행차로 한쪽 측벽에 50미터 이내의 간격으로 설치하며, 편도 2차선 이상의 양방향 터널이나 4차로 이상의 일방향 터널의 경우에는 양쪽의 측벽에 각각 50미터 이내의 간격으로 엇갈리게 설치할 것
2. 발신기는 바닥면으로부터 0.8미터 이상 1.5미터 이하의 높이에 설치할 것
3. 음향장치는 발신기 설치위치와 동일하게 설치할 것. 다만, 「비상방송설비의 화재안전성능기준(NFPC 202)」에 적합하게 설치된 방송설비를 비상경보설비와 연동하여 작동하도록 설치한 경우에는 비상경보설비의 지구음향장치를 설치하지 않을 수 있다.
4. 음량장치의 음량은 부착된 음향장치의 중심으로부터 1미터 떨어진 위치에서 90데시벨 이상이 되도록 할 것
5. 음향장치는 터널내부 전체에 동시에 경보를 발하도록 설치할 것
6. 시각경보기는 주행차로 한쪽 측벽에 50미터 이내의 간격으로 비상경보설비 상부 직근에 설치하고, 전체 시각경보기는 동기방식에 의해 작동될 수 있도록 할 것

제9조(자동화재탐지설비)

① 터널에는 차동식분포형감지기, 정온식감지선형감지기(아날로그식에 한한다) 또는 중앙기술심의위원회의 심의를 거쳐 터널화재에 적응성이 있다고 인정된 감지기를 설치해야 한다.
② 하나의 경계구역의 길이는 100미터 이하로 해야 한다.
③ 제1항에 의한 감지기의 설치기준은 다음 각 호와 같다. 다만, 중앙기술심의위원회의 심의를 거쳐 제조사 시방서에 따른 설치방법이 터널화재에 적합하다고 인정되는 경우에는 다음 각 호의 기준에 의하지 않고 심의결과에 의한 제조사 시방서에 따라 설치할 수 있다.
  1. 감지기의 감열부(열을 감지하는 기능을 갖는 부분을 말한다. 이하 같다)와 감열부 사이의 이격거리는 10미터 이하로, 감지기와 터널 좌·우측 벽면과의 이격거리는 6.5미터 이하로 설치할 것
  2. 제1호에도 불구하고 터널 천장의 구조가 아치형의 터널에 감지기를 터널 진행방향으로 설치하고자 하는 경우에는 감열부와 감열부 사이의 이격거리를 10미터 이하로 하여 아치형 천장의 중앙 최상부에 1열로 감지기를 설치해야 하며, 감지기를 2열 이상으로 설치하고자 하는 경우에는 감열부와 감열부 사이의 이격거리는 10미터 이하로 감지기 간의 이격거리는 6.5미터 이하로 설치할 것
  3. 감지기를 천장면(터널 안 도로 등에 면한 부분 또는 상층의 바닥 하부면을 말한다. 이하 같다)에 설치하는 경우에는 감지기가 천장면에 밀착되지 않도록 고정금구 등을 사용하여 설치할 것
  4. 형식승인 내용에 설치방법이 규정된 경우에는 형식승인 내용에 따라 설치할 것
④ 제2항에도 불구하고 감지기의 작동에 의하여 다른 소방시설 등이 연동되는 경우로서 해당 소방시설 등의 작동을 위한 정확한 발화 위치를 확인할 필요가 있는 경우에는 경계구역의 길이가 해당 설비의 방호구역 등에 포함되도록 설치해야 한다.
⑤ 발신기 및 지구음향장치는 제7조를 준용하여 설치해야 한다.

제10조(비상조명등)

비상조명등은 다음 각 호의 기준에 따라 설치해야 한다.
1. 상시 조명이 소등된 상태에서 비상조명등이 점등되는 경우 터널 안의 차도 및 보도의 바닥면의 조도는 10럭스 이상, 그 외 모든 지점의 조도는 1럭스 이상이 될 수 있도록 설치할 것
2. 비상조명등은 상용전원이 차단되는 경우 자동으로 비상전원으로 60분 이상 점등되도록 설치할 것
3. 비상조명등에 내장된 예비전원이나 축전지설비는 상용전원의 공급에 의하여 상시 충전상태를 유지할 수 있도록 설치할 것

제11조(제연설비)

① 제연설비는 다음 각 호의 사양을 만족하도록 설계해야 한다.
1. 설계화재강도 20메가와트를 기준으로 하고, 이때 연기발생률은 초당 80세제곱미터로 하며, 배출량은 발생된 연기와 혼합된 공기를 충분히 배출할 수 있는 용량 이상을 확보할 것
2. 제1호에도 불구하고 화재강도가 설계화재강도보다 높을 것으로 예상될 경우 위험도분석을 통하여 설계화재강도를 설정하도록 할 것

② 제연설비는 다음 각 호의 기준에 따라 설치해야 한다.
1. 종류환기방식의 경우 제트팬의 소손을 고려하여 예비용 제트팬을 설치하도록 할 것
2. 횡류환기방식(또는 반횡류환기방식) 및 대배기구 방식의 배연용 팬은 덕트의 길이에 따라서 노출온도가 달라질 수 있으므로 수치해석 등을 통해서 내열온도 등을 검토한 후에 적용하도록 할 것
3. 대배기구의 개폐용 전동모터는 정전 등 전원이 차단되는 경우에도 조작상태를 유지할 수 있도록 할 것
4. 화재에 노출이 우려되는 제연설비와 전원공급선 및 제트팬 사이의 전원공급장치 등은 섭씨 250도의 온도에서 60분 이상 운전상태를 유지할 수 있도록 할 것

③ 제연설비는 화재감지기 또는 수동조작스위치의 동작 등에 의하여 자동 및 수동으로 기동될 수 있도록 해야 한다.

④ 비상전원은 60분 이상 작동할 수 있도록 해야 한다.

제12조(연결송수관설비)

연결송수관설비는 다음 각 호의 기준에 따라 설치해야 한다.
1. 방수압력은 0.35메가파스칼 이상, 방수량은 분당 400리터 이상을 유지할 수 있도록 할 것
2. 방수구는 50미터 이내의 간격으로 옥내소화전함에 병설하거나 독립적으로 터널출입구 부근과 피난연결통로에 설치할 것
3. 방수기구함은 50미터 이내의 간격으로 옥내소화전함 안에 설치하거나 독립적으로 설치하고, 하나의 방수기구함에는 65밀리미터 방수노즐 1개와 15미터 이상의 호스 3본을 설치하도록 할 것

제13조(무선통신보조설비)

① 무선통신보조설비의 옥외안테나는 방재실 인근과 터널의 입구 및 출구, 피난연결통로 등에 설치해야 한다.

② 라디오 재방송설비가 설치되는 터널의 경우에는 무선통신보조설비와 겸용으로 설치할 수 있다.

제14조(비상콘센트설비)

비상콘센트설비는 다음 각 호의 기준에 따라 설치해야 한다.
1. 비상콘센트설비의 전원회로는 단상교류 220볼트인 것으로서 그 공급용량은 1.5킬로볼트암페어 이상인 것으로 할 것
2. 전원회로는 주배전반에서 전용회로로 할 것
3. 콘센트마다 배선용 차단기(KS C 8321)를 설치해야 하며, 충전부가 노출되지 않도록 할 것
4. 주행차로의 우측 측벽에 50미터 이내의 간격으로 바닥으로부터 0.8미터 이상 1.5미터 이하의 높이에 설치할 것

제15조(재검토기한)

소방청장은 「훈령·예규 등의 발령 및 관리에 관한 규정」에 따라 이 고시에 대하여 2023년 1월 1일을 기준으로 매 3년이 되는 시점(매 3년째의 12월 31일까지를 말한다)마다 그 타당성을 검토하여 개선 등의 조치를 해야 한다.

부칙〈제2022-64호, 2022. 11. 25.〉

제1조(시행일)

이 고시는 2022년 12월 1일부터 시행한다.

제2조(경과조치)

① 이 고시 시행 전에 건축허가 등의 신청 또는 신고를 하거나 소방시설공사의 착공신고를 한 특정소방대상물에 대해서는 종전의 「도로터널의 화재안전기준(NFSC 603)」에 따른다.
② 이 고시 시행 전에 제1항에 따른 신청 또는 신고를 한 경우라도 개정 기준이 종전의 기준에 비해 관계인에게 유리한 경우에는 개정 기준에 따를 수 있다.

제3조(다른 법령과의 관계)

이 고시 시행 당시 다른 법령에서 종전의 화재안전기준을 인용한 경우에 이 고시 가운데 그에 해당하는 규정이 있는 경우에는 종전의 규정에 갈음하여 이 고시의 해당 규정을 인용한 것으로 본다.

도로터널의 화재안전기술기준
(NFTC 603)

[시행 2022. 12. 1.] [소방청공고 제2022-241호, 2022. 12. 1., 제정]

1. 일반사항

1.1 적용범위

1.1.1 이 기준은 「소방시설 설치 및 관리에 관한 법률 시행령」(이하 "영"이라 한다) 제11조제1항에 따라 도로터널에 설치해야 하는 소방시설 등의 설치 및 관리에 대해 적용한다.

1.2 기준의 효력

1.2.1 이 기준은 「소방시설 설치 및 관리에 관한 법률」(이하 "법"이라 한다) 제2조제1항제6호나목에 따라 도로터널에 설치하는 소방시설 등의 기술기준으로서의 효력을 가진다.

1.2.2 이 기준에 적합한 경우에는 법 제2조제1항제6호나목에 따라 「도로터널의 화재안전성능기준(NFPC 603)」을 충족하는 것으로 본다.

1.3 기준의 시행

1.3.1 이 기준은 2022년 12월 1일부터 시행한다.

1.4 기준의 특례

1.4.1 소방본부장 또는 소방서장은 기존 터널이 증축·개축·대수선되거나 용도변경되는 경우에 있어서 이 기준이 정하는 기준에 따라 해당 터널에 설치해야 할 소방시설의 배관·배선 등의 공사가 현저하게 곤란하다고 인정되는 경우에는 해당 시설의 기능 및 사용에 지장이 없는 범위 안에서 이 기준의 일부를 적용하지 않을 수 있다.

1.5 경과조치

1.5.1 이 기준 시행 전에 건축허가 등의 신청 또는 신고를 하거나 소방시설공사의 착공신고를 한 특정소방대상물에 대해서는 종전의 「도로터널의 화재안전기준(NFSC 603)」에 따른다.

1.5.2 이 기준 시행 전에 1.5.1에 따른 신청 또는 신고를 한 경우라도 제정 기준이 종전의 기준에 비하여 관계인에게 유리한 경우에는 제정 기준에 따를 수 있다.

1.6 다른 법령과의 관계

1.6.1 이 기준 시행 당시 다른 법령 또는 행정규칙 등에서 종전의 화재안전기준을 인용한 경우에 이 기준 가운데 그에 해당하는 규정이 있는 경우에는 종전의 규정에 갈음하여 이 기준의 해당 규정을 인용한 것으로 본다.

1.6.2 터널에 설치하는 소방시설 등의 설치 및 관리기준 중 이 기준에서 규정하지 않은 기준은 개별 기술기준에 따라야 한다.

1.7 용어의 정리

1.7.1 이 기준에서 사용하는 용어의 정의는 다음과 같다.

1.7.1.1 "도로터널"이란 「도로법」 제10조에 따른 도로의 일부로서 자동차의 통행을 위해 지붕이 있는 구조물을 말한다.

1.7.1.2 "설계화재강도"란 터널 내 화재 시 소화설비 및 제연설비 등의 용량산정을 위해 적용하는 차종별 최대열방출률(MW)을 말한다.

1.7.1.3 "횡류환기방식"이란 터널 안의 배기가스와 연기 등을 배출하는 환기방식으로서 기류를 횡방향(바닥에서 천장)으로 흐르게 하여 환기하는 방식을 말한다.

1.7.1.4 "대배기구방식"이란 횡류환기방식의 일종으로 배기구에 개방/폐쇄가 가능한 전동댐퍼를 설치하여 화재 시 화재지점 부근의 배기구를 개방하여 집중적으로 배연할 수 있는 제연방식을 말한다.

1.7.1.5 "종류환기방식"이란 터널 안의 배기가스와 연기 등을 배출하는 환기방식으로서 기류를 종방향(출입구 방향)으로 흐르게 하여 환기하는 방식을 말한다.

1.7.1.6 "반횡류환기방식"이란 터널 안의 배기가스와 연기 등을 배출하는 환기방식으로서 터널에 수직 배기구를 설치해서 횡방향과 종방향으로 기류를 흐르게 하여 환기하는 방식을 말한다.

1.7.1.7 "양방향터널"이란 하나의 터널 안에서 차량의 흐름이 서로 마주보게 되는 터널을 말한다.

1.7.1.8 "일방향터널"이란 하나의 터널 안에서 차량의 흐름이 하나의 방향으로만 진행되는 터널을 말한다.

1.7.1.9 "연기발생률"이란 일정한 설계화재강도의 차량에서 단위 시간당 발생하는 연기량을 말한다.

1.7.1.10 "피난연결통로"란 본선터널과 병설된 상대터널 또는 본선터널과 평행한 피난대피터널을 연결하는 통로를 말한다.

1.7.1.11 "배기구"란 터널 안의 오염공기를 배출하거나 화재 시 연기를 배출하기 위한 개구부를 말한다.

1.7.1.12 "배연용 팬"이란 화재 시 연기 및 열기류를 배출하기 위한 팬을 말한다.

1.7.2 이 기준에서 사용하는 용어는 1.7.1에서 규정한 것을 제외하고는 관계법령 및 개별 기술기준에서 정하는 바에 따른다.

2. 기술기준

2.1 소화기

2.1.1 소화기는 다음의 기준에 따라 설치해야 한다.

2.1.1.1 소화기의 능력단위(「소화기구 및 자동소화장치의 화재안전기술기준(NFTC 101)」 1.7.1.6에 따른 수치를 말한다. 이하 같다)는 A급 화재는 3단위 이상, B급 화재는 5단위 이상 및 C급 화재에 적응성이 있는 것으로 할 것

2.1.1.2 소화기의 총중량은 사용 및 운반의 편리성을 고려하여 7kg 이하로 할 것

2.1.1.3 소화기는 주행차로의 우측 측벽에 50m 이내의 간격으로 2개 이상을 설치하며, 편도 2차선 이상의 양방향터널과 4차로 이상의 일방향터널의 경우에는 양쪽 측벽에 각각 50m 이내의 간격으로 엇갈리게 2개 이상을 설치할 것

2.1.1.4 바닥면(차로 또는 보행로를 말한다. 이하 같다)으로부터 1.5m 이하의 높이에 설치할 것

2.1.1.5 소화기구함의 상부에 "소화기"라고 조명식 또는 반사식의 표지판을 부착하여 사용자가 쉽게 인지할 수 있도록 할 것

2.2 옥내소화전설비

2.2.1 옥내소화전설비는 다음의 기준에 따라 설치해야 한다.

2.2.1.1 소화전함과 방수구는 주행차로 우측 측벽을 따라 50m 이내의 간격으로 설치하며, 편도 2차선 이상의 양방향터널이나 4차로 이상의 일방향터널의 경우에는 양쪽 측벽에 각각 50m 이내의 간격으로 엇갈리게 설치할 것

2.2.1.2 수원은 그 저수량이 옥내소화전의 설치개수 2개(4차로 이상의 터널의 경우 3개)를 동시에 40분 이상 사용할 수 있는 충분한 양 이상을 확보할 것

2.2.1.3 가압송수장치는 옥내소화전 2개(4차로 이상의 터널인 경우 3개)를 동시에 사용할 경우 각 옥내소화전의 노즐선단에서의 방수압력은 0.35MPa 이상이고 방수량은 190L/min 이상이 되는 성능의 것으로 할 것. 다만, 하나의 옥내소화전을 사용하는 노즐선단에서의 방수압력이 0.7MPa을 초과할 경우에는 호스접결구의 인입 측에 감압장치를 설치해야 한다.

2.2.1.4 압력수조나 고가수조가 아닌 전동기 또는 내연기관에 의한 펌프를 이용하는 가압송수장치는 주펌프와 동등 이상의 성능이 있는 별도의 펌프로서 내연기관의 기동과 연동하여 작동되거나 비상전원을 연결한 예비펌프를 추가로 설치할 것

2.2.1.5 방수구는 40mm 구경의 단구형을 옥내소화전이 설치된 벽면의 바닥면으로부터 1.5m 이하의 쉽게 사용 가능한 높이에 설치할 것

2.2.1.6 소화전함에는 옥내소화전 방수구 1개, 15m 이상의 소방호스 3본 이상 및 방수노즐을 비치할 것

2.2.1.7 옥내소화전설비의 비상전원은 옥내소화전설비를 유효하게 40분 이상 작동할 수 있어야 할 것

2.3 물분무소화설비

2.3.1 물분무소화설비는 다음의 기준에 따라 설치해야 한다.

2.3.1.1 물분무 헤드는 도로면 1m²에 대하여 6L/min 이상의 수량을 균일하게 방수할 수 있도록 할 것

2.3.1.2 물분무설비의 하나의 방수구역은 25m 이상으로 하며, 3개 방수구역을 동시에 40분 이상 방수할 수 있는 수량을 확보할 것

2.3.1.3 물분무설비의 비상전원은 물분무소화설비를 유효하게 40분 이상 작동할 수 있어야 할 것

2.4 비상경보설비

2.4.1 비상경보설비는 다음의 기준에 따라 설치해야 한다.

2.4.1.1 발신기는 주행차로 한쪽 측벽에 50m 이내의 간격으로 설치하며, 편도 2차선 이상의 양방향터널이나 4차로 이상의 일방향터널의 경우에는 양쪽의 측벽에 각각 50m 이내의 간격으로 엇갈리게 설치하고, 발신기는 바닥면으로부터 0.8m 이상, 1.5m 이하의 높이에 설치할 것

2.4.1.2 음향장치는 발신기 설치위치와 동일하게 설치할 것. 「비상방송설비의 화재안전기술기준(NFTC 202)」에 적합하게 설치된 방송설비를 비상경보설비와 연동하여 작동하도록 설치한

경우에는 비상경보설비의 지구음향장치를 설치하지 않을 수 있다.

2.4.1.3 음향장치의 음량은 부착된 음향장치의 중심으로부터 1m 떨어진 위치에서 90dB 이상이 되도록 하고, 음향장치는 터널 내부 전체에 동시에 경보를 발하도록 설치할 것

2.4.1.4 시각경보기는 주행차로 한쪽 측벽에 50m 이내의 간격으로 비상경보설비의 상부 직근에 설치하고, 설치된 전체 시각경보기는 동기방식에 의해 작동될 수 있도록 할 것

2.5 자동화재탐지설비

2.5.1 터널에 설치할 수 있는 감지기의 종류는 다음의 어느 하나와 같다.
(1) 차동식분포형감지기
(2) 정온식감지선형감지기(아날로그식에 한한다. 이하 같다)
(3) 중앙기술심의위원회의 심의를 거쳐 터널화재에 적응성이 있다고 인정된 감지기

2.5.2 하나의 경계구역의 길이는 100m 이하로 해야 한다.

2.5.3 2.5.1에 의한 감지기의 설치기준은 다음의 기준과 같다. 다만, 중앙기술심의위원회의 심의를 거쳐 제조사의 시방서에 따른 설치방법이 터널화재에 적합하다고 인정되는 경우에는 다음의 기준에 의하지 아니하고 심의결과에 의한 제조사의 시방서에 따라 설치할 수 있다.

2.5.3.1 감지기의 감열부(열을 감지하는 기능을 갖는 부분을 말한다. 이하 같다)와 감열부 사이의 이격거리는 10m 이하로, 감지기와 터널 좌·우측 벽면과의 이격거리는 6.5m 이하로 설치할 것

2.5.3.2 2.5.3.1에도 불구하고 터널 천장의 구조가 아치형의 터널에 감지기를 터널 진행방향으로 설치하고자 하는 경우에는 감열부와 감열부 사이의 이격거리를 10m 이하로 하여 아치형 천장의 중앙 최상부에 1열로 감지기를 설치해야 하며, 감지기를 2열 이상으로 설치하고자 하는 경우에는 감열부와 감열부 사이의 이격거리는 10m 이하로 감지기 간의 이격거리는 6.5m 이하로 설치할 것

2.5.3.3 감지기를 천장면(터널 안 도로 등에 면한 부분 또는 상층의 바닥 하부면을 말한다. 이하 같다)에 설치하는 경우에는 감지기가 천장면에 밀착되지 않도록 고정금구 등을 사용하여 설치할 것

2.5.3.4 형식승인 내용에 설치방법이 규정된 경우에는 형식승인 내용에 따라 설치할 것. 다만, 감지기와 천장면과의 이격거리에 대해 제조사의 시방서에 규정되어 있는 경우에는 시방서의 규정에 따라 설치할 수 있다.

2.5.4 2.5.2에도 불구하고 감지기의 작동에 의하여 다른 소방시설 등이 연동되는 경우로서 해당 소방시설 등의 작동을 위한 정확한 발화 위치를 확인할 필요가 있는 경우에는 경계구역의 길이가 해당 설비의 방호구역 등에 포함되도록 설치해야 한다.

2.5.5 발신기 및 지구음향장치는 2.4를 준용하여 설치해야 한다.

2.6 비상조명등

2.6.1 비상조명등은 다음의 기준에 따라 설치해야 한다.

2.6.1.1 상시 조명이 소등된 상태에서 비상조명등이 점등되는 경우 터널 안의 차도 및 보도의 바닥면의 조도는 10lx 이상, 그 외 모든 지점의 조도는 1lx 이상이 될 수 있도록 설치할 것

2.6.1.2 비상조명등의 비상전원은 상용전원이 차단되는 경우 자동으로 비상조명등을 유효하게 60분

이상 작동할 수 있어야 할 것

2.6.1.3 비상조명등에 내장된 예비전원이나 축전지설비는 상용전원의 공급에 의하여 상시 충전상태를 유지할 수 있도록 설치할 것

2.7 제연설비

2.7.1 제연설비는 다음의 기준을 만족하도록 설계해야 한다.

2.7.1.1 설계화재강도 20MW를 기준으로 하고, 이때의 연기발생률은 80m³/s로 하며, 배출량은 발생된 연기와 혼합된 공기를 충분히 배출할 수 있는 용량 이상을 확보할 것

2.7.1.2 2.7.1.1에도 불구하고, 화재강도가 설계화재강도보다 높을 것으로 예상될 경우 위험도분석을 통하여 설계화재강도를 설정하도록 할 것

2.7.2 제연설비는 다음의 기준에 따라 설치해야 한다.

2.7.2.1 종류환기방식의 경우 제트팬의 소손을 고려하여 예비용 제트팬을 설치하도록 할 것

2.7.2.2 횡류환기방식(또는 반횡류환기방식) 및 대배기구방식의 배연용 팬은 덕트의 길이에 따라서 노출온도가 달라질 수 있으므로 수치해석 등을 통해서 내열온도 등을 검토한 후에 적용하도록 할 것

2.7.2.3 대배기구의 개폐용 전동모터는 정전 등 전원이 차단되는 경우에도 조작상태를 유지할 수 있도록 할 것

2.7.2.4 화재에 노출이 우려되는 제연설비와 전원공급선 및 제트팬 사이의 전원공급장치 등은 250℃의 온도에서 60분 이상 운전상태를 유지할 수 있도록 할 것

2.7.3 제연설비의 기동은 다음의 어느 하나에 의하여 자동 및 수동으로 기동될 수 있도록 해야 한다.
(1) 화재감지기가 동작되는 경우
(2) 발신기의 스위치 조작 또는 자동소화설비의 기동장치를 동작시키는 경우
(3) 화재수신기 또는 감시제어반의 수동조작스위치를 동작시키는 경우

2.7.4 제연설비의 비상전원은 제연설비를 유효하게 60분 이상 작동할 수 있도록 해야 한다.

2.8 연결송수관설비

2.8.1 연결송수관설비는 다음의 기준에 따라 설치해야 한다.

2.8.1.1 연결송수관설비의 방수노즐선단에서의 방수압력은 0.35MPa 이상, 방수량은 400L/min 이상을 유지할 수 있도록 할 것

2.8.1.2 방수구는 50m 이내의 간격으로 옥내소화전함에 병설하거나 독립적으로 터널 출입구 부근과 피난연결통로에 설치할 것

2.8.1.3 방수기구함은 50m 이내의 간격으로 옥내소화전함 안에 설치하거나 독립적으로 설치하고, 하나의 방수기구함에는 65mm 방수노즐 1개와 15m 이상의 호스 3본을 설치하도록 비치할 것

2.9 무선통신보조설비

2.9.1 무선통신보조설비의 옥외안테나는 방재실 인근과 터널의 입구 및 출구, 피난연결통로 등에 설치해야 한다.

2.9.2 라디오 재방송설비가 설치되는 터널의 경우에는 무선통신보조설비와 겸용으로 설치할 수 있다.

2.10 비상콘센트설비

2.10.1 비상콘센트설비는 다음의 기준에 따라 설치해야 한다.

2.10.1.1 비상콘센트설비의 전원회로는 단상교류 220V인 것으로서 그 공급용량은 1.5kVA 이상인 것으로 할 것

2.10.1.2 전원회로는 주배전반에서 전용회로로 할 것. 다만, 다른 설비의 회로 사고에 따른 영향을 받지 않도록 되어 있는 것은 그렇지 않다.

2.10.1.3 콘센트마다 배선용 차단기(KS C 8321)를 설치해야 하며, 충전부가 노출되지 않도록 할 것

2.10.1.4 주행차로의 우측 측벽에 50m 이내의 간격으로 바닥으로부터 0.8m 이상 1.5m 이하의 높이에 설치할 것

CHAPTER 09 무선통신보조설비의 화재안전성능기준 (NFPC 505)

[시행 2022. 12. 1.] [소방청고시 제2022-62호, 2022. 11. 25., 전부개정]

제1조(목적)
이 기준은 「소방시설 설치 및 관리에 관한 법률」(이하 "법"이라 한다) 제2조제1항제6호가목에 따라 소방청장에게 위임한 사항 중 소화활동설비인 무선통신보조설비의 성능기준을 규정함을 목적으로 한다.

제2조(적용범위)
이 기준은 「소방시설 설치 및 관리에 관한 법률 시행령」(이하 "영"이라 한다) 별표 4 제5호마목에 따른 무선통신보조설비의 설치 및 관리에 대해 적용한다.

제3조(정의)
이 기준에서 사용되는 용어의 정의는 다음과 같다.
1. "누설동축케이블"이란 동축케이블의 외부도체에 가느다란 홈을 만들어서 전파가 외부로 새어나 갈 수 있도록 한 케이블을 말한다.
2. "분배기"란 신호의 전송로가 분기되는 장소에 설치하는 것으로 임피던스 매칭(Matching)과 신호 균등분배를 위해 사용하는 장치를 말한다.
3. "분파기"란 서로 다른 주파수의 합성된 신호를 분리하기 위해서 사용하는 장치를 말한다.
4. "혼합기"란 둘 이상의 입력신호를 원하는 비율로 조합한 출력이 발생하도록 하는 장치를 말한다.
5. "증폭기"란 전압·전류의 진폭을 늘려 감도 등을 개선하는 장치를 말한다.
6. "무선중계기"란 안테나를 통하여 수신된 무전기 신호를 증폭한 후 음영지역에 재방사하여 무전기 상호 간 송수신이 가능하도록 하는 장치를 말한다.
7. "옥외안테나"란 감시제어반 등에 설치된 무선중계기의 입력과 출력포트에 연결되어 송수신 신호를 원활하게 방사·수신하기 위해 옥외에 설치하는 장치를 말한다.

제4조(설치제외)
지하층으로서 특정소방대상물의 바닥부분 2면 이상이 지표면과 동일하거나 지표면으로부터의 깊이가 1미터 이하인 경우에는 해당층에 한해 무선통신보조설비를 설치하지 아니할 수 있다.

제5조(누설동축케이블 등)
① 무선통신보조설비의 누설동축케이블 등은 다음 각 호의 기준에 따라 설치해야 한다.
  1. 소방전용주파수대에서 전파의 전송 또는 복사에 적합한 것으로서 소방전용의 것으로 할 것
  2. 누설동축케이블과 이에 접속하는 안테나 또는 동축케이블과 이에 접속하는 안테나로 구성할 것
  3. 누설동축케이블 및 동축케이블은 불연 또는 난연성의 것으로서 습기 등의 환경조건에 따라 전기의 특성이 변질되지 않는 것으로 하고, 노출하여 설치한 경우에는 피난 및 통행에 장애가 없도록 할 것

4. 누설동축케이블 및 동축케이블은 화재에 따라 해당 케이블의 피복이 소실된 경우에 케이블 본체가 떨어지지 않도록 4미터 이내마다 금속제 또는 자기제 등의 지지금구로 벽·천장·기둥 등에 견고하게 고정할 것
5. 누설동축케이블 및 안테나는 금속판 또는 고압의 전로에 의해 그 기능에 장애가 발생되지 않는 위치에 설치할 것
6. 누설동축케이블의 끝부분에는 무반사 종단저항을 견고하게 설치할 것

② 누설동축케이블 또는 동축케이블의 임피던스는 50옴으로 하고, 이에 접속하는 안테나·분배기 기타의 장치는 해당 임피던스에 적합한 것으로 해야 한다.

③ 무선통신보조설비는 누설동축케이블 또는 동축케이블과 이에 접속하는 안테나가 설치된 층은 모든 부분(계단실, 승강기, 별도 구획된 실 포함)에서 유효하게 통신이 가능하도록 설치해야 한다.

제6조(옥외안테나)

옥외안테나는 다음 각 호의 기준에 따라 설치해야 한다.
1. 건축물, 지하가, 터널 또는 공동구의 출입구 및 출입구 인근에서 통신이 가능한 장소에 설치할 것
2. 다른 용도로 사용되는 안테나로 인한 통신장애가 발생하지 않도록 설치할 것
3. 옥외안테나는 견고하게 파손의 우려가 없는 곳에 설치하고 그 가까운 곳의 보기 쉬운 곳에 "무선통신보조설비 안테나"라는 표시와 함께 통신 가능거리를 표시한 표지를 설치할 것
4. 수신기가 설치된 장소 등 사람이 상시 근무하는 장소에는 옥외 안테나의 위치가 모두 표시된 옥외안테나 위치표시도를 비치할 것

제7조(분배기 등)

분배기·분파기 및 혼합기 등은 다음 각 호의 기준에 따라 설치해야 한다.
1. 먼지·습기 및 부식 등에 따라 기능에 이상을 가져오지 않도록 할 것
2. 임피던스는 50옴의 것으로 할 것
3. 점검에 편리하고 화재 등의 재해로 인한 피해의 우려가 없는 장소에 설치할 것

제8조(증폭기 등)

증폭기 및 무선중계기를 설치하는 경우에는 다음 각 호의 기준에 따라 설치해야 한다.
1. 상용전원은 전기가 정상적으로 공급되는 축전지설비, 전기저장장치 또는 교류전압의 옥내 간선으로 하고, 전원까지의 배선은 전용으로 하며, 증폭기 전면에는 전원의 정상 여부를 표시할 수 있는 장치를 설치할 것
2. 증폭기에는 비상전원이 부착된 것으로 하고 해당 비상전원 용량은 무선통신보조설비를 유효하게 30분 이상 작동시킬 수 있는 것으로 할 것
3. 증폭기 및 무선중계기를 설치하는 경우에는 「전파법」 제58조의2에 따른 적합성평가를 받은 제품으로 설치하고 임의로 변경하지 않도록 할 것
4. 디지털 방식의 무전기를 사용하는 데 지장이 없도록 설치할 것

제9조(설치ㆍ관리기준의 특례)

소방본부장 또는 소방서장은 기존건축물이 증축ㆍ개축ㆍ대수선되거나 용도변경되는 경우에 있어서 이 기준이 정하는 기준에 따라 해당 건축물에 설치해야 할 무선통신보조설비의 배관ㆍ배선 등의 공사가 현저하게 곤란하다고 인정되는 경우에는 해당 설비의 기능 및 사용에 지장이 없는 범위 안에서 이 기준의 일부를 적용하지 아니할 수 있다.

제10조(재검토 기한)

소방청장은 「훈령ㆍ예규 등의 발령 및 관리에 관한 규정」에 따라 이 고시에 대하여 2023년 1월 1일을 기준으로 매 3년이 되는 시점(매 3년째의 12월 31일까지를 말한다)마다 그 타당성을 검토하여 개선 등의 조치를 해야 한다.

제11조(규제의 재검토)

「행정규제기본법」 제8조에 따라 2023년 1월 1일을 기준으로 매 3년이 되는 시점(매 3년째의 12월 31일까지를 말한다)마다 그 타당성을 검토하여 개선 등의 조치를 해야 한다.

부칙〈제2022-62호, 2022. 11. 25.〉

제1조(시행일)

이 고시는 2022년 12월 1일부터 시행한다.

제2조(경과조치)

① 이 고시 시행 전에 건축허가 등의 신청 또는 신고를 하거나 소방시설공사의 착공신고를 한 특정소방대상물에 대해서는 종전의 「무선통신보조설비의 화재안전기준(NFSC 505)」에 따른다.
② 이 고시 시행 전에 제1항에 따른 신청 또는 신고를 한 경우라도 개정 기준이 종전의 기준에 비해 관계인에게 유리한 경우에는 개정 기준에 따를 수 있다.

제3조(다른 법령과의 관계)

이 고시 시행 당시 다른 법령에서 종전의 화재안전기준을 인용한 경우에 이 고시 가운데 그에 해당하는 규정이 있는 경우에는 종전의 규정에 갈음하여 이 고시의 해당 규정을 인용한 것으로 본다.

CHAPTER 09 무선통신보조설비의 화재안전기술기준 (NFTC 505)

[시행 2022. 12. 1.] [소방청공고 제2022-239호, 2022. 12. 1., 제정]

1. 일반사항

1.1 적용범위

1.1.1 이 기준은 「소방시설 설치 및 관리에 관한 법률 시행령」(이하 "영"이라 한다) 별표 4 제5호마목에 따른 무선통신보조설비의 설치 및 관리에 대해 적용한다.

1.2 기준의 효력

1.2.1 이 기준은 「소방시설 설치 및 관리에 관한 법률」(이하 "법"이라 한다) 제2조제1항제6호나목에 따라 소화활동설비인 무선통신보조설비의 기술기준으로서의 효력을 가진다.

1.2.2 이 기준에 적합한 경우에는 법 제2조제1항제6호나목에 따라 「무선통신보조설비의 화재안전성능기준(NFPC 505)」을 충족하는 것으로 본다.

1.3 기준의 시행

1.3.1 이 기준은 2022년 12월 1일부터 시행한다.

1.4 기준의 특례

1.4.1 소방본부장 또는 소방서장은 기존건축물이 증축·개축·대수선되거나 용도변경되는 경우에 있어서 이 기준이 정하는 기준에 따라 해당 건축물에 설치해야 할 무선통신보조설비의 배관·배선 등의 공사가 현저하게 곤란하다고 인정되는 경우에는 해당 설비의 기능 및 사용에 지장이 없는 범위 안에서 이 기준의 일부를 적용하지 않을 수 있다.

1.5 경과조치

1.5.1 이 기준 시행 전에 건축허가 등의 신청 또는 신고를 하거나 소방시설공사의 착공신고를 한 특정소방대상물에 대해서는 종전의 「무선통신보조설비의 화재안전기준(NFSC 505)」에 따른다.

1.5.2 이 기준 시행 전에 1.5.1에 따른 신청 또는 신고를 한 경우라도 제정 기준이 종전의 기준에 비하여 관계인에게 유리한 경우에는 제정 기준에 따를 수 있다.

1.6 다른 법령과의 관계

1.6.1 이 기준 시행 당시 다른 법령 또는 행정규칙 등에서 종전의 화재안전기준을 인용한 경우에 이 기준 가운데 그에 해당하는 규정이 있는 경우에는 종전의 규정에 갈음하여 이 기준의 해당 규정을 인용한 것으로 본다.

1.7 용어의 정의

1.7.1 이 기준에서 사용하는 용어의 정의는 다음과 같다.

1.7.1.1 "누설동축케이블"이란 동축케이블의 외부도체에 가느다란 홈을 만들어서 전파가 외부로 새어 나 갈 수 있도록 한 케이블을 말한다.

1.7.1.2 "분배기"란 신호의 전송로가 분기되는 장소에 설치하는 것으로 임피던스 매칭(Matching)과 신호 균등분배를 위해 사용하는 장치를 말한다.

1.7.1.3 "분파기"란 서로 다른 주파수의 합성된 신호를 분리하기 위해서 사용하는 장치를 말한다.

1.7.1.4 "혼합기"란 2 이상의 입력신호를 원하는 비율로 조합한 출력이 발생하도록 하는 장치를 말한다.

1.7.1.5 "증폭기"란 전압·전류의 진폭을 늘려 감도 등을 개선하는 장치를 말한다.

1.7.1.6 "무선중계기"란 안테나를 통하여 수신된 무전기 신호를 증폭한 후 음영지역에 재방사하여 무전기 상호 간 송수신이 가능하도록 하는 장치를 말한다.

1.7.1.7 "옥외안테나"란 감시제어반 등에 설치된 무선중계기의 입력과 출력포트에 연결되어 송수신 신호를 원활하게 방사·수신하기 위해 옥외에 설치하는 장치를 말한다.

1.7.1.8 "임피던스"란 교류 회로에 전압이 가해졌을 때 전류의 흐름을 방해하는 값으로서 교류 회로에서의 전류에 대한 전압의 비를 말한다.

2. 기술기준

2.1 무선통신보조설비의 설치제외

2.1.1 지하층으로서 특정소방대상물의 바닥부분 2면 이상이 지표면과 동일하거나 지표면으로부터의 깊이가 1m 이하인 경우에는 해당층에 한해 무선통신보조설비를 설치하지 않을 수 있다.

2.2 누설동축케이블 등

2.2.1 무선통신보조설비의 누설동축케이블 등은 다음의 기준에 따라 설치해야 한다.

2.2.1.1 소방전용주파수대에서 전파의 전송 또는 복사에 적합한 것으로서 소방전용의 것으로 할 것. 다만, 소방대 상호 간의 무선 연락에 지장이 없는 경우에는 다른 용도와 겸용할 수 있다.

2.2.1.2 누설동축케이블과 이에 접속하는 안테나 또는 동축케이블과 이에 접속하는 안테나로 구성할 것

2.2.1.3 누설동축케이블 및 동축케이블은 불연 또는 난연성의 것으로서 습기 등의 환경조건에 따라 전기의 특성이 변질되지 않는 것으로 하고, 노출하여 설치한 경우에는 피난 및 통행에 장애가 없도록 할 것

2.2.1.4 누설동축케이블 및 동축케이블은 화재에 따라 해당 케이블의 피복이 소실된 경우에 케이블 본체가 떨어지지 않도록 4m 이내마다 금속제 또는 자기제 등의 지지금구로 벽·천장·기둥 등에 견고하게 고정할 것. 다만, 불연재료로 구획된 반자 안에 설치하는 경우에는 그렇지 않다.

2.2.1.5 누설동축케이블 및 안테나는 금속판 등에 따라 전파의 복사 또는 특성이 현저하게 저하되지 않는 위치에 설치할 것

2.2.1.6 누설동축케이블 및 안테나는 고압의 전로로부터 1.5m 이상 떨어진 위치에 설치할 것. 다만, 해당 전로에 정전기 차폐장치를 유효하게 설치한 경우에는 그렇지 않다.

2.2.1.7 누설동축케이블의 끝부분에는 무반사 종단저항을 견고하게 설치할 것
2.2.2 누설동축케이블 및 동축케이블의 임피던스는 50Ω으로 하고, 이에 접속하는 안테나 · 분배기 기타의 장치는 해당 임피던스에 적합한 것으로 해야 한다.
2.2.3 무선통신보조설비는 다음의 기준에 따라 설치해야 한다.
2.2.3.1 누설동축케이블 또는 동축케이블과 이에 접속하는 안테나가 설치된 층은 모든 부분(계단실, 승강기, 별도 구획된 실 포함)에서 유효하게 통신이 가능할 것
2.2.3.2 옥외안테나와 연결된 무전기와 건축물 내부에 존재하는 무전기 간의 상호통신, 건축물 내부에 존재하는 무전기 간의 상호통신, 옥외안테나와 연결된 무전기와 방재실 또는 건축물 내부에 존재하는 무전기와 방재실 간의 상호통신이 가능할 것

2.3 옥외안테나

2.3.1 옥외안테나는 다음의 기준에 따라 설치해야 한다.
2.3.1.1 건축물, 지하가, 터널 또는 공동구의 출입구(「건축법 시행령」 제39조에 따른 출구 또는 이와 유사한 출입구를 말한다) 및 출입구 인근에서 통신이 가능한 장소에 설치할 것
2.3.1.2 다른 용도로 사용되는 안테나로 인한 통신장애가 발생하지 않도록 설치할 것
2.3.1.3 옥외안테나는 견고하게 파손의 우려가 없는 곳에 설치하고 그 가까운 곳의 보기 쉬운 곳에 "무선통신보조설비 안테나"라는 표시와 함께 통신 가능거리를 표시한 표지를 설치할 것
2.3.1.4 수신기가 설치된 장소 등 사람이 상시 근무하는 장소에는 옥외안테나의 위치가 모두 표시된 옥외안테나 위치표시도를 비치할 것

2.4 분배기 등

2.4.1 분배기 · 분파기 및 혼합기 등은 다음의 기준에 따라 설치해야 한다.
2.4.1.1 먼지 · 습기 및 부식 등에 따라 기능에 이상을 가져오지 않도록 할 것
2.4.1.2 임피던스는 50Ω의 것으로 할 것
2.4.1.3 점검에 편리하고 화재 등의 재해로 인한 피해의 우려가 없는 장소에 설치할 것

2.5 증폭기 등

2.5.1 증폭기 및 무선중계기를 설치하는 경우에는 다음의 기준에 따라 설치해야 한다.
2.5.1.1 상용전원은 전기가 정상적으로 공급되는 축전지설비, 전기저장장치(외부 전기에너지를 저장해 두었다가 필요한 때 전기를 공급하는 장치) 또는 교류전압의 옥내 간선으로 하고, 전원까지의 배선은 전용으로 할 것
2.5.1.2 증폭기의 전면에는 주 회로 전원의 정상 여부를 표시할 수 있는 표시등 및 전압계를 설치할 것
2.5.1.3 증폭기에는 비상전원이 부착된 것으로 하고 해당 비상전원 용량은 무선통신보조설비를 유효하게 30분 이상 작동시킬 수 있는 것으로 할 것
2.5.1.4 증폭기 및 무선중계기를 설치하는 경우에는 「전파법」 제58조의2에 따른 적합성평가를 받은 제품으로 설치하고 임의로 변경하지 않도록 할 것
2.5.1.5 디지털 방식의 무전기를 사용하는 데 지장이 없도록 설치할 것

CHAPTER 10
물분무소화설비의 화재안전성능기준 (NFPC 104)

[시행 2024. 7. 1.] [소방청고시 제2024-19호, 2024. 5. 10. 타법개정]

제1조(목적)

이 기준은 「소방시설 설치 및 관리에 관한 법률」(이하 "법"이라 한다) 제2조제1항제6호가목에 따라 소방청장에게 위임한 사항 중 소화설비인 물분무등소화설비 중 물분무소화설비의 성능기준을 규정함을 목적으로 한다.

제2조(적용범위)

이 기준은 「소방시설 설치 및 관리에 관한 법률 시행령」(이하 "영"이라 한다) 별표 4 제1호바목에 따른 물분무등소화설비 중 물분무소화설비의 설치 및 관리에 대해 적용한다.

제3조(정의)

이 기준에서 사용하는 용어의 정의는 다음과 같다.

1. "물분무헤드"란 화재 시 직선류 또는 나선류의 물을 충돌·확산시켜 미립상태로 분무함으로써 소화하는 헤드를 말한다.
2. "고가수조"란 구조물 또는 지형지물 등에 설치하여 자연낙차의 압력으로 급수하는 수조를 말한다.
3. "압력수조"란 소화용수와 공기를 채우고 일정압력 이상으로 가압하여 그 압력으로 급수하는 수조를 말한다.
4. "급수배관"이란 수원 또는 송수구 등으로부터 소화설비에 급수하는 배관을 말한다.
5. "분기배관"이란 배관 측면에 구멍을 뚫어 둘 이상의 관로가 생기도록 가공한 배관으로서 다음 각 목의 분기배관을 말한다.
   - 가. "비확관형 분기배관"이란 배관의 측면에 분기호칭내경 이상의 구멍을 뚫고 배관이음쇠를 용접 이음한 배관을 말한다.
   - 나. "확관형 분기배관"이란 배관의 측면에 조그만 구멍을 뚫고 소성가공으로 확관시켜 배관 용접이음자리를 만들거나 배관 용접이음자리에 배관이음쇠를 용접 이음한 배관을 말한다.
6. "진공계"란 대기압 이하의 압력을 측정하는 계측기를 말한다.
7. "연성계"란 대기압 이상의 압력과 대기압 이하의 압력을 측정할 수 있는 계측기를 말한다.
8. "기동용수압개폐장치"란 소화설비의 배관 내 압력변동을 검지하여 자동적으로 펌프를 기동 및 정지시키는 것으로서 압력챔버 또는 기동용압력스위치 등을 말한다.
9. "일제개방밸브"란 일제살수식스프링클러설비에 설치되는 유수검지장치를 말한다.
10. "가압수조"란 가압원인 압축공기 또는 불연성 기체의 압력으로 소화용수를 가압하여 그 압력으로 급수하는 수조를 말한다.

제4조(수원)

① 물분무소화설비의 수원은 그 저수량이 다음 각 호의 기준에 적합하도록 해야 한다.
1. 「화재의 예방 및 안전관리에 관한 법률 시행령」 별표 2의 특수가연물을 저장 또는 취급하는 특정소방대상물 또는 그 부분에 있어서 그 바닥면적(최대 방수구역의 바닥면적을 기준으로 하며, 50제곱미터 이하인 경우에는 50제곱미터) 1제곱미터에 대하여 분당 10리터로 20분간 방수할 수 있는 양 이상으로 할 것
2. 차고 또는 주차장은 그 바닥면적(최대 방수구역의 바닥면적을 기준으로 하며, 50제곱미터이하인 경우에는 50제곱미터) 1제곱미터에 대하여 분당 20리터로 20분간 방수할 수 있는 양 이상으로 할 것
3. 절연유 봉입 변압기는 바닥 부분을 제외한 표면적을 합한 면적 1제곱미터에 대하여 분당 10리터로 20분간 방수할 수 있는 양 이상으로 할 것
4. 케이블트레이, 케이블덕트(Duct) 등은 투영된 바닥면적 1제곱미터에 대하여 분당 12리터로 20분간 방수할 수 있는 양 이상으로 할 것
5. 콘베이어 벨트 등은 벨트 부분의 바닥면적 1제곱미터에 대하여 분당 10리터로 20분간 방수할 수 있는 양 이상으로 할 것

② 물분무소화설비의 수원을 수조로 설치하는 경우에는 소화설비의 전용수조로 해야 한다.

③ 제1항에 따른 저수량을 산정함에 있어서 다른 설비와 겸용하여 물분무소화설비용 수조를 설치하는 경우에는 물분무소화설비의 풋밸브·흡수구 또는 수직배관의 급수구와 다른 설비의 풋밸브·흡수구 또는 수직배관의 급수구와의 사이의 수량을 그 유효수량으로 한다.

④ 물분무소화설비용 수조는 다음 각 호의 기준에 따라 설치해야 한다.
1. 점검에 편리한 곳에 설치할 것
2. 동결방지조치를 하거나 동결의 우려가 없는 장소에 설치할 것
3. 수조에는 수위계, 고정식 사다리, 청소용 배수밸브(또는 배수관), 표지 및 실내 조명 등 수조의 유지관리에 필요한 설비를 설치할 것

제5조(가압송수장치)

① 전동기 또는 내연기관에 따른 펌프를 이용하는 가압송수장치는 다음 각 호의 기준에 따라 설치해야 한다.
1. 쉽게 접근할 수 있고 점검하기에 충분한 공간이 있는 장소로서 화재 및 침수 등의 재해로 인한 피해를 받을 우려가 없는 곳에 설치할 것
2. 펌프의 1분당 토출량은 제4조제1항 각 호에 따른 바닥면적 또는 표면적에 단위 면적당 방수량을 곱한 양 이상이 되도록 할 것
3. 펌프의 양정은 물분무헤드의 설계압력 환산수두와 배관의 마찰손실 수두를 합한 수치 이상이 되도록 할 것
4. 동결방지조치를 하거나 동결의 우려가 없는 장소에 설치할 것
5. 펌프는 전용으로 할 것

6. 펌프의 토출 측에는 압력계를 설치하고, 흡입 측에는 연성계 또는 진공계를 설치할 것
7. 펌프의 성능은 체절운전 시 정격토출압력의 140퍼센트를 초과하지 않고, 정격토출량의 150퍼센트로 운전 시 정격토출압력의 65퍼센트 이상이 되어야 하며, 펌프의 성능을 시험할 수 있는 성능시험배관을 설치할 것
8. 가압송수장치에는 체절운전 시 수온의 상승을 방지하기 위한 순환배관을 설치할 것
9. 기동장치로는 기동용수압개폐장치 또는 이와 동등 이상의 성능이 있는 것으로 설치할 것
10. 수원의 수위가 펌프보다 낮은 위치에 있는 가압송수장치에는 물올림장치를 설치할 것
11. 기동용수압개폐장치를 기동장치로 사용하는 경우에는 충압펌프를 설치할 것
12. 내연기관을 사용하는 경우에는 제어반에 따라 내연기관의 자동기동 및 수동기동이 가능하고, 상시 충전되어 있는 축전지설비와 펌프를 20분 이상 운전할 수 있는 용량의 연료를 갖출 것
13. 가압송수장치가 기동되는 경우에는 자동으로 정지되지 않도록 할 것
14. 가압송수장치는 부식 등으로 인한 펌프의 고착을 방지할 수 있도록 청동 또는 스테인리스 등 부식에 강한 재질을 사용할 것

② 고가수조의 자연낙차를 이용한 가압송수장치를 설치하는 경우 고가수조의 자연낙차수두(수조의 하단으로부터 최고층에 설치된 헤드까지의 수직거리를 말한다)는 물분무헤드의 설계압력 환산수두와 배관의 마찰손실 수두를 고려하여, 제1항제2호에 따른 단위 면적당 방수량이 20분 이상 유지되도록 해야 한다.

③ 압력수조를 이용한 가압송수장치를 설치하는 경우 압력수조의 압력은 물분무헤드의 설계압력과 배관의 마찰손실 수두압 및 낙차의 환산수두압을 고려하여, 제1항제2호에 따른 단위 면적당 방수량이 20분 이상 유지되도록 해야 한다.

④ 가압수조를 이용한 가압송수장치는 소방청장이 정하여 고시한 「가압수조식가압송수장치의 성능인증 및 제품검사의 기술기준」에 적합한 것으로 설치하되, 가압수조의 압력은 제1항제2호에 따른 단위 면적당 방수량이 20분 이상 유지되도록 해야 한다.

제6조(배관 등)

① 배관은 배관용 탄소 강관(KS D 3507) 또는 배관 내 사용압력이 1.2메가파스칼 이상일 경우에는 압력배관용 탄소 강관(KS D 3562)이나 이와 동등 이상의 강도·내부식성(耐腐蝕性) 및 내열성을 국내·외 공인기관으로부터 인정받은 것을 사용해야 한다.

② 제1항에도 불구하고 화재 등의 재해로 인하여 배관의 성능에 영향을 받을 우려가 적은 장소에는 소방청장이 정하여 고시한 「소방용합성수지배관의 성능인증 및 제품검사의 기술기준」에 적합한 소방용합성수지배관으로 설치할 수 있다.

③ 급수배관은 전용으로 해야 한다.

④ 펌프의 흡입 측 배관은 다음 각 호의 기준에 따라 설치해야 한다.
1. 공기고임이 생기지 않는 구조로 하고 여과장치를 설치할 것
2. 수조가 펌프보다 낮게 설치된 경우에는 각 펌프(충압펌프를 포함한다)마다 수조로부터 별도로 설치할 것

⑤ 삭제 〈2024.5.10.〉
⑥ 성능시험배관에 설치하는 유량측정장치는 성능시험배관의 직관부에 설치하되, 펌프 정격토출량의 175퍼센트 이상을 측정할 수 있는 것으로 해야 한다.
⑦ 가압송수장치의 체절운전 시 수온의 상승을 방지하기 위하여 체크밸브와 펌프사이에서 분기한 배관에 체절압력 이하에서 개방되는 릴리프밸브를 설치해야 한다.
⑧ 동결방지조치를 하거나 동결의 우려가 없는 장소에 설치해야 한다. 다만, 보온재를 사용할 경우에는 난연재료 성능 이상의 것으로 해야 한다.
⑨ 급수배관에 설치되어 급수를 차단할 수 있는 개폐밸브는 개폐표시형으로 해야 한다. 이 경우 펌프의 흡입 측 배관에는 버터플라이밸브 외의 개폐표시형밸브를 설치해야 한다.
⑩ 제9항에 따른 급수배관에 설치되어 급수를 차단할 수 있는 개폐밸브에는 그 밸브의 개폐상태를 감시제어반에서 확인할 수 있도록 급수개폐밸브 작동표시 스위치를 설치해야 한다.
⑪ 배관은 다른 설비의 배관과 쉽게 구분이 될 수 있도록 해야 한다.
⑫ 확관형 분기배관을 사용할 경우에는 소방청장이 정하여 고시한 「분기배관의 성능인증 및 제품검사의 기술기준」에 적합한 것으로 설치해야 한다.

제7조(송수구)
물분무소화설비에는 소방차로부터 그 설비에 송수할 수 있는 송수구를 다음 각 호의 기준에 따라 설치해야 한다.
1. 송수구는 송수 및 그 밖의 소화작업에 지장을 주지 않도록 설치할 것
2. 송수구로부터 주배관에 이르는 연결배관에는 개폐밸브를 설치하지 않을 것
3. 구경 65밀리미터의 쌍구형으로 할 것
4. 송수구에는 그 가까운 곳의 보기 쉬운 곳에 송수압력범위를 표시한 표지를 할 것
5. 송수구는 하나의 층의 바닥면적이 3,000제곱미터를 넘을 때마다 1개 이상(5개를 넘을 경우에는 5개로 한다)을 설치할 것
6. 지면으로부터 높이가 0.5미터 이상 1미터 이하의 위치에 설치할 것
7. 송수구의 가까운 부분에 자동배수밸브(또는 직경 5밀리미터의 배수공) 및 체크밸브를 설치할 것
8. 송수구에는 이물질을 막기 위한 마개를 씌울 것

제8조(기동장치)
① 물분무소화설비의 수동식기동장치는 직접 조작 또는 원격조작에 따라 각각의 가압송수장치 및 수동식 개방밸브 또는 가압송수장치 및 자동개방밸브를 개방할 수 있도록 설치해야 한다.
② 자동식 기동장치는 화재감지기의 작동 또는 폐쇄형스프링클러헤드의 개방과 연동하여 경보를 발하고, 가압송수장치 및 자동개방밸브를 기동할 수 있는 것으로 해야 한다.

제9조(제어밸브 등)
① 물분무소화설비의 제어밸브 기타 밸브는 다음 각 호의 기준에 따라 설치해야 한다.
  1. 제어밸브는 바닥으로부터 0.8미터 이상 1.5미터 이하의 위치에 설치할 것
  2. 제어밸브의 가까운 곳의 보기 쉬운 곳에 "제어밸브"라고 표시한 표지를 할 것

② 자동 개방밸브 및 수동식 개방밸브는 화재 시 용이하게 접근할 수 있는 곳에 설치하고, 2차 측 배관 부분에는 해당 방수구역 외에 밸브의 작동을 시험할 수 있는 장치를 설치해야 한다.

제10조(물분무헤드)
① 물분무헤드는 표준방사량으로 해당 방호대상물의 화재를 유효하게 소화하는 데 필요한 수를 적정한 위치에 설치해야 한다.
② 고압의 전기기기가 있는 장소는 전기의 절연을 위하여 전기기기와 물분무헤드 사이에 전기기기의 전압(kV)에 따라 안전이격거리를 두어야 한다.

제11조(배수설비)
물분무소화설비를 설치하는 차고 또는 주차장에는 배수구, 기름분리장치 등 배수설비를 해야 한다.

제12조(전원)
① 물분무소화설비에 설치하는 상용전원회로의 배선은 전용배선으로 하고, 상용전원의 상시공급에 지장이 없도록 설치해야 한다.
② 물분무소화설비에는 자가발전설비, 축전지설비 또는 전기저장장치에 따른 비상전원을 다음 각 호의 기준에 따라 설치해야 한다.
  1. 점검에 편리하고 화재 및 침수 등의 재해로 인한 피해를 받을 우려가 없는 곳에 설치할 것
  2. 물분무소화설비를 유효하게 20분 이상 작동할 수 있도록 할 것
  3. 상용전원으로부터 전력의 공급이 중단된 때에는 자동으로 비상전원으로부터 전력을 공급받을 수 있도록 할 것
  4. 비상전원(내연기관의 기동 및 제어용 축전기를 제외한다)의 설치장소는 다른 장소와 방화구획할 것
  5. 비상전원을 실내에 설치하는 때에는 그 실내에 비상조명등을 설치할 것

제13조(제어반)
① 물분무소화설비에는 제어반을 설치하되, 감시제어반과 동력제어반으로 구분하여 설치해야 한다.
② 감시제어반은 가압송수장치, 상용전원, 비상전원, 수조, 물올림수조, 예비전원 등을 감시·제어 및 시험할 수 있는 기능을 갖추어야 한다.
③ 감시제어반은 다음 각 호의 기준에 따라 설치해야 한다.
  1. 화재 및 침수 등의 재해로 인한 피해를 받을 우려가 없는 곳에 설치할 것
  2. 감시제어반은 물분무소화설비의 전용으로 할 것
  3. 감시제어반은 다음 각 목의 기준에 따른 전용실 안에 설치하고, 전용실에는 특정소방대상물의 기계·기구 또는 시설 등의 제어 및 감시설비 외의 것을 두지 않을 것
     가. 다른 부분과 방화구획을 할 것
     나. 피난층 또는 지하 1층에 설치할 것
     다. 비상조명등 및 급·배기설비를 설치할 것
     라. 「무선통신보조설비의 화재안전성능기준(NFPC 505)」 제5조제3항에 따라 유효하게 통신이 가능할 것

마. 바닥면적은 감시제어반의 설치에 필요한 면적 외에 화재 시 소방대원이 그 감시제어반의 조작에 필요한 최소면적 이상으로 할 것

④ 동력제어반은 앞면을 적색으로 하고, 외함은 두께 1.5밀리미터 이상의 강판 또는 이와 동등 이상의 강도 및 내열성능이 있는 것으로 하며, 그 밖의 동력제어반의 설치에 관하여는 제3항제1호 및 제2호의 기준을 준용할 것

제14조(배선 등)

① 물분무소화설비의 배선은 「전기사업법」 제67조에 따른 「전기설비기술기준」에서 정한 것 외에 다음 각 호의 기준에 따라 설치해야 한다.
   1. 비상전원으로부터 동력제어반 및 가압송수장치에 이르는 전원회로배선은 내화배선으로 할 것
   2. 상용전원으로부터 동력제어반에 이르는 배선, 그 밖의 물분무소화설비의 감시·조작 또는 표시등 회로의 배선은 내화배선 또는 내열배선으로 할 것

② 제1항에 따른 내화배선 및 내열배선은 「옥내소화전설비의 화재안전성능기준(NFPC 102)」 제10조제2항에 따른다.

③ 물분무소화설비의 과전류차단기 및 개폐기에는 "물분무소화설비용"이라고 표시한 표지를 해야 한다.

④ 물분무소화설비용 전기배선의 양단 및 접속단자에는 식별이 용이하도록 표시 또는 표지를 해야 한다.

제15조(물분무헤드의 설치제외)

물에 심하게 반응하는 물질, 고온의 물질 또는 직접 분무를 하는 경우 그 부분에 손상을 입힐 우려가 있는 기계장치 등이 있는 장소에는 물분무헤드를 설치하지 않을 수 있다.

제16조(수원 및 가압송수장치의 펌프 등의 겸용)

① 물분무소화설비의 수원을 옥내소화전설비·스프링클러설비·간이스프링클러설비·화재조기진압용 스프링클러설비·포소화전설비 및 옥외소화전설비의 수원과 겸용하여 설치하는 경우의 저수량은 각 소화설비에 필요한 저수량을 합한 양 이상이 되도록 해야 한다.

② 물분무소화설비의 가압송수장치로 사용하는 펌프를 옥내소화전설비·스프링클러설비·간이스프링클러설비·화재조기진압용 스프링클러설비·포소화전설비 및 옥외소화전설비의 가압송수장치와 겸용하여 설치하는 경우의 펌프의 토출량은 각 소화설비에 해당하는 토출량을 합한 양 이상이 되도록 해야 한다.

③ 옥내소화전설비·스프링클러설비·간이스프링클러설비·화재조기진압용 스프링클러설비·물분무소화설비·포소화전설비 및 옥외소화전설비의 가압송수장치에 있어서 각 토출 측 배관과 일반급수용의 가압송수장치의 토출 측 배관을 상호 연결하여 화재 시 사용할 수 있다. 이 경우 연결 배관에는 개·폐표시형밸브를 설치해야 하며, 각 소화설비의 성능에 지장이 없도록 해야 한다.

④ 물분무소화설비의 송수구를 옥내소화전설비·스프링클러설비·간이스프링클러설비·화재조기진압용 스프링클러설비·포소화전설비 또는 연결살수설비의 송수구와 겸용으로 설치하는 경우에는 스프링클러설비의 송수구의 설치기준에 따르되 각각의 소화설비의 기능에 지장이 없도록 해야 한다. 〈개정 2024.5.10.〉

제17조(설치ㆍ유지기준의 특례)

소방본부장 또는 소방서장은 기존건축물이 증축ㆍ개축ㆍ대수선되거나 용도변경되는 경우에 있어서 이 기준이 정하는 기준에 따라 해당 건축물에 설치해야 할 물분무소화설비의 배관ㆍ배선 등의 공사가 현저하게 곤란하다고 인정되는 경우에는 해당 설비의 기능 및 사용에 지장이 없는 범위에서 이 기준의 일부를 적용하지 않을 수 있다.

제18조(재검토기한)

소방청장은 「훈령ㆍ예규 등의 발령 및 관리에 관한 규정」에 따라 이 고시에 대하여 2023년 1월 1일을 기준으로 매 3년이 되는 시점(매 3년째의 12월 31일까지를 말한다)마다 그 타당성을 검토하여 개선 등의 조치를 해야 한다.

부칙〈제2022-36호, 2022. 11. 25.〉

제1조(시행일)

이 고시는 2022년 12월 1일부터 시행한다.

제2조(경과조치)

① 이 고시 시행 전에 건축허가 등의 신청 또는 신고를 하거나 소방시설공사의 착공신고를 한 특정소방대상물에 대해서는 종전의 「물분무소화설비의 화재안전기준(NFSC 104)」에 따른다.

② 이 고시 시행 전에 제1항에 따른 신청 또는 신고를 한 경우라도 개정 기준이 종전의 기준에 비해 관계인에게 유리한 경우에는 개정 기준에 따를 수 있다.

제3조(다른 법령과의 관계)

이 고시 시행 당시 다른 법령에서 종전의 화재안전기준을 인용한 경우에 이 고시 가운데 그에 해당하는 규정이 있는 경우에는 종전의 규정에 갈음하여 이 고시의 해당 규정을 인용한 것으로 본다.

부칙〈제2024-19호, 2024. 5. 10.〉

제1조(시행일)

이 고시는 2024년 7월 1일부터 시행한다.

제2조(다른 고시의 개정)

①부터 ③까지 생략

④ 「물분무소화설비의 화재안전성능기준(NFPC 104)」 일부를 다음과 같이 개정한다.
  1. 제6조제5항을 삭제한다.
  2. 제16조제4항을 "물분무소화설비의 송수구를 옥내소화전설비ㆍ스프링클러설비ㆍ간이스프링클러설비ㆍ화재조기진압용 스프링클러설비ㆍ포소화설비 또는 연결살수설비의 송수구와 겸용으로 설치하는 경우에는 스프링클러설비의 송수구의 설치기준에 따르되 각각의 소화설비의 기능에 지장이 없도록 하여야 한다."로 한다.

⑤ 및 ⑥ 생략

CHAPTER 10 물분무소화설비의 화재안전기술기준 (NFTC 104)

[시행 2024. 7. 1.] [국립소방연구원공고 제2024-36호, 2024. 7. 1., 일부개정]

1. 일반사항

1.1 적용범위

1.1.1 이 기준은 「소방시설 설치 및 관리에 관한 법률 시행령」(이하 "영"이라 한다) 별표 4 제1호바목에 따른 물분무등소화설비 중 물분무소화설비의 설치 및 관리에 대해 적용한다.

1.2 기준의 효력

1.2.1 이 기준은 「소방시설 설치 및 관리에 관한 법률」(이하 "법"이라 한다) 제2조제1항제6호나목에 따라 물분무등소화설비인 물분무소화설비의 기술기준으로서의 효력을 가진다.

1.2.2 이 기준에 적합한 경우에는 법 제2조제1항제6호나목에 따라 「물분무소화설비의 화재안전성능기준(NFPC 104)」을 충족하는 것으로 본다.

1.3 기준의 시행

1.3.1 이 기준은 2024년 7월 1일부터 시행한다. 〈개정 2024.7.1.〉

1.4 기준의 특례

1.4.1 소방본부장 또는 소방서장은 기존건축물이 증축·개축·대수선되거나 용도변경 되는 경우에 있어서 이 기준이 정하는 기준에 따라 해당 건축물에 설치해야 할 물분무소화설비의 배관·배선 등의 공사가 현저하게 곤란하다고 인정되는 경우에는 해당 설비의 기능 및 사용에 지장이 없는 범위에서 이 기준의 일부를 적용하지 않을 수 있다.

1.5 경과조치

1.5.1 이 기준 시행 전에 건축허가 등의 신청 또는 신고를 하거나 소방시설공사의 착공신고를 한 특정소방대상물에 대해서는 종전의 「물분무소화설비의 화재안전기준(NFSC 104)」에 따른다.

1.5.2 이 기준 시행 전에 1.5.1에 따른 신청 또는 신고를 한 경우라도 제정 기준이 종전의 기준에 비하여 관계인에게 유리한 경우에는 제정 기준에 따를 수 있다.

1.6 다른 법령과의 관계

1.6.1 이 기준 시행 당시 다른 법령 또는 행정규칙 등에서 종전의 화재안전기준을 인용한 경우에 이 기준 가운데 그에 해당하는 규정이 있는 경우에는 종전의 규정에 갈음하여 이 기준의 해당 규정을 인용한 것으로 본다.

1.7 용어의 정의

1.7.1 이 기준에서 사용하는 용어의 정의는 다음과 같다.

1.7.1.1 "물분무헤드"란 화재 시 직선류 또는 나선류의 물을 충돌·확산시켜 미립상태로 분무함으로써 소화하는 헤드를 말한다.

1.7.1.2 "고가수조"란 구조물 또는 지형지물 등에 설치하여 자연낙차의 압력으로 급수하는 수조를 말한다.

1.7.1.3 "압력수조"란 소화용수와 공기를 채우고 일정압력 이상으로 가압하여 그 압력으로 급수하는 수조를 말한다.

1.7.1.4 "급수배관"이란 수원 또는 송수구 등으로부터 소화설비에 급수하는 배관을 말한다.

1.7.1.5 "분기배관"이란 배관 측면에 구멍을 뚫어 둘 이상의 관로가 생기도록 가공한 배관으로서 다음의 분기배관을 말한다.

    (1) "확관형 분기배관"이란 배관의 측면에 조그만 구멍을 뚫고 소성가공으로 확관시켜 배관 용접이음자리를 만들거나 배관 용접이음자리에 배관이음쇠를 용접 이음한 배관을 말한다.

    (2) "비확관형 분기배관"이란 배관의 측면에 분기호칭내경 이상의 구멍을 뚫고 배관이음쇠를 용접 이음한 배관을 말한다.

1.7.1.6 "진공계"란 대기압 이하의 압력을 측정하는 계측기를 말한다.

1.7.1.7 "연성계"란 대기압 이상의 압력과 대기압 이하의 압력을 측정할 수 있는 계측기를 말한다.

1.7.1.7 "기동용수압개폐장치"란 소화설비의 배관 내 압력변동을 검지하여 자동적으로 펌프를 기동 및 정지시키는 것으로서 압력챔버 또는 기동용압력스위치 등을 말한다.

1.7.1.9 "일제개방밸브"란 일제살수식스프링클러설비에 설치되는 유수검지장치를 말한다.

1.7.1.10 "가압수조"란 가압원인 압축공기 또는 불연성 기체의 압력으로 소화용수를 가압하여 그 압력으로 급수하는 수조를 말한다.

2. 기술기준

2.1 수원

2.1.1 물분무소화설비의 수원은 그 저수량이 다음의 기준에 적합하도록 해야 한다.

2.1.1.1 「화재의 예방 및 안전관리에 관한 법률 시행령」 별표 2의 특수가연물을 저장 또는 취급하는 특정소방대상물 또는 그 부분에 있어서 그 바닥면적(최대 방수구역의 바닥면적을 기준으로 하며, 50m^2 이하인 경우에는 50m^2) 1m^2에 대하여 10L/min로 20분간 방수할 수 있는 양 이상으로 할 것

2.1.1.2 차고 또는 주차장은 그 바닥면적(최대 방수구역의 바닥면적을 기준으로 하며, 50m^2 이하인 경우에는 50m^2) 1m^2에 대하여 20L/min로 20분간 방수할 수 있는 양 이상으로 할 것

2.1.1.3 절연유 봉입 변압기는 바닥 부분을 제외한 표면적을 합한 면적 1m^2에 대하여 10L/min로 20분간 방수할 수 있는 양 이상으로 할 것

2.1.1.4 케이블트레이, 케이블덕트 등은 투영된 바닥면적 1m^2에 대하여 12L/min로 20분간 방수할 수 있는 양 이상으로 할 것

2.1.1.5 컨베이어 벨트 등은 벨트 부분의 바닥면적 1m^2에 대하여 10L/min로 20분간 방수할 수 있는 양 이상으로 할 것

2.1.2 물분무소화설비의 수원을 수조로 설치하는 경우에는 소화설비의 전용수조로 해야 한다. 다만,

다음의 어느 하나에 해당하는 경우에는 그렇지 않다.

2.1.2.1 물분무소화설비용 펌프의 풋밸브 또는 흡수배관의 흡수구(수직회전축펌프의 흡수구를 포함한다. 이하 같다)를 다른 설비(소화용 설비 외의 것을 말한다. 이하 같다)의 풋밸브 또는 흡수구보다 낮은 위치에 설치한 때

2.1.2.2 2.2.2에 따른 고가수조로부터 물분무소화설비의 수직배관에 물을 공급하는 급수구를 다른 설비의 급수구보다 낮은 위치에 설치한 때

2.1.3 2.1.1에 따른 저수량을 산정함에 있어서 다른 설비와 겸용하여 물분무소화설비용 수조를 설치하는 경우에는 물분무소화설비의 풋밸브·흡수구 또는 수직배관의 급수구와 다른 설비의 풋밸브·흡수구 또는 수직배관의 급수구와의 사이의 수량을 그 유효수량으로 한다.

2.1.4 물분무소화설비용 수조는 다음의 기준에 따라 설치해야 한다.

2.1.4.1 점검에 편리한 곳에 설치할 것

2.1.4.2 동결방지조치를 하거나 동결의 우려가 없는 장소에 설치할 것

2.1.4.3 수조의 외측에 수위계를 설치할 것. 다만, 구조상 불가피한 경우에는 수조의 맨홀 등을 통하여 수조 안의 물의 양을 쉽게 확인할 수 있도록 해야 한다.

2.1.4.4 수조의 상단이 바닥보다 높은 때에는 수조의 외측에 고정식 사다리를 설치할 것

2.1.4.5 수조가 실내에 설치된 때에는 그 실내에 조명설비를 설치할 것

2.1.4.6 수조의 밑 부분에는 청소용 배수밸브 또는 배수관을 설치할 것

2.1.4.7 수조 외측의 보기 쉬운 곳에 "물분무소화설비용 수조"라고 표시한 표지를 할 것. 이 경우 그 수조를 다른 설비와 겸용하는 때에는 그 겸용되는 설비의 이름을 표시한 표지를 함께 해야 한다.

2.1.4.8 소화설비용 펌프의 흡수배관 또는 소화설비의 수직배관과 수조의 접속부분에는 "물분무소화설비용 배관"이라고 표시한 표지를 할 것. 다만, 수조와 가까운 장소에 소화설비용 펌프가 설치되고 해당 펌프에 2.2.1.13에 따른 표지를 설치한 때에는 그렇지 않다.

2.2 가압송수장치

2.2.1 전동기 또는 내연기관에 따른 펌프를 이용하는 가압송수장치는 다음의 기준에 따라 설치해야 한다.

2.2.1.1 쉽게 접근할 수 있고 점검하기에 충분한 공간이 있는 장소로서 화재 및 침수 등의 재해로 인한 피해를 받을 우려가 없는 곳에 설치할 것

2.2.1.2 펌프의 1분당 토출량은 다음의 기준에 따라 설치할 것

2.2.1.2.1 「화재의 예방 및 안전관리에 관한 법률 시행령」 별표 2의 특수가연물을 저장·취급하는 특정소방대상물 또는 그 부분은 그 바닥면적(최대 방수구역의 바닥면적을 기준으로 하며, 50m^2 이하인 경우에는 50m^2) 1m^2에 대하여 10L를 곱한 양 이상이 되도록 할 것

2.2.1.2.2 차고 또는 주차장은 그 바닥면적(최대 방수구역의 바닥면적을 기준으로 하며, 50m^2 이하인 경우에는 50m^2) 1m^2에 대하여 20L를 곱한 양 이상이 되도록 할 것

2.2.1.2.3 절연유 봉입 변압기는 바닥면적을 제외한 표면적을 합한 면적 1m^2당 10L를 곱한 양 이상이 되도록 할 것

2.2.1.2.4 케이블트레이, 케이블덕트 등은 투영된 바닥면적 1m²당 12L를 곱한 양 이상이 되도록 할 것
2.2.1.2.5 컨베이어 벨트 등은 벨트 부분의 바닥면적 1m²당 10L를 곱한 양 이상이 되도록 할 것
2.2.1.3 펌프의 양정은 다음의 식 (2.2.1.3)에 따라 산출한 수치 이상이 되도록 할 것

$$H = h_1 + h_2 \quad \cdots\cdots\cdots\cdots\cdots\cdots\cdots\cdots\cdots\cdots\cdots\cdots\cdots\cdots\cdots\cdots\cdots\cdots\cdots\cdots\cdots (2.2.1.3)$$

여기에서 H : 펌프의 양정(m)
h_1 : 물분무헤드의 설계압력 환산수두(m)
h_2 : 배관의 마찰손실수두(m)

2.2.1.4 동결방지조치를 하거나 동결의 우려가 없는 장소에 설치할 것
2.2.1.5 펌프는 전용으로 할 것. 다만, 다른 소화설비와 겸용하는 경우 각각의 소화설비의 성능에 지장이 없을 때에는 그렇지 않다.
2.2.1.6 펌프의 토출 측에는 압력계를 체크밸브 이전에 펌프 토출 측 플랜지에서 가까운 곳에 설치하고, 흡입 측에는 연성계 또는 진공계를 설치할 것. 다만, 수원의 수위가 펌프의 위치보다 높거나 수직회전축펌프의 경우에는 연성계 또는 진공계를 설치하지 않을 수 있다.
2.2.1.7 펌프의 성능은 체절운전 시 정격토출압력의 140%를 초과하지 않고, 정격토출량의 150%로 운전 시 정격토출압력의 65% 이상이 되어야 하며, 펌프의 성능을 시험할 수 있는 성능시험배관을 설치할 것. 다만, 충압펌프의 경우에는 그렇지 않다.
2.2.1.8 가압송수장치에는 체절운전 시 수온의 상승을 방지하기 위한 순환배관을 설치할 것. 다만, 충압펌프의 경우에는 그렇지 않다.
2.2.1.9 기동장치로는 기동용수압개폐장치 또는 이와 동등 이상의 성능이 있는 것을 설치하고, 기동용수압개폐장치 중 압력챔버를 사용할 경우 그 용적은 100L 이상의 것으로 할 것
2.2.1.10 수원의 수위가 펌프보다 낮은 위치에 있는 가압송수장치에는 다음의 기준에 따른 물올림장치를 설치할 것
2.2.1.10.1 물올림장치에는 전용의 수조를 설치할 것
2.2.1.10.2 수조의 유효수량은 100L 이상으로 하되, 구경 15mm 이상의 급수배관에 따라 해당 수조에 물이 계속 보급되도록 할 것
2.2.1.11 기동용수압개폐장치를 기동장치로 사용할 경우에는 다음의 기준에 따른 충압펌프를 설치할 것
2.2.1.11.1 펌프의 토출압력은 그 설비의 최고위 살수장치의 자연압보다 적어도 0.2MPa이 더 크도록 하거나 가압송수장치의 정격토출압력과 같게 할 것
2.2.1.11.2 펌프의 정격토출량은 정상적인 누설량보다 적어서는 안 되며, 물분무소화설비가 자동적으로 작동할 수 있도록 충분한 토출량을 유지할 것
2.2.1.12 내연기관을 사용하는 경우에는 제어반에 따라 내연기관의 자동기동 및 수동기동이 가능하고, 상시 충전되어 있는 축전지설비를 갖출 것
2.2.1.13 가압송수장치에는 "물분무소화설비소화펌프"라고 표시한 표지를 할 것. 이 경우 그 가압송수장치를 다른 설비와 겸용하는 때에는 그 겸용되는 설비의 이름을 표시한 표지를 함께 해야 한다.

2.2.1.14 가압송수장치가 기동이 된 경우에는 자동으로 정지되지 않도록 할 것. 다만, 충압펌프의 경우에는 그렇지 않다.

2.2.1.15 가압송수장치는 부식 등으로 인한 펌프의 고착을 방지할 수 있도록 다음의 기준에 적합한 것으로 할 것. 다만, 충압펌프는 제외한다.

2.2.1.15.1 임펠러는 청동 또는 스테인리스 등 부식에 강한 재질을 사용할 것

2.2.1.15.2 펌프축은 스테인리스 등 부식에 강한 재질을 사용할 것

2.2.2 고가수조의 자연낙차를 이용한 가압송수장치는 다음의 기준에 따라 설치해야 한다.

2.2.2.1 고가수조의 자연낙차수두(수조의 하단으로부터 최고층에 설치된 헤드까지의 수직거리를 말한다)는 다음의 식 (2.2.2.1)에 따라 산출한 수치 이상 유지되도록 할 것

$$H = h_1 + h_2 \quad \cdots \cdots \cdots \cdots \cdots \cdots \cdots \cdots \cdots \cdots \cdots \cdots \cdots (2.2.2.1)$$

여기에서 H : 필요한 낙차(m)
h_1 : 물분무헤드의 설계압력 환산수두(m)
h_2 : 배관의 마찰손실수두(m)

2.2.2.2 고가수조에는 수위계 · 배수관 · 급수관 · 오버플로우관 및 맨홀을 설치할 것

2.2.3 압력수조를 이용한 가압송수장치는 다음의 기준에 따라 설치해야 한다.

2.2.3.1 압력수조의 압력은 다음의 식 (2.2.3.1)에 따라 산출한 수치 이상 유지되도록 할 것

$$P = p_1 + p_2 + p_3 \quad \cdots \cdots \cdots \cdots \cdots \cdots \cdots \cdots \cdots \cdots \cdots (2.2.3.1)$$

여기에서 P : 필요한 압력(MPa)
p_1 : 물분무헤드의 설계압력(MPa)
p_2 : 배관의 마찰손실수두압(MPa)
p_3 : 낙차의 환산수두압(MPa)

2.2.3.2 압력수조에는 수위계 · 급수관 · 배수관 · 급기관 · 맨홀 · 압력계 · 안전장치 및 압력저하 방지를 위한 자동식 공기압축기를 설치할 것

2.2.4 가압수조를 이용한 가압송수장치는 다음의 기준에 따라 설치해야 한다.

2.2.4.1 가압수조의 압력은 2.2.1.2에 따른 단위 면적당 방수량을 20분 이상 유지되도록 할 것

2.2.4.2 가압수조 및 가압원은 「건축법 시행령」 제46조에 따른 방화구획 된 장소에 설치할 것

2.2.4.3 가압수조를 이용한 가압송수장치는 소방청장이 정하여 고시한 「가압수조식가압송수장치의 성능인증 및 제품검사의 기술기준」에 적합한 것으로 설치할 것

2.3 배관 등

2.3.1 배관과 배관이음쇠는 다음의 어느 하나에 해당하는 것 또는 동등 이상의 강도 · 내식성 및 내열성 등을 국내 · 외 공인기관으로부터 인정받은 것을 사용해야 하고, 배관용 스테인리스 강관(KS D 3576)의 이음을 용접으로 할 경우에는 텅스텐 불활성 가스 아크 용접(Tungsten Inertgas Arc Welding)방식에 따른다. 다만, 2.3에서 정하지 않은 사항은 「건설기술 진흥법」 제44조제1항의 규정에 따른 "건설기준"에 따른다.

2.3.1.1 배관 내 사용압력이 1.2MPa 미만일 경우에는 다음의 어느 하나에 해당하는 것
   (1) 배관용 탄소 강관(KS D 3507)
   (2) 이음매 없는 구리 및 구리합금관(KS D 5301). 다만, 습식의 배관에 한한다.
   (3) 배관용 스테인리스 강관(KS D 3576) 또는 일반배관용 스테인리스 강관(KS D 3595)
   (4) 덕타일 주철관(KS D 4311)
2.3.1.2 배관 내 사용압력이 1.2MPa 이상일 경우에는 다음의 어느 하나에 해당하는 것
   (1) 압력 배관용 탄소 강관(KS D 3562)
   (2) 배관용 아크용접 탄소강 강관(KS D 3583)
2.3.2 2.3.1에도 불구하고 다음의 어느 하나에 해당하는 장소에는 소방청장이 정하여 고시한 「소방용 합성수지배관의 성능인증 및 제품검사의 기술기준」에 적합한 소방용 합성수지배관으로 설치할 수 있다.
2.3.2.1 배관을 지하에 매설하는 경우
2.3.2.2 다른 부분과 내화구조로 구획된 덕트 또는 피트의 내부에 설치하는 경우
2.3.2.3 천장(상층이 있는 경우에는 상층바닥의 하단을 포함한다. 이하 같다)과 반자를 불연재료 또는 준불연 재료로 설치하고 소화배관 내부에 항상 소화수가 채워진 상태로 설치하는 경우
2.3.3 급수배관은 전용으로 해야 한다. 다만, 물분무소화설비의 기동장치의 조작과 동시에 다른 설비의 용도에 사용하는 배관의 송수를 차단할 수 있거나, 물분무소화설비의 성능에 지장이 없는 경우에는 다른 설비와 겸용할 수 있다.
2.3.4 펌프의 흡입 측 배관은 다음의 기준에 따라 설치해야 한다.
2.3.4.1 공기 고임이 생기지 않는 구조로 하고 여과장치를 설치할 것
2.3.4.2 수조가 펌프보다 낮게 설치된 경우에는 각 펌프(충압펌프를 포함한다)마다 수조로부터 별도로 설치할 것
2.3.5 〈삭제 2024.7.1.〉
2.3.6 펌프의 성능시험배관은 다음의 기준에 적합하도록 설치해야 한다.
2.3.6.1 성능시험배관은 펌프의 토출 측에 설치된 개폐밸브 이전에서 분기하여 직선으로 설치하고, 유량측정장치를 기준으로 전단 직관부에는 개폐밸브를 후단 직관부에는 유량조절밸브를 설치할 것. 이 경우 개폐밸브와 유량측정장치 사이의 직관부 거리 및 유량측정장치와 유량조절밸브 사이의 직관부 거리는 해당 유량측정장치 제조사의 설치사양에 따르고, 성능시험배관의 호칭지름은 유량측정장치의 호칭지름에 따른다.
2.3.6.2 유량측정장치는 펌프의 정격토출량의 175% 이상까지 측정할 수 있는 성능이 있을 것
2.3.7 가압송수장치의 체절운전 시 수온의 상승을 방지하기 위하여 체크밸브와 펌프사이에서 분기한 구경 20mm 이상의 배관에 체절압력 미만에서 개방되는 릴리프밸브를 설치해야 한다.
2.3.8 배관은 동결방지조치를 하거나 동결의 우려가 없는 장소에 설치해야 한다. 다만, 보온재를 사용할 경우에는 난연재료 성능 이상의 것으로 해야 한다.
2.3.9 급수배관에 설치되어 급수를 차단할 수 있는 개폐밸브는 개폐표시형으로 해야 한다. 이 경우 펌프의 흡입 측 배관에는 버터플라이밸브 외의 개폐표시형밸브를 설치해야 한다.

2.3.10 2.3.9에 따른 개폐밸브에는 그 밸브의 개폐상태를 감시제어반에서 확인할 수 있도록 급수개폐밸브 작동표시 스위치를 다음의 기준에 따라 설치해야 한다.

2.3.10.1 급수개폐밸브가 잠길 경우 탬퍼스위치의 동작으로 인하여 감시제어반 또는 수신기에 표시되어야 하며 경보음을 발할 것

2.3.10.2 탬퍼스위치는 감시제어반 또는 수신기에서 동작의 유무 확인과 동작시험, 도통시험을 할 수 있을 것

2.3.10.3 급수개폐밸브의 작동표시 스위치에 사용되는 전기배선은 내화전선 또는 내열전선으로 설치할 것

2.3.11 배관은 다른 설비의 배관과 쉽게 구분이 될 수 있는 위치에 설치하거나, 그 배관표면 또는 배관보온재표면의 색상은 「한국산업표준(배관계의 식별 표시, KS A 0503)」 또는 적색으로 식별이 가능하도록 소방용설비의 배관임을 표시해야 한다.

2.3.12 확관형 분기배관을 사용할 경우에는 소방청장이 정하여 고시한 「분기배관의 성능인증 및 제품검사의 기술기준」에 적합한 것으로 설치해야 한다.

2.4 송수구

2.4.1 물분무소화설비에는 소방차로부터 그 설비에 송수할 수 있는 송수구를 다음의 기준에 따라 설치해야 한다.

2.4.1.1 송수구는 화재 층으로부터 지면으로 떨어지는 유리창 등이 송수 및 그 밖의 소화작업에 지장을 주지 않는 장소에 설치할 것. 이 경우 가연성가스의 저장·취급시설에 설치하는 송수구는 그 방호대상물로부터 20m 이상의 거리를 두거나, 방호대상물에 면하는 부분이 높이 1.5m 이상 폭 2.5m 이상의 철근콘크리트 벽으로 가려진 장소에 설치해야 한다.

2.4.1.2 송수구로부터 물분무소화설비의 주배관에 이르는 연결배관에 개폐밸브를 설치한 때에는 그 개폐상태를 쉽게 확인 및 조작할 수 있는 옥외 또는 기계실 등의 장소에 설치할 것

2.4.1.3 송수구는 구경 65mm의 쌍구형으로 할 것

2.4.1.4 송수구에는 그 가까운 곳의 보기 쉬운 곳에 송수압력범위를 표시한 표지를 할 것

2.4.1.5 송수구는 하나의 층의 바닥면적이 3,000㎡를 넘을 때마다 1개 이상(5개를 넘을 경우에는 5개로 한다)을 설치할 것

2.4.1.6 지면으로부터 높이가 0.5m 이상 1m 이하의 위치에 설치할 것

2.4.1.7 송수구의 부근에는 자동배수밸브(또는 직경 5mm의 배수공) 및 체크밸브를 설치할 것. 이 경우 자동배수밸브는 배관안의 물이 잘 빠질 수 있는 위치에 설치하되, 배수로 인하여 다른 물건이나 장소에 피해를 주지 않아야 한다.

2.4.1.8 송수구에는 이물질을 막기 위한 마개를 씌울 것

2.5 기동장치

2.5.1 물분무소화설비의 수동식기동장치는 다음의 기준에 따라 설치해야 한다.

2.5.1.1 직접조작 또는 원격조작에 따라 각각의 가압송수장치 및 수동식 개방밸브 또는 가압송수장치 및 자동개방밸브를 개방할 수 있도록 설치할 것

2.5.1.2 기동장치의 가까운 곳의 보기 쉬운 곳에 "기동장치"라고 표시한 표지를 할 것

2.5.2 자동식기동장치는 화재감지기의 작동 또는 폐쇄형스프링클러헤드의 개방과 연동하여 경보를 발하고, 가압송수장치 및 자동개방밸브를 기동할 수 있는 것으로 해야 한다. 다만, 자동화재탐지설비의 수신기가 설치되어 있고, 수신기가 설치되어 있는 장소에 상시 사람이 근무하고 있으며, 화재 시 물분무소화설비를 즉시 작동시킬 수 있는 경우에는 그렇지 않다.

2.6 제어밸브 등

2.6.1 물분무소화설비의 제어밸브는 방수구역 마다 다음의 기준에 따라 설치해야 한다.

2.6.1.1 제어밸브는 바닥으로부터 0.8m 이상 1.5m 이하의 위치에 설치할 것

2.6.1.2 제어밸브의 가까운 곳의 보기 쉬운 곳에 "제어밸브"라고 표시한 표지를 할 것

2.6.2 자동 개방밸브 및 수동식 개방밸브는 다음의 기준에 따라 설치해야 한다.

2.6.2.1 자동개방밸브의 기동조작부 및 수동식개방밸브는 화재 시 용이하게 접근할 수 있는 곳의 바닥으로부터 0.8m 이상 1.5m 이하의 위치에 설치할 것

2.6.2.2 자동개방밸브 및 수동식개방밸브의 2차 측 배관 부분에는 해당 방수구역 외에 밸브의 작동을 시험할 수 있는 장치를 설치할 것. 다만, 방수구역에서 직접 방수시험을 할 수 있는 경우에는 그렇지 않다.

2.7 물분무헤드

2.7.1 물분무헤드는 표준방사량으로 해당 방호대상물의 화재를 유효하게 소화하는 데 필요한 수를 적정한 위치에 설치해야 한다.

2.7.2 고압의 전기기기가 있는 장소는 전기의 절연을 위하여 전기기기와 물분무헤드 사이에 다음 표 2.7.2에 따른 거리를 두어야 한다.

표 2.7.2 전기기기와 물분무헤드 사이의 거리

전압(kV)	거리(cm)
66 이하	70 이상
66 초과 77 이하	80 이상
77 초과 110 이하	110 이상
110 초과 154 이하	150 이상
154 초과 181 이하	180 이상
181 초과 220 이하	210 이상
220 초과 275 이하	260 이상

2.8 배수설비

2.8.1 물분무소화설비를 설치하는 차고 또는 주차장에는 다음의 기준에 따라 배수설비를 해야 한다.

2.8.1.1 차량이 주차하는 장소의 적당한 곳에 높이 10cm 이상의 경계턱으로 배수구를 설치할 것

2.8.1.2 배수구에는 새어 나온 기름을 모아 소화할 수 있도록 길이 40m 이하마다 집수관·소화핏트

등 기름분리장치를 설치할 것

2.8.1.3 차량이 주차하는 바닥은 배수구를 향하여 100분의 2 이상의 기울기를 유지할 것

2.8.1.4 배수설비는 가압송수장치의 최대송수능력의 수량을 유효하게 배수할 수 있는 크기 및 기울기로 할 것

2.9 전원

2.9.1 물분무소화설비에는 그 특정소방대상물의 수전방식에 따라 다음의 기준에 따른 상용전원회로의 배선을 설치해야 한다. 다만, 가압수조방식으로서 모든 기능이 20분 이상 유효하게 지속될 수 있는 경우에는 그렇지 않다.

2.9.1.1 저압수전인 경우에는 인입개폐기의 직후에서 분기하여 전용배선으로 해야 하며, 전용의 전선관에 보호되도록 할 것

2.9.1.2 특별고압수전 또는 고압수전일 경우에는 전력용 변압기 2차 측의 주차단기 1차 측에서 분기하여 전용배선으로 하되, 상용전원의 상시공급에 지장이 없을 경우에는 주차단기 2차 측에서 분기하여 전용배선으로 할 것. 다만, 가압송수장치의 정격입력전압이 수전전압과 같은 경우에는 2.9.1.1의 기준에 따른다.

2.9.2 물분무소화설비에는 자가발전설비, 축전지설비(내연기관에 따른 펌프를 설치한 경우에는 내연기관의 기동 및 제어용축전지를 말한다. 이하 같다) 또는 전기저장장치(외부 전기에너지를 저장해 두었다가 필요한 때 전기를 공급하는 장치. 이하 같다)에 따른 비상전원을 다음의 기준에 따라 설치해야 한다. 다만, 2 이상의 변전소(「전기사업법」 제67조에 따른 변전소를 말한다. 이하 같다)에서 전력을 동시에 공급받을 수 있거나 하나의 변전소로부터 전력의 공급이 중단되는 때에는 자동으로 다른 변전소로부터 전원을 공급받을 수 있도록 상용전원을 설치한 경우와 가압수조방식에는 비상전원을 설치하지 않을 수 있다.

2.9.2.1 점검에 편리하고 화재 및 침수 등의 재해로 인한 피해를 받을 우려가 없는 곳에 설치할 것

2.9.2.2 물분무소화설비를 유효하게 20분 이상 작동할 수 있어야 할 것

2.9.2.3 상용전원으로부터 전력의 공급이 중단된 때에는 자동으로 비상전원으로부터 전력을 공급받을 수 있도록 할 것

2.9.2.4 비상전원(내연기관의 기동 및 제어용 축전기를 제외한다)의 설치장소는 다른 장소와 방화구획 할 것. 이 경우 그 장소에는 비상전원의 공급에 필요한 기구나 설비 외의 것(열병합발전설비에 필요한 기구나 설비는 제외한다)을 두어서는 안 된다.

2.9.2.5 비상전원을 실내에 설치하는 때에는 그 실내에 비상조명등을 설치할 것

2.10 제어반

2.10.1 물분무소화설비에는 제어반을 설치하되, 감시제어반과 동력제어반으로 구분하여 설치해야 한다. 다만, 다음의 어느 하나에 해당하는 경우에는 감시제어반과 동력제어반으로 구분하여 설치하지 않을 수 있다.

2.10.1.1 다음의 어느 하나에 해당하지 않는 특정소방대상물에 설치되는 경우

2.10.1.1.1 지하층을 제외한 층수가 7층 이상으로서 연면적이 2,000m² 이상인 것

2.10.1.1.2 2.10.1.1.1에 해당하지 않는 특정소방대상물로서 지하층의 바닥면적의 합계가 3,000m² 이상인 것. 다만, 차고·주차장 또는 보일러실·기계실·전기실 등 이와 유사한 장소의 면적은 제외한다.
2.10.1.2 내연기관에 따른 가압송수장치를 사용하는 경우
2.10.1.3 고가수조에 따른 가압송수장치를 사용하는 경우
2.10.1.4 가압수조에 따른 가압송수장치를 사용하는 경우
2.10.2 감시제어반의 기능은 다음의 기준에 적합해야 한다. 다만, 2.10.1의 단서에 따른 각 기준의 어느 하나에 해당하는 경우에는 2.10.2.3와 2.10.2.6를 적용하지 않는다.
2.10.2.1 각 펌프의 작동여부를 확인할 수 있는 표시등 및 음향경보기능이 있어야 할 것
2.10.2.2 각 펌프를 자동 및 수동으로 작동시키거나 중단시킬 수 있어야 할 것
2.10.2.3 비상전원을 설치한 경우에는 상용전원 및 비상전원의 공급여부를 확인할 수 있어야 할 것
2.10.2.4 수조 또는 물올림수조가 저수위로 될 때 표시등 및 음향으로 경보할 것
2.10.2.5 다음의 각 확인회로마다 도통시험 및 작동시험을 할 수 있도록 할 것
　　　　(1) 기동용수압개폐장치의 압력스위치회로
　　　　(2) 수조 또는 물올림수조의 저수위감시회로
2.10.2.6 예비전원이 확보되고 예비전원의 적합여부를 시험할 수 있어야 할 것
2.10.3 감시제어반은 다음의 기준에 따라 설치해야 한다.
2.10.3.1 화재 및 침수 등의 재해로 인한 피해를 받을 우려가 없는 곳에 설치할 것
2.10.3.2 감시제어반은 물분무소화설비의 전용으로 할 것. 다만, 물분무소화설비의 제어에 지장이 없는 경우에는 다른 설비와 겸용할 수 있다.
2.10.3.3 감시제어반은 다음의 기준에 따른 전용실 안에 설치할 것. 다만, 2.10.1의 단서에 따른 각 기준의 어느 하나에 해당하는 경우와 공장, 발전소 등에서 설비를 집중 제어·운전할 목적으로 설치하는 중앙제어실 내에 감시제어반을 설치하는 경우에는 그렇지 않다.
2.10.3.3.1 다른 부분과 방화구획을 할 것. 이 경우 전용실의 벽에는 기계실 또는 전기실 등의 감시를 위하여 두께 7mm 이상의 망입유리(두께 16.3mm 이상의 접합유리 또는 두께 28mm 이상의 복층유리를 포함한다)로 된 4m² 미만의 붙박이창을 설치할 수 있다.
2.10.3.3.2 피난층 또는 지하 1층에 설치할 것. 다만, 다음의 어느 하나에 해당하는 경우에는 지상 2층에 설치하거나 지하 1층 외의 지하층에 설치할 수 있다.
　　　　(1) 「건축법 시행령」 제35조에 따라 특별피난계단이 설치되고 그 계단(부속실을 포함한다) 출입구로부터 보행거리 5m 이내에 전용실의 출입구가 있는 경우
　　　　(2) 아파트의 관리동(관리동이 없는 경우에는 경비실)에 설치하는 경우
2.10.3.3.3 비상조명등 및 급·배기설비를 설치할 것
2.10.3.3.4 「무선통신보조설비의 화재안전기술기준(NFTC 505)」 2.2.3에 따라 유효하게 통신이 가능할 것(영 별표 4의 제5호마목에 따른 무선통신보조설비가 설치된 특정소방대상물에 한한다)
2.10.3.3.5 바닥면적은 감시제어반의 설치에 필요한 면적 외에 화재 시 소방대원이 그 감시제어반의 조작에 필요한 최소면적 이상으로 할 것

2.10.3.4 2.10.3.3에 따른 전용실에는 특정소방대상물의 기계·기구 또는 시설 등의 제어 및 감시설비 외의 것을 두지 않을 것

2.10.4 동력제어반은 다음의 기준에 따라 설치해야 한다.

2.10.4.1 앞면은 적색으로 하고 "물분무소화설비용 동력제어반"이라고 표시한 표지를 설치할 것

2.10.4.2 외함은 두께 1.5mm 이상의 강판 또는 이와 동등 이상의 강도 및 내열성능이 있는 것으로 할 것

2.10.4.3 그 밖의 동력제어반의 설치에 관하여는 2.10.3.1 및 2.10.3.2의 기준을 준용할 것

2.11 배선 등

2.11.1 물분무소화설비의 배선은 「전기사업법」 제67조에 따른 「전기설비기술기준」에서 정한 것 외에 다음의 기준에 따라 설치해야 한다.

2.11.1.1 비상전원을 설치한 경우에는 비상전원으로부터 동력제어반 및 가압송수장치에 이르는 전원회로의 배선은 내화배선으로 할 것. 다만, 자가발전설비와 동력제어반이 동일한 실에 설치된 경우에는 자가발전기로부터 그 제어반에 이르는 전원회로의 배선은 그렇지 않다.

2.11.1.2 상용전원으로부터 동력제어반에 이르는 배선, 그 밖의 물분무소화설비의 감시·조작 또는 표시등회로의 배선은 내화배선 또는 내열배선으로 할 것. 다만, 감시제어반 또는 동력제어반 안의 감시·조작 또는 표시등회로의 배선은 그렇지 않다.

2.11.2 2.11.1에 따른 내화배선 및 내열배선에 사용되는 전선의 종류 및 설치방법은 「옥내소화전설비의 화재안전기술기준(NFTC 102)」 2.7.2의 표 2.7.2(1) 및 표 2.7.2(2)의 기준에 따른다.

2.11.3 소화설비의 과전류차단기 및 개폐기에는 "물분무소화설비용 과전류차단기 또는 개폐기"라고 표시한 표지를 해야 한다.

2.11.4 소화설비용 전기배선의 양단 및 접속단자에는 다음의 기준에 따라 표지해야 한다.

2.11.4.1 단자에는 "물분무소화설비단자"라고 표시한 표지를 부착할 것

2.11.4.2 소화설비용 전기배선의 양단에는 다른 배선과 식별이 용이하도록 표시할 것

2.12 물분무헤드의 설치제외

2.12.1 다음의 장소에는 물분무헤드를 설치하지 않을 수 있다.

2.12.1.1 물에 심하게 반응하는 물질 또는 물과 반응하여 위험한 물질을 생성하는 물질을 저장 또는 취급하는 장소

2.12.1.2 고온의 물질 및 증류범위가 넓어 끓어 넘치는 위험이 있는 물질을 저장 또는 취급하는 장소

2.12.1.3 운전시에 표면의 온도가 260℃ 이상으로 되는 등 직접 분무를 하는 경우 그 부분에 손상을 입힐 우려가 있는 기계장치 등이 있는 장소

2.13 수원 및 가압송수장치의 펌프 등의 겸용

2.13.1 물분무소화설비의 수원을 옥내소화전설비·스프링클러설비·간이스프링클러설비·화재조기진압용 스프링클러설비·포소화설비 및 옥외소화전설비의 수원을 겸용하여 설치하는 경우의 저수량은 각 소화설비에 필요한 저수량을 합한 양 이상이 되도록 해야 한다. 다만, 이들 소화설비 중 고정식 소화설비(펌프·배관과 소화수 또는 소화약제를 최종 방출하는 방출구가 고정된 설비

를 말한다. 이하 같다)가 둘 이상 설치되어 있고, 그 소화설비가 설치된 부분이 방화벽과 방화문으로 구획되어 있는 경우에는 각 고정식 소화설비에 필요한 저수량 중 최대의 것 이상으로 할 수 있다.

2.13.2 물분무소화설비의 가압송수장치로 사용하는 펌프를 옥내소화전설비·스프링클러설비·간이스프링클러설비·화재조기진압용 스프링클러설비·포소화설비 및 옥외소화전설비의 가압송수장치와 겸용하여 설치하는 경우의 펌프의 토출량은 각 소화설비에 해당하는 토출량을 합한 양 이상이 되도록 해야 한다. 다만, 이들 소화설비 중 고정식 소화설비가 둘 이상 설치되어 있고, 그 소화설비가 설치된 부분이 방화벽과 방화문으로 구획되어 있으며 각 소화설비에 지장이 없는 경우에는 펌프의 토출량 중 최대의 것 이상으로 할 수 있다.

2.13.3 옥내소화전설비·스프링클러설비·간이스프링클러설비·화재조기진압용 스프링클러설비·물분무소화설비·포소화설비 및 옥외소화전설비의 가압송수장치에 있어서 각 토출 측 배관과 일반급수용의 가압송수장치의 토출 측 배관을 상호 연결하여 화재 시 사용할 수 있다. 이 경우 연결 배관에는 개폐표시형밸브를 설치해야 하며, 각 소화설비의 성능에 지장이 없도록 해야 한다.

2.13.4 물분무소화설비의 송수구를 옥내소화전설비·스프링클러설비·간이스프링클러설비·화재조기진압용 스프링클러설비·포소화설비 또는 연결살수설비의 송수구와 겸용으로 설치하는 경우에는 스프링클러설비의 송수구의 설치기준에 따르되 각각의 소화설비의 기능에 지장이 없도록 해야 한다. 〈개정 2024.7.1.〉

CHAPTER 11 미분무소화설비의 화재안전성능기준 (NFPC 104A)

[시행 2023. 2. 10.] [소방청고시 제2023-7호, 2023. 2. 10., 타법개정]

제1조(목적)

이 기준은 「소방시설 설치 및 관리에 관한 법률」(이하 "법"이라 한다) 제2조제1항제6호가목에 따라 소방청장에게 위임한 사항 중 소화설비인 물분무등소화설비 중 미분무소화설비의 성능기준을 규정함을 목적으로 한다.

제2조(적용범위)

이 기준은 「소방시설 설치 및 관리에 관한 법률 시행령」(이하 "영"이라 한다) 별표 4 제1호바목에 따른 물분무등소화설비 중 미분무소화설비의 설치 및 관리에 대해 적용한다.

제3조(정의)

이 기준에서 사용하는 용어의 정의는 다음과 같다.

1. "미분무소화설비"란 가압된 물이 헤드 통과 후 미세한 입자로 분무됨으로써 소화성능을 가지는 설비를 말하며, 소화력을 증가시키기 위해 강화액 등을 첨가할 수 있다.
2. "미분무"란 물만을 사용하여 소화하는 방식으로 최소설계압력에서 헤드로부터 방출되는 물입자 중 99퍼센트의 누적체적분포가 400마이크로미터 이하로 분무되고 A, B, C급 화재에 적응성을 갖는 것을 말한다.
3. "미분무헤드"란 하나 이상의 오리피스를 가지고 미분무소화설비에 사용되는 헤드를 말한다.
4. "개방형 미분무헤드"란 감열체 없이 방수구가 항상 열려져 있는 헤드를 말한다.
5. "폐쇄형 미분무헤드"란 정상상태에서 방수구를 막고 있는 감열체가 일정온도에서 자동적으로 파괴·용융 또는 이탈됨으로써 방수구가 개방되는 헤드를 말한다.
6. "저압 미분무소화설비"란 최고사용압력이 1.2메가파스칼 이하인 미분무소화설비를 말한다.
7. "중압 미분무소화설비"란 사용압력이 1.2메가파스칼을 초과하고 3.5메가파스칼 이하인 미분무소화설비를 말한다.
8. "고압 미분무소화설비"란 최저사용압력이 3.5메가파스칼을 초과하는 미분무소화설비를 말한다.
9. "폐쇄형 미분무소화설비"란 배관 내에 항상 물 또는 공기 등이 가압되어 있다가 화재로 인한 열로 폐쇄형 미분무헤드가 개방되면서 소화수를 방출하는 방식의 미분무소화설비를 말한다.
10. "개방형 미분무소화설비"란 화재감지기의 신호를 받아 가압송수장치를 동작시켜 미분무수를 방출하는 방식의 미분무소화설비를 말한다.
11. "유수검지장치(패들형을 포함한다)"란 유수현상을 자동적으로 검지하여 신호 또는 경보를 발하는 장치를 말한다.
12. "전역방출방식"이란 소화약제 공급장치에 배관 및 분사헤드 등을 고정 설치하여 밀폐 방호구역 내에

소화약제를 방출하는 방식을 말한다.
13. "국소방출방식"이란 소화약제 공급장치에 배관 및 분사헤드를 설치하여 직접 화점에 소화약제를 방출하는 방식을 말한다.
14. "호스릴방식"이란 소화수 또는 소화약제 저장용기 등에 연결된 호스릴을 이용하여 사람이 직접 화점에 소화수 또는 소화약제를 방출하는 방식을 말한다.
15. "교차회로방식"이란 하나의 방호구역 내에 둘 이상의 화재감지기회로를 설치하고 인접한 둘 이상의 화재감지기에 화재가 감지되는 때에 소화설비가 작동하는 방식을 말한다.
16. "가압수조"란 가압원인 압축공기 또는 불연성 기체의 압력으로 소화용수를 가압하여 그 압력으로 급수하는 수조를 말한다.
17. "개폐표시형밸브"란 밸브의 개폐여부를 외부에서 식별이 가능한 밸브를 말한다.
18. "연소할 우려가 있는 개구부"란 각 방화구획을 관통하는 컨베이어·에스컬레이터 또는 이와 유사한 시설의 주위로서 방화구획을 할 수 없는 부분을 말한다.
19. "설계도서"란 점화원, 연료의 특성과 형태 등에 따라서 건축물에서 발생할 수 있는 화재의 유형이 고려되어 작성된 것을 말한다.
20. "호스릴"이란 원형의 소방호스를 원형의 수납장치에 감아 정리한 것을 말한다.

제4조(설계도서 작성)

① 미분무소화설비의 성능을 확인하기 위하여 하나의 발화원을 가정한 설계도서는 화재 시 건축물에서 발생 가능한 상황을 고려하여 작성되어야 하며, 설계도서는 일반설계도서와 특별설계도서로 구분한다.
② 일반설계도서는 유사한 특정소방대상물의 화재사례 등을 이용하여 작성하고, 특별설계도서는 일반설계도서에서 발화 장소 등을 변경하여 위험도를 높게 만들어 작성해야 한다.
③ 제1항 및 제2항에도 불구하고 검증된 기준에서 정하고 있는 것을 사용할 경우에는 적합한 도서로 인정할 수 있다.

제5조(설계도서의 검증)

① 소방관서에 허가동의를 받기 전에 법 제46조제1항에 따라 성능시험기관으로 지정받은 기관에서 그 성능을 검증받아야 한다.
② 설계도서의 변경이 필요한 경우 제1항에 따른 기관에서 재검증을 받아야 한다.

제6조(수원)

① 미분무소화설비에 사용되는 소화용수는 「먹는물관리법」 제5조에 적합하고, 저수조 등에 충수할 경우 필터 또는 스트레이너를 통해야 하며, 사용되는 물에는 입자·용해고체 또는 염분이 없어야 한다.
② 배관의 연결부(용접부 제외) 또는 주배관의 유입측에는 필터 또는 스트레이너를 설치해야 하고, 사용되는 스트레이너에는 청소구가 있어야 하며, 검사·유지관리 및 보수 시에 배치 위치를 변경하지 않아야 한다.
③ 사용되는 필터 또는 스트레이너의 메쉬는 헤드 오리피스 지름의 80퍼센트 이하가 되어야 한다.
④ 수원의 양은 방호구역(방수구역) 내 헤드의 개수, 설계유량, 설계방수시간, 안전율 및 배관의 총체적을 고려하여 계산한 양 이상으로 해야 한다.

⑤ 첨가제의 양은 설계방수시간 내에 충분히 사용될 수 있는 양 이상으로 산정한다. 이 경우 첨가제가 소화약제인 경우 소방청장이 정하여 고시한 「소화약제의 형식승인 및 제품검사의 기술기준」에 적합한 것으로 사용해야 한다.

제7조(수조)

① 수조의 재료는 냉간 압연 스테인리스 강판 및 강대(KS D 3698)의 STS304 또는 이와 동등 이상의 강도·내식성·내열성이 있는 것으로 해야 한다.
② 수조를 용접할 경우 용접찌꺼기 등이 남아 있지 아니해야 하며, 부식의 우려가 없는 용접방식으로 해야 한다.
③ 미분무소화설비용 수조는 다음 각 호의 기준에 따라 설치해야 한다.
   1. 전용으로 하며 점검에 편리한 곳에 설치할 것
   2. 동결방지조치를 하거나 동결의 우려가 없는 장소에 설치할 것
   3. 수조에는 수위계, 고정식 사다리, 청소용 배수밸브(또는 배수관), 표지 및 실내 조명 등 수조의 유지관리에 필요한 설비를 설치할 것

제8조(가압송수장치)

① 전동기 또는 내연기관에 따른 펌프를 이용하는 가압송수장치는 다음 각 호의 기준에 따라 설치해야 한다.
   1. 쉽게 접근할 수 있고 점검하기에 충분한 공간이 있는 장소로서 화재 및 침수 등의 재해로 인한 피해를 받을 우려가 없는 곳에 설치할 것
   2. 동결방지조치를 하거나 동결의 우려가 없는 장소에 설치할 것
   3. 펌프는 전용으로 할 것
   4. 펌프의 토출 측에는 압력계를 설치할 것
   5. 펌프의 성능은 체절운전 시 정격토출압력의 140퍼센트를 초과하지 않고, 정격토출량의 150퍼센트로 운전 시 정격토출압력의 65퍼센트 이상이 되어야 하며, 펌프의 성능을 시험할 수 있는 성능시험배관을 설치할 것
   6. 가압송수장치의 송수량은 최저설계압력에서 설계유량(L/min) 이상의 방수성능을 가진 기준개수의 모든 헤드로부터의 방수량을 충족시킬 수 있는 양 이상의 것으로 할 것
   7. 내연기관을 사용하는 경우에는 제어반에 따라 내연기관의 자동기동 및 수동기동이 가능하고, 상시 충전되어 있는 축전지설비와 운전에 필요한 충분한 연료량을 갖출 것
   8. 가압송수장치가 기동되는 경우에는 자동으로 정지되지 아니하도록 할 것
   9. 가압송수장치는 부식 등으로 인한 펌프의 고착을 방지할 수 있도록 청동 또는 스테인리스 등 부식에 강한 재질을 사용할 것
② 압력수조를 이용하는 가압송수장치는 다음 각 호의 기준에 따라 설치해야 한다.
   1. 압력수조는 배관용 스테인리스 강관(KS D 3676) 또는 이와 동등이상의 강도·내식성, 내열성을 갖는 재료를 사용할 것
   2. 용접한 압력수조를 사용할 경우 용접찌꺼기 등이 남아 있지 않아야 하며, 부식의 우려가 없는 용접

방식으로 해야 한다.
3. 쉽게 접근할 수 있고 점검하기에 충분한 공간이 있는 장소로서 화재 및 침수 등의 재해로 인한 피해를 받을 우려가 없는 곳에 설치할 것
4. 동결방지조치를 하거나 동결의 우려가 없는 장소에 설치할 것
5. 압력수조는 전용으로 할 것
6. 압력수조에는 수위계·급수관·배수관·급기관·맨홀·압력계·안전장치 및 압력저하방지를 위한 자동식 공기압축기를 설치할 것
7. 압력수조의 토출 측에는 사용압력의 1.5배 범위를 초과하는 압력계를 설치해야 한다.
8. 작동장치의 구조 및 기능은 다음 각 목의 기준에 적합해야 한다.
   가. 화재감지기의 신호에 의하여 자동적으로 밸브를 개방하고 소화수를 배관으로 송출할 것
   나. 수동으로 작동할 수 있게 하는 장치를 설치할 경우에는 부주의로 인한 작동을 방지하기 위한 보호 장치를 강구할 것
③ 가압수조를 이용하는 가압송수장치는 다음 각 호의 기준에 따라 설치해야 한다.
1. 가압수조의 압력은 설계 방수량 및 방수압이 설계방수시간 이상 유지되도록 할 것
2. 가압수조 및 가압원은 「건축법 시행령」 제46조에 따른 방화구획 된 장소에 설치할 것
3. 가압수조를 이용한 가압송수장치는 소방청장이 정하여 고시한 「가압수조식 가압송수장치의 성능인증 및 제품검사의 기술기준」에 적합한 것으로 설치할 것
4. 가압수조는 전용으로 설치할 것

제9조(폐쇄형 미분무소화설비의 방호구역)

폐쇄형 미분무헤드를 사용하는 설비의 방호구역(미분무소화설비의 소화범위에 포함된 영역을 말한다. 이하 같다)은 다음 각 호의 기준에 적합해야 한다.
1. 하나의 방호구역의 바닥면적은 펌프용량, 배관의 구경 등을 수리학적으로 계산한 결과 헤드의 방수압 및 방수량이 방호구역 범위 내에서 소화목적을 달성할 수 있도록 산정할 것
2. 하나의 방호구역은 두 개 층에 미치지 않도록 할 것

제10조(개방형 미분무소화설비의 방수구역)

개방형 미분무소화설비의 방수구역은 다음 각 호의 기준에 적합해야 한다.
1. 하나의 방수구역은 두 개 층에 미치지 않도록 할 것
2. 하나의 방수구역을 담당하는 헤드의 개수는 최대 설계개수 이하로 할 것. 다만, 둘 이상의 방수구역으로 나눌 경우에는 하나의 방수구역을 담당하는 헤드의 개수는 최대설계 개수의 2분의 1 이상으로 할 것
3. 터널, 지하가 등에 설치할 경우 동시에 방수되어야 하는 방수구역은 화재가 발생된 방수구역 및 접한 방수구역으로 할 것

제11조(배관)

① 설비에 사용되는 구성요소는 STS304 이상의 재료를 사용해야 한다.
② 배관과 배관이음쇠는 배관용 스테인리스 강관(KS D 3576)이나 이와 동등 이상의 강도·내식성 및 내열성을 가진 것으로 해야 하고, 용접할 경우 용접찌꺼기 등이 남아 있지 아니해야 하며, 부식의 우려

가 없는 용접방식으로 해야 한다.
③ 급수배관은 전용으로 해야 한다.
④ 성능시험배관에 설치하는 유량측정장치는 성능시험배관의 직관부에 설치하되, 펌프 정격토출량의 175퍼센트 이상을 측정할 수 있는 것으로 해야 한다.
⑤ 동결방지조치를 하거나 동결의 우려가 없는 장소에 설치해야 한다. 다만, 보온재를 사용할 경우에는 난연재료 성능 이상의 것으로 해야 한다.
⑥ 교차배관의 위치ㆍ청소구 및 가지배관의 헤드설치는 다음 각 호의 기준에 따른다.
  1. 교차배관은 가지배관과 수평으로 설치하거나 가지배관 밑에 설치할 것
  2. 청소구는 교차배관 끝에 개폐밸브를 설치하고, 호스접결이 가능한 나사식 또는 고정배수 배관식으로 할 것
⑦ 미분무설비에는 그 성능을 확인하기 위한 시험장치를 설치해야 한다.
⑧ 배관에 설치되는 행거는 가지배관, 교차배관 및 수평주행배관에 설치하고, 배관을 충분히 지지할 수 있도록 설치해야 한다.
⑨ 수직배수배관의 구경은 50밀리미터 이상으로 해야 한다.
⑩ 주차장의 미분무소화설비를 습식으로 하는 경우에는 동결의 우려가 없는 장소에 설치하거나 동결방지조치를 해야 한다.
⑪ 급수배관에 설치되어 급수를 차단할 수 있는 개폐밸브에는 그 밸브의 개폐상태를 감시제어반에서 확인할 수 있도록 급수개폐밸브 작동표시 스위치를 설치해야 한다.
⑫ 미분무설비의 배관은 배수를 위한 기울기를 주거나 배수밸브를 설치하는 등 원활한 배수를 위한 조치를 해야 한다.
⑬ 배관은 다른 설비의 배관과 쉽게 구분이 될 수 있도록 해야 한다.
⑭ 호스릴방식은 방호대상물의 각 부분으로부터 하나의 호스 접결구까지의 수평거리는 방호대상물의 소화에 적합한 거리 이하가 되도록 하고, 함 및 방수구 등 그 밖의 사항은 「옥내소화전설비의 화재안전성능기준(NFPC 102)」제7조에 적합해야 한다.

제12조(음향장치 및 기동장치)

① 미분무소화설비의 음향장치 및 기동장치는 다음 각 호의 기준에 따라 설치해야 한다.
  1. 폐쇄형 미분무헤드가 개방되면 화재신호를 발신하고 그에 따라 음향장치가 경보되도록 할 것
  2. 개방형 미분무설비는 화재감지기의 감지에 따라 음향장치가 경보되도록 할 것
  3. 음향장치는 방호구역 또는 방수구역마다 설치하되 그 구역의 각 부분으로부터 하나의 음향장치까지의 수평거리는 25미터 이하가 되도록 할 것
  4. 음향장치는 경종 또는 사이렌으로 하되, 주위의 소음 및 다른 용도의 경보와 구별이 가능한 음색으로 할 것
  5. 주음향장치는 수신기의 내부 또는 그 직근에 설치할 것
  6. 층수가 11층(공동주택의 경우에는 16층) 이상의 소방대상물 또는 그 부분에 있어서는 발화층에 따라 경보하는 층을 달리하여 경보를 발할 수 있도록 할 것

7. 음향장치는 다음 각 목의 기준에 따른 구조 및 성능의 것으로 할 것
   가. 정격전압의 80퍼센트 전압에서 음향을 발할 수 있는 것으로 할 것
   나. 음량은 부착된 음향장치의 중심으로부터 1미터 떨어진 위치에서 90데시벨 이상이 되는 것으로 할 것
8. 화재감지기 회로에는 다음 각 목의 기준에 따른 발신기를 설치할 것. 다만, 자동화재탐지설비의 발신기가 설치된 경우에는 그러하지 아니하다.
   가. 조작이 쉬운 장소에 설치하고, 스위치는 바닥으로부터 0.8미터 이상 1.5미터 이하의 높이에 설치할 것
   나. 소방대상물의 층마다 설치하되, 당해 소방대상물의 각 부분으로부터 하나의 발신기까지의 수평거리가 25미터 이하가 되도록 할 것. 다만, 복도 또는 별도로 구획된 실로서 보행거리가 40미터 이상일 경우에는 추가로 설치해야 한다.
   다. 발신기의 위치를 표시하는 표시등은 함의 상부에 설치하되, 그 불빛은 부착면으로부터 15도 이상의 범위안에서 부착지점으로부터 10미터 이내의 어느 곳에서도 쉽게 식별할 수 있는 적색등으로 할 것

제13조(헤드)

① 미분무헤드는 소방대상물의 천장·반자·천장과 반자 사이·덕트·선반 기타 이와 유사한 부분에 설계자의 의도에 적합하도록 설치해야 한다.
② 하나의 헤드까지의 수평거리 산정은 설계자가 제시해야 한다.
③ 미분무소화설비에 사용되는 헤드는 조기반응형 헤드를 설치해야 한다.
④ 폐쇄형 미분무헤드는 그 설치장소의 평상시 최고주위온도에 따라 적합한 표시온도의 것으로 설치해야 한다.
⑤ 미분무 헤드는 배관, 행거 등으로부터 살수가 방해되지 아니하도록 설치해야 한다.
⑥ 미분무 헤드는 설계도면과 동일하게 설치해야 한다.
⑦ 미분무 헤드는 '한국소방산업기술원' 또는 법 제46조제1항의 규정에 따라 성능시험기관으로 지정받은 기관에서 검증받아야 한다.

제14조(전원)

미분무소화설비의 전원은 「스프링클러설비의 화재안전성능기준(NFPC 103)」제12조를 준용한다.

제15조(제어반)

① 미분무소화설비에는 제어반을 설치하되, 감시제어반과 동력제어반으로 구분하여 설치해야 한다.
② 감시제어반은 가압송수장치, 상용전원, 비상전원, 수조, 예비전원 등을 감시·제어 및 시험할 수 있는 기능을 갖추어야 한다.
③ 감시제어반은 다음 각 호의 기준에 따라 설치해야 한다.
  1. 화재 및 침수 등의 재해로 인한 피해를 받을 우려가 없는 곳에 설치할 것
  2. 감시제어반은 미분무 소화설비의 전용으로 할 것
  3. 감시제어반은 다음 각 목의 기준에 따른 전용실 안에 설치하고, 전용실에는 특정소방대상물의 기

계·기구 또는 시설 등의 제어 및 감시설비 외의 것을 두지 않을 것
가. 다른 부분과 방화구획을 할 것
나. 피난층 또는 지하 1층에 설치할 것
다. 「무선통신보조설비의 화재안전성능기준(NFPC 505)」 제5조제3항에 따라 유효하게 통신이 가능할 것
라. 바닥면적은 감시제어반의 설치에 필요한 면적 외에 화재 시 소방대원이 그 감시제어반의 조작에 필요한 최소면적 이상으로 할 것
4. 화재감지기, 저수위, 개폐밸브 폐쇄상태 확인 등 확인회로마다 도통시험 및 작동시험을 할 수 있도록 할 것
5. 감시제어반과 자동화재탐지설비의 수신기를 별도의 장소에 설치하는 경우에는 이들 상호 간에 동시 통화가 가능하도록 할 것
④ 동력제어반은 앞면을 적색으로 하고, 동력제어반의 외함은 두께 1.5밀리미터 이상의 강판 또는 이와 동등 이상의 강도 및 내열성능이 있는 것으로 하며, 그 밖의 동력제어반의 설치에 관하여는 제3항제1호 및 제2호의 기준을 따라야 한다.
⑤ 자가발전설비 제어반은 「스프링클러설비의 화재안전성능기준(NFPC 103)」 제13조를 준용한다.

제16조(배선 등)

① 미분무소화설비의 배선은 「전기사업법」 제67조에 따른 「전기설비기술기준」에서 정한 것 외에 다음 각 호의 기준에 따라 설치해야 한다.
  1. 비상전원으로부터 동력제어반 및 가압송수장치에 이르는 전원회로배선은 내화배선으로 할 것
  2. 상용전원으로부터 동력제어반에 이르는 배선, 그 밖의 미분무소화설비의 감시·조작 또는 표시등 회로의 배선은 내화배선 또는 내열배선으로 할 것
② 제1항에 따른 내화배선 및 내열배선은 「옥내소화전설비의 화재안전성능기준(NFPC 102)」 제10조 제2항에 따른다.
③ 미분무소화설비의 과전류차단기 및 개폐기에는 "미분무소화설비용"이라고 표시한 표지를 해야 한다.
④ 미분무소화설비용 전기배선의 양단 및 접속단자에는 식별이 용이하도록 표시 또는 표지를 해야 한다.

제17조(청소·시험·유지 및 관리 등)

① 미분무소화설비의 청소·유지 및 관리 등은 건축물의 모든 부분을 완성한 시점부터 최소 연 1회 이상 실시하여 그 성능 등을 확인해야 한다.
② 미분무소화설비의 배관 등의 청소는 배관의 수리계산 시 설계된 최대방출량으로 방출하여 배관 내 이물질이 제거될 수 있는 충분한 시간 동안 실시해야 한다.
③ 미분무소화설비의 성능시험은 제8조에서 정한 기준에 따라 실시한다.

제18조(재검토기한)

소방청장은 「훈령·예규 등의 발령 및 관리에 관한 규정」에 따라 이 고시에 대하여 2023년 1월 1일을 기준으로 매 3년이 되는 시점(매 3년째의 12월 31일까지를 말한다)마다 그 타당성을 검토하여 개선 등의 조치를 해야 한다.

부칙 〈제2022-37호, 2022. 11. 25.〉

제1조(시행일)
이 고시는 2022년 12월 1일부터 시행한다.

제2조(경과조치)
① 이 고시 시행 전에 건축허가 등의 신청 또는 신고를 하거나 소방시설공사의 착공신고를 한 특정소방대상물에 대해서는 종전의 「미분무소화설비의 화재안전기준(NFSC 104A)」에 따른다.
② 이 고시 시행 전에 제1항에 따른 신청 또는 신고를 한 경우라도 개정 기준이 종전의 기준에 비해 관계인에게 유리한 경우에는 개정 기준에 따를 수 있다.

제3조(다른 법령과의 관계)
이 고시 시행 당시 다른 법령에서 종전의 화재안전기준을 인용한 경우에 이 고시 가운데 그에 해당하는 규정이 있는 경우에는 종전의 규정에 갈음하여 이 고시의 해당 규정을 인용한 것으로 본다.

부칙 〈제2023-7호, 2023. 2. 10.〉

제1조(시행일)
이 고시는 발령 후 2023년 2월 10일부터 시행한다.

제2조(다른 고시의 개정)
① 생략
② 미분무소화설비의 화재안전성능기준(NFPC 104A) 일부를 다음과 같이 개정한다.
　　제12조제1항제6호 부분 중 "5층 이상의"를 "11층(공동주택의 경우에는 16층) 이상의"로 한다.
③ 및 ④ 생략

CHAPTER 11 미분무소화설비의 화재안전기술기준 (NFTC 104A)

[시행 2023. 2. 10.] [소방청공고 제2022-214호, 2022. 12. 1., 제정]

1. 일반사항

1.1 적용범위

1.1.1 이 기준은 「소방시설 설치 및 관리에 관한 법률 시행령」(이하 "영"이라 한다) 별표 4 제1호바목에 따른 물분무등소화설비 중 미분무소화설비의 설치 및 관리에 대해 적용한다.

1.2 기준의 효력

1.2.1 이 기준은 「소방시설 설치 및 관리에 관한 법률」(이하 "법"이라 한다) 제2조제1항제6호나목에 따라 물분무등소화설비인 미분무소화설비의 기술기준으로서의 효력을 가진다.

1.2.2 이 기준에 적합한 경우에는 법 제2조제1항제6호나목에 따라 「미분무소화설비의 화재안전성능기준(NFPC 104A)」을 충족하는 것으로 본다.

1.3 기준의 시행

1.3.1 이 기준은 2023년 2월 10일부터 시행한다. 〈개정 2023.2.10.〉

1.4 기준의 특례

1.4.1 소방본부장 또는 소방서장은 기존건축물이 증축·개축·대수선되거나 용도변경되는 경우에 있어서 이 기준이 정하는 기준에 따라 해당 건축물에 설치해야 할 미분무소화설비의 배관·배선 등의 공사가 현저하게 곤란하다고 인정되는 경우에는 해당 설비의 기능 및 사용에 지장이 없는 범위에서 이 기준의 일부를 적용하지 않을 수 있다.

1.5 경과조치

1.5.1 이 기준 시행 전에 건축허가 등의 신청 또는 신고를 하거나 소방시설공사의 착공신고를 한 특정소방대상물에 대해서는 종전의 기준에 따른다. 〈개정 2023.2.10.〉

1.5.2 이 기준 시행 전에 1.5.1에 따른 신청 또는 신고를 한 경우라도 개정 기준이 종전의 기준에 비하여 관계인에게 유리한 경우에는 개정 기준에 따를 수 있다. 〈개정 2023.2.10.〉

1.6 다른 법령과의 관계

1.6.1 이 기준 시행 당시 다른 법령 또는 행정규칙 등에서 종전의 화재안전기준을 인용한 경우에 이 기준 가운데 그에 해당하는 규정이 있는 경우에는 종전의 규정에 갈음하여 이 기준의 해당 규정을 인용한 것으로 본다.

1.7 용어의 정의

1.7.1 이 기준에서 사용하는 용어의 정의는 다음과 같다.

1.7.1.1 "미분무소화설비"란 가압된 물이 헤드 통과 후 미세한 입자로 분무됨으로써 소화성능을 가지는 설비로서, 소화력을 증가시키기 위해 강화액 등을 첨가할 수 있다.

1.7.1.2 "미분무"란 물만을 사용하여 소화하는 방식으로 최소설계압력에서 헤드로부터 방출되는 물입자 중 99%의 누적체적분포가 $400\mu m$ 이하로 분무되고 A, B, C급 화재에 적응성을 갖는 것을 말한다.

1.7.1.3 "미분무헤드"란 하나 이상의 오리피스를 가지고 미분무소화설비에 사용되는 헤드를 말한다.

1.7.1.4 "개방형 미분무헤드"란 감열체 없이 방수구가 항상 열려져 있는 헤드를 말한다.

1.7.1.5 "폐쇄형 미분무헤드"란 정상상태에서 방수구를 막고 있는 감열체가 일정온도에서 자동적으로 파괴·용융 또는 이탈됨으로써 방수구가 개방되는 헤드를 말한다.

1.7.1.6 "저압 미분무소화설비"란 최고사용압력이 1.2MPa 이하인 미분무소화설비를 말한다.

1.7.1.7 "중압 미분무소화설비"란 사용압력이 1.2MPa을 초과하고 3.5MPa 이하인 미분무소화설비를 말한다.

1.7.1.8 "고압 미분무소화설비"란 최저사용압력이 3.5MPa을 초과하는 미분무소화설비를 말한다.

1.7.1.9 "폐쇄형 미분무소화설비"란 배관 내에 항상 물 또는 공기 등이 가압되어 있다가 화재로 인한 열로 폐쇄형 미분무헤드가 개방되면서 소화수를 방출하는 방식의 미분무소화설비를 말한다.

1.7.1.10 "개방형 미분무소화설비"란 화재감지기의 신호를 받아 가압송수장치를 동작시켜 미분무수를 방출하는 방식의 미분무소화설비를 말한다.

1.7.1.11 "유수검지장치(패들형을 포함한다)"란 유수현상을 자동적으로 검지하여 신호 또는 경보를 발하는 장치를 말한다.

1.7.1.12 "전역방출방식"이란 고정식 미분무소화설비에 배관 및 헤드를 고정 설치하여 구획된 방호구역 전체에 소화수를 방출하는 설비를 말한다.

1.7.1.13 "국소방출방식"이란 고정식 미분무소화설비에 배관 및 헤드를 설치하여 직접 화점에 소화수를 방출하는 설비로서 화재발생 부분에 집중적으로 소화수를 방출하도록 설치하는 방식을 말한다.

1.7.1.14 "호스릴방식"이란 소화수 또는 소화약제 저장용기 등에 연결된 호스릴을 이용하여 사람이 직접 화점에 소화수 또는 소화약제를 방출하는 방식을 말한다.

1.7.1.15 "교차회로방식"이란 하나의 방호구역 내에 2 이상의 화재감지기회로를 설치하고 인접한 2 이상의 화재감지기에 화재가 감지되어 작동되는 때에 소화설비가 작동하는 방식을 말한다.

1.7.1.16 "가압수조"란 가압원인 압축공기 또는 불연성 기체의 압력으로 소화용수를 가압하여 그 압력으로 급수하는 수조를 말한다.

1.7.1.17 "개폐표시형밸브"란 밸브의 개폐여부를 외부에서 식별이 가능한 밸브를 말한다.

1.7.1.18 "연소할 우려가 있는 개구부"란 각 방화구획을 관통하는 컨베이어·에스컬레이터 또는 이와 유사한 시설의 주위로서 방화구획을 할 수 없는 부분을 말한다.

1.7.1.19 "설계도서"란 점화원, 연료의 특성과 형태 등에 따라서 건축물에서 발생할 수 있는 화재의 유형이 고려되어 작성된 것을 말한다.

1.7.1.20 "호스릴"이란 원형의 소방호스를 원형의 수납장치에 감아 정리한 것을 말한다.

2. 기술기준

2.1 설계도서 작성

2.1.1 미분무소화설비의 성능을 확인하기 위하여 하나의 발화원을 가정한 설계도서는 다음의 기준 및 그림 2.1.1을 고려하여 작성되어야 하며, 설계도서는 일반설계도서와 특별설계도서로 구분한다.

(1) 점화원의 형태
(2) 초기 점화되는 연료 유형
(3) 화재 위치
(4) 문과 창문의 초기상태(열림, 닫힘) 및 시간에 따른 변화상태
(5) 공기조화설비, 자연형(문, 창문) 및 기계형 여부
(6) 시공 유형과 내장재 유형

---

1. 공통사항

   설계도서는 건축물에서 발생 가능한 상황을 선정하되, 건축물의 특성에 따라 제2호의 설계도서 유형 중 가목의 일반설계도서와 나목부터 사목까지의 특별설계도서 중 1개 이상을 작성한다.

2. 설계도서 유형

   가. 일반설계도서
   1) 건물용도, 사용자 중심의 일반적인 화재를 가상한다.
   2) 설계도서에는 다음 사항이 필수적으로 명확히 설명되어야 한다.
      가) 건물사용자 특성
      나) 사용자의 수와 장소
      다) 실 크기
      라) 가구와 실내 내용물
      마) 연소 가능한 물질들과 그 특성 및 발화원
      바) 환기조건
      사) 최초 발화물과 발화물의 위치
   3) 설계자가 필요한 경우 기타 설계도서에 필요한 사항을 추가할 수 있다.

   나. 특별설계도서 1
   1) 내부 문들이 개방되어 있는 상황에서 피난로에 화재가 발생하여 급격한 화재연소가 이루어지는 상황을 가상한다.
   2) 화재 시 가능한 피난방법의 수에 중심을 두고 작성한다.

   다. 특별설계도서 2
   1) 사람이 상주하지 않는 실에서 화재가 발생하지만, 잠재적으로 많은 재실자에게 위험이 되는 상황을 가상한다.
   2) 건축물 내의 재실자가 없는 곳에서 화재가 발생하여 많은 재실자가 있는 공간으로 연소 확대되는 상황에 중심을 두고 작성한다.

라. 특별설계도서 3
  1) 많은 사람이 있는 실에 인접한 벽이나 덕트 공간 등에서 화재가 발생한 상황을 가상한다.
  2) 화재감지기가 없는 곳이나 자동으로 작동하는 소화설비가 없는 장소에서 화재가 발생하여 많은 재실자가 있는 곳으로의 연소 확대가 가능한 상황에 중심을 두고 작성한다.

마. 특별설계도서 4
  1) 많은 거주자가 있는 아주 인접한 장소 중 소방시설의 작동범위에 들어가지 않는 장소에서 아주 천천히 성장하는 화재를 가상한다.
  2) 작은 화재에서 시작하지만 큰 대형화재를 일으킬 수 있는 화재에 중심을 두고 작성한다.

바. 특별설계도서 5
  1) 건축물의 일반적인 사용 특성과 관련, 화재하중이 가장 큰 장소에서 발생한 아주 심각한 화재를 가상한다.
  2) 재실자가 있는 공간에서 급격하게 연소 확대되는 화재를 중심으로 작성한다.

사. 특별설계도서 6
  1) 외부에서 발생하여 본 건물로 화재가 확대되는 경우를 가상한다.
  2) 본 건물에서 떨어진 장소에서 화재가 발생하여 본 건물로 화재가 확대되거나 피난로를 막거나 거주가 불가능한 조건을 만드는 화재에 중심을 두고 작성한다.

그림 2.1.1 설계도서 작성 기준

2.1.2 일반설계도서는 유사한 특정소방대상물의 화재사례 등을 이용하여 작성하고, 특별설계도서는 일반설계도서에서 발화 장소 등을 변경하여 위험도를 높게 만들어 작성해야 한다.

2.1.3 2.1.1 및 2.1.2에도 불구하고 검증된 기준에서 정하고 있는 것을 사용할 경우에는 적합한 도서로 인정할 수 있다.

2.2 설계도서의 검증

2.2.1 소방관서에 허가동의를 받기 전에 법 제46조제1항에 따라 성능시험기관으로 지정받은 기관에서 그 성능을 검증받아야 한다.

2.2.2 설계도서의 변경이 필요한 경우 2.2.1에 의해 재검증을 받아야 한다.

2.3 수원

2.3.1 미분무소화설비에 사용되는 소화용수는 「먹는물관리법」 제5조에 적합하고, 저수조 등에 충수할 경우 필터 또는 스트레이너를 통해야 하며, 사용되는 물에는 입자·용해고체 또는 염분이 없어야 한다.

2.3.2 배관의 연결부(용접부 제외) 또는 주배관의 유입 측에는 필터 또는 스트레이너를 설치해야 하고,

사용되는 스트레이너에는 청소구가 있어야 하며, 검사·유지관리 및 보수 시에 배치 위치를 변경하지 않아야 한다. 다만, 노즐이 막힐 우려가 없는 경우에는 설치하지 않을 수 있다.

2.3.3 사용되는 필터 또는 스트레이너의 메쉬는 헤드 오리피스 지름의 80% 이하가 되어야 한다.

2.3.4 수원의 양은 다음의 식 (2.3.4)를 이용하여 계산한 양 이상으로 해야 한다.

$$Q = N \times D \times T \times S + V \quad \cdots\cdots (2.3.4)$$

여기에서 Q : 수원의 양(m^3)
N : 방호구역(방수구역) 내 헤드의 개수
D : 설계유량(m^3/min)
T : 설계방수시간(min)
S : 안전율(1.2 이상)
V : 배관의 총체적(m^3)

2.3.5 첨가제의 양은 설계방수시간 내에 충분히 사용될 수 있는 양 이상으로 산정한다. 이 경우 첨가제가 소화약제인 경우 소방청장이 정하여 고시한「소화약제의 형식승인 및 제품검사의 기술기준」에 적합한 것으로 사용해야 한다.

2.4 수조

2.4.1 수조의 재료는 냉간 압연 스테인리스 강판 및 강대(KS D 3698)의 STS304 또는 이와 동등 이상의 강도·내식성·내열성이 있는 것으로 해야 한다.

2.4.2 수조를 용접할 경우 용접찌꺼기 등이 남아 있지 아니해야 하며, 부식의 우려가 없는 용접방식으로 해야 한다.

2.4.3 미분무소화설비용 수조는 다음의 기준에 따라 설치해야 한다.

2.4.3.1 전용수조로 하고, 점검에 편리한 곳에 설치할 것

2.4.3.2 동결방지조치를 하거나 동결의 우려가 없는 장소에 설치할 것

2.4.3.3 수조의 외측에 수위계를 설치할 것. 다만, 구조상 불가피한 경우에는 수조의 맨홀 등을 통하여 수조 안의 물의 양을 쉽게 확인할 수 있도록 해야 한다.

2.4.3.4 수조의 상단이 바닥보다 높은 때에는 수조의 외측에 고정식 사다리를 설치할 것

2.4.3.5 수조가 실내에 설치된 때에는 그 실내에 조명설비를 설치할 것

2.4.3.6 수조의 밑부분에는 청소용 배수밸브 또는 배수관을 설치할 것

2.4.3.7 수조 외측의 보기 쉬운 곳에 "미분무소화설비용 수조"라고 표시한 표지를 할 것

2.4.3.8 소화설비용 펌프의 흡수배관 또는 소화설비의 수직배관과 수조의 접속부분에는 "미분무소화설비용 배관"이라고 표시한 표지를 할 것. 다만, 수조와 가까운 장소에 소화설비용 펌프가 설치되고 해당 펌프에 2.4.3.7에 따른 표지를 설치한 때에는 그렇지 않다.

2.5 가압송수장치

2.5.1 전동기 또는 내연기관에 따른 펌프를 이용하는 가압송수장치는 다음의 기준에 따라 설치해야 한다.

2.5.1.1 쉽게 접근할 수 있고 점검하기에 충분한 공간이 있는 장소로서 화재 및 침수 등의 재해로 인한 피해를 받을 우려가 없는 곳에 설치할 것
2.5.1.2 동결방지조치를 하거나 동결의 우려가 없는 장소에 설치할 것
2.5.1.3 펌프는 전용으로 할 것
2.5.1.4 펌프의 토출 측에는 압력계를 체크밸브 이전에 펌프 토출 측 플랜지에서 가까운 곳에 설치할 것
2.5.1.5 펌프의 성능은 체절운전 시 정격토출압력의 140%를 초과하지 않고, 정격토출량의 150%로 운전 시 정격토출압력의 65% 이상이 되어야 하며, 펌프의 성능을 시험할 수 있는 성능시험배관을 설치할 것
2.5.1.6 가압송수장치의 송수량은 최저설계압력에서 설계유량(L/min) 이상의 방수성능을 가진 기준개수의 모든 헤드로부터의 방수량을 충족시킬 수 있는 양 이상의 것으로 할 것
2.5.1.7 내연기관을 사용하는 경우에는 제어반에 따라 내연기관의 자동기동 및 수동기동이 가능하고, 상시 충전되어 있는 축전지설비를 갖출 것
2.5.1.8 가압송수장치에는 "미분무펌프"라고 표시한 표지를 할 것. 다만, 호스릴방식의 경우 "호스릴방식 미분무펌프"라고 표시한 표지를 할 것
2.5.1.9 가압송수장치가 기동이 된 경우에는 자동으로 정지되지 아니하도록 할 것
2.5.1.10 가압송수장치는 부식 등으로 인한 펌프의 고착을 방지할 수 있도록 다음의 각 기준에 적합한 것으로 할 것. 다만, 충압펌프는 제외한다.
2.5.1.10.1 임펠러는 청동 또는 스테인리스 등 부식에 강한 재질을 사용할 것
2.5.1.10.2 펌프축은 스테인리스 등 부식에 강한 재질을 사용할 것
2.5.2 압력수조를 이용하는 가압송수장치는 다음의 기준에 따라 설치해야 한다.
2.5.2.1 압력수조는 배관용 스테인리스 강관(KS D 3676) 또는 이와 동등 이상의 강도·내식성, 내열성을 갖는 재료를 사용할 것
2.5.2.2 용접한 압력수조를 사용할 경우 용접찌꺼기 등이 남아 있지 않아야 하며, 부식의 우려가 없는 용접방식으로 해야 한다.
2.5.2.3 쉽게 접근할 수 있고 점검하기에 충분한 공간이 있는 장소로서 화재 및 침수 등의 재해로 인한 피해를 받을 우려가 없는 곳에 설치할 것
2.5.2.4 동결방지조치를 하거나 동결의 우려가 없는 장소에 설치할 것
2.5.2.5 압력수조는 전용으로 할 것
2.5.2.6 압력수조에는 수위계·급수관·배수관·급기관·맨홀·압력계·안전장치 및 압력저하 방지를 위한 자동식 공기압축기를 설치할 것
2.5.2.7 압력수조의 토출 측에는 사용압력의 1.5배 범위를 초과하는 압력계를 설치해야 한다.
2.5.2.8 작동장치의 구조 및 기능은 다음의 기준에 적합해야 한다.
2.5.2.8.1 화재감지기의 신호에 의하여 자동적으로 밸브를 개방하고 소화수를 배관으로 송출할 것
2.5.2.8.2 수동으로 작동할 수 있게 하는 장치를 설치할 경우에는 부주의로 인한 작동을 방지하기 위한 보호 장치를 강구할 것
2.5.3 가압수조를 이용하는 가압송수장치는 다음의 기준에 따라 설치해야 한다.

2.5.3.1 가압수조의 압력은 설계 방수량 및 방수압이 설계방수시간 이상 유지되도록 할 것
2.5.3.2 가압수조 및 가압원은 「건축법 시행령」 제46조에 따른 방화구획 된 장소에 설치할 것
2.5.3.3 가압수조를 이용한 가압송수장치는 소방청장이 정하여 고시한 「가압수조식 가압송수장치의 성능인증 및 제품검사의 기술기준」에 적합한 것으로 설치할 것
2.5.3.4 가압수조는 전용으로 설치할 것

2.6 폐쇄형 미분무소화설비의 방호구역

2.6.1 폐쇄형 미분무헤드를 사용하는 설비의 방호구역(미분무소화설비의 소화범위에 포함된 영역을 말한다. 이하 같다)은 다음의 기준에 적합해야 한다.
2.6.1.1 하나의 방호구역의 바닥면적은 펌프용량, 배관의 구경 등을 수리학적으로 계산한 결과 헤드의 방수압 및 방수량이 방호구역 범위 내에서 소화 목적을 달성할 수 있도록 산정해야 한다.
2.6.1.2 하나의 방호구역은 2개 층에 미치지 않을 것

2.7 개방형 미분무소화설비의 방수구역

2.7.1 개방형 미분무소화설비의 방수구역은 다음의 기준에 적합해야 한다.
2.7.1.1 하나의 방수구역은 2개 층에 미치지 않을 것
2.7.1.2 하나의 방수구역을 담당하는 헤드의 개수는 최대 설계개수 이하로 할 것. 다만, 2 이상의 방수구역으로 나눌 경우에는 하나의 방수구역을 담당하는 헤드의 개수는 최대설계 개수의 2분의 1 이상으로 할 것
2.7.1.3 터널, 지하가 등에 설치할 경우 동시에 방수되어야 하는 방수구역은 화재가 발생된 방수구역 및 접한 방수구역으로 할 것

2.8 배관 등

2.8.1 설비에 사용되는 구성요소는 STS304 이상의 재료를 사용해야 한다.
2.8.2 배관은 배관용 스테인리스 강관(KS D 3576)이나 이와 동등 이상의 강도·내식성 및 내열성을 가진 것으로 해야 하고, 용접할 경우 용접찌꺼기 등이 남아 있지 아니해야 하며, 부식의 우려가 없는 용접방식으로 해야 한다.
2.8.3 급수배관은 다음의 기준에 따라 설치해야 한다.
2.8.3.1 전용으로 할 것
2.8.3.2 급수배관에 설치되어 급수를 차단할 수 있는 개폐밸브는 개폐표시형으로 할 것. 이 경우 펌프의 흡입 측 배관에는 버터플라이밸브 외의 개폐표시형밸브를 설치해야 한다.
2.8.4 펌프의 성능시험배관은 다음의 기준에 적합하도록 설치해야 한다.
2.8.4.1 성능시험배관은 펌프의 토출 측에 설치된 개폐밸브 이전에서 분기하여 직선으로 설치하고, 유량측정장치를 기준으로 전단 직관부에는 개폐밸브를 후단 직관부에는 유량조절밸브를 설치할 것. 이 경우 개폐밸브와 유량측정장치 사이의 직관부 거리 및 유량측정장치와 유량조절밸브 사이의 직관부 거리는 해당 유량측정장치 제조사의 설치사양에 따르고, 성능시험배관의 호칭지름은 유량측정장치의 호칭지름에 따른다.

2.8.4.2 유입구에는 개폐밸브를 둘 것
2.8.4.3 유량측정장치는 펌프의 정격토출량의 175% 이상 측정할 수 있는 성능이 있을 것
2.8.4.4 가압송수장치의 체절운전 시 수온의 상승을 방지하기 위하여 체크밸브와 펌프 사이에서 분기한 구경 20mm 이상의 배관에 체절압력 이하에서 개방되는 릴리프밸브를 설치할 것
2.8.5 배관은 동결방지조치를 하거나 동결의 우려가 없는 장소에 설치해야 한다. 다만, 보온재를 사용할 경우에는 난연재료 성능 이상의 것으로 해야 한다.
2.8.6 교차배관의 위치·청소구 및 가지배관의 헤드설치는 다음의 기준에 따른다.
2.8.6.1 교차배관은 가지배관과 수평으로 설치하거나 또는 가지배관 밑에 설치할 것
2.8.6.2 청소구는 교차배관 끝에 개폐밸브를 설치하고, 호스접결이 가능한 나사식 또는 고정배수 배관식으로 할 것. 이 경우 나사식의 개폐밸브는 나사보호용의 캡으로 마감할 것
2.8.7 미분무소화설비에는 동 장치를 시험할 수 있는 시험장치를 다음의 기준에 따라 설치해야 한다. 다만, 개방형헤드를 설치하는 경우에는 그렇지 않다.
2.8.7.1 가압송수장치에서 가장 먼 가지배관의 끝으로부터 연결하여 설치할 것
2.8.7.2 시험장치 배관의 구경은 가압장치에서 가장 먼 가지배관의 구경과 동일한 구경으로 하고, 그 끝에 개방형헤드를 설치할 것. 이 경우 개방형헤드는 동일 형태의 오리피스만으로 설치할 수 있다.
2.8.7.3 시험배관의 끝에는 물받이 통 및 배수관을 설치하여 시험 중 방사된 물이 바닥에 흘러내리지 아니하도록 할 것. 다만, 목욕실·화장실 또는 그 밖의 곳으로서 배수처리가 쉬운 장소에 시험배관을 설치한 경우에는 그렇지 않다.
2.8.8 배관에 설치되는 행거는 다음의 기준에 따라 설치해야 한다.
2.8.8.1 가지배관에는 헤드의 설치지점 사이마다 교차배관에는 가지배관과 가지배관 사이마다 1개 이상의 행거를 설치할 것
2.8.8.2 2.8.8.1의 수평주행배관에는 4.5m 이내마다 1개 이상 설치할 것
2.8.9 수직배수배관의 구경은 50mm 이상으로 해야 한다. 다만, 수직배관의 구경이 50mm 미만인 경우에는 수직배관과 동일한 구경으로 할 수 있다.
2.8.10 주차장의 미분무소화설비는 습식 외의 방식으로 해야 한다. 다만, 주차장이 벽 등으로 차단되어 있고 출입구가 자동으로 열리고 닫히는 구조인 것으로서 다음의 어느 하나에 해당하는 경우에는 그렇지 않다.
2.8.10.1 동절기에 상시 난방이 되는 곳이거나 그 밖에 동결의 염려가 없는 곳
2.8.10.2 미분무소화설비의 동결을 방지할 수 있는 구조 또는 장치가 된 것
2.8.11 2.8.3.2에 따른 개폐밸브에는 그 밸브의 개폐상태를 감시제어반에서 확인할 수 있도록 급수개폐밸브 작동표시 스위치를 다음의 기준에 따라 설치해야 한다.
2.8.11.1 급수개폐밸브가 잠길 경우 탬퍼스위치의 동작으로 인하여 감시제어반 또는 수신기에 표시되어야 하며 경보음을 발할 것
2.8.11.2 탬퍼스위치는 감시제어반 또는 수신기에서 동작의 유무 확인과 동작시험, 도통시험을 할 수 있을 것

2.8.11.3 급수개폐밸브의 작동표시 스위치에 사용되는 전기배선은 내화전선 또는 내열전선으로 설치할 것

2.8.12 미분무설비 배관의 배수를 위한 기울기는 다음의 기준에 따른다.

2.8.12.1 폐쇄형 미분무소화설비의 배관을 수평으로 할 것. 다만, 배관의 구조상 소화수가 남아 있는 곳에는 배수밸브를 설치해야 한다.

2.8.12.2 개방형 미분무소화설비에는 헤드를 향하여 상향으로 수평주행배관의 기울기를 500분의 1 이상, 가지배관의 기울기를 250분의 1 이상으로 할 것. 다만, 배관의 구조상 기울기를 줄 수 없는 경우에는 배수를 원활하게 할 수 있도록 배수밸브를 설치해야 한다.

2.8.13 배관은 다른 설비의 배관과 쉽게 구분이 될 수 있는 위치에 설치하거나, 그 배관표면 또는 배관 보온재표면의 색상은「한국산업표준(배관계의 식별 표시, KS A 0503)」또는 적색으로 식별이 가능하도록 소방용설비의 배관임을 표시해야 한다.

2.8.14 호스릴방식의 설치는 다음의 기준에 따라 설치해야 한다.

2.8.14.1 차고 또는 주차장 외의 장소에 설치하되 방호대상물의 각 부분으로부터 하나의 호스 접결구까지의 수평거리가 25m 이하가 되도록 할 것

2.8.14.2 소화약제 저장용기의 개방밸브는 호스의 설치장소에서 수동으로 개폐할 수 있는 것으로 할 것

2.8.14.3 소화약제 저장용기의 가장 가까운 곳의 보기 쉬운 곳에 표시등을 설치하고, "호스릴 미분무소화설비"라고 표시한 표지를 할 것

2.8.14.4 그 밖의 사항은「옥내소화전설비의 화재안전기술기준(NFTC 102)」2.4(함 및 방수구 등)에 적합할 것

2.9 음향장치 및 기동장치

2.9.1 미분무소화설비의 음향장치 및 기동장치는 다음의 기준에 따라 설치해야 한다.

2.9.1.1 폐쇄형 미분무헤드가 개방되면 화재신호를 발신하고 그에 따라 음향장치가 경보되도록 할 것

2.9.1.2 개방형 미분무소화설비는 화재감지기의 감지에 따라 음향장치가 경보되도록 할 것. 이 경우 화재감지기 회로를 교차회로방식으로 하는 때에는 하나의 화재감지기 회로가 화재를 감지하는 때에도 음향장치가 경보되도록 해야 한다.

2.9.1.3 음향장치는 방호구역 또는 방수구역마다 설치하되 그 구역의 각 부분으로부터 하나의 음향장치까지의 수평거리는 25m 이하가 되도록 할 것

2.9.1.4 음향장치는 경종 또는 사이렌(전자식 사이렌을 포함한다)으로 하되, 주위의 소음 및 다른 용도의 경보와 구별이 가능한 음색으로 할 것. 이 경우 경종 또는 사이렌은 자동화재탐지설비·비상벨설비 또는 자동식사이렌설비의 음향장치와 겸용할 수 있다.

2.9.1.5 주음향장치는 수신기의 내부 또는 그 직근에 설치할 것

2.9.1.6 층수가 11층(공동주택의 경우 16층) 이상의 소방대상물 또는 그 부분에 있어서는 2층 이상의 층에서 발화한 때에는 발화층 및 그 직상 4개층에 한하여, 1층에서 발화한 때에는 발화층과 그 직상 4개층 및 지하층에 한하여, 지하층에서 발화한 때에는 발화층·그 직상층 및 기타의 지하층에 한하여 경보를 발할 수 있도록 할 것 〈개정 2023.2.10.〉

2.9.1.7 음향장치는 다음의 기준에 따른 구조 및 성능의 것으로 할 것

2.9.1.7.1 정격전압의 80% 전압에서 음향을 발할 수 있는 것으로 할 것

2.9.1.7.2 음향의 크기는 부착된 음향장치의 중심으로부터 1m 떨어진 위치에서 90dB 이상이 되는 것으로 할 것

2.9.1.8 화재감지기 회로에는 다음의 기준에 따른 발신기를 설치할 것. 다만, 자동화재탐지설비의 발신기가 설치된 경우에는 그렇지 않다.

2.9.1.8.1 조작이 쉬운 장소에 설치하고, 스위치는 바닥으로부터 0.8m 이상 1.5m 이하의 높이에 설치할 것

2.9.1.8.2 소방대상물의 층마다 설치하되, 당해 소방대상물의 각 부분으로부터 하나의 발신기까지의 수평거리가 25m 이하가 되도록 할 것. 다만, 복도 또는 별도로 구획된 실로서 보행거리가 40m 이상일 경우에는 추가로 설치해야 한다.

2.9.1.8.3 발신기의 위치를 표시하는 표시등은 함의 상부에 설치하되, 그 불빛은 부착면으로부터 15° 이상의 범위 안에서 부착지점으로부터 10m 이내의 어느 곳에서도 쉽게 식별할 수 있는 적색등으로 할 것

2.10 헤드

2.10.1 미분무헤드는 소방대상물의 천장·반자·천장과 반자 사이·덕트·선반 기타 이와 유사한 부분에 설계자의 의도에 적합하도록 설치해야 한다.

2.10.2 하나의 헤드까지의 수평거리 산정은 설계자가 제시해야 한다.

2.10.3 미분무소화설비에 사용되는 헤드는 조기반응형 헤드를 설치해야 한다.

2.10.4 폐쇄형 미분무헤드는 그 설치장소의 평상시 최고주위온도에 따라 다음 식 (2.10.4)에 따른 표시온도의 것으로 설치해야 한다.

$$T_a = 0.9\,T_m - 27.3 \quad \cdots\cdots\cdots\cdots\cdots\cdots\cdots\cdots\cdots\cdots\cdots\cdots\cdots (2.10.4)$$

여기에서 T_a : 최고주위온도(℃)

T_m : 헤드의 표시온도(℃)

2.10.5 미분무헤드는 배관, 행거 등으로부터 살수가 방해되지 아니하도록 설치해야 한다.

2.10.6 미분무헤드는 설계도면과 동일하게 설치해야 한다.

2.10.7 미분무헤드는 '한국소방산업기술원' 또는 법 제46조제1항의 규정에 따라 성능시험기관으로 지정받은 기관에서 검증받아야 한다.

2.11 전원

2.11.1 미분무소화설비의 전원은 「스프링클러설비의 화재안전기술기준(NFPC 103)」 2.9(전원)를 준용한다.

2.12 제어반

2.12.1 미분무소화설비에는 제어반을 설치하되, 감시제어반과 동력제어반으로 구분하여 설치해야 한다. 다만, 가압수조에 따른 가압송수장치를 사용하는 미분무소화설비의 경우와 별도의 시방서를

제시할 경우에는 그렇지 않을 수 있다.
2.12.2 감시제어반의 기능은 다음의 기준에 적합해야 한다.
2.12.2.1 각 펌프의 작동여부를 확인할 수 있는 표시등 및 음향경보기능이 있어야 할 것
2.12.2.2 각 펌프를 자동 및 수동으로 작동시키거나 중단시킬 수 있어야 할 것
2.12.2.3 비상전원을 설치한 경우에는 상용전원 및 비상전원의 공급여부를 확인할 수 있어야 할 것
2.12.2.4 수조가 저수위로 될 때 표시등 및 음향으로 경보할 것
2.12.2.5 예비전원이 확보되고 예비전원의 적합여부를 시험할 수 있어야 할 것
2.12.3 감시제어반은 다음의 기준에 따라 설치해야 한다.
2.12.3.1 화재 및 침수 등의 재해로 인한 피해를 받을 우려가 없는 곳에 설치할 것
2.12.3.2 감시제어반은 미분무소화설비의 전용으로 할 것
2.12.3.3 감시제어반은 다음의 기준에 따른 전용실 안에 설치할 것
2.12.3.3.1 다른 부분과 방화구획을 할 것. 이 경우 전용실의 벽에는 기계실 또는 전기실 등의 감시를 위하여 두께 7mm 이상의 망입유리(두께 16.3mm 이상의 접합유리 또는 두께 28mm 이상의 복층유리를 포함한다)로 된 4m² 미만의 붙박이창을 설치할 수 있다.
2.12.3.3.2 피난층 또는 지하 1층에 설치할 것
2.12.3.3.3 「무선통신보조설비의 화재안전기술기준(NFTC 505)」 2.2.3에 따라 유효하게 통신이 가능할 것(영 별표 5의 제5호마목에 따른 무선통신보조설비가 설치된 특정소방대상물에 한한다)
2.12.3.3.4 바닥면적은 감시제어반의 설치에 필요한 면적 외에 화재 시 소방대원이 그 감시제어반의 조작에 필요한 최소면적 이상으로 할 것
2.12.3.4 2.12.3.3에 따른 전용실에는 특정소방대상물의 기계·기구 또는 시설 등의 제어 및 감시설비 외의 것을 두지 않을 것
2.12.3.5 다음의 각 확인회로마다 도통시험 및 작동시험을 할 수 있도록 할 것
(1) 수조의 저수위감시회로
(2) 개방형 미분무소화설비의 화재감지기회로
(3) 2.8.11에 따른 개폐밸브의 폐쇄상태 확인회로
(4) 그 밖의 이와 비슷한 회로
2.12.3.6 감시제어반과 자동화재탐지설비의 수신기를 별도의 장소에 설치하는 경우에는 이들 상호 간 연동하여 화재발생 및 2.12.2.1, 2.12.2.3 및 2.12.2.4의 기능을 확인할 수 있도록 할 것
2.12.4 동력제어반은 다음의 기준에 따라 설치해야 한다.
2.12.4.1 앞면은 적색으로 하고 "미분무소화설비용 동력제어반"이라고 표시한 표지를 설치할 것
2.12.4.2 외함은 두께 1.5mm 이상의 강판 또는 이와 동등 이상의 강도 및 내열성능이 있는 것으로 할 것
2.12.4.3 그 밖의 동력제어반의 설치에 관하여는 2.12.3.1 및 2.12.3.2의 기준을 준용할 것
2.12.5 자가발전설비 제어반은 「스프링클러설비의 화재안전기술기준(NFTC 103)」 2.10(제어반)을 준용한다.

2.13 배선 등

2.13.1 미분무소화설비의 배선은 「전기사업법」 제67조에 따른 「전기설비기술기준」에서 정한 것 외에 다음의 기준에 따라 설치해야 한다.

2.13.1.1 비상전원을 설치한 경우에는 비상전원으로부터 동력제어반 및 가압송수장치에 이르는 전원회로의 배선은 내화배선으로 할 것. 다만, 자가발전설비와 동력제어반이 동일한 실에 설치된 경우에는 자가발전기로부터 그 제어반에 이르는 전원회로의 배선은 그렇지 않다.

2.13.1.2 상용전원으로부터 동력제어반에 이르는 배선, 그 밖의 미분무소화설비의 감시ㆍ조작 또는 표시등회로의 배선은 내화배선 또는 내열배선으로 할 것. 다만, 감시제어반 또는 동력제어반 안의 감시ㆍ조작 또는 표시등회로의 배선은 그렇지 않다.

2.13.2 2.13.1에 따른 내화배선 및 내열배선에 사용되는 전선의 종류 및 설치방법은 「옥내소화전설비의 화재안전기술기준(NFTC 102)」 2.7.2의 표 2.7.2(1) 또는 표 2.7.2(2)의 기준에 따른다.

2.13.3 소화설비의 과전류차단기 및 개폐기에는 "미분무소화설비용 과전류차단기 또는 개폐기"라고 표시한 표지를 해야 한다.

2.13.4 소화설비용 전기배선의 양단 및 접속단자에는 다음의 기준에 따라 표지해야 한다.

2.13.4.1 단자에는 "미분무소화설비단자"라고 표시한 표지를 부착할 것

2.13.4.2 소화설비용 전기배선의 양단에는 다른 배선과 식별이 용이하도록 표시할 것

2.14 청소ㆍ시험ㆍ유지 및 관리 등

2.14.1 미분무소화설비의 청소ㆍ유지 및 관리 등은 건축물의 모든 부분(건축설비를 포함한다)을 완성한 시점부터 최소 연 1회 이상 실시하여 그 성능 등을 확인해야 한다.

2.14.2 미분무소화설비의 배관 등의 청소는 배관의 수리계산 시 설계된 최대방출량으로 방출하여 배관 내 이물질이 제거될 수 있는 충분한 시간 동안 실시해야 한다.

2.14.3 미분무소화설비의 성능시험은 2.5에서 정한 기준에 따라 실시한다.

CHAPTER 12 분말소화설비의 화재안전성능기준 (NFPC 108)

[시행 2023. 2. 10.] [소방청고시 제2023-4호, 2023. 2. 10., 일부개정]

제1조(목적)

이 기준은 「소방시설 설치 및 관리에 관한 법률」 제2조제1항제6호가목에 따라 소방청장에게 위임한 사항 중 소화설비인 물분무등소화설비 중 분말소화설비의 성능기준을 규정함을 목적으로 한다.

제2조(적용범위)

이 기준은 「소방시설 설치 및 관리에 관한 법률 시행령」(이하 "영"이라 한다) 별표 4 제1호바목에 따른 물분무등소화설비 중 분말소화설비의 설치 및 관리에 대해 적용한다.

제3조(정의)

이 기준에서 사용하는 용어의 정의는 다음과 같다.

1. "전역방출방식"이란 소화약제 공급장치에 배관 및 분사헤드 등을 설치하여 밀폐 방호구역 내에 소화약제를 방출하는 방식을 말한다.
2. "국소방출방식"이란 소화약제 공급장치에 배관 및 분사헤드를 설치하여 직접 화점에 분말소화약제를 방출하는 방식을 말한다.
3. "호스릴방식"이란 소화수 또는 소화약제 저장용기 등에 연결된 호스릴을 이용하여 사람이 직접 화점에 소화수 또는 소화약제를 방출하는 방식을 말한다.
4. "충전비"란 소화약제 저장용기의 내부 용적과 소화약제의 중량과의 비(용적/중량)를 말한다.
5. "분기배관"이란 배관 측면에 구멍을 뚫어 둘 이상의 관로가 생기도록 가공한 배관으로서 다음 각 목의 분기배관을 말한다.
   가. "비확관형 분기배관"이란 배관의 측면에 분기호칭내경 이상의 구멍을 뚫고 배관이음쇠를 용접 이음한 배관을 말한다.
   나. "확관형 분기배관"이란 배관의 측면에 조그만 구멍을 뚫고 소성가공으로 확관시켜 배관 용접이음자리를 만들거나 배관 용접이음자리에 배관이음쇠를 용접 이음한 배관을 말한다.
6. "교차회로방식"이란 하나의 방호구역 내에 둘 이상의 화재감지기회로를 설치하고 인접한 둘 이상의 화재감지기에 화재가 감지되는 때에 소화설비가 작동하는 방식을 말한다.
7. "방화문"이란 「건축법 시행령」 제64조의 규정에 따른 60분+ 방화문, 60분 방화문 또는 30분 방화문을 말한다.
8. "방호구역"이란 소화설비의 소화범위 내에 포함된 영역을 말한다.
9. "선택밸브"란 둘 이상의 방호구역 또는 방호대상물이 있어 소화수 또는 소화약제를 해당하는 방호구역 또는 방호대상물에 선택적으로 방출되도록 제어하는 밸브를 말한다.
10. "호스릴"이란 원형의 형태를 유지하고 있는 소방호스를 수납장치에 감아 정리한 것을 말한다.

11. "제1종 분말"이란 탄산수소나트륨을 주성분으로 한 분말소화약제를 말한다.
12. "제2종 분말"이란 탄산수소칼륨을 주성분으로 한 분말소화약제를 말한다.
13. "제3종 분말"이란 인산염을 주성분으로 한 분말소화약제를 말한다.
14. "제4종 분말"이란 탄산수소칼륨과 요소가 화합된 분말소화약제를 말한다.

제4조(저장용기)

① 분말소화약제의 저장용기는 방호구역 외의 장소로서 방화구획된 실에 설치해야 한다.
② 분말소화약제의 저장용기는 다음 각 호의 기준에 적합해야 한다.
   1. 저장용기의 내용적은 소화약제 1킬로그램당 1리터(제1종 분말은 0.8리터, 제4종 분말은 1.25리터)로 한다.
   2. 저장용기에는 가압식은 최고사용압력의 1.8배 이하, 축압식은 용기의 내압시험압력의 0.8배 이하의 압력에서 작동하는 안전밸브를 설치할 것
   3. 가압식 저장용기에는 저장용기의 내부압력이 설정압력으로 되었을 때 주밸브를 개방하는 정압작동장치를 설치할 것
   4. 저장용기의 충전비는 0.8 이상으로 할 것
   5. 저장용기 및 배관에는 잔류 소화약제를 처리할 수 있는 청소장치를 설치할 것
   6. 축압식 저장용기에는 사용압력 범위를 표시한 지시압력계를 설치할 것

제5조(가압용가스용기)

① 분말소화약제의 가스용기는 분말소화약제의 저장용기에 접속하여 설치해야 한다.
② 분말소화약제의 가압용가스 용기를 3병 이상 설치한 경우에는 2개 이상의 용기에 전자개방밸브를 부착한다.
③ 분말소화약제의 가압용가스 용기에는 2.5메가파스칼 이하의 압력에서 조정이 가능한 압력조정기를 설치한다.
④ 가압용가스 또는 축압용가스는 다음 각 호의 기준에 따라 설치한다.
   1. 가압용가스 또는 축압용가스는 질소가스 또는 이산화탄소로 할 것
   2. 가압용가스를 질소가스로 사용하는 것의 질소가스는 소화약제 1킬로그램마다 40리터(섭씨 35도에서 1기압의 압력상태로 환산한 것) 이상, 이산화탄소를 사용하는 것의 이산화탄소는 소화약제 1킬로그램에 대하여 20그램에 배관의 청소에 필요한 양을 가산한 양 이상으로 할 것
   3. 축압용가스에 질소가스를 사용하는 것의 질소가스는 소화약제 1킬로그램에 대하여 10리터(섭씨 35도에서 1기압의 압력상태로 환산한 것) 이상, 이산화탄소를 사용하는 것의 이산화탄소는 소화약제 1킬로그램에 대하여 20그램에 배관의 청소에 필요한 양을 가산한 양 이상으로 할 것
   4. 배관의 청소에 필요한 가스는 별도의 용기에 저장할 것

제6조(소화약제)

① 분말소화설비에 사용하는 소화약제는 제1종 분말 · 제2종 분말 · 제3종 분말 또는 제4종 분말로 해야 한다.

② 분말소화약제의 저장량은 다음 각 호의 기준에 따라야 한다.
1. 전역방출방식은 다음 각 목의 기준에 따라 계산하여 나온 양 이상으로 할 것
   가. 방호구역의 체적 1세제곱미터에 대하여 다음 표에 따른 양

소화약제의 종류	방호구역의 체적 1m³에 대한 소화약제의 양
제1종 분말	0.60kg
제2종 분말 또는 제3종 분말	0.36kg
제4종 분말	0.24kg

   나. 방호구역의 개구부에 자동폐쇄장치를 설치하지 않은 경우에는 가목에 따라 산출한 양에 다음 표에 따라 계산하여 나온 양을 가산한 양

소화약제의 종류	가산량(개구부의 면적 1m²에 대한 소화약제의 양)
제1종 분말	4.5kg
제2종 분말 또는 제3종 분말	2.7kg
제4종 분말	1.8kg

2. 국소방출방식은 다음의 기준에 따라 계산하여 나온 양에 1.1을 곱하여 얻은 양 이상으로 할 것

$$Q = X - Y\frac{a}{A}$$

   Q : 방호공간(방호대상물의 각 부분으로부터 0.6m의 거리에 따라 둘러싸인 공간을 말한다. 이하 같다) 1m³에 대한 분말소화약제의 양(kg/m³)
   a : 방호대상물의 주변에 설치된 벽면적의 합계(m²)
   A : 방호공간의 벽면적(벽이 없는 경우에는 벽이 있는 것으로 가정한 당해 부분의 면적)의 합계(m²)
   X 및 Y : 다음 표의 수치

소화약제의 종류	X의 수치	Y의 수치
제1종 분말	5.2	3.9
제2종 분말 또는 제3종 분말	3.2	2.4
제4종 분말	2.0	1.5

3. 호스릴방식의 분말소화설비는 하나의 노즐에 대하여 30킬로그램(제1종 분말은 50킬로그램, 제4종 분말은 20킬로그램) 이상으로 할 것 〈개정 2023.2.10.〉

제7조(기동장치)

① 분말소화설비의 수동식 기동장치는 조작, 피난 및 유지관리가 용이한 장소에 설치하되 전역방출방식은 방호구역마다, 국소방출방식은 방호대상물마다 설치해야 한다. 이 경우 수동식 기동장치의 부근에는 소화약제의 방출을 지연시킬 수 있는 방출지연스위치를 설치해야 한다.
② 분말소화설비의 자동식 기동장치는 자동화재탐지설비의 감지기의 작동과 연동하는 것으로서 수동으로도 기동할 수 있는 구조로 설치해야 한다.

③ 분말소화설비가 설치된 부분의 출입구 등의 보기 쉬운 곳에 소화약제의 방출을 표시하는 표시등을 설치해야 한다.

제8조(제어반 등)
분말소화설비의 제어반 및 화재표시반은 다음 각 호의 기준에 따라 설치해야 한다.
1. 제어반은 수동기동장치 또는 감지기에서의 신호를 수신하여 음향경보장치의 작동, 소화약제의 방출 또는 지연 등 기타의 제어기능을 가진 것으로 하고, 제어반에는 전원표시등을 설치할 것
2. 화재표시반은 제어반에서의 신호를 수신하여 작동하는 기능을 가진 것으로 설치할 것
3. 제어반 및 화재표시반은 화재 및 침수 등의 재해로 인한 피해를 받을 우려가 없고 점검에 편리한 장소에 설치할 것

제9조(배관)
분말소화설비의 배관은 다음 각 호의 기준에 따라 설치해야 한다.
1. 배관은 전용으로 할 것
2. 강관을 사용하는 경우의 배관은 아연도금에 따른 배관용 탄소 강관(KS D 3507)이나 이와 동등 이상의 강도·내식성 및 내열성을 가진 것으로 할 것. 다만, 축압식분말소화설비에 사용하는 것 중 20℃에서 압력이 2.5메가파스칼 이상 4.2메가파스칼 이하인 것은 압력 배관용 탄소 강관(KS D 3562) 중 이음이 없는 스케줄(Schedule) 40 이상인 것 또는 이와 동등 이상의 강도를 가진 것으로서 아연도금으로 방식처리된 것을 사용한다.
3. 동관을 사용하는 경우의 배관은 고정압력 또는 최고사용압력의 1.5배 이상의 압력에 견딜 수 있는 것을 사용할 것
4. 밸브류는 개폐위치 또는 개폐방향을 표시한 것으로 할 것
5. 배관의 관부속 및 밸브류는 배관과 동등 이상의 강도 및 내식성이 있는 것으로 할 것
6. 확관형 분기배관을 사용할 경우에는 소방청장이 정하여 고시한 「분기배관의 성능인증 및 제품검사의 기술기준」에 적합한 것으로 설치할 것

제10조(선택밸브)
하나의 특정소방대상물 또는 그 부분에 둘 이상의 방호구역 또는 방호대상물이 있어 분말소화설비 저장용기를 공용하는 경우에는 방호구역 또는 방호대상물마다 선택밸브를 설치해야 한다.

제11조(분사헤드)
① 전역방출방식의 분말소화설비의 분사헤드는 다음 각 호의 기준에 따라 설치해야 한다.
  1. 방출된 소화약제가 방호구역의 전역에 균일하고 신속하게 확산할 수 있도록 할 것
  2. 제6조제2항제1호에 따른 소화약제 저장량을 30초 이내에 방출할 수 있는 것으로 할 것
② 국소방출방식의 분말소화설비의 분사헤드는 다음 각 호의 기준에 따라 설치해야 한다.
  1. 소화약제의 방출에 따라 가연물이 비산하지 않는 장소에 설치할 것
  2. 제6조제2항제2호에 따른 기준저장량의 소화약제를 30초 이내에 방출할 수 있는 것으로 할 것
③ 화재 시 현저하게 연기가 찰 우려가 없는 장소로서 다음 각 호의 어느 하나에 해당하는 장소에는 호스

릴방식의 분말소화설비를 설치할 수 있다. 다만, 차고 또는 주차의 용도로 사용되는 장소는 제외한다. 〈개정 2023.2.10.〉
1. 지상 1층 및 피난층에 있는 부분으로서 지상에서 수동 또는 원격조작에 따라 개방할 수 있는 개구부의 유효면적의 합계가 바닥면적의 15퍼센트 이상이 되는 부분
2. 전기설비가 설치되어 있는 부분 또는 다량의 화기를 사용하는 부분(해당 설비의 주위 5미터 이내의 부분을 포함한다)의 바닥면적이 해당 설비가 설치되어 있는 구획의 바닥면적의 5분의 1 미만이 되는 부분

④ 호스릴방식의 분말소화설비는 다음 각 호의 기준에 따라 설치해야 한다. 〈개정 2023.2.10.〉
1. 방호대상물의 각 부분으로부터 하나의 호스접결구까지의 수평거리가 15미터 이하가 되도록 할 것
2. 소화약제의 저장용기의 개방밸브는 호스릴의 설치장소에서 수동으로 개폐할 수 있는 것으로 할 것
3. 소화약제의 저장용기는 호스릴을 설치하는 장소마다 설치할 것
4. 호스릴방식의 분말소화설비는 하나의 노즐마다 분당 27킬로그램(제1종 분말은 45킬로그램, 제4종 분말은 18킬로그램) 이상의 소화약제를 방사할 수 있는 것으로 할 것 〈개정 2023.2.10.〉
5. 저장용기에는 그 가까운 곳의 보기 쉬운 곳에 적색의 표시등을 설치하고, 호스릴방식의 분말소화설비가 있다는 뜻을 표시한 표지를 할 것 〈개정 2023.2.10.〉

제12조(자동식기동장치의 화재감지기)

분말소화설비의 자동식 기동장치는 각 방호구역 내의 화재감지기의 감지에 따라 작동되도록 하고, 화재감지기의 회로는 교차회로방식으로 설치해야 한다.

제13조(음향경보장치)

① 분말소화설비의 음향경보장치는 다음 각 호의 기준에 따라 설치해야 한다.
1. 수동식 기동장치를 설치한 것은 그 기동장치의 조작과정에서, 자동식 기동장치를 설치한 것은 화재감지기와 연동하여 자동으로 경보를 발하는 것으로 할 것
2. 소화약제의 방출개시 후 1분 이상 경보를 계속할 수 있는 것으로 할 것
3. 방호구역 또는 방호대상물이 있는 구획 안에 있는 자에게 유효하게 경보할 수 있는 것으로 할 것

② 방송에 따른 경보장치를 설치할 경우에는 다음 각 호의 기준에 따라야 한다.
1. 증폭기 재생장치는 화재 시 연소의 우려가 없고, 유지관리가 쉬운 장소에 설치할 것
2. 방호구역 또는 방호대상물이 있는 구획의 각 부분으로부터 하나의 확성기까지의 수평거리는 25미터 이하가 되도록 할 것
3. 제어반의 복구스위치를 조작하여도 경보를 계속 발할 수 있는 것으로 할 것

제14조(자동폐쇄장치)

전역방출방식의 분말소화설비를 설치한 특정소방대상물 또는 그 부분에 대하여 환기장치를 설치한 것은 소화약제가 방출되기 전에 해당 환기장치가 정지될 수 있도록 하고, 개구부 및 통기구가 있어 소화약제의 유출에 따라 소화효과를 감소시킬 우려가 있는 것은 소화약제가 방출되기 전에 당해 개구부 및 통기구를 폐쇄할 수 있도록 자동폐쇄장치를 설치해야 한다.

제15조(비상전원)

분말소화설비(호스릴방식은 제외한다)의 비상전원은 자가발전설비, 축전지설비 또는 전기저장장치로서 다음 각 호의 기준에 따라 설치해야 한다.
1. 점검에 편리하고 화재 및 침수 등의 재해로 인한 피해를 받을 우려가 없는 곳에 설치할 것
2. 분말소화설비를 유효하게 20분 이상 작동할 수 있어야 할 것
3. 상용전원으로부터 전력의 공급이 중단된 때에는 자동으로 비상전원으로부터 전력을 공급받을 수 있도록 할 것
4. 비상전원의 설치장소는 다른 장소와 방화구획할 것
5. 비상전원을 실내에 설치하는 때에는 그 실내에 비상조명등을 설치할 것

제16조(설치·유지기준의 특례)

소방본부장 또는 소방서장은 기존건축물이 증축·개축·대수선되거나 용도변경되는 경우에 있어서 이 기준이 정하는 기준에 따라 해당 건축물에 설치해야 할 분말소화설비의 배관·배선 등의 공사가 현저하게 곤란하다고 인정되는 경우에는 해당 설비의 기능 및 사용에 지장이 없는 범위 안에서 이 기준의 일부를 적용하지 않을 수 있다.

제17조(재검토기한)

소방청장은 「훈령·예규 등의 발령 및 관리에 관한 규정」에 따라 이 고시에 대하여 2023년 1월 1일을 기준으로 매 3년이 되는 시점(매 3년째의 12월 31일까지를 말한다)마다 그 타당성을 검토하여 개선 등의 조치를 해야 한다.

제18조(규제의 재검토)

「행정규제기본법」 제8조에 따라 2023년 1월 1일을 기준으로 매 3년이 되는 시점(매 3년째의 12월 31일까지를 말한다)마다 그 타당성을 검토하여 개선 등의 조치를 해야 한다.

부칙〈제2022-42호, 2022. 11. 25.〉

제1조(시행일)

이 고시는 2022년 12월 1일부터 시행한다.

제2조(경과조치)

① 이 고시 시행 전에 건축허가 등의 신청 또는 신고를 하거나 소방시설공사의 착공신고를 한 특정소방대상물에 대해서는 종전의 「분말소화설비의 화재안전기준(NFSC 108)」에 따른다.
② 이 고시 시행 전에 제1항에 따른 신청 또는 신고를 한 경우라도 개정 기준이 종전의 기준에 비해 관계인에게 유리한 경우에는 개정 기준에 따를 수 있다.

제3조(다른 법령과의 관계)

이 고시 시행 당시 다른 법령에서 종전의 화재안전기준을 인용한 경우에 이 고시 가운데 그에 해당하는 규정이 있는 경우에는 종전의 규정에 갈음하여 이 고시의 해당 규정을 인용한 것으로 본다.

부칙〈제2023-4호, 2023. 2. 10.〉

제1조(시행일)
이 고시는 발령한 날부터 시행한다.

제2조(경과조치)
① 이 고시 시행 전에 건축허가 등의 신청 또는 신고를 하거나 소방시설공사의 착공신고를 한 특정소방대상물에 대해서는 종전의 기준에 따른다.
② 이 고시 시행 전에 제1항에 따른 신청 또는 신고를 한 경우라도 개정 기준이 종전의 기준에 비해 관계인에게 유리한 경우에는 개정 기준에 따를 수 있다.

CHAPTER 12 분말소화설비의 화재안전기술기준 (NFTC 108)

[시행 2023. 2. 10.] [소방청공고 제2023-3호, 2023. 2. 10., 일부개정]

1. 일반사항

1.1 적용범위

1.1.1 이 기준은 「소방시설 설치 및 관리에 관한 법률 시행령」(이하 "영"이라 한다) 별표 4 제1호바목에 따른 물분무등소화설비 중 분말소화설비의 설치 및 관리에 대해 적용한다.

1.2 기준의 효력

1.2.1 이 기준은 「소방시설 설치 및 관리에 관한 법률」(이하 "법"이라 한다) 제2조제1항제6호나목에 따라 물분무등소화설비인 분말소화설비의 기술기준으로서의 효력을 가진다.

1.2.2 이 기준에 적합한 경우에는 법 제2조제1항제6호나목에 따라 「분말소화설비의 화재안전성능기준(NFPC 108)」을 충족하는 것으로 본다.

1.3 기준의 시행

1.3.1 이 기준은 2023년 2월 10일부터 시행한다. 〈개정 2023.2.10.〉

1.4 기준의 특례

1.4.1 소방본부장 또는 소방서장은 기존건축물이 증축·개축·대수선되거나 용도변경되는 경우에 있어서 이 기준이 정하는 기준에 따라 해당 건축물에 설치해야 할 분말소화설비의 배관·배선 등의 공사가 현저하게 곤란하다고 인정되는 경우에는 해당 설비의 기능 및 사용에 지장이 없는 범위에서 이 기준의 일부를 적용하지 않을 수 있다.

1.5 경과조치

1.5.1 이 기준 시행 전에 건축허가 등의 신청 또는 신고를 하거나 소방시설공사의 착공신고를 한 특정소방대상물에 대해서는 종전의 기준에 따른다. 〈개정 2023.2.10.〉

1.5.2 이 기준 시행 전에 1.5.1에 따른 신청 또는 신고를 한 경우라도 개정 기준이 종전의 기준에 비하여 관계인에게 유리한 경우에는 개정 기준에 따를 수 있다. 〈개정 2023.2.10.〉

1.6 다른 법령과의 관계

1.6.1 이 기준 시행 당시 다른 법령 또는 행정규칙 등에서 종전의 화재안전기준을 인용한 경우에 이 기준 가운데 그에 해당하는 규정이 있는 경우에는 종전의 규정에 갈음하여 이 기준의 해당 규정을 인용한 것으로 본다.

1.7 용어의 정의

1.7.1 이 기준에서 사용하는 용어의 정의는 다음과 같다.

1.7.1.1 "전역방출방식"이란 소화약제 공급장치에 배관 및 분사헤드 등을 설치하여 밀폐 방호구역 내에 분말소화약제를 방출하는 방식을 말한다.

1.7.1.2 "국소방출방식"이란 소화약제 공급장치에 배관 및 분사헤드 등을 설치하여 직접 화점에 분말소화약제를 방출하는 방식을 말한다.

1.7.1.3 "호스릴방식"이란 소화수 또는 소화약제 저장용기 등에 연결된 호스릴을 이용하여 사람이 직접 화점에 소화수 또는 소화약제를 방출하는 방식을 말한다.

1.7.1.4 "충전비"란 소화약제 저장용기의 내부 용적과 소화약제의 중량과의 비(용적/중량)를 말한다.

1.7.1.5 "집합관"이란 개별 소화약제(가압용 가스 포함) 저장용기의 방출관이 접속되어 있는 관을 말한다.

1.7.1.6 "분기배관"이란 배관 측면에 구멍을 뚫어 둘 이상의 관로가 생기도록 가공한 배관으로서 다음의 분기배관을 말한다.

　　(1) "비확관형 분기배관"이란 배관의 측면에 분기호칭내경 이상의 구멍을 뚫고 배관이음쇠를 용접 이음한 배관을 말한다.

　　(2) "확관형 분기배관"이란 배관의 측면에 조그만 구멍을 뚫고 소성가공으로 확관시켜 배관 용접이음자리를 만들거나 배관 용접이음자리에 배관이음쇠를 용접 이음한 배관을 말한다.

1.7.1.7 "교차회로방식"이란 하나의 방호구역 내에 2 이상의 화재감지기회로를 설치하고 인접한 2 이상의 화재감지기에 화재가 감지되는 때에 소화설비가 작동하는 방식을 말한다.

1.7.1.8 "방화문"이란 「건축법 시행령」 제64조의 규정에 따른 60분+ 방화문, 60분 방화문 또는 30분 방화문을 말한다.

1.7.1.9 "방호구역"이란 소화설비의 소화범위 내에 포함된 영역을 말한다.

1.7.1.10 "선택밸브"란 2 이상의 방호구역 또는 방호대상물이 있어 소화수 또는 소화약제를 해당하는 방호구역 또는 방호대상물에 선택적으로 방출되도록 제어하는 밸브를 말한다.

1.7.1.11 "호스릴"이란 원형의 소방호스를 원형의 수납장치에 감아 정리한 것을 말한다.

1.7.1.12 "제1종 분말"이란 탄산수소나트륨을 주성분으로 한 분말소화약제를 말한다.

1.7.1.13 "제2종 분말"이란 탄산수소칼륨을 주성분으로 한 분말소화약제를 말한다.

1.7.1.14 "제3종 분말"이란 인산염을 주성분으로 한 분말소화약제를 말한다.

1.7.1.15 "제4종 분말"이란 탄산수소칼륨과 요소가 화합된 분말소화약제를 말한다.

2. 기술기준

2.1 저장용기

2.1.1 분말소화약제의 저장용기는 다음의 기준에 적합한 장소에 설치해야 한다.

2.1.1.1 방호구역 외의 장소에 설치할 것. 다만, 방호구역 내에 설치할 경우에는 피난 및 조작이 용이하도록 피난구 부근에 설치해야 한다.

2.1.1.2 온도가 40℃ 이하이고, 온도 변화가 작은 곳에 설치할 것

2.1.1.3 직사광선 및 빗물이 침투할 우려가 없는 곳에 설치할 것

2.1.1.4 방화문으로 방화구획된 실에 설치할 것

2.1.1.5 용기의 설치장소에는 해당 용기가 설치된 곳임을 표시하는 표지를 할 것

2.1.1.6 용기 간의 간격은 점검에 지장이 없도록 3cm 이상의 간격을 유지할 것

2.1.1.7 저장용기와 집합관을 연결하는 연결배관에는 체크밸브를 설치할 것. 다만, 저장용기가 하나의 방호구역만을 담당하는 경우에는 그렇지 않다.

2.1.2 분말소화약제의 저장용기는 다음의 기준에 적합해야 한다.

2.1.2.1 저장용기의 내용적은 다음 표 2.1.2.1에 따를 것

표 2.1.2.1 소화약제 종류에 따른 저장용기의 내용적

소화약제의 종별	소화약제 1kg당 저장용기의 내용적
제1종 분말(탄산수소나트륨을 주성분으로 한 분말)	0.8L
제2종 분말(탄산수소칼륨을 주성분으로 한 분말)	1.0L
제3종 분말(인산염을 주성분으로 한 분말)	1.0L
제4종 분말(탄산수소칼륨과 요소가 화합된 분말)	1.25L

2.1.2.2 저장용기에는 가압식은 최고사용압력의 1.8배 이하, 축압식은 용기의 내압시험압력의 0.8배 이하의 압력에서 작동하는 안전밸브를 설치할 것

2.1.2.3 저장용기에는 저장용기의 내부압력이 설정압력으로 되었을 때 주밸브를 개방하는 정압작동장치를 설치할 것

2.1.2.4 저장용기의 충전비는 0.8 이상으로 할 것

2.1.2.5 저장용기 및 배관에는 잔류 소화약제를 처리할 수 있는 청소장치를 설치할 것

2.1.2.6 축압식 저장용기에는 사용압력 범위를 표시한 지시압력계를 설치할 것

2.2 가압용가스용기

2.2.1 분말소화약제의 가스용기는 분말소화약제의 저장용기에 접속하여 설치해야 한다.

2.2.2 분말소화약제의 가압용가스 용기를 3병 이상 설치한 경우에는 2개 이상의 용기에 전자개방밸브를 부착해야 한다.

2.2.3 분말소화약제의 가압용가스 용기에는 2.5MPa 이하의 압력에서 조정이 가능한 압력조정기를 설치해야 한다.

2.2.4 가압용가스 또는 축압용가스는 다음의 기준에 따라 설치해야 한다.

2.2.4.1 가압용가스 또는 축압용가스는 질소가스 또는 이산화탄소로 할 것

2.2.4.2 가압용가스에 질소가스를 사용하는 것의 질소가스는 소화약제 1kg마다 40L(35℃에서 1기압의 압력상태로 환산한 것) 이상, 이산화탄소를 사용하는 것의 이산화탄소는 소화약제 1kg에 대하여 20g에 배관의 청소에 필요한 양을 가산한 양 이상으로 할 것

2.2.4.3 축압용가스에 질소가스를 사용하는 것의 질소가스는 소화약제 1kg에 대하여 10L(35℃에서 1기압의 압력상태로 환산한 것) 이상, 이산화탄소를 사용하는 것의 이산화탄소는 소화약제 1kg에 대하여 20g에 배관의 청소에 필요한 양을 가산한 양 이상으로 할 것

2.2.4.4 저장용기 및 배관의 청소에 필요한 양의 가스는 별도의 용기에 저장할 것

2.3 소화약제

2.3.1 분말소화설비에 사용하는 소화약제는 제1종 분말·제2종 분말·제3종 분말 또는 제4종 분말로 해야 한다. 다만, 차고 또는 주차장에 설치하는 분말소화설비의 소화약제는 제3종 분말로 해야 한다.

2.3.2 분말소화약제의 저장량은 다음의 기준에 따라야 한다. 이 경우 동일한 특정소방대상물 또는 그 부분에 2 이상의 방호구역 또는 방호대상물이 있는 경우에는 각 방호구역 또는 방호대상물에 대하여 다음 각 기준에 따라 산출한 저장량 중 최대의 것으로 할 수 있다.

2.3.2.1 전역방출방식은 다음의 기준에 따라 산출한 양 이상으로 할 것

2.3.2.1.1 방호구역의 체적 1m³에 대하여 다음 표 2.3.2.1.1에 따른 양

표 2.3.2.1.1 소화약제 종류에 따른 소화약제의 양

소화약제의 종류	방호구역의 체적 1m³에 대한 소화약제의 양
제1종 분말	0.60kg
제2종 분말 또는 제3종 분말	0.36kg
제4종 분말	0.24kg

2.3.2.1.2 방호구역의 개구부에 자동폐쇄장치를 설치하지 아니한 경우에는 2.3.2.1.1에 따라 산출한 양에 다음 표 2.3.2.1.2에 따라 산출한 양을 가산한 양

표 2.3.2.1.2 소화약제 종류에 따른 개구부 가산량

소화약제의 종류	가산량(개구부의 면적 1m²에 대한 소화약제의 양)
제1종 분말	4.5kg
제2종 분말 또는 제3종 분말	2.7kg
제4종 분말	1.8kg

2.3.2.2 국소방출방식은 다음의 식 (2.3.2.2)에 따라 산출한 양에 1.1을 곱하여 얻은 양 이상으로 할 것

$$Q = X - Y\frac{a}{A} \quad \cdots\cdots\cdots\cdots\cdots\cdots\cdots\cdots\cdots\cdots\cdots\cdots\cdots\cdots\cdots\cdots\cdots (2.3.2.2)$$

여기에서 Q : 방호공간(방호대상물의 각 부분으로부터 0.6m의 거리에 따라 둘러싸인 공간을 말한다. 이하 같다) 1m³에 대한 분말소화약제의 양(kg/m³)
a : 방호대상물의 주변에 설치된 벽면적의 합계(m²)
A : 방호공간의 벽면적(벽이 없는 경우에는 벽이 있는 것으로 가정한 당해 부분의 면적)의 합계(m²)

X 및 Y : 다음 표의 수치

소화약제의 종류	X의 수치	Y의 수치
제1종 분말	5.2	3.9
제2종 분말 또는 제3종 분말	3.2	2.4
제4종 분말	2.0	1.5

2.3.2.3 호스릴방식의 분말소화설비는 하나의 노즐에 대하여 다음 표 2.3.2.3에 따른 양 이상으로 할 것 〈개정 2023.2.10.〉

표 2.3.2.3 호스릴분말소화설비의 소화약제 종류에 따른 소화약제의 양

소화약제의 종류	소화약제의 양
제1종 분말	50kg
제2종 분말 또는 제3종 분말	30kg
제4종 분말	20kg

2.4 기동장치

2.4.1 분말소화설비의 수동식 기동장치는 다음의 기준에 따라 설치해야 한다. 이 경우 수동식 기동장치의 부근에는 소화약제의 방출을 지연시킬 수 있는 방출지연스위치(자동복귀형 스위치로서 수동식 기동장치의 타이머를 순간 정지시키는 기능의 스위치를 말한다)를 설치해야 한다.

2.4.1.1 전역방출방식은 방호구역마다, 국소방출방식은 방호대상물마다 설치할 것

2.4.1.2 해당 방호구역의 출입구 부근 등 조작을 하는 자가 쉽게 피난할 수 있는 장소에 설치할 것

2.4.1.3 기동장치의 조작부는 바닥으로부터 0.8m 이상 1.5m 이하의 위치에 설치하고, 보호판 등에 따른 보호장치를 설치할 것

2.4.1.4 기동장치 인근의 보기 쉬운 곳에 "분말소화설비 수동식 기동장치"라는 표지를 할 것

2.4.1.5 전기를 사용하는 기동장치에는 전원표시등을 설치할 것

2.4.1.6 기동장치의 방출용스위치는 음향경보장치와 연동하여 조작될 수 있는 것으로 할 것

2.4.2 분말소화설비의 자동식 기동장치는 자동화재탐지설비의 감지기의 작동과 연동하는 것으로서 다음의 기준에 따라 설치해야 한다.

2.4.2.1 자동식 기동장치에는 수동으로도 기동할 수 있는 구조로 할 것

2.4.2.2 전기식 기동장치로서 7병 이상의 저장용기를 동시에 개방하는 설비는 2병 이상의 저장용기에 전자 개방밸브를 부착할 것

2.4.2.3 가스압력식 기동장치는 다음의 기준에 따를 것

2.4.2.3.1 기동용가스용기 및 해당 용기에 사용하는 밸브는 25MPa 이상의 압력에 견딜 수 있는 것으로 할 것

2.4.2.3.2 기동용가스용기에는 내압시험압력의 0.8배부터 내압시험압력 이하에서 작동하는 안전장치를 설치할 것

2.4.2.3.3 기동용가스용기의 체적은 5L 이상으로 하고, 해당 용기에 저장하는 질소 등의 비활성기체는 6.0MPa 이상(21℃ 기준)의 압력으로 충전할 것. 다만, 기동용가스용기의 체적을 1L 이상으로 하고, 해당 용기에 저장하는 이산화탄소의 양은 0.6kg 이상으로 하며, 충전비는 1.5 이상 1.9 이하의 기동용가스용기로 할 수 있다.

2.4.2.4 기계식 기동장치는 저장용기를 쉽게 개방할 수 있는 구조로 할 것

2.4.3 분말소화설비가 설치된 부분의 출입구 등의 보기 쉬운 곳에 소화약제의 방출을 표시하는 표시등을 설치해야 한다.

2.5 제어반 등

2.5.1 분말소화설비의 제어반 및 화재표시반은 다음의 기준에 따라 설치해야 한다. 다만, 자동화재탐지설비의 수신기 제어반이 화재표시반의 기능을 가지고 있는 것은 화재표시반을 설치하지 않을 수 있다.

2.5.1.1 제어반은 수동기동장치 또는 감지기에서의 신호를 수신하여 음향경보장치의 작동, 소화약제의 방출 또는 지연 등 기타의 제어기능을 가진 것으로 하고, 제어반에는 전원표시등을 설치할 것

2.5.1.2 화재표시반은 제어반에서의 신호를 수신하여 작동하는 기능을 가진 것으로 하되, 다음의 기준에 따라 설치할 것

2.5.1.2.1 각 방호구역마다 음향경보장치의 조작 및 감지기의 작동을 명시하는 표시등과 이와 연동하여 작동하는 벨 · 버저 등의 경보기를 설치할 것. 이 경우 음향경보장치의 조작 및 감지기의 작동을 명시하는 표시등을 겸용할 수 있다.

2.5.1.2.2 수동식 기동장치는 그 방출용스위치의 작동을 명시하는 표시등을 설치할 것

2.5.1.2.3 소화약제의 방출을 명시하는 표시등을 설치할 것

2.5.1.2.4 자동식 기동장치는 자동 · 수동의 절환을 명시하는 표시등을 설치할 것

2.5.1.3 제어반 및 화재표시반은 화재 및 침수 등의 재해로 인한 피해를 받을 우려가 없고 점검에 편리한 장소에 설치할 것

2.5.1.4 제어반 및 화재표시반에는 해당 회로도 및 취급설명서를 비치할 것

2.6 배관

2.6.1 분말소화설비의 배관은 다음의 기준에 따라 설치해야 한다.

2.6.1.1 배관은 전용으로 할 것

2.6.1.2 강관을 사용하는 경우의 배관은 아연도금에 따른 배관용탄소강관(KS D 3507)이나 이와 동등 이상의 강도 · 내식성 및 내열성을 가진 것으로 할 것. 다만, 축압식분말소화설비에 사용하는 것 중 20℃에서 압력이 2.5MPa 이상 4.2MPa 이하인 것은 압력배관용탄소강관(KS D 3562) 중 이음이 없는 스케줄 40 이상의 것 또는 이와 동등 이상의 강도를 가진 것으로서 아연도금으로 방식 처리된 것을 사용해야 한다.

2.6.1.3 동관을 사용하는 경우의 배관은 고정압력 또는 최고사용압력의 1.5배 이상의 압력에 견딜 수 있는 것을 사용할 것

2.6.1.4 밸브류는 개폐위치 또는 개폐방향을 표시한 것으로 할 것

2.6.1.5 배관의 관부속 및 밸브류는 배관과 동등 이상의 강도 및 내식성이 있는 것으로 할 것
2.6.1.6 확관형 분기배관을 사용할 경우에는 소방청장이 정하여 고시한 「분기배관의 성능인증 및 제품검사의 기술기준」에 적합한 것으로 설치할 것

2.7 선택밸브

2.7.1 하나의 특정소방대상물 또는 그 부분에 2 이상의 방호구역 또는 방호대상물이 있어 소화약제 저장용기를 공용하는 경우에는 다음의 기준에 따라 선택밸브를 설치해야 한다.
2.7.1.1 방호구역 또는 방호대상물마다 설치할 것
2.7.1.2 각 선택밸브에는 해당 방호구역 또는 방호대상물을 표시할 것

2.8 분사헤드

2.8.1 전역방출방식의 분말소화설비의 분사헤드는 다음의 기준에 따라 설치해야 한다.
2.8.1.1 방출된 소화약제가 방호구역의 전역에 균일하고 신속하게 확산할 수 있도록 할 것
2.8.1.2 2.3.2.1에 따른 소화약제 저장량을 30초 이내에 방출할 수 있는 것으로 할 것
2.8.2 국소방출방식의 분말소화설비의 분사헤드는 다음의 기준에 따라 설치해야 한다.
2.8.2.1 소화약제의 방출에 따라 가연물이 비산하지 않는 장소에 설치할 것
2.8.2.2 2.3.2.2에 따른 기준저장량의 소화약제를 30초 이내에 방출할 수 있는 것으로 할 것
2.8.3 화재 시 현저하게 연기가 찰 우려가 없는 장소로서 다음의 어느 하나에 해당하는 장소에는 호스릴방식의 분말소화설비를 설치할 수 있다. 다만, 차고 또는 주차의 용도로 사용되는 장소는 제외한다. 〈개정 2023.2.10.〉
2.8.3.1 지상 1층 및 피난층에 있는 부분으로서 지상에서 수동 또는 원격조작에 따라 개방할 수 있는 개구부의 유효면적의 합계가 바닥면적의 15% 이상이 되는 부분
2.8.3.2 전기설비가 설치되어 있는 부분 또는 다량의 화기를 사용하는 부분(해당 설비의 주위 5m 이내의 부분을 포함한다)의 바닥면적이 해당 설비가 설치되어 있는 구획의 바닥면적의 5분의 1 미만이 되는 부분
2.8.4 호스릴방식의 분말소화설비는 다음의 기준에 따라 설치해야 한다. 〈개정 2023.2.10.〉
2.8.4.1 방호대상물의 각 부분으로부터 하나의 호스접결구까지의 수평거리가 15m 이하가 되도록 할 것
2.8.4.2 소화약제 저장용기의 개방밸브는 호스릴의 설치장소에서 수동으로 개폐할 수 있는 것으로 할 것
2.8.4.3 소화약제 저장용기는 호스릴을 설치하는 장소마다 설치할 것
2.8.4.4 호스릴방식의 분말소화설비의 노즐은 하나의 노즐마다 1분당 다음 표 2.8.4.4에 따른 소화약제를 방출할 수 있는 것으로 할 것 〈개정 2023.2.10.〉

표 2.8.4.4 호스릴분말소화설비의 소화약제 종별 1분당 방출하는 소화약제의 양

소화약제의 종별	1분당 방출하는 소화약제의 양
제1종 분말	45kg
제2종 분말 또는 제3종 분말	27kg
제4종 분말	18kg

2.8.4.5 소화약제 저장용기의 가장 가까운 곳의 보기 쉬운 곳에 적색의 표시등을 설치하고, 호스릴방식의 분말소화설비가 있다는 뜻을 표시한 표지를 할 것 〈개정 2023.2.10.〉

2.9 자동식기동장치의 화재감지기

2.9.1 분말소화설비의 자동식 기동장치는 다음의 기준에 따른 화재감지기를 설치해야 한다.

2.9.1.1 각 방호구역 내의 화재감지기의 감지에 따라 작동되도록 할 것

2.9.1.2 화재감지기의 회로는 교차회로방식으로 설치할 것. 다만, 화재감지기를 「자동화재탐지설비 및 시각경보장치의 화재안전기술기준(NFTC 203)」 2.4.1 단서의 각 감지기로 설치하는 경우에는 그렇지 않다.

2.9.1.3 교차회로 내의 각 화재감지기회로별로 설치된 화재감지기 1개가 담당하는 바닥면적은 「자동화재탐지설비 및 시각경보장치의 화재안전기술기준(NFTC 203)」 2.4.3.5, 2.4.3.8부터 2.4.3.10까지의 규정에 따른 바닥면적으로 할 것

2.10 음향경보장치

2.10.1 분말소화설비의 음향경보장치는 다음의 기준에 따라 설치해야 한다.

2.10.1.1 수동식 기동장치를 설치한 것은 그 기동장치의 조작과정에서, 자동식 기동장치를 설치한 것은 화재감지기와 연동하여 자동으로 경보를 발하는 것으로 할 것

2.10.1.2 소화약제의 방출 개시 후 1분 이상 경보를 계속할 수 있는 것으로 할 것

2.10.1.3 방호구역 또는 방호대상물이 있는 구획 안에 있는 자에게 유효하게 경보할 수 있는 것으로 할 것

2.10.2 방송에 따른 경보장치를 설치할 경우에는 다음의 기준에 따라야 한다.

2.10.2.1 증폭기 재생장치는 화재 시 연소의 우려가 없고, 유지관리가 쉬운 장소에 설치할 것

2.10.2.2 방호구역 또는 방호대상물이 있는 구획의 각 부분으로부터 하나의 확성기까지의 수평거리는 25m 이하가 되도록 할 것

2.10.2.3 제어반의 복구스위치를 조작하여도 경보를 계속 발할 수 있는 것으로 할 것

2.11 자동폐쇄장치

2.11.1 전역방출방식의 분말소화설비를 설치한 특정소방대상물 또는 그 부분에 대하여는 다음의 기준에 따라 자동폐쇄장치를 설치해야 한다.

2.11.1.1 환기장치 등을 설치한 것은 소화약제가 방출되기 전에 해당 환기장치 등이 정지될 수 있도록 할 것

2.11.1.2 개구부가 있거나 천장으로부터 1m 이상의 아랫부분 또는 바닥으로부터 해당층의 높이의 3분의 2 이내의 부분에 통기구가 있어 소화약제의 유출에 따라 소화효과를 감소시킬 우려가 있는 것은 소화약제가 방출되기 전에 해당 개구부 및 통기구를 폐쇄할 수 있도록 할 것

2.11.1.3 자동폐쇄장치는 방호구역 또는 방호대상물이 있는 구획의 밖에서 복구할 수 있는 구조로 하고, 그 위치를 표시하는 표지를 할 것

2.12 비상전원

2.12.1 분말소화설비에는 자가발전설비, 축전지설비(제어반에 내장하는 경우를 포함한다. 이하 같다) 또는 전기저장장치(외부 전기에너지를 저장해 두었다가 필요한 때 전기를 공급하는 장치. 이하 같다)에 따른 비상전원을 다음의 기준에 따라 설치해야 한다. 다만, 2 이상의 변전소(「전기사업법」 제67조 및 「전기설비기술기준」 제3조제1항제2호에 따른 변전소를 말한다. 이하 같다)에서 전력을 동시에 공급받을 수 있거나 하나의 변전소로부터 전력의 공급이 중단되는 때에는 자동으로 다른 변전소로부터 전력을 공급받을 수 있도록 상용전원을 설치한 경우에는 비상전원을 설치하지 않을 수 있다.

2.12.1.1 점검에 편리하고 화재 및 침수 등의 재해로 인한 피해를 받을 우려가 없는 곳에 설치할 것

2.12.1.2 분말소화설비를 유효하게 20분 이상 작동할 수 있어야 할 것

2.12.1.3 상용전원으로부터 전력의 공급이 중단된 때에는 자동으로 비상전원으로부터 전력을 공급받을 수 있도록 할 것

2.12.1.4 비상전원의 설치장소는 다른 장소와 방화구획할 것. 이 경우 그 장소에는 비상전원의 공급에 필요한 기구나 설비 외의 것(열병합발전설비에 필요한 기구나 설비는 제외한다)을 두어서는 아니 된다.

2.12.1.5 비상전원을 실내에 설치하는 때에는 그 실내에 비상조명등을 설치할 것

CHAPTER 13 비상경보설비 및 단독경보형감지기의 화재안전성능기준(NFPC 201)

[시행 2022. 12. 1.] [소방청고시 제2022-45호, 2022. 11. 25., 전부개정]

제1조(목적)
이 기준은 「소방시설 설치 및 관리에 관한 법률」(이하 "법"이라 한다) 제2조제1항제6호가목에 따라 소방청장에게 위임한 사항 중 경보설비인 비상경보설비 및 단독경보형감지기의 성능기준을 규정함을 목적으로 한다.

제2조(적용범위)
이 기준은 「소방시설 설치 및 관리에 관한 법률 시행령」(이하 "영"이라 한다) 별표 5 제2호가목 및 나목에 따른 비상경보설비 및 단독경보형감지기의 설치 및 관리에 대해 적용한다.

제3조(정의)
이 기준에서 사용되는 용어의 정의는 다음과 같다.
1. "비상벨설비"란 화재발생 상황을 경종으로 경보하는 설비를 말한다.
2. "자동식사이렌설비"란 화재발생 상황을 사이렌으로 경보하는 설비를 말한다.
3. "단독경보형감지기"란 화재발생 상황을 단독으로 감지하여 자체에 내장된 음향장치로 경보하는 감지기를 말한다.
4. "발신기"란 화재발생 신호를 수신기에 수동으로 발신하는 장치를 말한다.
5. "수신기"란 발신기에서 발하는 화재신호를 직접 수신하여 화재의 발생을 표시 및 경보하여 주는 장치를 말한다.

제3조의2(신호처리방식)
화재신호 및 상태신호 등(이하 "화재신호 등"이라 한다)을 송수신하는 방식은 다음 각 호와 같다.
1. "유선식"은 화재신호 등을 배선으로 송·수신하는 방식
2. "무선식"은 화재신호 등을 전파에 의해 송·수신하는 방식
3. "유·무선식"은 유선식과 무선식을 겸용으로 사용하는 방식

제4조(비상벨설비 또는 자동식사이렌설비)
① 비상벨설비 또는 자동식사이렌설비는 부식성가스 또는 습기 등으로 인하여 부식의 우려가 없는 장소에 설치해야 한다.
② 지구음향장치는 특정소방대상물의 층마다 설치하되, 해당 특정소방대상물의 각 부분으로부터 하나의 음향장치까지의 수평거리가 25미터 이하가 되도록 하고, 해당층의 각 부분에 유효하게 경보를 발할 수 있도록 설치해야 한다.
③ 음향장치는 정격전압의 80퍼센트 전압에서도 음향을 발할 수 있도록 해야 한다.

④ 음향장치의 음량은 부착된 음향장치의 중심으로부터 1미터 떨어진 위치에서 90데시벨 이상이 되는 것으로 해야 한다.
⑤ 발신기는 다음 각 호의 기준에 따라 설치해야 한다.
   1. 조작이 쉬운 장소에 설치하고, 조작스위치는 바닥으로부터 0.8미터 이상 1.5미터 이하의 높이에 설치할 것
   2. 특정소방대상물의 층마다 설치하되, 해당 특정소방대상물의 각 부분으로부터 하나의 발신기까지의 수평거리가 25미터 이하가 되도록 할 것. 다만, 복도 또는 별도로 구획된 실로서 보행거리가 40미터 이상일 경우에는 추가로 설치하여야 한다.
   3. 발신기의 위치표시등은 함의 상부에 설치하되, 그 불빛은 부착면으로부터 15도 이상의 범위 안에서 부착지점으로부터 10미터 이내의 어느 곳에서도 쉽게 식별할 수 있는 적색등으로 할 것
⑥ 비상벨설비 또는 자동식사이렌설비의 상용전원은 전기가 정상적으로 공급되는 축전지설비, 전기저장장치 또는 교류전압의 옥내 간선으로 하고, 전원까지의 배선은 전용으로 해야 한다.
⑦ 비상벨설비 또는 자동식사이렌설비에는 그 설비에 대한 감시상태를 60분간 지속한 후 유효하게 10분 이상 경보할 수 있는 비상전원으로서 축전지설비 또는 전기저장장치를 설치해야 한다.
⑧ 비상벨설비 또는 자동식사이렌설비의 배선은 「전기사업법」 제67조에 따른 기술기준에서 정한 것 외에 다음 각 호의 기준과 「옥내소화전설비의 화재안전성능기준(NFPC 102)」 제10조제2항에 따라 설치해야 한다.
   1. 전원회로의 배선은 내화배선으로 하고, 그 밖의 배선은 내화배선 또는 내열배선으로 할 것
   2. 전원회로의 전로와 대지 사이 및 배선 상호 간의 절연저항은 「전기사업법」 제67조에 따른 기술기준이 정하는 바에 의하고, 부속회로의 전로와 대지 사이 및 배선 상호 간의 절연저항은 1경계구역마다 직류 250볼트의 절연저항측정기를 사용하여 측정한 절연저항이 0.1메가옴 이상이 되도록 할 것
   3. 배선은 다른 전선과 별도의 관·덕트(절연효력이 있는 것으로 구획한 때에는 그 구획된 부분은 별개의 덕트로 본다)·몰드 또는 풀박스 등에 설치할 것. 다만, 60볼트 미만의 약전류회로에 사용하는 전선으로서 각각의 전압이 같을 때에는 그러하지 아니하다.

제5조(단독경보형감지기)

단독경보형감지기는 다음 각 호의 기준에 따라 설치해야 한다.
1. 각 실(이웃하는 실내의 바닥면적이 각각 30제곱미터 미만이고 벽체의 상부의 전부 또는 일부가 개방되어 이웃하는 실내와 공기가 상호유통되는 경우에는 이를 1개의 실로 본다)마다 설치하되, 바닥면적이 150제곱미터를 초과하는 경우에는 150제곱미터마다 1개 이상 설치할 것
2. 최상층의 계단실의 천장(외기가 상통하는 계단실의 경우를 제외한다)에 설치할 것
3. 건전지 주전원으로 사용하는 단독경보형감지기는 정상적인 작동상태를 유지할 수 있도록 주기적으로 건전지를 교환할 것
4. 상용전원을 주전원으로 사용하는 단독경보형감지기의 2차전지는 법 제40조에 따라 제품검사에 합격한 것을 사용할 것

제6조(설치·관리기준의 특례)

소방본부장 또는 소방서장은 기존건축물이 증축·개축·대수선되거나 용도변경되는 경우에 있어서 이 기준이 정하는 기준에 따라 해당 건축물에 설치해야 할 비상경보설비의 배관·배선 등의 공사가 현저하게 곤란하다고 인정되는 경우에는 해당 설비의 기능 및 사용에 지장이 없는 범위 안에서 이 기준 일부를 적용하지 않을 수 있다.

제7조(재검토 기한)

소방청장은 「훈령·예규 등의 발령 및 관리에 관한 규정」에 따라 이 고시에 대하여 2023년 1월 1일을 기준으로 매 3년이 되는 시점(매 3년째의 12월 31일까지를 말한다)마다 그 타당성을 검토하여 개선 등의 조치를 해야 한다.

제8조(규제의 재검토)

소방청장은 「행정규제기본법」 제8조에 따라 2023년 1월 1일을 기준으로 매 3년이 되는 시점(매 3번째의 12월 21일까지를 말한다)마다 그 타당성을 검토하여 개선 등의 조치를 해야 한다.

부칙〈제2022-45호, 2022. 11. 25.〉

제1조(시행일)

이 고시는 2022년 12월 1일부터 시행한다.

제2조(경과조치)

① 이 고시 시행 전에 건축허가 등의 신청 또는 신고를 하거나 소방시설공사의 착공신고를 한 특정소방대상물에 대해서는 종전의 「비상경보설비 및 단독경보형감지기의 화재안전기준(NFSC 201)」에 따른다.
② 이 고시 시행 전에 제1항에 따른 신청 또는 신고를 한 경우라도 개정 기준이 종전의 기준에 비해 관계인에게 유리한 경우에는 개정 기준에 따를 수 있다.

제3조(다른 법령과의 관계)

이 고시 시행 당시 다른 법령에서 종전의 화재안전기준을 인용한 경우에 이 고시 가운데 그에 해당하는 규정이 있는 경우에는 종전의 규정에 갈음하여 이 고시의 해당 규정을 인용한 것으로 본다.

CHAPTER 13 비상경보설비 및 단독경보형감지기의 화재안전기술기준(NFTC 201)

[시행 2022. 12. 1.] [소방청공고 제2022-222호, 2022. 12. 1., 제정]

1. 일반사항

1.1 적용범위

1.1.1 이 기준은 「소방시설 설치 및 관리에 관한 법률 시행령」(이하 "영"이라 한다) 별표 4 제2호가목 및 나목에 따른 비상경보설비 및 단독경보형감지기의 설치 및 관리에 대해 적용한다.

1.2 기준의 효력

1.2.1 이 기준은 「소방시설 설치 및 관리에 관한 법률」(이하 "법"이라 한다) 제2조제1항제6호나목에 따라 경보설비인 비상경보설비 및 단독경보형감지기의 기술기준으로서의 효력을 가진다.

1.2.2 이 기준에 적합한 경우에는 법 제2조제1항제6호나목에 따라 「비상경보설비 및 단독경보형감지기의 화재안전성능기준(NFPC 201)」을 충족하는 것으로 본다.

1.3 기준의 시행

1.3.1 이 기준은 2022년 12월 1일부터 시행한다.

1.4 기준의 특례

1.4.1 소방본부장 또는 소방서장은 기존건축물이 증축·개축·대수선되거나 용도변경되는 경우에 있어서 이 기준이 정하는 기준에 따라 해당 건축물에 설치해야 할 비상경보설비의 배관·배선 등의 공사가 현저하게 곤란하다고 인정되는 경우에는 해당 설비의 기능 및 사용에 지장이 없는 범위 안에서 이 기준의 일부를 적용하지 않을 수 있다.

1.5 경과조치

1.5.1 이 기준 시행 전에 건축허가 등의 신청 또는 신고를 하거나 소방시설공사의 착공신고를 한 특정소방대상물에 대해서는 종전의 「비상경보설비 및 단독경보형감지기의 화재안전기준(NFSC 201)」에 따른다.

1.5.2 이 기준 시행 전에 1.5.1에 따른 신청 또는 신고를 한 경우라도 제정 기준이 종전의 기준에 비하여 관계인에게 유리한 경우에는 제정 기준에 따를 수 있다.

1.6 다른 법령과의 관계

1.6.1 이 기준 시행 당시 다른 법령 또는 행정규칙 등에서 종전의 화재안전기준을 인용한 경우에 이 기준 가운데 그에 해당하는 규정이 있는 경우에는 종전의 규정에 갈음하여 이 기준의 해당 규정을 인용한 것으로 본다.

1.7 용어의 정의

1.7.1 이 기준에서 사용하는 용어의 정의는 다음과 같다.

1.7.1.1 "비상벨설비"란 화재발생 상황을 경종으로 경보하는 설비를 말한다.

1.7.1.2 "자동식사이렌설비"란 화재발생 상황을 사이렌으로 경보하는 설비를 말한다.

1.7.1.3 "단독경보형감지기"란 화재발생 상황을 단독으로 감지하여 자체에 내장된 음향장치로 경보하는 감지기를 말한다.

1.7.1.4 "발신기"란 화재발생 신호를 수신기에 수동으로 발신하는 장치를 말한다.

1.7.1.5 "수신기"란 발신기에서 발하는 화재신호를 직접 수신하여 화재의 발생을 표시 및 경보하여 주는 장치를 말한다.

1.7.2 "신호처리방식"은 화재신호 및 상태신호 등(이하 "화재신호 등"이라 한다)을 송수신하는 방식으로서 다음의 방식을 말한다.

1.7.2.1 "유선식"은 화재신호 등을 배선으로 송·수신하는 방식

1.7.2.2 "무선식"은 화재신호 등을 전파에 의해 송·수신하는 방식

1.7.2.3 "유·무선식"은 유선식과 무선식을 겸용으로 사용하는 방식

2. 기술기준

2.1 비상벨설비 또는 자동식사이렌설비

2.1.1 비상벨설비 또는 자동식사이렌설비는 부식성가스 또는 습기 등으로 인하여 부식의 우려가 없는 장소에 설치해야 한다.

2.1.2 지구음향장치는 특정소방대상물의 층마다 설치하되, 해당층의 각 부분으로부터 하나의 음향장치까지의 수평거리가 25m 이하가 되도록 하고, 해당층의 각 부분에 유효하게 경보를 발할 수 있도록 설치해야 한다. 다만, 「비상방송설비의 화재안전기술기준(NFTC 202)」에 적합한 방송설비를 비상벨설비 또는 자동식사이렌설비와 연동하여 작동하도록 설치한 경우에는 지구음향장치를 설치하지 않을 수 있다.

2.1.3 음향장치는 정격전압의 80% 전압에서도 음향을 발할 수 있도록 해야 한다. 다만, 건전지를 주전원으로 사용하는 음향장치는 그렇지 않다.

2.1.4 음향장치의 음향의 크기는 부착된 음향장치의 중심으로부터 1m 떨어진 위치에서 음압이 90dB 이상이 되는 것으로 해야 한다.

2.1.5 발신기는 다음의 기준에 따라 설치해야 한다.

2.1.5.1 조작이 쉬운 장소에 설치하고, 조작스위치는 바닥으로부터 0.8m 이상 1.5m 이하의 높이에 설치할 것

2.1.5.2 특정소방대상물의 층마다 설치하되, 해당층의 각 부분으로부터 하나의 발신기까지의 수평거리가 25m 이하가 되도록 할 것. 다만, 복도 또는 별도로 구획된 실로서 보행거리가 40m 이상일 경우에는 추가로 설치해야 한다.

2.1.5.3 발신기의 위치표시등은 함의 상부에 설치하되, 그 불빛은 부착면으로부터 15° 이상의 범위 안에서 부착지점으로부터 10m 이내의 어느 곳에서도 쉽게 식별할 수 있는 적색등으로 할 것

2.1.6 비상벨설비 또는 자동식사이렌설비의 상용전원은 다음의 기준에 따라 설치해야 한다.
2.1.6.1 상용전원은 전기가 정상적으로 공급되는 축전지설비, 전기저장장치(외부 전기에너지를 저장해 두었다가 필요한 때 전기를 공급하는 장치) 또는 교류전압의 옥내간선으로 하고, 전원까지의 배선은 전용으로 할 것
2.1.6.2 개폐기에는 "비상벨설비 또는 자동식사이렌설비용"이라고 표시한 표지를 할 것
2.1.7 비상벨설비 또는 자동식사이렌설비에는 그 설비에 대한 감시상태를 60분간 지속한 후 유효하게 10분 이상 경보할 수 있는 비상전원으로서 축전지설비(수신기에 내장하는 경우를 포함한다) 또는 전기저장장치(외부 전기에너지를 저장해 두었다가 필요한 때 전기를 공급하는 장치)를 설치해야 한다. 다만, 상용전원이 축전지설비인 경우 또는 건전지를 주전원으로 사용하는 무선식 설비인 경우에는 그렇지 않다.
2.1.8 비상벨설비 또는 자동식사이렌설비의 배선은 「전기사업법」 제67조에 따른 「전기설비기술기준」에서 정한 것 외에 다음의 기준에 따라 설치해야 한다.
2.1.8.1 전원회로의 배선은 「옥내소화전설비의 화재안전기술기준(NFTC 102)」 2.7.2의 표 2.7.2(1)에 따른 내화배선에 따르고, 그 밖의 배선은 「옥내소화전설비의 화재안전기술기준(NFTC 102)」 2.7.2의 표 2.7.2(1) 또는 표 2.7.2(2)에 따른 내화배선 또는 내열배선에 따를 것
2.1.8.2 전원회로의 전로와 대지 사이 및 배선 상호 간의 절연저항은 「전기사업법」 제67조에 따른 「전기설비기술기준」이 정하는 바에 의하고, 부속회로의 전로와 대지 사이 및 배선 상호 간의 절연저항은 1경계구역마다 직류 250V의 절연저항측정기를 사용하여 측정한 절연저항이 0.1MΩ 이상이 되도록 할 것
2.1.8.3 배선은 다른 전선과 별도의 관·덕트(절연효력이 있는 것으로 구획한 때에는 그 구획된 부분은 별개의 덕트로 본다)·몰드 또는 풀박스 등에 설치할 것. 다만, 60V 미만의 약전류회로에 사용하는 전선으로서 각각의 전압이 같을 때는 그렇지 않다.

2.2 단독경보형감지기

2.2.1 단독경보형감지기는 다음의 기준에 따라 설치해야 한다.
2.2.1.1 각 실(이웃하는 실내의 바닥면적이 각각 30m² 미만이고 벽체의 상부의 전부 또는 일부가 개방되어 이웃하는 실내와 공기가 상호 유통되는 경우에는 이를 1개의 실로 본다)마다 설치하되, 바닥면적이 150m²를 초과하는 경우에는 150m²마다 1개 이상 설치할 것
2.2.1.2 계단실은 최상층의 계단실 천장(외기가 상통하는 계단실의 경우를 제외한다)에 설치할 것
2.2.1.3 건전지를 주전원으로 사용하는 단독경보형감지기는 정상적인 작동상태를 유지할 수 있도록 주기적으로 건전지를 교환할 것
2.2.1.4 상용전원을 주전원으로 사용하는 단독경보형감지기의 2차전지는 법 제40조에 따라 제품검사에 합격한 것을 사용할 것

CHAPTER 14 비상방송설비의 화재안전성능기준 (NFPC 202)

[시행 2023. 2. 10.] [소방청고시 제2023-7호, 2023. 2. 10., 일부개정]

제1조(목적)
이 기준은 「소방시설 설치 및 관리에 관한 법률」(이하 "법"이라 한다) 제2조제1항제6호가목에 따라 소방청장에게 위임한 사항 중 경보설비인 비상방송설비의 성능기준을 규정함을 목적으로 한다.

제2조(적용범위)
이 기준은 「소방시설 설치 및 관리에 관한 법률 시행령」(이하 "영"이라 한다) 별표 4 제2호바목에 따른 비상방송설비의 설치 및 관리에 대해 적용한다.

제3조(정의)
이 기준에서 사용되는 용어의 정의는 다음과 같다.
1. "확성기"란 소리를 크게 하여 멀리까지 전달될 수 있도록 하는 장치로서 일명 스피커를 말한다.
2. "음량조절기"란 가변저항을 이용하여 전류를 변화시켜 음량을 크게 하거나 작게 조절할 수 있는 장치를 말한다.
3. "증폭기"란 전압전류의 진폭을 늘려 감도를 좋게 하고 미약한 음성전류를 커다란 음성전류로 변화시켜 소리를 크게 하는 장치를 말한다.

제4조(음향장치)
비상방송설비는 다음 각 호의 기준에 따라 설치해야 한다.
1. 확성기의 음성입력은 3와트(실내에 설치하는 것에 있어서는 1와트) 이상일 것
2. 확성기는 각 층마다 설치하되, 해당층의 각 부분으로부터 하나의 확성기까지의 수평거리는 해당층의 각 부분에 유효하게 경보를 발할 수 있는 거리 이하가 되도록 설치할 것
3. 음량조정기를 설치하는 경우 음량조정기의 배선은 3선식으로 할 것
4. 조작부의 조작스위치는 바닥으로부터 0.8미터 이상 1.5미터 이하의 높이에 설치할 것
5. 층수가 11층(공동주택의 경우에는 16층) 이상의 특정소방대상물은 발화층에 따라 경보하는 층을 달리하여 경보를 발할 수 있도록 할 것
6. 다른 방송설비와 공용하는 것에 있어서는 화재 시 비상경보 외의 방송을 차단할 수 있는 구조로 할 것
7. 다른 전기회로에 따라 유도장애가 생기지 않도록 할 것
8. 하나의 특정소방대상물에 둘 이상의 조작부가 설치되어 있는 때에는 각각의 조작부가 있는 장소 상호간에 동시 통화가 가능한 설비를 설치하고, 어느 조작부에서도 해당 특정소방대상물의 전 구역에 방송을 할 수 있도록 할 것

9. 기동장치에 따른 화재신호를 수신한 후 신속하게 필요한 음량으로 화재발생 상황 및 피난에 유효한 방송이 자동으로 개시될 때까지의 소요시간은 10초 이하로 할 것
10. 음향장치는 정격전압의 80퍼센트 전압에서 음향을 발할 수 있고, 자동화재탐지설비의 작동과 연동하여 작동할 수 있는 것으로 할 것

제5조(배선)

비상방송설비의 배선은 「전기사업법」 제67조에 따른 「전기설비기술기준」에서 정한 것 외에 다음 각 호의 기준에 따라 설치해야 한다.

1. 화재로 인하여 하나의 층의 확성기 또는 배선이 단락 또는 단선되어도 다른 층의 화재통보에 지장이 없도록 할 것
2. 전원회로의 배선은 내화배선으로 하고, 그 밖의 배선은 내화배선 또는 내열배선으로 할 것. 이 경우 내화배선과 내열배선은 「옥내소화전설비의 화재안전성능기준(NFPC 102)」 제10조제2항에 따라 설치할 것
3. 전원회로의 전로와 대지 사이 및 배선 상호 간의 절연저항은 「전기사업법」 제67조에 따른 기술기준이 정하는 바에 따르고, 부속회로의 전로와 대지 사이 및 배선 상호 간의 절연저항은 1경계구역마다 직류 250볼트의 절연저항측정기를 사용하여 측정한 절연저항이 0.1메가옴 이상이 되도록 할 것
4. 비상방송설비의 배선은 다른 전선과 별도의 관·덕트(절연효력이 있는 것으로 구획한 때에는 그 구획된 부분은 별개의 덕트로 본다) 몰드 또는 풀박스 등에 설치할 것. 다만, 60볼트 미만의 약전류회로에 사용하는 전선으로서 각각의 전압이 같을 때에는 그러하지 아니하다.

제6조(전원)

① 비상방송설비의 상용전원은 전기가 정상적으로 공급되는 축전지설비, 전기저장장치 또는 교류전압의 옥내 간선으로 하고, 전원까지의 배선은 전용으로 해야 한다.
② 비상방송설비에는 그 설비에 대한 감시상태를 60분간 지속한 후 유효하게 10분 이상 경보할 수 있는 비상전원으로서 축전지설비 또는 전기저장장치를 설치해야 한다.

제7조(설치·관리기준의 특례)

소방본부장 또는 소방서장은 기존건축물이 증축·개축·대수선되거나 용도변경되는 경우에 있어서 이 기준이 정하는 기준에 따라 해당 건축물에 설치해야 할 비상방송설비의 배관·배선 등의 공사가 현저하게 곤란하다고 인정되는 경우에는 해당 설비의 기능 및 사용에 지장이 없는 범위 안에서 이 기준 일부를 적용하지 않을 수 있다.

제8조(재검토기한)

소방청장은 「훈령·예규 등의 발령 및 관리에 관한 규정」에 따라 이 고시에 대하여 2023년 1월 1일을 기준으로 매 3년이 되는 시점(매 3년째의 12월 31일까지를 말한다)마다 그 타당성을 검토하여 개선 등의 조치를 해야 한다.

부칙 〈제2022-46호, 2022. 11. 25.〉

제1조(시행일)
이 고시는 2022년 12월 1일부터 시행한다.

제2조(경과조치)
① 이 고시 시행 전에 건축허가 등의 신청 또는 신고를 하거나 소방시설공사의 착공신고를 한 특정소방대상물에 대해서는 종전의 「비상방송설비의 화재안전기준(NFSC 202)」에 따른다.
② 이 고시 시행 전에 제1항에 따른 신청 또는 신고를 한 경우라도 개정 기준이 종전의 기준에 비해 관계인에게 유리한 경우에는 개정 기준에 따를 수 있다.

제3조(다른 법령과의 관계)
이 고시 시행 당시 다른 법령에서 종전의 화재안전기준을 인용한 경우에 이 고시 가운데 그에 해당하는 규정이 있는 경우에는 종전의 규정에 갈음하여 이 고시의 해당 규정을 인용한 것으로 본다.

부칙 〈제2023-7호, 2023. 2. 10.〉

제1조(시행일)
이 고시는 발령 후 2023년 2월 10일부터 시행한다.

제2조(다른 고시의 개정)
① 간이스프링클러설비의 화재안전성능기준(NFPC 103A) 일부를 다음과 같이 개정한다.
제10조제1항제5호 부분 중 "5층 이상으로서 연면적이 3,000제곱미터를 초과하는"을 "11층(공동주택의 경우에는 16층) 이상의"로 한다.
② 미분무소화설비의 화재안전성능기준(NFPC 104A) 일부를 다음과 같이 개정한다.
제12조제1항제6호 부분 중 "5층 이상의"를 "11층(공동주택의 경우에는 16층) 이상의"로 한다.
③ 스프링클러설비의 화재안전성능기준(NFPC 103) 일부를 다음과 같이 개정한다.
제9조제1항제6호 부분 중 "5층 이상으로서 연면적이 3,000제곱미터를 초과하는"을 "11층(공동주택의 경우에는 16층) 이상의"로 한다.
④ 화재조기진압용 스프링클러설비의 화재안전성능기준(NFPC 103B) 일부를 다음과 같이 개정한다.
제9조제1항제5호 부분 중 "5층 이상으로서 연면적이 3,000제곱미터를 초과하는"을 "11층(공동주택의 경우에는 16층) 이상의"로 한다.

CHAPTER 14 비상방송설비의 화재안전기술기준 (NFTC 202)

[시행 2023. 2. 10.] [소방청공고 제2023-4호, 2023. 2. 10., 일부개정]

1. 일반사항

1.1 적용범위

1.1.1 이 기준은 「소방시설 설치 및 관리에 관한 법률 시행령」(이하 "영"이라 한다) 별표 4 제2호바목에 따른 비상방송설비의 설치 및 관리에 대해 적용한다.

1.2 기준의 효력

1.2.1 이 기준은 「소방시설 설치 및 관리에 관한 법률」(이하 "법"이라 한다) 제2조제1항제6호나목에 따라 경보설비인 비상방송설비의 기술기준으로서의 효력을 가진다.

1.2.2 이 기준에 적합한 경우에는 법 제2조제1항제6호나목에 따라 「비상방송설비의 화재안전성능기준(NFPC 202)」을 충족하는 것으로 본다.

1.3 기준의 시행

1.3.1 이 기준은 2023년 2월 10일부터 시행한다. 〈개정 2023.2.10.〉

1.4 기준의 특례

1.4.1 소방본부장 또는 소방서장은 기존건축물이 증축·개축·대수선되거나 용도변경되는 경우에 있어서 이 기준이 정하는 기준에 따라 해당 건축물에 설치해야 할 비상방송설비의 배관·배선 등의 공사가 현저하게 곤란하다고 인정되는 경우에는 해당 설비의 기능 및 사용에 지장이 없는 범위 안에서 이 기준 일부를 적용하지 않을 수 있다.

1.5 경과조치

1.5.1 이 기준 시행 전에 건축허가 등의 신청 또는 신고를 하거나 소방시설공사의 착공신고를 한 특정소방대상물에 대해서는 종전의 기준에 따른다. 〈개정 2023.2.10.〉

1.5.2 이 기준 시행 전에 1.5.1에 따른 신청 또는 신고를 한 경우라도 개정 기준이 종전의 기준에 비하여 관계인에게 유리한 경우에는 개정 기준에 따를 수 있다. 〈개정 2023.2.10.〉

1.6 다른 법령과의 관계

1.6.1 이 기준 시행 당시 다른 법령 또는 행정규칙 등에서 종전의 화재안전기준을 인용한 경우에 이 기준 가운데 그에 해당하는 규정이 있는 경우에는 종전의 규정에 갈음하여 이 기준의 해당 규정을 인용한 것으로 본다.

1.7 용어의 정의

1.7.1 이 기준에서 사용하는 용어의 정의는 다음과 같다.

1.7.1.1 "확성기"란 소리를 크게 하여 멀리까지 전달될 수 있도록 하는 장치로서 일명 스피커를 말한다.

1.7.1.2 "음량조절기"란 가변저항을 이용하여 전류를 변화시켜 음량을 크게 하거나 작게 조절할 수 있는 장치를 말한다.

1.7.1.3 "증폭기"란 전압전류의 진폭을 늘려 감도를 좋게 하고 미약한 음성전류를 커다란 음성전류로 변화시켜 소리를 크게 하는 장치를 말한다.

1.7.1.4 "기동장치"란 화재감지기, 발신기 등의 상태변화를 전송하는 장치를 말한다.

1.7.1.5 "몰드"란 전선을 물리적으로 보호하기 위해 사용되는 통형 구조물을 말한다.

1.7.1.6 "약전류회로"란 전신선, 전화선 등에 사용하는 전선이나 케이블, 인터폰, 확성기의 음성 회로, 라디오ㆍ텔레비전의 시청회로 등을 포함하는 약전류가 통전되는 회로를 말한다.

1.7.1.7 "전원회로"란 전기ㆍ통신, 기타 전기를 이용하는 장치 등에 전력을 공급하기 위하여 필요한 기기로 이루어지는 전기회로를 말한다.

1.7.1.8 "절연저항"이란 전류가 도체에서 절연물을 통하여 다른 충전부나 기기로 누설되는 경우 그 누설 경로의 저항을 말한다.

1.7.1.9 "절연효력"이란 전기가 불필요한 부분으로 흐르지 않도록 절연하는 성능을 나타내는 것을 말한다.

1.7.1.10 "정격전압"이란 전기기계기구, 선로 등의 정상적인 동작을 유지시키기 위해 공급해 주어야 하는 기준 전압을 말한다.

1.7.1.11 "조작부"란 기기를 제어할 수 있도록 조작스위치, 지시계, 표시등 등을 집결시킨 부분을 말한다.

1.7.1.12 "풀박스"란 장거리 케이블 포설을 용이하게 하기 위해 전선관 중간에 설치하는 상자형 구조물 등을 말한다.

1.8 다른 공고의 개정 〈신설 2023.2.10.〉

1.8.1 간이스프링클러설비의 화재안전기술기준(NFTC 103A) 일부를 다음과 같이 개정한다.

2.7.1.5 부분 중 "5층(지하층을 제외한다) 이상으로서 연면적이 3,000m²를 초과하는"을 "11층(공동주택의 경우에는 16층) 이상의"로 하고, "2층 이상의 층에서 발화한 때에는 발화층 및 그 직상층에 한하여,"를 "2층 이상의 층에서 발화한 때에는 발화층 및 그 직상 4개 층에 한하여"로 하고 "1층에서 발화한 때에는 발화층ㆍ그 직상층 및 지하층에 한하여,"를 "1층에서 발화한 때에는 발화층ㆍ그 직상 4개 층 및 지하층에 한하여"로 한다. 〈신설 2023.2.10.〉

1.8.2 미분무소화설비의 화재안전기술기준(NFTC 104A) 일부를 다음과 같이 개정한다.

2.9.1.6 부분 중 "5층(지하층을 제외한다) 이상의"를 "11층(공동주택의 경우에는 16층) 이상의"로 하고, "2층 이상의 층에서 발화한 때에는 발화층 및 그 직상층에 한하여,"를 "2층 이상의 층에서 발화한 때에는 발화층 및 그 직상 4개 층에 한하여"로 하고 "1층에서 발화한 때에는 발화층과 그 직상층 및 지하층에 한하여,"를 "1층에서 발화한 때에는 발화층과 그 직상 4개 층 및 지하층에 한하여"로 한다. 〈신설 2023.2.10.〉

1.8.3 스프링클러설비의 화재안전기술기준(NFTC 103) 일부를 다음과 같이 개정한다.

2.6.1.6 부분 중 "5층 이상으로서 연면적이 3,000m²를 초과하는"을 "11층(공동주택의 경우에는 16층) 이상의"로 하고, 2.6.1.6.1 중 "직상층에"를 "직상 4개 층에"로 하며, 2.6.1.6.2 중 "직상층"을 "직상 4개 층"으로 한다. 〈신설 2023.2.10.〉

1.8.4 화재조기진압용 스프링클러설비의 화재안전기술기준(NFTC 103B) 일부를 다음과 같이 개정한다.

2.6.1.5 부분 중 "5층 이상으로서 연면적이 3,000m²를 초과하는"을 "11층(공동주택의 경우에는 16층) 이상의"로 하고, 2.6.1.5.1 중 "직상층에"를 "직상 4개 층에"로 하며, 2.6.1.5.2 중 "직상층"을 각각 "직상 4개 층"으로 한다. 〈신설 2023.2.10.〉

2. 기술기준

2.1 음향장치

2.1.1 비상방송설비는 다음의 기준에 따라 설치해야 한다. 이 경우 엘리베이터 내부에는 별도의 음향장치를 설치할 수 있다.

2.1.1.1 확성기의 음성입력은 3W(실내에 설치하는 것에 있어서는 1W) 이상일 것

2.1.1.2 확성기는 각 층마다 설치하되, 그 층의 각 부분으로부터 하나의 확성기까지의 수평거리가 25m 이하가 되도록 하고, 해당층의 각 부분에 유효하게 경보를 발할 수 있도록 설치할 것

2.1.1.3 음량조정기를 설치하는 경우 음량조정기의 배선은 3선식으로 할 것

2.1.1.4 조작부의 조작스위치는 바닥으로부터 0.8m 이상 1.5m 이하의 높이에 설치할 것

2.1.1.5 조작부는 기동장치의 작동과 연동하여 해당 기동장치가 작동한 층 또는 구역을 표시할 수 있는 것으로 할 것

2.1.1.6 증폭기 및 조작부는 수위실 등 상시 사람이 근무하는 장소로서 점검이 편리하고 방화상 유효한 곳에 설치할 것

2.1.1.7 층수가 11층(공동주택의 경우에는 16층) 이상의 특정소방대상물은 다음의 기준에 따라 경보를 발할 수 있도록 해야 한다. 〈개정 2023.2.10.〉

2.1.1.7.1 2층 이상의 층에서 발화한 때에는 발화층 및 그 직상 4개 층에 경보를 발할 것 〈개정 2023.2.10.〉

2.1.1.7.2 1층에서 발화한 때에는 발화층·그 직상 4개 층 및 지하층에 경보를 발할 것 〈개정 2023.2.10.〉

2.1.1.7.3 지하층에서 발화한 때에는 발화층·그 직상층 및 기타의 지하층에 경보를 발할 것

2.1.1.8 다른 방송설비와 공용하는 것에 있어서는 화재 시 비상경보 외의 방송을 차단할 수 있는 구조로 할 것

2.1.1.9 다른 전기회로에 따라 유도장애가 생기지 않도록 할 것

2.1.1.10 하나의 특정소방대상물에 2 이상의 조작부가 설치되어 있는 때에는 각각의 조작부가 있는 장소 상호 간에 동시 통화가 가능한 설비를 설치하고, 어느 조작부에서도 해당 특정소방대상물의 전 구역에 방송을 할 수 있도록 할 것

2.1.1.11 기동장치에 따른 화재신호를 수신한 후 필요한 음량으로 화재발생상황 및 피난에 유효한 방송이 자동으로 개시될 때까지의 소요시간은 10초 이내로 할 것

2.1.1.12 음향장치는 다음의 기준에 따른 구조 및 성능의 것으로 해야 한다.

2.1.1.12.1 정격전압의 80% 전압에서 음향을 발할 수 있는 것을 할 것

2.1.1.12.2 자동화재탐지설비의 작동과 연동하여 작동할 수 있는 것으로 할 것

2.2 배선

2.2.1 비상방송설비의 배선은 「전기사업법」 제67조에 따른 「전기설비기술기준」에서 정한 것 외에 다음의 기준에 따라 설치해야 한다.

2.2.1.1 화재로 인하여 하나의 층의 확성기 또는 배선이 단락 또는 단선되어도 다른 층의 화재 통보에 지장이 없도록 할 것

2.2.1.2 전원회로의 배선은 「옥내소화전설비의 화재안전기술기준(NFTC 102)」 2.7.2의 표 2.7.2(1)에 따른 내화배선에 따르고, 그 밖의 배선은 「옥내소화전설비의 화재안전기술기준(NFTC 102)」 2.7.2의 표 2.7.2(1) 또는 표 2.7.2(2)에 따른 내화배선 또는 내열배선에 따를 것

2.2.1.3 전원회로의 전로와 대지 사이 및 배선 상호 간의 절연저항은 「전기사업법」 제67조에 따른 「전기설비기술기준」이 정하는 바에 따르고, 부속회로의 전로와 대지 사이 및 배선 상호 간의 절연저항은 1경계구역마다 직류 250V의 절연저항측정기를 사용하여 측정한 절연저항이 0.1MΩ 이상이 되도록 할 것

2.2.1.4 비상방송설비의 배선은 다른 전선과 별도의 관·덕트(절연효력이 있는 것으로 구획한 때에는 그 구획된 부분은 별개의 덕트로 본다) 몰드 또는 풀박스 등에 설치할 것. 다만, 60V 미만의 약전류회로에 사용하는 전선으로서 각각의 전압이 같을 때는 그렇지 않다.

2.3 전원

2.3.1 비상방송설비의 상용전원은 다음의 기준에 따라 설치해야 한다.

2.3.1.1 상용전원은 전기가 정상적으로 공급되는 축전지설비, 전기저장장치(외부 전기에너지를 저장해 두었다가 필요한 때 전기를 공급하는 장치) 또는 교류전압의 옥내간선으로 하고, 전원까지의 배선은 전용으로 할 것

2.3.1.2 개폐기에는 "비상방송설비용"이라고 표시한 표지를 할 것

2.3.2 비상방송설비에는 그 설비에 대한 감시상태를 60분간 지속한 후 유효하게 10분 이상 경보할 수 있는 비상전원으로서 축전지설비(수신기에 내장하는 경우를 포함한다) 또는 전기저장장치(외부 전기에너지를 저장해 두었다가 필요한 때 전기를 공급하는 장치)를 설치해야 한다.

CHAPTER 15 비상조명등의 화재안전성능기준 (NFPC 304)

[시행 2022. 12. 1.] [소방청고시 제2022-54호, 2022. 11. 25., 전부개정]

제1조(목적)
이 기준은 「소방시설 설치 및 관리에 관한 법률」(이하 "법"이라 한다) 제2조제1항제6호가목에 따라 소방청장에게 위임한 사항 중 피난구조설비인 비상조명등 및 휴대용비상조명등의 성능기준을 규정함을 목적으로 한다.

제2조(적용범위)
이 기준은 「소방시설 설치 및 관리에 관한 법률 시행령」(이하 "영"이라 한다) 별표 4 제3호라목과 마목에 따른 비상조명등 및 휴대용비상조명등의 설치 및 관리에 대해 적용한다.

제3조(정의)
이 기준에서 사용되는 용어의 정의는 다음과 같다.
1. "비상조명등"이란 화재발생 등에 따른 정전 시 안전하고 원활한 피난활동을 할 수 있도록 거실 및 피난통로 등에 설치되어 자동 점등되는 조명등을 말한다.
2. "휴대용비상조명등"이란 화재발생 등으로 정전 시 안전하고 원활한 피난을 위하여 피난자가 휴대할 수 있는 조명등을 말한다.

제4조(설치기준)
① 비상조명등은 다음 각 호의 기준에 따라 설치해야 한다.
  1. 특정소방대상물의 각 거실과 그로부터 지상에 이르는 복도·계단 및 그 밖의 통로에 설치할 것
  2. 조도는 비상조명등이 설치된 장소의 각 부분의 바닥에서 1럭스 이상이 되도록 할 것
  3. 예비전원을 내장하는 비상조명등에는 평상시 점등 여부를 확인할 수 있는 점검스위치를 설치하고 해당 조명등을 유효하게 작동시킬 수 있는 용량의 축전지와 예비전원 충전장치를 내장할 것
  4. 예비전원을 내장하지 아니하는 비상조명등의 비상전원은 자가발전설비, 축전지설비 또는 전기저장장치(외부 전기에너지를 저장해 두었다가 필요한 때 전기를 공급하는 장치)를 다음 각 목의 기준에 따라 설치하여야 한다.
    가. 점검에 편리하고 화재 및 침수 등의 재해로 인한 피해를 받을 우려가 없는 곳에 설치할 것
    나. 상용전원으로부터 전력의 공급이 중단된 때에는 자동으로 비상전원으로부터 전력을 공급받을 수 있도록 할 것
    다. 비상전원의 설치장소는 다른 장소와 방화구획할 것
    라. 비상전원을 실내에 설치하는 때에는 그 실내에 비상조명등을 설치할 것

5. 제3호와 제4호에 따른 예비전원과 비상전원은 비상조명등을 20분 이상 유효하게 작동시킬 수 있는 용량으로 할 것. 다만, 지하층을 제외한 층수가 11층 이상의 층 등의 특정소방대상물의 경우에는 그 부분에서 피난층에 이르는 부분의 비상조명등을 60분 이상 유효하게 작동시킬 수 있는 용량으로 해야 한다.
6. 영 별표 5 제15호 비상조명등의 설치면제 요건에서 "그 유도등의 유효범위"란 유도등의 조도가 바닥에서 1럭스 이상이 되는 부분을 말한다.

② 휴대용비상조명등은 다음 각 호의 기준에 적합하여야 한다.
1. 다음 각 목의 장소에 설치할 것
   가. 숙박시설 또는 다중이용업소에는 객실 또는 영업장안의 구획된 실마다 잘 보이는 곳(외부에 설치시 출입문 손잡이로부터 1미터 이내 부분)에 1개 이상 설치
   나. 「유통산업발전법」제2조제3호에 따른 대규모점포(지하상가 및 지하역사는 제외한다)와 영화상영관에는 보행거리 50미터 이내마다 3개 이상 설치
   다. 지하상가 및 지하역사에는 보행거리 25미터 이내마다 3개 이상 설치
2. 설치높이는 바닥으로부터 0.8미터 이상 1.5미터 이하의 높이에 설치할 것
3. 어둠 속에서 위치를 확인할 수 있도록 할 것
4. 사용 시 자동으로 점등되는 구조일 것
5. 외함은 난연성능이 있을 것
6. 건전지를 사용하는 경우에는 방전방지조치를 하여야 하고, 충전식 배터리의 경우에는 상시 충전되도록 할 것
7. 건전지 및 충전식 배터리의 용량은 20분 이상 유효하게 사용할 수 있는 것으로 할 것

제5조(비상조명등의 제외)

① 거실의 각 부분으로부터 하나의 출입구에 이르는 보행거리가 15미터 이내인 부분 또는 의원·경기장·공동주택·의료시설·학교의 거실 등의 경우에는 비상조명등을 설치하지 않을 수 있다.
② 지상 1층 또는 피난층으로서 복도나 통로 또는 창문 등의 개구부를 통하여 피난이 용이한 경우와 숙박시설로서 복도에 비상조명등을 설치한 경우에는 휴대용비상조명등을 설치하지 않을 수 있다.

제6조(설치·관리기준의 특례)

소방본부장 또는 소방서장은 기존건축물이 증축·개축·대수선되거나 용도변경되는 경우에 있어서 이 기준이 정하는 기준에 따라 해당 건축물에 설치해야 할 비상조명등의 배관·배선 등의 공사가 현저하게 곤란하다고 인정되는 경우에는 해당 설비의 기능 및 사용에 지장이 없는 범위 안에서 이 기준 일부를 적용하지 않을 수 있다.

제7조(재검토 기한)

소방청장은 「훈령·예규 등의 발령 및 관리에 관한 규정」에 따라 이 고시에 대하여 2023년 1월 1일을 기준으로 매 3년이 되는 시점(매 3년째의 12월 31일까지를 말한다)마다 그 타당성을 검토하여 개선 등의 조치를 해야 한다.

제8조(규제의 재검토)

「행정규제기본법」 제8조에 따라 2023년 1월 1일을 기준으로 매 3년이 되는 시점(매 3년째의 12월 31일까지를 말한다)마다 그 타당성을 검토하여 개선 등의 조치를 해야 한다.

부칙〈제2022-54호, 2022. 11. 25.〉

제1조(시행일)

이 고시는 2022년 12월 1일부터 시행한다.

제2조(경과조치)

① 이 고시 시행 전에 건축허가 등의 신청 또는 신고를 하거나 소방시설공사의 착공신고를 한 특정소방대상물에 대해서는 종전의 「비상조명등의 화재안전기준(NFSC 304)」에 따른다.

② 이 고시 시행 전에 제1항에 따른 신청 또는 신고를 한 경우라도 개정 기준이 종전의 기준에 비해 관계인에게 유리한 경우에는 개정 기준에 따를 수 있다.

제3조(다른 법령과의 관계)

이 고시 시행 당시 다른 법령에서 종전의 화재안전기준을 인용한 경우에 이 고시 가운데 그에 해당하는 규정이 있는 경우에는 종전의 규정에 갈음하여 이 고시의 해당 규정을 인용한 것으로 본다.

CHAPTER 15 비상조명등의 화재안전기술기준 (NFTC 304)

[시행 2022. 12. 1.] [소방청공고 제2022-231호, 2022. 12. 1., 제정]

1. 일반사항

1.1 적용범위

1.1.1 이 기준은 「소방시설 설치 및 관리에 관한 법률 시행령」(이하 "영"이라 한다) 별표 4 제3호라목과 마목에 따른 비상조명등 및 휴대용비상조명등의 설치 및 관리에 대해 적용한다.

1.2 기준의 효력

1.2.1 이 기준은 「소방시설 설치 및 관리에 관한 법률」(이하 "법"이라 한다) 제2조제1항제6호나목에 따라 피난구조설비인 비상조명등 및 휴대용비상조명등의 기술기준으로서의 효력을 가진다.

1.2.2 이 기준에 적합한 경우에는 법 제2조제1항제6호나목에 따라 「비상조명등의 화재안전성능기준(NFPC 304)」을 충족하는 것으로 본다.

1.3 기준의 시행

1.3.1 이 기준은 2022년 12월 1일부터 시행한다.

1.4 기준의 특례

1.4.1 소방본부장 또는 소방서장은 기존건축물이 증축·개축·대수선되거나 용도변경되는 경우에 있어서 이 기준이 정하는 기준에 따라 해당 건축물에 설치해야 할 비상조명등의 배관·배선 등의 공사가 현저하게 곤란하다고 인정되는 경우에는 해당 설비의 기능 및 사용에 지장이 없는 범위 안에서 이 기준의 일부를 적용하지 않을 수 있다.

1.5 경과조치

1.5.1 이 기준 시행 전에 건축허가 등의 신청 또는 신고를 하거나 소방시설공사의 착공신고를 한 특정소방대상물에 대해서는 종전의 「비상조명등의 화재안전기준(NFSC 304)」에 따른다.

1.5.2 이 기준 시행 전에 1.5.1에 따른 신청 또는 신고를 한 경우라도 제정 기준이 종전의 기준에 비하여 관계인에게 유리한 경우에는 제정 기준에 따를 수 있다.

1.6 다른 법령과의 관계

1.6.1 이 기준 시행 당시 다른 법령 또는 행정규칙 등에서 종전의 화재안전기준을 인용한 경우에 이 기준 가운데 그에 해당하는 규정이 있는 경우에는 종전의 규정에 갈음하여 이 기준의 해당 규정을 인용한 것으로 본다.

1.7 용어의 정의

1.7.1 이 기준에서 사용하는 용어의 정의는 다음과 같다.

1.7.1.1 "비상조명등"이란 화재발생 등에 따른 정전 시 안전하고 원활한 피난활동을 할 수 있도록 거실 및 피난통로 등에 설치되어 자동 점등되는 조명등을 말한다.

1.7.1.2 "휴대용비상조명등"이란 화재발생 등으로 정전 시 안전하고 원활한 피난을 위하여 피난자가 휴대할 수 있는 조명등을 말한다.

2. 기술기준

2.1 비상조명등의 설치기준

2.1.1 비상조명등은 다음 각 기준에 따라 설치해야 한다.

2.1.1.1 특정소방대상물의 각 거실과 그로부터 지상에 이르는 복도·계단 및 그 밖의 통로에 설치할 것

2.1.1.2 조도는 비상조명등이 설치된 장소의 각 부분의 바닥에서 1lx 이상이 되도록 할 것

2.1.1.3 예비전원을 내장하는 비상조명등에는 평상시 점등 여부를 확인할 수 있는 점검스위치를 설치하고 해당 조명등을 유효하게 작동시킬 수 있는 용량의 축전지와 예비전원 충전장치를 내장할 것

2.1.1.4 예비전원을 내장하지 않은 비상조명등의 비상전원은 자가발전설비, 축전지설비 또는 전기저장장치(외부 전기에너지를 저장해 두었다가 필요한 때 전기를 공급하는 장치)를 다음의 기준에 따라 설치해야 한다.

2.1.1.4.1 점검에 편리하고 화재 및 침수 등의 재해로 인한 피해를 받을 우려가 없는 곳에 설치할 것

2.1.1.4.2 상용전원으로부터 전력의 공급이 중단된 때에는 자동으로 비상전원으로부터 전력을 공급받을 수 있도록 할 것

2.1.1.4.3 비상전원의 설치장소는 다른 장소와 방화구획할 것. 이 경우 그 장소에는 비상전원의 공급에 필요한 기구나 설비 외의 것(열병합발전설비에 필요한 기구나 설비는 제외한다)을 두어서는 아니 된다.

2.1.1.4.4 비상전원을 실내에 설치하는 때에는 그 실내에 비상조명등을 설치할 것

2.1.1.5 2.1.1.3과 2.1.1.4에 따른 예비전원과 비상전원은 비상조명등을 20분 이상 유효하게 작동시킬 수 있는 용량으로 할 것. 다만, 다음의 특정소방대상물의 경우에는 그 부분에서 피난층에 이르는 부분의 비상조명등을 60분 이상 유효하게 작동시킬 수 있는 용량으로 해야 한다.

2.1.1.5.1 지하층을 제외한 층수가 11층 이상의 층

2.1.1.5.2 지하층 또는 무창층으로서 용도가 도매시장·소매시장·여객자동차터미널·지하역사 또는 지하상가

2.1.1.6 영 별표 5 제15호 비상조명등의 설치면제 요건에서 "그 유도등의 유효범위"란 유도등의 조도가 바닥에서 1lx 이상이 되는 부분을 말한다.

2.1.2 휴대용비상조명등은 다음의 기준에 적합해야 한다.

2.1.2.1 다음 각 기준의 장소에 설치할 것

2.1.2.1.1 숙박시설 또는 다중이용업소에는 객실 또는 영업장 안의 구획된 실마다 잘 보이는 곳(외부에 설치 시 출입문 손잡이로부터 1m 이내 부분)에 1개 이상 설치

2.1.2.1.2 「유통산업발전법」 제2조제3호에 따른 대규모점포(지하상가 및 지하역사는 제외한다)와 영화상영관에는 보행거리 50m 이내마다 3개 이상 설치

2.1.2.1.3 지하상가 및 지하역사에는 보행거리 25m 이내마다 3개 이상 설치

2.1.2.2 설치높이는 바닥으로부터 0.8m 이상 1.5m 이하의 높이에 설치할 것

2.1.2.3 어둠 속에서 위치를 확인할 수 있도록 할 것

2.1.2.4 사용 시 자동으로 점등되는 구조일 것

2.1.2.5 외함은 난연성능이 있을 것

2.1.2.6 건전지를 사용하는 경우에는 방전 방지조치를 해야 하고, 충전식 배터리의 경우에는 상시 충전되도록 할 것

2.1.2.7 건전지 및 충전식 배터리의 용량은 20분 이상 유효하게 사용할 수 있는 것으로 할 것

2.2 비상조명등의 제외

2.2.1 다음의 어느 하나에 해당하는 경우에는 비상조명등을 설치하지 않을 수 있다.

2.2.1.1 거실의 각 부분으로부터 하나의 출입구에 이르는 보행거리가 15m 이내인 부분

2.2.1.2 의원 · 경기장 · 공동주택 · 의료시설 · 학교의 거실

2.2.2 지상 1층 또는 피난층으로서 복도나 통로 또는 창문 등의 개구부를 통하여 피난이 용이한 경우 숙박시설로서 복도에 비상조명등을 설치한 경우에는 휴대용비상조명등을 설치하지 않을 수 있다.

CHAPTER 16

비상콘센트설비의 화재안전성능기준 (NFPC 504)

[시행 2024. 1. 1.] [소방청고시 제2023-40호, 2023. 10. 13., 타법개정]

제1조(목적)

이 기준은 「소방시설 설치 및 관리에 관한 법률」(이하 "법"이라 한다) 제2조제1항제6호가목에 따라 소방청장에게 위임한 사항 중 소화활동설비인 비상콘센트설비의 성능기준을 규정함을 목적으로 한다.

제2조(적용범위)

이 기준은 「소방시설 설치 및 관리에 관한 법률 시행령」(이하 "영"이라 한다) 별표 4 제5호라목에 따른 비상콘센트설비의 설치 및 관리에 대해 적용한다.

제3조(정의)

이 기준에서 사용되는 용어의 정의는 다음과 같다.
1. "비상전원"이란 상용전원으로부터 전력의 공급이 중단된 때에는 자동으로 공급되는 전원을 말한다.
2. "비상콘센트설비"란 화재 시 소화활동 등에 필요한 전원을 전용회선으로 공급하는 설비를 말한다.

제4조(전원 및 콘센트 등)

① 비상콘센트설비에는 다음 각 호의 기준에 따른 전원을 설치해야 한다.
  1. 상용전원회로의 배선은 전용배선으로 하고, 상용전원의 상시공급에 지장이 없도록 할 것
  2. 지하층을 제외한 층수가 7층 이상으로서 연면적이 2,000제곱미터 이상이거나 지하층의 바닥면적의 합계가 3,000제곱미터 이상인 특정소방대상물의 비상콘센트설비에는 자가발전설비, 비상전원수전설비, 축전지설비 또는 전기저장장치를 비상전원으로 설치할 것
  3. 제2호에 따른 비상전원 중 자가발전설비, 축전지설비 또는 전기저장장치는 다음 각 목의 기준에 따라 설치하고, 비상전원수전설비는 「소방시설용 비상전원수전설비의 화재안전성능기준(NFPC 602)」에 따라 설치할 것
     가. 점검에 편리하고 화재 및 침수 등의 재해로 인한 피해를 받을 우려가 없는 곳에 설치할 것
     나. 비상콘센트설비를 유효하게 20분 이상 작동시킬 수 있는 용량으로 할 것
     다. 상용전원으로부터 전력의 공급이 중단된 때에는 자동으로 비상전원으로부터 전력을 공급받을 수 있도록 할 것
     라. 비상전원의 설치장소는 다른 장소와 방화구획할 것
     마. 비상전원을 실내에 설치하는 때에는 그 실내에 비상조명등을 설치할 것
② 비상콘센트설비의 전원회로(비상콘센트에 전력을 공급하는 회로를 말한다)는 다음 각 호의 기준에 따라 설치해야 한다.

1. 비상콘센트설비의 전원회로는 단상교류 220볼트인 것으로서, 그 공급용량은 1.5킬로볼트암페어 이상인 것으로 할 것
2. 전원회로는 각 층에 둘 이상이 되도록 설치할 것
3. 전원회로는 주배전반에서 전용회로로 할 것
4. 전원으로부터 각 층의 비상콘센트에 분기되는 경우에는 분기배선용 차단기를 보호함안에 설치할 것
5. 콘센트마다 배선용 차단기(KS C 8321)를 설치해야 하며, 충전부가 노출되지 않도록 할 것
6. 개폐기에는 "비상콘센트"라고 표시한 표지를 할 것
7. 비상콘센트용의 풀박스 등은 방청도장을 한 것으로서, 두께 1.6밀리미터 이상의 철판으로 할 것
8. 하나의 전용회로에 설치하는 비상콘센트는 10개 이하로 할 것. 이 경우 전선의 용량은 각 비상콘센트(비상콘센트가 3개 이상인 경우에는 3개)의 공급용량을 합한 용량 이상의 것으로 해야 한다.

③ 비상콘센트의 플러그접속기는 접지형2극 플러그접속기(KS C 8305)를 사용해야 한다.
④ 비상콘센트의 플러그접속기의 칼받이의 접지극에는 접지공사를 해야 한다.
⑤ 비상콘센트는 다음 각 호의 기준에 따라 설치해야 한다.
1. 바닥으로부터 높이 0.8미터 이상 1.5미터 이하의 위치에 설치할 것
2. 비상콘센트의 배치는 바닥면적이 1,000제곱미터 미만인 층은 계단의 출입구(계단의 부속실을 포함하며 계단이 2 이상 있는 경우에는 그중 1개의 계단을 말한다)로부터 5미터 이내에, 바닥면적 1,000제곱미터 이상인 층은 각 계단의 출입구 또는 계단부속실의 출입구(계단의 부속실을 포함하며 계단이 세 개 이상 있는 층의 경우에는 그중 두 개의 계단을 말한다)로부터 5미터 이내에 설치하되, 그 비상콘센트로부터 그 층의 각 부분까지의 거리가 다음 각 목의 기준을 초과하는 경우에는 그 기준 이하가 되도록 비상콘센트를 추가하여 설치할 것 〈개정 2023.10.13.〉
   가. 지하상가 또는 지하층의 바닥면적의 합계가 3,000제곱미터 이상인 것은 수평거리 25미터
   나. 가목에 해당하지 않는 것은 수평거리 50미터
⑥ 비상콘센트설비의 전원부와 외함 사이의 절연저항 및 절연내력은 다음 각 호의 기준에 적합해야 한다.
1. 절연저항은 전원부와 외함 사이를 500볼트 절연저항계로 측정할 때 20메가옴 이상일 것
2. 절연내력은 전원부와 외함 사이에 정격전압이 150볼트 이하인 경우에는 1,000볼트의 실효전압을, 정격전압이 150볼트 이상인 경우에는 그 정격전압에 2를 곱하여 1,000을 더한 실효전압을 가하는 시험에서 1분 이상 견디는 것으로 할 것

제5조(보호함)

비상콘센트설비에는 비상콘센트를 보호하기 위한 보호함을 설치해야 한다.

제6조(배선)

비상콘센트설비의 배선은 「전기사업법」제67조에 따른 「전기설비기술기준」에서 정하는 것 외에 전원회로의 배선은 내화배선으로, 그 밖의 배선은 내화배선 또는 내열배선으로 설치해야 한다. 이 경우 내화배선 및 내열배선은 「옥내소화전설비의 화재안전성능기준(NFPC 102)」제10조제2항에 따른다.

제7조(설치·관리기준의 특례)

소방본부장 또는 소방서장은 기존건축물이 증축·개축·대수선되거나 용도변경되는 경우에 있어서 이

기준이 정하는 기준에 따라 해당 건축물에 설치해야 할 비상콘센트설비의 배관·배선 등의 공사가 현저하게 곤란하다고 인정되는 경우에는 해당 설비의 기능 및 사용에 지장이 없는 범위 안에서 이 기준의 일부를 적용하지 아니할 수 있다.

제8조(재검토 기한)

소방청장은 「훈령·예규 등의 발령 및 관리에 관한 규정」에 따라 이 고시에 대하여 2023년 1월 1일을 기준으로 매 3년이 되는 시점(매 3년째의 12월 31일까지를 말한다)마다 그 타당성을 검토하여 개선 등의 조치를 해야 한다.

제9조(규제의 재검토)

소방청장은 「행정규제기본법」 제8조에 따라 2023년 1월 1일을 기준으로 매 3년이 되는 시점(매 3년째의 12월 31일까지를 말한다)마다 그 타당성을 검토하여 개선 등의 조치를 해야 한다.

부칙 〈제2004-33호, 2004. 6. 4.〉

제1조(시행일)

이 기준은 고시한 날부터 시행한다.

제2조(경과조치)

이 고시 시행당시 종전의 소방기술기준에 관한 규칙에 적합하게 설치되어 있거나 건축허가등의 동의 또는 소방시설 시공신고가 완료된 소방대상물에 대하여는 종전의 기준에 따른다.

제3조(다른 법령과의 관계)

이 고시 시행 당시 다른 법령에서 종전의 소방기술기준에 관한 규칙을 인용한 경우에 이 고시 가운데 그에 해당하는 규정이 있는 경우에는 종전의 규정에 갈음하여 이 고시의 해당 규정을 인용한 것으로 본다.

부칙 〈제2022-61호, 2022. 11. 25.〉

제1조(시행일)

이 고시는 2022년 12월 1일부터 시행한다.

제2조(경과조치)

① 이 고시 시행 전에 건축허가 등의 신청 또는 신고를 하거나 소방시설공사의 착공신고를 한 특정소방대상물에 대해서는 종전의 「비상콘센트설비의 화재안전기준(NFSC 504)」에 따른다.
② 이 고시 시행 전에 제1항에 따른 신청 또는 신고를 한 경우라도 개정 기준이 종전의 기준에 비해 관계인에게 유리한 경우에는 개정 기준에 따를 수 있다.

제3조(다른 법령과의 관계)

이 고시 시행 당시 다른 법령에서 종전의 화재안전기준을 인용한 경우에 이 고시 가운데 그에 해당하는 규정이 있는 경우에는 종전의 규정에 갈음하여 이 고시의 해당 규정을 인용한 것으로 본다.

부칙〈제2023-40호, 2023. 10. 13.〉

제1조(시행일)

이 고시는 2024년 1월 1일부터 시행한다. 〈단서 생략〉

제2조 생략

제3조(다른 고시의 개정)

①부터 ③까지 생략

④ 「비상콘센트설비의 화재안전성능기준(NFPC 504)」 일부를 다음과 같이 개정한다.

제4조제5항제2호 각 목 외의 본문을 "비상콘센트의 배치는 바닥면적이 1,000제곱미터 미만인 층은 계단의 출입구(계단의 부속실을 포함하며 계단이 2 이상 있는 경우에는 그중 1개의 계단을 말한다)로부터 5미터 이내에, 바닥면적 1,000제곱미터 이상인 층은 각 계단의 출입구 또는 계단부속실의 출입구(계단의 부속실을 포함하며 계단이 세 개 이상 있는 층의 경우에는 그중 두 개의 계단을 말한다)로부터 5미터 이내에 설치하되, 그 비상콘센트로부터 그 층의 각 부분까지의 거리가 다음 각 목의 기준을 초과하는 경우에는 그 기준 이하가 되도록 비상콘센트를 추가하여 설치할 것"으로 한다.

CHAPTER 16 비상콘센트설비의 화재안전기술기준 (NFTC 504)

[시행 2024. 1. 1.] [소방청공고 제2023-51호, 2023. 12. 29., 일부개정]

1. 일반사항

1.1 적용범위

1.1.1 이 기준은 「소방시설 설치 및 관리에 관한 법률 시행령」(이하 "영"이라 한다) 별표 4 제5호라목에 따른 비상콘센트설비의 설치 및 관리에 대해 적용한다.

1.2 기준의 효력

1.2.1 이 기준은 「소방시설 설치 및 관리에 관한 법률」(이하 "법"이라 한다) 제2조제1항제6호나목에 따라 소화활동설비인 비상콘센트설비의 기술기준으로서의 효력을 가진다.

1.2.2 이 기준에 적합한 경우에는 법 제2조제1항제6호나목에 따라 「비상콘센트설비의 화재안전성능기준(NFPC 504)」을 충족하는 것으로 본다.

1.3 기준의 시행

1.3.1 이 기준은 2024년 1월 1일부터 시행한다. 〈개정 2024.1.1.〉

1.4 기준의 특례

1.4.1 소방본부장 또는 소방서장은 기존건축물이 증축·개축·대수선되거나 용도변경되는 경우에 있어서 이 기준이 정하는 기준에 따라 해당 건축물에 설치해야 할 비상콘센트설비의 배관·배선 등의 공사가 현저하게 곤란하다고 인정되는 경우에는 해당 설비의 기능 및 사용에 지장이 없는 범위 안에서 이 기준의 일부를 적용하지 않을 수 있다.

1.5 경과조치

1.5.1 이 기준 시행 전에 건축허가 등의 신청 또는 신고를 하거나 소방시설공사의 착공신고를 한 특정소방대상물에 대해서는 종전의 「비상콘센트설비의 화재안전기준(NFSC 504)」에 따른다.

1.5.2 이 기준 시행 전에 1.5.1에 따른 신청 또는 신고를 한 경우라도 제정 기준이 종전의 기준에 비하여 관계인에게 유리한 경우에는 제정 기준에 따를 수 있다.

1.6 다른 법령과의 관계

1.6.1 이 기준 시행 당시 다른 법령 또는 행정규칙 등에서 종전의 화재안전기준을 인용한 경우에 이 기준 가운데 그에 해당하는 규정이 있는 경우에는 종전의 규정에 갈음하여 이 기준의 해당 규정을 인용한 것으로 본다.

1.7 용어의 정의

1.7.1 이 기준에서 사용하는 용어의 정의는 다음과 같다.

1.7.1.1 "비상전원"이란 상용전원으로부터 전력의 공급이 중단된 때에는 자동으로 공급되는 전원을 말한다.

1.7.1.2 "비상콘센트설비"란 화재 시 소화활동 등에 필요한 전원을 전용회선으로 공급하는 설비를 말한다.

1.7.1.3 "인입개폐기"란 「전기설비기술기준의 판단기준」 제169조에 따른 것을 말한다.

1.7.1.4 "저압"이란 직류는 1.5kV 이하, 교류는 1kV 이하인 것을 말한다.

1.7.1.5 "고압"이란 직류는 1.5kV를, 교류는 1kV를 초과하고, 7kV 이하인 것을 말한다.

1.7.1.6 "특고압"이란 7kV를 초과하는 것을 말한다.

1.7.1.7 "변전소"란 「전기설비기술기준」 제3조제1항제2호에 따른 것을 말한다.

2. 기술기준

2.1 전원 및 콘센트 등

2.1.1 비상콘센트설비에는 다음의 기준에 따른 전원을 설치해야 한다.

2.1.1.1 상용전원회로의 배선은 저압수전인 경우에는 인입개폐기의 직후에서, 고압수전 또는 특고압수전인 경우에는 전력용변압기 2차 측의 주차단기 1차 측 또는 2차 측에서 분기하여 전용배선으로 할 것

2.1.1.2 지하층을 제외한 층수가 7층 이상으로서 연면적이 2,000m² 이상이거나 지하층의 바닥면적의 합계가 3,000m² 이상인 특정소방대상물의 비상콘센트설비에는 자가발전설비, 비상전원수전설비, 축전지설비 또는 전기저장장치(외부 전기에너지를 저장해 두었다가 필요한 때 전기를 공급하는 장치를 말한다)를 비상전원으로 설치할 것. 다만, 2 이상의 변전소에서 전력을 동시에 공급받을 수 있거나 하나의 변전소로부터 전력의 공급이 중단되는 때에는 자동으로 다른 변전소로부터 전력을 공급받을 수 있도록 상용전원을 설치한 경우에는 비상전원을 설치하지 않을 수 있다.

2.1.1.3 2.1.1.2에 따른 비상전원 중 자가발전설비, 축전지설비 또는 전기저장장치는 다음 기준에 따라 설치하고, 비상전원수전설비는 「소방시설용 비상전원수전설비의 화재안전기술기준(NFTC 602)」에 따라 설치할 것

2.1.1.3.1 점검에 편리하고 화재 및 침수 등의 재해로 인한 피해를 받을 우려가 없는 곳에 설치할 것

2.1.1.3.2 비상콘센트설비를 유효하게 20분 이상 작동시킬 수 있는 용량으로 할 것

2.1.1.3.3 상용전원으로부터 전력의 공급이 중단된 때에는 자동으로 비상전원으로부터 전력을 공급받을 수 있도록 할 것

2.1.1.3.4 비상전원의 설치장소는 다른 장소와 방화구획할 것. 이 경우 그 장소에는 비상전원의 공급에 필요한 기구나 설비 외의 것(열병합발전설비에 필요한 기구나 설비는 제외한다)을 두어서는 안 된다.

2.1.1.3.5 비상전원을 실내에 설치하는 때에는 그 실내에 비상조명등을 설치할 것

2.1.2 비상콘센트설비의 전원회로(비상콘센트에 전력을 공급하는 회로를 말한다)는 다음의 기준에 따라 설치해야 한다.

2.1.2.1 비상콘센트설비의 전원회로는 단상교류 220V인 것으로서, 그 공급용량은 1.5kVA 이상인 것으로 할 것

2.1.2.2 전원회로는 각 층에 2 이상이 되도록 설치할 것. 다만, 설치해야 할 층의 비상콘센트가 1개인 때에는 하나의 회로로 할 수 있다.

2.1.2.3 전원회로는 주배전반에서 전용회로로 할 것. 다만, 다른 설비회로의 사고에 따른 영향을 받지 않도록 되어 있는 것은 그렇지 않다.

2.1.2.4 전원으로부터 각 층의 비상콘센트에 분기되는 경우에는 분기배선용 차단기를 보호함 안에 설치할 것

2.1.2.5 콘센트마다 배선용 차단기(KS C 8321)를 설치해야 하며, 충전부가 노출되지 않도록 할 것

2.1.2.6 개폐기에는 "비상콘센트"라고 표시한 표지를 할 것

2.1.2.7 비상콘센트용의 풀박스 등은 방청도장을 한 것으로서, 두께 1.6mm 이상의 철판으로 할 것

2.1.2.8 하나의 전용회로에 설치하는 비상콘센트는 10개 이하로 할 것. 이 경우 전선의 용량은 각 비상콘센트(비상콘센트가 3개 이상인 경우에는 3개)의 공급용량을 합한 용량 이상의 것으로 해야 한다.

2.1.3 비상콘센트의 플러그접속기는 접지형2극 플러그접속기(KS C 8305)를 사용해야 한다.

2.1.4 비상콘센트의 플러그접속기의 칼받이의 접지극에는 접지공사를 해야 한다.

2.1.5 비상콘센트는 다음의 기준에 따라 설치해야 한다.

2.1.5.1 바닥으로부터 높이 0.8m 이상 1.5m 이하의 위치에 설치할 것

2.1.5.2 비상콘센트의 배치는 바닥면적이 1,000m² 미만인 층은 계단의 출입구(계단의 부속실을 포함하며 계단이 2 이상 있는 경우에는 그중 1개의 계단을 말한다)로부터 5m 이내에, 바닥면적 1,000m² 이상인 층은 각 계단의 출입구 또는 계단부속실의 출입구(계단의 부속실을 포함하며 계단이 3 이상 있는 층의 경우에는 그중 2개의 계단을 말한다)로부터 5 m 이내에 설치하되, 그 비상콘센트로부터 그 층의 각 부분까지의 거리가 다음의 기준을 초과하는 경우에는 그 기준 이하가 되도록 비상콘센트를 추가하여 설치할 것 〈개정 2024.1.1.〉

2.1.5.2.1 지하상가 또는 지하층의 바닥면적의 합계가 3,000m² 이상인 것은 수평거리 25m

2.1.5.2.2 2.1.5.2.1에 해당하지 아니하는 것은 수평거리 50m

2.1.6 비상콘센트설비의 전원부와 외함 사이의 절연저항 및 절연내력은 다음의 기준에 적합해야 한다.

2.1.6.1 절연저항은 전원부와 외함 사이를 500V 절연저항계로 측정할 때 20MΩ 이상일 것

2.1.6.2 절연내력은 전원부와 외함 사이에 정격전압이 150V 이하인 경우에는 1,000V의 실효전압을, 정격전압이 150V 이상인 경우에는 그 정격전압에 2를 곱하여 1,000을 더한 실효전압을 가하는 시험에서 1분 이상 견디는 것으로 할 것

2.2 보호함

2.2.1 비상콘센트를 보호하기 위한 비상콘센트보호함은 다음의 기준에 따라 설치해야 한다.

2.2.1.1 보호함에는 쉽게 개폐할 수 있는 문을 설치할 것

2.2.1.2 보호함 표면에 "비상콘센트"라고 표시한 표지를 할 것

2.2.1.3 보호함 상부에 적색의 표시등을 설치할 것. 다만, 비상콘센트의 보호함을 옥내소화전함 등과 접속하여 설치하는 경우에는 옥내소화전함 등의 표시등과 겸용할 수 있다.

2.3 배선

2.3.1 비상콘센트설비의 배선은 「전기사업법」 제67조에 따른 「전기설비기술기준」에서 정하는 것 외에 다음의 기준에 따라 설치해야 한다.

2.3.1.1 전원회로의 배선은 내화배선으로, 그 밖의 배선은 내화배선 또는 내열배선으로 할 것

2.3.1.2 2.3.1.1에 따른 내화배선 및 내열배선에 사용하는 전선의 종류 및 설치방법은 「옥내소화전설비의 화재안전기술기준(NFTC 102)」 2.7.2의 표 2.7.2 기준에 따를 것

CHAPTER 17 상수도소화용수설비의 화재안전성능기준 (NFPC 401)

[시행 2022. 12. 1.] [소방청고시 제2022-55호, 2022. 11. 25., 전부개정]

제1조(목적)
이 기준은 「소방시설 설치 및 관리에 관한 법률」(이하 "법"이라 한다) 제2조제1항제6호가목에 따라 소방청장에게 위임한 사항 중 소화용수설비인 상수도소화용수설비의 성능기준을 규정함을 목적으로 한다.

제2조(적용범위)
이 기준은 「소방시설 설치 및 관리에 관한 법률 시행령」(이하 "영"이라 한다) 별표 4 제4호에 따른 상수도소화용수설비의 설치 및 관리에 대해 적용한다.

제3조(정의)
이 기준에서 사용하는 용어의 정의는 다음과 같다.
1. "호칭지름"이란 일반적으로 표기하는 배관의 직경을 말한다.
2. "수평투영면"이란 건축물을 수평으로 투영하였을 경우의 면을 말한다.

제4조(설치기준)
상수도소화용수설비는 「수도법」에 따른 기준 외에 다음 각 호의 기준에 따라 설치해야 하며 세부기준은 기술기준에 따른다.
1. 호칭지름 75밀리미터 이상의 수도배관에 호칭지름 100밀리미터 이상의 소화전을 접속할 것
2. 소화전은 소방자동차 등의 진입이 쉬운 도로변 또는 공지에 설치할 것
3. 소화전은 특정소방대상물의 수평투영면의 각 부분으로부터 140미터 이하가 되도록 설치할 것

제5조(설치·유지기준의 특례)
소방본부장 또는 소방서장은 기존건축물이 증축·개축·대수선되거나 용도변경되는 경우에 있어서 이 기준이 정하는 기준에 따라 해당 건축물에 설치해야 할 상수도소화용수설비의 배관·배선 등의 공사가 현저하게 곤란하다고 인정되는 경우에는 해당 설비의 기능 및 사용에 지장이 없는 범위에서 이 기준의 일부를 적용하지 않을 수 있다.

제6조(재검토기한)
소방청장은 「훈령·예규 등의 발령 및 관리에 관한 규정」에 따라 이 고시에 대하여 2023년 1월 1일을 기준으로 매 3년이 되는 시점(매 3년째의 12월 31일까지를 말한다)마다 그 타당성을 검토하여 개선 등의 조치를 해야 한다.

제7조(규제의 재검토)
「행정규제기본법」 제8조에 따라 2023년 1월 1일을 기준으로 매 3년이 되는 시점(매 3년째의 12월 31일

까지를 말한다)마다 그 타당성을 검토하여 개선 등의 조치를 해야 한다.

부칙〈제2022-55호, 2022. 11. 25.〉

제1조(시행일)
이 고시는 2022년 12월 1일부터 시행한다.

제2조(경과조치)
① 이 고시 시행 전에 건축허가 등의 신청 또는 신고를 하거나 소방시설공사의 착공신고를 한 특정소방대상물에 대해서는 종전의 「상수도소화용수설비의 화재안전기준(NFSC 401)」에 따른다.
② 이 고시 시행 전에 제1항에 따른 신청 또는 신고를 한 경우라도 개정 기준이 종전의 기준에 비해 관계인에게 유리한 경우에는 개정 기준에 따를 수 있다.

제3조(다른 법령과의 관계)
이 고시 시행 당시 다른 법령에서 종전의 화재안전기준을 인용한 경우에 이 고시 가운데 그에 해당하는 규정이 있는 경우에는 종전의 규정에 갈음하여 이 고시의 해당 규정을 인용한 것으로 본다.

CHAPTER 17 상수도소화용수설비의 화재안전기술기준 (NFTC 401)

[시행 2024. 7. 1.] [국립소방연구원공고 제2024-39호, 2024. 7. 1., 일부개정]

1.1 적용범위
1.1.1 이 기준은 「소방시설 설치 및 관리에 관한 법률 시행령」(이하 "영"이라 한다) 별표 4 제4호에 따른 상수도소화용수설비의 설치 및 관리에 대해 적용한다.

1.2 기준의 효력
1.2.1 이 기준은 「소방시설 설치 및 관리에 관한 법률」(이하 "법"이라 한다) 제2조제1항제6호나목에 따라 상수도소화용수설비의 기술기준으로서의 효력을 가진다.

1.2.2 이 기준에 적합한 경우에는 법 제2조제1항제6호나목에 따라 「상수도소화용수설비의 화재안전성능기준(NFPC 401)」을 충족하는 것으로 본다.

1.3 기준의 시행
1.3.1 이 기준은 2024년 7월 1일부터 시행한다. 〈개정 2024.7.1.〉

1.4 기준의 특례
1.4.1 소방본부장 또는 소방서장은 기존건축물이 증축·개축·대수선되거나 용도변경 되는 경우에 있어서 이 기준이 정하는 기준에 따라 해당 건축물에 설치해야 할 상수도소화용수설비의 배관·배선 등의 공사가 현저하게 곤란하다고 인정되는 경우에는 해당 설비의 기능 및 사용에 지장이 없는 범위에서 이 기준의 일부를 적용하지 않을 수 있다.

1.5 경과조치
1.5.1 이 기준 시행 전에 건축허가 등의 신청 또는 신고를 하거나 소방시설공사의 착공신고를 한 특정소방대상물에 대해서는 종전의 「상수도소화용수설비의 화재안전기준(NFSC 401)」에 따른다.

1.5.2 이 기준 시행 전에 1.5.1에 따른 신청 또는 신고를 한 경우라도 제정 기준이 종전의 기준에 비하여 관계인에게 유리한 경우에는 제정 기준에 따를 수 있다.

1.6 다른 법령과의 관계
1.6.1 이 기준 시행 당시 다른 법령 또는 행정규칙 등에서 종전의 화재안전기준을 인용한 경우에 이 기준 가운데 그에 해당하는 규정이 있는 경우에는 종전의 규정에 갈음하여 이 기준의 해당 규정을 인용한 것으로 본다.

1.7 용어의 정의
1.7.1 이 기준에서 사용하는 용어의 정의는 다음과 같다.

1.7.1.1 "소화전"이란 소방관이 사용하는 설비로서, 수도배관에 접속·설치되어 소화수를 공급하는

설비를 말한다.

1.7.1.2 "호칭지름"이란 일반적으로 표기하는 배관의 직경을 말한다.

1.7.1.3 "수평투영면"이란 건축물을 수평으로 투영하였을 경우의 면을 말한다.

1.7.1.4 "제수변(제어밸브)"이란 배관의 도중에 설치되어 배관 내 물의 흐름을 개폐할 수 있는 밸브를 말한다.

2. 기술기준

2.1 상수도소화용수설비의 설치기준

2.1.1 상수도소화용수설비는 「수도법」에 따른 기준 외에 다음의 기준에 따라 설치해야 한다.

2.1.1.1 호칭지름 75mm 이상의 수도배관에 호칭지름 100mm 이상의 소화전을 접속할 것

2.1.1.2 소화전은 소방자동차 등의 진입이 쉬운 도로변 또는 공지에 설치할 것

2.1.1.3 소화전은 특정소방대상물의 수평투영면의 각 부분으로부터 140m 이하가 되도록 설치할 것

2.1.1.4 지상식 소화전의 호스접결구는 지면으로부터 높이가 0.5m 이상 1m 이하가 되도록 설치할 것 〈신설 2024.7.1.〉

CHAPTER 18 소방시설용 비상전원수전설비의 화재안전성능기준 (NFPC 602)

[시행 2022. 12. 1.] [소방청고시 제2022-63호, 2022. 11. 25., 전부개정]

제1조(목적)

이 기준은 「소방시설 설치 및 관리에 관한 법률」(이하 "법"이라 한다) 제2조제1항제6호가목에 따라 소방청장에게 위임한 사항 중 소방시설의 비상전원인 비상전원수전설비의 성능기준을 규정함을 목적으로 한다.

제2조(적용범위)

이 기준은 「소방시설 설치 및 관리에 관한 법률 시행령」(이하 "영"이라 한다) 별표 4의 소방시설에 설치해야 하는 비상전원수전설비의 설치 및 관리에 대해 적용한다.

제3조(정의)

이 기준에서 사용하는 용어의 정의는 다음과 같다.
1. "과전류차단기"란 「전기설비기술기준의 판단기준」 제38조와 제39조에 따른 것을 말한다.
2. "방화구획형"이란 수전설비를 다른 부분과 건축법상 방화구획을 하여 화재 시 이를 보호하도록 조치하는 방식을 말한다.
3. "변전설비"란 전력용변압기 및 그 부속장치를 말한다.
4. "배전반"이란 전력생산시설 등으로부터 직접 전력을 공급받아 분전반에 전력을 공급해주는 것으로서 다음 각 목의 배전반을 말한다.
    가. "공용배전반"이란 소방회로 및 일반회로 겸용의 것으로서 개폐기, 과전류차단기, 계기와 그 밖의 배선용기기 및 배선을 금속제 외함에 수납한 것을 말한다.
    나. "전용배전반"이란 소방회로 전용의 것으로서 개폐기, 과전류차단기, 계기와 그 밖의 배선용기기 및 배선을 금속제 외함에 수납한 것을 말한다.
5. "분전반"이란 배전반으로부터 전력을 공급받아 부하에 전력을 공급해주는 것으로서 다음 각 목의 분전반을 말한다.
    가. "공용분전반"이란 소방회로 및 일반회로 겸용의 것으로서 분기개폐기, 분기과전류차단기와 그 밖의 배선용기기 및 배선을 금속제 외함에 수납한 것을 말한다.
    나. "전용분전반"이란 소방회로 전용의 것으로서 분기 개폐기, 분기과전류차단기와 그 밖의 배선용기기 및 배선을 금속제 외함에 수납한 것을 말한다.
6. "비상전원수전설비"란 화재 시 상용전원이 공급되는 시점까지만 비상전원으로 적용이 가능한 설비로서 상용전원의 안전성과 내화성능을 향상시킨 설비를 말한다.
7. "소방회로"란 소방부하에 전원을 공급하는 전기회로를 말한다.
8. "수전설비"란 전력수급용 계기용변성기·주차단장치 및 그 부속기기를 말한다.

9. "옥외개방형"이란 건물의 옥외 또는 건물의 옥상에 울타리를 설치하고 그 내부에 수전설비를 설치하는 방식을 말한다.
10. "인입개폐기"란 「전기설비기술기준의 판단기준」 제169조에 따른 것을 말한다.
11. "인입구배선"이란 인입선의 연결점으로부터 특정소방대상물 내에 시설하는 인입개폐기에 이르는 배선을 말한다.
12. "인입선"이란 「전기설비기술기준」 제3조제1항 제9호에 따른 것을 말한다.
13. "일반회로"란 소방회로 이외의 전기회로를 말한다.
14. "전기사업자"란 「전기사업법」 제2조제2호에 따른 자를 말한다.
15. "큐비클형"이란 수전설비를 큐비클 내에 수납하여 설치하는 방식으로서 다음 각 목의 형식을 말한다.
    가. "공용큐비클식"이란 소방회로 및 일반회로 겸용의 것으로서 수전설비, 변전설비와 그 밖의 기기 및 배선을 금속제 외함에 수납한 것을 말한다.
    나. "전용큐비클식"이란 소방회로용의 것으로 수전설비, 변전설비와 그 밖의 기기 및 배선을 금속제 외함에 수납한 것을 말한다.

제4조(인입선 및 인입구 배선의 시설)

① 인입선은 특정소방대상물에 화재가 발생할 경우에도 화재로 인한 손상을 받지 않도록 설치해야 한다.
② 인입구 배선은 내화배선으로 해야 한다.

제5조(특별고압 또는 고압으로 수전하는 경우)

① 일반전기사업자로부터 특별고압 또는 고압으로 수전하는 비상전원 수전설비는 방화구획형, 옥외개방형 또는 큐비클(Cubicle)형으로서 다음 각 호에 적합하게 설치해야 한다.
  1. 전용의 방화구획 내에 설치할 것
  2. 소방회로배선은 일반회로배선과 불연성의 격벽으로 구획할 것
  3. 일반회로에서 과부하, 지락사고 또는 단락사고가 발생한 경우에도 이에 영향을 받지 아니하고 계속하여 소방회로에 전원을 공급시켜 줄 수 있어야 할 것
  4. 소방회로용 개폐기 및 과전류차단기에는 "소방시설용"이라 표시할 것
  5. 전기회로는 별표 1 같이 결선할 것
② 옥외개방형은 옥외개방형이 설치된 건축물 또는 인접 건축물에 화재가 발생한 경우에도 화재로 인한 손상을 받지 않도록 설치해야 한다.
③ 큐비클형은 다음 각 호에 적합하게 설치해야 한다.
  1. 전용큐비클 또는 공용큐비클식으로 설치할 것
  2. 외함은 두께 2.3밀리미터 이상의 강판과 이와 동등 이상의 강도와 내화성능이 있는 것으로 제작해야 하며, 개구부(제3호에 게기하는 것은 제외한다)에는 「건축법 시행령」 제64조에 따른 방화문으로서 60분+ 방화문, 60분 방화문 또는 30분 방화문으로 설치할 것
  3. 다음 각 목(옥외에 설치하는 것에 있어서는 가목부터 다목까지)에 해당하는 것은 외함에 노출하여 설치할 수 있다.
     가. 표시등(불연성 또는 난연성재료로 덮개를 설치한 것에 한한다)

나. 전선의 인입구 및 인출구

다. 환기장치

라. 전압계(퓨즈 등으로 보호한 것에 한한다)

마. 전류계(변류기의 2차 측에 접속된 것에 한한다)

바. 계기용 전환스위치(불연성 또는 난연성재료로 제작된 것에 한한다)

4. 외함은 건축물의 바닥 등에 견고하게 고정할 것
5. 외함에 수납하는 수전설비, 변전설비 그 밖의 기기 및 배선은 다음 각 목에 적합하게 설치할 것

    가. 외함 또는 프레임(Frame) 등에 견고하게 고정할 것

    나. 외함의 바닥에서 10센티미터(시험단자, 단자대 등의 충전부는 15센티미터) 이상의 높이에 설치할 것

6. 전선 인입구 및 인출구에는 금속관 또는 금속제 가요전선관을 쉽게 접속할 수 있도록 할 것
7. 환기장치는 다음 각 목에 적합하게 설치할 것

    가. 내부의 온도가 상승하지 않도록 환기장치를 할 것

    나. 자연환기구의 개구부 면적의 합계는 외함의 한 면에 대하여 해당 면적의 3분의 1 이하로 할 것. 이 경우 하나의 통기구의 크기는 직경 10밀리미터 이상의 둥근 막대가 들어가서는 아니 된다.

    다. 자연환기구에 따라 충분히 환기할 수 없는 경우에는 환기설비를 설치할 것

    라. 환기구에는 금속망, 방화댐퍼 등으로 방화조치를 하고, 옥외에 설치하는 것은 빗물 등이 들어가지 않도록 할 것

8. 공용큐비클식의 소방회로와 일반회로에 사용되는 배선 및 배선용기기는 불연재료로 구획할 것
9. 그 밖의 큐비클형의 설치에 관하여는 제1항 제2호부터 제5호까지의 규정 및 한국산업표준에 적합할 것

제6조(저압으로 수전하는 경우)

전기사업자로부터 저압으로 수전하는 비상전원수전설비는 전용배전반(1·2종)·전용분전반(1·2종) 또는 공용분전반(1·2종)으로 해야 한다.

① 제1종 배전반 및 제1종 분전반은 다음 각 호에 적합하게 설치하여야 한다.

1. 외함은 두께 1.6밀리미터(전면판 및 문은 2.3밀리미터) 이상의 강판과 이와 동등 이상의 강도와 내화성능이 있는 것으로 제작할 것
2. 외함의 내부는 외부의 열에 의해 영향을 받지 않도록 내열성 및 단열성이 있는 재료를 사용하여 단열할 것. 이 경우 단열부분은 열 또는 진동에 따라 쉽게 변형되지 않아야 한다.
3. 다음 각 목에 해당하는 것은 외함에 노출하여 설치할 수 있다.

    가. 표시등(불연성 또는 난연성재료로 덮개를 설치한 것에 한한다)

    나. 전선의 인입구 및 입출구

4. 외함은 금속관 또는 금속제 가요전선관을 쉽게 접속할 수 있도록 하고, 당해 접속부분에는 단열조치를 할 것

5. 공용배전판 및 공용분전판의 경우 소방회로와 일반회로에 사용하는 배선 및 배선용 기기는 불연재료로 구획되어야 할 것

② 제2종 배전반 및 제2종 분전반은 다음 각 호에 적합하게 설치해야 한다.
1. 외함은 두께 1밀리미터(함 전면의 면적이 1,000제곱센티미터를 초과하고 2,000제곱센티미터 이하인 경우에는 1.2밀리미터, 2,000제곱센티미터를 초과하는 경우에는 1.6밀리미터) 이상의 강판과 이와 동등 이상의 강도와 내화성능이 있는 것으로 제작할 것
2. 제1항 제3호 각목에 정한 것과 섭씨 120도의 온도를 가했을 때 이상이 없는 전압계 및 전류계는 외함에 노출하여 설치할 것
3. 단열을 위해 배선용 불연전용실내에 설치할 것
4. 그 밖의 제2종 배전반 및 제2종 분전반의 설치에 관하여는 제1항 제4호 및 제5호의 규정에 적합할 것

③ 그 밖의 배전반 및 분전반의 설치에 관하여는 다음 각 호에 적합해야 한다.
1. 일반회로에서 과부하ㆍ지락사고 또는 단락사고가 발생한 경우에도 이에 영향을 받지 아니하고 계속하여 소방회로에 전원을 공급시켜 줄 수 있어야 할 것
2. 소방회로용 개폐기 및 과전류차단기에는 "소방시설용"이라는 표시를 할 것
3. 전기회로는 별표 2와 같이 결선할 것

제7조(설치ㆍ유지기준의 특례)

소방본부장 또는 소방서장은 기존건축물이 증축ㆍ개축ㆍ대수선되거나 용도변경되는 경우에 있어서 이 기준이 정하는 기준에 따라 해당 건축물에 설치해야 할 비상전원수전설비의 배관ㆍ배선 등의 공사가 현저하게 곤란하다고 인정되는 경우에는 해당 설비의 기능 및 사용에 지장이 없는 범위 안에서 이 기준의 일부를 적용하지 않을 수 있다.

제8조(재검토기한)

소방청장은 「훈령ㆍ예규 등의 발령 및 관리에 관한 규정」에 따라 이 고시에 대하여 2023년 1월 1일을 기준으로 매 3년이 되는 시점(매 3년째의 12월 31일까지를 말한다)마다 그 타당성을 검토하여 개선 등의 조치를 해야 한다.

제9조(규제의 재검토)

「행정규제기본법」 제8조에 따라 2023년 1월 1일을 기준으로 매 3년이 되는 시점(매 3년째의 12월 31일까지를 말한다)마다 그 타당성을 검토하여 개선 등의 조치를 해야 한다.

부칙〈제2022-63호, 2022. 11. 25.〉

제1조(시행일)

이 고시는 2022년 12월 1일부터 시행한다.

제2조(경과조치)

① 이 고시 시행 전에 건축허가 등의 신청 또는 신고를 하거나 소방시설공사의 착공신고를 한 특정소방대

상물에 대해서는 종전의 「소방시설용 비상전원수전설비의 화재안전기준(NFSC 602)」에 따른다.
② 이 고시 시행 전에 제1항에 따른 신청 또는 신고를 한 경우라도 개정 기준이 종전의 기준에 비해 관계인에게 유리한 경우에는 개정 기준에 따를 수 있다.

제3조(다른 법령과의 관계)
이 고시 시행 당시 다른 법령에서 종전의 화재안전기준을 인용한 경우에 이 고시 가운데 그에 해당하는 규정이 있는 경우에는 종전의 규정에 갈음하여 이 고시의 해당 규정을 인용한 것으로 본다.

별표 / 서식
[별표 1] 고압 또는 특별고압 수전의 경우(제5조제1항제5호 관련)
[별표 2] 저압수전의 경우(제6조제3항제3호 관련)

CHAPTER 18 소방시설용 비상전원수전설비의 화재안전기술기준 (NFTC 602)

[시행 2022. 12. 1.] [소방청공고 제2022-240호, 2022. 12. 1., 제정]

1. 일반사항

1.1 적용범위

1.1.1 이 기준은 「소방시설 설치 및 관리에 관한 법률 시행령」(이하 "영"이라 한다) 별표 4의 소방시설에 설치해야 하는 비상전원수전설비의 설치 및 관리에 대해 적용한다.

1.2 기준의 효력

1.2.1 이 기준은 「소방시설 설치 및 관리에 관한 법률」(이하 "법"이라 한다) 제2조제1항제6호나목에 따라 소방시설의 비상전원인 비상전원수전설비의 기술기준으로서의 효력을 가진다.

1.2.2 이 기준에 적합한 경우에는 법 제2조제1항제6호나목에 따라 「소방시설용 비상전원수전설비의 화재안전성능기준(NFPC 602)」을 충족하는 것으로 본다.

1.3 기준의 시행

1.3.1 이 기준은 2022년 12월 1일부터 시행한다.

1.4 기준의 특례

1.4.1 소방본부장 또는 소방서장은 기존건축물이 증축·개축·대수선되거나 용도변경되는 경우에 있어서 이 기준이 정하는 기준에 따라 해당 건축물에 설치해야 할 비상전원수전설비의 배관·배선 등의 공사가 현저하게 곤란하다고 인정되는 경우에는 해당 설비의 기능 및 사용에 지장이 없는 범위 안에서 이 기준의 일부를 적용하지 않을 수 있다.

1.5 경과조치

1.5.1 이 기준 시행 전에 건축허가 등의 신청 또는 신고를 하거나 소방시설공사의 착공신고를 한 특정소방대상물에 대해서는 종전의 「소방시설용 비상전원수전설비의 화재안전기준(NFSC 602)」에 따른다.

1.5.2 이 기준 시행 전에 1.5.1에 따른 신청 또는 신고를 한 경우라도 제정 기준이 종전의 기준에 비하여 관계인에게 유리한 경우에는 제정 기준에 따를 수 있다.

1.6 다른 법령과의 관계

1.6.1 이 기준 시행 당시 다른 법령 또는 행정규칙 등에서 종전의 화재안전기준을 인용한 경우에 이 기준 가운데 그에 해당하는 규정이 있는 경우에는 종전의 규정에 갈음하여 이 기준의 해당 규정을 인용한 것으로 본다.

1.7 용어의 정의

1.7.1 이 기준에서 사용하는 용어의 정의는 다음과 같다.

1.7.1.1 "과전류차단기"란 「전기설비기술기준의 판단기준」 제38조와 제39조에 따른 것을 말한다.

1.7.1.2 "방화구획형"이란 수전설비를 다른 부분과 건축법상 방화구획을 하여 화재 시 이를 보호하도록 조치하는 방식을 말한다.

1.7.1.3 "변전설비"란 전력용변압기 및 그 부속장치를 말한다.

1.7.1.4 "배전반"이란 전력생산시설 등으로부터 직접 전력을 공급받아 분전반에 전력을 공급해주는 것으로서 다음의 배전반을 말한다.

   (1) "공용배전반"이란 소방회로 및 일반회로 겸용의 것으로서 개폐기, 과전류차단기, 계기와 그 밖의 배선용기기 및 배선을 금속제 외함에 수납한 것을 말한다.

   (2) "전용배전반"이란 소방회로 전용의 것으로서 개폐기, 과전류차단기, 계기와 그 밖의 배선용기기 및 배선을 금속제 외함에 수납한 것을 말한다.

1.7.1.5 "분전반"이란 배전반으로부터 전력을 공급받아 부하에 전력을 공급해주는 것으로서 다음의 배전반을 말한다.

   (1) "공용분전반"이란 소방회로 및 일반회로 겸용의 것으로서 분기개폐기, 분기과전류차단기와 그 밖의 배선용기기 및 배선을 금속제 외함에 수납한 것을 말한다.

   (2) "전용분전반"이란 소방회로 전용의 것으로서 분기개폐기, 분기과전류차단기와 그 밖의 배선용기기 및 배선을 금속제 외함에 수납한 것을 말한다.

1.7.1.6 "비상전원수전설비"란 화재 시 상용전원이 공급되는 시점까지만 비상전원으로 적용이 가능한 설비로서 상용전원의 안전성과 내화성능을 향상시킨 설비를 말한다.

1.7.1.7 "소방회로"란 소방부하에 전원을 공급하는 전기회로를 말한다.

1.7.1.8 "수전설비"란 전력수급용 계기용변성기·주차단장치 및 그 부속기기를 말한다.

1.7.1.9 "옥외개방형"이란 건물의 옥외 또는 건물의 옥상에 울타리를 설치하고 그 내부에 수전설비를 설치하는 방식을 말한다.

1.7.1.10 "인입개폐기"란 「전기설비기술기준의 판단기준」 제169조에 따른 것을 말한다.

1.7.1.11 "인입구배선"이란 인입선의 연결점으로부터 특정소방대상물 내에 시설하는 인입개폐기에 이르는 배선을 말한다.

1.7.1.12 "인입선"이란 「전기설비기술기준」 제3조제1항제9호에 따른 것을 말한다.

1.7.1.13 "일반회로"란 소방회로 이외의 전기회로를 말한다.

1.7.1.14 "전기사업자"란 「전기사업법」 제2조제2호에 따른 자를 말한다.

1.7.1.15 "큐비클형"이란 수전설비를 큐비클 내에 수납하여 설치하는 방식으로서 다음의 형식을 말한다.

   (1) "공용큐비클식"이란 소방회로 및 일반회로 겸용의 것으로서 수전설비, 변전설비와 그 밖의 기기 및 배선을 금속제 외함에 수납한 것을 말한다.

   (2) "전용큐비클식"이란 소방회로용의 것으로 수전설비, 변전설비와 그 밖의 기기 및 배선을 금속제 외함에 수납한 것을 말한다.

2. 기술기준

2.1 인입선 및 인입구 배선의 시설

2.1.1 인입선은 특정소방대상물에 화재가 발생할 경우에도 화재로 인한 손상을 받지 않도록 설치해야 한다.

2.1.2 인입구 배선은 「옥내소화전설비의 화재안전기술기준(NFTC 102)」 2.7.2의 표 2.7.2(1)에 따른 내화배선으로 해야 한다.

2.2 특별고압 또는 고압으로 수전하는 경우

2.2.1 일반전기사업자로부터 특별고압 또는 고압으로 수전하는 비상전원 수전설비는 방화구획형, 옥외개방형 또는 큐비클(Cubicle)형으로서 다음의 기준에 적합하게 설치해야 한다.

2.2.1.1 전용의 방화구획 내에 설치할 것

2.2.1.2 소방회로배선은 일반회로배선과 불연성의 격벽으로 구획할 것. 다만, 소방회로배선과 일반회로배선을 15cm 이상 떨어져 설치한 경우는 그렇지 않다.

2.2.1.3 일반회로에서 과부하, 지락사고 또는 단락사고가 발생한 경우에도 이에 영향을 받지 아니하고 계속하여 소방회로에 전원을 공급시켜 줄 수 있어야 할 것

2.2.1.4 소방회로용 개폐기 및 과전류차단기에는 "소방시설용"이라 표시할 것

2.2.1.5 전기회로는 그림 2.2.1.5와 같이 결선할 것

1. 전용의 전력용변압기에서 소방부하에 전원을 공급하는 경우 가. 일반회로의 과부하 또는 단락사고 시에 CB_{10} (또는 PF_{10})이 CB_{12}(또는 PF_{12}) 및 CB_{22}(또는 F_{22})보다 먼저 차단되어서는 안 된다. 나. CB_{11}(또는 PF_{11})은 CB_{12}(또는 PF_{12})와 동등 이상의 차단용량일 것	2. 공용의 전력용변압기에서 소방부하에 전원을 공급하는 경우 가. 일반회로의 과부하 또는 단락사고 시에 CB_{10} (또는 PF_{10})이 CB_{22}(또는 F_{22}) 및 CB(또는 F)보다 먼저 차단되어서는 안 된다. 나. CB_{21}(또는 F_{21})은 CB_{22}(또는 F_{22})와 동등 이상의 차단용량일 것

약호	명칭	약호	명칭
CB	전력차단기	CB	전력차단기
PF	전력퓨즈(고압 또는 특별고압용)	PF	전력퓨즈(고압 또는 특별고압용)
F	퓨즈(저압용)	F	퓨즈(저압용)
Tr	전력용변압기	Tr	전력용변압기

그림 2.2.1.5. 고압 또는 특별고압 수전의 전기회로

2.2.2 옥외개방형은 다음의 기준에 적합하게 설치해야 한다.
2.2.2.1 건축물의 옥상에 설치하는 경우에는 그 건축물에 화재가 발생할 경우에도 화재로 인한 손상을 받지 않도록 할 것
2.2.2.2 공지에 설치하는 경우에는 인접 건축물에 화재가 발생한 경우에도 화재로 인한 손상을 받지 않도록 할 것
2.2.2.3 그 밖의 옥외개방형의 설치에 관하여는 2.2.1.2부터 2.2.1.5까지의 규정에 적합하게 설치할 것
2.2.3 큐비클형은 다음의 기준에 적합하게 설치해야 한다.
2.2.3.1 전용큐비클 또는 공용큐비클식으로 설치할 것
2.2.3.2 외함은 두께 2.3mm 이상의 강판과 이와 동등 이상의 강도와 내화성능이 있는 것으로 제작해야 하며, 개구부(2.2.3.3의 각 기준에 해당하는 것은 제외한다)에는 「건축법 시행령」 제64조에 따른 방화문으로서 60분+ 방화문, 60분 방화문 또는 30분 방화문으로 설치할 것
2.2.3.3 다음의 기준[옥외에 설치하는 것에 있어서는 (1)부터 (3)까지]에 해당하는 것은 외함에 노출하여 설치할 수 있다.
 (1) 표시등(불연성 또는 난연성재료로 덮개를 설치한 것에 한한다)
 (2) 전선의 인입구 및 인출구
 (3) 환기장치
 (4) 전압계(퓨즈 등으로 보호한 것에 한한다)
 (5) 전류계(변류기의 2차 측에 접속된 것에 한한다)
 (6) 계기용 전환스위치(불연성 또는 난연성재료로 제작된 것에 한한다)
2.2.3.4 외함은 건축물의 바닥 등에 견고하게 고정할 것
2.2.3.5 외함에 수납하는 수전설비, 변전설비와 그 밖의 기기 및 배선은 다음의 기준에 적합하게 설치할 것
2.2.3.5.1 외함 또는 프레임(Frame) 등에 견고하게 고정할 것
2.2.3.5.2 외함의 바닥에서 10cm(시험단자, 단자대 등의 충전부는 15cm) 이상의 높이에 설치할 것
2.2.3.6 전선 인입구 및 인출구에는 금속관 또는 금속제 가요전선관을 쉽게 접속할 수 있도록 할 것
2.2.3.7 환기장치는 다음의 기준에 적합하게 설치할 것
2.2.3.7.1 내부의 온도가 상승하지 않도록 환기장치를 할 것
2.2.3.7.2 자연환기구의 개부구 면적의 합계는 외함의 한 면에 대하여 해당 면적의 3분의 1 이하로 할 것. 이 경우 하나의 통기구의 크기는 직경 10mm 이상의 둥근 막대가 들어가서는 안 된다.
2.2.3.7.3 자연환기구에 따라 충분히 환기할 수 없는 경우에는 환기설비를 설치할 것
2.2.3.7.4 환기구에는 금속망, 방화댐퍼 등으로 방화조치를 하고, 옥외에 설치하는 것은 빗물 등이 들어가지 않도록 할 것
2.2.3.8 공용큐비클식의 소방회로와 일반회로에 사용되는 배선 및 배선용기기는 불연재료로 구획할 것
2.2.3.9 그 밖의 큐비클형의 설치에 관하여는 2.2.1.2부터 2.2.1.5까지의 규정 및 한국산업표준에 적합할 것

2.3 저압으로 수전하는 경우

2.3.1 전기사업자로부터 저압으로 수전하는 비상전원수전설비는 전용배전반(1·2종)·전용분전반(1·2종) 또는 공용분전반(1·2종)으로 해야 한다.

2.3.1.1 제1종 배전반 및 제1종 분전반은 다음의 기준에 적합하게 설치해야 한다.

2.3.1.1.1 외함은 두께 1.6mm(전면판 및 문은 2.3mm) 이상의 강판과 이와 동등 이상의 강도와 내화성능이 있는 것으로 제작할 것

2.3.1.1.2 외함의 내부는 외부의 열에 의해 영향을 받지 않도록 내열성 및 단열성이 있는 재료를 사용하여 단열할 것. 이 경우 단열부분은 열 또는 진동에 따라 쉽게 변형되지 않아야 한다.

2.3.1.1.3 다음의 기준에 해당하는 것은 외함에 노출하여 설치할 수 있다.
    (1) 표시등(불연성 또는 난연성재료로 덮개를 설치한 것에 한한다)
    (2) 전선의 인입구 및 입출구

2.3.1.1.4 외함은 금속관 또는 금속제 가요전선관을 쉽게 접속할 수 있도록 하고, 당해 접속부분에는 단열조치를 할 것

2.3.1.1.5 공용배전반 및 공용분전반의 경우 소방회로와 일반회로에 사용하는 배선 및 배선용 기기는 불연재료로 구획되어야 할 것

2.3.1.2 제2종 배전반 및 제2종 분전반은 다음의 기준에 적합하게 설치해야 한다.

2.3.1.2.1 외함은 두께 1mm(함 전면의 면적이 1,000cm^{2}를 초과하고 2,000cm^2 이하인 경우에는 1.2mm, 2,000cm^{2}를 초과하는 경우에는 1.6mm) 이상의 강판과 이와 동등 이상의 강도와 내화성능이 있는 것으로 제작할 것

2.3.1.2.2 2.3.1.1.3(1) 및 (2)에서 정한 것과 120℃의 온도를 가했을 때 이상이 없는 전압계 및 전류계는 외함에 노출하여 설치할 것

2.3.1.2.3 단열을 위해 배선용 불연전용실 내에 설치할 것

2.3.1.2.4 그 밖의 제2종 배전반 및 제2종 분전반의 설치에 관하여는 2.3.1.1.4 및 2.3.1.1.5의 규정에 적합할 것

2.3.1.3 그 밖의 배전반 및 분전반의 설치에 관하여는 다음의 기준에 적합해야 한다.

2.3.1.3.1 일반회로에서 과부하·지락사고 또는 단락사고가 발생한 경우에도 이에 영향을 받지 아니하고 계속하여 소방회로에 전원을 공급시켜 줄 수 있어야 할 것

2.3.1.3.2 소방회로용 개폐기 및 과전류차단기에는 "소방시설용"이라는 표시를 할 것

2.3.1.3.3 전기회로는 그림 2.3.1.3.3과 같이 결선할 것

그림 2.3.1.3.3 저압수전의 전기회로

CHAPTER 19 소화기구 및 자동소화장치의 화재안전성능기준 (NFPC 101)

[시행 2022. 12. 1.] [소방청고시 제2022-31호, 2022. 11. 25., 전부개정]

제1조(목적)
이 기준은 「소방시설 설치 및 관리에 관한 법률」(이하 "법"이라 한다) 제2조제1항제6호가목에 따라 소방청장에게 위임한 사항 중 소화설비인 소화기구 및 자동소화장치의 성능기준을 규정함을 목적으로 한다.

제2조(적용범위)
이 기준은 「소방시설 설치 및 관리에 관한 법률 시행령」(이하 "영"이라 한다) 별표 4 제1호가목 및 나목에 따른 소화기구 및 자동소화장치의 설치 및 관리에 대해 적용한다.

제3조(정의)
이 기준에서 사용하는 용어의 정의는 다음과 같다.
1. "소화약제"란 소화기구 및 자동소화장치에 사용되는 소화성능이 있는 고체·액체 및 기체의 물질을 말한다.
2. "소화기"란 소화약제를 압력에 따라 방사하는 기구로서 사람이 수동으로 조작하여 소화하는 다음 각 목의 것을 말한다.
   가. "소형소화기"란 능력단위가 1단위 이상이고 대형소화기의 능력단위 미만인 소화기를 말한다.
   나. "대형소화기"란 화재 시 사람이 운반할 수 있도록 운반대와 바퀴가 설치되어 있고 능력단위가 A급 10단위 이상, B급 20단위 이상인 소화기를 말한다.
3. "자동확산소화기"란 화재를 감지하여 자동으로 소화약제를 방출 확산시켜 국소적으로 소화하는 소화기를 말한다.
4. "자동소화장치"란 소화약제를 자동으로 방사하는 고정된 소화장치로서 법 제37조 또는 제40조에 따라 형식승인이나 성능인증을 받은 유효설치 범위(설계방호체적, 최대설치높이, 방호면적 등을 말한다) 이내에 설치하여 소화하는 다음 각 목의 것을 말한다.
   가. "주거용 주방자동소화장치"란 주거용 주방에 설치된 열발생 조리기구의 사용으로 인한 화재 발생 시 열원(전기 또는 가스)을 자동으로 차단하며 소화약제를 방출하는 소화장치를 말한다.
   나. "상업용 주방자동소화장치"란 상업용 주방에 설치된 열발생 조리기구의 사용으로 인한 화재 발생 시 열원(전기 또는 가스)을 자동으로 차단하며 소화약제를 방출하는 소화장치를 말한다.
   다. "캐비닛형 자동소화장치"란 열, 연기 또는 불꽃 등을 감지하여 소화약제를 방사하여 소화하는 캐비닛형태의 소화장치를 말한다.
   라. "가스자동소화장치"란 열, 연기 또는 불꽃 등을 감지하여 가스계 소화약제를 방사하여 소화하는 소화장치를 말한다.

마. "분말자동소화장치"란 열, 연기 또는 불꽃 등을 감지하여 분말의 소화약제를 방사하여 소화하는 소화장치를 말한다.

바. "고체에어로졸자동소화장치"란 열, 연기 또는 불꽃 등을 감지하여 에어로졸의 소화약제를 방사하여 소화하는 소화장치를 말한다.

5. "거실"이란 거주·집무·작업·집회·오락 그 밖에 이와 유사한 목적을 위하여 사용하는 방을 말한다.
6. "능력단위"란 소화기 및 소화약제에 따른 간이소화용구에 있어서는 법 제37조제1항에 따라 형식승인된 수치를 말하며, 소화약제 외의 것을 이용한 간이소화용구에 있어서는 다음 표에 따른 수치를 말한다.

간이소화용구		능력단위
1. 마른모래	삽을 상비한 50L 이상의 것 1포	0.5 단위
2. 팽창질석 또는 팽창진주암	삽을 상비한 80L 이상의 것 1포	

제4조(설치기준)

① 소화기구는 다음 각 호의 기준에 따라 설치하여야 한다.
  1. 특정소방대상물의 설치장소에 따라 화재 종류별 적응성 있는 소화약제의 것으로 할 것
  2. 특정소방대상물별 소화기구의 능력단위는 다음 각 목에 따른 바닥면적마다 1단위 이상으로 한다.
    가. 위락시설 : 30제곱미터
    나. 문화 및 집회시설(전시장 및 동·식물원은 제외한다)·의료시설·장례시설 중 장례식장 및 문화재 : 50제곱미터
    다. 공동주택·근린생활시설·문화 및 집회시설 중 전시장·판매시설·운수시설·노유자시설·업무시설·숙박시설·공장·창고시설·항공기 및 자동차 관련 시설·방송통신시설 및 관광휴게시설 : 100제곱미터
    라. 가목 내지 다목에 해당하지 않는 것 : 200제곱미터
  3. 제2호에 따른 능력단위 외에 부속용도별로 사용되는 부분에 대하여는 소화기구 및 자동소화장치를 추가하여 설치할 것
  4. 소화기는 다음 각 목의 기준에 따라 설치할 것
    가. 특정소방대상물의 각 층마다 설치하되, 각 층이 둘 이상의 거실로 구획된 경우에는 각 층마다 설치하는 것 외에 바닥면적이 33제곱미터 이상으로 구획된 각 거실에도 배치할 것
    나. 특정소방대상물의 각 부분으로부터 1개의 소화기까지의 보행거리가 소형소화기의 경우에는 20미터 이내, 대형소화기의 경우에는 30미터 이내가 되도록 배치할 것
  5. 능력단위가 2단위 이상이 되도록 소화기를 설치해야 할 특정소방대상물 또는 그 부분에 있어서는 간이소화용구의 능력단위가 전체 능력단위의 2분의 1을 초과하지 않게 할 것
  6. 소화기구(자동확산소화기를 제외한다)는 거주자 등이 손쉽게 사용할 수 있는 장소에 바닥으로부터 높이 1.5미터 이하의 곳에 비치하고, 소화기구의 종류를 표시한 표지를 보기 쉬운 곳에 부착할 것. 다만, 소화기 및 투척용소화용구의 표지는 「축광표지의 성능인증 및 제품검사의 기술기준」에 적합한 축광식표지로 설치하고, 주차장의 경우 표지를 바닥으로부터 1.5미터 이상의 높이에 설치할 것

7. 자동확산소화기는 다음 각 목의 기준에 따라 설치할 것
   가. 방호대상물에 소화약제가 유효하게 방사될 수 있도록 설치할 것
   나. 작동에 지장이 없도록 견고하게 고정할 것

② 자동소화장치는 다음 각 호의 기준에 따라 설치해야 한다.
   1. 주거용 주방자동소화장치는 다음 각 목의 기준에 따라 설치할 것
      가. 소화약제 방출구는 환기구의 청소부분과 분리되어 있어야 하며, 형식승인받은 유효설치 높이 및 방호면적에 따라 설치할 것
      나. 감지부는 형식승인받은 유효한 높이 및 위치에 설치할 것
      다. 차단장치(전기 또는 가스)는 상시 확인 및 점검이 가능하도록 설치할 것
      라. 가스용 주방자동소화장치를 사용하는 경우 탐지부는 수신부와 분리하여 설치하되, 공기와 비교한 가연성가스의 무거운 정도를 고려하여 적합한 위치에 설치할 것
      마. 수신부는 주위의 열기류 또는 습기 등과 주위온도에 영향을 받지 않고 사용자가 상시 볼 수 있는 장소에 설치할 것
   2. 상업용 주방자동소화장치는 다음 각 목의 기준에 따라 설치할 것
      가. 소화장치는 조리기구의 종류별로 성능인증 받은 설계 매뉴얼에 적합하게 설치할 것
      나. 감지부는 성능인증받는 유효높이 및 위치에 설치할 것
      다. 차단장치(전기 또는 가스)는 상시 확인 및 점검이 가능하도록 설치할 것
      라. 후드에 설치되는 분사헤드는 후드의 가장 긴 변의 길이까지 방출될 수 있도록 소화약제의 방출 방향 및 거리를 고려하여 설치할 것
      마. 덕트에 방출되는 분사헤드는 성능인증받는 길이 이내로 설치할 것
   3. 캐비닛형자동소화장치는 다음 각 목의 기준에 따라 설치할 것
      가. 분사헤드(방출구)의 설치 높이는 방호구역의 바닥으로부터 형식승인을 받은 범위 내에서 유효하게 소화약제를 방출시킬 수 있는 높이에 설치할 것
      나. 화재감지기는 방호구역 내의 천장 또는 옥내에 면하는 부분에 설치하되 「자동화재탐지설비 및 시각경보장치의 화재안전성능기준(NFPC 203)」 제7조에 적합하도록 설치할 것
      다. 방호구역 내의 화재감지기의 감지에 따라 작동되도록 할 것
      라. 화재감지기의 회로는 교차회로방식으로 설치할 것
      마. 개구부 및 통기구(환기장치를 포함한다. 이하 같다)를 설치한 것에 있어서는 소화약제가 방출되기 전에 해당 개구부 및 통기구를 자동으로 폐쇄할 수 있도록 할 것
      바. 작동에 지장이 없도록 견고하게 고정할 것
      사. 구획된 장소의 방호체적 이상을 방호할 수 있는 소화성능이 있을 것
   4. 가스, 분말, 고체에어로졸 자동소화장치는 다음 각 목의 기준에 따라 설치할 것
      가. 소화약제 방출구는 형식승인받은 유효설치범위 내에 설치할 것
      나. 자동소화장치는 방호구역 내에 형식승인된 1개의 제품을 설치할 것. 이 경우 연동방식으로서 하나의 형식으로 형식승인을 받은 경우에는 1개의 제품으로 본다.
      다. 감지부는 형식승인된 유효설치범위 내에 설치해야 하며 설치장소의 평상시 최고주위온도에

따라 적합한 표시온도의 것으로 설치할 것
라. 다목에도 불구하고 화재감지기를 감지부로 사용하는 경우에는 제3호 나목부터 라목까지의 설치방법에 따를 것
③ 이산화탄소 또는 할로겐화합물을 방출하는 소화기구(자동확산소화기를 제외한다)는 지하층이나 무창층 또는 밀폐된 거실로서 그 바닥면적이 20제곱미터 미만의 장소에는 설치할 수 없다. 다만, 배기를 위한 유효한 개구부가 있는 장소인 경우에는 그렇지 않다.

제5조(소화기의 감소)

① 소형소화기를 설치해야 할 특정소방대상물 또는 그 부분에 옥내소화전설비·스프링클러설비·물분무등소화설비·옥외소화전설비 또는 대형소화기를 설치한 경우에는 해당 설비의 유효범위의 부분에 대하여는 제4조제1항제2호 및 제3호에 따른 소형소화기의 일부를 감소할 수 있다.
② 대형소화기를 설치해야 할 특정소방대상물 또는 그 부분에 옥내소화전설비·스프링클러설비·물분무등소화설비 또는 옥외소화전설비를 설치한 경우에는 해당 설비의 유효범위 안의 부분에 대하여는 대형소화기를 설치하지 않을 수 있다.

제6조(설치·유지기준의 특례)

소방본부장 또는 소방서장은 특정소방대상물의 위치·구조·설비의 상황에 따라 유사한 소방시설로도 이 기준에 따라 해당 특정소방대상물에 설치해야 할 소화기구의 기능을 수행할 수 있다고 인정되는 경우에는 그 효력 범위 안에서 그 유사한 소방시설을 이 기준에 따른 소방시설로 보고 이 기준의 일부를 적용하지 않을 수 있다.

제7조(재검토 기한)

소방청장은 「훈령·예규 등의 발령 및 관리에 관한 규정」에 따라 이 고시에 대하여 2023년 1월 1일을 기준으로 매 3년이 되는 시점(매 3년째의 12월 31일까지를 말한다)마다 그 타당성을 검토하여 개선 등의 조치를 해야 한다.

부칙 〈제2022-31호, 2022. 11. 25.〉

제1조(시행일)

이 고시는 2022년 12월 1일부터 시행한다.

제2조(경과조치)

① 이 고시 시행 전에 건축허가 등의 신청 또는 신고를 하거나 소방시설공사의 착공신고를 한 특정소방대상물에 대해서는 종전의 「소화기구 및 자동소화장치의 화재안전기준(NFSC 101)」에 따른다.
② 이 고시 시행 전에 제1항에 따른 신청 또는 신고를 한 경우라도 개정 기준이 종전의 기준에 비해 관계인에게 유리한 경우에는 개정 기준에 따를 수 있다.

제3조(다른 법령과의 관계)

이 고시 시행 당시 다른 법령에서 종전의 화재안전기준을 인용한 경우에 이 고시 가운데 그에 해당하는 규정이 있는 경우에는 종전의 규정에 갈음하여 이 고시의 해당 규정을 인용한 것으로 본다.

CHAPTER 19 소화기구 및 자동소화장치의 화재안전기술기준 (NFTC 101)

[시행 2024. 7. 25.] [국립소방연구원공고 제2024-48호, 2024. 7. 25., 일부개정]

1. 일반사항

1.1 적용범위

1.1.1 이 기준은 「소방시설 설치 및 관리에 관한 법률 시행령」(이하 "영"이라 한다) 별표 4 제1호가목 및 나목에 따른 소화기구 및 자동소화장치의 설치 및 관리에 대해 적용한다.

1.2 기준의 효력

1.2.1 이 기준은 「소방시설 설치 및 관리에 관한 법률」(이하 "법"이라 한다) 제2조제1항제6호나목에 따라 소화기구 및 자동소화장치의 기술기준으로서의 효력을 가진다.

1.2.2 이 기준에 적합한 경우에는 법 제2조제1항제6호나목에 따라 「소화기구 및 자동소화장치의 화재안전성능기준(NFPC 101)」을 충족하는 것으로 본다.

1.3 기준의 시행

1.3.1 이 기준은 발령일로부터 시행한다. 다만, 표 2.1.1.3 제7호는 이 공고가 발령된 이후 3개월 경과한 날로부터 시행한다. 〈개정 2023.8.9.〉, 〈개정 2024.1.1.〉, 〈개정 2024.7.25.〉

1.4 기준의 특례

1.4.1 소방본부장 또는 소방서장은 특정소방대상물의 위치ㆍ구조ㆍ설비의 상황에 따라 유사한 소방시설로도 이 기준에 따라 해당 특정소방대상물에 설치해야 할 소화기구의 기능을 수행할 수 있다고 인정되는 경우에는 그 효력 범위 안에서 그 유사한 소방시설을 이 기준에 따른 소방시설로 보고 이 기준의 일부를 적용하지 않을 수 있다.

1.5 경과조치

1.5.1 이 기준 시행 전에 건축허가 등의 신청 또는 신고를 하거나 소방시설공사의 착공신고를 한 특정소방대상물에 대해서는 종전의 기준에 따른다.

1.5.2 이 기준 시행 전에 1.5.1에 따른 신청 또는 신고를 한 경우라도 개정 기준이 종전의 기준에 비하여 관계인에게 유리한 경우에는 개정 기준에 따를 수 있다.

1.6 다른 법령과의 관계

1.6.1 이 기준 시행 당시 다른 법령 또는 행정규칙 등에서 종전의 화재안전기준을 인용한 경우에 이 기준 가운데 그에 해당하는 규정이 있는 경우에는 종전의 규정에 갈음하여 이 기준의 해당 규정을 인용한 것으로 본다.

1.7 용어의 정의

1.7.1 이 기준에서 사용하는 용어의 정의는 다음과 같다.

1.7.1.1 "소화약제"란 소화기구 및 자동소화장치에 사용되는 소화성능이 있는 고체ㆍ액체 및 기체의 물질을 말한다.

1.7.1.2 "소화기"란 소화약제를 압력에 따라 방사하는 기구로서 사람이 수동으로 조작하여 소화하는 다음의 소화기를 말한다.

　(1) "소형소화기"란 능력단위가 1단위 이상이고 대형소화기의 능력단위 미만인 소화기를 말한다.

　(2) "대형소화기"란 화재 시 사람이 운반할 수 있도록 운반대와 바퀴가 설치되어 있고 능력단위가 A급 10단위 이상, B급 20단위 이상인 소화기를 말한다.

1.7.1.3 "자동확산소화기"란 화재를 감지하여 자동으로 소화약제를 방출 확산시켜 국소적으로 소화하는 다음 각 소화기를 말한다. 〈개정 2023.8.9.〉

　(1) "일반화재용자동확산소화기"란 보일러실, 건조실, 세탁소, 대량화기취급소 등에 설치되는 자동확산소화기를 말한다.

　(2) "주방화재용자동확산소화기"란 음식점, 다중이용업소, 호텔, 기숙사, 의료시설, 업무시설, 공장 등의 주방에 설치되는 자동확산소화기를 말한다.

　(3) "전기설비용자동확산소화기"란 변전실, 송전실, 변압기실, 배전반실, 제어반, 분전반등에 설치되는 자동확산소화기를 말한다.

1.7.1.4 "자동소화장치"란 소화약제를 자동으로 방사하는 고정된 소화장치로서 법 제37조 또는 제40조에 따라 형식승인이나 성능인증을 받은 유효설치 범위(설계방호체적, 최대설치높이, 방호면적 등을 말한다) 이내에 설치하여 소화하는 다음 각 소화장치를 말한다.

　(1) "주거용 주방자동소화장치"란 주거용 주방에 설치된 열발생 조리기구의 사용으로 인한 화재 발생 시 열원(전기 또는 가스)을 자동으로 차단하며 소화약제를 방출하는 소화장치를 말한다.

　(2) "상업용 주방자동소화장치"란 상업용 주방에 설치된 열발생 조리기구의 사용으로 인한 화재 발생 시 열원(전기 또는 가스)을 자동으로 차단하며 소화약제를 방출하는 소화장치를 말한다.

　(3) "캐비닛형 자동소화장치"란 열, 연기 또는 불꽃 등을 감지하여 소화약제를 방사하여 소화하는 캐비닛 형태의 소화장치를 말한다.

　(4) "가스자동소화장치"란 열, 연기 또는 불꽃 등을 감지하여 가스계 소화약제를 방사하여 소화하는 소화장치를 말한다.

　(5) "분말자동소화장치"란 열, 연기 또는 불꽃 등을 감지하여 분말의 소화약제를 방사하여 소화하는 소화장치를 말한다.

　(6) "고체에어로졸자동소화장치"란 열, 연기 또는 불꽃 등을 감지하여 에어로졸의 소화약제를 방사하여 소화하는 소화장치를 말한다.

1.7.1.5 "거실"이란 거주ㆍ집무ㆍ작업ㆍ집회ㆍ오락 그 밖에 이와 유사한 목적을 위하여 사용하는 방을 말한다.

1.7.1.6 "능력단위"란 소화기 및 소화약제에 따른 간이소화용구에 있어서는 법 제37조제1항에 따라 형식승인 된 수치를 말하며, 소화약제 외의 것을 이용한 간이소화용구에 있어서는 표 1.7.1.6에 따른 수치를 말한다.

표 1.7.1.6 소화약제 외의 것을 이용한 간이소화용구의 능력단위

간이소화용구		능력단위
1. 마른모래	삽을 상비한 50L 이상의 것 1포	0.5 단위
2. 팽창질석 또는 팽창진주암	삽을 상비한 80L 이상의 것 1포	

1.7.1.7 "일반화재(A급 화재)"란 나무, 섬유, 종이, 고무, 플라스틱류와 같은 일반 가연물이 타고 나서 재가 남는 화재를 말한다. 일반화재에 대한 소화기의 적응 화재별 표시는 'A'로 표시한다.

1.7.1.8 "유류화재(B급 화재)"란 인화성 액체, 가연성 액체, 석유 그리스, 타르, 오일, 유성도료, 솔벤트, 래커, 알코올 및 인화성 가스와 같은 유류가 타고 나서 재가 남지 않는 화재를 말한다. 유류화재에 대한 소화기의 적응 화재별 표시는 'B'로 표시한다.

1.7.1.9 "전기화재(C급 화재)"란 전류가 흐르고 있는 전기기기, 배선과 관련된 화재를 말한다. 전기화재에 대한 소화기의 적응 화재별 표시는 'C'로 표시한다.

1.7.1.10 "주방화재(K급 화재)"란 주방에서 동식물유를 취급하는 조리기구에서 일어나는 화재를 말한다. 주방화재에 대한 소화기의 적응 화재별 표시는 'K'로 표시한다.

1.7.1.11 "금속화재(D급화재)란" 마그네슘 합금 등 가연성 금속에서 일어나는 화재를 말한다. 금속화재에 대한 소화기의 적응 화재별 표시는 'D'로 표시한다. 〈신설 2024.7.25.〉

2. 기술기준

2.1 설치기준

2.1.1 소화기구는 다음의 기준에 따라 설치해야 한다.

2.1.1.1 특정소방대상물의 설치장소에 따라 표 2.1.1.1에 적합한 종류의 것으로 할 것

표 2.1.1.1 소화기구의 소화약제별 적응성 〈개정 2024.7.25.〉

소화약제 구분 / 적응대상	가스			분말		액체				기타			
	이산화탄소소화약제	할론소화약제	할로겐화합물 및 불활성기체소화약제	인산염류소화약제	중탄산염류소화약제	산알칼리소화약제	강화액소화약제	포소화약제	물·침윤소화약제	고체에어로졸화합물	마른모래	팽창질석·팽창진주암	그 밖의 것
일반화재(A급 화재)	−	○	○	○	−	○	○	○	○	○	○	○	−
유류화재(B급 화재)	○	○	○	○	○	○	○	○	○	○	○	○	−

전기화재 (C급 화재)	○	○	○	○	○	*	*	*	*	○	–	–	–
주방화재 (K급 화재)	–	–	–	–	*	–	*	*	*	–	–	–	*
금속화재 (D급 화재)	–	–	–	–	*	–	–	–	–	○	○	*

[비고] "*"의 소화약제별 적응성은 「소방시설 설치 및 관리에 관한 법률」 제37조에 의한 형식승인 및 제품검사의 기술기준에 따라 화재 종류별 적응성에 적합한 것으로 인정되는 경우에 한한다.

2.1.1.2 특정소방대상물에 따른 소화기구의 능력단위는 표 2.1.1.2의 기준에 따를 것

표 2.1.1.2 특정소방대상물별 소화기구의 능력단위

특정소방대상물	소화기구의 능력단위
1. 위락시설	해당 용도의 바닥면적 30m²마다 능력단위 1단위 이상
2. 공연장·집회장·관람장·문화재·장례식장 및 의료시설	해당 용도의 바닥면적 50m²마다 능력단위 1단위 이상
3. 근린생활시설·판매시설·운수시설·숙박시설·노유자시설· 전시장·공동주택·업무시설·방송통신시설·공장·창고시설·항공기 및 자동차 관련 시설 및 관광휴게시설	해당 용도의 바닥면적 100m²마다 능력단위 1단위 이상
4. 그 밖의 것	해당 용도의 바닥면적 200m²마다 능력단위 1단위 이상

[비고] 소화기구의 능력단위를 산출함에 있어서 건축물의 주요구조부가 내화구조이고, 벽 및 반자의 실내에 면하는 부분이 불연재료·준불연재료 또는 난연재료로 된 특정소방대상물에 있어서는 위 표의 바닥면적의 2배를 해당 특정소방대상물의 기준면적으로 한다.

2.1.1.3 2.1.1.2에 따른 능력단위 외에 표 2.1.1.3에 따라 부속용도별로 사용되는 부분에 대하여는 소화기구 및 자동소화장치를 추가하여 설치할 것

표 2.1.1.3 부속용도별로 추가해야 할 소화기구 및 자동소화장치
〈개정 2023.8.9.〉, 〈개정 2024.1.1〉, 〈개정 2024.7.25〉

용도별	소화기구의 능력단위
1. 다음 각 목의 시설. 다만, 스프링클러설비·간이스프링클러설비·물분무등소화설비 또는 상업용 주방자동소화장치가 설치된 경우에는 자동확산소화기를 설치하지 않을 수 있다. 가. 보일러실·건조실·세탁소·대량화기취급소 나. 음식점(지하가의 음식점을 포함한다)·다중이용업소·호텔·기숙사·노유자 시설·의료시설·업무시설·공장·장례식장·교육연구시설·교정 및 군사시설의 주방. 다만, 의료시설·업무시설 및 공장의 주방은 공동취사를 위한 것에 한한다. 다. 관리자의 출입이 곤란한 변전실·송전실·변압기실 및 배전반실(불연재료로 된 상자 안에 장치된 것을 제외한다)	1. 해당 용도의 바닥면적 25m²마다 능력단위 1단위 이상의 소화기로 할 것. 이 경우 나목의 주방에 설치하는 소화기 중 1개 이상은 주방화재용 소화기(K급)를 설치해야 한다. 2. 자동확산소화기는 해당 용도의 바닥면적을 기준으로 10m² 이하는 1개, 10m² 초과는 2개 이상을 설치하되, 보일러, 조리기구, 변전설비 등 방호대상에 유효하게 분사될 수 있는 위치에 배치될 수 있는 수량으로 설치할 것

용도별			소화기구의 능력단위
2. 발전실·변전실·송전실·변압기실·배전반실·통신기기실·전산기기실·기타 이와 유사한 시설이 있는 장소. 다만, 제1호다목의 장소를 제외한다.			해당 용도의 바닥면적 50m²마다 적응성이 있는 소화기 1개 이상 또는 유효설치방호체적 이내의 가스·분말·고체에어로졸자동소화장치, 캐비닛형 자동소화장치(다만, 통신기기실·전자기기실을 제외한 장소에 있어서는 교류 600V 또는 직류 750V 이상의 것에 한한다)
3. 「위험물안전관리법 시행령」 별표 1에 따른 지정수량의 1/5 이상 지정수량 미만의 위험물을 저장 또는 취급하는 장소			능력단위 2단위 이상 또는 유효설치방호체적 이내의 가스·분말·고체에어로졸 자동소화장치, 캐비닛형 자동소화장치
4. 「화재의 예방 및 안전관리에 관한 법률 시행령」 별표 2에 따른 특수가연물을 저장 또는 취급하는 장소	「화재의 예방 및 안전관리에 관한 법률 시행령」 별표 2에서 정하는 수량 이상		「화재의 예방 및 안전관리에 관한 법률 시행령」 별표 2에서 정하는 수량의 50배 이상마다 능력단위 1단위 이상
	「화재의 예방 및 안전관리에 관한 법률 시행령」 별표 2에서 정하는 수량의 500배 이상		대형소화기 1개 이상
5. 「고압가스안전관리법」·「액화석유가스의 안전관리 및 사업법」 및 「도시가스사업법」에서 규정하는 가연성가스를 연료로 사용하는 장소	액화석유가스 기타 가연성가스를 연료로 사용하는 연소기기가 있는 장소		각 연소기로부터 보행거리 10m 이내에 능력단위 3단위 이상의 소화기 1개 이상. 다만, 상업용 주방자동소화장치가 설치된 장소는 제외한다.
	액화석유가스 기타 가연성가스를 연료로 사용하기 위하여 저장하는 저장실(저장량 300kg 미만은 제외한다)		능력단위 5단위 이상의 소화기 2개 이상 및 대형소화기 1개 이상
6. 「고압가스 안전관리법」·「액화석유 가스의 안전관리 및 사업법」 또는 「도시가스사업법」에서 규정하는 가연성가스를 제조하거나 연료 외의 용도로 저장·사용하는 장소	저장하고 있는 양 또는 1개월 동안 제조·사용하는 양	200kg 미만	저장하는 장소	능력단위 3단위 이상의 소화기 2개 이상
			제조·사용하는 장소	능력단위 3단위 이상의 소화기 2개 이상
		200kg 이상 300kg 미만	저장하는 장소	능력단위 5단위 이상의 소화기 2개 이상
			제조·사용하는 장소	바닥면적 50m²마다 능력단위 5단위 이상의 소화기 1개 이상
		300kg 이상	저장하는 장소	대형소화기 2개 이상
			제조·사용하는 장소	바닥면적 50m²마다 능력단위 5단위 이상의 소화기 1개 이상
7. 마그네슘 합금 칩을 저장 또는 취급하는 장소			금속화재용 소화기(D급) 1개 이상을 금속재료로부터 보행거리 20m 이내로 설치할 것

[비고] 액화석유가스·기타 가연성가스를 제조하거나 연료 외의 용도로 사용하는 장소에 소화기를 설치하는 때에는 해당 장소 바닥면적 50m² 이하인 경우에도 해당 소화기를 2개 이상 비치해야 한다.

2.1.1.4 소화기는 다음의 기준에 따라 설치할 것
2.1.1.4.1 특정소방대상물의 각 층마다 설치하되, 각층이 2 이상의 거실로 구획된 경우에는 각 층마다 설치하는 것 외에 바닥면적이 33m² 이상으로 구획된 각 거실에도 배치할 것 〈개정 2024.1.1.〉
2.1.1.4.2 특정소방대상물의 각 부분으로부터 1개의 소화기까지의 보행거리가 소형소화기의 경우에는 20m 이내, 대형소화기의 경우에는 30m 이내가 되도록 배치할 것. 다만, 가연성물질이 없는 작업장의 경우에는 작업장의 실정에 맞게 보행거리를 완화하여 배치할 수 있다.
2.1.1.5 능력단위가 2단위 이상이 되도록 소화기를 설치해야 할 특정소방대상물 또는 그 부분에 있어서는 간이소화용구의 능력단위가 전체 능력단위의 2분의 1을 초과하지 않게 할 것. 다만, 노유자시설의 경우에는 그렇지 않다.
2.1.1.6 소화기구(자동확산소화기를 제외한다)는 거주자 등이 손쉽게 사용할 수 있는 장소에 바닥으로부터 높이 1.5m 이하의 곳에 비치하고, 소화기에 있어서는 "소화기", 투척용소화용구에 있어서는 "투척용소화용구", 마른모래에 있어서는 "소화용모래", 팽창질석 및 팽창진주암에 있어서는 "소화질석"이라고 표시한 표지를 보기 쉬운 곳에 부착할 것. 다만, 소화기 및 투척용소화용구의 표지는 「축광표지의 성능인증 및 제품검사의 기술기준」에 적합한 축광식표지로 설치하고, 주차장의 경우 표지를 바닥으로부터 1.5m 이상의 높이에 설치할 것
2.1.1.7 자동확산소화기는 다음의 기준에 따라 설치할 것
2.1.1.7.1 방호대상물에 소화약제가 유효하게 방출될 수 있도록 설치할 것
2.1.1.7.2 작동에 지장이 없도록 견고하게 고정할 것
2.1.2 자동소화장치는 다음의 기준에 따라 설치해야 한다.
2.1.2.1 주거용 주방자동소화장치는 다음의 기준에 따라 설치할 것
2.1.2.1.1 소화약제 방출구는 환기구(주방에서 발생하는 열기류 등을 밖으로 배출하는 장치를 말한다. 이하 같다)의 청소부분과 분리되어 있어야 하며, 형식승인 받은 유효설치 높이 및 방호면적에 따라 설치할 것
2.1.2.1.2 감지부는 형식승인 받은 유효한 높이 및 위치에 설치할 것
2.1.2.1.3 차단장치(전기 또는 가스)는 상시 확인 및 점검이 가능하도록 설치할 것
2.1.2.1.4 가스용 주방자동소화장치를 사용하는 경우 탐지부는 수신부와 분리하여 설치하되, 공기보다 가벼운 가스를 사용하는 경우에는 천장 면으로부터 30cm 이하의 위치에 설치하고, 공기보다 무거운 가스를 사용하는 장소에는 바닥 면으로부터 30cm 이하의 위치에 설치할 것
2.1.2.1.5 수신부는 주위의 열기류 또는 습기 등과 주위온도에 영향을 받지 않고 사용자가 상시 볼 수 있는 장소에 설치할 것
2.1.2.2 상업용 주방자동소화장치는 다음의 기준에 따라 설치할 것
2.1.2.2.1 소화장치는 조리기구의 종류별로 성능인증을 받은 설계 매뉴얼에 적합하게 설치할 것
2.1.2.2.2 감지부는 성능인증을 받은 유효높이 및 위치에 설치할 것
2.1.2.2.3 차단장치(전기 또는 가스)는 상시 확인 및 점검이 가능하도록 설치할 것
2.1.2.2.4 후드에 설치되는 분사헤드는 후드의 가장 긴 변의 길이까지 방출될 수 있도록 소화약제의 방출 방향 및 거리를 고려하여 설치할 것

2.1.2.2.5 덕트에 설치되는 분사헤드는 성능인증을 받은 길이 이내로 설치할 것

2.1.2.3 캐비닛형자동소화장치는 다음의 기준에 따라 설치할 것

2.1.2.3.1 분사헤드(방출구)의 설치 높이는 방호구역의 바닥으로부터 형식승인을 받은 범위 내에서 유효하게 소화약제를 방출시킬 수 있는 높이에 설치할 것

2.1.2.3.2 화재감지기는 방호구역 내의 천장 또는 옥내에 면하는 부분에 설치하되 「자동화재탐지설비 및 시각경보장치의 화재안전기술기준(NFTC 203)」 2.4(감지기)에 적합하도록 설치할 것

2.1.2.3.3 방호구역 내의 화재감지기의 감지에 따라 작동되도록 할 것

2.1.2.3.4 화재감지기의 회로는 교차회로방식으로 설치할 것. 다만, 화재감지기를 「자동화재탐지설비 및 시각경보장치의 화재안전기술기준(NFTC 203)」 2.4.1 단서의 각 감지기로 설치하는 경우에는 그렇지 않다.

2.1.2.3.5 교차회로 내의 각 화재감지기회로별로 설치된 화재감지기 1개가 담당하는 바닥면적은 「자동화재탐지설비 및 시각경보장치의 화재안전기술기준(NFTC 203)」 2.4.3.5, 2.4.3.8 및 2.4.3.10에 따른 바닥면적으로 할 것

2.1.2.3.6 개구부 및 통기구(환기장치를 포함한다. 이하 같다)를 설치한 것에 있어서는 소화약제가 방출되기 전에 해당 개구부 및 통기구를 자동으로 폐쇄할 수 있도록 할 것. 다만, 가스압에 의하여 폐쇄되는 것은 소화약제 방출과 동시에 폐쇄할 수 있다.

2.1.2.3.7 작동에 지장이 없도록 견고하게 고정할 것

2.1.2.3.8 구획된 장소의 방호체적 이상을 방호할 수 있는 소화성능이 있을 것

2.1.2.4 가스, 분말, 고체에어로졸 자동소화장치는 다음의 기준에 따라 설치할 것

2.1.2.4.1 소화약제 방출구는 형식승인을 받은 유효설치범위 내에 설치할 것

2.1.2.4.2 자동소화장치는 방호구역 내에 형식승인 된 1개의 제품을 설치할 것. 이 경우 연동방식으로서 하나의 형식으로 형식승인을 받은 경우에는 1개의 제품으로 본다.

2.1.2.4.3 감지부는 형식승인 된 유효설치범위 내에 설치해야 하며 설치장소의 평상시 최고주위온도에 따라 다음 표 2.1.2.4.3에 따른 표시온도의 것으로 설치할 것. 다만, 열감지선의 감지부는 형식승인 받은 최고주위온도범위 내에 설치해야 한다.

표 2.1.2.4.3 설치장소의 평상시 최고주위온도에 따른 감지부의 표시온도

설치장소의 최고주위온도	표시온도
39℃ 미만	79℃ 미만
39℃ 이상 64℃ 미만	79℃ 이상 121℃ 미만
64℃ 이상 106℃ 미만	121℃ 이상 162℃ 미만
106℃ 이상	162℃ 이상

2.1.2.4.4 2.1.2.4.3에도 불구하고 화재감지기를 감지부로 사용하는 경우에는 2.1.2.3의 2.1.2.3.2부터 2.1.2.3.5까지의 설치방법에 따를 것

2.1.3 이산화탄소 또는 할로겐화합물을 방출하는 소화기구(자동확산소화기를 제외한다)는 지하층이

나 무창층 또는 밀폐된 거실로서 그 바닥면적이 20m² 미만의 장소에는 설치할 수 없다. 다만, 배기를 위한 유효한 개구부가 있는 장소인 경우에는 그렇지 않다.

2.2 소화기의 감소

2.2.1 소형소화기를 설치해야 할 특정소방대상물 또는 그 부분에 옥내소화전설비·스프링클러설비·물분무등소화설비·옥외소화전설비 또는 대형소화기를 설치한 경우에는 해당 설비의 유효범위의 부분에 대하여는 2.1.1.2 및 2.1.1.3에 따른 소형소화기의 3분의 2(대형소화기를 둔 경우에는 2분의 1)를 감소할 수 있다. 다만, 층수가 11층 이상인 부분, 근린생활시설, 위락시설, 문화 및 집회시설, 운동시설, 판매시설, 운수시설, 숙박시설, 노유자시설, 의료시설, 업무시설(무인변전소를 제외한다), 방송통신시설, 교육연구시설, 항공기 및 자동차관련 시설, 관광 휴게시설은 그렇지 않다.

2.2.2 대형소화기를 설치해야 할 특정소방대상물 또는 그 부분에 옥내소화전설비·스프링클러설비·물분무등소화설비 또는 옥외소화전설비를 설치한 경우에는 해당 설비의 유효범위 안의 부분에 대하여는 대형소화기를 설치하지 않을 수 있다.

CHAPTER 20 소화수조 및 저수조의 화재안전성능기준 (NFPC 402)

[시행 2022. 12. 1.] [소방청고시 제2022-56호, 2022. 11. 25., 전부개정]

제1조(목적)

이 기준은 「소방시설 설치 및 관리에 관한 법률」(이하 "법"이라 한다) 제2조제1항제6호가목에 따라 소방청장에게 위임한 사항 중 소화용수설비인 소화수조 및 저수조의 성능기준을 규정함을 목적으로 한다.

제2조(적용범위)

이 기준은 「소방시설 설치 및 관리에 관한 법률 시행령」(이하 "영"이라 한다) 별표 4 제4호에 따른 소화수조 및 저수조의 설치 및 관리에 대해 적용한다.

제3조(정의)

이 기준에서 사용하는 용어의 정의는 다음과 같다.
1. "소화수조 또는 저수조"란 수조를 설치하고 여기에 소화에 필요한 물을 항시 채워두는 것으로서, 소화수조는 소화용수의 전용 수조를 말하고, 저수조란 소화용수와 일반 생활용수의 겸용 수조를 말한다.
2. "채수구"란 소방차의 소방호스와 접결되는 흡입구를 말한다.
3. "흡수관투입구"란 소방차의 흡수관이 투입될 수 있도록 소화수조 또는 저수조에 설치된 원형 또는 사각형의 투입구를 말한다.

제4조(소화수조 등)

① 소화수조 및 저수조의 채수구 또는 흡수관투입구는 소방차가 2미터 이내의 지점까지 접근할 수 있는 위치에 설치해야 한다.
② 소화수조 또는 저수조의 저수량은 특정소방대상물의 연면적을 12,500제곱미터(1층 및 2층의 바닥면적의 합계가 15,000제곱미터 이상인 특정소방대상물은 7,500제곱미터)로 나누어 얻은 수(소수점 이하의 수는 1로 본다)에 20세제곱미터를 곱한 양 이상이 되도록 해야 한다.
③ 소화수조 또는 저수조는 다음 각 호의 기준에 따라 흡수관투입구 또는 채수구를 설치해야 한다.
  1. 지하에 설치하는 소화용수설비의 흡수관투입구는 그 한 변이 0.6미터 이상이거나 직경이 0.6미터 이상인 것으로 하고, 소요수량이 80세제곱미터 미만인 것은 1개 이상, 80세제곱미터 이상인 것은 2개 이상을 설치해야 하며, "흡수관투입구"라고 표시한 표지를 할 것
  2. 소화용수설비에 설치하는 채수구는 다음 각 목의 기준에 따라 설치할 것
     가. 채수구는 2개(소요수량이 40세제곱미터 미만인 것은 1개, 100세제곱미터 이상인 것은 3개)를 설치한다.
     나. 채수구는 소방용호스 또는 소방용흡수관에 사용하는 구경 65밀리미터 이상의 나사식 결합금속구를 설치할 것

다. 채수구는 지면으로부터의 높이가 0.5미터 이상 1미터 이하의 위치에 설치하고 "채수구"라고 표시한 표지를 할 것

제5조(가압송수장치)

① 소화수조 또는 저수조가 지표면으로부터의 깊이(수조 내부바닥까지의 길이를 말한다)가 4.5미터 이상인 지하에 있는 경우에는 소요수량을 고려하여 가압송수장치를 설치해야 한다.
② 가압송수장치의 1분당 양수량은 2,200리터(소요수량이 40세제곱미터 미만인 것은 1,100리터, 100세제곱미터 이상인 것은 3,300리터)로 한다.
③ 소화수조가 옥상 또는 옥탑의 부분에 설치된 경우에는 지상에 설치된 채수구에서의 압력이 0.15메가파스칼 이상이 되도록 해야 한다.
④ 전동기 또는 내연기관에 따른 펌프를 이용하는 가압송수장치는 다음 각 호의 기준에 따라 설치해야 한다.
  1. 쉽게 접근할 수 있고 점검하기에 충분한 공간이 있는 장소로서 화재 및 침수 등의 재해로 인한 피해를 받을 우려가 없는 곳에 설치할 것
  2. 동결방지조치를 하거나 동결의 우려가 없는 장소에 설치할 것
  3. 펌프는 전용으로 할 것
  4. 펌프의 토출 측에는 압력계를 설치하고, 흡입 측에는 연성계 또는 진공계를 설치할 것
  5. 가압송수장치에는 정격부하운전 시 펌프의 성능을 시험하기 위한 배관과 체절운전 시 수온의 상승을 방지하기 위한 순환배관을 설치할 것
  6. 기동장치로는 보호판을 부착한 기동스위치를 채수구 직근에 설치할 것
  7. 수원의 수위가 펌프보다 낮은 위치에 있는 가압송수장치에는 물올림장치를 설치할 것
  8. 내연기관을 사용하는 경우에는 다음 각 목의 기준에 적합한 것으로 할 것
    가. 내연기관의 기동은 채수구의 위치에서 원격조작으로 가능하고 기동을 명시하는 적색등을 설치할 것
    나. 제어반에 따라 내연기관의 기동이 가능하고 상시 충전되어 있는 축전지설비를 갖출 것
  9. 가압송수장치는 부식 등으로 인한 펌프의 고착을 방지할 수 있도록 청동 또는 스테인리스 등 부식에 강한 재질을 사용할 것

제6조(설치·관리기준의 특례)

소방본부장 또는 소방서장은 기존건축물이 증축·개축·대수선되거나 용도변경되는 경우에 있어서 이 기준이 정하는 기준에 따라 해당 건축물에 설치해야 할 소화수조 및 저수조의 배관·배선 등의 공사가 현저하게 곤란하다고 인정되는 경우에는 해당 설비의 기능 및 사용에 지장이 없는 범위 안에서 이 기준 일부를 적용하지 않을 수 있다.

제7조(재검토기한)

소방청장은 「훈령·예규 등의 발령 및 관리에 관한 규정」에 따라 이 고시에 대하여 2023년 1월 1일을 기준으로 매 3년이 되는 시점(매 3년째의 12월 31일까지를 말한다)마다 그 타당성을 검토하여 개선 등의 조치를 해야 한다.

제8조(규제의 재검토)

「행정규제기본법」제8조에 따라 2023년 1월 1일을 기준으로 매 3년이 되는 시점(매 3년째의 12월 31일까지를 말한다)마다 그 타당성을 검토하여 개선 등의 조치를 해야 한다.

부칙〈제2022-56호, 2022. 11. 25.〉

제1조(시행일)
이 고시는 2022년 12월 1일부터 시행한다.

제2조(경과조치)
① 이 고시 시행 전에 건축허가 등의 신청 또는 신고를 하거나 소방시설공사의 착공신고를 한 특정소방대상물에 대해서는 종전의「소화수조 및 저수조의 화재안전기준(NFSC 402)」에 따른다.
② 이 고시 시행 전에 제1항에 따른 신청 또는 신고를 한 경우라도 개정 기준이 종전의 기준에 비해 관계인에게 유리한 경우에는 개정 기준에 따를 수 있다.

제3조(다른 법령과의 관계)
이 고시 시행 당시 다른 법령에서 종전의 화재안전기준을 인용한 경우에 이 고시 가운데 그에 해당하는 규정이 있는 경우에는 종전의 규정에 갈음하여 이 고시의 해당 규정을 인용한 것으로 본다.

CHAPTER 20 소화수조 및 저수조의 화재안전기술기준 (NFTC 402)

[시행 2022. 12. 1.] [소방청공고 제2022-233호, 2022. 12. 1., 제정]

1. 일반사항

1.1 적용범위

1.1.1 이 기준은 「소방시설 설치 및 관리에 관한 법률 시행령」(이하 "영"이라 한다) 별표 4 제4호에 따른 소화수조 및 저수조의 설치 및 관리에 대해 적용한다.

1.2 기준의 효력

1.2.1 이 기준은 「소방시설 설치 및 관리에 관한 법률」(이하 "법"이라 한다) 제2조제1항제6호나목에 따라 소화수조 및 저수조의 기술기준으로서의 효력을 가진다.

1.2.2 이 기준에 적합한 경우에는 법 제2조제1항제6호나목에 따라 「소화수조 및 저수조의 화재안전성능기준(NFPC 402)」을 충족하는 것으로 본다.

1.3 기준의 시행

1.3.1 이 기준은 2022년 12월 1일부터 시행한다.

1.4 기준의 특례

1.4.1 소방본부장 또는 소방서장은 기존건축물이 증축ㆍ개축ㆍ대수선되거나 용도변경되는 경우에 있어서 이 기준이 정하는 기준에 따라 해당 건축물에 설치해야 할 소화수조 및 저수조의 배관 등의 공사가 현저하게 곤란하다고 인정되는 경우에는 해당 설비의 기능 및 사용에 지장이 없는 범위에서 이 기준의 일부를 적용하지 않을 수 있다.

1.5 경과조치

1.5.1 이 기준 시행 전에 건축허가 등의 신청 또는 신고를 하거나 소방시설공사의 착공신고를 한 특정소방대상물에 대해서는 종전의 「소화수조 및 저수조의 화재안전기준(NFSC 402)」에 따른다.

1.5.2 이 기준 시행 전에 1.5.1에 따른 신청 또는 신고를 한 경우라도 제정 기준이 종전의 기준에 비하여 관계인에게 유리한 경우에는 제정 기준에 따를 수 있다.

1.6 다른 법령과의 관계

1.6.1 이 기준 시행 당시 다른 법령 또는 행정규칙 등에서 종전의 화재안전기준을 인용한 경우에 이 기준 가운데 그에 해당하는 규정이 있는 경우에는 종전의 규정에 갈음하여 이 기준의 해당 규정을 인용한 것으로 본다.

1.7 용어의 정의

1.7.1 이 기준에서 사용하는 용어의 정의는 다음과 같다.

1.7.1.1 "소화수조 또는 저수조"란 수조를 설치하고 여기에 소화에 필요한 물을 항시 채워두는 것으로서, 소화수조는 소화용수의 전용 수조를 말하고, 저수조란 소화용수와 일반 생활용수의 겸용 수조를 말한다.

1.7.1.2 "채수구"란 소방차의 소방호스와 접결되는 흡입구를 말한다.

1.7.1.3 "흡수관투입구"란 소방차의 흡수관이 투입될 수 있도록 소화수조 또는 저수조에 설치된 원형 또는 사각형의 투입구를 말한다.

2. 기술기준

2.1 소화수조 등

2.1.1 소화수조 및 저수조의 채수구 또는 흡수관투입구는 소방차가 2m 이내의 지점까지 접근할 수 있는 위치에 설치해야 한다.

2.1.2 소화수조 또는 저수조의 저수량은 소방대상물의 연면적을 다음 표 2.1.2에 따른 기준면적으로 나누어 얻은 수(소수점 이하의 수는 1로 본다)에 $20m^3$를 곱한 양 이상이 되도록 해야 한다.

표 2.1.2 소방대상물별 기준면적

소방대상물의 구분	면적
1. 1층 및 2층의 바닥면적 합계가 $15,000m^2$ 이상인 소방대상물	$7,500m^2$
2. 제1호에 해당되지 않는 그 밖의 소방대상물	$12,500m^2$

2.1.3 소화수조 또는 저수조는 다음의 기준에 따라 흡수관투입구 또는 채수구를 설치해야 한다.

2.1.3.1 지하에 설치하는 소화용수설비의 흡수관투입구는 그 한 변이 0.6m 이상이거나 직경이 0.6m 이상인 것으로 하고, 소요수량이 $80m^3$ 미만인 것은 1개 이상, $80m^3$ 이상인 것은 2개 이상을 설치해야 하며, "흡수관투입구"라고 표시한 표지를 할 것

2.1.3.2 소화용수설비에 설치하는 채수구는 다음의 기준에 따라 설치할 것

2.1.3.2.1 채수구는 다음 표 2.1.3.2.1에 따라 소방용호스 또는 소방용흡수관에 사용하는 구경 65mm 이상의 나사식 결합금속구를 설치할 것

표 2.1.3.2.1 소요수량에 따른 채수구의 수

소요수량	$20m^3$ 이상 $40m^3$ 미만	$40m^3$ 이상 $100m^3$ 미만	$100m^3$ 이상
채수구의 수(개)	1	2	3

2.1.3.2.2 채수구는 지면으로부터의 높이가 0.5m 이상 1m 이하의 위치에 설치하고 "채수구"라고 표시한 표지를 할 것

2.1.4 소화용수설비를 설치해야 할 특정소방대상물에 있어서 유수의 양이 $0.8m^3/min$ 이상인 유수를 사용할 수 있는 경우에는 소화수조를 설치하지 않을 수 있다.

2.2 가압송수장치

2.2.1 소화수조 또는 저수조가 지표면으로부터의 깊이(수조 내부바닥까지의 길이를 말한다)가 4.5m 이상인 지하에 있는 경우에는 다음 표 2.2.1에 따라 가압송수장치를 설치해야 한다. 다만, 2.1.2에 따른 저수량을 지표면으로부터 4.5m 이하인 지하에서 확보할 수 있는 경우에는 소화수조 또는 저수조의 지표면으로부터의 깊이에 관계없이 가압송수장치를 설치하지 않을 수 있다.

표 2.2.1 소요수량에 따른 가압송수장치의 1분당 양수량

소요수량	20m³ 이상 40m³ 미만	40m³ 이상 100m³ 미만	100m³ 이상
가압송수장치의 1분당 양수량	1,100L 이상	2,200L 이상	3,300L 이상

2.2.2 소화수조가 옥상 또는 옥탑의 부분에 설치된 경우에는 지상에 설치된 채수구에서의 압력이 0.15MPa 이상이 되도록 해야 한다.

2.2.3 전동기 또는 내연기관에 따른 펌프를 이용하는 가압송수장치는 다음의 기준에 따라 설치해야 한다.

2.2.3.1 쉽게 접근할 수 있고 점검하기에 충분한 공간이 있는 장소로서 화재 및 침수 등의 재해로 인한 피해를 받을 우려가 없는 곳에 설치할 것

2.2.3.2 동결방지조치를 하거나 동결의 우려가 없는 장소에 설치할 것

2.2.3.3 펌프는 전용으로 할 것. 다만, 다른 소화설비와 겸용하는 경우 각각의 소화설비의 성능에 지장이 없을 때에는 예외로 한다.

2.2.3.4 펌프의 토출 측에는 압력계를 체크밸브 이전에 펌프토출 측 플랜지에서 가까운 곳에 설치하고, 흡입 측에는 연성계 또는 진공계를 설치할 것. 다만, 수원의 수위가 펌프의 위치보다 높거나 수직회전축 펌프의 경우에는 연성계 또는 진공계를 설치하지 않을 수 있다.

2.2.3.5 가압송수장치에는 정격부하운전 시 펌프의 성능을 시험하기 위한 배관을 설치할 것

2.2.3.6 가압송수장치에는 체절운전 시 수온의 상승을 방지하기 위한 순환배관을 설치할 것

2.2.3.7 기동장치로는 보호판을 부착한 기동스위치를 채수구 직근에 설치할 것

2.2.3.8 수원의 수위가 펌프보다 낮은 위치에 있는 가압송수장치에는 다음의 기준에 따른 물올림장치를 설치할 것

2.2.3.8.1 물올림장치에는 전용의 수조를 설치할 것

2.2.3.8.2 수조의 유효수량은 100L 이상으로 하되, 구경 15mm 이상의 급수배관에 따라 해당 수조에 물이 계속 보급되도록 할 것

2.2.3.9 내연기관을 사용하는 경우에는 다음의 기준에 적합한 것으로 할 것

2.2.3.9.1 내연기관의 기동은 채수구의 위치에서 원격조작으로 가능하고 기동을 명시하는 적색등을 설치할 것

2.2.3.9.2 제어반에 따라 내연기관의 기동이 가능하고 상시 충전되어 있는 축전지설비를 갖출 것

2.2.3.10 가압송수장치에는 "소화용수설비펌프"라고 표시한 표지를 할 것. 이 경우 그 가압송수장치를 다른 설비와 겸용하는 때에는 그 겸용되는 설비의 이름을 표시한 표지를 함께 해야 한다.

2.2.3.11 가압송수장치는 부식 등으로 인한 펌프의 고착을 방지할 수 있도록 다음의 기준에 적합한 것으로 할 것. 다만, 충압펌프는 제외한다.

2.2.3.11.1 임펠러는 청동 또는 스테인리스 등 부식에 강한 재질을 사용할 것

2.2.3.11.2 펌프축은 스테인리스 등 부식에 강한 재질을 사용할 것

CHAPTER 21 스프링클러설비의 화재안전성능기준 (NFPC 103)

[시행 2024. 7. 1.] [소방청고시 제2024-19호, 2024. 5. 10., 타법개정]

제1조(목적)
이 기준은 「소방시설 설치 및 관리에 관한 법률」(이하 "법"이라 한다) 제2조제1항제6호가목에 따라 소방청장에게 위임한 사항 중 소화설비인 스프링클러설비의 성능기준을 규정함을 목적으로 한다.

제2조(적용범위)
이 기준은 「소방시설 설치 및 관리에 관한 법률 시행령」(이하 "영"이라 한다) 별표 4 제1호라목에 따른 스프링클러설비의 설치 및 관리에 대해 적용한다.

제3조(정의)
이 기준에서 사용하는 용어의 정의는 다음과 같다.
1. "고가수조"란 구조물 또는 지형지물 등에 설치하여 자연낙차의 압력으로 급수하는 수조를 말한다.
2. "압력수조"란 소화용수와 공기를 채우고 일정압력 이상으로 가압하여 그 압력으로 급수하는 수조를 말한다.
3. "충압펌프"란 배관 내 압력손실에 따른 주펌프의 빈번한 기동을 방지하기 위하여 충압역할을 하는 펌프를 말한다.
4. "정격토출량"이란 펌프의 정격부하운전 시 토출량으로서 정격토출압력에서의 토출량을 말한다.
5. "정격토출압력"이란 펌프의 정격부하운전 시 토출압력으로서 정격토출량에서의 토출 측 압력을 말한다.
6. "진공계"란 대기압 이하의 압력을 측정하는 계측기를 말한다.
7. "연성계"란 대기압 이상의 압력과 대기압 이하의 압력을 측정할 수 있는 계측기를 말한다.
8. "체절운전"이란 펌프의 성능시험을 목적으로 펌프 토출 측의 개폐밸브를 닫은 상태에서 펌프를 운전하는 것을 말한다.
9. "기동용수압개폐장치"란 소화설비의 배관 내 압력변동을 검지하여 자동적으로 펌프를 기동 및 정지시키는 것으로서 압력챔버(Pressure Chamber) 또는 기동용압력스위치 등을 말한다.
10. "개방형스프링클러헤드"란 감열체 없이 방수구가 항상 열려져 있는 헤드를 말한다.
11. "폐쇄형스프링클러헤드"란 정상상태에서 방수구를 막고 있는 감열체가 일정온도에서 자동적으로 파괴·용융 또는 이탈됨으로써 방수구가 개방되는 헤드를 말한다.
12. "조기반응형 스프링클러헤드"란 표준형 스프링클러헤드 보다 기류온도 및 기류속도에 빠르게 반응하는 헤드를 말한다.
13. "측벽형스프링클러헤드"란 가압된 물이 분사될 때 헤드의 축심을 중심으로 한 반원상에 균일하게 분산시키는 헤드를 말한다.

14. "건식스프링클러헤드"란 물과 오리피스가 분리되어 동파를 방지할 수 있는 스프링클러헤드를 말한다.
15. "유수검지장치"란 유수현상을 자동적으로 검지하여 신호 또는 경보를 발하는 장치를 말한다.
16. "일제개방밸브"란 일제살수식스프링클러설비에 설치되는 유수검지장치를 말한다.
17. "가지배관"이란 헤드가 설치되어 있는 배관을 말한다.
18. "교차배관"이란 가지배관에 급수하는 배관을 말한다.
19. "주배관"이란 가압송수장치 또는 송수구 등과 직접 연결되어 소화수를 이송하는 주된 배관을 말한다.
20. "신축배관"이란 가지배관과 스프링클러헤드를 연결하는 구부림이 용이하고 유연성을 가진 배관을 말한다.
21. "급수배관"이란 수원 송수구 등으로 부터 소화설비에 급수하는 배관을 말한다.
22. "분기배관"이란 배관 측면에 구멍을 뚫어 둘 이상의 관로가 생기도록 가공한 배관으로서 다음 각 목의 분기배관을 말한다.
    가. "확관형 분기배관"이란 배관의 측면에 조그만 구멍을 뚫고 소성가공으로 확관시켜 배관 용접이음자리를 만들거나 배관 용접이음자리에 배관이음쇠를 용접 이음한 배관을 말한다.
    나. "비확관형 분기배관"이란 배관의 측면에 분기호칭내경 이상의 구멍을 뚫고 배관이음쇠를 용접 이음한 배관을 말한다.
23. "습식스프링클러설비"란 가압송수장치에서 폐쇄형스프링클러헤드까지 배관 내에 항상 물이 가압되어 있다가 화재로 인한 열로 폐쇄형스프링클러헤드가 개방되면 배관 내에 유수가 발생하여 습식유수검지장치가 작동하게 되는 스프링클러설비를 말한다.
24. "부압식스프링클러설비"란 가압송수장치에서 준비작동식유수검지장치의 1차 측까지는 항상 정압의 물이 가압되고, 2차 측 폐쇄형 스프링클러헤드까지는 소화수가 부압으로 되어 있다가 화재 시 감지기의 작동에 의해 정압으로 변하여 유수가 발생하면 작동하는 스프링클러설비를 말한다.
25. "준비작동식스프링클러설비"란 가압송수장치에서 준비작동식유수검지장치 1차 측까지 배관 내에 항상 물이 가압되어 있고, 2차 측에서 폐쇄형스프링클러헤드까지 대기압 또는 저압으로 있다가 화재 발생시 감지기의 작동으로 준비작동식밸브가 개방되면 폐쇄형스프링클러헤드까지 소화수가 송수되고, 폐쇄형스프링클러헤드가 열에 의해 개방되면 방수가 되는 방식의 스프링클러설비를 말한다.
26. "건식스프링클러설비"란 건식유수검지장치 2차 측에 압축공기 또는 질소 등의 기체로 충전된 배관에 폐쇄형스프링클러헤드가 부착된 스프링클러설비로서, 폐쇄형스프링클러헤드가 개방되어 배관 내의 압축공기 등이 방출되면 건식유수검지장치 1차 측의 수압에 의하여 건식유수검지장치가 작동하게 되는 스프링클러설비를 말한다.
27. "일제살수식스프링클러설비"란 가압송수장치에서 일제개방밸브 1차 측까지 배관 내에 항상 물이 가압되어 있고 2차 측에서 개방형스프링클러헤드까지 대기압으로 있다가 화재 시 자동감지장치 또는 수동식 기동장치의 작동으로 일제개방밸브가 개방되면 스프링클러헤드까지 소화수가 송수되는 방식의 스프링클러설비를 말한다.
28. "반사판(디플렉터)"이란 스프링클러헤드의 방수구에서 유출되는 물을 세분시키는 작용을 하는 것을 말한다.

29. "개폐표시형밸브"란 밸브의 개폐여부를 외부에서 식별이 가능한 밸브를 말한다.
30. "연소할 우려가 있는 개구부"란 각 방화구획을 관통하는 컨베이어·에스컬레이터 또는 이와 유사한 시설의 주위로서 방화구획을 할 수 없는 부분을 말한다.
31. "가압수조"란 가압원인 압축공기 또는 불연성 기체의 압력으로 소화용수를 가압하여 그 압력으로 급수하는 수조를 말한다.
32. "소방부하"란 법 제2조제1항제1호에 따른 소방시설 및 방화·피난·소화활동을 위한 시설의 전력부하를 말한다.
33. "소방전원 보존형 발전기"란 소방부하 및 소방부하 이외의 부하(이하 비상부하라 한다)겸용의 비상발전기로서, 상용전원 중단 시에는 소방부하 및 비상부하에 비상전원이 동시에 공급되고, 화재 시 과부하에 접근될 경우 비상부하의 일부 또는 전부를 자동적으로 차단하는 제어장치를 구비하여, 소방부하에 비상전원을 연속 공급하는 자가발전설비를 말한다.
34. "건식유수검지장치"란 건식스프링클러설비에 설치되는 유수검지장치를 말한다.
35. "습식유수검지장치"란 습식스프링클러설비 또는 부압식스프링클러설비에 설치되는 유수검지장치를 말한다.
36. "준비작동식유수검지장치"란 준비작동식스프링클러설비에 설치되는 유수검지장치를 말한다.
37. "패들형유수검지장치"란 소화수의 흐름에 의하여 패들이 움직이고 접점이 형성되면 신호를 발하는 유수검지장치를 말한다.
38. "주펌프"란 구동장치의 회전 또는 왕복운동으로 소화수를 가압하여 그 압력으로 급수하는 주된 펌프를 말한다.
39. "예비펌프"란 주펌프와 동등 이상의 성능이 있는 별도의 펌프를 말한다.

제4조(수원)

① 스프링클러설비의 수원은 그 저수량이 다음 각 호의 기준에 적합하도록 해야 한다. 다만, 수리계산에 의하는 경우에는 제5조제1항제9호 및 제10호에 따라 산출된 가압송수장치의 1분당 송수량에 설계방수시간을 곱한 양 이상이 되도록 해야 한다.

1. 폐쇄형스프링클러헤드를 사용하는 경우에는 다음 표의 스프링클러설비 설치장소별 스프링클러헤드의 기준개수[스프링클러헤드의 설치개수가 가장 많은 층(아파트의 경우에는 설치개수가 가장 많은 세대)에 설치된 스프링클러헤드의 개수가 기준개수보다 적은 경우에는 그 설치개수를 말한다. 이하 같다]에 1.6세제곱미터를 곱한 양 이상이 되도록 할 것 〈개정 2023.10.6., 2023.10.13.〉

스프링클러설비 설치장소			기준개수
지하층을 제외한 층수가 10층 이하인 특정소방대상물	공장	특수가연물을 저장·취급하는 것	30
		그 밖의 것	20
	근린생활시설·판매시설·운수시설 또는 복합건축물	판매시설 또는 복합건축물(판매시설이 설치되는 복합건축물을 말한다)	30
		그 밖의 것	20
	그 밖의 것	헤드의 부착높이가 8미터 이상인 것	20
		헤드의 부착높이가 8미터 미만인 것	10

아파트	10
지하층을 제외한 층수가 11층 이상인 특정소방대상물(아파트를 제외한다), 지하가 또는 지하역사	30
비고 : 하나의 소방대상물이 2 이상의 "스프링클러헤드의 기준개수"란에 해당하는 때에는 기준개수가 많은 것을 기준으로 한다. 다만, 각 기준개수에 해당하는 수원을 별도로 설치하는 경우에는 그렇지 않다.	

2. 개방형스프링클러헤드를 사용하는 스프링클러설비의 수원은 최대 방수구역에 설치된 스프링클러헤드의 개수가 30개 이하일 경우에는 설치 헤드수에 1.6세제곱미터를 곱한 양 이상으로 하고, 30개를 초과하는 경우에는 수리계산에 따를 것

② 스프링클러설비의 수원은 제1항에 따라 산출된 유효수량 외에 유효수량의 3분의 1 이상을 옥상(스프링클러설비가 설치된 건축물의 주된 옥상을 말한다. 이하 같다)에 설치해야 한다.

③ 옥상수조(제1항에 따라 산출된 유효수량의 3분의 1 이상을 옥상에 설치한 설비를 말한다)는 이와 연결된 배관을 통하여 상시 소화수를 공급할 수 있는 구조의 특정소방대상물인 경우에는 둘 이상의 특정소방대상물이 있더라도 하나의 특정소방대상물에만 이를 설치할 수 있다.

④ 스프링클러설비의 수원을 수조로 설치하는 경우에는 소방소화설비의 전용수조로 해야 한다.

⑤ 제1항 및 제2항에 따른 저수량을 산정함에 있어서 다른 설비와 겸용하여 스프링클러설비용 수조를 설치하는 경우에는 스프링클러설비의 풋밸브·흡수구 또는 수직배관의 급수구와 다른 설비의 풋밸브·흡수구 또는 수직배관의 급수구와의 사이의 수량을 그 유효수량으로 한다.

⑥ 스프링클러설비용 수조는 다음 각 호의 기준에 따라 설치해야 한다.
  1. 점검에 편리한 곳에 설치할 것
  2. 동결방지조치를 하거나 동결의 우려가 없는 장소에 설치할 것
  3. 수조에는 수위계, 고정식 사다리, 청소용 배수밸브(또는 배수관), 표지 및 실내 조명 등 수조의 유지관리에 필요한 설비를 설치할 것

제5조(가압송수장치)

① 전동기 또는 내연기관에 따른 펌프를 이용하는 가압송수장치는 다음 각 호의 기준에 따라 설치해야 한다. 다만, 가압송수장치의 주펌프는 전동기에 따른 펌프로 설치해야 한다.
  1. 쉽게 접근할 수 있고 점검하기에 충분한 공간이 있는 장소로서 화재 및 침수 등의 재해로 인한 피해를 받을 우려가 없는 곳에 설치할 것
  2. 동결방지조치를 하거나 동결의 우려가 없는 장소에 설치할 것
  3. 펌프는 전용으로 할 것
  4. 펌프의 토출 측에는 압력계를 설치하고, 흡입 측에는 연성계 또는 진공계를 설치할 것
  5. 펌프의 성능은 체절운전 시 정격토출압력의 140 퍼센트를 초과하지 않고, 정격토출량의 150 퍼센트로 운전 시 정격토출압력의 65 퍼센트 이상이 되어야 하며, 펌프의 성능을 시험할 수 있는 성능시험배관을 설치할 것
  6. 가압송수장치에는 체절운전 시 수온의 상승을 방지하기 위한 순환배관을 설치할 것
  7. 기동장치로는 기동용수압개폐장치 또는 이와 동등 이상의 성능이 있는 것을 설치할 것

8. 수원의 수위가 펌프보다 낮은 위치에 있는 가압송수장치에는 물올림장치를 설치할 것
9. 가압송수장치의 정격토출압력은 하나의 헤드선단에 0.1메가파스칼 이상 1.2메가파스칼 이하의 방수압력이 될 수 있게 하는 크기일 것
10. 가압송수장치의 송수량은 0.1메가파스칼의 방수압력 기준으로 분당 80리터 이상의 방수성능을 가진 기준개수의 모든 헤드로부터의 방수량을 충족시킬 수 있는 양 이상의 것으로 할 것
11. 제9호의 기준에 불구하고 가압송수장치의 1분당 송수량은 폐쇄형스프링클러헤드를 사용하는 설비의 경우 제4조제1항제1호에 따른 기준개수에 80리터를 곱한 양 이상으로 할 수 있다.
12. 제9호의 기준에 불구하고 가압송수장치의 1분당 송수량은 제4조제1항제2호의 개방형스프링클러 헤드수가 30개 이하의 경우에는 그 개수에 80리터를 곱한 양 이상으로 할 수 있으나 30개를 초과하는 경우에는 제9호 및 제10호에 따른 기준에 적합하게 할 것
13. 기동용수압개폐장치를 기동장치로 사용하는 경우에는 충압펌프를 설치할 것
14. 내연기관을 사용하는 경우에는 제어반에 따라 내연기관의 자동기동 및 수동기동이 가능하고, 상시 충전되어 있는 축전지설비와 펌프를 20분 이상 운전할 수 있는 용량의 연료를 갖출 것
15. 가압송수장치가 기동되는 경우에는 자동으로 정지되지 않도록 할 것
16. 가압송수장치는 부식 등으로 인한 펌프의 고착을 방지할 수 있도록 청동 또는 스테인리스 등 부식에 강한 재질을 사용할 것

② 고가수조의 자연낙차를 이용한 가압송수장치를 설치하는 경우 고가수조의 자연낙차수두(수조의 하단으로부터 최고층에 설치된 헤드까지의 수직거리를 말한다)는 제1항제9호 및 제10호에 따른 방수압 및 방수량이 20분 이상 유지되도록 해야 한다.

③ 압력수조를 이용한 가압송수장치를 설치하는 경우 압력수조의 압력은 제1항제9호 및 제10호에 따른 방수압 및 방수량이 20분 이상 유지되도록 해야 한다.

④ 가압수조를 이용한 가압송수장치는 소방청장이 정하여 고시한 「가압수조식가압송수장치의 성능인증 및 제품검사의 기술기준」에 적합한 것으로 설치하되, 가압수조의 압력은 제1항제9호 및 제10호에 따른 방수압 및 방수량이 20분 이상 유지되도록 해야 한다.

제6조(폐쇄형스프링클러설비의 방호구역 및 유수검지장치)

폐쇄형스프링클러헤드를 사용하는 설비의 방호구역(스프링클러설비의 소화범위에 포함된 영역을 말한다. 이하 같다) 및 유수검지장치는 다음 각 호의 기준에 적합해야 한다.

1. 하나의 방호구역의 바닥면적은 3,000제곱미터를 초과하지 않을 것
2. 하나의 방호구역에는 한 개 이상의 유수검지장치를 설치하되, 화재 시 접근이 쉽고 점검하기 편리한 장소에 설치할 것
3. 하나의 방호구역은 두 개 층에 미치지 않도록 할 것
4. 유수검지장치를 실내에 설치하거나 보호용 철망 등으로 구획하여 바닥으로부터 0.8미터 이상 1.5미터 이하의 위치에 설치하되, 그 실 등에는 개구부가 가로 0.5미터 이상 세로 1미터 이상의 출입문을 설치하고 그 출입문 상단에 "유수검지장치실"이라고 표시한 표지를 설치할 것
5. 스프링클러헤드에 공급되는 물은 유수검지장치를 지나도록 할 것

6. 자연낙차에 따른 압력수가 흐르는 배관 상에 설치된 유수검지장치는 화재 시 물의 흐름을 검지할 수 있는 최소한의 압력이 얻어질 수 있도록 수조의 하단으로부터 낙차를 두어 설치할 것
7. 조기반응형 스프링클러헤드를 설치하는 경우에는 습식유수검지장치를 설치할 것

제7조(개방형스프링클러설비의 방수구역 및 일제개방밸브)
개방형스프링클러설비의 방수구역 및 일제개방밸브는 다음 각 호의 기준에 적합해야 한다.
1. 하나의 방수구역은 두 개 층에 미치지 않을 것
2. 방수구역마다 일제개방밸브를 설치할 것
3. 하나의 방수구역을 담당하는 헤드의 개수는 50개 이하로 할 것. 다만, 두 개 이상의 방수구역으로 나눌 경우에는 하나의 방수구역을 담당하는 헤드의 개수는 25개 이상으로 해야 한다.
4. 일제개방밸브의 설치위치는 제6조제4호의 기준에 따르고, 표지는 "일제개방밸브실"이라고 표시할 것

제8조(배관)
① 배관과 배관이음쇠는 배관 내 사용압력에 따라 다음 각 호의 어느 하나에 해당하는 것을 사용해야 한다.
  1. 배관 내 사용압력이 1.2메가파스칼 미만일 경우에는 다음 각 목의 어느 하나에 해당하는 것
      가. 배관용 탄소 강관(KS D 3507)
      나. 이음매 없는 구리 및 구리합금관(KS D 5301). 다만, 습식의 배관에 한한다.
      다. 배관용 스테인리스 강관(KS D 3576) 또는 일반 배관용 스테인리스 강관(KS D 3595)
      라. 덕타일 주철관(KS D 4311)
  2. 배관 내 사용압력이 1.2메가파스칼 이상일 경우에는 다음 각 목의 어느 하나에 해당하는 것
      가. 압력 배관용 탄소 강관(KS D 3562)
      나. 배관용 아크 용접 탄소강 강관(KS D 3583)
② 제1항에도 불구하고 화재 등의 재해로 인하여 배관의 성능에 영향을 받을 우려가 적은 장소에는 소방청장이 정하여 고시한 「소방용합성수지배관의 성능인증 및 제품검사의 기술기준」에 적합한 소방용 합성수지배관으로 설치할 수 있다.
③ 급수배관은 전용으로 하고, 급수를 차단할 수 있는 개폐밸브는 개폐표시형으로 하며, 배관의 구경은 제5조제1항제9호 및 제10호에 적합하도록 수리계산에 의하거나 별표 1의 기준에 따라 설치해야 한다.
④ 펌프의 흡입 측 배관은 다음 각 호의 기준에 따라 설치해야 한다.
  1. 공기 고임이 생기지 않는 구조로 하고 여과장치를 설치할 것
  2. 수조가 펌프보다 낮게 설치된 경우에는 각 펌프(충압펌프를 포함한다)마다 수조로부터 별도로 설치할 것
⑤ 삭제 〈2024. 5. 10.〉
⑥ 성능시험배관에 설치하는 유량측정장치는 성능시험배관의 직관부에 설치하되, 펌프 정격토출량의 175퍼센트 이상을 측정할 수 있는 것으로 해야 한다.
⑦ 가압송수장치의 체절운전 시 수온의 상승을 방지하기 위하여 체크밸브와 펌프사이에서 분기한 배관에 체절압력 미만에서 개방되는 릴리프밸브를 설치해야 한다.

⑧ 동결방지조치를 하거나 동결의 우려가 없는 장소에 설치해야 한다. 다만, 보온재를 사용할 경우에는 난연재료 성능 이상의 것으로 해야 한다.
⑨ 가지배관의 배열은 다음 각 호의 기준에 따른다.
   1. 토너먼트(Tournament)방식이 아닐 것
   2. 교차배관에서 분기되는 지점을 기점으로 한쪽 가지배관에 설치되는 간이헤드의 개수(반자 아래와 반자속의 헤드를 하나의 가지배관 상에 병설하는 경우에는 반자 아래에 설치하는 헤드의 개수)는 8개 이하로 할 것
   3. 가지배관과 스프링클러헤드 사이의 배관을 신축배관으로 하는 경우에는 소방청장이 정하여 고시한 「스프링클러설비신축배관 성능인증 및 제품검사의 기술기준」에 적합한 것으로 설치할 것
⑩ 교차배관의 위치·청소구 및 가지배관의 헤드설치는 다음 각 호의 기준에 따른다.
   1. 교차배관은 가지배관과 수평으로 설치하거나 가지배관 밑에 설치하고, 그 구경은 제3항에 따르되 최소구경이 40밀리미터 이상이 되도록 할 것
   2. 청소구는 교차배관 끝에 개폐밸브를 설치하고, 호스접결이 가능한 나사식 또는 고정배수 배관식으로 할 것
   3. 하향식헤드를 설치하는 경우에 가지배관으로부터 헤드에 이르는 헤드접속배관은 가지배관 상부에서 분기할 것
⑪ 준비작동식유수검지장치 또는 일제개방밸브의 2차 측 배관에는 평상시 소화수가 체류하지 않도록 하고, 준비작동식유수검지장치 또는 일제개방밸브의 작동여부를 확인할 수 있는 장치를 설치해야 한다.
⑫ 습식유수검지장치 또는 건식유수검지장치를 사용하는 스프링클러설비와 부압식스프링클러설비에는 유수검지장치를 시험할 수 있는 시험 장치를 설치해야 한다.
⑬ 배관에 설치되는 행거는 가지배관, 교차배관 및 수평주행배관에 설치하고, 배관을 충분히 지지할 수 있도록 설치해야 한다.
⑭ 수직배수배관의 구경은 50밀리미터 이상으로 해야 한다.
⑮ 삭제 〈2024. 2. 8.〉
⑯ 급수배관에 설치되어 급수를 차단할 수 있는 개폐밸브에는 그 밸브의 개폐상태를 감시제어반에서 확인할 수 있도록 급수개폐밸브 작동표시 스위치를 설치해야 한다.
⑰ 스프링클러설비의 배관은 배수를 위한 기울기를 주거나 배수밸브를 설치하는 등 원활한 배수를 위한 조치를 해야 한다.
⑱ 배관은 다른 설비의 배관과 쉽게 구분이 될 수 있도록 해야 한다.
⑲ 확관형 분기배관을 사용할 경우에는 소방청장이 정하여 고시한 「분기배관의 성능인증 및 제품검사의 기술기준」에 적합한 것으로 설치해야 한다.

제9조(음향장치 및 기동장치)
① 스프링클러설비의 음향장치 및 기동장치는 다음 각 호의 기준에 따라 설치해야 한다.
   1. 습식유수검지장치 또는 건식유수검지장치를 사용하는 설비에 있어서는 헤드가 개방되면 유수검

지장치가 화재신호를 발신하고 그에 따라 음향장치가 경보되도록 할 것
2. 준비작동식유수검지장치 또는 일제개방밸브를 사용하는 설비에는 화재감지기의 감지에 따라 음향장치가 경보되도록 할 것
3. 음향장치는 유수검지장치 및 일제개방밸브 등의 담당구역마다 설치하되 그 구역의 각 부분으로부터 하나의 음향장치까지의 수평거리는 25미터 이하가 되도록 할 것
4. 음향장치는 경종 또는 사이렌(전자식 사이렌을 포함한다)으로 하되, 주위의 소음 및 다른 용도의 경보와 구별이 가능한 음색으로 할 것
5. 주 음향장치는 수신기의 내부 또는 그 직근(直近)에 설치할 것
6. 층수가 11층(공동주택의 경우에는 16층) 이상의 특정소방대상물은 발화층에 따라 경보하는 층을 달리하여 경보를 발할 수 있도록 할 것 〈개정 2023.2.10.〉
7. 음향장치는 다음 각 목의 기준에 따른 구조 및 성능의 것으로 할 것
   가. 정격전압의 80퍼센트 전압에서 음향을 발할 수 있는 것으로 할 것
   나. 음량은 부착된 음향장치의 중심으로부터 1미터 떨어진 위치에서 90데시벨 이상이 되는 것으로 할 것

② 스프링클러설비의 가압송수장치로서 펌프가 설치되는 경우에는 그 펌프의 작동은 유수검지장치의 발신이나 화재감지기의 화재감지 또는 기동용수압개폐장치에 의하여 작동될 수 있도록 해야 한다.
③ 준비작동식유수검지장치 또는 일제개방밸브의 작동은 다음 각 호의 기준에 적합해야 한다.
1. 담당구역 내의 화재감지기의 동작에 따라 개방 및 작동될 것
2. 화재감지회로는 교차회로방식으로 할 것
3. 준비작동식유수검지장치 또는 일제개방밸브의 인근에서 수동기동에 따라서도 개방 및 작동될 수 있게 할 것
4. 제1호 및 제2호에 따른 화재감지기의 설치기준에 관하여는 「자동화재탐지설비 및 시각경보장치의 화재안전성능기준(NFPC 203)」 제7조 및 제11조를 준용할 것
5. 화재감지기 회로에는 「자동화재탐지설비 및 시각경보장치의 화재안전성능기준(NFPC 203)」 제9조에 따른 발신기를 설치할 것

제10조(헤드)

① 스프링클러헤드는 특정소방대상물의 천장·반자·천장과 반자 사이·덕트(Duct)·선반 기타 이와 유사한 부분에 설치해야 한다.
② 삭제 〈2023.10.6.〉
③ 스프링클러헤드를 설치하는 천장·반자·천장과 반자 사이·덕트·선반 등의 각 부분으로부터 하나의 스프링클러헤드까지의 수평거리는 다음 각 호와 같이 해야 한다. 다만, 성능이 별도로 인정된 스프링클러헤드를 수리계산에 따라 설치하는 경우에는 그렇지 않다.
1. 무대부·「화재의 예방 및 안전관리에 관한 법률 시행령」 별표 2의 특수가연물을 저장 또는 취급하는 장소에 있어서는 1.7미터 이하
2. 삭제 〈2023.10.6.〉

3. 삭제 〈2023.10.13.〉
4. 제1호부터 제3호까지 규정 외의 특정소방대상물에 있어서는 2.1미터 이하(내화구조로 된 경우에는 2.3미터 이하)

④ 영 별표 4 소화설비의 소방시설 적용기준란 제1호라목3)에 따른 무대부 또는 연소할 우려가 있는 개구부에 있어서는 개방형스프링클러헤드를 설치해야 한다.

⑤ 다음 각 호의 어느 하나에 해당하는 장소에는 조기반응형 스프링클러헤드를 설치해야 한다. 〈개정 2024.2.8.〉
 1. 공동주택·노유자시설의 거실
 2. 오피스텔·숙박시설의 침실
 3. 병원·의원의 입원실

⑥ 폐쇄형스프링클러헤드는 그 설치장소의 평상시 최고 주위온도에 따라 적합한 표시온도의 것으로 설치해야 한다.

⑦ 스프링클러헤드는 다음 각 호의 방법에 따라 설치해야 한다.
 1. 스프링클러헤드는 살수 및 감열에 장애가 없도록 설치할 것
 2. 연소할 우려가 있는 개구부에는 그 상하좌우에 2.5미터 간격으로(개구부의 폭이 2.5미터 이하인 경우에는 그 중앙에) 스프링클러헤드를 설치하되, 스프링클러헤드와 개구부의 내측 면으로부터 직선거리는 15센티미터 이하가 되도록 할 것
 3. 습식스프링클러설비 및 부압식스프링클러설비 외의 설비에는 상향식스프링클러헤드를 설치할 것
 4. 측벽형스프링클러헤드를 설치하는 경우 긴 변의 한쪽 벽에 일렬로 설치(폭이 4.5미터 이상 9미터 이하인 실에 있어서는 긴변의 양쪽에 각각 일렬로 설치하되 마주보는 스프링클러헤드가 나란히꼴이 되도록 설치)하고 3.6미터 이내마다 설치할 것
 5. 상부에 설치된 헤드의 방출수에 따라 감열부가 영향을 받을 우려가 있는 헤드에는 방출수를 차단할 수 있는 유효한 차폐판을 설치할 것

⑧ 특정소방대상물의 보와 가장 가까운 스프링클러헤드는 헤드의 반사판 중심과 보의 수평거리를 고려하여, 살수에 장애가 없도록 설치해야 한다.

제11조(송수구)

스프링클러설비에는 소방차로부터 그 설비에 송수할 수 있는 송수구를 다음 각 호의 기준에 따라 설치해야 한다.
1. 송수구는 송수 및 그 밖의 소화작업에 지장을 주지 않도록 설치할 것
2. 송수구로부터 주배관에 이르는 연결배관에는 개폐밸브를 설치하지 않을 것
3. 구경 65밀리미터의 쌍구형으로 할 것
4. 송수구에는 그 가까운 곳의 보기 쉬운 곳에 송수압력범위를 표시한 표지를 할 것
5. 폐쇄형스프링클러헤드를 사용하는 스프링클러설비의 송수구는 하나의 층의 바닥면적이 3,000제곱미터를 넘을 때마다 1개 이상(5개를 넘을 경우에는 5개로 한다)을 설치할 것
6. 지면으로부터 높이가 0.5미터 이상 1미터 이하의 위치에 설치할 것

7. 송수구의 가까운 부분에 자동배수밸브(또는 직경 5밀리미터의 배수공) 및 체크밸브를 설치할 것
8. 송수구에는 이물질을 막기 위한 마개를 씌울 것

제12조(전원)

① 스프링클러설비에 설치하는 상용전원회로의 배선은 전용배선으로 하고, 상용전원의 상시공급에 지장이 없도록 설치해야 한다.
② 스프링클러설비에는 자가발전설비, 축전지설비 또는 전기저장장치에 따른 비상전원을 설치해야 한다.
③ 제2항에 따른 비상전원 중 자가발전설비, 축전기설비 또는 전기저장장치는 다음 각 호의 기준을 따르고, 비상전원수전설비는 「소방시설용 비상전원수전설비의 화재안전성능기준 NFPC 602)」에 따라 설치해야 한다.
 1. 점검에 편리하고 화재 및 침수 등의 재해로 인한 피해를 받을 우려가 없는 곳에 설치할 것
 2. 스프링클러설비를 유효하게 20분 이상 작동할 수 있어야 할 것
 3. 상용전원으로부터 전력의 공급이 중단된 때에는 자동으로 비상전원으로부터 전력을 공급받을 수 있도록 할 것
 4. 비상전원(내연기관의 기동 및 제어용 축전기를 제외한다)의 설치장소는 다른 장소와 방화구획할 것
 5. 비상전원을 실내에 설치하는 때에는 그 실내에 비상조명등을 설치할 것
 6. 옥내에 설치하는 비상전원실에는 옥외로 직접 통하는 충분한 용량의 급배기설비를 설치할 것
 7. 비상전원의 출력용량은 다음 각 목의 기준을 충족할 것
    가. 비상전원 설비에 설치되어 동시에 운전될 수 있는 모든 부하의 합계 입력용량을 기준으로 정격출력을 선정할 것
    나. 기동전류가 가장 큰 부하가 기동될 때에도 부하의 허용 최저입력전압 이상의 출력전압을 유지할 것
    다. 단시간 과전류에 견디는 내력은 입력용량이 가장 큰 부하가 최종 기동할 경우에도 견딜 수 있을 것
 8. 자가발전설비는 부하의 용도와 조건에 적합한 것으로 설치하고, 비상전원실의 출입구 외부에는 실의 위치와 비상전원의 종류를 알아볼 수 있도록 표지판을 부착할 것

제13조(제어반)

① 스프링클러설비에는 제어반을 설치하되, 감시제어반과 동력제어반으로 구분하여 설치해야 한다.
② 감시제어반은 가압송수장치, 상용전원, 비상전원, 수조, 물올림수조, 예비전원 등을 감시·제어 및 시험할 수 있는 기능을 갖추어야 한다.
③ 감시제어반은 다음 각 호의 기준에 따라 설치해야 한다.
 1. 화재 및 침수 등의 재해로 인한 피해를 받을 우려가 없는 곳에 설치할 것
 2. 감시제어반은 스프링클러설비의 전용으로 할 것
 3. 감시제어반은 다음 각 목의 기준에 따른 전용실 안에 설치하고, 전용실에는 특정소방대상물의 기계·기구 또는 시설 등의 제어 및 감시설비 외의 것을 두지 않을 것
    가. 다른 부분과 방화구획을 할 것
    나. 피난층 또는 지하 1층에 설치할 것

다. 비상조명등 및 급·배기설비를 설치할 것
라. 「무선통신보조설비의 화재안전성능기준(NFPC 505)」제5조제3항에 따라 유효하게 통신이 가능할 것
마. 바닥면적은 감시제어반의 설치에 필요한 면적 외에 화재 시 소방대원이 그 감시제어반의 조작에 필요한 최소면적 이상으로 할 것
4. 각 유수검지장치 또는 일제개방밸브의 작동 여부를 확인할 수 있는 표시 및 경보기능이 있도록 할 것
5. 일제개방밸브를 사용하는 설비의 경우 화재감지는 각 경계회로별로 화재표시가 되도록 하고, 일제개방밸브를 개방시킬 수 있는 수동조작스위치를 설치할 것
6. 화재감지기, 압력스위치, 저수위, 개폐밸브 폐쇄상태 확인 등 확인회로마다 도통시험 및 작동시험을 할 수 있도록 할 것
7. 감시제어반과 자동화재탐지설비의 수신기를 별도의 장소에 설치하는 경우에는 이들 상호간 연동하여 화재발생 및 제2항의 기능을 확인할 수 있도록 할 것

④ 동력제어반은 앞면을 적색으로 하고, 동력제어반의 외함은 두께 1.5밀리미터 이상의 강판 또는 이와 동등 이상의 강도 및 내열성능이 있는 것으로 하며, 그 밖의 동력제어반의 설치에 관하여는 제3항제1호 및 제2호의 기준을 따라야 한다.
⑤ 자가발전설비 제어반의 제어장치는 비영리 공인기관의 시험을 필한 것으로 설치해야 한다.

제14조(배선 등)

① 스프링클러설비의 배선은 「전기사업법」제67조에 따른 「전기설비기술기준」에서 정한 것 외에 다음 각 호의 기준에 따라 설치해야 한다.
  1. 비상전원으로부터 동력제어반 및 가압송수장치에 이르는 전원회로배선은 내화배선으로 할 것
  2. 상용전원으로부터 동력제어반에 이르는 배선, 그 밖의 스프링클러설비의 감시·조작 또는 표시등 회로의 배선은 내화배선 또는 내열배선으로 할 것
② 제1항에 따른 내화배선 및 내열배선은 「옥내소화전설비의 화재안전성능기준(NFPC 102)」제10조제2항에 따른다.
③ 스프링클러설비의 과전류차단기 및 개폐기에는 "스프링클러설비용"이라고 표시한 표지를 해야 한다.
④ 스프링클러설비용 전기배선의 양단 및 접속단자에는 식별이 용이하도록 표시 또는 표지를 해야 한다.

제15조(헤드의 설치제외)

① 스프링클러설비를 설치해야 할 특정소방대상물에 있어서 스프링클러설비 작동 시 소화효과를 기대할 수 없는 장소이거나 2차 피해가 예상되는 장소 또는 화재 발생 위험이 적은 장소에는 스프링클러헤드를 설치하지 않을 수 있다.
② 제10조제7항제2호의 연소할 우려가 있는 개구부에 드렌처(Drencher)설비를 적합하게 설치한 경우에는 해당 개구부에 한하여 스프링클러헤드를 설치하지 않을 수 있다.

제16조(수원 및 가압송수장치의 펌프 등의 겸용)

① 스프링클러설비의 수원을 옥내소화전설비·간이스프링클러설비·화재조기진압용 스프링클러설

비·물분무소화설비·포소화전설비 및 옥외소화전설비의 수원과 겸용하여 설치하는 경우의 저수량은 각 소화설비에 필요한 저수량을 합한 양 이상이 되도록 해야 한다.
② 스프링클러설비의 가압송수장치로 사용하는 펌프를 옥내소화전설비·간이스프링클러설비·화재조기진압용 스프링클러설비·물분무소화설비·포소화설비 및 옥외소화전설비의 가압송수장치와 겸용하여 설치하는 경우의 펌프의 토출량은 각 소화설비에 해당하는 토출량을 합한 양 이상이 되도록 해야 한다.
③ 옥내소화전설비·스프링클러설비·간이스프링클러설비·화재조기진압용 스프링클러설비·물분무소화설비·포소화설비 및 옥외소화전설비의 가압송수장치에 있어서 각 토출 측 배관과 일반급수용의 가압송수장치의 토출 측 배관을 상호 연결하여 화재 시 사용할 수 있다. 이 경우 연결 배관에는 개폐표시형밸브를 설치해야 하며, 각 소화설비의 성능에 지장이 없도록 해야 한다.
④ 스프링클러설비의 송수구를 옥내소화전설비·간이스프링클러설비·화재조기진압용스프링클러설비·물분무소화설비·포소화설비 또는 연결살수설비의 송수구와 겸용으로 설치하는 경우에는 스프링클러설비의 송수구의 설치기준에 따르되 각각의 소화설비의 기능에 지장이 없도록 해야 한다. 〈개정 2024.5.10.〉

제17조(설치·유지기준의 특례)
소방본부장 또는 소방서장은 기존건축물이 증축·개축·대수선되거나 용도변경되는 경우에 있어서 이 기준이 정하는 기준에 따라 해당 건축물에 설치해야 할 스프링클러설비의 배관·배선 등의 공사가 현저하게 곤란하다고 인정되는 경우에는 해당 설비의 기능 및 사용에 지장이 없는 범위에서 이 기준의 일부를 적용하지 않을 수 있다.

제18조(재검토기한)
소방청장은「훈령·예규 등의 발령 및 관리에 관한 규정」에 따라 이 고시에 대하여 2023년 1월 1일을 기준으로 매 3년이 되는 시점(매 3년째의 12월 31일까지를 말한다)마다 그 타당성을 검토하여 개선 등의 조치를 해야 한다.

부칙〈제2022-33호, 2022. 11. 25.〉

제1조(시행일)
이 고시는 2022년 12월 1일부터 시행한다.

제2조(경과조치)
① 이 고시 시행 전에 건축허가 등의 신청 또는 신고를 하거나 소방시설공사의 착공신고를 한 특정소방대상물에 대해서는 종전의「스프링클러설비의 화재안전기준(NFSC 103)」에 따른다.
② 이 고시 시행 전에 제1항에 따른 신청 또는 신고를 한 경우라도 개정 기준이 종전의 기준에 비해 관계인에게 유리한 경우에는 개정 기준에 따를 수 있다.

제3조(다른 법령과의 관계)
이 고시 시행 당시 다른 법령에서 종전의 화재안전기준을 인용한 경우에 이 고시 가운데 그에 해당하는 규정이 있는 경우에는 종전의 규정에 갈음하여 이 고시의 해당 규정을 인용한 것으로 본다.

부칙〈제2023-7호, 2023. 2. 10.〉

제1조(시행일)
이 고시는 발령 후 2023년 2월 10일부터 시행한다.

제2조(다른 고시의 개정)
① 및 ② 생략

③ 스프링클러설비의 화재안전성능기준(NFPC 103) 일부를 다음과 같이 개정한다.
  제9조제1항제6호 부분 중 "5층 이상으로서 연면적이 3,000제곱미터를 초과하는"을 "11층(공동주택의 경우에는 16층) 이상의"로 한다.

④ 생략

부칙〈제2023-39호, 2023. 10. 6.〉

제1조(시행일)
이 고시는 2024년 1월 1일부터 시행한다. 〈단서 생략〉

제2조 생략

제3조(다른 고시의 개정)
①「스프링클러설비의 화재안전성능기준(NFPC 103)」일부를 다음과 같이 개정한다.
  1. 제4조제1항제1호의 표 내용 중 "공장 또는 창고(랙크식창고를 포함한다)"를 "공장"으로 한다.
  2. 제10조제2항 및 제3항제2호를 삭제한다.

② 생략

부칙〈제2023-40호, 2023. 10. 13.〉

제1조(시행일)
이 고시는 2024년 1월 1일부터 시행한다. 〈단서 생략〉

제2조 생략

제3조(다른 고시의 개정)
①「스프링클러설비의 화재안전성능기준(NFPC 103)」일부를 다음과 같이 개정한다.
  1. 제4조제1항제1호의 표 내용 중 "아파트" 및 "10"을 삭제한다.
  2. 제10조제3항제3호를 삭제한다.

②부터 ④까지 생략

부칙〈제2024-2호, 2024. 2. 8.〉

제1조(시행일)
이 고시는 2024년 4월 1일부터 시행한다.

제2조(경과조치)
① 이 고시 시행 전에 건축허가 등의 신청 또는 신고를 하거나 소방시설공사의 착공신고를 한 특정소방대상물에 대해서는 종전의 「스프링클러설비의 화재안전성능기준(NFPC 103)」에 따른다.
② 이 고시 시행 전에 제1항에 따른 신청 또는 신고를 한 경우라도 개정 기준이 종전의 기준에 비해 관계인에게 유리한 경우에는 개정 기준에 따를 수 있다.

제3조(다른 법령과의 관계)
이 고시 시행 당시 다른 법령에서 종전의 화재안전성능기준을 인용한 경우에 이 고시 가운데 그에 해당하는 규정이 있는 경우에는 종전의 규정에 갈음하여 이 고시의 해당 규정을 인용한 것으로 본다.

부칙〈제2024-19호, 2024. 5. 10.〉

제1조(시행일)
이 고시는 2024년 7월 1일부터 시행한다.

제2조(다른 고시의 개정)
①「스프링클러설비의 화재안전성능기준(NFPC 103)」일부를 다음과 같이 개정한다.
  1. 제8조제5항을 삭제한다.
  2. 제16조제4항을 "스프링클러설비의 송수구를 옥내소화전설비·간이스프링클러설비·화재조기진압용스프링클러설비·물분무소화설비·포소화설비 또는 연결살수설비의 송수구와 겸용으로 설치하는 경우에는 스프링클러설비의 송수구의 설치기준에 따르되 각각의 소화설비의 기능에 지장이 없도록 하여야 한다."로 한다.
②부터 ⑥까지 생략

CHAPTER 21 스프링클러설비의 화재안전기술기준 (NFTC 103)

[시행 2024. 7. 1.] [국립소방연구원공고 제2024-33호, 2024. 7. 1., 일부개정]

1. 일반사항

1.1 적용범위

1.1.1 이 기준은 「소방시설 설치 및 관리에 관한 법률 시행령」(이하 "영"이라 한다) 별표 4 제1호라목에 따른 스프링클러설비의 설치 및 관리에 대해 적용한다.

1.2 기준의 효력

1.2.1 이 기준은 「소방시설 설치 및 관리에 관한 법률」(이하 "법"이라 한다) 제2조제1항제6호나목에 따라 스프링클러설비의 기술기준으로서의 효력을 가진다.

1.2.2 이 기준에 적합한 경우에는 법 제2조제1항제6호나목에 따라 「스프링클러설비의 화재안전성능기준(NFPC 103)」을 충족하는 것으로 본다.

1.3 기준의 시행

1.3.1 이 기준은 2024년 7월 1일부터 시행한다. 〈개정 2024.7.1.〉

1.4 기준의 특례

1.4.1 소방본부장 또는 소방서장은 기존건축물이 증축ㆍ개축ㆍ대수선되거나 용도변경 되는 경우에 있어서 이 기준이 정하는 기준에 따라 해당 건축물에 설치해야 할 스프링클러설비의 배관ㆍ배선 등의 공사가 현저하게 곤란하다고 인정되는 경우에는 해당 설비의 기능 및 사용에 지장이 없는 범위에서 이 기준의 일부를 적용하지 않을 수 있다.

1.5 경과조치

1.5.1 이 기준 시행 전에 건축허가 등의 신청 또는 신고를 하거나 소방시설공사의 착공신고를 한 특정소방대상물에 대해서는 종전의 기준에 따른다. 〈개정 2023.2.10.〉

1.5.2 이 기준 시행 전에 1.5.1에 따른 신청 또는 신고를 한 경우라도 개정 기준이 종전의 기준에 비하여 관계인에게 유리한 경우에는 개정 기준에 따를 수 있다. 〈개정 2023.2.10.〉

1.6 다른 법령과의 관계

1.6.1 이 기준 시행 당시 다른 법령 또는 행정규칙 등에서 종전의 화재안전기준을 인용한 경우에 이 기준 가운데 그에 해당하는 규정이 있는 경우에는 종전의 규정에 갈음하여 이 기준의 해당 규정을 인용한 것으로 본다.

1.7 용어의 정의

1.7.1 이 기준에서 사용하는 용어의 정의는 다음과 같다.

1.7.1.1 "고가수조"란 구조물 또는 지형지물 등에 설치하여 자연낙차의 압력으로 급수하는 수조를 말한다.
1.7.1.2 "압력수조"란 소화용수와 공기를 채우고 일정압력 이상으로 가압하여 그 압력으로 급수하는 수조를 말한다.
1.7.1.3 "충압펌프"란 배관 내 압력손실에 따른 주펌프의 빈번한 기동을 방지하기 위하여 충압 역할을 하는 펌프를 말한다.
1.7.1.4 "정격토출량"이란 펌프의 정격부하운전 시 토출량으로서 정격토출압력에서의 토출량을 말한다.
1.7.1.5 "정격토출압력"이란 펌프의 정격부하운전 시 토출압력으로서 정격토출량에서의 토출 측 압력을 말한다.
1.7.1.6 "진공계"란 대기압 이하의 압력을 측정하는 계측기를 말한다.
1.7.1.7 "연성계"란 대기압 이상의 압력과 대기압 이하의 압력을 측정할 수 있는 계측기를 말한다.
1.7.1.8 "체절운전"이란 펌프의 성능시험을 목적으로 펌프 토출 측의 개폐밸브를 닫은 상태에서 펌프를 운전하는 것을 말한다.
1.7.1.9 "기동용수압개폐장치"란 소화설비의 배관 내 압력변동을 검지하여 자동적으로 펌프를 기동 및 정지시키는 것으로서 압력챔버 또는 기동용압력스위치 등을 말한다.
1.7.1.10 "개방형스프링클러헤드"란 감열체 없이 방수구가 항상 열려져 있는 헤드를 말한다.
1.7.1.11 "폐쇄형스프링클러헤드"란 정상상태에서 방수구를 막고 있는 감열체가 일정온도에서 자동적으로 파괴·용융 또는 이탈됨으로써 방수구가 개방되는 헤드를 말한다.
1.7.1.12 "조기반응형헤드"란 표준형스프링클러헤드 보다 기류온도 및 기류속도에 조기에 반응하는 것을 말한다.
1.7.1.13 "측벽형스프링클러헤드"란 가압된 물이 분사될 때 헤드의 축심을 중심으로 한 반원상에 균일하게 분산시키는 헤드를 말한다.
1.7.1.14 "건식스프링클러헤드"란 물과 오리피스가 분리되어 동파를 방지할 수 있는 스프링클러헤드를 말한다.
1.7.1.15 "유수검지장치"란 유수현상을 자동적으로 검지하여 신호 또는 경보를 발하는 장치를 말한다.
1.7.1.16 "일제개방밸브"란 일제살수식스프링클러설비에 설치되는 유수검지장치를 말한다.
1.7.1.17 "가지배관"이란 헤드가 설치되어 있는 배관을 말한다.
1.7.1.18 "교차배관"이란 가지배관에 급수하는 배관을 말한다.
1.7.1.19 "주배관"이란 가압송수장치 또는 송수구 등과 직접 연결되어 소화수를 이송하는 주된 배관을 말한다.
1.7.1.20 "신축배관"이란 가지배관과 스프링클러헤드를 연결하는 구부림이 용이하고 유연성을 가진 배관을 말한다.
1.7.1.21 "급수배관"이란 수원 또는 송수구 등으로부터 소화설비에 급수하는 배관을 말한다.
1.7.1.22 "분기배관"이란 배관 측면에 구멍을 뚫어 둘 이상의 관로가 생기도록 가공한 배관으로서 다음 각 분기배관을 말한다.
 (1) "확관형 분기배관"이란 배관의 측면에 조그만 구멍을 뚫고 소성가공으로 확관시켜 배관 용접이음자리를 만들거나 배관 용접이음자리에 배관이음쇠를 용접 이음한 배관을 말한다.

(2) "비확관형 분기배관"이란 배관의 측면에 분기호칭내경 이상의 구멍을 뚫고 배관이음쇠를 용접 이음한 배관을 말한다.

1.7.1.23 "습식스프링클러설비"란 가압송수장치에서 폐쇄형스프링클러헤드까지 배관 내에 항상 물이 가압되어 있다가 화재로 인한 열로 폐쇄형스프링클러헤드가 개방되면 배관 내에 유수가 발생하여 습식유수검지장치가 작동하게 되는 스프링클러설비를 말한다.

1.7.1.24 "부압식스프링클러설비"란 가압송수장치에서 준비작동식유수검지장치의 1차 측까지는 항상 정압의 물이 가압되고, 2차 측 폐쇄형 스프링클러헤드까지는 소화수가 부압으로 되어 있다가 화재 시 감지기의 작동에 의해 정압으로 변하여 유수가 발생하면 작동하는 스프링클러설비를 말한다.

1.7.1.25 "준비작동식스프링클러설비"란 가압송수장치에서 준비작동식유수검지장치 1차 측까지 배관 내에 항상 물이 가압되어 있고, 2차 측에서 폐쇄형스프링클러헤드까지 대기압 또는 저압으로 있다가 화재발생시 감지기의 작동으로 준비작동식밸브가 개방되면 폐쇄형스프링클러헤드까지 소화수가 송수되고, 폐쇄형스프링클러헤드가 열에 의해 개방되면 방수가 되는 방식의 스프링클러설비를 말한다.

1.7.1.26 "건식스프링클러설비"란 건식유수검지장치 2차 측에 압축공기 또는 질소 등의 기체로 충전된 배관에 폐쇄형스프링클러헤드가 부착된 스프링클러설비로서, 폐쇄형스프링클러헤드가 개방되어 배관 내의 압축공기 등이 방출되면 건식유수검지장치 1차 측의 수압에 의하여 건식유수검지장치가 작동하게 되는 스프링클러설비를 말한다.

1.7.1.27 "일제살수식스프링클러설비"란 가압송수장치에서 일제개방밸브 1차 측까지 배관 내에 항상 물이 가압되어 있고 2차 측에서 개방형스프링클러헤드까지 대기압으로 있다가 화재 시 자동감지장치 또는 수동식 기동장치의 작동으로 일제개방밸브가 개방되면 스프링클러헤드까지 소화수가 송수되는 방식의 스프링클러설비를 말한다.

1.7.1.28 "반사판(디플렉터)"이란 스프링클러헤드의 방수구에서 유출되는 물을 세분시키는 작용을 하는 것을 말한다.

1.7.1.29 "개폐표시형밸브"란 밸브의 개폐여부를 외부에서 식별이 가능한 밸브를 말한다.

1.7.1.30 "연소할 우려가 있는 개구부"란 각 방화구획을 관통하는 컨베이어·에스컬레이터 또는 이와 유사한 시설의 주위로서 방화구획을 할 수 없는 부분을 말한다.

1.7.1.31 "가압수조"란 가압원인 압축공기 또는 불연성 기체의 압력으로 소화용수를 가압하여 그 압력으로 급수하는 수조를 말한다.

1.7.1.32 "소방부하"란 법 제2조제1항제1호에 따른 소방시설 및 방화·피난·소화활동을 위한 시설의 전력부하를 말한다.

1.7.1.33 "소방전원 보존형 발전기"란 소방부하 및 소방부하 이외의 부하(이하 비상부하라 한다)겸용의 비상발전기로서, 상용전원 중단 시에는 소방부하 및 비상부하에 비상전원이 동시에 공급되고, 화재 시 과부하에 접근될 경우 비상부하의 일부 또는 전부를 자동적으로 차단하는 제어장치를 구비하여, 소방부하에 비상전원을 연속 공급하는 자가발전설비를 말한다.

1.7.1.34 "건식유수검지장치"란 건식스프링클러설비에 설치되는 유수검지장치를 말한다.

1.7.1.35 "습식유수검지장치"란 습식스프링클러설비 또는 부압식스프링클러설비에 설치되는 유수검지장치를 말한다.

1.7.1.36 "준비작동식유수검지장치"란 준비작동식스프링클러설비에 설치되는 유수검지장치를 말한다.

1.7.1.37 "패들형유수검지장치"란 소화수의 흐름에 의하여 패들이 움직이고 접점이 형성되면 신호를 발하는 유수검지장치를 말한다.

1.7.1.38 "주펌프"란 구동장치의 회전 또는 왕복운동으로 소화수를 가압하여 그 압력으로 급수하는 주된 펌프를 말한다.

1.7.1.39 "예비펌프"란 주펌프와 동등 이상의 성능이 있는 별도의 펌프를 말한다.

2. 기술기준

2.1 수원

2.1.1 스프링클러설비의 수원은 그 저수량이 다음의 기준에 적합하도록 해야 한다. 다만, 수리계산에 의하는 경우에는 2.2.1.10 및 2.2.1.11에 따라 산출된 가압송수장치의 1분당 송수량에 20을 곱한 양 이상이 되도록 해야 한다.

2.1.1.1 폐쇄형스프링클러헤드를 사용하는 경우에는 다음 표 2.1.1.1 스프링클러설비 설치장소별 스프링클러헤드의 기준개수[스프링클러헤드의 설치개수가 가장 많은 층(아파트의 경우에는 설치개수가 가장 많은 세대)에 설치된 스프링클러헤드의 개수가 기준개수보다 적은 경우에는 그 설치개수를 말한다. 이하 같다]에 $1.6m^3$를 곱한 양 이상이 되도록 할 것

표 2.1.1.1 스프링클러설비의 설치장소별 스프링클러헤드의 기준개수 〈개정 2024.1.1〉

스프링클러설비 설치장소			기준개수
지하층을 제외한 층수가 10층 이하인 특정소방대상물	공장	특수가연물을 저장·취급하는 것	30
		그 밖의 것	20
	근린생활시설·판매시설·운수시설 또는 복합건축물	판매시설 또는 복합건축물(판매시설이 설치되는 복합건축물을 말한다)	30
		그 밖의 것	20
	그 밖의 것	헤드의 부착높이가 8m 이상인 것	20
		헤드의 부착높이가 8m 미만인 것	10
지하층을 제외한 층수가 11층 이상인 특정소방대상물·지하가 또는 지하역사			30
[비고] 하나의 소방대상물이 2 이상의 "스프링클러헤드의 기준개수"란에 해당하는 때에는 기준개수가 많은 것을 기준으로 한다. 다만, 각 기준개수에 해당하는 수원을 별도로 설치하는 경우에는 그렇지 않다.			

2.1.1.2 개방형스프링클러헤드를 사용하는 스프링클러설비의 수원은 최대 방수구역에 설치된 스프링클러헤드의 개수가 30개 이하일 경우에는 설치헤드수에 $1.6m^3$를 곱한 양 이상으로 하고, 30개를 초과하는 경우에는 수리계산에 따를 것

2.1.2 스프링클러설비의 수원은 2.1.1에 따라 산출된 유효수량 외에 유효수량의 3분의 1 이상을 옥상(스프링클러설비가 설치된 건축물의 주된 옥상을 말한다. 이하 같다)에 설치해야 한다. 다만,

다음의 어느 하나에 해당하는 경우에는 그렇지 않다.
(1) 지하층만 있는 건축물
(2) 2.2.2에 따른 고가수조를 가압송수장치로 설치한 경우
(3) 수원이 건축물의 최상층에 설치된 헤드보다 높은 위치에 설치된 경우
(4) 건축물의 높이가 지표면으로부터 10m 이하인 경우
(5) 주펌프와 동등 이상의 성능이 있는 별도의 펌프로서 내연기관의 기동과 연동하여 작동되거나 비상전원을 연결하여 설치한 경우
(6) 2.2.4에 따라 가압수조를 가압송수장치로 설치한 경우

2.1.3 옥상수조(2.1.1에 따라 산출된 유효수량의 3분의 1 이상을 옥상에 설치한 설비를 말한다. 이하 같다)는 이와 연결된 배관을 통하여 상시 소화수를 공급할 수 있는 구조의 특정소방대상물의 경우에는 2 이상의 특정소방대상물이 있더라도 하나의 특정소방대상물에만 이를 설치할 수 있다.

2.1.4 스프링클러설비의 수원을 수조로 설치하는 경우에는 소화설비의 전용수조로 해야 한다. 다만, 다음의 어느 하나에 해당하는 경우에는 그렇지 않다.

2.1.4.1 스프링클러설비용 펌프의 풋밸브 또는 흡수배관의 흡수구(수직회전축펌프의 흡수구를 포함한다. 이하 같다)를 다른 설비(소화용 설비 외의 것을 말한다. 이하 같다)의 풋밸브 또는 흡수구보다 낮은 위치에 설치한 때

2.1.4.2 2.2.2에 따른 고가수조로부터 스프링클러설비의 수직배관에 물을 공급하는 급수구를 다른 설비의 급수구보다 낮은 위치에 설치한 때

2.1.5 2.1.1 및 2.1.2에 따른 저수량을 산정함에 있어서 다른 설비와 겸용하여 스프링클러설비용 수조를 설치하는 경우에는 스프링클러설비의 풋밸브·흡수구 또는 수직배관의 급수구와 다른 설비의 풋밸브·흡수구 또는 수직배관의 급수구와의 사이의 수량을 그 유효수량으로 한다.

2.1.6 스프링클러설비용 수조는 다음의 기준에 따라 설치해야 한다.

2.1.6.1 점검에 편리한 곳에 설치할 것

2.1.6.2 동결방지조치를 하거나 동결의 우려가 없는 장소에 설치할 것

2.1.6.3 수조의 외측에 수위계를 설치할 것. 다만, 구조상 불가피한 경우에는 수조의 맨홀 등을 통하여 수조 안의 물의 양을 쉽게 확인할 수 있도록 해야 한다.

2.1.6.4 수조의 상단이 바닥보다 높은 때에는 수조의 외측에 고정식 사다리를 설치할 것

2.1.6.5 수조가 실내에 설치된 때에는 그 실내에 조명설비를 설치할 것

2.1.6.6 수조의 밑 부분에는 청소용 배수밸브 또는 배수관을 설치할 것

2.1.6.7 수조 외측의 보기 쉬운 곳에 "스프링클러소화설비용 수조"라고 표시한 표지를 할 것. 이 경우 그 수조를 다른 설비와 겸용하는 때에는 그 겸용되는 설비의 이름을 표시한 표지를 함께 해야 한다.

2.1.6.8 소화설비용 펌프의 흡수배관 또는 소화설비의 수직배관과 수조의 접속부분에는 "스프링클러소화설비용 배관"이라고 표시한 표지를 할 것. 다만, 수조와 가까운 장소에 소화설비용 펌프가 설치되고 해당 펌프에 2.2.1.16에 따른 표지를 설치한 때에는 그렇지 않다.

2.2 가압송수장치

2.2.1 전동기 또는 내연기관에 따른 펌프를 이용하는 가압송수장치는 다음의 기준에 따라 설치해야 한다. 다만, 가압송수장치의 주펌프는 전동기에 따른 펌프로 설치해야 한다.

2.2.1.1 쉽게 접근할 수 있고 점검하기에 충분한 공간이 있는 장소로서 화재 및 침수 등의 재해로 인한 피해를 받을 우려가 없는 곳에 설치할 것

2.2.1.2 동결방지조치를 하거나 동결의 우려가 없는 장소에 설치할 것

2.2.1.3 펌프는 전용으로 할 것. 다만, 다른 소화설비와 겸용하는 경우 각각의 소화설비의 성능에 지장이 없을 때에는 그렇지 않다.

2.2.1.4 펌프의 토출 측에는 압력계를 체크밸브 이전에 펌프 토출 측 플랜지에서 가까운 곳에 설치하고, 흡입 측에는 연성계 또는 진공계를 설치할 것. 다만, 수원의 수위가 펌프의 위치보다 높거나 수직회전축펌프의 경우에는 연성계 또는 진공계를 설치하지 않을 수 있다.

2.2.1.5 펌프의 성능은 체절운전 시 정격토출압력의 140%를 초과하지 않고, 정격토출량의 150%로 운전 시 정격토출압력의 65% 이상이 되어야 하며, 펌프의 성능을 시험할 수 있는 성능시험배관을 설치할 것. 다만, 충압펌프의 경우에는 그렇지 않다.

2.2.1.6 가압송수장치에는 체절운전 시 수온의 상승을 방지하기 위한 순환배관을 설치할 것. 다만, 충압펌프의 경우에는 그렇지 않다.

2.2.1.7 기동장치로는 기동용수압개폐장치 또는 이와 동등 이상의 성능이 있는 것을 설치할 것

2.2.1.8 기동용수압개폐장치 중 압력챔버를 사용할 경우 그 용적은 100L 이상의 것으로 할 것

2.2.1.9 수원의 수위가 펌프보다 낮은 위치에 있는 가압송수장치에는 다음의 기준에 따른 물올림장치를 설치할 것

2.2.1.9.1 물올림장치에는 전용의 수조를 설치할 것

2.2.1.9.2 수조의 유효수량은 100L 이상으로 하되, 구경 15mm 이상의 급수배관에 따라 해당 수조에 물이 계속 보급되도록 할 것

2.2.1.10 가압송수장치의 정격토출압력은 하나의 헤드선단에 0.1MPa 이상 1.2MPa 이하의 방수압력이 될 수 있게 하는 크기일 것

2.2.1.11 가압송수장치의 송수량은 0.1MPa의 방수압력 기준으로 80L/min 이상의 방수성능을 가진 기준개수의 모든 헤드로부터의 방수량을 충족시킬 수 있는 양 이상의 것으로 할 것. 이 경우 속도수두는 계산에 포함하지 않을 수 있다.

2.2.1.12 2.2.1.11의 기준에도 불구하고 가압송수장치의 1분당 송수량은 폐쇄형스프링클러헤드를 사용하는 설비의 경우 2.1.1.1에 따른 기준개수에 80L를 곱한 양 이상으로 할 수 있다.

2.2.1.13 2.2.1.11의 기준에도 불구하고 가압송수장치의 1분당 송수량은 2.1.1.2의 개방형스프링클러 헤드수가 30개 이하의 경우에는 그 개수에 80L를 곱한 양 이상으로 할 수 있으나 30개를 초과하는 경우에는 2.2.1.10 및 2.2.1.11에 따른 기준에 적합하게 할 것

2.2.1.14 기동용수압개폐장치를 기동장치로 사용할 경우에는 다음의 기준에 따른 충압펌프를 설치할 것

2.2.1.14.1 펌프의 토출압력은 그 설비의 최고위 살수장치(일제개방밸브의 경우는 그 밸브)의 자연압보다 적어도 0.2MPa이 더 크도록 하거나 가압송수장치의 정격토출압력과 같게 할 것

2.2.1.14.2 펌프의 정격토출량은 정상적인 누설량보다 적어서는 안 되며, 스프링클러설비가 자동적으로 작동할 수 있도록 충분한 토출량을 유지할 것
2.2.1.15 내연기관을 사용하는 경우에는 다음의 기준에 적합한 것으로 할 것
2.2.1.15.1 제어반에 따라 내연기관의 자동기동 및 수동기동이 가능하고, 상시 충전되어 있는 축전지설비를 갖출 것
2.2.1.15.2 내연기관의 연료량은 펌프를 20분 이상 운전할 수 있는 용량일 것
2.2.1.16 가압송수장치에는 "스프링클러소화펌프"라고 표시한 표지를 할 것. 이 경우 그 가압송수장치를 다른 설비와 겸용하는 때에는 그 겸용되는 설비의 이름을 표시한 표지를 함께 해야 한다.
2.2.1.17 가압송수장치가 기동이 된 경우에는 자동으로 정지되지 않도록 할 것. 다만, 충압펌프의 경우에는 그렇지 않다.
2.2.1.18 가압송수장치는 부식 등으로 인한 펌프의 고착을 방지할 수 있도록 다음의 기준에 적합한 것으로 할 것. 다만, 충압펌프는 제외한다.
2.2.1.18.1 임펠러는 청동 또는 스테인리스 등 부식에 강한 재질을 사용할 것
2.2.1.18.2 펌프축은 스테인리스 등 부식에 강한 재질을 사용할 것
2.2.2 고가수조의 자연낙차를 이용한 가압송수장치는 다음의 기준에 따라 설치해야 한다.
2.2.2.1 고가수조의 자연낙차수두(수조의 하단으로부터 최고층에 설치된 헤드까지의 수직거리를 말한다)는 다음의 식 (2.2.2.1)에 따라 산출한 수치 이상 유지되도록 할 것

$$H = h_1 + 10 \quad \cdots\cdots\cdots\cdots\cdots\cdots\cdots\cdots\cdots\cdots\cdots\cdots\cdots (2.2.2.1)$$

여기에서 H : 필요한 낙차(m)
h_1 : 배관의 마찰손실수두(m)

2.2.2.2 고가수조에는 수위계·배수관·급수관·오버플로우관 및 맨홀을 설치할 것
2.2.3 압력수조를 이용한 가압송수장치는 다음의 기준에 따라 설치해야 한다.
2.2.3.1 압력수조의 압력은 다음의 식 (2.2.3.1)에 따라 산출한 수치 이상 유지되도록 할 것

$$P = p_1 + p_2 + 0.1 \quad \cdots\cdots\cdots\cdots\cdots\cdots\cdots\cdots\cdots\cdots\cdots (2.2.3.1)$$

여기에서 P : 필요한 압력(MPa)
p_1 : 낙차의 환산수두압(MPa)
p_2 : 배관의 마찰손실수두압(MPa)

2.2.3.2 압력수조에는 수위계·급수관·배수관·급기관·맨홀·압력계·안전장치 및 압력저하 방지를 위한 자동식 공기압축기를 설치할 것
2.2.4 가압수조를 이용한 가압송수장치는 다음의 기준에 따라 설치해야 한다.
2.2.4.1 가압수조의 압력은 2.2.1.10 및 2.2.1.11에 따른 방수압 및 방수량을 20분 이상 유지되도록 할 것
2.2.4.2 가압수조 및 가압원은 「건축법 시행령」 제46조에 따른 방화구획 된 장소에 설치할 것
2.2.4.3 가압수조를 이용한 가압송수장치는 소방청장이 정하여 고시한 「가압수조식가압송수장치의 성능인증 및 제품검사의 기술기준」에 적합한 것으로 설치할 것

2.3 폐쇄형스프링클러설비의 방호구역 및 유수검지장치

2.3.1 폐쇄형스프링클러헤드를 사용하는 설비의 방호구역(스프링클러설비의 소화범위에 포함된 영역을 말한다. 이하 같다) 및 유수검지장치는 다음의 기준에 적합해야 한다.

2.3.1.1 하나의 방호구역의 바닥면적은 3,000m²를 초과하지 않을 것. 다만, 폐쇄형스프링클러설비에 격자형배관방식(2 이상의 수평주행배관 사이를 가지배관으로 연결하는 방식을 말한다)을 채택하는 때에는 3,700m² 범위 내에서 펌프용량, 배관의 구경 등을 수리학적으로 계산한 결과 헤드의 방수압 및 방수량이 방호구역 범위 내에서 소화목적을 달성하는 데 충분하도록 해야 한다.

2.3.1.2 하나의 방호구역에는 1개 이상의 유수검지장치를 설치하되, 화재 시 접근이 쉽고 점검하기 편리한 장소에 설치할 것

2.3.1.3 하나의 방호구역은 2개 층에 미치지 않도록 할 것. 다만, 1개 층에 설치되는 스프링클러헤드의 수가 10개 이하인 경우와 복층형구조의 공동주택에는 3개 층 이내로 할 수 있다.

2.3.1.4 유수검지장치를 실내에 설치하거나 보호용 철망 등으로 구획하여 바닥으로부터 0.8m 이상 1.5m 이하의 위치에 설치하되, 그 실 등에는 가로 0.5m 이상 세로 1m 이상의 개구부로서 그 개구부에는 출입문을 설치하고 그 출입문 상단에 "유수검지장치실"이라고 표시한 표지를 설치할 것. 다만, 유수검지장치를 기계실(공조용기계실을 포함한다)안에 설치하는 경우에는 별도의 실 또는 보호용 철망을 설치하지 않고 기계실 출입문 상단에 "유수검지장치실"이라고 표시한 표지를 설치할 수 있다.

2.3.1.5 스프링클러헤드에 공급되는 물은 유수검지장치를 지나도록 할 것. 다만, 송수구를 통하여 공급되는 물은 그렇지 않다.

2.3.1.6 자연낙차에 따른 압력수가 흐르는 배관 상에 설치된 유수검지장치는 화재 시 물의 흐름을 검지할 수 있는 최소한의 압력이 얻어질 수 있도록 수조의 하단으로부터 낙차를 두어 설치할 것

2.3.1.7 조기반응형 스프링클러헤드를 설치하는 경우에는 습식유수검지장치 또는 부압식스프링클러설비를 설치할 것

2.4 개방형스프링클러설비의 방수구역 및 일제개방밸브

2.4.1 개방형스프링클러설비의 방수구역 및 일제개방밸브는 다음의 기준에 적합해야 한다.

2.4.1.1 하나의 방수구역은 2개 층에 미치지 않아야 한다.

2.4.1.2 방수구역마다 일제개방밸브를 설치해야 한다

2.4.1.3 하나의 방수구역을 담당하는 헤드의 개수는 50개 이하로 할 것. 다만, 2개 이상의 방수구역으로 나눌 경우에는 하나의 방수구역을 담당하는 헤드의 개수는 25개 이상으로 해야 한다.

2.4.1.4 일제개방밸브의 설치 위치는 2.3.1.4의 기준에 따르고, 표지는 "일제개방밸브실"이라고 표시해야 한다.

2.5 배관

2.5.1 배관과 배관이음쇠는 다음의 어느 하나에 해당하는 것 또는 동등 이상의 강도 · 내식성 및 내열성 등을 국내 · 외 공인기관으로부터 인정받은 것을 사용해야 하고, 배관용 스테인리스 강관(KS D 3576)의 이음을 용접으로 할 경우에는 텅스텐 불활성 가스 아크 용접(Tungsten Inertgas

Arc Welding)방식에 따른다. 다만, 2.5에서 정하지 않은 사항은 「건설기술 진흥법」 제44조제1항의 규정에 따른 "건설기준"에 따른다.

2.5.1.1 배관 내 사용압력이 1.2MPa 미만일 경우에는 다음의 어느 하나에 해당하는 것
  (1) 배관용 탄소 강관(KS D 3507)
  (2) 이음매 없는 구리 및 구리합금관(KS D 5301). 다만, 습식의 배관에 한한다.
  (3) 배관용 스테인리스 강관(KS D 3576) 또는 일반배관용 스테인리스 강관(KS D 3595)
  (4) 덕타일 주철관(KS D 4311)

2.5.1.2 배관 내 사용압력이 1.2MPa 이상일 경우에는 다음의 어느 하나에 해당하는 것
  (1) 압력 배관용 탄소 강관(KS D 3562)
  (2) 배관용 아크용접 탄소강 강관(KS D 3583)

2.5.2 2.5.1에도 불구하고 다음의 어느 하나에 해당하는 장소에는 소방청장이 정하여 고시한 「소방용 합성수지배관의 성능인증 및 제품검사의 기술기준」에 적합한 소방용 합성수지배관으로 설치할 수 있다.

2.5.2.1 배관을 지하에 매설하는 경우
2.5.2.2 다른 부분과 내화구조로 구획된 덕트 또는 피트의 내부에 설치하는 경우
2.5.2.3 천장(상층이 있는 경우에는 상층바닥의 하단을 포함한다. 이하 같다)과 반자를 불연재료 또는 준불연재료로 설치하고 소화배관 내부에 항상 소화수가 채워진 상태로 설치하는 경우

2.5.3 급수배관은 다음의 기준에 따라 설치해야 한다.
2.5.3.1 전용으로 할 것. 다만, 스프링클러설비의 기동장치의 조작과 동시에 다른 설비의 용도에 사용하는 배관의 송수를 차단할 수 있거나, 스프링클러설비의 성능에 지장이 없는 경우에는 다른 설비와 겸용할 수 있다.

2.5.3.2 급수배관에 설치되어 급수를 차단할 수 있는 개폐밸브는 개폐표시형으로 할 것. 이 경우 펌프의 흡입 측 배관에는 버터플라이밸브 외의 개폐표시형밸브를 설치해야 한다.

2.5.3.3 배관의 구경은 2.2.1.10 및 2.2.1.11에 적합하도록 수리계산에 의하거나 표 2.5.3.3의 기준에 따라 설치할 것. 다만, 수리계산에 따르는 경우 가지배관의 유속은 6m/s, 그 밖의 배관의 유속은 10m/s를 초과할 수 없다.

표 2.5.3.3. 스프링클러헤드 수별 급수관의 구경

(단위 : mm)

급수관의 구경 구분	25	32	40	50	65	80	90	100	125	150
가	2	3	5	10	30	60	80	100	160	161 이상
나	2	4	7	15	30	60	65	100	160	161 이상
다	1	2	5	8	15	27	40	55	90	91 이상

[비고] 1. 폐쇄형스프링클러헤드를 사용하는 설비의 경우로서 1개 층에 하나의 급수배관(또는 밸브 등)이 담당하는 구역의 최대면적은 3,000m²를 초과하지 않을 것

> 2. 폐쇄형스프링클러헤드를 설치하는 경우에는 "가"란의 헤드 수에 따를 것. 다만, 100개 이상의 헤드를 담당하는 급수배관(또는 밸브)의 구경을 100mm로 할 경우에는 수리계산을 통하여 2.5.3.3의 단서에서 규정한 배관의 유속에 적합하도록 할 것
> 3. 폐쇄형스프링클러헤드를 설치하고 반자 아래의 헤드와 반자 속의 헤드를 동일 급수관의 가지관상에 병설하는 경우에는 "나"란의 헤드 수에 따를 것
> 4. 2.7.3.1의 경우로서 폐쇄형스프링클러헤드를 설치하는 설비의 배관구경은 "다"란에 따를 것
> 5. 개방형스프링클러헤드를 설치하는 경우 하나의 방수구역이 담당하는 헤드의 개수가 30개 이하일 때는 "다"란의 헤드 수에 의하고, 30개를 초과할 때는 수리계산 방법에 따를 것

2.5.4 펌프의 흡입 측 배관은 다음의 기준에 따라 설치해야 한다.

2.5.4.1 공기 고임이 생기지 않는 구조로 하고 여과장치를 설치할 것

2.5.4.2 수조가 펌프보다 낮게 설치된 경우에는 각 펌프(충압펌프를 포함한다)마다 수조로부터 별도로 설치할 것

2.5.5 〈삭제 2024.7.1.〉

2.5.6 펌프의 성능시험배관은 다음의 기준에 적합하도록 설치해야 한다.

2.5.6.1 성능시험배관은 펌프의 토출 측에 설치된 개폐밸브 이전에서 분기하여 직선으로 설치하고, 유량측정장치를 기준으로 전단 직관부에는 개폐밸브를 후단 직관부에는 유량조절밸브를 설치할 것. 이 경우 개폐밸브와 유량측정장치 사이의 직관부 거리 및 유량측정장치와 유량조절밸브 사이의 직관부 거리는 해당 유량측정장치 제조사의 설치사양에 따르고, 성능시험배관의 호칭지름은 유량측정장치의 호칭지름에 따른다.

2.5.6.2 유량측정장치는 펌프의 정격토출량의 175% 이상 측정할 수 있는 성능이 있을 것

2.5.7 가압송수장치의 체절운전 시 수온의 상승을 방지하기 위하여 체크밸브와 펌프사이에서 분기한 구경 20mm 이상의 배관에 체절압력 미만에서 개방되는 릴리프밸브를 설치해야 한다.

2.5.8 배관은 동결방지조치를 하거나 동결의 우려가 없는 장소에 설치해야 한다. 다만, 보온재를 사용할 경우에는 난연재료 성능 이상의 것으로 해야 한다.

2.5.9 가지배관의 배열은 다음의 기준에 따른다.

2.5.9.1 토너먼트(Tournament) 배관방식이 아닐 것

2.5.9.2 교차배관에서 분기되는 지점을 기점으로 한쪽 가지배관에 설치되는 헤드의 개수(반자 아래와 반자속의 헤드를 하나의 가지배관 상에 병설하는 경우에는 반자 아래에 설치하는 헤드의 개수)는 8개 이하로 할 것. 다만, 다음 각 기준의 어느 하나에 해당하는 경우에는 그렇지 않다.

2.5.9.2.1 기존의 방호구역 안에서 칸막이 등으로 구획하여 1개의 헤드를 증설하는 경우

2.5.9.2.2 습식스프링클러설비 또는 부압식스프링클러설비에 격자형 배관방식(2 이상의 수평주행배관 사이를 가지배관으로 연결하는 방식을 말한다)을 채택하는 때에는 펌프의 용량, 배관의 구경 등을 수리학적으로 계산한 결과 헤드의 방수압 및 방수량이 소화목적을 달성하는 데 충분하다고 인정되는 경우

2.5.9.3 가지배관과 헤드 사이의 배관을 신축배관으로 하는 경우에는 소방청장이 정하여 고시한 「스프

링클러설비신축배관의 성능인증 및 제품검사의 기술기준」에 적합한 것으로 설치할 것. 이 경우 신축배관의 설치길이는 2.7.3의 거리를 초과하지 않아야 한다.

2.5.10 교차배관의 위치·청소구 및 가지배관의 헤드설치는 다음의 기준에 따른다.

2.5.10.1 교차배관은 가지배관과 수평으로 설치하거나 또는 가지배관 밑에 설치하고, 그 구경은 2.5.3.3에 따르되, 최소구경이 40mm 이상이 되도록 할 것. 다만, 패들형유수검지장치를 사용하는 경우에는 교차배관의 구경과 동일하게 설치할 수 있다.

2.5.10.2 청소구는 교차배관 끝에 40mm 이상 크기의 개폐밸브를 설치하고, 호스접결이 가능한 나사식 또는 고정배수 배관식으로 할 것. 이 경우 나사식의 개폐밸브는 옥내소화전 호스접결용의 것으로 하고, 나사보호용의 캡으로 마감해야 한다.

2.5.10.3 하향식헤드를 설치하는 경우에 가지배관으로부터 헤드에 이르는 헤드접속배관은 가지배관 상부에서 분기할 것. 다만, 소화설비용 수원의 수질이 「먹는물관리법」 제5조에 따라 먹는물의 수질기준에 적합하고 덮개가 있는 저수조로부터 물을 공급받는 경우에는 가지배관의 측면 또는 하부에서 분기할 수 있다.

2.5.11 준비작동식유수검지장치 또는 일제개방밸브를 사용하는 스프링클러설비에 있어서 유수검지장치 또는 밸브 2차 측 배관의 부대설비는 다음의 기준에 따른다.

2.5.11.1 개폐표시형밸브를 설치할 것

2.5.11.2 2.5.11.1에 따른 밸브와 준비작동식유수검지장치 또는 일제개방밸브 사이의 배관은 다음의 기준과 같은 구조로 할 것

2.5.11.2.1 수직배수배관과 연결하고 동 연결배관상에는 개폐밸브를 설치할 것

2.5.11.2.2 자동배수장치 및 압력스위치를 설치할 것

2.5.11.2.3 2.5.11.2.2에 따른 압력스위치는 수신부에서 준비작동식유수검지장치 또는 일제개방밸브의 작동 여부를 확인할 수 있게 설치할 것

2.5.12 습식유수검지장치 또는 건식유수검지장치를 사용하는 스프링클러설비와 부압식스프링클러설비에는 동 장치를 시험할 수 있는 시험장치를 다음의 기준에 따라 설치해야 한다.

2.5.12.1 습식스프링클러설비 및 부압식스프링클러설비에 있어서는 유수검지장치 2차 측 배관에 연결하여 설치하고 건식스프링클러설비인 경우 유수검지장치에서 가장 먼 거리에 위치한 가지배관의 끝으로부터 연결하여 설치할 것. 이 경우 유수검지장치 2차 측 설비의 내용적이 2,840L를 초과하는 건식스프링클러설비는 시험장치 개폐밸브를 완전 개방 후 1분 이내에 물이 방사되어야 한다.

2.5.12.2 시험장치 배관의 구경은 25mm 이상으로 하고, 그 끝에 개폐밸브 및 개방형헤드 또는 스프링클러헤드와 동등한 방수성능을 가진 오리피스를 설치할 것. 이 경우 개방형헤드는 반사판 및 프레임을 제거한 오리피스만으로 설치할 수 있다.

2.5.12.3 시험배관의 끝에는 물받이 통 및 배수관을 설치하여 시험 중 방사된 물이 바닥에 흘러내리지 않도록 할 것. 다만, 목욕실·화장실 또는 그 밖의 곳으로서 배수처리가 쉬운 장소에 시험배관을 설치한 경우에는 그렇지 않다.

2.5.13 배관에 설치되는 행거는 다음의 기준에 따라 설치해야 한다.

2.5.13.1 가지배관에는 헤드의 설치지점 사이마다 1개 이상의 행거를 설치하되, 헤드간의 거리가 3.5m를 초과하는 경우에는 3.5m 이내마다 1개 이상 설치할 것. 이 경우 상향식헤드와 행거 사이에는 8cm 이상의 간격을 두어야 한다.

2.5.13.2 교차배관에는 가지배관과 가지배관 사이마다 1개 이상의 행거를 설치하되, 가지배관 사이의 거리가 4.5m를 초과하는 경우에는 4.5m 이내마다 1개 이상 설치할 것

2.5.13.3 2.5.13.1 및 2.5.13.2의 수평주행배관에는 4.5m 이내마다 1개 이상 설치할 것

2.5.14 수직배수배관의 구경은 50mm 이상으로 해야 한다. 다만, 수직배관의 구경이 50mm 미만인 경우에는 수직배관과 동일한 구경으로 할 수 있다.

2.5.15 〈삭제 2024.4.1.〉

2.5.15.1 〈삭제 2024.4.1.〉

2.5.15.2 〈삭제 2024.4.1.〉

2.5.16 급수배관에 설치되어 급수를 차단할 수 있는 개폐밸브에는 그 밸브의 개폐상태를 감시제어반에서 확인할 수 있도록 급수개폐밸브 작동표시 스위치를 다음의 기준에 따라 설치해야 한다.

2.5.16.1 급수개폐밸브가 잠길 경우 탬퍼스위치의 동작으로 인하여 감시제어반 또는 수신기에 표시되어야 하며 경보음을 발할 것

2.5.16.2 탬퍼스위치는 감시제어반 또는 수신기에서 동작의 유무 확인과 동작시험, 도통시험을 할 수 있을 것

2.5.16.3 급수개폐밸브의 작동표시 스위치에 사용되는 전기배선은 내화전선 또는 내열전선으로 설치할 것

2.5.17 스프링클러설비 배관의 배수를 위한 기울기는 다음의 기준에 따른다.

2.5.17.1 습식스프링클러설비 또는 부압식 스프링클러설비의 배관을 수평으로 할 것. 다만, 배관의 구조상 소화수가 남아 있는 곳에는 배수밸브를 설치해야 한다.

2.5.17.2 습식스프링클러설비 또는 부압식 스프링클러설비 외의 설비에는 헤드를 향하여 상향으로 수평주행배관의 기울기를 500분의 1 이상, 가지배관의 기울기를 250분의 1 이상으로 할 것. 다만, 배관의 구조상 기울기를 줄 수 없는 경우에는 배수를 원활하게 할 수 있도록 배수밸브를 설치해야 한다.

2.5.18 배관은 다른 설비의 배관과 쉽게 구분이 될 수 있는 위치에 설치하거나, 그 배관표면 또는 배관 보온재표면의 색상은 「한국산업표준(배관계의 식별 표시, KS A 0503)」 또는 적색으로 식별이 가능하도록 소방용설비의 배관임을 표시해야 한다.

2.5.19 확관형 분기배관을 사용할 경우에는 소방청장이 정하여 고시한 「분기배관의 성능인증 및 제품검사의 기술기준」에 적합한 것으로 설치해야 한다.

2.6 음향장치 및 기동장치

2.6.1 스프링클러설비의 음향장치 및 기동장치는 다음의 기준에 따라 설치해야 한다.

2.6.1.1 습식유수검지장치 또는 건식유수검지장치를 사용하는 설비에 있어서는 헤드가 개방되면 유수검지장치가 화재신호를 발신하고 그에 따라 음향장치가 경보되도록 할 것

2.6.1.2 준비작동식유수검지장치 또는 일제개방밸브를 사용하는 설비에는 화재감지기의 감지에 따라 음향장치가 경보되도록 할 것. 이 경우 화재감지기회로를 교차회로방식(하나의 준비작동식유수검지장치 또는 일제개방밸브의 담당구역 내에 2 이상의 화재감지기회로를 설치하고 인접한 2 이상의 화재감지기가 동시에 감지되는 때에 준비작동식유수검지장치 또는 일제개방밸브가 개방·작동되는 방식을 말한다)으로 하는 때에는 하나의 화재감지기회로가 화재를 감지하는 때에도 음향장치가 경보되도록 해야 한다.

2.6.1.3 음향장치는 유수검지장치 및 일제개방밸브 등의 담당구역마다 설치하되 그 구역의 각 부분으로부터 하나의 음향장치까지의 수평거리는 25m 이하가 되도록 할 것

2.6.1.4 음향장치는 경종 또는 사이렌(전자식 사이렌을 포함한다)으로 하되, 주위의 소음 및 다른 용도의 경보와 구별이 가능한 음색으로 할 것. 이 경우 경종 또는 사이렌은 자동화재탐지설비·비상벨설비 또는 자동식사이렌설비의 음향장치와 겸용할 수 있다.

2.6.1.5 주 음향장치는 수신기의 내부 또는 그 직근에 설치할 것

2.6.1.6 층수가 11층(공동주택의 경우 16층) 이상의 특정소방대상물은 다음의 기준에 따라 경보를 발할 수 있도록 해야 한다. 〈개정 2023.2.10.〉

2.6.1.6.1 2층 이상의 층에서 발화한 때에는 발화층 및 그 직상 4개층에 경보를 발할 것 〈개정 2023.2.10.〉

2.6.1.6.2 1층에서 발화한 때에는 발화층·그 직상 4개층 및 지하층에 경보를 발할 것 〈개정 2023.2.10.〉

2.6.1.6.3 지하층에서 발화한 때에는 발화층·그 직상층 및 기타의 지하층에 경보를 발할 것

2.6.1.7 음향장치는 다음의 기준에 따른 구조 및 성능의 것으로 할 것

2.6.1.7.1 정격전압의 80% 전압에서 음향을 발할 수 있는 것으로 할 것

2.6.1.7.2 음향의 크기는 부착된 음향장치의 중심으로부터 1m 떨어진 위치에서 90dB 이상이 되는 것으로 할 것

2.6.2 스프링클러설비의 가압송수장치로서 펌프가 설치되는 경우 그 펌프의 작동은 다음의 어느 하나에 적합해야 한다.

2.6.2.1 습식유수검지장치 또는 건식유수검지장치를 사용하는 설비에 있어서는 유수검지장치의 발신이나 기동용수압개폐장치에 의하여 작동되거나 또는 이 두 가지의 혼용에 따라 작동될 수 있도록 할 것

2.6.2.2 준비작동식유수검지장치 또는 일제개방밸브를 사용하는 설비에 있어서는 화재감지기의 화재감지나 기동용수압개폐장치에 따라 작동되거나 또는 이 두 가지의 혼용에 따라 작동할 수 있도록 할 것

2.6.3 준비작동식유수검지장치 또는 일제개방밸브의 작동은 다음의 기준에 적합해야 한다.

2.6.3.1 담당구역 내의 화재감지기의 동작에 따라 개방 및 작동될 것

2.6.3.2 화재감지회로는 교차회로방식으로 할 것. 다만, 다음의 어느 하나에 해당하는 경우에는 그렇지 않다.

2.6.3.2.1 스프링클러설비의 배관 또는 헤드에 누설경보용 물 또는 압축공기가 채워지거나 부압식스프링클러설비의 경우

2.6.3.2.2 화재감지기를 「자동화재탐지설비 및 시각경보장치의 화재안전기술기준(NFTC 203)」의 2.4.1 단서의 각 감지기로 설치한 때

2.6.3.3 준비작동식유수검지장치 또는 일제개방밸브의 인근에서 수동기동(전기식 및 배수식)에 따라서도 개방 및 작동될 수 있도록 할 것

2.6.3.4 2.6.3.1 및 2.6.3.2에 따른 화재감지기의 설치기준에 관하여는 「자동화재탐지설비 및 시각경보장치의 화재안전기술기준(NFTC 203)」 2.4(감지기) 및 2.8(배선)를 준용할 것. 이 경우 교차회로방식에 있어서의 화재감지기의 설치는 각 화재감지기 회로별로 설치하되, 각 화재감지기 회로별 화재감지기 1개가 담당하는 바닥면적은 「자동화재탐지설비 및 시각경보장치의 화재안전기술기준(NFTC 203)」의 2.4.3.5, 2.4.3.8부터 2.4.3.10에 따른 바닥면적으로 한다.

2.6.3.5 화재감지기 회로에는 다음의 기준에 따른 발신기를 설치할 것. 다만, 자동화재탐지설비의 발신기가 설치된 경우에는 그렇지 않다.

2.6.3.5.1 조작이 쉬운 장소에 설치하고, 스위치는 바닥으로부터 0.8m 이상 1.5m 이하의 높이에 설치할 것

2.6.3.5.2 특정소방대상물의 층마다 설치하되, 해당 특정소방대상물의 각 부분으로부터 하나의 발신기까지의 수평거리가 25m 이하가 되도록 할 것. 다만, 복도 또는 별도로 구획된 실로서 보행거리가 40m 이상일 경우에는 추가로 설치해야 한다.

2.6.3.5.3 발신기의 위치를 표시하는 표시등은 함의 상부에 설치하되, 그 불빛은 부착 면으로부터 15° 이상의 범위 안에서 부착지점으로부터 10m 이내의 어느 곳에서도 쉽게 식별할 수 있는 적색등으로 할 것

2.7 헤드

2.7.1 스프링클러헤드는 특정소방대상물의 천장·반자·천장과 반자 사이·덕트·선반 기타 이와 유사한 부분(폭이 1.2m를 초과하는 것에 한한다)에 설치해야 한다. 다만, 폭이 9m 이하인 실내에 있어서는 측벽에 설치할 수 있다.

2.7.2 〈삭제 2024.1.1.〉

2.7.3 스프링클러헤드를 설치하는 천장·반자·천장과 반자 사이·덕트·선반 등의 각 부분으로부터 하나의 스프링클러헤드까지의 수평거리는 다음의 기준과 같이 해야 한다. 다만, 성능이 별도로 인정된 스프링클러헤드를 수리계산에 따라 설치하는 경우에는 그렇지 않다.

2.7.3.1 무대부·「화재의 예방 및 안전관리에 관한 법률 시행령」 별표 2의 특수가연물을 저장 또는 취급하는 장소에 있어서는 1.7m 이하

2.7.3.2 〈삭제 2024.1.1.〉

2.7.3.3 〈삭제 2024.1.1.〉

2.7.3.4 2.7.3.1부터 2.7.3.3까지 규정 외의 특정소방대상물에 있어서는 2.1m 이하(내화구조로 된 경우에는 2.3m 이하)

2.7.4 영 별표 4 소화설비의 소방시설 적용기준란 제1호라목3)에 따른 무대부 또는 연소할 우려가 있는 개구부에 있어서는 개방형스프링클러헤드를 설치해야 한다.

2.7.5 다음의 어느 하나에 해당하는 장소에는 조기반응형 스프링클러헤드를 설치해야 한다.
(1) 공동주택 · 노유자시설의 거실
(2) 오피스텔 · 숙박시설의 침실
(3) 병원 · 의원의 입원실

2.7.6 폐쇄형스프링클러헤드는 그 설치장소의 평상시 최고 주위온도에 따라 다음 표 2.7.6에 따른 표시온도의 것으로 설치해야 한다. 다만, 높이가 4m 이상인 공장에 설치하는 스프링클러헤드는 그 설치장소의 평상시 최고 주위온도에 관계없이 표시온도 121℃ 이상의 것으로 할 수 있다. 〈개정 2024.1.1.〉

표 2.7.6 설치장소의 평상시 최고 주위온도에 따른 폐쇄형 스프링클러헤드의 표시온도

설치장소의 최고 주위온도	표시온도
39℃ 미만	79℃ 미만
39℃ 이상 64℃ 미만	79℃ 이상 121℃ 미만
64℃ 이상 106℃ 미만	121℃ 이상 162℃ 미만
106℃ 이상	162℃ 이상

2.7.7 스프링클러헤드는 다음의 방법에 따라 설치해야 한다.

2.7.7.1 살수가 방해되지 않도록 스프링클러헤드로부터 반경 60cm 이상의 공간을 보유할 것. 다만, 벽과 스프링클러헤드간의 공간은 10cm 이상으로 한다.

2.7.7.2 스프링클러헤드와 그 부착면(상향식헤드의 경우에는 그 헤드의 직상부의 천장 · 반자 또는 이와 비슷한 것을 말한다. 이하 같다)과의 거리는 30cm 이하로 할 것

2.7.7.3 배관 · 행거 및 조명기구 등 살수를 방해하는 것이 있는 경우에는 2.7.7.1 및 2.7.7.2에도 불구하고 그로부터 아래에 설치하여 살수에 장애가 없도록 할 것. 다만, 스프링클러헤드와 장애물과의 이격거리를 장애물 폭의 3배 이상 확보한 경우에는 그렇지 않다.

2.7.7.4 스프링클러헤드의 반사판은 그 부착 면과 평행하게 설치할 것. 다만, 측벽형헤드 또는 2.7.7.6에 따른 연소할 우려가 있는 개구부에 설치하는 스프링클러헤드의 경우에는 그렇지 않다.

2.7.7.5 천장의 기울기가 10분의 1을 초과하는 경우에는 가지관을 천장의 마루와 평행하게 설치하고, 스프링클러헤드는 다음의 어느 하나에 적합하게 설치할 것

2.7.7.5.1 천장의 최상부에 스프링클러헤드를 설치하는 경우에는 최상부에 설치하는 스프링클러헤드의 반사판을 수평으로 설치할 것

2.7.7.5.2 천장의 최상부를 중심으로 가지관을 서로 마주보게 설치하는 경우에는 최상부의 가지관 상호간의 거리가 가지관상의 스프링클러헤드 상호간의 거리의 2분의 1이하(최소 1m 이상이 되어야 한다)가 되게 스프링클러헤드를 설치하고, 가지관의 최상부에 설치하는 스프링클러헤드는 천장의 최상부로부터의 수직거리가 90cm 이하가 되도록 할 것. 톱날지붕, 둥근지붕 기타 이와 유사한 지붕의 경우에도 이에 준한다.

2.7.7.6 연소할 우려가 있는 개구부에는 그 상하좌우에 2.5m 간격으로(개구부의 폭이 2.5m 이하인 경우에는 그 중앙에) 스프링클러헤드를 설치하되, 스프링클러헤드와 개구부의 내측 면으로부

터 직선거리는 15cm 이하가 되도록 할 것. 이 경우 사람이 상시 출입하는 개구부로서 통행에 지장이 있는 때에는 개구부의 상부 또는 측면(개구부의 폭이 9m 이하인 경우에 한한다)에 설치하되, 헤드 상호간의 간격은 1.2m 이하로 설치해야 한다.

2.7.7.7 습식스프링클러설비 및 부압식스프링클러설비 외의 설비에는 상향식스프링클러헤드를 설치할 것. 다만, 다음의 어느 하나에 해당하는 경우에는 그렇지 않다.
  (1) 드라이펜던트스프링클러헤드를 사용하는 경우
  (2) 스프링클러헤드의 설치장소가 동파의 우려가 없는 곳인 경우
  (3) 개방형스프링클러헤드를 사용하는 경우

2.7.7.8 측벽형스프링클러헤드를 설치하는 경우 긴 변의 한쪽 벽에 일렬로 설치(폭이 4.5m 이상 9m 이하인 실에 있어서는 긴변의 양쪽에 각각 일렬로 설치하되 마주보는 스프링클러헤드가 나란히꼴이 되도록 설치)하고 3.6m 이내마다 설치할 것

2.7.7.9 상부에 설치된 헤드의 방출수에 따라 감열부에 영향을 받을 우려가 있는 헤드에는 방출수를 차단할 수 있는 유효한 차폐판을 설치할 것

2.7.8 2.7.7.2에도 불구하고 특정소방대상물의 보와 가장 가까운 스프링클러 헤드는 다음 표 2.7.8의 기준에 따라 설치해야 한다. 다만, 천장 면에서 보의 하단까지의 길이가 55cm를 초과하고 보의 하단 측면 끝부분으로부터 스프링클러헤드까지의 거리가 스프링클러헤드 상호간 거리의 2분의 1 이하가 되는 경우에는 스프링클러헤드와 그 부착 면과의 거리를 55cm 이하로 할 수 있다.

표 2.7.8 보의 수평거리에 따른 스프링클러헤드의 수직거리

스프링클러헤드의 반사판 중심과 보의 수평거리	스프링클러헤드의 반사판 높이와 보의 하단 높이의 수직거리
0.75m 미만	보의 하단보다 낮을 것
0.75m 이상 1m 미만	0.1m 미만일 것
1m 이상 1.5m 미만	0.15m 미만일 것
1.5m 이상	0.3m 미만일 것

2.8 송수구

2.8.1 스프링클러설비에는 소방차로부터 그 설비에 송수할 수 있는 송수구를 다음의 기준에 따라 설치해야 한다.

2.8.1.1 소방차가 쉽게 접근할 수 있고 잘 보이는 장소에 설치하고, 화재층으로부터 지면으로 떨어지는 유리창 등이 송수 및 그 밖의 소화작업에 지장을 주지 않는 장소에 설치할 것

2.8.1.2 송수구로부터 스프링클러설비의 주배관에 이르는 연결배관에 개폐밸브를 설치한 때에는 그 개폐상태를 쉽게 확인 및 조작할 수 있는 옥외 또는 기계실 등의 장소에 설치할 것

2.8.1.3 송수구는 구경 65mm의 쌍구형으로 할 것

2.8.1.4 송수구에는 그 가까운 곳의 보기 쉬운 곳에 송수압력범위를 표시한 표지를 할 것

2.8.1.5 폐쇄형스프링클러헤드를 사용하는 스프링클러설비의 송수구는 하나의 층의 바닥면적이

3,000m²를 넘을 때마다 1개 이상(5개를 넘을 경우에는 5개로 한다)을 설치할 것
2.8.1.6 지면으로부터 높이가 0.5m 이상 1m 이하의 위치에 설치할 것
2.8.1.7 송수구의 부근에는 자동배수밸브(또는 직경 5mm의 배수공) 및 체크밸브를 설치할 것. 이 경우 자동배수밸브는 배관안의 물이 잘 빠질 수 있는 위치에 설치하되, 배수로 인하여 다른 물건이나 장소에 피해를 주지 않아야 한다.
2.8.1.8 송수구에는 이물질을 막기 위한 마개를 씌울 것

2.9 전원

2.9.1 스프링클러설비에는 그 특정소방대상물의 수전방식에 따라 다음의 기준에 따른 상용전원회로의 배선을 설치해야 한다. 다만, 가압수조방식으로서 모든 기능이 20분 이상 유효하게 지속될 수 있는 경우에는 그렇지 않다.
2.9.1.1 저압수전인 경우에는 인입개폐기의 직후에서 분기하여 전용배선으로 해야 하며, 전용의 전선관에 보호되도록 할 것
2.9.1.2 특별고압수전 또는 고압수전일 경우에는 전력용 변압기 2차 측의 주차단기 1차 측에서 분기하여 전용배선으로 하되, 상용전원의 상시공급에 지장이 없을 경우에는 주차단기 2차 측에서 분기하여 전용배선으로 할 것. 다만, 가압송수장치의 정격입력전압이 수전전압과 같은 경우에는 2.9.1.1의 기준에 따른다.
2.9.2 스프링클러설비에는 자가발전설비, 축전지설비(내연기관에 따른 펌프를 설치한 경우에는 내연기관의 기동 및 제어용축전지를 말한다. 이하 같다) 또는 전기저장장치(외부 전기에너지를 저장해 두었다가 필요한 때 전기를 공급하는 장치. 이하 같다)에 따른 비상전원을 설치해야 한다. 다만, 차고·주차장으로서 스프링클러설비가 설치된 부분의 바닥면적(「포소화설비의 화재안전기술기준(NFTC 105)」의 2.10.2.2에 따른 차고·주차장의 바닥면적을 포함한다)의 합계가 1,000m² 미만인 경우에는 비상전원수전설비로 설치할 수 있으며, 2 이상의 변전소(「전기사업법」 제67조에 따른 변전소를 말한다. 이하 같다)에서 전력을 동시에 공급받을 수 있거나 하나의 변전소로부터 전력의 공급이 중단되는 때에는 자동으로 다른 변전소로부터 전력을 공급받을 수 있도록 상용전원을 설치한 경우와 가압수조방식에는 비상전원을 설치하지 않을 수 있다.
2.9.3 2.9.2에 따른 비상전원 중 자가발전설비, 축전지설비 또는 전기저장장치는 다음의 기준에 따라 설치하고, 비상전원수전설비는 「소방시설용 비상전원수전설비의 화재안전기술기준(NFTC 602)」에 따라 설치해야 한다.
2.9.3.1 점검에 편리하고 화재 및 침수 등의 재해로 인한 피해를 받을 우려가 없는 곳에 설치할 것
2.9.3.2 스프링클러설비를 유효하게 20분 이상 작동할 수 있어야 할 것
2.9.3.3 상용전원으로부터 전력의 공급이 중단된 때에는 자동으로 비상전원으로부터 전력을 공급받을 수 있도록 할 것
2.9.3.4 비상전원(내연기관의 기동 및 제어용 축전지를 제외한다)의 설치장소는 다른 장소와 방화구획할 것. 이 경우 그 장소에는 비상전원의 공급에 필요한 기구나 설비 외의 것(열병합발전설비에 필요한 기구나 설비는 제외한다)을 두어서는 안 된다.

2.9.3.5 비상전원을 실내에 설치하는 때에는 그 실내에 비상조명등을 설치할 것

2.9.3.6 옥내에 설치하는 비상전원실에는 옥외로 직접 통하는 충분한 용량의 급배기설비를 설치할 것

2.9.3.7 비상전원의 출력용량은 다음 각 기준을 충족할 것

2.9.3.7.1 비상전원 설비에 설치되어 동시에 운전될 수 있는 모든 부하의 합계 입력용량을 기준으로 정격출력을 선정할 것. 다만, 소방전원 보존형 발전기를 사용할 경우에는 그렇지 않다.

2.9.3.7.2 기동전류가 가장 큰 부하가 기동될 때에도 부하의 허용 최저입력전압 이상의 출력전압을 유지할 것

2.9.3.7.3 단시간 과전류에 견디는 내력은 입력용량이 가장 큰 부하가 최종 기동할 경우에도 견딜 수 있을 것

2.9.3.8 자가발전설비는 부하의 용도와 조건에 따라 다음의 어느 하나를 설치하고 그 부하 용도별 표지를 부착해야 한다. 다만, 자가발전설비의 정격출력용량은 하나의 건축물에 있어서 소방부하의 설비용량을 기준으로 하고, 2.9.3.8.2의 경우 비상부하는 국토해양부장관이 정한 「건축전기설비설계기준」의 수용률 범위 중 최대값 이상을 적용한다.

2.9.3.8.1 소방전용 발전기 : 소방부하용량을 기준으로 정격출력용량을 산정하여 사용하는 발전기

2.9.3.8.2 소방부하 겸용 발전기 : 소방 및 비상부하 겸용으로서 소방부하와 비상부하의 전원용량을 합산하여 정격출력용량을 산정하여 사용하는 발전기

2.9.3.8.3 소방전원 보존형 발전기 : 소방 및 비상부하 겸용으로서 소방부하의 전원용량을 기준으로 정격출력용량을 산정하여 사용하는 발전기

2.9.3.9 비상전원실의 출입구 외부에는 실의 위치와 비상전원의 종류를 식별할 수 있도록 표지판을 부착할 것

2.10 제어반

2.10.1 스프링클러설비에는 제어반을 설치하되, 감시제어반과 동력제어반으로 구분하여 설치해야 한다. 다만, 다음의 어느 하나에 해당하는 경우에는 감시제어반과 동력제어반으로 구분하여 설치하지 않을 수 있다.

2.10.1.1 다음의 어느 하나에 해당하지 않는 특정소방대상물에 설치되는 경우

2.10.1.1.1 지하층을 제외한 층수가 7층 이상으로서 연면적이 2,000㎡ 이상인 것

2.10.1.1.2 2.10.1.1.1에 해당하지 않는 특정소방대상물로서 지하층의 바닥면적 합계가 3,000㎡ 이상인 것

2.10.1.2 내연기관에 따른 가압송수장치를 사용하는 경우

2.10.1.3 고가수조에 따른 가압송수장치를 사용하는 경우

2.10.1.4 가압수조에 따른 가압송수장치를 사용하는 경우

2.10.2 감시제어반의 기능은 다음의 기준에 적합해야 한다.

2.10.2.1 각 펌프의 작동여부를 확인할 수 있는 표시등 및 음향경보기능이 있어야 할 것

2.10.2.2 각 펌프를 자동 및 수동으로 작동시키거나 중단시킬 수 있어야 할 것

2.10.2.3 비상전원을 설치한 경우에는 상용전원 및 비상전원의 공급여부를 확인할 수 있어야 할 것

2.10.2.4 수조 또는 물올림수조가 저수위로 될 때 표시등 및 음향으로 경보할 것
2.10.2.5 예비전원이 확보되고 예비전원의 적합여부를 시험할 수 있어야 할 것
2.10.3 감시제어반은 다음의 기준에 따라 설치해야 한다.
2.10.3.1 화재 및 침수 등의 재해로 인한 피해를 받을 우려가 없는 곳에 설치할 것
2.10.3.2 감시제어반은 스프링클러설비의 전용으로 할 것. 다만, 스프링클러설비의 제어에 지장이 없는 경우에는 다른 설비와 겸용할 수 있다.
2.10.3.3 감시제어반은 다음의 기준에 따른 전용실 안에 설치할 것. 다만, 2.10.1의 단서에 따른 각 기준의 어느 하나에 해당하는 경우와 공장, 발전소 등에서 설비를 집중 제어·운전할 목적으로 설치하는 중앙제어실 내에 감시제어반을 설치하는 경우에는 그렇지 않다.
2.10.3.3.1 다른 부분과 방화구획을 할 것. 이 경우 전용실의 벽에는 기계실 또는 전기실 등의 감시를 위하여 두께 7mm 이상의 망입유리(두께 16.3mm 이상의 접합유리 또는 두께 28mm 이상의 복층유리를 포함한다)로 된 4m2 미만의 붙박이창을 설치할 수 있다.
2.10.3.3.2 피난층 또는 지하 1층에 설치할 것. 다만, 다음의 어느 하나에 해당하는 경우에는 지상 2층에 설치하거나 지하 1층 외의 지하층에 설치할 수 있다.
　　　　　(1)「건축법 시행령」제35조에 따라 특별피난계단이 설치되고 그 계단(부속실을 포함한다) 출입구로부터 보행거리 5m 이내에 전용실의 출입구가 있는 경우
　　　　　(2) 아파트의 관리동(관리동이 없는 경우에는 경비실)에 설치하는 경우
2.10.3.3.3 비상조명등 및 급·배기설비를 설치할 것
2.10.3.3.4 「무선통신보조설비의 화재안전기술기준(NFTC 505)」2.2.3에 따라 유효하게 통신이 가능할 것(영 별표 4의 제5호마목에 따른 무선통신보조설비가 설치된 특정소방대상물에 한한다)
2.10.3.3.5 바닥면적은 감시제어반의 설치에 필요한 면적 외에 화재 시 소방대원이 그 감시제어반의 조작에 필요한 최소면적 이상으로 할 것
2.10.3.4 2.10.3.3에 따른 전용실에는 특정소방대상물의 기계·기구 또는 시설 등의 제어 및 감시설비 외의 것을 두지 않을 것
2.10.3.5 각 유수검지장치 또는 일제개방밸브의 경우에는 작동여부를 확인할 수 있는 표시 및 경보기능이 있도록 할 것
2.10.3.6 일제개방밸브의 경우에는 밸브를 개방시킬 수 있는 수동조작스위치를 설치할 것
2.10.3.7 일제개방밸브를 사용하는 경우에는 설비의 화재감지는 각 경계회로별로 화재표시가 되도록 할 것
2.10.3.8 다음의 각 확인회로마다 도통시험 및 작동시험을 할 수 있도록 할 것
　　　　(1) 기동용수압개폐장치의 압력스위치회로
　　　　(2) 수조 또는 물올림수조의 저수위감시회로
　　　　(3) 유수검지장치 또는 일제개방 밸브의 압력스위치회로
　　　　(4) 일제개방밸브를 사용하는 설비의 화재감지기회로
　　　　(5) 2.5.16에 따른 개폐밸브의 폐쇄상태 확인회로
　　　　(6) 그 밖의 이와 비슷한 회로

2.10.3.9 감시제어반과 자동화재탐지설비의 수신기를 별도의 장소에 설치하는 경우에는 이들 상호간 연동하여 화재발생 및 2.10.2.1, 2.10.2.3 및 2.10.2.4의 기능을 확인할 수 있도록 할 것

2.10.4 동력제어반은 다음의 기준에 따라 설치해야 한다.

2.10.4.1 앞면은 적색으로 하고 "스프링클러소화설비용 동력제어반"이라고 표시한 표지를 설치할 것

2.10.4.2 외함은 두께 1.5mm 이상의 강판 또는 이와 동등 이상의 강도 및 내열성능이 있는 것으로 할 것

2.10.4.3 그 밖의 동력제어반의 설치에 관하여는 2.10.3.1 및 2.10.3.2의 기준을 준용할 것

2.10.5 자가발전설비 제어반의 제어장치는 비영리 공인기관의 시험을 필한 것으로 설치해야 한다. 다만, 소방전원 보존형 발전기의 제어장치는 다음이 포함되어야 한다.

2.10.5.1 소방전원 보존형임을 식별할 수 있도록 표기할 것

2.10.5.2 발전기 운전 시 소방부하 및 비상부하에 전원이 동시 공급되고, 그 상태를 확인할 수 있는 표시가 되도록 할 것

2.10.5.3 발전기가 정격용량을 초과할 경우 비상부하는 자동적으로 차단되고, 소방부하만 공급되는 상태를 확인할 수 있는 표시가 되도록 할 것

2.11 배선 등

2.11.1 스프링클러설비의 배선은 「전기사업법」제67조에 따른 「전기설비기술기준」에서 정한 것 외에 다음의 기준에 따라 설치해야 한다.

2.11.1.1 비상전원을 설치한 경우에는 비상전원으로부터 동력제어반 및 가압송수장치에 이르는 전원회로의 배선은 내화배선으로 할 것. 다만, 자가발전설비와 동력제어반이 동일한 실에 설치된 경우에는 자가발전기로부터 그 제어반에 이르는 전원회로의 배선은 그렇지 않다.

2.11.1.2 상용전원으로부터 동력제어반에 이르는 배선, 그 밖의 스프링클러설비의 감시·조작 또는 표시등회로의 배선은 내화배선 또는 내열배선으로 할 것. 다만, 감시제어반 또는 동력제어반 안의 감시·조작 또는 표시등회로의 배선은 그렇지 않다.

2.11.2 2.11.1에 따른 내화배선 및 내열배선에 사용되는 전선의 종류 및 설치방법은 「옥내소화전설비의 화재안전기술기준(NFTC 102)」 2.7.2의 표 2.7.2(1) 및 표 2.7.2(2)의 기준에 따른다.

2.11.3 소화설비의 과전류차단기 및 개폐기에는 "스프링클러소화설비용 과전류차단기 또는 개폐기"라고 표시한 표지를 해야 한다.

2.11.4 소화설비용 전기배선의 양단 및 접속단자에는 다음의 기준에 따라 표지해야 한다.

2.11.4.1 단자에는 "스프링클러소화설비 단자"라고 표시한 표지를 부착할 것

2.11.4.2 소화설비용 전기배선의 양단에는 다른 배선과 식별이 용이하도록 표시할 것

2.12 헤드의 설치제외

2.12.1 스프링클러설비를 설치해야 할 특정소방대상물에 있어서 다음의 어느 하나에 해당하는 장소에는 스프링클러헤드를 설치하지 않을 수 있다.

2.12.1.1 계단실(특별피난계단의 부속실을 포함한다)·경사로·승강기의 승강로·비상용승강기의 승강장·파이프덕트 및 덕트피트(파이프·덕트를 통과시키기 위한 구획된 구멍에 한한다)·

목욕실·수영장(관람석부분을 제외한다)·화장실·직접 외기에 개방되어 있는 복도·기타 이와 유사한 장소

2.12.1.2 통신기기실·전자기기실·기타 이와 유사한 장소

2.12.1.3 발전실·변전실·변압기·기타 이와 유사한 전기설비가 설치되어 있는 장소

2.12.1.4 병원의 수술실·응급처치실·기타 이와 유사한 장소

2.12.1.5 천장과 반자 양쪽이 불연재료로 되어 있는 경우로서 그 사이의 거리 및 구조가 다음의 어느 하나에 해당하는 부분

2.12.1.5.1 천장과 반자 사이의 거리가 2m 미만인 부분

2.12.1.5.2 천장과 반자 사이의 벽이 불연재료이고 천장과 반자사이의 거리가 2m 이상으로서 그 사이에 가연물이 존재하지 않는 부분

2.12.1.6 천장·반자 중 한쪽이 불연재료로 되어 있고 천장과 반자사이의 거리가 1m 미만인 부분

2.12.1.7 천장 및 반자가 불연재료 외의 것으로 되어 있고 천장과 반자사이의 거리가 0.5m 미만인 부분

2.12.1.8 펌프실·물탱크실 엘리베이터 권상기실 그 밖의 이와 비슷한 장소

2.12.1.9 현관 또는 로비 등으로서 바닥으로부터 높이가 20m 이상인 장소

2.12.1.10 영하의 냉장창고의 냉장실 또는 냉동창고의 냉동실

2.12.1.11 고온의 노가 설치된 장소 또는 물과 격렬하게 반응하는 물품의 저장 또는 취급장소

2.12.1.12 불연재료로 된 특정소방대상물 또는 그 부분으로서 다음의 어느 하나에 해당하는 장소

2.12.1.12.1 정수장·오물처리장 그 밖의 이와 비슷한 장소

2.12.1.12.2 펄프공장의 작업장·음료수공장의 세정 또는 충전하는 작업장 그 밖의 이와 비슷한 장소

2.12.1.12.3 불연성의 금속·석재 등의 가공공장으로서 가연성물질을 저장 또는 취급하지 않는 장소

2.12.1.12.4 가연성 물질이 존재하지 않는 「건축물의 에너지절약설계기준」에 따른 방풍실

2.12.1.13 실내에 설치된 테니스장·게이트볼장·정구장 또는 이와 비슷한 장소로서 실내 바닥·벽·천장이 불연재료 또는 준불연재료로 구성되어 있고 가연물이 존재하지 않는 장소로서 관람석이 없는 운동시설(지하층은 제외한다)

2.12.1.14 〈삭제 2024.1.1.〉

2.12.2 2.7.7.6의 연소할 우려가 있는 개구부에 다음의 기준에 따른 드렌처설비를 설치한 경우에는 해당 개구부에 한하여 스프링클러헤드를 설치하지 않을 수 있다.

2.12.2.1 드렌처헤드는 개구부 위 측에 2.5m 이내마다 1개를 설치할 것

2.12.2.2 제어밸브(일제개방밸브·개폐표시형밸브 및 수동조작부를 합한 것을 말한다. 이하 같다)는 특정소방대상물 층마다에 바닥 면으로부터 0.8m 이상 1.5m 이하의 위치에 설치할 것

2.12.2.3 수원의 수량은 드렌처헤드가 가장 많이 설치된 제어밸브의 드렌처헤드의 설치개수에 1.6㎥를 곱하여 얻은 수치 이상이 되도록 할 것

2.12.2.4 드렌처설비는 드렌처헤드가 가장 많이 설치된 제어밸브에 설치된 드렌처헤드를 동시에 사용하는 경우에 각각의 헤드선단에 방수압력이 0.1MPa 이상, 방수량이 80L/min 이상이 되도록 할 것

2.12.2.5 수원에 연결하는 가압송수장치는 점검이 쉽고 화재 등의 재해로 인한 피해우려가 없는 장소에

설치할 것

2.13 수원 및 가압송수장치의 펌프 등의 겸용

2.13.1 스프링클러설비의 수원을 옥내소화전설비·간이스프링클러설비·화재조기진압용 스프링클러설비·물분무소화설비·포소화설비 및 옥외소화전설비의 수원을 겸용하여 설치하는 경우의 저수량은 각 소화설비에 필요한 저수량을 합한 양 이상이 되도록 해야 한다. 다만, 이들 소화설비 중 고정식 소화설비(펌프·배관과 소화수 또는 소화약제를 최종 방출하는 방출구가 고정된 설비를 말한다. 이하 같다)가 2 이상 설치되어 있고, 그 소화설비가 설치된 부분이 방화벽과 방화문으로 구획되어 있는 경우에는 각 고정식 소화설비에 필요한 저수량 중 최대의 것 이상으로 할 수 있다.

2.13.2 스프링클러설비의 가압송수장치로 사용하는 펌프를 옥내소화전설비·간이스프링클러설비·화재조기진압용 스프링클러설비·물분무소화설비·포소화설비 및 옥외소화전설비의 가압송수장치와 겸용하여 설치하는 경우의 펌프의 토출량은 각 소화설비에 해당하는 토출량을 합한 양 이상이 되도록 해야 한다. 다만, 이들 소화설비 중 고정식 소화설비가 2 이상 설치되어 있고, 그 소화설비가 설치된 부분이 방화벽과 방화문으로 구획되어 있으며 각 소화설비에 지장이 없는 경우에는 펌프의 토출량 중 최대의 것 이상으로 할 수 있다.

2.13.3 옥내소화전설비·스프링클러설비·간이스프링클러설비·화재조기진압용 스프링클러설비·물분무소화설비·포소화설비 및 옥외소화전설비의 가압송수장치에 있어서 각 토출 측 배관과 일반급수용의 가압송수장치의 토출 측 배관을 상호 연결하여 화재 시 사용할 수 있다. 이 경우 연결배관에는 개폐표시형밸브를 설치해야 하며, 각 소화설비의 성능에 지장이 없도록 해야 한다.

2.13.4 스프링클러설비의 송수구를 옥내소화전설비·간이스프링클러설비·화재조기진압용 스프링클러설비·물분무소화설비·포소화설비 또는 연결살수설비의 송수구와 겸용으로 설치하는 경우에는 스프링클러설비의 송수구의 설치기준에 따르되 각각의 소화설비의 기능에 지장이 없도록 해야 한다. 〈개정 2024.7.1.〉

CHAPTER 22 연결살수설비의 화재안전성능기준 (NFPC 503)

[시행 2024. 7. 1.] [소방청고시 제2024-19호, 2024. 5. 10., 타법개정]

제1조(목적)

이 기준은 「소방시설 설치 및 관리에 관한 법률」(이하 "법"이라 한다) 제2조제1항제6호가목에 따라 소방청장에게 위임한 사항 중 소화활동설비인 연결살수설비의 성능기준을 규정함을 목적으로 한다.

제2조(적용범위)

이 기준은 「소방시설 설치 및 관리에 관한 법률 시행령」(이하 "영"이라 한다) 별표 4 제5호다목에 따른 연결살수설비의 설치 및 관리에 필요한 사항에 대해 적용한다.

제3조(정의)

이 기준에서 사용하는 용어의 정의는 다음과 같다.

1. "체크밸브"란 흐름이 한 방향으로만 흐르도록 되어 있는 밸브를 말한다.
2. "주배관"이란 수직배관을 통해 교차배관에 급수하는 배관을 말한다.
3. "교차배관"이란 주배관을 통해 가지배관에 급수하는 배관을 말한다.
4. "가지배관"이란 헤드가 설치되어 있는 배관을 말한다.
5. "분기배관"이란 배관 측면에 구멍을 뚫어 둘 이상의 관로가 생기도록 가공한 배관으로서 확관형 분기배관과 비확관형 분기배관을 말한다.
   가. "확관형 분기배관"이란 배관의 측면에 조그만 구멍을 뚫고 소성가공으로 확관시켜 배관 용접이음자리를 만들거나 배관 용접이음자리에 배관이음쇠를 용접 이음한 배관을 말한다.
   나. "비확관형 분기배관"이란 배관의 측면에 분기호칭내경 이상의 구멍을 뚫고 배관이음쇠를 용접 이음한 배관을 말한다.
6. "송수구"란 소화설비에 소화용수를 보급하기 위하여 건물 외벽 또는 구조물에 설치하는 관을 말한다.
7. "연소할 우려가 있는 개구부"란 각 방화구획을 관통하는 컨베이어·에스컬레이터 또는 이와 유사한 시설의 주위로서 방화구획을 할 수 없는 부분을 말한다.
8. "선택밸브"란 둘 이상의 방호구역 또는 방호대상물이 있어 소화수 또는 소화약제를 해당하는 방호구역 또는 방호대상물에 선택적으로 방출되도록 제어하는 밸브를 말한다.

제4조(송수구 등)

① 연결살수설비의 송수구는 다음 각 호의 기준에 따라 설치해야 한다.
   1. 송수구는 송수 및 그 밖의 소화작업에 지장을 주지 않도록 설치할 것
   2. 구경 65밀리미터의 쌍구형으로 할 것
   3. 개방형헤드를 사용하는 송수구의 호스접결구는 각 송수구역마다 설치할 것

4. 지면으로부터 높이가 0.5미터 이상 1미터 이하의 위치에 설치할 것
5. 송수구로부터 주배관에 이르는 연결배관에는 개폐밸브를 설치하지 않을 것
6. 송수구의 부근에는 "연결살수설비 송수구"라고 표시한 표지와 송수구역 일람표를 설치할 것
7. 송수구에는 이물질을 막기 위한 마개를 씌울 것

② 연결살수설비의 선택밸브는 다음 각 호의 기준에 따라 설치해야 한다.
　1. 화재 시 연소의 우려가 없는 장소로서 조작 및 점검이 쉬운 위치에 설치할 것
　2. 선택밸브의 부근에는 송수구역 일람표를 설치할 것
③ 연결살수설비에는 송수구의 가까운 부분에 자동배수밸브와 체크밸브를 설치해야 한다.
④ 개방형헤드를 사용하는 연결살수설비에 있어서 하나의 송수구역에 설치하는 살수헤드의 수는 10개 이하가 되도록 해야 한다.

제5조(배관 등)

① 배관과 배관이음쇠는 배관용 탄소 강관(KS D 3507) 또는 배관 내 사용압력이 1.2메가파스칼 이상일 경우에는 압력 배관용 탄소 강관(KS D 3562)이나 이와 동등 이상의 강도·내식성 및 내열성을 국내·외 공인기관으로부터 인정받은 것을 사용해야 한다.
② 제1항에도 불구하고 화재 등 재해로 인하여 배관의 성능에 영향을 받을 우려가 적은 장소에는 소방청장이 정하여 고시한 「소방용합성수지배관의 성능인증 및 제품검사의 기술기준」에 적합한 소방용 합성수지배관으로 설치할 수 있다.
③ 연결살수설비의 배관의 구경은 다음 각 호의 기준에 따라 설치해야 한다.
　1. 연결살수설비 전용헤드를 사용하는 경우에는 다음 표에 따른 구경 이상으로 할 것

하나의 배관에 부착하는 살수헤드의 개수	1개	2개	3개	4개 또는 5개	6개 이상 10개 이하
배관의 구경(mm)	32	40	50	65	80

　2. 스프링클러헤드를 사용하는 경우에는 「스프링클러설비의 화재안전성능기준(NFPC 103)」 별표 1의 기준에 따를 것
④ 폐쇄형헤드를 사용하는 연결살수설비의 배관은 다음 각 호의 기준에 따라 설치해야 한다.
　1. 주배관은 다음 각 목의 어느 하나에 해당하는 배관 또는 수조에 접속해야 한다. 이 경우 접속부분에는 체크밸브를 설치하되 점검하기 쉽게 해야 한다.
　　가. 옥내소화전설비의 주배관(옥내소화전설비가 설치된 경우에 한정한다)
　　나. 수도배관(연결살수설비가 설치된 건축물 안에 설치된 수도배관 중 구경이 가장 큰 배관을 말한다)
　　다. 옥상에 설치된 수조(다른 설비의 수조를 포함한다)
　2. 시험배관을 다음 각 목의 기준에 따라 설치해야 한다.
　　가. 송수구에서 가장 먼 거리에 위치한 가지배관의 끝으로부터 연결하여 설치할 것
　　나. 시험장치 배관의 구경은 25밀리미터 이상으로 하고, 그 끝에는 물받이 통 및 배수관을 설치하여 시험 중 방사된 물이 바닥으로 흘러내리지 않도록 할 것

⑤ 개방형헤드를 사용하는 연결살수설비의 수평주행배관은 헤드를 향하여 상향으로 100분의 1 이상의 기울기로 설치하고, 주배관중 낮은 부분에는 자동배수밸브를 설치해야 한다.
⑥ 가지배관 또는 교차배관을 설치하는 경우에는 가지배관의 배열은 토너먼트(tournament)방식 이외의 것으로 해야 한다.
⑦ 습식 연결살수설비의 배관은 동결방지조치를 하거나 동결의 우려가 없는 장소에 설치해야 한다. 다만, 보온재를 사용할 경우에는 난연재료 성능 이상인 것으로 해야 한다.
⑧ 급수배관에 설치되어 급수를 차단할 수 있는 개폐밸브는 개폐표시형으로 해야 한다. 이 경우 펌프의 흡입 측 배관에는 버터플라이밸브(볼형식인 것을 제외한다) 외의 개폐표시형밸브를 설치해야 한다.
⑨ 연결살수설비 교차배관의 위치·청소구 및 가지배관의 헤드 설치는 다음 각 호의 기준에 따른다.
  1. 교차배관은 가지배관과 수평으로 설치하거나 가지배관 밑에 설치하고, 그 구경은 제3항에 따르되 최소구경이 40밀리미터 이상이 되도록 할 것
  2. 폐쇄형헤드를 사용하는 연결살수설비의 청소구는 주배관 또는 교차배관 끝에 40밀리미터 이상 크기의 개폐밸브를 설치하고, 호스접결이 가능한 나사식 또는 고정배수 배관식으로 할 것
  3. 폐쇄형스프링클러헤드를 사용하는 연결살수설비에 하향식헤드를 설치하는 경우에는 가지배관으로부터 헤드에 이르는 헤드접속배관은 가지배관 상부에서 분기할 것
⑩ 배관에 설치되는 행거는 가지배관과 교차배관 및 수평주행배관에 설치하고 배관을 충분히 지지할 수 있도록 설치해야 한다.
⑪ 확관형 분기배관을 사용할 경우에는 소방청장이 정하여 고시한 「분기배관의 성능인증 및 제품검사의 기술기준」에 적합한 것으로 설치해야 한다.
⑫ 배관은 다른 설비의 배관과 쉽게 구분이 될 수 있도록 해야 한다.

제6조(헤드)

① 연결살수설비의 헤드는 연결살수설비 전용헤드 또는 스프링클러헤드로 설치해야 한다.
② 건축물에 설치하는 연결살수설비의 헤드는 다음 각 호의 기준에 따라 설치해야 한다.
  1. 천장 또는 반자의 실내에 면하는 부분에 설치할 것
  2. 천장 또는 반자의 각 부분으로부터 하나의 살수헤드까지의 수평거리가 연결살수설비 전용헤드의 경우에는 3.7미터 이하, 스프링클러헤드의 경우는 2.3미터 이하로 할 것
③ 폐쇄형스프링클러헤드를 설치하는 경우에는 제2항의 규정 외에 다음 각 호의 기준에 따라 설치해야 한다.
  1. 그 설치장소의 평상시 최고 주위온도에 따라 적합한 표시온도의 것으로 설치할 것
  2. 스프링클러헤드는 살수 및 감열에 장애가 없도록 설치할 것
  3. 연소할 우려가 있는 개구부에는 그 상하좌우에 2.5미터 간격으로(개구부의 폭이 2.5미터 이하인 경우에는 그 중앙에) 스프링클러헤드를 설치하되, 스프링클러헤드와 개구부의 내측 면으로부터 직선거리는 15센티미터 이하가 되도록 할 것
  4. 습식 연결살수설비 외의 설비에는 상향식스프링클러헤드를 설치할 것
  5. 측벽형스프링클러헤드를 설치하는 경우 긴 변의 한쪽 벽에 일렬로 설치(폭이 4.5미터 이상 9미터

이하인 실에 있어서는 긴변의 양쪽에 각각 일렬로 설치하되 마주보는 스프링클러헤드가 나란히꼴이 되도록 설치)하고 3.6미터 이내마다 설치할 것

④ 가연성 가스의 저장ㆍ취급시설에 설치하는 연결살수설비의 헤드는 다음 각 호의 기준에 따라 설치해야 한다. 다만, 지하에 설치된 가연성가스의 저장ㆍ취급시설로서 지상에 노출된 부분이 없는 경우에는 그렇지 않다.
1. 연결살수설비 전용의 개방형헤드를 설치할 것
2. 가스저장탱크ㆍ가스홀더 및 가스발생기의 주위에 설치하되, 헤드 상호 간의 거리는 3.7미터 이하로 할 것
3. 헤드의 살수범위는 가스저장탱크ㆍ가스홀더 및 가스발생기의 몸체의 중간 윗부분의 모든 부분이 포함되도록 해야 하고 살수 된 물이 흘러내리면서 살수범위에 포함되지 않은 부분에도 모두 적셔질 수 있도록 할 것

제7조(헤드의 설치제외)
연결살수설비를 설치해야 할 특정소방대상물 또는 그 부분으로서 연결살수설비 작동 시 소화효과를 기대할 수 없는 장소이거나 2차 피해가 예상되는 장소 또는 화재발생 위험이 적은 장소에는 연결살수설비의 헤드를 설치하지 않을 수 있다.

제8조(소화설비의 겸용)
연결살수설비의 송수구를 스프링클러설비ㆍ간이스프링클러설비ㆍ화재조기진압용 스프링클러설비ㆍ물분무소화설비 또는 포소화설비와 겸용으로 설치하는 경우에는 스프링클러설비의 송수구 설치기준에 따르고, 옥내소화전설비의 송수구와 겸용으로 설치하는 경우에는 옥내소화전설비의 송수구의 설치기준에 따르되 각각의 소화설비의 기능에 지장이 없도록 해야 한다. 〈개정 2024.5.10.〉

제9조(설치ㆍ관리기준의 특례)
소방본부장 또는 소방서장은 기존건축물이 증축ㆍ개축ㆍ대수선되거나 용도변경 되는 경우에 있어서 이 기준이 정하는 기준에 따라 해당 건축물에 설치해야 할 연결살수설비의 배관ㆍ배선 등의 공사가 현저하게 곤란하다고 인정되는 경우에는 해당 설비의 기능 및 사용에 지장이 없는 범위에서 이 기준의 일부를 적용하지 않을 수 있다.

제10조(재검토 기한)
소방청장은 「훈령ㆍ예규 등의 발령 및 관리에 관한 규정」에 따라 이 고시에 대하여 2023년 1월 1일을 기준으로 매 3년이 되는 시점(매 3년째의 12월 31일까지를 말한다)마다 그 타당성을 검토하여 개선 등의 조치를 해야 한다.

제11조(규제의 재검토)
「행정규제기본법」 제8조에 따라 2023년 1월 1일을 기준으로 매 3년이 되는 시점(매 3년째의 12월 31일까지를 말한다)마다 그 타당성을 검토하여 개선 등의 조치를 해야 한다.

부칙〈제2022-60호, 2022. 11. 25.〉

제1조(시행일)
이 고시는 2022년 12월 1일부터 시행한다.

제2조(경과조치)
① 이 고시 시행 전에 건축허가 등의 신청 또는 신고를 하거나 소방시설공사의 착공신고를 한 특정소방대상물에 대해서는 종전의 「연결살수설비의 화재안전기준(NFSC 503)」에 따른다.
② 이 고시 시행 전에 제1항에 따른 신청 또는 신고를 한 경우라도 개정 기준이 종전의 기준에 비해 관계인에게 유리한 경우에는 개정 기준에 따를 수 있다.

제3조(다른 법령과의 관계)
이 고시 시행 당시 다른 법령에서 종전의 화재안전기준을 인용한 경우에 이 고시 가운데 그에 해당하는 규정이 있는 경우에는 종전의 규정에 갈음하여 이 고시의 해당 규정을 인용한 것으로 본다.

부칙〈제2024-19호, 2024. 5. 10.〉

제1조(시행일)
이 고시는 2024년 7월 1일부터 시행한다.

제2조(다른 고시의 개정)
①부터 ⑤까지 생략
⑥ 「연결살수설비의 화재안전성능기준(NFPC 503)」 일부를 다음과 같이 개정한다.
　제8조를 "연결살수설비의 송수구를 스프링클러설비ㆍ간이스프링클러설비ㆍ화재조기진압용 스프링클러설비ㆍ물분무소화설비 또는 포소화설비와 겸용으로 설치하는 경우에는 스프링클러설비의 송수구 설치기준에 따르고, 옥내소화전설비의 송수구와 겸용으로 설치하는 경우에는 옥내소화전설비의 송수구의 설치기준에 따르되 각각의 소화설비의 기능에 지장이 없도록 해야 한다."로 한다.

CHAPTER 22 연결살수설비의 화재안전기술기준 (NFTC 503)

[시행 2024. 7. 1.] [국립소방연구원공고 제2024-42호, 2024. 7. 1., 일부개정]

1. 일반사항

1.1 적용범위

1.1.1 이 기준은 「소방시설 설치 및 관리에 관한 법률 시행령」(이하 "영"이라 한다) 별표 4 제5호다목에 따른 연결살수설비의 설치 및 관리에 필요한 사항에 대해 적용한다.

1.2 기준의 효력

1.2.1 이 기준은 「소방시설 설치 및 관리에 관한 법률」(이하 "법"이라 한다) 제2조제1항제6호나목에 따라 소화활동설비인 연결살수설비의 기술기준으로서의 효력을 가진다.

1.2.2 이 기준에 적합한 경우에는 법 제2조제1항제6호나목에 따라 「연결살수설비의 화재안전성능기준(NFPC 503)」을 충족하는 것으로 본다.

1.3 기준의 시행

1.3.1 이 기준은 2024년 7월 1일부터 시행한다. 〈개정 2024.7.1.〉

1.4 기준의 특례

1.4.1 소방본부장 또는 소방서장은 기존건축물이 증축ㆍ개축ㆍ대수선되거나 용도변경 되는 경우에 있어서 이 기준이 정하는 기준에 따라 해당 건축물에 설치해야 할 연결살수설비의 배관ㆍ배선 등의 공사가 현저하게 곤란하다고 인정되는 경우에는 해당 설비의 기능 및 사용에 지장이 없는 범위에서 이 기준의 일부를 적용하지 않을 수 있다.

1.5 경과조치

1.5.1 이 기준 시행 전에 건축허가 등의 신청 또는 신고를 하거나 소방시설공사의 착공신고를 한 특정소방대상물에 대해서는 종전의 「연결살수설비의 화재안전기준(NFSC 503)」에 따른다.

1.5.2 이 기준 시행 전에 1.5.1에 따른 신청 또는 신고를 한 경우라도 제정 기준이 종전의 기준에 비하여 관계인에게 유리한 경우에는 제정 기준에 따를 수 있다.

1.6 다른 법령과의 관계

1.6.1 이 기준 시행 당시 다른 법령 또는 행정규칙 등에서 종전의 화재안전기준을 인용한 경우에 이 기준 가운데 그에 해당하는 규정이 있는 경우에는 종전의 규정에 갈음하여 이 기준의 해당 규정을 인용한 것으로 본다.

1.7 용어의 정의

1.7.1 이 기준에서 사용하는 용어의 정의는 다음과 같다.

1.7.1.1 "호스접결구"란 호스를 연결하는 데 사용되는 장비일체를 말한다.
1.7.1.2 "체크밸브"란 흐름이 한 방향으로만 흐르도록 되어 있는 밸브를 말한다.
1.7.1.3 "주배관"이란 수직배관을 통해 교차배관에 급수하는 배관을 말한다.
1.7.1.4 "교차배관"이란 주배관을 통해 가지배관에 급수하는 배관을 말한다.
1.7.1.5 "가지배관"이란 헤드가 설치되어 있는 배관을 말한다.
1.7.1.6 "분기배관"이란 배관 측면에 구멍을 뚫어 둘 이상의 관로가 생기도록 가공한 배관으로서 다음의 분기배관을 말한다.
  (1) "확관형 분기배관"이란 배관의 측면에 조그만 구멍을 뚫고 소성가공으로 확관시켜 배관용접이음자리를 만들거나 배관 용접이음자리에 배관이음쇠를 용접 이음한 배관을 말한다.
  (2) "비확관형 분기배관"이란 배관의 측면에 분기호칭내경 이상의 구멍을 뚫고 배관이음쇠를 용접 이음한 배관을 말한다.
1.7.1.7 "송수구"란 소화설비에 소화용수를 보급하기 위하여 건물 외벽 또는 구조물에 설치하는 관을 말한다.
1.7.1.8 "연소할 우려가 있는 개구부"란 각 방화구획을 관통하는 컨베이어·에스컬레이터 또는 이와 유사한 시설의 주위로서 방화구획을 할 수 없는 부분을 말한다.
1.7.1.9 "선택밸브"란 둘 이상의 방호구역 또는 방호대상물이 있어, 소화수 또는 소화약제를 해당하는 방호구역 또는 방호대상물에 선택적으로 방출되도록 제어하는 밸브를 말한다.
1.7.1.10 "자동개방밸브"란 전기적 또는 기계적 신호에 의해 자동으로 개방되는 밸브를 말한다.
1.7.1.11 "자동배수밸브"란 배관의 도중에 설치되어 배관 내 잔류수를 자동으로 배수시켜 주는 밸브를 말한다.

2. 기술기준

2.1 송수구 등

2.1.1 연결살수설비의 송수구는 다음의 기준에 따라 설치하여야 한다.
2.1.1.1 소방차가 쉽게 접근할 수 있고 노출된 장소에 설치할 것
2.1.1.2 가연성가스의 저장·취급시설에 설치하는 연결살수설비의 송수구는 그 방호대상물로부터 20m 이상의 거리를 두거나 방호대상물에 면하는 부분이 높이 1.5m 이상 폭 2.5m 이상의 철근콘크리트 벽으로 가려진 장소에 설치해야 한다.
2.1.1.3 송수구는 구경 65mm의 쌍구형으로 설치할 것. 다만, 하나의 송수구역에 부착하는 살수헤드의 수가 10개 이하인 것은 단구형인 것으로 할 수 있다.
2.1.1.4 개방형헤드를 사용하는 송수구의 호스접결구는 각 송수구역마다 설치할 것. 다만, 송수구역을 선택할 수 있는 선택밸브가 설치되어 있고 각 송수구역의 주요구조부가 내화구조로 되어 있는 경우에는 그렇지 않다.
2.1.1.5 소방관의 호스연결 등 소화작업에 용이하도록 지면으로부터 높이가 0.5m 이상 1m 이하의 위치에 설치할 것
2.1.1.6 송수구로부터 주배관에 이르는 연결배관에는 개폐밸브를 설치하지 않을 것. 다만, 스프링클러

설비·물분무소화설비·포소화설비 또는 연결송수관설비의 배관과 겸용하는 경우에는 그렇지 않다.

2.1.1.7 송수구의 부근에는 "연결살수설비 송수구"라고 표시한 표지와 송수구역 일람표를 설치할 것. 다만, 2.1.2에 따른 선택밸브를 설치한 경우에는 그렇지 않다.

2.1.1.8 송수구에는 이물질을 막기 위한 마개를 씌울 것

2.1.2 연결살수설비의 선택밸브는 다음의 기준에 따라 설치해야 한다. 다만, 송수구를 송수구역마다 설치한 때에는 그렇지 않다.

2.1.2.1 화재 시 연소의 우려가 없는 장소로서 조작 및 점검이 쉬운 위치에 설치할 것

2.1.2.2 자동개방밸브에 따른 선택밸브를 사용하는 경우에는 송수구역에 방수하지 않고 자동밸브의 작동시험이 가능하도록 할 것

2.1.2.3 선택밸브의 부근에는 송수구역 일람표를 설치할 것

2.1.3 송수구의 가까운 부분에 자동배수밸브와 체크밸브를 다음의 기준에 따라 설치해야 한다.

2.1.3.1 폐쇄형헤드를 사용하는 설비의 경우에는 송수구·자동배수밸브·체크밸브의 순서로 설치할 것

2.1.3.2 개방형헤드를 사용하는 설비의 경우에는 송수구·자동배수밸브의 순서로 설치할 것

2.1.3.3 자동배수밸브는 배관 안의 물이 잘 빠질 수 있는 위치에 설치하되, 배수로 인하여 다른 물건 또는 장소에 피해를 주지 않을 것

2.1.4 개방형헤드를 사용하는 연결살수설비에 있어서 하나의 송수구역에 설치하는 살수헤드의 수는 10개 이하가 되도록 해야 한다.

2.2 배관 등

2.2.1 배관과 배관이음쇠는 다음의 어느 하나에 해당하는 것 또는 동등 이상의 강도·내식성 및 내열성을 국내·외 공인기관으로부터 인정 받은 것을 사용해야 한다. 다만, 본 기준에서 정하지 않은 사항은 「건설기술 진흥법」 제44조제1항의 규정에 따른 "건설기준"에 따른다.

2.2.1.1 배관 내 사용압력이 1.2MPa 미만일 경우에는 다음의 어느 하나에 해당하는 것

(1) 배관용 탄소강관(KS D 3507)

(2) 이음매 없는 구리 및 구리합금관(KS D 5301). 다만, 습식의 배관에 한정한다.

(3) 배관용 스테인리스강관(KS D 3576) 또는 일반배관용 스테인리스강관(KS D 3595). 다만, 배관용 스테인리스강관(KS D 3576)의 이음을 용접으로 할 경우에는 텅스텐 불활성 가스 아크 용접(Tungsten Inertgas Arc Welding)방식에 따른다.

(4) 덕타일 주철관(KS D 4311)

2.2.1.2 배관 내 사용압력이 1.2MPa 이상일 경우에는 다음의 어느 하나에 해당하는 것

(1) 압력배관용탄소강관(KS D 3562)

(2) 배관용 아크용접 탄소강강관(KS D 3583)

2.2.2 2.2.1에도 불구하고 다음의 어느 하나에 해당하는 장소에는 소방청장이 정하여 고시한 「소방용 합성수지배관의 성능인증 및 제품검사의 기술기준」에 적합한 소방용 합성수지배관으로 설치할 수 있다.

2.2.2.1 배관을 지하에 매설하는 경우

2.2.2.2 다른 부분과 내화구조로 구획된 덕트 또는 피트의 내부에 설치하는 경우

2.2.2.3 천장(상층이 있는 경우에는 상층바닥의 하단을 포함한다. 이하 같다)과 반자를 불연재료 또는 준불연재료로 설치하고 소화배관 내부에 항상 소화수가 채워진 상태로 설치하는 경우

2.2.3 연결살수설비의 배관의 구경은 다음의 기준에 따라 설치해야 한다.

2.2.3.1 연결살수설비 전용헤드를 사용하는 경우에는 다음 표 2.2.3.1에 따른 구경 이상으로 할 것

표 2.2.3.1 연결살수설비 전용헤드 수별 급수관의 구경

하나의 배관에 부착하는 연결살수설비 전용헤드의 개수	1개	2개	3개	4개 또는 5개	6개 이상 10개 이하
배관의 구경	32mm	40mm	50mm	65mm	80mm

2.2.3.2 스프링클러헤드를 사용하는 경우에는 「스프링클러설비의 화재안전기술기준(NFTC 103)」 2.5.3.3의 표 2.5.3.3에 따를 것

2.2.4 폐쇄형헤드를 사용하는 연결살수설비의 배관은 다음의 기준에 따라 설치해야 한다.

2.2.4.1 주배관은 다음의 어느 하나에 해당하는 배관 또는 수조에 접속해야 한다. 이 경우 접속부분에는 체크밸브를 설치하되 점검하기 쉽게 해야 한다.

  (1) 옥내소화전설비의 주배관(옥내소화전설비가 설치된 경우에 한정한다)
  (2) 수도배관(연결살수설비가 설치된 건축물 안에 설치된 수도배관 중 구경이 가장 큰 배관을 말한다)
  (3) 옥상에 설치된 수조(다른 설비의 수조를 포함한다)

2.2.4.2 시험배관을 다음의 기준에 따라 설치해야 한다.

2.2.4.2.1 송수구에서 가장 먼 거리에 위치한 가지배관의 끝으로부터 연결하여 설치할 것

2.2.4.2.2 시험장치 배관의 구경은 25mm 이상으로 하고, 그 끝에는 물받이 통 및 배수관을 설치하여 시험 중 방사된 물이 바닥으로 흘러내리지 않도록 할 것. 다만, 목욕실·화장실 또는 그 밖의 배수처리가 쉬운 장소의 경우에는 물받이 통 또는 배수관을 설치하지 않을 수 있다.

2.2.5 개방형헤드를 사용하는 연결살수설비의 수평주행배관은 헤드를 향하여 상향으로 100분의 1 이상의 기울기로 설치하고 주배관 중 낮은 부분에는 자동배수밸브를 2.1.3.3의 기준에 따라 설치해야 한다.

2.2.6 가지배관 또는 교차배관을 설치하는 경우에는 가지배관의 배열은 토너먼트(Tournament)방식이 아니어야 하며, 가지배관은 교차배관 또는 주배관에서 분기되는 지점을 기점으로 한쪽 가지배관에 설치되는 헤드의 개수는 8개 이하로 해야 한다.

2.2.7 습식 연결살수설비의 배관은 동결방지조치를 하거나 동결의 우려가 없는 장소에 설치해야 한다. 다만, 보온재를 사용할 경우에는 난연재료 성능 이상인 것으로 해야 한다.

2.2.8 급수배관에 설치되어 급수를 차단할 수 있는 개폐밸브는 개폐표시형으로 해야 한다. 이 경우 펌프의 흡입 측 배관에는 버터플라이밸브(볼형식인 것을 제외한다) 외의 개폐표시형밸브를 설치해

야 한다.
2.2.9 연결살수설비 교차배관의 위치·청소구 및 가지배관의 헤드설치는 다음의 기준에 따른다.
2.2.9.1 교차배관은 가지배관과 수평으로 설치하거나 또는 가지배관 밑에 설치하고, 그 구경은 2.2.3에 따르되, 최소구경이 40mm 이상이 되도록 할 것
2.2.9.2 폐쇄형헤드를 사용하는 연결살수설비의 청소구는 주배관 또는 교차배관(교차배관을 설치하는 경우에 한정한다) 끝에 40mm 이상 크기의 개폐밸브를 설치하고, 호스접결이 가능한 나사식 또는 고정배수 배관식으로 할 것. 이 경우 나사식의 개폐밸브는 옥내소화전 호스접결용의 것으로 하고, 나사보호용의 캡으로 마감해야 한다.
2.2.9.3 폐쇄형헤드를 사용하는 연결살수설비에 하향식헤드를 설치하는 경우에는 가지배관으로부터 헤드에 이르는 헤드접속배관은 가지배관 상부에서 분기할 것. 다만, 소화설비용 수원의 수질이 「먹는물관리법」 제5조에 따라 먹는물의 수질기준에 적합하고 덮개가 있는 저수조로부터 물을 공급받는 경우에는 가지배관의 측면 또는 하부에서 분기할 수 있다.
2.2.10 배관에 설치되는 행거는 다음의 기준에 따라 설치해야 한다.
2.2.10.1 가지배관에는 헤드의 설치지점 사이마다 1개 이상의 행거를 설치하되, 헤드간의 거리가 3.5m를 초과하는 경우에는 3.5m 이내마다 1개 이상 설치할 것. 이 경우 상향식헤드와 행거 사이에는 8cm 이상의 간격을 두어야 한다.
2.2.10.2 교차배관에는 가지배관과 가지배관사이마다 1개 이상의 행거를 설치하되, 가지배관 사이의 거리가 4.5m를 초과하는 경우에는 4.5m 이내마다 1개 이상 설치할 것
2.2.10.3 2.2.10.1와 2.2.10.2의 수평주행배관에는 4.5m 이내마다 1개 이상 설치할 것
2.2.11 확관형 분기배관을 사용할 경우에는 소방청장이 정하여 고시한 「분기배관의 성능인증 및 제품검사의 기술기준」에 적합한 것으로 설치해야 한다.
2.2.12 배관은 다른 설비의 배관과 쉽게 구분이 될 수 있는 위치에 설치하거나, 그 배관표면 또는 배관 보온재표면의 색상은 식별이 가능하도록 「한국산업표준(배관계의 식별 표시, KS A 0503)」 또는 적색으로 소방용설비의 배관임을 표시해야 한다.

2.3 헤드

2.3.1 연결살수설비의 헤드는 연결살수설비 전용헤드 또는 스프링클러헤드로 설치해야 한다.
2.3.2 건축물에 설치하는 연결살수설비의 헤드는 다음의 기준에 따라 설치해야 한다.
2.3.2.1 천장 또는 반자의 실내에 면하는 부분에 설치할 것
2.3.2.2 천장 또는 반자의 각 부분으로부터 하나의 살수헤드까지의 수평거리가 연결살수설비 전용헤드의 경우에는 3.7m 이하, 스프링클러헤드의 경우는 2.3m 이하로 할 것. 다만, 살수헤드의 부착면과 바닥과의 높이가 2.1m 이하인 부분은 살수헤드의 살수분포에 따른 거리로 할 수 있다.
2.3.3 폐쇄형스프링클러헤드를 설치하는 경우에는 2.3.2의 규정 외에 다음의 기준에 따라 설치해야 한다.
2.3.3.1 그 설치장소의 평상시 최고 주위온도에 따라 다음 표 2.3.3.1에 따른 표시온도의 것으로 설치할 것. 다만, 높이가 4m 이상인 공장 및 창고(랙크식창고를 포함한다)에 설치하는 스프링클러

헤드는 그 설치장소의 평상시 최고 주위온도에 관계 없이 표시온도 121℃ 이상의 것으로 할 수 있다.

표 2.3.3.1 설치장소의 평상시 최고 주위온도에 따른 폐쇄형 스프링클러헤드의 표시온도

설치장소의 최고주위온도	표시온도
39℃ 미만	79℃ 미만
39℃ 이상 64℃ 미만	79℃ 이상 121℃ 미만
64℃ 이상 106℃ 미만	121℃ 이상 162℃ 미만
106℃ 이상	162℃ 이상

2.3.3.2 살수가 방해되지 않도록 스프링클러헤드로부터 반경 60cm 이상의 공간을 보유할 것. 다만, 벽과 스프링클러헤드간의 공간은 10cm 이상으로 한다.

2.3.3.3 스프링클러헤드와 그 부착면(상향식헤드의 경우에는 그 헤드의 직상부의 천장·반자 또는 이와 비슷한 것을 말한다. 이하 같다)과의 거리는 30cm 이하로 할 것

2.3.3.4 배관·행거 및 조명기구 등 살수를 방해하는 것이 있는 경우에는 2.3.3.2 및 2.3.3.3에도 불구하고 그로부터 아래에 설치하여 살수에 장애가 없도록 할 것. 다만, 연결살수헤드와 장애물과의 이격거리를 장애물 폭의 3배 이상 확보한 경우에는 그렇지 않다.

2.3.3.5 스프링클러헤드의 반사판은 그 부착면과 평행하게 설치할 것. 다만, 측벽형헤드 또는 2.3.3.7에 따라 연소할 우려가 있는 개구부에 설치하는 스프링클러헤드의 경우에는 그렇지 않다.

2.3.3.6 천장의 기울기가 10분의 1을 초과하는 경우에는 가지배관을 천장의 마루와 평행하게 설치하고, 스프링클러헤드는 다음의 어느 하나의 기준에 적합하게 설치할 것

2.3.3.6.1 천장의 최상부에 스프링클러헤드를 설치하는 경우에는 최상부에 설치하는 스프링클러헤드의 반사판을 수평으로 설치할 것

2.3.3.6.2 천장의 최상부를 중심으로 가지배관을 서로 마주보게 설치하는 경우에는 최상부의 가지배관 상호간의 거리가 가지배관 상의 스프링클러헤드 상호간의 거리의 2분의 1이하(최소 1m 이상이 되어야 한다)가 되게 스프링클러헤드를 설치하고, 가지배관의 최상부에 설치하는 스프링클러헤드는 천장의 최상부로부터의 수직거리가 90cm 이하가 되도록 할 것. 톱날지붕, 둥근지붕 기타 이와 유사한 지붕의 경우에도 이에 준한다.

2.3.3.7 연소할 우려가 있는 개구부에는 그 상하좌우에 2.5m 간격으로(개구부의 폭이 2.5m 이하인 경우에는 그 중앙에) 스프링클러헤드를 설치하되, 스프링클러헤드와 개구부의 내측면으로부터의 직선거리는 15cm 이하가 되도록 할 것. 이 경우 사람이 상시 출입하는 개구부로서 통행에 지장이 있는 때에는 개구부의 상부 또는 측면(개구부의 폭이 9m 이하인 경우에 한한다)에 설치하되, 헤드 상호간의 간격은 1.2m 이하로 설치해야 한다.

2.3.3.8 습식 연결살수설비 외의 설비에는 상향식스프링클러헤드를 설치할 것. 다만, 다음의 어느 하나에 해당하는 경우에는 그렇지 않다.

(1) 드라이펜던트스프링클러헤드를 사용하는 경우

(2) 스프링클러헤드의 설치장소가 동파의 우려가 없는 곳인 경우

(3) 개방형스프링클러헤드를 사용하는 경우

2.3.3.9 측벽형스프링클러헤드를 설치하는 경우 긴 변의 한쪽 벽에 일렬로 설치(폭이 4.5m 이상 9m 이하인 실은 긴 변의 양쪽에 각각 일렬로 설치하되 마주보는 스프링클러헤드가 나란히꼴이 되도록 설치)하고 3.6m 이내마다 설치할 것

2.3.4 가연성 가스의 저장·취급시설에 설치하는 연결살수설비의 헤드는 다음의 기준에 따라 설치해야 한다. 다만, 지하에 설치된 가연성가스의 저장·취급시설로서 지상에 노출된 부분이 없는 경우에는 그렇지 않다.

2.3.4.1 연결살수설비 전용의 개방형헤드를 설치할 것

2.3.4.2 가스저장탱크·가스홀더 및 가스발생기의 주위에 설치하되, 헤드 상호 간의 거리는 3.7m 이하로 할 것

2.3.4.3 헤드의 살수범위는 가스저장탱크·가스홀더 및 가스발생기의 몸체의 중간 윗부분의 모든 부분이 포함되도록 해야 하고 살수 된 물이 흘러내리면서 살수범위에 포함되지 않은 부분에도 모두 적셔질 수 있도록 할 것

2.4 헤드의 설치제외

2.4.1 연결살수설비를 설치해야 할 특정소방대상물 또는 그 부분으로서 다음의 어느 하나에 해당하는 장소에는 연결살수설비의 헤드를 설치하지 않을 수 있다.

2.4.1.1 상점(영 별표 2 제5호와 제6호의 판매시설과 운수시설을 말하며, 바닥면적이 150m² 이상인 지하층에 설치된 것을 제외한다)으로서 주요구조부가 내화구조 또는 방화구조로 되어 있고 바닥면적이 500m² 미만으로 방화구획되어 있는 특정소방대상물 또는 그 부분

2.4.1.2 계단실(특별피난계단의 부속실을 포함한다)·경사로·승강기의 승강로·파이프덕트·목욕실·수영장(관람석부분을 제외한다)·화장실·직접 외기에 개방되어 있는 복도 그 밖의 이와 유사한 장소

2.4.1.3 통신기기실·전자기기실·기타 이와 유사한 장소

2.4.1.4 발전실·변전실·변압기·기타 이와 유사한 전기설비가 설치되어 있는 장소

2.4.1.5 병원의 수술실·응급처치실·기타 이와 유사한 장소

2.4.1.6 천장과 반자 양쪽이 불연재료로 되어 있는 경우로서 그 사이의 거리 및 구조가 다음의 어느 하나에 해당하는 부분

2.4.1.6.1 천장과 반자사이의 거리가 2m 미만인 부분

2.4.1.6.2 천장과 반자사이의 벽이 불연재료이고 천장과 반자사이의 거리가 2m 이상으로서 그 사이에 가연물이 존재하지 않는 부분

2.4.1.7 천장·반자 중 한쪽이 불연재료로 되어 있고 천장과 반자사이의 거리가 1m 미만인 부분

2.4.1.8 천장 및 반자가 불연재료외의 것으로 되어 있고 천장과 반자사이의 거리가 0.5m 미만인 부분

2.4.1.9 펌프실·물탱크실 그 밖의 이와 비슷한 장소

2.4.1.10 현관 또는 로비 등으로서 바닥으로부터 높이가 20m 이상인 장소

2.4.1.11 냉장창고의 영하의 냉장실 또는 냉동창고의 냉동실

2.4.1.12 고온의 노가 설치된 장소 또는 물과 격렬하게 반응하는 물품의 저장 또는 취급장소

2.4.1.13 불연재료로 된 특정소방대상물 또는 그 부분으로서 다음의 어느 하나에 해당하는 장소

2.4.1.13.1 정수장·오물처리장 그 밖의 이와 비슷한 장소

2.4.1.13.2 펄프공장의 작업장·음료수공장의 세정 또는 충전하는 작업장 그 밖의 이와 비슷한 장소

2.4.1.13.3 불연성의 금속·석재 등의 가공공장으로서 가연성물질을 저장 또는 취급하지 않는 장소

2.4.1.14 실내에 설치된 테니스장·게이트볼장·정구장 또는 이와 비슷한 장소로서 실내바닥·벽·천장이 불연재료 또는 준불연재료로 구성되어 있고 가연물이 존재하지 않는 장소로서 관람석이 없는 운동시설 부분(지하층은 제외한다)

2.5 소화설비의 겸용

2.5.1 연결살수설비의 송수구를 스프링클러설비·간이스프링클러설비·화재조기진압용 스프링클러설비·물분무소화설비·포소화설비와 겸용으로 설치하는 경우에는 스프링클러설비의 송수구 설치기준에 따르고, 옥내소화전설비의 송수구와 겸용으로 설치하는 경우에는 옥내소화전설비의 송수구의 설치기준에 따르되 각각의 소화설비의 기능에 지장이 없도록 해야 한다. 〈개정 2024.7.1.〉

CHAPTER 23 연결송수관설비의 화재안전성능기준 (NFPC 502)

[시행 2024. 7. 1.] [소방청고시 제2024-19호, 2024. 5. 10., 일부개정]

제1조(목적)
이 기준은 「소방시설 설치 및 관리에 관한 법률」(이하 "법"이라 한다) 제2조제1항제6호가목에 따라 소방청장에게 위임한 사항 중 소화활동설비인 연결송수관설비의 성능기준을 규정함을 목적으로 한다.

제2조(적용범위)
이 기준은 「소방시설 설치 및 관리에 관한 법률 시행령」(이하 "영"이라 한다) 별표 4의 제5호나목에 따른 연결송수관설비의 설치 및 관리에 필요한 사항에 대해 적용한다.

제3조(정의)
이 기준에서 사용하는 용어의 정의는 다음과 같다.
1. "연결송수관설비"란 건축물의 옥외에 설치된 송수구에 소방차로부터 가압수를 송수하고 소방관이 건축물 내에 설치된 방수구에 방수기구함에 비치된 호스를 연결하여 화재를 진압하는 소화활동설비를 말한다.
2. "주배관"이란 각 층을 수직으로 관통하는 수직배관을 말한다.
3. "분기배관"이란 배관 측면에 구멍을 뚫어 둘 이상의 관로가 생기도록 가공한 배관으로서 확관형 분기배관과 비확관형 분기배관을 말한다.
    가. "확관형 분기배관"이란 배관의 측면에 조그만 구멍을 뚫고 소성가공으로 확관시켜 배관 용접이음자리를 만들거나 배관 용접이음자리에 배관이음쇠를 용접 이음한 배관을 말한다.
    나. "비확관형 분기배관"이란 배관의 측면에 분기호칭내경 이상의 구멍을 뚫고 배관이음쇠를 용접 이음한 배관을 말한다.
4. "송수구"란 소화설비에 소화용수를 보급하기 위하여 건물 외벽 또는 구조물의 외벽에 설치하는 관을 말한다.
5. "방수구"란 소화설비로부터 소화용수를 방수하기 위하여 건물내벽 또는 구조물의 외벽에 설치하는 관을 말한다.
6. "충압펌프"란 배관 내 압력손실에 따라 주펌프의 빈번한 기동을 방지하기 위하여 충압역할을 하는 펌프를 말한다.
7. "진공계"란 대기압 이하의 압력을 측정하는 계측기를 말한다.
8. "연성계"란 대기압 이상의 압력과 대기압 이하의 압력을 측정할 수 있는 계측기를 말한다.
9. "체절운전"이란 펌프의 성능시험을 목적으로 펌프 토출 측의 개폐밸브를 닫은 상태에서 펌프를 운전하는 것을 말한다.

10. "기동용 수압개폐장치"란 소화설비의 배관 내 압력변동을 검지하여 자동적으로 펌프를 기동 및 정지 시키는 것으로서 압력챔버 또는 기동용압력스위치 등을 말한다.

제4조(송수구)

연결송수관설비의 송수구는 다음 각 호의 기준에 따라 설치하여야 한다.

1. 송수구는 송수 및 그 밖의 소화작업에 지장을 주지 않도록 설치할 것
2. 지면으로부터 높이가 0.5미터 이상 1미터 이하의 위치에 설치할 것
3. 송수구로부터 연결송수관설비의 주배관에 이르는 연결배관에 개폐밸브를 설치한 때에는 그 개폐상태를 쉽게 확인 및 조작할 수 있는 옥외 또는 기계실 등의 장소에 설치하고, 그 밸브의 개폐상태를 감시제어반에서 확인할 수 있도록 급수개폐밸브 작동표시 스위치를 설치할 것
4. 구경 65밀리미터의 쌍구형으로 할 것
5. 송수구에는 그 가까운 곳의 보기 쉬운 곳에 송수압력범위를 표시한 표지를 할 것
6. 송수구는 연결송수관의 수직배관마다 한 개 이상을 설치할 것
7. 송수구의 가까운 부분에 자동배수밸브 및 체크밸브를 설치할 것
8. 송수구에는 가까운 곳의 보기 쉬운 곳에 "연결송수관설비송수구"라고 표시한 표지를 설치할 것
9. 송수구에는 이물질을 막기 위한 마개를 씌울 것

제5조(배관 등)

① 연결송수관설비의 배관은 다음 각 호의 기준에 따라 설치해야 한다.
  1. 주배관은 구경 100밀리미터 이상의 전용배관으로 할 것. 다만, 주배관의 구경이 100밀리미터 이상인 옥내소화전설비의 배관과는 겸용할 수 있다. 〈개정 2024.5.10.〉
  2. 지면으로부터의 높이가 31미터 이상인 특정소방대상물 또는 지상 11층 이상인 특정소방대상물에 있어서는 습식설비로 할 것
② 배관과 배관이음쇠는 배관용 탄소 강관(KS D 3507) 또는 배관 내 사용압력이 1.2메가파스칼 이상일 경우에는 압력 배관용 탄소 강관(KS D 3562)이나 이와 동등 이상의 강도·내식성 및 내열성을 국내·외 공인기관으로부터 인정받은 것을 사용해야 한다.
③ 제2항에도 불구하고 화재 등 재해로 인하여 배관의 성능에 영향을 받을 우려가 적은 장소에는 소방청장이 정하여 고시한 「소방용합성수지배관의 성능인증 및 제품검사의 기술기준」에 적합한 소방용 합성수지배관으로 설치할 수 있다.
④ 성능시험배관은 펌프의 토출 측에 설치된 개폐밸브 이전에서 분기하여 설치하고, 유량측정장치를 기준으로 전단에 개폐밸브를 후단에 유량조절밸브를 설치해야 한다. 〈개정 2024.5.10.〉
⑤ 성능시험배관에 설치하는 유량측정장치는 성능시험배관의 직관부에 설치하되, 펌프 정격토출량의 175퍼센트 이상을 측정할 수 있는 것으로 해야 한다. 〈신설 2024.5.10.〉
⑥ 연결송수관설비의 수직배관은 내화구조로 구획된 계단실(부속실을 포함한다) 또는 파이프덕트 등 화재의 우려가 없는 장소에 설치해야 한다.
⑦ 확관형 분기배관을 사용할 경우에는 소방청장이 정하여 고시한 「분기배관의 성능인증 및 제품검사의 기술기준」에 적합한 것으로 설치해야 한다.

⑧ 배관은 다른 설비의 배관과 쉽게 구분이 될 수 있는 위치에 설치하거나, 적색 등으로 식별이 가능하도록 소방용설비의 배관임을 표시해야 한다.

제6조(방수구)

연결송수관설비의 방수구는 다음 각 호의 기준에 따라 설치해야 한다.
1. 연결송수관설비의 방수구는 그 특정소방대상물의 층마다 설치할 것
2. 방수구는 계단(아파트 또는 바닥면적이 1,000제곱미터 미만인 층에 있어서는 한 개의 계단을 말하며, 바닥면적이 1,000제곱미터 이상인 층에 있어서는 두 개의 계단을 말한다)으로부터 5미터 이내에 설치하되, 그 방수구로부터 그 층의 각 부분까지의 거리가 다음 각 목의 기준을 초과하는 경우에는 그 기준 이하가 되도록 방수구를 추가하여 설치할 것
    가. 지하가(터널은 제외한다) 또는 지하층의 바닥면적의 합계가 3,000제곱미터 이상인 것은 수평거리 25미터
    나. 가목에 해당하지 않는 것은 수평거리 50미터
3. 11층 이상의 부분에 설치하는 방수구는 쌍구형으로 할 것
4. 방수구의 호스접결구는 바닥으로부터 높이 0.5미터 이상 1미터 이하의 위치에 설치할 것
5. 방수구는 연결송수관설비의 전용방수구 또는 옥내소화전방수구로서 구경 65밀리미터의 것으로 설치할 것
6. 방수구에는 방수구의 위치를 표시하는 표시등 또는 축광식표지를 설치할 것
7. 방수구는 개폐기능을 가진 것으로 설치해야 하며, 평상 시 닫힌 상태를 유지할 것

제7조(방수기구함)

연결송수관설비의 방수기구함은 다음 각 호의 기준에 따라 설치해야 한다.
1. 방수기구함은 피난층과 가장 가까운 층을 기준으로 3개 층마다 설치하되, 그 층의 방수구마다 보행거리 5미터 이내에 설치할 것
2. 방수기구함에는 방수구에 연결하였을 때 그 방수구가 담당하는 구역의 각 부분에 유효하게 물이 뿌려질 수 있는 개수 이상의 길이 15미터의 호스와 방사형 관창 2개 이상(단구형 방수구의 경우에는 1개)을 비치할 것
3. 방수기구함에는 "방수기구함"이라고 표시한 축광식 표지를 할 것

제8조(가압송수장치 등)

지표면에서 최상층 방수구의 높이가 70미터 이상의 특정소방대상물에는 다음 각 호의 기준에 따라 연결송수관설비의 가압송수장치를 설치해야 한다. 〈개정 2024.5.10.〉
1. 쉽게 접근할 수 있고 점검하기에 충분한 공간이 있는 장소로서 화재 및 침수 등의 재해로 인한 피해를 받을 우려가 없는 곳에 설치할 것
2. 동결방지조치를 하거나 동결의 우려가 없는 장소에 설치할 것
3. 펌프는 전용으로 할 것
4. 펌프의 토출 측에는 압력계를 설치하고, 흡입 측에는 연성계 또는 진공계를 설치할 것
5. 펌프의 성능은 체절운전 시 정격토출압력의 140퍼센트를 초과하지 않고, 정격토출량의 150퍼센트로

운전 시 정격토출압력의 65퍼센트 이상이 되어야 하며, 펌프의 성능을 시험할 수 있는 성능시험배관을 설치할 것 〈개정 2024.5.10.〉

5의2. 펌프의 성능시험을 위한 전용의 수조를 설치할 것 〈신설 2024.5.10.〉

5의3. 수조의 유효수량은 펌프 정격토출량의 150퍼센트로 5분 이상 시험할 수 있는 양 이상이 되도록 할 것 〈신설 2024.5.10.〉

5의4. 펌프의 성능시험 시 방수되는 물로 침수피해가 발생하지 않도록 배수설비가 되어 있을 것 〈신설 2024.5.10.〉

6. 가압송수장치에는 체절운전시 수온의 상승을 방지하기 위한 순환배관을 설치할 것

7. 펌프의 토출량은 분당 2,400리터(계단식 아파트의 경우에는 분당 1,200리터) 이상이 되는 것으로 할 것. 다만, 해당 층에 설치된 방수구가 3개를 초과(방수구가 5개 이상인 경우에는 5개)하는 것에 있어서는 1개마다 분당 800리터(계단식 아파트의 경우에는 분당 400리터)를 가산한 양이 되는 것으로 할 것

8. 펌프의 양정은 최상층에 설치된 노즐선단의 압력이 0.35 메가파스칼 이상의 압력이 되도록 할 것

9. 가압송수장치는 방수구가 개방될 때 자동으로 기동되거나 수동스위치의 조작에 따라 기동되도록 할 것. 이 경우 수동스위치는 두 개 이상을 설치하되, 그중 한 개는 다음 각 목의 기준에 따라 송수구의 부근에 설치해야 한다.

　가. 송수구로부터 5미터 이내의 보기 쉬운 장소에 바닥으로부터 높이 0.8미터 이상 1.5미터 이하로 설치할 것

　나. 1.5밀리미터 이상의 강판함에 수납하여 설치하고 "연결송수관설비 수동스위치"라고 표시한 표지를 부착할 것. 이 경우 문짝은 불연재료로 설치할 수 있다.

　다. 「전기사업법」 제67조에 따른 기술기준에 따라 접지하고 빗물 등이 들어가지 않는 구조로 할 것

10. 기동장치로는 기동용수압개폐장치 또는 이와 동등 이상의 성능이 있는 것으로 설치할 것

11. 수원의 수위가 펌프보다 낮은 위치에 있는 가압송수장치에는 물올림장치를 설치할 것

12. 기동용수압개폐장치를 기동장치로 사용할 경우에는 충압펌프를 설치할 것

13. 내연기관을 사용하는 경우에는 제어반에 따라 내연기관의 자동기동 및 수동기동이 가능하고 기동장치의 기동을 명시하는 적색등을 설치해야 하며 상시 충전되어 있는 축전지설비와 펌프를 20분 이상 운전할 수 있는 용량의 연료를 갖출 것

14. 가압송수장치에는 "연결송수관펌프"라고 표시한 표지를 할 것

15. 가압송수장치가 기동이 된 경우에는 자동으로 정지되지 않도록 할 것

16. 가압송수장치는 부식 등으로 인한 펌프의 고착을 방지할 수 있도록 부식에 강한재질을 사용할 것

제9조(전원 등)

① 가압송수장치의 상용전원회로의 배선은 전용배선으로 하고, 상용전원의 공급에 지장이 없도록 설치해야 한다.

② 비상전원은 자가발전설비, 축전지설비 또는 전기저장장치로서 다음 각 호의 기준에 따라 설치해야 한다.

1. 점검에 편리하고 화재 및 침수 등의 재해로 인한 피해를 받을 우려가 없는 곳에 설치할 것
2. 연결송수관설비를 유효하게 20분 이상 작동할 수 있어야 할 것
3. 상용전원으로부터 전력의 공급이 중단된 때에는 자동으로 비상전원으로부터 전력을 공급받을 수 있도록 할 것
4. 비상전원의 설치장소는 다른 장소와 방화구획할 것
5. 비상전원을 실내에 설치하는 때에는 그 실내에 비상조명등을 설치할 것

제10조(배선 등)

① 연결송수관설비의 배선은「전기사업법」제67조에 따른「전기설비기술기준」에서 정한 것 외에 다음 각 호의 기준에 따라 설치해야 한다.
1. 비상전원으로부터 동력제어반 및 가압송수장치에 이르는 전원회로배선은 내화배선으로 할 것
2. 상용전원으로부터 동력제어반에 이르는 배선, 그 밖의 연결송수관설비의 감시·조작 또는 표시등 회로의 배선은 내화배선 또는 내열배선으로 할 것

② 연결송수관설비의 과전류차단기 및 개폐기에는 "연결송수관설비용"이라고 표시한 표지를 해야 한다.
③ 연결송수관설비용 전기배선의 양단 및 접속단자에는 식별이 용이하도록 표지 또는 표시를 해야 한다.

제11조(송수구의 겸용)

연결송수관설비의 송수구를 옥내소화전설비와 겸용으로 설치하는 경우에는 연결송수관설비의 송수구 설치기준에 따르되 각각의 소화설비의 기능에 지장이 없도록 해야 한다. 〈개정 2024.5.10.〉

제12조(설치·관리기준의 특례)

소방본부장 또는 소방서장은 기존건축물이 증축·개축·대수선되거나 용도변경되는 경우에 있어서 이 기준이 정하는 기준에 따라 해당 건축물에 설치해야 할 연결송수관설비의 배관·배선 등의 공사가 현저하게 곤란하다고 인정되는 경우에는 해당 설비의 기능 및 사용에 지장이 없는 범위에서 이 기준의 일부를 적용하지 않을 수 있다.

제13조(재검토기한)

소방청장은「훈령·예규 등의 발령 및 관리에 관한 규정」에 따라 이 고시에 대하여 2023년 1월 1일을 기준으로 매 3년이 되는 시점(매 3년째의 12월 31일까지를 말한다)마다 그 타당성을 검토하여 개선 등의 조치를 해야 한다.

부칙〈제2022-59호, 2022. 11. 25.〉

제1조(시행일)

이 고시는 2022년 12월 1일부터 시행한다.

제2조(경과조치)

① 이 고시 시행 전에 건축허가 등의 신청 또는 신고를 하거나 소방시설공사의 착공신고를 한 특정소방대상물에 대해서는 종전의「연결송수관설비의 화재안전기준(NFSC 502)」에 따른다.

② 이 고시 시행 전에 제1항에 따른 신청 또는 신고를 한 경우라도 개정 기준이 종전의 기준에 비해 관계인에게 유리한 경우에는 개정 기준에 따를 수 있다.

제3조(다른 법령과의 관계)
이 고시 시행 당시 다른 법령에서 종전의 화재안전기준을 인용한 경우에 이 고시 가운데 그에 해당하는 규정이 있는 경우에는 종전의 규정에 갈음하여 이 고시의 해당 규정을 인용한 것으로 본다.

부칙〈제2024-19호, 2024. 5. 10.〉

제1조(시행일)
이 고시는 2024년 7월 1일부터 시행한다.

제2조(다른 고시의 개정)
① 「스프링클러설비의 화재안전성능기준(NFPC 103)」 일부를 다음과 같이 개정한다.
제8조제5항을 삭제한다.
제16조제4항을 "스프링클러설비의 송수구를 옥내소화전설비 · 간이스프링클러설비 · 화재조기진압용스프링클러설비 · 물분무소화설비 · 포소화설비 또는 연결살수설비의 송수구와 겸용으로 설치하는 경우에는 스프링클러설비의 송수구의 설치기준에 따르되 각각의 소화설비의 기능에 지장이 없도록 해야 한다."로 한다.

② 「간이스프링클러설비의 화재안전성능기준(NFPC 103A)」 일부를 다음과 같이 개정한다.
제8조제5항을 삭제한다.
제13조제4항을 "간이스프링클러설비의 송수구를 옥내소화전설비 · 스프링클러설비 · 화재조기진압용 스프링클러설비 · 물분무소화설비 · 포소화설비 또는 연결살수설비의 송수구와 겸용으로 설치하는 경우에는 스프링클러설비의 송수구의 설치기준에 따르되 각각의 소화설비의 기능에 지장이 없도록 해야 한다."로 한다.

③ 「화재조기진압용 스프링클러설비의 화재안전성능기준(NFPC 103B)」 일부를 다음과 같이 개정한다.
제8조제6항을 삭제한다.
제18조제4항을 "화재조기진압용 스프링클러설비의 송수구를 옥내소화전설비 · 스프링클러설비 · 간이스프링클러설비 · 물분무소화설비 · 포소화설비 또는 연결살수설비의 송수구와 겸용으로 설치하는 경우에는 스프링클러설비의 송수구의 설치기준에 따르되 각각의 소화설비의 기능에 지장이 없도록 해야 한다."로 한다.

④ 「물분무소화설비의 화재안전성능기준(NFPC 104)」 일부를 다음과 같이 개정한다.
제6조제5항을 삭제한다.
제16조제4항을 "물분무소화설비의 송수구를 옥내소화전설비 · 스프링클러설비 · 간이스프링클러설비 · 화재조기진압용 스프링클러설비 · 포소화설비 또는 연결살수설비의 송수구와 겸용으로 설치하는 경우에는 스프링클러설비의 송수구의 설치기준에 따르되 각각의 소화설비의 기능에 지장이 없도록 해야 한다."로 한다.

⑤ 「포소화설비의 화재안전성능기준(NFPC 105)」일부를 다음과 같이 개정한다.

제7조제7항을 삭제한다.

제16조제4항을 "포소화설비의 송수구를 옥내소화전설비·스프링클러설비·간이스프링클러설비·화재조기진압용 스프링클러설비·물분무소화설비 또는 연결살수설비의 송수구와 겸용으로 설치하는 경우에는 스프링클러설비의 송수구의 설치기준에 따르되 각각의 소화설비의 기능에 지장이 없도록 해야 한다."로 한다.

⑥ 「연결살수설비의 화재안전성능기준(NFPC 503)」일부를 다음과 같이 개정한다.

제8조를 "연결살수설비의 송수구를 스프링클러설비·간이스프링클러설비·화재조기진압용 스프링클러설비·물분무소화설비 또는 포소화설비와 겸용으로 설치하는 경우에는 스프링클러설비의 송수구 설치기준에 따르고, 옥내소화전설비의 송수구와 겸용으로 설치하는 경우에는 옥내소화전설비의 송수구의 설치기준에 따르되 각각의 소화설비의 기능에 지장이 없도록 해야 한다."로 한다.

CHAPTER 23 연결송수관설비의 화재안전기술기준 (NFTC 502)

[시행 2024. 7. 1.] [국립소방연구원공고 제2024-41호, 2024. 7. 1., 일부개정]

1. 일반사항

1.1 적용범위

1.1.1 이 기준은 「소방시설 설치 및 관리에 관한 법률 시행령」(이하 "영"이라 한다) 별표 4 제5호나목에 따른 연결송수관설비의 설치 및 관리에 필요한 사항에 대해 적용한다.

1.2 기준의 효력

1.2.1 이 기준은 「소방시설 설치 및 관리에 관한 법률」(이하 "법"이라 한다) 제2조제1항제6호나목에 따라 소화활동설비인 연결송수관설비의 기술기준으로서의 효력을 가진다.

1.2.2 이 기준을 지키는 경우에는 법 제2조제1항제6호나목에 따른 「연결송수관설비의 화재안전성능기준(NFPC 502)」을 충족하는 것으로 본다.

1.3 기준의 시행

1.3.1 이 기준은 2024년 7월 1일부터 시행한다. 〈개정 2024.7.1.〉

1.4 기준의 특례

1.4.1 소방본부장 또는 소방서장은 기존건축물이 증축·개축·대수선되거나 용도변경 되는 경우에 있어서 이 기준이 정하는 기준에 따라 해당 건축물에 설치해야 할 연결송수관설비의 배관·배선 등의 공사가 현저하게 곤란하다고 인정되는 경우에는 해당 설비의 기능 및 사용에 지장이 없는 범위 안에서 이 기준의 일부를 적용하지 않을 수 있다.

1.5 경과조치

1.5.1 이 기준 시행 전에 건축허가 등의 신청 또는 신고를 하거나 소방시설공사의 착공신고를 한 특정소방대상물에 대해서는 종전의 「연결송수관설비의 화재안전기준(NFSC 502)」에 따른다.

1.5.2 이 기준 시행 전에 1.5.1에 따른 신청 또는 신고를 한 경우라도 제정 기준이 종전의 기준에 비하여 관계인에게 유리한 경우에는 제정 기준에 따를 수 있다.

1.6 다른 법령과의 관계

1.6.1 이 기준 시행 당시 다른 법령 또는 행정규칙 등에서 종전의 화재안전기준을 인용한 경우에 이 기준 가운데 그에 해당하는 규정이 있는 경우에는 종전의 규정에 갈음하여 이 기준의 해당 규정을 인용한 것으로 본다.

1.7 용어의 정의

1.7.1 이 기준에서 사용하는 용어의 정의는 다음과 같다.

1.7.1.1 "연결송수관설비"란 건축물의 옥외에 설치된 송수구에 소방차로부터 가압수를 송수하고 소방관이 건축물 내에 설치된 방수기구함에 비치된 호스를 방수구에 연결하여 화재를 진압하는 소화활동설비를 말한다.
1.7.1.2 "주배관"이란 각 층을 수직으로 관통하는 수직배관을 말한다.
1.7.1.3 "분기배관"이란 배관 측면에 구멍을 뚫어 둘 이상의 관로가 생기도록 가공한 배관으로서 다음의 분기배관을 말한다.
    (1) "확관형 분기배관"이란 배관의 측면에 조그만 구멍을 뚫고 소성가공으로 확관시켜 배관 용접이음자리를 만들거나 배관 용접이음자리에 배관이음쇠를 용접 이음한 배관을 말한다.
    (2) "비확관형 분기배관"이란 배관의 측면에 분기호칭내경 이상의 구멍을 뚫고 배관이음쇠를 용접 이음한 배관을 말한다.
1.7.1.4 "송수구"란 소화설비에 소화용수를 보급하기 위하여 건물 외벽 또는 구조물의 외벽에 설치하는 관을 말한다.
1.7.1.5 "방수구"란 소화설비로부터 소화용수를 방수하기 위하여 건물내벽 또는 구조물의 외벽에 설치하는 관을 말한다.
1.7.1.6 "충압펌프"란 배관 내 압력손실에 따라 주펌프의 빈번한 기동을 방지하기 위하여 충압역할을 하는 펌프를 말한다.
1.7.1.7 "정격토출량"이란 펌프의 정격부하운전 시 토출량으로서 정격토출압력에서의 토출량을 말한다.
1.7.1.8 "정격토출압력"이란 펌프의 정격부하운전 시 토출압력으로서 정격토출량에서의 토출 측 압력을 말한다.
1.7.1.9 "진공계"란 대기압 이하의 압력을 측정하는 계측기를 말한다.
1.7.1.10 "연성계"란 대기압 이상의 압력과 대기압 이하의 압력을 측정할 수 있는 계측기를 말한다.
1.7.1.11 "체절운전"이란 펌프의 성능시험을 목적으로 펌프 토출 측의 개폐밸브를 닫은 상태에서 펌프를 운전하는 것을 말한다.
1.7.1.12 "기동용 수압개폐장치"란 소화설비의 배관 내 압력변동을 검지하여 자동적으로 펌프를 기동 및 정지시키는 것으로서 압력챔버 또는 기동용압력스위치 등을 말한다.

2. 기술기준

2.1 송수구

2.1.1 연결송수관설비의 송수구는 다음의 기준에 따라 설치해야 한다.
2.1.1.1 소방차가 쉽게 접근할 수 있고 잘 보이는 장소에 설치할 것
2.1.1.2 지면으로부터 높이가 0.5m 이상 1m 이하의 위치에 설치할 것
2.1.1.3 송수구는 화재층으로부터 지면으로 떨어지는 유리창 등이 송수 및 그 밖의 소화작업에 지장을 주지 않는 장소에 설치할 것
2.1.1.4 송수구로부터 연결송수관설비의 주배관에 이르는 연결배관에 개폐밸브를 설치한 때에는 그 개폐상태를 쉽게 확인 및 조작할 수 있는 옥외 또는 기계실 등의 장소에 설치할 것. 이 경우

개폐밸브에는 그 밸브의 개폐상태를 감시제어반에서 확인할 수 있도록 급수개폐밸브 작동표시 스위치(이하 "탬퍼스위치"라 한다)를 다음의 기준에 따라 설치해야 한다.

2.1.1.4.1 급수개폐밸브가 잠길 경우 탬퍼스위치의 동작으로 인하여 감시제어반 또는 수신기에 표시되어야 하며 경보음을 발할 것

2.1.1.4.2 탬퍼스위치는 감시제어반 또는 수신기에서 동작의 유무확인과 동작시험, 도통시험을 할 수 있을 것

2.1.1.4.3 탬퍼스위치에 사용되는 전기배선은 내화전선 또는 내열전선으로 설치할 것

2.1.1.5 구경 65mm의 쌍구형으로 할 것

2.1.1.6 송수구에는 그 가까운 곳의 보기 쉬운 곳에 송수압력범위를 표시한 표지를 할 것

2.1.1.7 송수구는 연결송수관의 수직배관마다 1개 이상을 설치할 것. 다만, 하나의 건축물에 설치된 각 수직배관이 중간에 개폐밸브가 설치되지 아니한 배관으로 상호 연결되어 있는 경우에는 건축물마다 1개씩 설치할 수 있다.

2.1.1.8 송수구의 부근에는 자동배수밸브 및 체크밸브를 다음의 기준에 따라 설치할 것. 이 경우 자동배수밸브는 배관안의 물이 잘빠질 수 있는 위치에 설치하되, 배수로 인하여 다른 물건이나 장소에 피해를 주지 않아야 한다.

2.1.1.8.1 습식의 경우에는 송수구·자동배수밸브·체크밸브의 순으로 설치할 것

2.1.1.8.2 건식의 경우에는 송수구·자동배수밸브·체크밸브·자동배수밸브의 순으로 설치할 것

2.1.1.9 송수구에는 가까운 곳의 보기 쉬운 곳에 "연결송수관설비송수구"라고 표시한 표지를 설치할 것

2.1.1.10 송수구에는 이물질을 막기 위한 마개를 씌울 것

2.2 배관 등

2.2.1 연결송수관설비의 배관은 다음의 기준에 따라 설치해야 한다.

2.2.1.1 주배관의 구경은 100mm 이상의 것으로 할 것. 다만, 주 배관의 구경이 100mm 이상인 옥내소화전설비의 배관과는 겸용할 수 있다. 〈개정 2024.7.1.〉

2.2.1.2 지면으로부터의 높이가 31m 이상인 특정소방대상물 또는 지상 11층 이상인 특정소방대상물에 있어서는 습식설비로 할 것

2.2.2 배관과 배관이음쇠는 다음의 어느 하나에 해당하는 것 또는 동등 이상의 강도·내식성 및 내열성을 국내·외 공인기관으로부터 인정받은 것을 사용해야 한다. 다만, 본 기준에서 정하지 않은 사항은 건설기술 진흥법 제44조제1항의 규정에 따른 "건설기준"에 따른다.

2.2.2.1 배관 내 사용압력이 1.2MPa 미만일 경우에는 다음의 어느 하나에 해당하는 것

(1) 배관용 탄소강관(KS D 3507)

(2) 이음매 없는 구리 및 구리합금관(KS D 5301). 다만, 습식의 배관에 한한다.

(3) 배관용 스테인리스강관(KS D 3576) 또는 일반배관용 스테인리스강관(KS D 3595). 다만, 배관용 스테인리스강관(KS D 3576)의 이음을 용접으로 할 경우에는 텅스텐 불활성 가스 아크 용접(Tungsten Inertgas Arc Welding)방식에 따른다.

(4) 덕타일 주철관(KS D 4311)

2.2.2.2 배관 내 사용압력이 1.2MPa 이상일 경우에는 다음의 어느 하나에 해당하는 것
    (1) 압력배관용 탄소강관(KS D 3562)
    (2) 배관용 아크용접 탄소강강관(KS D 3583)
2.2.3 2.2.2에도 불구하고 다음의 어느 하나에 해당하는 장소에는 소방청장이 정하여 고시한 「소방용 합성수지배관의 성능인증 및 제품검사의 기술기준」에 적합한 소방용 합성수지배관으로 설치할 수 있다.
2.2.3.1 배관을 지하에 매설하는 경우
2.2.3.2 다른 부분과 내화구조로 구획된 덕트 또는 피트의 내부에 설치하는 경우
2.2.3.3 천장(상층이 있는 경우에는 상층바닥의 하단을 포함한다. 이하 같다)과 반자를 불연재료 또는 준불연재료로 설치하고 소화배관 내부에 항상 소화수가 채워진 상태로 설치하는 경우
2.2.4 성능시험배관은 펌프의 토출 측에 설치된 개폐밸브 이전에서 분기하여 설치하고, 유량측정장치를 기준으로 전단에 개폐밸브를 후단에 유량조절 밸브를 설치해야 한다.〈개정 2024.7.1.〉
2.2.5 성능시험배관에 설치하는 유량측정장치는 성능시험배관의 직관부에 설치하되, 펌프 정격토출량의 175% 이상을 측정할 수 있는 것으로 해야 한다.〈신설 2024.7.1.〉
2.2.6 연결송수관설비의 수직배관은 내화구조로 구획된 계단실(부속실을 포함한다) 또는 파이프덕트 등 화재의 우려가 없는 장소에 설치해야 한다. 다만, 학교 또는 공장이거나 배관주위를 1시간 이상의 내화성능이 있는 재료로 보호하는 경우에는 그렇지 않다.
2.2.7 확관형 분기배관을 사용할 경우에는 소방청장이 정하여 고시한 「분기배관의 성능인증 및 제품검사의 기술기준」에 적합한 것으로 설치해야 한다.
2.2.8 배관은 다른 설비의 배관과 쉽게 구분이 될 수 있는 위치에 설치하거나, 그 배관표면 또는 배관 보온재표면의 색상은 「한국산업표준(배관계의 식별 시, KS A 0503)」 또는 적색으로 식별이 가능하도록 소방용설비의 배관임을 표시해야 한다.

2.3 방수구

2.3.1 연결송수관설비의 방수구는 다음의 기준에 따라 설치해야 한다.
2.3.1.1 연결송수관설비의 방수구는 그 특정소방대상물의 층마다 설치할 것. 다만, 다음의 어느 하나에 해당하는 층에는 설치하지 않을 수 있다.
    (1) 아파트의 1층 및 2층
    (2) 소방차의 접근이 가능하고 소방대원이 소방차로부터 각 부분에 쉽게 도달할 수 있는 피난층
    (3) 송수구가 부설된 옥내소화전을 설치한 특정소방대상물(집회장·관람장·백화점·도매시장·소매시장·판매시설·공장·창고시설 또는 지하가를 제외한다)로서 다음의 어느 하나에 해당하는 층
        (3-1) 지하층을 제외한 층수가 4층 이하이고 연면적이 6,000m² 미만인 특정소방대상물의 지상층
        (3-2) 지하층의 층수가 2 이하인 특정소방대상물의 지하층
2.3.1.2 특정소방대상물의 층마다 설치하는 방수구는 다음의 기준에 따를 것

2.3.1.2.1 아파트 또는 바닥면적이 1,000m² 미만인 층에 있어서는 계단(계단이 둘 이상 있는 경우에는 그중 1개의 계단을 말한다)으로부터 5m 이내에 설치할 것. 이 경우 부속실이 있는 계단은 부속실의 옥내 출입구로부터 5m 이내에 설치할 수 있다.

2.3.1.2.2 바닥면적 1,000m² 이상인 층(아파트를 제외한다)에 있어서는 각 계단(계단의 부속실을 포함하며 계단이 셋 이상 있는 층의 경우에는 그중 두 개의 계단을 말한다)으로부터 5m 이내에 설치할 것. 이 경우 부속실이 있는 계단은 부속실의 옥내 출입구로부터 5m 이내에 설치할 수 있다.

2.3.1.2.3 2.3.1.2.1 또는 2.3.1.2.2에 따라 설치하는 방수구로부터 그 층의 각 부분까지의 거리가 다음의 기준을 초과하는 경우에는 그 기준 이하가 되도록 방수구를 추가하여 설치할 것
 (1) 지하가(터널은 제외한다) 또는 지하층의 바닥면적의 합계가 3,000m² 이상인 것은 수평거리 25m
 (2) (1)에 해당하지 않는 것은 수평거리 50m

2.3.1.3 11층 이상의 부분에 설치하는 방수구는 쌍구형으로 할 것. 다만, 다음의 어느 하나에 해당하는 층에는 단구형으로 설치할 수 있다.
 (1) 아파트의 용도로 사용되는 층
 (2) 스프링클러설비가 유효하게 설치되어 있고 방수구가 2개소 이상 설치된 층

2.3.1.4 방수구의 호스접결구는 바닥으로부터 높이 0.5m 이상 1m 이하의 위치에 설치할 것

2.3.1.5 방수구는 연결송수관설비의 전용방수구 또는 옥내소화전방수구로서 구경 65mm의 것으로 설치할 것

2.3.1.6 방수구의 위치표시는 표시등 또는 축광식표지로 하되 다음의 기준에 따라 설치할 것

2.3.1.6.1 표시등을 설치하는 경우에는 함의 상부에 설치하되, 소방청장이 고시한 「표시등의 성능인증 및 제품검사의 기술기준」에 적합한 것으로 설치할 것

2.3.1.6.2 축광식표지를 설치하는 경우에는 소방청장이 고시한 「축광표지의 성능인증 및 제품검사의 기술기준」에 적합한 것으로 설치할 것

2.3.1.7 방수구는 개폐기능을 가진 것으로 설치해야 하며, 평상시 닫힌 상태를 유지할 것

2.4 방수기구함

2.4.1 연결송수관설비의 방수기구함은 다음의 기준에 따라 설치해야 한다.

2.4.1.1 방수기구함은 피난층과 가장 가까운 층을 기준으로 3개층마다 설치하되, 그 층의 방수구마다 보행거리 5m 이내에 설치할 것

2.4.1.2 방수기구함에는 길이 15m의 호스와 방사형 관창을 다음의 기준에 따라 비치할 것

2.4.1.2.1 호스는 방수구에 연결하였을 때 그 방수구가 담당하는 구역의 각 부분에 유효하게 물이 뿌려질 수 있는 개수 이상을 비치할 것. 이 경우 쌍구형 방수구는 단구형 방수구의 2배 이상의 개수를 설치해야 한다.

2.4.1.2.2 방사형 관창은 단구형 방수구의 경우에는 1개, 쌍구형 방수구의 경우에는 2개 이상 비치할 것

2.5.1.3 방수기구함에는 "방수기구함"이라고 표시한 축광식 표지를 할 것. 이 경우 축광식 표지는 소방청

장이 고시한 「축광표지의 성능인증 및 제품검사의 기술기준」에 적합한 것으로 설치해야 한다.

2.5 가압송수장치

2.5.1 지표면에서 최상층 방수구의 높이가 70m 이상의 특정소방대상물에는 다음의 기준에 따라 연결송수관설비의 가압송수장치를 설치해야 한다.

2.5.1.1 쉽게 접근할 수 있고 점검하기에 충분한 공간이 있는 장소로서 화재 및 침수 등의 재해로 인한 피해를 받을 우려가 없는 곳에 설치할 것

2.5.1.2 동결방지조치를 하거나 동결의 우려가 없는 장소에 설치할 것

2.5.1.3 펌프는 전용으로 할 것. 다만, 각각의 소화설비의 성능에 지장이 없을 때에는 다른 소화설비와 겸용 할 수 있다.

2.5.1.4 펌프의 토출 측에는 압력계를 체크밸브 이전에 펌프토출 측 플랜지에서 가까운 곳에 설치하고, 흡입 측에는 연성계 또는 진공계를 설치할 것. 다만, 수원의 수위가 펌프의 위치보다 높거나 수직회전축 펌프의 경우에는 연성계 또는 진공계를 설치하지 않을 수 있다.

2.5.1.5 가압송수장치에는 정격부하운전 시 펌프의 성능을 시험하기 위한 배관을 설치할 것. 다만, 충압펌프의 경우에는 그렇지 않다.

2.5.1.6 펌프의 성능시험을 위한 전용의 수조를 설치할 것. 다만, 성능시험에 지장을 주지 않는 경우 다른 설비의 수조와 겸용할 수 있다. 〈신설 2024.7.1.〉

2.5.1.7 수조의 유효수량은 펌프 정격토출량의 150%로 5분 이상 방수할 수 있는 양 이상이 되도록 해야 한다. 〈신설 2024.7.1.〉

2.5.1.8 펌프의 성능시험 시 방수되는 물로 침수피해가 발생하지 않도록 배수설비가 되어 있을 것 〈신설 2024.7.1.〉

2.5.1.9 가압송수장치에는 체절운전 시 수온의 상승을 방지하기 위한 순환배관을 설치할 것. 다만, 충압펌프의 경우에는 그렇지 않다.

2.5.1.10 펌프의 토출량은 2,400L/min(계단식 아파트의 경우에는 1,200L/min) 이상이 되는 것으로 할 것. 다만, 해당 층에 설치된 방수구가 3개를 초과(방수구가 5개 이상인 경우에는 5개)하는 것에 있어서는 1개마다 800L/min(계단식 아파트의 경우에는 400L/min)를 가산한 양이 되는 것으로 할 것

2.5.1.11 펌프의 양정은 최상층에 설치된 노즐선단의 압력이 0.35MPa 이상의 압력이 되도록 할 것

2.5.1.12 가압송수장치는 방수구가 개방될 때 자동으로 기동되거나 수동스위치의 조작에 따라 기동되도록 할 것. 이 경우 수동스위치는 2개 이상을 설치하되, 그중 1개는 다음의 기준에 따라 송수구의 부근에 설치해야 한다.

2.5.1.12.1 송수구로부터 5m 이내의 보기 쉬운 장소에 바닥으로부터 높이 0.8m 이상 1.5m 이하로 설치할 것

2.5.1.12.2 1.5mm 이상의 강판함에 수납하여 설치하고 "연결송수관설비 수동스위치"라고 표시한 표지를 부착할 것. 이경우 문짝은 불연재료로 설치할 수 있다.

2.5.1.12.3 「전기사업법」 제67조에 따른 「전기설비기술기준」에 따라 접지하고 빗물 등이 들어가지 않

는 구조로 할 것
2.5.1.13 기동장치로는 기동용수압개폐장치 또는 이와 동등 이상의 성능이 있는 것으로 설치할 것. 다만, 기동용수압개폐장치 중 압력챔버를 사용할 경우 그 내용적은 100L 이상인 것으로 할 것
2.5.1.14 수원의 수위가 펌프보다 낮은 위치에 있는 가압송수장치에는 다음의 기준에 따른 물올림장치를 설치할 것
2.5.1.14.1 물올림장치에는 전용의 수조를 설치할 것
2.5.1.14.2 수조의 유효수량은 100L 이상으로 하되, 구경 15mm 이상의 급수배관에 따라 해당 수조에 물이 계속 보급되도록 할 것
2.5.1.15 기동용수압개폐장치를 기동장치로 사용할 경우에는 다음의 기준에 따른 충압펌프를 설치할 것. 다만, 소화용 급수펌프로도 상시 충압이 가능하고 다음 2.5.1.15.1의 성능을 갖춘 경우에는 충압펌프를 별도로 설치하지 않을 수 있다.
2.5.1.15.1 펌프의 토출압력은 그 설비의 최고위 호스접결구의 자연압보다 적어도 0.2MPa이 더 크도록 하거나 가압송수장치의 정격토출압력과 같게 할 것
2.5.1.15.2 펌프의 정격토출량은 정상적인 누설량보다 적어서는 안 되며, 연결송수관설비가 자동적으로 작동할 수 있도록 충분한 토출량을 유지할 것
2.5.1.16 내연기관을 사용하는 경우에는 다음의 기준에 적합한 것으로 할 것
2.5.1.16.1 내연기관의 기동은 2.5.1.9의 기동장치의 기동을 명시하는 적색등을 설치할 것
2.5.1.16.2 제어반에 따라 내연기관의 자동기동 및 수동기동이 가능하고, 상시 충전되어 있는 축전지설비를 갖출 것
2.5.1.16.3 내연기관의 연료량은 펌프를 20분 이상 운전할 수 있는 용량일 것
2.5.1.17 가압송수장치에는 "연결송수관펌프"라고 표시한 표지를 할 것. 이 경우 그 가압송수장치를 다른 설비와 겸용하는 때에는 그 겸용되는 설비의 이름을 표시한 표지를 함께 해야 한다.
2.5.1.18 가압송수장치가 기동이 된 경우에는 자동으로 정지되지 않도록 할 것. 다만, 충압펌프의 경우에는 그렇지 않다.
2.5.1.19 가압송수장치는 부식 등으로 인한 펌프의 고착을 방지할 수 있도록 다음의 기준에 적합한 것으로 할 것. 다만, 충압펌프는 제외한다.
2.5.1.19.1 임펠러는 청동 또는 스테인리스 등 부식에 강한 재질을 사용할 것
2.5.1.19.2 펌프축은 스테인리스 등 부식에 강한 재질을 사용할 것

2.6 전원 등

2.6.1 가압송수장치의 상용전원회로의 배선 및 비상전원은 다음의 기준에 따라 설치해야 한다.
2.6.1.1 저압수전인 경우에는 인입개폐기의 직후에서 분기하여 전용배선으로 할 것
2.6.1.2 특별고압수전 또는 고압수전일 경우에는 전력용 변압기 2차 측의 주차단기 1차 측에서 분기하여 전용배선으로 하되, 상용전원의 공급에 지장이 없을 경우에는 주차단기 2차 측에서 분기하여 전용배선으로 할 것. 다만, 가압송수장치의 정격입력전압이 수전전압과 같은 경우에는 2.6.1.1의 기준에 따른다.

2.6.2 비상전원은 자가발전설비, 축전지설비(내연기관에 따른 펌프를 사용하는 경우에는 내연기관의 기동 및 제어용 축전지를 말한다. 이하 같다) 또는 전기저장장치(외부 전기에너지를 저장해 두었다가 필요한 때 전기를 공급하는 장치. 이하 같다)로서 다음의 기준에 따라 설치해야 한다.

2.6.2.1 점검에 편리하고 화재 및 침수 등의 재해로 인한 피해를 받을 우려가 없는 곳에 설치할 것

2.6.2.2 연결송수관설비를 유효하게 20분 이상 작동할 수 있어야 할 것

2.6.2.3 상용전원으로부터 전력의 공급이 중단된 때에는 자동으로 비상전원으로부터 전력을 공급받을 수 있도록 할 것

2.6.2.4 비상전원의 설치장소는 다른 장소와 방화구획하고, 비상전원의 공급에 필요한 기구나 설비가 아닌 것(열병합발전설비에 필요한 기구나 설비는 제외한다)을 두지 않을 것

2.6.2.5 비상전원을 실내에 설치하는 때에는 그 실내에 비상조명등을 설치할 것

2.7 배선 등

2.7.1 연결송수관설비의 배선은 「전기사업법」 제67조에 따른 「전기설비기술기준」에서 정한 것 외에 다음의 기준에 따라 설치해야 한다.

2.7.1.1 비상전원으로부터 동력제어반 및 가압송수장치에 이르는 전원회로배선은 내화배선으로 할 것. 다만, 자가발전설비와 동력제어반이 동일한 실에 설치된 경우에는 자가발전기로부터 그 제어반에 이르는 전원회로배선은 그렇지 않다.

2.7.1.2 상용전원으로부터 동력제어반에 이르는 배선, 그 밖의 연결송수관설비의 감시·조작 또는 표시등회로의 배선은 「옥내소화전설비의 화재안전기술기준(NFTC 102)」 2.7.2의 표 2.7.2(1) 또는 표 2.7.2(2)에 따른 내화배선 또는 내열배선으로 할 것. 다만, 감시제어반 또는 동력제어반 안의 감시·조작 또는 표시등회로의 배선은 그렇지 않다.

2.7.2 연결송수관설비의 과전류차단기 및 개폐기에는 "연결송수관설비용"이라고 표시한 표지를 해야 한다.

2.7.3 연결송수관설비용 전기배선의 양단 및 접속단자에는 다음의 기준에 따라 표지해야 한다.

2.7.3.1 단자에는 "연결송수관설비단자"라고 표지한 표지를 부착할 것

2.7.3.2 연결송수관설비용 전기배선의 양단에는 다른 배선과 쉽게 구별할 수 있도록 표시할 것

2.8 송수구의 겸용

2.8.1 연결송수관설비의 송수구를 옥내소화전설비와 겸용으로 설치하는 경우에는 연결송수관설비의 송수구 설치기준에 따르되 각각의 소화설비의 기능에 지장이 없도록 해야 한다. 〈개정 2024.7.1.〉

CHAPTER 24 옥내소화전설비의 화재안전성능기준 (NFPC 102)

[시행 2022. 12. 1.] [소방청고시 제2022-32호, 2022. 11. 25., 전부개정]

제1조(목적)

이 기준은 「소방시설 설치 및 관리에 관한 법률」(이하 "법"이라 한다) 제2조제1항제6호가목에 따라 소방청장에게 위임한 사항 중 소화설비인 옥내소화전설비의 성능기준을 규정함을 목적으로 한다.

제2조(적용범위)

이 기준은 「소방시설 설치 및 관리에 관한 법률 시행령」(이하 "영"이라 한다) 별표 4 제1호다목에 따른 옥내소화전설비의 설치 및 관리에 대해 적용한다.

제3조(정의)

이 기준에서 사용하는 용어의 정의는 다음과 같다

1. "고가수조"란 구조물 또는 지형지물 등에 설치하여 자연낙차의 압력으로 급수하는 수조를 말한다.
2. "압력수조"란 소화용수와 공기를 채우고 일정 압력 이상으로 가압하여 그 압력으로 급수하는 수조를 말한다.
3. "충압펌프"란 배관 내 압력손실에 따른 주펌프의 빈번한 기동을 방지하기 위하여 충압역할을 하는 펌프를 말한다.
4. "정격토출량"이란 펌프의 정격부하운전 시 토출량으로서 정격토출압력에서의 펌프의 토출량을 말한다.
5. "정격토출압력"이란 펌프의 정격부하운전 시 토출압력으로서 정격토출량에서의 펌프의 토출 측 압력을 말한다.
6. "진공계"란 대기압 이하의 압력을 측정하는 계측기를 말한다.
7. "연성계"란 대기압 이상의 압력과 대기압 이하의 압력을 측정할 수 있는 계측기를 말한다.
8. "체절운전"이란 펌프의 성능시험을 목적으로 펌프 토출 측의 개폐밸브를 닫은 상태에서 펌프를 운전하는 것을 말한다.
9. "기동용수압개폐장치"란 소화설비의 배관 내 압력변동을 검지하여 자동적으로 펌프를 기동 및 정지시키는 것으로서 압력챔버 또는 기동용압력스위치 등을 말한다.
10. "급수배관"이란 수원 또는 송수구 등으로부터 소화설비에 급수하는 배관을 말한다.
11. "분기배관"이란 배관 측면에 구멍을 뚫어 둘 이상의 관로가 생기도록 가공한 배관으로서 다음 각 목의 분기배관을 말한다.
    가. "확관형 분기배관"이란 배관의 측면에 조그만 구멍을 뚫고 소성가공으로 확관시켜 배관 용접이음자리를 만들거나 배관 용접이음자리에 배관이음쇠를 용접 이음한 배관을 말한다.
    나. "비확관형 분기배관"이란 배관의 측면에 분기호칭내경 이상의 구멍을 뚫고 배관이음쇠를 용접 이음한 배관을 말한다.

12. "개폐표시형밸브"란 밸브의 개폐 여부를 외부에서 식별할 수 있는 밸브를 말한다.
13. "가압수조"란 가압원인 압축공기 또는 불연성 고압기체에 따라 소방용수를 가압시키는 수조를 말한다.
14. "주펌프"란 구동장치의 회전 또는 왕복운동으로 소화수를 가압하여 그 압력으로 급수하는 주된 펌프를 말한다.
15. "예비펌프"란 주펌프와 동등 이상의 성능이 있는 별도의 펌프를 말한다.

제4조(수원)

① 옥내소화전설비의 수원은 그 저수량이 옥내소화전의 설치개수가 가장 많은 층의 설치개수(두 개 이상 설치된 경우에는 두 개)에 2.6세제곱미터(호스릴옥내소화전설비를 포함한다)를 곱한 양 이상이 되도록 해야 한다.
② 옥내소화전설비의 수원은 제1항에 따라 계산하여 나온 유효수량 외에 유효수량의 3분의 1 이상을 옥상(옥내소화전설비가 설치된 건축물의 주된 옥상을 말한다. 이하 같다)에 설치해야 한다.
③ 옥상수조(제1항에 따라 산출된 유효수량의 3분의 1 이상을 옥상에 설치한 설비를 말한다. 이하 같다)는 이와 연결된 배관을 통하여 상시 소화수를 공급할 수 있는 구조의 특정소방대상물인 경우에는 둘 이상의 특정소방대상물이 있더라도 하나의 특정소방대상물에만 이를 설치할 수 있다.
④ 옥내소화전설비의 수원을 수조로 설치하는 경우에는 소화설비의 전용수조로 해야 한다.
⑤ 제1항 및 제2항에 따른 저수량을 산정함에 있어서 다른 설비와 겸용하여 옥내소화전설비용 수조를 설치하는 경우에는 옥내소화전설비의 풋밸브·흡수구 또는 수직배관의 급수구와 다른 설비의 풋밸브·흡수구 또는 수직배관의 급수구와의 사이의 수량을 그 유효수량으로 한다.
⑥ 옥내소화전설비용 수조는 다음 각 호의 기준에 따라 설치해야 한다.
  1. 점검에 편리한 곳에 설치할 것
  2. 동결방지조치를 하거나 동결의 우려가 없는 장소에 설치할 것
  3. 수조에는 수위계, 고정식 사다리, 청소용 배수밸브(또는 배수관), 표지 및 실내 조명 등 수조의 유지관리에 필요한 설비를 설치할 것

제5조(가압송수장치)

① 전동기 또는 내연기관에 따른 펌프를 이용하는 가압송수장치는 다음 각 호의 기준에 따라 설치해야 한다. 다만, 가압송수장치의 주펌프는 전동기에 따른 펌프로 설치해야 한다.
  1. 쉽게 접근할 수 있고 점검하기에 충분한 공간이 있는 장소로서 화재 및 침수 등의 재해로 인한 피해를 받을 우려가 없는 곳에 설치할 것
  2. 동결방지조치를 하거나 동결의 우려가 없는 장소에 설치할 것
  3. 특정소방대상물의 어느 층에 있어서도 해당층의 옥내소화전(두 개 이상 설치된 경우에는 두 개의 옥내소화전)을 동시에 사용할 경우 각 소화전의 노즐선단에서의 방수압력이 0.17메가파스칼(호스릴옥내소화전설비를 포함한다) 이상이고, 방수량이 분당 130리터(호스릴옥내소화전설비를 포함한다) 이상이 되는 성능의 것으로 할 것. 다만, 하나의 옥내소화전을 사용하는 노즐선단에서의 방수압력이 0.7메가파스칼을 초과할 경우에는 호스접결구의 인입 측에 감압장치를 설치해야 한다.

4. 펌프의 토출량은 옥내소화전이 가장 많이 설치된 층의 설치개수(옥내소화전이 두 개 이상 설치된 경우에는 두 개)에 분당 130리터를 곱한 양 이상이 되도록 할 것
5. 펌프는 전용으로 할 것
6. 펌프의 토출 측에는 압력계를 설치하고, 흡입 측에는 연성계 또는 진공계를 설치할 것
7. 펌프의 성능은 체절운전 시 정격토출압력의 140퍼센트를 초과하지 않고, 정격토출량의 150퍼센트로 운전 시 정격토출압력의 65퍼센트 이상이 되어야 하며, 펌프의 성능을 시험할 수 있는 성능시험배관을 설치할 것
8. 가압송수장치에는 체절운전 시 수온의 상승을 방지하기 위한 순환배관을 설치할 것
9. 기동장치로는 기동용수압개폐장치 또는 이와 동등 이상의 성능이 있는 것을 설치할 것. 다만, 학교·공장·창고시설(제4조제2항에 따라 옥상수조를 설치한 대상은 제외한다)로서 동결의 우려가 있는 장소에 있어서는 기동스위치에 보호판을 부착하여 옥내소화전함 내에 설치할 수 있다.
10. 제9호 단서의 경우에는 주펌프와 동등 이상의 성능이 있는 별도의 펌프로서 내연기관의 기동과 연동하여 작동되거나 비상전원을 연결한 펌프를 추가 설치할 것
11. 수원의 수위가 펌프보다 낮은 위치에 있는 가압송수장치에는 물올림장치를 설치할 것
12. 기동용수압개폐장치를 기동장치로 사용할 경우에는 충압펌프를 설치할 것
13. 내연기관을 사용하는 경우에는 제어반에 따라 내연기관의 자동기동 및 수동기동이 가능하고, 상시 충전되어 있는 축전지설비와 펌프를 20분 이상 운전할 수 있는 용량의 연료를 갖출 것
14. 가압송수장치가 기동이 된 경우에는 자동으로 정지되지 않도록 할 것
15. 가압송수장치는 부식 등으로 인한 펌프의 고착을 방지할 수 있도록 청동 또는 스테인리스 등 부식에 강한 재질을 사용할 것

② 고가수조의 자연낙차를 이용한 가압송수장치를 설치하는 경우 고가수조의 자연낙차수두(수조의 하단으로부터 최고층에 설치된 소화전 호스 접결구까지의 수직거리를 말한다)는 제1항제3호에 따른 방수압 및 방수량이 20분 이상 유지되도록 해야 한다.

③ 압력수조를 이용한 가압송수장치를 설치하는 경우 압력수조의 압력은 제1항제3호에 따른 방수압 및 방수량이 20분 이상 유지되도록 해야 한다.

④ 가압수조를 이용한 가압송수장치는 소방청장이 정하여 고시한 「가압수조식가압송수장치의 성능인증 및 제품검사의 기술기준」에 적합한 것으로 설치하되, 가압수조의 압력은 제1항제3호에 따른 방수압 및 방수량이 20분 이상 유지되도록 해야 한다.

제6조(배관 등)

① 배관과 배관이음쇠는 배관 내 사용압력에 따라 다음 각 호의 어느 하나에 해당하는 것을 사용해야 한다.
1. 배관 내 사용압력이 1.2메가파스칼 미만일 경우에는 다음 각 목의 어느 하나에 해당하는 것
    가. 배관용 탄소 강관(KS D 3507)
    나. 이음매 없는 구리 및 구리합금관(KS D 5301). 다만, 습식의 배관에 한한다.
    다. 배관용 스테인리스 강관(KS D 3576) 또는 일반 배관용 스테인리스 강관(KS D 3595)

라. 덕타일 주철관(KS D 4311)
2. 배관 내 사용압력이 1.2메가파스칼 이상일 경우에는 다음 각 목의 어느 하나에 해당하는 것
    가. 압력 배관용 탄소 강관(KS D 3562)
    나. 배관용 아크 용접 탄소강 강관(KS D 3583)
② 제1항에도 불구하고 화재 등의 재해로 인하여 배관의 성능에 영향을 받을 우려가 적은 경우에는 소방청장이 정하여 고시한「소방용합성수지배관의 성능인증 및 제품검사의 기술기준」에 적합한 소방용합성수지배관으로 설치할 수 있다.
③ 급수배관은 전용으로 하여야 한다.
④ 펌프의 흡입 측 배관은 다음 각 호의 기준에 따라 설치해야 한다.
    1. 공기 고임이 생기지 않는 구조로 하고 여과장치를 설치할 것
    2. 수조가 펌프보다 낮게 설치된 경우에는 각 펌프(충압펌프를 포함한다)마다 수조로부터 별도로 설치할 것
⑤ 펌프의 토출 측 주배관 및 가지배관의 구경은 소화수의 송수에 지장이 없는 크기 이상으로 해야 한다.
⑥ 옥내소화전설비의 배관을 연결송수관설비와 겸용하는 경우 주배관은 구경 100밀리미터 이상, 방수구로 연결되는 배관의 구경은 65밀리미터 이상의 것으로 해야 한다.
⑦ 성능시험배관에 설치하는 유량측정장치는 성능시험배관의 직관부에 설치하되, 펌프 정격토출량의 175퍼센트 이상을 측정할 수 있는 것으로 해야 한다.
⑧ 가압송수장치의 체절운전 시 수온의 상승을 방지하기 위하여 체크밸브와 펌프 사이에서 분기한 배관에 체절압력 미만에서 개방되는 릴리프밸브를 설치해야 한다.
⑨ 동결방지조치를 하거나 동결의 우려가 없는 장소에 설치해야 한다. 다만, 보온재를 사용할 경우에는 난연재료 성능 이상의 것으로 해야 한다.
⑩ 급수배관에 설치되어 급수를 차단할 수 있는 개폐밸브(옥내소화전방수구를 제외한다)는 개폐표시형으로 해야 한다. 이 경우 펌프의 흡입 측 배관에는 버터플라이밸브 외의 개폐표시형밸브를 설치해야 한다.
⑪ 배관은 다른 설비의 배관과 쉽게 구분이 될 수 있도록 해야 한다.
⑫ 옥내소화전설비에는 소방자동차부터 그 설비에 송수할 수 있는 송수구를 다음 각 호의 기준에 따라 설치해야 한다.
    1. 송수구는 송수 및 그 밖의 소화작업에 지장을 주지 않도록 설치할 것
    2. 송수구로부터 주배관에 이르는 연결배관에는 개폐밸브를 설치하지 않을 것
    3. 지면으로부터 높이가 0.5미터 이상 1미터 이하의 위치에 설치할 것
    4. 구경 65밀리미터의 쌍구형 또는 단구형으로 할 것
    5. 송수구의 가까운 부분에 자동배수밸브(또는 직경 5밀리미터의 배수공) 및 체크밸브를 설치할 것
    6. 송수구에는 이물질을 막기 위한 마개를 씌울 것
⑬ 확관형 분기배관을 사용할 경우에는 소방청장이 정하여 고시한「분기배관의 성능인증 및 제품검사의 기술기준」에 적합한 것으로 설치해야 한다.

제7조(함 및 방수구 등)

① 옥내소화전설비의 함은 소방청장이 정하여 고시한 「소화전함의 성능인증 및 제품검사의 기술기준」에 적합한 것으로 설치하되 밸브의 조작, 호스의 수납 및 문의 개방 등 옥내소화전의 사용에 장애가 없도록 설치해야 한다.

② 옥내소화전방수구는 다음 각 호의 기준에 따라 설치해야 한다.
  1. 특정소방대상물의 층마다 설치하되, 해당 특정소방대상물의 각 부분으로부터 하나의 옥내소화전방수구까지의 수평거리가 25미터 이하가 되도록 할 것
  2. 바닥으로부터의 높이가 1.5미터 이하가 되도록 할 것
  3. 호스는 구경 40밀리미터(호스릴옥내소화전설비의 경우에는 25밀리미터) 이상인 것으로서 특정소방대상물의 각 부분에 물이 유효하게 뿌려질 수 있는 길이로 설치할 것
  4. 호스릴옥내소화전설비의 경우 그 노즐에는 노즐을 쉽게 개폐할 수 있는 장치를 부착할 것

③ 옥내소화전설비의 함에는 옥내소화전설비의 위치를 표시하는 표시등과 가압송수장치의 기동을 표시하는 표시등을 설치해야 한다.

④ 옥내소화전설비의 함에는 그 표면에 "소화전"이라는 표시를 해야 한다.

⑤ 옥내소화전설비의 함 가까이 보기 쉬운 곳에 그 사용요령을 기재한 표지판을 붙여야 하며, 표지판을 함의 문에 붙이는 경우에는 문의 내부 및 외부 모두에 붙여야 한다. 이 경우, 사용요령은 외국어와 시각적인 그림을 포함하여 작성해야 한다.

제8조(전원)

① 옥내소화전설비에 설치하는 상용전원회로의 배선은 상용전원의 상시공급에 지장이 없도록 전용배선으로 해야 한다.

② 다음 각 호의 어느 하나에 해당하는 특정소방대상물의 옥내소화전설비에는 비상전원을 설치해야 한다.
  1. 층수가 7층 이상으로서 연면적이 2,000제곱미터 이상인 것
  2. 제1호에 해당하지 않는 특정소방대상물로서 지하층의 바닥면적의 합계가 3,000제곱미터 이상인 것

③ 제2항에 따른 비상전원은 자가발전설비, 축전지설비 또는 전기저장장치로서 다음 각 호의 기준에 따라 설치해야 한다.
  1. 점검에 편리하고 화재 또는 침수 등의 재해로 인한 피해를 받을 우려가 없는 곳에 설치할 것
  2. 옥내소화전설비를 유효하게 20분 이상 작동할 수 있어야 할 것
  3. 상용전원으로부터 전력의 공급이 중단된 때에는 자동으로 비상전원으로부터 전력을 공급받을 수 있도록 할 것
  4. 비상전원(내연기관의 기동 및 제어용 축전기를 제외한다)의 설치장소는 다른 장소와 방화구획할 것
  5. 비상전원을 실내에 설치하는 때에는 그 실내에 비상조명등을 설치할 것

제9조(제어반)

① 옥내소화전설비에는 제어반을 설치하되, 감시제어반과 동력제어반으로 구분하여 설치해야 한다.

② 감시제어반은 가압송수장치, 상용전원, 비상전원, 수조, 물올림수조, 예비전원 등을 감시·제어 및 시험할 수 있는 기능을 갖추어야 한다.

③ 감시제어반은 다음 각 호의 기준에 따라 설치해야 한다.
1. 화재 또는 침수 등의 재해로 인한 피해를 받을 우려가 없는 곳에 설치할 것
2. 감시제어반은 옥내소화전설비의 전용으로 할 것
3. 감시제어반은 다음 각 목의 기준에 따른 전용실 안에 설치하고, 전용실에는 특정소방대상물의 기계·기구 또는 시설 등의 제어 및 감시설비 외의 것을 두지 않을 것
   가. 다른 부분과 방화구획을 할 것
   나. 피난층 또는 지하 1층에 설치할 것
   다. 비상조명등 및 급·배기설비를 설치할 것
   라. 「무선통신보조설비의 화재안전성능기준(NFPC 505)」제5조제3항에 따라 유효하게 통신이 가능할 것
   마. 바닥면적은 감시제어반의 설치에 필요한 면적 외에 화재 시 소방대원이 그 감시제어반의 조작에 필요한 최소면적 이상으로 할 것
④ 동력제어반은 앞면을 적색으로 하고, 동력제어반의 외함은 두께 1.5밀리미터 이상의 강판 또는 이와 동등 이상의 강도 및 내열성능이 있는 것으로 하며, 그 밖의 동력제어반의 설치에 관하여는 제3항제1호 및 제2호의 기준을 따라야 한다.

제10조(배선 등)

① 옥내소화전설비의 배선은 「전기사업법」제67조에 따른 「전기설비기술기준」에서 정한 것 외에 다음 각 호의 기준에 따라 설치해야 한다.
1. 비상전원으로부터 동력제어반 및 가압송수장치에 이르는 전원회로의 배선은 내화배선으로 할 것
2. 상용전원으로부터 동력제어반에 이르는 배선, 그 밖의 옥내소화전설비의 감시·조작 또는 표시등 회로의 배선은 내화배선 또는 내열배선으로 할 것
② 제1항에 따른 내화배선 및 내열배선에 사용되는 전선은 내화전선으로 하고, 설치방법은 적합한 케이블공사의 방법에 따른다.
③ 옥내소화전설비의 과전류차단기 및 개폐기에는 "옥내소화전설비용"이라고 표시한 표지를 해야 한다.
④ 옥내소화전설비용 전기배선의 양단 및 접속단자에는 식별이 용이하도록 표시 또는 표지를 해야 한다.

제11조(방수구의 설치 제외)

불연재료로 된 특정소방대상물 또는 그 부분으로서 옥내소화전설비 작동 시 소화효과를 기대할 수 없는 장소이거나 2차 피해가 예상되는 장소 또는 화재발생 위험이 적은 장소에는 옥내소화전 방수구를 설치하지 않을 수 있다.

제12조(수원 및 가압송수장치의 펌프 등의 겸용)

① 옥내소화전설비의 수원을 스프링클러설비·간이스프링클러설비·화재조기진압용 스프링클러설비·물분무소화설비·포소화설비 및 옥외소화전설비의 수원과 겸용하여 설치하는 경우의 저수량은 각 소화설비에 필요한 저수량을 합한 양 이상이 되도록 해야 한다.
② 옥내소화전설비의 가압송수장치로 사용하는 펌프를 스프링클러설비·간이스프링클러설비·화재조기진압용 스프링클러설비·물분무소화설비·포소화설비 및 옥외소화전설비의 가압송수장치와

겸용하여 설치하는 경우의 펌프의 토출량은 각 소화설비에 해당하는 토출량을 합한 양 이상이 되도록 해야 한다.
③ 옥내소화전설비·스프링클러설비·간이스프링클러설비·화재조기진압용 스프링클러설비·물분무소화설비·포소화설비 및 옥외소화전설비의 가압송수장치에 있어서 각 토출 측 배관과 일반급수용의 가압송수장치의 토출 측 배관을 상호 연결하여 화재 시 사용할 수 있다. 이 경우 연결 배관에는 개폐표시형밸브를 설치해야 하며, 각 소화설비의 성능에 지장이 없도록 해야 한다.
④ 옥내소화전설비의 송수구를 스프링클러설비·간이스프링클러설비·화재조기진압용 스프링클러설비·물분무소화설비·포소화설비 또는 연결송수관설비의 송수구와 겸용으로 설치하는 경우에는 스프링클러설비의 송수구의 설치기준에 따르고, 연결살수설비의 송수구와 겸용으로 설치하는 경우에는 옥내소화전설비의 송수구의 설치기준에 따르되 각각의 소화설비의 기능에 지장이 없도록 해야 한다.

제13조(설치·유지기준의 특례)

소방본부장 또는 소방서장은 기존건축물이 증축·개축·대수선되거나 용도변경되는 경우에 있어서 이 기준이 정하는 기준에 따라 해당 건축물에 설치해야 할 옥내소화전설비의 배관·배선 등의 공사가 현저하게 곤란하다고 인정되는 경우에는 해당 설비의 기능 및 사용에 지장이 없는 범위에서 이 기준의 일부를 적용하지 않을 수 있다.

제14조(재검토기한)

소방청장은 「훈령·예규 등의 발령 및 관리에 관한 규정」에 따라 이 고시에 대하여 2023년 1월 1일을 기준으로 매 3년이 되는 시점(매 3년째의 12월 31일까지를 말한다)마다 그 타당성을 검토하여 개선 등의 조치를 해야 한다.

부칙〈제2022-32호, 2022. 11. 25.〉

제1조(시행일)

이 고시는 2022년 12월 1일부터 시행한다.

제2조(경과조치)

① 이 고시 시행 전에 건축허가 등의 신청 또는 신고를 하거나 소방시설공사의 착공신고를 한 특정소방대상물에 대해서는 종전의 「옥내소화전설비의 화재안전기준(NFSC 102)」에 따른다.
② 이 고시 시행 전에 제1항에 따른 신청 또는 신고를 한 경우라도 개정 기준이 종전의 기준에 비해 관계인에게 유리한 경우에는 개정 기준에 따를 수 있다.

제3조(다른 법령과의 관계)

이 고시 시행 당시 다른 법령에서 종전의 화재안전기준을 인용한 경우에 이 고시 가운데 그에 해당하는 규정이 있는 경우에는 종전의 규정에 갈음하여 이 고시의 해당 규정을 인용한 것으로 본다.

CHAPTER 24 옥내소화전설비의 화재안전기술기준 (NFTC 102)

[시행 2022. 12. 1.] [소방청공고 제2022-209호, 2022. 12. 1., 제정]

1. 일반사항

1.1 적용범위

1.1.1 이 기준은 「소방시설 설치 및 관리에 관한 법률 시행령」(이하 "영"이라 한다) 별표 4 제1호다목에 따른 옥내소화전설비의 설치 및 관리에 대해 적용한다.

1.2 기준의 효력

1.2.1 이 기준은 「소방시설 설치 및 관리에 관한 법률」(이하 "법"이라 한다) 제2조제1항제6호나목에 따라 옥내소화전설비의 기술기준으로서의 효력을 가진다.

1.2.2 이 기준에 적합한 경우에는 법 제2조제1항제6호나목에 따라 「옥내소화전설비의 화재안전성능기준(NFPC 102)」을 충족하는 것으로 본다.

1.3 기준의 시행

1.3.1 이 기준은 2022년 12월 1일부터 시행한다.

1.4 기준의 특례

1.4.1 소방본부장 또는 소방서장은 기존건축물이 증축·개축·대수선되거나 용도변경되는 경우에 있어서 이 기준이 정하는 기준에 따라 해당 건축물에 설치해야 할 옥내소화전설비의 배관·배선 등의 공사가 현저하게 곤란하다고 인정되는 경우에는 해당 설비의 기능 및 사용에 지장이 없는 범위에서 이 기준의 일부를 적용하지 않을 수 있다.

1.5 경과조치

1.5.1 이 기준 시행 전에 건축허가 등의 신청 또는 신고를 하거나 소방시설공사의 착공신고를 한 특정소방대상물에 대해서는 종전의 「옥내소화전설비의 화재안전기준(NFSC 102)」에 따른다.

1.5.2 이 기준 시행 전에 1.5.1에 따른 신청 또는 신고를 한 경우라도 제정 기준이 종전의 기준에 비하여 관계인에게 유리한 경우에는 제정 기준에 따를 수 있다.

1.6 다른 법령과의 관계

1.6.1 이 기준 시행 당시 다른 법령 또는 행정규칙 등에서 종전의 화재안전기준을 인용한 경우에 이 기준 가운데 그에 해당하는 규정이 있는 경우에는 종전의 규정에 갈음하여 이 기준의 해당 규정을 인용한 것으로 본다.

1.7 용어의 정의

1.7.1 이 기준에서 사용하는 용어의 정의는 다음과 같다.

1.7.1.1 "고가수조"란 구조물 또는 지형지물 등에 설치하여 자연낙차의 압력으로 급수하는 수조를 말한다.

1.7.1.2 "압력수조"란 소화용수와 공기를 채우고 일정압력 이상으로 가압하여 그 압력으로 급수하는 수조를 말한다.

1.7.1.3 "충압펌프"란 배관 내 압력손실에 따른 주펌프의 빈번한 기동을 방지하기 위하여 충압 역할을 하는 펌프를 말한다.

1.7.1.4 "정격토출량"이란 펌프의 정격부하운전 시 토출량으로서 정격토출압력에서의 펌프의 토출량을 말한다.

1.7.1.5 "정격토출압력"이란 펌프의 정격부하운전 시 토출압력으로서 정격토출량에서의 펌프의 토출 측 압력을 말한다.

1.7.1.6 "진공계"란 대기압 이하의 압력을 측정하는 계측기를 말한다.

1.7.1.7 "연성계"란 대기압 이상의 압력과 대기압 이하의 압력을 측정할 수 있는 계측기를 말한다.

1.7.1.8 "체절운전"이란 펌프의 성능시험을 목적으로 펌프 토출 측의 개폐밸브를 닫은 상태에서 펌프를 운전하는 것을 말한다.

1.7.1.9 "기동용수압개폐장치"란 소화설비의 배관 내 압력변동을 검지하여 자동적으로 펌프를 기동 및 정지시키는 것으로서 압력챔버 또는 기동용압력스위치 등을 말한다.

1.7.1.10 "급수배관"이란 수원 또는 송수구 등으로부터 소화설비에 급수하는 배관을 말한다.

1.7.1.11 "분기배관"이란 배관 측면에 구멍을 뚫어 둘 이상의 관로가 생기도록 가공한 배관으로서 다음의 분기배관을 말한다.

    (1) "확관형 분기배관"이란 배관의 측면에 조그만 구멍을 뚫고 소성가공으로 확관시켜 배관 용접이음자리를 만들거나 배관 용접이음자리에 배관이음쇠를 용접 이음한 배관을 말한다.

    (2) "비확관형 분기배관"이란 배관의 측면에 분기호칭내경 이상의 구멍을 뚫고 배관이음쇠를 용접 이음한 배관을 말한다.

1.7.1.12 "개폐표시형밸브"란 밸브의 개폐여부를 외부에서 식별이 가능한 밸브를 말한다.

1.7.1.13 "가압수조"란 가압원인 압축공기 또는 불연성 기체의 압력으로 소화용수를 가압하여 그 압력으로 급수하는 수조를 말한다.

1.7.1.14 "주펌프"란 구동장치의 회전 또는 왕복운동으로 소화용수를 가압하여 그 압력으로 급수하는 주된 펌프를 말한다.

1.7.1.15 "예비펌프"란 주펌프와 동등 이상의 성능이 있는 별도의 펌프를 말한다.

2. 기술기준

2.1 수원

2.1.1 옥내소화전설비의 수원은 그 저수량이 옥내소화전의 설치개수가 가장 많은 층의 설치개수(2개 이상 설치된 경우에는 2개)에 2.6m³(호스릴옥내소화전설비를 포함한다)를 곱한 양 이상이 되도록 해야 한다.

2.1.2 옥내소화전설비의 수원은 2.1.1에 따라 계산하여 나온 유효수량 외에 유효수량의 3분의 1 이상

을 옥상(옥내소화전설비가 설치된 건축물의 주된 옥상을 말한다. 이하 같다)에 설치해야 한다. 다만, 다음의 어느 하나에 해당하는 경우에는 그렇지 않다.
(1) 지하층만 있는 건축물
(2) 2.2.2에 따른 고가수조를 가압송수장치로 설치한 경우
(3) 수원이 건축물의 최상층에 설치된 방수구보다 높은 위치에 설치된 경우
(4) 건축물의 높이가 지표면으로부터 10m 이하인 경우
(5) 주펌프와 동등 이상의 성능이 있는 별도의 펌프로서 내연기관의 기동과 연동하여 작동되거나 비상전원을 연결하여 설치한 경우
(6) 2.2.1.9의 단서에 해당하는 경우
(7) 2.2.4에 따라 가압수조를 가압송수장치로 설치한 경우

2.1.3 옥상수조(2.1.1에 따라 계산하여 나온 유효수량의 3분의 1 이상을 옥상에 설치한 설비를 말한다. 이하 같다)는 이와 연결된 배관을 통하여 상시 소화수를 공급할 수 있는 구조의 특정소방대상물인 경우에는 둘 이상의 특정소방대상물이 있더라도 하나의 특정소방대상물에만 이를 설치할 수 있다.

2.1.4 옥내소화전설비의 수원을 수조로 설치하는 경우에는 소화설비의 전용수조로 해야 한다. 다만, 다음의 어느 하나에 해당하는 경우에는 그렇지 않다.

2.1.4.1 옥내소화전설비용 펌프의 풋밸브 또는 흡수배관의 흡수구(수직회전축펌프의 흡수구를 포함한다. 이하 같다)를 다른 설비(소화용 설비 외의 것을 말한다. 이하 같다)의 풋밸브 또는 흡수구보다 낮은 위치에 설치한 때

2.1.4.2 2.2.2에 따른 고가수조로부터 옥내소화전설비의 수직배관에 물을 공급하는 급수구를 다른 설비의 급수구보다 낮은 위치에 설치한 때

2.1.5 2.1.1 및 2.1.2에 따른 저수량을 산정함에 있어서 다른 설비와 겸용하여 옥내소화전설비용 수조를 설치하는 경우에는 옥내소화전설비의 풋밸브·흡수구 또는 수직배관의 급수구와 다른 설비의 풋밸브·흡수구 또는 수직배관의 급수구와의 사이의 수량을 그 유효수량으로 한다.

2.1.6 옥내소화전설비용 수조는 다음의 기준에 따라 설치해야 한다.
2.1.6.1 점검에 편리한 곳에 설치할 것
2.1.6.2 동결방지조치를 하거나 동결의 우려가 없는 장소에 설치할 것
2.1.6.3 수조의 외측에 수위계를 설치할 것. 다만, 구조상 불가피한 경우에는 수조의 맨홀 등을 통하여 수조 안의 물의 양을 쉽게 확인할 수 있도록 해야 한다.
2.1.6.4 수조의 상단이 바닥보다 높은 때에는 수조의 외측에 고정식 사다리를 설치할 것
2.1.6.5 수조가 실내에 설치된 때에는 그 실내에 조명설비를 설치할 것
2.1.6.6 수조의 밑부분에는 청소용 배수밸브 또는 배수관을 설치할 것
2.1.6.7 수조 외측의 보기 쉬운 곳에 "옥내소화전소화설비용 수조"라고 표시한 표지를 할 것. 이 경우 그 수조를 다른 설비와 겸용하는 때에는 그 겸용되는 설비의 이름을 표시한 표지를 함께 해야 한다.
2.1.6.8 소화설비용 펌프의 흡수배관 또는 소화설비의 수직배관과 수조의 접속부분에는 "옥내소화전

소화설비용 배관"이라고 표시한 표지를 할 것. 다만, 수조와 가까운 장소에 소화설비용 펌프가 설치되고 해당 펌프에 2.2.1.15에 따른 표지를 설치한 때에는 그렇지 않다.

2.2 가압송수장치

2.2.1 전동기 또는 내연기관에 따른 펌프를 이용하는 가압송수장치는 다음의 기준에 따라 설치해야 한다. 다만, 가압송수장치의 주펌프는 전동기에 따른 펌프로 설치해야 한다.

2.2.1.1 쉽게 접근할 수 있고 점검하기에 충분한 공간이 있는 장소로서 화재 및 침수 등의 재해로 인한 피해를 받을 우려가 없는 곳에 설치할 것

2.2.1.2 동결방지조치를 하거나 동결의 우려가 없는 장소에 설치할 것

2.2.1.3 특정소방대상물의 어느 층에 있어서도 해당층의 옥내소화전(2개 이상 설치된 경우에는 2개의 옥내소화전)을 동시에 사용할 경우 각 소화전의 노즐선단에서의 방수압력이 0.17MPa(호스릴옥내소화전설비를 포함한다) 이상이고, 방수량이 130L/min(호스릴옥내소화전설비를 포함한다) 이상이 되는 성능의 것으로 할 것. 다만, 하나의 옥내소화전을 사용하는 노즐선단에서의 방수압력이 0.7MPa을 초과할 경우에는 호스접결구의 인입 측에 감압장치를 설치해야 한다.

2.2.1.4 펌프의 토출량은 옥내소화전이 가장 많이 설치된 층의 설치개수(옥내소화전이 2개 이상 설치된 경우에는 2개)에 130L/min를 곱한 양 이상이 되도록 할 것

2.2.1.5 펌프는 전용으로 할 것. 다만, 다른 소화설비와 겸용하는 경우 각각의 소화설비의 성능에 지장이 없을 때에는 그렇지 않다.

2.2.1.6 펌프의 토출 측에는 압력계를 체크밸브 이전에 펌프 토출 측 플랜지에서 가까운 곳에 설치하고, 흡입 측에는 연성계 또는 진공계를 설치할 것. 다만, 수원의 수위가 펌프의 위치보다 높거나 수직회전축펌프의 경우에는 연성계 또는 진공계를 설치하지 않을 수 있다.

2.2.1.7 펌프의 성능은 체절운전 시 정격토출압력의 140%를 초과하지 않고, 정격토출량의 150%로 운전 시 정격토출압력의 65% 이상이 되어야 하며, 펌프의 성능을 시험할 수 있는 성능시험배관을 설치할 것. 다만, 충압펌프의 경우에는 그렇지 않다.

2.2.1.8 가압송수장치에는 체절운전 시 수온의 상승을 방지하기 위한 순환배관을 설치할 것. 다만, 충압펌프의 경우에는 그렇지 않다.

2.2.1.9 기동장치로는 기동용수압개폐장치 또는 이와 동등 이상의 성능이 있는 것을 설치할 것. 다만, 학교·공장·창고시설(2.1.2에 따라 옥상수조를 설치한 대상은 제외한다)로서 동결의 우려가 있는 장소에 있어서는 기동스위치에 보호판을 부착하여 옥내소화전함 내에 설치할 수 있다.

2.2.1.10 2.2.1.9 단서의 경우에는 주펌프와 동등 이상의 성능이 있는 별도의 펌프로서 내연기관의 기동과 연동하여 작동되거나 비상전원을 연결한 펌프를 추가 설치할 것. 다만, 다음의 어느 하나에 해당하는 경우는 제외한다.

(1) 지하층만 있는 건축물
(2) 고가수조를 가압송수장치로 설치한 경우
(3) 수원이 건축물의 최상층에 설치된 방수구보다 높은 위치에 설치된 경우
(4) 건축물의 높이가 지표면으로부터 10m 이하인 경우

　　　　　　　(5) 가압수조를 가압송수장치로 설치한 경우
2.2.1.11 기동용수압개폐장치 중 압력챔버를 사용할 경우 그 용적은 100L 이상의 것으로 할 것
2.2.1.12 수원의 수위가 펌프보다 낮은 위치에 있는 가압송수장치에는 다음의 기준에 따른 물올림장치를 설치할 것
2.2.1.12.1 물올림장치에는 전용의 수조를 설치할 것
2.2.1.12.2 수조의 유효수량은 100L 이상으로 하되, 구경 15mm 이상의 급수배관에 따라 해당 수조에 물이 계속 보급되도록 할 것
2.2.1.13 기동용수압개폐장치를 기동장치로 사용할 경우에는 다음의 기준에 따른 충압펌프를 설치할 것
2.2.1.13.1 펌프의 토출압력은 그 설비의 최고위 호스접결구의 자연압보다 적어도 0.2MPa이 더 크도록 하거나 가압송수장치의 정격토출압력과 같게 할 것
2.2.1.13.2 펌프의 정격토출량은 정상적인 누설량보다 적어서는 안 되며, 옥내소화전설비가 자동적으로 작동할 수 있도록 충분한 토출량을 유지할 것
2.2.1.14 내연기관을 사용하는 경우에는 다음의 기준에 적합한 것으로 할 것
2.2.1.14.1 내연기관의 기동은 2.2.1.9의 기동장치를 설치하거나 또는 소화전함의 위치에서 원격조작이 가능하고 기동을 명시하는 적색등을 설치할 것
2.2.1.14.2 제어반에 따라 내연기관의 자동기동 및 수동기동이 가능하고, 상시 충전되어 있는 축전지설비를 갖출 것
2.2.1.14.3 내연기관의 연료량은 펌프를 20분(층수가 30층 이상 49층 이하는 40분, 50층 이상은 60분) 이상 운전할 수 있는 용량일 것
2.2.1.15 가압송수장치에는 "옥내소화전소화펌프"라고 표시한 표지를 할 것. 이 경우 그 가압송수장치를 다른 설비와 겸용하는 때에는 그 겸용되는 설비의 이름을 표시한 표지를 함께 해야 한다.
2.2.1.16 가압송수장치가 기동이 된 경우에는 자동으로 정지되지 않도록 할 것. 다만, 충압펌프의 경우에는 그렇지 않다.
2.2.1.17 가압송수장치는 부식 등으로 인한 펌프의 고착을 방지할 수 있도록 다음의 기준에 적합한 것으로 할 것. 다만, 충압펌프는 제외한다.
2.2.1.17.1 임펠러는 청동 또는 스테인리스 등 부식에 강한 재질을 사용할 것
2.2.1.17.2 펌프축은 스테인리스 등 부식에 강한 재질을 사용할 것
2.2.2　고가수조의 자연낙차를 이용한 가압송수장치는 다음의 기준에 따라 설치해야 한다.
2.2.2.1　고가수조의 자연낙차수두(수조의 하단으로부터 최고층에 설치된 소화전 호스 접결구까지의 수직거리를 말한다)는 다음의 식 (2.2.2.1)에 따라 계산하여 나온 수치 이상 유지되도록 할 것

$$H = h_1 + h_2 + 17 (\text{호스릴옥내소화전 설비를 포함한다}) \quad \cdots\cdots\cdots\cdots (2.2.2.1)$$

　　　　여기에서　H : 필요한 낙차(m)
　　　　　　　　　h_1 : 호스의 마찰손실수두(m)
　　　　　　　　　h_2 : 배관의 마찰손실수두(m)

2.2.2.2 고가수조에는 수위계 · 배수관 · 급수관 · 오버플로우관 및 맨홀을 설치할 것

2.2.3 압력수조를 이용한 가압송수장치는 다음의 기준에 따라 설치해야 한다.

2.2.3.1 압력수조의 압력은 다음의 식 (2.2.3.1)에 따라 계산하여 나온 수치 이상 유지되도록 할 것

$$P = p_1 + p_2 + p_3 + 0.17 (호스릴옥내소화전설비를 포함한다) \cdots\cdots (2.2.3.1)$$

여기에서 P : 필요한 압력(MPa)

p_1 : 호스의 마찰손실수두압(MPa)

p_2 : 배관의 마찰손실수두압(MPa)

p_3 : 낙차의 환산수두압(MPa)

2.2.3.2 압력수조에는 수위계 · 급수관 · 배수관 · 급기관 · 맨홀 · 압력계 · 안전장치 및 압력저하 방지를 위한 자동식 공기압축기를 설치할 것

2.2.4 가압수조를 이용한 가압송수장치는 다음의 기준에 따라 설치해야 한다.

2.2.4.1 가압수조의 압력은 2.2.1.3에 따른 방수압 및 방수량을 20분 이상 유지되도록 할 것

2.2.4.2 가압수조 및 가압원은 「건축법 시행령」제46조에 따른 방화구획된 장소에 설치할 것

2.2.4.3 가압수조를 이용한 가압송수장치는 소방청장이 정하여 고시한 「가압수조식가압송수장치의 성능인증 및 제품검사의 기술기준」에 적합한 것으로 설치할 것

2.3 배관 등

2.3.1 배관과 배관이음쇠는 다음의 어느 하나에 해당하는 것 또는 동등 이상의 강도 · 내식성 및 내열성 등을 국내 · 외 공인기관으로부터 인정받은 것을 사용해야 하고, 배관용 스테인리스 강관(KS D 3576)의 이음을 용접으로 할 경우에는 텅스텐 불활성 가스 아크 용접(Tungsten Inertgas Arc Welding)방식에 따른다. 다만, 2.3에서 정하지 않은 사항은 「건설기술 진흥법」제44조제1항의 규정에 따른 "건설기준"에 따른다.

2.3.1.1 배관 내 사용압력이 1.2MPa 미만일 경우에는 다음의 어느 하나에 해당하는 것

(1) 배관용 탄소 강관(KS D 3507)

(2) 이음매 없는 구리 및 구리합금관(KS D 5301). 다만, 습식의 배관에 한한다.

(3) 배관용 스테인리스 강관(KS D 3576) 또는 일반배관용 스테인리스 강관(KS D 3595)

(4) 덕타일 주철관(KS D 4311)

2.3.1.2 배관 내 사용압력이 1.2MPa 이상일 경우에는 다음의 어느 하나에 해당하는 것

(1) 압력 배관용 탄소 강관(KS D 3562)

(2) 배관용 아크용접 탄소강 강관(KS D 3583)

2.3.2 2.3.1에도 불구하고 다음의 어느 하나에 해당하는 장소에는 소방청장이 정하여 고시한 「소방용 합성수지배관의 성능인증 및 제품검사의 기술기준」에 적합한 소방용 합성수지배관으로 설치할 수 있다.

2.3.2.1 배관을 지하에 매설하는 경우

2.3.2.2 다른 부분과 내화구조로 구획된 덕트 또는 피트의 내부에 설치하는 경우

2.3.2.3 천장(상층이 있는 경우에는 상층바닥의 하단을 포함한다. 이하 같다)과 반자를 불연재료 또는 준불연재료로 설치하고 소화배관 내부에 항상 소화수가 채워진 상태로 설치하는 경우

2.3.3 급수배관은 전용으로 해야 한다. 다만, 옥내소화전의 기동장치의 조작과 동시에 다른 설비의 용도에 사용하는 배관의 송수를 차단할 수 있거나, 옥내소화전설비의 성능에 지장이 없는 경우에는 다른 설비와 겸용할 수 있다.

2.3.4 펌프의 흡입 측 배관은 다음의 기준에 따라 설치해야 한다.

2.3.4.1 공기 고임이 생기지 않는 구조로 하고 여과장치를 설치할 것

2.3.4.2 수조가 펌프보다 낮게 설치된 경우에는 각 펌프(충압펌프를 포함한다)마다 수조로부터 별도로 설치할 것

2.3.5 펌프의 토출 측 주배관의 구경은 유속이 4m/s 이하가 될 수 있는 크기 이상으로 해야 하고, 옥내소화전방수구와 연결되는 가지배관의 구경은 40mm(호스릴옥내소화전설비의 경우에는 25mm) 이상으로 해야 하며, 주배관 중 수직배관의 구경은 50mm(호스릴옥내소화전설비의 경우에는 32mm) 이상으로 해야 한다.

2.3.6 연결송수관설비의 배관과 겸용할 경우의 주배관은 구경 100mm 이상, 방수구로 연결되는 배관의 구경은 65mm 이상의 것으로 해야 한다.

2.3.7 펌프의 성능시험배관은 다음의 기준에 적합하도록 설치해야 한다.

2.3.7.1 성능시험배관은 펌프의 토출 측에 설치된 개폐밸브 이전에서 분기하여 직선으로 설치하고, 유량측정장치를 기준으로 전단 직관부에는 개폐밸브를 후단 직관부에는 유량조절밸브를 설치할 것. 이 경우 개폐밸브와 유량측정장치 사이의 직관부 거리 및 유량측정장치와 유량조절밸브 사이의 직관부 거리는 해당 유량측정장치 제조사의 설치사양에 따르고, 성능시험배관의 호칭지름은 유량측정장치의 호칭지름에 따른다.

2.3.7.2 유량측정장치는 펌프의 정격토출량의 175% 이상까지 측정할 수 있는 성능이 있을 것

2.3.8 가압송수장치의 체절운전 시 수온의 상승을 방지하기 위하여 체크밸브와 펌프 사이에서 분기한 구경 20mm 이상의 배관에 체절압력 이하에서 개방되는 릴리프밸브를 설치할 것

2.3.9 배관은 동결방지조치를 하거나 동결의 우려가 없는 장소에 설치해야 한다. 다만, 보온재를 사용할 경우에는 난연재료 성능 이상의 것으로 해야 한다.

2.3.10 급수배관에 설치되어 급수를 차단할 수 있는 개폐밸브(옥내소화전방수구를 제외한다)는 개폐표시형으로 해야 한다. 이 경우 펌프의 흡입 측 배관에는 버터플라이밸브 외의 개폐표시형밸브를 설치해야 한다.

2.3.11 배관은 다른 설비의 배관과 쉽게 구분이 될 수 있는 위치에 설치하거나, 그 배관표면 또는 배관보온재표면의 색상은 「한국산업표준(배관계의 식별 표시, KS A 0503)」 또는 적색으로 식별이 가능하도록 소방용설비의 배관임을 표시해야 한다.

2.3.12 옥내소화전설비에는 소방차로부터 그 설비에 송수할 수 있는 송수구를 다음의 기준에 따라 설치해야 한다.

2.3.12.1 소방차가 쉽게 접근할 수 있고 잘 보이는 장소에 설치하고, 화재층으로부터 지면으로 떨어지는 유리창 등이 송수 및 그 밖의 소화작업에 지장을 주지 않는 장소에 설치할 것

2.3.12.2 송수구로부터 옥내소화전설비의 주배관에 이르는 연결배관에는 개폐밸브를 설치하지 않을 것. 다만, 스프링클러설비·물분무소화설비·포소화설비·또는 연결송수관설비의 배관과 겸용하는 경우에는 그렇지 않다.

2.3.12.3 지면으로부터 높이가 0.5m 이상 1m 이하의 위치에 설치할 것

2.3.12.4 송수구는 구경 65mm의 쌍구형 또는 단구형으로 할 것

2.3.12.5 송수구의 부근에는 자동배수밸브(또는 직경 5mm의 배수공) 및 체크밸브를 다음의 기준에 따라 설치할 것. 이 경우 자동배수밸브는 배관 안의 물이 잘 빠질 수 있는 위치에 설치하되, 배수로 인하여 다른 물건이나 장소에 피해를 주지 않아야 한다.

2.3.12.6 송수구에는 이물질을 막기 위한 마개를 씌울 것

2.3.13 확관형 분기배관을 사용할 경우에는 소방청장이 정하여 고시한 「분기배관의 성능인증 및 제품검사의 기술기준」에 적합한 것으로 설치해야 한다.

2.4 함 및 방수구 등

2.4.1 옥내소화전설비의 함은 다음의 기준에 따라 설치해야 한다.

2.4.1.1 함은 소방청장이 정하여 고시한 「소화전함의 성능인증 및 제품검사의 기술기준」에 적합한 것으로 설치하되 밸브의 조작, 호스의 수납 및 문의 개방 등 옥내소화전의 사용에 장애가 없도록 설치할 것. 연결송수관의 방수구를 같이 설치하는 경우에도 또한 같다.

2.4.1.2 2.4.1.1에도 불구하고 2.4.2.1의 기준을 초과하는 경우로서 기둥 또는 벽이 설치되지 않은 대형공간의 경우는 다음의 기준에 따라 설치할 수 있다.

2.4.1.2.1 호스 및 관창은 방수구의 가장 가까운 장소의 벽 또는 기둥 등에 함을 설치하여 비치할 것

2.4.1.2.2 방수구의 위치표지는 표시등 또는 축광도료 등으로 상시 확인이 가능토록 할 것

2.4.2 옥내소화전방수구는 다음의 기준에 따라 설치해야 한다.

2.4.2.1 특정소방대상물의 층마다 설치하되, 해당 특정소방대상물의 각 부분으로부터 하나의 옥내소화전 방수구까지의 수평거리가 25m(호스릴옥내소화전설비를 포함한다) 이하가 되도록 할 것. 다만, 복층형 구조의 공동주택의 경우에는 세대의 출입구가 설치된 층에만 설치할 수 있다.

2.4.2.2 바닥으로부터의 높이가 1.5m 이하가 되도록 할 것

2.4.2.3 호스는 구경 40mm(호스릴옥내소화전설비의 경우에는 25mm) 이상의 것으로서 특정소방대상물의 각 부분에 물이 유효하게 뿌려질 수 있는 길이로 설치할 것

2.4.2.4 호스릴옥내소화전설비의 경우 그 노즐에는 노즐을 쉽게 개폐할 수 있는 장치를 부착할 것

2.4.3 표시등은 다음의 기준에 따라 설치해야 한다.

2.4.3.1 옥내소화전설비의 위치를 표시하는 표시등은 함의 상부에 설치하되, 소방청장이 고시하는 「표시등의 성능인증 및 제품검사의 기술기준」에 적합한 것으로 할 것

2.4.3.2 가압송수장치의 기동을 표시하는 표시등은 옥내소화전함의 상부 또는 그 직근에 설치하되 적색등으로 할 것. 다만, 자체소방대를 구성하여 운영하는 경우(「위험물 안전관리법 시행령」 별표 8에서 정한 소방자동차와 자체소방대원의 규모를 말한다) 가압송수장치의 기동표시등을 설치하지 않을 수 있다.

2.4.4 옥내소화전설비의 함에는 그 표면에 "소화전"이라는 표시를 해야 한다.

2.4.5 옥내소화전설비의 함에는 함 가까이 보기 쉬운 곳에 그 사용요령을 기재한 표지판을 붙여야 하며, 표지판을 함의 문에 붙이는 경우에는 문의 내부 및 외부 모두에 붙여야 한다. 이 경우, 사용요령은 외국어와 시각적인 그림을 포함하여 작성해야 한다.

2.5 전원

2.5.1 옥내소화전설비에는 그 특정소방대상물의 수전방식에 따라 다음의 기준에 따른 상용전원회로의 배선을 설치해야 한다. 다만, 가압수조방식으로서 모든 기능이 20분 이상 유효하게 지속될 수 있는 경우에는 그렇지 않다.

2.5.1.1 저압수전인 경우에는 인입개폐기의 직후에서 분기하여 전용배선으로 해야 하며, 전용의 전선관에 보호되도록 할 것

2.5.1.2 특별고압수전 또는 고압수전일 경우에는 전력용 변압기 2차 측의 주차단기 1차 측에서 분기하여 전용배선으로 하되, 상용전원의 상시공급에 지장이 없을 경우에는 주차단기 2차 측에서 분기하여 전용배선으로 할 것. 다만, 가압송수장치의 정격입력전압이 수전전압과 같은 경우에는 2.5.1.1의 기준에 따른다.

2.5.2 다음의 어느 하나에 해당하는 특정소방대상물의 옥내소화전설비에는 비상전원을 설치해야 한다. 다만, 2 이상의 변전소(「전기사업법」 제67조 및 「전기설비기술기준」 제3조제1항제2호에 따른 변전소를 말한다. 이하 같다)에서 전력을 동시에 공급받을 수 있거나 하나의 변전소로부터 전력의 공급이 중단되는 때에는 자동으로 다른 변전소로부터 전원을 공급받을 수 있도록 상용전원을 설치한 경우와 가압수조방식에는 비상전원을 설치하지 않을 수 있다.

2.5.2.1 층수가 7층 이상으로서 연면적 2,000m² 이상인 것

2.5.2.2 2.5.2.1에 해당하지 않는 특정소방대상물로서 지하층의 바닥면적 합계가 3,000m² 이상인 것

2.5.3 2.5.2에 따른 비상전원은 자가발전설비, 축전지설비(내연기관에 따른 펌프를 사용하는 경우에는 내연기관의 기동 및 제어용 축전지를 말한다) 또는 전기저장장치(외부 전기에너지를 저장해 두었다가 필요한 때 전기를 공급하는 장치)로서 다음의 기준에 따라 설치해야 한다.

2.5.3.1 점검에 편리하고 화재 및 침수 등의 재해로 인한 피해를 받을 우려가 없는 곳에 설치할 것

2.5.3.2 옥내소화전설비를 유효하게 20분 이상 작동할 수 있어야 할 것

2.5.3.3 상용전원으로부터 전력의 공급이 중단된 때에는 자동으로 비상전원으로부터 전력을 공급받을 수 있도록 할 것

2.5.3.4 비상전원(내연기관의 기동 및 제어용 축전기를 제외한다)의 설치장소는 다른 장소와 방화구획할 것. 이 경우 그 장소에는 비상전원의 공급에 필요한 기구나 설비 외의 것(열병합발전설비에 필요한 기구나 설비는 제외한다)을 두어서는 안 된다.

2.5.3.5 비상전원을 실내에 설치하는 때에는 그 실내에 비상조명등을 설치할 것

2.6 제어반

2.6.1 소화설비에는 제어반을 설치하되, 감시제어반과 동력제어반으로 구분하여 설치해야 한다. 다

만, 다음의 어느 하나에 해당하는 경우에는 감시제어반과 동력제어반으로 구분하여 설치하지 않을 수 있다.

2.6.1.1 2.5.2의 각 기준의 어느 하나에 해당하지 않는 특정소방대상물에 설치되는 옥내소화전설비
2.6.1.2 내연기관에 따른 가압송수장치를 사용하는 옥내소화전설비
2.6.1.3 고가수조에 따른 가압송수장치를 사용하는 옥내소화전설비
2.6.1.4 가압수조에 따른 가압송수장치를 사용하는 옥내소화전설비
2.6.2 감시제어반의 기능은 다음의 기준에 적합해야 한다.
2.6.2.1 각 펌프의 작동여부를 확인할 수 있는 표시등 및 음향경보기능이 있어야 할 것
2.6.2.2 각 펌프를 자동 및 수동으로 작동시키거나 중단시킬 수 있어야 할 것
2.6.2.3 비상전원을 설치한 경우에는 상용전원 및 비상전원의 공급여부를 확인할 수 있어야 할 것
2.6.2.4 수조 또는 물올림수조가 저수위로 될 때 표시등 및 음향으로 경보할 것
2.6.2.5 다음의 각 확인회로마다 도통시험 및 작동시험을 할 수 있도록 할 것
   (1) 기동용수압개폐장치의 압력스위치회로
   (2) 수조 또는 물올림수조의 저수위감시회로
   (3) 2.3.10에 따른 개폐밸브의 폐쇄상태 확인회로
   (4) 그 밖의 이와 비슷한 회로
2.6.2.6 예비전원이 확보되고 예비전원의 적합여부를 시험할 수 있어야 할 것
2.6.3 감시제어반은 다음의 기준에 따라 설치해야 한다.
2.6.3.1 화재 및 침수 등의 재해로 인한 피해를 받을 우려가 없는 곳에 설치할 것
2.6.3.2 감시제어반은 옥내소화전설비의 전용으로 할 것. 다만, 옥내소화전설비의 제어에 지장이 없는 경우에는 다른 설비와 겸용할 수 있다.
2.6.3.3 감시제어반은 다음의 기준에 따른 전용실 안에 설치할 것. 다만, 2.6.1의 단서에 따른 각 기준의 어느 하나에 해당하는 경우와 공장, 발전소 등에서 설비를 집중 제어·운전할 목적으로 설치하는 중앙제어실 내에 감시제어반을 설치하는 경우에는 그렇지 않다.
2.6.3.3.1 다른 부분과 방화구획을 할 것. 이 경우 전용실의 벽에는 기계실 또는 전기실 등의 감시를 위하여 두께 7mm 이상의 망입유리(두께 16.3mm 이상의 접합유리 또는 두께 28mm 이상의 복층유리를 포함한다)로 된 4m² 미만의 붙박이창을 설치할 수 있다.
2.6.3.3.2 피난층 또는 지하 1층에 설치할 것. 다만, 다음의 어느 하나에 해당하는 경우에는 지상 2층에 설치하거나 지하 1층 외의 지하층에 설치할 수 있다.
   (1) 「건축법 시행령」 제35조에 따라 특별피난계단이 설치되고 그 계단(부속실을 포함한다) 출입구로부터 보행거리 5m 이내에 전용실의 출입구가 있는 경우
   (2) 아파트의 관리동(관리동이 없는 경우에는 경비실)에 설치하는 경우
2.6.3.3.3 비상조명등 및 급·배기설비를 설치할 것
2.6.3.3.4 「무선통신보조설비의 화재안전기술기준(NFTC 505)」 2.2.3에 따라 유효하게 통신이 가능할 것(영 별표 4의 제5호마목에 따른 무선통신보조설비가 설치된 특정소방대상물에 한한다)
2.6.3.3.5 바닥면적은 감시제어반의 설치에 필요한 면적 외에 화재 시 소방대원이 그 감시제어반의 조

작에 필요한 최소면적 이상으로 할 것

2.6.3.4 2.6.3.3에 따른 전용실에는 특정소방대상물의 기계 · 기구 또는 시설 등의 제어 및 감시설비 외의 것을 두지 않을 것

2.6.4 동력제어반은 다음의 기준에 따라 설치해야 한다.

2.6.4.1 앞면은 적색으로 하고 "옥내소화전소화설비용 동력제어반"이라고 표시한 표지를 설치할 것

2.6.4.2 외함은 두께 1.5mm 이상의 강판 또는 이와 동등 이상의 강도 및 내열성능이 있는 것으로 할 것

2.6.4.3 그 밖의 동력제어반의 설치에 관하여는 2.6.3.1 및 2.6.3.2의 기준을 준용할 것

2.7 배선 등

2.7.1 옥내소화전설비의 배선은 「전기사업법」 제67조에 따른 「전기설비기술기준」에서 정한 것 외에 다음의 기준에 따라 설치해야 한다.

2.7.1.1 비상전원을 설치한 경우에는 비상전원으로부터 동력제어반 및 가압송수장치에 이르는 전원회로의 배선은 내화배선으로 할 것. 다만, 자가발전설비와 동력제어반이 동일한 실에 설치된 경우에는 자가발전기로부터 그 제어반에 이르는 전원회로의 배선은 그렇지 않다.

2.7.1.2 상용전원으로부터 동력제어반에 이르는 배선, 그 밖의 옥내소화전설비의 감시 · 조작 또는 표시등회로의 배선은 내화배선 또는 내열배선으로 할 것. 다만, 감시제어반 또는 동력제어반 안의 감시 · 조작 또는 표시등회로의 배선은 그렇지 않다.

2.7.2 2.7.1에 따른 내화배선 및 내열배선에 사용되는 전선의 종류 및 설치방법은 표 2.7.2의 기준에 따른다.

표 2.7.2 배선에 사용되는 전선의 종류 및 공사방법

(1) 내화배선

사용전선의 종류	공사방법
1. 450/750V 저독성 난연 가교 폴리올레핀 절연 전선 2. 0.6/1kV 가교 폴리에틸렌 절연 저독성 난연 폴리올레핀 시스 전력 케이블 3. 6/10kV 가교 폴리에틸렌 절연 저독성 난연 폴리올레핀 시스 전력용 케이블 4. 가교 폴리에틸렌 절연 비닐시스 트레이용 난연 전력 케이블 5. 0.6/1kV EP 고무절연 클로로프렌 시스 케이블 6. 300/500V 내열성 실리콘 고무 절연전선(180℃) 7. 내열성 에틸렌-비닐 아세테이트 고무 절연 케이블 8. 버스덕트(Bus Duct) 9. 기타 「전기용품 및 생활용품 안전관리법」 및 「전기설비기술기준」에 따라 동등 이상의 내화성능이 있다고 주무부장관이 인정하는 것	금속관 · 2종 금속제 가요전선관 또는 합성수지관에 수납하여 내화구조로 된 벽 또는 바닥 등에 벽 또는 바닥의 표면으로부터 25mm 이상의 깊이로 매설해야 한다. 다만 다음의 기준에 적합하게 설치하는 경우에는 그렇지 않다. 가. 배선을 내화성능을 갖는 배선전용실 또는 배선용 샤프트 · 피트 · 덕트 등에 설치하는 경우 나. 배선전용실 또는 배선용 샤프트 · 피트 · 덕트 등에 다른 설비의 배선이 있는 경우에는 이로부터 15cm 이상 떨어지게 하거나 소화설비의 배선과 이웃하는 다른 설비의 배선 사이에 배선지름(배선의 지름이 다른 경우에는 가장 큰 것을 기준으로 한다)의 1.5배 이상의 높이의 불연성 격벽을 설치하는 경우
내화전선	케이블공사의 방법에 따라 설치해야 한다.

[비고] 내화전선의 내화성능은 KS C IEC 60331-1과 2(온도 830℃/가열시간 120분) 표준 이상을 충족하고 난연 성능 확보를 위해 KS C IEC 60332-3-24 성능 이상을 충족할 것

(2) 내열배선

사용전선의 종류	공사방법
1. 450/750V 저독성 난연 가교 폴리올레핀 절연 전선 2. 0.6/1kV 가교 폴리에틸렌 절연 저독성 난연 폴리올레핀 시스 전력 케이블 3. 6/10kV 가교 폴리에틸렌 절연 저독성 난연 폴리올레핀 시스 전력용 케이블 4. 가교 폴리에틸렌 절연 비닐시스 트레이용 난연 전력 케이블 5. 0.6/1kV EP 고무절연 클로로프렌 시스 케이블 6. 300/500V 내열성 실리콘 고무 절연전선(180℃) 7. 내열성 에틸렌-비닐 아세테이트 고무 절연 케이블 8. 버스덕트(Bus Duct) 9. 기타 「전기용품 및 생활용품 안전관리법」 및 「전기설비기술기준」에 따라 동등 이상의 내열성능이 있다고 주무부장관이 인정하는 것	금속관·금속제 가요전선관·금속덕트 또는 케이블(불연성덕트에 설치하는 경우에 한한다.) 공사방법에 따라야 한다. 다만, 다음의 기준에 적합하게 설치하는 경우에는 그렇지 않다. 가. 배선을 내화성능을 갖는 배선전용실 또는 배선용 샤프트·피트·덕트 등에 설치하는 경우 나. 배선전용실 또는 배선용 샤프트·피트·덕트 등에 다른 설비의 배선이 있는 경우에는 이로부터 15cm 이상 떨어지게 하거나 소화설비의 배선과 이웃하는 다른 설비의 배선 사이에 배선지름(배선의 지름이 다른 경우에는 지름이 가장 큰 것을 기준으로 한다)의 1.5배 이상의 높이의 불연성 격벽을 설치하는 경우
내화전선	케이블공사의 방법에 따라 설치해야 한다.

2.7.3 소화설비의 과전류차단기 및 개폐기에는 "옥내소화전설비용 과전류차단기 또는 개폐기"라고 표시한 표지를 해야 한다.

2.7.4 소화설비용 전기배선의 양단 및 접속단자에는 다음의 기준에 따라 표지해야 한다.

2.7.4.1 단자에는 "옥내소화전설비단자"라고 표시한 표지를 부착할 것

2.7.4.2 소화설비용 전기배선의 양단에는 다른 배선과 식별이 용이하도록 표시할 것

2.8 방수구의 설치제외

2.8.1 불연재료로 된 특정소방대상물 또는 그 부분으로서 다음의 어느 하나에 해당하는 곳에는 옥내소화전 방수구를 설치하지 않을 수 있다.

2.8.1.1 냉장창고 중 온도가 영하인 냉장실 또는 냉동창고의 냉동실

2.8.1.2 고온의 노가 설치된 장소 또는 물과 격렬하게 반응하는 물품의 저장 또는 취급 장소

2.8.1.3 발전소·변전소 등으로서 전기시설이 설치된 장소

2.8.1.4 식물원·수족관·목욕실·수영장(관람석 부분을 제외한다) 또는 그 밖의 이와 비슷한 장소

2.8.1.5 야외음악당·야외극장 또는 그 밖의 이와 비슷한 장소

2.9 수원 및 가압송수장치의 펌프 등의 겸용

2.9.1 옥내소화전설비의 수원을 스프링클러설비·간이스프링클러설비·화재조기진압용 스프링클러설비·물분무소화설비·포소화설비 및 옥외소화전설비의 수원과 겸용하여 설치하는 경우의 저수량은 각 소화설비에 필요한 저수량을 합한 양 이상이 되도록 해야 한다. 다만, 이들 소화설비 중 고정식 소화설비(펌프·배관과 소화수 또는 소화약제를 최종 방출하는 방출구가 고정된 설비를 말한다. 이하 같다)가 2 이상 설치되어 있고, 그 소화설비가 설치된 부분이 방화벽과 방화문으로 구획되어 있는 경우에는 각 고정식 소화설비에 필요한 저수량 중 최대의 것 이상으로 할 수 있다.

2.9.2 옥내소화전설비의 가압송수장치로 사용하는 펌프를 스프링클러설비·간이스프링클러설비·화재조기진압용 스프링클러설비·물분무소화설비·포소화설비 및 옥외소화전설비의 가압송수장치와 겸용하여 설치하는 경우의 펌프의 토출량은 각 소화설비에 해당하는 토출량을 합한 양 이상이 되도록 해야 한다. 다만, 이들 소화설비 중 고정식 소화설비가 2 이상 설치되어 있고, 그 소화설비가 설치된 부분이 방화벽과 방화문으로 구획되어 있으며 각 소화설비에 지장이 없는 경우에는 펌프의 토출량 중 최대의 것 이상으로 할 수 있다.

2.9.3 옥내소화전설비·스프링클러설비·간이스프링클러설비·화재조기진압용 스프링클러설비·물분무소화설비·포소화설비 및 옥외소화전설비의 가압송수장치에 있어서 각 토출 측 배관과 일반급수용의 가압송수장치의 토출 측 배관을 상호 연결하여 화재 시 사용할 수 있다. 이 경우 연결 배관에는 개폐표시형밸브를 설치해야 하며, 각 소화설비의 성능에 지장이 없도록 해야 한다.

2.9.4 옥내소화전설비의 송수구를 스프링클러설비·간이스프링클러설비·화재조기진압용 스프링클러설비·물분무소화설비·포소화설비 또는 연결송수관설비의 송수구와 겸용으로 설치하는 경우에는 스프링클러설비의 송수구의 설치기준에 따르고, 연결살수설비의 송수구와 겸용으로 설치하는 경우에는 옥내소화전설비의 송수구의 설치기준에 따르되 각각의 소화설비의 기능에 지장이 없도록 해야 한다.

CHAPTER 25 옥외소화전설비의 화재안전성능기준 (NFPC 109)

[시행 2022. 12. 1.] [소방청고시 제2022-43호, 2022. 11. 25., 전부개정]

제1조(목적)
이 기준은 「소방시설 설치 및 관리에 관한 법률」(이하 "법"이라 한다) 제2조제1항제6호가목에 따라 소방청장에게 위임한 사항 중 소화설비인 옥외소화전설비의 성능기준을 규정함을 목적으로 한다.

제2조(적용범위)
이 기준은 「소방시설 설치 및 관리에 관한 법률 시행령」(이하 "영"이라 한다) 별표 4 제1호사목에 따른 옥외소화전설비의 설치 및 관리에 대해 적용한다.

제3조(정의)
이 기준에서 사용하는 용어의 정의는 다음과 같다.
1. "고가수조"란 구조물 또는 지형지물 등에 설치하여 자연낙차의 압력으로 급수하는 수조를 말한다.
2. "압력수조"란 소화용수와 공기를 채우고 일정압력 이상으로 가압하여 그 압력으로 급수하는 수조를 말한다.
3. "충압펌프"란 배관 내 압력손실에 따른 주펌프의 빈번한 기동을 방지하기 위하여 충압 역할을 하는 펌프를 말한다.
4. "연성계"란 대기압 이상의 압력과 대기압 이하의 압력을 측정할 수 있는 계측기를 말한다.
5. "진공계"란 대기압 이하의 압력을 측정하는 계측기를 말한다.
6. "정격토출량"이란 펌프의 정격부하운전 시 토출량으로서 정격토출압력에서의 토출량을 말한다.
7. "정격토출압력"이란 펌프의 정격부하운전 시 토출압력으로서 정격토출량에서의 토출 측 압력을 말한다.
8. "개폐표시형밸브"란 밸브의 개폐여부를 외부에서 식별이 가능한 밸브를 말한다.
9. "기동용수압개폐장치"란 소화설비의 배관 내 압력변동을 검지하여 자동적으로 펌프를 기동 및 정지시키는 것으로서 압력챔버 또는 기동용압력스위치 등을 말한다.
10. "급수배관"이란 수원 송수구 등으로부터 소화설비에 급수하는 배관을 말한다.
11. "분기배관"이란 배관 측면에 구멍을 뚫어 둘 이상의 관로가 생기도록 가공한 배관으로서 다음 각 목의 분기배관을 말한다.
    가. "확관형 분기배관"이란 배관의 측면에 조그만 구멍을 뚫고 소성가공으로 확관시켜 배관 용접이음자리를 만들거나 배관 용접이음자리에 배관이음쇠를 용접 이음한 배관을 말한다.
    나. "비확관형 분기배관"이란 배관의 측면에 분기호칭내경 이상의 구멍을 뚫고 배관이음쇠를 용접 이음한 배관을 말한다.
12. "가압수조"란 가압원인 압축공기 또는 불연성 기체의 압력으로 소화용수를 가압하여 그 압력으로 급수하는 수조를 말한다.

제4조(수원)

① 옥외소화전설비의 수원은 그 저수량이 옥외소화전의 설치개수(옥외소화전이 2개 이상 설치된 경우에는 2개)에 7세제곱미터를 곱한 양 이상이 되도록 해야 한다.
② 옥외소화전설비의 수원을 수조로 설치하는 경우에는 소방설비의 전용수조로 해야 한다.
③ 제1항에 따른 저수량을 산정함에 있어서 다른 설비와 겸용하여 옥외소화전설비용 수조를 설치하는 경우에는 옥외소화전설비의 풋밸브·흡수구 또는 수직배관의 급수구와 다른 설비의 풋밸브·흡수구 또는 수직배관의 급수구와의 사이의 수량을 그 유효수량으로 한다.
④ 옥외소화전설비용 수조는 다음 각 호의 기준에 따라 설치해야 한다.
  1. 점검에 편리한 곳에 설치할 것
  2. 동결방지조치를 하거나 동결의 우려가 없는 장소에 설치할 것
  3. 수조에는 수위계, 고정식 사다리, 청소용 배수밸브(또는 배수관), 표지 및 실내 조명 등 수조의 유지관리에 필요한 설비를 설치할 것

제5조(가압송수장치)

① 전동기 또는 내연기관에 따른 펌프를 이용하는 가압송수장치는 다음 각 호의 기준에 따라 설치해야 한다.
  1. 쉽게 접근할 수 있고 점검하기에 충분한 공간이 있는 장소로서 화재 및 침수 등의 재해로 인한 피해를 받을 우려가 없는 곳에 설치할 것
  2. 동결방지조치를 하거나 동결의 우려가 없는 장소에 설치할 것
  3. 특정소방대상물에 설치된 옥외소화전(두 개 이상 설치된 경우에는 두 개의 옥외소화전)을 동시에 사용할 경우 각 옥외소화전의 노즐선단에서의 방수압력이 0.25메가파스칼 이상이고, 방수량이 분당 350리터 이상이 유지되는 성능의 것으로 할 것. 다만, 하나의 옥외소화전을 사용하는 노즐선단에서의 방수압력이 0.7메가파스칼을 초과할 경우에는 호스접결구의 인입 측에 감압장치를 설치해야 한다.
  4. 펌프는 전용으로 할 것
  5. 펌프의 토출 측에는 압력계를 설치하고, 흡입 측에는 연성계 또는 진공계를 설치할 것
  6. 펌프의 성능은 체절운전 시 정격토출압력의 140퍼센트를 초과하지 않고, 정격토출량의 150퍼센트로 운전 시 정격토출압력의 65퍼센트 이상이 되어야 하며, 펌프의 성능을 시험할 수 있는 성능시험배관을 설치할 것
  7. 가압송수장치에는 체절운전 시 수온의 상승을 방지하기 위한 순환배관을 설치할 것
  8. 기동장치로는 기동용수압개폐장치 또는 이와 동등 이상의 성능이 있는 것을 설치할 것. 다만, 아파트·업무시설·학교·전시시설·공장·창고시설 또는 종교시설 등으로서 동결의 우려가 있는 장소에 있어서는 기동스위치에 보호판을 부착하여 옥외소화전함 내에 설치할 수 있다.
  9. 수원의 수위가 펌프보다 낮은 위치에 있는 가압송수장치에는 물올림장치를 설치할 것
  10. 기동용수압개폐장치를 기동장치로 사용할 경우에는 충압펌프를 설치할 것

11. 내연기관을 사용하는 경우에는 제어반에 따라 내연기관의 자동기동 및 수동기동이 가능하고, 상시 충전되어 있는 축전지설비와 펌프를 20분 이상 운전할 수 있는 용량의 연료를 갖출 것
12. 가압송수장치가 기동이 된 경우에는 자동으로 정지되지 않도록 할 것
13. 가압송수장치는 부식 등으로 인한 펌프의 고착을 방지할 수 있도록 청동 또는 스테인리스 등 부식에 강한 재질을 사용할 것

② 고가수조의 자연낙차를 이용한 가압송수장치를 설치하는 경우 고가수조의 자연낙차수두(수조의 하단으로부터 최고층에 설치된 소화전 호스 접결구까지의 수직거리를 말한다)는 제1항제3호에 따른 방수압 및 방수량이 20분 이상 유지되도록 해야 한다.

③ 압력수조를 이용한 가압송수장치를 설치하는 경우 압력수조의 압력은 제1항제3호에 따른 방수압 및 방수량이 20분 이상 유지되도록 해야 한다.

④ 가압수조를 이용한 가압송수장치는 소방청장이 정하여 고시한 「가압수조식가압송수장치의 성능인증 및 제품검사의 기술기준」에 적합한 것으로 설치하되, 가압수조의 압력은 제1항제3호에 따른 방수압 및 방수량이 20분 이상 유지되도록 해야 한다.

제6조(배관 등)

① 호스접결구는 지면으로부터 높이가 0.5미터 이상 1미터 이하의 위치에 설치하고 특정소방대상물의 각 부분으로부터 하나의 호스접결구까지의 수평거리가 40미터 이하가 되도록 설치해야 한다.
② 호스는 구경 65밀리미터의 것으로 해야 한다.
③ 배관은 배관용 탄소 강관(KS D 3507) 또는 배관 내 사용압력이 1.2메가파스칼 이상일 경우에는 압력배관용 탄소 강관(KS D 3562) 또는 이음매 없는 구리 및 구리합금관(KS D5301)이나 이와 동등 이상의 강도 · 내식성 및 내열성을 가진 것으로 해야 한다.
④ 제3항에도 불구하고 화재 등의 재해로 인하여 배관의 성능에 영향을 받을 우려가 적은 경우에는 소방청장이 정하여 고시한 「소방용합성수지배관의 성능인증 및 제품검사의 기술기준」에 적합한 소방용합성수지배관으로 설치할 수 있다.
⑤ 급수배관은 전용으로 해야 한다.
⑥ 펌프의 흡입 측 배관은 소화수의 흡입에 장애가 없도록 설치해야 한다.
⑦ 성능시험배관에 설치하는 유량측정장치는 성능시험배관의 직관부에 설치하되, 펌프 정격토출량의 175퍼센트 이상을 측정할 수 있는 것으로 해야 한다.
⑧ 가압송수장치의 체절운전 시 수온의 상승을 방지하기 위하여 체크밸브와 펌프 사이에서 분기한 배관에 체절압력 미만에서 개방되는 릴리프밸브를 설치해야 한다.
⑨ 동결방지조치를 하거나 동결의 우려가 없는 장소에 설치해야 한다. 다만, 보온재를 사용할 경우에는 난연재료 성능 이상의 것으로 해야 한다.
⑩ 급수배관에 설치되어 급수를 차단할 수 있는 개폐밸브(옥외소화전방수구를 제외한다)는 개폐표시형으로 해야 한다. 이 경우 펌프의 흡입 측 배관에는 버터플라이밸브외의 개폐표시형밸브를 설치해야 한다.
⑪ 배관은 다른 설비의 배관과 쉽게 구분이 될 수 있도록 해야 한다.

⑫ 확관형 분기배관을 사용할 경우에는 소방청장이 정하여 고시한 「분기배관의 성능인증 및 제품검사의 기술기준」에 적합한 것으로 설치해야 한다.

제7조(소화전함 등)
① 옥외소화전설비에는 옥외소화전마다 그로부터 5미터 이내의 장소에 소화전함을 설치해야 한다.
② 옥외소화전설비의 함은 소방청장이 정하여 고시한 「소화전함의 성능인증 및 제품검사의 기술기준」에 적합한 것으로 설치하되 밸브의 조작, 호스의 수납 등에 충분한 여유를 가질 수 있도록 해야 한다.
③ 옥외소화전설비의 함에는 그 표면에 "옥외소화전"이라는 표시를 해야 한다.
④ 옥외소화전설비의 함에는 옥외소화전설비의 위치를 표시하는 표시등과 가압송수장치의 기동을 표시하는 표시등을 설치해야 한다.

제8조(전원)
옥외소화전설비에 설치하는 상용전원회로의 배선은 상용전원의 상시공급에 지장이 없도록 전용배선으로 해야 한다.

제9조(제어반)
① 옥외소화전설비에는 제어반을 설치하되, 감시제어반과 동력제어반으로 구분하여 설치해야 한다.
② 감시제어반은 가압송수장치, 상용전원, 비상전원, 수조, 물올림수조, 예비전원 등을 감시·제어 및 시험할 수 있는 기능을 갖추어야 한다.
③ 감시제어반은 다음 각 호의 기준에 따라 설치해야 한다.
   1. 화재 및 침수 등의 재해로 인한 피해를 받을 우려가 없는 곳에 설치할 것
   2. 감시제어반은 옥외소화전설비의 전용으로 할 것
   3. 감시제어반은 다음 각 목의 기준에 따른 전용실 안에 설치하고, 전용실에는 특정소방대상물의 기계·기구 또는 시설 등의 제어 및 감시설비 외의 것을 두지 않을 것
      가. 다른 부분과 방화구획을 할 것
      나. 피난층 또는 지하 1층에 설치할 것
      다. 비상조명등 및 급·배기설비를 설치할 것
      라. 「무선통신보조설비의 화재안전성능기준(NFPC 505)」 제5조제3항에 따라 유효하게 통신이 가능할 것
      마. 바닥면적은 감시제어반의 설치에 필요한 면적 외에 화재 시 소방대원이 그 감시제어반의 조작에 필요한 최소면적 이상으로 할 것
④ 동력제어반은 앞면을 적색으로 하고, 동력제어반의 외함은 두께 1.5밀리미터 이상의 강판 또는 이와 동등 이상의 강도 및 내열성능이 있는 것으로 하며, 그 밖의 동력제어반의 설치에 관하여는 제3항제1호 및 제2호의 기준을 따라야 한다.

제10조(배선 등)
① 옥외소화전설비의 배선은 「전기사업법」 제67조에 따른 「전기설비기술기준」에서 정한 것 외에 다음 각 호의 기준에 따라 설치해야 한다.

1. 비상전원을 설치한 경우에는 비상전원으로부터 동력제어반 및 가압송수장치에 이르는 전원회로 배선은 내화배선으로 할 것
2. 상용전원으로부터 동력제어반에 이르는 배선, 그 밖의 옥외소화전설비의 감시·조작 또는 표시등 회로의 배선은 내화배선 또는 내열배선으로 할 것

② 제1항에 따른 내화배선 및 내열배선은 「옥내소화전설비의 화재안전성능기준(NFPC 102)」 제10조 제2항에 따른다.
③ 옥외소화전설비의 과전류차단기 및 개폐기에는 "옥외소화전설비용"이라고 표시한 표지를 해야 한다.
④ 옥외소화전설비용 전기배선의 양단 및 접속단자에는 식별이 용이하도록 표시 또는 표지를 해야 한다.

제11조(수원 및 가압송수장치의 펌프 등의 겸용)

① 옥외소화전설비의 수원을 옥내소화전설비·스프링클러설비·간이스프링클러설비·화재조기진압용 스프링클러설비·물분무소화설비 및 포소화전설비의 수원과 겸용하여 설치하는 경우의 저수량은 각 소화설비에 필요한 저수량을 합한 양 이상이 되도록 해야 한다.
② 옥외소화전설비의 가압송수장치로 사용하는 펌프를 옥내소화전설비·스프링클러설비·간이스프링클러설비·화재조기진압용 스프링클러설비·물분무소화설비 및 포소화설비의 가압송수장치와 겸용하여 설치하는 경우의 펌프의 토출량은 각 소화설비에 해당하는 토출량을 합한 양 이상이 되도록 해야 한다.
③ 옥내소화전설비·스프링클러설비·간이스프링클러설비·화재조기진압용 스프링클러설비·물분무소화설비·포소화설비 및 옥외소화전설비의 가압송수장치에 있어서 각 토출 측 배관과 일반급수용의 가압송수장치의 토출 측 배관을 상호 연결하여 화재 시 사용할 수 있다. 이 경우 연결 배관에는 개·폐표시형밸브를 설치해야 하며, 각 소화설비의 성능에 지장이 없도록 해야 한다.

제12조(설치·유지기준의 특례)

소방본부장 또는 소방서장은 기존건축물이 증축·개축·대수선되거나 용도변경되는 경우에 있어서 이 기준이 정하는 기준에 따라 해당 건축물에 설치해야 할 옥외소화전설비의 배관·배선 등의 공사가 현저하게 곤란하다고 인정되는 경우에는 해당 설비의 기능 및 사용에 지장이 없는 범위에서 이 기준의 일부를 적용하지 않을 수 있다.

제13조(재검토기한)

소방청장은 「훈령·예규 등의 발령 및 관리에 관한 규정」에 따라 이 고시에 대하여 2023년 1월 1일을 기준으로 매 3년이 되는 시점(매 3년째의 12월 31일까지를 말한다)마다 그 타당성을 검토하여 개선 등의 조치를 해야 한다.

부칙〈제2022-43호, 2022. 11. 25.〉

제1조(시행일)
이 고시는 2022년 12월 1일부터 시행한다.

제2조(경과조치)
① 이 고시 시행 전에 건축허가 등의 신청 또는 신고를 하거나 소방시설공사의 착공신고를 한 특정소방대상물에 대해서는 종전의 「옥외소화전설비의 화재안전기준(NFSC 109)」에 따른다.
② 이 고시 시행 전에 제1항에 따른 신청 또는 신고를 한 경우라도 개정 기준이 종전의 기준에 비해 관계인에게 유리한 경우에는 개정 기준에 따를 수 있다.

제3조(다른 법령과의 관계)
이 고시 시행 당시 다른 법령에서 종전의 화재안전기준을 인용한 경우에 이 고시 가운데 그에 해당하는 규정이 있는 경우에는 종전의 규정에 갈음하여 이 고시의 해당 규정을 인용한 것으로 본다.

CHAPTER 25 옥외소화전설비의 화재안전기술기준 (NFTC 109)

[시행 2022. 12. 1.] [소방청공고 제2022-220호, 2022. 12. 1., 제정]

1. 일반사항

1.1 적용범위

1.1.1 이 기준은 「소방시설 설치 및 관리에 관한 법률 시행령」(이하 "영"이라 한다) 별표 5 제1호사목에 따른 옥외소화전설비의 설치 및 관리에 대해 적용한다.

1.2 기준의 효력

1.2.1 이 기준은 「소방시설 설치 및 관리에 관한 법률」(이하 "법"이라 한다) 제2조제1항제6호나목에 따라 옥외소화전설비의 기술기준으로서의 효력을 가진다.

1.2.2 이 기준에 적합한 경우에는 법 제2조제1항제6호나목에 따라 「옥외소화전설비의 화재안전성능기준(NFPC 109)」을 충족하는 것으로 본다.

1.3 기준의 시행

1.3.1 이 기준은 2022년 12월 1일부터 시행한다.

1.4 기준의 특례

1.4.1 소방본부장 또는 소방서장은 기존건축물이 증축·개축·대수선되거나 용도변경되는 경우에 있어서 이 기준이 정하는 기준에 따라 해당 건축물에 설치해야 할 옥외소화전설비의 배관·배선 등의 공사가 현저하게 곤란하다고 인정되는 경우에는 해당 설비의 기능 및 사용에 지장이 없는 범위에서 이 기준의 일부를 적용하지 않을 수 있다.

1.5 경과조치

1.5.1 이 기준 시행 전에 건축허가 등의 신청 또는 신고를 하거나 소방시설공사의 착공신고를 한 특정소방대상물에 대해서는 종전의 「옥외소화전소화설비의 화재안전기준(NFSC 109)」에 따른다.

1.5.2 이 기준 시행 전에 1.5.1에 따른 신청 또는 신고를 한 경우라도 제정 기준이 종전의 기준에 비하여 관계인에게 유리한 경우에는 제정 기준에 따를 수 있다.

1.6 다른 법령과의 관계

1.6.1 이 기준 시행 당시 다른 법령 또는 행정규칙 등에서 종전의 화재안전기준을 인용한 경우에 이 기준 가운데 그에 해당하는 규정이 있는 경우에는 종전의 규정에 갈음하여 이 기준의 해당 규정을 인용한 것으로 본다.

1.7 용어의 정의

1.7.1 이 기준에서 사용하는 용어의 정의는 다음과 같다.

1.7.1.1 "고가수조"란 구조물 또는 지형지물 등에 설치하여 자연낙차의 압력으로 급수하는 수조를 말한다.

1.7.1.2 "압력수조"란 소화용수와 공기를 채우고 일정압력 이상으로 가압하여 그 압력으로 급수하는 수조를 말한다.

1.7.1.3 "충압펌프"란 배관 내 압력손실에 따른 주펌프의 빈번한 기동을 방지하기 위하여 충압 역할을 하는 펌프를 말한다.

1.7.1.4 "연성계"란 대기압 이상의 압력과 대기압 이하의 압력을 측정할 수 있는 계측기를 말한다.

1.7.1.5 "진공계"란 대기압 이하의 압력을 측정하는 계측기를 말한다.

1.7.1.6 "정격토출량"이란 펌프의 정격부하운전 시 토출량으로서 정격토출압력에서의 토출량을 말한다.

1.7.1.7 "정격토출압력"이란 펌프의 정격부하운전 시 토출압력으로서 정격토출량에서의 토출 측 압력을 말한다.

1.7.1.8 "개폐표시형밸브"란 밸브의 개폐여부를 외부에서 식별이 가능한 밸브를 말한다.

1.7.1.9 "기동용수압개폐장치"란 소화설비의 배관 내 압력변동을 검지하여 자동적으로 펌프를 기동 및 정지시키는 것으로서 압력챔버 또는 기동용압력스위치 등을 말한다.

1.7.1.10 "급수배관"이란 수원 또는 송수구 등으로부터 소화설비에 급수하는 배관을 말한다.

1.7.1.11 "분기배관"이란 배관 측면에 구멍을 뚫어 둘 이상의 관로가 생기도록 가공한 배관으로서 다음의 분기배관을 말한다.
    (1) "확관형 분기배관"이란 배관의 측면에 조그만 구멍을 뚫고 소성가공으로 확관시켜 배관 용접이음자리를 만들거나 배관 용접이음자리에 배관이음쇠를 용접 이음한 배관을 말한다.
    (2) "비확관형 분기배관"이란 배관의 측면에 분기호칭내경 이상의 구멍을 뚫고 배관이음쇠를 용접 이음한 배관을 말한다.

1.7.1.12 "가압수조"란 가압원인 압축공기 또는 불연성 기체의 압력으로 소화용수를 가압하여 그 압력으로 급수하는 수조를 말한다.

2. 기술기준

2.1 수원

2.1.1 옥외소화전설비의 수원은 그 저수량이 옥외소화전의 설치개수(옥외소화전이 2개 이상 설치된 경우에는 2개)에 7m³를 곱한 양 이상이 되도록 해야 한다.

2.1.2 옥외소화전설비의 수원을 수조로 설치하는 경우에는 소화설비의 전용수조로 해야 한다. 다만, 다음의 어느 하나에 해당하는 경우에는 그렇지 않다.

2.1.2.1 옥외소화전설비용 펌프의 풋밸브 또는 흡수배관의 흡수구(수직회전축펌프의 흡수구를 포함한다. 이하 같다)를 다른 설비(소화용 설비 외의 것을 말한다. 이하 같다)의 풋밸브 또는 흡수구보다 낮은 위치에 설치한 때

2.1.2.2 2.2.2에 따른 고가수조로부터 옥외소화전설비의 수직배관에 물을 공급하는 급수구를 다른 설비의 급수구보다 낮은 위치에 설치한 때

2.1.3 2.1.1에 따른 저수량을 산정함에 있어서 다른 설비와 겸용하여 옥외소화전설비용 수조를 설치하는 경우에는 옥외소화전설비의 풋밸브·흡수구 또는 수직배관의 급수구와 다른 설비의 풋밸브·흡수구 또는 수직배관의 급수구와의 사이의 수량을 그 유효수량으로 한다.

2.1.4 옥외소화전설비용 수조는 다음의 기준에 따라 설치해야 한다.

2.1.4.1 점검에 편리한 곳에 설치할 것

2.1.4.2 동결방지조치를 하거나 동결의 우려가 없는 장소에 설치할 것

2.1.4.3 수조의 외측에 수위계를 설치할 것. 다만, 구조상 불가피한 경우에는 수조의 맨홀 등을 통하여 수조 안의 물의 양을 쉽게 확인할 수 있도록 해야 한다.

2.1.4.4 수조의 상단이 바닥보다 높은 때에는 수조의 외측에 고정식 사다리를 설치할 것

2.1.4.5 수조가 실내에 설치된 때에는 그 실내에 조명설비를 설치할 것

2.1.4.6 수조의 밑부분에는 청소용 배수밸브 또는 배수관을 설치할 것

2.1.4.7 수조의 외측의 보기 쉬운 곳에 "옥외소화전설비용 수조"라고 표시한 표지를 설치할 것. 이 경우 그 수조를 다른 설비와 겸용하는 때에는 그 겸용되는 설비의 이름을 표시한 표지를 함께 해야 한다.

2.1.4.8 소화설비용 흡수배관 또는 소화설비의 수직배관과 수조의 접속부분에는 "옥외소화전설비용 배관"이라고 표시한 표지를 할 것. 다만, 수조와 가까운 장소에 소화설비용 펌프가 설치되고 해당 펌프에 2.2.1.13에 따른 표지를 설치한 때에는 그렇지 않다.

2.2 가압송수장치

2.2.1 전동기 또는 내연기관에 따른 펌프를 이용하는 가압송수장치는 다음의 기준에 따라 설치해야 한다.

2.2.1.1 쉽게 접근할 수 있고 점검하기에 충분한 공간이 있는 장소로서 화재 및 침수 등의 재해로 인한 피해를 받을 우려가 없는 곳에 설치할 것

2.2.1.2 동결방지조치를 하거나 동결의 우려가 없는 장소에 설치할 것

2.2.1.3 특정소방대상물에 설치된 옥외소화전(2개 이상 설치된 경우에는 2개의 옥외소화전)을 동시에 사용할 경우 각 옥외소화전의 노즐선단에서의 방수압력이 0.25MPa 이상이고, 방수량이 350L/min 이상이 되는 성능의 것으로 할 것. 다만, 하나의 옥외소화전을 사용하는 노즐선단에서의 방수압력이 0.7MPa을 초과할 경우에는 호스접결구의 인입 측에 감압장치를 설치해야 한다.

2.2.1.4 펌프는 전용으로 할 것. 다만, 다른 소화설비와 겸용하는 경우 각각의 소화설비의 성능에 지장이 없을 때에는 그렇지 않다.

2.2.1.5 펌프의 토출 측에는 압력계를 체크밸브 이전에 펌프 토출 측 플랜지에서 가까운 곳에 설치하고, 흡입 측에는 연성계 또는 진공계를 설치할 것. 다만, 수원의 수위가 펌프의 위치보다 높거나 수직회전축펌프의 경우에는 연성계 또는 진공계를 설치하지 않을 수 있다.

2.2.1.6 펌프의 성능은 체절운전 시 정격토출압력의 140%를 초과하지 않고, 정격토출량의 150%로 운전 시 정격토출압력의 65% 이상이 되어야 하며, 펌프의 성능을 시험할 수 있는 성능시험배관을 설치할 것. 다만, 충압펌프의 경우에는 그렇지 않다.

2.2.1.7 가압송수장치에는 체절운전 시 수온의 상승을 방지하기 위한 순환배관을 설치할 것. 다만, 충압펌프의 경우에는 그렇지 않다.

2.2.1.8 기동장치로는 기동용수압개폐장치 또는 이와 동등 이상의 성능이 있는 것을 설치할 것. 다만, 아파트 · 업무시설 · 학교 · 전시시설 · 공장 · 창고시설 또는 종교시설 등으로서 동결의 우려가 있는 장소에 있어서는 기동스위치에 보호판을 부착하여 옥외소화전함 내에 설치할 수 있다.

2.2.1.9 기동용수압개폐장치 중 압력챔버를 사용할 경우 그 용적은 100L 이상의 것으로 할 것

2.2.1.10 수원의 수위가 펌프보다 낮은 위치에 있는 가압송수장치에는 다음의 기준에 따른 물올림장치를 설치할 것

2.2.1.10.1 물올림장치에는 전용의 수조를 설치할 것

2.2.1.10.2 수조의 유효수량은 100L 이상으로 하되, 구경 15mm 이상의 급수배관에 따라 해당 수조에 물이 계속 보급되도록 할 것

2.2.1.11 기동용수압개폐장치를 기동장치로 사용할 경우에는 다음의 기준에 따른 충압펌프를 설치할 것. 다만, 옥외소화전이 1개 설치된 경우로서 소화용 급수펌프로도 상시 충압이 가능하고 2.2.1.11.1의 성능을 갖춘 경우에는 충압펌프를 별도로 설치하지 않을 수 있다.

2.2.1.11.1 펌프의 토출압력은 그 설비의 최고위 호스 접결구의 자연압보다 적어도 0.2MPa 이상 더 크도록 하거나 가압송수장치의 정격토출압력과 같게 할 것

2.2.1.11.2 펌프의 정격토출량은 정상적인 누설량보다 적어서는 안 되며, 옥외소화전설비가 자동적으로 작동할 수 있도록 충분한 토출량을 유지해야 한다.

2.2.1.12 내연기관을 사용하는 경우에는 다음의 기준에 적합한 것으로 할 것

2.2.1.12.1 내연기관의 기동은 2.2.1.8의 기동장치를 설치하거나 또는 소화전함의 위치에서 원격조작이 가능하고 기동을 명시하는 적색등을 설치할 것

2.2.1.12.2 제어반에 따라 내연기관의 자동기동 및 수동기동이 가능하고, 상시 충전되어 있는 축전지설비를 갖출 것

2.2.1.13 가압송수장치에는 "옥외소화전펌프"라고 표시한 표지를 할 것. 이 경우 그 가압송수장치를 다른 설비와 겸용하는 때에는 그 겸용되는 설비의 이름을 표시한 표지를 함께 해야 한다.

2.2.1.14 가압송수장치가 기동이 된 경우에는 자동으로 정지되지 않도록 할 것. 다만, 충압펌프의 경우에는 그렇지 않다.

2.2.1.15 가압송수장치는 부식 등으로 인한 펌프의 고착을 방지할 수 있도록 다음의 기준에 적합한 것으로 할 것. 다만, 충압펌프는 제외한다.

2.2.1.15.1 임펠러는 청동 또는 스테인리스 등 부식에 강한 재질을 사용할 것

2.2.1.15.2 펌프축은 스테인리스 등 부식에 강한 재질을 사용할 것

2.2.2 고가수조의 자연낙차를 이용한 가압송수장치는 다음의 기준에 따라 설치해야 한다.

2.2.2.1 고가수조의 자연낙차수두(수조의 하단으로부터 최고층에 설치된 소화전 호스 접결구까지의 수직거리를 말한다)는 다음의 식 (2.2.2.1)에 따라 산출한 수치 이상 유지되도록 할 것

$$H = h_1 + h_2 + 25 \quad \cdots\cdots\cdots\cdots\cdots\cdots\cdots\cdots\cdots\cdots\cdots\cdots\cdots\cdots\cdots\cdots (2.2.2.1)$$

여기에서 H : 필요한 낙차(m)
h_1 : 호스의 마찰손실수두(m)
h_2 : 배관의 마찰손실수두(m)

2.2.2.2 고가수조에는 수위계 · 배수관 · 급수관 · 오버플로우관 및 맨홀을 설치할 것

2.2.3 압력수조를 이용한 가압송수장치는 다음의 기준에 따라 설치해야 한다.

2.2.3.1 압력수조의 압력은 다음의 식 (2.2.3.1)에 따라 산출한 수치 이상 유지되도록 할 것

$$P = p_1 + p_2 + p_3 + 0.25 \quad \cdots\cdots\cdots\cdots (2.2.3.1)$$

여기에서 P : 필요한 압력(MPa)
p_1 : 호스의 마찰손실수두압(MPa)
p_2 : 배관의 마찰손실수두압(MPa)
p_3 : 낙차의 환산수두압(MPa)

2.2.3.2 압력수조에는 수위계 · 급수관 · 배수관 · 급기관 · 맨홀 · 압력계 · 안전장치 및 압력저하 방지를 위한 자동식 공기압축기를 설치할 것

2.2.4 가압수조를 이용한 가압송수장치는 다음의 기준에 따라 설치해야 한다.

2.2.4.1 가압수조의 압력은 2.2.1.3에 따른 방수압 및 방수량을 20분 이상 유지되도록 할 것

2.2.4.2 가압수조 및 가압원은 「건축법 시행령」 제46조에 따른 방화구획 된 장소에 설치할 것

2.2.4.3 가압수조를 이용한 가압송수장치는 소방청장이 정하여 고시한 「가압수조식가압송수장치의 성능인증 및 제품검사의 기술기준」에 적합한 것으로 설치할 것

2.3 배관 등

2.3.1 호스접결구는 지면으로부터의 높이가 0.5m 이상 1m 이하의 위치에 설치하고 특정소방대상물의 각 부분으로부터 하나의 호스접결구까지의 수평거리가 40m 이하가 되도록 설치해야 한다.

2.3.2 호스는 구경 65mm의 것으로 해야 한다.

2.3.3 배관과 배관이음쇠는 다음의 어느 하나에 해당하는 것 또는 동등 이상의 강도 · 내식성 및 내열성 등을 국내 · 외 공인기관으로부터 인정받은 것을 사용해야 하고, 배관용 스테인리스 강관(KS D 3576)의 이음을 용접으로 할 경우에는 텅스텐 불활성 가스 아크 용접(Tungsten Inertgas Arc Welding)방식에 따른다. 다만, 2.3에서 정하지 않은 사항은 「건설기술 진흥법」 제44조제1항의 규정에 따른 "건설기준"에 따른다.

2.3.3.1 배관 내 사용압력이 1.2MPa 미만일 경우에는 다음의 어느 하나에 해당하는 것

(1) 배관용 탄소 강관(KS D 3507)
(2) 이음매 없는 구리 및 구리합금관(KS D 5301). 다만, 습식의 배관에 한한다.
(3) 배관용 스테인리스 강관(KS D 3576) 또는 일반배관용 스테인리스 강관(KS D 3595)
(4) 덕타일 주철관(KS D 4311)

2.3.3.2 배관 내 사용압력이 1.2MPa 이상일 경우에는 다음의 어느 하나에 해당하는 것

(1) 압력 배관용 탄소 강관(KS D 3562)

(2) 배관용 아크용접 탄소강 강관(KS D 3583)

2.3.4 2.3.3에도 불구하고 다음의 어느 하나에 해당하는 장소에는 소방청장이 정하여 고시한 「소방용 합성수지배관의 성능인증 및 제품검사의 기술기준」에 적합한 소방용 합성수지배관으로 설치할 수 있다.

2.3.4.1 배관을 지하에 매설하는 경우

2.3.4.2 다른 부분과 내화구조로 구획된 덕트 또는 피트의 내부에 설치하는 경우

2.3.4.3 천장(상층이 있는 경우에는 상층바닥의 하단을 포함한다. 이하 같다)과 반자를 불연재료 또는 준불연재료로 설치하고 소화배관 내부에 항상 소화수가 채워진 상태로 설치하는 경우

2.3.5 급수배관은 전용으로 해야 한다. 다만, 옥외소화전의 기동장치의 조작과 동시에 다른 설비의 용도에 사용하는 배관의 송수를 차단할 수 있거나, 옥외소화전설비의 성능에 지장이 없는 경우에는 다른 설비와 겸용할 수 있다.

2.3.6 펌프의 흡입 측 배관은 다음의 기준에 따라 설치해야 한다.

2.3.6.1 공기 고임이 생기지 않는 구조로 하고 여과장치를 설치할 것

2.3.6.2 수조가 펌프보다 낮게 설치된 경우에는 각 펌프(충압펌프를 포함한다)마다 수조로부터 별도로 설치할 것

2.3.7 펌프의 성능시험배관은 다음의 기준에 적합하도록 설치해야 한다.

2.3.7.1 성능시험배관은 펌프의 토출 측에 설치된 개폐밸브 이전에서 분기하여 직선으로 설치하고, 유량측정장치를 기준으로 전단 직관부에는 개폐밸브를 후단 직관부에는 유량조절밸브를 설치할 것. 이 경우 개폐밸브와 유량측정장치 사이의 직관부 거리 및 유량측정장치와 유량조절밸브 사이의 직관부 거리는 해당 유량측정장치 제조사의 설치사양에 따르고, 성능시험배관의 호칭지름은 유량측정장치의 호칭지름에 따른다.

2.3.7.2 유량측정장치는 펌프의 정격토출량의 175% 이상까지 측정할 수 있는 성능이 있을 것

2.3.8 가압송수장치의 체절운전 시 수온의 상승을 방지하기 위하여 체크밸브와 펌프 사이에서 분기한 구경 20mm 이상의 배관에 체절압력 이하에서 개방되는 릴리프밸브를 설치할 것

2.3.9 배관은 동결방지조치를 하거나 동결의 우려가 없는 장소에 설치해야 한다. 다만, 보온재를 사용할 경우에는 난연재료 성능 이상의 것으로 해야 한다.

2.3.10 급수배관에 설치되어 급수를 차단할 수 있는 개폐밸브(옥외소화전방수구를 제외한다)는 개폐표시형으로 할 것. 이 경우 펌프의 흡입 측 배관에는 버터플라이밸브 외의 개폐표시형밸브를 설치해야 한다.

2.3.11 배관은 다른 설비의 배관과 쉽게 구분이 될 수 있는 위치에 설치하거나, 그 배관표면 또는 배관보온재표면의 색상은 「한국산업표준(배관계의 식별 표시, KS A 0503)」 또는 적색으로 식별이 가능하도록 소방용설비의 배관임을 표시해야 한다.

2.3.12 확관형 분기배관을 사용할 경우에는 소방청장이 정하여 고시한 「분기배관의 성능인증 및 제품검사의 기술기준」에 적합한 것으로 설치해야 한다.

2.4 소화전함 등

2.4.1 옥외소화전설비에는 옥외소화전마다 그로부터 5m 이내의 장소에 소화전함을 다음의 기준에 따라 설치해야 한다.

2.4.1.1 옥외소화전이 10개 이하 설치된 때에는 옥외소화전마다 5m 이내의 장소에 1개 이상의 소화전함을 설치해야 한다.

2.4.1.2 옥외소화전이 11개 이상 30개 이하 설치된 때에는 11개 이상의 소화전함을 각각 분산하여 설치해야 한다.

2.4.1.3 옥외소화전이 31개 이상 설치된 때에는 옥외소화전 3개마다 1개 이상의 소화전함을 설치해야 한다.

2.4.2 옥외소화전설비의 함은 소방청장이 정하여 고시한 「소화전함의 성능인증 및 제품검사의 기술기준」에 적합한 것으로 설치하되 밸브의 조작, 호스의 수납 등에 충분한 여유를 가질 수 있도록 할 것. 이 경우 연결송수관의 방수구를 같이 설치하는 경우에도 또한 같다.

2.4.3 옥외소화전설비의 함에는 그 표면에 "옥외소화전"이라는 표시를 해야 한다.

2.4.4 표시등은 다음의 기준에 따라 설치해야 한다.

2.4.4.1 옥외소화전설비의 위치를 표시하는 표시등은 함의 상부에 설치하되, 소방청장이 정하여 고시한 「표시등의 성능인증 및 제품검사의 기술기준」에 적합한 것으로 할 것

2.4.4.2 가압송수장치의 기동을 표시하는 표시등은 옥외소화전함의 상부 또는 그 직근에 설치하되 적색등으로 할 것. 다만, 자체소방대를 구성하여 운영하는 경우(「위험물안전관리법 시행령」 별표 8에서 정한 소방자동차와 자체소방대원의 규모를 말한다) 가압송수장치의 기동표시등을 설치하지 않을 수 있다.

2.5 전원

2.5.1 옥외소화전설비에는 그 특정소방대상물의 수전방식에 따라 다음의 기준에 따른 상용전원회로의 배선을 설치해야 한다. 다만, 가압수조방식으로서 모든 기능이 20분 이상 유효하게 지속될 수 있는 경우에는 그렇지 않다.

2.5.1.1 저압수전인 경우에는 인입개폐기의 직후에서 분기하여 전용배선으로 해야 하며, 전용의 전선관에 보호되도록 할 것

2.5.1.2 특별고압수전 또는 고압수전일 경우에는 전력용 변압기 2차 측의 주차단기 1차 측에서 분기하여 전용배선으로 하되, 상용전원의 상시공급에 지장이 없을 경우에는 주차단기 2차 측에서 분기하여 전용배선으로 할 것. 다만, 가압송수장치의 정격입력전압이 수전전압과 같은 경우에는 2.5.1.1의 기준에 따른다.

2.6 제어반

2.6.1 옥외소화전설비에는 제어반을 설치하되, 감시제어반과 동력제어반으로 구분하여 설치해야 한다. 다만, 다음의 어느 하나에 해당하는 경우에는 감시제어반과 동력제어반으로 구분하여 설치하지 않을 수 있다.

2.6.1.1 다음의 어느 하나에 해당하지 않는 특정소방대상물에 설치되는 옥외소화전설비
2.6.1.1.1 지하층을 제외한 층수가 7층 이상으로서 연면적 2,000㎡ 이상인 것
2.6.1.1.2 2.6.1.1.1에 해당하지 않는 특정소방대상물로서 지하층의 바닥면적의 합계가 3,000㎡ 이상인 것. 다만, 차고·주차장 또는 보일러실·기계실·전기실 등 이와 유사한 장소의 면적은 제외한다.
2.6.1.2 내연기관에 따른 가압송수장치를 사용하는 경우
2.6.1.3 고가수조에 따른 가압송수장치를 사용하는 경우
2.6.1.4 가압수조에 따른 가압송수장치를 사용하는 경우
2.6.2 감시제어반의 기능은 다음의 기준에 적합해야 한다. 다만, 2.6.1의 단서에 따른 각 기준의 어느 하나에 해당하는 경우에는 2.6.2.3과 2.6.2.6을 적용하지 않는다.
2.6.2.1 각 펌프의 작동여부를 확인할 수 있는 표시등 및 음향경보기능이 있어야 할 것
2.6.2.2 각 펌프를 자동 및 수동으로 작동시키거나 중단시킬 수 있어야 할 것
2.6.2.3 비상전원을 설치한 경우에는 상용전원 및 비상전원의 공급여부를 확인할 수 있어야 할 것
2.6.2.4 수조 또는 물올림수조가 저수위로 될 때 표시등 및 음향으로 경보할 것
2.6.2.5 다음의 각 확인회로마다 도통시험 및 작동시험을 할 수 있도록 할 것
(1) 기동용수압개폐장치의 압력스위치회로
(2) 수조 또는 물올림수조의 저수위감시회로
2.6.2.6 예비전원이 확보되고 예비전원의 적합여부를 시험할 수 있어야 할 것
2.6.3 감시제어반은 다음의 기준에 따라 설치해야 한다.
2.6.3.1 화재 및 침수 등의 재해로 인한 피해를 받을 우려가 없는 곳에 설치할 것
2.6.3.2 감시제어반은 옥외소화전설비의 전용으로 할 것. 다만, 옥외소화전설비의 제어에 지장이 없는 경우에는 다른 설비와 겸용할 수 있다.
2.6.3.3 감시제어반은 다음의 기준에 따른 전용실 안에 설치할 것. 다만, 2.6.1의 단서에 따른 각 기준의 어느 하나에 해당하는 경우와 공장, 발전소 등에서 설비를 집중 제어·운전할 목적으로 설치하는 중앙제어실 내에 감시제어반을 설치하는 경우에는 그렇지 않다.
2.6.3.3.1 다른 부분과 방화구획을 할 것. 이 경우 전용실의 벽에는 기계실 또는 전기실 등의 감시를 위하여 두께 7mm 이상의 망입유리(두께 16.3mm 이상의 접합유리 또는 두께 28mm 이상의 복층유리를 포함한다)로 된 4㎡ 미만의 붙박이창을 설치할 수 있다.
2.6.3.3.2 피난층 또는 지하 1층에 설치할 것. 다만, 다음의 어느 하나에 해당하는 경우에는 지상 2층에 설치하거나 지하 1층 외의 지하층에 설치할 수 있다.
(1) 「건축법 시행령」 제35조에 따라 특별피난계단이 설치되고 그 계단(부속실을 포함한다) 출입구로부터 보행거리 5m 이내에 전용실의 출입구가 있는 경우
(2) 아파트의 관리동(관리동이 없는 경우에는 경비실)에 설치하는 경우
2.6.3.3.3 비상조명등 및 급·배기설비를 설치할 것
2.6.3.3.4 「무선통신보조설비의 화재안전기술기준(NFTC 505)」 2.2.3에 따라 유효하게 통신이 가능할 것(영 별표 4의 제5호마목에 따른 무선통신보조설비가 설치된 특정소방대상물에 한한다)

2.6.3.3.5 바닥면적은 감시제어반의 설치에 필요한 면적 외에 화재 시 소방대원이 그 감시제어반의 조작에 필요한 최소면적 이상으로 할 것

2.6.3.4 2.6.3.3에 따른 전용실에는 특정소방대상물의 기계·기구 또는 시설 등의 제어 및 감시설비 외의 것을 두지 않을 것

2.6.4 동력제어반은 다음의 기준에 따라 설치해야 한다.

2.6.4.1 앞면은 적색으로 하고 "옥외소화전설비용 동력제어반"이라고 표시한 표지를 설치할 것

2.6.4.2 외함은 두께 1.5mm 이상의 강판 또는 이와 동등 이상의 강도 및 내열성능이 있는 것으로 할 것

2.6.4.3 그 밖의 동력제어반의 설치에 관하여는 2.6.3.1 및 2.6.3.2의 기준을 준용할 것

2.7 배선 등

2.7.1 옥외소화전설비의 배선은 「전기사업법」 제67조에 따른 「전기설비기술기준」에서 정한 것 외에 다음의 기준에 따라 설치해야 한다.

2.7.1.1 비상전원을 설치한 경우에는 비상전원으로부터 동력제어반 및 가압송수장치에 이르는 전원회로의 배선은 내화배선으로 할 것. 다만, 자가발전설비와 동력제어반이 동일한 실에 설치된 경우에는 자가발전기로부터 그 제어반에 이르는 전원회로의 배선은 그렇지 않다.

2.7.1.2 상용전원으로부터 동력제어반에 이르는 배선, 그 밖의 옥외소화전설비의 감시·조작 또는 표시등회로의 배선은 내화배선 또는 내열배선으로 할 것. 다만, 감시제어반 또는 동력제어반 안의 감시·조작 또는 표시등회로의 배선은 그렇지 않다.

2.7.2 2.7.1에 따른 내화배선 및 내열배선에 사용되는 전선의 종류 및 설치방법은 「옥내소화전설비의 화재안전기술기준(NFTC 102)」 2.7.2의 표 2.7.2(1) 및 표 2.7.2(2)의 기준에 따른다.

2.7.3 소화설비의 과전류차단기 및 개폐기에는 "옥외소화전설비용"이라고 표시한 표지를 해야 한다.

2.7.4 소화설비용 전기배선의 양단 및 접속단자에는 다음의 기준에 따라 표지해야 한다.

2.7.4.1 단자에는 "옥외소화전단자"라고 표시한 표지를 부착할 것

2.7.4.2 소화설비용 전기배선의 양단에는 다른 배선과 식별이 용이하도록 표시할 것

2.8 수원 및 가압송수장치의 펌프 등의 겸용

2.8.1 옥외소화전설비의 수원을 옥내소화전설비·스프링클러설비·간이스프링클러설비·화재조기진압용 스프링클러설비·물분무소화설비 및 포소화설비의 수원과 겸용하여 설치하는 경우의 저수량은 각 소화설비에 필요한 저수량을 합한 양 이상이 되도록 해야 한다. 다만, 이들 소화설비 중 고정식 소화설비(펌프·배관과 소화수 또는 소화약제를 최종 방출하는 방출구가 고정된 설비를 말한다. 이하 같다)가 2 이상 설치되어 있고, 그 소화설비가 설치된 부분이 방화벽과 방화문으로 구획되어 있는 경우에는 각 고정식 소화설비에 필요한 저수량 중 최대의 것 이상으로 할 수 있다.

2.8.2 옥외소화전설비의 가압송수장치로 사용하는 펌프를 옥내소화전설비·스프링클러설비·간이스프링클러설비·화재조기진압용 스프링클러설비·물분무소화설비 및 포소화설비의 가압송수장치와 겸용하여 설치하는 경우의 펌프의 토출량은 각 소화설비에 해당하는 토출량을 합한 양 이상이 되도록 해야 한다. 다만, 이들 소화설비 중 고정식 소화설비가 2 이상 설치되어 있고, 그 소화설비가 설치된 부분이 방화벽과 방화문으로 구획되어 있으며 각 소화설비에 지장이 없는

경우에는 펌프의 토출량 중 최대의 것 이상으로 할 수 있다.

2.8.3 옥내소화전설비ㆍ스프링클러설비ㆍ간이스프링클러설비ㆍ화재조기진압용 스프링클러설비ㆍ 물분무소화설비ㆍ포소화설비 및 옥외소화전설비의 가압송수장치에 있어서 각 토출 측 배관과 일반급수용의 가압송수장치의 토출 측 배관을 상호 연결하여 화재 시 사용할 수 있다. 이 경우 연결 배관에는 개폐표시형밸브를 설치해야 하며, 각 소화설비의 성능에 지장이 없도록 해야 한다.

CHAPTER 26 유도등 및 유도표지의 화재안전성능기준 (NFPC 303)

[시행 2024. 1. 1.] [소방청고시 제2023-40호, 2023. 10. 13., 타법개정]

제1조(목적)
이 기준은 「소방시설 설치 및 관리에 관한 법률」(이하 "법"이라 한다) 제2조제1항제6호가목에 따라 소방청장에게 위임한 사항 중 피난구조설비인 유도등 및 유도표지 성능기준을 규정함을 목적으로 한다.

제2조(적용범위)
이 기준은 「소방시설 설치 및 관리에 관한 법률 시행령」(이하 "영"이라 한다) 별표 4 제3호다목에 따른 유도등과 유도표지 및 「다중이용업소의 안전관리에 관한 특별법 시행령」 별표 1 제1호다목1)에 따른 피난유도선의 설치 및 관리에 대해 적용한다.

제3조(정의)
이 기준에서 사용되는 용어의 정의는 다음과 같다.
1. "유도등"이란 화재 시에 피난을 유도하기 위한 등으로서 정상상태에서는 상용전원에 따라 켜지고 상용전원이 정전되는 경우에는 비상전원으로 자동전환되어 켜지는 등을 말한다.
2. "피난구유도등"이란 피난구 또는 피난경로로 사용되는 출입구를 표시하여 피난을 유도하는 등을 말한다.
3. "통로유도등"이란 피난통로를 안내하기 위한 유도등으로 복도통로유도등, 거실통로유도등, 계단통로유도등을 말한다.
4. "복도통로유도등"이란 피난통로가 되는 복도에 설치하는 통로유도등으로서 피난구의 방향을 명시하는 것을 말한다.
5. "거실통로유도등"이란 거주, 집무, 작업, 집회, 오락 그 밖에 이와 유사한 목적을 위하여 계속적으로 사용하는 거실, 주차장 등 개방된 통로에 설치하는 유도등으로 피난의 방향을 명시하는 것을 말한다.
6. "계단통로유도등"이란 피난통로가 되는 계단이나 경사로에 설치하는 통로유도등으로 바닥면 및 디딤바닥면을 비추는 것을 말한다.
7. "객석유도등"이란 객석의 통로, 바닥 또는 벽에 설치하는 유도등을 말한다.
8. "피난구유도표지"란 피난구 또는 피난경로로 사용되는 출입구를 표시하여 피난을 유도하는 표지를 말한다.
9. "통로유도표지"란 피난통로가 되는 복도, 계단등에 설치하는 것으로서 피난구의 방향을 표시하는 유도표지를 말한다.
10. "피난유도선"이란 햇빛이나 전등불에 따라 축광(이하 "축광방식"이라 한다)하거나 전류에 따라 빛을 발하는(이하 "광원점등방식"이라 한다) 유도체로서 어두운 상태에서 피난을 유도할 수 있도록 띠 형태로 설치되는 피난유도시설을 말한다.

11. "입체형"이란 유도등 표시면을 2면 이상으로 하고 각 면마다 피난유도표시가 있는 것을 말한다.
12. "3선식 배선"이란 평상시에는 유도등을 소등 상태로 유도등의 비상전원을 충전하고, 화재 등 비상시 점등 신호를 받아 유도등을 자동으로 점등되도록 하는 방식의 배선을 말한다.

제4조(유도등 및 유도표지의 종류)

특정소방대상물의 용도별로 설치하여야 할 유도등 및 유도표지는 다음 표에 따라 그에 적응하는 종류의 것으로 설치하여야 한다. 〈개정 2023.10.6., 2023.10.13.〉

설치장소	유도등 및 유도표지의 종류
1. 공연장·집회장(종교집회장 포함)·관람장·운동시설	• 대형피난구유도등 • 통로유도등 • 객석유도등
2. 유흥주점영업시설(「식품위생법 시행령」제21조제8호라목의 유흥주점영업 중 손님이 춤을 출 수 있는 무대가 설치된 카바레, 나이트클럽 또는 그 밖에 이와 비슷한 영업시설만 해당한다)	
3. 위락시설·판매시설·운수시설·「관광진흥법」제3조제1항제2호에 따른 관광숙박업·의료시설·장례식장·방송통신시설·전시장·지하상가·지하철 역사	• 대형피난구유도등 • 통로유도등
4. 숙박시설(제3호의 관광숙박업 외의 것을 말한다)·오피스텔	• 중형피난구유도등 • 통로유도등
5. 제1호부터 제3호까지 외의 건물로서 지하층·무창층 또는 층수가 11층 이상인 특정소방대상물	
6. 제1호부터 제5호까지 외의 건물로서 근린생활시설·노유자시설·업무시설·발전시설·종교시설(집회장 용도로 사용하는 부분 제외)·교육연구시설·수련시설·공장·창고시설·교정 및 군사시설(국방·군사시설 제외)·기숙사·자동차정비공장·운전학원 및 정비학원·다중이용업소·복합건축물·아파트	• 소형피난구유도등 • 통로유도등
7. 그 밖의 것	• 피난구유도표지 • 통로유도표지

[비고] 1. 소방서장은 특정소방대상물의 위치·구조 및 설비의 상황을 판단하여 대형피난구유도등을 설치해야 할 장소에 중형피난구유도등 또는 소형피난구유도등을, 중형피난구유도등을 설치해야 할 장소에 소형피난구유도등을 설치하게 할 수 있다.
2. 복합건축물과 아파트의 경우, 주택의 세대 내에는 유도등을 설치하지 않을 수 있다.

제5조(피난구유도등)

① 피난구유도등은 다음 각 호의 장소에 설치하여야 한다.
1. 옥내로부터 직접 지상으로 통하는 출입구 및 그 부속실의 출입구
2. 직통계단·직통계단의 계단실 및 그 부속실의 출입구
3. 제1호와 제2호에 따른 출입구에 이르는 복도 또는 통로로 통하는 출입구
4. 안전구획된 거실로 통하는 출입구

② 피난구유도등은 피난구의 바닥으로부터 높이 1.5미터 이상으로서 출입구에 인접하도록 설치하여야 한다.

③ 피난층으로 향하는 피난구의 위치를 안내할 수 있도록 제1항의 출입구 인근 천장에 제1항에 따라 설치된 피난구유도등의 면과 수직이 되도록 피난구유도등을 추가로 설치해야 한다.

제6조(통로유도등 설치기준)

① 통로유도등은 특정소방대상물의 각 거실과 그로부터 지상에 이르는 복도 또는 계단의 통로에 다음 각 호의 기준에 따라 설치하여야 한다.

    1. 복도통로유도등은 다음 각 목의 기준에 따라 설치할 것

        가. 복도에 설치하되 제5조제1항제1호 또는 제2호에 따라 피난구유도등이 설치된 출입구의 맞은편 복도에는 입체형으로 설치하거나, 바닥에 설치할 것

        나. 구부러진 모퉁이 및 가목에 따라 설치된 통로유도등을 기점으로 보행거리 20미터마다 설치할 것

        다. 바닥으로부터 높이 1미터 이하의 위치에 설치할 것. 다만, 지하층 또는 무창층의 용도가 도매시장·소매시장·여객자동차터미널·지하역사 또는 지하상가인 경우에는 복도·통로 중앙부분의 바닥에 설치하여야 한다.

        라. 바닥에 설치하는 통로유도등은 하중에 따라 파괴되지 않는 강도의 것으로 할 것

    2. 거실통로유도등은 다음 각 목의 기준에 따라 설치할 것

        가. 거실의 통로에 설치할 것. 다만, 거실의 통로가 벽체 등으로 구획된 경우에는 복도통로유도등을 설치하여야 한다.

        나. 복도구부러진 모퉁이 및 보행거리 20미터마다 설치할 것

        다. 복도바닥으로부터 높이 1.5미터 이상의 위치에 설치할 것. 다만, 거실통로에 기둥이 설치된 경우에는 기둥부분의 바닥으로부터 높이 1.5미터 이하의 위치에 설치할 수 있다.

    3. 계단통로유도등은 각층의 경사로 참 또는 계단참마다 바닥으로부터 높이 1미터 이하의 위치에 설치할 것

    4. 통행에 지장이 없도록 설치할 것

    5. 주위에 이와 유사한 등화광고물·게시물 등을 설치하지 않을 것

제7조(객석유도등 설치기준)

① 객석유도등은 객석의 통로, 바닥 또는 벽에 설치해야 한다.

② 객석내의 통로가 경사로 또는 수평로로 되어 있는 부분은 다음의 식에 따라 산출한 수(소수점 이하의 수는 1로 본다)의 유도등을 설치하여야 한다.

$$설치개수 = \frac{객석\ 통로의\ 직선\ 부분의\ 길이(m)}{4} - 1$$

③ 객석 내의 통로가 옥외 또는 이와 유사한 부분에 있는 경우에는 해당 통로 전체에 미칠 수 있는 개수의 유도등을 설치해야 한다.

제8조(유도표지 설치기준)

① 유도표지는 다음 각 호의 기준에 따라 설치하여야 한다.

    1. 계단에 설치하는 것을 제외하고는 각 층마다 복도 및 통로의 각 부분으로부터 하나의 유도표지까지의 보행거리가 15미터 이하가 되는 곳과 구부러진 모퉁이의 벽에 설치할 것

    2. 피난구유도표지는 출입구 상단에 설치하고, 통로유도표지는 바닥으로부터 높이 1미터 이하의 위

치에 설치할 것
3. 주위에는 이와 유사한 등화·광고물·게시물 등을 설치하지 않을 것
4. 유도표지는 부착판 등을 사용하여 쉽게 떨어지지 아니하도록 설치할 것
5. 축광방식의 유도표지는 외광 또는 조명장치에 의하여 상시 조명이 제공되거나 비상조명등에 의한 조명이 제공되도록 설치할 것

② 유도표지는 소방청장이 정하여 고시한 「축광표지의 성능인증 및 제품검사의 기술기준」에 적합한 것이어야 한다.

제9조(피난유도선 설치기준)

① 축광방식의 피난유도선은 다음 각 호의 기준에 따라 설치해야 한다.
1. 구획된 각 실로부터 주출입구 또는 비상구까지 설치할 것
2. 바닥으로부터 높이 50센티미터 이하의 위치 또는 바닥면에 설치할 것
3. 피난유도 표시부는 50센티미터 이내의 간격으로 연속되도록 설치
4. 부착대에 의하여 견고하게 설치할 것
5. 외광 또는 조명장치에 의하여 상시 조명이 제공되거나 비상조명등에 의한 조명이 제공되도록 설치할 것

② 광원점등방식의 피난유도선은 다음 각 호의 기준에 따라 설치해야 한다.
1. 구획된 각 실로부터 주출입구 또는 비상구까지 설치할 것
2. 피난유도 표시부는 바닥으로부터 높이 1미터 이하의 위치 또는 바닥면에 설치할 것
3. 피난유도 표시부는 50센티미터 이내의 간격으로 연속되도록 설치하되 실내장식물 등으로 설치가 곤란할 경우 1미터 이내로 설치할 것
4. 수신기로부터의 화재신호 및 수동조작에 의하여 광원이 점등되도록 설치할 것
5. 비상전원이 상시 충전상태를 유지하도록 설치할 것
6. 바닥에 설치되는 피난유도 표시부는 매립하는 방식을 사용할 것
7. 피난유도 제어부는 조작 및 관리가 용이하도록 바닥으로부터 0.8미터 이상 1.5미터 이하의 높이에 설치할 것

③ 피난유도선은 소방청장이 정하여 고시한 「피난유도선의 성능인증 및 제품검사의 기술기준」에 적합한 것으로 설치해야 한다.

제10조(유도등의 전원)

① 유도등의 상용전원은 전기가 정상적으로 공급되는 축전지설비, 전기저장장치 또는 교류전압의 옥내 간선으로 하고, 전원까지의 배선은 전용으로 해야 한다.
② 비상전원은 유도등을 20분 이상 유효하게 작동시킬 수 있는 용량의 축전지로 설치해야 한다. 다만, 지하층을 제외한 층수가 11층 이상의 층이나 특정소방대상물의 지하층 또는 무창층의 경우에는 그 부분에서 피난층에 이르는 부분의 유도등을 60분 이상 유효하게 작동시킬 수 있는 용량으로 해야 한다.
③ 배선은 「전기사업법」 제67조에 따른 「전기설비기술기준」에서 정한 것 외에 다음 각 호의 기준에 따라야 한다.

1. 유도등의 인입선과 옥내배선은 직접 연결할 것
2. 유도등은 전기회로에 점멸기를 설치하지 않고 항상 점등상태를 유지할 것
3. 3선식 배선은 내화배선 또는 내열배선으로 사용할 것

④ 3선식 배선으로 상시 충전되는 유도등의 전기회로에 점멸기를 설치하는 경우에는 화재신호 및 수동조작, 정전 또는 단선, 자동소화설비의 작동 등에 의해 자동으로 점등되도록 해야 한다.

제11조(유도등 및 유도표지의 제외)

① 바닥면적이 1,000제곱미터 미만인 층으로서 옥내로부터 직접 지상으로 통하는 출입구 또는 거실 각 부분으로부터 쉽게 도달할 수 있는 출입구 등의 경우에는 피난구유도등을 설치하지 않을 수 있다.
② 구부러지지 아니한 복도 또는 통로로서 그 길이가 30미터 미만인 복도 또는 통로 등의 경우에는 통로유도등을 설치하지 않을 수 있다.
③ 주간에만 사용하는 장소로서 채광이 충분한 객석 등의 경우에는 객석유도등을 설치하지 않을 수 있다.
④ 유도등이 제5조와 제6조에 따라 적합하게 설치된 출입구·복도·계단 및 통로 등의 경우에는 유도표지를 설치하지 않을 수 있다.

제12조(설치·관리기준의 특례)

소방본부장 또는 소방서장은 기존건축물이 증축·개축·대수선되거나 용도변경되는 경우에 있어서 이 기준이 정하는 기준에 따라 해당 건축물에 설치해야 할 유도등과 유도표지 및 피난유도선의 배관·배선 등의 공사가 현저하게 곤란하다고 인정되는 경우에는 해당 설비의 기능 및 사용에 지장이 없는 범위 안에서 이 기준 일부를 적용하지 않을 수 있다.

제13조(재검토 기한)

소방청장은 「훈령·예규 등의 발령 및 관리에 관한 규정」에 따라 이 고시에 대하여 2023년 1월 1일을 기준으로 매 3년이 되는 시점(매 3년째의 12월 31일까지를 말한다)마다 그 타당성을 검토하여 개선 등의 조치를 해야 한다.

부칙〈제2022-53호, 2022. 11. 25.〉

제1조(시행일)

이 고시는 2022년 12월 1일부터 시행한다.

제2조(경과조치)

① 이 고시 시행 전에 건축허가 등의 신청 또는 신고를 하거나 소방시설공사의 착공신고를 한 특정소방대상물에 대해서는 종전의 「유도등 및 유도표지의 화재안전기준(NFSC303)」에 따른다.
② 이 고시 시행 전에 제1항에 따른 신청 또는 신고를 한 경우라도 개정 기준이 종전의 기준에 비해 관계인에게 유리한 경우에는 개정 기준에 따를 수 있다.

제3조(다른 법령과의 관계)

이 고시 시행 당시 다른 법령에서 종전의 화재안전기준을 인용한 경우에 이 고시 가운데 그에 해당하는 규정이 있는 경우에는 종전의 규정에 갈음하여 이 고시의 해당 규정을 인용한 것으로 본다.

부칙〈제2023-39호, 2023. 10. 6.〉

제1조(시행일)

이 고시는 2024년 1월 1일부터 시행한다. 〈단서 생략〉

제2조 생략

제3조(다른 고시의 개정)

① 생략

②「유도등 및 유도표지의 화재안전성능기준(NFPC 303)」일부를 다음과 같이 개정한다.

제4조제6호 설치장소를 "제1호부터 제5호까지 외의 건축물로서 근린생활시설·노유자시설·업무시설·발전시설·종교시설(집회장 용도로 사용하는 부분 제외)·교육연구시설·수련시설·공장·교정 및 군사시설(국방·군사시설 제외)·기숙사·자동차정비공장·운전학원 및 정비학원·다중이용업소·복합건축물"로 한다.

부칙〈제2023-40호, 2023. 10. 13.〉

제1조(시행일)

이 고시는 2024년 1월 1일부터 시행한다. 〈단서 생략〉

제2조 생략

제3조(다른 고시의 개정)

① 및 ② 생략

③「유도등 및 유도표지의 화재안전성능기준(NFPC 303)」일부를 다음과 같이 개정한다.

1. 제4조제6호를 "제1호부터 제5호까지 외의 건축물로서 근린생활시설·노유자시설·업무시설·발전시설·종교시설(집회장 용도로 사용하는 부분 제외)·교육연구시설·수련시설·공장·교정 및 군사시설(국방·군사시설 제외)·자동차정비공장·운전학원 및 정비학원·다중이용업소·복합건축물"로 한다.
2. 제4조비고2를 "복합건축물의 경우 주택의 세대 내에는 유도등을 설치하지 않을 수 있다."로 한다.

④ 생략

CHAPTER 26 유도등 및 유도표지의 화재안전기술기준 (NFTC 303)

[시행 2024. 7. 1.] [국립소방연구원공고 제2024-38호, 2024. 7. 1., 일부개정]

1. 일반사항

1.1 적용범위

1.1.1 이 기준은 「소방시설 설치 및 관리에 관한 법률 시행령」(이하 "영"이라 한다) 별표 4 제3호다목에 따른 유도등과 유도표지 및 「다중이용업소의 안전관리에 관한 특별법 시행령」 별표 1 제1호다목 1)에 따른 피난유도선의 설치 및 관리에 대해 적용한다.

1.2 기준의 효력

1.2.1 이 기준은 「소방시설 설치 및 관리에 관한 법률」(이하 "법"이라 한다) 제2조제1항제6호나목에 따라 피난구조설비인 유도등 및 유도표지의 기술기준으로서의 효력을 가진다.

1.2.2 이 기준에 적합한 경우에는 법 제2조제1항제6호나목에 따라 「유도등 및 유도표지의 화재안전성능기준(NFPC 303)」을 충족하는 것으로 본다.

1.3 기준의 시행

1.3.1 이 기준은 2024년 7월 1일부터 시행한다. 〈개정 2024.7.1.〉

1.4 기준의 특례

1.4.1 소방본부장 또는 소방서장은 기존건축물이 증축·개축·대수선되거나 용도변경 되는 경우에 있어서 이 기준이 정하는 기준에 따라 해당 건축물에 설치해야 할 유도등 및 유도표지의 배관·배선 등의 공사가 현저하게 곤란하다고 인정되는 경우에는 해당 설비의 기능 및 사용에 지장이 없는 범위 안에서 이 기준의 일부를 적용하지 않을 수 있다.

1.5 경과조치

1.5.1 이 기준 시행 전에 건축허가 등의 신청 또는 신고를 하거나 소방시설공사의 착공신고를 한 특정소방대상물에 대해서는 종전의 「유도등 및 유도표지의 화재안전기준(NFSC 303)」에 따른다.

1.5.2 이 기준 시행 전에 1.5.1에 따른 신청 또는 신고를 한 경우라도 제정 기준이 종전의 기준에 비하여 관계인에게 유리한 경우에는 제정 기준에 따를 수 있다.

1.6 다른 법령과의 관계

1.6.1 이 기준 시행 당시 다른 법령 또는 행정규칙 등에서 종전의 화재안전기준을 인용한 경우에 이 기준 가운데 그에 해당하는 규정이 있는 경우에는 종전의 규정에 갈음하여 이 기준의 해당 규정을 인용한 것으로 본다.

1.7 용어의 정의

1.7.1 이 기준에서 사용하는 용어의 정의는 다음과 같다.

1.7.1.1 "유도등"이란 화재 시에 피난을 유도하기 위한 등으로서 정상상태에서는 상용전원에 따라 켜지고 상용전원이 정전되는 경우에는 비상전원으로 자동전환되어 켜지는 등을 말한다.

1.7.1.2 "피난구유도등"이란 피난구 또는 피난경로로 사용되는 출입구를 표시하여 피난을 유도하는 등을 말한다.

1.7.1.3 "통로유도등"이란 피난통로를 안내하기 위한 유도등으로 복도통로유도등, 거실통로유도등, 계단통로유도등을 말한다.

1.7.1.4 "복도통로유도등"이란 피난통로가 되는 복도에 설치하는 통로유도등으로서 피난구의 방향을 명시하는 것을 말한다.

1.7.1.5 "거실통로유도등"이란 거주, 집무, 작업, 집회, 오락 그 밖에 이와 유사한 목적을 위하여 계속적으로 사용하는 거실, 주차장 등 개방된 통로에 설치하는 유도등으로 피난의 방향을 명시하는 것을 말한다.

1.7.1.6 "계단통로유도등"이란 피난통로가 되는 계단이나 경사로에 설치하는 통로유도등으로 바닥면 및 디딤 바닥면을 비추는 것을 말한다.

1.7.1.7 "객석유도등"이란 객석의 통로, 바닥 또는 벽에 설치하는 유도등을 말한다.

1.7.1.8 "피난구유도표지"란 피난구 또는 피난경로로 사용되는 출입구를 표시하여 피난을 유도하는 표지를 말한다.

1.7.1.9 "통로유도표지"란 피난통로가 되는 복도, 계단등에 설치하는 것으로서 피난구의 방향을 표시하는 유도표지를 말한다.

1.7.1.10 "피난유도선"이란 햇빛이나 전등불에 따라 축광(이하 "축광방식"이라 한다)하거나 전류에 따라 빛을 발하는(이하 "광원점등방식"이라 한다) 유도체로서 어두운 상태에서 피난을 유도할 수 있도록 띠 형태로 설치되는 피난유도시설을 말한다.

1.7.1.11 "입체형"이란 유도등 표시면을 2면 이상으로 하고 각 면마다 피난유도표시가 있는 것을 말한다.

1.7.1.12 "3선식 배선"이란 평상시에는 유도등을 소등 상태로 유도등의 비상전원을 충전하고, 화재 등 비상시 점등 신호를 받아 유도등을 자동으로 점등되도록 하는 방식의 배선을 말한다.

2. 기술기준

2.1 유도등 및 유도표지의 종류

2.1.1 특정소방대상물의 용도별로 설치하여야 할 유도등 및 유도표지는 다음 표 2.1.1에 따라 그에 적응하는 종류의 것으로 설치해야 한다.

표 2.1.1 설치장소별 유도등 및 유도표지의 종류 〈개정 2024.1.1.〉	
설치장소	유도등 및 유도표지의 종류
1. 공연장 · 집회장(종교집회장 포함) · 관람장 · 운동시설 2. 유흥주점영업시설(「식품위생법 시행령」 제21조제8호라목의 유흥주점영업 중 손님이 춤을 출 수 있는 무대가 설치된 카바레, 나이트클럽 또는 그 밖에 이와 비슷한 영업시설만 해당한다)	• 대형피난구유도등 • 통로유도등 • 객석유도등
3. 위락시설 · 판매시설 · 운수시설 · 「관광진흥법」 제3조제1항제2호에 따른 관광숙박업 · 의료시설 · 장례식장 · 방송통신시설 · 전시장 · 지하상가 · 지하철 역사	• 대형피난유도등 • 통로유도등
4. 숙박시설(제3호의 관광숙박업 외의 것을 말한다) · 오피스텔 5. 제1호부터 제3호까지 외의 건물로서 지하층 · 무창층 또는 층수가 11층 이상인 특정소방대상물	• 중형피난구유도등 • 통로유도등
6. 제1호부터 제5호까지 외의 건물로서 근린생활시설 · 노유자시설 · 업무시설 · 발전시설 · 종교시설(집회장 용도로 사용하는 부분 제외) · 교육연구시설 · 수련시설 · 공장 · 교정 및 군사시설(국방 · 군사시설 제외) · 자동차정비공장 · 운전학원 및 정비학원 · 다중이용업소 · 복합건축물	• 소형피난유도등 • 통로유도등
7. 그 밖의 것	• 피난구유도표지 • 통로유도표지

[비고] 1. 소방서장은 특정소방대상물의 위치 · 구조 및 설비의 상황을 판단하여 대형피난구유도등을 설치해야 할 장소에 중형피난구유도등 또는 소형피난구유도등을, 중형피난구유도등을 설치해야 할 장소에 소형피난구유도등을 설치하게 할 수 있다.
2. 복합건축물의 경우, 주택의 세대 내에는 유도등을 설치하지 않을 수 있다.

2.2 피난구유도등 설치기준

2.2.1 피난구유도등은 다음의 장소에 설치해야 한다.

2.2.1.1 옥내로부터 직접 지상으로 통하는 출입구 및 그 부속실의 출입구

2.2.1.2 직통계단 · 직통계단의 계단실 및 그 부속실의 출입구

2.2.1.3 2.2.1.1과 2.2.1.2에 따른 출입구에 이르는 복도 또는 통로로 통하는 출입구

2.2.1.4 안전구획된 거실로 통하는 출입구

2.2.2 피난구유도등은 피난구의 바닥으로부터 높이 1.5m 이상으로서 출입구에 인접하도록 설치해야 한다.

2.2.3 피난층으로 향하는 피난구의 위치를 안내할 수 있도록 2.2.1.1 또는 2.2.1.2의 출입구 인근 천장에 2.2.1.1 또는 2.2.1.2에 따라 설치된 피난구유도등의 면과 수직이 되도록 피난구유도등을 추가로 설치해야 한다. 다만, 2.2.1.1 또는 2.2.1.2에 따라 설치된 피난구유도등이 입체형인 경우에는 그렇지 않다.

2.2.4 2.2.3.에 따라 추가로 설치하는 피난구유도등은 피난구의 식별이 용이하도록 피난구 방향의 화살표가 함께 표시된 것으로 설치해야 한다. 〈신설 2024.7.1.〉

2.3 통로유도등 설치기준

2.3.1 통로유도등은 특정소방대상물의 각 거실과 그로부터 지상에 이르는 복도 또는 계단의 통로에 다음의 기준에 따라 설치해야 한다.

2.3.1.1 복도통로유도등은 다음의 기준에 따라 설치할 것

2.3.1.1.1 복도에 설치하되 2.2.1.1 또는 2.2.1.2에 따라 피난구유도등이 설치된 출입구의 맞은편 복도에는 입체형으로 설치하거나, 바닥에 설치할 것

2.3.1.1.2 구부러진 모퉁이 및 2.3.1.1.1에 따라 설치된 통로유도등을 기점으로 보행거리 20m마다 설치할 것

2.3.1.1.3 바닥으로부터 높이 1m 이하의 위치에 설치할 것. 다만, 지하층 또는 무창층의 용도가 도매시장·소매시장·여객자동차터미널·지하역사 또는 지하상가인 경우에는 복도·통로 중앙부분의 바닥에 설치해야 한다.

2.3.1.1.4 바닥에 설치하는 통로유도등은 하중에 따라 파괴되지 않는 강도의 것으로 할 것

2.3.1.2 거실통로유도등은 다음의 기준에 따라 설치할 것

2.3.1.2.1 거실의 통로에 설치할 것. 다만, 거실의 통로가 벽체 등으로 구획된 경우에는 복도통로유도등을 설치할 것

2.3.1.2.2 구부러진 모퉁이 및 보행거리 20m마다 설치할 것

2.3.1.2.3 바닥으로부터 높이 1.5m 이상의 위치에 설치할 것. 다만, 거실통로에 기둥이 설치된 경우에는 기둥 부분의 바닥으로부터 높이 1.5m 이하의 위치에 설치할 수 있다.

2.3.1.3 계단통로유도등은 다음의 기준에 따라 설치할 것

2.3.1.3.1 각층의 경사로 참 또는 계단참마다(1개 층에 경사로 참 또는 계단참이 2 이상 있는 경우에는 2개의 계단참마다)설치할 것

2.3.1.3.2 바닥으로부터 높이 1m 이하의 위치에 설치할 것

2.3.1.4 통행에 지장이 없도록 설치할 것

2.3.1.5 주위에 이와 유사한 등화광고물·게시물 등을 설치하지 않을 것

2.4 객석유도등 설치기준

2.4.1 객석유도등은 객석의 통로, 바닥 또는 벽에 설치해야 한다.

2.4.2 객석 내의 통로가 경사로 또는 수평로로 되어 있는 부분은 식 (2.4.2)에 따라 산출한 개수(소수점 이하의 수는 1로 본다)의 유도등을 설치해야 한다.

$$설치개수 = \frac{객석\ 통로의\ 직선\ 부분의\ 길이(m)}{4} - 1 \quad \cdots\cdots (2.4.2)$$

2.4.3 객석 내의 통로가 옥외 또는 이와 유사한 부분에 있는 경우에는 해당 통로 전체에 미칠 수 있는 개수의 유도등을 설치해야 한다.

2.5 유도표지 설치기준

2.5.1 유도표지는 다음의 기준에 따라 설치해야 한다.

2.5.1.1 계단에 설치하는 것을 제외하고는 각 층마다 복도 및 통로의 각 부분으로부터 하나의 유도표지

까지의 보행거리가 15m 이하가 되는 곳과 구부러진 모퉁이의 벽에 설치할 것
2.5.1.2 피난구유도표지는 출입구 상단에 설치하고, 통로유도표지는 바닥으로부터 높이 1m 이하의 위치에 설치할 것
2.5.1.3 주위에는 이와 유사한 등화ㆍ광고물ㆍ게시물 등을 설치하지 않을 것
2.5.1.4 유도표지는 부착판 등을 사용하여 쉽게 떨어지지 않도록 설치할 것
2.5.1.5 축광방식의 유도표지는 외광 또는 조명장치에 의하여 상시 조명이 제공되거나 비상조명등에 의한 조명이 제공되도록 설치할 것
2.5.2 유도표지는 소방청장이 정하여 고시한「축광표지의 성능인증 및 제품검사의 기술기준」에 적합한 것이어야 한다. 다만, 방사성물질을 사용하는 위치표지는 쉽게 파괴되지 않는 재질로 처리해야 한다.

2.6 피난유도선 설치기준

2.6.1 축광방식의 피난유도선은 다음의 기준에 따라 설치해야 한다.
2.6.1.1 구획된 각 실로부터 주출입구 또는 비상구까지 설치할 것
2.6.1.2 바닥으로부터 높이 50cm 이하의 위치 또는 바닥 면에 설치할 것
2.6.1.3 피난유도 표시부는 50cm 이내의 간격으로 연속되도록 설치
2.6.1.4 부착대에 의하여 견고하게 설치할 것
2.6.1.5 외부의 빛 또는 조명장치에 의하여 상시 조명이 제공되거나 비상조명등에 의한 조명이 제공되도록 설치 할 것
2.6.2 광원점등방식의 피난유도선은 다음의 기준에 따라 설치해야 한다.
2.6.2.1 구획된 각 실로부터 주출입구 또는 비상구까지 설치할 것
2.6.2.2 피난유도 표시부는 바닥으로부터 높이 1m 이하의 위치 또는 바닥 면에 설치할 것
2.6.2.3 피난유도 표시부는 50cm 이내의 간격으로 연속되도록 설치하되 실내장식물 등으로 설치가 곤란할 경우 1m 이내로 설치할 것
2.6.2.4 수신기로부터의 화재신호 및 수동조작에 의하여 광원이 점등되도록 설치할 것
2.6.2.5 비상전원이 상시 충전상태를 유지하도록 설치할 것
2.6.2.6 바닥에 설치되는 피난유도 표시부는 매립하는 방식을 사용할 것
2.6.2.7 피난유도 제어부는 조작 및 관리가 용이하도록 바닥으로부터 0.8m 이상 1.5m 이하의 높이에 설치할 것
2.6.3 피난유도선은 소방청장이 정하여 고시한「피난유도선의 성능인증 및 제품검사의 기술기준」에 적합한 것으로 설치해야 한다.

2.7 유도등의 전원

2.7.1 유도등의 상용전원은 전기가 정상적으로 공급되는 축전지설비, 전기저장장치(외부 전기에너지를 저장해 두었다가 필요한 때 전기를 공급하는 장치) 또는 교류전압의 옥내 간선으로 하고, 전원까지의 배선은 전용으로 해야 한다.
2.7.2 비상전원은 다음의 기준에 적합하게 설치해야 한다.

2.7.2.1 축전지로 할 것
2.7.2.2 유도등을 20분 이상 유효하게 작동시킬 수 있는 용량으로 할 것. 다만, 다음의 특정소방대상물의 경우에는 그 부분에서 피난층에 이르는 부분의 유도등을 60분 이상 유효하게 작동시킬 수 있는 용량으로 해야 한다.
2.7.2.2.1 지하층을 제외한 층수가 11층 이상의 층
2.7.2.2.2 지하층 또는 무창층으로서 용도가 도매시장·소매시장·여객자동차터미널·지하역사 또는 지하상가
2.7.3 배선은 「전기사업법」 제67조에 따른 「전기설비기술기준」에서 정한 것 외에 다음의 기준에 따라야 한다.
2.7.3.1 유도등의 인입선과 옥내배선은 직접 연결할 것
2.7.3.2 유도등은 전기회로에 점멸기를 설치하지 않고 항상 점등 상태를 유지할 것. 다만, 특정소방대상물 또는 그 부분에 사람이 없거나 다음의 어느 하나에 해당하는 장소로서 3선식 배선에 따라 상시 충전되는 구조인 경우에는 그렇지 않다.
2.7.3.2.1 외부의 빛에 의해 피난구 또는 피난방향을 쉽게 식별할 수 있는 장소
2.7.3.2.2 공연장, 암실(暗室) 등으로서 어두워야 할 필요가 있는 장소
2.7.3.2.3 특정소방대상물의 관계인 또는 종사원이 주로 사용하는 장소
2.7.3.3 3선식 배선은 「옥내소화전설비의 화재안전기술기준(NFTC 102)」 2.7.2의 표 2.7.2(1) 또는 표 2.7.2(2)에 따른 내화배선 또는 내열배선으로 할 것
2.7.4 2.7.3.2에 따라 3선식 배선으로 상시 충전되는 유도등의 전기회로에 점멸기를 설치하는 경우에는 다음의 어느 하나에 해당되는 경우에 자동으로 점등되도록 해야 한다.
2.7.4.1 자동화재탐지설비의 감지기 또는 발신기가 작동되는 때
2.7.4.2 비상경보설비의 발신기가 작동되는 때
2.7.4.3 상용전원이 정전되거나 전원선이 단선되는 때
2.7.4.4 방재업무를 통제하는 곳 또는 전기실의 배전반에서 수동으로 점등하는 때
2.7.4.5 자동소화설비가 작동되는 때

2.8 유도등 및 유도표지의 제외

2.8.1 다음의 어느 하나에 해당하는 경우에는 피난구유도등을 설치하지 않을 수 있다.
2.8.1.1 바닥면적이 1,000㎡ 미만인 층으로서 옥내로부터 직접 지상으로 통하는 출입구(외부의 식별이 용이한 경우에 한한다)
2.8.1.2 대각선 길이가 15m 이내인 구획된 실의 출입구
2.8.1.3 거실 각 부분으로부터 하나의 출입구에 이르는 보행거리가 20m 이하이고 비상조명등과 유도표지가 설치된 거실의 출입구
2.8.1.4 출입구가 3개소 이상 있는 거실로서 그 거실 각 부분으로부터 하나의 출입구에 이르는 보행거리가 30m 이하인 경우에는 주된 출입구 2개소 외의 출입구(유도표지가 부착된 출입구를 말한다). 다만, 공연장·집회장·관람장·전시장·판매시설·운수시설·숙박시설·노유자시

설 · 의료시설 · 장례식장의 경우에는 그렇지 않다.
2.8.2 다음의 어느 하나에 해당하는 경우에는 통로유도등을 설치하지 않을 수 있다.
2.8.2.1 구부러지지 아니한 복도 또는 통로로서 길이가 30m 미만인 복도 또는 통로
2.8.2.2 2.8.2.1에 해당하지 않는 복도 또는 통로로서 보행거리가 20m 미만이고 그 복도 또는 통로와 연결된 출입구 또는 그 부속실의 출입구에 피난구유도등이 설치된 복도 또는 통로
2.8.3 다음의 어느 하나에 해당하는 경우에는 객석유도등을 설치하지 않을 수 있다.
2.8.3.1 주간에만 사용하는 장소로서 채광이 충분한 객석
2.8.3.2 거실 등의 각 부분으로부터 하나의 거실출입구에 이르는 보행거리가 20m 이하인 객석의 통로로서 그 통로에 통로유도등이 설치된 객석
2.8.4 다음의 어느 하나에 해당하는 경우에는 유도표지를 설치하지 않을 수 있다.
2.8.4.1 유도등이 2.2와 2.3에 따라 적합하게 설치된 출입구 · 복도 · 계단 및 통로
2.8.4.2 2.8.1.1 · 2.8.1.2와 2.8.2에 해당하는 출입구 · 복도 · 계단 및 통로

CHAPTER 27 이산화탄소소화설비의 화재안전성능기준 (NFPC 106)

[시행 2024. 8. 1.] [소방청고시 제2024-33호, 2024. 7. 10., 일부개정]

제1조(목적)

이 기준은 「소방시설 설치 및 관리에 관한 법률」(이하 "법"이라 한다) 제2조제1항제6호가목에 따라 소방청장에게 위임한 사항 중 소화설비인 물분무등소화설비 중 이산화탄소소화설비의 성능기준을 규정함을 목적으로 한다.

제2조(적용범위)

이 기준은 「소방시설 설치 및 관리에 관한 법률 시행령」(이하 "영"이라 한다) 별표 4 제1호바목에 따른 물분무등소화설비 중 이산화탄소소화설비의 설치 및 관리에 대해 적용한다.

제3조(정의)

이 기준에서 사용하는 용어의 정의는 다음과 같다.

1. "전역방출방식"이란 소화약제 공급장치에 배관 및 분사헤드 등을 고정 설치하여 밀폐 방호구역 내에 소화약제를 방출하는 방식을 말한다.
2. "국소방출방식"이란 소화약제 공급장치에 배관 및 분사헤드를 설치하여 직접 화점에 소화약제를 방출하는 방식을 말한다.
3. "호스릴방식"이란 소화수 또는 소화약제 저장용기 등에 연결된 호스릴을 이용하여 사람이 직접 화점에 소화수 또는 소화약제를 방출하는 방식을 말한다.
4. "충전비"란 소화약제 저장용기의 내부 용적과 소화약제의 중량과의 비(용적/중량)를 말한다.
5. "심부화재"란 종이·목재·석탄·섬유류 및 합성수지류와 같은 고체가연물에서 발생하는 화재형태로서 가연물 내부에서 연소하는 화재를 말한다.
6. "표면화재"란 가연성액체 및 가연성가스 등 가연성물질의 표면에서 연소하는 화재를 말한다.
7. "교차회로방식"이란 하나의 방호구역 내에 둘 이상의 화재감지기회로를 설치하고 인접한 둘 이상의 화재감지기에 화재가 감지되는 때에 소화설비가 작동하는 방식을 말한다.
8. "방화문"이란 「건축법 시행령」 제64조의 규정에 따른 60분+ 방화문, 60분 방화문 또는 30분 방화문을 말한다.
9. "방호구역"이란 소화설비의 소화범위 내에 포함된 영역을 말한다.
10. "선택밸브"란 둘 이상의 방호구역 또는 방호대상물이 있어 소화수 또는 소화약제를 해당하는 방호구역 또는 방호대상물에 선택적으로 방출되도록 제어하는 밸브를 말한다.
11. "설계농도"란 방호대상물 또는 방호구역의 소화약제 저장량을 산출하기 위한 농도로서 소화농도에 안전율을 고려하여 설정한 농도를 말한다.

12. "소화농도"란 규정된 실험 조건의 화재를 소화하는 데 필요한 소화약제의 농도(형식승인대상의 소화약제는 형식승인된 소화농도)를 말한다.
13. "호스릴"이란 원형의 소방호스를 원형의 수납장치에 감아 정리한 것을 말한다.

제4조(소화약제의 저장용기 등)

① 이산화탄소 소화약제의 저장용기는 방호구역 외의 장소로서 방화구획된 실에 설치해야 한다.
② 이산화탄소 소화약제의 저장용기는 다음 각 호의 기준에 적합해야 한다.
   1. 저장용기는 고압식은 25메가파스칼 이상, 저압식은 3.5메가파스칼 이상의 내압시험압력에 합격한 것으로 할 것
   2. 저압식 저장용기에는 안전밸브, 봉판, 액면계, 압력계, 압력경보장치 및 자동냉동장치 등의 안전장치를 설치할 것
   3. 저장용기의 충전비는 고압식은 1.5 이상 1.9 이하, 저압식은 1.1 이상 1.4 이하로 할 것
③ 이산화탄소 소화약제 저장용기의 개방밸브는 전기식·가스압력식 또는 기계식에 따라 자동으로 개방되고 수동으로도 개방되는 것으로서 안전장치가 부착된 것으로 해야 한다.
④ 이산화탄소 소화약제 저장용기와 집합관을 연결하는 연결배관에는 체크밸브를 설치하고, 선택밸브(또는 개폐밸브)와의 사이에는 과압방지를 위한 안전장치를 설치해야 한다. 이 경우 안전장치를 통하여 나온 소화가스는 전용의 배관 등을 통하여 건축물 외부로 배출될 수 있도록 해야 한다. 〈개정 2024.7.10.〉

제5조(소화약제)

이산화탄소 소화약제 저장량은 다음 각 호의 기준에 따른 양으로 한다.
1. 표면화재 방호대상물의 전역방출방식은 다음 각 목의 기준에 따른다.
   가. 방호구역의 체적(불연재료나 내열성의 재료로 밀폐된 구조물이 있는 경우에는 그 체적을 감한 체적) 1세제곱미터에 대하여 다음 표에 따른 양. 다만, 다음 표에 따라 산출한 양이 동표에 따른 저장량의 최저한도의 양 미만이 될 경우에는 그 최저한도의 양으로 한다.

방호구역 체적	방호구역의 체적 1m³에 대한 소화약제의 양	소화약제 저장량의 최저한도의 양
45m³ 미만	1.00kg	45kg
45m³ 이상 150m³ 미만	0.90kg	
150m³ 이상 1,450m³ 미만	0.80kg	135kg
1,450m³ 이상	0.75kg	1,125kg

   나. 필요한 설계농도가 34퍼센트 이상인 방호대상물의 소화약제량은 가목의 기준에 따라 산출한 소화약제량에 다음 표에 따른 보정계수를 곱하여 산출한다.

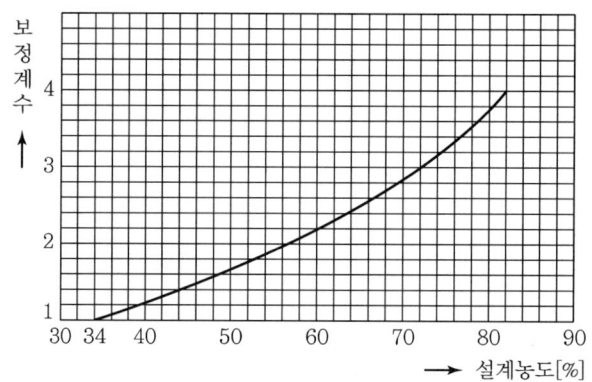

다. 방호구역의 개구부에 자동폐쇄장치를 설치하지 아니한 경우에는 가목 및 나목의 기준에 따라 산출한 양에 개구부면적 1제곱미터당 5킬로그램을 가산한다. 이 경우 개구부의 면적은 방호구역 전체 표면적의 3퍼센트 이하로 한다.

2. 심부화재 방호대상물의 전역방출방식은 다음 각 목의 기준에 따른다.
   가. 방호구역의 체적(불연재료나 내열성의 재료로 밀폐된 구조물이 있는 경우에는 그 체적을 감한 체적) 1세제곱미터에 대하여 다음 표에 따른 양 이상으로 한다.

방호대상물	방호구역의 체적 1m³에 대한 소화약제의 양	설계농도(%)
유압기기를 제외한 전기설비, 케이블실	1.3kg	50
체적 55m³ 미만의 전기설비	1.6kg	50
서고, 전자제품창고, 목재가공품창고, 박물관	2.0kg	65
고무류 · 면화류창고, 모피창고, 석탄창고, 집진설비	2.7kg	75

   나. 방호구역의 개구부에 자동폐쇄장치를 설치하지 아니한 경우에는 가목의 기준에 따라 산출한 양에 개구부 면적 1제곱미터당 10킬로그램을 가산한다. 이 경우 개구부의 면적은 방호구역 전체 표면적의 3퍼센트 이하로 한다.

3. 국소방출방식은 다음 각 목의 기준에 따라 산출한 양에 고압식은 1.4, 저압식은 1.1을 각각 곱하여 얻은 양 이상으로 할 것
   가. 윗면이 개방된 용기에 저장하는 경우와 화재 시 연소면이 한정되고 가연물이 비산할 우려가 없는 경우에는 방호대상물의 표면적 1제곱미터에 대하여 13킬로그램
   나. 가목 외의 경우에는 방호공간(방호대상물의 각 부분으로부터 0.6미터의 거리에 따라 둘러싸인 공간을 말한다. 이하 같다)의 체적 1세제곱미터에 대하여 다음의 식에 따라 산출한 양

   $$Q = 8 - 6\frac{a}{A}$$

   Q : 방호공간 1m³에 대한 이산화탄소 소화약제의 양(kg/m³)
   a : 방호대상물 주위에 설치된 벽면적의 합계(m²)
   A : 방호공간의 벽면적(벽이 없는 경우에는 벽이 있는 것으로 가정한 당해 부분의 면적)의 합계(m²)

4. 호스릴이산화탄소소화설비는 하나의 노즐에 대하여 90킬로그램 이상으로 할 것

제6조(기동장치)

① 이산화탄소소화설비의 수동식 기동장치는 다음 각 호의 기준에 따라 설치해야 한다. 〈개정 2024.7.10.〉
　1. 수동식 기동장치는 오조작을 방지하기 위한 보호장치가 있는 것으로 설치할 것
　2. 수동식 기동장치는 전역방출방식은 방호구역마다, 국소방출방식은 방호대상물마다 조작, 피난 및 유지관리가 용이한 장소에 설치할 것
　3. 수동식 기동장치의 부근에는 소화약제의 방출을 지연시킬 수 있는 방출지연스위치를 설치할 것
② 이산화탄소소화설비의 자동식 기동장치는 자동화재탐지설비의 감지기의 작동과 연동하는 것으로서 수동으로도 기동할 수 있는 구조로 설치해야 한다.
③ 이산화탄소소화설비가 설치된 부분의 출입구 등의 보기 쉬운 곳에 소화약제의 방출을 표시하는 표시등을 설치해야 한다.

제7조(제어반 등)

이산화탄소소화설비의 제어반 및 화재표시반은 다음 각 호의 기준에 따라 설치해야 한다.
1. 제어반은 수동기동장치 또는 화재감지기에서의 신호를 수신하여 음향경보장치의 작동, 소화약제의 방출 또는 지연 등 기타의 제어기능을 가진 것으로 하고, 제어반에는 전원표시등을 설치할 것
2. 화재표시반은 제어반에서의 신호를 수신하여 작동하는 기능을 가진 것으로 설치할 것
3. 제어반 및 화재표시반은 화재 및 침수 등의 재해로 인한 피해를 받을 우려가 없고 점검에 편리한 장소에 설치할 것

제8조(배관 등)

① 이산화탄소소화설비의 배관은 다음 각 호의 기준에 따라 설치해야 한다.
　1. 배관은 전용으로 할 것
　2. 강관을 사용하는 경우의 배관은 압력 배관용 탄소 강관(KS D 3562) 중 스케줄 80(저압식은 스케줄 40) 이상의 것 또는 이와 동등 이상의 강도를 가진 것으로 아연도금 등으로 방식 처리된 것을 사용할 것
　3. 동관을 사용하는 경우의 배관은 이음매 없는 구리 및 구리합금관(KS D 5301)으로서 고압식은 16.5메가파스칼 이상, 저압식은 3.75메가파스칼 이상의 압력에 견딜 수 있는 것을 사용할 것
　4. 고압식의 1차 측(개폐밸브 또는 선택밸브 이전) 배관부속의 최소사용설계압력은 9.5메가파스칼로 하고, 고압식의 2차 측과 저압식의 배관부속의 최소사용설계압력은 4.5메가파스칼로 할 것 〈개정 2024.7.10.〉
② 배관의 구경은 이산화탄소 소화약제의 소요량이 다음 각 호의 기준에 따른 시간 내에 방출될 수 있는 것으로 해야 한다.
　1. 전역방출방식에 있어서 가연성액체 또는 가연성가스 등 표면화재 방호대상물의 경우에는 1분
　2. 전역방출방식에 있어서 종이, 목재, 석탄, 섬유류, 합성수지류 등 심부화재 방호대상물의 경우에는 7분. 이 경우 설계농도가 2분 이내에 30퍼센트에 도달하여야 한다.
　3. 국소방출방식의 경우에는 30초

③ 소화약제의 저장용기와 선택밸브 사이의 집합배관에는 수동잠금밸브를 설치하되 선택밸브 직전에 설치할 것

제9조(선택밸브)

하나의 특정소방대상물 또는 그 부분에 둘 이상의 방호구역 또는 방호대상물이 있어 이산화탄소 저장용기를 공용하는 경우에는 방호구역 또는 방호대상물마다 선택밸브를 설치해야 한다.

제10조(분사헤드)

① 전역방출방식의 이산화탄소소화설비의 분사헤드는 다음 각 호의 기준에 따라 설치해야 한다.
  1. 방출된 소화약제가 방호구역의 전역에 균일하고 신속하게 확산할 수 있도록 할 것
  2. 분사헤드의 방출압력이 2.1메가파스칼(저압식은 1.05메가파스칼) 이상의 것으로 할 것
  3. 특정소방대상물 또는 그 부분에 설치된 이산화탄소소화설비의 소화약제의 저장량은 제8조제2항 제1호 및 제2호의 기준에서 정한 시간 이내에 방출할 수 있는 것으로 할 것

② 국소방출방식의 이산화탄소소화설비의 분사헤드는 다음 각 호의 기준에 따라 설치해야 한다.
  1. 소화약제의 방출에 따라 가연물이 비산하지 않는 장소에 설치할 것
  2. 이산화탄소 소화약제의 저장량은 30초 이내에 방출할 수 있는 것으로 할 것
  3. 성능 및 방출압력이 제1항제1호 및 제2호의 기준에 적합한 것으로 할 것

③ 화재 시 현저하게 연기가 찰 우려가 없는 장소로서 다음 각 호의 어느 하나에 해당하는 장소(차고 또는 주차의 용도로 사용되는 부분 제외)에는 호스릴이산화탄소소화설비를 설치할 수 있다.
  1. 지상 1층 및 피난층에 있는 부분으로서 지상에서 수동 또는 원격조작에 따라 개방할 수 있는 개구부의 유효면적의 합계가 바닥면적의 15퍼센트 이상이 되는 부분
  2. 전기설비가 설치되어 있는 부분 또는 다량의 화기를 사용하는 부분(해당 설비의 주위 5미터 이내의 부분을 포함한다)의 바닥면적이 해당 설비가 설치되어 있는 구획의 바닥면적의 5분의 1 미만이 되는 부분

④ 호스릴이산화탄소소화설비는 다음 각 호의 기준에 따라 설치해야 한다.
  1. 방호대상물의 각 부분으로부터 하나의 호스접결구까지의 수평거리가 15미터 이하가 되도록 할 것
  2. 노즐은 섭씨 20도에서 하나의 노즐마다 분당 60킬로그램 이상의 소화약제를 방사할 수 있는 것으로 할 것
  3. 소화약제 저장용기는 호스릴을 설치하는 장소마다 설치할 것
  4. 소화약제 저장용기의 개방밸브는 호스의 설치장소에서 수동으로 개폐할 수 있는 것으로 할 것
  5. 소화약제 저장용기의 가장 가까운 곳의 보기 쉬운 곳에 표시등을 설치하고, 호스릴이산화탄소소화설비가 있다는 뜻을 표시한 표지를 할 것

⑤ 이산화탄소소화설비의 분사헤드의 오리피스구경 등은 다음 각 호의 기준에 적합해야 한다.
  1. 분사헤드에는 부식방지조치를 해야 하며 오리피스의 크기, 제조일자, 제조업체가 표시되도록 할 것
  2. 분사헤드의 개수는 방호구역에 방출 시간이 충족되도록 설치할 것
  3. 분사헤드의 방출률 및 방출압력은 제조업체에서 정한 값으로 할 것
  4. 분사헤드의 오리피스의 면적은 분사헤드가 연결되는 배관구경면적의 70퍼센트 이하가 되도록 할 것

제11조(분사헤드 설치제외)

이산화탄소소화설비의 분사헤드는 사람이 상시 근무하거나 다수인이 출입·통행하는 곳과 자기연소성 물질 또는 활성금속물질 등을 저장하는 장소에는 설치해서는 안 된다.

제12조(자동식 기동장치의 화재감지기)

이산화탄소소화설비의 자동식 기동장치는 각 방호구역 내의 화재감지기의 감지에 따라 작동되도록 하고, 화재감지기의 회로는 교차회로방식으로 설치해야 한다.

제13조(음향경보장치)

① 이산화탄소소화설비의 음향경보장치는 다음 각 호의 기준에 따라 설치해야 한다.
 1. 수동식 기동장치를 설치한 것은 그 기동장치의 조작과정에서, 자동식 기동장치를 설치한 것은 화재감지기와 연동하여 자동으로 경보를 발하는 것으로 할 것
 2. 소화약제의 방출개시 후 1분 이상 경보를 계속할 수 있는 것으로 할 것
 3. 방호구역 또는 방호대상물이 있는 구획 안에 있는 자에게 유효하게 경보할 수 있는 것으로 할 것

② 방송에 따른 경보장치를 설치할 경우에는 다음 각 호의 기준에 따라야 한다.
 1. 증폭기 재생장치는 화재 시 연소의 우려가 없고, 유지관리가 쉬운 장소에 설치할 것
 2. 방호구역 또는 방호대상물이 있는 구획의 각 부분으로부터 하나의 확성기까지의 수평거리는 25미터 이하가 되도록 할 것
 3. 제어반의 복구스위치를 조작하여도 경보를 계속 발할 수 있는 것으로 할 것

제14조(자동폐쇄장치)

전역방출방식의 이산화탄소소화설비를 설치한 특정소방대상물 또는 그 부분에 대하여 환기장치 등을 설치한 것은 소화약제가 방출되기 전에 해당 환기장치 등이 정지될 수 있도록 하고, 개구부 및 통기구가 있어 소화약제의 유출에 따라 소화효과를 감소시킬 우려가 있는 것은 소화약제가 방출되기 전에 당해 개구부 및 통기구를 폐쇄할 수 있도록 자동폐쇄장치를 설치해야 한다.

제15조(비상전원)

이산화탄소소화설비(호스릴방식은 제외한다)의 비상전원은 자가발전설비, 축전지설비 또는 전기저장장치로서 다음 각 호의 기준에 따라 설치해야 한다.
1. 점검에 편리하고 화재 및 침수 등의 재해로 인한 피해를 받을 우려가 없는 곳에 설치할 것
2. 이산화탄소소화설비를 유효하게 20분 이상 작동할 수 있어야 할 것
3. 상용전원으로부터 전력의 공급이 중단된 때에는 자동으로 비상전원으로부터 전력을 공급받을 수 있도록 할 것
4. 비상전원의 설치장소는 다른 장소와 방화구획할 것
5. 비상전원을 실내에 설치하는 때에는 그 실내에 비상조명등을 설치할 것

제16조(배출설비)

지하층, 무창층 및 밀폐된 거실 등에 이산화탄소소화설비를 설치한 경우에는 방출된 소화약제를 배출하기 위한 배출설비를 갖추어야 한다.

제17조(과압배출구)

이산화탄소소화설비의 방호구역에는 소화약제 방출 시 발생하는 과(부)압으로 인한 구조물 등의 손상을 방지하기 위해 과압배출구를 설치해야 한다. 다만, 과(부)압이 발생해도 구조물 등에 손상이 생길 우려가 없음을 시험 또는 공학적인 자료로 입증하는 경우 설치하지 않을 수 있다. 〈개정 2024.7.10.〉

제18조(설계프로그램)

이산화탄소소화설비를 설계프로그램을 이용하여 설계할 경우에는 「가스계소화설비 설계프로그램의 성능인증 및 제품검사의 기술기준」에 적합한 설계프로그램을 사용해야 한다.

제19조(안전시설 등)

① 이산화탄소소화설비가 설치된 장소에는 시각경보장치, 위험경고표지 등의 안전시설을 설치해야 한다. 〈개정 2024.7.10.〉

② 방호구역 내에 이산화탄소 소화약제가 방출되는 경우 후각을 통해 이를 인지할 수 있도록 부취발생기를 다음 각 호의 어느 하나에 해당하는 방식으로 설치해야 한다. 〈신설 2024.7.10.〉

   1. 부취발생기를 소화약제 저장용기실 내의 소화배관에 설치하여 소화약제의 방출에 따라 부취제가 혼합되도록 하는 방식
   2. 방호구역 내에 부취발생기를 설치하여 소화약제 방출 전에 부취제가 방출되도록 하는 방식

제20조(설치·유지기준의 특례)

소방본부장 또는 소방서장은 기존건축물이 증축·개축·대수선되거나 용도 변경되는 경우에 있어서 이 기준이 정하는 기준에 따라 당해 건축물에 설치해야 할 이산화탄소소화설비의 배관·배선 등의 공사가 현저하게 곤란하다고 인정되는 경우에는 당해 설비의 기능 및 사용에 지장이 없는 범위 안에서 이 기준의 일부를 적용하지 않을 수 있다.

제21조(재검토기한)

소방청장은 「훈령·예규 등의 발령 및 관리에 관한 규정」에 따라 이 고시에 대하여 2023년 1월 1일을 기준으로 매 3년이 되는 시점(매 3년째의 12월 31일까지를 말한다)마다 그 타당성을 검토하여 개선 등의 조치를 해야 한다.

부칙〈제2022-39호, 2022. 11. 25.〉

제1조(시행일)

이 고시는 2022년 12월 1일부터 시행한다.

제2조(경과조치)

① 이 고시 시행 전에 건축허가 등의 신청 또는 신고를 하거나 소방시설공사의 착공신고를 한 특정소방대상물에 대해서는 종전의 「이산화탄소소화설비의 화재안전기준(NFSC 106)」에 따른다.

② 이 고시 시행 전에 제1항에 따른 신청 또는 신고를 한 경우라도 개정 기준이 종전의 기준에 비해 관계인에게 유리한 경우에는 개정 기준에 따를 수 있다.

제3조(다른 법령과의 관계)

이 고시 시행 당시 다른 법령에서 종전의 화재안전기준을 인용한 경우에 이 고시 가운데 그에 해당하는 규정이 있는 경우에는 종전의 규정에 갈음하여 이 고시의 해당 규정을 인용한 것으로 본다.

부칙〈제2024-33호, 2024. 7. 10.〉

제1조(시행일)

이 고시는 2024년 8월 1일부터 시행한다.

제2조(일반적 경과조치)

제4조, 제6조, 제8조, 제17조 및 제19조의 개정규정에도 불구하고 이 고시 시행 전에 건축허가 등의 신청 또는 신고를 하거나 소방시설공사의 착공신고를 한 특정소방대상물의 화재안전성능기준에 대해서는 종전의 기준에 따른다.

CHAPTER 27 이산화탄소소화설비의 화재안전기술기준 (NFTC 106)

[시행 2024. 8. 1.] [국립소방연구원공고 제2024-46호, 2024. 7. 10., 일부개정]

1. 일반사항

1.1 적용범위

1.1.1 이 기준은 「소방시설 설치 및 관리에 관한 법률 시행령」(이하 "영"이라 한다) 별표 4 제1호바목에 따른 물분무등소화설비 중 이산화탄소소화설비의 설치 및 관리에 대해 적용한다.

1.2 기준의 효력

1.2.1 이 기준은 「소방시설 설치 및 관리에 관한 법률」(이하 "법"이라 한다) 제2조제1항제6호나목에 따라 물분무등소화설비인 이산화탄소소화설비의 기술기준으로서의 효력을 가진다.

1.2.2 이 기준에 적합한 경우에는 법 제2조제1항제6호나목에 따라 「이산화탄소소화설비의 화재안전성능기준(NFPC 106)」을 충족하는 것으로 본다.

1.3 기준의 시행

1.3.1 이 기준은 2024년 8월 1일부터 시행한다. 〈개정 2024.8.1.〉

1.4 기준의 특례

1.4.1 소방본부장 또는 소방서장은 기존건축물이 증축·개축·대수선되거나 용도변경 되는 경우에 있어서 이 기준이 정하는 기준에 따라 해당 건축물에 설치해야 할 이산화탄소소화설비의 배관·배선 등의 공사가 현저하게 곤란하다고 인정되는 경우에는 해당 설비의 기능 및 사용에 지장이 없는 범위에서 이 기준의 일부를 적용하지 않을 수 있다.

1.5 경과조치

1.5.1 이 기준 시행 전에 건축허가 등의 신청 또는 신고를 하거나 소방시설공사의 착공신고를 한 특정소방대상물에 대해서는 종전의 「이산화탄소소화설비의 화재안전기준(NFSC 106)」에 따른다.

1.5.2 이 기준 시행 전에 1.5.1에 따른 신청 또는 신고를 한 경우라도 제정 기준이 종전의 기준에 비하여 관계인에게 유리한 경우에는 제정 기준에 따를 수 있다.

1.6 다른 법령과의 관계

1.6.1 이 기준 시행 당시 다른 법령 또는 행정규칙 등에서 종전의 화재안전기준을 인용한 경우에 이 기준 가운데 그에 해당하는 규정이 있는 경우에는 종전의 규정에 갈음하여 이 기준의 해당 규정을 인용한 것으로 본다.

1.7 용어의 정의

1.7.1 이 기준에서 사용하는 용어의 정의는 다음과 같다.

1.7.1.1 "전역방출방식"이란 소화약제 공급장치에 배관 및 분사헤드 등을 설치하여 밀폐 방호구역 전체에 소화약제를 방출하는 방식을 말한다.

1.7.1.2 "국소방출방식"이란 소화약제 공급장치에 배관 및 분사헤드 등을 설치하여 직접 화점에 소화약제를 방출하는 방식을 말한다.

1.7.1.3 "호스릴방식"이란 소화수 또는 소화약제 저장용기 등에 연결된 호스릴을 이용하여 사람이 직접 화점에 소화수 또는 소화약제를 방출하는 방식을 말한다.

1.7.1.4 "충전비"란 소화약제 저장용기의 내부 용적과 소화약제의 중량과의 비(용적/중량)를 말한다.

1.7.1.5 "심부화재"란 목재 또는 섬유류와 같은 고체가연물에서 발생하는 화재형태로서 가연물 내부에서 연소하는 화재를 말한다.

1.7.1.6 "표면화재"란 가연성물질의 표면에서 연소하는 화재를 말한다.

1.7.1.7 "교차회로방식"이란 하나의 방호구역 내에 2 이상의 화재감지기회로를 설치하고 인접한 2 이상의 화재감지기에 화재가 감지되는 때에 소화설비가 작동하는 방식을 말한다.

1.7.1.8 "방화문"이란 「건축법 시행령」 제64조의 규정에 따른 60분+ 방화문, 60분 방화문 또는 30분 방화문을 말한다.

1.7.1.9 "방호구역"이란 소화설비의 소화범위 내에 포함된 영역을 말한다.

1.7.1.10 "선택밸브"란 2 이상의 방호구역 또는 방호대상물이 있어 소화수 또는 소화약제를 해당하는 방호구역 또는 방호대상물에 선택적으로 방출되도록 제어하는 밸브를 말한다.

1.7.1.11 "설계농도"란 방호대상물 또는 방호구역의 소화약제 저장량을 산출하기 위한 농도로서 소화농도에 안전율을 고려하여 설정한 농도를 말한다.

1.7.1.12 "소화농도"란 규정된 실험 조건의 화재를 소화하는 데 필요한 소화약제의 농도(형식승인대상의 소화약제는 형식승인된 소화농도)를 말한다.

1.7.1.13 "호스릴"이란 원형의 소방호스를 원형의 수납장치에 감아 정리한 것을 말한다.

2. 기술기준

2.1 소화약제의 저장용기 등

2.1.1 이산화탄소 소화약제의 저장용기는 다음의 기준에 적합한 장소에 설치해야 한다.

2.1.1.1 방호구역 외의 장소에 설치할 것. 다만, 방호구역 내에 설치할 경우에는 피난 및 조작이 용이하도록 피난구 부근에 설치해야 한다.

2.1.1.2 온도가 40℃ 이하이고, 온도변화가 작은 곳에 설치할 것

2.1.1.3 직사광선 및 빗물이 침투할 우려가 없는 곳에 설치할 것

2.1.1.4 방화문으로 구획된 실에 설치할 것

2.1.1.5 용기의 설치장소에는 해당 용기가 설치된 곳임을 표시하는 표지를 할 것

2.1.1.6 용기 간의 간격은 점검에 지장이 없도록 3cm 이상의 간격을 유지할 것

2.1.1.7 저장용기와 집합관을 연결하는 연결배관에는 체크밸브를 설치할 것. 다만, 저장용기가 하나의 방호구역만을 담당하는 경우에는 그렇지 않다.

2.1.2 이산화탄소 소화약제의 저장용기는 다음의 기준에 적합해야 한다.

2.1.2.1 저장용기의 충전비는 고압식은 1.5 이상 1.9 이하, 저압식은 1.1 이상 1.4 이하로 할 것

2.1.2.2 저압식 저장용기에는 내압시험압력의 0.64배부터 0.8배의 압력에서 작동하는 안전밸브와 내압시험압력의 0.8배부터 내압시험압력에서 작동하는 봉판을 설치할 것

2.1.2.3 저압식 저장용기에는 액면계 및 압력계와 2.3MPa 이상 1.9MPa 이하의 압력에서 작동하는 압력경보장치를 설치할 것

2.1.2.4 저압식 저장용기에는 용기 내부의 온도가 섭씨 영하 18℃ 이하에서 2.1MPa의 압력을 유지할 수 있는 자동냉동장치를 설치할 것

2.1.2.5 저장용기는 고압식은 25MPa 이상, 저압식은 3.5MPa 이상의 내압시험압력에 합격한 것으로 할 것

2.1.3 이산화탄소 소화약제 저장용기의 개방밸브는 전기식·가스압력식 또는 기계식에 따라 자동으로 개방되고 수동으로도 개방되는 것으로서 안전장치가 부착된 것으로 해야 한다.

2.1.4 이산화탄소 소화약제 저장용기와 선택밸브 또는 개폐밸브 사이에는 배관의 최소사용설계압력과 최대허용압력 사이의 압력에서 작동하는 안전장치를 설치해야 하며, 안전장치를 통하여 나온 소화가스는 전용의 배관 등을 통하여 건축물 외부로 배출될 수 있도록 해야 한다. 이 경우 안전장치로 용전식을 사용해서는 안 된다. 〈개정 2024.8.1.〉

2.2 소화약제

2.2.1 이산화탄소 소화약제 저장량은 다음의 기준에 따른 양으로 한다. 이 경우 동일한 특정소방대상물 또는 그 부분에 2 이상의 방호구역이나 방호대상물이 있는 경우에는 각 방호구역 또는 방호대상물에 대하여 다음 각 기준에 따라 산출한 저장량 중 최대의 것으로 할 수 있다.

2.2.1.1 전역방출방식에 있어서 가연성액체 또는 가연성가스 등 표면화재 방호대상물의 경우에는 다음의 기준에 따른다.

2.2.1.1.1 방호구역의 체적(불연재료나 내열성의 재료로 밀폐된 구조물이 있는 경우에는 그 체적을 감한 체적) 1m³에 대하여 다음 표 2.2.1.1.1에 따른 양. 다만, 다음 표 2.2.1.1.1에 따라 산출한 양이 동표에 따른 저장량의 최저한도의 양 미만이 될 경우에는 그 최저한도의 양으로 한다.

표 2.2.1.1.1 방호구역 체적에 따른 소화약제 및 최저한도의 양

방호구역 체적	방호구역의 체적 1m³에 대한 소화약제의 양	소화약제 저장량의 최저한도의 양
45m³ 미만	1.00kg	45kg
45m³ 이상 150m³ 미만	0.90kg	45kg
150m³ 이상 1,450m³ 미만	0.80kg	135kg
1,450m³ 이상	0.75kg	1,125kg

2.2.1.1.2 표 2.2.1.1.2에 따른 설계농도가 34% 이상인 방호대상물의 소화약제량은 2.2.1.1.1의 기준에 따라 산출한 기본 소화약제량에 다음 그림 2.2.1.1.2에 따른 보정계수를 곱하여 산출한다.

표 2.2.1.1.2 가연성액체 또는 가연성가스의 소화에 필요한 설계농도

방호대상물	설계농도(%)
수소(Hydrogen)	75
아세틸렌(Acetylene)	66
일산화탄소(Carbon Monoxide)	64
산화에틸렌(Ethylene Oxide)	53
에틸렌(Ethylene)	49
에탄(Ethane)	40
석탄가스, 천연가스(Coal, Natural gas)	37
사이크로 프로판(Cyclo Propane)	37
이소부탄(Iso Butane)	36
프로판(Propane)	36
부탄(Butane)	34
메탄(Methane)	34

그림 2.2.1.1.2 설계농도에 따른 보정계수

2.2.1.1.3 방호구역의 개구부에 자동폐쇄장치를 설치하지 아니한 경우에는 2.2.1.1.1 및 2.2.1.1.2의 기준에 따라 산출한 양에 개구부면적 1m²당 5kg을 가산해야 한다. 이 경우 개구부의 면적은 방호구역 전체 표면적의 3% 이하로 해야 한다.

2.2.1.2 전역방출방식에 있어서 종이 · 목재 · 석탄 · 섬유류 · 합성수지류 등 심부화재 방호대상물의 경우에는 다음의 기준에 따른다.

2.2.1.2.1 방호구역의 체적(불연재료나 내열성의 재료로 밀폐된 구조물이 있는 경우에는 그 체적을 감한 체적) 1m³에 대하여 다음 표 2.2.1.2.1에 따른 양 이상으로 해야 한다.

표 2.2.1.2.1 방호대상물 및 방호구역 체적에 따른 소화약제의 양과 설계농도

방호대상물	방호구역의 체적 1m³에 대한 소화약제의 양	설계농도(%)
유압기기를 제외한 전기설비, 케이블실	1.3kg	50
체적 55m³ 미만의 전기설비	1.6kg	50
서고, 전자제품창고, 목재가공품창고, 박물관	2.0kg	65
고무류·면화류창고, 모피창고, 석탄창고, 집진설비	2.7kg	75

2.2.1.2.2 방호구역의 개구부에 자동폐쇄장치를 설치하지 아니한 경우에는 2.2.1.2.1의 기준에 따라 산출한 양에 개구부 면적 1m²당 10kg을 가산해야 한다. 이 경우 개구부의 면적은 방호구역 전체 표면적의 3% 이하로 해야 한다.

2.2.1.3 국소방출방식은 다음의 기준에 따라 산출한 양에 고압식은 1.4, 저압식은 1.1을 각각 곱하여 계산하여 나온 양 이상으로 할 것

2.2.1.3.1 윗면이 개방된 용기에 저장하는 경우와 화재 시 연소면이 한정되고 가연물이 비산할 우려가 없는 경우에는 방호대상물의 표면적 1m2에 대하여 13kg

2.2.1.3.2 2.2.1.3.1 외의 경우에는 방호공간(방호대상물의 각 부분으로부터 0.6m의 거리에 따라 둘러싸인 공간을 말한다. 이하 같다)의 체적 1m³에 대하여 다음의 식 (2.2.1.3.2)에 따라 산출한 양

$$Q = 8 - 6\frac{a}{A} \quad \cdots \cdots \cdots \cdots \cdots \cdots \cdots \cdots (2.2.1.3.2)$$

여기에서 Q : 방호공간 1m³에 대한 이산화탄소 소화약제의 양(kg/m³)
a : 방호대상물 주위에 설치된 벽면적의 합계(m²)
A : 방호공간의 벽면적(벽이 없는 경우에는 벽이 있는 것으로 가정한 당해 부분의 면적)의 합계(m²)

2.2.1.4 호스릴이산화탄소소화설비는 하나의 노즐에 대하여 90kg 이상으로 할 것

2.3 기동장치

2.3.1 이산화탄소소화설비의 수동식 기동장치는 다음의 기준에 따라 설치해야 한다. 이 경우 수동식 기동장치의 부근에는 소화약제의 방출을 지연시킬 수 있는 방출지연스위치(자동복귀형 스위치로서 수동식 기동장치의 타이머를 순간 정지시키는 기능의 스위치를 말한다)를 설치해야 한다.

2.3.1.1 전역방출방식은 방호구역마다, 국소방출방식은 방호대상물마다 설치할 것

2.3.1.2 해당 방호구역의 출입구 부근 등 조작을 하는 자가 쉽게 피난할 수 있는 장소에 설치할 것

2.3.1.3 기동장치의 조작부는 바닥으로부터 0.8m 이상 1.5m 이하의 위치에 설치하고, 보호판 등에 따른 보호장치를 설치할 것

2.3.1.4 기동장치 인근의 보기 쉬운 곳에 "이산화탄소소화설비 수동식 기동장치"라는 표지를 할 것

2.3.1.5 전기를 사용하는 기동장치에는 전원표시등을 설치할 것

2.3.1.6 기동장치의 방출용스위치는 음향경보장치와 연동하여 조작될 수 있는 것으로 할 것

2.3.1.7 기동장치에는 보호장치를 설치해야 하며, 보호장치를 개방하는 경우 기동장치에 설치된 부저 또는 벨 등에 의하여 경고음을 발할 것 〈신설 2024.8.1.〉

2.3.1.8 기동장치를 옥외에 설치하는 경우 빗물 또는 외부 충격의 영향을 받지 아니하도록 설치할 것 〈신설 2024.8.1.〉

2.3.2 이산화탄소소화설비의 자동식 기동장치는 자동화재탐지설비의 감지기의 작동과 연동하는 것으로서 다음의 기준에 따라 설치해야 한다.

2.3.2.1 자동식 기동장치에는 수동으로도 기동할 수 있는 구조로 할 것

2.3.2.2 전기식 기동장치로서 7병 이상의 저장용기를 동시에 개방하는 설비는 2병 이상의 저장용기에 전자 개방밸브를 부착할 것

2.3.2.3 가스압력식 기동장치는 다음의 기준에 따를 것

2.3.2.3.1 기동용가스용기 및 해당 용기에 사용하는 밸브는 25 MPa 이상의 압력에 견딜 수 있는 것으로 할 것

2.3.2.3.2 기동용가스용기에는 내압시험압력의 0.8배부터 내압시험압력 이하에서 작동하는 안전장치를 설치할 것

2.3.2.3.3 기동용가스용기의 체적은 5L 이상으로 하고, 해당 용기에 저장하는 질소 등의 비활성기체는 6.0MPa 이상(21℃ 기준)의 압력으로 충전할 것

2.3.2.3.4 질소 등의 비활성기체 기동용가스용기에는 충전 여부를 확인할 수 있는 압력게이지를 설치할 것

2.3.2.4 기계식 기동장치는 저장용기를 쉽게 개방할 수 있는 구조로 할 것

2.3.3 이산화탄소소화설비가 설치된 부분의 출입구 등의 보기 쉬운 곳에 소화약제의 방출을 표시하는 표시등을 설치해야 한다.

2.4 제어반 등

2.4.1 이산화탄소소화설비의 제어반 및 화재표시반은 다음의 기준에 따라 설치해야 한다. 다만, 자동화재탐지설비의 수신기 제어반이 화재표시반의 기능을 가지고 있는 것은 화재표시반을 설치하지 않을 수 있다.

2.4.1.1 제어반은 수동기동장치 또는 화재감지기에서의 신호를 수신하여 음향경보장치의 작동, 소화약제의 방출 또는 지연 등 기타의 제어기능을 가진 것으로 하고, 제어반에는 전원표시등을 설치할 것

2.4.1.2 화재표시반은 제어반에서의 신호를 수신하여 작동하는 기능을 가진 것으로 하되, 다음의 기준에 따라 설치할 것

2.4.1.2.1 각 방호구역마다 음향경보장치의 조작 및 감지기의 작동을 명시하는 표시등과 이와 연동하여 작동하는 벨·부저 등의 경보기를 설치할 것. 이 경우 음향경보장치의 조작 및 감지기의 작동을 명시하는 표시등을 겸용할 수 있다.

2.4.1.2.2 수동식 기동장치는 그 방출용스위치의 작동을 명시하는 표시등을 설치할 것
2.4.1.2.3 소화약제의 방출을 명시하는 표시등을 설치할 것
2.4.1.2.4 자동식 기동장치는 자동·수동의 절환을 명시하는 표시등을 설치할 것
2.4.1.3 제어반 및 화재표시반은 화재 및 침수 등의 재해로 인한 피해를 받을 우려가 없고 점검에 편리한 장소에 설치할 것
2.4.1.4 제어반 및 화재표시반에는 해당 회로도 및 취급설명서를 비치할 것
2.4.1.5 수동잠금밸브의 개폐여부를 확인할 수 있는 표시등을 설치할 것

2.5 배관 등

2.5.1 이산화탄소소화설비의 배관은 다음의 기준에 따라 설치해야 한다.
2.5.1.1 배관은 전용으로 할 것
2.5.1.2 강관을 사용하는 경우의 배관은 압력배관용탄소강관(KS D 3562) 중 스케줄 80(저압식은 스케줄 40) 이상의 것 또는 이와 동등 이상의 강도를 가진 것으로 아연도금 등으로 방식 처리된 것을 사용할 것. 다만, 배관의 호칭구경이 20mm 이하인 경우에는 스케줄 40 이상인 것을 사용할 수 있다.
2.5.1.3 동관을 사용하는 경우의 배관은 이음이 없는 동 및 동합금관(KS D 5301)으로서 고압식은 16.5MPa 이상, 저압식은 3.75MPa 이상의 압력에 견딜 수 있는 것을 사용할 것
2.5.1.4 고압식의 1차 측(개폐밸브 또는 선택밸브 이전) 배관부속의 최소사용설계압력은 9.5MPa로 하고, 고압식의 2차 측과 저압식의 배관부속의 최소사용설계압력은 4.5MPa로 할 것 〈개정 2024.8.1.〉
2.5.2 배관의 구경은 이산화탄소 소화약제의 소요량이 다음의 기준에 따른 시간 내에 방출될 수 있는 것으로 해야 한다.
2.5.2.1 전역방출방식에 있어서 가연성액체 또는 가연성가스 등 표면화재 방호대상물의 경우에는 1분
2.5.2.2 전역방출방식에 있어서 종이, 목재, 석탄, 섬유류, 합성수지류 등 심부화재 방호대상물의 경우에는 7분. 이 경우 설계농도가 2분 이내에 30%에 도달해야 한다.
2.5.2.3 국소방출방식의 경우에는 30초
2.5.3 소화약제의 저장용기와 선택밸브 사이의 집합배관에는 수동잠금밸브를 설치하되 선택밸브 직전에 설치할 것. 다만, 선택밸브가 없는 설비의 경우에는 저장용기실 내에 설치하되 조작 및 점검이 쉬운 위치에 설치해야 한다.

2.6 선택밸브

2.6.1 하나의 특정소방대상물 또는 그 부분에 2 이상의 방호구역 또는 방호대상물이 있어 소화약제 저장용기를 공용하는 경우에는 다음의 기준에 따라 선택밸브를 설치해야 한다.
2.6.1.1 방호구역 또는 방호대상물마다 설치할 것
2.6.1.2 각 선택밸브에는 해당 방호구역 또는 방호대상물을 표시할 것

2.7 분사헤드

2.7.1 전역방출방식의 이산화탄소소화설비의 분사헤드는 다음의 기준에 따라 설치해야 한다.

2.7.1.1 방출된 소화약제가 방호구역의 전역에 균일하고 신속하게 확산할 수 있도록 할 것

2.7.1.2 분사헤드의 방출압력이 2.1MPa(저압식은 1.05MPa) 이상의 것으로 할 것

2.7.1.3 특정소방대상물 또는 그 부분에 설치된 이산화탄소소화설비의 소화약제의 저장량은 2.5.2.1 및 2.5.2.2의 기준에서 정한 시간 이내에 방출할 수 있는 것으로 할 것

2.7.2 국소방출방식의 이산화탄소소화설비의 분사헤드는 다음의 기준에 따라 설치해야 한다.

2.7.2.1 소화약제의 방출에 따라 가연물이 비산하지 않는 장소에 설치할 것

2.7.2.2 이산화탄소 소화약제의 저장량은 30초 이내에 방출할 수 있는 것으로 할 것

2.7.2.3 성능 및 방출압력이 2.7.1.1 및 2.7.1.2의 기준에 적합한 것으로 할 것

2.7.3 화재 시 현저하게 연기가 찰 우려가 없는 장소(차고 또는 주차의 용도로 사용되는 부분 제외)로서 다음의 어느 하나에 해당하는 장소에는 호스릴이산화탄소소화설비를 설치할 수 있다.

2.7.3.1 지상 1층 및 피난층에 있는 부분으로서 지상에서 수동 또는 원격조작에 따라 개방할 수 있는 개구부의 유효면적의 합계가 바닥면적의 15% 이상이 되는 부분

2.7.3.2 전기설비가 설치되어 있는 부분 또는 다량의 화기를 사용하는 부분(해당 설비의 주위 5m 이내의 부분을 포함한다)의 바닥면적이 해당 설비가 설치되어 있는 구획의 바닥면적의 5분의 1 미만이 되는 부분

2.7.4 호스릴이산화탄소소화설비는 다음의 기준에 따라 설치해야 한다.

2.7.4.1 방호대상물의 각 부분으로부터 하나의 호스접결구까지의 수평거리가 15m 이하가 되도록 할 것

2.7.4.2 호스릴이산화탄소소화설비의 노즐은 20℃에서 하나의 노즐마다 60kg/min 이상의 소화약제를 방출할 수 있는 것으로 할 것

2.7.4.3 소화약제 저장용기는 호스릴을 설치하는 장소마다 설치할 것

2.7.4.4 소화약제 저장용기의 개방밸브는 호스릴의 설치장소에서 수동으로 개폐할 수 있는 것으로 할 것

2.7.4.5 소화약제 저장용기의 가장 가까운 곳의 보기 쉬운 곳에 적색의 표시등을 설치하고, 호스릴이산화탄소소화설비가 있다는 뜻을 표시한 표지를 할 것

2.7.5 이산화탄소소화설비의 분사헤드의 오리피스구경 등은 다음의 기준에 적합해야 한다.

2.7.5.1 분사헤드에는 부식방지조치를 해야 하며 오리피스의 크기, 제조일자, 제조업체가 표시되도록 할 것

2.7.5.2 분사헤드의 개수는 방호구역에 소화약제의 방출 시간이 충족되도록 설치할 것

2.7.5.3 분사헤드의 방출률 및 방출압력은 제조업체에서 정한 값으로 할 것

2.7.5.4 분사헤드의 오리피스의 면적은 분사헤드가 연결되는 배관구경 면적의 70% 이하가 되도록 할 것

2.8 분사헤드 설치제외

2.8.1 이산화탄소소화설비의 분사헤드는 다음의 장소에 설치해서는 안 된다.

2.8.1.1 방재실·제어실 등 사람이 상시 근무하는 장소

2.8.1.2 니트로셀룰로스·셀룰로이드제품 등 자기연소성물질을 저장·취급하는 장소

2.8.1.3 나트륨 · 칼륨 · 칼슘 등 활성금속물질을 저장 · 취급하는 장소
2.8.1.4 전시장 등의 관람을 위하여 다수인이 출입 · 통행하는 통로 및 전시실 등

2.9 자동식 기동장치의 화재감지기

2.9.1 이산화탄소소화설비의 자동식 기동장치는 다음의 기준에 따른 화재감지기를 설치해야 한다.
2.9.1.1 각 방호구역 내의 화재감지기의 감지에 따라 작동되도록 할 것
2.9.1.2 화재감지기의 회로는 교차회로방식으로 설치할 것. 다만, 화재감지기를 「자동화재탐지설비 및 시각경보장치의 화재안전기술기준(NFTC 203)」 2.4.1 단서의 각 감지기로 설치하는 경우에는 그렇지 않다.
2.9.1.3 교차회로 내의 각 화재감지기회로별로 설치된 화재감지기 1개가 담당하는 바닥면적은 「자동화재탐지설비 및 시각경보장치의 화재안전기술기준(NFTC 203)」 2.4.3.5, 2.4.3.8부터 2.4.3.10까지의 규정에 따른 바닥면적으로 할 것

2.10 음향경보장치

2.10.1 이산화탄소소화설비의 음향경보장치는 다음의 기준에 따라 설치해야 한다.
2.10.1.1 수동식 기동장치를 설치한 것은 그 기동장치의 조작과정에서, 자동식 기동장치를 설치한 것은 화재감지기와 연동하여 자동으로 경보를 발하는 것으로 할 것
2.10.1.2 소화약제의 방출개시 후 1분 이상 경보를 계속할 수 있는 것으로 할 것
2.10.1.3 방호구역 또는 방호대상물이 있는 구획 안에 있는 자에게 유효하게 경보할 수 있는 것으로 할 것
2.10.2 방송에 따른 경보장치를 설치할 경우에는 다음의 기준에 따라야 한다.
2.10.2.1 증폭기 재생장치는 화재 시 연소의 우려가 없고, 유지관리가 쉬운 장소에 설치할 것
2.10.2.2 방호구역 또는 방호대상물이 있는 구획의 각 부분으로부터 하나의 확성기까지의 수평거리는 25m 이하가 되도록 할 것
2.10.2.3 제어반의 복구스위치를 조작하여도 경보를 계속 발할 수 있는 것으로 할 것

2.11 자동폐쇄장치

2.11.1 전역방출방식의 이산화탄소소화설비를 설치한 특정소방대상물 또는 그 부분에 대하여는 다음의 기준에 따라 자동폐쇄장치를 설치해야 한다.
2.11.1.1 환기장치 등을 설치한 것은 소화약제가 방출되기 전에 해당 환기장치 등이 정지될 수 있도록 할 것
2.11.1.2 개구부가 있거나 천장으로부터 1m 이상의 아래 부분 또는 바닥으로부터 해당 층의 높이의 3분의 2 이내의 부분에 통기구가 있어 소화약제의 유출에 따라 소화효과를 감소시킬 우려가 있는 것은 소화약제가 방출되기 전에 해당 개구부 및 통기구를 폐쇄할 수 있도록 할 것
2.11.1.3 자동폐쇄장치는 방호구역 또는 방호대상물이 있는 구획의 밖에서 복구할 수 있는 구조로 하고, 그 위치를 표시하는 표지를 할 것

2.12 비상전원

2.12.1 이산화탄소소화설비(호스릴이산화탄소소화설비를 제외한다)에는 자가발전설비, 축전지설비(제어반에 내장하는 경우를 포함한다. 이하 같다) 또는 전기저장장치(외부 전기에너지를 저장해 두었다가 필요한 때 전기를 공급하는 장치. 이하 같다)에 따른 비상전원을 다음의 기준에 따라 설치해야 한다. 다만, 2 이상의 변전소(「전기사업법」 제67조에 따른 변전소를 말한다. 이하 같다)에서 전력을 동시에 공급받을 수 있거나 하나의 변전소로부터 전력의 공급이 중단되는 때에는 자동으로 다른 변전소로부터 전력을 공급받을 수 있도록 상용전원을 설치한 경우에는 비상전원을 설치하지 않을 수 있다.

2.12.1.1 점검에 편리하고 화재 및 침수 등의 재해로 인한 피해를 받을 우려가 없는 곳에 설치할 것

2.12.1.2 이산화탄소소화설비를 유효하게 20분 이상 작동할 수 있어야 할 것

2.12.1.3 상용전원으로부터 전력의 공급이 중단된 때에는 자동으로 비상전원으로부터 전력을 공급받을 수 있도록 할 것

2.12.1.4 비상전원의 설치장소는 다른 장소와 방화구획할 것. 이 경우 그 장소에는 비상전원의 공급에 필요한 기구나 설비 외의 것(열병합발전설비에 필요한 기구나 설비는 제외한다)을 두어서는 안 된다.

2.12.1.5 비상전원을 실내에 설치하는 때에는 그 실내에 비상조명등을 설치할 것

2.13 배출설비

2.13.1 지하층, 무창층 및 밀폐된 거실 등에 이산화탄소소화설비를 설치한 경우에는 방출된 소화약제를 배출하기 위한 배출설비를 갖추어야 한다.

2.14 과압배출구

2.14.1 이산화탄소소화설비의 방호구역에는 소화약제 방출 시 발생하는 과(부)압으로 인한 구조물 등의 손상을 방지하기 위해 2.14.1.1부터 2.14.1.4까지의 내용을 검토하여 과압배출구를 설치해야 한다. 다만, 과(부)압이 발생해도 구조물 등에 손상이 생길 우려가 없음을 시험 또는 공학적인 자료로 입증하는 경우 설치하지 않을 수 있다. 〈개정 2024.8.1.〉

2.14.1.1 방호구역 누설면적 〈신설 2024.8.1.〉

2.14.1.2 방호구역의 최대허용압력 〈신설 2024.8.1.〉

2.14.1.3 소화약제 방출 시의 최고압력 〈신설 2024.8.1.〉

2.14.1.4 소화농도 유지시간 〈신설 2024.8.1.〉

2.15 설계프로그램

2.15.1 이산화탄소소화설비를 설계프로그램을 이용하여 설계할 경우에는 「가스계소화설비 설계프로그램의 성능인증 및 제품검사의 기술기준」에 적합한 설계프로그램을 사용해야 한다.

2.16 안전시설 등

2.16.1 이산화탄소소화설비가 설치된 장소에는 다음의 기준에 따른 안전시설을 설치해야 한다.

2.16.1.1 소화약제 방출 시 방호구역 내와 부근에 가스 방출 시 영향을 미칠 수 있는 장소에 시각경보장

치를 설치하여 소화약제가 방출되었음을 알도록 할 것

2.16.1.2 방호구역의 출입구 부근 잘 보이는 장소에 약제방출에 따른 위험경고표지를 부착할 것

2.16.2 방호구역 내에 이산화탄소 소화약제가 방출되는 경우 후각을 통해 이를 인지할 수 있도록 부취발생기를 다음의 어느 하나에 해당하는 방식으로 설치해야 한다. 〈신설 2024.8.1.〉

2.16.2.1 부취발생기를 소화약제 저장용기실 내의 소화배관에 설치하여 소화약제의 방출에 따라 부취제가 혼합되도록 하는 방식 〈신설 2024.8.1.〉

2.16.2.1.1 소화약제 저장용기실 내의 소화배관에 설치할 것 〈신설 2024.8.1.〉

2.16.2.1.2 점검 및 관리가 쉬운 위치에 설치할 것 〈신설 2024.8.1.〉

2.16.2.1.3 방호구역별로 선택밸브 직후 2차 측 배관에 설치할 것. 다만, 선택밸브가 없는 경우에는 집합배관에 설치할 수 있다. 〈신설 2024.8.1.〉

2.16.2.2 방호구역 내에 부취발생기를 설치하여 이산화탄소소화설비의 기동에 따라 소화약제 방출 전에 부취제가 방출되도록 하는 방식 〈신설 2024.8.1.〉

CHAPTER 28 인명구조기구의 화재안전성능기준 (NFPC 302)

[시행 2022. 12. 1.] [소방청고시 제2022-52호, 2022. 11. 25., 전부개정]

제1조(목적)
이 기준은 「소방시설 설치 및 관리에 관한 법률」(이하 "법"이라 한다) 제2조제1항제6호가목에 따라 소방청장에게 위임한 사항 중 피난구조설비인 인명구조기구의 성능기준을 규정함을 목적으로 한다.

제2조(적용범위)
이 기준은 「소방시설 설치 및 관리에 관한 법률 시행령」(이하 "영"이라 한다) 별표 4 제3호나목에 따른 인명구조기구의 설치 및 관리에 대해 적용한다.

제3조(정의)
이 기준에서 사용하는 용어의 정의는 다음과 같다.
1. "방열복"이란 고온의 복사열에 가까이 접근하여 소방활동을 수행할 수 있는 내열피복을 말한다.
2. "공기호흡기"란 소화활동 시에 화재로 인하여 발생하는 각종 유독가스 중에서 일정시간 사용할 수 있도록 제조된 압축공기식 개인호흡장비(보조마스크를 포함한다)를 말한다.
3. "인공소생기"란 호흡 부전 상태인 사람에게 인공호흡을 시켜 환자를 보호하거나 구급하는 기구를 말한다.
4. "방화복"이란 화재진압 등의 소방활동을 수행할 수 있는 피복을 말한다.
5. "인명구조기구"란 화열, 화염, 유해성가스 등으로부터 인명을 보호하거나 구조하는 데 사용되는 기구를 말한다.
6. "축광식표지"란 평상시 햇빛 또는 전등불 등의 빛에너지를 축적하여 화재 등의 비상시 어두운 상황에서도 도안·문자 등이 쉽게 식별될 수 있는 표지를 말한다.

제4조(설치기준)
① 인명구조기구는 특정소방대상물의 용도 및 장소별로 다음 각 호에 따라 설치해야 한다.
  1. 방열복 또는 방화복(안전모, 보호장갑 및 안전화를 포함한다)·공기호흡기 및 인공소생기를 각 2개 이상 비치해야 하는 특정소방대상물은 다음 각 목과 같다.
     가. 지하층을 포함하는 층수가 7층 이상인 관광호텔
     나. 지하층을 포함하는 층수가 5층 이상인 병원
  2. 공기호흡기를 층마다 2개 이상 비치해야 하는 특정소방대상물은 다음 각 목과 같다.
     가. 문화 및 집회시설 중 수용인원 100명 이상의 영화상영관
     나. 판매시설 중 대규모 점포
     다. 운수시설 중 지하역사

라. 지하가 중 지하상가
　3. 물분무등소화설비 중 이산화탄소소화설비를 설치하는 특정소방대상물에는 이산화탄소소화설비가 설치된 장소의 출입구 외부 인근에 1개 이상의 공기호흡기를 비치할 것
② 인명구조기구는 화재 시 쉽게 반출 사용할 수 있는 장소에 비치할 것
③ 인명구조기구가 설치된 가까운 장소의 보기 쉬운 곳에 "인명구조기구"라는 축광식표지와 그 사용방법을 표시한 표지를 부착하되, 축광식표지는 소방청장이 정하여 고시한「축광표지의 성능인증 및 제품검사의 기술기준」에 적합한 것으로 할 것
④ 방열복은 소방청장이 정하여 고시한「소방용 방열복의 성능인증 및 제품검사의 기술기준」에 적합한 것으로 설치할 것
⑤ 방화복(안전모, 보호장갑 및 안전화를 포함한다)은「소방장비관리법」제10조제2항 및「표준규격을 정해야 하는 소방장비의 종류고시」제2조제1항제4호에 따른 표준규격에 적합한 것으로 설치할 것

제5조(재검토기한)

소방청장은「훈령·예규 등의 발령 및 관리에 관한 규정」에 따라 이 고시에 대하여 2023년 1월 1일을 기준으로 매 3년이 되는 시점(매 3년째의 12월 31일까지를 말한다)마다 그 타당성을 검토하여 개선 등의 조치를 해야 한다.

부칙〈제2022-52호, 2022. 11. 25.〉

제1조(시행일)

이 고시는 2022년 12월 1일부터 시행한다.

제2조(경과조치)

① 이 고시 시행 전에 건축허가 등의 신청 또는 신고를 하거나 소방시설공사의 착공신고를 한 특정소방대상물에 대해서는 종전의「인명구조기구의 화재안전기준(NFSC 302)」에 따른다.
② 이 고시 시행 전에 제1항에 따른 신청 또는 신고를 한 경우라도 개정 기준이 종전의 기준에 비해 관계인에게 유리한 경우에는 개정 기준에 따를 수 있다.

제3조(다른 법령과의 관계)

이 고시 시행 당시 다른 법령에서 종전의 화재안전기준을 인용한 경우에 이 고시 가운데 그에 해당하는 규정이 있는 경우에는 종전의 규정에 갈음하여 이 고시의 해당 규정을 인용한 것으로 본다.

CHAPTER 28 인명구조기구의 화재안전기술기준 (NFTC 302)

[시행 2022. 12. 1.] [소방청공고 제2022-229호, 2022. 12. 1., 제정]

1. 일반사항

1.1 적용범위

1.1.1 이 기준은 「소방시설 설치 및 관리에 관한 법률 시행령」(이하 "영"이라 한다) 별표 4 제3호나목에 따른 인명구조기구의 설치 및 관리에 대해 적용한다.

1.2 기준의 효력

1.2.1 이 기준은 「소방시설 설치 및 관리에 관한 법률」(이하 "법"이라 한다) 제2조제1항제6호나목에 따라 인명구조기구의 기술기준으로서의 효력을 가진다.

1.2.2 이 기준에 적합한 경우에는 법 제2조제1항제6호나목에 따라 「인명구조기구의 화재안전성능기준(NFPC 302)」을 충족하는 것으로 본다.

1.3 기준의 시행

1.3.1 이 기준은 2022년 12월 1일부터 시행한다.

1.4 기준의 특례

1.4.1 소방본부장 또는 소방서장은 기존건축물이 증축·개축·대수선되거나 용도변경되는 경우에 있어서 이 기준이 정하는 기준에 따라 해당 건축물에 설치해야 할 인명구조기구의 공사가 현저하게 곤란하다고 인정되는 경우에는 해당 설비의 기능 및 사용에 지장이 없는 범위에서 이 기준의 일부를 적용하지 않을 수 있다.

1.5 경과조치

1.5.1 이 기준 시행 전에 건축허가 등의 신청 또는 신고를 하거나 소방시설공사의 착공신고를 한 특정소방대상물에 대해서는 종전의 「인명구조기구의 화재안전기준(NFSC 302)」에 따른다.

1.5.2 이 기준 시행 전에 1.5.1에 따른 신청 또는 신고를 한 경우라도 제정 기준이 종전의 기준에 비하여 관계인에게 유리한 경우에는 제정 기준에 따를 수 있다.

1.6 다른 법령과의 관계

1.6.1 이 기준 시행 당시 다른 법령 또는 행정규칙 등에서 종전의 화재안전기준을 인용한 경우에 이 기준 가운데 그에 해당하는 규정이 있는 경우에는 종전의 규정에 갈음하여 이 기준의 해당 규정을 인용한 것으로 본다.

1.7 용어의 정의

1.7.1 이 기준에서 사용하는 용어의 정의는 다음과 같다.

1.7.1.1 "방열복"이란 고온의 복사열에 가까이 접근하여 소방활동을 수행할 수 있는 내열피복을 말한다.

1.7.1.2 "공기호흡기"란 소화활동 시에 화재로 인하여 발생하는 각종 유독가스 중에서 일정시간 사용할 수 있도록 제조된 압축공기식 개인호흡장비(보조마스크를 포함한다)를 말한다.

1.7.1.3 "인공소생기"란 호흡 부전 상태인 사람에게 인공호흡을 시켜 환자를 보호하거나 구급하는 기구를 말한다.

1.7.1.4 "방화복"이란 화재진압 등의 소방활동을 수행할 수 있는 피복을 말한다.

1.7.1.5 "인명구조기구"란 화열, 화염, 유해성가스 등으로부터 인명을 보호하거나 구조하는 데 사용되는 기구를 말한다.

1.7.1.6 "축광식표지"란 평상시 햇빛 또는 전등불 등의 빛에너지를 축적하여 화재 등의 비상시 어두운 상황에서도 도안·문자 등이 쉽게 식별될 수 있는 표지를 말한다.

2. 기술기준

2.1 인명구조기구의 설치기준

2.1.1 인명구조기구는 다음의 기준에 따라 설치해야 한다.

2.1.1.1 특정소방대상물의 용도 및 장소별로 설치해야 할 인명구조기구는 표 2.1.1.1에 따라 설치할 것

표 2.1.1.1 특정소방대상물의 용도 및 장소별로 설치해야 할 인명구조기구

특정소방대상물	인명구조기구의 종류	설치 수량
1. 지하층을 포함하는 층수가 7층 이상인 관광호텔 및 5층 이상인 병원	방열복 또는 방화복(안전모, 보호장갑 및 안전화를 포함한다), 공기호흡기, 인공소생기	각 2개 이상 비치할 것. 다만, 병원의 경우에는 인공소생기를 설치하지 않을 수 있다.
2. 문화 및 집회시설 중 수용인원 100명 이상의 영화상영관 3. 판매시설 중 대규모 점포 4. 운수시설 중 지하역사 5. 지하가 중 지하상가	공기호흡기	층마다 2개 이상 비치할 것. 다만, 각 층마다 갖추어 두어야 할 공기호흡기 중 일부를 직원이 상주하는 인근 사무실에 갖추어 둘 수 있다.
6. 물분무등소화설비 중 이산화탄소소화설비를 설치해야 하는 특정소방대상물	공기호흡기	이산화탄소소화설비가 설치된 장소의 출입구 외부 인근에 1대 이상 비치할 것

2.1.1.2 화재 시 쉽게 반출 사용할 수 있는 장소에 비치할 것

2.1.1.3 인명구조기구가 설치된 가까운 장소의 보기 쉬운 곳에 "인명구조기구"라는 축광식표지와 그 사용방법을 표시한 표지를 부착하되, 축광식표지는 소방청장이 정하여 고시한 「축광표지의 성능인증 및 제품검사의 기술기준」에 적합한 것으로 할 것

2.1.1.4 방열복은 소방청장이 정하여 고시한 「소방용 방열복의 성능인증 및 제품검사의 기술기준」에 적합한 것으로 설치할 것

2.1.1.5 방화복(안전모, 보호장갑 및 안전화를 포함한다)은 「소방장비관리법」 제10조제2항 및 「표준규격을 정해야 하는 소방장비의 종류고시」 제2조제1항제4호에 따른 표준규격에 적합한 것으로 설치할 것

CHAPTER 29 자동화재속보설비의 화재안전성능기준 (NFPC 204)

[시행 2022. 12. 1.] [소방청고시 제2022-48호, 2022. 11. 25., 전부개정]

제1조(목적)

이 기준은 「소방시설 설치 및 관리에 관한 법률」(이하 "법"이라 한다) 제2조제1항제6호가목 및 제12조제1항에 따라 소방청장에게 위임한 사항 중 경보설비인 자동화재속보설비의 성능기준을 규정함을 목적으로 한다.

제2조(적용범위)

이 기준은 「소방시설 설치 및 관리에 관한 법률 시행령」(이하 "영"이라 한다) 별표 4 제2호사목에 따른 자동화재속보설비의 설치 및 관리에 필요한 사항에 대해 적용한다.

제3조(정의)

이 기준에서 사용되는 용어의 정의는 다음과 같다.
1. "속보기"란 화재신호를 통신망을 통하여 음성 등의 방법으로 소방관서에 통보하는 장치를 말한다.
2. "통신망"이란 유·무선을 구성하여 음성 또는 데이터 등을 전송할 수 있는 집합체를 말한다.

제4조(설치기준)

자동화재속보설비는 다음 각 호의 기준에 따라 설치해야 한다.
1. 자동화재탐지설비와 연동으로 작동하여 자동적으로 화재신호를 소방관서에 전달되는 것으로 할 것
2. 속보기는 소방관서에 통신망으로 통보하도록 하며, 데이터 또는 코드전송방식을 부가적으로 설치할 수 있다.
3. 문화재에 설치하는 자동화재속보설비는 제1호의 기준에도 불구하고 속보기에 감지기를 직접 연결하는 방식(자동화재탐지설비 한 개의 경계구역에 한한다)으로 할 수 있다.
4. 속보기는 소방청장이 정하여 고시한 「자동화재속보설비의 속보기의 성능인증 및 제품검사의 기술기준」에 적합한 것으로 설치할 것

제5조(설치·유지기준의 특례)

소방본부장 또는 소방서장은 기존건축물이 증축·개축·대수선되거나 용도변경되는 경우에 있어서 이 기준이 정하는 기준에 따라 해당 건축물에 설치해야 할 자동화재속보설비의 배관·배선 등의 공사가 현저하게 곤란하다고 인정되는 경우에는 해당 설비의 기능 및 사용에 지장이 없는 범위 안에서 이 기준 일부를 적용하지 않을 수 있다.

제6조(재검토 기한)

소방청장은 「훈령·예규 등의 발령 및 관리에 관한 규정」에 따라 이 고시에 대하여 2023년 1월 1일을

기준으로 매 3년이 되는 시점(매 3년째의 12월 31일까지를 말한다)마다 그 타당성을 검토하여 개선 등의 조치를 해야 한다.

부칙〈제2022-48호, 2022. 11. 25.〉

제1조(시행일)
이 고시는 2022년 12월 1일부터 시행한다.

제2조(경과조치)
① 이 고시 시행 전에 건축허가 등의 신청 또는 신고를 하거나 소방시설공사의 착공신고를 한 특정소방대상물에 대해서는 종전의 「자동화재속보설비의 화재안전기준(NFSC 204)」에 따른다.
② 이 고시 시행 전에 제1항에 따른 신청 또는 신고를 한 경우라도 개정 기준이 종전의 기준에 비해 관계인에게 유리한 경우에는 개정 기준에 따를 수 있다.

제3조(다른 법령과의 관계)
이 고시 시행 당시 다른 법령에서 종전의 화재안전기준을 인용한 경우에 이 고시 가운데 그에 해당하는 규정이 있는 경우에는 종전의 규정에 갈음하여 이 고시의 해당 규정을 인용한 것으로 본다.

CHAPTER 29 자동화재속보설비의 화재안전기술기준 (NFTC 204)

[시행 2022. 12. 1.] [소방청공고 제2022-225호, 2022. 12. 1., 제정]

1. 일반사항

1.1 적용범위

1.1.1 이 기준은 「소방시설 설치 및 관리에 관한 법률 시행령」(이하 "영"이라 한다) 별표 4 제2호사목에 따른 자동화재속보설비의 설치 및 관리에 대해 적용한다.

1.2 기준의 효력

1.2.1 이 기준은 「소방시설 설치 및 관리에 관한 법률」(이하 "법"이라 한다) 제2조제1항제6호나목에 따라 경보설비인 자동화재속보설비의 기술기준으로서의 효력을 가진다.

1.2.2 이 기준에 적합한 경우에는 법 제2조제1항제6호나목에 따라 「자동화재속보설비의 화재안전성능기준(NFPC 204)」을 충족하는 것으로 본다.

1.3 기준의 시행

1.3.1 이 기준은 2022년 12월 1일부터 시행한다.

1.4 기준의 특례

1.4.1 소방본부장 또는 소방서장은 기존건축물이 증축·개축·대수선되거나 용도변경되는 경우에 있어서 이 기준이 정하는 기준에 따라 해당 건축물에 설치해야 할 자동화재속보설비의 배관·배선 등의 공사가 현저하게 곤란하다고 인정되는 경우에는 해당 설비의 기능 및 사용에 지장이 없는 범위 안에서 이 기준의 일부를 적용하지 않을 수 있다.

1.5 경과조치

1.5.1 이 기준 시행 전에 건축허가 등의 신청 또는 신고를 하거나 소방시설공사의 착공신고를 한 특정소방대상물에 대해서는 종전의 「자동화재속보설비의 화재안전기준(NFSC 204)」에 따른다.

1.5.2 이 기준 시행 전에 1.5.1에 따른 신청 또는 신고를 한 경우라도 제정 기준이 종전의 기준에 비하여 관계인에게 유리한 경우에는 제정 기준에 따를 수 있다.

1.6 다른 법령과의 관계

1.6.1 이 기준 시행 당시 다른 법령 또는 행정규칙 등에서 종전의 화재안전기준을 인용한 경우에 이 기준 가운데 그에 해당하는 규정이 있는 경우에는 종전의 규정에 갈음하여 이 기준의 해당 규정을 인용한 것으로 본다.

1.7 용어의 정의

1.7.1 이 기준에서 사용하는 용어의 정의는 다음과 같다.

1.7.1.1 "속보기"란 화재신호를 통신망을 통하여 음성 등의 방법으로 소방관서에 통보하는 장치를 말한다.

1.7.1.2 "통신망"이란 유선이나 무선 또는 유무선 겸용 방식을 구성하여 음성 또는 데이터 등을 전송할 수 있는 집합체를 말한다.

1.7.1.3 "데이터전송방식"이란 전기·통신매체를 통해서 전송되는 신호에 의하여 어떤 지점에서 다른 수신 지점에 데이터를 보내는 방식을 말한다.

1.7.1.4 "코드전송방식"이란 신호를 표본화하고 양자화하여, 코드화한 후에 펄스 혹은 주파수의 조합으로 전송하는 방식을 말한다.

2. 기술기준

2.1 자동화재속보설비의 설치기준

2.1.1 자동화재속보설비는 다음 기준에 따라 설치해야 한다.

2.1.1.1 자동화재탐지설비와 연동으로 작동하여 자동적으로 화재신호를 소방관서에 전달되는 것으로 할 것. 이 경우 부가적으로 특정소방대상물의 관계인에게 화재신호를 전달되도록 할 수 있다.

2.1.1.2 조작스위치는 바닥으로부터 0.8m 이상 1.5m 이하의 높이에 설치할 것

2.1.1.3 속보기는 소방관서에 통신망으로 통보하도록 하며, 데이터 또는 코드전송방식을 부가적으로 설치할 수 있다. 다만, 데이터 및 코드전송방식의 기준은 소방청장이 정하여 고시한 「자동화재속보설비의 속보기의 성능인증 및 제품검사의 기술기준」 제5조제12호에 따른다.

2.1.1.4 문화재에 설치하는 자동화재속보설비는 2.1.1.1의 기준에도 불구하고 속보기에 감지기를 직접 연결하는 방식(자동화재탐지설비 1개의 경계구역에 한한다)으로 할 수 있다.

2.1.1.5 속보기는 소방청장이 정하여 고시한 「자동화재속보설비의 속보기의 성능인증 및 제품검사의 기술기준」에 적합한 것으로 설치할 것

CHAPTER 30 자동화재탐지설비 및 시각경보장치의 화재안전성능기준(NFPC 203)

[시행 2022. 12. 1.] [소방청고시 제2022-47호, 2022. 11. 25., 전부개정]

제1조(목적)
이 기준은 「소방시설 설치 및 관리에 관한 법률」(이하 "법"이라 한다) 제2조제1항제6호가목에 따라 소방청장에게 위임한 사항 중 경보설비인 자동화재탐지설비 및 시각경보장치의 성능기준을 규정함을 목적으로 한다.

제2조(적용범위)
「소방시설 설치 및 관리에 관한 법률 시행령」(이하 "영"이라 한다) 별표 4 제2호다목과 라목에 따른 자동화재탐지설비와 시각경보장치의 설치 및 관리에 대해 적용한다.

제3조(정의)
이 기준에서 사용되는 용어의 정의는 다음과 같다.
1. "경계구역"이란 특정소방대상물 중 화재신호를 발신하고 그 신호를 수신 및 유효하게 제어할 수 있는 구역을 말한다.
2. "수신기"란 감지기나 발신기에서 발하는 화재신호를 직접 수신하거나 중계기를 통하여 수신하여 화재의 발생을 표시 및 경보하여 주는 장치를 말한다.
3. "중계기"란 감지기·발신기 또는 전기적인 접점 등의 작동에 따른 신호를 받아 이를 수신기에 전송하는 장치를 말한다.
4. "감지기"란 화재 시 발생하는 열, 연기, 불꽃 또는 연소생성물을 자동적으로 감지하여 수신기에 화재신호 등을 발신하는 장치를 말한다.
5. "발신기"란 수동누름버튼 등의 작동으로 화재 신호를 수신기에 발신하는 장치를 말한다.
6. "시각경보장치"란 자동화재탐지설비에서 발하는 화재신호를 시각경보기에 전달하여 청각장애인에게 점멸형태의 시각경보를 하는 것을 말한다.
7. "거실"이란 거주·집무·작업·집회·오락 그 밖에 이와 유사한 목적을 위하여 사용하는 실을 말한다.

제3조의2(신호처리방식)
화재신호 및 상태신호 등(이하 "화재신호 등"이라 한다)을 송수신하는 방식은 다음 각 호와 같다.
1. "유선식"은 화재신호 등을 배선으로 송·수신하는 방식
2. "무선식"은 화재신호 등을 전파에 의해 송·수신하는 방식
3. "유·무선식"은 유선식과 무선식을 겸용으로 사용하는 방식

제4조(경계구역)
① 자동화재탐지설비의 경계구역은 다음 각 호의 기준에 따라 설정하여야 한다. 다만, 감지기의 형식승인

시 감지거리, 감지면적 등에 대한 성능을 별도로 인정받은 경우에는 그 성능인정범위를 경계구역으로 할 수 있다.
1. 하나의 경계구역이 둘 이상의 건축물에 미치지 아니하도록 할 것
2. 하나의 경계구역이 둘 이상의 층에 미치지 아니하도록 할 것
3. 하나의 경계구역의 면적은 600제곱미터 이하로 하고 한 변의 길이는 50미터 이하로 할 것

② 계단(직통계단외의 것에 있어서는 떨어져 있는 상하계단의 상호 간의 수평거리가 5미터 이하로서 서로 간에 구획되지 아니한 것에 한한다. 이하 같다)·경사로(에스컬레이터경사로 포함)·엘리베이터 승강로(권상기실이 있는 경우에는 권상기실)·린넨슈트·파이프 피트 및 덕트 기타 이와 유사한 부분에 대하여는 별도로 경계구역을 설정하되, 하나의 경계구역은 높이 45미터 이하(계단 및 경사로에 한한다)로 하고, 지하층의 계단 및 경사로(지하층의 층수가 1일 경우는 제외한다)는 별도로 하나의 경계구역으로 하여야 한다.

③ 외기에 면하여 상시 개방된 부분이 있는 차고·주차장·창고 등에 있어서는 외기에 면하는 각 부분으로부터 5미터 미만의 범위 안에 있는 부분은 경계구역의 면적에 산입하지 아니한다.

④ 스프링클러설비·물분무등소화설비 또는 제연설비의 화재감지장치로서 화재감지기를 설치한 경우의 경계구역은 해당 소화설비의 방호구역 또는 제연구역과 동일하게 설정할 수 있다.

제5조(수신기)

① 자동화재탐지설비의 수신기는 다음 각 호의 기준에 적합한 것으로 설치하여야 한다.
1. 해당 특정소방대상물의 경계구역을 각각 표시할 수 있는 회선수 이상의 수신기를 설치할 것
2. 해당 특정소방대상물에 가스누설탐지설비가 설치된 경우에는 가스누설탐지설비로부터 가스누설신호를 수신하여 가스누설경보를 할 수 있는 수신기를 설치할 것

② 자동화재탐지설비의 수신기는 특정소방대상물 또는 그 부분이 지하층·무창층 등으로서 환기가 잘되지 아니하거나 실내면적이 40제곱미터 미만인 장소, 감지기의 부착면과 실내바닥과의 거리가 2.3미터 이하인 장소로서 일시적으로 발생한 열·연기 또는 먼지 등으로 인하여 감지기가 화재신호를 발신할 우려가 있는 때에는 축적기능 등이 있는 것(축적형감지기가 설치된 장소에는 감지기회로의 감시전류를 단속적으로 차단시켜 화재를 판단하는 방식외의 것을 말한다)으로 설치하여야 한다.

③ 수신기는 다음 각 호의 기준에 따라 설치해야 한다.
1. 수위실 등 상시 사람이 근무하는 장소에 설치할 것
2. 수신기가 설치된 장소에는 경계구역 일람도를 비치할 것
3. 수신기의 음향기구는 그 음량 및 음색이 다른 기기의 소음 등과 명확히 구별될 수 있는 것으로 할 것
4. 수신기는 감지기·중계기 또는 발신기가 작동하는 경계구역을 표시할 수 있는 것으로 할 것
5. 화재·가스 전기등에 대한 종합방재반을 설치한 경우에는 해당 조작반에 수신기의 작동과 연동하여 감지기·중계기 또는 발신기가 작동하는 경계구역을 표시할 수 있는 것으로 할 것
6. 하나의 경계구역은 하나의 표시등 또는 하나의 문자로 표시되도록 할 것
7. 수신기의 조작 스위치는 바닥으로부터의 높이가 0.8미터 이상 1.5미터 이하인 장소에 설치할 것
8. 하나의 특정소방대상물에 둘 이상의 수신기를 설치하는 경우에는 수신기를 상호 간 연동하여 화재

발생 상황을 각 수신기마다 확인할 수 있도록 할 것
9. 화재로 인하여 하나의 층의 지구음향장치 배선이 단락되어도 다른 층의 화재통보에 지장이 없도록 각 층 배선상에 유효한 조치를 할 것

제6조(중계기)
자동화재탐지설비의 중계기는 다음 각 호의 기준에 따라 설치해야 한다.
1. 수신기에서 직접 감지기회로의 도통시험을 하지 않는 것에 있어서는 수신기와 감지기 사이에 설치할 것
2. 조작 및 점검에 편리하고 화재 및 침수 등의 재해로 인한 피해를 받을 우려가 없는 장소에 설치할 것
3. 수신기에 따라 감시되지 않는 배선을 통하여 전력을 공급받는 것에 있어서는 전원입력 측의 배선에 과전류 차단기를 설치하고 해당 전원의 정전이 즉시 수신기에 표시되는 것으로 하며, 상용전원 및 예비전원의 시험을 할 수 있도록 할 것

제7조(감지기)
① 자동화재탐지설비의 감지기는 부착 높이에 따라 다음 표에 따른 감지기를 설치하여야 한다. 다만, 지하층·무창층 등으로서 환기가 잘되지 아니하거나 실내면적이 40제곱미터 미만인 장소, 감지기의 부착면과 실내바닥과의 거리가 2.3미터 이하인 곳으로서 일시적으로 발생한 열·연기 또는 먼지 등으로 인하여 화재신호를 발신할 우려가 있는 장소(제5조제2항 본문에 따른 수신기를 설치한 장소를 제외한다)에는 다음 각 호에서 정한 감지기 중 적응성 있는 감지기를 설치하여야 한다.

1. 불꽃감지기
2. 정온식감지선형감지기
3. 분포형감지기
4. 복합형감지기
5. 광전식분리형감지기
6. 아날로그방식의 감지기
7. 다신호방식의 감지기
8. 축적방식의 감지기

부착 높이	감지기의 종류
4m 미만	• 차동식(스포트형, 분포형) • 보상식 스포트형 • 정온식(스포트형, 감지선형) • 이온화식 또는 광전식(스포트형, 분리형, 공기흡입형) • 열복합형 • 연기복합형 • 열연기복합형 • 불꽃감지기
4m 이상 8m 미만	• 차동식(스포트형, 분포형) • 보상식 스포트형 • 정온식(스포트형, 감지선형) 특종 또는 1종 • 이온화식 1종 또는 2종 • 광전식(스포트형, 분리형, 공기흡입형) 1종 또는 2종 • 열복합형 • 연기복합형 • 열연기복합형 • 불꽃감지기
8m 이상 15m 미만	• 차동식 분포형 • 이온화식 1종 또는 2종 • 광전식(스포트형, 분리형, 공기흡입형) 1종 또는 2종 • 연기복합형 • 불꽃감지기

부착 높이	감지기의 종류
15m 이상 20m 미만	• 이온화식 1종 • 광전식(스포트형, 분리형, 공기흡입형) 1종 • 연기복합형　　　　• 불꽃감지기
20m 이상	• 불꽃감지기 • 광전식(분리형, 공기흡입형) 중 아날로그방식

[비고] 1. 감지기별 부착 높이 등에 대하여 별도로 형식승인을 받은 경우에는 그 성능인정 범위 내에서 사용할 수 있다.
       2. 부착 높이 20m 이상에 설치되는 광전식 중 아날로그방식의 감지기는 공칭 감지농도 하한값이 감광률 5%/m 미만인 것으로 한다.

② 계단·경사로·복도·엘리베이터 승강로 또는 이와 유사한 장소 및 특정소방대상물의 취침·숙박·입원 등 이와 유사한 용도로 사용되는 거실에는 연기감지기를 설치해야 한다.

③ 감지기는 다음 각 호의 기준에 따라 설치해야 한다. 다만, 교차회로방식에 사용되는 감지기, 급속한 연소 확대가 우려되는 장소에 사용되는 감지기 및 축적기능이 있는 수신기에 연결하여 사용하는 감지기는 축적기능이 없는 것으로 설치하여야 한다.

  1. 감지기(차동식분포형의 것을 제외한다)는 실내로의 공기유입구로부터 1.5미터 이상 떨어진 위치에 설치할 것
  2. 감지기는 천장 또는 반자의 옥내에 면하는 부분에 설치할 것
  3. 보상식스포트형감지기는 정온점이 감지기 주위의 평상시 최고온도보다 일정 온도 이상 높은 것으로 설치할 것
  4. 정온식감지기는 주방·보일러실 등으로서 다량의 화기를 취급하는 장소에 설치하되, 공칭작동온도가 최고 주위온도보다 일정 온도 이상 높은 것으로 설치할 것
  5. 차동식스포트형·보상식스포트형 및 정온식스포트형 감지기는 그 부착 높이 및 특정소방대상물에 따라 다음 표에 따른 바닥면적마다 1개 이상을 설치할 것

부착 높이 및 특정소방대상물의 구분		감지기의 종류(단위 : m²)						
		차동식 스포트형		보상식 스포트형		정온식 스포트형		
		1종	2종	1종	2종	특종	1종	2종
4m 미만	주요구조부가 내화구조로 된 특정소방대상물 또는 그 부분	90	70	90	70	70	60	20
	기타 구조의 특정소방대상물 또는 그 부분	50	40	50	40	40	30	15
4m 이상 8m 미만	주요구조부가 내화구조로 된 특정소방대상물 또는 그 부분	45	35	45	35	35	30	–
	기타 구조의 특정소방대상물 또는 그 부분	30	25	30	25	25	15	–

6. 스포트형감지기는 45도 이상 경사되지 아니하도록 부착할 것
7. 공기관식 차동식분포형감지기는 다음의 기준에 따를 것
    가. 공기관의 노출부분은 감지구역마다 20미터 이상이 되도록 할 것
    나. 공기관과 감지구역의 각 변과의 수평거리는 1.5미터 이하가 되도록 하고, 공기관 상호 간의 거리는 6미터(주요구조부를 내화구조로 한 특정소방대상물 또는 그 부분에 있어서는 9미터) 이하가 되도록 할 것
    다. 공기관은 도중에서 분기하지 아니하도록 할 것
    라. 하나의 검출부분에 접속하는 공기관의 길이는 100미터 이하로 할 것
    마. 검출부는 5도 이상 경사되지 아니하도록 부착할 것
    바. 검출부는 바닥으로부터 0.8미터 이상 1.5미터 이하의 위치에 설치할 것
8. 열전대식 차동식분포형감지기는 다음의 기준에 따를 것
    가. 열전대부는 감지구역의 바닥면적 18제곱미터(주요구조부가 내화구조로 된 특정소방대상물에 있어서는 22제곱미터)마다 1개 이상으로 할 것. 다만, 바닥면적이 72제곱미터(주요구조부가 내화구조로 된 특정소방대상물에 있어서는 88제곱미터) 이하인 특정소방대상물에 있어서는 4개 이상으로 하여야 한다.
    나. 하나의 검출부에 접속하는 열전대부는 20개 이하로 할 것
9. 열반도체식 차동식분포형감지기는 다음의 기준에 따를 것
    가. 감지부는 그 부착높이 및 특정소방대상물에 따라 다음 표에 따른 바닥면적마다 1개 이상으로 할 것. 다만, 바닥면적이 다음 표에 따른 면적의 2배 이하인 경우에는 2개(부착높이가 8미터 미만이고, 바닥면적이 다음 표에 따른 면적 이하인 경우에는 1개) 이상으로 하여야 한다.

(단위 : m²)

부착 높이 및 특정소방대상물의 구분		감지기의 종류	
		1종	2종
8m 미만	주요구조부가 내화구조로 한 소방대상물 또는 그 구분	65	36
	기타 구조의 소방대상물 또는 그 부분	40	23
8m 이상 15m 미만	주요구조부가 내화구조로 한 소방대상물 또는 그 부분	50	36
	기타 구조의 소방대상물 또는 그 부분	30	23

    나. 하나의 검출기에 접속하는 감지부는 2개 이상 15개 이하가 되도록 할 것. 다만, 각각의 감지부에 대한 작동여부를 검출기에서 표시할 수 있는 것(주소형)은 형식승인받은 성능인정범위내의 수량으로 설치할 수 있다.
10. 연기감지기는 다음의 기준에 따라 설치할 것
    가. 감지기의 부착높이에 따라 다음 표에 따른 바닥면적마다 1개 이상으로 할 것

(단위 : m²)

부착 높이	감지기의 종류	
	1종 및 2종	3종
4m 미만	150	50
4m 이상 20m 미만	75	–

    나. 감지기는 복도 및 통로에 있어서는 보행거리 30미터(3종에 있어서는 20미터)마다, 계단 및 경사로에 있어서는 수직거리 15미터(3종에 있어서는 10미터)마다 1개 이상으로 할 것
    다. 천장 또는 반자가 낮은 실내 또는 좁은 실내에 있어서는 출입구의 가까운 부분에 설치할 것
    라. 천장 또는 반자부근에 배기구가 있는 경우에는 그 부근에 설치할 것
    마. 감지기는 벽 또는 보로부터 0.6미터 이상 떨어진 곳에 설치할 것
11. 열복합형감지기의 설치에 관하여는 제3호 및 제9호를, 연기복합형감지기의 설치에 관하여는 제10호를, 열연기복합형감지기의 설치에 관하여는 제5호 및 제10호를 준용하여 설치할 것
12. 정온식감지선형감지기는 다음의 기준에 따라 설치할 것
    가. 보조선이나 고정금구를 사용하여 감지선이 늘어지지 않도록 설치할 것
    나. 단자부와 마감 고정금구와의 설치간격은 10센티미터 이내로 설치할 것
    다. 감지선형 감지기의 굴곡반경은 5센티미터 이상으로 할 것
    라. 감지기와 감지구역의 각부분과의 수평거리가 내화구조의 경우 1종 4.5미터 이하, 2종 3미터 이하로 할 것. 기타 구조의 경우 1종 3미터 이하, 2종 1미터 이하로 할 것
    마. 케이블트레이에 감지기를 설치하는 경우에는 케이블트레이 받침대에 마감금구를 사용하여 설치할 것
    바. 지하구나 창고의 천장 등에 지지물이 적당하지 않는 장소에서는 보조선을 설치하고 그 보조선에 설치할 것
    사. 분전반 내부에 설치하는 경우 접착제를 이용하여 돌기를 바닥에 고정시키고 그 곳에 감지기를 설치할 것
    아. 그 밖의 설치방법은 형식승인 내용에 따르며 형식승인 사항이 아닌 것은 제조사의 시방(示方)에 따라 설치할 것
13. 불꽃감지기는 다음의 기준에 따라 설치할 것
    가. 공칭감시거리 및 공칭시야각은 형식승인 내용에 따를 것
    나. 감지기는 공칭감시거리와 공칭시야각을 기준으로 감시구역이 모두 포용될 수 있도록 설치할 것
    다. 감지기는 화재감지를 유효하게 감지할 수 있는 모서리 또는 벽 등에 설치할 것
    라. 감지기를 천장에 설치하는 경우에는 감지기는 바닥을 향하여 설치할 것
    마. 수분이 많이 발생할 우려가 있는 장소에는 방수형으로 설치할 것
    바. 그 밖의 설치기준은 형식승인 내용에 따르며 형식승인 사항이 아닌 것은 제조사의 시방에 따라 설치할 것

14. 아날로그방식의 감지기는 공칭감지온도범위 및 공칭감지농도범위에 적합한 장소에, 다신호방식의 감지기는 화재신호를 발신하는 감도에 적합한 장소에 설치할 것
15. 광전식분리형감지기는 다음의 기준에 따라 설치할 것
    가. 감지기의 수광면은 햇빛을 직접 받지 않도록 설치할 것
    나. 광축(송광면과 수광면의 중심을 연결한 선)은 나란한 벽으로부터 0.6미터 이상 이격하여 설치할 것
    다. 감지기의 송광부와 수광부는 설치된 뒷벽으로부터 1미터 이내 위치에 설치할 것
    라. 광축의 높이는 천장 등(천장의 실내에 면한 부분 또는 상층의 바닥하부면을 말한다) 높이의 80퍼센트 이상일 것
    마. 감지기의 광축의 길이는 공칭감시거리 범위이내 일 것
    바. 그 밖의 설치기준은 형식승인 내용에 따르며 형식승인 사항이 아닌 것은 제조사의 시방에 따라 설치할 것
④ 제3항에도 불구하고 화학공장·격납고·제련소와 전산실 또는 반도체 공장 등의 장소에는 각각 광전식분리형감지기 또는 불꽃감지기를 설치하거나 광전식공기흡입형감지기 등을 설치할 수 있다.
⑤ 화재발생을 유효하게 감지할 수 없는 장소 또는 감지기의 기능이 정지되기 쉽거나 화재발생의 위험이 적은 장소로서 감지기의 유지관리가 어려운 장소 등에는 감지기를 설치하지 않을 수 있다.
⑥ 제1항의 단서에도 불구하고 일시적으로 발생한 열·연기 또는 먼지 등으로 인하여 화재신호를 발신할 우려가 있는 장소에는 해당 장소에 적응성 있는 감지기를 설치할 수 있다.

제8조(음향장치 및 시각경보장치)
① 자동화재탐지설비의 음향장치는 다음 각 호의 기준에 따라 설치해야 한다.
  1. 주음향장치는 수신기의 내부 또는 그 직근에 설치할 것
  2. 층수가 11층(공동주택의 경우에는 16층) 이상의 특정소방대상물은 발화층에 따라 경보하는 층을 달리하여 경보를 발할 수 있도록 할 것
  3. 지구음향장치는 특정소방대상물의 층마다 설치하되, 해당 특정소방대상물의 각 부분으로부터 하나의 음향장치까지의 수평거리가 25미터 이하가 되도록 하고, 해당층의 각 부분에 유효하게 경보를 발할 수 있도록 설치할 것
  4. 음향장치는 다음 각 목의 기준에 따른 구조 및 성능의 것으로 하여야 한다.
     가. 정격전압의 80퍼센트의 전압에서 음향을 발할 수 있는 것으로 할 것. 다만, 건전지를 주전원으로 사용하는 음향장치는 그러하지 아니하다
     나. 음량은 부착된 음향장치의 중심으로부터 1미터 떨어진 위치에서 90데시벨 이상이 되는 것으로 할 것
     다. 감지기 및 발신기의 작동과 연동하여 작동할 수 있는 것으로 할 것
  5. 제3호에도 불구하고 제3호의 기준을 초과하는 경우로서 기둥 또는 벽이 설치되지 아니한 대형공간의 경우 지구음향장치는 설치 대상 장소의 가장 가까운 장소의 벽 또는 기둥 등에 설치할 것

② 청각장애인용 시각경보장치는 소방청장이 정하여 고시한「시각경보장치의 성능인증 및 제품검사의 기술기준」에 적합한 것으로서 다음 각 목의 기준에 따라 설치해야 한다.
1. 복도·통로·청각장애인용 객실 및 공용으로 사용하는 거실(로비, 회의실, 강의실, 식당, 휴게실, 오락실, 대기실, 체력단련실, 접객실, 안내실, 전시실, 기타 이와 유사한 장소를 말한다)에 설치하며, 각 부분으로부터 유효하게 경보를 발할 수 있는 위치에 설치할 것
2. 공연장·집회장·관람장 또는 이와 유사한 장소에 설치하는 경우에는 시선이 집중되는 무대부 부분 등에 설치할 것
3. 설치높이는 바닥으로부터 2미터 이상 2.5미터 이하의 장소에 설치할 것 다만, 천장의 높이가 2미터 이하인 경우에는 천장으로부터 0.15미터 이내의 장소에 설치해야 한다.
4. 시각경보장치의 광원은 전용의 축전지설비 또는 전기저장장치(외부 전기에너지를 저장해 두었다가 필요한 때 전기를 공급하는 장치)에 의하여 점등되도록 할 것. 다만, 시각경보기에 작동전원을 공급할 수 있도록 형식승인을 얻은 수신기를 설치한 경우에는 그렇지 않다.
③ 하나의 특정소방대상물에 둘 이상의 수신기가 설치된 경우 어느 수신기에서도 지구음향장치 및 시각경보장치를 작동할 수 있도록 해야 한다.

제9조(발신기)

① 자동화재탐지설비의 발신기는 다음 각 호의 기준에 따라 설치해야 한다.
1. 조작이 쉬운 장소에 설치하고, 스위치는 바닥으로부터 0.8미터 이상 1.5미터 이하의 높이에 설치할 것
2. 특정소방대상물의 층마다 설치하되, 해당 특정소방대상물의 각 부분으로부터 하나의 발신기까지의 수평거리가 25미터 이하가 되도록 할 것. 다만, 복도 또는 별도로 구획된 실로서 보행거리가 40미터 이상일 경우에는 추가로 설치하여야 한다.
3. 제2호에도 불구하고 제2호의 기준을 초과하는 경우로서 기둥 또는 벽이 설치되지 아니한 대형공간의 경우 발신기는 설치 대상 장소의 가장 가까운 장소의 벽 또는 기둥 등에 설치할 것
② 발신기의 위치를 표시하는 표시등은 함의 상부에 설치하되, 그 불빛은 부착면으로부터 15도 이상의 범위 안에서 부착지점으로부터 10미터 이내의 어느 곳에서도 쉽게 식별할 수 있는 적색등으로 하여야 한다.

제10조(전원)

① 자동화재탐지설비의 상용전원은 전기가 정상적으로 공급되는 축전지설비, 전기저장장치 또는 교류전압의 옥내 간선으로 하고, 전원까지의 배선은 전용으로 해야 한다.
② 자동화재탐지설비에는 그 설비에 대한 감시상태를 60분간 지속한 후 유효하게 10분 이상 경보할 수 있는 비상전원으로서 축전지설비 또는 전기저장장치를 설치해야 한다.

제11조(배선)

배선은「전기사업법」제67조에 따른「전기설비기술기준」에서 정한 것 외에 다음 각 호의 기준과「옥내소화전설비의 화재안전성능기준(NFPC 102)」제10조제2항에 따라 설치해야 한다.
1. 전원회로의 배선은 내화배선으로 하고, 그 밖의 배선은 내화배선 또는 내열배선에 따를 것

2. 감지기 상호 간 또는 감지기로부터 수신기에 이르는 감지기회로의 배선의 경우에는 아날로그방식, R형수신기용 등으로 사용되는 것은 전자파의 방해를 받지 않는 것으로 배선하고, 그 외의 일반배선을 사용할 때에는 내화배선 또는 내열배선으로 할 것
3. 감지기회로에는 도통시험을 위한 종단저항을 설치할 것
4. 감지기 사이의 회로의 배선은 송배선식으로 할 것
5. 전원회로의 전로와 대지 사이 및 배선 상호 간의 절연저항은 「전기사업법」 제67조에 따른 기술기준이 정하는 바에 의하고, 감지기회로 및 부속회로의 전로와 대지 사이 및 배선 상호 간의 절연저항은 1경계구역마다 직류 250볼트의 절연저항측정기를 사용하여 측정한 절연저항이 0.1메가옴 이상이 되도록 할 것
6. 자동화재탐지설비의 배선은 다른 전선과 별도의 관·덕트(절연효력이 있는 것으로 구획한 때에는 그 구획된 부분은 별개의 덕트로 본다)·몰드 또는 풀박스 등에 설치할 것. 다만, 60볼트 미만의 약전류회로에 사용하는 전선으로서 각각의 전압이 같을 때에는 그러하지 아니하다.
7. 피(P)형 수신기 및 지피(G.P.)형 수신기의 감지기 회로의 배선에 있어서 하나의 공통선에 접속할 수 있는 경계구역은 7개 이하로 할 것
8. 자동화재탐지설비의 감지기회로의 전로저항은 50옴 이하가 되도록 해야 하며, 수신기의 각 회로별 종단에 설치되는 감지기에 접속되는 배선의 전압은 감지기 정격전압의 80퍼센트 이상이어야 할 것

제12조(설치·유지기준의 특례)
소방본부장 또는 소방서장은 기존건축물이 증축·개축·대수선되거나 용도변경되는 경우에 있어서 이 기준이 정하는 기준에 따라 해당 건축물에 설치해야 할 자동화재탐지설비의 배관·배선 등의 공사가 현저하게 곤란하다고 인정되는 경우에는 해당 설비의 기능 및 사용에 지장이 없는 범위 안에서 이 기준 일부를 적용하지 않을 수 있다.

제13조(재검토 기한)
소방청장은 「훈령·예규 등의 발령 및 관리에 관한 규정」에 따라 이 고시에 대하여 2023년 1월 1일을 기준으로 매 3년이 되는 시점(매 3년째의 12월 31일까지를 말한다)마다 그 타당성을 검토하여 개선 등의 조치를 해야 한다.

부칙〈제2022-47호, 2022. 11. 25.〉

제1조(시행일)
이 고시는 2022년 12월 1일부터 시행한다.

제2조(경과조치)
① 이 고시 시행 전에 건축허가 등의 신청 또는 신고를 하거나 소방시설공사의 착공신고를 한 특정소방대상물에 대해서는 종전의 「자동화재탐지설비 및 시각경보장치의 화재안전기준(NFSC 203)」에 따른다.
② 이 고시 시행 전에 제1항에 따른 신청 또는 신고를 한 경우라도 개정 기준이 종전의 기준에 비해 관계인에게 유리한 경우에는 개정 기준에 따를 수 있다.

제3조(다른 법령과의 관계)

이 고시 시행 당시 다른 법령에서 종전의 화재안전기준을 인용한 경우에 이 고시 가운데 그에 해당하는 규정이 있는 경우에는 종전의 규정에 갈음하여 이 고시의 해당 규정을 인용한 것으로 본다.

CHAPTER 30 자동화재탐지설비 및 시각경보장치의 화재안전기술기준(NFTC 203)

[시행 2022. 12. 1.] [국립소방연구원공고 제2024-59호, 2024. 11. 25., 일부개정]

1. 일반사항

1.1 적용범위

1.1.1 이 기준은 「소방시설 설치 및 관리에 관한 법률 시행령」(이하 "영"이라 한다) 별표 4 제2호다목과 라목에 따른 자동화재탐지설비와 시각경보장치의 설치 및 관리에 대해 적용한다.

1.2 기준의 효력

1.2.1 이 기준은 「소방시설 설치 및 관리에 관한 법률」(이하 "법"이라 한다) 제2조제1항제6호나목에 따라 경보설비인 자동화재탐지설비 및 시각경보장치의 기술기준으로서의 효력을 가진다.

1.2.2 이 기준에 적합한 경우에는 법 제2조제1항제6호나목에 따라 「자동화재탐지설비 및 시각경보장치의 화재안전성능기준(NFPC 203)」을 충족하는 것으로 본다.

1.3 기준의 시행

1.3.1 이 기준은 2022년 12월 1일부터 시행한다.

1.3.2 특정소방대상물의 경보 방식 [소방청고시 제2022-10호, 2022. 5. 9., 일부개정]
2.5.1.2에 따른 기준은 발령 후 9개월이 경과한 날부터 시행한다.

1.4 기준의 특례

1.4.1 소방본부장 또는 소방서장은 기존건축물이 증축·개축·대수선되거나 용도변경 되는 경우에 있어서 이 기준이 정하는 기준에 따라 해당 건축물에 설치해야 할 자동화재탐지설비의 배관·배선 등의 공사가 현저하게 곤란하다고 인정되는 경우에는 해당 설비의 기능 및 사용에 지장이 없는 범위 안에서 이 기준의 일부를 적용하지 않을 수 있다.

1.5 경과조치

1.5.1 이 기준 시행 전에 건축허가 등의 신청 또는 신고를 하거나 소방시설공사의 착공신고를 한 특정소방대상물에 대해서는 종전의 「자동화재탐지설비 및 시각경보장치의 화재안전기준(NFSC 203)」에 따른다.

1.5.2 이 기준 시행 전에 1.5.1에 따른 신청 또는 신고를 한 경우라도 제정 기준이 종전의 기준에 비하여 관계인에게 유리한 경우에는 제정 기준에 따를 수 있다.

1.6 다른 법령과의 관계

1.6.1 이 기준 시행 당시 다른 법령 또는 행정규칙 등에서 종전의 화재안전기준을 인용한 경우에 이 기준 가운데 그에 해당하는 규정이 있는 경우에는 종전의 규정에 갈음하여 이 기준의 해당 규정을 인용한 것으로 본다.

1.7 용어의 정의

1.7.1 이 기준에서 사용하는 용어의 정의는 다음과 같다.

1.7.1.1 "경계구역"이란 특정소방대상물 중 화재신호를 발신하고 그 신호를 수신 및 유효하게 제어할 수 있는 구역을 말한다.

1.7.1.2 "수신기"란 감지기나 발신기에서 발하는 화재신호를 직접 수신하거나 중계기를 통하여 수신하여 화재의 발생을 표시 및 경보하여 주는 장치를 말한다.

1.7.1.3 "중계기"란 감지기·발신기 또는 전기적인 접점 등의 작동에 따른 신호를 받아 이를 수신기에 전송하는 장치를 말한다.

1.7.1.4 "감지기"란 화재 시 발생하는 열, 연기, 불꽃 또는 연소생성물을 자동적으로 감지하여 수신기에 화재신호 등을 발신하는 장치를 말한다.

1.7.1.5 "발신기"란 수동누름버턴 등의 작동으로 화재 신호를 수신기에 발신하는 장치를 말한다.

1.7.1.6 "시각경보장치"란 자동화재탐지설비에서 발하는 화재신호를 시각경보기에 전달하여 청각장애인에게 점멸형태의 시각경보를 하는 것을 말한다.

1.7.1.7 "거실"이란 거주·집무·작업·집회·오락 그 밖에 이와 유사한 목적을 위하여 사용하는 실을 말한다.

1.7.2 "신호처리방식"은 화재신호 및 상태신호 등(이하 "화재신호 등"이라 한다)을 송수신하는 방식으로서 다음의 방식을 말한다.

1.7.2.1 "유선식"은 화재신호 등을 배선으로 송·수신하는 방식

1.7.2.2 "무선식"은 화재신호 등을 전파에 의해 송·수신하는 방식

1.7.2.3 "유·무선식"은 유선식과 무선식을 겸용으로 사용하는 방식

2. 기술기준

2.1 경계구역

2.1.1 자동화재탐지설비의 경계구역은 다음의 기준에 따라 설정해야 한다. 다만, 감지기의 형식승인 시 감지거리, 감지면적 등에 대한 성능을 별도로 인정받은 경우에는 그 성능인정범위를 경계구역으로 할 수 있다.

2.1.1.1 하나의 경계구역이 2 이상의 건축물에 미치지 않도록 할 것

2.1.1.2 하나의 경계구역이 2 이상의 층에 미치지 않도록 할 것. 다만, 500m^2 이하의 범위 안에서는 2개의 층을 하나의 경계구역으로 할 수 있다.

2.1.1.3 하나의 경계구역의 면적은 600m^2 이하로 하고 한 변의 길이는 50m 이하로 할 것. 다만, 해당 특정소방대상물의 주된 출입구에서 그 내부 전체가 보이는 것에 있어서는 한 변의 길이가 50m의 범위 내에서 1,000m^2 이하로 할 수 있다.

2.1.2 계단(직통계단 외의 것에 있어서는 떨어져 있는 상하 계단의 상호 간의 수평거리가 5m 이하로서 서로 간에 구획되지 아니한 것에 한한다. 이하 같다)·경사로(에스컬레이터경사로 포함)·엘리베이터 승강로(권상기실이 있는 경우에는 권상기실)·린넨슈트·파이프 피트 및 덕트 기타 이와 유사한 부분에 대하여는 별도로 경계구역을 설정하되, 하나의 경계구역은 높이 45m 이하(계

단 및 경사로에 한한다)로 하고, 지하층의 계단 및 경사로(지하층의 층수가 한 개 층일 경우는 제외한다)는 별도로 하나의 경계구역으로 해야 한다.

2.1.3 외기에 면하여 상시 개방된 부분이 있는 차고·주차장·창고 등에 있어서는 외기에 면하는 각 부분으로부터 5m 미만의 범위 안에 있는 부분은 경계구역의 면적에 산입하지 않는다.

2.1.4 스프링클러설비·물분무등소화설비 또는 제연설비의 화재감지장치로서 화재감지기를 설치한 경우의 경계구역은 해당 소화설비의 방호구역 또는 제연구역과 동일하게 설정할 수 있다.

2.2 수신기

2.2.1 자동화재탐지설비의 수신기는 다음의 기준에 적합한 것으로 설치해야 한다.

2.2.1.1 해당 특정소방대상물의 경계구역을 각각 표시할 수 있는 회선 수 이상의 수신기를 설치할 것

2.2.1.2 해당 특정소방대상물에 가스누설탐지설비가 설치된 경우에는 가스누설탐지설비로부터 가스누설신호를 수신하여 가스누설경보를 할 수 있는 수신기를 설치할 것(가스누설탐지설비의 수신부를 별도로 설치한 경우에는 제외한다)

2.2.2 자동화재탐지설비의 수신기는 특정소방대상물 또는 그 부분이 지하층·무창층 등으로서 환기가 잘되지 아니하거나 실내면적이 40m² 미만인 장소, 감지기의 부착면과 실내 바닥과의 거리가 2.3m 이하인 장소로서 일시적으로 발생한 열·연기 또는 먼지 등으로 인하여 감지기가 화재신호를 발신할 우려가 있는 때에는 축적기능 등이 있는 것(축적형감지기가 설치된 장소에는 감지기 회로의 감시전류를 단속적으로 차단시켜 화재를 판단하는 방식 외의 것을 말한다)으로 설치해야 한다. 다만, 2.4.1 단서에 따른 감지기를 설치한 경우에는 그렇지 않다.

2.2.3 수신기는 다음의 기준에 따라 설치해야 한다.

2.2.3.1 수위실 등 상시 사람이 근무하는 장소에 설치할 것. 다만, 사람이 상시 근무하는 장소가 없는 경우에는 관계인이 쉽게 접근할 수 있고 관리가 용이한 장소에 설치할 수 있다.

2.2.3.2 수신기가 설치된 장소에는 경계구역 일람도를 비치할 것. 다만, 모든 수신기와 연결되어 각 수신기의 상황을 감시하고 제어할 수 있는 수신기(이하 "주수신기"라 한다)를 설치하는 경우에는 주수신기를 제외한 기타 수신기는 그렇지 않다.

2.2.3.3 수신기의 음향기구는 그 음량 및 음색이 다른 기기의 소음 등과 명확히 구별될 수 있는 것으로 할 것

2.2.3.4 수신기는 감지기·중계기 또는 발신기가 작동하는 경계구역을 표시할 수 있는 것으로 할 것

2.2.3.5 화재·가스 전기등에 대한 종합방재반을 설치한 경우에는 해당 조작반에 수신기의 작동과 연동하여 감지기·중계기 또는 발신기가 작동하는 경계구역을 표시할 수 있는 것으로 할 것

2.2.3.6 하나의 경계구역은 하나의 표시등 또는 하나의 문자로 표시되도록 할 것

2.2.3.7 수신기의 조작 스위치는 바닥으로부터의 높이가 0.8m 이상 1.5m 이하인 장소에 설치할 것

2.2.3.8 하나의 특정소방대상물에 2 이상의 수신기를 설치하는 경우에는 수신기를 상호 간 연동하여 화재발생 상황을 각 수신기마다 확인할 수 있도록 할 것

2.2.3.9 화재로 인하여 하나의 층의 지구음향장치 배선이 단락되어도 다른 층의 화재통보에 지장이 없도록 각 층 배선 상에 유효한 조치를 할 것

2.3 중계기

2.3.1 자동화재탐지설비의 중계기는 다음의 기준에 따라 설치해야 한다.

2.3.1.1 수신기에서 직접 감지기회로의 도통시험을 하지 않는 것에 있어서는 수신기와 감지기 사이에 설치할 것

2.3.1.2 조작 및 점검에 편리하고 화재 및 침수 등의 재해로 인한 피해를 받을 우려가 없는 장소에 설치할 것

2.3.1.3 수신기에 따라 감시되지 않는 배선을 통하여 전력을 공급받는 것에 있어서는 전원입력측의 배선에 과전류차단기를 설치하고 해당 전원의 정전이 즉시 수신기에 표시되는 것으로 하며, 상용전원 및 예비전원의 시험을 할 수 있도록 할 것

2.4 감지기

2.4.1 자동화재탐지설비의 감지기는 부착 높이에 따라 다음 표 2.4.1에 따른 감지기를 설치해야 한다. 다만, 지하층 · 무창층 등으로서 환기가 잘되지 아니하거나 실내면적이 40m^2 미만인 장소, 감지기의 부착면과 실내 바닥과의 거리가 2.3m 이하인 곳으로서 일시적으로 발생한 열 · 연기 또는 먼지 등으로 인하여 화재신호를 발신할 우려가 있는 장소(2.2.2 본문에 따른 수신기를 설치한 장소를 제외한다)에는 다음의 기준에서 정한 감지기 중 적응성이 있는 감지기를 설치해야 한다.

(1) 불꽃감지기
(2) 정온식감지선형감지기
(3) 분포형감지기
(4) 복합형감지기
(5) 광전식분리형감지기
(6) 아날로그방식의 감지기
(7) 다신호방식의 감지기
(8) 축적방식의 감지기

표 2.4.1 부착 높이에 따른 감지기의 종류

부착 높이	감지기의 종류
4m 미만	• 차동식(스포트형, 분포형) • 보상식스포트형 • 정온식(스포트형, 감지선형) • 이온화식 또는 광전식(스포트형, 분리형, 공기흡입형) • 열복합형 • 연기복합형 • 열연기복합형 • 불꽃감지기

부착 높이	감지기의 종류
4m 이상 8m 미만	• 차동식(스포트형, 분포형) • 보상식스포트형 • 정온식(스포트형, 감지선형) 특종 또는 1종 • 이온화식 1종 또는 2종 • 광전식(스포트형, 분리형, 공기흡입형) 1종 또는 2종 • 열복합형 • 연기복합형 • 열연기복합형 • 불꽃감지기
8m 이상 15m 미만	• 차동식분포형 • 이온화식 1종 또는 2종 • 광전식(스포트형, 분리형, 공기흡입형) 1종 또는 2종 • 연기복합형 • 불꽃감지기
15m 이상 20m 미만	• 이온화식 1종 • 광전식(스포트형, 분리형, 공기흡입형) 1종 • 연기복합형 • 불꽃감지기
20m 이상	• 불꽃감지기 • 광전식(분리형, 공기흡입형) 중 아날로그방식

[비고] 1. 감지기별 부착 높이 등에 대하여 별도로 형식승인을 받은 경우에는 그 성능인정 범위 내에서 사용할 수 있다.
2. 부착 높이 20m 이상에 설치되는 광전식 중 아날로그방식의 감지기는 공칭 감지농도 하한값이 감광률 5%/m 미만인 것으로 한다.

2.4.2 다음의 장소에는 연기감지기를 설치해야 한다. 다만, 교차회로방식에 따른 감지기가 설치된 장소 또는 2.4.1 단서에 따른 감지기가 설치된 장소에는 그렇지 않다.

2.4.2.1 계단·경사로 및 에스컬레이터 경사로

2.4.2.2 복도(30m 미만의 것을 제외한다)

2.4.2.3 엘리베이터 승강로(권상기실이 있는 경우에는 권상기실)·린넨슈트·파이프 피트 및 덕트 기타 이와 유사한 장소

2.4.2.4 천장 또는 반자의 높이가 15m 이상 20m 미만의 장소

2.4.2.5 다음의 어느 하나에 해당하는 특정소방대상물의 취침·숙박·입원 등 이와 유사한 용도로 사용되는 거실

(1) 공동주택·오피스텔·숙박시설·노유자시설·수련시설
(2) 교육연구시설 중 합숙소
(3) 의료시설, 근린생활시설 중 입원실이 있는 의원·조산원
(4) 교정 및 군사시설
(5) 근린생활시설 중 고시원

2.4.3 감지기는 다음의 기준에 따라 설치해야 한다. 다만, 교차회로방식에 사용되는 감지기, 급속한 연소 확대가 우려되는 장소에 사용되는 감지기 및 축적기능이 있는 수신기에 연결하여 사용하는 감지기는 축적기능이 없는 것으로 설치해야 한다.

2.4.3.1 감지기(차동식분포형의 것을 제외한다)는 실내로의 공기유입구로부터 1.5m 이상 떨어진 위치에 설치할 것

2.4.3.2 감지기는 천장 또는 반자의 옥내에 면하는 부분에 설치할 것

2.4.3.3 보상식스포트형감지기는 정온점이 감지기 주위의 평상시 최고온도보다 20℃ 이상 높은 것으로 설치할 것

2.4.3.4 정온식감지기는 주방·보일러실 등으로서 다량의 화기를 취급하는 장소에 설치하되, 공칭작동온도가 최고주위온도보다 20℃ 이상 높은 것으로 설치할 것

2.4.3.5 차동식스포트형·보상식스포트형 및 정온식스포트형 감지기는 그 부착 높이 및 특정소방대상물에 따라 다음 표 2.4.3.5에 따른 바닥면적마다 1개 이상을 설치할 것

표 2.4.3.5 부착 높이 및 특정소방대상물의 구분에 따른 차동식·보상식·정온식스포트형감지기의 종류

부착 높이 및 특정소방대상물의 구분		감지기의 종류(단위 : m²)						
		차동식 스포트형		보상식 스포트형		정온식 스포트형		
		1종	2종	1종	2종	특종	1종	2종
4m 미만	주요구조부가 내화구조로 된 특정소방대상물 또는 그 부분	90	70	90	70	70	60	20
	기타 구조의 특정소방대상물 또는 그 부분	50	40	50	40	40	30	15
4m 이상 8m 미만	주요구조부가 내화구조로 된 특정소방대상물 또는 그 부분	45	35	45	35	35	30	-
	기타 구조의 특정소방대상물 또는 그 부분	30	25	30	25	25	15	-

2.4.3.6 스포트형감지기는 45° 이상 경사되지 않도록 부착할 것

2.4.3.7 공기관식 차동식분포형감지기는 다음의 기준에 따를 것

2.4.3.7.1 공기관의 노출 부분은 감지구역마다 20m 이상이 되도록 할 것

2.4.3.7.2 공기관과 감지구역의 각 변과의 수평거리는 1.5m 이하가 되도록 하고, 공기관 상호 간의 거리는 6m(주요구조부가 내화구조로 된 특정소방대상물 또는 그 부분에 있어서는 9m) 이하가 되도록 할 것

2.4.3.7.3 공기관은 도중에서 분기하지 않도록 할 것

2.4.3.7.4 하나의 검출 부분에 접속하는 공기관의 길이는 100m 이하로 할 것

2.4.3.7.5 검출부는 5° 이상 경사되지 않도록 부착할 것

2.4.3.7.6 검출부는 바닥으로부터 0.8m 이상 1.5m 이하의 위치에 설치할 것

2.4.3.8 열전대식 차동식분포형감지기는 다음의 기준에 따를 것

2.4.3.8.1 열전대부는 감지구역의 바닥면적 18m²(주요구조부가 내화구조로 된 특정소방대상물에 있어서는 22m²)마다 1개 이상으로 할 것. 다만, 바닥면적이 72m²(주요구조부가 내화구조로 된 특정소방대상물에 있어서는 88m2) 이하인 특정소방대상물에 있어서는 4개 이상으로 해야 한다.

2.4.3.8.2 하나의 검출부에 접속하는 열전대부는 20개 이하로 할 것. 다만, 각각의 열전대부에 대한 작동여부를 검출부에서 표시할 수 있는 것(주소형)은 형식승인 받은 성능인정 범위 내의 수량으로 설치할 수 있다.

2.4.3.9 열반도체식 차동식분포형감지기는 다음의 기준에 따를 것

2.4.3.9.1 감지부는 그 부착 높이 및 특정소방대상물에 따라 다음 표 2.4.3.9.1에 따른 바닥면적마다 1개 이상으로 할 것. 다만, 바닥면적이 다음 표 2.4.3.9.1에 따른 면적의 2배 이하인 경우에는 2개(부착높이가 8m 미만이고, 바닥면적이 다음 표 2.4.3.9.1에 따른 면적 이하인 경우에는 1개) 이상으로 해야 한다.

표 2.4.3.9.1 부착 높이 및 특정소방대상물의 구분에 따른 열반도체식 차동식분포형감지기의 종류

부착 높이 및 특정소방대상물의 구분		감지기의 종류 (단위 : m²)	
		1종	2종
8m 미만	주요구조부가 내화구조로 한 소방대상물 또는 그 구분	65	36
	기타 구조의 소방대상물 또는 그 부분	40	23
8m 이상 15m 미만	주요구조부가 내화구조로 한 소방대상물 또는 그 부분	50	36
	기타 구조의 소방대상물 또는 그 부분	30	23

2.4.3.9.2 하나의 검출부에 접속하는 감지부는 2개 이상 15개 이하가 되도록 할 것. 다만, 각각의 감지부에 대한 작동 여부를 검출기에서 표시할 수 있는 것(주소형)은 형식승인 받은 성능인정 범위 내의 수량으로 설치할 수 있다.

2.4.3.10 연기감지기는 다음의 기준에 따라 설치할 것

2.4.3.10.1 연기감지기의 부착 높이에 따라 다음 표 2.4.3.10.1에 따른 바닥면적마다 1개 이상으로 할 것

표 2.4.3.10.1 부착 높이에 따른 연기감지기의 종류

부착 높이	감지기의 종류(단위 : m²)	
	1종 및 2종	3종
4m 미만	150	50
4m 이상 20m 미만	75	-

2.4.3.10.2 감지기는 복도 및 통로에 있어서는 보행거리 30m(3종에 있어서는 20m)마다, 계단 및 경사로에 있어서는 수직거리 15m(3종에 있어서는 10m)마다 1개 이상으로 할 것
2.4.3.10.3 천장 또는 반자가 낮은 실내 또는 좁은 실내에 있어서는 출입구의 가까운 부분에 설치할 것
2.4.3.10.4 천장 또는 반자 부근에 배기구가 있는 경우에는 그 부근에 설치할 것
2.4.3.10.5 감지기는 벽 또는 보로부터 0.6m 이상 떨어진 곳에 설치할 것
2.4.3.11 열복합형감지기의 설치에 관하여는 2.4.3.3 및 2.4.3.9를, 연기복합형감지기의 설치에 관하여는 2.4.3.10을, 열연기복합형감지기의 설치에 관하여는 2.4.3.5 및 2.4.3.10.2 또는 2.4.3.10.5를 준용하여 설치할 것
2.4.3.12 정온식감지선형감지기는 다음의 기준에 따라 설치할 것
2.4.3.12.1 보조선이나 고정금구를 사용하여 감지선이 늘어지지 않도록 설치할 것
2.4.3.12.2 단자부와 마감 고정금구와의 설치간격은 10cm 이내로 설치할 것
2.4.3.12.3 감지선형 감지기의 굴곡반경은 5cm 이상으로 할 것
2.4.3.12.4 감지기와 감지구역의 각 부분과의 수평거리가 내화구조의 경우 1종 4.5m 이하, 2종 3m 이하로 할 것. 기타 구조의 경우 1종 3m 이하, 2종 1m 이하로 할 것
2.4.3.12.5 케이블트레이에 감지기를 설치하는 경우에는 케이블트레이 받침대에 마감금구를 사용하여 설치할 것
2.4.3.12.6 지하구나 창고의 천장 등에 지지물이 적당하지 않은 장소에서는 보조선을 설치하고 그 보조선에 설치할 것
2.4.3.12.7 분전반 내부에 설치하는 경우 접착제를 이용하여 돌기를 바닥에 고정시키고 그곳에 감지기를 설치할 것
2.4.3.12.8 그 밖의 설치방법은 형식승인 내용에 따르며 형식승인 사항이 아닌 것은 제조사의 시방서에 따라 설치할 것
2.4.3.13 불꽃감지기는 다음의 기준에 따라 설치할 것
2.4.3.13.1 공칭감시거리 및 공칭시야각은 형식승인 내용에 따를 것
2.4.3.13.2 감지기는 공칭감시거리와 공칭시야각을 기준으로 감시구역이 모두 포용될 수 있도록 설치할 것
2.4.3.13.3 감지기는 화재감지를 유효하게 감지할 수 있는 모서리 또는 벽 등에 설치할 것
2.4.3.13.4 감지기를 천장에 설치하는 경우에는 감지기는 바닥을 향하여 설치할 것
2.4.3.13.5 수분이 많이 발생할 우려가 있는 장소에는 방수형으로 설치할 것
2.4.3.13.6 그 밖의 설치기준은 형식승인 내용에 따르며 형식승인 사항이 아닌 것은 제조사의 시방서에 따라 설치할 것
2.4.3.14 아날로그방식의 감지기는 공칭감지온도범위 및 공칭감지농도범위에 적합한 장소에, 다신호방식의 감지기는 화재신호를 발신하는 감도에 적합한 장소에 설치할 것. 다만, 이 기준에서 정하지 않는 설치방법에 대하여는 형식승인 사항이나 제조사의 시방서에 따라 설치할 수 있다.
2.4.3.15 광전식분리형감지기는 다음의 기준에 따라 설치할 것
2.4.3.15.1 감지기의 수광면은 햇빛을 직접 받지 않도록 설치할 것

2.4.3.15.2 광축(송광면과 수광면의 중심을 연결한 선)은 나란한 벽으로부터 0.6m 이상 이격하여 설치할 것

2.4.3.15.3 감지기의 송광부와 수광부는 설치된 뒷벽으로부터 1m 이내의 위치에 설치할 것

2.4.3.15.4 광축의 높이는 천장 등(천장의 실내에 면한 부분 또는 상층의 바닥하부면을 말한다) 높이의 80% 이상일 것

2.4.3.15.5 감지기의 광축의 길이는 공칭감시거리 범위 이내일 것

2.4.3.15.6 그 밖의 설치기준은 형식승인 내용에 따르며 형식승인 사항이 아닌 것은 제조사의 시방서에 따라 설치할 것

2.4.4 2.4.3에도 불구하고 다음의 장소에는 각각 광전식분리형감지기 또는 불꽃감지기를 설치하거나 광전식공기흡입형감지기를 설치할 수 있다.

2.4.4.1 화학공장 · 격납고 · 제련소 등 : 광전식분리형감지기 또는 불꽃감지기. 이 경우 각 감지기의 공칭감시거리 및 공칭시야각 등 감지기의 성능을 고려해야 한다.

2.4.4.2 전산실 또는 반도체 공장 등 : 광전식공기흡입형감지기. 이 경우 설치장소 · 감지면적 및 공기흡입관의 이격거리 등은 형식승인 내용에 따르며 형식승인 사항이 아닌 것은 제조사의 시방서에 따라 설치해야 한다.

2.4.5 다음의 장소에는 감지기를 설치하지 않을 수 있다.

2.4.5.1 천장 또는 반자의 높이가 20m 이상인 장소. 다만, 2.4.1 단서의 감지기로서 부착 높이에 따라 적응성이 있는 장소는 제외한다.

2.4.5.2 헛간 등 외부와 기류가 통하는 장소로서 감지기에 따라 화재 발생을 유효하게 감지할 수 없는 장소

2.4.5.3 부식성가스가 체류하고 있는 장소

2.4.5.4 고온도 및 저온도로서 감지기의 기능이 정지되기 쉽거나 감지기의 유지관리가 어려운 장소

2.4.5.5 목욕실 · 욕조나 샤워시설이 있는 화장실 · 기타 이와 유사한 장소

2.4.5.6 파이프덕트 등 그 밖의 이와 비슷한 것으로서 2개 층마다 방화구획된 것이나 수평단면적이 5m² 이하인 것

2.4.5.7 먼지 · 가루 또는 수증기가 다량으로 체류하는 장소 또는 주방 등 평상시 연기가 발생하는 장소 (연기감지기에 한한다)

2.4.5.8 프레스공장 · 주조공장 등 화재 발생의 위험이 적은 장소로서 감지기의 유지관리가 어려운 장소

2.4.6 2.4.1 단서에도 불구하고 일시적으로 발생한 열 · 연기 또는 먼지 등으로 인하여 화재신호를 발신할 우려가 있는 장소에는 표 2.4.6(1) 및 표 2.4.6(2)에 따라 해당 장소에 적응성 있는 감지기를 설치할 수 있으며, 연기감지기를 설치할 수 없는 장소에는 표 2.4.6(1)을 적용하여 설치할 수 있다.

표 2.4.6(1) 설치장소별 감지기의 적응성(연기감지기를 설치할 수 없는 경우 적용)

설치장소		적응 열감지기								열아날로그식	불꽃감지기	비고
환경 상태	적응 장소	차동식 스포트형		차동식 분포형		보상식 스포트형		정온식				
		1종	2종	1종	2종	1종	2종	특종	1종			
1. 먼지 또는 미분 등이 다량으로 체류하는 장소	쓰레기장, 하역장, 도장실, 섬유·목재·석재 등 가공 공장	○	○	○	○	○	○	○	×	○	○	1. 불꽃감지기에 따라 감시가 곤란한 장소는 적응성이 있는 열감지기를 설치할 것 2. 차동식분포형 감지기를 설치하는 경우에는 검출부에 먼지, 미분 등이 침입하지 않도록 조치할 것 3. 차동식스포트형 감지기 또는 보상식스포트형 감지기를 설치하는 경우에는 검출부에 먼지, 미분 등이 침입하지 않도록 조치할 것 4. 섬유, 목재가공 공장 등 화재확대가 급속하게 진행될 우려가 있는 장소에 설치하는 경우 정온식 감지기는 특종으로 설치할 것. 공칭작동온도 75℃ 이하, 열아날로그식스포트형 감지기는 화재표시 설정은 80℃ 이하가 되도록 할 것
2. 수증기가 다량으로 머무는 장소	증기 세정실, 탕비실, 소독실 등	×	×	×	○	×	○	○	○	○	○	1. 차동식분포형 감지기 또는 보상식스포트형 감지기는 급격한 온도변화가 없는 장소에 한하여 사용할 것 2. 차동식분포형 감지기를 설치하는 경우에는 검출부에 수증기가 침입하지 않도록 조치할 것 3. 보상식스포트형 감지기, 정온식 감지기 또는 열아날로그식 감지기를 설치하는 경우에는 방수형으로 설치할 것 4. 불꽃감지기를 설치할 경우 방수형으로 할 것

설치장소		적응 열감지기								불꽃감지기	비고
환경 상태	적응 장소	차동식 스포트형		차동식 분포형		보상식 스포트형		정온식		열아날로그식	
		1종	2종	1종	2종	1종	2종	특종	1종		
3. 부식성 가스가 발생할 우려가 있는 장소	도금공장, 축전지실, 오수처리장 등	×	×	○	○	○	○	○	×	○	○	1. 차동식분포형 감지기를 설치하는 경우에는 감지부가 피복되어 있고 검출부가 부식성가스에 영향을 받지 않도록 또는 검출부에 부식성가스가 침입하지 않도록 조치할 것 2. 보상식스포트형 감지기, 정온식 감지기 또는 열아날로그식 스포트형 감지기를 설치하는 경우에는 부식성 가스의 성상에 반응하지 않는 내산형 또는 내알칼리형으로 설치할 것
4. 주방, 기타 평상시에 연기가 체류하는 장소	주방, 조리실, 용접작업장 등	×	×	×	×	×	×	○	○	○	○	1. 주방, 조리실 등 습도가 많은 장소에는 방수형 감지기를 설치할 것 2. 불꽃감지기는 UV/IR형을 설치할 것
5. 현저하게 고온으로 되는 장소	건조실, 살균실, 보일러실, 주조실, 영사실, 스튜디오	×	×	×	×	×	×	○	○	○	×	—
6. 배기가스가 다량으로 체류하는 장소	주차장, 차고, 화물취급소 차로, 자가 발전실, 트럭터미널, 엔진시험실	○	○	○	○	○	○	×	×	○	○	1. 불꽃감지기에 따라 감시가 곤란한 장소는 적응성이 있는 열감지기를 설치할 것 2. 열아날로그식스포트형 감지기는 화재표시 설정이 60℃ 이하가 바람직하다.

설치장소		적응 열감지기								불꽃감지기	비고
환경 상태	적응 장소	차동식 스포트형		차동식 분포형		보상식 스포트형		정온식		열아날로그식	
		1종	2종	1종	2종	1종	2종	특종	1종		
7. 연기가 다량으로 유입할 우려가 있는 장소	음식물 배급실, 주방전실, 주방 내 식품 저장실, 음식물 운반용 엘리베이터, 주방 주변의 복도 및 통로, 식당 등	○	○	○	○	○	○	○	○	○	×	1. 고체연료 등 가연물이 수납되어 있는 음식물배급실, 주방전실에 설치하는 정온식감지기는 특종으로 설치할 것 2. 주방 주변의 복도 및 통로, 식당 등에는 정온식 감지기를 설치하지 않을 것 3. 제1호 및 제2호의 장소에 열아날로그식스포트형 감지기를 설치하는 경우에는 화재표시 설정을 60℃ 이하로 할 것
8. 물방울이 발생하는 장소	스레트 또는 철판으로 설치한 지붕 창고·공장, 패키지형 냉각기 전용 수납실, 밀폐된 지하창고, 냉동실 주변 등	×	×	○	○	○	○	○	○	○	○	1. 보상식스포트형 감지기, 정온식 감지기 또는 열아날로그식스포트형 감지기를 설치하는 경우에는 방수형으로 설치할 것 2. 보상식스포트형 감지기는 급격한 온도변화가 없는 장소에 한하여 설치할 것 3. 불꽃감지기를 설치하는 경우에는 방수형으로 설치할 것
9. 불을 사용하는 설비로서 불꽃이 노출되는 장소	유리공장, 용선로가 있는 장소, 용접실, 주방, 작업장, 주조실 등	×	×	×	×	×	×	○	○	○	×	—

[비고] 1. "○"는 당해 설치장소에 적응하는 것을 표시, "×"는 당해 설치장소에 적응하지 않는 것을 표시
2. 차동식스포트형, 차동식분포형 및 보상식스포트형 1종은 감도가 예민하기 때문에 비화재보 발생은 2종에 비해 불리한 조건이라는 것을 유의할 것
3. 차동식분포형 3종 및 정온식 2종은 소화설비와 연동하는 경우에 한해서 사용할 것
4. 다신호식 감지기는 그 감지기가 가지고 있는 종별, 공칭작동온도별로 따르지 말고 상기 표에 따른 적응성이 있는 감지기로 할 것

표 2.4.6(2) 설치장소별 감지기의 적응성

환경상태	적응장소	적응열감지기					적응연기감지기						불꽃감지기	비고
		차동식스포트형	차동식분포형	보상식스포트형	정온식	열아날로그식	이온화식스포트형	광전식스포트형	이온아날로그식스포트형	광전아날로그식스포트형	광전식분리형	광전아날로그식분리형		
1. 흡연에 의해 연기가 체류하며 환기가 되지 않는 장소	회의실, 응접실, 휴게실, 노래연습실, 오락실, 다방, 음식점, 대합실, 카바레 등의 객실, 집회장, 연회장 등	○	○	○	-	-	-	◎	-	◎	○	○	-	
2. 취침시설로 사용하는 장소	호텔 객실, 여관, 수면실 등	-	-	-	-	-	◎	◎	◎	◎	○	○	-	
3. 연기 이외의 미분이 떠다니는 장소	복도, 통로 등	-	-	-	-	-	◎	◎	◎	◎	○	○	○	
4. 바람에 영향을 받기 쉬운 장소	로비, 교회, 관람장, 옥탑에 있는 기계실	-	○	-	-	-	-	◎	-	◎	○	○	○	-
5. 연기가 멀리 이동해서 감지기에 도달하는 장소	계단, 경사로	-	-	-	-	-	○	-	○	○	○	○	-	광전식스포트형 감지기 또는 광전아날로그식스포트형 감지기를 설치하는 경우에는 당해 감지기회로에 축적기능을 갖지 않는 것으로 할 것

설치장소		적응열감지기					적응연기감지기						불꽃감지기	비고
환경상태	적응장소	차동식스포트형	차동식분포형	보상식스포트형	정온식	열아날로그식	이온화식스포트형	광전식스포트형	이온아날로그식스포트형	광전아날로그식스포트형	광전식분리형	광전아날로그식분리형		
6. 훈소 화재의 우려가 있는 장소	전화기기실, 통신기기실, 전산실, 기계제어실	-	-	-	-	-	○	-	○	○	○	-	-	-
7. 넓은 공간으로 천장이 높아 열 및 연기가 확산하는 장소	체육관, 항공기 격납고, 높은 천장의 창고·공장, 관람석 상부 등 감지기 부착 높이가 8m 이상인 장소	-	○	-	-	-	-	-	-	-	○	○	○	-

[비고] 1. "○"는 당해 설치장소에 적응하는 것을 표시
2. "◎"는 당해 설치장소에 연감지기를 설치하는 경우에는 당해 감지회로에 축적기능을 갖는 것을 표시
3. 차동식스포트형, 차동식분포형, 보상식스포트형 및 연기식(당해 감지기회로에 축적기능을 갖지 않는 것) 1종은 감도가 예민하기 때문에 비화재보 발생은 2종에 비해 불리한 조건이라는 것을 유의할 것
4. 차동식분포형 3종 및 정온식 2종은 소화설비와 연동하는 경우에 한해서 사용할 것
5. 광전식분리형 감지기는 평상시 연기가 발생하는 장소 또는 공간이 협소한 경우에는 적응성이 없음
6. 넓은 공간으로 천장이 높아 열 및 연기가 확산하는 장소로서 차동식분포형 또는 광전식분리형 2종을 설치하는 경우에는 제조사의 사양에 따를 것
7. 다신호식 감지기는 그 감지기가 가지고 있는 종별, 공칭작동온도별로 따르고 표에 따른 적응성이 있는 감지기로 할 것
8. 축적형 감지기 또는 축적형 중계기, 혹은 축적형 수신기를 설치하는 경우에는 2.4에 따를 것

2.5 음향장치 및 시각경보장치

2.5.1 자동화재탐지설비의 음향장치는 다음의 기준에 따라 설치해야 한다.

2.5.1.1 주음향장치는 수신기의 내부 또는 그 직근에 설치할 것

2.5.1.2 층수가 11층(공동주택의 경우에는 16층) 이상의 특정소방대상물은 다음의 기준에 따라 경보를 발할 수 있도록 할 것

2.5.1.2.1 2층 이상의 층에서 발화한 때에는 발화층 및 그 직상 4개 층에 경보를 발할 것

2.5.1.2.2 1층에서 발화한 때에는 발화층·그 직상 4개 층 및 지하층에 경보를 발할 것

2.5.1.2.3 지하층에서 발화한 때에는 발화층·그 직상층 및 기타의 지하층에 경보를 발할 것

2.5.1.3 지구음향장치는 특정소방대상물의 층마다 설치하되, 해당 층의 각 부분으로부터 하나의 음향장치까지의 수평거리가 25m 이하가 되도록 하고, 해당 층의 각 부분에 유효하게 경보를 발할 수 있도록 설치할 것. 다만, 「비상방송설비의 화재안전기술기준(NFTC 202)」에 적합한 방송설비를 자동화재탐지설비의 감지기와 연동하여 작동하도록 설치한 경우에는 지구음향장치를 설치하지 않을 수 있다.

2.5.1.4 음향장치는 다음의 기준에 따른 구조 및 성능의 것으로 할 것

2.5.1.4.1 정격전압의 80% 전압에서 음향을 발할 수 있는 것으로 할 것. 다만, 건전지를 주전원으로 사용하는 음향장치는 그렇지 않다.

2.5.1.4.2 음향의 크기는 부착된 음향장치의 중심으로부터 1m 떨어진 위치에서 90dB 이상이 되는 것으로 할 것

2.5.1.4.3 감지기 및 발신기의 작동과 연동하여 작동할 수 있는 것으로 할 것

2.5.1.5 2.5.1.3에도 불구하고 2.5.1.3의 기준을 초과하는 경우로서 기둥 또는 벽이 설치되지 아니한 대형공간의 경우 지구음향장치는 설치대상 장소의 가장 가까운 장소의 벽 또는 기둥 등에 설치할 것

2.5.2 청각장애인용 시각경보장치는 소방청장이 정하여 고시한 「시각경보장치의 성능인증 및 제품검사의 기술기준」에 적합한 것으로서 다음의 기준에 따라 설치해야 한다.

2.5.2.1 복도·통로·청각장애인용 객실 및 공용으로 사용하는 거실(로비, 회의실, 강의실, 식당, 휴게실, 오락실, 대기실, 체력단련실, 접객실, 안내실, 전시실, 기타 이와 유사한 장소를 말한다)에 설치하며, 각 부분으로부터 유효하게 경보를 발할 수 있는 위치에 설치할 것

2.5.2.2 공연장·집회장·관람장 또는 이와 유사한 장소에 설치하는 경우에는 시선이 집중되는 무대부 부분 등에 설치할 것

2.5.2.3 설치 높이는 바닥으로부터 2m 이상 2.5m 이하의 장소에 설치할 것. 다만, 천장의 높이가 2m 이하인 경우에는 천장으로부터 0.15m 이내의 장소에 설치해야 한다.

2.5.2.4 시각경보장치의 광원은 전용의 축전지설비 또는 전기저장장치(외부 전기에너지를 저장해 두었다가 필요한 때 전기를 공급하는 장치)에 의하여 점등되도록 할 것. 다만, 시각경보기에 작동전원을 공급할 수 있도록 형식승인을 얻은 수신기를 설치한 경우에는 그렇지 않다.

2.5.3 하나의 특정소방대상물에 2 이상의 수신기가 설치된 경우 어느 수신기에서도 지구음향장치 및 시각경보장치를 작동할 수 있도록 해야 한다.

2.6 발신기

2.6.1 자동화재탐지설비의 발신기는 다음의 기준에 따라 설치해야 한다.

2.6.1.1 조작이 쉬운 장소에 설치하고, 스위치는 바닥으로부터 0.8m 이상 1.5m 이하의 높이에 설치할 것

2.6.1.2 특정소방대상물의 층마다 설치하되, 해당 층의 각 부분으로부터 하나의 발신기까지의 수평거

리가 25m 이하가 되도록 할 것. 다만, 복도 또는 별도로 구획된 실로서 보행거리가 40m 이상일 경우에는 추가로 설치해야 한다.

2.6.1.3 2.6.1.2에도 불구하고 2.6.1.2의 기준을 초과하는 경우로서 기둥 또는 벽이 설치되지 아니한 대형공간의 경우 발신기는 설치대상 장소의 가장 가까운 장소의 벽 또는 기둥 등에 설치할 것

2.6.2 발신기의 위치를 표시하는 표시등은 함의 상부에 설치하되, 그 불빛은 부착면으로부터 15° 이상의 범위 안에서 부착지점으로부터 10m 이내의 어느 곳에서도 쉽게 식별할 수 있는 적색등으로 해야 한다.

2.7 전원

2.7.1 자동화재탐지설비의 상용전원은 다음의 기준에 따라 설치해야 한다.

2.7.1.1 상용전원은 전기가 정상적으로 공급되는 축전지설비, 전기저장장치(외부 전기에너지를 저장해 두었다가 필요한 때 전기를 공급하는 장치) 또는 교류전압의 옥내 간선으로 하고, 전원까지의 배선은 전용으로 할 것

2.7.1.2 개폐기에는 "자동화재탐지설비용"이라고 표시한 표지를 할 것

2.7.2 자동화재탐지설비에는 그 설비에 대한 감시상태를 60분간 지속한 후 유효하게 10분 이상 경보할 수 있는 비상전원으로서 축전지설비(수신기에 내장하는 경우를 포함한다) 또는 전기저장장치(외부 전기에너지를 저장해 두었다가 필요한 때 전기를 공급하는 장치)를 설치해야 한다. 다만, 상용전원이 축전지설비인 경우 또는 건전지를 주전원으로 사용하는 무선식 설비인 경우에는 그렇지 않다.

2.8 배선

2.8.1 배선은 「전기사업법」 제67조에 따른 「전기설비기술기준」에서 정한 것 외에 다음의 기준에 따라 설치해야 한다.

2.8.1.1 전원회로의 배선은 「옥내소화전설비의 화재안전기술기준(NFTC 102)」 2.7.2의 표 2.7.2(1)에 따른 내화배선에 따르고, 그 밖의 배선(감지기 상호간 또는 감지기로부터 수신기에 이르는 감지기회로의 배선을 제외한다)은 「옥내소화전설비의 화재안전기술기준(NFTC 102)」 2.7.2의 표 2.7.2(1) 또는 표 2.7.2(2)에 따른 내화배선 또는 내열배선에 따를 것

2.8.1.2 감지기 상호간 또는 감지기로부터 수신기에 이르는 감지기회로의 배선은 다음의 기준에 따라 설치할 것

2.8.1.2.1 아날로그식, 다신호식 감지기나 R형수신기용으로 사용되는 것은 전자파 방해를 받지 않는 실드선 등을 사용해야 하며, 광케이블의 경우에는 전자파 방해를 받지 아니하고 내열성능이 있는 경우 사용할 것. 다만, 전자파 방해를 받지 않는 방식의 경우에는 그렇지 않다.

2.8.1.2.2 2.8.1.2.1 외의 일반배선을 사용할 때는 「옥내소화전설비의 화재안전기술기준(NFTC 102)」 2.7.2의 표 2.7.2(1) 또는 표 2.7.2(2)에 따른 내화배선 또는 내열배선으로 사용할 것

2.8.1.3 감지기회로의 도통시험을 위한 종단저항은 다음의 기준에 따를 것

2.8.1.3.1 점검 및 관리가 쉬운 장소에 설치할 것

2.8.1.3.2 전용함을 설치하는 경우 그 설치 높이는 바닥으로부터 1.5m 이내로 할 것

2.8.1.3.3 감지기 회로의 끝부분에 설치하며, 종단감지기에 설치할 경우에는 구별이 쉽도록 해당 감지기의 기판 및 감지기 외부 등에 별도의 표시를 할 것

2.8.1.4 감지기 사이의 회로의 배선은 송배선식으로 할 것

2.8.1.5 전원회로의 전로와 대지 사이 및 배선 상호간의 절연저항은 「전기사업법」 제67조에 따른 「전기설비기술기준」이 정하는 바에 의하고, 감지기회로 및 부속회로의 전로와 대지 사이 및 배선 상호간의 절연저항은 1경계구역마다 직류 250 V의 절연저항측정기를 사용하여 측정한 절연저항이 0.1MΩ 이상이 되도록 할 것

2.8.1.6 자동화재탐지설비의 배선은 다른 전선과 별도의 관·덕트(절연효력이 있는 것으로 구획한 때에는 그 구획된 부분은 별개의 덕트로 본다)·몰드 또는 풀박스 등에 설치할 것. 다만, 60V 미만의 약 전류회로에 사용하는 전선으로서 각각의 전압이 같을 때에는 그렇지 않다.

2.8.1.7 P형 수신기 및 G.P형 수신기의 감지기 회로의 배선에 있어서 하나의 공통선에 접속할 수 있는 경계구역은 7개 이하로 할 것

2.8.1.8 자동화재탐지설비의 감지기회로의 전로저항은 50Ω 이하가 되도록 해야 하며, 수신기의 각 회로별 종단에 설치되는 감지기에 접속되는 배선의 전압은 감지기 정격전압의 80% 이상이어야 할 것

CHAPTER 31

전기저장시설의 화재안전성능기준 (NFPC 607)

[시행 2024. 5. 17.] [소방청고시 제2024-21호, 2024. 5. 17., 일부개정]

제1조(목적)

이 기준은 「소방시설 설치 및 관리에 관한 법률」(이하 "법"이라 한다) 제2조제1항제6호가목에 따라 소방청장에게 위임한 사항 중 전기저장시설에 설치해야 하는 소방시설 등의 성능기준을 규정함을 목적으로 한다.

제2조(적용범위)

이 기준은 「소방시설 설치 및 관리에 관한 법률 시행령」(이하 "영"이라 한다) 제11조제1항에 따라 전기저장시설에 설치해야 하는 소방시설 등의 설치 및 관리에 대해 적용한다.

제3조(정의)

이 기준에서 사용하는 용어의 정의는 다음과 같다.

1. "전기저장장치"란 생산된 전기를 전력 계통에 저장했다가 전기가 가장 필요한 시기에 공급해 에너지 효율을 높이는 것으로 배터리(이차전지에 한정한다. 이하 같다), 배터리 관리 시스템, 전력 변환 장치 및 에너지 관리 시스템 등으로 구성되어 발전·송배전·일반 건축물에서 목적에 따라 단계별 저장이 가능한 장치를 말한다.
2. "옥외형 전기저장장치 설비"란 컨테이너, 패널 등 전기저장장치 설비 전용 건축물의 형태로 옥외의 구획된 실에 설치된 전기저장장치를 말한다.
3. "옥내형 전기저장장치 설비"란 전기저장장치 설비 전용 건축물이 아닌 건축물의 내부에 설치되는 전기저장장치로 '옥외형 전기저장장치 설비'가 아닌 설비를 말한다.
4. "배터리실"이란 전기저장장치 중 배터리를 보관하기 위해 별도로 구획된 실을 말한다.
5. "더블인터락(Double-Interlock) 방식"이란 준비작동식스프링클러설비의 작동방식 중 화재감지기와 스프링클러헤드가 모두 작동되는 경우 준비작동식유수검지장치가 개방되는 방식을 말한다.

제4조(다른 화재안전성능기준과의 관계)

전기저장시설에 설치하는 소방시설 등의 설치 및 관리기준 중 이 기준에서 규정하지 않은 것은 개별 화재안전성능기준에 따른다.

제5조(소화기)

소화기는 부속용도별로 소화기의 능력단위를 고려하여 구획된 실 마다 추가하여 설치해야 한다.

제6조(스프링클러설비)

스프링클러설비는 다음 각 호의 기준에 따라 설치해야 한다.

1. 스프링클러설비는 습식스프링클러설비 또는 준비작동식스프링클러설비(신속한 작동을 위해 더블인터락 방식은 제외한다)로 설치할 것
2. 전기저장장치가 설치된 실의 바닥면적(바닥면적이 230제곱미터 이상인 경우에는 230제곱미터) 1제곱미터에 분당 12.2리터 이상의 수량을 균일하게 30분 이상 방수할 수 있도록 할 것
3. 스프링클러헤드의 방수로 인해 인접 헤드에 미치는 영향을 최소화하기 위하여 스프링클러헤드 사이의 간격을 1.8미터 이상 유지할 것. 이 경우 헤드 사이의 최대 간격은 스프링클러설비의 소화성능에 영향을 미치지 않는 간격 이내로 해야 한다.
4. 준비작동식스프링클러설비를 설치할 경우 제8조제2항에 따른 감지기를 설치할 것
5. 스프링클러설비를 유효하게 일정 시간 이상 작동할 수 있는 비상전원을 갖출 것
6. 준비작동식스프링클러설비의 경우 전기저장장치의 출입구 부근에 수동식기동장치를 설치할 것
7. 소방자동차로부터 전기저장장치 설비에 송수할 수 있는 송수구를 「스프링클러설비의 화재안전성능기준(NFPC 103)」 제11조에 따라 설치할 것

제7조(배터리용 소화장치)

다음 각 호의 어느 하나에 해당하는 경우에는 제6조에도 불구하고 법 제18조에 따른 중앙소방기술심의위원회의 심의를 거쳐 소방청장이 인정하는 시험방법으로 제13조제2항에 따른 시험기관에서 전기저장장치에 대한 소화성능을 인정받은 배터리용 소화장치를 설치할 수 있다.

1. 옥외형 전기저장장치 설비가 컨테이너 내부에 설치된 경우
2. 옥외형 전기저장장치 설비가 다른 건축물, 주차장, 공용도로, 적재된 가연물, 위험물 등으로부터 30미터 이상 떨어진 지역에 설치된 경우

제8조(자동화재탐지설비)

① 자동화재탐지설비는 「자동화재탐지설비 및 시각경보장치의 화재안전성능기준(NFPC 203)」에 따라 설치해야 한다.
② 화재감지기는 공기흡입형 감지기, 아날로그식 연기감지기 또는 중앙소방기술심의위원회의 심의를 통해 전기저장장치의 화재에 적응성이 있다고 인정된 감지기를 설치해야 한다.

제9조 삭제

제10조(배출설비)

배출설비는 화재감지기의 감지에 따라 작동하고, 바닥면적 1제곱미터에 시간당 18세제곱미터 이상의 용량을 배출할 수 있는 용량의 것으로 설치해야 한다.

제11조(설치장소)

전기저장장치는 소방대의 원활한 소방활동을 위해 지면으로부터 지상 22미터 이내, 지하 9미터 이내로 설치해야 한다.

제12조(방화구획)

전기저장장치 설치장소의 벽체, 바닥 및 천장은 「건축물의 피난·방화구조 등의 기준에 관한 규칙」에 따라 건축물의 다른 부분과 방화구획 해야 한다.

제13조(화재안전성능)

① 소방본부장 또는 소방서장은 중앙소방기술심의위원회의 심의를 거쳐 소방청장이 인정하는 시험방법에 따라 제2항에 따른 시험기관에서 화재안전성능을 인정받은 경우에는 인정받은 성능 범위 안에서 제6조 및 제7조를 적용하지 않을 수 있다.
② 전기저장시설의 화재안전성능과 관련된 시험은 다음 각 호의 시험기관에서 수행할 수 있다.
  1. 한국소방산업기술원
  2. 한국화재보험협회 부설 방재시험연구원
  3. 제1항에 따른 소방청장이 인정하는 시험방법으로 화재안전성능을 시험할 수 있는 비영리 국가공인시험기관(「국가표준기본법」제23조에 따라 한국인정기구로부터 시험기관으로 인정받은 기관을 말한다)

제14조(재검토기한)

소방청장은 「훈령·예규 등의 발령 및 관리에 관한 규정」에 따라 이 고시에 대하여 2024년 7월 1일을 기준으로 매 3년이 되는 시점(매 3년째의 12월 31일까지를 말한다)마다 그 타당성을 검토하여 개선 등의 조치를 해야 한다.

제15조(규제의 재검토)

소방청장은 「행정규제기본법」제8조에 따라 2023년 1월 1일을 기준으로 매 3년이 되는 시점(매 3년째의 12월 31일까지를 말한다)마다 그 타당성을 검토하여 개선 등의 조치를 해야 한다.

부칙〈제2022-68호, 2022. 11. 25.〉

제1조(시행일)

이 고시는 2022년 12월 1일부터 시행한다.

제2조(경과조치)

① 이 고시 시행 전에 건축허가 등의 신청 또는 신고를 하거나 소방시설공사의 착공신고를 한 특정소방대상물에 대해서는 종전의 「전기저장시설의 화재안전기준(NFSC 607)」에 따른다.
② 이 고시 시행 전에 제1항에 따른 신청 또는 신고를 한 경우라도 개정 기준이 종전의 기준에 비해 관계인에게 유리한 경우에는 개정 기준에 따를 수 있다.

제3조(다른 법령과의 관계)

이 고시 시행 당시 다른 법령에서 종전의 화재안전기준을 인용한 경우에 이 고시 가운데 그에 해당하는 규정이 있는 경우에는 종전의 규정에 갈음하여 이 고시의 해당 규정을 인용한 것으로 본다.

부칙〈제2024-21호, 2024. 5. 17.〉

이 고시는 발령한 날부터 시행한다.

CHAPTER 31 전기저장시설의 화재안전기술기준 (NFTC 607)

[시행 2024. 7. 1.] [국립소방연구원공고 제2024-43호, 2024. 7. 1., 일부개정]

1. 일반사항

1.1 적용범위

1.1.1 이 기준은 「소방시설 설치 및 관리에 관한 법률 시행령」(이하 "영"이라 한다) 제11조제1항에 따라 전기저장시설에 설치해야 하는 소방시설 등의 설치 및 관리에 대해 적용한다.

1.2 기준의 효력

1.2.1 이 기준은 「소방시설 설치 및 관리에 관한 법률」(이하 "법"이라 한다) 제2조제1항제6호나목에 따라 전기저장시설에 설치하는 소방시설 등의 기술기준으로서의 효력을 가진다.

1.2.2 이 기준에 적합한 경우에는 법 제2조제1항제6호나목에 따라 「전기저장시설의 화재안전성능기준(NFPC 607)」을 충족하는 것으로 본다.

1.3 기준의 시행

1.3.1 이 기준은 2024년 7월 1일부터 시행한다. 〈개정 2024.7.1.〉

1.4 기준의 특례

1.4.1 소방본부장 또는 소방서장은 기존건축물이 증축·개축·대수선되거나 용도 변경되는 경우에 있어서 이 기준이 정하는 기준에 따라 해당 건축물에 설치해야 할 소방시설의 배관·배선 등의 공사가 현저하게 곤란하다고 인정되는 경우에는 해당 설비의 기능 및 사용에 지장이 없는 범위 안에서 이 기준의 일부를 적용하지 않을 수 있다.

1.5 경과조치

1.5.1 이 기준 시행 전에 건축허가 등의 신청 또는 신고를 하거나 소방시설공사의 착공신고를 한 특정소방대상물에 대해서는 종전의 「전기저장시설의 화재안전기준(NFSC 607)」에 따른다.

1.5.2 이 기준 시행 전에 1.5.1에 따른 신청 또는 신고를 한 경우라도 제정 기준이 종전의 기준에 비하여 관계인에게 유리한 경우에는 제정 기준에 따를 수 있다.

1.6 다른 법령과의 관계

1.6.1 이 기준 시행 당시 다른 법령 또는 행정규칙 등에서 종전의 화재안전기준을 인용한 경우에 이 기준 가운데 그에 해당하는 규정이 있는 경우에는 종전의 규정에 갈음하여 이 기준의 해당 규정을 인용한 것으로 본다.

1.6.2 전기저장시설에 설치하는 소방시설 등의 설치 및 관리기준 중 이 기준에서 규정하지 않은 기준은 개별 기술기준에 따라야 한다.

1.7 용어의 정의

1.7.1 이 기준에서 사용하는 용어의 정의는 다음과 같다.

1.7.1.1 "전기저장장치"란 생산된 전기를 전력 계통에 저장했다가 전기가 가장 필요한 시기에 공급해 에너지 효율을 높이는 것으로 배터리(이차전지에 한정한다. 이하 같다), 배터리 관리시스템, 전력 변환 장치 및 에너지 관리 시스템 등으로 구성되어 발전·송배전·일반 건축물에서 목적에 따라 단계별 저장이 가능한 장치를 말한다.

1.7.1.2 "옥외형 전기저장장치 설비"란 컨테이너, 패널 등 전기저장장치 설비 전용 건축물의 형태로 옥외의 구획된 실에 설치된 전기저장장치를 말한다.

1.7.1.3 "옥내형 전기저장장치 설비"란 전기저장장치 설비 전용 건축물이 아닌 건축물의 내부에 설치되는 전기저장장치로 '옥외형 전기저장장치 설비'가 아닌 설비를 말한다.

1.7.1.4 "배터리실"이란 전기저장장치 중 배터리를 보관하기 위해 별도로 구획된 실을 말한다.

1.7.1.5 "더블인터락(Double-Interlock) 방식"이란 준비작동식스프링클러설비의 작동방식 중 화재감지기와 스프링클러헤드가 모두 작동되는 경우 준비작동식유수검지장치가 개방되는 방식을 말한다.

2. 기술기준

2.1 소화기

2.1.1 소화기는 「소화기구 및 자동소화장치의 화재안전기술기준(NFTC 101)」 2.1.1.3의 표 2.1.1.3 제2호에 따라 구획된 실 마다 추가하여 설치해야 한다.

2.2 스프링클러설비

2.2.1 스프링클러설비는 다음의 기준에 따라 설치해야 한다. 다만, 배터리실 외의 장소에는 스프링클러헤드를 설치하지 않을 수 있다.

2.2.1.1 스프링클러설비는 습식스프링클러설비 또는 준비작동식스프링클러설비(신속한 작동을 위해 더블인터락 방식은 제외한다)로 설치할 것 〈개정 2024.7.1.〉

2.2.1.2 전기저장장치가 설치된 실의 바닥면적(바닥면적이 230m^2 이상인 경우에는 230m^2) 1m^2에 분당 12.2L/min 이상의 수량을 균일하게 30분 이상 방수할 수 있도록 할 것

2.2.1.3 스프링클러헤드의 방수로 인해 인접 헤드에 미치는 영향을 최소화하기 위하여 스프링클러헤드 사이의 간격을 1.8m 이상 유지할 것. 이 경우 헤드 사이의 최대 간격은 스프링클러설비의 소화성능에 영향을 미치지 않는 간격 이내로 해야 한다.

2.2.1.4 준비작동식스프링클러설비를 설치할 경우 2.4.2에 따른 감지기를 설치할 것

2.2.1.5 스프링클러설비를 30분 이상 작동할 수 있는 비상전원을 갖출 것

2.2.1.6 준비작동식스프링클러설비의 경우 전기저장장치의 출입구 부근에 수동식기동장치를 설치할 것

2.2.1.7 소방자동차로부터 전기저장장치 설비에 송수할 수 있는 송수구를 「스프링클러설비의 화재안전기술기준(NFTC 103)」 2.8(송수구)에 따라 설치할 것

2.3 배터리용 소화장치

2.3.1 다음의 어느 하나에 해당하는 경우에는 2.2에도 불구하고 법 제18조에 따른 중앙소방기술심의위원회의 심의를 거쳐 소방청장이 인정하는 시험방법으로 2.9.2에 따른 시험기관에서 전기저장장치에 대한 소화성능을 인정받은 배터리용 소화장치를 설치할 수 있다. 〈개정 2024.7.1.〉

2.3.1.1 옥외형 전기저장장치 설비가 컨테이너 내부에 설치된 경우

2.3.1.2 옥외형 전기저장장치 설비가 다른 건축물, 주차장, 공용도로, 적재된 가연물, 위험물 등으로부터 30m 이상 떨어진 지역에 설치된 경우

2.4 자동화재탐지설비

2.4.1 자동화재탐지설비는 「자동화재탐지설비 및 시각경보장치의 화재안전기술기준(NFTC 203)」에 따라 설치해야 한다. 다만, 옥외형 전기저장장치 설비에는 자동화재탐지설비를 설치하지 않을 수 있다.

2.4.2 화재감지기는 다음의 어느 하나에 해당하는 감지기를 설치해야 한다.

2.4.2.1 공기흡입형 감지기 또는 아날로그식 연기감지기(감지기의 신호처리방식은 「자동화재탐지설비 및 시각경보장치의 화재안전기술기준(NFTC 203)」 1.7.2에 따른다)

2.4.2.2 중앙소방기술심의위원회의 심의를 통해 전기저장장치 화재에 적응성이 있다고 인정된 감지기

2.5 〈삭제 2024.7.1.〉

2.5.1 〈삭제 2024.7.1.〉

2.6 배출설비

2.6.1 배출설비는 다음의 기준에 따라 설치해야 한다.

2.6.1.1 배풍기·배출덕트·후드 등을 이용하여 강제적으로 배출할 것

2.6.1.2 바닥면적 1m²에 시간당 18m³ 이상의 용량을 배출할 것

2.6.1.3 화재감지기의 감지에 따라 작동할 것

2.6.1.4 옥외와 면하는 벽체에 설치

2.7 설치장소

2.7.1 전기저장장치는 관할 소방대의 원활한 소방활동을 위해 지면으로부터 지상 22m(전기저장장치가 설치된 전용 건축물의 최상부 끝단까지의 높이) 이내, 지하 9m(전기저장장치가 설치된 바닥면까지의 깊이) 이내로 설치해야 한다.

2.8 방화구획

2.8.1 전기저장장치 설치장소의 벽체, 바닥 및 천장은 「건축물의 피난·방화구조 등의 기준에 관한 규칙」에 따라 건축물의 다른 부분과 방화구획 해야 한다. 다만, 배터리실 외의 장소와 옥외형 전기저장장치 설비는 방화구획 하지 않을 수 있다.

2.9 화재안전성능

2.9.1 소방본부장 또는 소방서장은 중앙소방기술심의위원회의 심의를 거쳐 소방청장이 인정하는 시험

방법에 따라 2.9.2에 따른 시험기관에서 화재안전성능을 인정받은 경우에는 인정받은 성능 범위 안에서 2.2 및 2.3을 적용하지 않을 수 있다.

2.9.2 전기저장시설의 화재안전성능과 관련된 시험은 다음의 시험기관에서 수행할 수 있다.

2.9.2.1 한국소방산업기술원

2.9.2.2 한국화재보험협회 부설 방재시험연구원

2.9.2.3 2.9.1에 따라 소방청장이 인정하는 시험방법으로 화재안전성능을 시험할 수 있는 비영리 국가공인시험기관(「국가표준기본법」 제23조에 따라 한국인정기구로부터 시험기관으로 인정받은 기관을 말한다)

CHAPTER 32 제연설비의 화재안전성능기준 (NFPC 501)

[시행 2024. 10. 1.] [소방청고시 제2024-48호, 2024. 9. 13., 일부개정]

제1조(목적)
이 기준은 「소방시설 설치 및 관리에 관한 법률」(이하 "법"이라 한다) 제2조제1항제6호가목에 따라 소방청장에게 위임한 사항 중 소화활동설비인 제연설비의 성능기준을 규정함을 목적으로 한다.

제2조(적용범위)
이 기준은 「소방시설 설치 및 관리에 관한 법률 시행령」(이하 "영"이라 한다) 별표 4 제5호가목1)부터 5)까지에 따른 제연설비의 설치 및 관리에 대해 적용한다.

제3조(정의)
이 기준에서 사용하는 용어의 정의는 다음과 같다. 〈개정 2024.9.13.〉

1. "제연설비"란 화재가 발생한 거실의 연기를 배출함과 동시에 옥외의 신선한 공기를 공급하여 거주자들이 안전하게 피난하고, 소방대가 원활한 소화활동을 할 수 있도록 연기를 제어하는 설비를 말한다. 〈신설 2024.9.13.〉
2. "제연구역"이란 제연경계(제연경계가 면한 천장 또는 반자를 포함한다)에 의해 구획된 건물 내의 공간을 말한다.
3. "제연경계"란 연기를 예상제연구역 내에 가두거나 이동을 억제하기 위한 보 또는 제연경계벽 등을 말한다.
4. "제연경계벽"이란 제연경계가 되는 가동형 또는 고정형의 벽을 말한다.
5. "제연경계의 폭"이란 제연경계가 면한 천장 또는 반자로부터 그 제연경계의 수직하단 끝부분까지의 거리를 말한다.
6. "수직거리"란 제연경계의 하단 끝으로부터 그 수직한 하부 바닥면까지의 거리를 말한다.
7. "예상제연구역"이란 화재 시 연기의 제어가 요구되는 제연구역을 말한다.
8. "공동예상제연구역"이란 2개 이상의 예상제연구역을 동시에 제연하는 구역을 말한다.
9. "통로배출방식"이란 거실 내 연기를 직접 옥외로 배출하지 않고 거실에 면한 통로의 연기를 옥외로 배출하는 방식을 말한다.
10. "보행중심선"이란 통로 폭의 한가운데 지점을 연장한 선을 말한다.
11. "방화문"이란 「건축법 시행령」 제64조의 규정에 따른 60분+ 방화문, 60분 방화문 또는 30분 방화문으로써 언제나 닫힌 상태를 유지하거나 화재로 인한 연기의 발생 또는 온도의 상승에 따라 자동적으로 닫히는 구조를 말한다.
12. "유입풍도"란 예상제연구역으로 공기를 유입하도록 하는 풍도를 말한다.
13. "배출풍도"란 예상제연구역의 공기를 외부로 배출하도록 하는 풍도를 말한다.

14. "불연재료"란 「건축법 시행령」 제2조제10호에 따른 기준에 적합한 재료로서, 불에 타지 않는 성질을 가진 재료를 말한다.
15. "난연재료"란 「건축법 시행령」 제2조제9호에 따른 기준에 적합한 재료로서, 불에 잘 타지 않는 성능을 가진 재료를 말한다.
16. "댐퍼"란 풍도 내부의 연기 또는 공기의 흐름을 조절하기 위해 설치하는 장치를 말한다. 〈신설 2024.9.13.〉
17. "풍량조절댐퍼"란 송풍기(또는 공기조화기) 토출 측에 설치하여 유입풍도로 공급되는 공기의 유량을 조절하는 장치를 말한다. 〈신설 2024.9.13.〉

제4조(제연설비)

① 제연설비의 설치장소는 다음 각 호에 따른 제연구역으로 구획해야 한다.
 1. 하나의 제연구역의 면적은 1,000제곱미터 이내로 할 것
 2. 거실과 통로(복도를 포함한다. 이하 같다)는 각각 제연구획 할 것
 3. 통로상의 제연구역은 보행중심선의 길이가 60미터를 초과하지 않을 것
 4. 하나의 제연구역은 직경 60미터 원내에 들어갈 수 있을 것
 5. 하나의 제연구역은 둘 이상의 층에 미치지 않도록 할 것. 다만, 층의 구분이 불분명한 부분은 그 부분을 다른 부분과 별도로 제연구획 해야 한다.

② 제연구역의 구획은 보·제연경계벽(이하 "제연경계"라 한다) 및 벽(화재 시 자동으로 구획되는 가동벽·방화셔터·방화문을 포함한다. 이하 같다)으로 하되, 다음 각 호의 기준에 적합해야 한다.
 1. 재질은 내화재료, 불연재료 또는 제연경계벽으로 성능을 인정받은 것으로서 화재 시 쉽게 변형·파괴되지 아니하고 연기가 누설되지 않는 기밀성 있는 재료로 할 것
 2. 제연경계는 제연경계의 폭이 0.6미터 이상이고, 수직거리는 2미터 이내일 것
 3. 제연경계벽은 배연 시 기류에 따라 그 하단이 쉽게 흔들리지 않고, 가동식의 경우에는 급속히 하강하여 인명에 위해를 주지 않는 구조일 것

제5조(제연방식)

① 예상제연구역에 대하여는 화재 시 연기배출(이하 "배출"이라 한다)과 동시에 공기유입이 될 수 있게 하고, 배출구역이 거실일 경우에는 통로에 동시에 공기가 유입될 수 있도록 해야 한다.
② 제1항에도 불구하고 통로와 인접하고 있는 거실의 바닥면적이 50제곱미터 미만으로 구획(제연경계에 따른 구획은 제외한다. 다만, 거실과 통로와의 구획은 그렇지 않다)되고 그 거실에 통로가 인접하여 있는 경우에는 화재 시 그 거실에서 직접 배출하지 아니하고 인접한 통로의 배출로 갈음할 수 있다. 다만, 그 거실이 다른 거실의 피난을 위한 경유거실인 경우에는 그 거실에서 직접 배출해야 한다.
③ 통로의 주요 구조부가 내화구조이며 마감이 불연재료 또는 난연재료로 처리되고 통로 내부에 가연성 물질이 없는 경우에 그 통로는 예상제연구역으로 간주하지 않을 수 있다. 다만, 화재 시 연기의 유입이 우려되는 통로는 그렇지 않다.

제6조(배출량 및 배출방식)

① 거실의 바닥면적이 400제곱미터 미만으로 구획(제연경계에 따른 구획을 제외한다. 다만, 거실과 통

로와의 구획은 그렇지 않다)된 예상제연구역에 대한 배출량은 다음 각 호의 기준에 따른다.
1. 바닥면적 1제곱미터에 분당 1세제곱미터 이상으로 하되, 예상제연구역 전체에 대한 최저 배출량은 시간당 5,000세제곱미터 이상으로 할 것
2. 제5조제2항에 따라 바닥면적이 50제곱미터 미만인 예상제연구역을 통로배출방식으로 하는 경우에는 통로보행중심선의 길이 및 수직거리에 따라 다음 표에서 정하는 기준량 이상으로 할 것

통로보행중심선의 길이	수직거리	배출량	비고
40m 이하	2m 이하	25,000m³/hr 이상	벽으로 구획된 경우를 포함한다.
	2m 초과 2.5m 이하	30,000m³/hr 이상	
	2.5m 초과 3m 이하	35,000m³/hr 이상	
	3m 초과	45,000m³/hr 이상	
40m 초과 60m 이하	2m 이하	30,000m³/hr 이상	벽으로 구획된 경우를 포함한다.
	2m 초과 2.5m 이하	35,000m³/hr 이상	
	2.5m 초과 3m 이하	40,000m³/hr 이상	
	3m 초과	50,000m³/hr 이상	

② 바닥면적 400제곱미터 이상인 거실의 예상제연구역의 배출량은 다음 각 호의 기준에 적합해야 한다.
1. 예상제연구역이 직경 40미터인 원의 범위 안에 있을 경우에는 배출량이 시간당 40,000세제곱미터 이상으로 할 것. 다만, 예상제연구역이 제연경계로 구획된 경우에는 그 수직거리에 따라 배출량은 다음 표에 따른다.

수직거리	배출량
2m 이하	40,000m³/hr 이상
2m 초과 2.5m 이하	45,000m³/hr 이상
2.5m 초과 3m 이하	50,000m³/hr 이상
3m 초과	60,000m³/hr 이상

2. 예상제연구역이 직경 40미터인 원의 범위를 초과할 경우에는 배출량이 시간당 45,000세제곱미터 이상으로 할 것. 다만, 예상제연구역이 제연경계로 구획된 경우에는 그 수직거리에 따라 배출량은 다음 표에 따른다.

수직거리	배출량
2m 이하	45,000m³/hr 이상
2m 초과 2.5m 이하	50,000m³/hr 이상
2.5m 초과 3m 이하	55,000m³/hr 이상
3m 초과	65,000m³/hr 이상

③ 예상제연구역이 통로인 경우의 배출량은 시간당 45,000세제곱미터 이상으로 해야 한다. 다만, 예상제연구역이 제연경계로 구획된 경우에는 그 수직거리에 따라 배출량은 제2항제2호의 표에 따른다.

④ 배출은 각 예상제연구역별로 제1항부터 제3항에 따른 배출량 이상을 배출하되, 두 개 이상의 예상제연구역이 설치된 특정소방대상물에서 배출을 각 예상지역별로 구분하지 아니하고 공동예상제연구역을 동시에 배출하고자 할 때의 배출량은 다음 각 호에 따라야 한다. 다만, 거실과 통로는 공동예상제연구역으로 할 수 없다.

1. 공동예상제연구역 안에 설치된 예상제연구역이 각각 벽으로 구획된 경우(제연구역의 구획 중 출입구만을 제연경계로 구획한 경우를 포함한다)에는 각 예상제연구역의 배출량을 합한 것 이상으로 할 것. 다만, 예상제연구역의 바닥면적이 400제곱미터 미만인 경우 배출량은 바닥면적 1제곱미터에 분당 1세제곱미터 이상으로 하고 공동예상구역 전체배출량은 시간당 5,000세제곱미터 이상으로 할 것

2. 공동예상제연구역 안에 설치된 예상제연구역이 각각 제연경계로 구획된 경우(예상제연구역의 구획 중 일부가 제연경계로 구획된 경우를 포함하나 출입구부분만을 제연경계로 구획한 경우를 제외한다)에 배출량은 각 예상제연구역의 배출량 중 최대의 것으로 할것. 이 경우 공동제연예상구역이 거실일 때에는 그 바닥면적이 1,000제곱미터 이하이며, 직경 40미터 원 안에 들어가야 하고, 공동제연예상구역이 통로일 때에는 보행중심선의 길이를 40미터 이하로 하여야 한다.

⑤ 수직거리가 구획 부분에 따라 다른 경우는 수직거리가 긴 것을 기준으로 한다.

제7조(배출구)

① 예상제연구역에 대한 배출구의 설치는 다음 각 호의 기준에 따라야 한다.

1. 바닥면적이 400제곱미터 미만인 예상제연구역(통로인 예상제연구역을 제외한다)에 대한 배출구의 설치는 다음 각 목의 기준에 적합할 것

   가. 예상제연구역이 벽으로 구획되어있는 경우의 배출구는 천장 또는 반자와 바닥사이의 중간 윗부분에 설치할 것

   나. 예상제연구역 중 어느 한 부분이 제연경계로 구획되어있는 경우에는 천장·반자 또는 이에 가까운 벽의 부분에 설치할 것. 다만, 배출구를 벽에 설치하는 경우에는 배출구의 하단이 해당 예상제연구역에서 제연경계의 폭이 가장 짧은 제연경계의 하단보다 높이 되도록 하여야 한다.

2. 통로인 예상제연구역과 바닥면적이 400제곱미터 이상인 통로 외의 예상제연구역에 대한 배출구의 위치는 다음 각 목의 기준에 적합하여야 한다.

   가. 예상제연구역이 벽으로 구획되어 있는 경우의 배출구는 천장·반자 또는 이에 가까운 벽의 부분에 설치할 것. 다만, 배출구를 벽에 설치한 경우에는 배출구의 하단과 바닥간의 최단거리가 2미터 이상이어야 한다.

   나. 예상제연구역 중 어느 한 부분이 제연경계로 구획되어 있을 경우에는 천장·반자 또는 이에 가까운 벽의 부분(제연경계를 포함한다)에 설치할 것. 다만, 배출구를 벽 또는 제연경계에 설치하는 경우에는 배출구의 하단이 해당 예상제연구역에서 제연경계의 폭이 가장 짧은 제연경계의 하단보다 높이 되도록 설치하여야 한다.

② 예상제연구역의 각 부분으로부터 하나의 배출구까지의 수평거리는 10미터 이내가 되도록 하여야 한다.

제8조(공기유입방식 및 유입구)

① 예상제연구역에 대한 공기유입은 유입풍도를 경유한 강제유입 또는 자연유입방식으로 하거나, 인접한 제연구역 또는 통로에 유입되는 공기(가압의 결과를 일으키는 경우를 포함한다. 이하 같다)가 해당 구역으로 유입되는 방식으로 할 수 있다.

② 예상제연구역에 설치되는 공기유입구는 다음 각 호의 기준에 적합하여야 한다.

1. 바닥면적 400제곱미터 미만의 거실인 예상제연구역(제연경계에 따른 구획을 제외한다. 다만, 거실과 통로와의 구획은 그러하지 아니하다)에 대해서는 공기유입구와 배출구간의 직선거리는 5미터 이상 또는 구획된 실의 장변의 2분의 1 이상으로 할 것. 다만, 공연장·집회장·위락시설의 용도로 사용되는 부분의 바닥면적이 200제곱미터를 초과하는 경우의 공기유입구는 제2호의 기준에 따른다.

2. 바닥면적이 400제곱미터 이상의 거실인 예상제연구역(제연경계에 따른 구획을 제외한다. 다만, 거실과 통로와의 구획은 그러하지 아니하다)에 대하여는 바닥으로부터 1.5미터 이하의 높이에 설치하고 그 주변은 공기의 유입에 장애가 없도록 할 것

3. 제1호와 제2호에 해당하는 것 외의 예상제연구역(통로인 예상제연구역을 포함한다)에 대한 유입구는 다음 각 목에 따를 것. 다만, 제연경계로 인접하는 구역의 유입공기가 당해예상제연구역으로 유입되게 한 때에는 그러하지 아니하다.

   가. 유입구를 벽에 설치할 경우에는 제2호의 기준에 따를 것

   나. 유입구를 벽 외의 장소에 설치할 경우에는 유입구 상단이 천장 또는 반자와 바닥사이의 중간 아랫부분보다 낮게 되도록 하고, 수직거리가 가장 짧은 제연경계 하단보다 낮게 되도록 설치할 것

③ 공동예상제연구역에 설치되는 공기 유입구는 다음 각 호의 기준에 적합하게 설치해야 한다.

1. 공동예상제연구역 안에 설치된 각 예상제연구역이 벽으로 구획되어 있을 때에는 각 예상제연구역의 바닥면적에 따라 제2항제1호 및 제2호에 따라 설치할 것

2. 공동예상제연구역 안에 설치된 각 예상제연구역의 일부 또는 전부가 제연경계로 구획되어 있을 때에는 공동예상제연구역 안의 1개 이상의 장소에 제2항제3호에 따라 설치할 것

④ 인접한 제연구역 또는 통로로부터 유입되는 공기를 해당 예상제연구역에 대한 공기유입으로 하는 경우로서 공기 유입구가 제연경계 하단보다 높은 경우에는 그 인접한 제연구역 또는 통로의 화재 시 각 유입구 및 해당 구역 내에 설치된 유입풍도의 댐퍼는 자동폐쇄되도록 해야 한다.

⑤ 예상제연구역에 공기가 유입되는 순간의 풍속은 초속 5미터 이하가 되도록 하고, 제2항부터 제4항까지의 유입구의 구조는 유입공기를 상향으로 분출하지 않도록 설치해야 한다.

⑥ 예상제연구역에 대한 공기유입구의 크기는 해당 예상제연구역 배출량 분당 1세제곱미터에 대하여 35제곱센티미터 이상으로 해야 한다.

⑦ 예상제연구역에 대한 공기유입량은 제6조제1항부터 제4항까지에 따른 배출량의 배출에 지장이 없는 양으로 해야 한다.

제9조(배출기 및 배출풍도)

① 배출기의 배출 능력은 제6조제1항부터 제4항까지의 배출량 이상이 되도록 하고, 배출기 및 배출기와 배출풍도의 접속부분 등은 화열 등으로 인한 영향을 받지 않도록 설치해야 한다.

② 배출풍도는 다음 각 호의 기준에 따라야 한다.

　1. 배출풍도는 아연도금강판 또는 이와 동등 이상의 내식성·내열성이 있는 것으로 하며, 「건축법 시행령」 제2조제10호에 따른 불연재료(석면재료를 제외한다)인 단열재로 풍도 외부에 유효한 단열 처리를 하고, 강판의 두께는 배출풍도의 크기에 따라 다음 표에 따른 기준 이상으로 할 것

풍도단면의 긴 변 또는 직경의 크기	450mm 이하	450mm 초과 750mm 이하	750mm 초과 1,500mm 이하	1,500mm 초과 2,250mm 이하	2,250mm 초과
강판 두께	0.5mm	0.6mm	0.8mm	1.0mm	1.2mm

　2. 배출기의 흡입 측 풍도안의 풍속은 초속 15미터 이하로 하고 배출 측 풍속은 초속 20미터 이하로 할 것

제10조(유입풍도등)

① 유입풍도안의 풍속은 초속 20미터 이하로 하고 풍도의 강판두께는 제9조제2항제1호의 기준으로 설치해야 한다.

② 옥외에 면하는 배출구 및 공기유입구는 비 또는 눈 등이 들어가지 아니하도록 하고, 배출된 연기가 공기유입구로 순환유입 되지 않도록 해야 한다.

제10조의2(댐퍼)

제연설비에 설치되는 댐퍼는 다음 각 호의 기준에 따라 설치해야 한다. 〈신설 2024.9.13.〉

1. 제연설비의 풍도에 댐퍼를 설치하는 경우 댐퍼를 확인, 정비할 수 있는 점검구를 풍도에 설치할 것. 이 경우 댐퍼가 반자 내부에 설치되는 때에는 댐퍼 직근의 반자에도 점검구(지름 60센티미터 이상의 원이 내접할 수 있는 크기)를 설치하고 제연설비용 점검구임을 표시해야 한다.
2. 제연설비 댐퍼의 설정된 개방 및 폐쇄 상태를 제어반에서 상시 확인할 수 있도록 할 것
3. 제연설비가 영 별표 5 제17호가목1)에 따라 공기조화설비와 겸용으로 설치되는 경우 풍량조절댐퍼는 각 설비별 기능에 따른 작동 시 각각의 풍량을 충족하는 개구율로 자동 조절될 수 있는 기능이 있어야 할 것

제11조(제연설비의 전원 및 기동)

① 비상전원은 자가발전설비, 축전지설비 또는 전기저장장치로서 다음 각 호의 기준에 따라 설치해야 한다.

　1. 점검에 편리하고 화재 및 침수 등의 재해로 인한 피해를 받을 우려가 없는 곳에 설치할 것
　2. 제연설비를 유효하게 20분 이상 작동할 수 있도록 할 것
　3. 상용전원으로부터 전력의 공급이 중단된 때에는 자동으로 비상전원으로부터 전력을 공급받을 수 있도록 할 것
　4. 비상전원의 설치장소는 다른 장소와 방화구획할 것

    5. 비상전원을 실내에 설치하는 때에는 그 실내에 비상조명등을 설치할 것
② 제연설비의 작동은 해당 제연구역에 설치된 화재감지기와 연동되어야 하며, 예상제연구역(또는 인접장소)마다 설치된 수동기동장치 및 제어반에서 수동으로 기동이 가능하도록 해야 한다. 〈개정 2024.9.13.〉
③ 제2항에 따른 제연설비의 작동에는 다음 각 호의 사항이 포함되어야 하며, 예상제연구역(또는 인접장소)마다 설치되는 수동기동장치는 바닥으로부터 0.8미터 이상 1.5미터 이하의 높이에 문 개방 등으로 인한 위치 확인에 장애가 없고 접근이 쉬운 위치에 설치해야 한다. 〈신설 2024.9.13.〉
    1. 해당 제연구역의 구획을 위한 제연경계벽 및 벽의 작동
    2. 해당 제연구역의 공기유입 및 연기배출 관련 댐퍼의 작동
    3. 공기유입송풍기 및 배출송풍기의 작동

제11조의2(성능확인)

① 제연설비는 설계목적에 적합한지 검토하고 제연설비의 성능과 관련된 건물의 모든 부분(건축설비를 포함한다)이 완성되는 시점에 맞추어 시험·측정 및 조정(이하 "시험 등"이라 한다)을 해야 한다. 〈신설 2024.9.13.〉
② 제연설비의 시험 등은 다음 각 호의 기준에 따라 실시해야 한다.
    1. 송풍기 풍량 및 송풍기 모터의 전류, 전압을 측정할 것
    2. 제연설비 시험시에는 제연구역에 설치된 화재감지기(수동기동장치를 포함한다)를 동작시켜 해당 제연설비가 정상적으로 작동되는지 확인할 것
    3. 제연구역의 공기유입량 및 유입풍속, 배출량은 모든 유입구 및 배출구에서 측정할 것
    4. 제연구역의 출입문, 방화셔터, 공기조화설비 등이 제연설비와 연동된 상태에서 측정할 것
③ 제연설비 시험 등의 평가는 이 기준에서 정하는 성능 및 다음 각 호의 기준에 따른다.
    1. 배출구별 배출량은 배출구별 설계 배출량의 60퍼센트 이상이어야 하며, 제연구역별 배출구의 배출량 합계는 제6조에 따른 설계배출량 이상일 것
    2. 유입구별 공기유입량은 유입구별 설계 유입량의 60퍼센트 이상이어야 하며, 제연구역별 유입구의 공기유입량 합계는 제8조제7항에 따른 설계유입량을 충족할 것
    3. 제연구역의 구획이 설계조건과 동일한 조건에서 제1호에 따라 측정한 배출량이 설계배출량 이상인 경우에는 제2호에 따라 측정한 공기유입량이 설계유입량에 일부 미달되더라도 적합한 성능으로 볼 것

제12조(설치제외)

제연설비를 설치해야 할 특정소방대상물 중 화장실·목욕실·주차장·발코니를 설치한 숙박시설(가족호텔 및 휴양콘도미니엄에 한 한다)의 객실과 사람이 상주하지 않는 기계실·전기실·공조실·50제곱미터 미만의 창고 등으로 사용되는 부분에 대하여는 배출구와 공기유입구의 설치 및 배출량 산정에서 이를 제외할 수 있다.

제13조(설치·유지기준의 특례)

소방본부장 또는 소방서장은 기존건축물이 증축·개축·대수선되거나 용도변경되는 경우에 있어서 이 기준이 정하는 기준에 따라 해당 건축물에 설치해야 할 제연설비의 배관·배선 등의 공사가 현저하게

곤란하다고 인정되는 경우에는 해당 설비의 기능 및 사용에 지장이 없는 범위 안에서 이 기준의 일부를 적용하지 않을 수 있다.

제14조(재검토기한)

소방청장은 「훈령·예규 등의 발령 및 관리에 관한 규정」에 따라 이 고시에 대하여 2023년 1월 1일을 기준으로 매 3년이 되는 시점(매 3년째의 12월 31일까지를 말한다)마다 그 타당성을 검토하여 개선 등의 조치를 해야 한다.

부칙〈제2022-57호, 2022. 11. 25.〉

제1조(시행일)

이 고시는 2022년 12월 1일부터 시행한다.

제2조(경과조치)

① 이 고시 시행 전에 건축허가 등의 신청 또는 신고를 하거나 소방시설공사의 착공신고를 한 특정소방대상물에 대해서는 종전의 「제연설비의 화재안전기준(NFSC 501)」에 따른다.
② 이 고시 시행 전에 제1항에 따른 신청 또는 신고를 한 경우라도 개정 기준이 종전의 기준에 비해 관계인에게 유리한 경우에는 개정 기준에 따를 수 있다.

제3조(다른 법령과의 관계)

이 고시 시행 당시 다른 법령에서 종전의 화재안전기준을 인용한 경우에 이 고시 가운데 그에 해당하는 규정이 있는 경우에는 종전의 규정에 갈음하여 이 고시의 해당 규정을 인용한 것으로 본다.

부칙〈제2024-48호, 2024. 9. 13.〉

제1조(시행일)

이 고시는 2024년 10월 1일부터 시행한다.

제2조(일반적 경과조치)

제10조의2, 제11조 및 제11조의2의 개정규정에도 불구하고 이 고시 시행 전에 건축허가 등의 신청 또는 신고를 하거나 소방시설공사의 착공신고를 한 특정소방대상물의 화재안전성능기준에 대해서는 종전의 기준에 따른다.

CHAPTER 32. 제연설비의 화재안전기술기준 (NFTC 501)

[시행 2024. 10. 1.] [국립소방연구원공고 제2024-52호, 2024. 10. 1., 일부개정]

1. 일반사항

1.1 적용범위

1.1.1 이 기준은 「소방시설 설치 및 관리에 관한 법률 시행령」(이하 "영"이라 한다) 별표 4 제5호가목1)부터 5)까지에 따른 제연설비의 설치 및 관리에 대해 적용한다.

1.2 기준의 효력

1.2.1 이 기준은 「소방시설 설치 및 관리에 관한 법률」(이하 "법"이라 한다) 제2조제1항제6호나목에 따라 소화활동설비인 제연설비의 기술기준으로서의 효력을 가진다.

1.2.2 이 기준에 적합한 경우에는 법 제2조제1항제6호나목에 따라 「제연설비의 화재안전성능기준(NFPC 501)」을 충족하는 것으로 본다.

1.3 기준의 시행

1.3.1 이 기준은 2024년 10월 1일부터 시행한다. 〈개정 2024.10.1.〉

1.4 기준의 특례

1.4.1 소방본부장 또는 소방서장은 기존건축물이 증축·개축·대수선되거나 용도변경 되는 경우에 있어서 이 기준이 정하는 기준에 따라 해당 건축물에 설치해야 할 제연설비의 배관·배선 등의 공사가 현저하게 곤란하다고 인정되는 경우에는 해당 설비의 기능 및 사용에 지장이 없는 범위에서 이 기준의 일부를 적용하지 않을 수 있다.

1.5 경과조치

1.5.1 이 기준 시행 전에 건축허가 등의 신청 또는 신고를 하거나 소방시설공사의 착공신고를 한 특정소방대상물에 대해서는 종전의 「제연설비의 화재안전기준(NFSC 501)」에 따른다.

1.5.2 이 기준 시행 전에 1.5.1에 따른 신청 또는 신고를 한 경우라도 제정 기준이 종전의 기준에 비하여 관계인에게 유리한 경우에는 제정 기준에 따를 수 있다.

1.6 다른 법령과의 관계

1.6.1 이 기준 시행 당시 다른 법령 또는 행정규칙 등에서 종전의 화재안전기준을 인용한 경우에 이 기준 가운데 그에 해당하는 규정이 있는 경우에는 종전의 규정에 갈음하여 이 기준의 해당 규정을 인용한 것으로 본다.

1.7 용어의 정의

1.7.1 이 기준에서 사용하는 용어의 정의는 다음과 같다.

1.7.1.1 "제연설비"란 화재가 발생한 거실의 연기를 배출함과 동시에 옥외의 신선한 공기를 공급하여 거주자들이 안전하게 피난하고, 소방대가 원활한 소화활동을 할 수 있도록 연기를 제어하는 설비를 말한다. 〈신설 2024.10.1.〉

1.7.1.2 "제연구역"이란 제연경계(제연경계가 면한 천장 또는 반자를 포함한다)에 의해 구획된 건물 내의 공간을 말한다.

1.7.1.3 "제연경계"란 연기를 예상제연구역 내에 가두거나 이동을 억제하기 위한 보 또는 제연경계벽 등을 말한다.

1.7.1.4 "제연경계벽"이란 제연경계가 되는 가동형 또는 고정형의 벽을 말한다.

1.7.1.5 "제연경계의 폭"이란 제연경계가 면한 천장 또는 반자로부터 그 제연경계의 수직하단 끝부분까지의 거리를 말한다.

1.7.1.6 "수직거리"란 제연경계의 하단 끝으로부터 그 수직한 하부 바닥면까지의 거리를 말한다.

1.7.1.7 "예상제연구역"이란 화재 시 연기의 제어가 요구되는 제연구역을 말한다.

1.7.1.8 "공동예상제연구역"이란 2개 이상의 예상제연구역을 동시에 제연하는 구역을 말한다.

1.7.1.9 "통로배출방식"이란 거실 내 연기를 직접 옥외로 배출하지 않고 거실에 면한 통로의 연기를 옥외로 배출하는 방식을 말한다.

1.7.1.10 "보행중심선"이란 통로 폭의 한가운데 지점을 연장한 선을 말한다.

1.7.1.11 "유입풍도"란 예상제연구역으로 공기를 유입하도록 하는 풍도를 말한다.

1.7.1.12 "배출풍도"란 예상 제연구역의 공기를 외부로 배출하도록 하는 풍도를 말한다.

1.7.1.13 "방화문"이란 「건축법 시행령」 제64조의 규정에 따른 60분+ 방화문, 60분 방화문 또는 30분 방화문으로써 언제나 닫힌 상태를 유지하거나 화재감지기와 연동하여 자동적으로 닫히는 구조를 말한다.

1.7.1.14 "불연재료"란 「건축법 시행령」 제2조제10호에 따른 기준에 적합한 재료로서, 불에 타지 않는 성질을 가진 재료를 말한다.

1.7.1.15 "난연재료"란 「건축법 시행령」 제2조제9호에 따른 기준에 적합한 재료로서, 불에 잘 타지 않는 성능을 가진 재료를 말한다.

1.7.1.16 "댐퍼"란 풍도 내부의 연기 또는 공기의 흐름을 조절하기 위해 설치하는 장치를 말한다. 〈신설 2024.10.1.〉

1.7.1.17 "풍량조절댐퍼"란 송풍기(또는 공기조화기) 토출 측에 설치하여 유입풍도로 공급되는 공기의 유량을 조절하는 장치를 말한다. 〈신설 2024.10.1.〉

2. 기술기준

2.1 제연설비

2.1.1 제연설비의 설치장소는 다음의 기준에 따른 제연구역으로 구획해야 한다.

2.1.1.1 하나의 제연구역의 면적은 1,000m² 이내로 할 것

2.1.1.2 거실과 통로(복도를 포함한다. 이하 같다)는 각각 제연구획 할 것

2.1.1.3 통로상의 제연구역은 보행중심선의 길이가 60m를 초과하지 않을 것

2.1.1.4 하나의 제연구역은 직경 60m 원내에 들어갈 수 있을 것

2.1.1.5 하나의 제연구역은 2 이상의 층에 미치지 않도록 할 것. 다만, 층의 구분이 불분명한 부분은 그 부분을 다른 부분과 별도로 제연구획 해야 한다.

2.1.2 제연구역의 구획은 보·제연경계벽(이하 "제연경계"라 한다) 및 벽(화재 시 자동으로 구획되는 가동벽·방화셔터·방화문을 포함한다. 이하 같다)으로 하되, 다음의 기준에 적합해야 한다.

2.1.2.1 재질은 내화재료, 불연재료 또는 제연경계벽으로 성능을 인정받은 것으로서 화재 시 쉽게 변형·파괴되지 아니하고 연기가 누설되지 않는 기밀성 있는 재료로 할 것

2.1.2.2 제연경계는 제연경계의 폭이 0.6m 이상이고, 수직거리는 2m 이내이어야 한다. 다만, 구조상 불가피한 경우는 2m를 초과할 수 있다.

2.1.2.3 제연경계벽은 배연 시 기류에 따라 그 하단이 쉽게 흔들리지 않고, 가동식의 경우에는 급속히 하강하여 인명에 위해를 주지 않는 구조일 것

2.2 제연방식

2.2.1 예상제연구역에 대하여는 화재 시 연기배출(이하 "배출"이라 한다)과 동시에 공기유입이 될 수 있게 하고, 배출구역이 거실일 경우에는 통로에 동시에 공기가 유입될 수 있도록 해야 한다.

2.2.2 2.2.1에도 불구하고 통로와 인접하고 있는 거실의 바닥면적이 50m² 미만으로 구획(제연경계에 따른 구획은 제외한다. 다만, 거실과 통로와의 구획은 그렇지 않다)되고 그 거실에 통로가 인접하여 있는 경우에는 화재 시 그 거실에서 직접 배출하지 아니하고 인접한 통로의 배출로 갈음할 수 있다. 다만, 그 거실이 다른 거실의 피난을 위한 경유거실인 경우에는 그 거실에서 직접 배출해야 한다.

2.2.3 통로의 주요구조부가 내화구조이며 마감이 불연재료 또는 난연재료로 처리되고 통로 내부에 가연성 물질이 없는 경우에 그 통로는 예상제연구역으로 간주하지 않을 수 있다. 다만, 화재 시 연기의 유입이 우려되는 통로는 그렇지 않다.

2.3 배출량 및 배출방식

2.3.1 거실의 바닥면적이 400m² 미만으로 구획(제연경계에 따른 구획을 제외한다. 다만, 거실과 통로와의 구획은 그렇지 않다)된 예상제연구역에 대한 배출량은 다음의 기준에 따른다.

2.3.1.1 바닥면적 1m²당 1m³/min 이상으로 하되, 예상제연구역에 대한 최소 배출량은 5,000m³/hr 이상으로 할 것

2.3.1.2 2.2.2에 따라 바닥면적이 50m² 미만인 예상제연구역을 통로배출방식으로 하는 경우에는 통로 보행중심선의 길이 및 수직거리에 따라 다음 표 2.3.1.2에서 정하는 배출량 이상으로 할 것

표 2.3.1.2 통로보행중심선의 길이 및 수직거리에 따른 배출량

통로보행중심선의 길이	수직거리	배출량	비고
40m 이하	2m 이하	25,000m³/hr 이상	벽으로 구획된 경우를 포함한다.
	2m 초과 2.5m 이하	30,000m³/hr 이상	
	2.5m 초과 3m 이하	35,000m³/hr 이상	
	3m 초과	45,000m³/hr 이상	
40m 초과 60m 이하	2m 이하	30,000m³/hr 이상	벽으로 구획된 경우를 포함한다.
	2m 초과 2.5m 이하	35,000m³/hr 이상	
	2.5m 초과 3m 이하	40,000m³/hr 이상	
	3m 초과	50,000m³/hr 이상	

2.3.2 바닥면적 400m² 이상인 거실의 예상제연구역의 배출량은 다음의 기준에 적합해야 한다.

2.3.2.1 예상제연구역이 직경 40m인 원의 범위 안에 있을 경우 배출량은 40,000m³/h 이상으로 할 것. 다만, 예상제연구역이 제연경계로 구획된 경우에는 그 수직거리에 따라 배출량은 다음 표 2.3.2.1에 따른다.

표 2.3.2.1 수직거리에 따른 배출량

수직거리	배출량
2m 이하	40,000m³/hr 이상
2m 초과 2.5m 이하	45,000m³/hr 이상
2.5m 초과 3m 이하	50,000m³/hr 이상
3m 초과	60,000m³/hr 이상

2.3.2.2 예상제연구역이 직경 40m인 원의 범위를 초과할 경우 배출량은 45,000m³/h 이상으로 할 것. 다만, 예상제연구역이 제연경계로 구획된 경우에는 그 수직거리에 따라 배출량은 다음 표 2.3.2.2에 따른다.

표 2.3.2.2 수직거리에 따른 배출량

수직거리	배출량
2m 이하	45,000m³/hr 이상
2m 초과 2.5m 이하	50,000m³/hr 이상
2.5m 초과 3m 이하	55,000m³/hr 이상
3m 초과	65,000m³/hr 이상

2.3.3 예상제연구역이 통로인 경우의 배출량은 45,000m³/h 이상으로 할 것. 다만, 예상제연구역이 제연경계로 구획된 경우에는 그 수직거리에 따라 배출량은 표 2.3.2.2에 따른다.

2.3.4 배출은 각 예상제연구역별로 2.3.1부터 2.3.3에 따른 배출량 이상을 배출하되, 2 이상의 예상제연구역이 설치된 특정소방대상물에서 배출을 각 예상제연구역별로 구분하지 아니하고 공동예상제연구역을 동시에 배출하고자 할 때의 배출량은 다음의 기준에 따라야 한다. 다만, 거실과 통로는 공동예상제연구역으로 할 수 없다.

2.3.4.1 공동예상제연구역 안에 설치된 예상제연구역이 각각 벽으로 구획된 경우(제연구역의 구획 중 출입구만을 제연경계로 구획한 경우를 포함한다)에는 각 예상제연구역의 배출량을 합한 것 이상으로 할 것. 다만, 예상제연구역의 바닥면적이 400m² 미만인 경우 배출량은 바닥면적 1m² 당 1m³/min 이상으로 하고 공동예상구역 전체배출량은 5,000m³/hr 이상으로 할 것

2.3.4.2 공동예상제연구역 안에 설치된 예상제연구역이 각각 제연경계로 구획된 경우(예상제연구역의 구획 중 일부가 제연경계로 구획된 경우를 포함하나, 출입구 부분만을 제연경계로 구획한 경우를 제외한다)에 배출량은 각 예상제연구역의 배출량 중 최대의 것으로 할 것. 이 경우 공동제연예상구역이 거실일 때에는 그 바닥면적이 1,000m² 이하이며, 직경 40m 원 안에 들어가야 하고, 공동제연예상구역이 통로일 때에는 보행중심선의 길이를 40m 이하로 해야 한다.

2.3.5 수직거리가 구획 부분에 따라 다른 경우는 수직거리가 긴 것을 기준으로 한다.

2.4 배출구

2.4.1 예상제연구역에 대한 배출구의 설치 위치는 다음의 기준에 따라야 한다.

2.4.1.1 바닥면적이 400m² 미만인 예상제연구역(통로인 예상제연구역을 제외한다)에 대한 배출구의 설치 위치는 다음의 기준에 적합할 것

2.4.1.1.1 예상제연구역이 벽으로 구획되어 있는 경우의 배출구는 천장 또는 반자와 바닥 사이의 중간 윗부분에 설치할 것

2.4.1.1.2 예상제연구역 중 어느 한부분이 제연경계로 구획되어 있는 경우에는 천장·반자 또는 이에 가까운 벽의 부분에 설치할 것. 다만, 배출구를 벽에 설치하는 경우에는 배출구의 하단이 해당 예상제연구역에서 제연경계의 폭이 가장 짧은 제연경계의 하단보다 높이 되도록 해야 한다.

2.4.1.2 통로인 예상제연구역과 바닥면적이 400m² 이상인 통로 외의 예상제연구역에 대한 배출구의 설치 위치는 다음의 기준에 적합해야 한다.

2.4.1.2.1 예상제연구역이 벽으로 구획되어 있는 경우의 배출구는 천장·반자 또는 이에 가까운 벽의 부분에 설치할 것. 다만, 배출구를 벽에 설치한 경우에는 배출구의 하단과 바닥간의 최단거리가 2m 이상이어야 한다.

2.4.1.2.2 예상제연구역 중 어느 한부분이 제연경계로 구획되어 있을 경우에는 천장·반자 또는 이에 가까운 벽의 부분(제연경계를 포함한다)에 설치할 것. 다만, 배출구를 벽 또는 제연경계에 설치하는 경우에는 배출구의 하단이 해당 예상제연구역에서 제연경계의 폭이 가장 짧은 제연경계의 하단보다 높이 되도록 설치해야 한다.

2.4.2 예상제연구역의 각 부분으로부터 하나의 배출구까지의 수평거리는 10m 이내가 되도록 해야 한다.

2.5 공기유입방식 및 유입구

2.5.1 예상제연구역에 대한 공기유입은 유입풍도를 경유한 강제유입 또는 자연유입방식으로 하거나, 인접한 제연구역 또는 통로에 유입되는 공기(가압의 결과를 일으키는 경우를 포함한다. 이하 같다)가 해당구역으로 유입되는 방식으로 할 수 있다.

2.5.2 예상제연구역에 설치되는 공기유입구는 다음의 기준에 적합해야 한다.

2.5.2.1 바닥면적 400m² 미만의 거실인 예상제연구역(제연경계에 따른 구획을 제외한다. 다만, 거실과 통로와의 구획은 그렇지 않다)에 대해서는 공기유입구와 배출구간의 직선거리는 5m 이상 또는 구획된 실의 장변의 2분의 1 이상으로 할 것. 다만, 공연장·집회장·위락시설의 용도로 사용되는 부분의 바닥면적이 200m²를 초과하는 경우의 공기유입구는 2.5.2.2의 기준에 따른다.

2.5.2.2 바닥면적이 400m² 이상의 거실인 예상제연구역(제연경계에 따른 구획을 제외한다. 다만, 거실과 통로와의 구획은 그렇지 않다)에 대해서는 바닥으로부터 1.5m 이하의 높이에 설치하고 그 주변은 공기의 유입에 장애가 없도록 할 것

2.5.2.3 2.5.2.1과 2.5.2.2에 해당하는 것 외의 예상제연구역(통로인 예상제연구역을 포함한다)에 대한 유입구는 다음의 기준에 따를 것. 다만, 제연경계로 인접하는 구역의 유입공기가 당해 예상제연구역으로 유입되게 한 때에는 그렇지 않다.

2.5.2.3.1 유입구를 벽에 설치할 경우에는 2.5.2.2의 기준에 따를 것

2.5.2.3.2 유입구를 벽 외의 장소에 설치할 경우에는 유입구 상단이 천장 또는 반자와 바닥 사이의 중간 아랫부분보다 낮게 되도록 하고, 수직거리가 가장 짧은 제연경계 하단보다 낮게 되도록 설치할 것

2.5.3 공동예상제연구역에 설치되는 공기 유입구는 다음의 기준에 적합하게 설치해야 한다.

2.5.3.1 공동예상제연구역 안에 설치된 각 예상제연구역이 벽으로 구획되어 있을 때에는 각 예상제연구역의 바닥면적에 따라 2.5.2.1 및 2.5.2.2에 따라 설치할 것

2.5.3.2 공동예상제연구역 안에 설치된 각 예상제연구역의 일부 또는 전부가 제연경계로 구획되어 있을 때에는 공동예상제연구역 안의 1개 이상의 장소에 2.5.2.3에 따라 설치할 것

2.5.4 인접한 제연구역 또는 통로로부터 유입되는 공기를 해당 예상제연구역에 대한 공기유입으로 하는 경우에는 그 인접한 제연구역 또는 통로의 유입구가 제연경계 하단보다 높은 경우에는 그 인접한 제연구역 또는 통로의 화재 시 그 유입구는 다음의 어느 하나에 적합해야 한다.

2.5.4.1 각 유입구는 자동폐쇄 될 것

2.5.4.2 해당 구역 내에 설치된 유입풍도가 해당 제연구획부분을 지나는 곳에 설치된 댐퍼는 자동폐쇄 될 것

2.5.5 예상제연구역에 공기가 유입되는 순간의 풍속은 5m/s 이하가 되도록 하고, 2.5.2부터 2.5.4까지의 유입구의 구조는 유입공기를 상향으로 분출하지 않도록 설치해야 한다. 다만, 유입구가 바닥에 설치되는 경우에는 상향으로 분출이 가능하며 이때의 풍속은 1m/s 이하가 되도록 해야 한다.

2.5.6 예상제연구역에 대한 공기유입구의 크기는 해당 예상제연구역 배출량 1m³/min에 대하여 35cm² 이상으로 해야 한다.

2.5.7 예상제연구역에 대한 공기유입량은 2.3.1부터 2.3.4까지에 따른 배출량의 배출에 지장이 없는 양으로 해야 한다.

2.6 배출기 및 배출풍도

2.6.1 배출기는 다음의 기준에 따라 설치해야 한다.

2.6.1.1 배출기의 배출 능력은 2.3.1부터 2.3.4까지의 배출량 이상이 되도록 할 것

2.6.1.2 배출기와 배출풍도의 접속부분에 사용하는 캔버스는 내열성(석면재료는 제외한다)이 있는 것으로 할 것

2.6.1.3 배출기의 전동기부분과 배풍기 부분은 분리하여 설치해야 하며, 배풍기 부분은 유효한 내열처리를 할 것

2.6.2 배출풍도는 다음의 기준에 따라야 한다.

2.6.2.1 배출풍도는 아연도금강판 또는 이와 동등 이상의 내식성·내열성이 있는 것으로 하며, 「건축법 시행령」 제2조제10호에 따른 불연재료(석면재료를 제외한다)인 단열재로 풍도 외부에 유효한 단열 처리를 하고, 강판의 두께는 배출풍도의 크기에 따라 다음 표 2.6.2.1에 따른 기준 이상으로 할 것

표 2.6.2.1 배출풍도의 크기에 따른 강판의 두께

풍도단면의 긴 변 또는 직경의 크기	450mm 이하	450mm 초과 750mm 이하	750mm 초과 1,500mm 이하	1,500mm 초과 2,250mm 이하	2,250mm 초과
강판 두께	0.5mm	0.6mm	0.8mm	1.0mm	1.2mm

2.6.2.2 배출기의 흡입 측 풍도안의 풍속은 15m/s 이하로 하고 배출 측 풍속은 20m/s 이하로 할 것

2.7 유입풍도 등

2.7.1 유입풍도는 아연도금강판 또는 이와 동등 이상의 내식성·내열성이 있는 것으로 하며, 풍도 안의 풍속은 20m/s 이하로 하고 풍도의 강판 두께는 2.6.2.1에 따라 설치해야 한다.

2.7.2 옥외에 면하는 배출구 및 공기유입구는 비 또는 눈 등이 들어가지 아니하도록 하고, 배출된 연기가 공기유입구로 순환유입 되지 않도록 해야 한다.

2.8 댐퍼 〈신설 2024.10.1.〉

2.8.1 제연설비에 설치되는 댐퍼는 다음의 기준에 따라 설치해야 한다. 〈신설 2024.10.1.〉

2.8.1.1 제연설비의 풍도에 댐퍼를 설치하는 경우 댐퍼를 확인, 정비할 수 있는 점검구를 풍도에 설치할 것. 이 경우 댐퍼가 반자 내부에 설치되는 때에는 댐퍼 직근의 반자에도 점검구(지름 60cm 이상의 원이 내접할 수 있는 크기)를 설치하고 제연설비용 점검구임을 표시해야 한다. 〈신설 2024.10.1.〉

2.8.1.2 제연설비 댐퍼의 설정된 개방 및 폐쇄 상태를 제어반에서 상시 확인할 수 있도록 할 것 〈신설 2024.10.1.〉

2.8.1.3 제연설비가 영 별표 5 제17호 가목 1)에 따라 공기조화설비와 겸용으로 설치되는 경우 풍량조

절댐퍼는 각 설비별 기능에 따른 작동 시 각각의 풍량을 충족하는 개구율로 자동 조절될 수 있는 기능이 있어야 할 것 〈신설 2024.10.1.〉

2.9 제연설비의 전원 및 기동

2.9.1 비상전원은 자가발전설비, 축전지설비 또는 전기저장장치(외부 전기에너지를 저장해 두었다가 필요한 때 전기를 공급하는 장치)로서 다음의 기준에 따라 설치해야 한다. 다만, 2 이상의 변전소(「전기사업법」 제67조 및 「전기설비기술기준」 제3조제2호에 따른 변전소를 말한다)에서 전력을 동시에 공급받을 수 있거나 하나의 변전소로부터 전력의 공급이 중단되는 때에는 자동으로 다른 변전소로부터 전원을 공급받을 수 있도록 상용전원을 설치한 경우에는 그렇지 않다.

2.9.1.1 점검에 편리하고 화재 및 침수 등의 재해로 인한 피해를 받을 우려가 없는 곳에 설치할 것

2.9.1.2 제연설비를 유효하게 20분 이상 작동할 수 있도록 할 것

2.9.1.3 상용전원으로부터 전력의 공급이 중단된 때에는 자동으로 비상전원으로부터 전력을 공급받을 수 있도록 할 것

2.9.1.4 비상전원의 설치장소는 다른 장소와 방화구획할 것. 이 경우 그 장소에는 비상전원의 공급에 필요한 기구나 설비 외의 것(열병합발전설비에 필요한 기구나 설비는 제외한다)을 두어서는 아니 된다.

2.9.1.5 비상전원을 실내에 설치하는 때에는 그 실내에 비상조명등을 설치할 것

2.9.2 제연설비의 작동은 해당 제연구역에 설치된 화재감지기와 연동되어야 하며, 예상제연구역(또는 인접장소)마다 설치된 수동기동장치 및 제어반에서 수동으로 기동이 가능하도록 해야 한다. 〈개정 2024.10.1.〉

2.9.3 2.9.2에 따른 제연설비의 작동에는 다음의 사항이 포함되어야 하며, 예상제연구역(또는 인접장소)마다 설치되는 수동기동장치는 바닥으로부터 0.8m 이상 1.5m 이하의 높이에 문 개방 등으로 인한 위치 확인에 장애가 없고 접근이 쉬운 위치에 설치해야 한다. 〈신설 2024.10.1.〉

2.9.3.1 해당 제연구역의 구획을 위한 제연경계벽 및 벽의 작동 〈신설 2024.10.1.〉

2.9.3.2 해당 제연구역의 공기유입 및 연기배출 관련 댐퍼의 작동 〈신설 2024.10.1.〉

2.9.3.3 공기유입송풍기 및 배출송풍기의 작동 〈신설 2024.10.1.〉

2.10 성능확인 〈신설 2024.10.1.〉

2.10.1 제연설비는 설계목적에 적합한지 검토하고 제연설비의 성능과 관련된 건물의 모든 부분(건축설비를 포함한다)이 완성되는 시점에 맞추어 시험·측정 및 조정(이하 "시험 등"이라 한다)을 해야 한다. 〈신설 2024.10.1.〉

2.10.2 제연설비의 시험 등은 다음 각 호의 기준에 따라 실시해야 한다. 〈신설 2024.10.1.〉

2.10.2.1 송풍기 풍량 및 송풍기 모터의 전류, 전압을 측정할 것 〈신설 2024.10.1.〉

2.10.2.2 제연설비 시험시에는 제연구역에 설치된 화재감지기(수동기동장치를 포함한다)를 동작시켜 해당 제연설비가 정상적으로 작동되는지 확인할 것 〈신설 2024. 10. 1.〉

2.10.2.3 제연구역의 공기유입량 및 유입풍속, 배출량은 모든 유입구 및 배출구에서 측정할 것 〈신설 2024.10.1.〉

2.10.2.4 제연구역의 출입문, 방화셔터, 공기조화설비 등이 제연설비와 연동된 상태에서 측정할 것 〈신설 2024.10.1.〉

2.10.3 제연설비 시험 등의 평가는 이 기준에서 정하는 성능 및 다음의 기준에 따른다. 〈신설 2024.10.1.〉

2.10.3.1 배출구별 배출량은 배출구별 설계 배출량의 60% 이상이어야 하며, 제연구역별 배출구의 배출량 합계는 2.3에 따른 설계배출량 이상일 것 〈신설 2024.10.1.〉

2.10.3.2 유입구별 공기유입량은 유입구별 설계 유입량의 60% 이상이어야 하며, 제연구역별 유입구의 공기유입량 합계는 2.5.7에 따른 설계유입량을 충족할 것 〈신설 2024.10.1.〉

2.10.3.3 제연구역의 구획이 설계조건과 동일한 조건에서 2.10.3.1에 따라 측정한 배출량이 설계배출량 이상인 경우에는 2.10.3.2에 따라 측정한 공기유입량이 설계유입량에 일부 미달되더라도 적합한 성능으로 볼 것 〈신설 2024.10.1.〉

2.11 설치제외

2.11.1 제연설비를 설치해야 할 특정소방대상물 중 화장실·목욕실·주차장·발코니를 설치한 숙박시설(가족호텔 및 휴양콘도미니엄에 한한다)의 객실과 사람이 상주하지 않는 기계실·전기실·공조실·50m^2 미만의 창고 등으로 사용되는 부분에 대하여는 배출구·공기유입구의 설치 및 배출량 산정에서 이를 제외 할 수 있다.

CHAPTER 33 지하구의 화재안전성능기준 (NFPC 605)

[시행 2022. 12. 1.] [소방청고시 제2022-66호, 2022. 11. 25., 전부개정]

제1조(목적)
이 기준은 「소방시설 설치 및 관리에 관한 법률」(이하 "법"이라 한다) 제2조제1항제6호가목에 따라 소방청장에게 위임한 사항 중 지하구에 설치해야 하는 소방시설 등의 성능기준을 규정함을 목적으로 한다.

제2조(적용범위)
이 기준은 「소방시설 설치 및 관리에 관한 법률 시행령」(이하 "영"이라 한다) 제11조제1항에 따라 지하구에 설치해야 하는 소방시설 등의 설치 및 관리에 대해 적용한다.

제3조(정의)
① 이 기준에서 사용하는 용어의 정의는 다음과 같다.
  1. "지하구"란 영 별표2 제28호에서 규정한 지하구를 말한다.
  2. "제어반"이란 설비, 장치 등의 조작과 확인을 위해 제어용 계기류, 스위치 등을 금속제 외함에 수납한 것을 말한다.
  3. "분전반"이란 분기개폐기·분기과전류차단기와 그밖에 배선용기기 및 배선을 금속제 외함에 수납한 것을 말한다.
  4. "방화벽"이란 화재 시 발생한 열, 연기 등의 확산을 방지하기 위하여 설치하는 벽을 말한다.
  5. "분기구"란 전기, 통신, 상하수도, 난방 등의 공급시설의 일부를 분기하기 위하여 지하구의 단면 또는 형태를 변화시키는 부분을 말한다.
  6. "환기구"란 지하구의 온도, 습도의 조절 및 유해가스를 배출하기 위해 설치되는 것으로 자연환기구와 강제환기구로 구분된다.
  7. "작업구"란 지하구의 유지관리를 위하여 자재, 기계기구의 반·출입 및 작업자의 출입을 위하여 만들어진 출입구를 말한다.
  8. "케이블접속부"란 케이블이 지하구 내에 포설되면서 발생하는 직선 접속 부분을 전용의 접속재로 접속한 부분을 말한다.
  9. "특고압 케이블"이란 사용전압이 7,000볼트를 초과하는 전로에 사용하는 케이블을 말한다.
  10. "분기배관"이란 배관 측면에 구멍을 뚫어 둘 이상의 관로가 생기도록 가공한 배관으로서 다음 각 목의 분기배관을 말한다.
      가. "확관형 분기배관"이란 배관의 측면에 조그만 구멍을 뚫고 소성가공으로 확관시켜 배관 용접이음자리를 만들거나 배관 용접이음자리에 배관이음쇠를 용접 이음한 배관을 말한다.
      나. "비확관형 분기배관"이란 배관의 측면에 분기호칭내경 이상의 구멍을 뚫고 배관이음쇠를 용접 이음한 배관을 말한다.

② 이 기준에서 사용하는 용어는 제1항에서 규정한 것을 제외하고는 관계법령 및 개별 성능기준에서 정하는 바에 따른다.

제4조(다른 화재안전성능기준과의 관계)
지하구에 설치하는 소방시설 등의 설치 및 관리기준 중 이 기준에서 규정하지 않은 것은 개별 화재안전성능기준에 따른다.

제5조(소화기구 및 자동소화장치)
① 소화기구는 다음 각 호의 기준에 따라 설치해야 한다.
1. 소화기의 능력단위(「소화기구 및 자동소화장치의 화재안전성능기준(NFPC 101)」 제3조제6호에 따른 수치를 말한다. 이하 같다)는 A급 화재는 개당 3단위 이상, B급 화재는 개당 5단위 이상 및 C급 화재에 적응성이 있는 것으로 할 것
2. 소화기 한 대의 총중량은 사용 및 운반의 편리성을 고려하여 7킬로그램 이하로 할 것
3. 소화기는 사람이 출입할 수 있는 출입구(환기구, 작업구를 포함한다) 부근에 5개 이상 설치할 것
4. 소화기는 바닥면으로부터 1.5미터 이하의 높이에 설치할 것
5. 소화기의 상부에 "소화기"라고 표시한 조명식 또는 반사식의 표지판을 부착하여 사용자가 쉽게 알 수 있도록 할 것

② 지하구 내 발전실·변전실·송전실·변압기실·배전반실·통신기기실·전산기기실·기타 이와 유사한 시설이 있는 장소 중 바닥면적이 300제곱미터 미만인 곳에는 유효설치 방호체적 이내의 가스·분말·고체에어로졸·캐비닛형 자동소화장치를 설치해야 한다.

③ 제어반 또는 분전반마다 가스·분말·고체에어로졸 자동소화장치 또는 유효설치 방호체적 이내의 소공간용 소화용구를 설치해야 한다.

④ 케이블접속부(절연유를 포함한 접속부에 한한다)마다 가스·분말·고체에어로졸 자동소화장치 또는는 케이블 화재에 적응성이 있다고 인정된 자동소화장치를 설치하되 소화성능이 확보될 수 있도록 방호공간을 구획하는 등 유효한 조치를 해야 한다.

제6조(자동화재탐지설비)
① 감지기는 다음 각 호에 따라 설치해야 한다.
1. 「자동화재탐지설비 및 시각경보장치의 화재안전성능기준(NFPC 203)」 제7조제1항 각 호의 감지기 중 먼지·습기 등의 영향을 받지 않고 발화지점(1미터 단위)과 온도를 확인할 수 있는 것을 설치할 것
2. 지하구 천장의 중심부에 설치하되 감지기와 천장 중심부 하단과의 수직거리는 30센티미터 이내로 할 것. 다만, 형식승인 내용에 설치방법이 규정되어 있거나, 중앙기술심의위원회의 심의를 거쳐 제조사 시방서에 따른 설치방법이 지하구 화재에 적합하다고 인정되는 경우에는 형식승인 내용 또는 심의결과에 의한 제조사 시방서에 따라 설치할 수 있다.
3. 발화지점이 지하구의 실제거리와 일치하도록 수신기 등에 표시할 것
4. 공동구 내부에 상수도용 또는 냉·난방용 설비만 존재하는 부분은 감지기를 설치하지 않을 수 있다.

② 발신기, 지구음향장치 및 시각경보기는 설치하지 않을 수 있다.

제7조(유도등)
사람이 출입할 수 있는 출입구(환기구, 작업구를 포함한다)에는 해당 지하구의 환경에 적합한 크기의 피난구유도등을 설치해야 한다.

제8조(연소방지설비)
① 연소방지설비의 배관은 다음 각 호의 기준에 따라 설치해야 한다.
  1. 배관용 탄소 강관(KS D 3507) 또는 압력 배관용 탄소 강관(KS D 3562)이나 이와 같은 수준 이상의 강도 · 내부식성 및 내열성을 가진 것으로 할 것
  2. 급수배관(송수구로부터 연소방지설비 헤드에 급수하는 배관을 말한다. 이하 같다)은 전용으로 할 것
  3. 배관의 구경은 다음 각 목의 기준에 적합한 것이어야 한다.
     가. 연소방지설비전용헤드를 사용하는 경우에는 다음 표에 따른 구경 이상으로 할 것

하나의 배관에 부착하는 연소방지설비 전용헤드의 개수	1개	2개	3개	4개 또는 5개	6개 이상
배관의 구경(mm)	32	40	50	65	80

     나. 개방형 스프링클러헤드를 사용하는 경우에는 「스프링클러설비의 화재안전성능기준(NFPC 103)」 별표 1의 기준에 따를 것
  4. 교차배관은 가지배관과 수평으로 설치하거나 또는 가지배관 밑에 설치하고, 그 구경은 제3호에 따르되, 최소구경은 40밀리미터 이상이 되도록 할 것
  5. 배관에 설치되는 행거는 가지배관, 교차배관 및 수평주행배관에 설치하고, 배관을 충분히 지지할 수 있도록 설치할 것
  6. 확관형 분기배관을 사용할 경우에는 소방청장이 정하여 고시한 「분기배관의 성능인증 및 제품검사의 기술기준」에 적합한 것으로 설치할 것

② 연소방지설비의 헤드는 다음 각 호의 기준에 따라 설치해야 한다.
  1. 천장 또는 벽면에 설치할 것
  2. 헤드 간의 수평거리는 연소방지설비 전용헤드의 경우에는 2미터 이하, 스프링클러헤드의 경우에는 1.5미터 이하로 할 것
  3. 소방대원의 출입이 가능한 환기구 · 작업구마다 지하구의 양쪽방향으로 살수헤드를 설정하되, 한쪽 방향의 살수구역의 길이는 3미터 이상으로 할 것. 다만, 환기구 사이의 간격이 700미터를 초과할 경우에는 700미터 이내마다 살수구역을 설정하되, 지하구의 구조를 고려하여 방화벽을 설치한 경우에는 그렇지 않다.
  4. 연소방지설비 전용헤드를 설치할 경우에는 「소화설비용헤드의 성능인증 및 제품검사의 기술기준」에 적합한 '살수헤드'를 설치할 것

③ 송수구는 다음 각 호의 기준에 따라 설치해야 한다.
  1. 송수구는 송수 및 그 밖의 소화작업에 지장을 주지 않는 장소에 설치해야 한다.
  2. 송수구는 구경 65밀리미터의 쌍구형으로 할 것
  3. 송수구로부터 1미터 이내에 살수구역 안내표지를 설치할 것

4. 지면으로부터 높이가 0.5미터 이상 1미터 이하의 위치에 설치할 것
5. 송수구의 가까운 부분에 자동배수밸브(또는 직경 5밀리미터의 배수공)를 설치할 것. 이 경우 자동배수밸브는 배관안의 물이 잘 빠질 수 있는 위치에 설치하되, 배수로 인하여 다른 물건 또는 장소에 피해를 주지 않아야 한다.
6. 송수구로부터 주배관에 이르는 연결배관에는 개폐밸브를 설치하지 않을 것
7. 송수구에는 이물질을 막기 위한 마개를 씌어야 한다.

제9조(연소방지재)

지하구 내에 설치하는 케이블·전선 등에는 다음 각 호의 기준에 따라 연소방지재를 설치해야 한다.
1. 연소방지재는 한국산업표준(KS C IEC 60332-3-24)에서 정한 난연성능 이상의 제품을 사용하되 다음 각 목의 기준을 충족해야 한다.
   가. 시험에 사용되는 연소방지재는 시료(케이블 등)의 아래쪽(점화원으로부터 가까운 쪽)으로부터 30센티미터 지점부터 부착 또는 설치되어야 한다.
   나. 시험에 사용되는 시료(케이블 등)의 단면적은 325제곱밀리미터로 한다.
   다. 시험성적서의 유효기간은 발급 후 3년으로 한다.
2. 연소방지재는 다음 각 목에 해당하는 부분에 제1호와 관련된 시험성적서에 명시된 방식으로 시험성적서에 명시된 길이 이상으로 설치하되, 연소방지재 간의 설치 간격은 350미터를 넘지 않도록 해야 한다.
   가. 분기구
   나. 지하구의 인입부 또는 인출부
   다. 절연유 순환펌프 등이 설치된 부분
   라. 기타 화재발생 위험이 우려되는 부분

제10조(방화벽)

방화벽은 다음 각 호에 따라 설치한다.
1. 내화구조로서 홀로 설 수 있는 구조일 것
2. 방화벽의 출입문은 「건축법 시행령」 제64조에 따른 방화문으로서 60분+ 방화문 또는 60분 방화문으로 설치하고, 항상 닫힌 상태를 유지하거나 자동폐쇄장치에 의하여 화재 신호를 받으면 자동으로 닫히는 구조로 해야 한다.
3. 방화벽을 관통하는 케이블·전선 등에는 국토교통부 고시(내화구조의 인정 및 관리기준)에 따라 내화충전 구조로 마감할 것
4. 방화벽은 분기구 및 국사·변전소 등의 건축물과 지하구가 연결되는 부위(건축물로부터 20미터 이내)에 설치할 것
5. 자동폐쇄장치를 사용하는 경우에는 「자동폐쇄장치의 성능인증 및 제품검사의 기술기준」에 적합한 것으로 설치할 것

제11조(무선통신보조설비)

무선통신보조설비의 옥외안테나는 방재실 인근과 공동구의 입구 및 연소방지설비의 송수구가 설치된 장소(지상)에 설치해야 한다.

제12조(통합감시시설)

통합감시시설은 소방관서와 지하구의 통제실 간에 화재 등 소화활동과 관련된 정보를 상시 교환할 수 있는 정보통신망을 구축해야 한다.

제13조(기존 지하구에 대한 특례)

법 제13조에 따라 기존 지하구에 설치하는 소방시설 등에 대해 강화된 기준을 적용하는 경우에는 다음 각 호의 설치·관리 관련 특례를 적용한다.

1. 특고압 케이블이 포설된 송·배전 전용의 지하구(공동구를 제외한다)에는 온도 확인 기능 없이 최대 700미터의 경계구역을 설정하여 발화지점(1미터 단위)을 확인할 수 있는 감지기를 설치할 수 있다.
2. 소방본부장 또는 소방서장은 이 기준이 정하는 기준에 따라 해당 건축물에 설치해야 할 소방시설 등의 공사가 현저하게 곤란하다고 인정되는 경우에는 해당 설비의 기능 및 사용에 지장이 없는 범위 안에서 소방시설 등의 화재안전성능기준의 일부를 적용하지 않을 수 있다.

제14조(재검토기한)

소방청장은 「훈령·예규 등의 발령 및 관리에 관한 규정」에 따라 이 고시에 대하여 2023년 1월 1일을 기준으로 매 3년이 되는 시점(매 3년째의 12월 31일까지를 말한다)마다 그 타당성을 검토하여 개선 등의 조치를 해야 한다.

부칙〈제2022-66호, 2022. 11. 25.〉

제1조(시행일)

이 고시는 2022년 12월 1일부터 시행한다.

제2조(경과조치)

① 이 고시 시행 전에 건축허가 등의 신청 또는 신고를 하거나 소방시설공사의 착공신고를 한 특정소방대상물에 대해서는 종전의 「지하구의 화재안전기준(NFSC 605)」에 따른다.
② 이 고시 시행 전에 제1항에 따른 신청 또는 신고를 한 경우라도 개정 기준이 종전의 기준에 비해 관계인에게 유리한 경우에는 개정 기준에 따를 수 있다.

제3조(다른 법령과의 관계)

이 고시 시행 당시 다른 법령에서 종전의 화재안전기준을 인용한 경우에 이 고시 가운데 그에 해당하는 규정이 있는 경우에는 종전의 규정에 갈음하여 이 고시의 해당 규정을 인용한 것으로 본다.

CHAPTER 33 지하구의 화재안전기술기준 (NFTC 605)

[시행 2022. 12. 1.] [소방청공고 제2022-243호, 2022. 12. 1., 제정]

1. 일반사항

1.1 적용범위

1.1.1 이 기준은 「소방시설 설치 및 관리에 관한 법률 시행령」(이하 "영"이라 한다) 제11조제1항에 따라 지하구에 설치해야 하는 소방시설 등의 설치 및 관리에 대해 적용한다.

1.2 기준의 효력

1.2.1 이 기준은 「소방시설 설치 및 관리에 관한 법률」(이하 "법"이라 한다) 제2조제1항제6호나목에 따라 지하구에 설치하는 소방시설 등의 기술기준으로서의 효력을 가진다.

1.2.2 이 기준에 적합한 경우에는 법 제2조제1항제6호나목에 따라 「지하구의 화재안전성능기준(NFPC 605)」을 충족하는 것으로 본다.

1.3 기준의 시행

1.3.1 이 기준은 2022년 12월 1일부터 시행한다.

1.4 기준의 특례

1.4.1 소방본부장 또는 소방서장은 기존건축물이 증축·개축·대수선되거나 용도변경되는 경우에 있어서 이 기준이 정하는 기준에 따라 해당 지하구에 설치해야 할 소방시설의 배관·배선 등의 공사가 현저하게 곤란하다고 인정되는 경우에는 해당 설비의 기능 및 사용에 지장이 없는 범위 안에서 이 기준의 일부를 적용하지 않을 수 있다.

1.5 경과조치

1.5.1 이 기준 시행 전에 건축허가 등의 신청 또는 신고를 하거나 소방시설공사의 착공신고를 한 특정소방대상물에 대해서는 종전의 「지하구의 화재안전기준(NFSC 605)」에 따른다.

1.5.2 이 기준 시행 전에 1.5.1에 따른 신청 또는 신고를 한 경우라도 제정 기준이 종전의 기준에 비하여 관계인에게 유리한 경우에는 제정 기준에 따를 수 있다.

1.6 다른 법령과의 관계

1.6.1 이 기준 시행 당시 다른 법령 또는 행정규칙 등에서 종전의 화재안전기준을 인용한 경우에 이 기준 가운데 그에 해당하는 규정이 있는 경우에는 종전의 규정에 갈음하여 이 기준의 해당 규정을 인용한 것으로 본다.

1.6.2 지하구에 설치하는 소방시설 등의 설치 및 관리기준 중 이 기준에서 규정하지 않은 기준은 개별 기술기준에 따라야 한다.

1.7 용어의 정의

1.7.1 이 기준에서 사용하는 용어의 정의는 다음과 같다.

1.7.1.1 "지하구"란 영 별표 2 제28호에서 규정한 지하구를 말한다.

1.7.1.2 "제어반"이란 설비, 장치 등의 조작과 확인을 위해 제어용 계기류, 스위치 등을 금속제 외함에 수납한 것을 말한다.

1.7.1.3 "분전반"이란 분기개폐기·분기과전류차단기와 그밖에 배선용기기 및 배선을 금속제 외함에 수납한 것을 말한다.

1.7.1.4 "방화벽"이란 화재 시 발생한 열, 연기 등의 확산을 방지하기 위하여 설치하는 벽을 말한다.

1.7.1.5 "분기구"란 전기, 통신, 상하수도, 난방 등의 공급시설의 일부를 분기하기 위하여 지하구의 단면 또는 형태를 변화시키는 부분을 말한다.

1.7.1.6 "환기구"란 지하구의 온도, 습도의 조절 및 유해가스를 배출하기 위해 설치되는 것으로 자연환기구와 강제환기구로 구분된다.

1.7.1.7 "작업구"란 지하구의 유지관리를 위하여 자재, 기계기구의 반·출입 및 작업자의 출입을 위하여 만들어진 출입구를 말한다.

1.7.1.8 "케이블접속부"란 케이블이 지하구 내에 포설되면서 발생하는 직선 접속 부분을 전용의 접속재로 접속한 부분을 말한다.

1.7.1.9 "특고압 케이블"이란 사용전압이 7,000V를 초과하는 전로에 사용하는 케이블을 말한다.

1.7.1.10 "분기배관"이란 배관 측면에 구멍을 뚫어 2 이상의 관로가 생기도록 가공한 배관으로서 다음의 분기배관을 말한다.

(1) "확관형 분기배관"이란 배관의 측면에 조그만 구멍을 뚫고 소성가공으로 확관시켜 배관용접이음자리를 만들거나 배관 용접이음자리에 배관이음쇠를 용접 이음한 배관을 말한다.

(2) "비확관형 분기배관"이란 배관의 측면에 분기호칭내경 이상의 구멍을 뚫고 배관이음쇠를 용접 이음한 배관을 말한다.

1.7.2 이 기준에서 사용하는 용어는 1.7.1에서 규정한 것을 제외하고는 관계법령 및 개별 기술기준에서 정하는 바에 따른다.

2. 기술기준

2.1 소화기구 및 자동소화장치

2.1.1 소화기구는 다음의 기준에 따라 설치해야 한다.

2.1.1.1 소화기의 능력단위(「소화기구 및 자동소화장치의 화재안전기술기준(NFTC 101)」 1.7.1.6에 따른 수치를 말한다. 이하 같다)는 A급 화재는 개당 3단위 이상, B급 화재는 개당 5단위 이상 및 C급 화재에 적응성이 있는 것으로 할 것

2.1.1.2 소화기 한 대의 총중량은 사용 및 운반의 편리성을 고려하여 7kg 이하로 할 것

2.1.1.3 소화기는 사람이 출입할 수 있는 출입구(환기구, 작업구를 포함한다) 부근에 5개 이상 설치할 것

2.1.1.4 소화기는 바닥면으로부터 1.5m 이하의 높이에 설치할 것

2.1.1.5 소화기의 상부에 "소화기"라고 표시한 조명식 또는 반사식의 표지판을 부착하여 사용자가 쉽게 알 수 있도록 할 것

2.1.2 지하구 내 발전실·변전실·송전실·변압기실·배전반실·통신기기실·전산기기실·기타 이와 유사한 시설이 있는 장소 중 바닥면적이 300m² 미만인 곳에는 유효설치 방호체적 이내의 가스·분말·고체에어로졸·캐비닛형 자동소화장치를 설치해야 한다. 다만, 해당 장소에 물분무등소화설비를 설치한 경우에는 설치하지 않을 수 있다.

2.1.3 제어반 또는 분전반마다 가스·분말·고체에어로졸 자동소화장치 또는 유효설치 방호체적 이내의 소공간용 소화용구를 설치해야 한다.

2.1.4 케이블접속부(절연유를 포함한 접속부에 한한다)마다 다음의 어느 하나에 해당하는 자동소화장치를 설치하되 소화성능이 확보될 수 있도록 방호공간을 구획하는 등 유효한 조치를 해야 한다.
  (1) 가스·분말·고체에어로졸 자동소화장치
  (2) 중앙소방기술심의위원회의 심의를 거쳐 소방청장이 인정하는 자동소화장치

2.2 자동화재탐지설비

2.2.1 감지기는 다음의 기준에 따라 설치해야 한다.

2.2.1.1 「자동화재탐지설비 및 시각경보장치의 화재안전기술기준(NFTC 203)」 2.4.1(1)부터 2.4.1(8)의 감지기 중 먼지·습기 등의 영향을 받지 않고 발화지점(1m 단위)과 온도를 확인할 수 있는 것을 설치할 것

2.2.1.2 지하구 천장의 중심부에 설치하되 감지기와 천장 중심부 하단과의 수직거리는 30cm 이내로 할 것. 다만, 형식승인 내용에 설치방법이 규정되어 있거나, 중앙기술심의위원회의 심의를 거쳐 제조사 시방서에 따른 설치방법이 지하구 화재에 적합하다고 인정되는 경우에는 형식승인 내용 또는 심의결과에 의한 제조사 시방서에 따라 설치할 수 있다.

2.2.1.3 발화지점이 지하구의 실제거리와 일치하도록 수신기 등에 표시할 것

2.2.1.4 공동구 내부에 상수도용 또는 냉·난방용 설비만 존재하는 부분은 감지기를 설치하지 않을 수 있다.

2.2.2 발신기, 지구음향장치 및 시각경보기는 설치하지 않을 수 있다.

2.3 유도등

2.3.1 사람이 출입할 수 있는 출입구(환기구, 작업구를 포함한다)에는 해당 지하구의 환경에 적합한 크기의 피난구유도등을 설치해야 한다.

2.4 연소방지설비

2.4.1 연소방지설비의 배관은 다음의 기준에 따라 설치해야 한다.

2.4.1.1 배관용 탄소강관(KS D 3507) 또는 압력배관용 탄소강관(KS D 3562)이나 이와 같은 수준 이상의 강도·내부식성 및 내열성을 가진 것으로 할 것

2.4.1.2 급수배관(송수구로부터 연소방지설비 헤드에 급수하는 배관을 말한다. 이하 같다)은 전용으로 할 것

2.4.1.3 배관의 구경은 다음의 기준에 적합한 것이어야 한다.
2.4.1.3.1 연소방지설비전용헤드를 사용하는 경우에는 다음 표 2.4.1.3.1에 따른 구경 이상으로 할 것

표 2.4.1.3.1 연소방지설비 전용헤드 수별 급수관의 구경					
하나의 배관에 부착하는 연소방지설비 전용헤드의 개수	1개	2개	3개	4개 또는 5개	6개 이상
배관의 구경	32mm	40mm	50mm	65mm	80mm

2.4.1.3.2 개방형스프링클러헤드를 사용하는 경우에는 「스프링클러설비의 화재안전기술기준(NFTC 103)」 2.5.3.3의 표 2.5.3.3에 따를 것
2.4.1.4 교차배관은 가지배관과 수평으로 설치하거나 또는 가지배관 밑에 설치하고, 그 구경은 2.4.1.3에 따르되, 최소구경이 40mm 이상이 되도록 할 것
2.4.1.5 배관에 설치되는 행거는 다음의 기준에 따라 설치할 것
2.4.1.5.1 가지배관에는 헤드의 설치지점 사이마다 1개 이상의 행거를 설치하되, 헤드 간의 거리가 3.5m를 초과하는 경우에는 3.5m 이내마다 1개 이상 설치할 것. 이 경우 상향식헤드와 행거 사이에는 8cm 이상의 간격을 두어야 한다.
2.4.1.5.2 교차배관에는 가지배관과 가지배관 사이마다 1개 이상의 행거를 설치하되, 가지배관 사이의 거리가 4.5m를 초과하는 경우에는 4.5m 이내마다 1개 이상 설치할 것
2.4.1.5.3 2.4.1.5.1과 2.4.1.5.2의 수평주행배관에는 4.5m 이내마다 1개 이상 설치할 것
2.4.1.6 확관형 분기배관을 사용할 경우에는 소방청장이 정하여 고시한 「분기배관의 성능인증 및 제품 검사의 기술기준」에 적합한 것으로 설치할 것
2.4.2 연소방지설비의 헤드는 다음의 기준에 따라 설치해야 한다.
2.4.2.1 천장 또는 벽면에 설치할 것
2.4.2.2 헤드 간의 수평거리는 연소방지설비 전용헤드의 경우에는 2m 이하, 개방형스프링클러헤드의 경우에는 1.5m 이하로 할 것
2.4.2.3 소방대원의 출입이 가능한 환기구·작업구마다 지하구의 양쪽 방향으로 살수헤드를 설정하되, 한쪽 방향의 살수구역의 길이는 3m 이상으로 할 것. 다만, 환기구 사이의 간격이 700m를 초과할 경우에는 700m 이내마다 살수구역을 설정하되, 지하구의 구조를 고려하여 방화벽을 설치한 경우에는 그렇지 않다.
2.4.2.4 연소방지설비 전용헤드를 설치할 경우에는 「소화설비용헤드의 성능인증 및 제품검사 기술기준」에 적합한 살수헤드를 설치할 것
2.4.3 송수구는 다음의 기준에 따라 설치해야 한다.
2.4.3.1 소방차가 쉽게 접근할 수 있는 노출된 장소에 설치하되, 눈에 띄기 쉬운 보도 또는 차도에 설치할 것
2.4.3.2 송수구는 구경 65mm의 쌍구형으로 할 것
2.4.3.3 송수구로부터 1m 이내에 살수구역 안내표지를 설치할 것

2.4.3.4 지면으로부터 높이가 0.5m 이상 1m 이하의 위치에 설치할 것
2.4.3.5 송수구의 가까운 부분에 자동배수밸브(또는 직경 5mm의 배수공)를 설치할 것. 이 경우 자동배수밸브는 배관 안의 물이 잘 빠질 수 있는 위치에 설치하되, 배수로 인하여 다른 물건 또는 장소에 피해를 주지 않아야 한다.
2.4.3.6 송수구로부터 주배관에 이르는 연결배관에는 개폐밸브를 설치하지 않을 것
2.4.3.7 송수구에는 이물질을 막기 위한 마개를 씌울 것

2.5 연소방지재

2.5.1 지하구 내에 설치하는 케이블·전선 등에는 다음의 기준에 따라 연소방지재를 설치해야 한다. 다만, 케이블·전선 등을 다음 2.5.1.1의 난연성능 이상을 충족하는 것으로 설치한 경우에는 연소방지재를 설치하지 않을 수 있다.
2.5.1.1 연소방지재는 한국산업표준(KS C IEC 60332-3-24)에서 정한 난연성능 이상의 제품을 사용하되 다음의 기준을 충족할 것
2.5.1.1.1 시험에 사용되는 연소방지재는 시료(케이블 등)의 아래쪽(점화원으로부터 가까운 쪽)으로부터 30cm 지점부터 부착 또는 설치할 것
2.5.1.1.2 시험에 사용되는 시료(케이블 등)의 단면적은 325mm²로 할 것
2.5.1.1.3 시험성적서의 유효기간은 발급 후 3년으로 할 것
2.5.1.2 연소방지재는 다음의 기준에 해당하는 부분에 2.5.1.1과 관련된 시험성적서에 명시된 방식으로 시험성적서에 명시된 길이 이상으로 설치하되, 연소방지재 간의 설치 간격은 350m를 넘지 않도록 해야 한다.
   (1) 분기구
   (2) 지하구의 인입부 또는 인출부
   (3) 절연유 순환펌프 등이 설치된 부분
   (4) 기타 화재발생 위험이 우려되는 부분

2.6 방화벽

2.6.1 방화벽은 다음의 기준에 따라 설치하고, 방화벽의 출입문은 항상 닫힌 상태를 유지하거나 자동폐쇄장치에 의하여 화재 신호를 받으면 자동으로 닫히는 구조로 해야 한다.
2.6.1.1 내화구조로서 홀로 설 수 있는 구조일 것
2.6.1.2 방화벽의 출입문은 「건축법 시행령」 제64조에 따른 방화문으로서 60분+ 방화문 또는 60분 방화문으로 설치할 것
2.6.1.3 방화벽을 관통하는 케이블·전선 등에는 국토교통부 고시(「건축자재등 품질인정 및 관리기준」)에 따라 내화채움구조로 마감할 것
2.6.1.4 방화벽은 분기구 및 국사(局舍, central office)·변전소 등의 건축물과 지하구가 연결되는 부위(건축물로부터 20m 이내)에 설치할 것
2.6.1.5 자동폐쇄장치를 사용하는 경우에는 「자동폐쇄장치의 성능인증 및 제품검사의 기술기준」에 적합한 것으로 설치할 것

2.7 무선통신보조설비

2.7.1 무선통신보조설비의 옥외안테나는 방재실 인근과 공동구의 입구 및 연소방지설비의 송수구가 설치된 장소(지상)에 설치해야 한다.

2.8 통합감시시설

2.8.1 통합감시시설은 다음의 기준에 따라 설치한다.

2.8.1.1 소방관서와 지하구의 통제실 간에 화재 등 소방활동과 관련된 정보를 상시 교환할 수 있는 정보통신망을 구축할 것

2.8.1.2 2.8.1.1의 정보통신망(무선통신망을 포함한다)은 광케이블 또는 이와 유사한 성능을 가진 선로일 것

2.8.1.3 수신기는 지하구의 통제실에 설치하되 화재신호, 경보, 발화지점 등 수신기에 표시되는 정보가 표 2.8.1.3에 적합한 방식으로 119상황실이 있는 관할 소방관서의 정보통신장치에 표시되도록 할 것

표 2.8.1.3 통합감시시설의 구성 표준 프로토콜 정의서

1. 적용
   지하구의 수신기 정보를 관할 소방관서의 정보통신장치에 표시하기 위하여 적용하는 Modbus-RTU 프로토콜방식에 대한 규정이다.

1.1 Ethernet은 현장에서 할당된 IP와 고정 PORT로 TCP 접속한다.

1.2 IP : 할당된 수신기 IP와 관제시스템 IP

1.3 PORT : 4000(고정)

1.4 Modbus 프로토콜 형식을 따르되 수신기에 대한 Request 없이, 수신기는 주기적으로(3~5초) 상위로 데이터를 전송한다.

| Server | ← | 수신기 |

2. Modbus RTU 구성

2.1 Modbus RTUprotocol의 Packet 구조는 아래와 같다.

Device Address	Function Code	Data	CRC-16
1 byte	1 byte	N bytes	2 bytes

2.2 각 필드의 의미는 다음과 같다.

항목	길이	설명
Device Address	1 byte	수신기의 ID
Function Code	1 byte	0x00 고정사용
Data	N byte	2.3 Data 구성 참고
CRC	2 byte	Modbus CRC-16 사용

2.3 Data 구성

SOP	Length	PID	MID	Zone 수량	Zone 번호	상태정보	거리(H)	거리(L)	Reserved	EOP
1 byte	1 byte	1 byte	1 byte	1 byte	1 byte	1 byte	1 byte	1 byte	1 byte	1 byte

SOP : Start of Packet → 0x23 고정
Length : Length 이후부터 EOP까지의 length
PID : 제품 ID로 Device Address와 동일
MID : 제조사 ID로 Reserved
Zone 수량 : 감시하는 Zone 수량, 0x00~0xff
Zone 번호 : 감시하는 Zone의 번호
상태정보 : 정상(0x00), 단선(0x1f), 화재(0x2f)
거리 : 정상상태에서는 해당 Zone의 감시거리, 화재 시 발생 발생거리
Reserved : Reserved
EOP : End of Packet → 0x36 고정

2.4 CRC-16
    CRC는 기본적으로 Modbus CRC-16을 사용한다.

```
WORD CRC16 (const BYTE *nData, WORD wLength)
{
staticconst WORD wCRCTable[ ] = {
  0X0000, 0XC0C1, 0XC181, 0X0140, 0XC301, 0X03C0, 0X0280, 0XC241,
  0XC601, 0X06C0, 0X0780, 0XC741, 0X0500, 0XC5C1, 0XC481, 0X0440,
  0XCC01, 0X0CC0, 0X0D80, 0XCD41, 0X0F00, 0XCFC1, 0XCE81, 0X0E40,
  0X0A00, 0XCAC1, 0XCB81, 0X0B40, 0XC901, 0X09C0, 0X0880, 0XC841,
  0XD801, 0X18C0, 0X1980, 0XD941, 0X1B00, 0XDBC1, 0XDA81, 0X1A40,
  0X1E00, 0XDEC1, 0XDF81, 0X1F40, 0XDD01, 0X1DC0, 0X1C80, 0XDC41,
  0X1400, 0XD4C1, 0XD581, 0X1540, 0XD701, 0X17C0, 0X1680, 0XD641,
  0XD201, 0X12C0, 0X1380, 0XD341, 0X1100, 0XD1C1, 0XD081, 0X1040,
  0XF001, 0X30C0, 0X3180, 0XF141, 0X3300, 0XF3C1, 0XF281, 0X3240,
  0X3600, 0XF6C1, 0XF781, 0X3740, 0XF501, 0X35C0, 0X3480, 0XF441,
  0X3C00, 0XFCC1, 0XFD81, 0X3D40, 0XFF01, 0X3FC0, 0X3E80, 0XFE41,
  0XFA01, 0X3AC0, 0X3B80, 0XFB41, 0X3900, 0XF9C1, 0XF881, 0X3840,
  0X2800, 0XE8C1, 0XE981, 0X2940, 0XEB01, 0X2BC0, 0X2A80, 0XEA41,
  0XEE01, 0X2EC0, 0X2F80, 0XEF41, 0X2D00, 0XEDC1, 0XEC81, 0X2C40,
  0XE401, 0X24C0, 0X2580, 0XE541, 0X2700, 0XE7C1, 0XE681, 0X2640,
  0X2200, 0XE2C1, 0XE381, 0X2340, 0XE101, 0X21C0, 0X2080, 0XE041,
  0XA001, 0X60C0, 0X6180, 0XA141, 0X6300, 0XA3C1, 0XA281, 0X6240,
  0X6600, 0XA6C1, 0XA781, 0X6740, 0XA501, 0X65C0, 0X6480, 0XA441,
  0X6C00, 0XACC1, 0XAD81, 0X6D40, 0XAF01, 0X6FC0, 0X6E80, 0XAE41,
  0XAA01, 0X6AC0, 0X6B80, 0XAB41, 0X6900, 0XA9C1, 0XA881, 0X6840,
  0X7800, 0XB8C1, 0XB981, 0X7940, 0XBB01, 0X7BC0, 0X7A80, 0XBA41,
  0XBE01, 0X7EC0, 0X7F80, 0XBF41, 0X7D00, 0XBDC1, 0XBC81, 0X7C40,
  0XB401, 0X74C0, 0X7580, 0XB541, 0X7700, 0XB7C1, 0XB681, 0X7640,
```

0X7200, 0XB2C1, 0XB381, 0X7340, 0XB101, 0X71C0, 0X7080, 0XB041,
0X5000, 0X90C1, 0X9181, 0X5140, 0X9301, 0X53C0, 0X5280, 0X9241,
0X9601, 0X56C0, 0X5780, 0X9741, 0X5500, 0X95C1, 0X9481, 0X5440,
0X9C01, 0X5CC0, 0X5D80, 0X9D41, 0X5F00, 0X9FC1, 0X9E81, 0X5E40,
0X5A00, 0X9AC1, 0X9B81, 0X5B40, 0X9901, 0X59C0, 0X5880, 0X9841,
0X8801, 0X48C0, 0X4980, 0X8941, 0X4B00, 0X8BC1, 0X8A81, 0X4A40,
0X4E00, 0X8EC1, 0X8F81, 0X4F40, 0X8D01, 0X4DC0, 0X4C80, 0X8C41,
0X4400, 0X84C1, 0X8581, 0X4540, 0X8701, 0X47C0, 0X4680, 0X8641,
0X8201, 0X42C0, 0X4380, 0X8341, 0X4100, 0X81C1, 0X8081, 0X4040 };

```
BYTE nTemp;
WORD wCRCWord = 0xFFFF;
  while (wLength--)
  {
nTemp = *nData++ ^ wCRCWord;
wCRCWord>>= 8;
wCRCWord ^= wCRCTable[nTemp];
  }
  return wCRCWord;
  }
```

2.5 예제

예) Device Address 0x76번의 수신기가 100m와 200m인 2개 Zone을 감시 중 정상상태

Device Address	Function Code	SOP	Len	PID	MID	Zone 수량	Zone 번호	상태 정보	거리 (H)	거리 (L)	Zone 번호	상태 정보	거리 (H)	거리 (L)	Reserved	EOP	CRC-16
1 byte	1 byte	1 byte	1 byte	1 byte	1 byte	1 byte	1 byte	1 byte	1 byte	1 byte	1 byte	1 byte	1 byte	1 byte	1 byte	1 byte	2 bytes
0x4C	0x00	0x23	0x0d	0x4C	reserved	0x02	0x01	0x00	0x00	0x64	0x02	0x00	0x00	0xC8	reserved	0x36	0x8426

CHAPTER 34 창고시설의 화재안전성능기준 (NFPC 609)

[시행 2024. 1. 1.] [소방청고시 제2023-39호, 2023. 10. 6., 제정]

제1조(목적)
이 기준은 「소방시설 설치 및 관리에 관한 법률」 제2조제1항제6호가목에 따라 소방청장에게 위임한 사항 중 창고시설에 설치해야 하는 소방시설 등의 성능기준을 규정함을 목적으로 한다.

제2조(적용범위)
이 기준은 「소방시설 설치 및 관리에 관한 법률 시행령」(이하 "영"이라 한다) 제11조제1항에 따라 창고시설에 설치해야 하는 소방시설 등의 설치 및 관리에 대해 적용한다.

제3조(정의)
이 기준에서 사용하는 용어의 정의는 다음과 같다.
1. "창고시설"이란 영 별표2 제16호에서 규정한 창고시설을 말한다.
2. "한국산업표준규격(KS)"이란 「산업표준화법」 제12조에 따라 산업통상자원부장관이 고시한 산업표준을 말한다.
3. "랙식 창고"란 한국산업표준규격(KS)의 랙(Rack) 용어(KS T 2023)에서 정하고 있는 물품 보관용 랙을 설치하는 창고시설을 말한다.
4. "적층식 랙"이란 한국산업표준규격(KS)의 랙 용어(KS T 2023)에서 정하고 있는 선반을 다층식으로 겹쳐 쌓는 랙을 말한다.
5. "라지드롭형(Large-drop Type) 스프링클러헤드"란 동일 조건의 수압력에서 큰 물방울을 방출하여 화염의 전파속도가 빠르고 발열량이 큰 저장창고 등에서 발생하는 대형화재를 진압할 수 있는 헤드를 말한다.
6. "송기공간"이란 랙을 일렬로 나란하게 맞대어 설치하는 경우 랙 사이에 형성되는 공간(사람이나 장비가 이동하는 통로는 제외한다)을 말한다.

제4조(다른 화재안전성능기준과의 관계)
창고시설에 설치하는 소방시설 등의 설치 및 관리기준 중 이 기준에서 규정하지 않은 것은 개별 화재안전성능기준에 따른다.

제5조(소화기구 및 자동소화장치)
창고시설 내 배전반 및 분전반마다 가스자동소화장치·분말자동소화장치·고체에어로졸자동소화장치 또는 소공간용 소화용구를 설치해야 한다.

제6조(옥내소화전설비)

① 수원의 저수량은 옥내소화전의 설치개수가 가장 많은 층의 설치개수(2개 이상 설치된 경우에는 2개)에 5.2세제곱미터(호스릴옥내소화전설비를 포함한다)를 곱한 양 이상이 되도록 해야 한다.

② 사람이 상시 근무하는 물류창고 등 동결의 우려가 없는 경우에는「옥내소화전설비의 화재안전성능기준(NFPC 102)」제5조제1항제9호의 단서를 적용하지 않는다.

③ 비상전원은 자가발전설비, 축전지설비(내연기관에 따른 펌프를 사용하는 경우에는 내연기관의 기동 및 제어용 축전지를 말한다) 또는 전기저장장치(외부 전기에너지를 저장해 두었다가 필요한 때 전기를 공급하는 장치)로서 옥내소화전설비를 유효하게 40분 이상 작동할 수 있어야 한다.

제7조(스프링클러설비)

① 스프링클러설비의 설치방식은 다음 각 호에 따른다.

1. 창고시설에 설치하는 스프링클러설비는 라지드롭형 스프링클러헤드를 습식으로 설치할 것. 다만, 다음 각 목의 어느 하나에 해당하는 경우에는 건식스프링클러설비로 설치할 수 있다.
   가. 냉동창고 또는 영하의 온도로 저장하는 냉장창고
   나. 창고시설 내에 상시 근무자가 없어 난방을 하지 않는 창고시설
2. 랙식 창고의 경우에는 제1호에 따라 설치하는 것 외에 라지드롭형 스프링클러헤드를 랙 높이 3미터 이하마다 설치할 것. 이 경우 수평거리 15센티미터 이상의 송기공간이 있는 랙식 창고에는 랙 높이 3미터 이하마다 설치하는 스프링클러헤드를 송기공간에 설치할 수 있다.
3. 창고시설에 적층식 랙을 설치하는 경우 적층식 랙의 각 단 바닥면적을 방호구역 면적으로 포함할 것
4. 제1호 내지 제3호에도 불구하고 천장 높이가 13.7미터 이하인 랙식 창고에는「화재조기진압용 스프링클러설비의 화재안전성능기준(NFPC 103B)」에 따른 화재조기진압용 스프링클러설비를 설치할 수 있다.

② 수원의 저수량은 다음 각 호의 기준에 적합해야 한다.

1. 라지드롭형 스프링클러헤드의 설치개수가 가장 많은 방호구역의 설치개수(30개 이상 설치된 경우에는 30개)에 3.2(랙식 창고의 경우에는 9.6)세제곱미터를 곱한 양 이상이 되도록 할 것
2. 제1항제4호에 따라 화재조기진압용 스프링클러설비를 설치하는 경우「화재조기진압용 스프링클러설비의 화재안전성능기준(NFPC 103B)」제5조제1항에 따를 것

③ 가압송수장치의 송수량은 다음 각 호의 기준에 적합해야 한다.

1. 가압송수장치의 송수량은 0.1메가파스칼의 방수압력 기준으로 분당 160리터 이상의 방수성능을 가진 기준 개수의 모든 헤드로부터의 방수량을 충족시킬 수 있는 양 이상인 것으로 할 것. 이 경우 속도수두는 계산에 포함하지 않을 수 있다.
2. 제1항제4호에 따라 화재조기진압용 스프링클러설비를 설치하는 경우「화재조기진압용 스프링클러설비의 화재안전성능기준(NFPC 103B)」제6조제1항제9호에 따를 것

④ 교차배관에서 분기되는 지점을 기점으로 한쪽 가지배관에 설치되는 헤드의 개수(반자 아래와 반자속의 헤드를 하나의 가지배관 상에 병설하는 경우에는 반자 아래에 설치하는 헤드의 개수)는 4개 이하로 해야 한다. 다만, 제1항제4호에 따라 화재조기진압용 스프링클러설비를 설치하는 경우에는 그렇지 않다.

⑤ 스프링클러헤드는 다음 각 호의 기준에 적합해야 한다.
  1. 라지드롭형 스프링클러헤드를 설치하는 천장·반자·천장과 반자 사이·덕트·선반 등의 각 부분으로부터 하나의 스프링클러헤드까지의 수평거리는 「화재의 예방 및 안전관리에 관한 법률 시행령」 별표2의 특수가연물을 저장 또는 취급하는 창고는 1.7미터 이하, 그 외의 창고는 2.1미터(내화구조로 된 경우에는 2.3미터를 말한다) 이하로 할 것
  2. 화재조기진압용 스프링클러헤드는 「화재조기진압용 스프링클러설비의 화재안전성능기준(NFPC 103B)」 제10조에 따라 설치할 것
⑥ 물품의 운반 등에 필요한 고정식 대형기기 설비의 설치를 위해 「건축법 시행령」 제46조제2항에 따라 방화구획이 적용되지 아니하거나 완화 적용되어 연소할 우려가 있는 개구부에는 「스프링클러설비의 화재안전성능기준(NFPC 103)」 제10조제7항제2호에 따른 방법으로 드렌처설비를 설치해야 한다.
⑦ 비상전원은 자가발전설비, 축전지설비(내연기관에 따른 펌프를 사용하는 경우에는 내연기관의 기동 및 제어용 축전지를 말한다) 또는 전기저장장치(외부 전기에너지를 저장해 두었다가 필요한 때 전기를 공급하는 장치를 말한다. 이하 같다)로서 스프링클러설비를 유효하게 20분(랙식 창고의 경우 60분을 말한다) 이상 작동할 수 있어야 한다.

제8조(비상방송설비)
① 확성기의 음성입력은 3와트(실내에 설치하는 것을 포함한다) 이상으로 해야 한다.
② 창고시설에서 발화한 때에는 전 층에 경보를 발해야 한다.
③ 비상방송설비에는 그 설비에 대한 감시상태를 60분간 지속한 후 유효하게 30분 이상 경보할 수 있는 축전지설비(수신기에 내장하는 경우를 포함한다. 이하 같다) 또는 전기저장장치를 설치해야 한다.

제9조(자동화재탐지설비)
① 감지기 작동 시 해당 감지기의 위치가 수신기에 표시되도록 해야 한다.
② 「개인정보 보호법」 제2조제7호에 따른 영상정보처리기기를 설치하는 경우 수신기는 영상정보의 열람·재생 장소에 설치해야 한다.
③ 영 제11조에 따라 스프링클러설비를 설치하는 창고시설의 감지기는 다음 각 호의 기준에 따라 설치해야 한다.
  1. 아날로그방식의 감지기, 광전식 공기흡입형 감지기 또는 이와 동등 이상의 기능·성능이 인정되는 감지기를 설치할 것
  2. 감지기의 신호처리 방식은 「자동화재탐지설비 및 시각경보장치의 화재안전성능기준(NFPC 203)」 제3조의2에 따를 것
④ 창고시설에서 발화한 때에는 전 층에 경보를 발해야 한다.
⑤ 자동화재탐지설비에는 그 설비에 대한 감시상태를 60분간 지속한 후 유효하게 30분 이상 경보할 수 있는 비상전원으로서 축전지설비 또는 전기저장장치를 설치해야 한다. 다만, 상용전원이 축전지설비인 경우에는 그렇지 않다.

제10조(유도등)
① 피난구유도등과 거실통로유도등은 대형으로 설치해야 한다.

② 피난유도선은 연면적 1만 5천제곱미터 이상인 창고시설의 지하층 및 무창층에 다음 각 호의 기준에 따라 설치해야 한다.
  1. 광원점등방식으로 바닥으로부터 1미터 이하의 높이에 설치할 것
  2. 각 층 직통계단 출입구로부터 건물 내부 벽면으로 10미터 이상 설치할 것
  3. 화재 시 점등되며 비상전원 30분 이상을 확보할 것
  4. 피난유도선은 소방청장이 정해 고시하는 「피난유도선 성능인증 및 제품검사의 기술기준」에 적합한 것으로 설치할 것

제11조(소화수조 및 저수조)
소화수조 또는 저수조의 저수량은 특정소방대상물의 연면적을 5,000제곱미터로 나누어 얻은 수(소수점 이하의 수는 1로 본다)에 20세제곱미터를 곱한 양 이상이 되도록 해야 한다.

제12조(설치·유지기준의 특례)
소방본부장 또는 소방서장은 기존건축물이 증축되거나 용도변경되는 경우에 있어서 이 기준이 정하는 기준에 따라 해당 창고시설에 설치해야 할 소방시설의 배관·배선 등의 공사가 현저하게 곤란하다고 인정되는 경우에는 해당 설비의 기능 및 사용에 지장이 없는 범위 안에서 이 기준의 일부를 적용하지 않을 수 있다.

제13조(재검토기한)
소방청장은 「훈령·예규 등의 발령 및 관리에 관한 규정」에 따라 이 고시에 대해 2024년 1월 1일을 기준으로 매 3년이 되는 시점(매 3년째의 12월 31일까지를 말한다)마다 그 타당성을 검토해 개선 등의 조치를 해야 한다.

제14조(규제의 재검토)
「행정규제기본법」 제8조에 따라 2024년 1월 1일을 기준으로 매 3년이 되는 시점(매 3년째의 12월 31일까지를 말한다)마다 그 타당성을 검토해 개선 등의 조치를 해야 한다.

부칙 〈제2023-39호, 2023. 10. 6.〉

제1조(시행일)
이 고시는 2024년 1월 1일부터 시행한다. 다만, 제9조제3항제1호의 제정 규정은 이 고시가 발령된 이후 최초로 개정되는 「감지기의 형식승인 및 제품검사의 기술기준」의 시행일이 3개월 경과한 날로부터 시행한다.

제2조(경과조치)
① 이 고시 시행 전에 건축허가 등의 신청 또는 신고를 하거나 소방시설공사의 착공신고를 한 특정소방대상물에 대해서는 종전의 개별 화재안전성능기준에 따른다.
② 이 고시 시행 전에 제1항에 따른 신청 또는 신고를 한 경우라도 개정 기준이 종전의 기준에 비해 관계인에게 유리한 경우에는 개정 기준에 따를 수 있다.

제3조(다른 고시의 개정)

① 「스프링클러설비의 화재안전성능기준(NFPC 103)」 일부를 다음과 같이 개정한다.
  1. 제4조제1항제1호의 표 내용 중 "공장 또는 창고(랙크식창고를 포함한다)"를 "공장"으로 한다.
  2. 제10조제2항 및 제3항제2호를 삭제한다.

② 「유도등 및 유도표지의 화재안전성능기준(NFPC 303)」 일부를 다음과 같이 개정한다.
  제4조제6호 설치장소를 "제1호부터 제5호까지 외의 건축물로서 근린생활시설·노유자시설·업무시설·발전시설·종교시설(집회장 용도로 사용하는 부분 제외)·교육연구시설·수련시설·공장·교정 및 군사시설(국방·군사시설 제외)·기숙사·자동차정비공장·운전학원 및 정비학원·다중이용업소·복합건축물"로 한다.

CHAPTER 34 창고시설의 화재안전기술기준 (NFTC 609)

[시행 2024. 1. 1.] [소방청공고 제2023-46호, 2023. 12. 29., 제정]

1. 일반사항

1.1 적용범위

1.1.1 이 기준은 「소방시설 설치 및 관리에 관한 법률 시행령」(이하 "영"이라 한다) 제11조제1항에 따라 창고시설에 설치해야 하는 소방시설 등의 설치 및 관리에 대해 적용한다.

1.2 기준의 효력

1.2.1 이 기준은 「소방시설 설치 및 관리에 관한 법률」(이하 "법"이라 한다) 제2조제1항제6호나목에 따라 소방청장에게 위임한 사항 중 창고시설에 설치하는 소방시설 등의 기술기준으로서의 효력을 가진다.

1.2.2 이 기준에 적합한 경우에는 법 제2조제1항제6호나목에 따라 「창고시설의 화재안전성능기준(NFPC 609)」을 충족하는 것으로 본다.

1.3 기준의 시행

1.3.1 이 기준은 2024년 1월 1일부터 시행한다. 다만, 2.5.3.1의 제정 규정은 이 공고가 발령된 이후 최초로 개정되는 「감지기의 형식승인 및 제품검사의 기술기준」의 시행일이 3개월 경과한 날로부터 시행한다.

1.4 기준의 특례

1.4.1 소방본부장 또는 소방서장은 기존건축물이 증축·개축·대수선되거나 용도변경되는 경우에 있어서 이 기준이 정하는 기준에 따라 해당 건축물에 설치해야 할 소방시설의 배관·배선 등의 공사가 현저하게 곤란하다고 인정되는 경우에는 해당 설비의 기능 및 사용에 지장이 없는 범위 안에서 이 기준의 일부를 적용하지 않을 수 있다.

1.5 경과조치

1.5.1 이 기준 시행 전에 건축허가 등의 신청 또는 신고를 하거나 소방시설공사의 착공신고를 한 특정소방대상물에 대해서는 종전의 개별 화재안전기술기준에 따른다.

1.5.2 이 기준 시행 전에 1.5.1에 따른 신청 또는 신고를 한 경우라도 개정 기준이 종전의 기준에 비해 관계인에게 유리한 경우에는 개정 기준에 따를 수 있다.

1.6 다른 법령과의 관계

1.6.1 창고시설에 설치하는 소방시설 등의 설치기준 중 이 기준에서 규정하지 않은 것은 개별 화재안전기준에 따라야 한다.

1.7 용어의 정의

1.7.1 이 기준에서 사용하는 용어의 정의는 다음과 같다.

1.7.1.1 "창고시설"이란 영 별표2 제16호에서 규정한 창고시설을 말한다.

1.7.1.2 "한국산업표준규격(KS)"이란 「산업표준화법」 제12조에 따라 산업통상자원부장관이 고시한 산업표준을 말한다.

1.7.1.3 "랙식 창고"란 한국산업표준규격(KS)의 랙(rack) 용어(KS T 2023)에서 정하고 있는 물품 보관용 랙을 설치하는 창고시설을 말한다.

1.7.1.4 "적층식 랙"이란 한국산업표준규격(KS)의 랙 용어(KS T 2023)에서 정하고 있는 선반을 다층식으로 겹쳐 쌓는 랙을 말한다.

1.7.1.5 "라지드롭형(large-drop type) 스프링클러헤드"란 동일 조건의 수압력에서 큰 물방울을 방출하여 화염의 전파속도가 빠르고 발열량이 큰 저장창고 등에서 발생하는 대형화재를 진압할 수 있는 헤드를 말한다.

1.7.1.6 "송기공간"이란 랙을 일렬로 나란하게 맞대어 설치하는 경우 랙 사이에 형성되는 공간(사람이나 장비가 이동하는 통로는 제외한다.)을 말한다.

2. 기술기준

2.1 소화기구 및 자동소화장치

2.1.1 창고시설 내 배전반 및 분전반마다 가스자동소화장치·분말자동소화장치·고체에어로졸자동소화장치 또는 소공간용 소화용구를 설치해야 한다.

2.2 옥내소화전설비

2.2.1 수원의 저수량은 옥내소화전의 설치개수가 가장 많은 층의 설치개수(2개 이상 설치된 경우에는 2개)에 5.2m³(호스릴옥내소화전설비를 포함한다)를 곱한 양 이상이 되도록 해야 한다.

2.2.2 사람이 상시 근무하는 물류창고 등 동결의 우려가 없는 경우에는 「옥내소화전설비의 화재안전기술기준(NFTC 102)」 2.2.1.9의 단서를 적용하지 않는다.

2.2.3 비상전원은 자가발전설비, 축전지설비(내연기관에 따른 펌프를 사용하는 경우에는 내연기관의 기동 및 제어용 축전지를 말한다) 또는 전기저장장치(외부 전기에너지를 저장해 두었다가 필요한 때 전기를 공급하는 장치)로서 옥내소화전설비를 유효하게 40분 이상 작동할 수 있어야 한다.

2.3 스프링클러설비

2.3.1 스프링클러설비의 설치방식은 다음 기준에 따른다.

2.3.1.1 창고시설에 설치하는 스프링클러설비는 라지드롭형 스프링클러헤드를 습식으로 설치할 것. 다만, 다음의 어느 하나에 해당하는 경우에는 건식스프링클러설비로 설치할 수 있다.
  (1) 냉동창고 또는 영하의 온도로 저장하는 냉장창고
  (2) 창고시설 내에 상시 근무자가 없어 난방을 하지 않는 창고시설

2.3.1.2 랙식 창고의 경우에는 2.3.1.1에 따라 설치하는 것 외에 라지드롭형 스프링클러헤드를 랙 높이 3m 이하마다 설치할 것. 이 경우 수평거리 15cm 이상의 송기공간이 있는 랙식 창고에는 랙 높이 3m 이하마다 설치하는 스프링클러헤드를 송기공간에 설치할 수 있다.

2.3.1.3 창고시설에 적층식 랙을 설치하는 경우 적층식 랙의 각 단 바닥면적을 방호구역 면적으로 포함할 것

2.3.1.4 2.3.1.1 내지 2.3.1.3에도 불구하고 천장 높이가 13.7m 이하인 랙식 창고에는 「화재조기진압용 스프링클러설비의 화재안전기술기준(NFTC 103B)」에 따른 화재조기진압용 스프링클러설비를 설치할 수 있다.

2.3.1.5 높이가 4 m 이상인 창고(랙식 창고를 포함한다)에 설치하는 폐쇄형 스프링클러헤드는 그 설치장소의 평상시 최고 주위온도에 관계 없이 표시온도 121℃ 이상의 것으로 할 수 있다.

2.3.2 수원의 저수량은 다음의 기준에 적합해야 한다.

2.3.2.1 라지드롭형 스프링클러헤드의 설치개수가 가장 많은 방호구역의 설치개수(30개 이상 설치된 경우에는 30개)에 3.2m³(랙식 창고의 경우에는 9.6m³)를 곱한 양 이상이 되도록 할 것

2.3.2.2 2.3.1.4에 따라 화재조기진압용 스프링클러설비를 설치하는 경우 「화재조기진압용 스프링클러설비의 화재안전기술기준(NFTC 103B)」 2.2.1에 따를 것

2.3.3 가압송수장치의 송수량은 다음 기준의 기준에 적합해야 한다.

2.3.3.1 가압송수장치의 송수량은 0.1MPa의 방수압력 기준으로 160L/min 이상의 방수성능을 가진 기준 개수의 모든 헤드로부터의 방수량을 충족시킬 수 있는 양 이상인 것으로 할 것. 이 경우 속도수두는 계산에 포함하지 않을 수 있다.

2.3.3.2 2.3.1.4에 따라 화재조기진압용 스프링클러설비를 설치하는 경우 「화재조기진압용 스프링클러설비의 화재안전기술기준(NFTC 103B)」 2.3.1.10에 따를 것

2.3.4 교차배관에서 분기되는 지점을 기점으로 한쪽 가지배관에 설치되는 헤드의 개수(반자 아래와 반자 속의 헤드를 하나의 가지배관 상에 병설하는 경우에는 반자 아래에 설치하는 헤드의 개수)는 4개 이하로 해야 한다. 다만, 2.3.1.4에 따라 화재조기진압용 스프링클러설비를 설치하는 경우에는 그렇지 않다.

2.3.5 스프링클러헤드는 다음의 기준에 적합해야 한다.

2.3.5.1 라지드롭형 스프링클러헤드를 설치하는 천장·반자·천장과 반자 사이·덕트·선반 등의 각 부분으로부터 하나의 스프링클러헤드까지의 수평거리는 「화재의 예방 및 안전관리에 관한 법률 시행령」 별표2의 특수가연물을 저장 또는 취급하는 창고는 1.7m 이하, 그 외의 창고는 2.1m(내화구조로 된 경우에는 2.3m를 말한다) 이하로 할 것

2.3.5.2 화재조기진압용 스프링클러헤드는 「화재조기진압용 스프링클러설비의 화재안전기술기준(NFTC 103B)」 2.7.1에 따라 설치할 것

2.3.6 물품의 운반 등에 필요한 고정식 대형기기 설비의 설치를 위해 「건축법 시행령」 제46조제2항에 따라 방화구획이 적용되지 아니하거나 완화 적용되어 연소할 우려가 있는 개구부에는 「스프링클러설비의 화재안전기술기준(NFTC 103)」 2.7.7.6에 따른 방법으로 드렌처설비를 설치해야 한다.

2.3.7 비상전원은 자가발전설비, 축전지설비(내연기관에 따른 펌프를 사용하는 경우에는 내연기관의 기동 및 제어용 축전지를 말한다) 또는 전기저장장치(외부 전기에너지를 저장해 두었다가 필요한 때 전기를 공급하는 장치를 말한다. 이하 같다)로서 스프링클러설비를 유효하게 20분(랙식 창고의 경우 60분을 말한다) 이상 작동할 수 있어야 한다.

2.4 비상방송설비

2.4.1 확성기의 음성입력은 3W(실내에 설치하는 것을 포함한다) 이상으로 해야 한다.

2.4.2 창고시설에서 발화한 때에는 전 층에 경보를 발해야 한다.

2.4.3 비상방송설비에는 그 설비에 대한 감시상태를 60분간 지속한 후 유효하게 30분 이상 경보할 수 있는 축전지설비(수신기에 내장하는 경우를 포함한다. 이하 같다) 또는 전기저장장치를 설치해야 한다.

2.5 자동화재탐지설비

2.5.1 감지기 작동 시 해당 감지기의 위치가 수신기에 표시되도록 해야 한다.

2.5.2 「개인정보 보호법」제2조제7호에 따른 영상정보처리기기를 설치하는 경우 수신기는 영상정보의 열람·재생 장소에 설치해야 한다.

2.5.3 영 제11조에 따라 스프링클러설비를 설치해야 하는 창고시설의 감지기는 다음 기준에 따라 설치해야 한다.

2.5.3.1 아날로그방식의 감지기, 광전식 공기흡입형 감지기 또는 이와 동등 이상의 기능·성능이 인정되는 감지기를 설치할 것

2.5.3.2 감지기의 신호처리 방식은 「자동화재탐지설비 및 시각경보장치의 화재안전기술기준(NFTC 203)」 1.7.2에 따른다.

2.5.4 창고시설에서 발화한 때에는 전 층에 경보를 발해야 한다.

2.5.5 자동화재탐지설비에는 그 설비에 대한 감시상태를 60분간 지속한 후 유효하게 30분 이상 경보할 수 있는 비상전원으로서 축전지설비 또는 전기저장장치를 설치해야 한다. 다만, 상용전원이 축전지설비인 경우에는 그렇지 않다.

2.6 유도등

2.6.1 피난구유도등과 거실통로유도등은 대형으로 설치해야 한다.

2.6.2 피난유도선은 연면적 15,000m² 이상인 창고시설의 지하층 및 무창층에 다음의 기준에 따라 설치해야 한다.

2.6.2.1 광원점등방식으로 바닥으로부터 1m 이하의 높이에 설치할 것

2.6.2.2 각 층 직통계단 출입구로부터 건물 내부 벽면으로 10m 이상 설치할 것

2.6.2.3 화재 시 점등되며 비상전원 30분 이상을 확보할 것

2.6.2.4 피난유도선은 소방청장이 정하여 고시하는 「피난유도선 성능인증 및 제품검사의 기술기준」에 적합한 것으로 설치할 것

2.7 소화수조 및 저수조

2.7.1 소화수조 또는 저수조의 저수량은 특정소방대상물의 연면적을 5,000m²로 나누어 얻은 수(소수점 이하의 수는 1로 본다)에 20m³를 곱한 양 이상이 되도록 해야 한다.

CHAPTER 35 특별피난계단의 계단실 및 부속실 제연설비의 화재안전성능기준(NFPC 501A)

[시행 2024. 7. 1.] [소방청고시 제2024-5호, 2024. 3. 18., 일부개정]

제1조(목적)
이 기준은 「소방시설 설치 및 관리에 관한 법률」 제2조제1항제6호가목에 따라 소방청장에게 위임한 사항 중 소화활동설비인 특별피난계단의 계단실 및 부속실 제연설비의 성능기준을 규정함을 목적으로 한다.

제2조(적용범위)
이 기준은 「소방시설 설치 및 관리에 관한 법률 시행령」 별표 4 제5호가목7)에 따른 특별피난계단의 계단실(이하 "계단실"이라 한다) 및 부속실(비상용승강기의 승강장과 겸용하는 것 또는 비상용승강기·피난용승강기의 승강장을 포함한다. 이하 "부속실"이라 한다) 제연설비의 설치 및 관리에 대해 적용한다.

제3조(정의)
이 기준에서 사용하는 용어의 정의는 다음과 같다.
1. "제연구역"이란 제연하고자 하는 계단실 또는 부속실을 말한다.
2. "방연풍속"이란 옥내로부터 제연구역 내로 연기의 유입을 유효하게 방지할 수 있는 풍속을 말한다.
3. "급기량"이란 제연구역에 공급해야 할 공기의 양을 말한다.
4. "누설량"이란 틈새를 통하여 제연구역으로부터 흘러나가는 공기량을 말한다.
5. "보충량"이란 방연풍속을 유지하기 위하여 제연구역에 보충해야 할 공기량을 말한다.
6. "플랩댐퍼"란 제연구역의 압력이 설정압력범위를 초과하는 경우 제연구역의 압력을 배출하여 설정압력 범위를 유지하게 하는 과압방지장치를 말한다.
7. "유입공기"란 제연구역으로부터 옥내로 유입하는 공기로서 차압에 따라 누설하는 것과 출입문의 개방에 따라 유입하는 것 등을 말한다.
8. "거실제연설비"란 「제연설비의 화재안전성능기준(NFPC 501)」에 따른 옥내의 제연설비를 말한다.
9. "자동차압급기댐퍼"란 제연구역과 옥내 사이의 차압을 압력센서 등으로 감지하여 제연구역에 공급되는 풍량의 조절로 제연구역의 차압 유지를 자동으로 제어할 수 있는 댐퍼를 말한다.
10. "자동폐쇄장치"란 제연구역의 출입문 등에 설치하는 것으로서 화재 시 화재감지기의 작동과 연동하여 출입문을 자동적으로 닫히게 하는 장치를 말한다.
11. "과압방지장치"란 제연구역의 압력이 설정압력을 초과하는 경우 자동으로 압력을 조절하여 과압을 방지하는 장치를 말한다.
12. "굴뚝효과"란 건물 내부와 외부 또는 내부 공간 상하간의 온도 차이에 의한 밀도 차이로 발생하는 건물 내부의 수직 기류를 말한다.
13. "기밀상태"란 일정한 공간에 있는 유체가 누설되지 않는 밀폐 상태를 말한다.

14. "누설틈새면적"이란 가압 또는 감압된 공간과 인접한 공간 사이에 공기의 흐름이 가능한 틈새의 면적을 말한다.
15. "송풍기"란 공기의 흐름을 발생시키는 기기를 말한다.
16. "수직풍도"란 건축물의 층간에 수직으로 설치된 풍도를 말한다.
17. "외기취입구"란 옥외로부터 옥내로 외기를 취입하는 개구부를 말한다.
18. "제어반"이란 각종 기기의 작동 여부 확인과 자동 또는 수동 기동 등이 가능한 장치를 말한다.

제4조(제연방식)

이 기준에 따른 제연설비는 다음 각 호의 기준에 적합해야 한다.
1. 제연구역에 옥외의 신선한 공기를 공급하여 제연구역의 기압을 제연구역 이외의 옥내(이하 "옥내"라 한다)보다 높게 하되 일정한 기압의 차이(이하 "차압"이라 한다)를 유지하게 함으로써 옥내로부터 제연구역 내로 연기가 침투하지 못하도록 할 것
2. 피난을 위하여 제연구역의 출입문이 일시적으로 개방되는 경우 방연풍속을 유지하도록 옥외의 공기를 제연구역 내로 보충 공급하도록 할 것
3. 출입문이 닫히는 경우 제연구역의 과압을 방지할 수 있는 유효한 조치를 하여 차압을 유지할 것

제5조(제연구역의 선정)

제연구역은 다음 각 호의 어느 하나에 따라야 한다. 〈개정 2024.3.18.〉
1. 계단실 및 그 부속실을 동시에 제연하는 것
2. 부속실을 단독으로 제연하는 것
3. 계단실을 단독으로 제연하는 것
4. 삭제 〈개정 2024.3.18.〉

제6조(차압 등)

① 제4조제1호의 기준에 따라 제연구역과 옥내와의 사이에 유지해야 하는 최소차압은 40파스칼(옥내에 스프링클러설비가 설치된 경우에는 12.5파스칼) 이상으로 해야 한다.
② 제연설비가 가동되었을 경우 출입문의 개방에 필요한 힘은 110뉴턴 이하로 해야 한다.
③ 제4조제2호의 기준에 따라 출입문이 일시적으로 개방되는 경우 개방되지 않은 제연구역과 옥내와의 차압은 제1항의 기준에도 불구하고 제1항의 기준에 따른 차압의 70퍼센트 이상이어야 한다.
④ 계단실과 부속실을 동시에 제연하는 경우 부속실의 기압은 계단실과 같게 하거나 계단실의 기압보다 낮게 할 경우에는 부속실과 계단실의 압력 차이는 5파스칼 이하가 되도록 해야 한다.

제7조(급기량)

급기량은 다음 각 호의 양을 합한 양 이상이 되어야 한다.
1. 제4조제1호의 기준에 따른 차압을 유지하기 위하여 제연구역에 공급해야 할 공기량. 이 경우 제연구역에 설치된 출입문(창문을 포함한다. 이하 "출입문등"이라 한다)의 누설량과 같아야 한다.
2. 제4조제2호의 기준에 따른 보충량

제8조(누설량)

제7조제1호의 기준에 따른 누설량은 제연구역의 누설량을 합한 양으로 한다. 이 경우 출입문이 둘 이상인 경우에는 각 출입문의 누설틈새면적을 합한 것으로 한다.

제9조(보충량)

제7조제2호의 기준에 따른 보충량은 부속실의 수가 20개 이하는 한 개 층 이상, 20개를 초과하는 경우에는 두 개 층 이상의 보충량으로 한다.

제10조(방연풍속)

방연풍속은 제연구역의 선정방식에 따라 다음 표의 기준에 적합해야 한다.

제연구역		방연풍속
계단실 및 그 부속실을 동시에 제연하는 것 또는 계단실만 단독으로 제연하는 것		0.5m/s 이상
부속실만 단독으로 제연하는 것	부속실이 면하는 옥내가 거실인 경우	0.7m/s 이상
	부속실이 면하는 옥내가 복도로서 그 구조가 방화구조(내화시간이 30분 이상인 구조를 포함한다)인 것	0.5m/s 이상

제11조(과압방지조치)

제연구역에서 발생하는 과압을 해소하기 위해 과압방지장치를 설치하는 등의 과압방지조치를 해야 한다. 다만, 제연구역 내에 과압 발생의 우려가 없다는 것을 시험 또는 공학적인 자료로 입증하는 경우에는 과압방지조치를 하지 않을 수 있다.

제12조(누설틈새의 면적 등)

제연구역으로부터 공기가 누설하는 틈새면적은 다음 각 호의 기준에 따라야 한다.

1. 출입문의 틈새면적은 다음의 식에 따라 산출하는 수치를 기준으로 할 것

   $A = (L/l) \times A_d$

   A : 출입문의 틈새(m^2)

   L : 출입문 틈새의 길이(m). 다만, L의 수치가 l의 수치 이하인 경우에는 l의 수치로 할 것

   l : 외여닫이문이 설치되어 있는 경우에는 5.6, 쌍여닫이문이 설치되어 있는 경우에는 9.2, 승강기의 출입문이 설치되어 있는 경우에는 8.0으로 할 것

   A_d : 외여닫이문으로 제연구역의 실내 쪽으로 열리도록 설치하는 경우에는 0.01, 제연구역의 실외 쪽으로 열리도록 설치하는 경우에는 0.02, 쌍여닫이문의 경우에는 0.03, 승강기의 출입문에 대하여는 0.06으로 할 것

2. 창문의 틈새면적은 다음의 식에 따라 산출하는 수치를 기준으로 할 것

   가. 여닫이식 창문으로서 창틀에 방수팩킹이 없는 경우

   틈새면적(m^2) = $2.55 \times 10^{-4} \times$ 틈새의 길이(m)

   나. 여닫이식 창문으로서 창틀에 방수팩킹이 있는 경우

   틈새면적(m^2) = $3.61 \times 10^{-5} \times$ 틈새의 길이(m)

다. 미닫이식 창문이 설치되어 있는 경우

   틈새면적(m^2) = $1.00 \times 10^{-4} \times$ 틈새의 길이(m)

3. 제연구역으로부터 누설하는 공기가 승강기의 승강로를 경유하여 승강로의 외부로 유출하는 유출면적은 승강로와 승강로 상부의 기계실 사이의 개구부 면적을 합한 것을 기준으로 할 것
4. 제연구역을 구성하는 벽체(반자속의 벽체를 포함한다)가 벽돌 또는 시멘트블록 등의 조적구조이거나 석고판 등의 조립구조인 경우에는 불연재료를 사용하여 틈새를 조정할 것
5. 제연설비의 완공 시 제연구역의 출입문등은 크기 및 개방방식이 해당 설비의 설계 시와 같아야 한다.

제13조(유입공기의 배출)

① 유입공기는 화재층의 제연구역과 면하는 옥내로부터 옥외로 배출되도록 해야 한다.
② 유입공기의 배출은 다음 각 호의 어느 하나의 기준에 따른 배출방식으로 해야 한다.
   1. 수직풍도에 따른 배출 : 옥상으로 직통하는 전용의 배출용 수직풍도를 설치하여 배출하는 것으로서 다음 각 목의 어느 하나에 해당하는 것
      가. 자연배출식 : 굴뚝효과에 따라 배출하는 것
      나. 기계배출식 : 수직풍도의 상부에 전용의 배출용 송풍기를 설치하여 강제로 배출하는 것
   2. 배출구에 따른 배출 : 건물의 옥내와 면하는 외벽마다 옥외와 통하는 배출구를 설치하여 배출하는 것
   3. 제연설비에 따른 배출 : 거실제연설비가 설치되어 있고 당해 옥내로부터 옥외로 배출해야 하는 유입공기의 양을 거실제연설비의 배출량에 합하여 배출하는 경우 유입공기의 배출은 당해 거실제연설비에 따른 배출로 갈음할 수 있다.

제14조(수직풍도에 따른 배출)

수직풍도에 따른 배출은 다음 각 호의 기준에 적합해야 한다.
1. 수직풍도는 내화구조로 하되「건축물의 피난·방화구조 등의 기준에 관한 규칙」제3조제1호 또는 제2호의 기준 이상의 성능으로 할 것
2. 수직풍도의 내부면은 두께 0.5밀리미터 이상의 아연도금강판 또는 동등이상의 내식성·내열성이 있는 것으로 마감되는 접합부에 대하여는 통기성이 없도록 조치할 것
3. 각층의 옥내와 면하는 수직풍도의 관통부에는 다음 각목의 기준에 적합한 댐퍼 (이하 "배출댐퍼"라 한다)를 설치해야 한다.
   가. 배출댐퍼는 두께 1.5밀리미터 이상의 강판 또는 이와 동등 이상의 성능이 있는 것으로 설치해야 하며 비 내식성 재료의 경우에는 부식방지 조치를 할 것
   나. 평상시 닫힌 구조로 기밀상태를 유지할 것
   다. 개폐여부를 당해 장치 및 제어반에서 확인할 수 있는 감지기능을 내장하고 있을 것
   라. 구동부의 작동상태와 닫혀 있을 때의 기밀상태를 수시로 점검할 수 있는 구조일 것
   마. 풍도의 내부마감상태에 대한 점검 및 댐퍼의 정비가 가능한 이·탈착구조로 할 것
   바. 화재층에 설치된 화재감지기의 동작에 따라 당해층의 댐퍼가 개방될 것
   사. 개방 시의 실제개구부(개구율을 감안한 것을 말한다)의 크기는 제4호의 기준에 따른 수직풍도의

최소 내부단면적 이상으로 할 것
  아. 댐퍼는 풍도내의 공기흐름에 지장을 주지 않도록 수직풍도의 내부로 돌출하지 않게 설치할 것
4. 수직풍도의 내부단면적은 다음 각 목의 기준에 적합할 것
  가. 자연배출식의 경우 다음 식에 따라 산출하는 수치 이상으로 할 것. 다만, 수직풍도의 길이가 100미터를 초과하는 경우에는 산출수치의 1.2배 이상의 수치를 기준으로 해야 한다.
  $A_P = Q_N/2$
    A_P : 수직풍도의 내부단면적(m^2)
    Q_N : 수직풍도가 담당하는 1개 층의 제연구역의 출입문(옥내와 면하는 출입문을 말한다) 1개의 면적(m^2)과 방연풍속(m/s)을 곱한 값(m^3/s)
5. 기계배출식에 따라 배출하는 경우 배출용 송풍기는 다음 각 목의 기준에 적합할 것
  가. 열기류에 노출되는 송풍기 및 그 부품들은 섭씨 250도의 온도에서 1시간 이상 가동상태를 유지할 것
  나. 송풍기의 풍량은 제4호가목의 기준에 따른 Q_N에 여유량을 더한 양을 기준으로 할 것
  다. 송풍기는 화재감지기의 동작에 따라 연동하도록 할 것
  라. 송풍기의 풍량을 실측할 수 있는 유효한 조치를 할 것
  마. 송풍기는 다른 장소와 방화구획되고 접근과 점검이 용이한 장소에 설치할 것
6. 수직풍도의 상부의 말단(기계배출식의 송풍기도 포함한다)은 빗물이 흘러들지 않는 구조로 하고, 옥외의 풍압에 따라 배출성능이 감소하지 않도록 유효한 조치를 할 것

제15조(배출구에 따른 배출)

배출구에 따른 배출은 다음 각 호의 기준에 적합해야 한다.
1. 배출구에는 빗물과 이물질이 유입하지 않는 구조로서 유입공기의 배출에 적합한 장치(이하 "개폐기"라 한다)를 설치할 것
2. 개폐기의 개구면적은 다음 식에 따라 산출한 수치 이상으로 할 것
  $A_O = Q_N/2.5$
    A_O : 개폐기의 개구면적(m^2)
    Q_N : 수직풍도가 담당하는 1개 층의 제연구역의 출입문(옥내와 면하는 출입문을 말한다) 1개의 면적(m^2)과 방연풍속(m/s)를 곱한 값(m^3/s)

제16조(급기)

제연구역에 대한 급기는 다음 각 호의 기준에 따라야 한다.
1. 부속실만을 제연하는 경우 동일 수직선상의 모든 부속실은 하나의 전용수직풍도를 통해 동시에 급기할 것
2. 계단실 및 부속실을 동시에 제연하는 경우 계단실에 대하여는 그 부속실의 수직풍도를 통해 급기할 수 있다.

3. 계단실만을 제연하는 경우에는 전용수직풍도를 설치하거나 계단실에 급기풍도 또는 급기송풍기를 직접 연결하여 급기하는 방식으로 할 것
4. 하나의 수직풍도마다 전용의 송풍기로 급기할 것
5. 비상용승강기 또는 피난용승강기의 승강장만을 제연하는 경우에는 해당 승강기의 승강로를 급기풍도로 사용할 수 있다. 〈개정 2024.3.18.〉

제17조(급기구)

제연구역에 설치하는 급기구는 다음 각 호의 기준에 적합해야 한다.
1. 급기용 수직풍도와 직접 면하는 벽체 또는 천장(당해 수직풍도와 천장급기구 사이의 풍도를 포함한다)에 고정하되, 급기되는 기류 흐름이 출입문으로 인하여 차단되거나 방해받지 않도록 옥내와 면하는 출입문으로부터 가능한 먼 위치에 설치할 것
2. 계단실과 그 부속실을 동시에 제연하거나 또는 계단실만을 제연하는 경우 급기구는 계단실 매 3개 층 이하의 높이마다 설치할 것
3. 급기구의 댐퍼설치는 다음 각 목의 기준에 적합할 것
    가. 급기댐퍼의 재질은 「자동차압급기댐퍼의 성능인증 및 제품검사의 기술기준」에 적합한 것으로 할 것
    나. 삭제
    다. 삭제
    라. 삭제
    마. 자동차압급기댐퍼는 「자동차압급기댐퍼의 성능인증 및 제품검사의 기술기준」에 적합한 것으로 설치할 것
    바. 자동차압급기댐퍼가 아닌 댐퍼는 개구율을 수동으로 조절할 수 있는 구조로 할 것
    사. 화재감지기에 따라 모든 제연구역의 댐퍼가 개방되도록 할 것. 다만, 둘 이상의 특정소방대상물이 지하에 설치된 주차장으로 연결되어 있는 경우에는 특정소방대상물의 화재감지기 및 주차장에서 하나의 특정소방대상물의 제연구역으로 들어가는 입구에 설치된 제연용 연기감지기의 작동에 따라 해당 특정소방대상물의 수직풍도에 연결된 모든 제연구역의 댐퍼가 개방되도록 하거나 해당 특정소방대상물을 포함한 둘 이상의 특정소방대상물의 모든 제연구역의 댐퍼가 개방되도록 할 것
    아. 댐퍼의 작동이 전기적 방식에 의하는 경우 제14조제3호의 나목 내지 마목의 기준을, 기계적 방식에 따른 경우 제14조제3호의 다목, 라목 및 마목 기준을 준용할 것
    자. 그 밖의 설치기준은 제14조제3호 가목 및 아목의 기준을 준용할 것

제18조(급기풍도)

급기풍도(이하 "풍도"라 한다)의 설치는 다음 각 호의 기준에 적합해야 한다.
1. 수직풍도는 제14조제1호 및 제2호의 기준을 준용할 것
2. 수직풍도 이외의 풍도로서 금속판으로 설치하는 풍도는 다음 각 목의 기준에 적합할 것
    가. 풍도는 아연도금강판 또는 이와 동등 이상의 내식성·내열성이 있는 것으로 하며, 「건축법 시행령」제2조에 따른 불연재료(석면재료를 제외한다)인 단열재로 풍도 외부에 유효한 단열처리를

하고, 강판의 두께는 풍도의 크기에 따라 다음 표에 따른 기준 이상으로 할 것

풍도단면의 긴 변 또는 직경의 크기	450mm 이하	450mm 초과 750mm 이하	750mm 초과 1,500mm 이하	1,500mm 초과 2,250mm 이하	2,250mm 초과
강판 두께	0.5mm	0.6mm	0.8mm	1.0mm	1.2mm

   나. 풍도에서의 누설량은 공기의 누설로 인한 압력 손실을 최소화하도록 할 것
3. 풍도는 정기적으로 풍도 내부를 청소할 수 있는 구조로 할 것
4. 풍도 내의 풍속은 초속 15미터 이하로 할 것

제19조(급기송풍기)

급기송풍기의 송풍능력은 송풍기가 담당하는 제연구역에 대한 급기량의 1.15배 이상으로 하고, 송풍기는 다른 장소와 방화구획 되고 접근과 점검이 용이하도록 설치하며, 화재감지기의 동작에 따라 작동하도록 해야 한다.

제20조(외기취입구)

외기취입구는 옥외의 연기 또는 공해물질 등으로 오염된 공기, 빗물과 이물질 등이 유입되지 않는 구조 및 위치에 설치해야 한다.

제21조(제연구역 및 옥내의 출입문)

① 제연구역의 출입문(창문을 포함한다)은 언제나 닫힌 상태를 유지하거나 자동폐쇄장치에 의해 자동으로 닫히는 구조로 하고, 제연구역의 출입문 등에 자동폐쇄장치를 사용하는 경우에는 「자동폐쇄장치의 성능인증 및 제품검사의 기술기준」에 적합한 것으로 설치해야 한다.
② 옥내의 출입문(제10조의 기준에 따른 방화구조의 복도가 있는 경우로서 복도와 거실 사이의 출입문에 한한다)은 언제나 닫힌 상태를 유지하거나 자동폐쇄장치에 의해 자동으로 닫히는 구조로 해야 한다.

제22조(수동기동장치)

① 배출댐퍼 및 개폐기의 직근 또는 제연구역에는 다음 각 호의 기준에 따른 장치의 작동을 위하여 수동기동장치를 설치하고 스위치는 바닥으로부터 0.8미터 이상 1.5미터 이하의 높이에 설치해야 한다.
  1. 전 층의 제연구역에 설치된 급기댐퍼의 개방
  2. 당해 층의 배출댐퍼 또는 개폐기의 개방
  3. 급기송풍기 및 유입공기의 배출용 송풍기의 작동
  4. 개방·고정된 모든 출입문(제연구역과 옥내 사이의 출입문에 한한다)의 개폐장치의 작동
② 제1항 각 호의 기준에 따른 장치는 옥내에 설치된 수동발신기의 조작에 따라서도 작동할 수 있도록 해야 한다.

제23조(제어반)

제연설비의 제어반은 다음 각 호의 기준에 적합하도록 설치해야 한다.
1. 제어반에는 제어반의 기능을 1시간 이상 유지할 수 있는 용량의 비상용 축전지를 내장할 것

2. 제어반은 제연설비와 그 부속설비(급기용 댐퍼, 배출댐퍼 및 개폐기, 급기 및 유입공기의 배출용 송풍기, 제연구역의 출입문, 수동기동장치, 급기구 개구율의 자동조절장치 및 예비전원을 말한다)를 감시·제어 및 시험할 수 있는 기능을 갖출 것

제24조(비상전원)
비상전원은 자가발전설비, 축전지설비 또는 전기저장장치로서 다음 각 호의 기준에 따라 설치해야 한다.
1. 점검에 편리하고 화재 및 침수 등의 재해로 인한 피해를 받을 우려가 없는 곳에 설치할 것
2. 제연설비를 유효하게 20분 이상 작동할 수 있도록 할 것
3. 상용전원으로부터 전력의 공급이 중단된 때에는 자동으로 비상전원으로부터 전력을 공급받을 수 있도록 할 것
4. 비상전원의 설치장소는 다른 장소와 방화구획할 것
5. 비상전원을 실내에 설치하는 때에는 그 실내에 비상조명등을 설치할 것

제25조(성능확인)
① 제연설비는 설계목적에 적합한지 검토하고 제연설비의 성능과 관련된 건물의 모든 부분(건축설비를 포함한다)이 완성되는 시점에 맞추어 시험·측정 및 조정(이하 "시험 등"이라 한다)을 해야 한다. 〈개정 2024.3.18.〉
② 제연설비의 시험 등은 다음 각 호의 기준에 따라 실시해야 한다.
  1. 제연구역의 모든 출입문 등의 크기와 열리는 방향이 설계 시와 동일한지 여부를 확인할 것
  2. 삭제
  3. 제연구역의 출입문 및 복도와 거실(옥내가 복도와 거실로 되어 있는 경우에 한한다) 사이의 출입문마다 제연설비가 작동하고 있지 아니한 상태에서 그 폐쇄력을 측정할 것
  4. 층별로 화재감지기(수동기동장치를 포함한다)를 동작시켜 제연설비가 작동하는지 여부를 확인할 것. 다만, 둘 이상의 특정소방대상물이 지하에 설치된 주차장으로 연결되어 있는 경우에는 특정소방대상물의 화재감지기 및 주차장에서 하나의 특정소방대상물의 제연구역으로 들어가는 입구에 설치된 제연용 연기감지기의 작동에 따라 해당 특정소방대상물의 수직풍도에 연결된 모든 제연구역의 댐퍼가 개방되도록 하거나 해당 특정소방대상물을 포함한 둘 이상의 특정소방대상물의 모든 제연구역의 댐퍼가 개방되도록 하고 비상전원을 작동시켜 급기 및 배기용 송풍기의 성능이 정상인지 확인할 것
  5. 제4호의 기준에 따라 제연설비가 작동하는 경우 방연풍속, 차압, 및 출입문의 개방력과 자동 닫힘 등이 적합한지 여부를 확인하는 시험을 실시할 것

제26조(설치·유지기준의 특례)
소방본부장 또는 소방서장은 기존건축물이 증축·개축·대수선되거나 용도 변경되는 경우에 있어서 이 기준이 정하는 기준에 따라 당해 건축물에 설치해야 할 특별피난계단의 계단실 및 부속실 제연설비의 배관·배선 등의 공사가 현저하게 곤란하다고 인정되는 경우에는 당해 설비의 기능 및 사용에 지장이 없는 범위 안에서 이 기준의 일부를 적용하지 않을 수 있다.

제27조(재검토기한)

소방청장은 「훈령·예규 등의 발령 및 관리에 관한 규정」에 따라 이 고시에 대하여 2023년 1월 1일을 기준으로 매 3년이 되는 시점(매 3년째의 12월 31일까지를 말한다)마다 그 타당성을 검토하여 개선 등의 조치를 해야 한다.

부칙 〈제2022-58호, 2022. 11. 25.〉

제1조(시행일)

이 고시는 2022년 12월 1일부터 시행한다.

제2조(경과조치)

① 이 고시 시행 전에 건축허가 등의 신청 또는 신고를 하거나 소방시설공사의 착공신고를 한 특정소방대상물에 대해서는 종전의 「특별피난계단의 계단실 및 부속실 제연설비의 화재안전기준(NFSC 501A)」에 따른다.

② 이 고시 시행 전에 제1항에 따른 신청 또는 신고를 한 경우라도 개정 기준이 종전의 기준에 비해 관계인에게 유리한 경우에는 개정 기준에 따를 수 있다.

제3조(다른 법령과의 관계)

이 고시 시행 당시 다른 법령에서 종전의 화재안전기준을 인용한 경우에 이 고시 가운데 그에 해당하는 규정이 있는 경우에는 종전의 규정에 갈음하여 이 고시의 해당 규정을 인용한 것으로 본다.

부칙 〈제2024-1호, 2024. 1. 26.〉

제1조(시행일)

이 고시는 2024년 4월 1일부터 시행한다.

제2조(경과조치)

① 이 고시 시행 전에 건축허가 등의 신청 또는 신고를 하거나 소방시설공사의 착공신고를 한 특정소방대상물에 대해서는 종전의 「특별피난계단의 계단실 및 부속실 제연설비의 화재안전성능기준(NFPC 501A)」에 따른다.

② 이 고시 시행 전에 제1항에 따른 신청 또는 신고를 한 경우라도 개정 기준이 종전의 기준에 비해 관계인에게 유리한 경우에는 개정 기준에 따를 수 있다.

제3조(다른 법령과의 관계)

이 고시 시행 당시 다른 법령에서 종전의 화재안전성능기준을 인용한 경우에 이 고시 가운데 그에 해당하는 규정이 있는 경우에는 종전의 규정에 갈음하여 이 고시의 해당 규정을 인용한 것으로 본다.

부칙 〈제2024-5호, 2024. 3. 18.〉

제1조(시행일)
이 고시는 2024년 7월 1일부터 시행한다.

제2조(경과조치)
① 이 고시 시행 전에 건축허가 등의 신청 또는 신고를 하거나 소방시설공사의 착공신고를 한 특정소방대상물에 대해서는 종전의 「특별피난계단의 계단실 및 부속실 제연설비의 화재안전성능기준(NFPC 501A)」에 따른다.
② 이 고시 시행 전에 제1항에 따른 신청 또는 신고를 한 경우라도 개정 기준이 종전의 기준에 비해 관계인에게 유리한 경우에는 개정 기준에 따를 수 있다.

제3조(다른 법령과의 관계)
이 고시 시행 당시 다른 법령에서 종전의 화재안전성능기준을 인용한 경우에 이 고시 가운데 그에 해당하는 규정이 있는 경우에는 종전의 규정에 갈음하여 이 고시의 해당 규정을 인용한 것으로 본다.

CHAPTER 35 특별피난계단의 계단실 및 부속실 제연설비의 화재안전기술기준(NFTC 501A)

[시행 2024. 7. 1.] [국립소방연구원공고 제2024-40호, 2024. 7. 1., 일부개정]

1. 일반사항

1.1 적용범위

1.1.1 이 기준은 「소방시설 설치 및 관리에 관한 법률 시행령」(이하 "영"이라 한다) 별표 4 제5호가목7)에 따른 특별피난계단의 계단실(이하 "계단실"이라 한다) 및 부속실(비상용승강기의 승강장과 겸용하는 것 또는 비상용승강기ㆍ피난용승강기의 승강장을 포함한다. 이하 "부속실"이라 한다) 제연설비의 설치 및 관리에 대해 적용한다.

1.2 기준의 효력

1.2.1 이 기준은 「소방시설 설치 및 관리에 관한 법률」(이하 "법"이라 한다) 제2조제1항제6호나목에 따라 소화활동설비인 특별피난계단의 계단실 및 부속실 제연설비의 기술기준으로서의 효력을 가진다.

1.2.2 이 기준에 적합한 경우에는 법 제2조제1항제6호나목에 따라 「특별피난계단의 계단실 및 부속실 제연설비의 화재안전성능기준(NFPC 501A)」을 충족하는 것으로 본다.

1.3 기준의 시행

1.3.1 이 기준은 2024년 7월 1일부터 시행한다. 〈개정 2024.7.1.〉

1.4 기준의 특례

1.4.1 소방본부장 또는 소방서장은 기존건축물이 증축ㆍ개축ㆍ대수선되거나 용도변경 되는 경우에 있어서 이 기준이 정하는 기준에 따라 해당 건축물에 설치해야 할 특별피난계단의 계단실 및 부속실 제연설비의 배관ㆍ배선 등의 공사가 현저하게 곤란하다고 인정되는 경우에는 해당 설비의 기능 및 사용에 지장이 없는 범위에서 이 기준의 일부를 적용하지 않을 수 있다.

1.5 경과조치

1.5.1 이 기준 시행 전에 건축허가 등의 신청 또는 신고를 하거나 소방시설공사의 착공신고를 한 특정소방대상물에 대해서는 종전의 「특별피난계단의 계단실 및 부속실 제연설비의 화재안전기준(NFSC 501A)」에 따른다.

1.5.2 이 기준 시행 전에 1.5.1에 따른 신청 또는 신고를 한 경우라도 제정 기준이 종전의 기준에 비하여 관계인에게 유리한 경우에는 제정 기준에 따를 수 있다.

1.6 다른 법령과의 관계

1.6.1 이 기준 시행 당시 다른 법령 또는 행정규칙 등에서 종전의 화재안전기준을 인용한 경우에 이 기준 가운데 그에 해당하는 규정이 있는 경우에는 종전의 규정에 갈음하여 이 기준의 해당 규정을 인용한 것으로 본다.

1.7 용어의 정의

1.7.1 이 기준에서 사용하는 용어의 정의는 다음과 같다.

1.7.1.1 "제연구역"이란 제연하고자 하는 계단실, 부속실을 말한다. 〈신설 2024.7.1.〉

1.7.1.2 "방연풍속"이란 옥내로부터 제연구역 내로 연기의 유입을 유효하게 방지할 수 있는 풍속을 말한다.

1.7.1.3 "급기량"이란 제연구역에 공급해야 할 공기의 양을 말한다.

1.7.1.4 "누설량"이란 틈새를 통하여 제연구역으로부터 흘러나가는 공기량을 말한다.

1.7.1.5 "보충량"이란 방연풍속을 유지하기 위하여 제연구역에 보충해야 할 공기량을 말한다.

1.7.1.6 "플랩댐퍼"란 제연구역의 압력이 설정압력범위를 초과하는 경우 제연구역의 압력을 배출하여 설정압력 범위를 유지하게 하는 과압방지장치를 말한다.

1.7.1.7 "유입공기"란 제연구역으로부터 옥내로 유입하는 공기로서 차압에 따라 누설하는 것과 출입문의 개방에 따라 유입하는 것 등을 말한다.

1.7.1.8 "거실제연설비"란 「제연설비의 화재안전기술기준(NFTC 501)」에 따른 옥내의 제연설비를 말한다.

1.7.1.9 "자동차압급기댐퍼"란 제연구역과 옥내 사이의 차압을 압력센서 등으로 감지하여 제연구역에 공급되는 풍량의 조절로 제연구역의 차압 유지를 자동으로 제어할 수 있는 댐퍼를 말한다.

1.7.1.10 "자동폐쇄장치"란 제연구역의 출입문 등에 설치하는 것으로서 화재 시 화재감지기의 작동과 연동하여 출입문을 자동으로 닫히게 하는 장치를 말한다.

1.7.1.11 "과압방지장치"란 제연구역의 압력이 설정압력을 초과하는 경우 자동으로 압력을 조절하여 과압을 방지하는 장치를 말한다.

1.7.1.12 "굴뚝효과"란 건물 내부와 외부 또는 두 내부 공간 상하간의 온도 차이에 의한 밀도 차이로 발생하는 건물 내부의 수직 기류를 말한다.

1.7.1.13 "기밀상태"란 일정한 공간에 있는 유체가 누설되지 않는 밀폐 상태를 말한다.

1.7.1.14 "누설틈새면적"이란 가압 또는 감압된 공간과 인접한 사이에 공기의 흐름이 가능한 틈새의 면적을 말한다.

1.7.1.15 "송풍기"란 공기의 흐름을 발생시키는 기기를 말한다.

1.7.1.16 "수직풍도"란 건축물의 층간에 수직으로 설치된 풍도를 말한다.

1.7.1.17 "외기취입구"란 옥외로부터 옥내로 외기를 취입하는 개구부를 말한다.

1.7.1.18 "제어반"이란 각종 기기의 작동 여부 확인과 자동 또는 수동 기동 등이 가능한 장치를 말한다.

1.7.1.19 "차압측정공"이란 제연구역과 비 제연구역과의 압력 차를 측정하기 위해 제연구역과 비제연구역 사이의 출입문 등에 설치된 공기가 흐를 수 있는 관통형 통로를 말한다.

2. 기술기준

2.1 제연방식

2.1.1 이 기준에 따른 제연설비는 다음의 기준에 적합해야 한다.

2.1.1.1 제연구역에 옥외의 신선한 공기를 공급하여 제연구역의 기압을 제연구역 이외의 옥내(이하 "옥

내"라 한다)보다 높게 하되 일정한 기압의 차이(이하 "차압"이라 한다)를 유지하게 함으로써 옥내로부터 제연구역 내로 연기가 침투하지 못하도록 할 것

2.1.1.2 피난을 위하여 제연구역의 출입문이 일시적으로 개방되는 경우 방연풍속을 유지하도록 옥외의 공기를 제연구역 내로 보충 공급하도록 할 것

2.1.1.3 출입문이 닫히는 경우 제연구역의 과압을 방지할 수 있는 유효한 조치를 하여 차압을 유지할 것

2.2 제연구역의 선정

2.2.1 제연구역은 다음의 어느 하나에 따라야 한다.

2.2.1.1 계단실 및 그 부속실을 동시에 제연하는 것

2.2.1.2 부속실을 단독으로 제연하는 것

2.2.1.3 계단실을 단독으로 제연하는 것

2.2.1.4 〈삭제 2024.7.1.〉

2.3 차압 등

2.3.1 2.1.1.1의 기준에 따라 제연구역과 옥내와의 사이에 유지해야 하는 최소차압은 40Pa(옥내에 스프링클러설비가 설치된 경우에는 12.5Pa) 이상으로 해야 한다.

2.3.2 제연설비가 가동되었을 경우 출입문의 개방에 필요한 힘은 110N 이하로 해야 한다.

2.3.3 2.1.1.2의 기준에 따라 출입문이 일시적으로 개방되는 경우 개방되지 않은 제연구역과 옥내와의 차압은 2.3.1의 기준에도 불구하고 2.3.1의 기준에 따른 차압의 70% 이상이어야 한다.

2.3.4 계단실과 부속실을 동시에 제연하는 경우 부속실의 기압은 계단실과 같게 하거나 계단실의 기압보다 낮게 할 경우에는 부속실과 계단실의 압력 차이는 5Pa 이하가 되도록 해야 한다.

2.4 급기량

2.4.1 급기량은 다음의 양을 합한 양 이상이 되어야 한다.

2.4.1.1 2.1.1.1의 기준에 따른 차압을 유지하기 위하여 제연구역에 공급해야 할 공기량. 이 경우 제연구역에 설치된 출입문(창문을 포함한다. 이하 "출입문등"이라 한다)의 누설량과 같아야 한다.

2.4.1.2 2.1.1.2의 기준에 따른 보충량

2.5 누설량

2.5.1 2.4.1.1의 기준에 따른 누설량은 제연구역의 누설량을 합한 양으로 한다. 이 경우 출입문이 2개소 이상인 경우에는 각 출입문의 누설틈새면적을 합한 것으로 한다.

2.6 보충량

2.6.1 2.4.1.2의 기준에 따른 보충량은 부속실의 수가 20개 이하는 1개 층 이상, 20개를 초과하는 경우에는 2개 층 이상의 보충량으로 한다. 〈개정 2024.7.1.〉

2.7 방연풍속

2.7.1 방연풍속은 제연구역의 선정방식에 따라 다음 표 2.7.1의 기준에 적합해야 한다.

표 2.7.1 제연구역에 따른 방연풍속 〈개정 2024.7.1.〉		
제연구역		방연풍속
계단실 및 그 부속실을 동시에 제연하는 것 또는 계단실만 단독으로 제연하는 것		0.5m/s 이상
부속실만 단독으로 제연하는 것	부속실 또는 승강장이 면하는 옥내가 거실인 경우	0.7m/s 이상
	부속실이 면하는 옥내가 복도로서 그 구조가 방화구조(내화시간이 30분 이상인 구조를 포함한다)인 것	0.5m/s 이상

2.8 과압방지조치

2.8.1 제연구역에서 발생하는 과압을 해소하기 위해 과압방지장치를 설치하는 등의 과압방지초치를 해야 한다. 다만, 제연구역 내에 과압발생의 우려가 없다는 것을 시험 또는 공학적인 자료로 입증하는 경우에는 과압방지조치를 하지 않을 수 있다. 〈개정 2024.4.1.〉

2.8.1.1 〈삭제 2024.4.1.〉

2.8.1.2 〈삭제 2024.4.1.〉

2.8.1.3 〈삭제 2024.4.1.〉

2.8.1.4 〈삭제 2024.4.1.〉

2.8.1.5 〈삭제 2024.4.1.〉

2.9 누설틈새의 면적 등

2.9.1 제연구역으로부터 공기가 누설하는 틈새면적은 다음의 기준에 따라야 한다.

2.9.1.1 출입문의 틈새면적은 다음의 식 (2.9.1.1)에 따라 산출하는 수치를 기준으로 할 것. 다만, 방화문의 경우에는 「한국산업표준」에서 정하는 「문세트(KS F 3109)」에 따른 기준을 고려하여 산출할 수 있다.

$$A = (L/l) \times A_d \quad \cdots\cdots\cdots\cdots\cdots (2.9.1.1)$$

여기에서 A : 출입문의 틈새(m²)

L : 출입문 틈새의 길이(m). 다만, L의 수치가 l의 수치 이하인 경우에는 l의 수치로 할 것

l : 외여닫이문이 설치되어 있는 경우에는 5.6, 쌍여닫이문이 설치되어 있는 경우에는 9.2, 승강기의 출입문이 설치되어 있는 경우에는 8.0으로 할 것

A_d : 외여닫이문으로 제연구역의 실내 쪽으로 열리도록 설치하는 경우에는 0.01, 제연구역의 실외 쪽으로 열리도록 설치하는 경우에는 0.02, 쌍여닫이문의 경우에는 0.03, 승강기의 출입문에 대하여는 0.06으로 할 것

2.9.1.2 창문의 틈새면적은 다음의 식 (2.9.1.2.1), (2.9.1.2.2), (2.9.1.2.3)에 따라 산출하는 수치를 기준으로 할 것. 다만, 「한국산업표준」에서 정하는 「창세트(KS F 3117)」에 따른 기준을 고려하여 산출할 수 있다.

2.9.1.2.1 여닫이식 창문으로서 창틀에 방수팩킹이 없는 경우

$$틈새면적(m^2) = 2.55 \times 10^{-4} \times 틈새의 길이(m) \quad \cdots\cdots\cdots\cdots (2.9.1.2.1)$$

2.9.1.2.2 여닫이식 창문으로서 창틀에 방수패킹이 있는 경우

$$틈새면적(m^2) = 3.61 \times 10^{-5} \times 틈새의 길이(m) \quad \cdots\cdots\cdots\cdots (2.9.1.2.2)$$

2.9.1.2.3 미닫이식 창문이 설치되어 있는 경우

$$틈새면적(m^2) = 1.00 \times 10^{-4} \times 틈새의 길이(m) \quad \cdots\cdots\cdots\cdots (2.9.1.2.3)$$

2.9.1.3 제연구역으로부터 누설하는 공기가 승강기의 승강로를 경유하여 승강로의 외부로 유출하는 유출면적은 승강로와 승강로 상부의 기계실 사이의 개구부 면적을 합한 것을 기준으로 할 것

2.9.1.4 제연구역을 구성하는 벽체(반자속의 벽체를 포함한다)가 벽돌 또는 시멘트블록 등의 조적구조이거나 석고판 등의 조립구조인 경우에는 불연재료를 사용하여 틈새를 조정할 것 〈개정 2024.7.1.〉

2.9.1.5 제연설비의 완공 시 제연구역의 출입문등은 크기 및 개방방식이 해당 설비의 설계 시와 같도록 할 것

2.10 유입공기의 배출

2.10.1 유입공기는 화재 층의 제연구역과 면하는 옥내로부터 옥외로 배출되도록 해야 한다. 다만, 직통계단식 공동주택의 경우에는 그렇지 않다.

2.10.2 유입공기의 배출은 다음의 기준에 따른 배출방식으로 해야 한다.

2.10.2.1 수직풍도에 따른 배출 : 옥상으로 직통하는 전용의 배출용 수직풍도를 설치하여 배출하는 것으로서 다음의 어느 하나에 해당하는 것

2.10.2.1.1 자연배출식 : 굴뚝효과에 따라 배출하는 것

2.10.2.1.2 기계배출식 : 수직풍도의 상부에 전용의 배출용 송풍기를 설치하여 강제로 배출하는 것. 다만, 지하층만을 제연하는 경우 배출용 송풍기의 설치위치는 배출된 공기로 인하여 피난 및 소화활동에 지장을 주지 않는 곳에 설치할 수 있다.

2.10.2.2 배출구에 따른 배출 : 건물의 옥내와 면하는 외벽마다 옥외와 통하는 배출구를 설치하여 배출하는 것

2.10.2.3 제연설비에 따른 배출 : 거실제연설비가 설치되어 있고 당해 옥내로부터 옥외로 배출해야 하는 유입공기의 양을 거실제연설비의 배출량에 합하여 배출하는 경우 유입 공기의 배출은 당해 거실제연설비에 따른 배출로 갈음할 수 있다.

2.11 수직풍도에 따른 배출

2.11.1 수직풍도에 따른 배출은 다음의 기준에 적합해야 한다.

2.11.1.1 수직풍도는 내화구조로 하되 「건축물의 피난·방화 구조 등의 기준에 관한 규칙」 제3조제1호 또는 제2호의 기준 이상의 성능으로 할 것

2.11.1.2 수직풍도의 내부면은 두께 0.5mm 이상의 아연도금강판 또는 동등 이상의 내식성·내열성이 있는 것으로 마감하되, 접합부에 대하여는 통기성이 없도록 조치할 것

2.11.1.3 각층의 옥내와 면하는 수직풍도의 관통부에는 다음의 기준에 적합한 댐퍼(이하 "배출댐퍼"라 한다)를 설치해야 한다.

2.11.1.3.1 배출댐퍼는 두께 1.5mm 이상의 강판 또는 이와 동등 이상의 성능이 있는 것으로 설치해야

하며 비 내식성 재료의 경우에는 부식방지 조치를 할 것

2.11.1.3.2 평상시 닫힌 구조로 기밀상태를 유지할 것

2.11.1.3.3 개폐여부를 당해 장치 및 제어반에서 확인할 수 있는 감지 기능을 내장하고 있을 것

2.11.1.3.4 구동부의 작동상태와 닫혀 있을 때의 기밀상태를 수시로 점검할 수 있는 구조일 것

2.11.1.3.5 풍도의 내부마감 상태에 대한 점검 및 댐퍼의 정비가 가능한 이·탈착식 구조로 할 것

2.11.1.3.6 화재 층에 설치된 화재감지기의 동작에 따라 당해 층의 댐퍼가 개방될 것 〈개정 2024.4.1.〉

2.11.1.3.7 개방 시의 실제 개구부(개구율을 감안한 것을 말한다)의 크기는 2.11.1.4의 기준에 따른 수직풍도의 최소 내부단면적 이상으로 할 것 〈개정 2024.4.1.〉

2.11.1.3.8 댐퍼는 풍도 내의 공기흐름에 지장을 주지 않도록 수직풍도의 내부로 돌출하지 않게 설치할 것

2.11.1.4 수직풍도의 내부단면적은 다음의 기준에 적합할 것

2.11.1.4.1 자연배출식의 경우 다음 식 (2.11.1.4.1)에 따라 산출하는 수치 이상으로 할 것. 다만, 수직풍도의 길이가 100m를 초과하는 경우에는 산출수치의 1.2배 이상의 수치를 기준으로 해야 한다.

$$A_P = Q_N/2 \quad \cdots\cdots\cdots\cdots\cdots\cdots\cdots\cdots\cdots\cdots\cdots\cdots\cdots (2.11.1.4.1)$$

여기에서 A_P : 수직풍도의 내부단면적(m^2)

Q_N : 수직풍도가 담당하는 1개 층의 제연구역의 출입문(옥내와 면하는 출입문을 말한다) 1개의 면적(m^2)과 방연풍속(m/s)을 곱한 값(m^3/s)

2.11.1.4.2 송풍기를 이용한 기계배출식의 경우 풍속 15m/s 이하로 할 것

2.11.1.5 기계배출식에 따라 배출하는 경우 배출용 송풍기는 다음의 기준에 적합할 것

2.11.1.5.1 열기류에 노출되는 송풍기 및 그 부품들은 250℃의 온도에서 1시간 이상 가동상태를 유지할 것

2.11.1.5.2 송풍기의 풍량은 2.11.1.4.1의 기준에 따른 Q_N에 여유량을 더한 양을 기준으로 할 것

2.11.1.5.3 송풍기는 화재감지기의 동작에 따라 연동하도록 할 것 〈개정 2024.4.1.〉

2.11.1.5.4 송풍기의 풍량을 실측할 수 있는 유효한 조치를 할 것 〈신설 2024.4.1.〉

2.11.1.5.5 송풍기는 다른 장소와 방화구획되고 접근과 점검이 용이한 장소에 설치할 것 〈신설 2024.4.1.〉

2.11.1.6 수직풍도의 상부의 말단(기계배출식의 송풍기도 포함한다)은 빗물이 흘러들지 않는 구조로 하고, 옥외의 풍압에 따라 배출성능이 감소하지 않도록 유효한 조치를 할 것

2.12 배출구에 따른 배출

2.12.1 배출구에 따른 배출은 다음의 기준에 적합해야 한다.

2.12.1.1 배출구에는 다음의 기준에 적합한 장치(이하 "개폐기"라 한다)를 설치할 것

2.12.1.1.1 빗물과 이물질이 유입하지 않는 구조로 할 것

2.12.1.1.2 옥외쪽으로만 열리도록 하고 옥외의 풍압에 따라 자동으로 닫히도록 할 것

2.12.1.1.3 그 밖의 설치기준은 2.11.1.3.1 내지 2.11.1.3.7의 기준을 준용할 것

2.12.1.2 개폐기의 개구면적은 다음 식 (2.12.1.2)에 따라 산출한 수치 이상으로 할 것

$$A_O = Q_N/2.5 \quad \cdots\cdots\cdots\cdots\cdots\cdots\cdots\cdots\cdots\cdots\cdots\cdots\cdots\cdots\cdots\cdots\cdots\cdots\cdots\cdots (2.12.1.2)$$

여기에서 A_O : 개폐기의 개구면적(m^2)

Q_N : 수직풍도가 담당하는 1개 층의 제연구역의 출입문(옥내와 면하는 출입문을 말한다) 1개의 면적(m^2)과 방연풍속(m/s)을 곱한 값(m^3/s)

2.13 급기

2.13.1 제연구역에 대한 급기는 다음의 기준에 적합해야 한다.

2.13.1.1 부속실만을 제연하는 경우 동일 수직선상의 모든 부속실은 하나의 전용 수직풍도를 통해 동시에 급기할 것. 다만, 동일 수직선상에 2대 이상의 급기송풍기가 설치되는 경우에는 수직풍도를 분리하여 설치할 수 있다.

2.13.1.2 계단실 및 부속실을 동시에 제연하는 경우 계단실에 대하여는 그 부속실의 수직풍도를 통해 급기할 수 있다.

2.13.1.3 계단실만을 제연하는 경우에는 전용 수직풍도를 설치하거나 계단실에 급기풍도 또는 급기송풍기를 직접 연결하여 급기하는 방식으로 할 것

2.13.1.4 하나의 수직풍도마다 전용의 송풍기로 급기할 것

2.13.1.5 비상용승강기 또는 피난용승강기의 승강장을 제연하는 경우에는 해당 승강기의 승강로를 급기풍도로 사용할 수 있다. 〈개정 2024.7.1.〉

2.14 급기구

2.14.1 제연구역에 설치하는 급기구는 다음의 기준에 적합해야 한다.

2.14.1.1 급기용 수직풍도와 직접 면하는 벽체 또는 천장(당해 수직풍도와 천장급기구 사이의 풍도를 포함한다)에 고정하되, 급기되는 기류 흐름이 출입문으로 인하여 차단되거나 방해받지 않도록 옥내와 면하는 출입문으로부터 가능한 먼 위치에 설치할 것

2.14.1.2 계단실과 그 부속실을 동시에 제연하거나 또는 계단실만을 제연하는 경우 급기구는 계단실 매 3개 층 이하의 높이마다 설치할 것. 다만, 계단실의 높이가 31m 이하로서 계단실만을 제연하는 경우에는 하나의 계단실에 하나의 급기구만을 설치할 수 있다.

2.14.1.3 급기구의 댐퍼설치는 다음의 기준에 적합할 것

2.14.1.3.1 급기댐퍼의 재질은 「자동차압급기댐퍼의 성능인증 및 제품검사의 기술기준」에 적합한 것으로 할 것 〈개정 2024.4.1.〉

2.14.1.3.2 〈삭제 2024.4.1.〉

2.14.1.3.3 〈삭제 2024.4.1.〉

2.14.1.3.4 〈삭제 2024.4.1.〉

2.14.1.3.5 자동차압급기댐퍼는 「자동차압급기댐퍼의 성능인증 및 제품검사의 기술기준」에 적합한 것으로 설치할 것

2.14.1.3.6 자동차압급기댐퍼가 아닌 댐퍼는 개구율을 수동으로 조절할 수 있는 구조로 할 것

2.14.1.3.7 화재감지기에 따라 모든 제연구역의 댐퍼가 개방되도록 할 것. 다만, 둘 이상의 특정소방대상물이 지하에 설치된 주차장으로 연결되어 있는 경우에는 특정소방대상물의 화재감지기 및 주차장에서 하나의 특정소방대상물의 제연구역으로 들어가는 입구에 설치된 제연용 연기감지기의 작동에 따라 해당 특정소방대상물의 수직풍도에 연결된 모든 제연구역의 댐퍼가 개방되도록 하거나 해당 특정소방대상물을 포함한 둘 이상의 특정소방대상물의 모든 제연구역의 댐퍼가 개방되도록 할 것 〈개정 2024.4.1.〉

2.14.1.3.8 댐퍼의 작동이 전기적 방식에 의하는 경우 2.11.1.3.2 내지 2.11.1.3.5의 기준을, 기계적 방식에 따른 경우 2.11.1.3.3, 2.11.1.3.4 및 2.11.1.3.5 기준을 준용할 것

2.14.1.3.9 그 밖의 설치기준은 2.11.1.3.1 및 2.11.1.3.8의 기준을 준용할 것

2.15 급기풍도

2.15.1 급기풍도(이하 "풍도"라한다)의 설치는 다음의 기준에 적합해야 한다.

2.15.1.1 수직풍도는 2.11.1.1 및 2.11.1.2의 기준을 준용할 것

2.15.1.2 수직풍도 이외의 풍도로서 금속판으로 설치하는 풍도는 다음의 기준에 적합할 것

2.15.1.2.1 풍도는 아연도금강판 또는 이와 동등 이상의 내식성·내열성이 있는 것으로 하며, 「건축법 시행령」제2조에 따른 불연재료(석면재료를 제외한다)인 단열재로 풍도외부에 유효한 단열처리를 하고, 강판의 두께는 풍도의 크기에 따라 다음 표 2.15.1.2.1에 따른 기준 이상으로 할 것. 다만, 방화구획이 되는 전용실에 급기송풍기와 연결되는 풍도는 단열이 필요 없다. 〈개정 2024.4.1.〉

표 2.15.1.2.1 풍도의 크기에 따른 강판의 두께

풍도단면의 긴 변 또는 직경의 크기	450mm 이하	450mm 초과 750mm 이하	750mm 초과 1,500mm 이하	1,500mm 초과 2,250mm 이하	2,250mm 초과
강판 두께	0.5mm	0.6mm	0.8mm	1.0mm	1.2mm

2.15.1.2.2 풍도에서의 누설량은 급기량의 10%를 초과하지 않을 것

2.15.1.3 풍도는 정기적으로 풍도 내부를 청소할 수 있는 구조로 할 것

2.15.1.4 풍도 내의 풍속은 15m/s 이하로 할 것 〈신설 2024.4.1.〉

2.16 급기송풍기

2.16.1 급기송풍기의 설치는 다음의 기준에 적합해야 한다.

2.16.1.1 송풍기의 송풍능력은 송풍기가 담당하는 제연구역에 대한 급기량의 1.15배 이상으로 할 것. 다만, 풍도에서의 누설을 실측하여 조정하는 경우에는 그렇지 않다.

2.16.1.2 송풍기에는 풍량조절장치를 설치하여 풍량조절을 할 수 있도록 할 것

2.16.1.3 송풍기에는 풍량을 실측할 수 있는 유효한 조치를 할 것

2.16.1.4 송풍기는 인접 장소의 화재로부터 영향을 받지 않고 접근 및 점검이 용이한 장소에 설치할 것

2.16.1.5 송풍기는 옥내의 화재감지기의 동작에 따라 작동하도록 할 것

2.16.1.6 송풍기와 연결되는 캔버스는 내열성(석면재료를 제외한다)이 있는 것으로 할 것

2.17 외기취입구

2.17.1 외기취입구(이하 "취입구"라 한다)는 다음의 기준에 적합해야 한다.

2.17.1.1 외기를 옥외로부터 취입하는 경우 취입구는 연기 또는 공해물질 등으로 오염된 공기를 취입하지 않는 위치에 설치해야 하며, 배기구 등(유입공기, 주방의 조리대의 배출공기 또는 화장실의 배출공기 등을 배출하는 배기구를 말한다)으로부터 수평거리 5m 이상, 수직거리 1m 이상 낮은 위치에 설치할 것

2.17.1.2 취입구를 옥상에 설치하는 경우에는 옥상의 외곽면으로부터 수평거리 5m 이상, 외곽면의 상단으로부터 하부로 수직거리 1m 이하의 위치에 설치할 것

2.17.1.3 취입구는 빗물과 이물질이 유입하지 않는 구조로 할 것

2.17.1.4 취입구는 취입공기가 옥외의 바람의 속도와 방향에 따라 영향을 받지 않는 구조로 할 것

2.18 제연구역 및 옥내의 출입문

2.18.1 제연구역의 출입문은 다음의 기준에 적합해야 한다.

2.18.1.1 제연구역의 출입문(창문을 포함한다)은 언제나 닫힌 상태를 유지하거나 자동폐쇄장치에 의해 자동으로 닫히는 구조로 할 것. 다만, 아파트인 경우 제연구역과 계단실 사이의 출입문은 자동폐쇄장치에 의하여 자동으로 닫히는 구조로 해야 한다.

2.18.1.2 제연구역의 출입문에 설치하는 자동폐쇄장치는 제연구역의 기압에도 불구하고 출입문을 용이하게 닫을 수 있는 충분한 폐쇄력이 있을 것

2.18.1.3 제연구역의 출입문 등에 자동폐쇄장치를 사용하는 경우에는 「자동폐쇄장치의 성능인증 및 제품검사의 기술기준」에 적합한 것으로 설치할 것

2.18.2 옥내의 출입문(2.7.1의 표 2.7.1에 따른 방화구조의 복도가 있는 경우로서 복도와 거실 사이의 출입문에 한한다)은 다음의 기준에 적합해야 한다.

2.18.2.1 출입문은 언제나 닫힌 상태를 유지하거나 자동폐쇄장치에 의해 자동으로 닫히는 구조로 할 것

2.18.2.2 거실 쪽으로 열리는 구조의 출입문에 자동폐쇄장치를 설치하는 경우에는 출입문의 개방 시 유입공기의 압력에도 불구하고 출입문을 용이하게 닫을 수 있는 충분한 폐쇄력이 있는 것으로 할 것

2.19 수동기동장치

2.19.1 배출댐퍼 및 개폐기의 직근 또는 제연구역에는 다음의 기준에 따른 장치의 작동을 위하여 수동기동장치를 설치하고 스위치는 바닥으로부터 0.8m 이상 1.5m 이하의 높이에 설치해야 한다. 다만, 계단실 및 그 부속실을 동시에 제연하는 제연구역에는 그 부속실에만 설치할 수 있다. 〈개정 2024.4.1.〉

2.19.1.1 전 층의 제연구역에 설치된 급기댐퍼의 개방

2.19.1.2 당해 층의 배출댐퍼 또는 개폐기의 개방

2.19.1.3 급기송풍기 및 유입공기의 배출용 송풍기(설치한 경우에 한한다)의 작동

2.19.1.4 개방·고정된 모든 출입문(제연구역과 옥내 사이의 출입문에 한한다)의 개폐장치의 작동
2.19.2 2.19.1의 기준에 따른 장치는 옥내에 설치된 수동발신기의 조작에 따라서도 작동할 수 있도록 해야 한다.

2.20 제어반

2.20.1 제연설비의 제어반은 다음의 기준에 적합하도록 설치해야 한다.
2.20.1.1 제어반에는 제어반의 기능을 1시간 이상 유지할 수 있는 용량의 비상용 축전지를 내장할 것. 다만, 당해 제어반이 종합방재제어반에 함께 설치되어 종합방재제어반으로부터 이 기준에 따른 용량의 전원을 공급받을 수 있는 경우에는 그렇지 않다.
2.20.1.2 제어반은 다음의 기능을 보유할 것
2.20.1.2.1 급기용 댐퍼의 개폐에 대한 감시 및 원격조작기능
2.20.1.2.2 배출댐퍼 또는 개폐기의 작동여부에 대한 감시 및 원격조작기능
2.20.1.2.3 급기송풍기와 유입공기의 배출용 송풍기(설치한 경우에 한한다)의 작동여부에 대한 감시 및 원격조작기능
2.20.1.2.4 제연구역의 출입문의 일시적인 고정개방 및 해정에 대한 감시 및 원격조작기능
2.20.1.2.5 수동기동장치의 작동여부에 대한 감시 기능
2.20.1.2.6 급기구 개구율의 자동조절장치(설치하는 경우에 한한다)의 작동여부에 대한 감시기능. 다만, 급기구에 차압표시계를 고정 부착한 자동차압급기댐퍼를 설치하고 당해 제어반에도 차압표시계를 설치한 경우에는 그렇지 않다.
2.20.1.2.7 감시선로의 단선에 대한 감시 기능
2.20.1.2.8 예비전원이 확보되고 예비전원의 적합여부를 시험할 수 있어야 할 것

2.21 비상전원

2.21.1 비상전원은 자가발전설비, 축전지설비 또는 전기저장장치(외부 전기에너지를 저장해 두었다가 필요한 때 전기를 공급하는 장치)로서 다음의 기준에 따라 설치해야 한다. 다만, 2 이상의 변전소(「전기사업법」제67조 및 「전기설비기술기준」제3조제2호에 따른 변전소를 말한다)에서 전력을 동시에 공급받을 수 있거나 하나의 변전소로부터 전력의 공급이 중단되는 때에는 자동으로 다른 변전소로부터 전원을 공급받을 수 있도록 상용전원을 설치한 경우에는 그렇지 않다.
2.21.1.1 점검에 편리하고 화재 및 침수 등의 재해로 인한 피해를 받을 우려가 없는 곳에 설치할 것
2.21.1.2 제연설비를 유효하게 20분 이상 작동할 수 있도록 할 것
2.21.1.3 상용전원으로부터 전력의 공급이 중단된 때에는 자동으로 비상전원으로부터 전력을 공급받을 수 있도록 할 것
2.21.1.4 비상전원의 설치장소는 다른 장소와 방화구획할 것. 이 경우 그 장소에는 비상전원의 공급에 필요한 기구나 설비 외의 것(열병합발전설비에 필요한 기구나 설비는 제외한다)을 두어서는 안 된다.
2.21.1.5 비상전원을 실내에 설치하는 때에는 그 실내에 비상조명등을 설치할 것

2.22 성능확인 〈개정 2024.7.1.〉

2.22.1 제연설비는 설계목적에 적합한지 검토하고 제연설비의 성능과 관련된 건물의 모든 부분(건축설비를 포함한다)이 완성되는 시점에 맞추어 시험·측정 및 조정(이하 "시험 등"이라 한다)을 해야 한다. 〈개정 2024.7.1.〉

2.22.2 제연설비의 시험 등은 다음의 기준에 따라 실시해야 한다.

2.22.2.1 제연구역의 모든 출입문 등의 크기와 열리는 방향이 설계 시와 동일한지 여부를 확인하고, 동일하지 아니한 경우 급기량과 보충량 등을 다시 산출하여 조정가능여부 또는 재설계·개수의 여부를 결정할 것

2.22.2.2 〈삭제 2024.4.1.〉

2.22.2.3 제연구역의 출입문 및 복도와 거실(옥내가 복도와 거실로 되어 있는 경우에 한한다) 사이의 출입문마다 제연설비가 작동하고 있지 아니한 상태에서 그 폐쇄력을 측정할 것

2.22.2.4 층별로 화재감지기(수동기동장치를 포함한다)를 동작시켜 제연설비가 작동하는지 여부를 확인할 것. 다만, 둘 이상의 특정소방대상물이 지하에 설치된 주차장으로 연결되어 있는 경우에는 특정소방대상물의 화재감지기 및 주차장에서 하나의 특정소방대상물의 제연구역으로 들어가는 입구에 설치된 제연용 연기감지기의 작동에 따라 해당 특정소방대상물의 수직풍도에 연결된 모든 제연구역의 댐퍼가 개방되도록 하거나 해당 특정소방대상물을 포함한 둘 이상의 특정소방대상물의 모든 제연구역의 댐퍼가 개방되도록 하고 비상전원을 작동시켜 급기 및 배기용 송풍기의 성능이 정상인지 확인할 것 〈개정 2024.4.1.〉

2.22.2.5 2.22.2.4의 기준에 따라 제연설비가 작동하는 경우 다음의 기준에 따른 시험 등을 실시할 것

2.22.2.5.1 부속실과 면하는 옥내 및 계단실의 출입문을 동시에 개방할 경우, 유입공기의 풍속이 2.7의 규정에 따른 방연풍속에 적합한지 여부를 확인하고, 적합하지 아니한 경우에는 급기구의 개구율과 송풍기의 풍량조절댐퍼 등을 조정하여 적합하게 할 것. 이 경우 유입공기의 풍속은 출입문의 개방에 따른 개구부를 대칭적으로 균등 분할하는 10 이상의 지점에서 측정하는 풍속의 평균치로 할 것

2.22.2.5.2 2.22.2.5.1에 따른 시험 등의 과정에서 출입문을 개방하지 않은 제연구역의 실제 차압이 2.3.3의 기준에 적합한지 여부를 출입문 등에 차압측정공을 설치하고 이를 통하여 차압측정기구로 실측하여 확인·조정할 것

2.22.2.5.3 제연구역의 출입문이 모두 닫혀 있는 상태에서 제연설비를 가동시킨 후 출입문의 개방에 필요한 힘을 측정하여 2.3.2의 규정에 따른 개방력에 적합한지 여부를 확인하고, 적합하지 아니한 경우에는 급기구의 개구율 조정 및 플랩댐퍼(설치하는 경우에 한한다)와 풍량조절용댐퍼 등의 조정에 따라 적합하도록 조치할 것. 이때 제연구역의 출입문과 면하는 옥내에 거실제연설비가 설치된 경우에는 이 기준에 따른 제연설비와 해당 거실제연설비를 동시에 작동시킨 상태에서 출입문의 개방력을 측정할 것 〈개정 2024.7.1.〉

2.22.2.5.4 2.22.2.5.1에 따른 시험 등의 과정에서 부속실의 개방된 출입문이 자동으로 완전히 닫히는지 여부를 확인하고, 닫힌 상태를 유지할 수 있도록 조정할 것

CHAPTER 36 포소화설비의 화재안전성능기준 (NFPC 105)

[시행 2024. 7. 1.] [소방청고시 제2024-19호, 2024. 5. 10., 타법개정]

제1조(목적)

이 기준은 「소방시설 설치 및 관리에 관한 법률」(이하 "법"이라 한다) 제2조제1항제6호가목에 따라 소방청장에게 위임한 사항 중 소화설비인 물분무등소화설비 중 포소화설비의 성능기준을 규정함을 목적으로 한다.

제2조(적용범위)

이 기준은 「소방시설 설치 및 관리에 관한 법률 시행령」(이하 "영"이라 한다) 별표 4 제1호바목에 따른 물분무등소화설비 중 포소화설비의 설치 및 관리에 대해 적용한다.

제3조(정의)

이 기준에서 사용하는 용어의 정의는 다음과 같다.

1. "고가수조"란 구조물 또는 지형지물 등에 설치하여 자연낙차의 압력으로 급수하는 수조를 말한다.
2. "압력수조"란 소화용수와 공기를 채우고 일정압력 이상으로 가압하여 그 압력으로 급수하는 수조를 말한다.
3. "충압펌프"란 배관 내 압력손실에 따른 주펌프의 빈번한 기동을 방지하기 위하여 충압역할을 하는 펌프를 말한다.
4. "연성계"란 대기압 이상의 압력과 대기압 이하의 압력을 측정할 수 있는 계측기를 말한다.
5. "진공계"란 대기압 이하의 압력을 측정하는 계측기를 말한다.
6. "정격토출량"이란 펌프의 정격부하운전 시 토출량으로서 정격토출압력에서의 토출량을 말한다.
7. "정격토출압력"이란 펌프의 정격부하운전 시 토출압력으로서 정격토출량에서의 토출 측 압력을 말한다.
8. "전역방출방식"이란 소화약제 공급장치에 배관 및 분사헤드 등을 고정 설치하여 밀폐 방호구역 내에 소화약제를 방출하는 방식을 말한다.
9. "국소방출방식"이란 소화약제 공급장치에 배관 및 분사헤드를 설치하여 직접 화점에 소화약제를 방출하는 방식을 말한다.
10. "팽창비"란 최종 발생한 포 체적을 포 발생 전의 포 수용액의 체적으로 나눈 값을 말한다.
11. "개폐표시형밸브"란 밸브의 개폐여부를 외부에서 식별이 가능한 밸브를 말한다.
12. "기동용수압개폐장치"란 소화설비의 배관 내 압력변동을 검지하여 자동적으로 펌프를 기동 및 정지시키는 것으로서 압력챔버 또는 기동용압력스위치 등을 말한다.
13. "포워터스프링클러설비"란 포워터스프링클러헤드를 사용하는 포소화설비를 말한다.
14. "포헤드설비"란 포헤드를 사용하는 포소화설비를 말한다.

15. "고정포방출설비"란 고정포방출구를 사용하는 설비를 말한다.
16. "호스릴포소화설비"란 호스릴포방수구ㆍ호스릴 및 이동식 포노즐을 사용하는 설비를 말한다.
17. "포소화전설비"란 포소화전방수구ㆍ호스 및 이동식포노즐을 사용하는 설비를 말한다.
18. "송액관"이란 수원으로부터 포헤드ㆍ고정포방출구 또는 이동식포노즐 등에 급수하는 배관을 말한다.
19. "급수배관"이란 수원 또는 송수구 등으로부터 소화설비에 급수하는 배관을 말한다.
20. "분기배관"이란 배관 측면에 구멍을 뚫어 둘 이상의 관로가 생기도록 가공한 배관으로서 다음 각 목의 분기배관을 말한다.
    가. "비확관형 분기배관"이란 배관의 측면에 분기호칭안지름 이상의 구멍을 뚫고 배관이음쇠를 용접 이음한 배관을 말한다.
    나. "확관형 분기배관"이란 배관의 측면에 조그만 구멍을 뚫고 소성가공으로 확관시켜 배관 용접이음자리를 만들거나 배관 용접이음자리에 배관이음쇠를 용접 이음한 배관을 말한다.
21. "펌프 프로포셔너방식"이란 펌프의 토출관과 흡입관 사이의 배관도중에 설치한 흡입기에 펌프에서 토출된 물의 일부를 보내고, 농도 조정밸브에서 조정된 포 소화약제의 필요량을 포 소화약제 저장탱크에서 펌프 흡입 측으로 보내어 이를 혼합하는 방식을 말한다.
22. "프레셔 프로포셔너방식"이란 펌프와 발포기의 중간에 설치된 벤추리관의 벤추리작용과 펌프 가압수의 포 소화약제 저장탱크에 대한 압력에 따라 포 소화약제를 흡입ㆍ혼합하는 방식을 말한다.
23. "라인 프로포셔너방식"이란 펌프와 발포기의 중간에 설치된 벤추리관의 벤추리작용에 따라 포 소화약제를 흡입ㆍ혼합하는 방식을 말한다.
24. "프레셔사이드 프로포셔너방식"이란 펌프의 토출관에 압입기를 설치하여 포 소화약제 압입용펌프로 포 소화약제를 압입시켜 혼합하는 방식을 말한다.
25. "가압수조"란 가압원인 압축공기 또는 불연성 기체의 압력으로 소화용수를 가압하여 그 압력으로 급수하는 수조를 말한다.
26. "압축공기포소화설비"란 압축공기 또는 압축질소를 일정비율로 포수용액에 강제 주입 혼합하는 방식을 말한다.
27. "주펌프"란 구동장치의 회전 또는 왕복운동으로 소화수를 가압하여 그 압력으로 급수하는 주된 펌프를 말한다.
28. "호스릴"이란 원형의 형태를 유지하고 있는 소방호스를 수납장치에 감아 정리한 것을 말한다.
29. "압축공기포 믹싱챔버방식"이란 물, 포 소화약제 및 공기를 믹싱챔버로 강제주입시켜 챔버 내에서 포수용액을 생성한 후 포를 방사하는 방식을 말한다.

제4조(종류 및 적응성)
특정소방대상물에 따라 적응하는 포소화설비는 다음 각 호와 같다.
1. 「화재의 예방 및 안전관리에 관한 법률 시행령」 별표 2의 특수가연물을 저장ㆍ취급하는 공장 또는 창고 : 포워터스프링클러설비ㆍ포헤드설비 또는 고정포방출설비, 압축공기포소화설비
2. 차고 또는 주차장 : 포워터스프링클러설비ㆍ포헤드설비 또는 고정포방출설비, 압축공기포소화설비
3. 항공기격납고 : 포워터스프링클러설비ㆍ포헤드설비 또는 고정포방출설비, 압축공기포소화설비

4. 발전기실, 엔진펌프실, 변압기, 전기케이블실, 유압설비 : 바닥면적의 합계가 300제곱미터 미만의 장소에는 고정식 압축공기포소화설비를 설치할 수 있다.

제5조(수원)

① 포소화설비의 수원은 그 저수량이 특정소방대상물에 따라 다음 각 호의 기준에 적합하도록 해야 한다.
1. 「화재의 예방 및 안전관리에 관한 법률 시행령」 별표 2의 특수가연물을 저장·취급하는 공장 또는 창고 : 포워터스프링클러설비 또는 포헤드설비의 경우에는 포워터스프링클러헤드 또는 포헤드(이하 "포헤드"라 한다)가 가장 많이 설치된 층의 포헤드(바닥면적이 200제곱미터를 초과한 층은 바닥면적 200제곱미터 이내에 설치된 포헤드를 말한다)에서 동시에 표준방사량으로 10분간 방사할 수 있는 양 이상으로 하고, 고정포방출설비의 경우에는 고정포방출구가 가장 많이 설치된 방호구역 안의 고정포방출구에서 표준방사량으로 10분간 방사할 수 있는 양 이상으로 할 것. 이 경우 하나의 공장 또는 창고에 포워터스프링클러설비·포헤드설비 또는 고정포방출설비가 함께 설치된 때에는 각 설비별로 산출된 저수량 중 최대의 것을 그 특정소방대상물에 설치해야 할 수원의 양으로 한다.
2. 차고 또는 주차장 : 호스릴포소화설비 또는 포소화전설비의 경우에는 방수구가 가장 많은 층의 설치개수(호스릴포방수구 또는 포소화전방수구가 5개 이상 설치된 경우에는 5개)에 6세제곱미터를 곱한 양 이상으로, 포워터스프링클러설비·포헤드설비 또는 고정포방출설비의 경우에는 제1호의 기준을 준용할 것. 이 경우 하나의 차고 또는 주차장에 호스릴포소화설비·포소화전설비·포워터스프링클러설비·포헤드설비 또는 고정포방출설비가 함께 설치된 때에는 각 설비별로 산출된 저수량 중 최대의 것을 그 차고 또는 주차장에 설치해야 할 수원의 양으로 한다.
3. 항공기격납고 : 포워터스프링클러설비·포헤드설비 또는 고정포방출설비의 경우에는 포헤드 또는 고정포방출구가 가장 많이 설치된 항공기격납고의 포헤드 또는 고정포방출구에서 동시에 표준방사량으로 10분간 방사할 수 있는 양 이상으로 하되, 호스릴포소화설비를 함께 설치한 경우에는 호스릴포방수구가 가장 많이 설치된 격납고의 호스릴방수구수(호스릴포방수구가 5개 이상 설치된 경우에는 5개)에 6세제곱미터를 곱한 양을 합한 양 이상으로 할 것
4. 압축공기포소화설비를 설치하는 경우 방수량은 설계 사양에 따라 방호구역에 최소 10분간 방사할 수 있어야 할 것
5. 압축공기포소화설비의 설계방출밀도(L/min·m^2)는 설계사양에 따라 정해야 하며 일반가연물, 탄화수소류는 1제곱미터에 분당 1.63리터 이상, 특수가연물, 알코올류와 케톤류는 1제곱미터에 분당 2.3리터 이상으로 할 것

② 포소화설비의 수원을 수조로 설치하는 경우에는 소화설비의 전용수조로 해야 한다.
③ 제1항에 따른 저수량을 산정함에 있어서 다른 설비와 겸용하여 포소화설비용 수조를 설치하는 경우에는 포소화설비의 풋밸브·흡수구 또는 수직배관의 급수구와의 다른 설비의 풋밸브·흡수구 또는 수직배관의 급수구와의 사이의 수량을 그 유효수량으로 한다.
④ 포소화설비용 수조는 다음 각 호의 기준에 따라 설치해야 한다.
1. 점검에 편리한 곳에 설치할 것

2. 동결방지조치를 하거나 동결의 우려가 없는 장소에 설치할 것
3. 수조에는 수위계, 고정식 사다리, 청소용 배수밸브(또는 배수관), 표지 및 실내 조명 등 수조의 유지관리에 필요한 설비를 설치할 것

제6조(가압송수장치)

① 전동기 또는 내연기관에 따른 펌프를 이용하는 가압송수장치는 다음 각 호의 기준에 따라 설치해야 한다. 다만, 가압송수장치의 주펌프는 전동기에 따른 펌프로 설치해야 한다.
  1. 쉽게 접근할 수 있고 점검하기에 충분한 공간이 있는 장소로서 화재 및 침수 등의 재해로 인한 피해를 받을 우려가 없는 곳에 설치할 것
  2. 동결방지조치를 하거나 동결의 우려가 없는 장소에 설치할 것. 다만, 보온재를 사용할 경우에는 난연재료 성능 이상의 것으로 해야 한다.
  3. 소화약제가 변질될 우려가 없는 곳에 설치할 것
  4. 펌프의 토출량은 포헤드·고정포방출구 또는 이동식 포노즐의 설계압력 또는 노즐의 방사압력의 허용범위 안에서 포수용액을 방출 또는 방사할 수 있는 양 이상이 되도록 할 것
  5. 펌프는 전용으로 할 것
  6. 펌프의 양정(揚程)은 방출구의 설계압력 환산수두(또는 노즐 선단의 방사압력 환산수두), 배관의 마찰손실수두, 낙차 및 소방용 호스의 마찰손실수두를 고려하여 산출한 수치 이상이 되도록 할 것
  7. 펌프의 토출 측에는 압력계를 설치하고, 흡입 측에는 연성계 또는 진공계를 설치할 것
  8. 펌프의 성능은 체절운전 시 정격토출압력의 140퍼센트를 초과하지 않고, 정격토출량의 150퍼센트로 운전 시 정격토출압력의 65퍼센트 이상이 되어야 하며, 펌프의 성능을 시험할 수 있는 성능시험배관을 설치할 것
  9. 가압송수장치에는 체절운전 시 수온의 상승을 방지하기 위한 순환배관을 설치할 것
  10. 기동장치로는 기동용수압개폐장치 또는 이와 동등 이상의 성능이 있는 것으로 설치할 것
  11. 수원의 수위가 펌프보다 낮은 위치에 있는 가압송수장치에는 물올림장치를 설치할 것
  12. 기동용수압개폐장치를 기동장치로 사용하는 경우에는 충압펌프를 설치할 것
  13. 내연기관을 사용하는 경우에는 제어반에 따라 내연기관의 자동기동 및 수동기동이 가능하고, 상시 충전되어 있는 축전지설비를 갖출 것
  14. 가압송수장치가 기동이 된 경우에는 자동으로 정지되지 않도록 할 것
  15. 압축공기포소화설비에 설치되는 펌프의 양정은 0.4메가파스칼 이상이 되도록 할 것
  16. 가압송수장치는 부식 등으로 인한 펌프의 고착을 방지할 수 있도록 청동 또는 스테인리스 등 부식에 강한 재질을 사용할 것
② 고가수조의 자연낙차를 이용한 가압송수장치를 설치하는 경우 고가수조의 자연낙차수두(수조의 하단으로부터 최고층에 설치된 포헤드까지의 수직거리를 말한다)는 설계 방사량 및 방사압이 20분 이상 유지되도록 해야 한다.
③ 압력수조를 이용한 가압송수장치를 설치하는 경우 압력수조의 압력은 설계 방사량 및 방사압이 20분 이상 유지되도록 해야 한다.

④ 가압송수장치에는 포헤드·고정방출구 또는 이동식 포노즐의 방사압력이 설계압력 또는 방사압력의 허용범위를 넘지 않도록 감압장치를 설치해야 한다.

⑤ 가압송수장치는 다음 표에 따른 표준방사량을 방사할 수 있도록 해야 한다.

구분	표준방사량
포워터스프링클러헤드	75L/min 이상
포헤드·고정포방출구 또는 이동식포노즐·압축공기포헤드	각 포헤드·고정포방출구 또는 이동식포노즐의 설계압력에 따라 방출되는 소화약제의 양

⑥ 가압수조를 이용한 가압송수장치는 소방청장이 정하여 고시한 「가압수조식가압송수장치의 성능인증 및 제품검사의 기술기준」에 적합한 것으로 설치하고, 가압수조의 압력은 설계 방사량 및 방사압이 20분 이상 유지되도록 해야 한다.

제7조(배관 등)

① 배관은 배관용 탄소 강관(KS D 3507) 또는 배관 내 사용압력이 1.2메가파스칼 이상일 경우에는 압력 배관용 탄소 강관(KS D 3562)이나 이와 동등 이상의 강도·내식성 및 내열성을 국내·외 공인기관으로부터 인정받은 것을 사용해야 한다.

② 제1항에도 불구하고 화재 등의 재해로 인하여 배관의 성능에 영향을 받을 우려가 적은 장소에는 소방청장이 정하여 고시한 「소방용합성수지배관의 성능인증 및 제품검사의 기술기준」에 적합한 소방용합성수지배관으로 설치할 수 있다.

③ 송액관은 포의 방출 종료 후 배관 안의 액을 배출하기 위하여 적당한 기울기를 유지하도록 하고 그 낮은 부분에 배액밸브를 설치해야 한다.

④ 포워터스프링클러설비 또는 포헤드설비의 가지배관의 배열은 토너먼트방식이 아니어야 하며, 교차배관에서 분기하는 지점을 기점으로 한쪽 가지배관에 설치하는 헤드의 수는 8개 이하로 한다.

⑤ 송액관은 전용으로 해야 한다.

⑥ 펌프의 흡입 측 배관은 다음 각 호의 기준에 따라 설치해야 한다.
   1. 공기 고임이 생기지 않는 구조로 하고 여과장치를 설치할 것
   2. 수조가 펌프보다 낮게 설치된 경우에는 각 펌프(충압펌프를 포함한다)마다 수조로부터 별도로 설치할 것

⑦ 삭제 〈2024.5.10.〉

⑧ 성능시험배관에 설치하는 유량측정장치는 성능시험배관의 직관부에 설치하되, 펌프 정격토출량의 175퍼센트 이상을 측정할 수 있는 것으로 해야 한다.

⑨ 가압송수장치의 체절운전 시 수온의 상승을 방지하기 위하여 체크밸브와 펌프 사이에서 분기한 배관에 체절압력 이하에서 개방되는 릴리프밸브를 설치해야 한다.

⑩ 동결방지조치를 하거나 동결의 우려가 없는 장소에 설치해야 한다. 다만, 보온재를 사용할 경우에는 난연재료 성능 이상의 것으로 해야 한다.

⑪ 급수배관에 설치되어 급수를 차단할 수 있는 개폐밸브는 개폐표시형으로 해야 한다. 이 경우 펌프의 흡입 측 배관에는 버터플라이밸브외의 개폐표시형밸브를 설치해야 한다.

⑫ 제11항에 따른 개폐밸브에는 그 밸브의 개폐상태를 감시제어반에서 확인할 수 있는 급수개폐밸브 작동표시 스위치를 설치해야 한다.
⑬ 배관은 다른 설비의 배관과 쉽게 구분이 될 수 있도록 해야 한다.
⑭ 포소화설비에는 소방차로부터 그 설비에 송수할 수 있는 송수구를 다음 각 호의 기준에 따라 설치해야 한다.
  1. 송수구는 송수 및 그 밖의 소화작업에 지장을 주지 않도록 설치할 것
  2. 송수구로부터 주배관에 이르는 연결배관에는 개폐밸브를 설치하지 않을 것
  3. 구경 65밀리미터의 쌍구형으로 할 것
  4. 송수구에는 그 가까운 곳의 보기 쉬운 곳에 송수압력범위를 표시한 표지를 할 것
  5. 포소화설비의 송수구는 하나의 층의 바닥면적이 3,000제곱미터를 넘을 때마다 1개 이상을 설치할 것(5개를 넘을 경우에는 5개로 한다)
  6. 지면으로부터 높이가 0.5미터 이상 1미터 이하의 위치에 설치할 것
  7. 송수구의 가까운 부분에 자동배수밸브(또는 직경 5밀리미터의 배수공) 및 체크밸브를 설치할 것
  8. 송수구에는 이물질을 막기 위한 마개를 씌울 것
⑮ 압축공기포소화설비의 배관은 토너먼트방식으로 해야 하고 소화약제가 균일하게 방출되는 등거리배관구조로 설치해야 한다.
⑯ 확관형 분기배관을 사용할 경우에는 소방청장이 정하여 고시한 「분기배관의 성능인증 및 제품검사의 기술기준」에 적합한 것으로 설치해야 한다.

제8조(저장탱크 등)

① 포 소화약제의 저장탱크(용기를 포함한다. 이하 같다)는 다음 각 호의 기준에 따라 설치하고, 제9조에 따른 혼합장치와 배관 등으로 연결해야 한다.
  1. 화재 등의 재해로 인한 피해를 받을 우려가 없는 장소에 설치할 것
  2. 기온의 변동으로 포의 발생에 장애를 주지 않는 장소에 설치할 것
  3. 포 소화약제가 변질될 우려가 없고 점검에 편리한 장소에 설치할 것
  4. 가압송수장치 또는 포 소화약제 혼합장치의 기동에 따라 압력이 가해지는 것 또는 상시 가압된 상태로 사용되는 것은 압력계를 설치할 것
  5. 포 소화약제 저장량의 확인이 쉽도록 액면계 또는 계량봉 등을 설치할 것
  6. 저장탱크에는 압력계, 액면계(또는 계량봉) 또는 글라스게이지 등 점검 및 유지관리에 필요한 설비를 설치할 것
② 포 소화약제의 저장량은 고정포방출구 방식, 옥내포소화전방식(또는 호스릴방식), 포헤드 방식 및 압축공기포소화설비 등 포소화설비에 따라 산출한 양 이상으로 해야 한다.

제9조(혼합장치)

포 소화약제의 혼합장치는 포 소화약제의 사용농도에 적합한 수용액으로 혼합할 수 있도록 펌프 프로포셔너방식, 프레져 프로포셔너방식, 라인 프로포셔너방식, 프레져 사이드 프로포셔너방식, 압축공기포 믹싱챔버방식 등으로 하며, 법 제40조에 따라 제품검사에 합격한 것으로 설치해야 한다.

제10조(개방밸브)
포소화설비의 개방밸브는 다음 각 호의 기준에 따라 설치해야 한다.
1. 자동 개방밸브는 화재감지장치의 작동에 따라 자동으로 개방되는 것으로 할 것
2. 수동식 개방밸브는 화재 시 쉽게 접근할 수 있는 곳에 설치할 것

제11조(기동장치)
① 포소화설비의 수동식 기동장치는 직접조작 또는 원격조작에 따라 가압송수장치·수동식개방밸브 및 소화약제 혼합장치를 기동할 수 있는 것으로 하고, 방사구역 및 특정소방대상물에 따라 적합하게 설치해야 한다.
② 포소화설비의 자동식 기동장치는 자동화재탐지설비의 감지기의 작동 또는 폐쇄형스프링클러헤드의 개방과 연동하여 가압송수장치·일제개방밸브 및 포 소화약제 혼합장치를 기동시킬 수 있도록 하되, 동결의 우려가 있는 장소의 포소화설비의 자동식 기동장치는 자동화재탐지설비와 연동되도록 해야 한다.
③ 포소화설비의 기동장치에 설치하는 자동경보장치에는 방사구역마다 일제개방밸브와 그 일제개방밸브의 작동여부를 발신하는 발신부를 설치하고, 수신기는 상시 사람이 근무하고 있는 장소에 설치해야 한다.

제12조(포헤드 및 고정포방출구)
① 포헤드 및 고정포방출구는 포의 팽창비율에 따라 다음 표에 따른 것으로 해야 한다.

팽창비율에 따른 포의 종류	포방출구의 종류
팽창비가 20 이하인 것(저발포)	포헤드, 압축공기포헤드
팽창비가 80 이상 1,000 미만인 것(고발포)	고발포용 고정포방출구

② 포헤드는 다음 각 호의 기준에 따라 설치해야 한다.
1. 포워터스프링클러헤드는 특정소방대상물의 천장 또는 반자에 설치하되, 바닥면적 8제곱미터마다 1개 이상으로 하여 해당 방호대상물의 화재를 유효하게 소화할 수 있도록 할 것
2. 포헤드는 특정소방대상물의 천장 또는 반자에 설치하되, 바닥면적 9제곱미터마다 1개 이상으로 하여 해당 방호대상물의 화재를 유효하게 소화할 수 있도록 할 것
3. 포헤드는 특정소방대상물별로 그에 사용되는 포 소화약제에 따라 1분당 방사량이 다음 표에 따른 양 이상이 되는 것으로 할 것

소방대상물	포소화약제의 종류	바닥면적 1m²당 방사량
차고·주차장 및 항공기격납고	단백포소화약제	6.5L 이상
	합성계면활성제포소화약제	8.0L 이상
	수성막포소화약제	3.7L 이상
「화재의 예방 및 안전관리에 관한 법률 시행령」 별표 2의 특수가연물을 저장·취급하는 소방대상물	단백포소화약제	6.5L 이상
	합성계면활성제포소화약제	6.5L 이상
	수성막포소화약제	6.5L 이상

4. 특정소방대상물의 보가 있는 부분의 포헤드는 다음 표의 기준에 따라 설치할 것

포헤드와 보의 하단의 수직거리	포헤드와 보의 수평거리
0m	0.75m 미만
0.1m 미만	0.75m 이상 1m 미만
0.1m 이상 0.15m 미만	1m 이상 1.5m 미만
0.15m 이상 0.3m 미만	1.5m 이상

5. 포헤드 상호간에는 다음 각 목의 기준에 따른 거리를 두도록 할 것
    가. 정방형으로 배치한 경우에는 다음의 식에 따라 산정한 수치 이하가 되도록 할 것
    $$S = 2r \times \cos 45°$$
    S : 포헤드 상호 간의 거리(m)
    r : 유효반경(2.1m)

    나. 장방형으로 배치한 경우에는 그 대각선의 길이가 다음의 식에 따라 산정한 수치 이하가 되도록 할 것
    $$pt = 2r$$
    pt : 대각선의 길이(m)
    r : 유효반경(2.1m)

6. 포헤드와 벽 방호구역의 경계선과는 제5호에 따른 거리의 2분의 1 이하의 거리를 둘 것
7. 압축공기포소화설비의 분사헤드는 천장 또는 반자에 설치하되 방호대상물에 따라 측벽에 설치할 수 있으며 유류탱크 주위에는 바닥면적 13.9제곱미터마다 1개 이상, 특수가연물저장소에는 바닥면적 9.3제곱미터마다 1개 이상으로 해당 방호대상물의 화재를 유효하게 소화할 수 있도록 할 것

방호대상물	방호면적 1m² 에 대한 1분당 방출량
특수가연물	2.3L
기타의 것	1.63L

③ 차고·주차장에 설치하는 호스릴포소화설비 또는 포소화전설비는 다음 각 호의 기준에 따라야 한다.
1. 특정소방대상물의 어느 층에 있어서도 그 층에 설치된 호스릴포방수구 또는 포소화전방수구(호스릴포방수구 또는 포소화전방수구가 5개 이상 설치된 경우에는 5개)를 동시에 사용할 경우 각 이동식 포노즐 선단의 포수용액 방사압력이 0.35메가파스칼 이상이고 분당 300리터 이상(1개층의 바닥면적이 200제곱미터 이하인 경우에는 분당 230리터 이상)의 포수용액을 수평거리 15미터 이상으로 방사할 수 있도록 할 것
2. 저발포의 포소화약제를 사용할 수 있는 것으로 할 것
3. 호스릴 또는 호스를 호스릴포방수구 또는 포소화전방수구로 분리하여 비치하는 때에는 그로부터 3미터 이내의 거리에 호스릴함 또는 호스함을 설치할 것

4. 호스릴함 또는 호스함은 바닥으로부터 높이 1.5미터 이하의 위치에 설치하고 그 표면에는 "포호스릴함(또는 포소화전함)"이라고 표시한 표지와 적색의 위치표시등을 설치할 것
5. 방호대상물의 각 부분으로부터 하나의 호스릴포방수구까지의 수평거리는 15미터 이하(포소화전방수구의 경우에는 25미터 이하)가 되도록 하고 호스릴 또는 호스의 길이는 방호대상물의 각 부분에 포가 유효하게 뿌려질 수 있도록 할 것

④ 고발포용포방출구는 다음 각 호의 기준에 따라 설치해야 한다.
1. 전역방출방식의 고발포용고정포방출구는 다음 각 목의 기준에 따를 것
   가. 개구부에 자동폐쇄장치(「건축법 시행령」 제64조제1항에 따른 방화문 또는 불연재료로 된 문으로 포수용액이 방출되기 직전에 개구부가 자동적으로 폐쇄될 수 있는 장치를 말한다)를 설치할 것. 다만, 해당 방호구역에서 외부로 새는 양 이상의 포수용액을 유효하게 추가하여 방출하는 설비가 있는 경우에는 그렇지 않다.
   나. 고정포방출구(포발생기가 분리되어 있는 것은 해당 포발생기를 포함한다)는 특정소방대상물 및 포의 팽창비에 따른 종류별에 따라 해당 방호구역의 관포체적(해당 바닥 면으로부터 방호대상물의 높이보다 0.5미터 높은 위치까지의 체적을 말한다) 1세제곱미터에 대하여 1분당 방출량이 다음 표에 따른 양 이상이 되도록 할 것

소방대상물	포의 팽창비	1m³에 대한 분당포수용액 방출량
항공기격납고	팽창비 80 이상 250 미만의 것	2.00L
	팽창비 250 이상 500 미만의 것	0.50L
	팽창비 500 이상 1,000 미만의 것	0.29L
차고 또는 주차장	팽창비 80 이상 250 미만의 것	1.11L
	팽창비 250 이상 500 미만의 것	0.28L
	팽창비 500 이상 1,000 미만의 것	0.16L
특수가연물을 저장 또는 취급하는 소방 대상물	팽창비 80 이상 250 미만의 것	1.25L
	팽창비 250 이상 500 미만의 것	0.31L
	팽창비 500 이상 1,000 미만의 것	0.18L

   다. 고정포방출구는 바닥면적 500제곱미터마다 1개 이상으로 하여 방호대상물의 화재를 유효하게 소화할 수 있도록 할 것
   라. 고정포방출구는 방호대상물의 최고부분보다 높은 위치에 설치할 것. 다만, 밀어올리는 능력을 가진 것은 방호대상물과 같은 높이로 할 수 있다.
2. 국소방출방식의 고발포용고정포방출구는 다음 각 목의 기준에 따를 것
   가. 방호대상물이 서로 인접하여 불이 쉽게 붙을 우려가 있는 경우에는 불이 옮겨 붙을 우려가 있는 범위내의 방호대상물을 하나의 방호대상물로 하여 설치할 것
   나. 고정포방출구(포발생기가 분리되어 있는 것에 있어서는 해당 포발생기를 포함한다)는 방호대상물의 구분에 따라 해당 방호대상물의 높이의 3배(1미터 미만의 경우에는 1미터)의 거리를

수평으로 연장한 선으로 둘러싸인 부분의 면적 1제곱미터에 대하여 1분당 방출량이 다음 표에 따른 양 이상이 되도록 할 것

방호대상물	방호면적 1m²에 대한 1분당 방출량
특수가연물	3L
기타의 것	2L

제13조(전원)

① 포소화설비에 설치하는 상용전원회로의 배선은 전용배선으로 하고, 상용전원의 상시공급에 지장이 없도록 설치해야 한다.
② 포소화설비에는 자가발전설비, 축전지설비 또는 전기저장장치에 따른 비상전원을 설치해야 한다.
③ 제2항에 따른 비상전원 중 자가발전설비, 축전지설비 또는 전기저장장치는 다음 각 호의 기준에 따르고, 비상전원수전설비는 「소방시설용비상전원수전설비의 화재안전성능기준(NFPC 602)」에 따라 설치해야 한다.
  1. 점검에 편리하고 화재 및 침수 등의 재해로 인한 피해를 받을 우려가 없는 곳에 설치할 것
  2. 포소화설비를 유효하게 20분 이상 작동할 수 있도록 할 것
  3. 상용전원으로부터 전력의 공급이 중단된 때에는 자동으로 비상전원으로부터 전력을 공급받을 수 있도록 할 것
  4. 비상전원(내연기관의 기동 및 제어용 축전기를 제외한다)의 설치장소는 다른 장소와 방화구획할 것
  5. 비상전원을 실내에 설치하는 때에는 그 실내에 비상조명등을 설치할 것

제14조(제어반)

① 포소화설비에는 제어반을 설치하되, 감시제어반과 동력제어반으로 구분하여 설치해야 한다.
② 감시제어반은 가압송수장치, 상용전원, 비상전원, 수조, 물올림수조, 예비전원 등을 감시·제어 및 시험할 수 있는 기능을 갖추어야 한다.
③ 감시제어반은 다음 각 호의 기준에 따라 설치해야 한다.
  1. 화재 및 침수 등의 재해로 인한 피해를 받을 우려가 없는 곳에 설치할 것
  2. 감시제어반은 포소화설비의 전용으로 할 것
  3. 감시제어반은 다음 각 목의 기준에 따른 전용실 안에 설치하고, 전용실에는 특정소방대상물의 기계·기구 또는 시설 등의 제어 및 감시설비 외의 것을 두지 않을 것
    가. 다른 부분과 방화구획을 할 것
    나. 피난층 또는 지하 1층에 설치할 것
    다. 비상조명등 및 급·배기설비를 설치할 것
    라. 「무선통신보조설비의 화재안전성능기준(NFPC 505)」 제5조제3항에 따라 유효하게 통신이 가능할 것
    마. 바닥면적은 감시제어반의 설치에 필요한 면적 외에 화재 시 소방대원이 그 감시제어반의 조작에 필요한 최소면적 이상으로 할 것

④ 동력제어반은 앞면을 적색으로 하고, 동력제어반의 외함은 두께 1.5밀리미터 이상의 강판 또는 이와 동등 이상의 강도 및 내열성능이 있는 것으로 하며, 그 밖의 동력제어반의 설치에 관하여는 제3항제1호 및 제2호의 기준을 따라야 한다.

제15조(배선 등)

① 포소화설비의 배선은 「전기사업법」제67조에 따른 「전기설비기술기준」에서 정한 것 외에 다음 각 호의 기준에 따라 설치해야 한다.
   1. 비상전원으로부터 동력제어반 및 가압송수장치에 이르는 전원회로배선은 내화배선으로 할 것
   2. 상용전원으로부터 동력제어반에 이르는 배선, 그 밖의 포소화설비의 감시·조작 또는 표시등회로의 배선은 내화배선 또는 내열배선으로 할 것
② 제1항에 따른 내화배선 및 내열배선은 「옥내소화전설비의 화재안전성능기준(NFPC 102)」제10조제2항에 따른다.
③ 포소화설비의 과전류차단기 및 개폐기에는 "포소화설비용"이라고 표시한 표지를 해야 한다.
④ 포소화설비용 전기배선의 양단 및 접속단자에는 식별이 용이하도록 표시 또는 표지를 해야 한다.

제16조(수원 및 가압송수장치의 펌프 등의 겸용)

① 포소화전설비의 수원을 옥내소화전설비·스프링클러설비·간이스프링클러설비·화재조기진압용 스프링클러설비·물분무소화설비 및 옥외소화전설비의 수원과 겸용하여 설치하는 경우의 저수량은 각 소화설비에 필요한 저수량을 합한 양 이상이 되도록 해야 한다.
② 포소화설비의 가압송수장치로 사용하는 펌프를 옥내소화전설비·스프링클러설비·간이스프링클러설비·화재조기진압용 스프링클러설비·물분무소화설비 및 옥외소화전설비의 가압송수장치와 겸용하여 설치하는 경우의 펌프의 토출량은 각 소화설비에 해당하는 토출량을 합한 양 이상이 되도록 해야 한다.
③ 옥내소화전설비·스프링클러설비·간이스프링클러설비·화재조기진압용 스프링클러설비·물분무소화설비·포소화설비 및 옥외소화전설비의 가압송수장치에 있어서 각 토출 측 배관과 일반급수용의 가압송수장치의 토출 측 배관을 상호 연결하여 화재 시 사용할 수 있다. 이 경우 연결 배관에는 개·폐표시형밸브를 설치해야 하며, 각 소화설비의 성능에 지장이 없도록 해야 한다.
④ 포소화설비의 송수구를 옥내소화전설비·스프링클러설비·간이스프링클러설비·화재조기진압용 스프링클러설비·물분무소화설비 또는 연결송수관설비 또는 연결살수설비의 송수구와 겸용으로 설치하는 경우에는 스프링클러설비의 송수구의 설치기준에 따르되 각각의 소화설비의 기능에 지장이 없도록 해야 한다. 〈개정 2024.5.10.〉

제17조(설치·유지기준의 특례)

소방본부장 또는 소방서장은 기존건축물이 증축·개축·대수선되거나 용도변경되는 경우에 있어서 이 기준이 정하는 기준에 따라 해당 건축물에 설치해야 할 포소화설비의 배관·배선 등의 공사가 현저하게 곤란하다고 인정되는 경우에는 해당 설비의 기능 및 사용에 지장이 없는 범위에서 이 기준의 일부를 적용하지 않을 수 있다.

제18조(재검토기한)

소방청장은 「훈령·예규 등의 발령 및 관리에 관한 규정」에 따라 이 고시에 대하여 2023년 1월 1일을 기준으로 매 3년이 되는 시점(매 3년째의 12월 31일까지를 말한다)마다 그 타당성을 검토하여 개선 등의 조치를 해야 한다.

부칙〈제2022-38호, 2022. 11. 25.〉

제1조(시행일)

이 고시는 2022년 12월 1일부터 시행한다.

제2조(경과조치)

① 이 고시 시행 전에 건축허가 등의 신청 또는 신고를 하거나 소방시설공사의 착공신고를 한 특정소방대상물에 대해서는 종전의 「포소화설비의 화재안전기준(NFSC 105)」에 따른다.

② 이 고시 시행 전에 제1항에 따른 신청 또는 신고를 한 경우라도 개정 기준이 종전의 기준에 비해 관계인에게 유리한 경우에는 개정 기준에 따를 수 있다.

제3조(다른 법령과의 관계)

이 고시 시행 당시 다른 법령에서 종전의 화재안전기준을 인용한 경우에 이 고시 가운데 그에 해당하는 규정이 있는 경우에는 종전의 규정에 갈음하여 이 고시의 해당 규정을 인용한 것으로 본다.

CHAPTER 36 포소화설비의 화재안전기술기준 (NFTC 105)

[시행 2024. 7. 1.] [국립소방연구원공고 제2024-37호, 2024. 7. 1., 일부개정]

1. 일반사항

1.1 적용범위

1.1.1 이 기준은 「소방시설 설치 및 관리에 관한 법률 시행령」(이하 "영"이라 한다) 별표 4 제1호바목에 따른 물분무등소화설비 중 포소화설비의 설치 및 관리에 대해 적용한다.

1.2 기준의 효력

1.2.1 이 기준은 「소방시설 설치 및 관리에 관한 법률」(이하 "법"이라 한다) 제2조제1항제6호나목에 따라 물분무등소화설비인 포소화설비의 기술기준으로서의 효력을 가진다.

1.2.2 이 기준에 적합한 경우에는 법 제2조제1항제6호나목에 따라 「포소화설비의 화재안전성능기준(NFPC 105)」을 충족하는 것으로 본다.

1.3 기준의 시행

1.3.1 이 기준은 2024년 7월 1일부터 시행한다. 〈개정 2024.7.1.〉

1.4 기준의 특례

1.4.1 소방본부장 또는 소방서장은 기존건축물이 증축·개축·대수선되거나 용도변경 되는 경우에 있어서 이 기준이 정하는 기준에 따라 해당 건축물에 설치해야 할 포소화설비의 배관·배선 등의 공사가 현저하게 곤란하다고 인정되는 경우에는 해당 설비의 기능 및 사용에 지장이 없는 범위에서 이 기준의 일부를 적용하지 않을 수 있다.

1.5 경과조치

1.5.1 이 기준 시행 전에 건축허가 등의 신청 또는 신고를 하거나 소방시설공사의 착공신고를 한 특정소방대상물에 대해서는 종전의 「포소화설비의 화재안전기준(NFSC 105)」에 따른다.

1.5.2 이 기준 시행 전에 1.5.1에 따른 신청 또는 신고를 한 경우라도 제정 기준이 종전의 기준에 비하여 관계인에게 유리한 경우에는 제정 기준에 따를 수 있다.

1.6 다른 법령과의 관계

1.6.1 이 기준 시행 당시 다른 법령 또는 행정규칙 등에서 종전의 화재안전기준을 인용한 경우에 이 기준 가운데 그에 해당하는 규정이 있는 경우에는 종전의 규정에 갈음하여 이 기준의 해당 규정을 인용한 것으로 본다.

1.7 용어의 정의

1.7.1 이 기준에서 사용하는 용어의 정의는 다음과 같다.

1.7.1.1 "고가수조"란 구조물 또는 지형지물 등에 설치하여 자연낙차의 압력으로 급수하는 수조를 말한다.
1.7.1.2 "압력수조"란 소화용수와 공기를 채우고 일정압력 이상으로 가압하여 그 압력으로 급수하는 수조를 말한다.
1.7.1.3 "충압펌프"란 배관 내 압력손실에 따른 주펌프의 빈번한 기동을 방지하기 위하여 충압역할을 하는 펌프를 말한다.
1.7.1.4 "연성계"란 대기압 이상의 압력과 대기압 이하의 압력을 측정할 수 있는 계측기를 말한다.
1.7.1.5 "진공계"란 대기압 이하의 압력을 측정하는 계측기를 말한다.
1.7.1.6 "정격토출량"이란 펌프의 정격부하운전 시 토출량으로서 정격토출압력에서의 토출량을 말한다.
1.7.1.7 "정격토출압력"이란 펌프의 정격부하운전 시 토출압력으로서 정격토출량에서의 토출 측 압력을 말한다.
1.7.1.8 "전역방출방식"이란 소화약제 공급장치에 배관 및 분사헤드 등을 고정 설치하여 밀폐 방호구역 내에 소화약제를 방출하는 방식을 말한다.
1.7.1.9 "국소방출방식"이란 소화약제 공급장치에 배관 및 분사헤드 등을 설치하여 직접 화점에 소화약제를 방출하는 방식을 말한다.
1.7.1.10 "팽창비"란 최종 발생한 포 체적을 원래 포 수용액 체적으로 나눈 값을 말한다.
1.7.1.11 "개폐표시형밸브"란 밸브의 개폐여부를 외부에서 식별이 가능한 밸브를 말한다.
1.7.1.12 "기동용수압개폐장치"란 소화설비의 배관내 압력변동을 검지하여 자동적으로 펌프를 기동 및 정지시키는 것으로서 압력챔버 또는 기동용압력스위치 등을 말한다.
1.7.1.13 "포워터스프링클러설비"란 포워터스프링클러헤드를 사용하는 포소화설비를 말한다.
1.7.1.14 "포헤드설비"란 포헤드를 사용하는 포소화설비를 말한다.
1.7.1.15 "고정포방출설비"란 고정포방출구를 사용하는 설비를 말한다.
1.7.1.16 "호스릴포소화설비"란 호스릴포방수구·호스릴 및 이동식 포노즐을 사용하는 설비를 말한다.
1.7.1.17 "포소화전설비"란 포소화전방수구·호스 및 이동식포노즐을 사용하는 설비를 말한다.
1.7.1.18 "송액관"이란 수원으로부터 포헤드·고정포방출구 또는 이동식포노즐 등에 급수하는 배관을 말한다.
1.7.1.19 "급수배관"이란 수원 및 옥외송수구로부터 포소화설비의 헤드 또는 방출구에 급수하는 배관을 말한다.
1.7.1.20 "분기배관"이란 배관 측면에 구멍을 뚫어 둘 이상의 관로가 생기도록 가공한 배관으로서 다음의 분기배관을 말한다.
　　(1) "확관형 분기배관"이란 배관의 측면에 조그만 구멍을 뚫고 소성가공으로 확관시켜 배관 용접이음자리를 만들거나 배관 용접이음자리에 배관이음쇠를 용접 이음한 배관을 말한다.
　　(2) "비확관형 분기배관"이란 배관의 측면에 분기호칭내경 이상의 구멍을 뚫고 배관이음쇠를 용접 이음한 배관을 말한다.

1.7.1.21 "펌프 프로포셔너방식"이란 펌프의 토출관과 흡입관 사이의 배관도중에 설치한 흡입기에 펌프에서 토출된 물의 일부를 보내고, 농도 조정밸브에서 조정된 포 소화약제의 필요량을 포 소화약제 저장탱크에서 펌프 흡입 측으로 보내어 이를 혼합하는 방식을 말한다.

1.7.1.22 "프레셔 프로포셔너방식"이란 펌프와 발포기의 중간에 설치된 벤추리관의 벤추리작용과 펌프 가압수의 포 소화약제 저장탱크에 대한 압력에 따라 포 소화약제를 흡입·혼합하는 방식을 말한다.

1.7.1.23 "라인 프로포셔너방식"이란 펌프와 발포기의 중간에 설치된 벤추리관의 벤추리작용에 따라 포 소화약제를 흡입·혼합하는 방식을 말한다.

1.7.1.24 "프레셔사이드 프로포셔너방식"이란 펌프의 토출관에 압입기를 설치하여 포 소화약제 압입용펌프로 포 소화약제를 압입시켜 혼합하는 방식을 말한다.

1.7.1.25 "가압수조"란 가압원인 압축공기 또는 불연성 기체의 압력으로 소화용수를 가압하여 그 압력으로 급수하는 수조를 말한다.

1.7.1.26 "압축공기포소화설비"란 압축공기 또는 압축질소를 일정 비율로 포수용액에 강제 주입 혼합하는 방식을 말한다.

1.7.1.27 "주펌프"란 구동장치의 회전 또는 왕복운동으로 소화용수를 가압하여 그 압력으로 급수하는 주된 펌프를 말한다.

1.7.1.28 "호스릴"이란 원형의 형태를 유지하고 있는 소방호스를 수납장치에 감아 정리한 것을 말한다.

1.7.1.29 "압축공기포 믹싱챔버방식"이란 물, 포 소화약제 및 공기를 믹싱챔버로 강제주입시켜 챔버 내에서 포수용액을 생성한 후 포를 방사하는 방식을 말한다.

2. 기술기준

2.1 종류 및 적응성

2.1.1 특정소방대상물에 따라 적응하는 포소화설비는 다음의 기준과 같다.

2.1.1.1 「화재의 예방 및 안전관리에 관한 법률 시행령」 별표 2의 특수가연물을 저장·취급하는 공장 또는 창고 : 포워터스프링클러설비·포헤드설비 또는 고정포방출설비, 압축공기포소화설비

2.1.1.2 차고 또는 주차장 : 포워터스프링클러설비·포헤드설비 또는 고정포방출설비, 압축공기포소화설비. 다만, 다음의 어느 하나에 해당하는 차고·주차장의 부분에는 호스릴포소화설비 또는 포소화전설비를 설치할 수 있다.

2.1.1.2.1 완전 개방된 옥상주차장 또는 고가 밑의 주차장으로서 주된 벽이 없고 기둥뿐이거나 주위가 위해방지용 철주 등으로 둘러쌓인 부분

2.1.1.2.2 지상 1층으로서 지붕이 없는 부분

2.1.1.3 항공기격납고 : 포워터스프링클러설비·포헤드설비 또는 고정포방출설비, 압축공기포소화설비. 다만, 바닥면적의 합계가 1,000m^2 이상이고 항공기의 격납위치가 한정되어 있는 경우에는 그 한정된 장소 외의 부분에 대하여는 호스릴포소화설비를 설치할 수 있다.

2.1.1.4 발전기실, 엔진펌프실, 변압기, 전기케이블실, 유압설비 : 바닥면적의 합계가 300m^2 미만의 장소에는 고정식 압축공기포소화설비를 설치 할 수 있다.

2.2 수원

2.2.1 포소화설비의 수원은 그 저수량이 특정소방대상물에 따라 다음의 기준에 적합하도록 해야 한다.

2.2.1.1 「화재의 예방 및 안전관리에 관한 법률 시행령」 별표 2의 특수가연물을 저장·취급하는 공장 또는 창고 : 포워터스프링클러설비 또는 포헤드설비의 경우에는 포워터스프링클러헤드 또는 포헤드(이하 "포헤드"라 한다)가 가장 많이 설치된 층의 포헤드(바닥면적이 200㎡를 초과한 층은 바닥면적 200㎡ 이내에 설치된 포헤드를 말한다)에서 동시에 표준방사량으로 10분간 방사할 수 있는 양 이상으로, 고정포방출설비의 경우에는 고정포방출구가 가장 많이 설치된 방호구역 안의 고정포방출구에서 표준방사량으로 10분간 방사할 수 있는 양 이상으로 한다. 이 경우 하나의 공장 또는 창고에 포워터스프링클러설비·포헤드설비 또는 고정포방출설비가 함께 설치된 때에는 각 설비별로 산출된 저수량 중 최대의 것을 그 특정소방대상물에 설치해야 할 수원의 양으로 한다.

2.2.1.2 차고 또는 주차장 : 호스릴포소화설비 또는 포소화전설비의 경우에는 방수구가 가장 많은 층의 설치개수(호스릴포방수구 또는 포소화전방수구가 5개 이상 설치된 경우에는 5개)에 6㎥를 곱한 양 이상으로, 포워터스프링클러설비·포헤드설비 또는 고정포방출설비의 경우에는 2.2.1.1의 기준을 준용한다. 이 경우 하나의 차고 또는 주차장에 호스릴포소화설비·포소화전설비·포워터스프링클러설비·포헤드설비 또는 고정포방출설비가 함께 설치된 때에는 각 설비별로 산출된 저수량 중 최대의 것을 그 차고 또는 주차장에 설치해야 할 수원의 양으로 한다.

2.2.1.3 항공기격납고 : 포워터스프링클러설비·포헤드설비 또는 고정포방출설비의 경우에는 포헤드 또는 고정포방출구가 가장 많이 설치된 항공기격납고의 포헤드 또는 고정포방출구에서 동시에 표준방사량으로 10분간 방사할 수 있는 양 이상으로 하되, 호스릴포소화설비를 함께 설치한 경우에는 호스릴포방수구가 가장 많이 설치된 격납고의 호스릴방수구수(호스릴포방수구가 5개 이상 설치된 경우에는 5개)에 6㎥를 곱한 양을 합한 양 이상으로 해야 한다.

2.2.1.4 압축공기포소화설비를 설치하는 경우 방수량은 설계 사양에 따라 방호구역에 최소 10분간 방사할 수 있어야 한다.

2.2.1.5 압축공기포소화설비의 설계방출밀도(L/min·㎡)는 설계사양에 따라 정해야 하며 일반가연물, 탄화수소류는 1.63L/min·㎡ 이상, 특수가연물, 알코올류와 케톤류는 2.3L/min·㎡ 이상으로 해야 한다.

2.2.2 포소화설비의 수원을 수조로 설치하는 경우에는 소화설비의 전용수조로 해야 한다. 다만, 다음의 어느 하나에 해당하는 경우에는 그렇지 않다.

2.2.2.1 포소화설비용 펌프의 풋밸브 또는 흡수배관의 흡수구(수직회전축펌프의 흡수구를 포함한다. 이하 같다)를 다른 설비(소화용 설비 외의 것을 말한다. 이하 같다)의 풋밸브 또는 흡수구보다 낮은 위치에 설치한 때

2.2.2.2 2.3.2에 따른 고가수조로부터 포소화설비의 수직배관에 물을 공급하는 급수구를 다른 설비의 급수구보다 낮은 위치에 설치한 때

2.2.3 2.2.1에 따른 저수량을 산정함에 있어서 다른 설비와 겸용하여 포소화설비용 수조를 설치하는 경우에는 포소화설비의 풋밸브·흡수구 또는 수직배관의 급수구와 다른 설비의 풋밸브·흡수

구 또는 수직배관의 급수구와의 사이의 수량을 그 유효수량으로 한다.

2.2.4 포소화설비용 수조는 다음의 기준에 따라 설치해야 한다.

2.2.4.1 점검에 편리한 곳에 설치할 것

2.2.4.2 동결방지조치를 하거나 동결의 우려가 없는 장소에 설치할 것

2.2.4.3 수조의 외측에 수위계를 설치할 것. 다만, 구조상 불가피한 경우에는 수조의 맨홀 등을 통하여 수조 안의 물의 양을 쉽게 확인할 수 있도록 해야 한다.

2.2.4.4 수조의 상단이 바닥보다 높은 때에는 수조의 외측에 고정식 사다리를 설치할 것

2.2.4.5 수조가 실내에 설치된 때에는 그 실내에 조명설비를 설치할 것

2.2.4.6 수조의 밑 부분에는 청소용 배수밸브 또는 배수관을 설치할 것

2.2.4.7 수조 외측의 보기 쉬운 곳에 "포소화설비용 수조"라고 표시한 표지를 할 것. 이 경우 그 수조를 다른 설비와 겸용하는 때에는 그 겸용되는 설비의 이름을 표시한 표지를 함께 해야 한다.

2.2.4.8 소화설비용 펌프의 흡수배관 또는 소화설비의 수직배관과 수조의 접속부분에는 "포소화설비용 배관"이라고 표시한 표지를 할 것. 다만, 수조와 가까운 장소에 소화설비용 펌프가 설치되고 해당 펌프에 2.3.1.14에 따른 표지를 설치한 때에는 그렇지 않다.

2.3 가압송수장치

2.3.1 전동기 또는 내연기관에 따른 펌프를 이용하는 가압송수장치는 다음의 기준에 따라 설치해야 한다. 다만, 가압송수장치의 주펌프는 전동기에 따른 펌프로 설치해야 한다.

2.3.1.1 쉽게 접근할 수 있고 점검하기에 충분한 공간이 있는 장소로서 화재 및 침수 등의 재해로 인한 피해를 받을 우려가 없는 곳에 설치할 것

2.3.1.2 동결방지조치를 하거나 동결의 우려가 없는 장소에 설치할 것. 다만, 포소화설비의 가압송수장치에 보온재를 사용할 경우에는 난연재료 성능 이상의 것으로 해야 한다.

2.3.1.3 소화약제가 변질될 우려가 없는 곳에 설치할 것

2.3.1.4 펌프의 토출량은 포헤드·고정포방출구 또는 이동식 포노즐의 설계압력 또는 노즐의 방사압력의 허용범위 안에서 포수용액을 방출 또는 방사할 수 있는 양 이상이 되도록 할 것

2.3.1.5 펌프는 전용으로 할 것. 다만, 다른 소화설비와 겸용하는 경우 각각의 소화설비의 성능에 지장이 없을 때에는 그렇지 않다.

2.3.1.6 펌프의 양정은 다음의 식 (2.3.1.6)에 따라 산출한 수치 이상이 되도록 할 것

$$H = h_1 + h_2 + h_3 + h_4 \quad \cdots\cdots\cdots\cdots\cdots\cdots\cdots\cdots\cdots\cdots\cdots (2.3.1.6)$$

여기에서 H : 펌프의 양정(m)

h_1 : 방출구의 설계압력 환산수두 또는 노즐 선단의 방사압력 환산수두(m)

h_2 : 배관의 마찰손실수두(m)

h_3 : 낙차(m)

h_4 : 소방용 호스의 마찰손실수두(m)

2.3.1.7 펌프의 토출 측에는 압력계를 체크밸브 이전에 펌프 토출 측 플랜지에서 가까운 곳에 설치하고,

흡입 측에는 연성계 또는 진공계를 설치할 것. 다만, 수원의 수위가 펌프의 위치보다 높거나 수직회전축펌프의 경우에는 연성계 또는 진공계를 설치하지 않을 수 있다.

2.3.1.8 펌프의 성능은 체절운전 시 정격토출압력의 140%를 초과하지 않고, 정격토출량의 150%로 운전 시 정격토출압력의 65% 이상이 되어야 하며, 펌프의 성능을 시험할 수 있는 성능시험배관을 설치할 것. 다만, 충압펌프의 경우에는 그렇지 않다.

2.3.1.9 가압송수장치에는 체절운전 시 수온의 상승을 방지하기 위한 순환배관을 설치할 것. 다만, 충압펌프의 경우에는 그렇지 않다.

2.3.1.10 기동장치로는 기동용수압개폐장치 또는 이와 동등 이상의 성능이 있는 것을 설치하고, 기동용수압개폐장치 중 압력챔버를 사용할 경우 그 용적은 100L 이상의 것으로 할 것

2.3.1.11 수원의 수위가 펌프보다 낮은 위치에 있는 가압송수장치에는 다음의 기준에 따른 물올림장치를 설치할 것

2.3.1.11.1 물올림장치에는 전용의 수조를 설치할 것

2.3.1.11.2 수조의 유효수량은 100L 이상으로 하되, 구경 15mm 이상의 급수배관에 따라 해당 수조에 물이 계속 보급되도록 할 것

2.3.1.12 기동용수압개폐장치를 기동장치로 사용할 경우에는 다음의 기준에 따른 충압펌프를 설치할 것. 다만, 호스릴포소화설비 또는 포소화전설비를 설치한 경우 소화용 급수펌프로 상시 충압이 가능하고 1개의 호스릴포방수구 또는 포소화전방수구를 개방할 때에 급수펌프가 정지되는 시간 없이 지속적으로 작동될 수 있고 다음 2.3.1.12.1의 성능을 갖춘 경우에는 충압펌프를 별도로 설치하지 않을 수 있다.

2.3.1.12.1 펌프의 토출압력은 그 설비의 최고위 일제개방밸브·포소화전 또는 호스릴포방수구의 자연압보다 적어도 0.2MPa이 더 크도록 하거나 가압송수장치의 정격토출압력과 같게 할 것

2.3.1.12.2 펌프의 정격토출량은 정상적인 누설량보다 적어서는 안 되며, 포소화설비가 자동적으로 작동할 수 있도록 충분한 토출량을 유지할 것

2.3.1.13 내연기관을 사용하는 경우에는 제어반에 따라 내연기관의 자동기동 및 수동기동이 가능하고, 상시 충전되어 있는 축전지설비를 갖출 것

2.3.1.14 가압송수장치에는 "포소화설비펌프"라고 표시한 표지를 할 것. 이 경우 그 가압송수장치를 다른 설비와 겸용하는 때에는 그 겸용되는 설비의 이름을 표시한 표지를 함께 해야 한다.

2.3.1.15 가압송수장치가 기동이 된 경우에는 자동으로 정지되지 않도록 할 것. 다만, 충압펌프의 경우에는 그렇지 않다.

2.3.1.16 압축공기포소화설비에 설치되는 펌프의 양정은 0.4MPa 이상이 되어야 한다. 다만, 자동으로 급수장치를 설치한 때에는 전용펌프를 설치하지 않을 수 있다.

2.3.1.17 가압송수장치는 부식 등으로 인한 펌프의 고착을 방지할 수 있도록 다음의 기준에 적합한 것으로 할 것. 다만, 충압펌프는 제외한다.

2.3.1.17.1 임펠러는 청동 또는 스테인리스 등 부식에 강한 재질을 사용할 것

2.3.1.17.2 펌프축은 스테인리스 등 부식에 강한 재질을 사용할 것

2.3.2 고가수조의 자연낙차를 이용한 가압송수장치는 다음의 기준에 따라 설치해야 한다.

2.3.2.1 고가수조의 자연낙차수두(수조의 하단으로부터 최고층에 설치된 포헤드까지의 수직거리를 말한다)는 다음의 식 (2.3.2.1)에 따라 산출한 수치 이상 유지되도록 할 것

$$H = h_1 + h_2 + h_3 \quad \cdots\cdots\cdots\cdots\cdots\cdots\cdots\cdots\cdots\cdots (2.3.2.1)$$

여기에서 H : 필요한 낙차(m)
h_1 : 방출구의 설계압력 환산수두 또는 노즐 선단의 방사압력 환산수두(m)
h_2 : 배관의 마찰손실수두(m)
h_3 : 호스의 마찰손실수두(m)

2.3.2.2 고가수조에는 수위계 · 배수관 · 급수관 · 오버플로우관 및 맨홀을 설치할 것
2.3.3 압력수조를 이용한 가압송수장치는 다음의 기준에 따라 설치해야 한다.
2.3.3.1 압력수조의 압력은 다음의 식 (2.3.3.1)에 따라 산출한 수치 이상 유지되도록 할 것

$$P = p_1 + p_2 + p_3 + p_4 \quad \cdots\cdots\cdots\cdots\cdots\cdots\cdots\cdots\cdots\cdots (2.3.3.1)$$

여기에서 P : 필요한 압력(MPa)
p_1 : 방출구의 설계압력 환산수두 또는 노즐 선단의 방사압력(MPa)
p_2 : 배관의 마찰손실수두압(MPa)
p_3 : 낙차의 환산수두압(MPa)
p_4 : 호스의 마찰손실수두압(MPa)

2.3.3.2 압력수조에는 수위계 · 급수관 · 배수관 · 급기관 · 맨홀 · 압력계 · 안전장치 및 압력저하 방지를 위한 자동식 공기압축기를 설치할 것
2.3.4 가압송수장치에는 포헤드 · 고정방출구 또는 이동식 포노즐의 방사압력이 설계압력 또는 방사압력의 허용범위를 넘지 않도록 감압장치를 설치해야 한다.
2.3.5 가압송수장치는 다음 표 2.3.5에 따른 표준방사량을 방사할 수 있도록 해야 한다.

표 2.3.5 가압송수장치의 표준방사량

구분	표준방사량
포워터스프링클러헤드	75L/min 이상
포헤드 · 고정포방출구 또는 이동식포노즐 · 압축공기포헤드	각 포헤드 · 고정포방출구 또는 이동식포노즐의 설계압력에 따라 방출되는 소화약제의 양

2.3.6 가압수조를 이용한 가압송수장치는 다음의 기준에 따라 설치해야 한다.
2.3.6.1 가압수조의 압력은 2.3.5에 따른 방사량 및 방사압이 20분 이상 유지되도록 할 것
2.3.6.2 가압수조 및 가압원은 「건축법 시행령」 제46조에 따른 방화구획 된 장소에 설치할 것
2.3.6.3 가압수조를 이용한 가압송수장치는 소방청장이 정하여 고시한 「가압수조식가압송수장치의 성능인증 및 제품검사의 기술기준」에 적합한 것으로 설치할 것

2.4 배관 등

2.4.1 배관과 배관이음쇠는 다음의 어느 하나에 해당하는 것 또는 동등 이상의 강도·내식성 및 내열성 등을 국내·외 공인기관으로부터 인정받은 것을 사용해야 하고, 배관용 스테인리스 강관(KS D 3576)의 이음을 용접으로 할 경우에는 텅스텐 불활성 가스 아크 용접(Tungsten Inertgas Arc Welding)방식에 따른다. 다만, 2.4에서 정하지 않은 사항은 「건설기술 진흥법」 제44조제1항의 규정에 따른 "건설기준"에 따른다.

2.4.1.1 배관 내 사용압력이 1.2MPa 미만일 경우에는 다음의 어느 하나에 해당하는 것
 (1) 배관용 탄소 강관(KS D 3507)
 (2) 이음매 없는 구리 및 구리합금관(KS D 5301). 다만, 습식의 배관에 한한다.
 (3) 배관용 스테인리스 강관(KS D 3576) 또는 일반배관용 스테인리스 강관(KS D 3595)
 (4) 덕타일 주철관(KS D 4311)

2.4.1.2 배관 내 사용압력이 1.2MPa 이상일 경우에는 다음의 어느 하나에 해당하는 것
 (1) 압력 배관용 탄소 강관(KS D 3562)
 (2) 배관용 아크용접 탄소강 강관(KS D 3583)

2.4.2 2.3.1에도 불구하고 다음의 어느 하나에 해당하는 장소에는 소방청장이 정하여 고시한 「소방용 합성수지배관의 성능인증 및 제품검사의 기술기준」에 적합한 소방용 합성수지배관으로 설치할 수 있다.

2.4.2.1 배관을 지하에 매설하는 경우

2.4.2.2 다른 부분과 내화구조로 구획된 덕트 또는 피트의 내부에 설치하는 경우

2.4.2.3 천장(상층이 있는 경우에는 상층바닥의 하단을 포함한다. 이하 같다)과 반자를 불연재료 또는 준불연 재료로 설치하고 소화배관 내부에 항상 소화수가 채워진 상태로 설치하는 경우

2.4.3 송액관은 포의 방출 종료 후 배관 안의 액을 배출하기 위하여 적당한 기울기를 유지하도록 하고 그 낮은 부분에 배액밸브를 설치해야 한다.

2.4.4 포워터스프링클러설비 또는 포헤드설비의 가지배관의 배열은 토너먼트방식이 아니어야 하며, 교차배관에서 분기하는 지점을 기점으로 한쪽 가지배관에 설치하는 헤드의 수는 8개 이하로 한다.

2.4.5 송액관은 전용으로 해야 한다. 다만, 포소화전의 기동장치의 조작과 동시에 다른 설비의 용도에 사용하는 배관의 송수를 차단할 수 있거나, 포소화설비의 성능에 지장이 없는 경우에는 다른 설비와 겸용할 수 있다.

2.4.6 펌프의 흡입 측 배관은 다음의 기준에 따라 설치해야 한다.

2.4.6.1 공기 고임이 생기지 않는 구조로 하고 여과장치를 설치할 것

2.4.6.2 수조가 펌프보다 낮게 설치된 경우에는 각 펌프(충압펌프를 포함한다)마다 수조로부터 별도로 설치할 것

2.4.7 〈삭제 2024.7.1.〉

2.4.8 펌프의 성능시험배관은 다음의 기준에 적합하도록 설치해야 한다.

2.4.8.1 성능시험배관은 펌프의 토출 측에 설치된 개폐밸브 이전에서 분기하여 직선으로 설치하고, 유량측정장치를 기준으로 전단 직관부에는 개폐밸브를 후단 직관부에는 유량조절밸브를 설치할

것. 이 경우 개폐밸브와 유량측정장치 사이의 직관부 거리 및 유량측정장치와 유량조절밸브 사이의 직관부 거리는 해당 유량측정장치 제조사의 설치사양에 따르고, 성능시험배관의 호칭지름은 유량측정장치의 호칭지름에 따른다.

2.4.8.2 유량측정장치는 펌프의 정격토출량의 175% 이상 측정할 수 있는 성능이 있을 것

2.4.9 가압송수장치의 체절운전 시 수온의 상승을 방지하기 위하여 체크밸브와 펌프 사이에서 분기한 구경 20mm 이상의 배관에 체절압력 미만에서 개방되는 릴리프밸브를 설치할 것

2.4.10 배관은 동결방지조치를 하거나 동결의 우려가 없는 장소에 설치해야 한다. 다만, 보온재를 사용할 경우에는 난연재료 성능 이상의 것으로 해야 한다.

2.4.11 급수배관에 설치되어 급수를 차단할 수 있는 개폐밸브(포헤드·고정포방출구 또는 이동식 포노즐은 제외한다)는 개폐표시형으로 해야 한다. 이 경우 펌프의 흡입 측 배관에는 버터플라이밸브 외의 개폐표시형밸브를 설치해야 한다.

2.4.12 2.4.11에 따른 개폐밸브에는 그 밸브의 개폐상태를 감시제어반에서 확인할 수 있도록 급수개폐밸브 작동표시 스위치를 다음의 기준에 따라 설치해야 한다.

2.4.12.1 급수개폐밸브가 잠길 경우 탬퍼스위치의 동작으로 인하여 감시제어반 또는 수신기에 표시되어야 하며 경보음을 발할 것

2.4.12.2 탬퍼스위치는 감시제어반 또는 수신기에서 동작의 유무 확인과 동작시험, 도통시험을 할 수 있을 것

2.4.12.3 급수개폐밸브의 작동표시 스위치에 사용되는 전기배선은 내화전선 또는 내열전선으로 설치할 것

2.4.13 배관은 다른 설비의 배관과 쉽게 구분이 될 수 있는 위치에 설치하거나, 그 배관표면 또는 배관 보온재표면의 색상은 「한국산업표준(배관계의 식별 표시, KS A 0503)」 또는 적색으로 식별이 가능하도록 소방용설비의 배관임을 표시해야 한다.

2.4.14 포소화설비에는 소방차로부터 그 설비에 송수할 수 있는 송수구를 다음의 기준에 따라 설치해야 한다.

2.4.14.1 송수구는 화재 층으로부터 지면으로 떨어지는 유리창 등이 송수 및 그 밖의 소화작업에 지장을 주지 않는 장소에 설치할 것

2.4.14.2 송수구로부터 포소화설비의 주배관에 이르는 연결배관에 개폐밸브를 설치한 때에는 그 개폐상태를 쉽게 확인 및 조작할 수 있는 옥외 또는 기계실 등의 장소에 설치할 것

2.4.14.3 송수구는 구경 65mm의 쌍구형으로 할 것

2.4.14.4 송수구에는 그 가까운 곳의 보기 쉬운 곳에 송수압력범위를 표시한 표지를 할 것

2.4.14.5 송수구는 하나의 층의 바닥면적이 3,000m²를 넘을 때마다 1개 이상(5개를 넘을 경우에는 5개로 한다)을 설치할 것

2.4.14.6 지면으로부터 높이가 0.5m 이상 1m 이하의 위치에 설치할 것

2.4.14.7 송수구의 부근에는 자동배수밸브(또는 직경 5mm의 배수공) 및 체크밸브를 설치할 것. 이 경우 자동배수밸브는 배관 안의 물이 잘 빠질 수 있는 위치에 설치하되, 배수로 인하여 다른 물건이나 장소에 피해를 주지 않아야 한다.

2.4.14.8 송수구에는 이물질을 막기 위한 마개를 씌울 것

2.4.14.9 압축공기포소화설비를 스프링클러 보조설비로 설치하거나 압축공기포 소화설비에 자동으로 급수되는 장치를 설치한 때에는 송수구 설치를 설치하지 않을 수 있다.

2.4.15 압축공기포소화설비의 배관은 토너먼트방식으로 해야 하고 소화약제가 균일하게 방출되는 등 거리 배관구조로 설치해야 한다.

2.4.16 확관형 분기배관을 사용할 경우에는 소방청장이 정하여 고시한 「분기배관의 성능인증 및 제품검사의 기술기준」에 적합한 것으로 설치해야 한다.

2.5 저장탱크 등

2.5.1 포 소화약제의 저장탱크(용기를 포함한다. 이하 같다)는 다음의 기준에 따라 설치하고, 2.6에 따른 혼합장치와 배관 등으로 연결해야 한다.

2.5.1.1 화재 등의 재해로 인한 피해를 받을 우려가 없는 장소에 설치할 것

2.5.1.2 기온의 변동으로 포의 발생에 장애를 주지 않는 장소에 설치할 것. 다만, 기온의 변동에 영향을 받지 않는 포 소화약제의 경우에는 그렇지 않다.

2.5.1.3 포 소화약제가 변질될 우려가 없고 점검에 편리한 장소에 설치할 것

2.5.1.4 가압송수장치 또는 포 소화약제 혼합장치의 기동에 따라 압력이 가해지는 것 또는 상시 가압된 상태로 사용되는 것은 압력계를 설치할 것

2.5.1.5 포 소화약제 저장량의 확인이 쉽도록 액면계 또는 계량봉 등을 설치할 것

2.5.1.6 가압식이 아닌 저장탱크는 글라스게이지를 설치하여 액량을 측정할 수 있는 구조로 할 것

2.5.2 포 소화약제의 저장량은 다음의 기준에 따른다.

2.5.2.1 고정포방출구 방식은 다음의 양을 합한 양 이상으로 할 것

2.5.2.1.1 고정포방출구에서 방출하기 위하여 필요한 양

$$Q = A \times Q_1 \times T \times S \quad \cdots\cdots\cdots\cdots\cdots\cdots\cdots\cdots\cdots (2.5.2.1.1)$$

여기에서 Q : 포소화약제의 양(L)
A : 저장탱크의 액표면적(m^2)
Q_1 : 단위 포소화수용액의 양($L/m^2 \cdot min$)
T : 방출시간(min)
S : 포소화약제의 사용농도(%)

2.5.2.1.2 보조 소화전에서 방출하기 위하여 필요한 양

$$Q = N \times S \times 8,000L \quad \cdots\cdots\cdots\cdots\cdots\cdots\cdots\cdots\cdots (2.5.2.1.2)$$

여기에서 Q : 포소화약제의 양(L)
N : 호스 접결구 개수(3개 이상인 경우는 3개)
S : 포소화약제의 사용농도(%)

2.5.2.1.3 가장 먼 탱크까지의 송액관(내경 75mm 이하의 송액관을 제외한다)에 충전하기 위하여 필요한 양

$$Q = V \times S \times 1{,}000 \text{L/m}^3 \quad \cdots\cdots\cdots\cdots\cdots\cdots\cdots\cdots\cdots\cdots\cdots (2.5.2.1.3)$$

여기에서 Q : 포소화약제의 양(L)
V : 송액관 내부의 체적(m³)
S : 포소화약제의 사용농도(%)

2.5.2.2 옥내포소화전방식 또는 호스릴방식에 있어서는 다음의 식에 따라 산출한 양 이상으로 할 것. 다만, 바닥면적이 200m² 미만인 건축물에 있어서는 75%로 할 수 있다.

$$Q = N \times S \times 6{,}000 \text{L} \quad \cdots\cdots\cdots\cdots\cdots\cdots\cdots\cdots\cdots\cdots\cdots\cdots (2.5.2.2)$$

여기에서 Q : 포소화약제의 양(L)
N : 호스 접결구 개수(5개 이상인 경우는 5개)
S : 포소화약제의 사용농도(%)

2.5.2.3 포헤드방식 및 압축공기포소화설비에 있어서는 하나의 방사구역 안에 설치된 포헤드를 동시에 개방하여 표준방사량으로 10분간 방사할 수 있는 양 이상으로 할 것

2.6 혼합장치

2.6.1 포 소화약제의 혼합장치는 포 소화약제의 사용농도에 적합한 수용액으로 혼합할 수 있도록 다음 어느 하나에 해당하는 방식에 따르되, 법 제40조에 따라 제품검사에 합격한 것으로 설치해야 한다.
(1) 펌프 프로포셔너방식
(2) 프레셔 프로포셔너방식
(3) 라인 프로포셔너방식
(4) 프레셔 사이드 프로포셔너방식
(5) 압축공기포 믹싱챔버방식

2.7 개방밸브

2.7.1 포소화설비의 개방밸브는 다음의 기준에 따라 설치해야 한다.
2.7.1.1 자동 개방밸브는 화재감지장치기의 작동에 따라 자동으로 개방되는 것으로 할 것
2.7.1.2 수동식 개방밸브는 화재 시 쉽게 접근할 수 있는 곳에 설치할 것

2.8 기동장치

2.8.1 포소화설비의 수동식 기동장치는 다음의 기준에 따라 설치해야 한다.
2.8.1.1 직접조작 또는 원격조작에 따라 가압송수장치·수동식개방밸브 및 소화약제 혼합장치를 기동할 수 있는 것으로 할 것
2.8.1.2 2 이상의 방사구역을 가진 포소화설비에는 방사구역을 선택할 수 있는 구조로 할 것
2.8.1.3 기동장치의 조작부는 화재 시 쉽게 접근할 수 있는 곳에 설치하되, 바닥으로부터 0.8m 이상 1.5m 이하의 위치에 설치하고, 유효한 보호장치를 설치할 것

2.8.1.4 기동장치의 조작부 및 호스 접결구에는 가까운 곳의 보기 쉬운 곳에 각각 "기동장치의 조작부" 및 "접결구"라고 표시한 표지를 설치할 것

2.8.1.5 차고 또는 주차장에 설치하는 포소화설비의 수동식 기동장치는 방사구역마다 1개 이상 설치할 것

2.8.1.6 항공기격납고에 설치하는 포소화설비의 수동식 기동장치는 각 방사구역마다 2개 이상을 설치하되, 그중 1개는 각 방사구역으로부터 가장 가까운 곳 또는 조작에 편리한 장소에 설치하고, 1개는 화재감지기의 수신기를 설치한 감시실 등에 설치할 것

2.8.2 포소화설비의 자동식 기동장치는 화재감지기의 작동 또는 폐쇄형스프링클러헤드의 개방과 연동하여 가압송수장치·일제개방밸브 및 포 소화약제 혼합장치를 기동시킬 수 있도록 다음의 기준에 따라 설치해야 한다. 다만, 자동화재탐지설비의 수신기가 설치되어 있고, 수신기가 설치된 장소에 상시 사람이 근무하고 있으며, 화재 시 즉시 해당 조작부를 작동시킬 수 있는 경우에는 그렇지 않다.

2.8.2.1 폐쇄형스프링클러헤드를 사용하는 경우에는 다음의 기준에 따를 것

2.8.2.1.1 표시온도가 79℃ 미만인 것을 사용하고, 1개의 스프링클러헤드의 경계면적은 20m² 이하로 할 것

2.8.2.1.2 부착면의 높이는 바닥으로부터 5m 이하로 하고, 화재를 유효하게 감지할 수 있도록 할 것

2.8.2.1.3 하나의 감지장치 경계구역은 하나의 층이 되도록 할 것

2.8.2.2 화재감지기를 사용하는 경우에는 다음의 기준에 따를 것

2.8.2.2.1 화재감지기는 「자동화재탐지설비 및 시각경보장치의 화재안전기술기준(NFTC 203)」 2.4(감지기)의 기준에 따라 설치할 것

2.8.2.2.2 화재감지기 회로에는 다음의 기준에 따른 발신기를 설치할 것

(1) 조작이 쉬운 장소에 설치하고, 스위치는 바닥으로부터 0.8m 이상 1.5m 이하의 높이에 설치할 것

(2) 특정소방대상물의 층마다 설치하되, 해당 특정소방대상물의 각 부분으로부터 수평거리가 25m 이하가 되도록 할 것. 다만, 복도 또는 별도로 구획된 실로서 보행거리가 40m 이상일 경우에는 추가로 설치해야 한다.

(3) 발신기의 위치를 표시하는 표시등은 함의 상부에 설치하되, 그 불빛은 부착 면으로부터 15° 이상의 범위 안에서 부착지점으로부터 10m 이내의 어느 곳에서도 쉽게 식별할 수 있는 적색등으로 할 것

2.8.2.3 동결의 우려가 있는 장소의 포소화설비의 자동식 기동장치는 자동화재탐지설비와 연동되도록 할 것

2.8.3 포소화설비의 기동장치에 설치하는 자동경보장치는 다음의 기준에 따라 설치해야 한다. 다만, 자동화재탐지설비에 따라 경보를 발할 수 있는 경우에는 음향경보장치를 설치하지 않을 수 있다.

2.8.3.1 방사구역마다 일제개방밸브와 그 일제개방밸브의 작동여부를 발신하는 발신부를 설치할 것. 이 경우 각 일제개방밸브에 설치되는 발신부 대신 1개 층에 1개의 유수검지장치를 설치할 수 있다.

2.8.3.2 상시 사람이 근무하고 있는 장소에 수신기를 설치하되, 수신기에는 폐쇄형스프링클러헤드의 개방 또는 감지기의 작동여부를 알 수 있는 표시장치를 설치할 것

2.8.3.3 하나의 소방대상물에 2 이상의 수신기를 설치하는 경우에는 수신기가 설치된 장소 상호간에 동시 통화가 가능한 설비를 할 것

2.9 포헤드 및 고정포방출구

2.9.1 포헤드(포워터스프링클러헤드·포헤드를 말한다. 이하 같다) 및 고정포방출구는 포의 팽창비율에 따라 다음 표 2.9.1에 따른 것으로 해야 한다.

표 2.9.1 팽창비율에 따른 포 및 포방출구의 종류

팽창비율에 따른 포의 종류	포방출구의 종류
팽창비가 20 이하인 것(저발포)	포헤드, 압축공기포헤드
팽창비가 80 이상 1,000 미만인 것(고발포)	고발포용 고정포방출구

2.9.2 포헤드는 다음의 기준에 따라 설치해야 한다.

2.9.2.1 포워터스프링클러헤드는 특정소방대상물의 천장 또는 반자에 설치하되, 바닥면적 8m²마다 1개 이상으로 하여 해당 방호대상물의 화재를 유효하게 소화할 수 있도록 할 것

2.9.2.2 포헤드는 특정소방대상물의 천장 또는 반자에 설치하되, 바닥면적 9m²마다 1개 이상으로 하여 해당 방호대상물의 화재를 유효하게 소화할 수 있도록 할 것

2.9.2.3 포헤드는 특정소방대상물별로 그에 사용되는 포 소화약제에 따라 1분당 방사량이 다음 표 2.9.2.3에 따른 양 이상이 되는 것으로 할 것

표 2.9.2.3 소방대상물 및 포소화약제의 종류에 따른 포헤드의 방사량(m²/min)

소방대상물	포소화약제의 종류	바닥면적 1m²당 방사량
차고·주차장 및 항공기격납고	단백포소화약제	6.5L 이상
	합성계면활성제포소화약제	8.0L 이상
	수성막포소화약제	3.7L 이상
「화재의 예방 및 안전관리에 관한 법률 시행령」 별표 2의 특수가연물을 저장·취급하는 소방대상물	단백포소화약제	6.5L 이상
	합성계면활성제포소화약제	6.5L 이상
	수성막포소화약제	6.5L 이상

2.9.2.4 특정소방대상물의 보가 있는 부분의 포헤드는 다음 표 2.9.2.4의 기준에 따라 설치할 것

표 2.9.2.4 포헤드와 보의 하단 수직거리 및 수평거리

포헤드와 보의 하단의 수직거리	포헤드와 보의 수평거리
0m	0.75m 미만
0.1m 미만	0.75m 이상 1m 미만
0.1m 이상 0.15m 미만	1m 이상 1.5m 미만
0.15m 이상 0.3m 미만	1.5m 이상

2.9.2.5 포헤드 상호간에는 다음의 기준에 따른 거리를 두도록 할 것

2.9.2.5.1 정방형으로 배치한 경우에는 다음의 식 (2.9.2.5.1)에 따라 산정한 수치 이하가 되도록 할 것

$$S = 2 \times r \times \cos 45° \quad \cdots \quad (2.9.2.5.1)$$

여기에서 S : 포헤드 상호 간의 거리(m)

r : 유효반경(2.1m)

2.9.2.5.2 장방형으로 배치한 경우에는 그 대각선의 길이가 다음의 식 (2.9.2.5.2)에 따라 산정한 수치 이하가 되도록 할 것

$$p_t = 2 \times r \quad \cdots \quad (2.9.2.5.2)$$

여기에서 p_t : 대각선의 길이(m)

r : 유효반경(2.1m)

2.9.2.6 포헤드와 벽 방호구역의 경계선과는 2.9.2.5에 따른 거리의 2분의 1 이하의 거리를 둘 것

2.9.2.7 압축공기포소화설비의 분사헤드는 천장 또는 반자에 설치하되 방호대상물에 따라 측벽에 설치할 수 있으며 유류탱크 주위에는 바닥면적 13.9m²마다 1개 이상, 특수가연물저장소에는 바닥면적 9.3m²마다 1개 이상으로 당해 방호대상물의 화재를 유효하게 소화할 수 있도록 할 것

표 2.9.2.7 방호대상물별 압축공기포 분사헤드의 방출량(m²/min)

방호대상물	방호면적 1m²에 대한 1분당 방출량
특수가연물	2.3L
기타의 것	1.63L

2.9.3 차고·주차장에 설치하는 호스릴포소화설비 또는 포소화전설비는 다음의 기준에 따라야 한다.

2.9.3.1 특정소방대상물의 어느 층에 있어서도 그 층에 설치된 호스릴포방수구 또는 포소화전방수구(호스릴포방수구 또는 포소화전방수구가 5개 이상 설치된 경우에는 5개)를 동시에 사용할 경우 각 이동식 포노즐 선단의 포수용액 방사압력이 0.35MPa 이상이고 300L/min 이상(1개 층의 바닥면적이 200m² 이하인 경우에는 230L/min 이상)의 포수용액을 수평거리 15m 이상으로 방사할 수 있도록 할 것

2.9.3.2 저발포의 포소화약제를 사용할 수 있는 것으로 할 것

2.9.3.3 호스릴 또는 호스를 호스릴포방수구 또는 포소화전방수구로 분리하여 비치하는 때에는 그로부터 3m 이내의 거리에 호스릴함 또는 호스함을 설치할 것

2.9.3.4 호스릴함 또는 호스함은 바닥으로부터 높이 1.5m 이하의 위치에 설치하고 그 표면에는 "포호스릴함(또는 포소화전함)"이라고 표시한 표지와 적색의 위치표시등을 설치할 것

2.9.3.5 방호대상물의 각 부분으로부터 하나의 호스릴포방수구까지의 수평거리는 15m 이하(포소화전방수구의 경우에는 25m 이하)가 되도록 하고 호스릴 또는 호스의 길이는 방호대상물의 각 부분에 포가 유효하게 뿌려질 수 있도록 할 것

2.9.4 고발포용포방출구는 다음의 기준에 따라 설치해야 한다.

2.9.4.1 전역방출방식의 고발포용 고정포방출구는 다음의 기준에 따를 것

2.9.4.1.1 개구부에 자동폐쇄장치(「건축법 시행령」 제64조제1항에 따른 방화문 또는 불연재료로 된 문으로 포수용액이 방출되기 직전에 개구부가 자동적으로 폐쇄될 수 있는 장치를 말한다)를 설치할 것. 다만, 해당 방호구역에서 외부로 새는 양 이상의 포수용액을 유효하게 추가하여 방출하는 설비가 있는 경우에는 그렇지 않다.

2.9.4.1.2 고정포방출구(포발생기가 분리되어 있는 것은 해당 포발생기를 포함한다)는 특정소방대상물 및 포의 팽창비에 따른 종별에 따라 해당 방호구역의 관포체적(해당 바닥 면으로부터 방호대상물의 높이보다 0.5m 높은 위치까지의 체적을 말한다) 1m^3에 대하여 1분당 방출량이 다음 표 2.9.4.1.2에 따른 양 이상이 되도록 할 것

표 2.9.4.1.2 소방대상물 및 포의 팽창비에 따른 고정포방출구의 방출량(m^3/min)

소방대상물	포의 팽창비	1m^3에 대한 분당포수용액 방출량
항공기격납고	팽창비 80 이상 250 미만의 것	2.00L
	팽창비 250 이상 500 미만의 것	0.50L
	팽창비 500 이상 1,000 미만의 것	0.29L
차고 또는 주차장	팽창비 80 이상 250 미만의 것	1.11L
	팽창비 250 이상 500 미만의 것	0.28L
	팽창비 500 이상 1,000 미만의 것	0.16L
특수가연물을 저장 또는 취급하는 소방 대상물	팽창비 80 이상 250 미만의 것	1.25L
	팽창비 250 이상 500 미만의 것	0.31L
	팽창비 500 이상 1,000 미만의 것	0.18L

2.9.4.1.3 고정포방출구는 바닥면적 500m^2마다 1개 이상으로 하여 방호대상물의 화재를 유효하게 소화할 수 있도록 할 것

2.9.4.1.4 고정포방출구는 방호대상물의 최고부분보다 높은 위치에 설치할 것. 다만, 밀어올리는 능력을 가진 것은 방호대상물과 같은 높이로 할 수 있다.

2.9.4.2 국소방출방식의 고발포용고정포방출구는 다음의 기준에 따를 것

2.9.4.2.1 방호대상물이 서로 인접하여 불이 쉽게 붙을 우려가 있는 경우에는 불이 옮겨붙을 우려가 있는 범위 내의 방호대상물을 하나의 방호대상물로 하여 설치할 것

2.9.4.2.2 고정포방출구(포발생기가 분리되어 있는 것에 있어서는 해당 포발생기를 포함한다)는 방호대상물의 구분에 따라 당해 방호대상물의 높이의 3배(1m 미만의 경우에는 1m)의 거리를 수평으로 연장한 선으로 둘러 쌓인 부분의 면적 1m2에 대하여 1분당 방출량이 다음 표 2.9.4.2.2에 따른 양 이상이 되도록 할 것

표 2.9.4.2.2 방호대상물별 고정포방출구의 방출량(m^2/min)

방호대상물	방호면적 1m^{2}에 대한 1분당 방출량
특수가연물	3L
기타의 것	2L

2.10 전원

2.10.1 포소화설비에는 그 특정소방대상물의 수전방식에 따라 다음의 기준에 따른 상용전원회로의 배선을 설치해야 한다. 다만, 가압수조방식으로서 모든 기능이 20분 이상 유효하게 지속될 수 있는 경우에는 그렇지 않다.

2.10.1.1 저압수전인 경우에는 인입개폐기의 직후에서 분기하여 전용배선으로 해야 하며, 전용의 전선관에 보호되도록 할 것

2.10.1.2 특별고압수전 또는 고압수전일 경우에는 전력용 변압기 2차 측의 주차단기 1차 측에서 분기하여 전용배선으로 하되, 상용전원의 상시공급에 지장이 없을 경우에는 주차단기 2차 측에서 분기하여 전용배선으로 할 것. 다만, 가압송수장치의 정격입력전압이 수전전압과 같은 경우에는 2.10.1.1의 기준에 따른다.

2.10.2 포소화설비에는 자가발전설비, 축전지설비(내연기관에 따른 펌프를 설치한 경우에는 내연기관의 기동 및 제어용축전지를 말한다. 이하 같다) 또는 전기저장장치(외부 전기에너지를 저장해 두었다가 필요한 때 전기를 공급하는 장치. 이하 같다)에 따른 비상전원을 설치하되, 다음 각 기준의 어느 하나에 해당하는 경우에는 비상전원수전설비로 설치할 수 있다. 다만, 2 이상의 변전소(「전기사업법」제67조에 따른 변전소를 말한다. 이하 같다)로부터 동시에 전력을 공급받을 수 있거나 하나의 변전소로부터 전력의 공급이 중단되는 때에는 자동으로 다른 변전소로부터 전력을 공급받을 수 있도록 상용전원을 설치한 경우와 가압수조방식에는 비상전원을 설치하지 않을 수 있다.

2.10.2.1 2.1.1.2단서에 따라 호스릴포소화설비 또는 포소화전만을 설치한 차고 · 주차장

2.10.2.2 포헤드설비 또는 고정포방출설비가 설치된 부분의 바닥면적(스프링클러설비가 설치된 차고 · 주차장의 바닥면적을 포함한다)의 합계가 1,000m^2 미만인 것

2.10.3 2.10.2에 따른 비상전원 중 자가발전설비, 축전지설비 또는 전기저장장치는 다음 각 기준에 따라 설치하고, 비상전원수전설비는 「소방시설용 비상전원수전설비의 화재안전기술기준(NFTC 602)」에 따라 설치해야 한다.

2.10.3.1 점검에 편리하고 화재 및 침수 등의 재해로 인한 피해를 받을 우려가 없는 곳에 설치할 것

2.10.3.2 포소화설비를 유효하게 20분 이상 작동할 수 있어야 할 것

2.10.3.3 상용전원으로부터 전력의 공급이 중단된 때에는 자동으로 비상전원으로부터 전력을 공급받을 수 있도록 할 것

2.10.3.4 비상전원(내연기관의 기동 및 제어용 축전기를 제외한다)의 설치장소는 다른 장소와 방화구획할 것. 이 경우 그 장소에는 비상전원의 공급에 필요한 기구나 설비 외의 것(열병합발전설비에 필요한 기구나 설비는 제외한다)을 두어서는 안 된다.

2.10.3.5 비상전원을 실내에 설치하는 때에는 그 실내에 비상조명등을 설치할 것

2.11 제어반

2.11.1 포소화설비에는 제어반을 설치하되, 감시제어반과 동력제어반으로 구분하여 설치해야 한다. 다만, 다음의 어느 하나에 해당하는 경우에는 감시제어반과 동력제어반으로 구분하여 설치하지 않을 수 있다.

2.11.1.1 다음의 어느 하나에 해당하지 않는 특정소방대상물에 설치되는 경우

2.11.1.1.1 지하층을 제외한 층수가 7층 이상으로서 연면적이 2,000㎡ 이상인 것

2.11.1.1.2 2.11.1.1.1에 해당하지 않는 특정소방대상물로서 지하층의 바닥면적 합계가 3,000㎡ 이상인 것. 다만, 차고·주차장 또는 보일러실·기계실·전기실 등 이와 유사한 장소의 면적은 제외한다.

2.11.1.2 내연기관에 따른 가압송수장치를 사용하는 경우

2.11.1.3 고가수조에 따른 가압송수장치를 사용하는 경우

2.11.1.4 가압수조에 따른 가압송수장치를 사용하는 경우

2.11.2 감시제어반의 기능은 다음의 기준에 적합해야 한다. 다만, 2.11.1의 단서에 따른 각 기준의 어느 하나에 해당하는 경우에는 2.11.2.3과 2.11.2.6을 적용하지 않는다.

2.11.2.1 각 펌프의 작동여부를 확인할 수 있는 표시등 및 음향경보기능이 있어야 할 것

2.11.2.2 각 펌프를 자동 및 수동으로 작동시키거나 중단시킬 수 있어야 할 것

2.11.2.3 비상전원을 설치한 경우에는 상용전원 및 비상전원의 공급여부를 확인할 수 있어야 할 것

2.11.2.4 수조 또는 물올림수조가 저수위로 될 때 표시등 및 음향으로 경보할 것

2.11.2.5 다음의 각 확인회로마다 도통시험 및 작동시험을 할 수 있도록 할 것

    (1) 기동용수압개폐장치의 압력스위치회로

    (2) 수조 또는 물올림수조의 저수위감시회로

    (3) 2.4.12에 따른 개폐밸브의 폐쇄상태 확인회로

    (4) 그 밖의 이와 비슷한 회로

2.11.2.6 예비전원이 확보되고 예비전원의 적합여부를 시험할 수 있어야 할 것

2.11.3 감시제어반은 다음의 기준에 따라 설치해야 한다.

2.11.3.1 화재 및 침수 등의 재해로 인한 피해를 받을 우려가 없는 곳에 설치할 것

2.11.3.2 감시제어반은 포소화설비의 전용으로 할 것. 다만, 포소화설비의 제어에 지장이 없는 경우에

는 다른 설비와 겸용할 수 있다.

2.11.3.3 감시제어반은 다음의 기준에 따른 전용실 안에 설치할 것. 다만, 2.11.1의 단서에 따른 각 기준의 어느 하나에 해당하는 경우와 공장, 발전소 등에서 설비를 집중 제어·운전할 목적으로 설치하는 중앙제어실 내에 감시제어반을 설치하는 경우에는 그렇지 않다.

2.11.3.3.1 다른 부분과 방화구획을 할 것. 이 경우 전용실의 벽에는 기계실 또는 전기실 등의 감시를 위하여 두께 7mm 이상의 망입유리(두께 16.3mm 이상의 접합유리 또는 두께 28mm 이상의 복층유리를 포함한다)로 된 4m2 미만의 붙박이창을 설치할 수 있다.

2.11.3.3.2 피난층 또는 지하 1층에 설치할 것. 다만, 다음의 어느 하나에 해당하는 경우에는 지상 2층에 설치하거나 지하 1층 외의 지하층에 설치할 수 있다.

 (1) 「건축법 시행령」 제35조에 따라 특별피난계단이 설치되고 그 계단(부속실을 포함한다) 출입구로부터 보행거리 5m 이내에 전용실의 출입구가 있는 경우

 (2) 아파트의 관리동(관리동이 없는 경우에는 경비실)에 설치하는 경우

2.11.3.3.3 비상조명등 및 급·배기설비를 설치할 것

2.11.3.3.4 「무선통신보조설비의 화재안전기술기준(NFTC 505)」 2.2.3에 따라 유효하게 통신이 가능할 것(영 별표 4의 제5호마목에 따른 무선통신보조설비가 설치된 특정소방대상물에 한한다)

2.11.3.3.5 바닥면적은 감시제어반의 설치에 필요한 면적 외에 화재 시 소방대원이 그 감시제어반의 조작에 필요한 최소면적 이상으로 할 것

2.11.3.4 2.11.3.3에 따른 전용실에는 특정소방대상물의 기계·기구 또는 시설 등의 제어 및 감시설비 외의 것을 두지 않을 것

2.11.4 동력제어반은 다음의 기준에 따라 설치해야 한다.

2.11.4.1 앞면은 적색으로 하고 "포소화설비용 동력제어반"이라고 표시한 표지를 설치할 것

2.11.4.2 외함은 두께 1.5mm 이상의 강판 또는 이와 동등 이상의 강도 및 내열성능이 있는 것으로 할 것

2.11.4.3 그 밖의 동력제어반의 설치에 관하여는 2.11.3.1 및 2.11.3.2의 기준을 준용할 것

2.12 배선 등

2.12.1 포소화설비의 배선은 「전기사업법」 제67조에 따른 「전기설비기술기준」에서 정한 것 외에 다음의 기준에 따라 설치해야 한다.

2.12.1.1 비상전원을 설치한 경우에는 비상전원으로부터 동력제어반 및 가압송수장치에 이르는 전원회로의 배선은 내화배선으로 할 것. 다만, 자가발전설비와 동력제어반이 동일한 실에 설치된 경우에는 자가발전기로부터 그 제어반에 이르는 전원회로의 배선은 그렇지 않다.

2.12.1.2 상용전원으로부터 동력제어반에 이르는 배선, 그 밖의 포소화설비의 감시·조작 또는 표시등회로의 배선은 내화배선 또는 내열배선으로 할 것. 다만, 감시제어반 또는 동력제어반 안의 감시·조작 또는 표시등회로의 배선은 그렇지 않다.

2.12.2 2.12.1에 따른 내화배선 및 내열배선에 사용되는 전선의 종류 및 설치방법은 「옥내소화전설비의 화재안전기술기준(NFTC 102)」 2.7.2의 표 2.7.2(1) 및 표 2.7.2(2)의 기준에 따른다.

2.12.3 포소화설비의 과전류차단기 및 개폐기에는 "포소화설비용 과전류차단기 또는 개폐기"라고 표시한 표지를 해야 한다.

2.12.4 포소화설비용 전기배선의 양단 및 접속단자에는 다음의 기준에 따라 표지해야 한다.

2.12.4.1 단자에는 "포소화설비단자"라고 표시한 표지를 부착할 것

2.12.4.2 소화설비용 전기배선의 양단에는 다른 배선과 식별이 용이하도록 표시할 것

2.13 수원 및 가압송수장치의 펌프 등의 겸용

2.13.1 포소화설비의 수원을 옥내소화전설비·스프링클러설비·간이스프링클러설비·화재조기진압용 스프링클러설비·물분무소화설비 및 옥외소화전설비의 수원을 겸용하여 설치하는 경우의 저수량은 각 소화설비에 필요한 저수량을 합한 양 이상이 되도록 해야 한다. 다만, 이들 소화설비 중 고정식 소화설비(펌프·배관과 소화수 또는 소화약제를 최종 방출하는 방출구가 고정된 설비를 말한다. 이하 같다)가 둘 이상 설치되어 있고, 그 소화설비가 설치된 부분이 방화벽과 방화문으로 구획되어 있는 경우에는 각 고정식 소화설비에 필요한 저수량 중 최대의 것 이상으로 할 수 있다.

2.13.2 포소화설비의 가압송수장치로 사용하는 펌프를 옥내소화전설비·스프링클러설비·간이스프링클러설비·화재조기진압용 스프링클러설비·물분무소화설비 및 옥외소화전설비의 가압송수장치와 겸용하여 설치하는 경우의 펌프의 토출량은 각 소화설비에 해당하는 토출량을 합한 양 이상이 되도록 해야 한다. 다만, 이들 소화설비 중 고정식 소화설비가 둘 이상 설치되어 있고, 그 소화설비가 설치된 부분이 방화벽과 방화문으로 구획되어 있으며 각 소화설비에 지장이 없는 경우에는 펌프의 토출량 중 최대의 것 이상으로 할 수 있다.

2.13.3 옥내소화전설비·스프링클러설비·간이스프링클러설비·화재조기진압용 스프링클러설비·물분무소화설비·포소화설비 및 옥외소화전설비의 가압송수장치에 있어서 각 토출 측 배관과 일반급수용의 가압송수장치의 토출 측 배관을 상호 연결하여 화재 시 사용할 수 있다. 이 경우 연결 배관에는 개폐표시형밸브를 설치해야 하며, 각 소화설비의 성능에 지장이 없도록 해야 한다.

2.13.4 포소화설비의 송수구를 옥내소화전설비·스프링클러설비·간이스프링클러설비·화재조기진압용 스프링클러설비·물분무소화설비 또는 연결살수설비의 송수구와 겸용으로 설치하는 경우에는 스프링클러설비의 송수구의 설치기준에 따르되 각각의 소화설비의 기능에 지장이 없도록 해야 한다. 〈개정 2024.7.1.〉

CHAPTER 37 피난기구의 화재안전성능기준 (NFPC 301)

[시행 2024. 1. 1.] [소방청고시 제2023-40호, 2023. 10. 13., 타법개정]

제1조(목적)
이 기준은 「소방시설 설치 및 관리에 관한 법률」(이하 "법"이라 한다) 제2조제1항제6호가목에 따라 소방청장에게 위임한 사항 중 피난구조설비인 피난기구의 성능기준을 규정함을 목적으로 한다.

제2조(적용범위)
이 기준은 「소방시설 설치 및 관리에 관한 법률 시행령」(이하 "영"이라 한다) 별표 4 제3호가목 및 「다중이용업소의 안전관리에 관한 특별법 시행령」 별표 1 제1호다목1)에 따른 피난기구의 설치 및 관리에 대해 적용한다.

제3조(피난기구의 종류)
영 제3조에 따른 별표 1 제3호가목5)에서 "그 밖에 화재안전기준으로 정하는 것"이란 미끄럼대·피난교·피난용트랩·간이완강기·공기안전매트·다수인 피난장비·승강식 피난기 등을 말한다.

제4조(정의)
이 기준에서 사용하는 용어의 정의는 다음과 같다.
1. "완강기"란 사용자의 몸무게에 따라 자동적으로 내려올 수 있는 기구 중 사용자가 교대하여 연속적으로 사용할 수 있는 것을 말한다.
2. "간이완강기"란 사용자의 몸무게에 따라 자동적으로 내려올 수 있는 기구 중 사용자가 연속적으로 사용할 수 없는 것을 말한다.
3. "공기안전매트"란 화재 발생 시 사람이 건축물 내에서 외부로 긴급히 뛰어내릴 때 충격을 흡수하여 안전하게 지상에 도달할 수 있도록 포지에 공기 등을 주입하는 구조로 되어 있는 것을 말한다.
4. "구조대"란 포지 등을 사용하여 자루 형태로 만든 것으로서 화재 시 사용자가 그 내부에 들어가서 내려옴으로써 대피할 수 있는 것을 말한다.
5. "승강식 피난기"란 사용자의 몸무게에 의하여 자동으로 하강하고 내려서면 스스로 상승하여 연속적으로 사용할 수 있는 무동력 승강식 기기를 말한다.
6. "하향식 피난구용 내림식사다리"란 하향식 피난구 해치에 격납하여 보관하고 사용 시에는 사다리 등이 소방대상물과 접촉되지 않는 내림식 사다리를 말한다.
7. "피난사다리"란 화재 시 긴급대피를 위해 사용하는 사다리를 말한다.
8. "다수인피난장비"란 화재 시 2인 이상의 피난자가 동시에 해당층에서 지상 또는 피난층으로 하강하는 피난기구를 말한다.
9. "미끄럼대"란 사용자가 미끄럼식으로 신속하게 지상 또는 피난층으로 이동할 수 있는 피난기구를 말한다.

10. "피난교"란 인근 건축물 또는 피난층과 연결된 다리 형태의 피난기구를 말한다.
11. "피난용트랩"이란 화재 층과 직상층을 연결하는 계단형태의 피난기구를 말한다.

제5조(적응성 및 설치개수 등)

① 피난기구는 특정소방대상물의 설치장소별로 그에 적응하는 종류의 것으로 설치해야 한다.
② 피난기구는 다음 각 호의 기준에 따른 개수 이상을 설치해야 한다.
  1. 층마다 설치하되, 특정소방대상물의 종류에 따라 그 층의 용도 및 바닥면적을 고려하여 한 개 이상 설치할 것〈개정 2023.10.13.〉
  2. 제1호에 따라 설치한 피난기구 외에 숙박시설(휴양콘도미니엄을 제외한다)의 경우에는 추가로 객실마다 완강기 또는 둘 이상의 간이완강기를 설치할 것
  3. 삭제〈2023.10.13.〉
  4. 제1호에 따라 설치한 피난기구 외에 4층 이상의 층에 설치된 노유자시설 중 장애인 관련 시설로서 주된 사용자 중 스스로 피난이 불가한 자가 있는 경우에는 층마다 구조대를 1개 이상 추가로 설치할 것
③ 피난기구는 다음 각 호의 기준에 따라 설치해야 한다.
  1. 피난기구는 계단·피난구 기타 피난시설로부터 적당한 거리에 있는 안전한 구조로 된 피난 또는 소화 활동상 유효한 개구부(가로 0.5미터 이상, 세로 1미터 이상의 것을 말한다)에 고정하여 설치하거나 필요한 때에 신속하고 유효하게 설치할 수 있는 상태에 둘 것
  2. 피난기구를 설치하는 개구부는 서로 동일직선상이 아닌 위치에 있을 것
  3. 피난기구는 특정소방대상물의 기둥·바닥 및 보 등 구조상 견고한 부분에 볼트조임·매입 및 용접 등의 방법으로 견고하게 부착할 것
  4. 4층 이상의 층에 피난사다리(하향식 피난구용 내림식사다리는 제외한다)를 설치하는 경우에는 금속성 고정사다리를 설치하고, 당해 고정사다리에는 쉽게 피난할 수 있는 구조의 노대를 설치할 것
  5. 완강기는 강하 시 로프가 건축물 또는 구조물 등과 접촉하여 손상되지 않도록 하고, 로프의 길이는 부착위치에서 지면 또는 기타 피난상 유효한 착지면까지의 길이로 할 것
  6. 미끄럼대는 안전한 강하속도를 유지하도록 하고, 전락방지를 위한 안전조치를 할 것
  7. 구조대의 길이는 피난 상 지장이 없고 안정한 강하속도를 유지할 수 있는 길이로 할 것
  8. 다수인 피난장비는 다음 각 목에 적합하게 설치할 것
    가. 피난에 용이하고 안전하게 하강할 수 있는 장소에 적재 하중을 충분히 견딜 수 있도록 「건축물의 구조기준 등에 관한 규칙」제3조에서 정하는 구조안전의 확인을 받아 견고하게 설치할 것
    나. 다수인피난장비 보관실(이하 "보관실"이라 한다)은 건물 외측보다 돌출되지 아니하고, 빗물·먼지 등으로부터 장비를 보호할 수 있는 구조일 것
    다. 사용 시에 보관실 외측 문이 먼저 열리고 탑승기가 외측으로 자동으로 전개될 것
    라. 하강 시에 탑승기가 건물 외벽이나 돌출물에 충돌하지 않도록 설치할 것
    마. 상·하층에 설치할 경우에는 탑승기의 하강경로가 중첩되지 않도록 할 것
    바. 하강 시에는 안전하고 일정한 속도를 유지하도록 하고 전복, 흔들림, 경로이탈 방지를 위한 안전조치를 할 것

사. 보관실의 문에는 오작동 방지조치를 하고, 문 개방 시에는 당해 소방대상물에 설치된 경보설비와 연동하여 유효한 경보음을 발하도록 할 것
아. 피난층에는 해당층에 설치된 피난기구가 착지에 지장이 없도록 충분한 공간을 확보할 것
자. 한국소방산업기술원 또는 법 제46조제1항에 따라 성능시험기관으로 지정받은 기관에서 그 성능을 검증받은 것으로 설치할 것

9. 승강식 피난기 및 하향식 피난구용 내림식사다리는 다음 각 목에 적합하게 설치할 것
    가. 승강식 피난기 및 하향식 피난구용 내림식사다리는 설치경로가 설치층에서 피난층까지 연계될 수 있는 구조로 설치할 것
    나. 대피실의 면적은 2제곱미터(2세대 이상일 경우에는 3제곱미터) 이상으로 하고, 「건축법 시행령」 제46조제4항의 규정에 적합하여야 하며 하강구(개구부) 규격은 직경 60센티미터 이상일 것
    다. 하강구 내측에는 기구의 연결 금속구 등이 없어야 하며 전개된 피난기구는 하강구 수평투영면적 공간 내의 범위를 침범하지 않는 구조이어야 할 것
    라. 대피실의 출입문은 60분+ 방화문 또는 60분 방화문으로 설치하고, 피난방향에서 식별할 수 있는 위치에 "대피실" 표지판을 부착할 것
    마. 착지점과 하강구는 상호 수평거리 15센티미터 이상의 간격을 둘 것
    바. 대피실 내에는 비상조명등을 설치할 것
    사. 대피실에는 층의 위치표시와 피난기구 사용설명서 및 주의사항 표지판을 부착할 것
    아. 대피실 출입문이 개방되거나, 피난기구 작동 시 해당층 및 직하층 거실에 설치된 표시등 및 경보장치가 작동되고, 감시 제어반에서는 피난기구의 작동을 확인할 수 있어야 할 것
    자. 사용 시 기울거나 흔들리지 않도록 설치할 것
    차. 승강식 피난기는 한국소방산업기술원 또는 법 제46조제1항에 따라 성능시험기관으로 지정받은 기관에서 그 성능을 검증받은 것으로 설치할 것
④ 피난기구를 설치한 장소에는 가까운 곳의 보기 쉬운 곳에 피난기구의 위치를 표시하는 발광식 또는 축광식표지와 그 사용방법을 표시한 표지(외국어 및 그림 병기)를 부착해야 한다.

제6조(설치제외)

영 별표 5 제14호 피난구조설비의 설치면제 요건의 규정에 따라 피난 상 지장이 없다고 인정되는 특정소방대상물 또는 그 부분에는 피난기구를 설치하지 않을 수 있다. 다만, 제4조제2항제2호에 따라 숙박시설(휴양콘도미니엄을 제외한다)에 설치되는 완강기 및 간이완강기의 경우에는 그렇지 않다.

제7조(피난기구설치의 감소)

① 피난기구를 설치해야 할 특정소방대상물 중 주요구조부가 내화구조이고, 피난계단 또는 특별피난계단이 둘 이상 설치되어 있는 층에는 제5조제2항에 따른 피난기구의 일부를 감소할 수 있다.
② 피난기구를 설치해야 할 특정소방대상물 중 주요구조부가 내화구조이고 건널 복도가 설치되어 있는 층에는 제5조제2항에 따른 피난기구의 일부를 감소할 수 있다.
③ 피난기구를 설치해야 할 특정소방대상물 중 피난에 유효한 노대가 설치된 거실의 바닥면적은 제5조제2항에 따른 피난기구의 설치개수 산정을 위한 바닥면적에서 이를 제외한다.

제8조(설치ㆍ관리기준의 특례)

소방본부장 또는 소방서장은 기존건축물이 증축ㆍ개축ㆍ대수선되거나 용도변경되는 경우에 있어서 이 기준이 정하는 기준에 따라 해당 건축물에 설치해야 할 피난기구의 공사가 현저하게 곤란하다고 인정되는 경우에는 해당 설비의 기능 및 사용에 지장이 없는 범위에서 이 기준의 일부를 적용하지 않을 수 있다.

제9조(재검토 기한)

소방청장은 「훈령ㆍ예규 등의 발령 및 관리에 관한 규정」에 따라 이 고시에 대하여 2023년 1월 1일을 기준으로 매 3년이 되는 시점(매 3년째의 12월 31일까지를 말한다)마다 그 타당성을 검토하여 개선 등의 조치를 해야 한다.

부칙〈제2022-51호, 2022. 11. 25.〉

제1조(시행일)

이 고시는 2022년 12월 1일부터 시행한다.

제2조(경과조치)

① 이 고시 시행 전에 건축허가 등의 신청 또는 신고를 하거나 소방시설공사의 착공신고를 한 특정소방대상물에 대해서는 종전의 「피난기구의 화재안전기준(NFSC 301)」에 따른다.
② 이 고시 시행 전에 제1항에 따른 신청 또는 신고를 한 경우라도 개정 기준이 종전의 기준에 비해 관계인에게 유리한 경우에는 개정 기준에 따를 수 있다.

제3조(다른 법령과의 관계)

이 고시 시행 당시 다른 법령에서 종전의 화재안전기준을 인용한 경우에 이 고시 가운데 그에 해당하는 규정이 있는 경우에는 종전의 규정에 갈음하여 이 고시의 해당 규정을 인용한 것으로 본다.

부칙〈제2023-40호, 2023. 10. 13.〉

제1조(시행일)

이 고시는 2024년 1월 1일부터 시행한다. 〈단서 생략〉

제2조 생략

제3조(다른 고시의 개정)

① 생략
② 「피난기구의 화재안전성능기준(NFPC 301)」 일부를 다음과 같이 개정한다.
    1. 제5조제2항제1호를 "층마다 설치하되, 특정소방대상물의 종류에 따라 그 층의 용도 및 바닥면적을 고려하여 한 개 이상 설치할 것"으로 한다.
    2. 제5조제2항제3호를 삭제한다.
③ 및 ④ 생략

CHAPTER 37 피난기구의 화재안전기술기준 (NFTC 301)

[시행 2024. 1. 1.] [소방청공고 제2023-49호, 2023. 12. 29., 일부개정]

1. 일반사항

1.1 적용범위

1.1.1 이 기준은 「소방시설 설치 및 관리에 관한 법률 시행령」(이하 "영"이라 한다) 별표 4 제3호가목 및 「다중이용업소의 안전관리에 관한 특별법 시행령」 별표 1 제1호다목1)에 따른 피난기구의 설치 및 관리에 대해 적용한다.

1.2 기준의 효력

1.2.1 이 기준은 「소방시설 설치 및 관리에 관한 법률」(이하 "법"이라 한다) 제2조제1항제6호나목에 따라 피난기구의 기술기준으로서의 효력을 가진다.

1.2.2 이 기준에 적합한 경우에는 법 제2조제1항제6호나목에 따라 「피난기구의 화재안전성능기준(NFPC 301)」을 충족하는 것으로 본다.

1.3 기준의 시행

1.3.1 이 기준은 2024년 1월 1일부터 시행한다. 〈개정 2024.1.1.〉

1.4 기준의 특례

1.4.1 소방본부장 또는 소방서장은 기존건축물이 증축·개축·대수선되거나 용도변경되는 경우에 있어서 이 기준이 정하는 기준에 따라 해당 건축물에 설치해야 할 피난기구의 공사가 현저하게 곤란하다고 인정되는 경우에는 해당 설비의 기능 및 사용에 지장이 없는 범위에서 이 기준의 일부를 적용하지 않을 수 있다.

1.5 경과조치

1.5.1 이 기준 시행 전에 건축허가 등의 신청 또는 신고를 하거나 소방시설공사의 착공신고를 한 특정소방대상물에 대해서는 종전의 「피난기구의 화재안전기준(NFSC 301)」에 따른다.

1.5.2 이 기준 시행 전에 1.5.1에 따른 신청 또는 신고를 한 경우라도 제정 기준이 종전의 기준에 비하여 관계인에게 유리한 경우에는 제정 기준에 따를 수 있다.

1.6 다른 법령과의 관계

1.6.1 이 기준 시행 당시 다른 법령 또는 행정규칙 등에서 종전의 화재안전기준을 인용한 경우에 이 기준 가운데 그에 해당하는 규정이 있는 경우에는 종전의 규정에 갈음하여 이 기준의 해당 규정을 인용한 것으로 본다.

1.7 피난기구의 종류

1.7.1 영 제3조에 따른 별표 1 제3호가목5)에서 "그 밖에 화재안전기준으로 정하는 것"이란 미끄럼대·피난교·피난용트랩·간이완강기·공기안전매트·다수인 피난장비·승강식피난기 등을 말한다.

1.8 용어의 정의

1.8.1 이 기준에서 사용하는 용어의 정의는 다음과 같다.

1.8.1.1 "완강기"란 사용자의 몸무게에 따라 자동적으로 내려올 수 있는 기구 중 사용자가 교대하여 연속적으로 사용할 수 있는 것을 말한다.

1.8.1.2 "간이완강기"란 사용자의 몸무게에 따라 자동적으로 내려올 수 있는 기구 중 사용자가 연속적으로 사용할 수 없는 것을 말한다.

1.8.1.3 "공기안전매트"란 화재 발생 시 사람이 건축물 내에서 외부로 긴급히 뛰어내릴 때 충격을 흡수하여 안전하게 지상에 도달할 수 있도록 포지에 공기 등을 주입하는 구조로 되어 있는 것을 말한다.

1.8.1.4 "구조대"란 포지 등을 사용하여 자루 형태로 만든 것으로서 화재 시 사용자가 그 내부에 들어가서 내려옴으로써 대피할 수 있는 것을 말한다.

1.8.1.5 "승강식 피난기"란 사용자의 몸무게에 의하여 자동으로 하강하고 내려서면 스스로 상승하여 연속적으로 사용할 수 있는 무동력 승강식 기기를 말한다.

1.8.1.6 "하향식 피난구용 내림식사다리"란 하향식 피난구 해치에 격납하여 보관하고 사용 시에는 사다리 등이 소방대상물과 접촉되지 않는 내림식 사다리를 말한다.

1.8.1.7 "피난사다리"란 화재 시 긴급대피를 위해 사용하는 사다리를 말한다.

1.8.1.8 "다수인피난장비"란 화재 시 2인 이상의 피난자가 동시에 해당층에서 지상 또는 피난층으로 하강하는 피난기구를 말한다.

1.8.1.9 "미끄럼대"란 사용자가 미끄럼식으로 신속하게 지상 또는 피난층으로 이동할 수 있는 피난기구를 말한다.

1.8.1.10 "피난교"란 인접 건축물 또는 피난층과 연결된 다리 형태의 피난기구를 말한다.

1.8.1.11 "피난용트랩"이란 화재 층과 직상 층을 연결하는 계단형태의 피난기구를 말한다.

2. 기술기준

2.1 적응성 및 설치개수 등

2.1.1 피난기구는 표 2.1.1에 따라 특정소방대상물의 설치장소별로 그에 적응하는 종류의 것으로 설치해야 한다.

표 2.1.1 설치장소별 피난기구의 적응성

설치장소별 \ 층별	1층	2층	3층	4층 이상 10층 이하
1. 노유자시설	• 미끄럼대 • 구조대 • 피난교 • 다수인피난장비 • 승강식 피난기	• 미끄럼대 • 구조대 • 피난교 • 다수인피난장비 • 승강식 피난기	• 미끄럼대 • 구조대 • 피난교 • 다수인피난장비 • 승강식 피난기	• 구조대[1] • 피난교 • 다수인피난장비 • 승강식 피난기
2. 의료시설·근린생활시설 중 입원실이 있는 의원·접골원·조산원	-	-	• 미끄럼대 • 구조대 • 피난교 • 피난용트랩 • 다수인피난장비 • 승강식 피난기	• 구조대 • 피난교 • 피난용트랩 • 다수인피난장비 • 승강식 피난기
3. 「다중이용업소의 안전관리에 관한 특별법 시행령」 제2조에 따른 다중이용업소로서 영업장의 위치가 4층 이하인 다중이용업소	-	• 미끄럼대 • 피난사다리 • 구조대 • 완강기 • 다수인피난장비 • 승강식 피난기	• 미끄럼대 • 피난사다리 • 구조대 • 완강기 • 다수인피난장비 • 승강식 피난기	• 미끄럼대 • 피난사다리 • 구조대 • 완강기 • 다수인피난장비 • 승강식 피난기
4. 그 밖의 것	-	-	• 미끄럼대 • 피난사다리 • 구조대 • 완강기 • 피난교 • 피난용트랩 • 간이완강기[2] • 공기안전매트[3] • 다수인피난장비 • 승강식 피난기	• 피난사다리 • 구조대 • 완강기 • 피난교 • 간이완강기[2] • 공기안전매트[3] • 다수인피난장비 • 승강식 피난기

[비고] 1) 구조대의 적응성은 장애인 관련 시설로서 주된 사용자 중 스스로 피난이 불가한 자가 있는 경우 제4조 제2항제4항에 따라 추가로 설치하는 경우에 한한다.
2), 3) 간이완강기의 적응성은 제4조제2항제2호에 따라 숙박시설의 3층 이상에 있는 객실에, 공기안전매트의 적응성은 제4조제2항제3호에 따라 공동주택(「공동주택관리법」 제2조제1항제2호 가목부터 라목까지 중 어느 하나에 해당하는 공동주택)에 추가로 설치하는 경우에 한한다.

2.1.2 피난기구는 다음의 기준에 따른 개수 이상을 설치해야 한다.

2.1.2.1 층마다 설치하되, 숙박시설·노유자시설 및 의료시설로 사용되는 층에 있어서는 그 층의 바닥면적 500m²마다, 위락시설·문화집회 및 운동시설·판매시설로 사용되는 층 또는 복합용도의 층(하나의 층이 영 별표 2 제1호 나목 내지 라목 또는 제4호 또는 제8호 내지 제18호 중

2 이상의 용도로 사용되는 층을 말한다)에 있어서는 그 층의 바닥면적 800m²마다, 계단실형 아파트에 있어서는 각 세대마다, 그 밖의 용도의 층에 있어서는 그 층의 바닥면적 1,000m²마다 1개 이상 설치할 것 〈개정 2024.1.1.〉

2.1.2.2 2.1.2.1에 따라 설치한 피난기구 외에 숙박시설(휴양콘도미니엄을 제외한다)의 경우에는 추가로 객실마다 완강기 또는 2 이상의 간이완강기를 설치할 것

2.1.2.3 〈삭제 2024.1.1.〉

2.1.2.4 2.1.2.1에 따라 설치한 피난기구 외에 4층 이상의 층에 설치된 노유자시설 중 장애인 관련 시설로서 주된 사용자 중 스스로 피난이 불가한 자가 있는 경우에는 층마다 구조대를 1개 이상 추가로 설치할 것

2.1.3 피난기구는 다음의 기준에 따라 설치해야 한다.

2.1.3.1 피난기구는 계단·피난구 기타 피난시설로부터 적당한 거리에 있는 안전한 구조로 된 피난 또는 소화 활동상 유효한 개구부(가로 0.5m 이상 세로 1m 이상인 것을 말한다. 이 경우 개구부 하단이 바닥에서 1.2m 이상이면 발판 등을 설치해야 하고, 밀폐된 창문은 쉽게 파괴할 수 있는 파괴장치를 비치해야 한다)에 고정하여 설치하거나 필요한 때에 신속하고 유효하게 설치할 수 있는 상태에 둘 것

2.1.3.2 피난기구를 설치하는 개구부는 서로 동일직선상이 아닌 위치에 있을 것. 다만, 피난교·피난용트랩·간이완강기·아파트에 설치되는 피난기구(다수인 피난장비는 제외한다) 기타 피난상 지장이 없는 것에 있어서는 그렇지 않다.

2.1.3.3 피난기구는 특정소방대상물의 기둥·바닥·보 기타 구조상 견고한 부분에 볼트조임·매입·용접 기타의 방법으로 견고하게 부착할 것

2.1.3.4 4층 이상의 층에 피난사다리(하향식 피난구용 내림식사다리는 제외한다)를 설치하는 경우에는 금속성 고정사다리를 설치하고, 당해 고정사다리에는 쉽게 피난할 수 있는 구조의 노대를 설치할 것

2.1.3.5 완강기는 강하 시 로프가 건축물 또는 구조물 등과 접촉하여 손상되지 않도록 하고, 로프의 길이는 부착위치에서 지면 또는 기타 피난상 유효한 착지 면까지의 길이로 할 것

2.1.3.6 미끄럼대는 안전한 강하속도를 유지하도록 하고, 전락방지를 위한 안전조치를 할 것

2.1.3.7 구조대의 길이는 피난상 지장이 없고 안정한 강하속도를 유지할 수 있는 길이로 할 것

2.1.3.8 다수인 피난장비는 다음의 기준에 적합하게 설치할 것

2.1.3.8.1 피난에 용이하고 안전하게 하강할 수 있는 장소에 적재 하중을 충분히 견딜 수 있도록 「건축물의 구조기준 등에 관한 규칙」 제3조에서 정하는 구조안전의 확인을 받아 견고하게 설치할 것

2.1.3.8.2 다수인피난장비 보관실(이하 "보관실"이라 한다)은 건물 외측보다 돌출되지 아니하고, 빗물·먼지 등으로부터 장비를 보호할 수 있는 구조일 것

2.1.3.8.3 사용 시에 보관실 외측 문이 먼저 열리고 탑승기가 외측으로 자동으로 전개될 것

2.1.3.8.4 하강 시에 탑승기가 건물 외벽이나 돌출물에 충돌하지 않도록 설치할 것

2.1.3.8.5 상·하층에 설치할 경우에는 탑승기의 하강경로가 중첩되지 않도록 할 것

2.1.3.8.6 하강 시에는 안전하고 일정한 속도를 유지하도록 하고 전복, 흔들림, 경로이탈 방지를 위한 안전조치를 할 것

2.1.3.8.7 보관실의 문에는 오작동 방지조치를 하고, 문 개방 시에는 해당 특정소방대상물에 설치된 경보설비와 연동하여 유효한 경보음을 발하도록 할 것

2.1.3.8.8 피난층에는 해당층에 설치된 피난기구가 착지에 지장이 없도록 충분한 공간을 확보할 것

2.1.3.8.9 한국소방산업기술원 또는 법 제46조제1항에 따라 성능시험기관으로 지정받은 기관에서 그 성능을 검증받은 것으로 설치할 것

2.1.3.9 승강식 피난기 및 하향식 피난구용 내림식사다리는 다음의 기준에 적합하게 설치할 것

2.1.3.9.1 승강식 피난기 및 하향식 피난구용 내림식사다리는 설치경로가 설치 층에서 피난층까지 연계될 수 있는 구조로 설치할 것. 다만, 건축물의 구조 및 설치 여건상 불가피한 경우에는 그렇지 않다.

2.1.3.9.2 대피실의 면적은 $2m^2$(2세대 이상일 경우에는 $3m^2$) 이상으로 하고, 「건축법 시행령」 제46조 제4항 각 호의 규정에 적합해야 하며 하강구(개구부) 규격은 직경 60cm 이상일 것. 다만, 외기와 개방된 장소에는 그렇지 않다.

2.1.3.9.3 하강구 내측에는 기구의 연결 금속구 등이 없어야 하며 전개된 피난기구는 하강구 수평투영 면적 공간 내의 범위를 침범하지 않는 구조이어야 할 것. 다만, 직경 60cm 크기의 범위를 벗어난 경우이거나, 직하층의 바닥면으로부터 높이 50cm 이하의 범위는 제외한다.

2.1.3.9.4 대피실의 출입문은 60분+ 방화문 또는 60분 방화문으로 설치하고, 피난방향에서 식별할 수 있는 위치에 "대피실" 표지판을 부착할 것. 다만, 외기와 개방된 장소에는 그렇지 않다.

2.1.3.9.5 착지점과 하강구는 상호 수평거리 15cm 이상의 간격을 둘 것

2.1.3.9.6 대피실 내에는 비상조명등을 설치할 것

2.1.3.9.7 대피실에는 층의 위치표시와 피난기구 사용설명서 및 주의사항 표지판을 부착할 것

2.1.3.9.8 대피실 출입문이 개방되거나, 피난기구 작동 시 해당층 및 직하층 거실에 설치된 표시등 및 경보장치가 작동되고, 감시 제어반에서는 피난기구의 작동을 확인할 수 있어야 할 것

2.1.3.9.9 사용 시 기울거나 흔들리지 않도록 설치할 것

2.1.3.9.10 승강식 피난기는 한국소방산업기술원 또는 법 제46조제1항에 따라 성능시험기관으로 지정받은 기관에서 그 성능을 검증받은 것으로 설치할 것

2.1.4 피난기구를 설치한 장소에는 가까운 곳의 보기 쉬운 곳에 피난기구의 위치를 표시하는 발광식 또는 축광식표지와 그 사용방법을 표시한 표지(외국어 및 그림 병기)를 부착하되, 축광식표지는 소방청장이 정하여 고시한 「축광표지의 성능인증 및 제품검사의 기술기준」에 적합해야 한다. 다만, 방사성물질을 사용하는 위치표지는 쉽게 파괴되지 않는 재질로 처리할 것

2.2 설치제외

2.2.1 영 별표 5 제14호 피난구조설비의 설치면제 요건의 규정에 따라 다음의 어느 하나에 해당하는 특정소방대상물 또는 그 부분에는 피난기구를 설치하지 않을 수 있다. 다만, 2.1.2.2에 따라 숙박시설(휴양콘도미니엄을 제외한다)에 설치되는 완강기 및 간이완강기의 경우에는 그렇지 않다.

2.2.1.1 다음의 기준에 적합한 층
2.2.1.1.1 주요구조부가 내화구조로 되어 있어야 할 것
2.2.1.1.2 실내의 면하는 부분의 마감이 불연재료ㆍ준불연재료 또는 난연재료로 되어 있고 방화구획이 「건축법 시행령」 제46조의 규정에 적합하게 구획되어 있어야 할 것
2.2.1.1.3 거실의 각 부분으로부터 직접 복도로 쉽게 통할 수 있어야 할 것
2.2.1.1.4 복도에 2 이상의 피난계단 또는 특별피난계단이 「건축법 시행령」 제35조에 적합하게 설치되어 있어야 할 것
2.2.1.1.5 복도의 어느 부분에서도 2 이상의 방향으로 각각 다른 계단에 도달할 수 있어야 할 것
2.2.1.2 다음의 기준에 적합한 특정소방대상물 중 그 옥상의 직하층 또는 최상층(문화 및 집회시설, 운동시설 또는 판매시설을 제외한다)
2.2.1.2.1 주요구조부가 내화구조로 되어 있어야 할 것
2.2.1.2.2 옥상의 면적이 1,500m² 이상이어야 할 것
2.2.1.2.3 옥상으로 쉽게 통할 수 있는 창 또는 출입구가 설치되어 있어야 할 것
2.2.1.2.4 옥상이 소방사다리차가 쉽게 통행할 수 있는 도로(폭 6m 이상의 것을 말한다. 이하 같다) 또는 공지(공원 또는 광장 등을 말한다. 이하 같다)에 면하여 설치되어 있거나 옥상으로부터 피난층 또는 지상으로 통하는 2 이상의 피난계단 또는 특별피난계단이 「건축법 시행령」 제35조의 규정에 적합하게 설치되어 있어야 할 것
2.2.1.3 주요구조부가 내화구조이고 지하층을 제외한 층수가 4층 이하이며 소방사다리차가 쉽게 통행할 수 있는 도로 또는 공지에 면하는 부분에 영 제2조제1호 각 목의 기준에 적합한 개구부가 2 이상 설치되어 있는 층(문화집회 및 운동시설ㆍ판매시설 및 영업시설 또는 노유자시설의 용도로 사용되는 층으로서 그 층의 바닥면적이 1,000m² 이상인 것을 제외한다)
2.2.1.4 갓복도식 아파트 또는 「건축법 시행령」 제46조제5항에 해당하는 구조 또는 시설을 설치하여 인접(수평 또는 수직)세대로 피난할 수 있는 아파트
2.2.1.5 주요구조부가 내화구조로서 거실의 각 부분으로 직접 복도로 피난할 수 있는 학교(강의실 용도로 사용되는 층에 한한다)
2.2.1.6 무인공장 또는 자동창고로서 사람의 출입이 금지된 장소(관리를 위하여 일시적으로 출입하는 장소를 포함한다)
2.2.1.7 건축물의 옥상부분으로서 거실에 해당하지 아니하고 「건축법 시행령」 제119조제1항제9호에 해당하여 층수로 산정된 층으로 사람이 근무하거나 거주하지 않는 장소

2.3 피난기구 설치의 감소

2.3.1 피난기구를 설치해야 할 특정소방대상물 중 다음의 기준에 적합한 층에는 2.1.2에 따른 피난기구의 2분의 1을 감소할 수 있다. 이 경우 설치해야 할 피난기구의 수에 있어서 소수점 이하의 수는 1로 한다.
2.3.1.1 주요구조부가 내화구조로 되어 있을 것
2.3.1.2 직통계단인 피난계단 또는 특별피난계단이 2 이상 설치되어 있을 것

2.3.2 피난기구를 설치해야 할 소방대상물 중 주요구조부가 내화구조이고 다음의 기준에 적합한 건널 복도가 설치되어 있는 층에는 2.1.2에 따른 피난기구의 수에서 해당 건널 복도의 수의 2배의 수를 뺀 수로 한다.

2.3.2.1 내화구조 또는 철골조로 되어 있을 것

2.3.2.2 건널 복도 양단의 출입구에 자동폐쇄장치를 한 60분+ 방화문 또는 60분 방화문(방화셔터를 제외한다)이 설치되어 있을 것

2.3.2.3 피난ㆍ통행 또는 운반의 전용 용도일 것

2.3.3 피난기구를 설치해야 할 특정소방대상물 중 다음의 기준에 적합한 노대가 설치된 거실의 바닥면적은 2.1.2에 따른 피난기구의 설치개수 산정을 위한 바닥면적에서 이를 제외한다.

2.3.3.1 노대를 포함한 특정소방대상물의 주요구조부가 내화구조일 것

2.3.3.2 노대가 거실의 외기에 면하는 부분에 피난상 유효하게 설치되어 있어야 할 것

2.3.3.3 노대가 소방사다리차가 쉽게 통행할 수 있는 도로 또는 공지에 면하여 설치되어 있거나, 거실부분과 방화 구획되어 있거나 또는 노대에 지상으로 통하는 계단 그 밖의 피난기구가 설치되어 있어야 할 것

CHAPTER 38 할로겐화합물 및 불활성기체소화설비의 화재안전성능기준(NFPC 107A)

[시행 2024. 8. 1.] [소방청고시 제2024-34호, 2024. 7. 10., 일부개정]

제1조(목적)

이 기준은 「소방시설 설치 및 관리에 관한 법률」(이하 "법"이라 한다) 제2조제1항제6호가목에 따라 소방청장에게 위임한 사항 중 소화설비인 물분무등소화설비 중 할로겐화합물 및 불활성기체소화설비의 성능기준을 규정함을 목적으로 한다.

제2조(적용범위)

이 기준은 「소방시설 설치 및 관리에 관한 법률 시행령」(이하 "영"이라 한다) 별표 5 제1호바목에 따른 물분무등소화설비 중 할로겐화합물 및 불활성기체소화설비의 설치 및 관리에 대해 적용한다.

제3조(정의)

이 기준에서 사용하는 용어의 정의는 다음과 같다.

1. "할로겐화합물 및 불활성기체소화약제"란 할로겐화합물(할론 1301, 할론 2402, 할론 1211 제외) 및 불활성기체로서 전기적으로 비전도성이며 휘발성이 있거나 증발 후 잔여물을 남기지 않는 소화약제를 말한다.
2. "할로겐화합물소화약제"란 불소, 염소, 브롬 또는 요오드 중 하나 이상의 원소를 포함하고 있는 유기화합물을 기본성분으로 하는 소화약제를 말한다.
3. "불활성기체소화약제"란 헬륨, 네온, 아르곤 또는 질소가스 중 하나 이상의 원소를 기본성분으로 하는 소화약제를 말한다.
4. "충전밀도"란 소화약제의 중량과 소화약제 저장용기의 내부 용적과의 비(중량/용적)를 말한다.
5. "방화문"이란 「건축법 시행령」 제64조의 규정에 따른 60분+ 방화문, 60분 방화문 또는 30분 방화문을 말한다.
6. "교차회로방식"이란 하나의 방호구역 내에 둘 이상의 화재감지기회로를 설치하고 인접한 둘 이상의 화재감지기에 화재가 감지되는 때에 소화설비가 작동하는 방식을 말한다.
7. "방호구역"이란 소화설비의 소화범위 내에 포함된 영역을 말한다.
8. "별도 독립방식"이란 소화약제 저장용기와 배관을 방호구역별로 독립적으로 설치하는 방식을 말한다.
9. "선택밸브"란 둘 이상의 방호구역 또는 방호대상물이 있어 소화수 또는 소화약제를 해당하는 방호구역 또는 방호대상물에 선택적으로 방출되도록 제어하는 밸브를 말한다.
10. "설계농도"란 방호대상물 또는 방호구역의 소화약제 저장량을 산출하기 위한 농도로서 소화농도에 안전율을 고려하여 설정한 농도를 말한다.
11. "소화농도"란 규정된 실험 조건의 화재를 소화하는 데 필요한 소화약제의 농도(형식승인대상의 소화약제는 형식승인된 소화농도)를 말한다.

12. "집합관"이란 개별 소화약제(가압용 가스 포함) 저장용기의 방출관이 접속되어 있는 관을 말한다.
13. "최대허용 설계농도"란 사람이 상주하는 곳에 적용하는 소화약제의 설계농도로서, 인체의 안전에 영향을 미치지 않는 농도를 말한다.

제4조(종류)

소화설비에 적용되는 할로겐화합물 및 불활성기체소화약제는 다음 표에서 정하는 것에 한한다.

소화약제	화학식
퍼플루오로부탄(이하 "FC-3-1-10"이라 한다)	C_4F_{10}
하이드로클로로플루오로카본혼화제(이하 "HCFC BLEND A"라 한다)	$HCFC-123(CHCl_2CF_3)$: 4.75% $HCFC-22(CHClF_2)$: 82% $HCFC-124(CHClFCF_3)$: 9.5% $C_{10}H_{16}$: 3.75%
클로로테트라플루오르에탄(이하 "HCFC-124"라 한다)	$CHClFCF_3$
펜타플루오로에탄(이하 "HFC-125"라 한다)	CHF_2CF_3
헵타플루오로프로판(이하 "HFC-227ea"라 한다)	CF_3CHFCF_3
트리플루오로메탄(이하 "HFC-23"이라 한다)	CHF_3
헥사플루오로프로판(이하 "HFC-236fa"라 한다)	$CF_3CH_2CF_3$
트리플루오로이오다이드(이하 "FIC-13I1"이라 한다)	CF_3I
불연성·불활성기체혼합가스(이하 "IG-01"이라 한다)	Ar
불연성·불활성기체혼합가스(이하 "IG-100"이라 한다)	N_2
불연성·불활성기체혼합가스(이하 "IG-541"이라 한다)	N_2 : 52%, Ar : 40%, CO_2 : 8%
불연성·불활성기체혼합가스(이하 "IG-55"라 한다)	N_2 : 50%, Ar : 50%
도데카플루오로-2-메틸펜탄-3-원(이하 "FK-5-1-12"라 한다)	$CF_3CF_2C(O)CF(CF_3)_2$

제5조(설치제외)

할로겐화합물 및 불활성기체소화설비는 사람이 상주하는 곳으로 최대허용 설계농도를 초과하는 장소 또는 소화성능이 인정되지 않는 위험물을 저장·보관·사용하는 장소 등에는 설치할 수 없다.

제6조(저장용기)

① 할로겐화합물 및 불활성기체소화약제의 저장용기는 방호구역 외의 장소로서 방화구획된 실에 설치해야 한다.
② 할로겐화합물 및 불활성기체소화약제의 저장용기는 다음 각 호의 기준에 적합해야 한다.
  1. 저장용기의 충전밀도 및 충전압력은 할로겐화합물 및 불활성기체소화약제의 종류에 따라 적용할 것
  2. 동일 집합관에 접속되는 저장용기는 동일한 내용적을 가진 것으로 충전량 및 충전압력이 같도록 할 것
  3. 저장용기의 약제량 손실이 5퍼센트를 초과하거나 압력손실이 10퍼센트를 초과할 경우에는 재충전하거나 저장용기를 교체할 것. 다만, 불활성기체 소화약제 저장용기의 경우에는 압력손실이 5퍼

센트를 초과할 경우 재충전하거나 저장용기를 교체해야 한다.
③ 하나의 방호구역을 담당하는 저장용기의 소화약제의 체적 합계보다 소화약제의 방출 시 방출경로가 되는 배관(집합관을 포함한다)의 내용적의 비율이 할로겐화합물 및 불활성기체소화약제 제조업체(이하 "제조업체"라 한다)의 설계기준에서 정한 값 이상일 경우에는 해당 방호구역에 대한 설비는 별도 독립방식으로 해야 한다.
④ 할로겐화합물 및 불활성기체소화약제 저장용기와 선택밸브(또는 개폐밸브)와의 사이에는 과압방지를 위한 안전장치를 설치해야 한다. 이 경우 안전장치를 통하여 나온 소화가스는 전용의 배관 등을 통하여 건축물 외부로 배출될 수 있도록 해야 한다. 〈신설 2024.7.10.〉

제7조(소화약제량의 산정)

① 소화약제의 저장량은 다음 각 호의 기준에 따른다.

1. 할로겐화합물소화약제의 경우, 방호구역의 체적, 소화약제별 선형상수, 소화약제의 설계농도 등을 고려하여 다음 공식에 따라 산출한 양 이상으로 할 것

$$W = V/S \times [C/(100-C)]$$

    W : 소화약제의 무게(kg)
    V : 방호구역의 체적(m³)
    S : 소화약제별 선형상수($K_1 + K_2 \times t$)(m³/kg)

소화약제	K_1	K_2
FC-3-1-10	0.094104	0.00034455
HCFC BLEND A	0.2413	0.00088
HCFC-124	0.1575	0.0006
HFC-125	0.1825	0.0007
HFC-227ea	0.1269	0.0005
HFC-23	0.3164	0.0012
HFC-236fa	0.1413	0.0006
FIC-13I1	0.1138	0.0005
FK-5-1-12	0.0664	0.0002741

    C : 체적에 따른 소화약제의 설계농도(%)
    t : 방호구역의 최소예상온도(℃)

2. 불활성기체소화약제의 경우, 소화약제의 비체적, 소화약제별 선형상수, 소화약제의 설계농도 등을 고려하여 다음 공식에 따라 산출한 양 이상으로 할 것

$$X = 2.303(V_s/S) \times \log 10[100/(100-C)]$$

    X : 공간체적당 더해진 소화약제의 부피(m³/m³)
    S : 소화약제별 선형상수($K_1 + K_2 \times t$)(m³/kg)

소화약제	K_1	K_2
IG-01	0.5685	0.00208
IG-100	0.7997	0.00293
IG-541	0.65799	0.00239
IG-55	0.6598	0.00242

C : 체적에 따른 소화약제의 설계농도(%)

V_s : 20℃에서 소화약제의 비체적(m³/kg)

t : 방호구역의 최소예상온도(℃)

3. 체적에 따른 소화약제의 설계농도(%)는 상온에서 제조업체의 설계기준에 따라 인증받은 소화농도(%)에 A·B·C급 화재별 안전계수를 곱하여 산출한 값 이상으로 할 것 〈개정 2024.7.10.〉

② 제1항의 기준에 의해 산출한 소화약제량은 사람이 상주하는 곳에서는 소화약제의 종류에 따른 최대허용 설계농도를 초과할 수 없다.

③ 방호구역이 둘 이상인 장소의 소화설비가 제6조제3항의 기준에 해당하지 않는 경우에 한하여 가장 큰 방호구역에 대하여 제1항의 기준에 의해 산출한 양 이상이 되도록 해야 한다.

제8조(기동장치)

① 할로겐화합물 및 불활성기체소화설비의 수동식 기동장치는 다음 각 호의 기준에 따라 설치해야 한다. 〈개정 2024.7.10.〉

  1. 수동식 기동장치는 오조작을 방지하기 위한 보호장치가 있는 것으로 설치할 것

  2. 수동식 기동장치는 방호구역마다 조작, 피난 및 유지관리가 용이한 장소에 설치할 것

  3. 수동식 기동장치의 부근에는 소화약제의 방출을 지연시킬 수 있는 방출지연스위치를 설치할 것

② 할로겐화합물 및 불활성기체소화설비의 자동식 기동장치는 자동화재탐지설비의 감지기의 작동과 연동하는 것으로서 수동식 기동장치를 함께 설치해야 한다.

③ 할로겐화합물 및 불활성기체소화설비가 설치된 부분의 출입구 등의 보기 쉬운 곳에 소화약제의 방출을 표시하는 표시등을 설치해야 한다.

제9조(제어반 등)

할로겐화합물 및 불활성기체소화설비의 제어반 및 화재표시반은 다음 각 호의 기준에 따라 설치해야 한다.

1. 제어반은 수동기동장치 또는 감지기에서의 신호를 수신하여 음향경보장치의 작동, 소화약제의 방출 또는 지연 등 기타의 제어기능을 가진 것으로 하고, 제어반에는 전원표시등을 설치할 것

2. 화재표시반은 제어반에서의 신호를 수신하여 작동하는 기능을 가진 것으로 설치할 것

3. 제어반 및 화재표시반은 화재 또는 침수 등의 재해로 인한 피해를 받을 우려가 없고 점검에 편리한 장소에 설치할 것

제10조(배관)

① 할로겐화합물 및 불활성기체소화설비의 배관은 다음 각 호의 기준에 따라 설치해야 한다.

  1. 배관은 전용으로 할 것

2. 배관·배관부속 및 밸브류는 저장용기의 방출내압을 견딜 수 있어야 하며 다음 각 목의 기준에 적합할 것. 이 경우 설계내압은 최소사용설계압력 이상으로 한다.

  가. 강관을 사용하는 경우의 배관은 압력 배관용 탄소 강관(KS D 3562) 또는 이와 동등 이상의 강도를 가진 것으로서 아연도금 등에 따라 방식처리된 것을 사용할 것

  나. 동관을 사용하는 경우의 배관은 이음이 없는 구리 및 구리합금관(KS D 5301)의 것을 사용할 것

  다. 배관의 두께는 다음의 계산식에서 구한 값(t) 이상일 것 다만, 방출헤드 설치부는 제외한다.

$$t = \frac{PD}{2SE} + A$$

  t : 배관의 두께(mm)
  P : 최대허용압력(kPa)
  D : 배관의 바깥지름(mm)
  SE : 최대허용응력(kPa)(배관재질 인장강도의 1/4값과 항복점의 2/3 값 중 작은 값×배관이음효율×1.2)
  A : 나사이음, 홈이음 등의 허용 값(mm)[헤드 설치부분은 제외한다]

  - 나사이음 : 나사의 높이
  - 절단홈이음 : 홈의 깊이
  - 용접이음 : 0

    ※ 배관이음효율
     - 이음매 없는 배관 : 1.0
     - 전기저항 용접배관 : 0.85
     - 가열맞대기 용접배관 : 0.60

3. 배관부속 및 밸브류는 강관 또는 동관과 동등 이상의 강도 및 내식성이 있는 것으로 할 것

② 배관과 배관, 배관과 배관 부속 및 밸브류의 접속은 나사접합, 용접접합, 압축접합 또는 플랜지접합 등의 방법을 사용해야 한다.

③ 배관의 구경은 해당 방호구역에 할로겐화합물소화약제는 10초 이내에, 불활성기체소화약제는 A·C급 화재 2분, B급 화재 1분 이내에 방호구역 각 부분에 최소설계농도의 95퍼센트 이상에 해당하는 약제량이 방출되도록 해야 한다.

제11조(선택밸브)

하나의 특정소방대상물 또는 그 부분에 둘 이상의 방호구역이 있어 소화약제의 저장용기를 공용하는 경우에는 방호구역마다 선택밸브를 설치해야 한다.

제12조(분사헤드)

① 할로겐화합물 및 불활성기체소화설비의 분사헤드는 다음 각 호의 기준에 따라야 한다.

  1. 분사헤드의 설치높이는 방호구역의 바닥으로부터 최소 0.2미터 이상 최대 3.7미터 이하로 하며 천장높이가 3.7미터를 초과할 경우에는 추가로 다른 열의 분사헤드를 설치할 것

2. 분사헤드의 개수는 방호구역에 제10조제3항을 충족되도록 설치할 것
   3. 분사헤드에는 부식방지조치를 해야 하며 오리피스의 크기, 제조일자, 제조업체가 표시되도록 할 것
② 분사헤드의 방출률 및 방출압력은 제조업체에서 정한 값으로 한다.
③ 분사헤드의 오리피스의 면적은 분사헤드가 연결되는 배관구경 면적의 70퍼센트 이하가 되도록 할 것

제13조(자동식 기동장치의 화재감지기)
할로겐화합물 및 불활성기체소화설비의 자동식 기동장치는 각 방호구역 내의 화재감지기의 감지에 따라 작동되도록 하고, 화재감지기의 회로는 교차회로방식으로 설치해야 한다.

제14조(음향경보장치)
① 할로겐화합물 및 불활성기체소화설비의 음향경보장치는 다음 각 호의 기준에 따라 설치해야 한다.
   1. 수동식 기동장치를 설치한 것은 그 기동장치의 조작과정에서, 자동식 기동장치를 설치한 것은 화재감지기와 연동하여 자동으로 경보를 발하는 것으로 할 것
   2. 소화약제의 방출 개시 후 1분 이상 경보를 계속할 수 있는 것으로 할 것
   3. 방호구역 또는 방호대상물이 있는 구획 안에 있는 자에게 유효하게 경보할 수 있는 것으로 할 것
② 방송에 따른 경보장치를 설치할 경우에는 다음 각 호의 기준에 따라야 한다.
   1. 증폭기 재생장치는 화재 시 연소의 우려가 없고, 유지관리가 쉬운 장소에 설치할 것
   2. 방호구역 또는 방호대상물이 있는 구획의 각 부분으로부터 하나의 확성기까지의 수평거리는 25미터 이하가 되도록 할 것
   3. 제어반의 복구스위치를 조작하여도 경보를 계속 발할 수 있는 것으로 할 것

제15조(자동폐쇄장치)
할로겐화합물 및 불활성기체소화설비를 설치한 특정소방대상물 또는 그 부분에 대하여 환기장치 등을 설치한 것은 소화약제가 방출되기 전에 해당 환기장치 등이 정지될 수 있도록 하고, 개구부 및 통기구가 있어 소화약제의 유출에 따라 소화효과를 감소시킬 우려가 있는 것은 소화약제가 방출되기 전에 당해 개구부 및 통기구를 폐쇄할 수 있도록 자동폐쇄장치를 설치해야 한다.

제16조(비상전원)
할로겐화합물 및 불활성기체소화설비의 비상전원은 자가발전설비, 축전지설비 또는 전기저장장치로서 다음 각 호의 기준에 따라 설치해야 한다.
1. 점검에 편리하고 화재 및 침수 등의 재해로 인한 피해를 받을 우려가 없는 곳에 설치할 것
2. 할로겐화합물 및 불활성기체소화설비를 유효하게 20분 이상 작동할 수 있어야 할 것
3. 상용전원으로부터 전력의 공급이 중단된 때에는 자동으로 비상전원으로부터 전력을 공급받을 수 있도록 할 것
4. 비상전원의 설치장소는 다른 장소와 방화구획할 것
5. 비상전원을 실내에 설치하는 때에는 그 실내에 비상조명등을 설치할 것

제17조(과압배출구)
할로겐화합물 및 불활성기체소화설비의 방호구역에는 소화약제 방출 시 발생하는 과(부)압으로 인한 구

조물 등의 손상을 방지하기 위해 과압배출구를 설치해야 한다. 다만, 과(부)압이 발생해도 구조물 등에 손상이 생길 우려가 없음을 시험 또는 공학적인 자료로 입증하는 경우 설치하지 않을 수 있다. 〈개정 2024. 7. 10.〉

제18조(설계프로그램)

할로겐화합물 및 불활성기체소화설비를 설계프로그램을 이용하여 설계할 경우에는 「가스계소화설비 설계프로그램의 성능인증 및 제품검사의 기술기준」에 적합한 설계프로그램을 사용해야 한다.

제19조(설치·유지기준의 특례)

소방본부장 또는 소방서장은 기존건축물이 증축·개축·대수선되거나 용도 변경되는 경우에 있어서 이 기준이 정하는 기준에 따라 당해 건축물에 설치해야 할 할로겐화합물 및 불활성기체소화설비의 배관·배선 등의 공사가 현저하게 곤란하다고 인정되는 경우에는 당해 설비의 기능 및 사용에 지장이 없는 범위 안에서 이 기준의 일부를 적용하지 않을 수 있다.

제20조(재검토기한)

소방청장은 「훈령·예규 등의 발령 및 관리에 관한 규정」에 따라 이 고시에 대하여 2023년 1월 1일을 기준으로 매 3년이 되는 시점(매 3년째의 12월 31일까지를 말한다)마다 그 타당성을 검토하여 개선 등의 조치를 해야 한다.

부칙〈제2022-41호, 2022. 11. 25.〉

제1조(시행일)

이 고시는 2022년 12월 1일부터 시행한다.

제2조(경과조치)

① 이 고시 시행 전에 건축허가 등의 신청 또는 신고를 하거나 소방시설공사의 착공신고를 한 특정소방대상물에 대해서는 종전의 「할로겐화합물 및 불활성기체소화설비의 화재안전기준(NFSC 107A)」에 따른다.
② 이 고시 시행 전에 제1항에 따른 신청 또는 신고를 한 경우라도 개정 기준이 종전의 기준에 비해 관계인에게 유리한 경우에는 개정 기준에 따를 수 있다.

제3조(다른 법령과의 관계)

이 고시 시행 당시 다른 법령에서 종전의 화재안전기준을 인용한 경우에 이 고시 가운데 그에 해당하는 규정이 있는 경우에는 종전의 규정에 갈음하여 이 고시의 해당 규정을 인용한 것으로 본다.

부칙〈제2024-34호, 2024. 7. 10.〉

제1조(시행일)

이 고시는 2024년 8월 1일부터 시행한다.

제2조(일반적 경과조치)

제6조, 제7조, 제8조 및 제17조의 개정규정에도 불구하고 이 고시 시행 전에 건축허가 등의 신청 또는 신고를 하거나 소방시설공사의 착공신고를 한 특정소방대상물의 화재안전성능기준에 대해서는 종전의 기준에 따른다.

CHAPTER 38 할로겐화합물 및 불활성기체소화설비의 화재안전기술기준(NFTC 107A)

[시행 2024. 8. 1.] [국립소방연구원공고 제2024-47호, 2024. 7. 10., 일부개정]

1. 일반사항

1.1 적용범위

1.1.1 이 기준은 「소방시설 설치 및 관리에 관한 법률 시행령」(이하 "영"이라 한다) 별표 4 제1호바목에 따른 물분무등소화설비 중 할로겐화합물 및 불활성기체소화설비의 설치 및 관리에 대해 적용한다.

1.2 기준의 효력

1.2.1 이 기준은 「소방시설 설치 및 관리에 관한 법률」(이하 "법"이라 한다) 제2조제1항제6호나목에 따라 물분무등소화설비인 할로겐화합물 및 불활성기체소화설비의 기술기준으로서의 효력을 가진다.

1.2.2 이 기준에 적합한 경우에는 법 제2조제1항제6호나목에 따라 「할로겐화합물 및 불활성기체소화설비의 화재안전성능기준(NFPC 107A)」을 충족하는 것으로 본다.

1.3 기준의 시행

1.3.1 이 기준은 2024년 8월 1일부터 시행한다. 〈개정 2024.8.1.〉

1.4 기준의 특례

1.4.1 소방본부장 또는 소방서장은 특정소방대상물의 위치·구조·설비의 상황에 따라 유사한 소방시설로도 이 기준에 따라 해당 특정소방대상물에 설치해야 할 소화기구의 기능을 수행할 수 있다고 인정되는 경우에는 그 효력 범위 안에서 그 유사한 소방시설을 이 기준에 따른 소방시설로 보고 이 기준의 일부를 적용하지 않을 수 있다.

1.5 경과조치

1.5.1 이 기준 시행 전에 건축허가 등의 신청 또는 신고를 하거나 소방시설공사의 착공신고를 한 특정소방대상물에 대해서는 종전의 기준에 따른다.

1.5.2 이 기준 시행 전에 1.5.1에 따른 신청 또는 신고를 한 경우라도 개정 기준이 종전의 기준에 비하여 관계인에게 유리한 경우에는 개정 기준에 따를 수 있다.

1.6 다른 법령과의 관계

1.6.1 이 기준 시행 당시 다른 법령 또는 행정규칙 등에서 종전의 화재안전기준을 인용한 경우에 이 기준 가운데 그에 해당하는 규정이 있는 경우에는 종전의 규정에 갈음하여 이 기준의 해당 규정을 인용한 것으로 본다.

1.7 용어의 정의

1.7.1 이 기준에서 사용하는 용어의 정의는 다음과 같다.

1.7.1.1 "할로겐화합물 및 불활성기체소화약제"란 할로겐화합물(할론 1301, 할론 2402, 할론 1211 제외) 및 불활성기체로서 전기적으로 비전도성이며 휘발성이 있거나 증발 후 잔여물을 남기지 않는 소화약제를 말한다.

1.7.1.2 "할로겐화합물소화약제"란 불소, 염소, 브롬 또는 요오드 중 하나 이상의 원소를 포함하고 있는 유기화합물을 기본성분으로 하는 소화약제를 말한다.

1.7.1.3 "불활성기체소화약제"란 헬륨, 네온, 아르곤 또는 질소가스 중 하나 이상의 원소를 기본성분으로 하는 소화약제를 말한다.

1.7.1.4 "충전밀도"란 소화약제의 중량과 소화약제 저장용기의 내부 용적과의 비(중량/용적)를 말한다.

1.7.1.5 "방화문"이란 「건축법 시행령」 제64조의 규정에 따른 60분+ 방화문, 60분 방화문 또는 30분 방화문을 말한다.

1.7.1.6 "교차회로방식"이란 하나의 방호구역 내에 2 이상의 화재감지기회로를 설치하고 인접한 2 이상의 화재감지기가 화재를 감지하는 때에 소화설비가 작동하는 방식을 말한다.

1.7.1.7 "방호구역"이란 소화설비의 소화범위 내에 포함된 영역을 말한다.

1.7.1.8 "별도 독립방식"이란 소화약제 저장용기와 배관을 방호구역별로 독립적으로 설치하는 방식을 말한다.

1.7.1.9 "선택밸브"란 2 이상의 방호구역 또는 방호대상물이 있어 소화수 또는 소화약제를 해당하는 방호구역 또는 방호대상물에 선택적으로 방출되도록 제어하는 밸브를 말한다.

1.7.1.10 "설계농도"란 방호대상물 또는 방호구역의 소화약제 저장량을 산출하기 위한 농도로서 소화농도에 안전율을 고려하여 설정한 농도를 말한다.

1.7.1.11 "소화농도"란 규정된 실험 조건의 화재를 소화하는 데 필요한 소화약제의 농도(형식승인대상의 소화약제는 형식승인된 소화농도)를 말한다.

1.7.1.12 "집합관"이란 개별 소화약제(가압용 가스 포함) 저장용기의 방출관이 연결되어 있는 관을 말한다.

1.7.1.13 "최대허용 설계농도"란 사람이 상주하는 곳에 적용하는 소화약제의 설계농도로서, 인체의 안전에 영향을 미치지 않는 농도를 말한다.

2. 기술기준

2.1 소화약제의 종류

2.1.1 소화설비에 적용되는 할로겐화합물 및 불활성기체소화약제는 다음 표 2.1.1에서 정하는 것에 한한다.

표 2.1.1 소화약제의 종류 및 화학식	
소화약제	화학식
퍼플루오로부탄(이하 "FC-3-1-10"이라 한다)	C_4F_{10}
하이드로클로로플루오로카본혼화제 (이하 "HCFC BLEND A"라 한다)	HCFC-123($CHCl_2CF_3$) : 4.75% HCFC-22($CHClF_2$) : 82% HCFC-124($CHClFCF_3$) : 9.5% $C_{10}H_{16}$: 3.75%
클로로테트라플루오르에탄(이하 "HCFC-124"라 한다)	$CHClFCF_3$
펜타플루오로에탄(이하 "HFC-125"라 한다)	CHF_2CF_3
헵타플루오로프로판(이하 "HFC-227ea"라 한다)	CF_3CHFCF_3
트리플루오로메탄(이하 "HFC-23"이라 한다)	CHF_3
헥사플루오로프로판(이하 "HFC-236fa"라 한다)	$CF_3CH_2CF_3$
트리플루오로이오다이드(이하 "FIC-13I1"이라 한다)	CF_3I
불연성·불활성기체혼합가스(이하 "IG-01"이라 한다)	Ar
불연성·불활성기체혼합가스(이하 "IG-100"이라 한다)	N_2
불연성·불활성기체혼합가스(이하 "IG-541"이라 한다)	N_2 : 52%, Ar : 40%, CO_2 : 8%
불연성·불활성기체혼합가스(이하 "IG-55"라 한다)	N_2 : 50%, Ar : 50%
도데카플루오로-2-메틸펜탄-3-원(이하 "FK-5-1-12"라 한다)	$CF_3CF_2C(O)CF(CF_3)_2$

2.2 설치제외

2.2.1 할로겐화합물 및 불활성기체소화설비는 다음의 장소에는 설치할 수 없다.

2.2.1.1 사람이 상주하는 곳으로써 2.4.2의 최대허용 설계농도를 초과하는 장소

2.2.1.2 「위험물안전관리법 시행령」 별표 1의 제3류위험물 및 제5류위험물을 저장·보관·사용하는 장소. 다만, 소화성능이 인정되는 위험물은 제외한다.

2.3 저장용기

2.3.1 할로겐화합물 및 불활성기체 소화약제의 저장용기는 다음의 기준에 적합한 장소에 설치해야 한다.

2.3.1.1 방호구역 외의 장소에 설치할 것. 다만, 방호구역 내에 설치할 경우에는 피난 및 조작이 용이하도록 피난구 부근에 설치해야 한다.

2.3.1.2 온도가 55℃ 이하이고, 온도 변화가 작은 곳에 설치할 것

2.3.1.3 직사광선 및 빗물이 침투할 우려가 없는 곳에 설치할 것

2.3.1.4 저장용기를 방호구역 외에 설치한 경우에는 방화문으로 구획된 실에 설치할 것

2.3.1.5 용기의 설치장소에는 해당 용기가 설치된 곳임을 표시하는 표지를 할 것

2.3.1.6 용기 간의 간격은 점검에 지장이 없도록 3cm 이상의 간격을 유지할 것

2.3.1.7 저장용기와 집합관을 연결하는 연결배관에는 체크밸브를 설치할 것. 다만, 저장용기가 하나의 방호구역만을 담당하는 경우에는 그렇지 않다.

2.3.2 할로겐화합물 및 불활성기체소화약제의 저장용기는 다음의 기준에 적합해야 한다.
2.3.2.1 저장용기의 충전밀도 및 충전압력은 표 2.3.2.1(1) 및 표 2.3.2.1(2)에 따를 것

표 2.3.2.1(1) 할로겐화합물소화약제 저장용기의 충전밀도·충전압력 및 배관의 최소사용설계압력 〈개정 2023.8.9.〉

(가) 소화약제 (나) 항목	(다) HFC-227ea				(라) FC-3-1-10	(마) HCFC BLEND A	
최대충전밀도(kg/m³)	1,265	1,201.4	1,153.3	1,153.3	1,281.4	900.2	900.2
21℃ 충전압력(kPa)	303**	1,034*	2,482*	4,137*	2,482*	4,137*	2,482*
최소사용 설계압력(kPa)	2,868	1,379	2,868	5,654	2,482	4,689	2,979

(바) 소화약제 (사) 항목	(아) HFC-23						(자) HCFC-124	
최대충전밀도(kg/m³)	865	768.9	720.8	640.7	560.6	480.6	1,185.4	1,185.4
21℃ 충전압력(kPa)	4,198**	4,198**	4,198**	4,198**	4,198**	4,198**	1,655*	2,482*
최소사용 설계압력(kPa)	12,038	9,453	8,605	7,626	6,943	6,392	1,951	3,199

(차) 소화약제 (카) 항목	(타) HCFC-125		(파) HFC-236fa					(하) FK-5-1-12		
최대충전밀도(kg/m³)	865	897	1,185.4	1,201.4	1,185.4	1,441.7	1,441.7	1,441.7	1,201	1,441.7	1,121
21℃ 충전압력(kPa)	2,482*	4,137*	1,655*	2,482*	4,137*	1,034*	1,344*	2,482*	3,447*	4,206*	6,000*
최소사용 설계압력(kPa)	3,392	5,764	1,931	3,310	6,068	1,034	1,344	2,482	3,447	4,206	6,000

[비고] 1. "*" 표시는 질소로 축압한 경우를 표시한다.
2. "**" 표시는 질소로 축압하지 않은 경우를 표시한다.
3. 소화약제 방출을 위해 별도의 용기로 질소를 공급하는 경우 배관의 최소사용설계압력을 충전된 질소압력에 따른다. 다만, 다음 각 목에 해당하는 경우에는 조정된 질소의 공급압력을 최소사용설계압력으로 적용할 수 있다.
　가. 질소의 공급압력을 조정하기 위해 감압장치를 설치할 것
　나. 폐쇄할 우려가 있는 배관 구간에는 배관의 최대허용압력 이하에서 작동하는 안전장치를 설치할 것

표 2.3.2.1(2) 불활성기체소화약제 저장용기의 충전밀도·충전압력 및 배관의 최소사용설계압력 〈개정 2023.8.9.〉

(거) 소화약제 (너) 항목		(더) IG-01			(러) IG-541			(머) IG-55			(버) IG-100		
21℃ 충전압력(kPa)		16,341	20,436	31,097	14,997	19,996	31,125	15,320	20,423	30,634	16,575	22,312	28,000
최소사용 설계압력 (kPa)	1차 측	16,341	20,436	31,097	14,997	19,996	31,125	15,320	20,423	30,634	16,575	22,312	28,000
	2차 측	"[비고 2]" 참조											

[비고] 1. 1차 측과 2차 측은 감압장치를 기준으로 한다.
2. 2차 측의 최소사용설계압력은 제조사의 설계프로그램에 의한 압력 값에 따른다.
3. 저장용기에 소화약제가 21℃ 충전압력보다 낮은 압력으로 충전되어 있는 경우에는 실제 저장용기에 충전되어 있는 압력 값을 1차 측 최소사용설계압력으로 적용할 수 있다.

2.3.2.2 저장용기는 약제명·저장용기의 자체중량과 총중량·충전일시·충전압력 및 약제의 체적을 표시할 것

2.3.2.3 동일 집합관에 접속되는 저장용기는 동일한 내용적을 가진 것으로 충전량 및 충전압력이 같도록 할 것

2.3.2.4 저장용기에 충전량 및 충전압력을 확인할 수 있는 장치를 하는 경우에는 해당 소화약제에 적합한 구조로 할 것

2.3.2.5 저장용기의 약제량 손실이 5%를 초과하거나 압력손실이 10%를 초과할 경우에는 재충전하거나 저장용기를 교체할 것. 다만, 불활성기체 소화약제 저장용기의 경우에는 압력손실이 5%를 초과할 경우 재충전하거나 저장용기를 교체해야 한다.

2.3.3 하나의 방호구역을 담당하는 저장용기의 소화약제의 체적 합계보다 소화약제의 방출 시 방출경로가 되는 배관(집합관을 포함한다)의 내용적의 비율이 할로겐화합물 및 불활성기체소화약제 제조업체(이하 "제조업체"라 한다)의 설계기준에서 정한 값 이상일 경우에는 해당 방호구역에 대한 설비는 별도 독립방식으로 해야 한다.

2.3.4 할로겐화합물 및 불활성기체소화약제 저장용기와 선택밸브 또는 개폐밸브 사이에는 배관의 최소사용설계압력과 최대허용압력 사이의 압력에서 작동하는 안전장치를 설치해야 하며, 안전장치를 통하여 나온 소화가스는 전용의 배관 등을 통하여 건축물 외부로 배출될 수 있도록 해야 한다. 이 경우 안전장치로 용전식을 사용해서는 안된다. 〈신설 2024.8.1.〉

2.4 소화약제량의 산정

2.4.1 소화약제의 저장량은 다음의 기준에 따른다.

2.4.1.1 할로겐화합물소화약제는 다음 식 (2.4.1.1)에 따라 산출한 양 이상으로 할 것

$$W = V/S \times [C/100 - C)] \quad \cdots\cdots\cdots (2.4.1.1)$$

여기에서 W : 소화약제의 무게(kg)

V : 방호구역의 체적(m³)

S : 소화약제별 선형상수($K_1 + K_2 \times t$)(m³/kg)

C : 체적에 따른 소화약제의 설계농도(%)

※ t : 방호구역의 최소예상온도(℃)

소화약제	K_1	K_2
FC-3-1-10	0.094104	0.00034455
HCFC BLEND A	0.2413	0.00088
HCFC-124	0.1575	0.0006
HFC-125	0.1825	0.0007
HFC-227ea	0.1269	0.0005
HFC-23	0.3164	0.0012
HFC-236fa	0.1413	0.0006
FIC-13I1	0.1138	0.0005
FK-5-1-12	0.0664	0.0002741

2.4.1.2 불활성기체소화약제는 다음 식 (2.4.1.2)에 따라 산출한 양 이상으로 할 것

$$X = 2.303\,(V_s/S) \times \log10[100/(100-C)] \quad\cdots\cdots\cdots (2.4.1.2)$$

여기에서 X : 공간체적당 더해진 소화약제의 부피(m³/m³)
C : 체적에 따른 소화약제의 설계농도(%)
V_s : 20℃에서 소화약제의 비체적(m³/kg)
S : 소화약제별 선형상수($K_1 + K_2 \times t$)(m³/kg)
※ t : 방호구역의 최소예상온도(℃)

소화약제	K_1	K_2
IG-01	0.5685	0.00208
IG-100	0.7997	0.00293
IG-541	0.65799	0.00239
IG-55	0.6598	0.00242

2.4.1.3 체적에 따른 소화약제의 설계농도(%)는 상온에서 제조업체의 설계기준에 따라 인증받은 소화농도(%)에 표 2.4.1.3에 따른 안전계수를 곱한 값 이상으로 할 것 〈개정 2024.8.1.〉

표 2.4.1.3 A · B · C급 화재별 안전계수 〈신설 2024.8.1.〉

설계농도	소화농도	안전계수
A급	A급	1.2
B급	B급	1.3
C급	A급	1.35

2.4.2 2.4.1의 기준에 의해 산출한 소화약제량은 사람이 상주하는 곳에서는 표 2.4.2에 따른 최대허용 설계농도를 초과할 수 없다.

표 2.4.2 할로겐화합물 및 불활성기체소화약제 최대허용 설계농도

소화약제	최대허용 설계농도(%)	소화약제	최대허용 설계농도(%)
FC-3-1-10	40	FIC-13I1	0.3
HCFC BLEND A	10	FK-5-1-12	10
HCFC-124	1.0	IG-01	43
HFC-125	11.5	IG-100	43
HFC-227ea	10.5	IG-541	43
HFC-23	30	IG-55	43
HFC-236fa	12.5		

2.4.3 방호구역이 2 이상인 장소의 소화설비가 2.3.3의 기준에 해당하지 않는 경우에 한하여 가장 큰 방호구역에 대하여 2.4.1의 기준에 의해 산출한 양 이상이 되도록 해야 한다.

2.5 기동장치

2.5.1 할로겐화합물 및 불활성기체소화설비의 수동식 기동장치는 다음의 기준에 따라 설치해야 한다. 이 경우 수동식 기동장치의 부근에는 소화약제의 방출을 지연시킬 수 있는 방출지연스위치(자동복귀형 스위치로서 수동식 기동장치의 타이머를 순간 정지시키는 기능의 스위치를 말한다)를 설치해야 한다.

2.5.1.1 방호구역마다 설치할 것

2.5.1.2 해당 방호구역의 출입구 부근 등 조작을 하는 자가 쉽게 피난할 수 있는 장소에 설치할 것

2.5.1.3 기동장치의 조작부는 바닥으로부터 0.8m 이상 1.5m 이하의 위치에 설치하고, 보호판 등에 따른 보호장치를 설치할 것

2.5.1.4 기동장치 인근의 보기 쉬운 곳에 "할로겐화합물 및 불활성기체소화설비 수동식 기동장치"라는 표지를 할 것

2.5.1.5 전기를 사용하는 기동장치에는 전원표시등을 설치할 것

2.5.1.6 기동장치의 방출용스위치는 음향경보장치와 연동하여 조작될 수 있는 것으로 할 것

2.5.1.7 50 N 이하의 힘을 가하여 기동할 수 있는 구조로 할 것

2.5.1.8 기동장치에는 보호장치를 설치해야 하며, 보호장치를 개방하는 경우 기동장치에 설치된 버저 또는 벨 등에 의하여 경고음을 발할 것 〈신설 2024.8.1.〉

2.5.1.9 기동장치를 옥외에 설치하는 경우 빗물 또는 외부 충격의 영향을 받지 아니하도록 설치할 것 〈신설 2024.8.1.〉

2.5.2 할로겐화합물 및 불활성기체소화설비의 자동식 기동장치는 자동화재탐지설비의 감지기의 작동과 연동하는 것으로서 다음의 기준에 따라 설치해야 한다.

2.5.2.1 자동식 기동장치에는 수동으로도 기동할 수 있는 구조로 할 것

2.5.2.2 전기식 기동장치로서 7병 이상의 저장용기를 동시에 개방하는 설비는 2병 이상의 저장용기에 전자 개방밸브를 부착할 것

2.5.2.3 가스압력식 기동장치는 다음의 기준에 따를 것

2.5.2.3.1 기동용가스용기 및 해당 용기에 사용하는 밸브는 25MPa 이상의 압력에 견딜 수 있는 것으로 할 것

2.5.2.3.2 기동용가스용기에는 내압시험압력의 0.8배부터 내압시험압력 이하에서 작동하는 안전장치를 설치할 것

2.5.2.3.3 기동용가스용기의 체적은 5L 이상으로 하고, 해당 용기에 저장하는 질소 등의 비활성기체는 6.0MPa 이상(21℃ 기준)의 압력으로 충전할 것. 다만, 기동용가스용기의 체적을 1L 이상으로 하고, 해당 용기에 저장하는 이산화탄소의 양은 0.6kg 이상으로 하며, 충전비는 1.5 이상 1.9 이하의 기동용가스용기로 할 수 있다.

2.5.2.3.4 질소 등의 비활성기체 기동용가스용기에는 충전 여부를 확인할 수 있는 압력게이지를 설치할 것

2.5.2.4 기계식 기동장치는 저장용기를 쉽게 개방할 수 있는 구조로 할 것

2.5.3 할로겐화합물 및 불활성기체소화설비가 설치된 부분의 출입구 등의 보기 쉬운 곳에 소화약제의 방출을 표시하는 표시등을 설치해야 한다.

2.6 제어반 등

2.6.1 할로겐화합물 및 불활성기체소화설비의 제어반 및 화재표시반은 다음의 기준에 따라 설치해야 한다. 다만, 자동화재탐지설비의 수신기 제어반이 화재표시반의 기능을 가지고 있는 것은 화재표시반을 설치하지 않을 수 있다.

2.6.1.1 제어반은 수동기동장치 또는 감지기에서의 신호를 수신하여 음향경보장치의 작동, 소화약제의 방출 또는 지연 등 기타의 제어기능을 가진 것으로 하고, 제어반에는 전원표시등을 설치할 것

2.6.1.2 화재표시반은 제어반에서의 신호를 수신하여 작동하는 기능을 가진 것으로 하되, 다음의 기준에 따라 설치할 것

2.6.1.2.1 각 방호구역마다 음향경보장치의 조작 및 감지기의 작동을 명시하는 표시등과 이와 연동하여 작동하는 벨·버저 등의 경보기를 설치할 것. 이 경우 음향경보장치의 조작 및 감지기의 작동을 명시하는 표시등을 겸용할 수 있다.

2.6.1.2.2 수동식 기동장치는 그 방출용스위치의 작동을 명시하는 표시등을 설치할 것

2.6.1.2.3 소화약제의 방출을 명시하는 표시등을 설치할 것

2.6.1.2.4 자동식 기동장치는 자동·수동의 절환을 명시하는 표시등을 설치할 것

2.6.1.3 제어반 및 화재표시반은 화재 및 침수 등의 재해로 인한 피해를 받을 우려가 없고 점검에 편리한 장소에 설치할 것

2.6.1.4 제어반 및 화재표시반에는 해당 회로도 및 취급설명서를 비치할 것

2.7 배관

2.7.1 할로겐화합물 및 불활성기체소화설비의 배관은 다음의 기준에 따라 설치해야 한다.

2.7.1.1 배관은 전용으로 할 것

2.7.1.2 배관·배관부속 및 밸브류는 저장용기의 방출 내압을 견딜 수 있어야 하며, 다음의 기준에 적합할 것. 이 경우 설계내압은 표 2.3.2.1(1) 및 표 2.3.2.1(2)에서 정한 최소사용 설계압력 이상으로 해야 한다.

2.7.1.2.1 강관을 사용하는 경우의 배관은 압력배관용탄소강관(KS D 3562) 또는 이와 동등 이상의 강도를 가진 것으로서 아연도금 등에 따라 방식처리 된 것을 사용할 것

2.7.1.2.2 동관을 사용하는 경우의 배관은 이음이 없는 동 및 동합금관(KS D 5301)의 것을 사용할 것

2.7.1.2.3 배관의 두께는 다음의 식 (2.7.1.2.3)에서 구한 값(t) 이상일 것 다만, 방출헤드 설치부는 제외한다.

$$t = \frac{PD}{2SE} + A \quad \cdots\cdots\cdots\cdots\cdots\cdots\cdots\cdots\cdots\cdots\cdots\cdots\cdots (2.7.1.2.3)$$

여기에서 t : 배관의 두께(mm)
P : 최대허용압력(kPa)
D : 배관의 바깥지름(mm)

SE : 최대허용응력(kPa)(배관재질 인장강도의 1/4값과 항복점의 2/3 값 중
작은 값×배관이음효율×1.2)

※ 배관이음효율
- 이음매 없는 배관 : 1.0
- 전기저항 용접배관 : 0.85
- 가열맞대기 용접배관 : 0.60

A : 나사이음, 홈이음 등의 허용 값(mm)[헤드 설치부분은 제외한다]
- 나사이음 : 나사의 높이
- 절단홈이음 : 홈의 깊이
- 용접이음 : 0

2.7.1.3 배관부속 및 밸브류는 강관 또는 동관과 동등 이상의 강도 및 내식성이 있는 것으로 할 것

2.7.2 배관과 배관, 배관과 배관 부속 및 밸브류의 접속은 나사접합, 용접접합, 압축접합 또는 플랜지접합 등의 방법을 사용해야 한다.

2.7.3 배관의 구경은 해당 방호구역에 할로겐화합물소화약제는 10초 이내에, 불활성기체소화약제는 A·C급 화재 2분, B급 화재 1분 이내에 방호구역 각 부분에 최소설계농도의 95% 이상에 해당하는 약제량이 방출되도록 해야 한다.

2.8 선택밸브

2.8.1 하나의 특정소방대상물 또는 그 부분에 2 이상의 방호구역 또는 방호대상물이 있어 소화약제 저장용기를 공용하는 경우에는 다음의 기준에 따라 선택밸브를 설치해야 한다.

2.8.1.1 방호구역마다 설치할 것

2.8.1.2 각 선택밸브에는 해당 방호구역을 표시할 것

2.9 분사헤드

2.9.1 할로겐화합물 및 불활성기체소화설비의 분사헤드는 다음의 기준에 따라야 한다.

2.9.1.1 분사헤드의 설치 높이는 방호구역의 바닥으로부터 최소 0.2m 이상 최대 3.7m 이하로 해야 하며 천장높이가 3.7m를 초과할 경우에는 추가로 다른 열의 분사헤드를 설치할 것. 다만, 분사헤드의 성능인정 범위 내에서 설치하는 경우에는 그렇지 않다.

2.9.1.2 분사헤드의 개수는 방호구역에 2.7.3에 따른 방출시간이 충족되도록 설치할 것

2.9.1.3 분사헤드에는 부식방지조치를 해야 하며 오리피스의 크기, 제조일자, 제조업체가 표시되도록 할 것

2.9.2 분사헤드의 방출률 및 방출압력은 제조업체에서 정한 값으로 할 것

2.9.3 분사헤드의 오리피스의 면적은 분사헤드가 연결되는 배관구경 면적의 70% 이하가 되도록 할 것

2.10 자동식 기동장치의 화재감지기

2.10.1 할로겐화합물 및 불활성기체소화설비의 자동식 기동장치는 다음의 기준에 따른 화재감지기를 설치해야 한다.

2.10.1.1 각 방호구역 내의 화재감지기의 감지에 따라 작동되도록 할 것
2.10.1.2 화재감지기의 회로는 교차회로방식으로 설치할 것. 다만, 화재감지기를 「자동화재탐지설비 및 시각경보장치의 화재안전기술기준(NFTC 203)」 2.4.1 단서의 각 감지기로 설치하는 경우에는 그렇지 않다.
2.10.1.3 교차회로 내의 각 화재감지기회로별로 설치된 화재감지기 1개가 담당하는 바닥면적은 「자동화재탐지설비 및 시각경보장치의 화재안전기술기준(NFTC 203)」 2.4.3.5, 2.4.3.8부터 2.4.3.10까지의 규정에 따른 바닥면적으로 할 것

2.11 음향경보장치

2.11.1 할로겐화합물 및 불활성기체소화설비의 음향경보장치는 다음의 기준에 따라 설치해야 한다.
2.11.1.1 수동식 기동장치를 설치한 것은 그 기동장치의 조작과정에서, 자동식 기동장치를 설치한 것은 화재감지기와 연동하여 자동으로 경보를 발하는 것으로 할 것
2.11.1.2 소화약제의 방출 개시 후 1분 이상 경보를 계속할 수 있는 것으로 할 것
2.11.1.3 방호구역 또는 방호대상물이 있는 구획 안에 있는 자에게 유효하게 경보할 수 있는 것으로 할 것
2.11.2 방송에 따른 경보장치를 설치할 경우에는 다음의 기준에 따라야 한다.
2.11.2.1 증폭기 재생장치는 화재 시 연소의 우려가 없고, 유지관리가 쉬운 장소에 설치할 것
2.11.2.2 방호구역 또는 방호대상물이 있는 구획의 각 부분으로부터 하나의 확성기까지의 수평거리는 25m 이하가 되도록 할 것
2.11.2.3 제어반의 복구스위치를 조작하여도 경보를 계속 발할 수 있는 것으로 할 것

2.12 자동폐쇄장치

2.12.1 할로겐화합물 및 불활성기체소화설비를 설치한 특정소방대상물 또는 그 부분에 대하여는 다음의 기준에 따라 자동폐쇄장치를 설치해야 한다.
2.12.1.1 환기장치 등을 설치한 것은 소화약제가 방출되기 전에 해당 환기장치 등이 정지될 수 있도록 할 것
2.12.1.2 개구부가 있거나 천장으로부터 1m 이상의 아래 부분 또는 바닥으로부터 해당 층의 높이의 3분의 2 이내의 부분에 통기구가 있어 소화약제의 유출에 따라 소화효과를 감소시킬 우려가 있는 것은 소화약제가 방출되기 전에 해당 개구부 및 통기구를 폐쇄할 수 있도록 할 것
2.12.1.3 자동폐쇄장치는 방호구역 또는 방호대상물이 있는 구획의 밖에서 복구할 수 있는 구조로 하고, 그 위치를 표시하는 표지를 할 것

2.13 비상전원

2.13.1 할로겐화합물 및 불활성기체소화설비에는 자가발전설비, 축전지설비(제어반에 내장하는 경우를 포함한다. 이하 같다) 또는 전기저장장치(외부 전기에너지를 저장해 두었다가 필요한 때 전기를 공급하는 장치. 이하 같다)에 따른 비상전원을 다음의 기준에 따라 설치해야 한다. 다만, 2 이상의 변전소(「전기사업법」 제67조에 따른 변전소를 말한다. 이하 같다)에서 전력을 동시에

공급받을 수 있거나 하나의 변전소로부터 전력의 공급이 중단되는 때에는 자동으로 다른 변전소로부터 전력을 공급받을 수 있도록 상용전원을 설치한 경우에는 비상전원을 설치하지 않을 수 있다.

2.13.1.1 점검에 편리하고 화재 및 침수 등의 재해로 인한 피해를 받을 우려가 없는 곳에 설치할 것

2.13.1.2 할로겐화합물 및 불활성기체소화설비를 유효하게 20분 이상 작동할 수 있어야 할 것

2.13.1.3 상용전원으로부터 전력의 공급이 중단된 때에는 자동으로 비상전원으로부터 전력을 공급받을 수 있도록 할 것

2.13.1.4 비상전원의 설치장소는 다른 장소와 방화구획할 것. 이 경우 그 장소에는 비상전원의 공급에 필요한 기구나 설비 외의 것(열병합발전설비에 필요한 기구나 설비는 제외한다)을 두어서는 아니 된다.

2.13.1.5 비상전원을 실내에 설치하는 때에는 그 실내에 비상조명등을 설치할 것

2.14 과압배출구

2.14.1 할로겐화합물 및 불활성기체소화설비의 방호구역에는 소화약제 방출 시 발생하는 과(부)압으로 인한 구조물 등의 손상을 방지하기 위해 2.14.1.1부터 2.14.1.4까지의 내용을 검토하여 과압배출구를 설치해야 한다. 다만, 과(부)압이 발생해도 구조물 등에 손상이 생길 우려가 없음을 시험 또는 공학적인 자료로 입증하는 경우 설치하지 않을 수 있다. 〈개정 2024.8.1.〉

2.14.1.1 방호구역 누설면적 〈신설 2024.8.1.〉

2.14.1.2 방호구역의 최대허용압력 〈신설 2024.8.1.〉

2.14.1.3 소화약제 방출 시의 최고압력 〈신설 2024.8.1.〉

2.14.1.4 소화농도 유지시간 〈신설 2024.8.1.〉

2.15 설계프로그램

2.15.1 할로겐화합물 및 불활성기체소화설비를 설계프로그램을 이용하여 설계할 경우에는 「가스계소화설비 설계프로그램의 성능인증 및 제품검사의 기술기준」에 적합한 설계프로그램을 사용해야 한다.

CHAPTER 39

할론소화설비의 화재안전성능기준 (NFPC 107)

[시행 2023. 2. 10.] [소방청고시 제2023-3호, 2023. 2. 10., 일부개정]

제1조(목적)
이 기준은 「소방시설 설치 및 관리에 관한 법률」 제2조제1항제6호가목에 따라 소방청장에게 위임한 사항 중 소화설비인 물분무등소화설비 중 할론소화설비의 성능기준을 규정함을 목적으로 한다.

제2조(적용범위)
이 기준은 「소방시설 설치 및 관리에 관한 법률 시행령」(이하 "영"이라 한다) 별표 4 제1호바목에 따른 물분무등소화설비 중 할론소화설비의 설치 및 관리에 대해 적용한다.

제3조(정의)
이 기준에서 사용하는 용어의 정의는 다음과 같다.
1. "전역방출방식"이란 소화약제 공급장치에 배관 및 분사헤드 등을 고정 설치하여 밀폐 방호구역 내에 소화약제를 방출하는 방식을 말한다.
2. "국소방출방식"이란 소화약제 공급장치에 배관 및 분사헤드를 설치하여 직접 화점에 소화약제를 방출하는 방식을 말한다.
3. "호스릴방식"이란 소화수 또는 소화약제 저장용기 등에 연결된 호스릴을 이용하여 사람이 직접 화점에 소화수 또는 소화약제를 방출하는 방식을 말한다.
4. "충전비"란 소화약제 저장용기의 내부 용적과 소화약제의 중량과의 비(용적/중량)를 말한다.
5. "교차회로방식"이란 하나의 방호구역 내에 둘 이상의 화재감지기회로를 설치하고 인접한 둘 이상의 화재감지기가 화재를 감지하는 때에 소화설비가 작동하는 방식을 말한다.
6. "방화문"이란 「건축법 시행령」 제64조의 규정에 따른 60분+ 방화문, 60분 방화문 또는 30분 방화문을 말한다.
7. "방호구역"란 소화설비의 소화범위 내에 포함된 영역을 말한다.
8. "별도 독립방식"이란 소화약제 저장용기와 배관을 방호구역별로 독립적으로 설치하는 방식을 말한다.
9. "선택밸브"란 둘 이상의 방호구역 또는 방호대상물이 있어 소화수 또는 소화약제를 해당하는 방호구역 또는 방호대상물에 선택적으로 방출되도록 제어하는 밸브를 말한다.
10. "집합관"이란 개별 소화약제(가압용 가스 포함) 저장용기의 방출관이 접속되어 있는 관을 말한다.
11. "호스릴"이란 원형의 형태를 유지하고 있는 소방호스를 수납장치에 감아 정리한 것을 말한다.

제4조(소화약제의 저장용기 등)
① 할론소화약제의 저장용기는 방호구역 외의 장소로서 방화구획된 실에 설치해야 한다.
② 할론소화약제의 저장용기는 다음 각 호의 기준에 적합해야 한다.

1. 축압식 저장용기의 축압용 가스는 질소가스로 할 것
2. 저장용기의 충전비는 소화약제의 종류에 따를 것
3. 동일 집합관에 접속되는 저장용기의 소화약제 충전량은 동일 충전비의 것으로 할 것

③ 가압용 가스용기는 질소가스가 충전된 것으로 해야 한다.
④ 할론소화약제 저장용기의 개방밸브는 전기식·가스압력식 또는 기계식에 따라 자동으로 개방되고 수동으로도 개방되는 것으로서 안전장치가 부착된 것으로 해야 한다.
⑤ 저장용기와 집합관을 연결하는 연결배관에는 체크밸브를 설치할 것
⑥ 가압식 저장용기에는 압력조정장치를 설치해야 한다.
⑦ 하나의 구역을 담당하는 소화약제 저장용기의 소화약제량의 체적합계보다 그 소화약제 방출 시 방출경로가 되는 배관(집합관 포함)의 내용적이 1.5배 이상일 경우에는 해당 방호구역에 대한 설비는 별도 독립방식으로 한다.

제5조(소화약제)

할론소화약제의 저장량은 다음 각 호의 기준에 따라야 한다.
1. 전역방출방식은 다음 각 목의 기준에 따라 산출한 양 이상으로 할 것
   가. 방호구역의 체적(불연재료나 내열성의 재료로 밀폐된 구조물이 있는 경우에는 그 체적을 제외한다) 1세제곱미터에 대하여 다음 표에 따른 양

특정소방대상물 또는 그 부분		소화약제의 종류	방호구역의 체적 1m³당 소화약제의 양
차고·주차장·전기실·통신기기실·전산실 기타 이와 유사한 전기설비가 설치되어 있는 부분		할론 1301	0.32kg 이상 0.64kg 이하
「화재의 예방 및 안전관리에 관한 법률 시행령」별표 2의 특수가연물을 저장·취급하는 소방대상물 또는 그 부분	가연성고체류·가연성액체류	할론 2402 할론 1211 할론 1301	0.40kg 이상 1.1kg 이하 0.36kg 이상 0.71kg 이하 0.32kg 이상 0.64kg 이하
	면화류·나무껍질 및 대팻밥·넝마 및 종이부스러기·사류·볏짚류·목재가공품 및 나무부스러기를 저장·취급하는 것	할론 1211 할론 1301	0.60kg 이상 0.71kg 이하 0.52kg 이상 0.64kg 이하
	합성수지류를 저장·취급하는 것	할론 1211 할론 1301	0.36kg 이상 0.71kg 이하 0.32kg 이상 0.64kg 이하

   나. 방호구역의 개구부에 자동폐쇄장치를 설치하지 않은 경우에는 "가"목에 따라 산출한 양에 다음 표에 따라 산출한 양을 가산한 양

특정소방대상물 또는 그 부분		소화약제의 종류	가산량(개구부의 면적 1m²당 소화약제의 양)
차고 · 주차장 · 전기실 · 통신기기실 · 전산실 · 기타 이와 유사한 전기설비가 설치되어 있는 부분		할론 1301	2.4kg
「화재의 예방 및 안전관리에 관한 법률 시행령」 별표 2의 특수가연물을 저장 · 취급하는 소방대상물 또는 그 부분	가연성고체류 · 가연성액체류	할론 2402 할론 1211 할론 1301	3.0kg 2.7kg 2.4kg
	면화류 · 나무껍질 및 대팻밥 · 넝마 및 종이부스러기 · 사류 · 볏짚류 · 목재가공품 및 나무부스러기를 저장 · 취급하는 것	할론 1211 할론 1301	4.5kg 3.9kg
	합성수지류를 저장 · 취급하는 것	할론 1211 할론 1301	2.7kg 2.4kg

2. 국소방출방식은 다음 각 목의 기준에 따라 산출한 양에 할론 2402 또는 할론 1211은 1.1을, 할론 1301은 1.25를 각각 곱하여 얻은 양 이상으로 할 것

   가. 윗면이 개방된 용기에 저장하는 경우와 화재 시 연소면이 1면에 한정되고 가연물이 비산할 우려가 없는 경우에는 다음 표에 따른 양

소화약제의 종류	방호대상물의 표면적 1m²에 대한 소화약제의 양
할론 2402	8.8kg
할론 1211	7.6kg
할론 1301	6.8kg

   나. 가목 외의 경우에는 방호공간(방호대상물의 각 부분으로부터 0.6미터의 거리에 따라 둘러싸인 공간을 말한다. 이하 같다)의 체적 1세제곱미터에 대하여 다음의 식에 따라 산출한 양

$$Q = X - Y \frac{a}{A}$$

   Q : 방호공간 1m³에 대한 할론 소화약제의 양(kg/m³)
   a : 방호대상물의 주위에 설치된 벽의 면적의 합계(m²)
   A : 방호공간의 벽면적(벽이 없는 경우에는 벽이 있는 것으로 가정한 해당 부분의 면적)의 합계(m²)
   X 및 Y : 다음 표의 수치

소화약제의 종류	X의 수치	Y의 수치
할론 2402	5.2	3.9
할론 1211	4.4	3.3
할론 1301	4.0	3.0

3. 호스릴방식의 할론소화설비는 하나의 노즐에 대하여 50킬로그램(할론 1301은 45킬로그램) 이상으로 할 것 〈개정 2023.2.10.〉

제6조(기동장치)
① 할론소화설비의 수동식 기동장치는 조작, 피난 및 유지관리가 용이한 장소에 설치하되 전역방출방식은 방호구역마다, 국소방출방식은 방호대상물마다 설치해야 한다. 이 경우 수동식 기동장치의 부근에는 소화약제의 방출을 지연시킬 수 있는 방출지연스위치를 설치해야 한다.
② 할론소화설비의 자동식 기동장치는 자동화재탐지설비의 감지기의 작동과 연동하는 것으로서 수동으로도 기동할 수 있는 구조로 설치해야 한다.
③ 할론소화설비가 설치된 부분의 출입구 등의 보기 쉬운 곳에 소화약제의 방출을 표시하는 표시등을 설치해야 한다.

제7조(제어반 등)
할론소화설비의 제어반 및 화재표시반은 다음 각 호의 기준에 따라 설치해야 한다.
1. 제어반은 수동기동장치 또는 화재감지기에서의 신호를 수신하여 음향경보장치의 작동, 소화약제의 방출 또는 지연 등 기타의 제어기능을 가진 것으로 하고, 제어반에는 전원표시등을 설치할 것
2. 화재표시반은 제어반에서의 신호를 수신하여 작동하는 기능을 가진 것으로 설치할 것
3. 제어반 및 화재표시반은 화재 및 침수 등의 재해로 인한 피해를 받을 우려가 없고 점검에 편리한 장소에 설치할 것

제8조(배관)
할론소화설비의 배관은 다음 각 호의 기준에 따라 설치해야 한다.
1. 배관은 전용으로 할 것
2. 강관을 사용하는 경우의 배관은 압력 배관용 탄소 강관(KS D 3562) 중 스케줄 80(저압식은 스케줄 40) 이상의 것 또는 이와 동등 이상의 강도를 가진 것으로 아연도금 등으로 방식 처리된 것을 사용할 것
3. 동관을 사용하는 경우의 배관은 이음이 없는 구리 및 구리합금관(KS D 5301)으로서 고압식은 16.5메가파스칼 이상, 저압식은 3.75메가파스칼 이상의 압력에 견딜 수 있는 것을 사용할 것
4. 배관부속 및 밸브류는 강관 또는 동관과 동등 이상의 강도 및 내식성이 있는 것으로 할 것

제9조(선택밸브)
하나의 특정소방대상물 또는 그 부분에 둘 이상의 방호구역 또는 방호대상물이 있어 할론 저장용기를 공용하는 경우에는 방호구역 또는 방호대상물마다 선택밸브를 설치해야 한다.

제10조(분사헤드)
① 전역방출방식의 할론소화설비의 분사헤드는 다음 각 호의 기준에 따라 설치해야 한다.
  1. 방출된 소화약제가 방호구역의 전역에 균일하고 신속하게 확산할 수 있도록 할 것
  2. 할론 2402를 방출하는 분사헤드는 해당 소화약제가 무상으로 분무되는 것으로 할 것
  3. 분사헤드의 방출압력은 0.1메가파스칼(할론 1211을 방출하는 것은 0.2메가파스칼, 할론1301을 방출하는 것은 0.9메가파스칼) 이상으로 할 것

4. 제5조에 따른 기준저장량의 소화약제를 10초 이내에 방출할 수 있는 것으로 할 것

② 국소방출방식의 할론소화설비의 분사헤드는 다음 각 호의 기준에 따라 설치해야 한다.
   1. 소화약제의 방출에 따라 가연물이 비산하지 않는 장소에 설치할 것
   2. 할론 2402를 방출하는 분사헤드는 해당 소화약제가 무상으로 분무되는 것으로 할 것
   3. 분사헤드의 방출압력은 0.1메가파스칼(할론 1211을 방출하는 것은 0.2메가파스칼, 할론1301을 방출하는 것은 0.9메가파스칼) 이상으로 할 것
   4. 제5조에 따른 기준저장량의 소화약제를 10초 이내에 방출할 수 있는 것으로 할 것

③ 화재 시 현저하게 연기가 찰 우려가 없는 장소로서 다음 각 호의 어느 하나에 해당하는 장소에는 호스릴방식의 할론소화설비를 설치할 수 있다. 다만, 차고 또는 주차의 용도로 사용되는 장소는 제외한다. 〈개정 2023.2.10.〉
   1. 지상 1층 및 피난층에 있는 부분으로서 지상에서 수동 또는 원격조작에 따라 개방할 수 있는 개구부의 유효면적의 합계가 바닥면적의 15퍼센트 이상이 되는 부분
   2. 전기설비가 설치되어 있는 부분 또는 다량의 화기를 사용하는 부분(해당 설비의 주위 5미터 이내의 부분을 포함한다)의 바닥면적이 해당 설비가 설치되어 있는 구획의 바닥면적의 5분의 1 미만이 되는 부분

④ 호스릴방식의 할론소화설비는 다음 각 호의 기준에 따라 설치해야 한다. 〈개정 2023.2.10.〉
   1. 방호대상물의 각 부분으로부터 하나의 호스접결구까지의 수평거리는 20미터 이하가 되도록 할 것
   2. 소화약제의 저장용기의 개방밸브는 호스릴의 설치장소에서 수동으로 개폐할 수 있는 것으로 할 것
   3. 소화약제의 저장용기는 호스릴을 설치하는 장소마다 설치할 것
   4. 노즐은 섭씨 20도에서 하나의 노즐마다 분당 45킬로그램(할론 1211은 40킬로그램, 할론 1301은 35킬로그램) 이상의 소화약제를 방사할 수 있는 것으로 할 것
   5. 소화약제 저장용기의 가장 가까운 곳의 보기 쉬운 곳에 표시등을 설치하고, 호스릴방식의 할론소화설비가 있다는 뜻을 표시한 표지를 할 것 〈개정 2023.2.10.〉

⑤ 할론소화설비의 분사헤드의 오리피스구경 등은 다음 각 호의 기준에 적합해야 한다.
   1. 분사헤드에는 부식방지조치를 해야 하며 오리피스의 크기, 제조일자, 제조업체가 표시되도록 할 것
   2. 분사헤드의 개수는 방호구역에 방출 시간이 충족되도록 설치할 것
   3. 분사헤드의 방출률 및 방출압력은 제조업체에서 정한 값으로 할 것
   4. 분사헤드의 오리피스의 면적은 분사헤드가 연결되는 배관구경 면적의 70퍼센트 이하가 되도록 할 것

제11조(자동식 기동장치의 화재감지기)
할론소화설비의 자동식 기동장치는 각 방호구역 내 화재감지기의 감지에 따라 작동되도록 하고, 화재감지기의 회로는 교차회로방식으로 설치해야 한다.

제12조(음향경보장치)
① 할론소화설비의 음향경보장치는 다음 각 호의 기준에 따라 설치해야 한다.
   1. 수동식 기동장치를 설치한 것은 그 기동장치의 조작과정에서, 자동식 기동장치를 설치한 것은 화

재감지기와 연동하여 자동으로 경보를 발하는 것으로 할 것
   2. 소화약제의 방출개시 후 1분 이상 경보를 계속할 수 있는 것으로 할 것
   3. 방호구역 또는 방호대상물이 있는 구획 안에 있는 자에게 유효하게 경보할 수 있는 것으로 할 것
② 방송에 따른 경보장치를 설치할 경우에는 다음 각 호의 기준에 따라야 한다.
   1. 증폭기 재생장치는 화재 시 연소의 우려가 없고, 유지관리가 쉬운 장소에 설치할 것
   2. 방호구역 또는 방호대상물이 있는 구획의 각 부분으로부터 하나의 확성기까지의 수평거리는 25미터 이하가 되도록 할 것
   3. 제어반의 복구스위치를 조작하여도 경보를 계속 발할 수 있는 것으로 할 것

제13조(자동폐쇄장치)
전역방출방식의 할론소화설비를 설치한 특정소방대상물 또는 그 부분에 대하여 환기장치 등을 설치한 것은 소화약제가 방출되기 전에 해당 환기장치 등이 정지될 수 있도록 하고, 개구부 및 통기구가 있어 소화약제의 유출에 따라 소화효과를 감소시킬 우려가 있는 것은 소화약제가 방출되기 전에 당해 개구부 및 통기구를 폐쇄할 수 있도록 자동폐쇄장치를 설치해야 한다.

제14조(비상전원)
할론소화설비(호스릴방식은 제외한다)의 비상전원은 자가발전설비, 축전지설비 또는 전기저장장치로서 다음 각 호의 기준에 따라 설치해야 한다.
   1. 점검에 편리하고 화재 및 침수 등의 재해로 인한 피해를 받을 우려가 없는 곳에 설치할 것
   2. 할론소화설비를 유효하게 20분 이상 작동할 수 있어야 할 것
   3. 상용전원으로부터 전력의 공급이 중단된 때에는 자동으로 비상전원으로부터 전력을 공급받을 수 있도록 할 것
   4. 비상전원의 설치장소는 다른 장소와 방화구획할 것
   5. 비상전원을 실내에 설치하는 때에는 그 실내에 비상조명등을 설치할 것

제15조(설계프로그램)
할론소화설비를 설계프로그램을 이용하여 설계할 경우에는 「가스계소화설비 설계프로그램의 성능인증 및 제품검사의 기술기준」에 적합한 설계프로그램을 사용해야 한다.

제16조(설치ㆍ유지기준의 특례)
소방본부장 또는 소방서장은 기존건축물이 증축ㆍ개축ㆍ대수선되거나 용도변경되는 경우에 있어서 이 기준이 정하는 기준에 따라 당해 건축물에 설치해야 할 할론소화설비의 배관ㆍ배선 등의 공사가 현저하게 곤란하다고 인정되는 경우에는 당해 설비의 기능 및 사용에 지장이 없는 범위 안에서 이 기준의 일부를 적용하지 않을 수 있다.

제17조(재검토기한)
소방청장은 「훈령ㆍ예규 등의 발령 및 관리에 관한 규정」에 따라 이 고시에 대하여 2023년 1월 1일을 기준으로 매 3년이 되는 시점(매 3년째의 12월 31일까지를 말한다)마다 그 타당성을 검토하여 개선 등의 조치를 해야 한다.

부칙 〈제2022-40호, 2022. 11. 25.〉

제1조(시행일)
이 고시는 2022년 12월 1일부터 시행한다.

제2조(경과조치)
① 이 고시 시행 전에 건축허가 등의 신청 또는 신고를 하거나 소방시설공사의 착공신고를 한 특정소방대상물에 대해서는 종전의 「할론소화설비의 화재안전기준(NFSC 107)」에 따른다.
② 이 고시 시행 전에 제1항에 따른 신청 또는 신고를 한 경우라도 개정 기준이 종전의 기준에 비해 관계인에게 유리한 경우에는 개정 기준에 따를 수 있다.

제3조(다른 법령과의 관계)
이 고시 시행 당시 다른 법령에서 종전의 화재안전기준을 인용한 경우에 이 고시 가운데 그에 해당하는 규정이 있는 경우에는 종전의 규정에 갈음하여 이 고시의 해당 규정을 인용한 것으로 본다.

부칙 〈제2023-3호, 2023. 2. 10.〉

제1조(시행일)
이 고시는 발령한 날부터 시행한다.

제2조(경과조치)
① 이 고시 시행 전에 건축허가 등의 신청 또는 신고를 하거나 소방시설공사의 착공신고를 한 특정소방대상물에 대해서는 종전의 기준에 따른다.
② 이 고시 시행 전에 제1항에 따른 신청 또는 신고를 한 경우라도 개정 기준이 종전의 기준에 비해 관계인에게 유리한 경우에는 개정 기준에 따를 수 있다.

CHAPTER 39 할론소화설비의 화재안전기술기준 (NFTC 107)

[시행 2023. 2. 10.] [소방청고시 제2023-2호, 2023. 2. 10., 일부개정]

1. 일반사항

1.1 적용범위

1.1.1 이 기준은 「소방시설 설치 및 관리에 관한 법률 시행령」(이하 "영"이라 한다) 별표 4 제1호바목에 따른 물분무등소화설비 중 할론소화설비의 설치 및 관리에 대해 적용한다.

1.2 기준의 효력

1.2.1 이 기준은 「소방시설 설치 및 관리에 관한 법률」(이하 "법"이라 한다) 제2조제1항제6호나목에 따라 물분무등소화설비인 할론소화설비의 기술기준으로서의 효력을 가진다.

1.2.2 이 기준에 적합한 경우에는 법 제2조제1항제6호나목에 따라 「할론소화설비의 화재안전성능기준(NFPC 107)」을 충족하는 것으로 본다.

1.3 기준의 시행

1.3.1 이 기준은 2023년 2월 10일부터 시행한다. 〈개정 2023.2.10.〉

1.4 기준의 특례

1.4.1 소방본부장 또는 소방서장은 기존건축물이 증축・개축・대수선되거나 용도변경되는 경우에 있어서 이 기준이 정하는 기준에 따라 해당 건축물에 설치해야 할 할론소화설비의 배관・배선 등의 공사가 현저하게 곤란하다고 인정되는 경우에는 해당 설비의 기능 및 사용에 지장이 없는 범위에서 이 기준의 일부를 적용하지 않을 수 있다.

1.5 경과조치

1.5.1 이 기준 시행 전에 건축허가 등의 신청 또는 신고를 하거나 소방시설공사의 착공신고를 한 특정소방대상물에 대해서는 종전의 기준에 따른다. 〈개정 2023.2.10.〉

1.5.2 이 기준 시행 전에 1.5.1에 따른 신청 또는 신고를 한 경우라도 개정 기준이 종전의 기준에 비하여 관계인에게 유리한 경우에는 개정 기준에 따를 수 있다. 〈개정 2023.2.10.〉

1.6 다른 법령과의 관계

1.6.1 이 기준 시행 당시 다른 법령 또는 행정규칙 등에서 종전의 화재안전기준을 인용한 경우에 이 기준 가운데 그에 해당하는 규정이 있는 경우에는 종전의 규정에 갈음하여 이 기준의 해당 규정을 인용한 것으로 본다.

1.7 용어의 정의

1.7.1 이 기준에서 사용하는 용어의 정의는 다음과 같다.

1.7.1.1 "전역방출방식"이란 소화약제 공급장치에 배관 및 분사헤드 등을 설치하여 밀폐 방호구역 전체에 소화약제를 방출하는 설비를 말한다.

1.7.1.2 "국소방출방식"이란 소화약제 공급장치에 배관 및 분사헤드 등을 설치하여 직접 화점에 소화약제를 방출하는 방식을 말한다.

1.7.1.3 "호스릴방식"이란 소화수 또는 소화약제 저장용기 등에 연결된 호스릴을 이용하여 사람이 직접 화점에 소화수 또는 소화약제를 방출하는 방식을 말한다.

1.7.1.4 "충전비"란 소화약제 저장용기의 내부 용적과 소화약제의 중량과의 비(용적/중량)를 말한다.

1.7.1.5 "교차회로방식"이란 하나의 방호구역 내에 2 이상의 화재감지기회로를 설치하고 인접한 2 이상의 화재감지기가 화재를 감지하는 때에 소화설비가 작동하는 방식을 말한다.

1.7.1.6 "방화문"이란 「건축법 시행령」 제64조의 규정에 따른 60분+ 방화문, 60분 방화문 또는 30분 방화문을 말한다.

1.7.1.7 "방호구역"이란 소화설비의 소화범위 내에 포함된 영역을 말한다.

1.7.1.8 "별도 독립방식"이란 소화약제 저장용기와 배관을 방호구역별로 독립적으로 설치하는 방식을 말한다.

1.7.1.9 "선택밸브"란 2 이상의 방호구역 또는 방호대상물이 있어 소화수 또는 소화약제를 해당하는 방호구역 또는 방호대상물에 선택적으로 방출되도록 제어하는 밸브를 말한다.

1.7.1.10 "집합관"이란 개별 소화약제(가압용 가스 포함) 저장용기의 방출관이 연결되어 있는 관을 말한다.

1.7.1.11 "호스릴"이란 원형의 소방호스를 원형의 수납장치에 감아 정리한 것을 말한다.

2. 기술기준

2.1 소화약제의 저장용기 등

2.1.1 할론소화약제의 저장용기는 다음의 기준에 적합한 장소에 설치해야 한다.

2.1.1.1 방호구역 외의 장소에 설치할 것. 다만, 방호구역 내에 설치할 경우에는 피난 및 조작이 용이하도록 피난구 부근에 설치해야 한다.

2.1.1.2 온도가 40℃ 이하이고, 온도 변화가 작은 곳에 설치할 것

2.1.1.3 직사광선 및 빗물이 침투할 우려가 없는 곳에 설치할 것

2.1.1.4 방화문으로 방화구획 된 실에 설치할 것

2.1.1.5 용기의 설치장소에는 해당 용기가 설치된 곳임을 표시하는 표지를 할 것

2.1.1.6 용기 간의 간격은 점검에 지장이 없도록 3cm 이상의 간격을 유지할 것

2.1.1.7 저장용기와 집합관을 연결하는 연결배관에는 체크밸브를 설치할 것. 다만, 저장용기가 하나의 방호구역만을 담당하는 경우에는 그렇지 않다.

2.1.2 할론소화약제의 저장용기는 다음의 기준에 적합해야 한다.

2.1.2.1 축압식 저장용기의 압력은 온도 20℃에서 할론 1211을 저장하는 것은 1.1MPa 또는 2.5MPa, 할론 1301을 저장하는 것은 2.5MPa 또는 4.2MPa이 되도록 질소가스로 축압할 것

2.1.2.2 저장용기의 충전비는 할론 2402를 저장하는 것 중 가압식 저장용기는 0.51 이상 0.67 미만,

축압식 저장용기는 0.67 이상 2.75 이하, 할론 1211은 0.7 이상 1.4 이하, 할론 1301은 0.9 이상 1.6 이하로 할 것

2.1.2.3 동일 집합관에 접속되는 저장용기의 소화약제 충전량은 동일 충전비의 것으로 할 것

2.1.3 가압용 가스용기는 질소가스가 충전된 것으로 하고, 그 압력은 21℃에서 2.5MPa 또는 4.2MPa이 되도록 해야 한다.

2.1.4 할론소화약제 저장용기의 개방밸브는 전기식·가스압력식 또는 기계식에 따라 자동으로 개방되고 수동으로도 개방되는 것으로서 안전장치가 부착된 것으로 해야 한다.

2.1.5 가압식 저장용기에는 2.0MPa 이하의 압력으로 조정할 수 있는 압력조정장치를 설치해야 한다.

2.1.6 하나의 방호구역을 담당하는 소화약제 저장용기의 소화약제량의 체적합계보다 그 소화약제 방출 시 방출경로가 되는 배관(집합관을 포함한다)의 내용적의 비율이 1.5배 이상일 경우에는 해당 방호구역에 대한 설비는 별도 독립방식으로 해야 한다.

2.2 소화약제

2.2.1 할론소화약제의 저장량은 다음의 기준에 따라야 한다. 이 경우 동일한 특정소방대상물 또는 그 부분에 2 이상의 방호구역 또는 방호대상물이 있는 경우에는 각 방호구역 또는 방호대상물에 대하여 다음 각 기준에 따라 산출한 저장량 중 최대의 것으로 할 수 있다.

2.2.1.1 전역방출방식은 다음의 기준에 따라 산출한 양 이상으로 할 것

2.2.1.1.1 방호구역의 체적(불연재료나 내열성의 재료로 밀폐된 구조물이 있는 경우에는 그 체적을 제외한다) 1m³에 대하여 다음 표 2.2.1.1.1에 따른 양

표 2.2.1.1.1 소방대상물 및 소화약제 종류에 따른 소화약제의 양

소방대상물 또는 그 부분		소화약제의 종류	방호구역의 체적 1m³당 소화약제의 양
차고·주차장·전기실·통신기기실·전산실 기타 이와 유사한 전기설비가 설치되어 있는 부분		할론 1301	0.32kg 이상 0.64kg 이하
「화재의 예방 및 안전관리에 관한 법률 시행령」 별표 2의 특수가연물을 저장·취급하는 소방대상물 또는 그 부분	가연성고체류·가연성액체류	할론 2402 할론 1211 할론 1301	0.40kg 이상 1.10kg 이하 0.36kg 이상 0.71kg 이하 0.32kg 이상 0.64kg 이하
	면화류·나무껍질 및 대팻밥·넝마 및 종이부스러기·사류·볏짚류·목재가공품 및 나무부스러기를 저장·취급하는 것	할론 1211 할론 1301	0.60kg 이상 0.71kg 이하 0.52kg 이상 0.64kg 이하
	합성수지류를 저장·취급하는 것	할론 1211 할론 1301	0.36kg 이상 0.71kg 이하 0.32kg 이상 0.64kg 이하

2.2.1.1.2 방호구역의 개구부에 자동폐쇄장치를 설치하지 아니한 경우에는 2.2.1.1.1에 따라 산출한 양에 다음 표 2.2.1.1.2에 따라 산출한 양을 가산한 양

표 2.2.1.1.2 소방대상물 및 소화약제 종류에 따른 개구부 가산량		
소방대상물 또는 그 부분	소화약제의 종류	가산량(개구부의 면적 1m²당 소화약제의 양)
차고·주차장·전기실·통신기기실·전산실·기타 이와 유사한 전기설비가 설치되어 있는 부분	할론 1301	2.4kg
「화재의 예방 및 안전관리에 관한 법률 시행령」 별표 2의 특수가연물을 저장·취급하는 소방대상물 또는 그 부분 — 가연성고체류·가연성액체류	할론 2402 할론 1211 할론 1301	3.0kg 2.7kg 2.4kg
「화재의 예방 및 안전관리에 관한 법률 시행령」 별표 2의 특수가연물을 저장·취급하는 소방대상물 또는 그 부분 — 면화류·나무껍질 및 대팻밥·넝마 및 종이부스러기·사류·볏짚류·목재가공품 및 나무부스러기를 저장·취급하는 것	할론 1211 할론 1301	4.5kg 3.9kg
「화재의 예방 및 안전관리에 관한 법률 시행령」 별표 2의 특수가연물을 저장·취급하는 소방대상물 또는 그 부분 — 합성수지류를 저장·취급하는 것	할론 1211 할론 1301	2.7kg 2.4kg

2.2.1.2 국소방출방식은 다음의 기준에 따라 산출한 양에 할론 2402 또는 할론 1211은 1.1을, 할론 1301은 1.25를 각각 곱하여 산출한 양 이상으로 할 것

2.2.1.2.1 윗면이 개방된 용기에 저장하는 경우와 화재 시 연소면이 1면에 한정되고 가연물이 비산할 우려가 없는 경우에는 다음 표 2.2.1.2.1에 따른 양

표 2.2.1.2.1 개방용기 및 가연물의 비산 우려가 없는 경우의 소화약제 종류에 따른 소화약제의 양	
소화약제의 종류	방호대상물의 표면적 1m²에 대한 소화약제의 양
할론 2402	8.8kg
할론 1211	7.6kg
할론 1301	6.8kg

2.2.1.2.2 2.2.1.2.1 외의 경우에는 방호공간(방호대상물의 각 부분으로부터 0.6m의 거리에 따라 둘러싸인 공간을 말한다. 이하 같다)의 체적 1m³에 대하여 다음의 식 (2.2.1.2.2)에 따라 산출한 양

$$Q = X - Y\frac{a}{A} \quad \cdots\cdots (2.2.1.2.2)$$

여기에서 Q : 방호공간 1m³에 대한 할론 소화약제의 양(kg/m³)
a : 방호대상물의 주위에 설치된 벽의 면적의 합계(m²)
A : 방호공간의 벽면적(벽이 없는 경우에는 벽이 있는 것으로 가정한 해당 부분의 면적)의 합계(m²)
X 및 Y : 다음 표의 수치

소화약제의 종류	X의 수치	Y의 수치
할론 2402	5.2	3.9
할론 1211	4.4	3.3
할론 1301	4.0	3.0

2.2.1.3 호스릴방식의 할론소화설비는 하나의 노즐에 대하여 다음 표 2.2.1.3에 따른 양 이상으로 할 것 〈개정 2023.2.10.〉

표 2.2.1.3 호스릴할론소화설비의 소화약제 종류에 따른 소화약제의 양

소화약제의 종류	소화약제의 양
할론 2402 또는 1211	50kg
할론 1301	45kg

2.3 기동장치

2.3.1 할론소화설비의 수동식 기동장치는 다음의 기준에 따라 설치해야 한다. 이 경우 수동식 기동장치의 부근에는 소화약제의 방출을 지연시킬 수 있는 방출지연스위치(자동복귀형 스위치로서 수동식 기동장치의 타이머를 순간 정지시키는 기능의 스위치를 말한다)를 설치해야 한다.

2.3.1.1 전역방출방식은 방호구역마다, 국소방출방식은 방호대상물마다 설치할 것

2.3.1.2 해당 방호구역의 출입구 부근 등 조작을 하는 자가 쉽게 피난할 수 있는 장소에 설치할 것

2.3.1.3 기동장치의 조작부는 바닥으로부터 0.8m 이상 1.5m 이하의 위치에 설치하고, 보호판 등에 따른 보호장치를 설치할 것

2.3.1.4 기동장치 인근의 보기 쉬운 곳에 "할론소화설비 수동식 기동장치"라는 표지를 할 것

2.3.1.5 전기를 사용하는 기동장치에는 전원표시등을 설치할 것

2.3.1.6 기동장치의 방출용스위치는 음향경보장치와 연동하여 조작될 수 있는 것으로 할 것

2.3.2 할론소화설비의 자동식 기동장치는 자동화재탐지설비의 감지기의 작동과 연동하는 것으로서 다음의 기준에 따라 설치해야 한다.

2.3.2.1 자동식 기동장치에는 수동으로도 기동할 수 있는 구조로 할 것

2.3.2.2 전기식 기동장치로서 7병 이상의 저장용기를 동시에 개방하는 설비는 2병 이상의 저장용기에 전자 개방밸브를 부착할 것

2.3.2.3 가스압력식 기동장치는 다음의 기준에 따를 것

2.3.2.3.1 기동용가스용기 및 해당 용기에 사용하는 밸브는 25MPa 이상의 압력에 견딜 수 있는 것으로 할 것

2.3.2.3.2 기동용가스용기에는 내압시험압력의 0.8배부터 내압시험압력 이하에서 작동하는 안전장치를 설치할 것

2.3.2.3.3 기동용가스용기의 체적은 5L 이상으로 하고, 해당 용기에 저장하는 질소 등의 비활성기체는 6.0MPa 이상(21℃ 기준)의 압력으로 충전할 것. 다만, 기동용가스용기의 체적을 1L 이상으

로 하고, 해당 용기에 저장하는 이산화탄소의 양은 0.6kg 이상으로 하며, 충전비는 1.5 이상 1.9 이하의 기동용가스용기로 할 수 있다.

2.3.2.4 기계식 기동장치는 저장용기를 쉽게 개방할 수 있는 구조로 할 것

2.3.3 할론소화설비가 설치된 부분의 출입구 등의 보기 쉬운 곳에 소화약제의 방출을 표시하는 표시등을 설치해야 한다.

2.4 제어반 등

2.4.1 할론소화설비의 제어반 및 화재표시반은 다음의 기준에 따라 설치해야 한다. 다만, 자동화재탐지설비의 수신기 제어반이 화재표시반의 기능을 가지고 있는 것은 화재표시반을 설치하지 않을 수 있다.

2.4.1.1 제어반은 수동기동장치 또는 감지기에서의 신호를 수신하여 음향경보장치의 작동, 소화약제의 방출 또는 지연 등 기타의 제어기능을 가진 것으로 하고, 제어반에는 전원표시등을 설치할 것

2.4.1.2 화재표시반은 제어반에서의 신호를 수신하여 작동하는 기능을 가진 것으로 하되, 다음의 기준에 따라 설치할 것

2.4.1.2.1 각 방호구역마다 음향경보장치의 조작 및 감지기의 작동을 명시하는 표시등과 이와 연동하여 작동하는 벨·버저 등의 경보기를 설치할 것. 이 경우 음향경보장치의 조작 및 감지기의 작동을 명시하는 표시등을 겸용할 수 있다.

2.4.1.2.2 수동식 기동장치는 그 방출용스위치의 작동을 명시하는 표시등을 설치할 것

2.4.1.2.3 소화약제의 방출을 명시하는 표시등을 설치할 것

2.4.1.2.4 자동식 기동장치는 자동·수동의 절환을 명시하는 표시등을 설치할 것

2.4.1.3 제어반 및 화재표시반은 화재 및 침수 등의 재해로 인한 피해를 받을 우려가 없고 점검에 편리한 장소에 설치할 것

2.4.1.4 제어반 및 화재표시반에는 해당 회로도 및 취급설명서를 비치할 것

2.5 배관

2.5.1 할론소화설비의 배관은 다음의 기준에 따라 설치해야 한다.

2.5.1.1 배관은 전용으로 할 것

2.5.1.2 강관을 사용하는 경우의 배관은 압력배관용탄소강관(KS D 3562)중 스케줄 40 이상의 것 또는 이와 동등 이상의 강도를 가진 것으로서 아연도금 등에 따라 방식 처리된 것을 사용할 것

2.5.1.3 동관을 사용하는 경우에는 이음이 없는 동 및 동합금관(KS D 5301)의 것으로서 고압식은 16.5MPa 이상, 저압식은 3.75MPa 이상의 압력에 견딜 수 있는 것을 사용할 것

2.5.1.4 배관 부속 및 밸브류는 강관 또는 동관과 동등 이상의 강도 및 내식성이 있는 것으로 할 것

2.6 선택밸브

2.6.1 하나의 특정소방대상물 또는 그 부분에 2 이상의 방호구역 또는 방호대상물이 있어 소화약제 저장용기를 공용하는 경우에는 다음의 기준에 따라 선택밸브를 설치해야 한다.

2.6.1.1 방호구역 또는 방호대상물마다 설치할 것

2.6.1.2 각 선택밸브에는 해당 방호구역 또는 방호대상물을 표시할 것

2.7 분사헤드

2.7.1 전역방출방식의 할론소화설비의 분사헤드는 다음의 기준에 따라 설치해야 한다.

2.7.1.1 방출된 소화약제가 방호구역의 전역에 균일하고 신속하게 확산할 수 있도록 할 것

2.7.1.2 할론 2402를 방출하는 분사헤드는 해당 소화약제가 무상으로 분무되는 것으로 할 것

2.7.1.3 분사헤드의 방출압력은 할론 2402를 방출하는 것은 0.1MPa 이상, 할론 1211을 방출하는 것은 0.2MPa 이상, 할론 1301을 방출하는 것은 0.9MPa 이상으로 할 것

2.7.1.4 2.2에 따른 기준저장량의 소화약제를 10초 이내에 방출할 수 있는 것으로 할 것

2.7.2 국소방출방식의 할론소화설비의 분사헤드는 다음의 기준에 따라 설치해야 한다.

2.7.2.1 소화약제의 방출에 따라 가연물이 비산하지 않는 장소에 설치할 것

2.7.2.2 할론 2402를 방출하는 분사헤드는 해당 소화약제가 무상으로 분무되는 것으로 할 것

2.7.2.3 분사헤드의 방출압력은 할론 2402를 방출하는 것은 0.1MPa 이상, 할론 1211을 방출하는 것은 0.2MPa 이상, 할론 1301을 방출하는 것은 0.9MPa 이상으로 할 것

2.7.2.4 2.2에 따른 기준저장량의 소화약제를 10초 이내에 방출할 수 있는 것으로 할 것

2.7.3 화재 시 현저하게 연기가 찰 우려가 없는 장소로서 다음의 어느 하나에 해당하는 장소에는 호스릴방식의 할론소화설비를 설치할 수 있다. 다만, 차고 또는 주차의 용도로 사용되는 장소는 제외한다. 〈개정 2023.2.10.〉

2.7.3.1 지상 1층 및 피난층에 있는 부분으로서 지상에서 수동 또는 원격조작에 따라 개방할 수 있는 개구부의 유효면적의 합계가 바닥면적의 15% 이상이 되는 부분

2.7.3.2 전기설비가 설치되어 있는 부분 또는 다량의 화기를 사용하는 부분(해당 설비의 주위 5m 이내의 부분을 포함한다)의 바닥면적이 해당 설비가 설치되어 있는 구획의 바닥면적의 5분의 1 미만이 되는 부분

2.7.4 호스릴방식의 할론소화설비는 다음의 기준에 따라 설치해야 한다. 〈개정 2023.2.10.〉

2.7.4.1 방호대상물의 각 부분으로부터 하나의 호스접결구까지의 수평거리가 20m 이하가 되도록 할 것

2.7.4.2 소화약제 저장용기의 개방밸브는 호스릴의 설치장소에서 수동으로 개폐할 수 있는 것으로 할 것

2.7.4.3 소화약제 저장용기는 호스릴을 설치하는 장소마다 설치할 것

2.7.4.4 호스릴방식의 할론소화설비의 노즐은 20℃에서 하나의 노즐마다 1분당 다음 표 2.7.4.4에 따른 소화약제를 방출할 수 있는 것으로 할 것 〈개정 2023.2.10.〉

표 2.7.4.4 호스릴할론소화설비의 소화약제 종별 1분당 방출하는 소화약제의 양

소화약제의 종별	1분당 방출하는 소화약제의 양
할론 2402	45kg
할론 1211	40kg
할론 1301	35kg

2.7.4.5 소화약제 저장용기의 가장 가까운 곳의 보기 쉬운 곳에 적색의 표시등을 설치하고, 호스릴방식의 할론소화설비가 있다는 뜻을 표시한 표지를 할 것 〈개정 2023.2.10.〉

2.7.5 할론소화설비의 분사헤드의 오리피스구경 등은 다음의 기준에 적합해야 한다.

2.7.5.1 분사헤드에는 부식방지조치를 해야 하며 오리피스의 크기, 제조일자, 제조업체가 표시되도록 할 것

2.7.5.2 분사헤드의 개수는 방호구역에 소화약제의 방출 시간이 충족되도록 설치할 것

2.7.5.3 분사헤드의 방출률 및 방출압력은 제조업체에서 정한 값으로 할 것

2.7.5.4 분사헤드의 오리피스의 면적은 분사헤드가 연결되는 배관구경 면적의 70% 이하가 되도록 할 것

2.8 자동식 기동장치의 화재감지기

2.8.1 할론소화설비의 자동식 기동장치는 다음의 기준에 따른 화재감지기를 설치해야 한다.

2.8.1.1 각 방호구역 내의 화재감지기의 감지에 따라 작동되도록 할 것

2.8.1.2 화재감지기의 회로는 교차회로방식으로 설치할 것. 다만, 화재감지기를 「자동화재탐지설비 및 시각경보장치의 화재안전기술기준(NFTC 203)」 2.4.1 단서의 각 감지기로 설치하는 경우에는 그렇지 않다.

2.8.1.3 교차회로 내의 각 화재감지기회로별로 설치된 화재감지기 1개가 담당하는 바닥면적은 「자동화재탐지설비 및 시각경보장치의 화재안전기술기준(NFTC 203)」 2.4.3.5, 2.4.3.8부터 2.4.3.10까지의 규정에 따른 바닥면적으로 할 것

2.9 음향경보장치

2.9.1 할론소화설비의 음향경보장치는 다음의 기준에 따라 설치해야 한다.

2.9.1.1 수동식 기동장치를 설치한 것은 그 기동장치의 조작과정에서, 자동식 기동장치를 설치한 것은 화재감지기와 연동하여 자동으로 경보를 발하는 것으로 할 것

2.9.1.2 소화약제의 방출 개시 후 1분 이상 경보를 계속할 수 있는 것으로 할 것

2.9.1.3 방호구역 또는 방호대상물이 있는 구획 안에 있는 자에게 유효하게 경보할 수 있는 것으로 할 것

2.9.2 방송에 따른 경보장치를 설치할 경우에는 다음의 기준에 따라야 한다.

2.9.2.1 증폭기 재생장치는 화재 시 연소의 우려가 없고, 유지관리가 쉬운 장소에 설치할 것

2.9.2.2 방호구역 또는 방호대상물이 있는 구획의 각 부분으로부터 하나의 확성기까지의 수평거리는 25m 이하가 되도록 할 것

2.9.2.3 제어반의 복구스위치를 조작하여도 경보를 계속 발할 수 있는 것으로 할 것

2.10 자동폐쇄장치

2.10.1 전역방출방식의 할론소화설비를 설치한 특정소방대상물 또는 그 부분에 대하여는 다음의 기준에 따라 자동폐쇄장치를 설치해야 한다.

2.10.1.1 환기장치 등을 설치한 것은 소화약제가 방출되기 전에 해당 환기장치 등이 정지될 수 있도록 할 것

2.10.1.2 개구부가 있거나 천장으로부터 1m 이상의 아랫부분 또는 바닥으로부터 해당층의 높이의 3분

의 2 이내의 부분에 통기구가 있어 소화약제의 유출에 따라 소화효과를 감소시킬 우려가 있는 것은 소화약제가 방출되기 전에 해당 개구부 및 통기구를 폐쇄할 수 있도록 할 것

2.10.1.3 자동폐쇄장치는 방호구역 또는 방호대상물이 있는 구획의 밖에서 복구할 수 있는 구조로 하고, 그 위치를 표시하는 표지를 할 것

2.11 비상전원

2.11.1 할론소화설비(호스릴할론소화설비를 제외한다)에는 자가발전설비, 축전지설비(제어반에 내장하는 경우를 포함한다. 이하 같다) 또는 전기저장장치(외부 전기에너지를 저장해 두었다가 필요한 때 전기를 공급하는 장치. 이하 같다)에 따른 비상전원을 다음의 기준에 따라 설치해야 한다. 다만, 2 이상의 변전소(「전기사업법」제67조 및 「전기설비기술기준」제3조제1항제2호에 따른 변전소를 말한다. 이하 같다)에서 전력을 동시에 공급받을 수 있거나 하나의 변전소로부터 전력의 공급이 중단되는 때에는 자동으로 다른 변전소로부터 전력을 공급받을 수 있도록 상용전원을 설치한 경우에는 비상전원을 설치하지 않을 수 있다.

2.11.1.1 점검에 편리하고 화재 및 침수 등의 재해로 인한 피해를 받을 우려가 없는 곳에 설치할 것

2.11.1.2 할론소화설비를 유효하게 20분 이상 작동할 수 있어야 할 것

2.11.1.3 상용전원으로부터 전력의 공급이 중단된 때에는 자동으로 비상전원으로부터 전력을 공급받을 수 있도록 할 것

2.11.1.4 비상전원의 설치장소는 다른 장소와 방화구획할 것. 이 경우 그 장소에는 비상전원의 공급에 필요한 기구나 설비 외의 것(열병합발전설비에 필요한 기구나 설비는 제외한다)을 두어서는 아니 된다.

2.11.1.5 비상전원을 실내에 설치하는 때에는 그 실내에 비상조명등을 설치할 것

2.12 설계프로그램

2.12.1 할론소화설비를 설계프로그램을 이용하여 설계할 경우에는 「가스계소화설비 설계프로그램의 성능인증 및 제품검사의 기술기준」에 적합한 설계프로그램을 사용해야 한다.

CHAPTER 40 화재알림설비의 화재안전성능기준 (NFPC 207)

[시행 2023. 12. 7.] [소방청고시 제2023-48호, 2023. 12. 7., 제정]

제1조(목적)
이 기준은 「소방시설 설치 및 관리에 관한 법률」 제2조제1항제6호가목에 따라 소방청장에게 위임한 사항 중 경보설비인 화재알림설비의 성능기준을 규정함을 목적으로 한다.

제2조(적용범위)
「소방시설 설치 및 관리에 관한 법률 시행령」 별표 4 제2호마목에 따른 화재알림설비의 설치 및 관리에 대해 적용한다.

제3조(정의)
이 기준에서 사용되는 용어의 정의는 다음과 같다.
1. "화재알림형 감지기"란 화재 시 발생하는 열, 연기, 불꽃을 자동적으로 감지하는 기능 중 두 가지 이상의 성능을 가진 열·연기 또는 열·연기·불꽃 복합형 감지기로서 화재알림형 수신기에 주위의 온도 또는 연기의 양의 변화에 따라 각각 다른 전류 또는 전압 등(이하 "화재정보값"이라 한다)의 출력을 발하고, 불꽃을 감지하는 경우 화재신호를 발신하며, 자체 내장된 음향장치에 의하여 경보하는 것을 말한다.
2. "화재알림형 중계기"란 화재알림형 감지기, 발신기 또는 전기적인 접점 등의 작동에 따른 화재정보값 또는 화재신호 등을 받아 이를 화재알림형 수신기에 전송하는 장치를 말한다.
3. "화재알림형 수신기"란 화재알림형 감지기나 발신기에서 발하는 화재정보값 또는 화재신호 등을 직접 수신하거나 화재알림형 중계기를 통해 수신하여 화재의 발생을 표시 및 경보하고, 화재정보값 등을 자동으로 저장하여, 자체 내장된 속보기능에 의해 화재신호를 통신망을 통하여 소방관서에는 음성 등의 방법으로 통보하고, 관계인에게는 문자로 전달할 수 있는 장치를 말한다.
4. "발신기"란 수동누름버튼 등의 작동으로 화재신호를 수신기에 발신하는 장치를 말한다.
5. "화재알림형 비상경보장치"란 발신기, 표시등, 지구음향장치(경종 또는 사이렌 등)를 내장한 것으로 화재발생 상황을 경보하는 장치를 말한다.
6. "원격감시서버"란 원격지에서 각각의 화재알림설비로부터 수신한 화재정보값 및 화재신호, 상태신호 등을 원격으로 감시하기 위한 서버를 말한다.
7. "공용부분"이란 전유부분 외의 건물부분, 전유부분에 속하지 아니하는 건물의 부속물, 「집합건물의 소유 및 관리에 관한 법률」 제3조제2항 및 제3항에 따라 공용부분으로 된 부속의 건물을 말한다.

제4조(신호전송방식)

화재정보값 및 화재신호, 상태신호 등(이하 "화재정보 · 신호 등"이라 한다)을 송 · 수신하는 방식은 다음 각 호와 같다.
1. "유선식"은 화재정보 · 신호 등을 배선으로 송 · 수신하는 방식
2. "무선식"은 화재정보 · 신호 등을 전파에 의해 송 · 수신하는 방식
3. "유 · 무선식"은 유선식과 무선식을 겸용으로 사용하는 방식

제5조(화재알림형 수신기)

① 화재알림형 수신기는 다음 각 호의 기준에 적합한 것으로 설치해야 한다.
   1. 화재알림형 감지기, 발신기 등의 작동 및 설치지점을 확인할 수 있는 것으로 설치할 것
   2. 해당 특정소방대상물에 가스누설탐지설비가 설치된 경우에는 가스누설탐지설비로부터 가스누설신호를 수신하여 가스누설경보를 할 수 있는 것으로 설치할 것
   3. 화재알림형 감지기, 발신기 등에서 발신되는 화재정보 · 신호 등을 자동으로 저장할 수 있는 용량의 것으로 설치할 것
   4. 화재알림형 수신기에 내장된 속보기능은 화재신호를 자동적으로 통신망을 통하여 소방관서에는 음성 등의 방법으로 통보하고, 관계인에게는 문자로 전달할 수 있는 것으로 설치할 것

② 화재알림형 수신기는 다음 각 호의 기준에 따라 설치해야 한다.
   1. 상시 사람이 근무하는 장소에 설치할 것
   2. 화재알림형 수신기가 설치된 장소에는 화재알림설비 일람도를 비치할 것
   3. 화재알림형 수신기의 내부 또는 그 직근에 주음향장치를 설치할 것
   4. 화재알림형 수신기의 음향기구는 그 음압 및 음색이 다른 기기의 소음 등과 명확히 구별될 수 있는 것으로 할 것
   5. 화재알림형 수신기의 조작 스위치는 바닥으로부터의 높이가 0.8미터 이상 1.5미터 이하인 장소에 설치할 것
   6. 하나의 특정소방대상물에 둘 이상의 화재알림형 수신기를 설치하는 경우에는 화재알림형 수신기를 상호 간 연동하여 화재발생 상황을 각 화재알림형 수신기마다 확인할 수 있도록 할 것
   7. 화재로 인하여 하나의 층의 화재알림형 비상경보장치 또는 배선이 단락되어도 다른 층의 화재통보에 지장이 없도록 각 층 배선상에 유효한 조치를 할 것

제6조(화재알림형 중계기)

화재알림형 중계기를 설치할 경우 다음 각 호의 기준에 따라 설치해야 한다.
   1. 화재알림형 수신기와 화재알림형 감지기 사이에 설치할 것
   2. 조작 및 점검에 편리하고 화재 및 침수 등의 재해로 인한 피해를 받을 우려가 없는 장소에 설치할 것
   3. 화재알림형 수신기에 따라 감시되지 않는 배선을 통하여 전력을 공급받는 것에 있어서는 전원입력 측의 배선에 과전류 차단기를 설치하고 해당 전원의 정전이 즉시 화재알림형 수신기에 표시되는 것으로 하며, 상용전원 및 예비전원의 시험을 할 수 있도록 할 것

제7조(화재알림형 감지기)

① 화재알림형 감지기는 열을 감지하는 경우 공칭감지온도범위, 연기를 감지하는 경우 공칭감지농도범위, 불꽃을 감지하는 경우 공칭감시거리 및 공칭시야각 등에 따라 적합한 장소에 설치해야 한다.
② 무선식의 경우 화재를 유효하게 검출하기 위해 해당 특정소방대상물에 음영구역이 없도록 설치해야 한다.
③ 동작된 감지기는 자체 내장된 음향장치에 의하여 경보를 발해야 하며, 음압은 부착된 화재알림형 감지기의 중심으로부터 1미터 떨어진 위치에서 85데시벨 이상으로 해야 한다.

제8조(비화재보방지)

화재알림형 수신기 또는 화재알림형 감지기는 자동보정기능이 있는 것으로 설치해야 한다.

제9조(화재알림형 비상경보장치)

① 화재알림형 비상경보장치는 다음 각 호의 기준에 따라 설치해야 한다. 다만 전통시장의 경우에는 공용부분에 한하여 설치할 수 있다.
   1. 층수가 11층(공동주택의 경우에는 16층) 이상의 특정소방대상물은 발화층에 따라 경보하는 층을 달리하여 경보를 발할 수 있도록 할 것
   2. 화재알림형 비상경보장치는 특정소방대상물의 층마다 설치하되, 해당 특정소방대상물의 각 부분으로부터 하나의 화재알림형 비상경보장치까지의 수평거리가 25미터 이하가 되도록 하고, 해당층의 각 부분에 유효하게 경보를 발할 수 있도록 설치할 것
   3. 제2호에도 불구하고 제2호의 기준을 초과하는 경우로서 기둥 또는 벽이 설치되지 아니한 대형공간의 경우 화재알림형 비상경보장치는 설치대상 장소 중 가장 가까운 장소의 벽 또는 기둥 등에 설치할 것
   4. 화재알림형 비상경보장치는 조작이 쉬운 장소에 설치하고, 발신기의 스위치는 바닥으로부터 0.8미터 이상 1.5미터 이하의 높이에 설치할 것
   5. 화재알림형 비상경보장치의 위치를 표시하는 표시등은 함의 상부에 설치하되, 그 불빛은 부착면으로부터 15도 이상의 범위 안에서 부착지점으로부터 10미터 이내의 어느 곳에서도 쉽게 식별할 수 있는 적색등으로 설치할 것
② 화재알림형 비상경보장치는 다음 각 목의 기준에 따른 구조 및 성능의 것으로 해야 한다.
   1. 정격전압의 80퍼센트의 전압에서 음압을 발할 수 있는 것으로 할 것
   2. 음압은 부착된 화재알림형 비상경보장치의 중심으로부터 1미터 떨어진 위치에서 90데시벨 이상이 되는 것으로 할 것
   3. 화재알림형 감지기 및 발신기의 작동과 연동하여 작동할 수 있는 것으로 할 것
③ 하나의 특정소방대상물에 둘 이상의 화재알림형 수신기가 설치된 경우 어느 화재알림형 수신기에서도 화재알림형 비상경보장치를 작동할 수 있도록 해야 한다.

제10조(원격감시서버)

특정소방대상물의 관계인은 원격감시서버를 보유한 관리업자에게 화재알림설비의 감시업무를 위탁할 수 있다. 다만, 감시업무에서 원격제어는 제외한다.

제11조(다른 화재안전성능기준과의 관계)

이 기준에서 규정하지 않은 것은 「자동화재탐지설비 및 시각경보장치의 화재안전성능기준(NFPC 203)」에 따른다.

제12조(설치 · 유지기준의 특례)

소방본부장 또는 소방서장은 기존건축물이 증축 · 개축 · 대수선되거나 용도변경되는 경우에 있어서 이 기준이 정하는 기준에 따라 해당 건축물에 설치해야 할 화재알림설비의 배관 · 배선 등의 공사가 현저하게 곤란하다고 인정되는 경우에는 해당 설비의 기능 및 사용에 지장이 없는 범위 안에서 이 기준 일부를 적용하지 않을 수 있다.

제13조(재검토 기한)

소방청장은 「훈령 · 예규 등의 발령 및 관리에 관한 규정」에 따라 이 고시에 대하여 2024년 1월 1일을 기준으로 매 3년이 되는 시점(매 3년째의 12월 31일까지를 말한다)마다 그 타당성을 검토하여 개선 등의 조치를 해야 한다.

부칙〈제2023-48호, 2023. 12. 7.〉

(시행일) 이 고시는 발령한 날부터 시행한다. 다만, 제5조, 제6조, 제7조, 제8조, 제9조의 제정 규정은 발령 후 6개월이 경과한 날부터 시행한다.

CHAPTER 40 화재알림설비의 화재안전기술기준 (NFTC 207)

[시행 2023. 12. 12.] [소방청공고 제2023-43호, 2023. 12. 12., 제정]

1. 일반사항

1.1 적용범위

1.1.1 이 기준은 「소방시설 설치 및 관리에 관한 법률 시행령」(이하 "영"이라 한다) 별표 4 제2호마목에 따른 화재알림설비의 설치 및 관리에 대해 적용한다.

1.2 기준의 효력

1.2.1 이 기준은 「소방시설 설치 및 관리에 관한 법률」 제2조제1항제6호나목에 따라 경보설비인 화재알림설비의 기술기준으로서의 효력을 가진다.

1.2.2 이 기준에 적합한 경우에는 법 제2조제1항제6호나목에 따라 「화재알림설비의 화재안전성능기준(NFPC 207)」을 충족하는 것으로 본다.

1.3 기준의 시행

1.3.1 이 기준은 2023년 12월 12일부터 시행한다.

1.4 기준의 특례

1.4.1 1.4.1 소방본부장 또는 소방서장은 기존건축물이 증축·개축·대수선되거나 용도변경되는 경우에 있어서 이 기준이 정하는 기준에 따라 해당 건축물에 설치해야 할 화재알림설비의 배관·배선 등의 공사가 현저하게 곤란하다고 인정되는 경우에는 해당 설비의 기능 및 사용에 지장이 없는 범위 안에서 이 기준의 일부를 적용하지 않을 수 있다.

1.5 경과조치

1.5.1 해당없음

1.6 다른 화재안전기술기준과의 관계

1.6.1 이 기준에서 규정하지 않은 것은 「자동화재탐지설비 및 시각경보장치의 화재안전기술기준(NFTC 203)」에 따른다.

1.7 용어의 정의

1.7.1 이 기준에서 사용하는 용어의 정의는 다음과 같다.

1.7.1.1 "화재알림형 감지기"란 화재 시 발생하는 열, 연기, 불꽃을 자동적으로 감지하는 기능 중 두 가지 이상의 성능을 가진 열·연기 또는 열·연기·불꽃 복합형 감지기로서 화재알림형 수신기에 주위의 온도 또는 연기의 양의 변화에 따라 각각 다른 전류 또는 전압 등(이하 "화재정보값"이라 한다)의 출력을 발하고, 불꽃을 감지하는 경우 화재신호를 발신하며, 자체 내장된 음향

장치에 의하여 경보하는 것을 말한다.

1.7.1.2 "화재알림형 중계기"란 화재알림형 감지기, 발신기 또는 전기적인 접점 등의 작동에 따른 화재정보값 또는 화재신호 등을 받아 이를 화재알림형 수신기에 전송하는 장치를 말한다.

1.7.1.3 "화재알림형 수신기"란 화재알림형 감지기나 발신기에서 발하는 화재정보값 또는 화재신호 등을 직접 수신하거나 화재알림형 중계기를 통해 수신하여 화재의 발생을 표시 및 경보하고, 화재정보값 등을 자동으로 저장하여, 자체 내장된 속보기능에 의해 화재신호를 통신망을 통하여 소방관서에는 음성 등의 방법으로 통보하고, 관계인에게는 문자로 전달할 수 있는 장치를 말한다.

1.7.1.4 "발신기"란 수동누름버튼 등의 작동으로 화재신호를 수신기에 발신하는 장치를 말한다.

1.7.1.5 "화재알림형 비상경보장치"란 발신기, 표시등, 지구음향장치(경종 또는 사이렌 등)를 내장한 것으로 화재발생 상황을 경보하는 장치를 말한다.

1.7.1.6 "원격감시서버"란 원격지에서 각각의 화재알림설비로부터 수신한 화재정보값 및 화재신호, 상태신호 등을 원격으로 감시하기 위한 서버를 말한다.

1.7.1.7 "공용부분"이란 전유부분 외의 건물부분, 전유부분에 속하지 아니하는 건물의 부속물, 「집합건물의 소유 및 관리에 관한 법률」 제3조제2항 및 제3항에 따라 공용부분으로 된 부속의 건물을 말한다.

2. 기술기준

2.1 화재알림형 수신기

2.1.1 화재알림형 수신기는 다음의 기준에 적합한 것으로 설치하여야 한다.

2.1.1.1 화재알림형 감지기, 발신기 등의 작동 및 설치지점을 확인할 수 있는 것으로 설치할 것

2.1.1.2 해당 특정소방대상물에 가스누설탐지설비가 설치된 경우에는 가스누설탐지설비로부터 가스누설신호를 수신하여 가스누설경보를 할 수 있는 것으로 설치할 것. 다만, 가스누설탐지설비의 수신부를 별도로 설치한 경우에는 제외한다.

2.1.1.3 화재알림형 감지기, 발신기 등에서 발신되는 화재정보·신호 등을 자동으로 1년 이상 저장할 수 있는 용량의 것으로 설치할 것. 이 경우 저장된 데이터는 수신기에서 확인할 수 있어야 하며, 복사 및 출력도 가능하여야 한다.

2.1.1.4 화재알림형 수신기에 내장된 속보기능은 화재신호를 자동적으로 통신망을 통하여 소방관서에는 음성 등의 방법으로 통보하고, 관계인에게는 문자로 전달할 수 있는 것으로 설치할 것

2.1.2 화재알림형 수신기는 다음의 기준에 따라 설치하여야 한다.

2.1.2.1 상시 사람이 근무하는 장소에 설치할 것. 다만, 사람이 상시 근무하는 장소가 없는 경우에는 관계인이 쉽게 접근할 수 있고 관리가 용이한 장소로서 화재 및 침수 등의 재해로 인한 피해를 받을 우려가 없는 곳에 설치하여야 한다.

2.1.2.2 화재알림형 수신기가 설치된 장소에는 화재알림설비 일람도를 비치할 것

2.1.2.3 화재알림형 수신기의 내부 또는 그 직근에 주음향장치를 설치할 것

2.1.2.4 화재알림형 수신기의 음향기구는 그 음압 및 음색이 다른 기기의 소음 등과 명확히 구별될 수

있는 것으로 할 것

2.1.2.5 화재알림형 수신기의 조작 스위치는 바닥으로부터의 높이가 0.8m 이상 1.5m 이하인 장소에 설치할 것

2.1.2.6 하나의 특정소방대상물에 2 이상의 화재알림형 수신기를 설치하는 경우에는 화재알림형 수신기를 상호 간 연동하여 화재발생 상황을 각 화재알림형 수신기마다 확인할 수 있도록 할 것

2.1.2.7 화재로 인하여 하나의 층의 화재알림형 비상경보장치 또는 배선이 단락되어도 다른 층의 화재통보에 지장이 없도록 각 층 배선 상에 유효한 조치를 할 것. 다만, 무선식의 경우 제외한다.

2.2 화재알림형 중계기

2.2.1 화재알림형 중계기를 설치할 경우 다음의 기준에 따라 설치하여야 한다.

2.2.1.1 화재알림형 수신기와 화재알림형 감지기 사이에 설치할 것

2.2.1.2 조작 및 점검에 편리하고 화재 및 침수 등의 재해로 인한 피해를 받을 우려가 없는 장소에 설치할 것. 다만, 외기에 개방되어 있는 장소에 설치하는 경우 빗물·먼지 등으로부터 화재알림형 중계기를 보호할 수 있는 구조로 설치하여야 한다.

2.2.1.3 화재알림형 수신기에 따라 감시되지 않는 배선을 통하여 전력을 공급받는 것에 있어서는 전원 입력측의 배선에 과전류 차단기를 설치하고 해당 전원의 정전이 즉시 화재알림형 수신기에 표시되는 것으로 하며, 상용전원 및 예비전원의 시험을 할 수 있도록 할 것

2.3 화재알림형 감지기

2.3.1 화재알림형 감지기 중 열을 감지하는 경우 공칭감지온도범위, 연기를 감지하는 경우 공칭감지농도범위, 불꽃을 감지하는 경우 공칭감시거리 및 공칭시야각 등에 따라 적합한 장소에 설치하여야 한다. 다만, 이 기준에서 정하지 않는 설치방법에 대하여는 형식승인 사항이나 제조사의 시방서에 따라 설치할 수 있다.

2.3.2 무선식의 경우 화재를 유효하게 검출할 수 있도록 해당 특정소방대상물에 음영구역이 없도록 설치하여야 한다.

2.3.3 동작된 감지기는 자체 내장된 음향장치에 의하여 경보를 발하여야 하며, 음압은 부착된 화재알림형 감지기의 중심으로부터 1m 떨어진 위치에서 85dB 이상 되어야 한다.

2.4 비화재보방지

2.4.1 화재알림설비는 화재알림형 수신기 또는 화재알림형 감지기에 자동보정기능이 있는 것으로 설치하여야 한다. 다만, 자동보정기능이 있는 화재알림형 수신기에 연결하여 사용하는 화재알림형 감지기는 자동보정기능이 없는 것으로 설치한다.

2.5 화재알림형 비상경보장치

2.5.1 화재알림형 비상경보장치는 다음의 기준에 따라 설치하여야 한다. 다만, 전통시장의 경우 공용부분에 한하여 설치할 수 있다.

2.5.1.1 층수가 11층(공동주택의 경우에는 16층) 이상의 특정소방대상물은 발화층에 따라 경보하는 층을 달리하여 경보를 발할 수 있도록 할 것. 다만, 그 외 특정소방대상물은 전층경보방식으로

경보를 발할 수 있도록 설치하여야 한다.

2.5.1.1.1 2층 이상의 층에서 발화한 때에는 발화층 및 그 직상 4개 층에 경보를 발할 것

2.5.1.1.2 1층에서 발화한 때에는 발화층 · 그 직상 4개 층 및 지하층에 경보를 발할 것

2.5.1.1.3 지하층에서 발화한 때에는 발화층 · 그 직상층 및 기타의 지하층에 경보를 발할 것

2.5.1.2 화재알림형 비상경보장치는 특정소방대상물의 층마다 설치하되, 해당 특정소방대상물의 각 부분으로부터 하나의 화재알림형 비상경보장치까지의 수평거리가 25m 이하(다만, 복도 또는 별도로 구획된 실로서 보행거리 40m 이상일 경우에는 추가로 설치하여야 한다)가 되도록 하고, 해당층의 각 부분에 유효하게 경보를 발할 수 있도록 설치할 것. 다만, 「비상방송설비의 화재안전기술기준(NFTC 202)」에 적합한 방송설비를 화재알림형 감지기와 연동하여 작동하도록 설치한 경우에는 비상경보장치를 설치하지 아니하고, 발신기만 설치할 수 있다.

2.5.1.3 2.5.1.2에도 불구하고 2.5.1.2의 기준을 초과하는 경우로서 기둥 또는 벽이 설치되지 아니한 대형공간의 경우 화재알림형 비상경보장치는 설치대상 장소 중 가장 가까운 장소의 벽 또는 기둥 등에 설치할 것

2.5.1.4 화재알림형 비상경보장치는 조작이 쉬운 장소에 설치하고, 발신기의 스위치는 바닥으로부터 0.8m 이상 1.5m 이하의 높이에 설치할 것

2.5.1.5 화재알림형 비상경보장치의 위치를 표시하는 표시등은 함의 상부에 설치하되, 그 불빛은 부착면으로부터 15° 이상의 범위 안에서 부착지점으로부터 10m 이내의 어느 곳에서도 쉽게 식별할 수 있는 적색등으로 설치할 것

2.5.2 화재알림형 비상경보장치는 다음의 기준에 따른 구조 및 성능의 것으로 하여야 한다.

2.5.2.1 정격전압의 80% 전압에서 음압을 발할 수 있는 것으로 할 것. 다만, 건전지를 주전원으로 사용하는 화재알림형 비상경보장치는 그렇지 않다.

2.5.2.2 음압은 부착된 화재알림형 비상경보장치의 중심으로부터 1m 떨어진 위치에서 90dB 이상이 되는 것으로 할 것

2.5.2.3 화재알림형 감지기 및 발신기의 작동과 연동하여 작동할 수 있는 것으로 할 것

2.5.3 하나의 특정소방대상물에 2 이상의 화재알림형 수신기가 설치된 경우 어느 화재알림형 수신기에서도 화재알림형 비상경보장치를 작동할 수 있도록 하여야 한다.

2.6 원격감시서버

2.6.1 화재알림설비의 감시업무를 위탁할 경우 원격감시서버는 다음의 기준에 따라 설치할 것을 권장한다.

2.6.2 원격감시서버의 비상전원은 상용전원 차단 시 24시간 이상 전원을 유효하게 공급될 수 있는 것으로 설치한다.

2.6.3 화재알림설비로부터 수신한 정보(주소, 화재정보 · 신호 등)를 1년 이상 저장할 수 있는 용량을 확보한다.

2.6.3.1 저장된 데이터는 원격감시서버에서 확인할 수 있어야 하며, 복사 및 출력도 가능할 것

2.6.3.2 저장된 데이터는 임의로 수정이나 삭제를 방지할 수 있는 기능이 있을 것

CHAPTER 41

화재조기진압용 스프링클러설비의 화재안전성능기준(NFPC 103B)

[시행 2024. 7. 1.] [소방청고시 제2024-19호, 2024. 5. 10., 타법개정]

제1조(목적)
이 기준은 「소방시설 설치 및 관리에 관한 법률」(이하 "법"이라 한다) 제2조제1항제6호가목에 따라 소방청장에게 위임한 사항 중 소화설비인 화재조기진압용 스프링클러설비의 성능기준을 규정함을 목적으로 한다.

제2조(적용범위)
이 기준은 「소방시설 설치 및 관리에 관한 법률 시행령」(이하 "영"이라 한다) 별표 4 제1호라목에 따른 스프링클러설비 중「스프링클러설비의 화재안전성능기준(NFPC 103)」제10조제2항의 랙(Rack)식창고에 설치하는 화재조기진압용 스프링클러설비의 설치 및 관리에 대해 적용한다.

제3조(정의)
이 기준에서 사용하는 용어의 정의는 다음과 같다.
1. "화재조기진압용 스프링클러헤드"란 특정한 높은 장소의 화재위험에 대하여 조기에 진화할 수 있도록 설계된 헤드를 말한다.
2. "충압펌프"란 배관 내 압력손실에 따른 주펌프의 빈번한 기동을 방지하기 위하여 충압 역할을 하는 펌프를 말한다.
3. "고가수조"란 구조물 또는 지형지물 등에 설치하여 자연낙차의 압력으로 급수하는 수조를 말한다.
4. "압력수조"란 소화용수와 공기를 채우고 일정압력 이상으로 가압하여 그 압력으로 급수하는 수조를 말한다.
5. "정격토출량"이란 펌프의 정격부하운전 시 토출량으로서 정격토출압력에서의 토출량을 말한다.
6. "정격토출압력"이란 펌프의 정격부하운전 시 토출압력으로서 정격토출량에서의 토출 측 압력을 말한다.
7. "진공계"란 대기압 이하의 압력을 측정하는 계측기를 말한다.
8. "연성계"란 대기압 이상의 압력과 대기압 이하의 압력을 측정할 수 있는 계측기를 말한다.
9. "체절운전"이란 펌프의 성능시험을 목적으로 펌프 토출 측의 개폐밸브를 닫은 상태에서 펌프를 운전하는 것을 말한다.
10. "기동용수압개폐장치"란 소화설비의 배관 내 압력변동을 검지하여 자동적으로 펌프를 기동 및 정지시키는 것으로서 압력챔버(Pressure Chamber) 또는 기동용압력스위치 등을 말한다.
11. "유수검지장치"란 유수현상을 자동적으로 검지하여 신호 또는 경보를 발하는 장치를 말한다.
12. "가지배관"이란 헤드가 설치되어 있는 배관을 말한다.
13. "교차배관"이란 가지배관에 급수하는 배관을 말한다.
14. "주배관"이란 가압송수장치 또는 송수구 등과 직접 연결되어 소화수를 이송하는 주된 배관을 말한다.

15. "신축배관"이란 가지배관과 스프링클러헤드를 연결하는 구부림이 용이하고 유연성을 가진 배관을 말한다.
16. "급수배관"이란 수원 송수구 등으로 부터 소화설비에 급수하는 배관을 말한다.
17. "분기배관"이란 배관 측면에 구멍을 뚫어 둘 이상의 관로가 생기도록 가공한 배관으로서 다음 각 목의 분기배관을 말한다.
    가. "확관형 분기배관"이란 배관의 측면에 조그만 구멍을 뚫고 소성가공으로 확관시켜 배관 용접이음자리를 만들거나 배관 용접이음자리에 배관이음쇠를 용접 이음한 배관을 말한다.
    나. "비확관형 분기배관"이란 배관의 측면에 분기호칭내경 이상의 구멍을 뚫고 배관이음쇠를 용접 이음한 배관을 말한다.
18. "개폐표시형밸브"란 밸브의 개폐여부를 외부에서 식별이 가능한 밸브를 말한다.
19. "가압수조"란 가압원인 압축공기 또는 불연성 기체의 압력으로 소화용수를 가압하여 그 압력으로 급수하는 수조를 말한다.

제4조(설치장소의 구조)

화재조기진압용 스프링클러설비를 설치할 장소의 구조는 화재조기진압용 스프링클러헤드가 화재를 조기에 감지하여 개방되는데 적합하고, 선반 등의 형태는 하부로 물이 침투되는 구조로 해야 한다.

제5조(수원)

① 화재조기진압용 스프링클러설비의 수원은 수리학적으로 가장 먼 가지배관 3개에 각각 4개의 스프링클러헤드가 동시에 개방되었을 때 다음 표와 식에 따라, 헤드선단의 압력이 별표 3에 따른 값 이상으로 60분간 방사할 수 있는 양으로 계산식은 다음과 같다.

$$Q = 12 \times 60 \times K\sqrt{10p}$$

여기에서, Q : 수원의 양(L)
K : 상수(L/min/MPa$^{1/2}$)
p : 헤드선단의 압력(MPa)

② 화재조기진압용 스프링클러설비의 수원은 제1항에 따라 산출된 유효수량 외에 유효수량의 3분의 1 이상을 옥상(화재조기진압용 스프링클러설비가 설치된 건축물의 주된 옥상을 말한다)에 설치해야 한다.
③ 옥상수조(제1항에 따라 산출된 유효수량의 3분의 1 이상을 옥상에 설치한 설비를 말한다. 이하 같다)는 이와 연결된 배관을 통하여 상시 소화수를 공급할 수 있는 구조의 특정소방대상물인 경우에는 둘 이상의 특정소방대상물이 있더라도 하나의 특정소방대상물에만 이를 설치할 수 있다.
④ 화재조기진압용 스프링클러설비의 수원을 수조로 설치하는 경우에는 소화설비의 전용수조로 해야 한다.
⑤ 제1항과 제2항에 따른 저수량을 산정함에 있어서 다른 설비와 겸용하여 화재조기진압용 스프링클러설비용 수조를 설치하는 경우에는 화재조기진압용 스프링클러설비의 풋밸브·흡수구 또는 수직배관의 급수구와 다른 설비의 풋밸브·흡수구 또는 수직배관의 급수구와의 사이의 수량을 그 유효수량으

로 한다.
⑥ 화재조기진압용 스프링클러설비용 수조는 다음 각 호의 기준에 따라 설치해야 한다.
  1. 점검에 편리한 곳에 설치할 것
  2. 동결방지조치를 하거나 동결의 우려가 없는 장소에 설치할 것
  3. 수조에는 수위계, 고정식 사다리, 청소용 배수밸브(또는 배수관), 표지 및 실내 조명 등 수조의 유지관리에 필요한 설비를 설치할 것

제6조(가압송수장치)

① 전동기 또는 내연기관에 따른 펌프를 이용하는 가압송수장치는 다음 각 호의 기준에 따라 설치해야 한다.
  1. 쉽게 접근할 수 있고 점검하기에 충분한 공간이 있는 장소로서 화재 및 침수 등의 재해로 인한 피해를 받을 우려가 없는 곳에 설치할 것
  2. 동결방지조치를 하거나 동결의 우려가 없는 장소에 설치할 것
  3. 펌프는 전용으로 할 것
  4. 펌프의 토출 측에는 압력계를 설치하고, 흡입 측에는 연성계 또는 진공계를 설치할 것
  5. 펌프의 성능은 체절운전 시 정격토출압력의 140 퍼센트를 초과하지 않고, 정격토출량의 150 퍼센트로 운전 시 정격토출압력의 65 퍼센트 이상이 되어야 하며, 펌프의 성능을 시험할 수 있는 성능시험배관을 설치할 것
  6. 가압송수장치에는 체절운전 시 수온의 상승을 방지하기 위한 순환배관을 설치할 것
  7. 기동장치로는 기동용수압개폐장치 또는 이와 동등 이상의 성능이 있는 것으로 설치할 것
  8. 수원의 수위가 펌프보다 낮은 위치에 있는 가압송수장치에는 물올림장치를 설치할 것
  9. 제5조제1항의 방수량 및 헤드선단의 압력을 충족할 것
  10. 기동용수압개폐장치를 기동장치로 사용하는 경우에는 충압펌프를 설치할 것
  11. 내연기관을 사용하는 경우에는 제어반에 따라 내연기관의 자동기동 및 수동기동이 가능하고, 상시 충전되어 있는 축전지설비와 펌프를 60분 이상 운전할 수 있는 용량의 연료를 갖출 것
  12. 가압송수장치가 기동되는 경우에는 자동으로 정지되지 않도록 할 것
  13. 가압송수장치는 부식 등으로 인한 펌프의 고착을 방지할 수 있도록 청동 또는 스테인리스 등 부식에 강한 재질을 사용할 것

② 고가수조의 자연낙차를 이용한 가압송수장치를 설치하는 경우 고가수조의 자연낙차수두(수조의 하단으로부터 최고층에 설치된 헤드까지의 수직거리를 말한다)는 제1항제8호에 따른 방수량 및 헤드선단의 압력이 60분 이상 유지되도록 해야 한다.

③ 압력수조를 이용한 가압송수장치를 설치하는 경우 압력수조의 압력은 제1항제9호에 따른 방수량 및 헤드선단의 압력이 60분 이상 유지되도록 해야 한다.

④ 가압수조를 이용한 가압송수장치는 소방청장이 정하여 고시한 「가압수조식가압송수장치의 성능인증 및 제품검사의 기술기준」에 적합한 것으로 설치하되, 가압수조의 압력은 제1항제9호에 따른 방수량 및 헤드선단의 압력이 60분 이상 유지되도록 해야 한다.

제7조(방호구역 및 유수검지장치)

화재조기진압용 스프링클러설비의 방호구역(화재조기진압용 스프링클러설비의 소화범위에 포함된 영역을 말한다. 이하 같다) 및 유수검지장치는 다음 각 호의 기준에 적합해야 한다.
1. 하나의 방호구역의 바닥면적은 3,000제곱미터를 초과하지 않을 것
2. 하나의 방호구역에는 한개 이상의 유수검지장치를 설치하되, 화재 시 접근이 쉽고 점검하기 편리한 장소에 설치할 것
3. 하나의 방호구역은 두개 층에 미치지 않도록 할 것
4. 유수검지장치를 실내에 설치하거나 보호용 철망 등으로 구획하여 바닥으로부터 0.8미터 이상 1.5미터 이하의 위치에 설치하되, 그 실 등에는 개구부가 가로 0.5미터 이상 세로 1미터 이상의 출입문을 설치하고 그 출입문 상단에 "유수검지장치실" 이라고 표시한 표지를 설치할 것
5. 화재조기진압용 스프링클러헤드에 공급되는 물은 유수검지장치를 지나도록 할 것
6. 자연낙차에 따른 압력수가 흐르는 배관 상에 설치된 유수검지장치는 소화수의 방수 시 물의 흐름을 검지할 수 있는 최소한의 압력이 얻어질 수 있도록 수조의 하단으로부터 낙차를 두어 설치할 것

제8조(배관)

① 화재조기진압용 스프링클러설비의 배관은 습식으로 해야 한다.
② 배관은 배관용 탄소 강관(KS D 3507) 또는 배관 내 사용압력이 1.2메가파스칼 이상일 경우에는 압력배관용 탄소 강관(KS D 3562) 또는 이음매 없는 구리 및 구리합금관(KS D 5301)이나 이와 동등 이상의 강도 · 내부식성(耐腐蝕性) 및 내열성을 가진 것으로 해야 한다.
③ 제2항에도 불구하고 화재 등의 재해로 인하여 배관의 성능에 영향을 받을 우려가 적은 장소에는 소방청장이 정하여 고시한 「소방용합성수지배관의 성능인증 및 제품검사의 기술기준」에 적합한 소방용 합성수지배관으로 설치할 수 있다.
④ 급수배관은 전용으로 하고, 급수를 차단할 수 있는 개폐밸브는 개폐표시형으로 하며, 배관의 구경은 제5조제1항에 적합하도록 수리계산에 따라 설치해야 한다.
⑤ 펌프의 흡입 측 배관은 다음 각 호의 기준에 따라 설치해야 한다.
   1. 공기 고임이 생기지 않는 구조로 하고 여과장치를 설치할 것
   2. 수조가 펌프보다 낮게 설치된 경우에는 각 펌프(충압펌프를 포함한다)마다 수조로부터 별도로 설치할 것
⑥ 삭제 〈2024. 5. 10.〉
⑦ 성능시험배관에 설치하는 유량측정장치는 성능시험배관의 직관부에 설치하되, 펌프 정격토출량의 175퍼센트 이상을 측정할 수 있는 것으로 해야 한다.
⑧ 가압송수장치의 체절운전 시 수온의 상승을 방지하기 위하여 체크밸브와 펌프 사이에서 분기한 배관에 체절압력 미만에서 개방되는 릴리프밸브(Relief Valve)를 설치해야 한다.
⑨ 동결방지조치를 하거나 동결의 우려가 없는 장소에 설치해야 한다. 다만, 보온재를 사용할 경우에는 난연재료 성능 이상의 것으로 해야 한다.

⑩ 가지배관의 배열은 다음 각 호의 기준에 따른다.
  1. 토너먼트(Tournament)방식이 아닐 것
  2. 가지배관 사이의 거리는 2.4미터 이상 3.7미터 이하로 할 것
  3. 교차배관에서 분기되는 지점을 기점으로 한쪽 가지배관에 설치되는 헤드의 개수(반자 아래와 반자 속의 헤드를 하나의 가지배관 상에 병설하는 경우에는 반자 아래에 설치하는 헤드의 개수)는 8개 이하로 할 것
  4. 가지배관과 화재조기진압용 스프링클러헤드 사이의 배관을 신축배관으로 하는 경우에는 소방청장이 정하여 고시한 「스프링클러설비신축배관의 성능인증 및 제품검사의 기술기준」에 적합한 것으로 설치할 것
⑪ 교차배관의 위치·청소구 및 가지배관의 헤드설치는 다음 각 호의 기준에 따른다.
  1. 교차배관은 가지배관과 수평으로 설치하거나 가지배관 밑에 설치하고, 그 구경은 제4항에 따르되 최소구경이 40밀리미터 이상이 되도록 할 것
  2. 청소구는 교차배관 끝에 개폐밸브를 설치하고, 호스접결이 가능한 나사식 또는 고정배수 배관식으로 할 것
  3. 하향식헤드를 설치하는 경우에 가지배관으로부터 헤드에 이르는 헤드접속배관은 가지배관 상부에서 분기할 것
⑫ 유수검지장치를 시험할 수 있는 시험장치를 설치해야 한다.
⑬ 배관에 설치되는 행거는 가지배관, 교차배관 및 수평주행배관에 설치하고, 배관을 충분히 지지할 수 있도록 설치해야 한다.
⑭ 수직배수배관의 구경은 50밀리미터 이상으로 해야 한다.
⑮ 급수배관에 설치되어 급수를 차단할 수 있는 개폐밸브에는 그 밸브의 개폐 상태를 감시제어반에서 확인할 수 있도록 급수개폐밸브 작동표시 스위치를 설치해야 한다.
⑯ 화재조기진압용 스프링클러설비의 배관은 수평으로 해야 한다.
⑰ 배관은 다른 설비의 배관과 쉽게 구분이 될 수 있도록 해야 한다.
⑱ 확관형 분기배관을 사용할 경우에는 소방청장이 정하여 고시한 「분기배관 성능인증 및 제품검사의 기술기준」에 적합한 것으로 설치해야 한다.

제9조(음향장치 및 기동장치)

① 화재조기진압용 스프링클러설비의 음향장치 및 기동장치는 다음 각 호의 기준에 따라 설치해야 한다.
  1. 유수검지장치를 사용하는 설비는 헤드가 개방되면 유수검지장치가 화재신호를 발신하고 그에 따라 음향장치가 경보되도록 할 것
  2. 음향장치는 습식유수검지장치의 담당구역마다 설치하되 그 구역의 각 부분으로부터 하나의 음향장치까지의 수평거리는 25미터 이하가 되도록 할 것
  3. 음향장치는 경종 또는 사이렌(전자식 사이렌을 포함한다)으로 하되, 주위의 소음 및 다른 용도의 경보와 구별이 가능한 음색으로 할 것
  4. 주 음향장치는 수신기의 내부 또는 그 직근에 설치할 것

5. 층수가 11층(공동주택의 경우에는 16층) 이상의 특정소방대상물은 발화층에 따라 경보하는 층을 달리하여 경보를 발할 수 있도록 할 것 〈개정 2023.2.10.〉
6. 음향장치는 다음 각 목의 기준에 따른 구조 및 성능인 것으로 할 것
   가. 정격전압의 80퍼센트 전압에서 음향을 발할 수 있는 것으로 할 것
   나. 음량은 부착된 음향장치의 중심으로부터 1미터 떨어진 위치에서 90데시벨 이상이 되는 것으로 할 것
② 화재조기진압용 스프링클러설비의 가압송수장치로서 펌프가 설치되는 경우에는 그 펌프의 작동은 유수검지장치의 발신이나 기동용수압개폐장치에 따라 작동되거나 또는 이 두 가지의 혼용에 따라 작동될 수 있도록 해야 한다.

제10조(헤드)

화재조기진압용 스프링클러설비의 헤드는 다음 각 호에 적합해야 한다.
1. 헤드 하나의 방호면적은 6.0제곱미터 이상 9.3제곱미터 이하로 할 것
2. 가지배관의 헤드 사이의 거리는 천장의 높이가 9.1미터 미만인 경우에는 2.4미터 이상 3.7미터 이하로, 9.1미터 이상 13.7미터 이하인 경우에는 3.1미터 이하로 할 것
3. 헤드의 반사판은 천장 또는 반자와 평행하게 설치하고 저장물의 최상부와 914밀리미터 이상 확보되도록 할 것
4. 하향식 헤드의 반사판의 위치는 천장이나 반자 아래 125밀리미터 이상 355밀리미터 이하일 것
5. 상향식 헤드의 감지부 중앙은 천장 또는 반자와 101밀리미터 이상 152밀리미터 이하이어야 하며, 반사판의 위치는 스프링클러배관의 윗부분에서 최소 178밀리미터 상부에 설치되도록 할 것
6. 헤드와 벽과의 거리는 헤드 상호간 거리의 2분의 1을 초과하지 않아야 하며 최소 102밀리미터 이상일 것
7. 헤드의 작동온도는 섭씨 74도 이하일 것
8. 헤드의 살수분포에 장애를 주는 장애물이 있는 경우에는 다음 각 목의 어느 하나에 적합할 것
   가. 천장 또는 천장근처에 있는 장애물과 반사판의 위치는 별도 1 또는 별도 2와 같이 하며, 천장 또는 천장근처에 보·덕트·기둥·난방기구·조명기구·전선관 및 배관 등의 그 밖에 장애물이 있는 경우에는 장애물과 헤드 사이의 수평거리에 따른 장애물의 하단과 그 보다 윗부분에 설치되는 헤드 반사판 사이의 수직거리는 별표 1 또는 별도 3에 따를 것
   나. 헤드 아래에 덕트·전선관·난방용배관 등이 설치되어 헤드의 살수를 방해하는 경우에는 별표 1 또는 별도 3에 따를 것. 다만, 2개 이상의 헤드의 살수를 방해하는 경우에는 별표 2를 참고로 한다.
9. 상부에 설치된 헤드의 방출수에 따라 감열부에 영향을 받을 우려가 있는 헤드에는 방출수를 차단할 수 있는 유효한 차폐판을 설치할 것

제11조(저장물의 간격)

저장물품 사이의 간격은 모든 방향에서 152밀리미터 이상의 간격을 유지해야 한다.

제12조(환기구)

화재조기진압용 스프링클러설비의 환기구는공기의 유동으로 인하여 헤드의 작동온도에 영향을 주지 않는 구조 및 위치에 설치해야 한다.

제13조(송수구)

화재조기진압용 스프링클러설비에는 소방차로부터 그 설비에 송수할 수 있는 송수구를 다음 각 호의 기준에 따라 설치해야 한다.
1. 송수구는 송수 및 그 밖의 소화작업에 지장을 주지 않도록 설치할 것
2. 송수구로부터 주배관에 이르는 연결배관에는 개폐밸브를 설치하지 않을 것
3. 구경 65밀리미터의 쌍구형으로 할 것
4. 송수구에는 그 가까운 곳의 보기 쉬운 곳에 송수압력범위를 표시한 표지를 할 것
5. 송수구는 하나의 층의 바닥면적이 3,000제곱미터를 넘을 때마다 1개(5개를 넘을 경우에는 5개로 한다) 이상을 설치할 것
6. 지면으로부터 높이가 0.5미터 이상 1미터 이하의 위치에 설치할 것
7. 송수구의 가까운 부분에 자동배수밸브(또는 직경 5밀리미터의 배수공) 및 체크밸브를 설치할 것
8. 송수구에는 이물질을 막기 위한 마개를 씌울 것

제14조(전원)

① 화재조기진압용 스프링클러설비에 설치하는 상용전원회로의 배선은 상용전원의 상시공급에 지장이 없도록 전용배선으로 해야 한다.
② 화재조기진압용 스프링클러설비에는 자가발전설비, 축전지설비 또는 전기저장장치에 따른 비상전원을 설치해야 한다.
③ 제2항에 따른 비상전원 중 자가발전설비, 축전기설비 또는 전기저장장치는 다음 각 호의 기준에 따라 설치해야 한다.
   1. 점검에 편리하고 화재 및 침수 등의 재해로 인한 피해를 받을 우려가 없는 곳에 설치할 것
   2. 화재조기진압용 스프링클러설비를 유효하게 20분 이상 작동할 수 있어야 할 것
   3. 상용전원으로부터 전력의 공급이 중단된 때에는 자동으로 비상전원으로부터 전력을 공급받을 수 있도록 할 것
   4. 비상전원(내연기관의 기동 및 제어용 축전기를 제외한다)의 설치장소는 다른 장소와 방화구획할 것
   5. 비상전원을 실내에 설치하는 때에는 그 실내에 비상조명등을 설치할 것

제15조(제어반)

① 화재조기진압용 스프링클러설비에는 제어반을 설치하되, 감시제어반과 동력제어반으로 구분하여 설치해야 한다.
② 감시제어반은 가압송수장치, 상용전원, 비상전원, 수조, 물올림수조, 예비전원 등을 감시·제어 및 시험 할 수 있는 기능을 갖추어야 한다.
③ 감시제어반은 다음 각 호의 기준에 따라 설치해야 한다.

1. 화재 및 침수 등의 재해로 인한 피해를 받을 우려가 없는 곳에 설치할 것
2. 감시제어반은 화재조기진압용 스프링클러설비의 전용으로 할 것
3. 감시제어반은 다음 각 목의 기준에 따른 전용실 안에 설치하고, 전용실에는 특정소방대상물의 기계·기구 또는 시설 등의 제어 및 감시설비 외의 것을 두지 않을 것
   가. 다른 부분과 방화구획을 할 것
   나. 피난층 또는 지하 1층에 설치할 것
   다. 비상조명등 및 급·배기설비를 설치할 것
   라. 「무선통신보조설비의 화재안전성능기준(NFPC 505)」제5조제3항에 따라 유효하게 통신이 가능할 것
   마. 바닥면적은 감시제어반의 설치에 필요한 면적 외에 화재 시 소방대원이 그 감시제어반의 조작에 필요한 최소면적 이상으로 할 것
4. 각 유수검지장치 또는 일제개방밸브의 작동 여부를 확인할 수 있는 표시 및 경보기능이 있도록 할 것
5. 화재감지기, 압력스위치, 저수위, 개폐밸브 폐쇄상태 확인 등 확인회로마다 도통시험 및 작동시험을 할 수 있도록 할 것
6. 감시제어반과 자동화재탐지설비의 수신기를 별도의 장소에 설치하는 경우에는 이들 상호간 연동하여 화재발생 및 제2항의 기능을 확인할 수 있도록 할 것

④ 동력제어반은 앞면을 적색으로 하고, 동력제어반의 외함은 두께 1.5밀리미터 이상의 강판 또는 이와 동등 이상의 강도 및 내열성능이 있는 것으로 하며, 그 밖의 동력제어반의 설치에 관하여는 제3항제1호 및 제2호의 기준을 준용할 것

제16조(배선 등)

① 화재조기진압용 스프링클러설비의 배선은 「전기사업법」 제67조에 따른 「전기설비기술기준」에서 정한 것 외에 다음 각 호의 기준에 따라 설치해야 한다.
   1. 비상전원으로부터 동력제어반 및 가압송수장치에 이르는 전원회로배선은 내화배선으로 할 것
   2. 상용전원으로부터 동력제어반에 이르는 배선, 그 밖의 화재조기진압용 스프링클러설비의 감시·조작 또는 표시등회로의 배선은 내화배선 또는 내열배선으로 할 것
② 제1항에 따른 내화배선 및 내열배선에 사용되는 전선은 내화전선으로 하고, 설치방법은 적합한 케이블공사의 방법에 따른다.
③ 화재조기진압용 스프링클러설비의 과전류차단기 및 개폐기에는 "화재조기진압용 스프링클러설비용"이라고 표시한 표지를 해야 한다.
④ 화재조기진압용 스프링클러설비용 전기배선의 양단 및 접속단자에는 식별이 용이하도록 표시 또는 표지를 해야 한다.

제17조(설치제외)

제4류 위험물 또는 타이어, 두루마리 종이 및 섬유류, 섬유제품 등 연소 시 화염의 확산 속도가 빠르고 방사된 물이 하부까지에 도달하지 못하는 것에 해당하는 물품의 경우에는 화재조기진압용 스프링클러를

설치해서는 안 된다.

제18조(수원 및 가압송수장치의 펌프 등의 겸용)

① 화재조기진압용 스프링클러설비의 수원을 옥내소화전설비·스프링클러설비·간이스프링클러설비·물분무소화설비·포소화전설비 및 옥외소화전설비의 수원과 겸용하여 설치하는 경우의 저수량은 각 소화설비에 필요한 저수량을 합한 양 이상이 되도록 해야 한다.

② 화재조기진압용 스프링클러설비의 가압송수장치로 사용하는 펌프를 옥내소화전설비·스프링클러설비·간이스프링클러설비·물분무소화설비·포소화설비 및 옥외소화전설비의 가압송수장치와 겸용하여 설치하는 경우의 펌프의 토출량은 각 소화설비에 해당하는 토출량을 합한 양 이상이 되도록 해야 한다.

③ 옥내소화전설비·스프링클러설비·간이스프링클러설비·화재조기진압용 스프링클러설비·물분무소화설비·포소화설비 및 옥외소화전설비의 가압송수장치에 있어서 각 토출 측 배관과 일반급수용의 가압송수장치의 토출 측 배관을 상호 연결하여 화재 시 사용할 수 있다. 이 경우 연결 배관에는 개폐표시형 밸브를 설치해야 하며, 각 소화설비의 성능에 지장이 없도록 해야 한다.

④ 화재조기진압용 스프링클러설비의 송수구를 옥내소화전설비·스프링클러설비·간이스프링클러설비·물분무소화설비·포소화설비 또는 연결살수설비의 송수구와 겸용으로 설치하는 경우에는 스프링클러설비의 송수구의 설치기준에 따르되 각각의 소화설비의 기능에 지장이 없도록 해야 한다. 〈개정 2024.5.10.〉

제19조(설치·유지기준의 특례)

소방본부장 또는 소방서장은 기존건축물이 증축·개축·대수선되거나 용도변경되는 경우에 있어서 이 기준이 정하는 기준에 따라 해당 건축물에 설치해야 할 화재조기진압용 스프링클러설비의 배관·배선 등의 공사가 현저하게 곤란하다고 인정되는 경우에는 해당 설비의 기능 및 사용에 지장이 없는 범위에서 이 기준의 일부를 적용하지 않을 수 있다.

제20조(재검토기한)

소방청장은 「훈령·예규 등의 발령 및 관리에 관한 규정」에 따라 이 고시에 대하여 2023년 1월 1일을 기준으로 매 3년이 되는 시점(매 3년째의 12월 31일까지를 말한다)마다 그 타당성을 검토하여 개선 등의 조치를 해야 한다.

부칙〈제2022-35호, 2022. 11. 25.〉

제1조(시행일)

이 고시는 2022년 12월 1일부터 시행한다.

제2조(경과조치)

① 이 고시 시행 전에 건축허가 등의 신청 또는 신고를 하거나 소방시설공사의 착공신고를 한 특정소방대상물에 대해서는 종전의 「화재조기진압용 스프링클러설비의 화재안전기준(NFSC 103B)」에 따른다.

② 이 고시 시행 전에 제1항에 따른 신청 또는 신고를 한 경우라도 개정 기준이 종전의 기준에 비해 관계인에게 유리한 경우에는 개정 기준에 따를 수 있다.

제3조(다른 법령과의 관계)
이 고시 시행 당시 다른 법령에서 종전의 화재안전기준을 인용한 경우에 이 고시 가운데 그에 해당하는 규정이 있는 경우에는 종전의 규정에 갈음하여 이 고시의 해당 규정을 인용한 것으로 본다.

부칙〈제2023-7호, 2023. 2. 10.〉

제1조(시행일)
이 고시는 발령 후 2023년 2월 10일부터 시행한다.

제2조(다른 고시의 개정)
①부터 ③까지 생략

④ 화재조기진압용 스프링클러설비의 화재안전성능기준(NFPC 103B) 일부를 다음과 같이 개정한다.
제9조제1항제5호 부분 중 "5층 이상으로서 연면적이 3,000제곱미터를 초과하는"을 "11층(공동주택의 경우에는 16층) 이상의"로 한다.

부칙〈제2024-19호, 2024. 5. 10.〉

제1조(시행일)
이 고시는 2024년 7월 1일부터 시행한다.

제2조(다른 고시의 개정)
① 및 ② 생략

③ 「화재조기진압용 스프링클러설비의 화재안전성능기준(NFPC 103B)」 일부를 다음과 같이 개정한다.
1. 제8조제6항을 삭제한다.
2. 제18조제4항을 "화재조기진압용 스프링클러설비의 송수구를 옥내소화전설비·스프링클러설비·간이스프링클러설비·물분무소화설비·포소화설비 또는 연결살수설비의 송수구와 겸용으로 설치하는 경우에는 스프링클러설비의 송수구의 설치기준에 따르되 각각의 소화설비의 기능에 지장이 없도록 하여야 한다."로 한다.

④부터 ⑥까지 생략

별표 / 서식
[별표 1] 보 또는 기타 장애물 아래에 헤드가 설치된 경우의 반사판 위치(제10조제8호 관련)
[별표 2] 저장물 위에 장애물이 있는 경우의 헤드설치 기준(제10조제8호 관련)
[별표 3] 화재조기진압용 스프링클러헤드의 최소방사압력(MPa)(제5조제1항 관련)

[별도 1] 보 또는 기타 장애물 위에 헤드가 설치된 경우의 반사판 위치(별도 3 또는 별표 1을 함께 사용할 것)
[별도 2] 장애물이 헤드 아래에 연속적으로 설치된 경우의 반사판 위치(별도 3 또는 별표 1을 함께 사용할 것)
[별도 3] 장애물 아래에 설치되는 헤드 반사판의 위치

CHAPTER 41 화재조기진압용 스프링클러설비의 화재안전기술기준(NFTC 103B)

[시행 2024. 7. 1.] [국립소방연구원공고 제2024-35호, 2024. 7. 1., 일부개정]

1. 일반사항

1.1 적용범위

1.1.1 이 기준은 「소방시설 설치 및 관리에 관한 법률 시행령」(이하 "영"이라 한다) 별표 4 제1호라목에 따른 스프링클러설비 중 「스프링클러설비의 화재안전성능기준(NFPC 103)」 제10조제2항의 랙크식창고에 설치하는 화재조기진압용 스프링클러설비의 설치 및 관리에 대해 적용한다.

1.2 기준의 효력

1.2.1 이 기준은 「소방시설 설치 및 관리에 관한 법률」(이하 "법"이라 한다) 제2조제1항제6호나목에 따라 화재조기진압용 스프링클러설비의 기술기준으로서의 효력을 가진다.

1.2.2 이 기준에 적합한 경우에는 법 제2조제1항제6호나목에 따라 「화재조기진압용 스프링클러설비의 화재안전성능기준(NFPC 103B)」을 충족하는 것으로 본다.

1.3 기준의 시행

1.3.1 이 기준은 2024년 7월 1일부터 시행한다. 〈개정 2024.7.1.〉

1.4 기준의 특례

1.4.1 소방본부장 또는 소방서장은 기존건축물이 증축·개축·대수선되거나 용도변경 되는 경우에 있어서 이 기준이 정하는 기준에 따라 해당 건축물에 설치해야 할 화재조기진압용 스프링클러설비의 배관·배선 등의 공사가 현저하게 곤란하다고 인정되는 경우에는 해당 설비의 기능 및 사용에 지장이 없는 범위에서 이 기준의 일부를 적용하지 않을 수 있다.

1.5 경과조치

1.5.1 이 기준 시행 전에 건축허가 등의 신청 또는 신고를 하거나 소방시설공사의 착공신고를 한 특정소방대상물에 대해서는 종전의 기준에 따른다. 〈개정 2023.2.10.〉

1.5.2 이 기준 시행 전에 1.5.1에 따른 신청 또는 신고를 한 경우라도 개정 기준이 종전의 기준에 비하여 관계인에게 유리한 경우에는 개정 기준에 따를 수 있다. 〈개정 2023.2.10.〉

1.6 다른 법령과의 관계

1.6.1 이 기준 시행 당시 다른 법령 또는 행정규칙 등에서 종전의 화재안전기준을 인용한 경우에 이 기준 가운데 그에 해당하는 규정이 있는 경우에는 종전의 규정에 갈음하여 이 기준의 해당 규정을 인용한 것으로 본다.

1.7 용어의 정의

1.7.1 이 기준에서 사용하는 용어의 정의는 다음과 같다.

1.7.1.1 "화재조기진압용 스프링클러헤드"란 특정한 높은 장소의 화재위험에 대하여 조기에 진화할 수 있도록 설계된 헤드를 말한다.

1.7.1.2 "충압펌프"란 배관 내 압력손실에 따른 주펌프의 빈번한 기동을 방지하기 위하여 충압 역할을 하는 펌프를 말한다.

1.7.1.3 "고가수조"란 구조물 또는 지형지물 등에 설치하여 자연낙차의 압력으로 급수하는 수조를 말한다.

1.7.1.4 "압력수조"란 소화용수와 공기를 채우고 일정압력 이상으로 가압하여 그 압력으로 급수하는 수조를 말한다.

1.7.1.5 "정격토출량"이란 펌프의 정격부하운전 시 토출량으로서 정격토출압력에서의 토출량을 말한다.

1.7.1.6 "정격토출압력"이란 펌프의 정격부하운전 시 토출압력으로서 정격토출량에서의 토출 측 압력을 말한다.

1.7.1.7 "진공계"란 대기압 이하의 압력을 측정하는 계측기를 말한다.

1.7.1.8 "연성계"란 대기압 이상의 압력과 대기압 이하의 압력을 측정할 수 있는 계측기를 말한다.

1.7.1.9 "체절운전"이란 펌프의 성능시험을 목적으로 펌프 토출 측의 개폐밸브를 닫은 상태에서 펌프를 운전하는 것을 말한다.

1.7.1.10 "기동용수압개폐장치"란 소화설비의 배관 내 압력변동을 검지하여 자동적으로 펌프를 기동 및 정지시키는 것으로서 압력챔버 또는 기동용압력스위치 등을 말한다.

1.7.1.11 "유수검지장치"란 유수현상을 자동적으로 검지하여 신호 또는 경보를 발하는 장치를 말한다.

1.7.1.12 "가지배관"이란 헤드가 설치되어 있는 배관을 말한다.

1.7.1.13 "교차배관"이란 가지배관에 급수하는 배관을 말한다.

1.7.1.14 "주배관"이란 가압송수장치 또는 송수구 등과 직접 연결되어 소화수를 이송하는 주된 배관을 말한다.

1.7.1.15 "신축배관"이란 가지배관과 스프링클러헤드를 연결하는 구부림이 용이하고 유연성을 가진 배관을 말한다.

1.7.1.16 "급수배관"이란 수원 또는 송수구 등으로부터 소화설비에 급수하는 배관을 말한다.

1.7.1.17 "분기배관"이란 배관 측면에 구멍을 뚫어 둘 이상의 관로가 생기도록 가공한 배관으로서 다음의 분기배관을 말한다.

  (1) "확관형 분기배관"이란 배관의 측면에 조그만 구멍을 뚫고 소성가공으로 확관시켜 배관 용접이음자리를 만들거나 배관 용접이음자리에 배관이음쇠를 용접 이음한 배관을 말한다.

  (2) "비확관형 분기배관"이란 배관의 측면에 분기호칭내경 이상의 구멍을 뚫고 배관이음쇠를 용접 이음한 배관을 말한다.

1.7.1.18 "개폐표시형밸브"란 밸브의 개폐여부를 외부에서 식별이 가능한 밸브를 말한다.

1.7.1.19 "가압수조"란 가압원인 압축공기 또는 불연성 기체의 압력으로 소화용수를 가압하여 그 압력으로 급수하는 수조를 말한다.

2. 기술기준

2.1 설치장소의 구조

2.1.1 화재조기진압용 스프링클러설비를 설치할 장소의 구조는 다음의 기준에 적합해야 한다.

2.1.1.1 해당 층의 높이가 13.7m 이하일 것. 다만, 2층 이상일 경우에는 해당 층의 바닥을 내화구조로 하고 다른 부분과 방화구획할 것

2.1.1.2 천장의 기울기가 1,000분의 168을 초과하지 않아야 하고, 이를 초과하는 경우에는 반자를 지면과 수평으로 설치할 것

2.1.1.3 천장은 평평해야 하며 철재나 목재트러스 구조인 경우, 철재나 목재의 돌출 부분이 102mm를 초과하지 않을 것

2.1.1.4 보로 사용되는 목재·콘크리트 및 철재 사이의 간격이 0.9m 이상 2.3m 이하일 것. 다만, 보의 간격이 2.3m 이상인 경우에는 화재조기진압용 스프링클러헤드의 동작을 원활히 하기 위해 보로 구획된 부분의 천장 및 반자의 넓이가 28m²를 초과하지 않을 것

2.1.1.5 창고 내의 선반 등의 형태는 하부로 물이 침투되는 구조로 할 것

2.2 수원

2.2.1 화재조기진압용 스프링클러설비의 수원은 수리학적으로 가장 먼 가지배관 3개에 각각 4개의 스프링클러헤드가 동시에 개방되었을 때 헤드선단의 압력이 표 2.2.1에 따른 값 이상으로 60분간 방수할 수 있는 양 이상으로 계산식은 식 (2.2.1)과 같다.

표 2.2.1 화재조기진압용 스프링클러헤드의 최소방사압력(MPa)						
최대층고 (m)	최대저장 높이(m)	화재조기진압용 스프링클러헤드의 최소방사압력(MPa)				
		$K=360$ 하향식	$K=320$ 하향식	$K=240$ 하향식	$K=240$ 상향식	$K=200$ 하향식
13.7	12.2	0.28	0.28	–	–	–
13.7	10.7	0.28	0.28	–	–	–
12.2	10.7	0.17	0.28	0.36	0.36	0.52
10.7	9.1	0.14	0.24	0.36	0.36	0.52
9.1	7.6	0.10	0.17	0.24	0.24	0.34

$$Q = 12 \times 60 \times K\sqrt{10p} \quad \cdots\cdots\cdots\cdots (2.2.1)$$

여기에서 Q : 수원의 양(L)
K : 상수(L/min · MPa$^{1/2}$)
p : 헤드선단의 압력(MPa)

2.2.2 화재조기진압용 스프링클러설비의 수원은 2.2.1에 따라 산출된 유효수량 외에 유효수량의 3분의 1 이상을 옥상(화재조기진압용 스프링클러설비가 설치된 건축물의 주된 옥상을 말한다. 이하 같다)에 설치해야 한다. 다만, 다음의 어느 하나에 해당하는 경우에는 그렇지 않다.

(1) 옥상이 없는 건축물 또는 공작물
(2) 지하층만 있는 건축물
(3) 2.3.2에 따른 고가수조를 가압송수장치로 설치한 경우
(4) 수원이 건축물의 최상층에 설치된 헤드보다 높은 위치에 설치된 경우
(5) 건축물의 높이가 지표면으로부터 10m 이하인 경우
(6) 주펌프와 동등 이상의 성능이 있는 별도의 펌프로서 내연기관의 기동과 연동하여 작동되거나 비상전원을 연결하여 설치한 경우
(7) 2.3.4에 따라 가압수조를 가압송수장치로 설치한 경우

2.2.3 옥상수조(2.2.1에 따라 산출된 유효수량의 3분의 1 이상을 옥상에 설치한 설비를 말한다. 이하 같다)는 이와 연결된 배관을 통하여 상시 소화수를 공급할 수 있는 구조의 특정소방대상물의 경우에는 2 이상의 특정소방대상물이 있더라도 하나의 특정소방대상물에만 이를 설치할 수 있다.

2.2.4 화재조기진압용 스프링클러설비의 수원을 수조로 설치하는 경우에는 소화설비의 전용수조로 해야 한다. 다만, 다음의 어느 하나에 해당하는 경우에는 그렇지 않다.

2.2.4.1 화재조기진압용 스프링클러설비용 펌프의 풋밸브 또는 흡수배관의 흡수구(수직회전축펌프의 흡수구를 포함한다. 이하 같다)를 다른 설비(소화용 설비 외의 것을 말한다. 이하 같다)의 풋밸브 또는 흡수구보다 낮은 위치에 설치한 때

2.2.4.2 2.3.2에 따른 고가수조로부터 화재조기진압용 스프링클러설비의 수직배관에 물을 공급하는 급수구를 다른 설비의 급수구보다 낮은 위치에 설치한 때

2.2.5 2.2.1 및 2.2.2에 따른 저수량을 산정함에 있어서 다른 설비와 겸용하여 화재조기진압용 스프링클러설비용 수조를 설치하는 경우에는 화재조기진압용 스프링클러설비의 풋밸브·흡수구 또는 수직배관의 급수구와 다른 설비의 풋밸브·흡수구 또는 수직배관의 급수구와의 사이의 수량을 그 유효수량으로 한다.

2.2.6 화재조기진압용 스프링클러설비용 수조는 다음의 기준에 따라 설치해야 한다.

2.2.6.1 점검에 편리한 곳에 설치할 것

2.2.6.2 동결방지조치를 하거나 동결의 우려가 없는 장소에 설치할 것

2.2.6.3 수조의 외측에 수위계를 설치할 것. 다만, 구조상 불가피한 경우에는 수조의 맨홀 등을 통하여 수조 안의 물의 양을 쉽게 확인할 수 있도록 해야 한다.

2.2.6.4 수조의 상단이 바닥보다 높은 때에는 수조의 외측에 고정식 사다리를 설치할 것

2.2.6.5 수조가 실내에 설치된 때에는 그 실내에 조명설비를 설치할 것

2.2.6.6 수조의 밑 부분에는 청소용 배수밸브 또는 배수관을 설치할 것

2.2.6.7 수조 외측의 보기 쉬운 곳에 "화재조기진압용 스프링클러설비용 수조"라고 표시한 표지를 할 것. 이 경우 그 수조를 다른 설비와 겸용하는 때에는 그 겸용되는 설비의 이름을 표시한 표지를 함께 해야 한다.

2.2.6.8 소화설비용 펌프의 흡수배관 또는 소화설비의 수직배관과 수조의 접속부분에는 "화재조기진압용 스프링클러설비용 배관"이라고 표시한 표지를 할 것. 다만, 수조와 가까운 장소에 소화설비용 펌프가 설치되고 해당 펌프에 2.3.1.13에 따른 표지를 설치한 때에는 그렇지 않다.

2.3 가압송수장치

2.3.1 전동기 또는 내연기관에 따른 펌프를 이용하는 가압송수장치는 다음의 기준에 따라 설치해야 한다.

2.3.1.1 쉽게 접근할 수 있고 점검하기에 충분한 공간이 있는 장소로서 화재 및 침수 등의 재해로 인한 피해를 받을 우려가 없는 곳에 설치할 것

2.3.1.2 동결방지조치를 하거나 동결의 우려가 없는 장소에 설치할 것

2.3.1.3 펌프는 전용으로 할 것. 다만, 다른 소화설비와 겸용하는 경우 각각의 소화설비의 성능에 지장이 없을 때에는 그렇지 않다.

2.3.1.4 펌프의 토출 측에는 압력계를 체크밸브 이전에 펌프 토출 측 플랜지에서 가까운 곳에 설치하고, 흡입 측에는 연성계 또는 진공계를 설치할 것. 다만, 수원의 수위가 펌프의 위치보다 높거나 수직회전축펌프의 경우에는 연성계 또는 진공계를 설치하지 않을 수 있다.

2.3.1.5 펌프의 성능은 체절운전 시 정격토출압력의 140%를 초과하지 않고, 정격토출량의 150%로 운전 시 정격토출압력의 65% 이상이 되어야 하며, 펌프의 성능을 시험할 수 있는 성능시험배관을 설치할 것. 다만, 충압펌프의 경우에는 그렇지 않다.

2.3.1.6 가압송수장치에는 체절운전 시 수온의 상승을 방지하기 위한 순환배관을 설치할 것. 다만, 충압펌프의 경우에는 그렇지 않다.

2.3.1.7 기동장치로는 기동용수압개폐장치 또는 이와 동등 이상의 성능이 있는 것을 설치할 것

2.3.1.8 기동용수압개폐장치 중 압력챔버를 사용할 경우 그 용적은 100L 이상의 것으로 할 것

2.3.1.9 수원의 수위가 펌프보다 낮은 위치에 있는 가압송수장치에는 다음의 기준에 따른 물올림장치를 설치할 것

2.3.1.9.1 물올림장치에는 전용의 수조를 설치할 것

2.3.1.9.2 수조의 유효수량은 100L 이상으로 하되, 구경 15mm 이상의 급수배관에 따라 해당 수조에 물이 계속 보급되도록 할 것

2.3.1.10 2.2.1의 방수량 및 헤드선단의 압력을 충족할 것

2.3.1.11 기동용수압개폐장치를 기동장치로 사용할 경우에는 다음의 기준에 따른 충압펌프를 설치할 것

2.3.1.11.1 펌프의 토출압력은 그 설비의 최고위 살수장치의 자연압보다 적어도 0.2MPa이 더 크도록 하거나 가압송수장치의 정격토출압력과 같게 할 것

2.3.1.11.2 펌프의 정격토출량은 정상적인 누설량보다 적어서는 안 되며, 화재조기진압용 스프링클러설비가 자동적으로 작동할 수 있도록 충분한 토출량을 유지할 것

2.3.1.12 내연기관을 사용하는 경우에는 제어반에 따라 내연기관의 자동기동 및 수동기동이 가능하고, 상시 충전되어 있는 축전지설비를 갖출 것

2.3.1.13 가압송수장치에는 "화재조기진압용 스프링클러펌프"라고 표시한 표지를 할 것. 이 경우 그 가압송수장치를 다른 설비와 겸용하는 때에는 그 겸용되는 설비의 이름을 표시한 표지를 함께 해야 한다.

2.3.1.14 가압송수장치가 기동이 된 경우에는 자동으로 정지되지 않도록 할 것. 다만, 충압펌프의 경우에는 그렇지 않다.

2.3.1.15 가압송수장치는 부식 등으로 인한 펌프의 고착을 방지할 수 있도록 다음의 기준에 적합한 것으로 할 것. 다만, 충압펌프는 제외한다.

2.3.1.15.1 임펠러는 청동 또는 스테인리스 등 부식에 강한 재질을 사용할 것

2.3.1.15.2 펌프축은 스테인리스 등 부식에 강한 재질을 사용할 것

2.3.2 고가수조의 자연낙차를 이용한 가압송수장치는 다음의 기준에 따라 설치해야 한다.

2.3.2.1 고가수조의 자연낙차수두(수조의 하단으로부터 최고층에 설치된 헤드까지의 수직거리를 말한다)는 다음의 식 (2.3.2.1)에 따라 산출한 수치 이상 유지되도록 할 것

$$H = h_1 + h_2 \quad \cdots\cdots\cdots\cdots\cdots\cdots\cdots\cdots\cdots (2.3.2.1)$$

여기에서 H : 필요한 낙차(m)

h_1 : 배관의 마찰손실수두(m)

h_2 : 표 2.2.1에 따른 최소방사압력의 환산수두(m)

2.3.2.2 고가수조에는 수위계 · 배수관 · 급수관 · 오버플로우관 및 맨홀을 설치할 것

2.3.3 압력수조를 이용한 가압송수장치는 다음의 기준에 따라 설치해야 한다.

2.3.3.1 압력수조의 압력은 다음의 식 (2.3.3.1)에 따라 산출한 수치 이상 유지되도록 할 것

$$P = p_1 + p_2 + p_3 \quad \cdots\cdots\cdots\cdots\cdots\cdots\cdots\cdots\cdots (2.3.3.1)$$

여기에서 P : 필요한 압력(MPa)

p_1 : 낙차의 환산수두압(MPa)

p_2 : 배관의 마찰손실수두압(MPa)

p_3 : 표 2.2.1에 의한 최소방사압력(MPa)

2.3.3.2 압력수조에는 수위계 · 급수관 · 배수관 · 급기관 · 맨홀 · 압력계 · 안전장치 및 압력저하 방지를 위한 자동식 공기압축기를 설치할 것

2.3.4 가압수조를 이용한 가압송수장치는 다음의 기준에 따라 설치해야 한다.

2.3.4.1 가압수조의 압력은 2.3.1.10에 따른 방수압 및 방수량을 20분 이상 유지되도록 할 것

2.3.4.2 가압수조 및 가압원은 「건축법 시행령」 제46조에 따른 방화구획 된 장소에 설치할 것

2.3.4.3 가압수조를 이용한 가압송수장치는 소방청장이 정하여 고시한 「가압수조식가압송수장치의 성능인증 및 제품검사의 기술기준」에 적합한 것으로 설치할 것

2.4 방호구역 및 유수검지장치

2.4.1 화재조기진압용 스프링클러설비의 방호구역(화재조기진압용 스프링클러설비의 소화범위에 포함된 영역을 말한다. 이하 같다) 및 유수검지장치는 다음의 기준에 적합해야 한다.

2.4.1.1 하나의 방호구역의 바닥면적은 3,000m²를 초과하지 않을 것

2.4.1.2 하나의 방호구역에는 1개 이상의 유수검지장치를 설치하되, 화재 시 접근이 쉽고 점검하기 편리한 장소에 설치할 것

2.4.1.3 하나의 방호구역은 2개 층에 미치지 않도록 할 것. 다만, 1개 층에 설치되는 화재조기진압용 스프링클러헤드의 수가 10개 이하인 경우에는 3개 층 이내로 할 수 있다.

2.4.1.4 유수검지장치를 실내에 설치하거나 보호용 철망 등으로 구획하여 바닥으로부터 0.8m 이상 1.5m 이하의 위치에 설치하되, 그 실 등에는 가로 0.5m 이상 세로 1m 이상의 개구부로서 그 개구부에는 출입문을 설치하고 그 출입문 상단에 "유수검지장치실"이라고 표시한 표지를 설치할 것. 다만, 유수검지장치를 기계실(공조용기계실을 포함한다)안에 설치하는 경우에는 별도의 실 또는 보호용 철망을 설치하지 않고 기계실 출입문 상단에 "유수검지장치실"이라고 표시한 표지를 설치할 수 있다.

2.4.1.5 화재조기진압용 스프링클러헤드에 공급되는 물은 유수검지장치를 지나도록 할 것. 다만, 송수구를 통하여 공급되는 물은 그렇지 않다.

2.4.1.6 자연낙차에 따른 압력수가 흐르는 배관 상에 설치된 유수검지장치는 소화수의 방수 시 물의 흐름을 검지할 수 있는 최소한의 압력이 얻어질 수 있도록 수조의 하단으로부터 낙차를 두어 설치할 것

2.5 배관

2.5.1 화재조기진압용 스프링클러설비의 배관은 습식으로 해야 한다.

2.5.2 배관과 배관이음쇠는 다음의 어느 하나에 해당하는 것 또는 동등 이상의 강도·내식성 및 내열성 등을 국내·외 공인기관으로부터 인정받은 것을 사용해야 하고, 배관용 스테인리스 강관(KS D 3576)의 이음을 용접으로 할 경우에는 텅스텐 불활성 가스 아크 용접(Tungsten Inertgas Arc Welding)방식에 따른다. 다만, 2.5에서 정하지 않은 사항은 「건설기술 진흥법」 제44조제1항의 규정에 따른 "건설기준"에 따른다.

2.5.2.1 배관 내 사용압력이 1.2MPa 미만일 경우에는 다음의 어느 하나에 해당하는 것
  (1) 배관용 탄소 강관(KS D 3507)
  (2) 이음매 없는 구리 및 구리합금관(KS D 5301). 다만, 습식의 배관에 한한다.
  (3) 배관용 스테인리스 강관(KS D 3576) 또는 일반배관용 스테인리스 강관(KS D 3595)
  (4) 덕타일 주철관(KS D 4311)

2.5.2.2 배관 내 사용압력이 1.2MPa 이상일 경우에는 다음의 어느 하나에 해당하는 것
  (1) 압력 배관용 탄소 강관(KS D 3562)
  (2) 배관용 아크용접 탄소강 강관(KS D 3583)

2.5.3 2.5.2에도 불구하고 다음의 어느 하나에 해당하는 장소에는 소방청장이 정하여 고시한 「소방용 합성수지배관의 성능인증 및 제품검사의 기술기준」에 적합한 소방용 합성수지배관으로 설치할 수 있다.

2.5.3.1 배관을 지하에 매설하는 경우

2.5.3.2 다른 부분과 내화구조로 구획된 덕트 또는 피트의 내부에 설치하는 경우

2.5.3.3 천장(상층이 있는 경우에는 상층바닥의 하단을 포함한다. 이하 같다)과 반자를 불연재료 또는 준불연 재료로 설치하고 소화배관 내부에 항상 소화수가 채워진 상태로 설치하는 경우

2.5.4 급수배관은 다음의 기준에 따라 설치해야 한다.

2.5.4.1 전용으로 할 것. 다만, 화재조기진압용 스프링클러설비의 기동장치의 조작과 동시에 다른 설비

의 용도에 사용하는 배관의 송수를 차단할 수 있거나, 화재조기진압용 스프링클러설비의 성능에 지장이 없는 경우에는 다른 설비와 겸용할 수 있다.

2.5.4.2 급수배관에 설치되어 급수를 차단할 수 있는 개폐밸브는 개폐표시형으로 할 것. 이 경우 펌프의 흡입 측 배관에는 버터플라이밸브 외의 개폐표시형밸브를 설치해야 한다.

2.5.4.3 배관의 구경은 2.2.1에 적합하도록 수리계산에 따라 설치할 것. 다만, 수리계산에 따르는 경우 가지배관의 유속은 6m/s, 그 밖의 배관의 유속은 10m/s를 초과할 수 없다.

2.5.5 펌프의 흡입 측 배관은 다음의 기준에 따라 설치해야 한다.

2.5.5.1 공기 고임이 생기지 않는 구조로 하고 여과장치를 설치할 것

2.5.5.2 수조가 펌프보다 낮게 설치된 경우에는 각 펌프(충압펌프를 포함한다)마다 수조로부터 별도로 설치할 것

2.5.6 〈삭제 2024.7.1.〉

2.5.7 펌프의 성능시험배관은 다음의 기준에 적합하도록 설치해야 한다.

2.5.7.1 성능시험배관은 펌프의 토출 측에 설치된 개폐밸브 이전에서 분기하여 직선으로 설치하고, 유량측정장치를 기준으로 전단 직관부에는 개폐밸브를 후단 직관부에는 유량조절밸브를 설치할 것. 이 경우 개폐밸브와 유량측정장치 사이의 직관부 거리 및 유량측정장치와 유량조절밸브 사이의 직관부 거리는 해당 유량측정장치 제조사의 설치사양에 따르고, 성능시험배관의 호칭지름은 유량측정장치의 호칭지름에 따른다.

2.5.7.2 유량측정장치는 펌프의 정격토출량의 175% 이상까지 측정할 수 있는 성능이 있을 것

2.5.8 가압송수장치의 체절운전 시 수온의 상승을 방지하기 위하여 체크밸브와 펌프 사이에서 분기한 구경 20mm 이상의 배관에 체절압력 미만에서 개방되는 릴리프밸브를 설치할 것

2.5.9 배관은 동결방지조치를 하거나 동결의 우려가 없는 장소에 설치해야 한다. 다만, 보온재를 사용할 경우에는 난연재료 성능 이상의 것으로 해야 한다.

2.5.10 가지배관의 배열은 다음의 기준에 따른다.

2.5.10.1 토너먼트(Tournament) 배관방식이 아닐 것

2.5.10.2 가지배관 사이의 거리는 2.4m 이상 3.7m 이하로 할 것. 다만, 천장의 높이가 9.1m 이상 13.7m 이하인 경우에는 2.4m 이상 3.1m 이하로 한다.

2.5.10.3 교차배관에서 분기되는 지점을 기점으로 한쪽 가지배관에 설치되는 헤드의 개수(반자 아래와 반자속의 헤드를 하나의 가지배관 상에 병설하는 경우에는 반자 아래에 설치하는 헤드의 개수)는 8개 이하로 할 것. 다만, 다음의 어느 하나에 해당하는 경우에는 그렇지 않다.

2.5.10.3.1 기존의 방호구역 안에서 칸막이 등으로 구획하여 1개의 헤드를 증설하는 경우

2.5.10.3.2 격자형 배관방식(2 이상의 수평주행배관 사이를 가지배관으로 연결하는 방식을 말한다)을 채택하는 때에는 펌프의 용량, 배관의 구경 등을 수리학적으로 계산한 결과 헤드의 방수압 및 방수량이 소화목적을 달성하는 데 충분하다고 인정되는 경우. 다만, 중앙소방기술심의위원회 또는 지방소방기술심의위원회의 심의를 거친 경우에 한정한다.

2.5.10.4 가지배관과 헤드 사이의 배관을 신축배관으로 하는 경우에는 소방청장이 정하여 고시한 「스프링클러설비신축배관의 성능인증 및 제품검사의 기술기준」에 적합한 것으로 설치할 것. 이

경우 신축배관의 설치 길이는 「스프링클러설비의 화재안전기술기준(NFTC 103)」의 2.7.3 의 거리를 초과하지 않을 것

2.5.11 교차배관의 위치·청소구 및 가지배관의 헤드설치는 다음의 기준에 따른다.

2.5.11.1 교차배관은 가지배관과 수평으로 설치하거나 또는 가지배관 밑에 설치하고, 그 구경은 2.5.4.3에 따르되, 최소구경이 40mm 이상이 되도록 할 것

2.5.11.2 청소구는 교차배관 끝에 40mm 이상 크기의 개폐밸브를 설치하고, 호스접결이 가능한 나사식 또는 고정배수 배관식으로 할 것. 이 경우 나사식의 개폐밸브는 옥내소화전 호스접결용의 것으로 하고, 나사보호용의 캡으로 마감해야 한다.

2.5.11.3 하향식헤드를 설치하는 경우에 가지배관으로부터 헤드에 이르는 헤드접속배관은 가지배관 상부에서 분기할 것. 다만, 소화설비용 수원의 수질이 「먹는물관리법」 제5조에 따라 먹는물의 수질기준에 적합하고 덮개가 있는 저수조로부터 물을 공급받는 경우에는 가지배관의 측면 또는 하부에서 분기할 수 있다.

2.5.12 화재조기진압용 스프링클러설비에는 유수검지장치를 시험할 수 있는 시험장치를 다음의 기준에 따라 설치해야 한다.

2.5.12.1 유수검지장치 2차 측 배관에 연결하여 설치할 것

2.5.12.2 시험장치 배관의 구경은 32mm 이상으로 하고, 그 끝에 개폐밸브 및 개방형헤드 또는 화재조기진압용스프링클러헤드와 동등한 방수성능을 가진 오리피스를 설치할 것. 이 경우 개방형헤드는 반사판 및 프레임을 제거한 오리피스만으로 설치할 수 있다.

2.5.12.3 시험배관의 끝에는 물받이 통 및 배수관을 설치하여 시험 중 방사된 물이 바닥에 흘러내리지 않도록 할 것. 다만, 목욕실·화장실 또는 그 밖의 곳으로서 배수처리가 쉬운 장소에 시험배관을 설치한 경우에는 그렇지 않다.

2.5.13 배관에 설치되는 행거는 다음의 기준에 따라 설치해야 한다.

2.5.13.1 가지배관에는 헤드의 설치지점 사이마다 1개 이상의 행거를 설치하되, 헤드간의 거리가 3.5m를 초과하는 경우에는 3.5m 이내마다 1개 이상 설치할 것. 이 경우 상향식헤드와 행거 사이에는 8cm 이상의 간격을 두어야 한다.

2.5.13.2 교차배관에는 가지배관과 가지배관 사이마다 1개 이상의 행거를 설치하되, 가지배관 사이의 거리가 4.5m를 초과하는 경우에는 4.5m 이내마다 1개 이상 설치할 것

2.5.13.3 2.5.13.1 및 2.5.13.2의 수평주행배관에는 4.5m 이내마다 1개 이상 설치할 것

2.5.14 수직배수배관의 구경은 50mm 이상으로 해야 한다.

2.5.15 급수배관에 설치되어 급수를 차단할 수 있는 개폐밸브에는 그 밸브의 개폐상태를 감시제어반에서 확인할 수 있도록 급수개폐밸브 작동표시 스위치를 다음의 기준에 따라 설치해야 한다.

2.5.15.1 급수개폐밸브가 잠길 경우 탬퍼스위치의 동작으로 인하여 감시제어반 또는 수신기에 표시되어야 하며 경보음을 발할 것

2.5.15.2 탬퍼스위치는 감시제어반 또는 수신기에서 동작의 유무 확인과 동작시험, 도통시험을 할 수 있을 것

2.5.15.3 급수개폐밸브의 작동표시 스위치에 사용되는 전기배선은 내화전선 또는 내열전선으로 설치

할 것

2.5.16 화재조기진압용 스프링클러설비의 배관은 수평으로 해야 한다. 다만, 배관의 구조상 소화수가 남아 있는 곳에는 배수밸브를 설치할 수 있다.

2.5.17 배관은 다른 설비의 배관과 쉽게 구분이 될 수 있는 위치에 설치하거나, 그 배관표면 또는 배관 보온재표면의 색상은 「한국산업표준(배관계의 식별 표시, KS A 0503)」 또는 적색으로 식별이 가능하도록 소방용설비의 배관임을 표시해야 한다.

2.5.18 확관형 분기배관을 사용할 경우에는 소방청장이 정하여 고시한 「분기배관의 성능인증 및 제품검사의 기술기준」에 적합한 것으로 설치해야 한다.

2.6 음향장치 및 기동장치

2.6.1 화재조기진압용 스프링클러설비의 음향장치 및 기동장치는 다음의 기준에 따라 설치해야 한다.

2.6.1.1 유수검지장치를 사용하는 설비는 헤드가 개방되면 유수검지장치가 화재신호를 발신하고 그에 따라 음향장치가 경보되도록 할 것

2.6.1.2 음향장치는 유수검지장치의 담당구역마다 설치하되 그 구역의 각 부분으로부터 하나의 음향장치까지의 수평거리는 25m 이하가 되도록 할 것

2.6.1.3 음향장치는 경종 또는 사이렌(전자식 사이렌을 포함한다)으로 하되, 주위의 소음 및 다른 용도의 경보와 구별이 가능한 음색으로 할 것. 이 경우 경종 또는 사이렌은 자동화재탐지설비·비상벨설비 또는 자동식사이렌설비의 음향장치와 겸용할 수 있다.

2.6.1.4 주음향장치는 수신기의 내부 또는 그 직근에 설치할 것

2.6.1.5 층수가 11층(공동주택의 경우 16층) 이상의 특정소방대상물은 다음의 기준에 따라 경보를 발할 수 있도록 해야 한다. 〈개정 2023.2.10.〉

2.6.1.5.1 2층 이상의 층에서 발화한 때에는 발화층 및 그 직상 4개층에 경보를 발할 수 있도록 할 것 〈개정 2023.2.10.〉

2.6.1.5.2 1층에서 발화한 때에는 발화층·그 직상 4개층 및 지하층에 경보를 발할 수 있도록 할 것 〈개정 2023.2.10.〉

2.6.1.5.3 지하층에서 발화한 때에는 발화층·그 직상층 및 기타의 지하층에 경보를 발할 수 있도록 할 것

2.6.1.6 음향장치는 다음의 기준에 따른 구조 및 성능의 것으로 할 것

2.6.1.6.1 정격전압의 80% 전압에서 음향을 발할 수 있는 것으로 할 것

2.6.1.6.2 음향의 크기는 부착된 음향장치의 중심으로부터 1m 떨어진 위치에서 90dB 이상이 되는 것으로 할 것

2.6.2 화재조기진압용 스프링클러설비의 가압송수장치로서 펌프가 설치되는 경우에는 그 펌프의 작동은 유수검지장치의 발신이나 기동용수압개폐장치에 따라 작동되거나 또는 이 두 가지의 혼용에 따라 작동될 수 있도록 해야 한다.

2.7 헤드

2.7.1 화재조기진압용 스프링클러설비의 헤드는 다음의 기준에 적합해야 한다.

2.7.1.1 헤드 하나의 방호면적은 6.0m² 이상 9.3m² 이하로 할 것
2.7.1.2 가지배관의 헤드 사이의 거리는 천장의 높이가 9.1m 미만인 경우에는 2.4m 이상 3.7m 이하로, 9.1m 이상 13.7m 이하인 경우에는 3.1m 이하로 할 것
2.7.1.3 헤드의 반사판은 천장 또는 반자와 평행하게 설치하고 저장물의 최상부와 914mm 이상 확보되도록 할 것
2.7.1.4 하향식 헤드의 반사판의 위치는 천장이나 반자 아래 125mm 이상 355mm 이하일 것
2.7.1.5 상향식 헤드의 감지부 중앙은 천장 또는 반자와 101mm 이상 152mm 이하이어야 하며, 반사판의 위치는 스프링클러 배관의 윗부분에서 최소 178mm 상부에 설치되도록 할 것
2.7.1.6 헤드와 벽과의 거리는 헤드 상호간 거리의 2분의 1을 초과하지 않아야 하며 최소 102mm 이상일 것
2.7.1.7 헤드의 작동온도는 74℃ 이하일 것. 다만, 헤드 주위의 온도가 38℃ 이상의 경우에는 그 온도에서의 화재시험 등에서 헤드 작동에 관하여 공인기관의 시험을 거친 것을 사용할 것
2.7.1.8 헤드의 살수분포에 장애를 주는 장애물이 있는 경우에는 다음의 어느 하나에 적합할 것

그림 2.7.1.8(1) 보 또는 기타 장애물 위에 헤드가 설치된 경우의 반사판 위치
(그림 2.7.1.8(3) 또는 표 2.7.1.8(1)을 함께 사용할 것)

그림 2.7.1.8(2) 장애물이 헤드 아래에 연속적으로 설치된 경우의 반사판 위치
(그림 2.7.1.8(3) 또는 표 2.7.1.8(1)을 함께 사용할 것)

그림 2.7.1.8(3) 장애물 아래에 설치되는 헤드 반사판의 위치

표 2.7.1.8(1) 보 또는 기타 장애물 아래에 헤드가 설치된 경우의 반사판 위치

장애물과 헤드 사이의 수평거리	장애물의 하단과 헤드의 반사판 사이의 수직거리
0.3m 미만	0mm
0.3m 이상 0.5m 미만	40mm
0.5m 이상 0.7m 미만	75mm
0.7m 이상 0.8m 미만	140mm
0.8m 이상 0.9m 미만	200mm
0.9m 이상 1.1m 미만	250mm
1.1m 이상 1.2m 미만	300mm
1.2m 이상 1.4m 미만	380mm
1.4m 이상 1.5m 미만	460mm
1.5m 이상 1.7m 미만	560mm
1.7m 이상 1.8m 미만	660mm
1.8m 이상	790mm

표 2.7.1.8(2) 저장물 위에 장애물이 있는 경우의 헤드의 설치 기준

장애물의 류(폭)		조건
돌출장애물	0.6m 이하	1. 표 2.7.1.8(1) 또는 그림 2.7.1.8(2)에 적합하거나 2. 장애물의 끝부근에서 헤드 반사판까지의 수평거리가 0.3m 이하로 설치할 것
	0.6m 초과	표 2.7.1.8(1) 또는 그림 2.7.1.8(3)에 적합할 것

장애물의 류(폭)		조건
연속장애물	5cm 이하	1. 표 2.7.1.8(1) 또는 그림 2.7.1.8(3)에 적합하거나 2. 장애물이 헤드 반사판 아래 0.6m 이하로 설치된 경우는 허용한다.
	5cm 초과 0.3m 이하	1. 표 2.7.1.8(1) 또는 그림 2.7.1.8(3)에 적합하거나 2. 장애물의 끝부근에서 헤드 반사판까지의 수평거리가 0.3m 이하로 설치할 것
	0.3m 초과 0.6m 이하	1. 표 2.7.1.8(1) 또는 그림 2.7.1.8(3)에 적합하거나 2. 장애물이 끝부근에서 헤드 반사판까지의 수평거리가 0.6m 이하로 설치할 것
	0.6m 초과	1. 표 2.7.1.8(1) 또는 그림 2.7.1.8(3)에 적합하거나 2. 장애물이 평편하고 견고하며 수평적인 경우에는 저장물의 최상단과 헤드 반사판의 간격이 0.9m 이하로 설치할 것 3. 장애물이 평편하지 않거나 비연속적인 경우에는 저장물 아래에 평편한 판을 설치한 후 헤드를 설치할 것

2.7.1.8.1 천장 또는 천장 근처에 있는 장애물과 반사판의 위치는 그림 2.7.1.8(1) 또는 그림 2.7.1.8(2)와 같이하며, 천장 또는 천장 근처에 보·덕트·기둥·난방기구·조명기구·전선관 및 배관 등의 기타 장애물이 있는 경우에는 장애물과 헤드 사이의 수평거리에 따른 장애물의 하단과 그보다 윗부분에 설치되는 헤드 반사판 사이의 수직거리는 표 2.7.1.8(1) 또는 그림 2.7.1.8(3)에 따를 것

2.7.1.8.2 헤드 아래에 덕트·전선관·난방용배관 등이 설치되어 헤드의 살수를 방해하는 경우에는 표 2.7.1.8(1) 또는 그림 2.7.1.8(3)에 따를 것. 다만, 2개 이상의 헤드의 살수를 방해하는 경우에는 표 2.7.1.8(2)를 참고로 한다.

2.7.1.9 상부에 설치된 헤드의 방출수에 따라 감열부에 영향을 받을 우려가 있는 헤드에는 방출수를 차단할 수 있는 유효한 차폐판을 설치할 것

2.8 저장물의 간격

2.8.1 저장물품 사이의 간격은 모든 방향에서 152mm 이상의 간격을 유지해야 한다.

2.9 환기구

2.9.1 화재조기진압용 스프링클러설비의 환기구는 다음의 기준에 적합해야 한다.

2.9.1.1 공기의 유동으로 인하여 헤드의 작동온도에 영향을 주지 않는 구조 및 위치일 것

2.9.1.2 화재감지기와 연동하여 동작하는 자동식 환기장치를 설치하지 않을 것. 다만, 자동식 환기장치를 설치할 경우에는 최소작동온도가 180℃ 이상일 것

2.10 송수구

2.10.1 화재조기진압용 스프링클러설비에는 소방차로부터 그 설비에 송수할 수 있는 송수구를 다음의 기준에 따라 설치해야 한다.

2.10.1.1 소방차가 쉽게 접근할 수 있고 잘 보이는 장소에 설치하고, 화재층으로부터 지면으로 떨어지는 유리창 등이 송수 및 그 밖의 소화작업에 지장을 주지 않는 장소에 설치할 것

2.10.1.2 송수구로부터 화재조기진압용 스프링클러설비의 주배관에 이르는 연결배관에 개폐밸브를 설치한 때에는 그 개폐상태를 쉽게 확인 및 조작할 수 있는 옥외 또는 기계실 등의 장소에 설치할 것

2.10.1.3 송수구는 구경 65mm의 쌍구형으로 할 것

2.10.1.4 송수구에는 그 가까운 곳의 보기 쉬운 곳에 송수압력범위를 표시한 표지를 할 것

2.10.1.5 송수구는 하나의 층의 바닥면적이 3,000m2를 넘을 때마다 1개 이상(5개를 넘을 경우에는 5개로 한다)을 설치할 것

2.10.1.6 지면으로부터 높이가 0.5m 이상 1m 이하의 위치에 설치할 것

2.10.1.7 송수구의 부근에는 자동배수밸브(또는 직경 5mm의 배수공) 및 체크밸브를 다음의 기준에 따라 설치할 것. 이 경우 자동배수밸브는 배관안의 물이 잘 빠질 수 있는 위치에 설치하되, 배수로 인하여 다른 물건이나 장소에 피해를 주지 않아야 한다.

2.10.1.8 송수구에는 이물질을 막기 위한 마개를 씌울 것

2.11 전원

2.11.1 화재조기진압용 스프링클러설비에는 다음의 기준에 따른 상용전원회로의 배선을 설치해야 한다. 다만, 가압수조방식으로서 모든 기능이 20분 이상 유효하게 지속될 수 있는 경우에는 그렇지 않다.

2.11.1.1 저압수전인 경우에는 인입개폐기의 직후에서 분기하여 전용배선으로 해야 하며, 전용의 전선관에 보호되도록 할 것

2.11.1.2 특별고압수전 또는 고압수전일 경우에는 전력용 변압기 2차 측의 주차단기 1차 측에서 분기하여 전용배선으로 하되, 상용전원의 상시공급에 지장이 없을 경우에는 주차단기 2차 측에서 분기하여 전용배선으로 할 것. 다만, 가압송수장치의 정격입력전압이 수전전압과 같은 경우에는 2.11.1.1의 기준에 따른다.

2.11.2 화재조기진압용 스프링클러설비에는 자가발전설비, 축전지설비(내연기관에 따른 펌프를 설치한 경우에는 내연기관의 기동 및 제어용축전지를 말한다. 이하 같다) 또는 전기저장장치(외부 전기에너지를 저장해 두었다가 필요한 때 전기를 공급하는 장치. 이하 같다)에 따른 비상전원을 설치해야 한다. 다만, 2 이상의 변전소(「전기사업법」 제67조에 따른 변전소를 말한다. 이하 같다)에서 전력을 동시에 공급받을 수 있거나 하나의 변전소로부터 전력의 공급이 중단되는 때에는 자동으로 다른 변전소로부터 전력을 공급받을 수 있도록 상용전원을 설치한 경우와 가압수조방식에는 비상전원을 설치하지 않을 수 있다.

2.11.3 2.11.2에 따른 비상전원 중 자가발전설비, 축전지설비 또는 전기저장장치는 다음의 기준에 따라 설치해야 한다.

2.11.3.1 점검에 편리하고 화재 및 침수 등의 재해로 인한 피해를 받을 우려가 없는 곳에 설치할 것

2.11.3.2 화재조기진압용 스프링클러설비를 유효하게 20분 이상 작동할 수 있어야 할 것

2.11.3.3 상용전원으로부터 전력의 공급이 중단된 때에는 자동으로 비상전원으로부터 전력을 공급받을 수 있도록 할 것

2.11.3.4 비상전원(내연기관의 기동 및 제어용 축전지를 제외한다)의 설치장소는 다른 장소와 방화구획할 것. 이 경우 그 장소에는 비상전원의 공급에 필요한 기구나 설비 외의 것(열병합발전설비에 필요한 기구나 설비는 제외한다)을 두어서는 안 된다.

2.11.3.5 비상전원을 실내에 설치하는 때에는 그 실내에 비상조명등을 설치할 것

2.12 제어반

2.12.1 화재조기진압용 스프링클러설비에는 제어반을 설치하되, 감시제어반과 동력제어반으로 구분하여 설치해야 한다. 다만, 다음의 어느 하나에 해당하는 경우에는 감시제어반과 동력제어반으로 구분하여 설치하지 않을 수 있다.

2.12.1.1 다음의 기준의 어느 하나에 해당하지 않는 특정소방대상물에 설치되는 경우

2.12.1.1.1 지하층을 제외한 층수가 7층 이상으로서 연면적 2,000m² 이상인 것

2.12.1.1.2 2.12.1.1.1에 해당하지 않는 특정소방대상물로서 지하층의 바닥면적의 합계가 3,000m² 이상인 것. 다만, 차고·주차장 또는 보일러실·기계실·전기실 등 이와 유사한 장소의 면적은 제외한다.

2.12.1.2 내연기관에 따른 가압송수장치를 사용하는 경우

2.12.1.3 고가수조에 따른 가압송수장치를 사용하는 경우

2.12.1.4 가압수조에 따른 가압송수장치를 사용하는 경우

2.12.2 감시제어반의 기능은 다음의 기준에 적합해야 한다. 다만, 2.12.1의 단서에 따른 각 기준의 어느 하나에 해당하는 경우에는 2.12.2.3과 2.12.2.5를 적용하지 않는다.

2.12.2.1 각 펌프의 작동여부를 확인할 수 있는 표시등 및 음향경보기능이 있어야 할 것

2.12.2.2 각 펌프를 자동 및 수동으로 작동시키거나 중단시킬 수 있어야 할 것

2.12.2.3 비상전원을 설치한 경우에는 상용전원 및 비상전원의 공급여부를 확인할 수 있어야 할 것

2.12.2.4 수조 또는 물올림수조가 저수위로 될 때 표시등 및 음향으로 경보할 것

2.12.2.5 예비전원이 확보되고 예비전원의 적합여부를 시험할 수 있어야 할 것

2.12.3 감시제어반은 다음의 기준에 따라 설치해야 한다.

2.12.3.1 화재 및 침수 등의 재해로 인한 피해를 받을 우려가 없는 곳에 설치할 것

2.12.3.2 감시제어반은 화재조기진압용 스프링클러설비의 전용으로 할 것. 다만, 화재조기진압용 스프링클러설비의 제어에 지장이 없는 경우에는 다른 설비와 겸용할 수 있다.

2.12.3.3 감시제어반은 다음의 기준에 따른 전용실 안에 설치할 것. 다만, 2.12.1의 단서에 따른 각 기준의 어느 하나에 해당하는 경우와 공장, 발전소 등에서 설비를 집중 제어·운전할 목적으로 설치하는 중앙제어실 내에 감시제어반을 설치하는 경우에는 그렇지 않다.

2.12.3.3.1 다른 부분과 방화구획을 할 것. 이 경우 전용실의 벽에는 기계실 또는 전기실 등의 감시를 위하여 두께 7mm 이상의 망입유리(두께 16.3mm 이상의 접합유리 또는 두께 28mm 이상의 복층유리를 포함한다)로 된 4m2 미만의 붙박이창을 설치할 수 있다.

2.12.3.3.2 피난층 또는 지하 1층에 설치할 것. 다만, 다음의 어느 하나에 해당하는 경우에는 지상 2층에 설치하거나 지하 1층 외의 지하층에 설치할 수 있다.
  (1) 「건축법 시행령」 제35조에 따라 특별피난계단이 설치되고 그 계단(부속실을 포함한다) 출입구로부터 보행거리 5m 이내에 전용실의 출입구가 있는 경우
  (2) 아파트의 관리동(관리동이 없는 경우에는 경비실)에 설치하는 경우

2.12.3.3.3 비상조명등 및 급·배기설비를 설치할 것

2.12.3.3.4 「무선통신보조설비의 화재안전기술기준(NFTC 505)」 2.2.3에 따라 유효하게 통신이 가능할 것(영 별표 4의 제5호마목에 따른 무선통신보조설비가 설치된 특정소방대상물에 한한다)

2.12.3.3.5 바닥면적은 감시제어반의 설치에 필요한 면적 외에 화재 시 소방대원이 그 감시제어반의 조작에 필요한 최소면적 이상으로 할 것

2.12.3.4 2.12.3.3에 따른 전용실에는 특정소방대상물의 기계·기구 또는 시설 등의 제어 및 감시설비 외의 것을 두지 않을 것

2.12.3.5 각 유수검지장치의 작동여부를 확인할 수 있는 표시 및 경보기능이 있도록 할 것

2.12.3.6 다음의 각 확인회로마다 도통시험 및 작동시험을 할 수 있도록 할 것
  (1) 기동용수압개폐장치의 압력스위치회로
  (2) 수조 또는 물올림수조의 저수위감시회로
  (3) 유수검지장치 또는 압력스위치회로
  (4) 2.5.15에 따른 개폐밸브의 폐쇄상태 확인회로
  (5) 그 밖의 이와 비슷한 회로

2.12.3.7 감시제어반과 자동화재탐지설비의 수신기를 별도의 장소에 설치하는 경우에는 이들 상호간 연동하여 화재발생 및 2.12.2.1, 2.12.2.3 및 2.12.2.4의 기능을 확인할 수 있도록 할 것

2.12.4 동력제어반은 다음의 기준에 따라 설치해야 한다.

2.12.4.1 앞면은 적색으로 하고 "화재조기진압용 스프링클러설비용 동력제어반"이라고 표시한 표지를 설치할 것

2.12.4.2 외함은 두께 1.5mm 이상의 강판 또는 이와 동등 이상의 강도 및 내열성능이 있는 것으로 할 것

2.12.4.3 그 밖의 동력제어반의 설치에 관하여는 2.12.3.1 및 2.12.3.2의 기준을 준용할 것

2.13 배선 등

2.13.1 화재조기진압용 스프링클러설비의 배선은 「전기사업법」 제67조에 따른 「전기설비기술기준」에서 정한 것 외에 다음의 기준에 따라 설치해야 한다.

2.13.1.1 비상전원을 설치한 경우에는 비상전원으로부터 동력제어반 및 가압송수장치에 이르는 전원회로의 배선은 내화배선으로 할 것. 다만, 자가발전설비와 동력제어반이 동일한 실에 설치된 경우에는 자가발전기로부터 그 제어반에 이르는 전원회로의 배선은 그렇지 않다.

2.13.1.2 상용전원으로부터 동력제어반에 이르는 배선, 그 밖의 화재조기진압용 스프링클러설비의 감시·조작 또는 표시등회로의 배선은 내화배선 또는 내열배선으로 할 것. 다만, 감시제어반 또는 동력제어반 안의 감시·조작 또는 표시등회로의 배선은 그렇지 않다.

2.13.2 2.13.1에 따른 내화배선 및 내열배선에 사용되는 전선의 종류 및 설치방법은 「옥내소화전설비의 화재안전기술기준(NFTC 102)」 2.7.2의 표 2.7.2(1) 및 표 2.7.2(2)의 기준에 따른다.

2.13.3 소화설비의 과전류차단기 및 개폐기에는 "화재조기진압용 스프링클러설비용"이라고 표시한 표지를 해야 한다.

2.13.4 소화설비용 전기배선의 양단 및 접속단자에는 다음의 기준에 따라 표지해야 한다.

2.13.4.1 단자에는 "화재조기진압용 스프링클러설비단자"라고 표시한 표지를 부착할 것

2.13.4.2 소화설비용 전기배선의 양단에는 다른 배선과 식별이 용이하도록 표시할 것

2.14 설치제외

2.14.1 다음의 기준에 해당하는 물품의 경우에는 화재조기진압용 스프링클러를 설치해서는 안 된다. 다만, 물품에 대한 화재시험등 공인기관의 시험을 받은 것은 제외한다.

(1) 제4류 위험물
(2) 타이어, 두루마리 종이 및 섬유류, 섬유제품 등 연소 시 화염의 속도가 빠르고 방사된 물이 하부까지에 도달하지 못하는 것

2.15 수원 및 가압송수장치의 펌프 등의 겸용

2.15.1 화재조기진압용 스프링클러설비의 수원을 옥내소화전설비·스프링클러설비·간이스프링클러설비·물분무소화설비·포소화전설비 및 옥외소화전설비의 수원을 겸용하여 설치하는 경우의 저수량은 각 소화설비에 필요한 저수량을 합한 양 이상이 되도록 해야 한다. 다만, 이들 소화설비 중 고정식 소화설비(펌프·배관과 소화수 또는 소화약제를 최종 방출하는 방출구가 고정된 설비를 말한다. 이하 같다)가 2 이상 설치되어 있고, 그 소화설비가 설치된 부분이 방화벽과 방화문으로 구획되어 있는 경우에는 각 고정식 소화설비에 필요한 저수량 중 최대의 것 이상으로 할 수 있다.

2.15.2 화재조기진압용 스프링클러설비의 가압송수장치로 사용하는 펌프를 옥내소화전설비·스프링클러설비·간이스프링클러설비·물분무소화설비·포소화설비 및 옥외소화전설비의 가압송수장치와 겸용하여 설치하는 경우의 펌프의 토출량은 각 소화설비에 해당하는 토출량을 합한 양 이상이 되도록 해야 한다. 다만, 이들 소화설비 중 고정식 소화설비가 2 이상 설치되어 있고, 그 소화설비가 설치된 부분이 방화벽과 방화문으로 구획되어 있으며 각 소화설비에 지장이 없는 경우에는 펌프의 토출량 중 최대의 것 이상으로 할 수 있다.

2.15.3 옥내소화전설비·스프링클러설비·간이스프링클러설비·화재조기진압용 스프링클러설비·물분무소화설비·포소화설비 및 옥외소화전설비의 가압송수장치에 있어서 각 토출 측 배관과 일반급수용의 가압송수장치의 토출 측 배관을 상호 연결하여 화재 시 사용할 수 있다. 이 경우 연결배관에는 개폐표시형밸브를 설치해야 하며, 각 소화설비의 성능에 지장이 없도록 해야 한다.

2.15.4 화재조기진압용 스프링클러설비의 송수구를 옥내소화전설비·스프링클러설비·간이스프링클러설비·물분무소화설비·포소화설비 또는 연결살수설비의 송수구와 겸용으로 설치하는 경우에는 스프링클러설비의 송수구의 설치기준에 따르되 각각의 소화설비의 기능에 지장이 없도록 해야 한다. 〈개정 2024.7.1.〉

소방시설관리사
2차 화재안전기술기준

발행일	2016. 6. 20	초판 발행
	2017. 1. 15	개정 1판1쇄
	2018. 1. 10	개정 2판1쇄
	2019. 2. 20	개정 3판1쇄
	2020. 3. 10	개정 4판1쇄
	2021. 4. 10	개정 5판1쇄
	2022. 3. 10	개정 6판1쇄
	2023. 5. 10	개정 7판1쇄
	2024. 6. 10	개정 8판1쇄
	2025. 7. 10	개정 9판1쇄

저　자 | 유정석
발행인 | 정용수
발행처 | 예문사

주　소 | 경기도 파주시 직지길 460(출판도시) 도서출판 예문사
T E L | 031) 955-0550
F A X | 031) 955-0660
등록번호 | 11-76호

- 이 책의 어느 부분도 저작권자나 발행인의 승인 없이 무단 복제하여 이용할 수 없습니다.
- 파본 및 낙장은 구입하신 서점에서 교환하여 드립니다.
- 예문사 홈페이지 http://www.yeamoonsa.com

정가 : 39,000원

ISBN 978-89-274-5886-9　13530